# 液压工

## 完全自学一本通

## （图解双色版）

张能武　　邵健萍　　主编

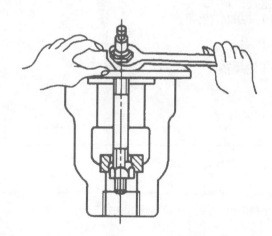

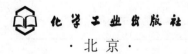

化学工业出版社

·北京·

## 内 容 简 介

《液压工完全自学一本通（图解双色版）》以液压工日常工作中最常见的零部件为主线分章节讲解，从液压技术的基础知识到液压识图，从液压泵、液压马达、液压缸到液压阀、液压回路等，尽数道来，旨在为读者打造全面系统的知识体系。本书以较大篇幅对各个零部件的故障诊断与维修进行了阐述，这也是液压工工作中最常见的问题，且均以表格化形式呈现，方便读者查询定位。本书实例众多，采用双色印刷，查阅方便，重点难点一目了然，适合初学者入门并得到提高，真正做到一本书学会并掌握液压工技能。

本书可供液压技术人员和生产一线的初、中、高级液压技术工人、技师使用，也可作为技工学校、职业技术院校广大师生参考学习用书。

### 图书在版编目（CIP）数据

液压工完全自学一本通：图解双色版 / 张能武，邵健萍主编 .—北京：化学工业出版社，2021.10（2024.7重印）
ISBN 978-7-122-39542-9

Ⅰ．①液…　Ⅱ．①张…②邵…　Ⅲ．①液压传动 - 图解　Ⅳ．①TH137-64

中国版本图书馆 CIP 数据核字（2021）第 138491 号

责任编辑：雷桐辉　张兴辉　　　　　　　　　　　　　装帧设计：王晓宇
责任校对：宋　夏

出版发行：化学工业出版社（北京市东城区青年湖南街 13 号　邮政编码 100011）
印　　装：河北延风印务有限公司
787mm×1092mm　1/16　印张 31¹/₂　字数 842 千字　　2024 年 7 月北京第 1 版第 3 次印刷

购书咨询：010-64518888　　　　　　　　　　　售后服务：010-64518899
网　　址：http://www.cip.com.cn
凡购买本书，如有缺损质量问题，本社销售中心负责调换。

定　　价：99.80 元　　　　　　　　　　　　　　　　版权所有　违者必究

# 前　言

　　液压技术是近年发展较快的技术之一，由于液压传动与其他传动方式相比较，具有重量轻、结构紧凑、惯性小，可在大范围内实现无级调速，易于实现自动化等优点，被广泛应用于航空航天、农业机械、汽车工业、军事机械、工程机械、船舶、电力等行业，液压技术成为不可替代的优势技术。随着各种标准的不断制定和完善及各类液压元件的标准化、规格化、系列化，以及新型液压元器件与新的设计理论不断出现，推动了液压传动与控制技术的迅猛发展，为了满足广大工程技术人员使用和维修液压系统的要求，我们结合多年专业知识和经验，编写了这本书。

　　本书内容主要包括：液压基础知识，液压识图，液压油的使用维护，液压泵，液压马达，液压缸，液压阀，液压辅助元件，液压基本回路与故障维修，液压系统的安装、使用维护与故障排除，典型设备液压系统等。书中使用的部分名词、术语、标准等贯彻了行业惯用标准。本书在编写时力求以好用、实用为原则，指导自学者快速入门、步步提高，逐渐成为液压行业的骨干。本书突出技能操作，以图解的形式，配以简明的文字说明具体的操作过程与操作工艺，有很强的针对性和实用性，克服了传统培训教材中理论内容偏深、偏多、抽象的弊端，注重操作技能和生产实例，生产实例均来自生产实际，并吸取一线工人师傅的经验总结。

　　本书内容丰富，浅显易懂，图文并茂，取材实用而精练。本书可供液压技术人员和生产一线的初、中、高级工人、技师使用，也可供技工学校、职业技术院校广大师生参考学习。

　　本书由张能武、邵健萍主编。参加编写的人员还有：周文军、王吉华、陶荣伟、高佳、钱革兰、魏金营、王荣、邱立功、任志俊、陈薇聪、唐雄辉、刘文花、张茂龙、钱瑜、张道霞、卢庆生、李稳、邓杨、唐艳玲、张业敏、章奇、陈锡春、方光辉、刘瑞、周小渔、胡俊、王春林、周斌兴、许佩霞、陈曦、过晓明、李德庆、沈飞、刘瑞、庄卫东、张婷婷、赵富惠、袁艳玲、蔡郭生、刘玉妍、王石昊、刘文军、徐嘉翊、孙南羊、吴亮、刘明洋、周韵、刘欢、徐晓东、姜松、张杰、梁霈琴、李桥等。

　　由于编者水平有限，书中难免有不妥、遗漏之处，热忱恳切专家和广大读者提出宝贵意见，给予指正。

编　者

# 目录

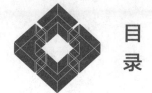

目 录

# 目录

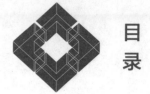

目录

# 目录

目录

目录

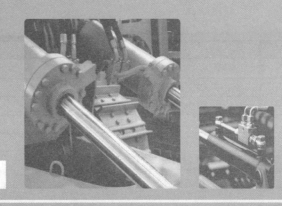

# 第一章

# 液压基础知识

## 第一节　常用术语和公式

### 一、常用液压术语

（1）常用液压基本术语（表1-1）

表1-1　常用液压基本术语

| 术语 | 解释 |
| --- | --- |
| 流体传动 | 使用受压的流体作为介质来进行能量转换、传递、控制和分配的方式、方法 |
| 液压技术 | 涉及液体传动和液体压力规律的科学技术，简称液压 |
| 静液压技术 | 涉及流体的平衡状态和压力分布规律的科学技术 |
| 公称压力 | 装置按基本参数所确定的名义压力 |
| 工作压力 | 装置运行时的压力 |
| 工作压力范围 | 装置正常工作时所允许的压力范围 |
| 进口压力 | 按规定条件在元件进口处测得的压力 |
| 出口压力 | 按规定条件在元件出口处测得的压力 |
| 运行工况 | 装置在某规定使用条件下，用其有关的各种参数值来表示的工况。这些参数值可随使用条件而异 |
| 额定工况、标准工况 | 根据规定试验的结果所推荐的系统或元件的稳定工况。"额定特性"一般在产品样本中给出并表示成：$q_n$、$p_n$ 等 |
| 连续工况 | 允许装置连续运行的并以其各种参数值表示的工况，连续工况表示成：$q_c$、$p_c$ 等，通常与额定工况相同 |
| 极限工况 | 允许装置在极端情况下运行的并以其某参数的最小值或最大值来表示的工况。其他的有效参数和负载周期要加以明确规定。极限工况表示成：$q_{min}$、$q_{max}$ 等 |
| 稳态工况 | 稳定一段时间后，参数没有明显变化的工况 |
| 瞬态工况 | 某一特定时刻的工况 |

| 术语 | 解　释 |
|---|---|
| 实际工况 | 运行期间观察到的工况 |
| 规定工况 | 使用中要求达到的工况 |
| 周期稳定工况 | 有关参数按时间有规律重复变化的工况 |
| 间歇工况 | 工作与非工作（停止或空运行）交替进行的工况 |
| 许用工况 | 按性能和寿命允许标准运行的工况 |
| 启动压力 | 开始动作所需的最低压力 |
| 爆破压力 | 引起元件壳体破坏和液体外溢的压力 |
| 峰值压力 | 在相当短的时间内允许超过最大压力的压力 |
| 运行压力 | 运行工况时的压力 |
| 冲击压力 | 由于冲击产生的压力 |
| 系统压力 | 系统中第一阀（统称为溢流阀）进口处或泵出口处测得的压力的公称值 |
| 控制压力 | 控制管路或回路的压力 |
| 充气压力 | 蓄能器充液前气体的压力 |
| 吸入压力 | 泵进口处流体的绝对压力 |
| 额定压力 | 额定工况下的压力 |
| 装置温度 | 在装置规定部位和规定点所得的温度 |
| 介质温度 | 在规定点测得的介质温度 |
| 装置的温度范围 | 装置可以正常运行的允许温度范围 |
| 介质的温度范围 | 装置可以正常运行的介质的温度范围 |
| 环境温度 | 装置工作时周围环境的温度 |
| 压降、压差 | 在规定条件下，测得的系统或元件内两点（如进、出口处）压力之差 |
| 控制压力范围 | 最高允许控制压力与最低允许控制压力之间的范围 |
| 背压 | 装置中因下游阻力或元件进、出口阻抗比值变化而产生的压力 |
| 调压偏差 | 压力控制阀从规定的最小流量调到规定的工作流量时压力的增加值 |
| 流量 | 单位时间内通过流道横断面的流体数量（可规定为体积或质量） |
| 额定流量 | 在额定工况下的流量 |
| 供给流量 | 供给元件或系统进口的流量 |
| 泄漏 | 流体流经密封装置不做有用功的现象 |
| 内泄漏 | 元件内腔间的泄漏 |
| 外泄漏 | 从元件内腔向大气的泄漏 |

（2）液压阀的术语（表1-2）

表 1-2　液压阀的术语

| 术语 | 解　释 |
|---|---|
| 阀 | 用来调节流体传动回路中流体的方向、压力、流量的装置 |
| 整体阀 | 多个类同的阀组合在公共阀体内的组件 |
| 板式阀 | 与底板或油（气）路块连接才能工作的阀 |
| 叠加阀 | 由一组相类似的阀叠加在一起所组成的元件。通常带有公共供油和（或）回油系统 |
| 插装阀 | 工作件装在阀套上，并一起装于阀体中，其油口与阀体油口吻合 |
| 先导阀 | 操纵或控制其他阀的阀 |
| 方向控制阀 | 连通或控制流体流动方向的阀 |
| 滑阀 | 借助可移动的滑动件接通或切断流道的阀。移动可以是轴向、旋转或二者兼有 |
| 圆柱滑阀 | 借助圆柱形阀芯的移动来实现换向的阀 |

| 术语 | 解　释 |
|------|--------|
| 座阀 | 由阀芯提升或压下来开启或关闭流道的阀 |
| 阀芯 | 借助它的移动来实现方向控制、压力控制或流量控制的基本功能的阀零件 |
| 阀芯位置 | 阀芯所处的位置 |
| 常态位置 | 作用力或控制信号消除后阀芯的位置 |
| 起始位置 | 主压力通入后在操纵力作用下，预定工作循环前的阀芯位置 |
| 中间位置 | 三位阀的中间位置 |
| 操纵位置 | 在操纵力作用下，阀芯的最终位置 |
| 过渡位置 | 起始和操纵位置间的任意位置 |
| 闭合位置 | 输入与输出不接通时阀的位置 |
| 开启位置 | 输入与输出接通时阀的位置 |
| 四通阀 | 具有进口、回油（排气）口和两个控制口的多节流口的流量控制阀。阀在某一方向作用时通过进口后节流到控制口 A 和通过控制口 B 节流到回油（排气）口；阀的反向作用是由进口到控制口 B 和通过控制口 A 到回油（排气）口 |
| 三通阀 | 具有进口、回油（排气）口和一个控制口的多节流口的流量控制阀。阀在某一方向作用时由进口到控制口，阀反向的作用是由控制口到回油口 |
| 二通阀 | 两个油（气）间具有一个节流边的流量控制阀 |
| 液压放大器 | 作为放大器的液压元件。液压放大器可采用滑阀、喷嘴挡板、射流管等 |
| 底板 | 承装单个板式阀的安装板，板上带有管路连接用的接口 |
| 多位置底板 | 承装几个板式阀的安装板，板上带有管路连接用的接口 |
| 组合底板、集成块 | 两个或多个类似的底板用紧固螺栓或其他方法固定在一起的，提供一个公用供油（气）和（或）排油（气）系统。该底板包含有各种接口，供连接外管路用 |
| 油（气）路块 | 安装两个或多个板式阀的基础块，在其上具有外接口和连通各阀的流道 |
| 级 | 用于伺服阀的放大器。伺服阀可为单级、二级、三级等 |
| 输出级 | 伺服阀中起放大作用的最后一级 |
| 喷嘴挡板 | 喷嘴和挡板形成可变间隙以控制通过喷嘴的流量 |
| 遮盖 | 在滑阀中，阀芯处于零位时，固定节流棱边和可动节流棱边之间的相对轴向位置关系 |
| 零遮盖 | 阀芯处于零位，固定节流棱边和可动节流棱边重合的遮盖状态。在过零点和工作区产生恒定的流量增益 |
| 正遮盖 | 阀芯处于零位，固定节流棱边和可动节流棱边不重合，节流棱边之间必须产生相对位移后才形成液流通道的遮盖状态 |
| 负遮盖 | 阀芯处于零位，固定节流棱边和可动节流棱边不重合，两个或多个节流棱边之间已存在液流通道的遮盖状态 |
| 阀芯位移 | 阀芯沿任一方向相对于几何零位的位移 |
| 开口 | 固定节流棱边和可动节流棱边之间的距离 |
| 中间封闭位置 | 当阀芯处于中间位置时，所有接口都是被封闭的位置 |
| 中间开启位置 | 工作油（气）口封闭，供油（气）口和回油（气）口接通的位置 |
| 浮动位置 | 所有工作油（气）口与回油（气）口接通的位置 |
| 单向阀 | 只允许流体一个方向流动的阀 |
| 弹簧复位单向阀 | 借助弹簧的作用使阀芯处于关闭的单向阀 |
| 液控单向阀 | 用先导信号控制开启与关闭的单向阀 |
| 带缓冲单向阀 | 阀芯移动受阻尼的单向阀，通常用于具有压力脉冲的系统中 |
| 充液阀 | 在循环的快进工步允许流体以全流量从油箱充入工作缸，在工作工步允许施加工作压力，在回程工步允许流体自由地从缸返回油箱的单向阀 |
| 溢流阀 | 当所要求的压力达到时，通过排出流体来维持该压力的阀 |
| 顺序阀 | 当进口压力超过调定值时，阀开启允许流体流经出口的阀（实际调节值不受出口压力的影响） |

| 术语 | 解　释 |
|------|--------|
| 减压阀 | 在进口压力始终高于选定的出口压力下，改变进口压力或出口压力或出口流量，出口压力能基本保持不变的压力控制阀 |
| 平衡阀 | 能保持背压以防止负载下落的压力控制阀 |
| 卸荷阀 | 开启出口允许流体自由流入油箱（或排气）的阀 |
| 座阀式 | 由作用在座阀芯上的力来控制压力的阀 |
| 柱塞式 | 由作用在柱塞上的力来控制压力的阀 |
| 直动式 | 由作用在阀芯上的力来直接控制阀芯位置的阀 |
| 先导式 | 由一个较小的流量通过内装的泄放通道溢流（先导）来控制主阀芯移动的阀 |
| 机械控制式 | 作用于控制阀芯上的力是弹簧或重力的阀。如弹簧力通常由人工操作 |
| 液（气）控制式 | 借控制流体压力来控制阀芯的阀 |
| 手动式 | 作用于控制阀芯或柱塞上的控制力是由手操作的阀 |
| 流量控制阀 | 主要功能为控制流量的阀 |
| 固定节流阀 | 进、出口之间节流通道截面不能改变的阀 |
| 可调节流阀 | 进、出口之间节流通道截面在某一范围内可改变的阀 |
| 减速阀 | 逐渐减少流量达到减速目的的流量 |
| 单向调节阀 | 容许沿一个方向畅通流动而另一个方向节流的阀。节流通道可以是可变的或固定的 |
| 调速阀 | 可调节通过流量的压力补偿流量阀，通常仅用作一个方向的流量调节 |
| 旁通调速阀 | 把多余流体排入油箱或第二工作级的可调节工作流量的压力补偿流量阀 |
| 分流阀 | 把输入流量分成按选定比例的两股输出流量的压力补偿阀 |
| 集流阀 | 集合两股输入流量保持一个预定的输出流量的压力补偿阀 |
| 截止阀 | 可允许或阻止任一方向流动的二通阀 |
| 球（形）阀 | 阀内某处液流与主流方向成直角，靠圆盘式阀芯升起或降下来开启或关闭流道的阀 |
| 针阀 | 阀芯是锥形针的截止阀，通常用来精确调节流量 |
| 闸阀 | 靠阀芯对流道方向垂直移动来控制开启或关闭的直通截止阀 |
| 蝶阀 | 阀件由圆盘组成，可绕垂直于流动方向并通过其中心轴旋转的直通截止阀 |
| 伺服阀 | 接受模拟量控制信号并输出相应的模拟量流体的阀 |
| 液压伺服阀 | 调节液压输出的伺服阀 |
| 机液伺服阀 | 输入指令为机械量的液压伺服阀 |
| 电液伺服阀 | 输入指令为电量的液压伺服阀 |
| 液压流量伺服阀 | 基本功能为控制输出流量的液压伺服阀 |
| 液压压力伺服阀 | 基本功能为控制输出压力的液压伺服阀 |

### （3）液压泵的术语（表1-3）

表1-3　液压泵的术语

| 术语 | 解　释 |
|------|--------|
| 液压泵 | 将机械能转换为液压能的装置 |
| 柱塞泵 | 由一个或多个柱塞往复运动而输出流体的泵 |
| 定量泵 | 排量不可变的泵 |
| 变量泵 | 排量可改变的泵 |
| 齿轮泵 | 由壳体内的两个或多个齿轮啮合作为能量转换件的泵 |
| 叶片泵 | 转子旋转时，由与凸轮环接触的一组径向滑动的叶片而输出流体的泵 |
| 容积式泵 | 流体压力的增加来自压力能的泵。其输出流量与轴的转速有关 |
| 非平衡式叶片泵 | 转子上所受的径向力未被平衡的叶片泵 |
| 平衡式叶片泵 | 转子上所受的径向力是平衡的叶片泵 |
| 径向柱塞泵 | 柱塞径向排列的泵 |
| 轴向柱塞泵 | 柱塞轴线与缸体轴线平行或略有倾斜的柱塞泵。柱塞可由斜盘或凸轮驱动 |
| 多联泵 | 用一个公用的轴驱动两个或两个以上的泵 |

（4）液压马达和缸的术语（表1-4）

表1-4　液压马达和缸的术语

| 术语 | 解　释 |
| --- | --- |
| 缸 | 把流体能转换为机械力或直线运动的装置 |
| 活塞缸 | 流体压力作用在活塞上产生机械压力的缸 |
| 单作用缸 | 一个方向靠流体力移动，另一个方向靠其他力移动的缸 |
| 弹簧复位单作用缸 | 靠弹簧复位的单作用缸 |
| 重力复位单作用缸 | 靠重力复位的单作用缸 |
| 双作用缸 | 外伸和内缩行程均由流体压力实现的缸 |
| 单活塞杆缸 | 只向一端伸出活塞杆的缸 |
| 双活塞杆缸 | 向两端伸出活塞杆的缸 |
| 双联缸 | 单独控制的两个缸机械地连接在同一轴上的，根据工作方式可获三、四个定位的装置 |
| 串联缸 | 在同一个活塞杆上至少有两个活塞在同一缸体的各自腔内工作，以实现力的叠加 |
| 液压马达 | 把液压能转换为旋转输出机械能的装置 |
| 容积式马达 | 轴转速与输入流量有关的马达 |
| 叶片马达 | 压力流体作用在一组径向叶片上而使转子转动的马达 |
| 定量马达 | 排量不变的马达 |
| 变量马达 | 排量可变的马达 |
| 齿轮马达 | 由两个或两个以上啮合齿轮作为工作件的马达 |
| 径向柱塞马达 | 具有多个排列成径向柱塞而工作的马达 |
| 轴向柱塞马达 | 带有几个轴线相互平行并布置成围绕并平行于公共轴线的柱塞的马达 |
| 摆动马达 | 轴往复摆角小于360°的马达 |
| 差动缸 | 活塞两端有效面积之比在回路中起主要作用的双作用缸 |
| 多级伸缩缸 | 具有一个或多个套装在一起的空心塞杆，靠一个在另一个内滑动来实现的可逐个伸缩的缸 |

（5）液压辅件及其他专业术语（表1-5）

表1-5　液压辅件及其他专业术语

| 术语 | 解　释 |
| --- | --- |
| 管路 | 传输工作流体的管道 |
| 硬管 | 用于连接固定装置的金属管或塑料管 |
| 软管 | 通常用金属丝增强的橡胶或塑料柔性管 |
| 工作管路 | 用于传输压力流体的主管路 |
| 泵进油管路 | 把工作油液输送给泵进口的管路 |
| 回油管路 | 把工作油液返回到油箱的管路 |
| 排气管路 | 排出气体的管路 |
| 补液管路 | 对回路补充所需要的工作流体以弥补损失的管路 |
| 控制管路 | 用于先导控制系统工作的控制流体所通过的管路 |
| 泄油管路 | 把内泄漏流体返回油箱的管路 |
| 接头 | 连接管路和管路或其他元件的防漏件 |
| 外螺纹接头 | 带有外螺纹的接头 |
| 内螺纹接头 | 带有内螺纹的接头 |
| 螺纹中间接头 | 带有外螺纹或内螺纹的直通接头或异径接头 |
| 法兰接头 | 由一对法兰（密封的）组成的接头，每个法兰与被连接的元件相连 |
| 快换接头 | 不使用任何工具即可接合或分离的接头。接头可以带或不带自动截止阀 |

| 术语 | 解　　释 |
|---|---|
| 回转接头 | 可在管路连接点连续回转的接头 |
| 摆动接头 | 允许在管路连接点有角位移，但不允许连续回转的接头 |
| 伸缩接头 | 一根管子可在另一根管子内轴向滑动而组成的接头 |
| 弯头 | 连接两根管子使其轴线成某一角度的管接头。除另有规定外，角度通常为90° |
| 流道 | 流体在元件内流动的通路 |
| 油箱、气罐 | 贮存流体系统工作流体的容器 |
| 开式油箱 | 在大气压力下贮存油液的油箱 |
| 压力油箱 | 可贮存高于大气压的油液的密闭油箱 |
| 闭式油箱 | 使液体和大气隔离的密闭油箱 |
| 油箱容量 | 油箱内贮存工作液的最大允许体积 |
| 油箱膨胀容量 | 油箱最高液面以上的，温度升高引起的体积变化的气体体积 |
| 蓄能器 | 用于贮存液压能并将此能释放出来完成有用功的装置 |
| 液压蓄能器 | 装于液压系统中用来贮存和释放压力能的蓄能器 |
| 弹簧式蓄能器 | 用弹簧加载活塞产生压力的液压蓄能器 |
| 重力式蓄能器 | 用重锤加载活塞产生压力的液压蓄能器 |
| 充气式蓄能器 | 利用惰性气体的可压缩性对液体加压的液压蓄能器。液气间可由气囊、膜片或活塞隔离，也可直接接触 |
| 液压过滤器 | 主要功能是从油液中截留不溶性污染物的装置 |
| 滤芯 | 实现截留污染物的部件 |
| 自动旁通阀 | 当压差达到预先设定值时，可使未经过滤的油液自动绕过滤芯旁路的阀 |
| 堵塞指示器 | 由滤芯压差操作的装置。通常该装置应指示滤芯达到堵塞的状况 |
| 密封装置 | 防止流体泄漏或污染物侵入的装置 |
| 密封件 | 密封装置中可更换的起密封作用的零件 |
| 水包油乳化油 | 油在水的连续相中的分散体 |
| 油包水乳化油 | 水在油的连续相中的稳定分散体 |
| 聚乙二醇液压油 | 主要成分是水和一种或多种乙二醇或聚乙二醇的液体 |
| 合成液压油 | 通过合成而并非裂解或精炼制得的液压油。它可含各种添加剂 |
| 动密封件 | 用在相对运动零件间的密封装置中的密封件 |
| 静密封件 | 用在相对静止零件间的密封装置中的密封件 |
| 轴向密封件 | 靠轴向接触压力密封的密封装置中的密封件 |
| 径向密封件 | 靠径向接触压力密封的密封装置中的密封件 |
| 旋转密封件 | 用在具有相对旋转运动零件间的密封装置中的密封件 |
| 液位计 | 指示液位高低的仪表 |
| 油箱液位计 | 将液位变化转换为机械运动并用带刻度盘的指针来指示油箱中液位的装置 |
| 压力开关、压力继电器 | 由流体压力控制的带电气开关的器件，流体压力达到预定值时，开关的触点动作 |
| 流量开关 | 由液体流量控制的带电气开关的器件，瞬时流量达到预定值时开关的触点动作 |
| 液位开关 | 由液体液位控制的带电气开关的器件，液位达到预定值时开关的触点动作 |
| 压差开关 | 由压差控制的带电气开关的器件，压差达到预定值时开关的触点动作 |
| 液压泵站 | 由电动机驱动的液压泵和必要的附件（有时包括控制器、溢流阀等）组成的组件，也可带油箱 |
| 液压马达组件 | 液压马达、溢流阀及控制阀的组合 |
| 流体传动回路 | 相互连接的流体传动元件的组合 |
| 控制回路 | 用于控制主回路或元件的回路 |
| 压力控制回路 | 调节或控制系统或系统分支流体压力的回路 |
| 安全回路 | 用以防止突发事故、危险操作、实现过载保护及其他方式确保安全运行的回路 |

| 术语 | 解 释 |
|------|------|
| 差动回路 | 使元件（一般为液压缸）排出的液体流向元件或系统输入端的回路，在执行元件作用力降低的状况下增加其速度 |
| 顺序回路 | 当循环出现两个或多个工步时，用以确立各工步先后顺序的回路 |
| 伺服回路 | 用于伺服控制的回路 |
| 调速回路 | 利用调节流量来控制运行速度的回路 |
| 进口节流回路 | 调节执行元件进口流量来实现控制的调速回路 |
| 出口节流回路 | 调节执行元件出口流量来实现控制的调速回路 |
| 同步回路 | 控制多个动作在同一时间发生的回路 |
| 卸载回路 | 当系统不需要流量时，在最低压力下将液压泵输出的流体返回油箱的回路 |
| 开式回路 | 使回油在再循环前通往油箱的回路 |
| 闭式回路 | 回油通往液压泵进口的回路 |
| 原动机 | 流体传动系统的机械动力源（电动机或内燃机），用以驱动液压泵或压缩机 |
| 管卡 | 用以支承和固定管路的装置 |
| 减振器 | 用以隔绝机器与其安装底座振动的装置 |
| 联轴器 | 轴向连接两旋转轴并传递转矩（一般允许有少量的不同轴度以及扭转的挠曲）的装置 |
| 防护罩 | 通常由金属板或编织网制成的安全装置，以防止人员被运动部件（如驱动轴、旋转轴、活塞杆等）碰伤 |
| 液压控制系统 | 用液压技术实现的控制系统 |
| 冷却系统 | 实现从元件或工作液体中去除不需要的热量的系统 |
| 水冷系统 | 用水作为传热介质的冷却系统 |
| 风冷系统 | 用风作为传热介质的冷却系统 |
| 液压油液 | 适用于液压系统的油液，可以是石油产品、水基液或有机物 |
| 石油基液压油液、矿物油 | 由石油烃组成的油液，可含其他成分 |
| 难燃液压油 | 难以点燃，火焰传播的趋势极小的液压油 |
| 水基液压油 | 主要由水组成并含有有机物的液压油。其难燃性由水含量决定 |

## 二、常用液压公式

$$几何流量（L/min）= \frac{几何排量（cm^3/r）\times 轴转速（r/min）}{1000} \quad （泵和马达）$$

$$理论轴转矩（N \cdot m）= \frac{几何排量（cm^3/r）\times 压力（10^5Pa）}{20\pi} \quad （泵和马达）$$

$$轴功率（kW）= \frac{轴转矩（N \cdot m）\times 轴转速（r/min）}{9550}$$

液压功率（kW）= 流量（L/min）× 压力（10^5Pa）×600

液压功率的热当量（kJ/min）= 流量（L/min）× 压力（10^5Pa）×10

几何流量（L/min）= 有效面积（cm^2）× 活塞速度（m/min）×10 （缸）

几何力（N）= 有效面积（cm^2）× 压力（10^5Pa）（缸）

$$管内油液流速（m/s）= \frac{流量（L/min）\times 21.22}{1000D^2}，其中 D= 管子内径（mm）$$

# 第二节 液压流体力学基础

流体分液体和气体两种。液体分子间距较小，一般视为不可压缩流体。气体分子间距较大，当压力或温度发生变化时会引起体积明显的变化，因此称为可压缩流体。所有流体都可视为由质点组成的连续介质，质点之间无间隙。

## 一、液压流体黏性与比热容

（1）黏性（表1-6）

表1-6　液压流体黏性具体说明

| 项目 | 说明 |
|------|------|
| 黏性的物理本质 | 在外力作用下流动时，由于液体分子间的内聚力作用，会产生阻碍其相对运动的内摩擦力，液体的这种特性称为黏性 |
| 液体内摩擦定理 | 如图1-1所示，两平行平板间充满液体，下平板固定，上平板以速度$v_0$右移。由于液体的黏性，下平板表面的液体速度为零，中间各层液体的速度呈线性分布。根据牛顿内摩擦定律，相连两液层间的内摩擦力$F_f$与接触面积$A$、速度梯度$\dfrac{\mathrm{d}v}{\mathrm{d}y}$成正比，且与液体的性质有关，即：<br>$$F_f = \mu A \dfrac{\mathrm{d}v}{\mathrm{d}y} \qquad (1\text{-}1)$$<br>式中　$\mu$——液体的动力黏度，Pa·s；<br>　　　$A$——液层间的接触面积，m²；<br>　　　$\dfrac{\mathrm{d}v}{\mathrm{d}y}$——速度梯度，s⁻¹。 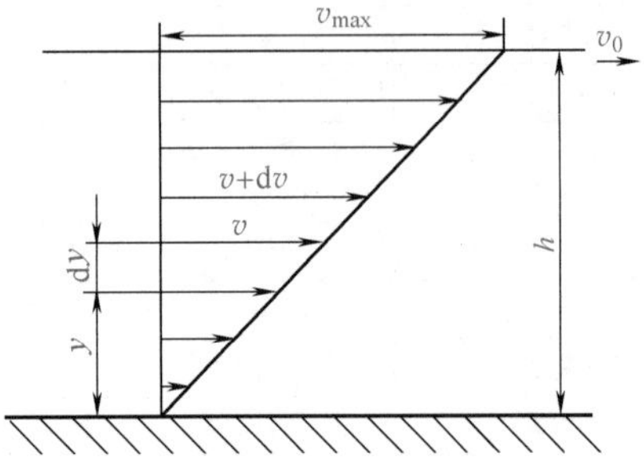<br><br>图1-1　液体的黏性示意图<br>将上式变换成：<br>$$\mu = \dfrac{F_f}{A\dfrac{\mathrm{d}v}{\mathrm{d}y}} = \dfrac{\tau}{\dfrac{\mathrm{d}v}{\mathrm{d}y}} \qquad (1\text{-}2)$$<br>式中　$\tau$——液层单位面积上的内摩擦力，Pa。<br>由上式可知，液体黏度的物理意义是，液体在单位速度梯度下流动时产生的内摩擦切应力 |
| 黏度 | 黏性的大小用黏度来衡量。工程中黏度的表示方法有以下几种：<br>①动力黏度。式（1-2）中的$\mu$称为动力黏度，其法定单位为Pa·s<br>②运动黏度。液体的动力黏度与其密度的比值，无物理意义，因其量纲中含有运动学参数而称为运动黏度，用$\nu$表示。即：<br>$$\nu = \dfrac{\mu}{\rho} \qquad (1\text{-}3)$$<br>我国油的牌号均以其在40℃时运动黏度的平均值来标注。例如，N46号液压油表示其在40℃时，平均运动黏度为46mm²/s<br>③相对黏度。相对黏度是指液体在某一测定温度下，依靠自重从恩氏黏度计的$\phi2.8$mm测定管中流出200cm³所需时间$t_1$与20℃时同体积蒸馏水流出时间$t_2$的比值，用符号°E表示<br>$$°E = \dfrac{t_1}{t_2} \qquad (1\text{-}4)$$<br>相对黏度与运动黏度的换算关系为：<br>$$\nu = \left(7.13°E - \dfrac{6.13}{°E}\right) \times 10^{-6} \qquad (1\text{-}5)$$ |
| 黏度的影响因素 | ①温度。温度升高使液体体积膨胀，液体质点间的间距加大，内聚力减小，在宏观上体现为液体黏度的降低。一般矿物油型液压油的黏温关系如下： |

| 项目 | 说明 |
|---|---|
| 黏度的影响因素 | $$\nu = \nu_{40}\left(\frac{40}{\theta}\right)^{n} \qquad (1\text{-}6)$$ 式中  $\nu$——液压油在 $\theta$℃时的运动黏度；<br>    $\nu_{40}$——液压油在 40℃时的运动黏度；<br>    $n$——指数，见表 1-7<br>几种国产液压油的黏温特性如图 1-2 所示<br>与液体不同，气体的黏度随温度升高而增大，原因在于，气体的黏度是由气体分子间的动量交换产生的，温度升高时，气体分子间的碰撞加剧，动量交换增加<br>②压力。随压力升高流体的黏度增大，一般可用下式表示：$$\mu = \mu_{0}\mathrm{e}^{\alpha p} \qquad (1\text{-}7)$$ 式中  $\mu$——压力为 $p$ 时的动力黏度，Pa·s；<br>    $\mu_{0}$——压力为大气压时的动力黏度，Pa·s；<br>    $\alpha$——黏压指数，$\mathrm{Pa}^{-1}$。一般矿物油型液压油 $\alpha \approx 1/432$<br>流体的黏度还与介质本身的组成成分如含气量、多种油液的混合情况有关 |

表 1-7  矿物油型液压油指数 $n$

| $°E_{40}$ | 1.27 | 1.77 | 2.23 | 2.65 | 4.46 | 6.38 | 8.33 | 10 | 11.75 |
|---|---|---|---|---|---|---|---|---|---|
| $\nu_{40}/(\mathrm{mm^2/s})$ | 3.4 | 9.3 | 14 | 18 | 33 | 48 | 63 | 76 | 89 |
| $n$ | 1.39 | 1.59 | 1.72 | 1.79 | 1.99 | 2.13 | 2.24 | 2.32 | 2.42 |
| $°E_{40}$ | 13.9 | 15.7 | 17.8 | 27.3 | 37.9 | 48.4 | 58.8 | 70.4 | 101.5 |
| $\nu_{40}/(\mathrm{mm^2/s})$ | 105 | 119 | 135 | 207 | 288 | 368 | 447 | 535 | 771 |
| $n$ | 2.49 | 2.52 | 2.56 | 2.76 | 2.86 | 2.96 | 3.06 | 3.10 | 3.17 |

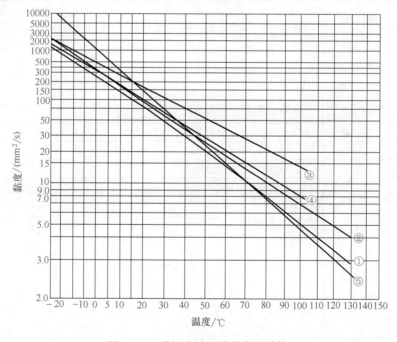

图 1-2  几种国产液压油的黏温特性

①—普通矿物油；②—高黏度指数矿物油；③—水包油乳化液；④—水 - 乙二醇乳化液；⑤—磷酸酯液压液

（2）比热容

单位质量液体温度变化 1℃时所需交换的热量，用 $c$ 表示：

$$c = \frac{Q}{m\Delta t} \qquad\qquad (1\text{-}8)$$

式中　$Q$——液体所交换的热量，J；

　　　$m$——液体质量，kg；

　　　$\Delta t$——液体温度变化，℃；

　　　$c$——比热容，kJ/（kg・℃）。

常用液压介质的比热容见表 1-8。

表 1-8　常用液压介质的比热容　　　　　单位：kJ/（kg・℃）

| 介质 | 矿物型液压油 | 水包油乳化液 | 油包水乳化液 | 水 - 乙二醇乳化液 | 磷酸酯液压液 |
|---|---|---|---|---|---|
| 比热容 | 1.88 | 4.19 | 2.81 | 3.35 | 1.34 |

## 二、流体运动学基础

流体运动学研究流体的运动规律，即速度、加速度等各种运动参数的分布规律和变化规律。流体运动所应遵循的物理定律，是建立流体运动基本方程组的依据。这里涉及的基本物理定律主要包括质量守恒定律等。

（1）流体运动中的基本概念（表 1-9）

表 1-9　流体运动中的基本概念

| 类别 | | 说明 |
|---|---|---|
| 定常流动与非定常流动 | 定常流动 | 若流体的运动参数（速度、加速度、压强、密度、温度、动能、动量等）不随时间而变化，而仅是位置坐标的函数，则称这种流动为定常流动或恒定流动 |
| | 非定常流动 | 若流体的运动参数不仅是位置坐标的函数，而且随时间变化，则称这种流动为非定常流动或非恒定流动 |
| | 均匀流动 | 若流场中流体的运动参数既不随时间变化，也不随空间位置而变化，则称这种流动为均匀流动 |
| 一维流动、二维流动、三维流动 | 一维流动 | 流场中流体的运动参数仅是一个坐标的函数 |
| | 二维流动 | 流场中流体的运动参数是两个坐标的函数 |
| | 三维流动 | 流场中流体的运动参数依赖于三个坐标时的流动 |
| 迹线与流线 | 迹线 | 流场中流体质点的运动轨迹称为迹线 |
| | 流线 | 流线是流场中的瞬时光滑曲线，在曲线上流体质点的速度方向与各点的切线方向重合，如图 1-3 所示 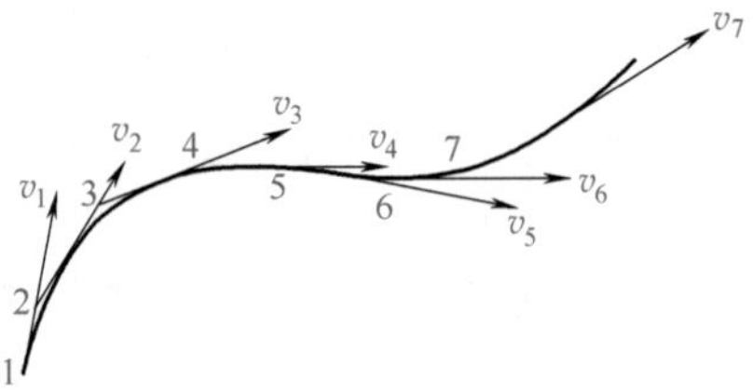<br><br><br> 图 1-3　流线示意图 <br>流线具有以下特点：定常流动中，流线与迹线重合为一条；非定常流动中，流线的位置和形状随时间而变化，因此流线与迹线不重合。一般来讲，在某一时刻，通过流场中的某一点只能作出一条流线。流线既不能转折，也不能相交，但速度为零的驻点和速度为无穷大的奇点（源和汇）除外，如图 1-4 所示 |

| 类别 | | 说明 |
|---|---|---|
| 迹线与流线 | 流线 | |

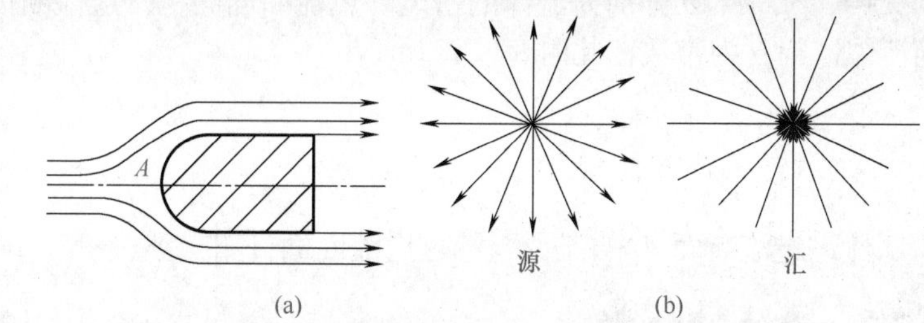

图 1-4 驻点和奇点示意图

| 类别 | | 说明 |
|---|---|---|
| 流管与流束 | 流管 | 在流场中任取一不是流线的封闭曲线 $L$，过曲线上的每一点作流线，这些流线所组成的管状表面称为流管 |
| | 流束 | 流管内部的全部流线的集合称为流束 |
| | 总流 | 如果封闭曲线取在管道内部周线上，则流束就是充满管道内部的全部流体，这种情况通常称为总流 |
| | 微小流束 | 封闭曲线极限近于一条流线的流束。注意：流管与流线只是流场中的一个几何面和几何线，而流束不论大小，都是由流体组成的 |
| 过流断面、流量和平均流速 | 过流断面 | 流束中处处与速度方向相垂直的横截面称为该流束的过流断面 |
| | 流量 | 单位时间内通过某一过流断面的流体量称为流量。流量可以用体积流量或质量流量来表示<br>单位时间内通过某一过流断面的流体体积称为体积流量，以 $q_V$ 表示；单位时间内通过某一过流断面的流体质量称为质量流量，以 $q_m$ 表示。设过流断面积为 $A$，在其上任取一微小面积 $\mathrm{d}A$，对应的流速为 $u$。则单位时间内通过 $\mathrm{d}A$ 上的微小流量为：$$\mathrm{d}q_V = u\mathrm{d}A$$通过整个过流断面流量：$$q_V = \int \mathrm{d}q_V = \int_A u\mathrm{d}A$$相应的质量流量：$$q_m = \int_A \rho u\mathrm{d}A$$ |
| | 平均流速 | 常把通过某一过流断面的流量 $q_V$，与该过流断面面积 $A$ 相除，得到一个均匀分布的速度，称为该过流断面的平均速度 $v$$$v = \frac{q_V}{A} = \frac{\int_A u\mathrm{d}A}{A}$$ |

（2）研究流体运动的两种方法（表 1-10）

表 1-10　研究流体运动的两种方法

| 类别 | | 说明 |
|---|---|---|
| 拉格朗日法 | 拉格朗日坐标 | 在某一初始时刻 $t_0$，以不同的一组数（$a$，$b$，$c$）来标记不同的流体质点，这组数（$a$，$b$，$c$）就叫拉格朗日变数，或称为拉格朗日坐标 |
| | 拉格朗日描述 | 拉格朗日法着眼于流场中每一个运动着的流体质点，跟踪观察每一个流体质点的运动轨迹（称为迹线）以及运动参数（速度、压强、加速度等）随时间的变化，然后综合所有流体质点的运动，得到整个流场的运动规律 |
| 欧拉法 | 欧拉法 | 以数学场论为基础，着眼于任何时刻物理量在场上的分布规律的流体运动描述方法 |
| | 欧拉坐标（欧拉变数） | 欧拉法中用来表达流场中流体运动规律的质点空间坐标（$x$，$y$，$z$）与时间 $t$ 变量称为欧拉坐标或欧拉变数<br>流场中用来观察流体运动的固定空间区域称为控制体，控制体的表面称为控制面 |

（3）连续性方程

根据质量守恒的原则，单位时间内通过管路或流管的任一有效断面的流体质量为常数。

即：

$$\rho Av=C$$

式中，$\rho$、$A$、$v$ 分别为流体的密度、过流断面面积及过流断面上的平均速度。如为不可压缩流体，则 $\rho$ 为常数，此时有

$$Av=C$$

或

$$A_1v_1=A_2v_2$$

即流过过流断面 $A_1$ 的流量与流过过流断面 $A_2$ 的流量相等，即 $q_{V_1}=q_{V_2}$。

## 三、流体静力学

流体静力学就是研究平衡流体的力学规律及其应用的科学。所谓平衡（或者说静止），是指流体宏观质点之间没有相对运动，达到了相对的平衡。因此流体的静止状态包括了两种形式：一种是流体对地球无相对运动，叫绝对静止，也称为重力场中的流体平衡，如盛装在固定不动容器中的液体；另一种是流体整体对地球有相对运动，但流体对运动容器无相对运动，流体质点之间也无相对运动，这种静止叫相对静止或叫流体的相对平衡，例如盛装在做等加速直线运动和做等角速度旋转运动的容器内的液体。

（1）作用于静止流体上的力（表 1-11）

表 1-11　作用于静止流体上的力

| 类别 | 说明 |
|---|---|
| 质量力 | 作用于流体的每一个质点上，大小与流体所具有的质量成正比的力称为质量力。在均质流体中，质量力与流体的体积成正比，因此又叫体积力<br>常见的质量力有重力 $G=mg$，直线运动惯性力 $F_1=ma$，离心惯性力 $F_R=mr\omega^2$<br>质量力的大小用单位质量力来度量。所谓单位质量力就是作用于单位质量流体上的质量力。设均质流体的质量为 $m$，体积为 $V$，所受质量力为 $F$，则 $F=ma_m=m(f_x\mathbf{i}+f_y\mathbf{j}+f_z\mathbf{k})$。其中运动加速度 $a_m=F/m=(f_x\mathbf{i}+f_y\mathbf{j}+f_z\mathbf{k})$ 为单位质量力，在数值上就等于加速度 $a_m$；而 $f_x$、$f_y$、$f_z$ 分别表示单位质量力在坐标轴 $x$、$y$、$z$ 上的分量，在数值上也分别等于加速度在三个坐标轴上的分量 $a_x$、$a_y$、$a_z$<br>重力场中的流体只受到地球引力的作用，取 $z$ 轴铅垂向上，$xoy$ 为水平面，则单位质量力在 $x$、$y$、$z$ 轴上的分量分别为 $f_x=0$，$f_y=0$，$f_z=-mg/m$（$-g$）。式中负号表示重力加速度 $g$ 与坐标轴 $z$ 方向相反 |
| 表面力 | 表面力是作用于被研究流体的外表面上，大小与表面积成正比的力。表面力有法向力和切向力。法向力是表面内法线方向的压力，单位面积上的法向力称为流体的正应力。切向力是沿表面切向的摩擦力，单位面积上的切向力就是流体黏性引起的切应力<br>表面力的作用机理实际上是周围流体分子或固体分子对所研究流体表面的分子作用力的宏观表现 |

（2）流体静压力及其特性（表 1-12）

表 1-12　流体静压力及其特性

| 项目 | 说明 |
|---|---|
| 压力 | 在静止或相对静止的流体中，单位面积上的内法向表面力称为压强，在液压传动中习惯上称为"压力" |
| 流体静压力的特性 | 流体静压力的两个特性：<br>①体积静压力垂直于其作用面，其方向指向该作用面的内法线方向<br>②静止流体中任意一点处流体静压力的大小与作用面的方位无关，即同一点各方向的流体静压力均相等 |

（3）流体静力学基本方程

流体静力学基本方程——压力的产生。如图 1-5 所示，当容器内密度 $\rho$ 的液体处于静止状态时，任意深度 $h$ 处的压力 $p$，考虑一个底面积为 $\Delta A$、高为 $h$ 的垂直小液柱，小液柱的上顶面与液面重合，由于小液柱在重力及周围液体的压力作用下处于平衡状态，由该小液柱的力学平衡方程式（$p\Delta A=p_0\Delta A+\rho gh\Delta A$）可得出液体静力学基本方程为：

$$p = p_0 + \rho g h$$

在液压技术中，由外力引起的表面压力 $p_0$ 往往是很大的，一般在数兆帕到数十兆帕，液重所引起的压力 $\gamma g h$ 与 $p_0$ 比较则很小，如液压油平均为 8829N/m³，液压设备高度一般不超过 10m，此时油的自重产生的静压力一般不超过 0.088MPa，因此可以忽略不计。

压力的表示方法有以下几种，见表 1-13。

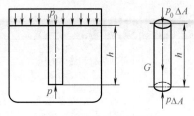

图 1-5　液体静力示意图

表 1-13　压力的表示方法

| 类别 | 说明 |
| --- | --- |
| 绝对压力 | 以没有气体存在的绝对真空为测量基准测得的压力叫绝对压力，如图 1-6 所示 |
| 相对压力 | 以大气压力 $p_a$ 为基准零线，在此基准线以上的压力称为相对压力，即由压力表测得的压力，故又称为表压力。在液压传动中，一般所说的压力 $p$ 都是指表压力，绝对压力与相对压力的关系为：<br>绝对压力 = 相对压力（表压力）+ 大气压力（Pa） |
| 真空度 | 若液体中某点的绝对压力小于大气压力，那么在这个点上的绝对压力比大气压力小的那部分数值叫做真空度。即以大气压力 $p_a$ 为基准零线，在此零线以下的压力称为真空度，真空度也为表压力。真空度 = 大气压力 – 绝对压力（Pa）<br>如图 1-7 所示中，泵吸油腔要能形成 $h=(p_a-p)/\gamma$ 的真空度，大气压 $p_a$ 方能将油箱内油液压上至安装在高度为 $h$ 的泵吸口处，泵方可吸入油 |

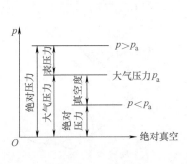

图 1-6　示意图

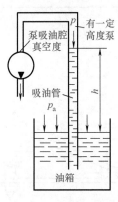

图 1-7　示意图

（4）压力的度量标准及测量

压力是流体内部各点单位面积上的法向力，也称为"压强"。压力的单位为"Pa"，按压力零点不同，其表示方法有以下三种，见表 1-14。

表 1-14　压力的表示方法（按零点）

| 类别 | 说明 |
| --- | --- |
| 绝对压力 | 以绝对真空为零点 |
| 相对压力 | 相对压力（表压力），以大气压力为零点 |
| 真空度 | 当绝对压力小于大气压力时，其小于大气压力的数值称为真空度，也称为负压<br>$$p_r = p_m - p_a$$<br>$$p_v = p_a - p_m$$<br>式中　$p_r$——相对压力（表压力），Pa；<br>　　　$p_m$——绝对压力，Pa；<br>　　　$p_a$——大气压力，Pa；<br>　　　$p_v$——真空度，Pa<br>故　　　　　　　　　　　　　　　　$$p_v = -p_r$$ |

| 类别 | 说明 |
|---|---|
| 真空度 | 　　测量压力的仪器主要有三种：金属弹性式压力计、电测式压力计和液柱式压力计。金属弹性式压力计是利用待测液体的压力使金属弹性元件变形来工作，其量程较大，多用于液压传动中；电测式压力计是将弹性元件的变形转换为电量，便于远程测量和动态测量；液柱式压力计测量精度高，但量程小，一般用于低压实验场所<br>　　当被测流体的压力与大气压力相差很小时，为了提高测量精度常采用倾斜式微压计。微压计测试原理如图1-8所示。连通容器中装满密度为 $\rho_2$ 的液体，右边的测管可以绕枢轴转动从而形成较小的锐角，容器原始液面为 $O—O$，当待测流体压力 $p$ 大于大气压力 $p_a$ 并引入微压计后，微压计中液面下降 $\Delta h$，而测管中液面上升 $h$，形成平衡。根据等压面方程，有：<br>$$p_m=p_a+\rho_2(h+\Delta h)$$<br>表压力<br>$$p_r=p_m-p_a=\rho_2(h+\Delta h)$$<br>而<br>$$h=l\sin\alpha$$<br>根据体积相等原则：<br>$$\Delta h\times\frac{\pi D^2}{4}=l\times\frac{\pi d^2}{4}$$<br>所以<br>$$p_r=\rho_2 l\left[\sin\alpha+\left(\frac{d}{D}\right)^2\right]$$<br>当 $D\geqslant d$ 时，被测流体的相对压力：<br>$$p_r=\rho_2 l\sin\alpha$$ |

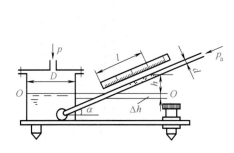

图 1-8　微压计测压原理图

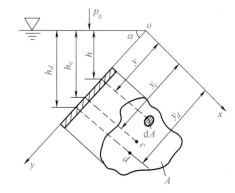

图 1-9　作用于倾斜液面上的液体总压力

## （5）静止流体对固体壁面的作用力（表1-15）

表 1-15　静止流体对固体壁面的作用力

| 类别 | 说明 |
|---|---|
| 静止流体对平面壁的总压力 | 　　设有一任意形状的平板，其面积为 $A$，置于静止液体（密度 $\rho$）之中，如图1-9所示。液体中任意点的压力 $p$ 与深度 $h$ 成正比，且垂直指向平板。液体对平板的总作用力，相当于对平行力系求合力<br>　　在平板受压面上，任取一微小面积 $dA$，其上的压力可看成均布，则：<br>$$p=p_0+\rho gh=p_0+\rho gy\sin\alpha$$<br>因此微元面积 $dA$ 上受到液体的微小作用力为：<br>$$dF=pdA=(p_0+\rho gy\sin\alpha)dA$$<br>积分上式得流体作用于平板 $A$ 上的总压力：<br>$$F=\int_A dF=\int_A pdA=\int_A(p_0+\rho gy\sin\alpha)dA$$<br>$$=p_0 A+\rho g\sin\alpha\int_A ydA$$ |

| 类别 | | 说明 |
|---|---|---|
| 静止流体对平面壁的总压力 | | 因为 $\int_A y\,\mathrm{d}A$ 是平面 $A$ 绕通过 $o$ 点的 $ox$ 轴的面积矩，即 $\int_A y\,\mathrm{d}A = y_c A$，$y_c$ 是平板形心 $c$ 到 $ox$ 的距离，且 $y_c\sin\alpha = h_c$，所以总压力：$$F = p_0 A + \rho g A y_c \sin\alpha$$ $$= p_0 A + \rho g h_c A$$ 总压力的作用点称为压力中心，设为 $d$ 点。总压力 $F$ 对 $ox$ 轴的力矩应该等于微小压力 $\mathrm{d}F$ 对 $ox$ 轴的力矩之合，即：$$y_d F = \int_A py\,\mathrm{d}A = \int_A (p_0 + \rho gy\sin\alpha)y\,\mathrm{d}A$$ $$= p_0 A y_c + \rho g\sin\alpha \int_A y^2\,\mathrm{d}A$$ 式中，$\int_A y^2\,\mathrm{d}A$ 为面积 $A$ 对 $ox$ 轴的惯性矩 $J_x$，且 $J_x = J_c + y_c^2$，$J_c$ 是平面 $A$ 对通过 $c$ 点且平行于 $ox$ 轴的惯性矩 当液面为大气压力时，压力中心的计算公式为：$$y_d = y_c + \frac{J_c}{y_c A}$$ |
| 静止流体对曲面壁的总压力 | 概念 | 计算流体对曲面壁的作用力是空间力系求合力的问题。由于曲面不同点上的作用力的方向不同，因此常将各微元面积上的压力 $\mathrm{d}F$ 进行分解，然后再总加起来 |
| | 水平分力 | 设曲面 $ab$ 的面积为 $A$，置于液体之中，如图 1-10 所示。假设液面为大气压力，在曲面 $ab$ 上任取一微小面积 $\mathrm{d}A$（对应的淹没深度为 $h$），其所受的作用力：$$\mathrm{d}F = \rho g h\,\mathrm{d}A$$ 将 $\mathrm{d}F$ 分解为水平分力 $\mathrm{d}F_y$ 和垂直分力 $\mathrm{d}F_z$，然后分别在整个曲面 $A$ 上求积分，得：$$F_y = \int \mathrm{d}F_y = \int_A \mathrm{d}F\cos\theta = \int_A \rho gh\,\mathrm{d}A\cos\theta$$ $$= \int_A \rho gh\,\mathrm{d}A_y = \rho g\int_A h\,\mathrm{d}A_y$$ 式中，$\int_A h\,\mathrm{d}A_y = h_c A_y$ 为面积 $A$ 在 $zox$ 坐标面上的投影面积 $A_y$ 对 $ox$ 轴的面积矩（$x$ 轴垂直于纸面），于是水平分力：$$F_y = \rho g h_c A_y$$ 其作用线通过 $A_y$ 的压力中心 |
| | 垂直分力 | 垂直分力为：$$F_z = \int \mathrm{d}F_z = \int_A \mathrm{d}F\sin\theta = \int_A \rho gh\,\mathrm{d}A\sin\theta$$ $$= \int_A \rho gh\,\mathrm{d}A_z = \rho g\int_A h\,\mathrm{d}A_z$$ 式中，$A_z$ 为面积 $A$ 在 $yox$ 坐标面上的投影面积；$\int_A h\,\mathrm{d}A_z$ 为曲面上的液体体积 $V$，通常称这个体积为压力体，于是：$$F_z = \rho gV$$ 即曲面上所受到的总作用力的垂直分力等于压力体的液重，其作用线通过压力体的重心 对柱体曲面，所受总作用力的水平分力 $F_y$ 和垂直分力 $F_z$，因为一定共面，合成的总作用力：$$F = \sqrt{F_y^2 + F_z^2}$$ 它与垂直方向的夹角 $$\alpha = \arctan\frac{F_y}{F_z}$$ 且压力作用线必然通过垂直分力与水平分力的交点 应该注意的是：压力体是所研究的曲面与通过曲面周界的垂直面和液体自由表面或其延伸面所围成的封闭空间。不管这个体积内是否充满液体，垂直分力的计算式 $F_z = \rho gV$ 是不变的。不过垂直分力的方向随压力体在受压面的同侧或异侧不同。如图 1-11 所示，左图压力体与受压曲面异侧，垂直分力向上；右图压力体与受压曲面同侧，垂直分力向下 |

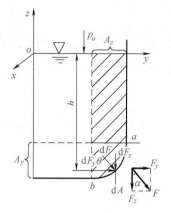

图 1-10  流体对曲面的作用力

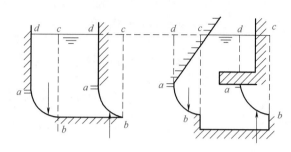

图 1-11  压力体

## 四、流体动力学

　　流体动力学是研究流体在外力作用下的运动规律，即研究流体动力学物理量和运动学物理量之间的关系的科学，也就是研究流体所受到的作用力与运动的速度之间的关系式。所应用的主要物理定律包括牛顿第二定律、机械能守恒定律等。

　　（1）液体运动的基本概念（表1-16）

表 1-16  液体运动的基本概念

| 项目 | 说明 |
| --- | --- |
| 理想流体 | 理想流体是没有黏性的流体 |
| 稳定流和非稳定流 | 在流动空间内，任一点处流体的运动要素（压力、速度、密度等）不随时间变化的流动称为稳定流；若流动中，任何一个或几个运动要素随时间变化则称为非稳定流 |
| 迹线与流线 | 迹线是流体质点在一段时间内的运动轨迹；流线是流动空间中某一瞬间的一条空间曲线，该曲线上流体质点所具有的速度方向与曲线在该点的切线方向一致<br>流线和迹线有以下一些性质：流线是某一瞬间的一条线，而迹线则一定要在一段时间内才能形成；流线上每一点都有一个流体质点，因此每条流线上都有无数个流体质点，而迹线是一个流体质点的运动轨迹；非稳定流中，流速随时间而变，不同瞬间有不同的流线形状，流线与迹线不能重合，而稳定流中，流速不随时间变化，流线形状不变，流线与迹线完全重合；流线不能相交（奇点除外） |
| 流管、流束及总流 | ①流管。通过流动空间内任一封闭周线各点作流线所形成的管状曲面称为流管，因为在流管法向没有速度分量，流体不能穿过流管表面，故流管作用类似于管路<br>②流束。充满在流管内部的全部流体称为流束，断面为无穷小的流束称为微小流束。微小流束断面上各点的运动要素都是相同的，当断面面积趋近于 0 时，微小流束以流线为极限，因此有时也可用流线来代表微小流束<br>③总流。在流动边界内全部微小流束的总和称为总流 |
| 有效断面、湿周和水力半径 | ①有效断面。和断面上各点速度相垂直的横断面称为有效断面，以 $A$ 表示<br>②湿周。有效断面上流体与固体边界接触的周长称为湿周，以 $\chi$ 表示，如图1-12所示<br>③水力半径。有效断面与湿周之比称为水力半径，以 $R$ 表示 |

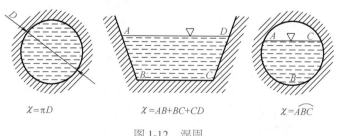

$$\chi = \pi D \qquad \chi = AB + BC + CD \qquad \chi = \overset{\frown}{ABC}$$

图 1-12  湿周

（2）连续性方程

连续性方程是质量守恒定律在流体力学中的表达形式。如图 1-13 所示为管路中任选两个有效断面 $A_1$ 和 $A_2$，其平均流速分别为 $v_1$ 与 $v_2$，流体的密度分别为 $\rho_1$ 及 $\rho_2$，则单位时间内流入两断面所截取的空间内的流体质量为 $\rho_1A_1v_1$，而相同时间流出的流体质量为 $\rho_2A_2v_2$。对于稳定流动，流入流出 $A_1$ 和 $A_2$ 两断面间控制体积的质量相等，即：

$$\rho_1A_1v_1=\rho_2A_2v_2= \text{常量}$$

对不可压缩流体，上式可写成：

$$A_1v_1=A_2v_2= \text{常量}$$

速度与断面的乘积等于流量，即：

$$q=Av$$

故式 $A_1v_1=A_1v_2=$ 常量，可写成：

$$q_1=q_2= \text{常量}$$

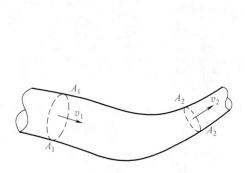

图 1-13　连续性方程用图示意

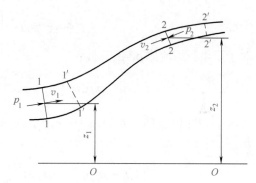

图 1-14　伯努利方程式推导示意图

（3）伯努利方程式及应用

① 理想流体伯努利方程。伯努利方程是能量守恒定律在流体力学中的表达形式，它反映了流体在运动过程中能量之间相互转化的规律。如图 1-14 所示，在管路中任选断面 1—1 和 2—2，并选定基准面 $OO$（水平面），$z_1$ 及 $z_2$ 分别表示两断面中心离基准面的垂直高度，$p_1$ 和 $p_2$ 分别表示两断面处的压力，$v_1$ 与 $v_2$ 表示两断面处的平均流速。

在 $\mathrm{d}t$ 时间内，1—2 段流体流到 1′—2′。1—1 断面移到 1′—1′ 断面，2—2 断面移到 2′—2′ 断面。运动的距离分别为 $\mathrm{d}s_1=v_1\mathrm{d}t$ 及 $\mathrm{d}s_2=v_2\mathrm{d}t$。

在 1—1 断面处合外力 $F_1=p_1A_1$，方向为断面 1—1 的内法线方向，与 $\mathrm{d}s_1$ 方向一致。$F_1$ 对流体所作的功为：

$$W_1=F_1ds_1=p_1A_1v_1\mathrm{d}t$$

在断面 2—2 处合外力 $F_2$ 在 $\mathrm{d}t$ 时间内对流体所作的功为：

$$W_2=F_2ds_2=-p_2A_2v_2\mathrm{d}t$$

所以在 $\mathrm{d}t$ 时间内外力对于 1—2 这段流体所作的功为：

$$W=W_1+W_2=p_1A_1v_1\mathrm{d}t-p_2A_2v_2\mathrm{d}t$$

引入流体为不可压缩的条件，由式 $A_1v_1=A_2v_2=$ 常量有：

$$A_1v_1=A_2v_2=q$$

则

$$W=（p_1-p_2）q\mathrm{d}t$$

在 d$t$ 时间内 1—2 这段流体变为 1′—2′，因此 d$t$ 时间内机械能的增量为 $\Delta E = E_{1'-2'} - E_{1-2}$。
而

$$E_{1'-2} = E_{1'-2} + E_{2-2'}, \quad E_{1-2} = E_{1-1'} + E_{1'-2}$$

则

$$\Delta E = E_{1'-2} + E_{2-2'} - (E_{1-1'} + E_{1'-2})$$

对于稳定流动，在空间内任何一点的运动要素不随时间而变化。因此，在 d$t$ 前的 $E_{1'-2}$ 和 d$t$ 后的 $E_{1'-2}$ 是相等的
所以

$$\Delta E = E_{2-2'} - E_{1-1'}$$

而

$$E_{2-2'} = \frac{1}{2} m_2 v_2^2 + m_2 g z_2$$

$$= \frac{1}{2} \rho_2 A_2 v_2 \, \mathrm{d}t v_2^2 + \rho_2 A_2 v_2 \, \mathrm{d}t \tan z_2$$

$$= \rho_2 q \, \mathrm{d}t \left( \frac{1}{2} v_2^2 + g z_2 \right)$$

同理

$$E_{1-1'} = \rho_1 q \, \mathrm{d}t \left( \frac{1}{2} v_1^2 + g z_1 \right)$$

对于不可压缩流体 $\rho_1 = \rho_2$，故：

$$\Delta E = \rho q \, \mathrm{d}t \left( \frac{1}{2} v_2^2 + g z_2 \right) - \rho q \, \mathrm{d}t \left( \frac{1}{2} v_1^2 + g z_1 \right)$$

根据能量守恒定理，外力对 1—2 段流体所做的功 $W$ 应等于 1—2 段流体机械能的增加 $\Delta E$，所以：

$$(p_1 - p_2) q \, \mathrm{d}t = \rho q \, \mathrm{d}t \left( \frac{1}{2} v_2^2 + g z_2 - \frac{1}{2} v_1^2 - g z_1 \right)$$

以 1—1′ 与 2—2′ 段流体所受的重力 $\rho g q \mathrm{d}t$ 除上式，即对单位重力液体有：

$$\frac{p_1}{\rho g} - \frac{p_2}{\rho g} = \frac{v_2^2}{2g} + z_2 - \frac{v_1^2}{2g} - z_1$$

$$\frac{v_1^2}{2g} + \frac{p_1}{\rho g} + z_1 = \frac{v_2^2}{2g} + \frac{p_2}{\rho g} + z_2$$

在推导中，断面 1—1 和 2—2 是任意选的，因此可以写成在管道的任一断面有

$$\frac{v^2}{2g} + \frac{p}{\rho g} + z = 常数$$

以上两式就是理想流体的伯努利方程式。在应用上两式时，必须满足下述四个条件：
a. 质量力只有重力作用。
b. 流体是理想流体。
c. 流体是不可压缩的。
d. 流动是稳定流动的。
② 伯努利方程的几何意义和能量意义（表 1-17）

表 1-17　伯努利方程的几何意义和能量意义

| 项目 | 说明 |
|---|---|
| 几何意义 | ①位置水头 $z$。$z$ 代表断面上的流体质点离基准面的平均高度，也就是该断面中心点离基准面的高度，称为位置水头<br>②压力水头 $p/\rho g$。$p/\rho g$ 在流体力学中称为压力水头<br>③速度水头 $v^2/2g$。$v^2/2g$ 从几何上看，代表液体以速度 $v$ 向上喷射时所能达到的垂直高度，称为速度水头<br><br>三项水头之和称为总水头，以 $H$ 表示。由公式 $\left(\dfrac{v^2}{2g}+\dfrac{p}{\rho g}+z=常数\right)$ 说明，在理想流体中，管道各处的总水头都相等 |
| 能量意义 | ①比位能 $z$。重力为 $G$ 的流体离基准面高度为 $z$ 时，其位能为 $Gz$，因此，单位重力流体所具有的位能为 $z$。所以 $z$ 代表所研究的断面上单位重力流体对基准面所具有的位能，称为比位能<br>②比压能 $p/\rho g$。当重力为 $G$ 的流体质点在管子断面上时，它受到的压力为 $p$，在其作用下流体质点由玻璃管中上升 $h_p$，位能提高 $Gh_p$，而压力则由 $p$ 变为 0。也就是说，流体质点的位能提高是由于压力 $p$ 做功而达到的。这说明压力也是一种能量，一旦放出来可以做功，而使流体质点 $G$ 的位能提高。$p/\rho g$ 流体力学中称之为比压能<br>③比动能 $v^2/2g$。$v^2/2g$ 称为比动能，它代表单位重力流体所具有的动能。因为重力为 $G$，速度为 $v$ 的流体所具有的动能为 $Gv^2/2g$，故单位重力流体所具有的动能为 $v^2/2g$<br><br>三项比能之和称为总比能，代表单位重力流体所具有的总机械能，而式 $\left(\dfrac{v^2}{2g}+\dfrac{p}{\rho g}+z=常数\right)$ 则表示在不可压缩理想流体稳定流中，虽然在流动的过程中各断面的比位能，比压能和比动能可以互相转化，但三者的总和即总比能是不变的。这就是理想流体伯努利方程的能量意义 |

③ 实际流体伯努利方程式。实际上所有的流体都是有黏性的，在流动的过程中由于黏性而产生能量损失，使流体的机械能降低，另外流体在通过一些局部地区过流断面变化的地方，也会引起流体质点互相冲撞产生旋涡等而引起机械能的损失。因此，在实际流体的流动中，单位重力流体所具有的机械能在流动过程中不能维持常数不变，而是要沿着流动方向逐渐减小。

④ 缓变流及其特性。缓变流必须满足下述两个条件：

a. 流线与流线之间的夹角很小，即流线趋近于平行。

b. 流线的曲率半径很大，即流线趋近于直线。

因此缓变流的流线趋近于平行的直线。不满足上述两条件之一时就称为急变流。

⑤ 实际流体总流的伯努利方程。实际流体总流的伯努利方程为：

$$\frac{\alpha_1 v_1^2}{2g}+\frac{p_1}{\rho g}+z_1=\frac{\alpha_2 v_2^2}{2g}+\frac{p_2}{\rho g}+z_2+h_w$$

式中，$\alpha_1$、$\alpha_2$ 为动能修正系数，对紊流 $\alpha=1.05\sim1.1$，对层流 $\alpha=2.0$；$h_w$ 为损失水头。

上式各项的物理意义与式 $\left(\dfrac{v^2}{2g}+\dfrac{p}{\rho g}+z=常数\right)$ 相同，但式 $\left(\dfrac{v^2}{2g}+\dfrac{p}{\rho g}+z=常数\right)$ 中各项是代表断面上各点比能的平均值。

上式有着广泛的应用，在应用时要注意以下几点：

a. 应用时必须满足推导时所用的五个条件，即

（a）质量力只有重力作用；

（b）稳定流；

（c）不可压缩流体；

（d）缓变流断面；

（e）流量为常数。

b. 缓变流断面在数值上没有一个精确的界限，因此有一定的灵活性。如一般大容器的自由面、孔口出流时的最小收缩断面、管道的有效断面等都可当作缓变流断面。

c. 一般在紊流中 $\alpha$ 与 1 相差很小，故工程计算中取 $\alpha=1$，而层流中 $\alpha=2$。

d. $A_1$ 与 $A_2$ 尽量选为最简单的断面（如自由面）或各水头中已知项最多的断面。

e. 解题时往往与其他方程如连续性方程、静力学基本方程等联立。

（4）动量方程式

由动量定理，即物体的动量变化等于作用在该物体上的外力的总冲量得：

$$\sum F \mathrm{d}t = \mathrm{d}\left(\sum mv\right)$$

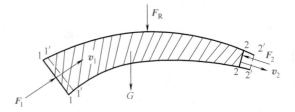

图 1-15 动量方程式推导用图

在稳定流动中，取一段流体 1122，如图 1-15 所示。$v_1$ 及 $v_2$ 分别代表 1—1 及 2—2 处的平均速度，$F_1$ 及 $F_2$ 代表 1—1 和 2—2 上的总压力，$F_R$ 为周围边界对 1122 这一段流体的作用力（包括压力及摩擦力），$G$ 为 1122 这段流体的重力。

经时间 $\mathrm{d}t$ 后，1122 流到 1'1'2'2'。其动量变化为：

$$\mathrm{d}K = K_{1'1'2'2'} + K_{1122}$$

$$= (K_{1'1'22} + K_{2222'}) - (K_{111'1'} + K_{1'1'22})$$

在 $\mathrm{d}t$ 时间前后，1'1'22 这一段空间中的流体质点虽然不一样，但由于是稳定流，所以各点的速度、密度等仍相同。因此，1'1'22 这一段流体的动量 $K_{1'1'22}$ 在 $\mathrm{d}t$ 前后是相等的。因此上式可写成：

$$\mathrm{d}K = K_{2222'} - K_{111'1'}$$

而

$$K_{2222'} = mv_2 = \rho q \mathrm{d}t v_2$$

$$K_{111'1'} = mv_1 = \rho q \mathrm{d}t v_1$$

所以

$$\mathrm{d}K = \rho q \mathrm{d}t (v_2 - v_1)$$

上式可写成

$$\sum F \mathrm{d}t = \rho q \mathrm{d}t (v_2 - v_1)$$

或

$$\sum F = \rho q (v_2 - v_1)$$

式 $\sum F = \rho q (v_2 - v_1)$ 就是稳定流动的动量方程，写成在各坐标轴方向的投影，为：

$$\sum F_x = \rho q (v_{2x} - v_{1x})$$

$$\sum F_y = \rho q (v_{2y} - v_{1y})$$

$$\sum F_z = \rho q (v_{2z} - v_{1z})$$

动量方程、连续性方程和伯努利方程是流体力学中三个重要的方程式。在计算流体与限制其流动的固体边界之间的相互作用力时常常用到动量方程。在应用动量方程式 $\sum F = \rho q (v_2 - v_1)$ 或上式时，必须注意以下两点：

① 式 $\sum F = \rho q (v_2 - v_1)$ 中 $\sum F$ 是以所研究的流体段为对象的，是周围介质对该流体段的作用力，而不是该段流体对周围介质的作用力。

② $\sum F$ 当包括作用在被研究的流体段上的所有外力。

## 五、流体在管路中的流动

由于实际流体都是有黏性的，所以流体在管路中流动必然要产生能量损失。

（1）管路中流体流动的两种状态

① 层流。流体质点平稳地沿着管轴线方向运动，而无横向运动，流体就像分层流动一样，这种流动状态称为层流。

② 紊流。流体质点不仅有纵向运动，而且有横向运动，处于杂乱无章的不规则运动状态，这种流状态称为紊流。

（2）基本概念（表1-18）

表1-18 管路中流体流动的基本概念

| 项目 | 说明 |
| --- | --- |
| 上临界流速 | 由层流转变为紊流状态时的流速称为上临界流速 $v_c'$ |
| 下临界流速 | 由紊流转变为层流时的流速称为下临界流速 $v_c$。<br>雷诺通过大量的实验研究发现，对不同管径 $d$，不同性质（密度 $\rho$、运动黏度 $\nu$ 不同）的流体，它们在临界流速时所组成的无量纲数 $Re_c = \dfrac{v_c d}{\nu} = \dfrac{\rho v_c d}{\mu}$ 基本上是相同的（$\nu$ 为运动黏度系数）。$Re_c$ 称为临界雷诺数，对应于下临界流速 $v_c$ 的称为下临界雷诺数 $Re_c$，对应于上临界流速 $v_c'$ 的称为上临界雷诺数 $Re_c'$。实验测得 $Re_c$=2320，$Re_c'$=13800。对应于过流断面上平均速度 $v$ 的雷诺数表达式为： $$Re = \frac{vd}{\nu} = \frac{\rho vd}{\mu}$$ 当 $Re \leqslant Re_c$=2320 时，管路中的流动状态为层流；当 $Re > Re_c'$=13800 时，管路中的流动状态为紊流。当雷诺数介于两者之间时，可能是层流也可能是紊流，由于过渡状态极不稳定，外界稍有扰动层流就转变为紊流，因此工程上一般将过渡状态归入到紊流来处理。而以下临界雷诺数 $Re_c$=2320 作为判别层流与紊流的依据：$Re \leqslant 2320$，为层流；$Re > 2320$，为紊流。<br>雷诺数的物理意义是作用于流体上的惯性力与黏性力之比。$Re$ 越小，说明黏性力的作用越大，流动就越稳定；$Re$ 越大，说明惯性力的作用越大，流动就越紊乱 |
| 当量直径 | 雷诺数表达式中的 $d$ 代表的是管路的特征长度，对于圆形断面管，$d$ 就是圆管直径。对于非圆断面管，可以用水力半径 $R$ 或当量直径 $d_H$ 表示。设某一非圆断面管道的过流断面积为 $A$，与液体相接触的过流断面润湿周界的长度为 $l$，则其当量半径为： $$R = \frac{A}{l}$$ 当量直径为： $$d_H = 4R = 4\frac{A}{l}$$ 则适用于非圆断面管的雷诺数表达式为： $$Re = \frac{vd_H}{\nu} = \frac{\rho vd_H}{\mu}$$ |

常见的断面形状及水力直径见表1-19。

表1-19 常见断面形状及水力直径

| 断面形状 | 图示 | 水力直径 $d_H$ | $Re_c = \dfrac{vd_H}{\nu}$ |
| --- | --- | --- | --- |
| 圆管 |  | $d$ | 2300 |
| 正方形 | 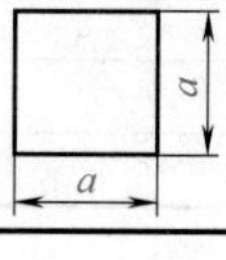 | $a$ | 2100 |

| 断面形状 | 图示 | 水力直径 $d_H$ | $Re_c = \dfrac{vd_H}{v}$ |
|---|---|---|---|
| 同心环形缝隙 |  | $2\delta$ | 1100 |
| 偏心缝隙 | 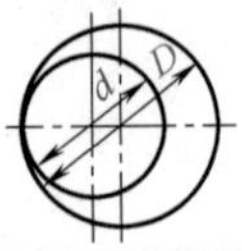 | $D-d$ | 1000 |
| 平行平板 | 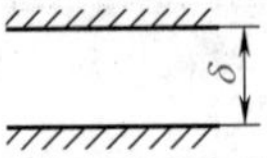 | $2\delta$ | 1000 |
| 滑阀开口 | 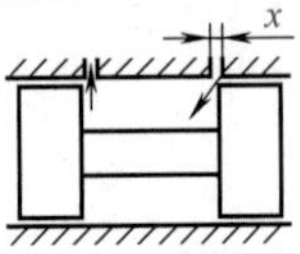 | 2 | 260 |

（3）管道中的压力损失

① 沿程压力损失。流体在管道中流动时，由于流体与管壁之间有黏附作用，以及流体质点间存在着内摩擦力等，沿流程阻碍着流体的运动，这种阻力称为沿程阻力。克服沿程阻力要消耗能量，一般以压力降的形式表现出来，称为沿程压力损失 $\Delta p_\lambda$，可按达西（Darcy）公式计算：

$$\Delta p_\lambda = \lambda \frac{l}{d} \times \frac{\rho v^2}{2}$$

或以沿程压头（水头）损失 $h_\lambda$ 表示：

$$h_\lambda = \lambda \frac{l}{d} \times \frac{v^2}{2g}$$

式中　$\lambda$——沿程阻力系数，它是雷诺数 $Re$ 和相对粗糙度 $\Delta/d$（$\Delta$ 见表 1-20）的函数，其计算公式见表 1-21；

　　$l$——圆管的沿程长度，m；

　　$d$——圆管内径，m；

　　$v$——管内平均速度，m/s；

　　$\rho$——流体密度，kg/m³。

表 1-20　管材内壁绝对粗糙度 $\Delta$

| 材料 | 管内壁状态 | 绝对粗糙度 $\Delta$/mm |
|---|---|---|
| 铜 | 冷拔铜管、黄铜管 | 0.0015～0.01 |
| 铝 | 冷拔铝管、铝合金管 | 0.0015～0.06 |
| 钢 | 冷拔无缝钢管 | 0.01～0.03 |
| | 热拉无缝钢管 | 0.05～0.1 |
| | 轧制无缝钢管 | 0.05～0.1 |
| | 镀锌钢管 | 0.12～0.15 |

| 材料 | 管内壁状态 | 绝对粗糙度 $\Delta$/mm |
|---|---|---|
| 钢 | 涂沥青的钢管 | 0.03～0.05 |
|  | 波纹管 | 0.75～7.5 |
| 铸铁 | 铸铁管 | 0.05 |
| 塑料 | 光滑塑料管 | 0.0015～0.01 |
|  | $d=100$mm 的波纹管 | 5～8 |
|  | $d \geqslant 200$mm 的波纹管 | 15～30 |
| 橡胶 | 光滑橡胶管 | 0.006～0.07 |
|  | 含有加强钢丝的胶管 | 0.3～4 |

表 1-21　圆管的沿程阻力系数 $\lambda$ 的计算公式

| 流动区域 | | 雷诺数范围 | | 计算公式 |
|---|---|---|---|---|
| 层流 | | $Re \leqslant 2320$ | | $\lambda = \dfrac{64}{Re}$ |
| 紊流 | 水力光滑管 | $Re < 22\left(\dfrac{d}{\Delta}\right)^{\frac{8}{7}}$ | $3000 < Re < 10^5$ | $\lambda = 0.3164/Re^{0.25}$ |
|  |  |  | $10^5 < Re < 10^8$ | $\lambda = 0.308/(0.842 - \lg Re)^2$ |
|  | 水力粗糙管 | $22\left(\dfrac{d}{\Delta}\right)^{\frac{8}{7}} < Re < 597\left(\dfrac{d}{\Delta}\right)^{\frac{9}{8}}$ | | $\lambda = \left[1.14 - 2\lg\left(\dfrac{\Delta}{d} + \dfrac{21.25}{Re^{0.9}}\right)\right]^{-2}$ |
|  | 阻力平方区 | $Re > 597\left(\dfrac{d}{\Delta}\right)^{\frac{9}{8}}$ | | $\lambda = 0.11\left(\dfrac{\Delta}{d}\right)^{0.25}$ |

② 局部压力损失。流体在管道中流动时，当经过弯管、流道突然扩大或缩小、阀门、三通等局部区域时，流速大小和方向被迫急剧地改变，因而发生流体质点的撞击，出现涡旋、二次流以及流动的分离及再附壁现象。此时由于黏性的作用，质点间发生剧烈的摩擦和动量交换，从而阻碍着流体的运动。这种在局部障碍处产生的阻力称为局部阻力。克服局部阻力要消耗能量，一般以压力降的形式表现出来，称为局部压力损失 $\Delta p_\xi$，表示为：

$$\Delta p_\xi = \xi \frac{\rho v^2}{2}$$

或以局部压头（水头）损失 $h_\xi$ 表示：

$$h_\xi = \xi \frac{v^2}{2g}$$

式中　$\xi$——局部阻力系数，它与管件的形状、雷诺数有关；

　　　$v$——平均流速，m/s。除特殊注明外，一般均指局部管件后的过流断面上的平均速度。

③ 局部阻力系数。除了突然扩大管件的局部阻力系数外，一般局部阻力系数 $\xi$ 都是由实验测得，或用一些经验公式计算。而且大部分的局部阻力系数都是指紊流的。层流时的局部阻力系数资料较少。

a. 突然扩大局部阻力系数。管道突然扩大的结构简图如图 1-16 所示。

（a）层流。当 $Re < 2320$ 时，对大管的平均流速而言，突然扩大的局部阻力系数可用下面的公式：

$$\xi_L = \frac{2}{3}\left(3\frac{A_2}{A_1} - 1\right)\left(\frac{A_2}{A_1} - 1\right)$$

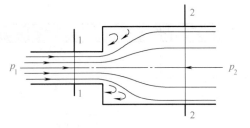

图 1-16　管道突然扩大的结构简图

（b）紊流。对大管平均流速而言，突然扩大局部阻力系数为：

$$\xi_T = \left(\frac{A_2}{A_1} - 1\right)^2$$

其中的 $A_1$ 和 $A_2$ 分别为管道扩大前和扩大后所对应的过流断面面积。突然扩大局部阻力系数亦可查表 1-22。

表 1-22　突然扩大局部阻力系数

| $A_2/A_1$ | 1.5 | 2 | 3 | 4 | 5 | 6 | 7 | 8 | 9 | 10 |
|---|---|---|---|---|---|---|---|---|---|---|
| $\xi_L$ | 1.16 | 3.33 | 10.6 | 22 | 37.33 | 56.66 | 80 | 107.33 | 138.6 | 174 |
| $\xi_T$ | 0.25 | 1 | 4 | 9 | 16 | 25 | 36 | 49 | 64 | 81 |

b. 管道入口与出口处的局部阻力系数，见表 1-23 和表 1-24。

表 1-23　管道出口处的局部阻力系数

| 出口形式 | | 局部阻力系数 $\xi$ | | | | | | | | | | |
|---|---|---|---|---|---|---|---|---|---|---|---|---|
| 从直管流出 | 紊流 → $d_0$ | 紊流时，$\xi=1$ | | | | | | | | | | |
| | 层流 → $d_0$ | 层流时，$\xi=2$ | | | | | | | | | | |
| 从锥形喷嘴流出 $Re > 2 \times 10^3$ | | $\xi=1.05\,(d_0/d_1)^4$ | | | | | | | | | | |
| | | $d_0/d_1$ | 1.05 | 1.1 | 1.2 | 1.4 | 1.6 | 1.8 | 2.0 | 2.2 | 2.4 | 2.6 | 2.8 | 3.0 |
| | | $\xi$ | 1.28 | 1.54 | 2.18 | 4.03 | 6.88 | 11.0 | 16.8 | 24.8 | 34.8 | 48.0 | 64.6 | 85.0 |
| 从锥形扩口管流出 $Re > 2 \times 10^3$ | | $\xi$ | | | | | | | | | | |
| | | $l/d_0$ | $\alpha/(°)$ | | | | | | | | | |
| | | | 2 | 4 | 6 | 8 | 10 | 12 | 16 | 20 | 24 | 30 |
| | | 1 | 1.30 | 1.15 | 1.03 | 0.90 | 0.80 | 0.73 | 0.59 | 0.55 | 0.55 | 0.58 |
| | | 2 | 1.14 | 0.91 | 0.73 | 0.60 | 0.52 | 0.46 | 0.39 | 0.42 | 0.49 | 0.62 |
| | | 4 | 0.86 | 0.57 | 0.42 | 0.34 | 0.29 | 0.27 | 0.29 | 0.47 | 0.59 | 0.66 |
| | | 6 | 0.49 | 0.34 | 0.25 | 0.22 | 0.20 | 0.22 | 0.29 | 0.38 | 0.50 | 0.67 |
| | | 10 | 0.40 | 0.20 | 0.15 | 0.14 | 0.16 | 0.18 | 0.26 | 0.35 | 0.45 | 0.60 |

表 1-24 管道入口处的局部阻力系数

| 入口形式 | 局部阻力系数 $\xi$ | | | | | | |
|---|---|---|---|---|---|---|---|
| 入口处为尖角凸边 $Re > 10^4$ | 当 $\delta/d_0 < 0.05$ 及 $b/d_0 \leq 0.5$ 时，$\xi = 1$<br>当 $\delta/d_0 > 0.05$ 及 $b/d_0 < 0.5$ 时，$\xi = 0.5$ | | | | | | |
| 入口处为尖角 $Re > 10^4$ | $\alpha/(°)$ | 20 | 30 | 45 | 60 | 70 | 80 | 90 |
| | $\xi$ | 0.96 | 0.91 | 0.81 | 0.70 | 0.63 | 0.56 | 0.5 |
| | 一般垂直入口，$\alpha=90°$ | | | | | | |

| 入口处为圆角 | $r/d_0$ | 0.12 | 0.16 |
|---|---|---|---|
| | $\xi$ | 0.1 | 0.06 |

| 入口处为倒角 $Re > 10^4$（$\alpha=60°$ 时最佳） | | $\xi$ | | | | | |
|---|---|---|---|---|---|---|---|
| | $\alpha/(°)$ | $e/d_0$ | | | | | |
| | | 0.025 | 0.050 | 0.075 | 0.10 | 0.15 | 0.60 |
| | 30 | 0.43 | 0.36 | 0.30 | 0.25 | 0.20 | 0.13 |
| | 60 | 0.40 | 0.30 | 0.23 | 0.18 | 0.15 | 0.12 |
| | 90 | 0.41 | 0.33 | 0.28 | 0.25 | 0.23 | 0.21 |
| | 120 | 0.43 | 0.38 | 0.35 | 0.33 | 0.31 | 0.29 |

c. 管道缩小处的局部阻力系数，见表 1-25。

表 1-25 管道缩小处的局部阻力系数

| 管道缩小形式 | 局部阻力系数 $\xi$ | | | | | | | | | | |
|---|---|---|---|---|---|---|---|---|---|---|---|
| $Re > 10^4$ | $\xi = 0.5(1 - A_0/A_1)$ | | | | | | | | | | |
| | $A_0/A_1$ | 0.1 | 0.2 | 0.3 | 0.4 | 0.5 | 0.6 | 0.7 | 0.8 | 0.9 | 1.0 |
| | $\xi$ | 0.45 | 0.40 | 0.40 | 0.35 | 0.30 | 0.25 | 0.20 | 0.15 | 0.05 | 0 |
| $Re > 10^4$ | $\xi = \xi'(1 - A_0/A_1)$<br>式中　$\xi'$——按"管道入口处的局部阻力系数"第 4 项"入口处为倒角"的 $\xi$ 值；<br>　　　$A_0$、$A_1$——管道相应于内径 $d_0$、$d_1$ 的通过面积 | | | | | | | | | | |

d. 弯管局部阻力系数，见表 1-26。

表 1-26 弯管局部阻力系数

| 弯管形式 | 局部阻力系数 $\xi$ | | | | | | | | |
|---|---|---|---|---|---|---|---|---|---|
| 折管 | $\alpha/(°)$ | 10 | 20 | 30 | 40 | 50 | 60 | 70 | 80 | 90 |
| | $\xi$ | 0.04 | 0.1 | 0.17 | 0.27 | 0.4 | 0.55 | 0.7 | 0.9 | 1.12 |

| 弯管形式 | 局部阻力系数 ξ | | | | |
|---|---|---|---|---|---|
| 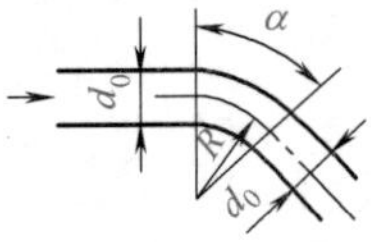 | $\xi=\xi'(\alpha/90°)$ | | | | |
| $d_0/2R$ | 0.1 | 0.2 | 0.3 | 0.4 | 0.5 |
| $\xi'$ | 0.13 | 0.14 | 0.16 | 0.21 | 0.29 |

（光滑管壁的均匀弯管图示）

注：1. 对于粗糙管的铸造弯头，当紊流时，$\xi'$ 数值较上表大 3 ~ 4 倍。
　　2. 两个弯管连接的情况，如图 1-17 所示。

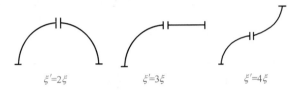

$\xi'=2\xi$　　　　$\xi'=3\xi$　　　　$\xi'=4\xi$

图 1-17　两个弯管连接的阻力系数

e. 分支管局部阻力系数，见表 1-27。

表 1-27　分支管局部阻力系数

| 形式及流向 |  | 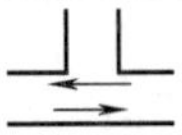 |  |  | 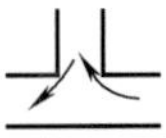 |  |
|---|---|---|---|---|---|---|
| $\xi$ | 0.05 | 0.1 | 0.15 | 0.5 | 1.3 | 3 |

④ 总能量损失

液压系统总是由多种液压件和各种管件组合而成，因此一个系统的总压力损失则是将管道上的所有的沿程压力损失和局部压力损失按算术加法求和。即：

$$\Delta pf = \sum \Delta p_\lambda + \sum \Delta p_\xi = \sum \lambda_i \frac{l_i}{d_i} \times \frac{\rho v_i^{\ 2}}{2} + \sum \xi_j \frac{\rho v_j^{\ 2}}{2}$$

## 六、孔口出流及缝隙流动

### （一）孔口出流

孔口及管嘴出流在工程中有着广泛的应用。在液压与气动系统中，大部分阀类元件都利用薄壁孔工作。

（1）薄壁孔口出流

所谓薄壁孔，理论上是孔的边缘是尖锐的刃口，实际上只要孔口边缘的厚度 $\delta$ 与孔口的直径 $d$ 的比值 $\delta/d \leqslant 0.5$，孔口边缘是直角即可。如图 1-18 所示表示一典型的薄壁孔，孔前管道直径为 $D$，其流速为 $v_1$，压力为 $p_1$，孔径为 $d$。

流体经薄壁孔出流时，管轴心线上的流体质点做直线运动，靠近管壁和孔板壁的流体质点在流入孔口前，其运动方向与孔的轴线方向（即孔口出流的主流方向）基本上是垂直的。在孔口边缘流出时，由于惯性作用，其流动方向逐渐从与主流垂直的方向改变为与主流平行的方向。因此，孔口流出的流股的断面在脱离孔口边缘时逐渐收缩，

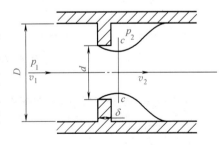

图 1-18　薄壁孔口出流

到收缩至最小断面 $c$—$c$ 时，流股边缘的流体质点的流动方向与主流流动方向完全一致，是缓变流断面。$c$—$c$ 断面后，主流断面又逐渐扩大到整个管道断面，在主流和管壁之间则形成旋涡区。

在孔口前管道断面与孔口后的最小收缩断面处列伯努利方程，则有：

$$\frac{p_1}{\rho g} + \frac{v_1^2}{2g} = \frac{p_2}{\rho g} + \frac{v_2^2}{2g} + \xi \frac{v_2^2}{2g}$$

式中　$v_2$——为 $c$—$c$ 断面的流速；

　　　$\xi$——为小孔的局部阻力系数。

由于孔壁厚度 $\delta$ 很小，故忽略沿程阻力。一般情况下管道断面远大于孔口断面，因此 $\frac{v_1^2}{2g} \ll \frac{v_2^2}{2g}$，故忽略 $\frac{v_1^2}{2g}$，上式简化为：

$$\frac{p_1}{\rho g} = \frac{p_2}{\rho g} + (1+\xi)\frac{v_2^2}{2g}$$

则

$$v_2 = \frac{1}{\sqrt{1+\xi}} \sqrt{2g \frac{p_1-p_2}{\rho g}} = \frac{1}{\sqrt{1+\xi}} \sqrt{\frac{2\Delta p}{\rho}}$$

或

$$v_2 = \varphi \sqrt{\frac{2\Delta p}{\rho}}$$

$\varphi$ 称为流速系数，表达式为：

$$\varphi = \frac{1}{\sqrt{1+\xi}}$$

若收缩断面 $c$—$c$ 的面积为 $A$，则孔口流出的流量为：

$$q = v_2 A_c$$

又令 $A_c$ 与孔口断面之比为收缩系数 $\varepsilon$，即：

$$\varepsilon = \frac{A_c}{A}$$

则

$$q = v_2 A \varepsilon = \varepsilon \varphi A \sqrt{\frac{2\Delta p}{\rho}}$$

令

$$C_d = \varepsilon \varphi$$

$C_d$ 称为"流量系数"，表达式为：

$$q = C_d A \sqrt{\frac{2\Delta p}{\rho}}$$

$\xi$、$\varphi$、$\varepsilon$、$C_d$ 都可由试验确定。

试验证明，当管道尺寸较大时 $D/d \geqslant 7$，由孔口流出的流股得到完全收缩，此时 $\varepsilon=0.63 \sim 0.64$，对薄壁小孔的局部阻力系数 $\xi=0.05 \sim 0.06$，由式 $\varphi = \frac{1}{\sqrt{1+\xi}}$ 和式 $C_d = \varepsilon \varphi$

可得薄壁孔的流速系数 $\varphi=0.97\sim0.98$，流量系数 $C_d=0.60\sim0.62$。

（2）短管口出流

如图1-19所示，一般孔壁厚度 $l=(2\sim4)d$ 时属短管出流，当 $l$ 再长时就按管路计算。

设断面1—1比孔口断面2—2大很多，故1—1断面的流速相对于孔口出口流速 $v$ 可忽略。列1—1和2—2断面的伯努利方程为：

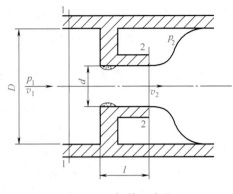

图1-19 短管口出流

$$\frac{p_1}{\rho g}=\frac{p_2}{\rho g}+\frac{v^2}{2g}+\xi\frac{v^2}{2g}$$

式中，$\xi$ 为短管的局部阻力系数。

短管出流速度为：

$$v=\frac{1}{\sqrt{1+\xi}}\sqrt{\frac{2(p_1-p_2)}{\rho}}$$

令 $\varphi=\dfrac{1}{\sqrt{1+\xi}}$ 称为短管的流速系数，则：

$$v=\varphi\sqrt{\frac{2\Delta p}{\rho}}$$

孔口断面为 $A$，则通过的流量为：

$$q=vA=\varphi A\sqrt{\frac{2\Delta p}{\rho}}=C_d A\sqrt{\frac{2\Delta p}{\rho}}$$

短管流量系数 $C_d$ 与其流速系数 $\varphi$ 相等。

把公式 $v=\varphi\sqrt{\dfrac{2\Delta p}{\rho}}$、$q=vA=\varphi A\sqrt{\dfrac{2\Delta p}{\rho}}=C_d A\sqrt{\dfrac{2\Delta p}{\rho}}$ 与式 $v_2=\varphi\sqrt{\dfrac{2\Delta p}{\rho}}$、$q=C_d A\sqrt{\dfrac{2\Delta p}{\rho}}$

相比较可以看出，短管的计算公式与薄壁孔口计算公式是完全一样的。但短管较薄壁孔口的阻力大，因此 $\xi$ 大，相应的流速系数较小。试验证明 $\varphi=0.8\sim0.82$。

**（二）缝隙流动**

在工程中经常碰到缝隙中的流体流动问题。在液压元件中，凡是有相对运动的地方，就必然有缝隙存在，如活塞与缸体之间，阀芯与阀体之间，轴与轴承座之间等。由于缝隙的宽度很小，因此其中的液体流动大多是层流。

（1）壁面固定的平行缝隙中的流动

设缝隙宽度为无限宽，则可以根据牛顿内摩擦定律导出单位宽度的流量为：

$$q_\omega=\frac{\delta^3\Delta p}{12\mu l}$$

式中　$q_\omega$——单位宽度的流量，$m^3/s$；

　　　　$\delta$——缝隙高度，m；

$l$ ——缝隙长度，m；

$\mu$ ——流体的动力黏度系数，Pa·s；

$\Delta p$ —— $l$ 两端的压差，Pa。

当宽度 $b$ 为有限值，长度 $l$ 又不太长时，则需引入修正系数 $c$，$c$ 与 $l/(\delta Re)$ 有关，其关系如图 1-20 所示。

此时的流量公式为：

$$q_V = \frac{b\delta^3 \Delta p}{12\mu lc}$$

而

$$Re = \frac{2q_V}{bv}$$

当 $l/(\delta Re)$ 足够大时，$c$ 趋近于 1。

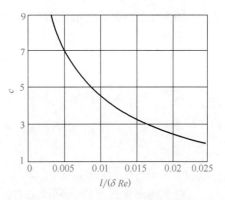

图 1-20　$c$ 与 $l/(\delta Re)$ 关系曲线示意图

（2）壁面移动的平行平板缝隙流动

当两个平行平板之一以速度 $U$ 运动时，如图 1-21 所示，则通过缝隙的流量为由式 $q_V = \frac{b\delta^3 \Delta p}{12\mu lc}$ 算出的流量再加上由于平板移动引起的流量 $\frac{1}{2}b\delta U$ 之和，即：

$$q_V = \frac{b\delta^3 \Delta p}{12\mu l} \pm \frac{b\delta}{2} U$$

式中第二项的正负号取决于 $U$ 的方向与 $\Delta p$ 的方向是否一致，一致时取 "+" 号，相反时取 "–" 号。$q_V$ 的单位为 m³/s。

（3）环形缝隙中的流体流动

如图 1-22（a）所示的同心环形缝隙中的流体流动本质上与平行平板中的流动是一致的，只要将式 $q_V = \frac{b\delta^3 \Delta p}{12\mu lc}$ 或式 $q_V = \frac{b\delta^3 \Delta p}{12\mu l} \pm \frac{b\delta}{2} U$ 中的 $b$ 用 $\pi D$ 来代替就完全可适用于环形缝隙的情况。

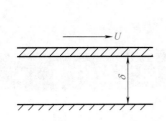

图 1-21　壁面移动平板缝隙流动

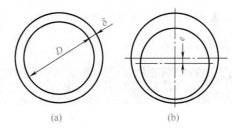

图 1-22　环形缝隙

① 当环形间隙的壁面为固定壁面时（$U=0$），流量公式为：

$$q_V = \frac{\pi D\delta^3 \Delta p}{12\mu l}$$

② 当环形间隙的壁面有一侧以速度 $U$ 运动时，流量公式为：

$$q_V = \frac{\pi D\delta^3 \Delta p}{12\mu l} \pm \frac{\pi D\delta}{2}U$$

如图 1-22（b）所示，则其流量应按下式计算：

$$q_V = \frac{\pi D\delta^3 \Delta p}{12\mu l}(1+1.5\varepsilon^2)$$

式中，$\varepsilon = e/\delta$。当偏心距达最大时，$e = \delta$，即 $\varepsilon = 1$。此时

$$q_V = \frac{2.5\pi D\delta^3 \Delta p}{12\mu l}$$

（4）平行平板间的径向流动

当流体沿平行平板径向流动时，其流量可按下式计算：

$$q_V = \frac{2\pi\delta^3}{12\mu Ce} \times \frac{\Delta p}{\ln \dfrac{r_2}{r_1}}$$

式中　$r_1$，$r_2$——径向缝隙的内径和外径，如图 1-23 所示；

$Ce$——考虑起始段引入的修正系数，$Ce$ 值与 $\dfrac{r_1}{\delta Re}$ 有关，如图 1-24 所示。

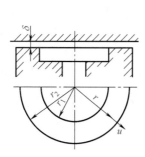

图 1-23　平行平板径向流动

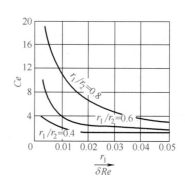

图 1-24　修正系数 $Ce$ 的曲线

# 第三节　液压系统的工作原理及组成

## 一、液压系统的分类

（1）按工作特征分类

液压系统从工作特征来分，可以分为传动系统和控制系统两大类：

① 传动系统。以传递动力（功率）为主，以传递信息为次。在液压技术中称为液压传动系统。

② 控制系统。以传递信息为主，以传递动力为次。在液压技术中称为液压控制系统。

应该指出，传动系统和控制系统在具体结构上往往是合在一起的。随着科学技术的迅猛

发展，对现代机器设备的要求愈来愈高，往往传递动力和控制指标都很重要。例如兵器、航空航天设备、数控机械加工设备等，其做功所需的功率依靠流体系统，看起来是传动系统，但对控制要求也很高，又类似控制系统，因此很难说这样的系统是传动系统还是控制系统。所以，上述分类方法不是绝对的。

（2）按系统反馈装置分类

从系统是否采用反馈装置，还可进一步将系统划分为开环系统和闭环系统两类，其说明见表1-28。

表 1-28　按系统反馈装置分类

| 分类 | 说明 |
| --- | --- |
| 开环系统 | 开环系统是不用反馈装置的系统，如图1-25所示，其输出特性完全取决于单个元件的特性及元件在系统中的组合情况。当外界对系统有扰动时，执行元件的输出量一般就要偏离原有调定值而产生一定的误差。由于开环系统的抗扰动能力较差，控制的质量受工作条件（如油温、负载等）变化的影响很大，故系统输出量的精度较低，严重时甚至无法达到既定的目标<br>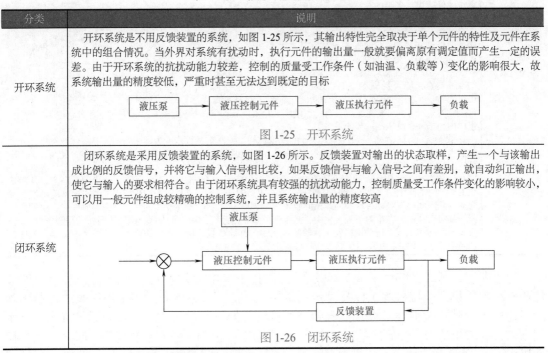<br>图 1-25　开环系统 |
| 闭环系统 | 闭环系统是采用反馈装置的系统，如图1-26所示。反馈装置对输出的状态取样，产生一个与该输出成比例的反馈信号，并将它与输入信号相比较，如果反馈信号与输入信号之间有差别，就自动纠正输出，使它与输入的要求相符合。由于闭环系统具有较强的抗扰动能力，控制质量受工作条件变化的影响较小，可以用一般元件组成较精确的控制系统，并且系统输出量的精度较高<br>图 1-26　闭环系统 |

（3）按油液的循环方式分类

按油液的循环方式液压系统可分为开式和闭式两种系统，其说明见表1-29。

表 1-29　按液压系统中油液的循环方式分类

| 分类 | 说明 |
| --- | --- |
| 开式系统 | 如图1-27所示，泵自油箱吸油，其排出的油液供给液压缸或液压马达，驱动它们做功，而液压缸或液压马达的回油流回油箱，此即开式系统。<br>　　开式系统的结构简单。油箱是开式系统中工作介质的贮存场所，故油液可在油箱中很好地散热冷却、逸出空气及沉淀杂质，但这需有较大容积的油箱。开式系统是依靠操纵换向阀来使执行机构换向的，故换向时（如图1-27中的换向阀左位移至中位时），具有正遮盖结构的换向阀会使液压传动系统产生压力冲击；同时，由于外负载的惯性会使液压马达继续旋转而呈泵的工况，继续将油从A边输送到B边，而换向阀的中位已将液压马达的进出油路封死，故B边的油压将迅速高于A边。当外负载的惯性较大时，B边将产生压力冲击，故必须在A、B边间设置双向溢流阀（作制动阀），以限制B管（或A管）内的制动油压力，消除油压冲击。由此可知，开式系统中的液压马达或液压缸在制动及换向过程中，外负载的惯性运动能量不能回收，而是消耗在油液经制动阀的节流发热中（能耗制动）。此外，在重力下降系统中，当出现外负载对系统做功的工况时，液压马达呈泵工况，为防止外负载超速下降，必须在回油管上设置能产生背压的液压元件，但这将引起能耗并使油液发热（能耗限速）<br>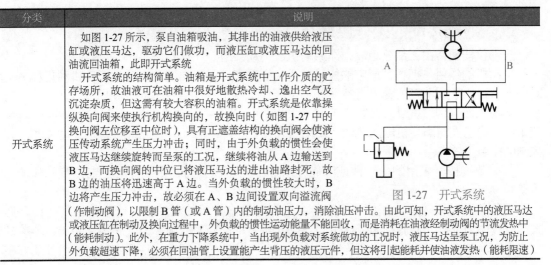<br>图 1-27　开式系统 |

| 分类 | 说明 |
|---|---|
| 闭式系统 | 如图 1-28 所示，泵 a 的进出油口与液压马达 b 的进出口分别用管道连接，形成一闭合回路。操纵泵 a 的变量机构以改变液流的方向，即可使液压马达换向。阀 1～5 共同组成双向安全阀，以防止 A、B 管内的油压超过阀 3 的调定值。为补充系统的泄漏，还需设置一个较小的辅助泵 c，其工作压力由溢流阀 6 调定，应比液压马达 b 所需背压略高。而泵 c 的流量应略高于系统的泄漏量。由泵 c 排出的油经过滤器、单向阀 1 或 2（它们兼作补油阀）再补充到系统的低压边；多余的油液经阀 6 溢流回油箱<br><br>由上面的分析知，闭式系统的结构较复杂。闭式系统中一个油源一般只能为一个液压执行机构供油，并采用双向变量泵调速和换向。此外，由于油液基本上都在闭合回路内循环，与油箱交换的油量仅为系统的泄漏量，故油液温升较快，但所需油箱容积小，结构紧凑。由于液压马达 b 的回油是直接流入泵 a 吸入口，故具有背压的回油能帮助电机拖动泵 a，并使泵 a 呈压力供油状态，降低了对泵 a 的自吸性的要求。而开式系统中具有背压的回油是不能起到这些积极作用的，而是把这部分可以利用的能量白白地损耗在背压阀的节流发热中<br><br>闭式系统的制动过程是通过操纵泵 a 的变量机构，使其排量逐步变为零来实现的。在此过程中，外负载的惯性力变成了主动力，力图拖动液压马达 b 以原速运动而呈泵工况，将油液输给泵 a，使泵 a 呈液压马达工况，泵 a 带动电机加速旋转而发电，输给电网中的其他负载。这样，外负载的惯性运动能通过液压马达 b 变成了油压能，使液压马达 b 的回油边（B 边）的油压力升高，其最大值由阀 3 限定，从而防止 B 边产生压力冲击，并使液压马达 b 逐渐减速、制动。同时，B 边的油压能则通过泵 a 带动电机变成电能，从而实现了制动过程中的能量回收（再生制动）。在外负载的惯性较大、换向很频繁时，这种再生能量是很可观的。在重力下降机构中，当出现外负载对系统做功的工况时，液压执行机构呈液压泵工况，泵 a 则呈马达工况，拖动电机发电，输给电网中的其他负载，从而防止外负载的超速下降（再生限速）。但当液压泵由内燃机拖动时，则不能实现再生制动及再生限速 |

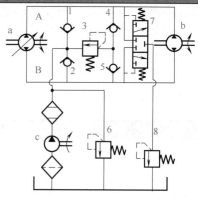

图 1-28　闭式系统

综上所述，开式系统适用于功率较小的机构、内燃机驱动机构（如铲车、高空作业车、液压汽车起重机及挖掘机等）以及固定式机械上。而闭式系统则适用于液压泵由电机驱动的下述机构：外负载惯性较大且换向频繁的机构（如一些起重机的旋转、运行机构，及龙门刨床、拉床和精密平面磨床的工作台等），重力下降机构（如不平衡类型的起升、动臂摆动机构等），外负载惯性较大的重力下降机构（如平衡类型起重机的变幅机构等）。另外，闭式系统也适用于要求结构特别紧凑的移动式机械上（如液压汽车、拖拉机及矿车等运行机构），在万吨轮的舵机、可调螺距螺旋桨等的泵控马达、泵控液压缸的系统中也常用闭式系统。

## 二、液压传动的工作原理及特征

一部机器通常由三部分组成，即原动机、传动装置、工作机。

原动机的作用是把各种形态的能量转变为机械能，是机器的动力源；工作机利用机械能对外做功；由于原动机的输出特性往往不可能与机器工作任务要求的特性相适应，因此，在原动机与工作机构之间就需要配备某种传动装置，以便将原动机的输出量进行适当的变换，使工作机构的性能满足机器的要求。传动装置设在原动机和工作机之间，起传递动力和进行控制的作用。

传动装置按所采用的传动件或工作介质的不同可以分为：机械传动、电力传动和流体传动。

流体传动是以流体（液体、气体）为工作介质来进行能量转换、传递和控制的传动形式。以液体为工作介质时称为液体传动，以气体为工作介质时则称为气压传动。液体传动按其工作原理不同，又可分为液压传动和液力传动。前者的主要特点是靠密封工作用腔的容积变化来进行工作，它主要通过液体介质的压力（压强）来进行能量的转换和传递；后者的主要特点是靠工作部分的叶轮进行工作，它除了小部分是利用液体的压力外，主要通过液体介质的动能来进行能量的转换和传递。

### （一）液压传动系统的工作原理与组成

（1）液压千斤顶

如图 1-29 所示是液压千斤顶的工作原理图。大油缸 9 和大活塞 8 组成举升液压缸。杠杆手柄 1、小油缸 2、小活塞 3、单向阀 4 和 7 组成手动液压泵。如提起手柄使小活塞向上移动，小活塞下端油腔容积增大，形成局部真空，这时单向阀 4 打开，通过吸油管 5 从油箱 12 中吸油，用力压下手柄，小活塞下移，小活塞下腔压力升高，单向阀 4 关闭，单向阀 7 打开，下腔的油液经管道 6 输入大油缸 9 的下腔，迫使大活塞 8 向上移动，顶起重物。再次提起手柄吸油时，单向阀 7 自动关闭，使油液不能倒流，从而保证了重物不会自行下落。不断地往复扳动手柄，就能不断地把油液压入大油缸下腔，使重物逐渐地升起。如果打开截止阀 11，大油缸下腔的油液通过管道 10、截止阀 11 流回油箱，重物就向下移动。这就是液压千斤顶的工作原理。

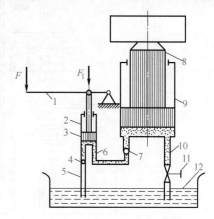

图 1-29　液压千斤顶工作原理图

1—杠杆手柄；2—小油缸；3—小活塞；4，7—单向阀；5—吸油管；6，10—管道；8—大活塞；9—大油缸；11—截止阀；12—油箱

通过对上面液压千斤顶工作过程的分析，可以初步了解到液压传动的基本工作原理。

① 液压传动以液体（一般为矿物油）作为传递运动和动力的工作介质，而且传动中必须经过两次能量转换。首先压下杠杆时，小油缸 2 输出压力油，是将机械能转换成油液的压力能，压力油经过管道 6 及单向阀 7，推动大活塞 8 举起重物，是将油液的压力能又转换成机械能。

② 油液必须在密闭容器（或密闭系统）内传送，而且必须有密闭容积的变化。如果容器不密封，就不能形成必要的压力；如果密闭容积不变化，就不能实现吸油和压油，也就不可能利用受压液体传递运动和动力。

液压传动利用液体的压力能工作，它与在非密闭状态下利用液体的动能或位能工作的液力传动有根本的区别。

（2）简单机床的液压传动系统

机床工作台的液压传动系统要比千斤顶的液压传动系统复杂得多。如图 1-30 所示，它由油箱、过滤器、液压泵、溢流阀、开停阀、节流阀、换向阀、液压缸以及连接这些元件的油管、接头组成。其工作原理如下：液压泵由电动机驱动后，从油箱中吸油。油液经过滤器进入液压泵，油液在泵腔中从入口低压到泵出口高压，如图 1-30（a）所示状态下，通过开停阀、节流阀、换向阀进入液压缸左腔，推动活塞使工作台向右移动。这时，液压缸右腔的油经换向阀和回油管 6 排进油箱。

如果将换向阀手柄转换成图 1-30（b）所示状态，则压力管中的油将经过开停阀、节流阀和换向阀进入液压缸右腔，推动活塞使工作台向左移动，并使液压缸左腔的油经换向阀和回油管 6 排回油箱。

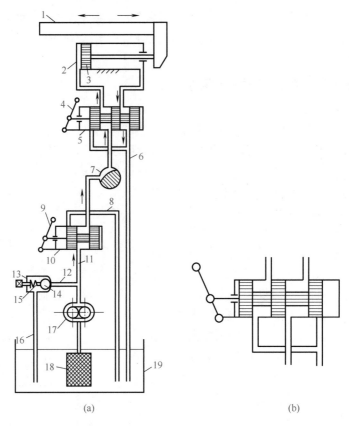

图 1-30 机床工作台液压传动系统工作原理图

1—工作台；2—液压缸；3—活塞；4—换向手柄；5—换向阀；6，8，16—回油管；7—节流阀；9—开停手柄；10—开停阀；
11—压力管；12—压力支管；13—溢流阀；14—钢球；15—弹簧；17—液压泵；18—过滤器；19—油箱

　　工作台的移动速度是通过节流阀来调节的。当节流阀开大时，进入液压缸的油量增多，工作台的移动速度增大；当节流阀关小时，进入液压缸的油量减小，工作台的移动速度减小。为了克服移动工作台时所受到的各种阻力，液压缸必须产生一个足够大的推力，这个推力是由液压缸中的油液压力所产生的。要克服的阻力越大，缸中的油液压力越高；反之压力就越低。这种现象正说明了液压传动的一个基本原理——压力取决于负载。

　　（3）液压传动系统的组成

　　从机床工作台液压系统的工作过程可以看出，一个完整的、能够正常工作的液压系统，应该由五个主要部分组成，见表1-30。

表 1-30　液压传动系统的组成

| 组成部分 | 说明 |
|---|---|
| 能源装置（动力元件） | 能源装置是供给液压系统压力油，把机械能转换成液压能的装置。最常见的装置是液压泵 |
| 执行装置（元件） | 执行装置是把液压能转换成机械能以驱动工作机构的装置。其装置有做直线运动的液压缸，有做回转运动的液压马达，它们又称为液压系统的执行元件 |
| 控制调节装置（元件） | 控制调节装置是对系统中的压力、流量或流动方向进行控制或调节的装置，如溢流阀、节流阀、换向阀、开停阀等 |

| 组成部分 | 说明 |
|---|---|
| 辅助装置（元件） | 上述三部分之外的其他装置，例如油箱、过滤器、油管等。它们是保证系统正常工作必不可少的装置 |
| 工作介质 | 传递能量的流体，如液压油等 |

## （二）液压传动的特征

液压传动的特征见表1-31。

表1-31　液压传动的特征

| 特征 | 说明 |
|---|---|
| 动力元件的工作压力主要取决于负载 | 在如图1-29所示的系统中，若忽略管路中的流动阻力，就可以认为其力的传递符合液体静力学原理，即作用在小油缸2、大油缸9活塞上的压力（物理中的压力，行业中统称压力）均等$p$。则有：<br>$$p = \frac{F_1}{A_1} = \frac{F_2}{A_2}$$<br>式中　$A_1$，$A_2$——小油缸2、大油缸9的活塞面积；<br>　　　　$F_1$，$F_2$——作用在小油缸2、大油缸9活塞上的力；<br>当结构尺寸要素$A_1$和$A_2$一定时，液压缸中的油液压力取决于举升负载重物所需的作用力$F_2$，而手动泵上的作用力$F_1$则取决于液压缸中的油液压力。所以，被举升的负载越重，则油液的压力越高，所需作用力$F_1$也就越大。反之，如果空载工作，并且不计摩擦力，则油液压力以及手动泵工作所需要的力$F_1$都为零<br>液压传动的这一基本特征可以简略地表述为"压力取决于负载" |
| 执行元件的运动速度主要取决于输入的流量而与负载无关 | 在如图1-29所示的系统中，若不考虑液体的可压缩性、泄漏等因素，就可以认为其运动速度的传递符合液流连续性方程，即符合密闭工作腔容积变化相等的原则。图1-29中小油缸2的活塞向下移动所改变的容积，应等于大油缸9的活塞向上移动所改变的容积。则有：<br>$$A_1 h_1 = A_2 h_2$$<br>式中　$h_1$，$h_2$——小油缸2、大油缸9活塞的位移<br>上式两边同除以活塞的运动时间$t$，可得：<br>$$A_1 v_1 = A_2 v_2 = q$$<br>式中　$v_1$、$v_2$——小油缸2、大油缸9活塞的平均运动速度；<br>　　　　$q$——液压泵输出的平均流量<br>当结构尺寸要素$A_1$和$A_2$一定时，大油缸9的移动速度$v_2$只取决于输入流量$q$的大小。输入液压缸的流量$q$越大，则运动速度$v_2$越大。液压传动的这一基本特征可以简略地表述为"速度取决于流量" |
| 工作压力和流量之间相互独立 | 容积式液压泵的流量取决于液压泵工作容腔的大小，而与液压泵的工作压力基本无关。不管液压千斤顶的负载如何变化，只要供给的流量一定，则重物上升的运动速度就一定。同样，不管液压缸的活塞移动速度多大，只要负载一定，则推动负载所需的液体压力就确定不变。即上述两个特征是独立存在的，互不影响。因此，从理论上讲，容积式液压泵能在任何高压下输出基本固定不变的流量，保证执行元件能够平稳地工作，这就是液压系统中均采用容积式液压泵的原因 |
| 液压系统的功率等于流量与压力之积 | 在图1-29所示的系统中，若不计损失，则系统的输入功率$P_1$为：<br>$$P_1 = F_1 v_1 = p A_1 v_1 = pq$$<br>输出功率$P_2$为：<br>$$P_2 = F_2 v_2 = p A_2 v_2 = pq$$ |

由此可见，与外负载相对应的流体参数是压力，与运动速度相对应的流体参数是流量，压力和流量是液压系统中两个最基本的参数。

## 三、液压传动的工作介质

液体作为液压传动的介质，其性质对液压系统的工作性能有重要影响。液压介质在液压系统中的主要功能有：传递动力；润滑运动部件，减少摩擦和磨损，防止锈蚀；散发系统工作时产生的热量；在对偶运动副中密封间隙；传输、分离和沉淀系统中的非可溶性污染物；

为元件和系统的失效提供和传递诊断信息。

（1）对工作液体的基本要求

液压传动的工作介质对工作液体的基本要求见表1-32。

表1-32　对工作液体的基本要求

| 要求 | 说明 |
|---|---|
| 适合的黏度及良好的黏温特性 | 黏度既不能过高也不能过低。黏度过低会增加泄漏，黏度过高则使摩擦损失增大。因此，工作液体应该具有与工作条件相符的适当的黏度，并且油温变化时黏度的变化应该小，即要求黏度指数尽可能高，以保证当系统油温变化时，其黏度始终能保持在系统所要求的正常范围之内 |
| 良好的氧化稳定性和热稳定性 | 氧化稳定性是指工作液体抵抗与含氧物质，特别是抵抗与空气起化学反应而保持其理化性能不发生永久变化的能力。热稳定性是指工作液体在高温时抵抗化学反应及分解的能力。一般可以通过添加抗氧化剂来提高工作液体的氧化稳定性和热稳定性。该性能越好，工作液体的使用寿命越长 |
| 良好的润滑性（抗磨性） | 工作液体不仅是液压传动的介质，而且还对运动副起润滑作用。因此，工作液体应对材料表面有牢固的吸附力，并且抗挤压强度高，可在摩擦副相对运动表面形成具有良好润滑性能的边界润滑膜，避免干摩擦，减少摩擦和磨损 |
| 良好的抗乳化性和水解安定性 | 抗乳化性是指阻止工作液体与水混合形成乳化液的能力。水解安定性是指工作液体抵抗与水起化学反应的能力。水在工作液体中可导致腐蚀，加速工作液体变质，破坏润滑膜，降低液压油的润滑性能 |
| 良好的抗泡性和空气释放性 | 抗泡性是指抑制工作液体与空气结合并形成乳浊液（泡沫）的能力。空气释放性是指工作液体释放分散在其中的气泡的能力。由于气体极易被压缩，所以在工作液体中混有气泡会使工作液体的体积弹性模量显著降低，引起气蚀 |
| 良好的抗燃性 | 矿物油具有可燃性，为了保证人身和设备安全，要求工作液体闪点、燃点高，具有良好的抗燃性 |
| 良好的防蚀性 | 防蚀性是指工作液体阻止与其相接触的金属材料生锈和被腐蚀的能力。工作液体所具有的少量活性物质及酸度，可能对与其相接触的金属材料产生腐蚀性，从而影响元件的正常工作和使用寿命 |
| 良好的相容性 | 包括与密封材料、产品和环境的相容性。主要是指与其相接触的密封材料不发生相互损坏和显著影响其工作性能，不对产品和环境造成严重的损坏和污染 |
| 其他 | 包括良好的剪切稳定性、过滤性、洁净度和稳定性，对人体无害等 |

为了提高上述性能，液压传动采用的矿物油或非矿物油型工作液体中，均适当地添有诸如抗氧化、抗泡、油性、抗磨、改进黏度指数、降凝、缓蚀等添加剂。

（2）工作液体的种类及主要性能指标

液压传动可使用的工作液体种类很多，主要可以分为两类：一类是易燃的烃类液压油，主要包括矿物油型和合成烃型；另一类是抗燃的液压油，主要包括含水型液压油（如高水机液HFA、油包水乳化液HFB等）和无水型液压油（如磷酸酯等）。目前应用较广泛的是矿物油型液压油。常用液压油的性能指标见表1-33。

表1-33　常用液压油的性能指标

| 项目 | 性能指标 | | | | | | | | | |
|---|---|---|---|---|---|---|---|---|---|---|
| 品种 | 普通液压油 | | | | | 高级抗磨液压油 | | | 低温液压油 | |
| 牌号 | 32 | 46 | 68 | 32G | 68G | L-AN 32 | L-AN 46 | L-AN 68 | 22 | 32 |
| 40℃时的运动黏度/$(10^{-6}m^2 \cdot s^{-1})$ | 28.8～35.2 | 41.4～50.6 | 61.2～74.8 | 28.8～35.2 | 61.2～74.8 | 28.8～35.2 | 41.4～50.6 | 61.2～74.8 | 22 | 32 |
| 黏度指数 | 90 | | | | | 95 | | | 130 | |
| 闪点（开口）/℃ | 170 | | | | | 180 | | 200 | 140 | 160 |
| 凝点/℃ | -10 | | | | | -15 | | | -36 | |
| 机械杂质/% | 无 | | | | | 无 | | | 无 | |
| 氧化稳定性（酸值达2.0mg KOH/g），h不小于 | 1000 | | | | | 1000 | | | 1000 | |

（3）工作液体的选用

选择工作液体时考虑的因素主要见表1-34。

表1-34　选择工作液体时考虑的因素

| 考虑的因素 | 说明 |
|---|---|
| 液压系统的环境条件 | 如气温的上、下限，系统的冷却条件，有无高温热源和明火。环境温度较高时，应选用黏度较大的液压油 |
| 液压系统的工作条件 | 如液压泵的类型，工作压力，执行元件的运动速度，与金属和涂料的相容性等。其中，液压泵的工作条件是选择液压油的首要依据，因为液压泵内相对运动的零件运动速度较高，对润滑要求严格，所以液压泵对液压油的性能极为敏感，应尽可能满足液压泵样本中提出的对液压油的要求。各类液压泵适用的液压油黏度范围见表1-35。系统的工作压力也是液压油选择的重要依据，一般规则是工作压力低时选黏度较低的液压油，工作压力高时选黏度较高的液压油，以减少系统的泄漏。当执行元件的运动速度较高时，应选黏度较低的液压油，以减少功率损失 |
| 液压油的性质 | 包括各类液压油的理化指标和使用性能。矿物油型液压油制备容易，来源多，价格较低，因此应优先选用 |

表1-35　各类液压泵适用的液压油黏度范围

| 液压泵类型 | | 环境温度5～40℃时黏度 $v/10^{-6}m^2 \cdot s^{-1}$（40℃） | 环境温度40～80℃时黏度 $v/10^{-6}m^2 \cdot s^{-1}$（40℃） |
|---|---|---|---|
| 齿轮泵 | | 30～70 | 95～165 |
| 叶片泵 | $p<7\times10^6Pa$ | 30～50 | 40～75 |
|  | $p\geqslant7\times10^6Pa$ | 50～70 | 55～90 |
| 轴向 | 柱塞泵 | 40～75 | 70～150 |
| 径向 | 柱塞泵 | 30～80 | 65～240 |

# 四、液压传动的优缺点及应用

（1）液压传动的优缺点说明（表1-36）

表1-36　液压传动的优缺点说明

| 优缺点 | 说明 |
|---|---|
| 液压传动的优点 | ①体积小、重量轻，可适用于不同功率范围的传动。由于液压传动的动力元件可以采用很高的压力（一般可达32MPa，个别场合更高）来进行能量转换，因此具有体积小的特点。单位功率的质量远小于一般的电动机，在中、大功率以及实现直线往复运动时，这一优点尤为突出<br>②操纵控制方便，易于实现无级调速，调速范围大。可以采取各种不同的方式（手动、机动、电动、气动、液动等）操纵液压控制阀，来改变液流的压力、流量和流动方向，从而调节液压缸或液压马达的功率、速度、位移<br>③在同等的体积下，液压装置能比电气装置产生出更多的动力。因为液压系统中的压力可以比电枢磁场中的磁力大出30～40倍，目前液压泵及马达传递单位功率的重量指标可小到0.002 N/W，而电机的约为0.03N/W，即前者不到后者的10%。这是由于电机受到磁饱和的限制，单位面积上的切向力不到1MPa，而液压力可达35MPa的缘故。在同等的功率下，液压装置的体积小、重量轻、结构紧凑、惯性小。液压马达的体积和重量只有同等功率电动机的12%左右<br>④液压装置工作比较平稳。由于重量轻、惯性小、反应快，液压装置易于实现快速启动、制动和频繁的换向。液压装置的换向频率，在实现往复回转运动时可达500次每分钟，实现往复直线运动时可达1000次每分钟<br>⑤液压装置可方便地在大范围内实现无级调速（调速范围可达2000），它还可以在运行的过程中进行调速。低速大转矩马达的最低稳定转速是1r/min。这些都是电传动难以达到的。虽然机械传动也能实现无级调速，但调速范围和传动功率都较小<br>⑥液压传动易于自动化，这是因为它对液体压力、流量或流动方向易于进行调节或控制的缘故。当将液压控制、电气控制、电子控制或气动控制结合起来使用时，整个传动装置能实现很复杂的顺序动作，接受远程控制<br>⑦工作安全性好，易于实现过载保护。液压缸和液压马达都能长期在失速状态下工作而不会过热，这是电气传动装置和机械传动装置无法办到的。液压件能自行润滑，使用寿命较长。从液压动力元件的两个基本特征可知，工作机构的载荷、速度将直接反映为液流的压力、流量。因此，通过对液流参数的监控，即可实现对机器的安全保护 |

| 优缺点 | 说明 |
|---|---|
| 液压传动的优点 | ⑧由于液压元件已实现了标准化、系列化和通用化，液压系统的设计、制造、使用和推广都比较方便。由于液压传动是以密闭回路中流体的静压力来传递力和功率的，属于柔性传动，固可用管道和孔道来输送能量，使液压元件的安装位置有很大的灵活性，并可把一台泵的液压能输送给多个液压执行机构，拖动多个机构运动<br>⑨用液压传动来实现直线运动远比机械传动简单 |
| 液压传动的缺点 | ①液压传动不能保证严格的传动比，这是由液压油液的可压缩性和泄漏等原因造成的。此外，泄漏不仅会污染环境，甚至会造成事故。为了解决这个问题，必须使液压系统高度集成化，并注意高效密封装置及高水基工作介质的研制<br>②液压传动在工作过程中常有较多的能量损失（摩擦损失、泄漏损失等），长距离传动时更是如此<br>③液压传动对油温变化比较敏感，它的工作稳定性很易受到温度的影响，因此它不宜在很高或很低的温度条件下工作<br>④为了减少泄漏，液压元件在制造精度上的要求较高，因此它的造价较贵，使用、维修要求人员有一定的专业知识和较高的技术水平，而且对油液的污染比较敏感<br>⑤液压元件中的小孔、缝隙容易堵塞，因此必须特别注意油液的过滤<br>⑥噪声大。近年来，各都在研制各种低噪声泵、管道消声器等，以降低液压系统的噪声<br>⑦液压传动要求有单独的能源<br>⑧液压传动出现故障时不易找出原因。现在各国都在研制各种故障诊断仪，以期能及早发现和排除故障，防止重大事故 |

总的说来，液压传动的优点是突出的，它的一些缺点有的现已大为改善，有的将随着科学技术的发展而进一步得到克服。

（2）液压传动系统在机械工业中的应用

机械工业各部门使用液压传动的出发点是不尽相同的：有的是利用它在动力传递上的长处，比如工程机械、压力机械和航空工业采用液压传动的主要原因是其结构简单、体积小、重量轻、输出功率大；有的是利用它在操纵控制上的优点，如机床上采用液压传动是其能在工作过程中实现无级变速、易于实现频繁换向、易于实现自动化等。此外，不同精度要求的主机也会选用不同控制形式的液压传动装置。

在机床上，液压传动常应用在表 1-37 所示的一些装置中。

表 1-37　液压传动常应用的装置

| 装置 | 说明 |
|---|---|
| 进给运动传动装置 | 磨床砂轮架和工作台的进给运动大部分采用液压传动：车床、六角车床、自动车床的刀架或转塔刀架，铣床、刨床、组合机床的工作台等的进给运动也都可以采用液压传动。这些部件有的要求快速移动，有的要求慢速移动，有的则既要求快速移动也要求慢速移动。这些运动多半要求有较大的调速范围，要求在工作中无级调速；有的要求持续进给，有的要求间歇进给；有的要求在负载变化下速度保持恒定，有的要求有良好的换向性能；等等。所有这些要求都是可以用液压传动来实现的 |
| 往复主体运动传动装置 | 龙门刨床的工作台、牛头刨床或插床的滑枕，由于要做高速往复直线运动，并且要求换向冲击小、换向时间短、能耗低，因此都可以采用液压传动 |
| 仿形装置 | 车床、铣床、刨床上的仿形加工可以采用液压伺服系统来完成，其精度可达 0.01 ～ 0.02mm。此外，磨床上的成形砂轮修正装置和标准丝杠校正装置亦可采用这种系统 |
| 辅助装置 | 机床上的夹紧装置、齿轮箱变速操纵装置、丝杠螺母间隙消除装置、垂直移动部件平衡装置、分度装置、工件和刀具装卸装置、工件输送装置等，采用液压传动后，有利于简化机床结构，提高机床自动化程度 |
| 静压支承 | 重型机床、高速机床和高精度机床上的轴承、采用液体静压支承后，可以提高工作平稳性和运动精度 |

液压传动的应用领域见表 1-38。

表 1-38　液压传动在各行业中的应用

| 行业 | 应用举例 |
|---|---|
| 电力工业 | 电站调速系统 |
| 航空工业 | 飞机起落架、飞机舵机、飞机前轮转向装置、飞行器仿真 |

| 行业 | 应用举例 |
|---|---|
| 航天工业 | 飞行姿态控制和驱动 |
| 机床工业 | 组合机床、磨床、拉床、车床、机械加工自动线 |
| 汽车工业 | 汽车中的制动、转向、变速，自卸式汽车 |
| 船舶工业 | 船舶用的甲板起重机械（绞车）、船头门、舱壁阀、船尾推进器等 |
| 兵器工业 | 火炮操纵装置、导弹发射车、火箭推进器、坦克火炮系统 |
| 农业机械 | 耕种机具、精播机、平移式喷灌机、联合收割机、拖拉机 |
| 渔业机械 | 起网机、吊装机、干冰制造机 |
| 冶金机械 | 轧辊调整装置、轧钢设备 |
| 工程机械 | 推土机、装载机、挖掘机、平路机、起重运输机 |
| 矿山机械 | 液压支架、凿岩机、破碎机、开掘机 |
| 水利机械 | 防洪闸门及堤坝装置、河床升降装置、桥梁操纵机构 |
| 锻压机械 | 液压机、模锻机、剪板机、空气锤、压力机 |
| 轻工机械 | 打包机、注射机、造纸机、皮革切片及压下厚度控制 |
| 牧业机械 | 牧草收获机、饲料造粒机、高密度打捆机 |

## 五、液压控制系统的工作原理

如图 1-31 所示为一简单的液压伺服系统原理图，系统的能源为液压泵，以恒定的压力（由溢流阀设定）向系统供油。液压驱动装置由四通控制滑阀和液压缸（杆固定）组成。滑阀是一个转换放大元件，它将输入的机械信号转换成液压信号（流量、压力）输出，并加以功率放大。液压缸为执行器，输入是压力油的流量，输出是运动速度或位移。此系统中阀体与液压缸体连成一体，从而构成反馈控制。其反馈控制过程是：当滑阀处于中间位置（零位，即没有信号输入，$x_i=0$）时，阀的四个窗口均关闭，阀没有流量输出，液压缸体不动，系统的输出量 $x_p=0$，系统处于静止平衡状态。给滑阀一个输入位移，如阀芯向右移动一个距离 $x_i$，则节流窗口 a、b 便有一个相应的开口量 $x_v=x_i$，压力油经窗口 a 进入液压缸无杆腔，推动缸体右移 $x_p$，左腔油液经窗口 b 回油。因阀体与缸体为一体，故阀体也右移 $x_p$，使阀的开口量减小，即 $x_v=x_i-x_p$，直到 $x_p=x_i$（即 $x_v=0$）时，阀的输出流量等于 0，缸体停止运动，处在一个新的平衡位置上，从而完成了液压缸输出位移对滑阀输入位移的跟随运动。如果滑阀反向运动，液压缸也反向跟随运动。

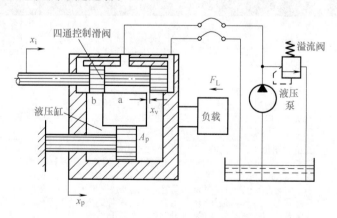

图 1-31　液压伺服控制系统原理图

## 六、液压控制系统的组成及特点

（1）液压控制系统的组成

实际的液压控制系统不论如何复杂，都是由一些基本元件构成的，并可用图1-32所示的方块图表示。这些基本元件包括检测反馈元件、比较元件及转换放大装置（含能源）、执行器和受控对象等部分。

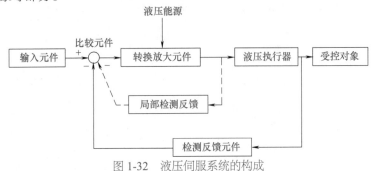

图1-32　液压伺服系统的构成

液压控制系统的组成见表1-39。

表1-39　液压控制系统的组成

| 类别 | 说明 |
| --- | --- |
| 输入元件 | 输入元件也称指令元件，它给出输入信号（也称指令信号），加于系统的输入端。机械模板、电位器、信号发生器或程序控制器都是常见的输入元件。输入信号可以手动设定或由程序设定 |
| 检测反馈元件 | 检测反馈元件用于检测系统的输出量并转换成反馈信号，加于系统的输入端，与输入信号进行比较，从而构成反馈控制。各类传感器为常见的反馈检测元件 |
| 比较元件 | 比较元件将反馈信号与输入信号进行比较，产生偏差信号加于放大装置。比较元件一般不单独存在，而是与输入元件、反馈检测元件或放大装置一起，共同完成比较、反馈及放大功能 |
| 转换放大装置 | 它的功用是将偏差信号的能量形式进行变换并加以放大，再输入执行机构。各类液压控制放大器、伺服阀、比例阀、数字阀等都是常用的转换放大装置 |
| 执行器 | 其功用是驱动控制对象，实现调节任务。它可以是液压缸或液压马达及摆动液压马达 |
| 受控对象 | 被控制的主机设备或其中一个机构、装置 |
| 液压能源 | 即液压泵站或液压源，它为系统提供驱动负载所需的具有压力的液流 |

（2）液压控制系统的特点

① 液压控制系统的优点见表1-40。

表1-40　液压控制系统的优点

| 优点 | 说明 |
| --- | --- |
| 单位功率的质量小，力矩-惯量比（或力-质量比）大 | 由于液压元件的功率-质量比和力矩-惯量比（或力-质量比）大，可以组成结构紧凑、体积小、重量轻、加速性好的控制系统。对于中、大功率的控制系统，这一优点尤为突出。例如，电气元件的最小尺寸取决于最大的有效磁通密度和功率损耗所产生的发热量与电流密度，最大有效磁通密度受磁性材料的磁饱和限制，而发热量散发又比较困难，因此电气元件结构尺寸较大，功率-质量比和力矩-惯量比小。液压元件功率损耗所产生的热量可由液液带到散热器去散发，它的尺寸主要取决于最大工作压力。由于最大工作压力可以很高（目前可达32MPa甚至更高），所以液压元件的体积小、质量小，而输出力或力矩却很大，使功率-质量比和力矩-惯量比（或力-质量比）大。统计资料表明，一般液压泵的质量只是同功率电动机质量的10%～20%，几何尺寸约为后者的12%～13%。液压马达的功率-质量比一般为相当容量电动机的10倍，而力矩-惯量比为电动机的10～20倍 |
| 负载的刚度大，精度高 | 液压控制系统的输出位移（或角度）受负载变化的影响小，即有较大的速度-负载刚度（速度-力或转速-力矩曲线斜率的倒数很大），定位准确，控制精度高。由于液压固有频率高，允许液压控制系统特别是电液伺服系统有较大的开环放大系数，因此可以获得较高的精度和响应速度。另外，由于液压系统中油液的压缩性很小，同时泄漏也很小，故液压动力元件的速度刚度大，组成闭环系统时其位置刚度也大。液压马达的开环速度刚度约为电动机的5倍，电动机的位置刚度很低，更无法与液压马达相比。因此，电动机只能用来组成闭环位置控制系统，而液压执行器（液压马达或液压缸）却可以用来进行开环位置控制，当然闭环液压位置控制系统的刚度比开环时要高得多 |

| 优点 | 说明 |
|------|------|
| 液压控制系统快速性好，响应快 | 由于液压动力元件的力矩 - 惯量比（或力 - 质量比）大，因此可以安全、可靠并快速地带负载启动、制动与反向，而且具有很大的调速范围。例如，加速中等功率的电动机需几秒，而加速同功率的液压马达的时间只需电动机的 1/10 左右。由于液压系统中油液的体积弹性模量很大，由油液缩性形成的液压弹簧刚度很大，而液压动力元件的惯量又比较小，所以由液压弹簧刚度和负载惯量耦合成的液压固有频率很高，故系统的响应速度快。与具有相同压力和负载的气动系统相比，液压系统的响应速度是气动系统的 50 倍 |

　　液压控制系统还具有一些其他优点，例如运转时工作介质兼有润滑作用，有利于散热和延长元件的使用寿命；容易按照机器的需要通过管道实现系统中各部分的连接，从而实现能量的分配与传递；利用蓄能器很容易实现液压能的储存及系统的消振等；易于实现过载保护，容易实现远距离遥控等。

　　② 液压控制系统的缺点

　　a. 传动效率偏低。传动过程中，需经两次转换，常有较多的能量损失，因此传动效率偏低。

　　b. 工作稳定性易受温度影响。液压系统的性能对温度较为敏感，不宜在过高或过低温度下工作，采用石油基液压油作传动介质时还需注意防火问题。

　　c. 对工作油液的清洁度管理要求高。污染的油液会使阀磨损而降低其性能，甚至被堵塞而不能正常工作。这是液压伺服系统发生故障的主要原因。因此液压伺服系统必须采用精细过滤器。

　　d. 油液的体积弹性模量随油温和混入油中的空气含量而变化，油液的黏度也随油温变化而变化，因此油温变化对系统的性能有很大的影响。

　　e. 容易引起油液外漏，造成环境污染，油液外漏还可能引起火灾，所以有些场合不适用。

　　f. 液压元件制造精度要求高，成本高。

　　g. 由于液压系统中的很多环节具有非线性特性，因此系统的分析和设计较电气系统复杂，以液压方式进行信号的传输、检测和处理不及电气方式便利。

# 第二章
# 液压识图

## 第一节　各种液压阀的识读

### 一、控制机构

液压阀控制机构图形符号及用途见表 2-1。

表 2-1　控制机构图形符号及用途

| 图形符号 | 用途和符号说明 |
| --- | --- |
|  | 带有分离把手和定位销的控制机构 |
|  | 具有可调行程限制装置的顶件 |
|  | 带有定位装置的推或拉控制机构 |
|  | 手动锁定控制机构 |
|  | 具有 5 个锁定位置的调节控制机构 |
|  | 用作单方向行程操纵的滚轮杠杆 |
|  | 使用步进电机的控制机构 |
|  | 单作用电磁铁，动作指向阀芯 |

| 图形符号 | 用途和符号说明 |
|---|---|
| 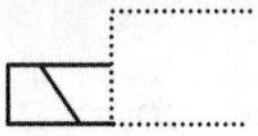 | 单作用电磁铁，动作背离阀芯 |
| 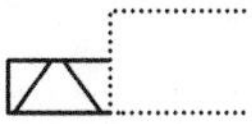 | 双作用电气控制机构，动作指向或背离阀芯 |
| 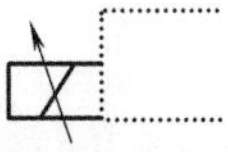 | 单作用电磁铁，动作指向阀芯，连续控制 |
| 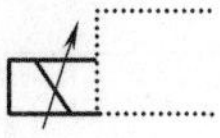 | 单作用电磁铁，动作背离阀芯，连续控制 |
| 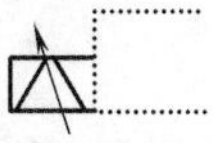 | 双作用电气控制机构，动作指向或背离阀芯，连续控制 |
| 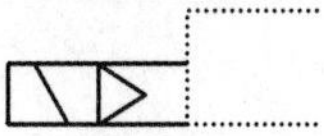 | 电气操纵的气动先导控制机构 |
| 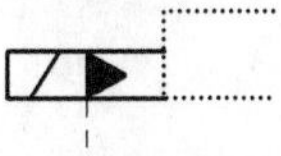 | 电气操纵的带有外部供油的液压先导控制机构 |
| 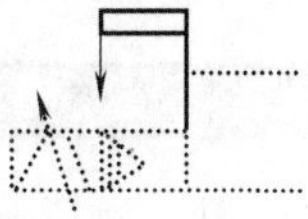 | 机械反馈 |
| 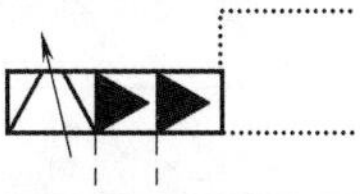 | 具有外部先导供油，双比例电磁铁，双向操作，集成在同一组件，连续工作的双先导装置的液压控制机构 |

## 二、流量控制阀

流量控制阀图形符号及用途见表 2-2。

表 2-2　流量控制阀图形符号及用途

| 图形符号 | 用途和符号说明 |
|---|---|
|  | 可调节流量控制阀 |
|  | 可调节流量控制阀：可单向自由流动 |
| 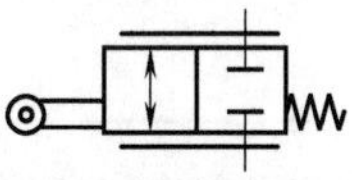 | 流量控制阀：滚轮杠杆操纵，弹簧复位 |
| 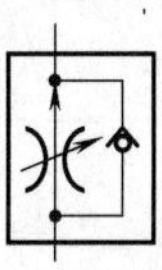 | 二通流量控制阀：可调节，带旁通阀，固定设置，单向流动，基本与黏度和压力差无关 |

| 图形符号 | 用途和符号说明 |
|---|---|
| 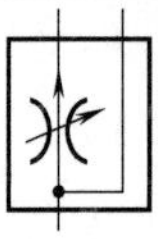 | 三通流量控制阀：可调节，将输入流量分成固定流量和剩余流量 |
| 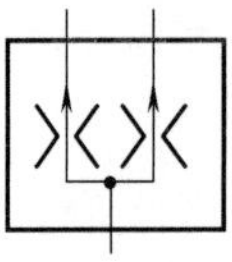 | 分流器：将输入流量分成两路输出 |
| 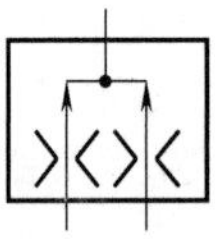 | 集流阀：保持两路输入流量相互恒定 |

## 三、方向控制阀

方向控制阀图形符号及用途见表2-3。

表2-3　方向控制阀图形符号及用途

| 图形符号 | 用途和符号说明 |
|---|---|
| 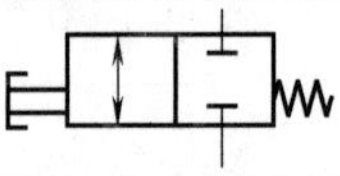 | 二位二通方向控制阀：两通，两位，推压控制机构，弹簧复位，常闭 |
| 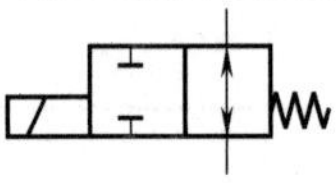 | 二位二通方向控制阀：两通，两位，电磁铁操纵，弹簧复位，常开 |
| 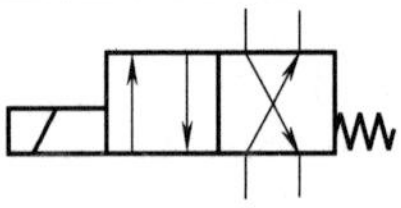 | 二位四通方向控制阀：电磁铁操纵，弹簧复位 |
| 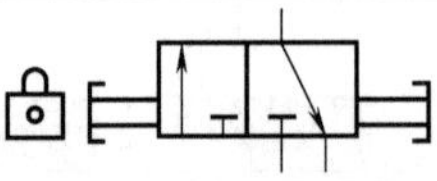 | 三位三通锁定阀 |
| 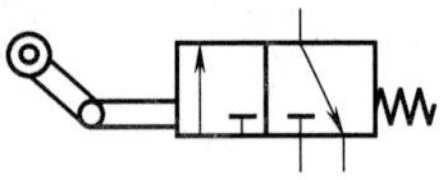 | 二位三通方向控制阀：滚轮杠杆控制，弹簧复位 |
| 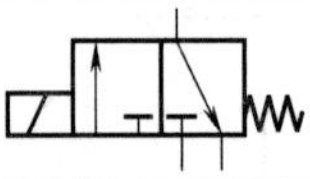 | 二位三通方向控制阀：电磁铁操纵，弹簧复位，常闭 |
| 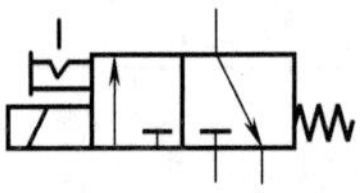 | 二位三通方向控制阀：单电磁铁操纵，弹簧复位，定位销式手动定位 |
| 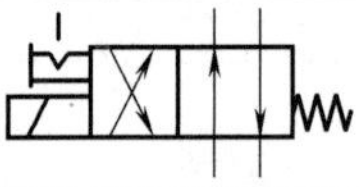 | 二位四通方向控制阀：单电磁铁操纵，弹簧复位，定位销式手动定位 |
| 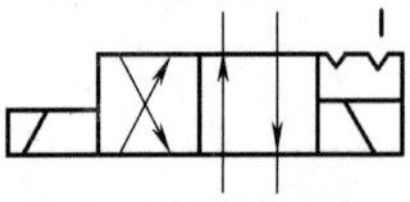 | 二位四通方向控制阀：双电磁铁操纵，定位销式（脉冲阀） |

| 图形符号 | 用途和符号说明 |
|---|---|
| 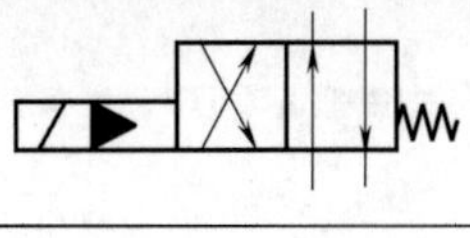 | 二位四通方向控制阀：电磁铁操纵液压先导控制，弹簧复位 |
| 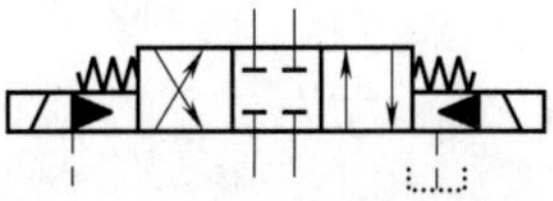 | 三位四通方向控制阀：电磁铁操纵先导级，液压操作主阀，主阀及先导级弹簧对中，外部先导供油和先导回油 |
| 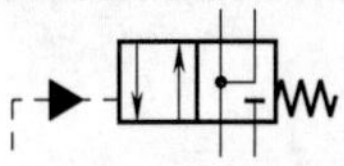 | 二位四通方向控制阀：液压控制，弹簧复位 |
| 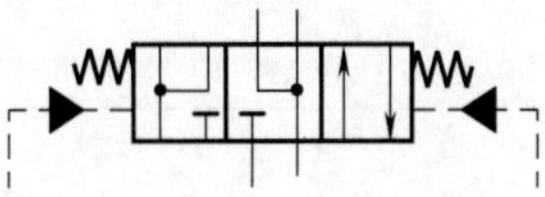 | 三位四通方向控制阀：液压控制，弹簧对中 |
| 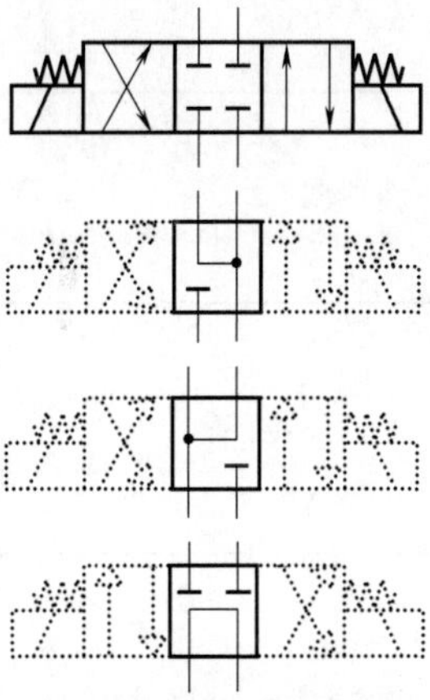 | 三位四通方向控制阀：弹簧对中，双电磁铁直接操纵，左图为不同中位机能的类别 |
| 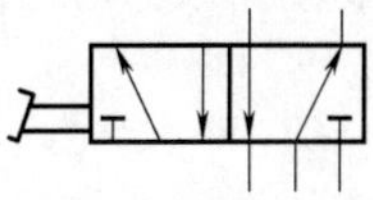 | 二位五通方向控制阀：踏板控制 |
| 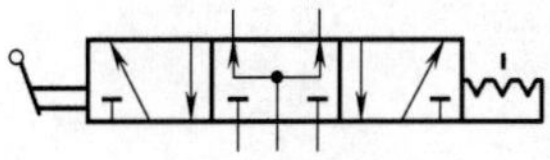 | 三位五通方向控制阀：定位销式各位置杠杆控制 |
| 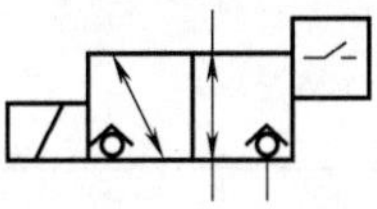 | 二位三通液压电磁换向座阀：带行程开关 |
| 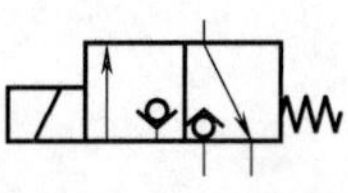 | 二位三通液压电磁换向座阀 |

## 四、压力控制阀

压力控制阀图形符号及用途见表2-4。

表 2-4　压力控制阀图形符号及用途

| 图形符号 | 用途和符号说明 |
|---|---|
| | 溢流阀：直动式，开启压力由弹簧调节 |
| | 顺序阀：手动调节设定值 |
| | 顺序阀：带有旁通阀 |
| | 二通减压阀：直动式，外泄型 |
| | 二通减压阀：先导式，外泄型 |
| | 防汽蚀溢流阀：用来保护两条供给管道 |
| | 蓄能器充液阀：带有固定开关压差 |
| | 电磁溢流阀：先导式，电气操纵预设定压力 |
| | 三通减压阀（液压） |

## 五、单向阀和梭阀

单向阀和梭阀图形符号及用途见表 2-5。

表 2-5 单向阀和梭阀图形符号及用途

| 图形符号 | 用途和符号说明 |
|---|---|
|  | 单向阀：只能在一个方向自由流动 |
|  | 单向阀：带有复位弹簧，只能在一个方向流动，常闭 |
| 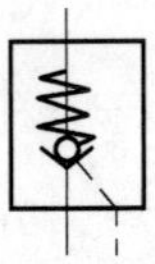 | 先导式液控单向阀：带有复位弹簧，先导压力允许在两个方向自由流动 |
| 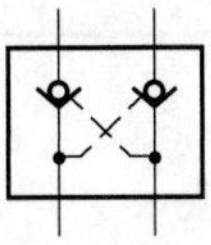 | 单向阀：先导式 |
| 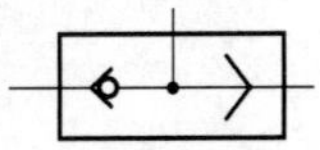 | 梭阀（"或"逻辑）：压力高的入口自动与出口接通 |

## 六、比例方向控制阀

比例方向控制阀图形符号及用途见表 2-6。

表 2-6 比例方向控制阀图形符号及用途

| 图形符号 | 用途和符号说明 |
|---|---|
| 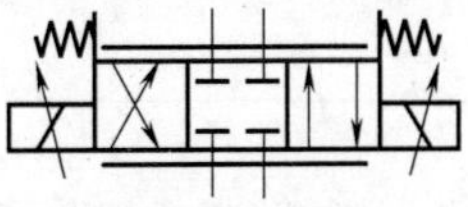 | 直动式比例方向控制阀 |
| 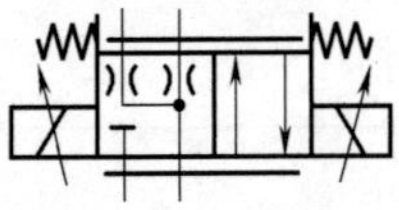 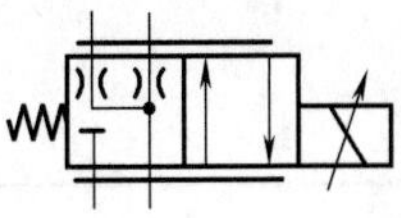 | 比例方向控制阀，直接控制 |
| 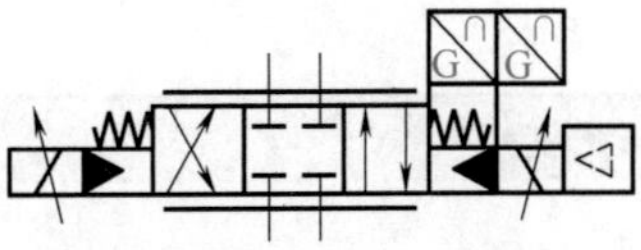 | 先导式比例方向控制阀：带主级和先导级的闭环位置控制，集成电子器件 |
| 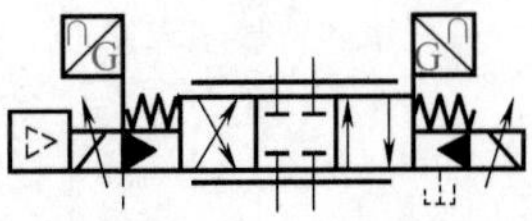 | 先导式伺服阀：带主级和先导级的闭环位置控制，集成电子器件，外部先导供油和回油 |

| 图形符号 | 用途和符号说明 |
|---|---|
| 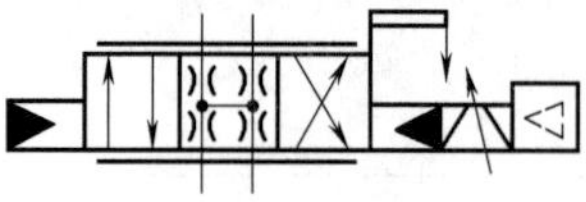  | 先导式伺服阀：先导级带双线圈电气控制机构，双向连续控制，阀芯位置机械反馈到先导装置，集成电子器件 |
| 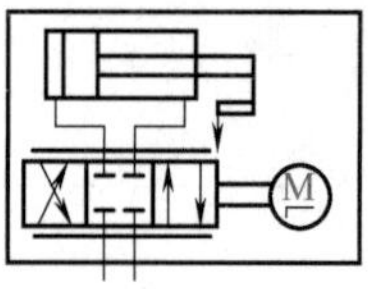  | 电液线性执行器：带由步进电机驱动的伺服阀和油缸位置机械反馈 |
| 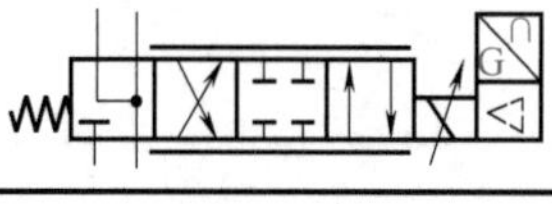  | 伺服阀：内置电反馈和集成电子器件，带预设动力故障位置 |

## 七、比例流量和比例压力控制阀

比例流量和比例压力控制阀图形符号及用途见表2-7和表2-8。

表2-7　比例流量控制阀图形符号及用途

| 图形符号 | 用途和符号说明 |
|---|---|
| 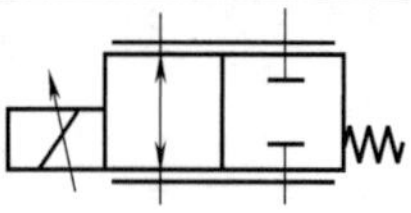  | 比例流量控制阀：直控式 |
| 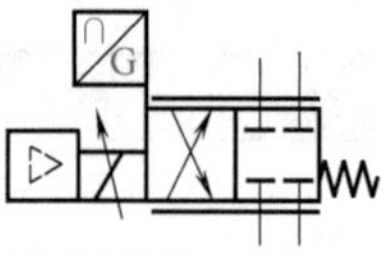  | 比例流量控制阀：直控式，带电磁铁闭环位置控制和集成式电子放大器 |
| 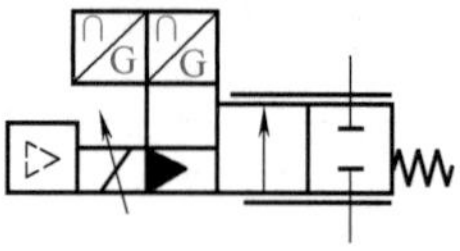  | 比例流量控制阀：先导式，带主级和先导级的位置控制和电子放大器 |
|   | 流量控制阀：用双线圈比例电磁铁控制，节流孔可变，特性不受黏度变化的影响 |

表2-8　比例压力控制阀图形符号及用途

| 图形符号 | 用途和符号说明 |
|---|---|
| 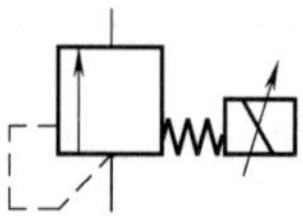  | 比例溢流阀：直控式，通过电磁铁控制弹簧工作长度来控制液压电磁换向座阀 |

| 图形符号 | 用途和符号说明 |
|---|---|
| 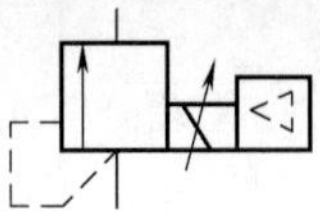 | 比例溢流阀：直控式，电磁力直接作用在阀芯上，集成电子器件 |
| 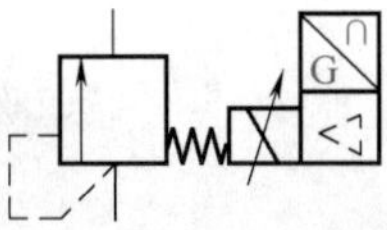 | 比例溢流阀：直控式，带电磁铁位置闭环控制，集成电子器件 |
| 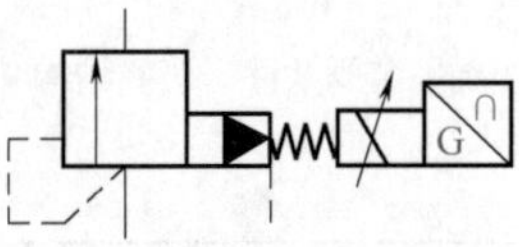 | 比例溢流阀：先导控制，带电磁铁位置反馈 |
| 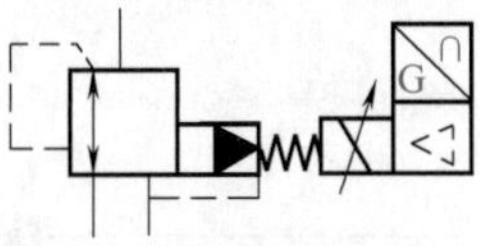 | 三通比例减压阀：带电磁铁闭环位置控制和集成式电子放大器 |
| 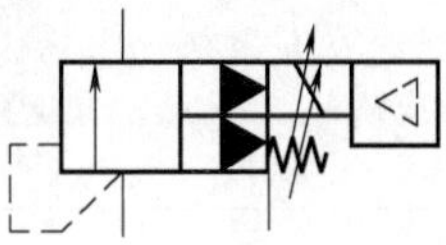 | 比例溢流阀：先导式，带电子放大器和附加先导级，以实现手动压力调节或最高压力溢流功能 |

## 八、二通盖板式插装阀

二通盖板式插装阀图形符号及用途见表2-9。

表2-9　二通盖板式插装阀图形符号及用途

| 图形符号 | 用途和符号说明 |
|---|---|
| 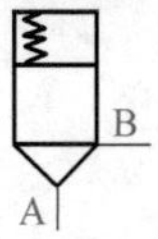 | 压力控制和方向控制插装阀插件：座阀结构，面积1：1 |
| 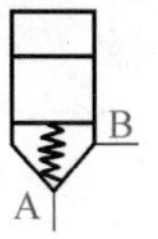 | 压力控制和方向控制插装阀插件：座阀结构，常开，面积比1：1 |
| 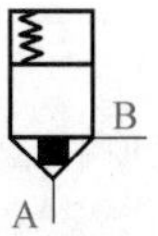 | 方向控制插装阀插件：带节流端的座阀结构，面积比例≤0.7 |
| 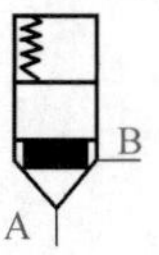 | 方向控制插装阀插件：带节流端的座阀结构，面积比例>0.7 |

| 图形符号 | 用途和符号说明 |
|---|---|
|  | 方向控制插装阀插件：座阀结构，面积比例≤ 0.7 |
|  | 方向控制插装阀插件：座阀结构，面积比例 >0.7 |
|  | 主动控制的方向控制插装阀插件：座阀结构，由先导压力打开 |
|  | 主动控制插件：B 端无面积差 |
|  | 方向控制阀插件：单向流动，座阀结构，内部先导供油，带可替换的节流孔（节流器） |
|  | 带溢流和限制保护功能的阀芯插件：滑阀结构，常闭 |
|  | 减压插装阀插件：滑阀结构，常闭，带集成的单向阀 |
|  | 减压插装阀插件：滑阀结构，常开，带集成的单向阀 |
|  | 无端口控制盖 |
|  | 带先导端口的控制盖 |
|  | 带先导端口的控制盖：带可调行程限位器和遥控端口 |
|  | 可安装附加元件的控制盖 |

| 图形符号 | 用途和符号说明 |
|---|---|
| | 带液压控制梭阀的控制盖 |
| | 带梭阀的控制盖 |
| | 可安装附加元件，带梭阀的控制盖 |
| | 带溢流功能的控制盖 |
| | 带溢流功能和液压卸载的控制盖 |
| | 带溢流功能的控制盖：用流量控制阀来限制先导级流量 |
| | 带行程限制器的二通插装阀 |
| | 带溢流功能的控制盖：用流量控制阀来限制先导级流量 |

| 图形符号 | 用途和符号说明 |
|---|---|
| 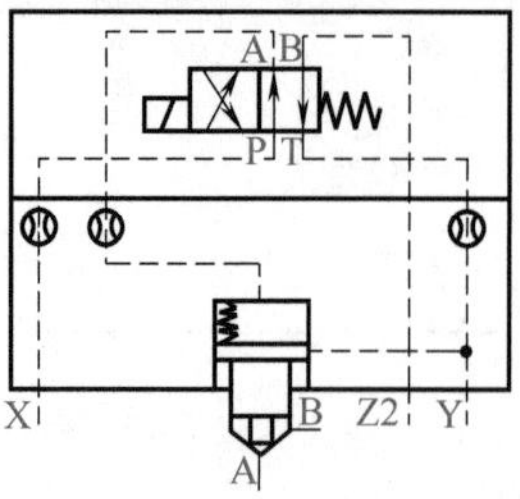 | 带行程限制器的二通插装阀 |
| 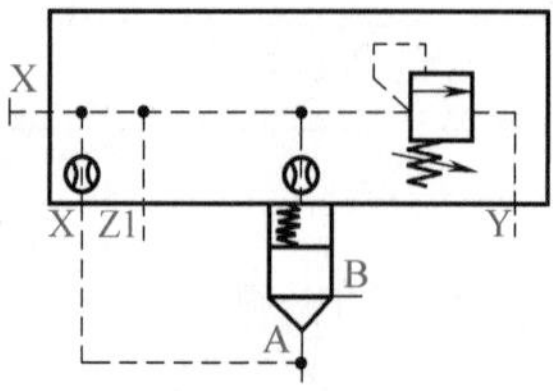 | 带溢流功能的二通插装阀 |
| 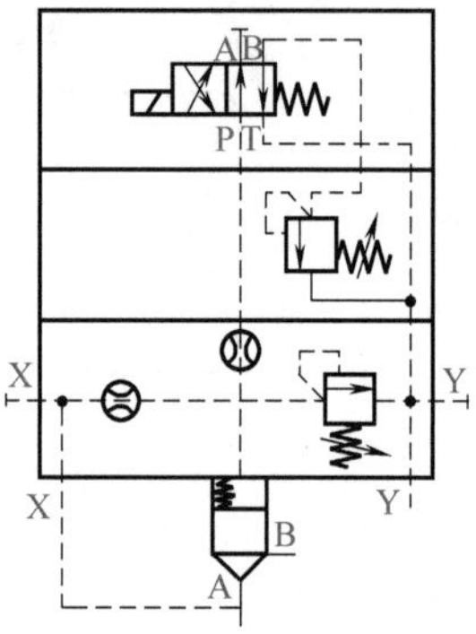 | 带溢流功能和可选第二级压力的二通插装阀 |
| 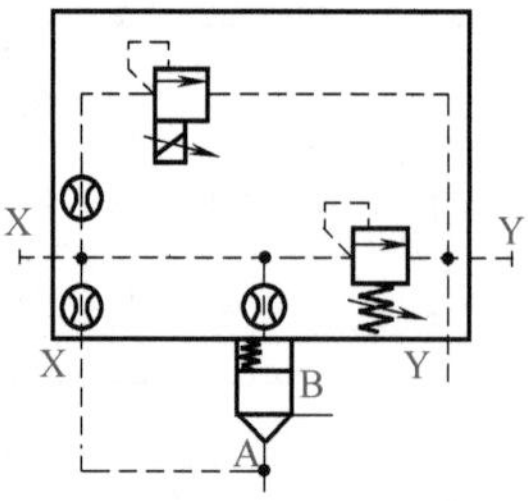 | 带比例压力调节和手动最高压力溢流功能的二通插装阀 |
| 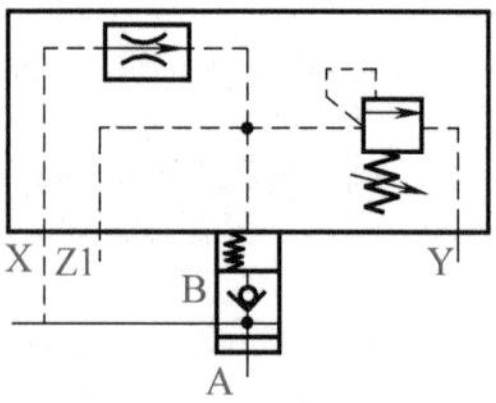 | 高压控制、带先导流量控制阀的减压功能的二通插装阀 |
| 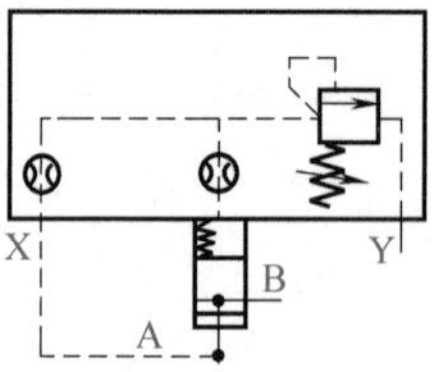 | 低压控制、减压功能的二通插装阀 |

## 第二节　液压泵和液压马达及液压缸图形符号的识读

### 一、泵和马达

泵和马达图形符号及用途见表 2-10。

表 2-10　泵和马达图形符号及用途

| 图形符号 | 用途和符号说明 |
|---|---|
|  | 变量泵 |
| 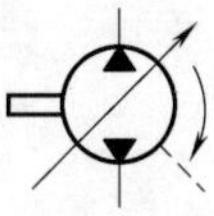 | 双向流动，带外泄油路单向旋转的变量泵 |
| 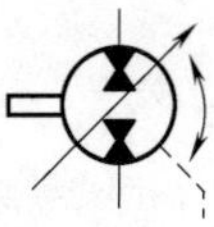 | 双向变量泵或马达单元：双向流动，带外泄油路，双向旋转 |
| 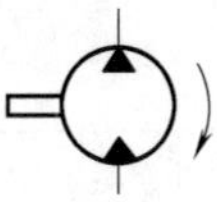 | 单向旋转的定量泵或马达 |
| 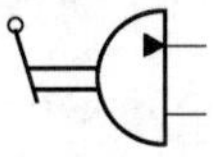 | 操纵杆控制，限制转盘角度的泵 |
| 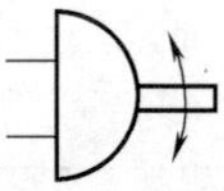 | 限制摆动角度，双向流动的摆动执行器或旋转驱动 |
| 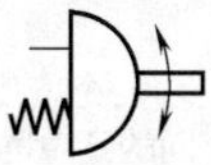 | 单作用的半摆动执行器或旋转驱动 |
| 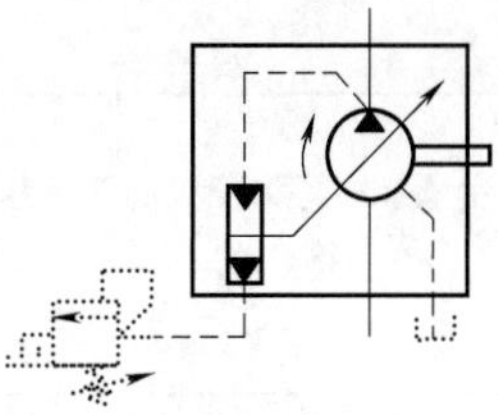 | 变量泵：先导控制，带压力补偿，单向旋转带外泄油路 |
| 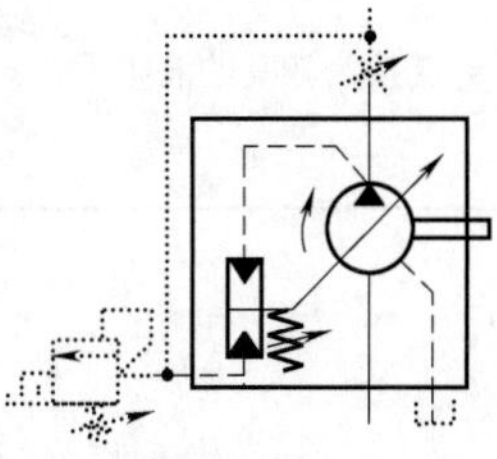 | 带复合压力或流量控制（负载敏感型）变量泵：单向驱动，带外泄油路 |

| 图形符号 | 用途和符号说明 |
| --- | --- |
| 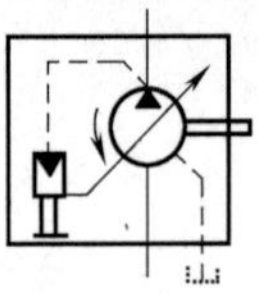 | 机械或液压伺服控制的变量泵 |
| 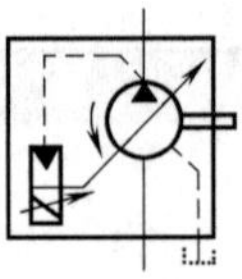 | 电液伺服控制的变量液压泵 |
| 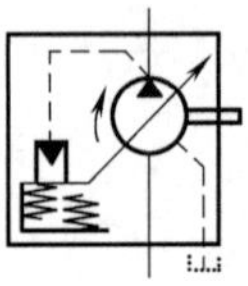 | 恒功率控制的变量泵 |
| 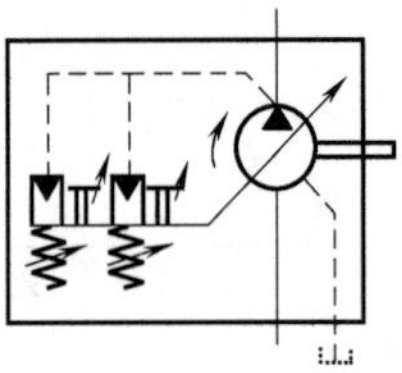 | 带两级压力或流量控制的变量泵：内部先导操纵 |
| 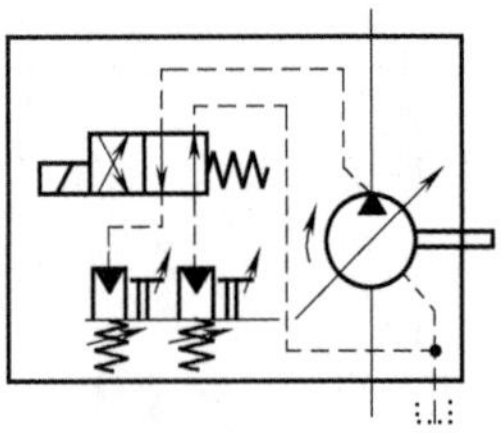 | 带两级压力控制元件的变量泵：电气转换 |
| 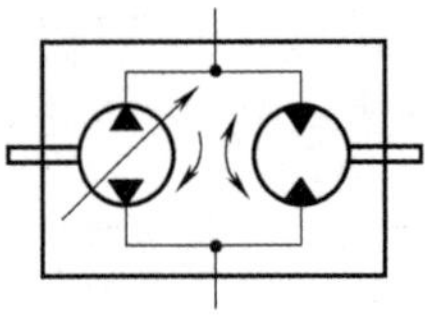 | 静液传动（简化表达）驱动单元：由一个能反转、带单输入旋转方向的变量泵和一个带双输出旋转方向的定量马达组成 |
| 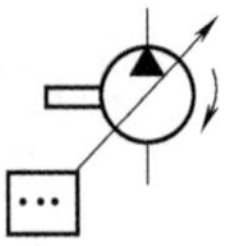 | 表现出控制和调节元件的变量泵：箭头表示调节能力可扩展，控制机构和元件可以在箭头任意一边连接<br>没有指定复杂控制器 |
| 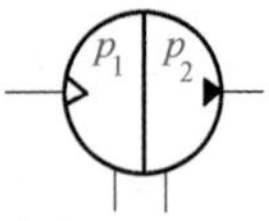 | 连续增压器：将气体压力 $p_1$ 转换为较高的液体压力 $p_2$ |

## 二、液压缸

缸的图形符号及用途见表2-11。

表 2-11　缸的图形符号及用途

| 图形符号 | 用途和符号说明 |
|---|---|
| | 单作用单杆缸：靠弹簧力返回行程，弹簧腔带连接油口 |
| | 双作用单杆缸 |
| | 双作用双杆缸：活塞杆直径不同，双侧缓冲，右侧带调节 |
| | 带行程限制器的双作用膜片缸 |
| | 活塞杆终端带缓冲的单作用膜片缸：排气口不连接 |
| | 单作用缸，柱塞缸 |
| | 单作用伸缩缸 |
| | 双作用伸缩缸 |
| | 双作用带状无杆缸：活塞两端带终点位置缓冲 |
| | 双作用缆绳式无杆缸：活塞两端带可调节终点位置缓冲 |
| | 双作用磁性无杆缸：仅右边终端位置切换 |
| | 行程两端定位的双作用缸 |
| | 双杆双作用缸：左终点带内部限位开关，内部机械控制，右终点有外部限位开关，由活塞杆触发 |
| | 单作用压力介质转换器，将气体压力转换为等值的液体压力，反之亦然 |
| | 单作用增压器，将气体压力 $p_1$ 转换为更高的液体压力 $p_2$ |

# 第三节　液压辅助元件图形符号的识读

## 一、连接和管接头

连接和管接头的图形符号及用途见表 2-12。

表 2-12　连接和管接头的图形符号及用途

| 图形符号 | 用途和符号说明 |
|---|---|
|  | 软管总成 |
| 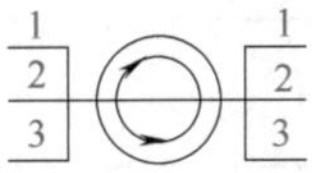 | 三通旋转接头 |
|  | 不带单向阀的快换接头，断开状态 |
| 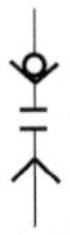 | 带单向阀的快换接头，断开状态 |
| 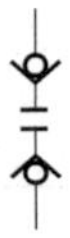 | 带两个单向阀的快换接头，断开状态 |
|  | 不带单向阀的快换接头，连接状态 |
|  | 带一个单向阀的快插管接头，连接状态 |
|  | 带两个单向阀的快插管接头，连接状态 |

## 二、电气装置

电气装置图形符号及用途见表 2-13。

表 2-13　电气装置图形符号及用途

| 图形符号 | 用途和符号说明 |
|---|---|
|  | 可调节的机械电子压力继电器 |
| 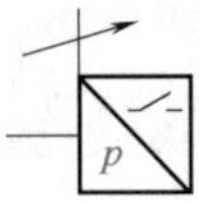 | 输出开关信号、可电子调节的压力转换器 |
| 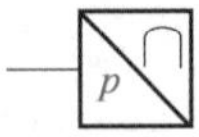 | 模拟信号输出压力传感器 |

# 三、过滤器和分离器

过滤器和分离器的图形符号及用途见表 2-14。

表 2-14　过滤器和分离器图形符号及用途

| 图形符号 | 用途和符号说明 |
| --- | --- |
| 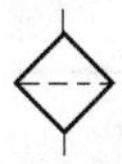 | 过滤器 |
| 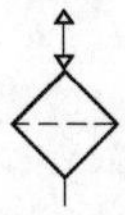 | 油箱通气过滤器 |
|  | 带附属磁性滤芯的过滤器 |
| 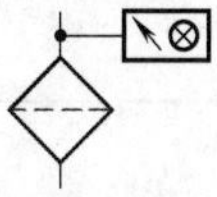 | 带光学阻塞指示器的过滤器 |
| 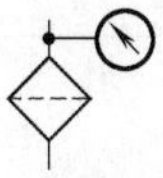 | 带压力表的过滤器 |
| 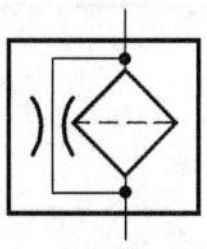 | 带旁路节流的过滤器 |
| 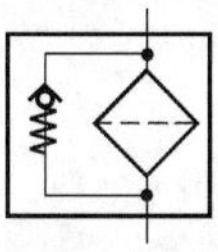 | 带旁路单向阀的过滤器 |
| 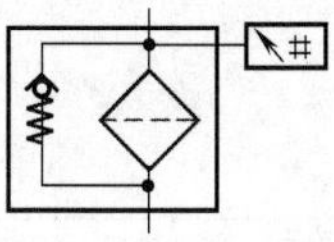 | 带旁路单向阀和数字显示器的过滤器 |
| 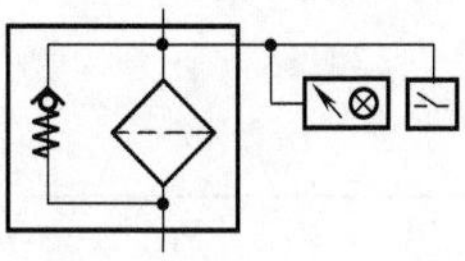 | 带旁路单向阀、光学阻塞指示器与电气触点的过滤器 |
| 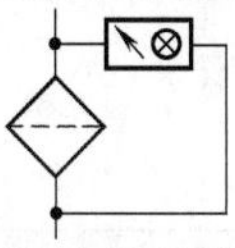 | 带光学压差指示器的过滤器 |
| 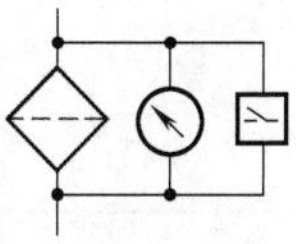 | 带压差指示器与电气触点的过滤器 |
| 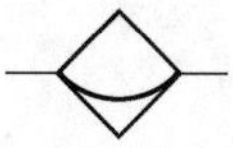 | 离心式分离器 |

| 图形符号 | 用途和符号说明 |
|---|---|
| 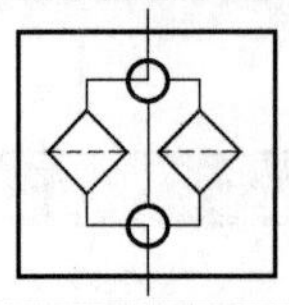 | 带手动切换功能的双过滤器 |

## 四、测量仪和指示器

测量仪和指示器的图形符号及用途见表 2-15。

表 2-15　测量仪和指示器图形符号及用途

| 图形符号 | 用途和符号说明 |
|---|---|
| 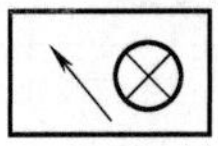 | 光学指示器 |
| 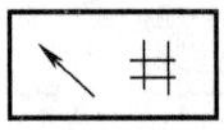 | 数字式指示器 |
| 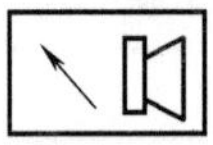 | 声音指示器 |
|  | 压力测量单元（压力表） |
|  | 压差计 |
| 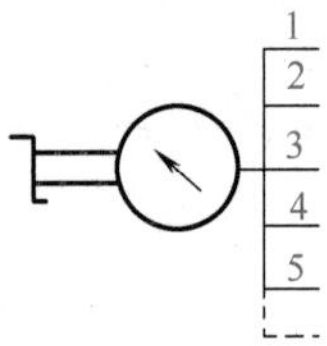 | 带选择功能的压力表 |
|  | 温度计 |
| 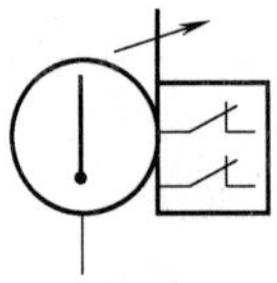 | 可调电气常闭触点温度计（接点温度计） |
| 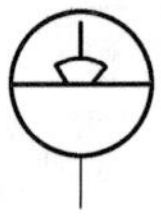 | 液位指示器（液位计） |
| 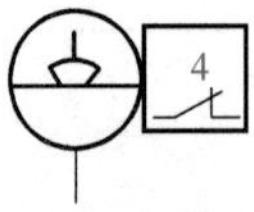 | 四常闭触点液位开关 |

| 图形符号 | 用途和符号说明 |
|---|---|
| 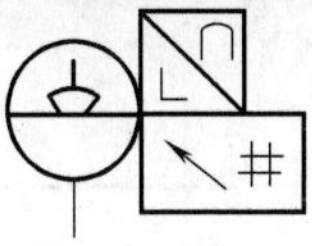 | 模拟量输出数字式电气液位监控器 |
|  | 流量指示器 |
|  | 流量计 |
| 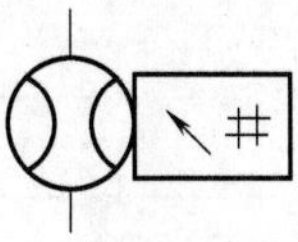 | 数字式流量计 |
| 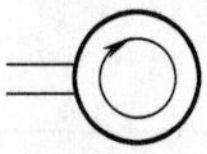 | 转速仪 |
| 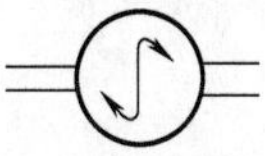 | 转矩仪 |
| 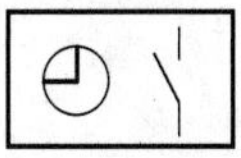 | 开关式定时器 |
| 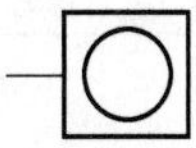 | 计数器 |
| 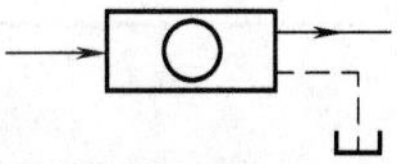 | 直通式颗粒计数器 |

## 五、蓄能器

蓄能器的图形符号及用途见表 2-16。

表 2-16  蓄能器的图形符号及用途

| 图形符号 | 用途和符号说明 |
|---|---|
|  | 隔膜式充气蓄能器（隔膜式蓄能器） |
|  | 囊隔式充气蓄能器（囊式蓄能器） |
| 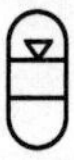 | 活塞式充气蓄能器（活塞式蓄能器） |
|  | 气瓶 |

| 图形符号 | 用途和符号说明 |
|---|---|
| 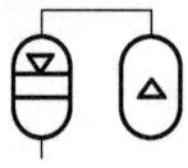 | 带下游气瓶的活塞式蓄能器 |

## 六、热交换器

热交换器图形符号及用途见表2-17。

表2-17　热交换器图形符号及用途

| 图形符号 | 用途和符号说明 |
|---|---|
|  | 不带冷却液流道指示的冷却器 |
| 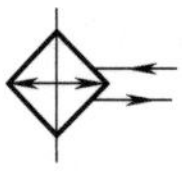 | 液体冷却的冷却器 |
| 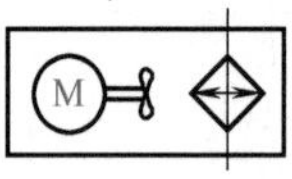 | 电动风扇冷却的冷却器 |
|  | 加热器 |
| 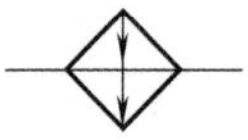 | 温度调节器 |

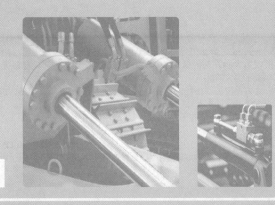

# 第三章
# 液压油的使用维护

## 第一节　液压油的合理使用与管理

### 一、液压油的合理使用

#### （一）液压油的主要物理性质

液压传动是以液压油（通常为矿物油）作为工作介质来传递动力和信号的。因此液压油的质量（物理、化学性能）的优劣，尤其是力学性能对液压系统工作的影响很大。所以，在研究液压系统时，必须对所用的液压油及其性能进行较深入了解，以便进一步理解液压传动的基本原理。

液压油的主要物理性质见表 3-1。

表 3-1　液压油的主要物理性质

| 物理性质 | | 说明 |
|---|---|---|
| 密度 | | 单位体积液体的质量称为该液体的密度：$$\rho = \frac{m}{V}$$ 式中　$V$——体积；<br>　　　$m$——体积为 $V$ 的液体的质量；<br>　　　$\rho$——液体的密度<br>密度是液体一个重要的物理量参数。随着温度或压力的变化，其密度也会发生变化，但变化量一般很小，可以忽略不计。一般液压油的密度为 $900\text{kg/m}^3$ |
| 可压缩性 | | 液体受压力的作用而发生体积减小的变化称为液体的可压缩性。若液压油中混入空气时，其可压缩性将显著增加，并将严重影响液压系统的工作性能，因此在液压系统中尽量减少油液中混入的气体及其他挥发物质（如汽油、煤油、乙醇和苯等）的含量 |
| 黏性 | 黏性的意义 | 液体在外力作用下流动时，液体分子间内聚力会阻碍分子相对运动，即分子之间产生一种内摩擦力，这一特性称为液体的黏性。黏性是液体的重要物理特性，也是选择液压用油的依据<br>由于液体在外力作用下才有黏性，因此液体在静止状态下是不呈现黏性的。液体黏性的大小用黏度来表示 |

| 物理性质 | | 说明 |
|---|---|---|
| 黏性 | 液体的黏度 | 指定量表示黏性高低的量，常用的黏度有 3 种，即动力黏度、运动黏度和相对黏度。平时提到油的牌号实际是运动黏度<br>①动力黏度 $\mu$。在我国法定计量单位制及 SI 制中，动力黏度 $\mu$ 的单位是 Pa·s（帕·秒）或用 N·s/m²（牛·秒/米²）表示<br>在 CGS 制中，$\mu$ 的单位为 dgn·s/cm²（达因·秒/厘米²），又称为 P（泊）。P 的 1% 称为 cP（厘泊）。其换算关系如下：<br>$$1Pa \cdot s = 10P = 10^3 cP$$<br>②运动黏度 $\nu$。动力黏度 $\mu$ 和该液体密度 $\rho$ 之比值，称为运动黏度。即：<br>$$\nu = \frac{\mu}{\rho}$$<br>运动黏度 $\nu$ 没有明确的物理意义。因为在其单位中只有长度和时间的量纲，所以称为运动黏度。它是工程实际中经常用到的物理量<br>在我国法定计量单位制及 SI 制中，运动黏度 $\nu$ 的单位是 m²/s（米²/秒）。<br>在 CGS 制中，$\nu$ 的单位是 cm²/s（厘米²/秒），通常称为 St（沲）。1St（沲）=100cSt（厘沲）。两种单位制的换算关系为<br>$$1m^2/s = 10^4 St = 10^6 cSt$$<br>就物理意义来说，$\nu$ 并不是一个黏度的量，但工程中常用它来表示液体的黏度。例如，液压油的牌号，就是这种油液在 40℃ 时运动黏度 $\nu$（mm²/s）的平均值，如 L-AN32 液压油就是指这种液压油在 40℃ 时运动黏度的平均值为 32mm²/s<br>③相对黏度。相对黏度又称条件黏度。它是采用特定的黏度计在规定的条件下测出来的液体黏度。根据测量条件的不同，各国采用的相对黏度的单位也不同。如中国、德国等国家采用恩氏黏度（°E），美国采用国际赛氏秒（SSU），英国采用雷氏黏度（R）等<br>恩氏黏度由恩氏黏度计测定，即将 200cm³ 的被测液体装入底部有 $\phi$2.8mm 小孔的恩氏黏度计的容器中，在某一特定温度 $t$℃ 时，测定液体在自重作用下流过小孔所需的时间 $t_1$ 和同体积的蒸馏水在 20℃ 时流过同一小孔所需的时间 $t_2$，两者之比值便是该液体在 $t$℃ 时的恩氏黏度。恩氏黏度用符号 °$E_t$ 表示<br>$$°E_t = \frac{t_1}{t_2}$$<br>一般以 20℃、50℃、100℃ 作为测定恩氏黏度的标准温度，由此而得来的恩氏黏度分别用 °$E_{20}$、°$E_{50}$ 和 °$E_{100}$ 表示 |
| | 调和油的黏度 | 选择合适黏度的液压油，对液压系统的工作性能有着十分重要的作用。有时现有的油液黏度不能满足要求，可把两种不同黏度的油液混合起来使用，称为调和油。调和油的黏度与两种油所占的比例有关 |
| | 黏度和温度的关系 | 温度对油液黏度影响很大，当油液温度升高时，其黏度显著下降。油液黏度的变化直接影响液压系统的性能和泄漏量，因此希望黏度随温度的变化越小越好。不同的油液有不同的黏度温度变化关系，这种关系叫做油液的黏温特性<br>油液的黏温特性可以用黏度指数Ⅳ来表示，Ⅵ值越大，表示油液黏度随温度的变化率越小，即黏温特性越好。一般液压油要求Ⅵ值在 90 以上，而精制的液压油及加有添加剂的液压油，其值可大于 100。几种国产油液黏温图如图 3-1 所示<br>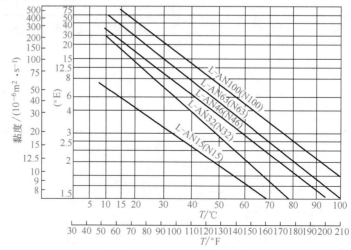<br>图 3-1　几种国产油液黏温图 |

| 物理性质 | | 说明 |
|---|---|---|
| 黏性 | 黏度和温度的关系 | 几种常见工作介质的黏度指数列于附表 1 中 |

附表 1　常见工作介质的黏度指数

| 介质种类 | 黏度指数 VI | 介质种类 | 黏度指数 VI |
|---|---|---|---|
| 通用液压油 L-HL | 90 | 水包油乳化液 L-HFA | 130 |
| 抗磨液压油 L-HM | 95 | 油包水乳化液 L-HFB | 130 ~ 170 |
| 低温液压油 L-HV | 130 | 水 - 乙二醇液 L-HFC | 140 ~ 170 |
| 高黏度液压油 L-HR | 160 | 磷酸酯液 L-HFDR | 130 ~ 180 |

| 物理性质 | | 说明 |
|---|---|---|
| 黏性 | 黏度与压力的关系 | 压力对油液的黏度也有一定的影响。压力越高，分子间的距离越小，因此黏度变大。不同的油液有不同的黏度压力变化关系。这种关系叫油液的黏压特性<br>在液压系统中，若系统的压力不高，压力对黏度的影响较小，一般可以忽略不计。当压力较高或压力变化较大时，压力对黏度的影响必须考虑 |
| 其他特性 | | 液压油液还有其他一些物理化学性质，如抗燃性、抗氧化性、抗凝性、抗泡沫性、抗乳化性、防锈性、润滑性、导热性、稳定性以及相容性（主要指对密封材料、软管等不侵蚀、不溶胀的性质）等，这些性质对液压系统的工作性能有重要影响。对于不同品种的液压油，这些性质的指标是不同的，具体应用时可查油类产品手册 |

## （二）液压油的选择与选用

（1）液压油的选择

① 油液品种的选择。选择油液品种时，可以参照表 3-2 并根据是否专用、有无具体工作压力、工作温度及工作环境等条件，从而进行综合考虑。

表 3-2　液压泵用油的黏度范围及推荐牌号

| 名称 | 运动黏度 /（$10^6 \times m^{12}$/s） | | 工作压力 / MPa | 工作温度 / ℃ | 推荐用油 |
|---|---|---|---|---|---|
| | 允许 | 最佳 | | | |
| 叶片泵（1200r/min） | 16 ~ 220 | 26 ~ 54 | 7 | 5 ~ 40 | L-HH32、L-HH46 |
| | | | | 40 ~ 80 | L-HH46、L-HH68 |
| 叶片泵（1800r/min） | 20 ~ 220 | 25 ~ 54 | 14 以上 | 5 ~ 40 | L-HL32、L-HL46 |
| | | | | 40 ~ 80 | L-HL46、L-HL68 |
| 齿轮泵 | — | 25 ~ 54 | 12.5 | 5 ~ 40 | L-HL32、L-HL46 |
| | | | | 40 ~ 80 | L-HL46、L-HL68 |
| | | | 10 ~ 20 | 5 ~ 40 | L-HL46、L-HL68 |
| | | | | 40 ~ 80 | L-HM46、L-HM68 |
| | | | 16 ~ 32 | 5 ~ 40 | L-HM32、L-HM68 |
| | | | | 40 ~ 80 | L-HM46、L-HM68 |
| 径向柱塞泵 | 10 ~ 65 | 16 ~ 48 | 14 ~ 35 | 5 ~ 40 | L-HM32、L-HM46 |
| | | | | 40 ~ 80 | L-HM46、L-HM68 |
| 轴向柱塞泵 | 4 ~ 76 | 16 ~ 47 | 35 以上 | 5 ~ 40 | L-HM32、L-HM68 |
| | | | | 40 ~ 80 | L-HM68、L-HM100 |
| 螺杆泵 | 19 ~ 49 | 19 ~ 49 | 10.5 以上 | 5 ~ 40 | L-HL32、L-HL46 |
| | | | | 40 ~ 80 | L-HL46、L-HL68 |

② 选择黏度等级。确定好液压的品种，就要选择液压油的黏度等级。黏度对液压系统工作的稳定性、可靠性、效率、温升以及磨损都有显著的影响，在选择黏度时应注意液压系统的工作情况，其说明见表 3-3。

表 3-3　选择黏度时应注意的液压系统的工作情况说明

| 类别 | 说明 |
|---|---|
| 工作压力 | 为了减少泄漏，对于工作压力较高的系统，宜选用黏度较大的液压油 |
| 运动速度 | 为了减轻液流的摩擦损失，当液压系统的工作部件运动速度较高时，宜选用黏度较小的液压油 |
| 环境温度 | 环境温度较高时宜选用黏度较大的液压油 |
| 液压泵的类型 | 在液压系统的所有元件中，以液压泵对液压油的性能最为敏感，因为泵内零件的运动速度很高，承受的压力较大，润滑要求苛刻而且温升高。因此，常根据液压泵的类型及要求来选择液压油的黏度 |

（2）液压油的使用

① 液压油的使用要求。液压传动系统使用的液压油一般应满足的要求有：对人体无害且成本低廉；黏度适当，黏温特性好；润滑性能好，防锈能力强；质地纯净，杂质少；对金属和密封件的相容性好；氧化稳定性好，不变质；抗泡沫性和抗乳化性好；体胀系数小；燃点高，凝点低等。对于不同的液压系统，则需根据具体情况突出某些方面的使用性能要求。

② 液压油的品种。液压油的主要品种、ISO 代号及其特性和用途见表 3-4。

表 3-4　液压油的主要品种 ISO 代号及其特性和用途

| 类型 | 名称 | ISO 代号 | 特性和用途 |
|---|---|---|---|
| 矿油型 | 通用液压油 | L-HL | 精制矿油添加剂，提高抗氧化和防锈性能，适用于室内一般设备的中低压系统 |
| | 抗磨液压油 | L-HM | L-HL 油加添加剂，改善抗磨性能，适用于工程机械、车辆液压系统 |
| | 低温液压油 | L-HV | L-HM 油加添加剂，改善黏温特性，可用于环境温度在 -20 ~ -40℃的高压系统 |
| | 高黏度液压油 | L-HR | L-HL 油加添加剂，改善黏温特性，W 值达 175 以上，适用于对黏温特性有特殊要求的低压系统，如数控机床液压系统 |
| | 液压导轨油 | L-HG | L-HM 油加添加剂，改善黏 - 滑特性，适用于机床中液压和导轨润滑合用的系统 |
| | 全损耗系统用油 | L-HH | 浅度精制矿油，抗氧化性、抗泡沫性较差，主要用于机械润滑，也可作液压代用油，用于要求不高的低压系统 |
| | 汽轮机油 | L-TSA | 深度精制矿油，改善抗氧化性、抗泡沫等性能，为汽轮机专用，可作液压代用油，用于一般液压系统 |
| 乳化型 | 水包油乳化液 | L-HFA | 又称水基液，特点是难燃、黏温特性好，有一定的防锈能力。润滑性差，易泄漏。适用于有抗燃要求、油用量大的系统 |
| | 油包水乳化液 | L-HFB | 既具有矿油型液压油的抗磨、防锈性能，又具有抗燃性，适用于有抗燃要求的中压系统 |
| 合成型 | 水 - 乙二醇液 | L-HFC | 难燃，黏温特性和抗蚀性好，能在 -30 ~ 60℃温度下使用，适用于有抗燃要求的中压系统 |
| | 磷酸酯液 | L-HFDR | 难燃，润滑抗磨性能和抗氧化性能良好，能在 -54 ~ 135℃温度范围内使用。缺点是有毒。适用于有抗燃要求的高压精密液压系统 |

## 二、液压油的使用管理

（1）设备档案的建立

为了加强责任制，做到有据可查，有关液压油部分应记载有油品品种牌号、数量、加油日期、补油数量和补油日期等，并指定专人负责检查考核，大的工厂可归润滑站等管理部门。这对于了解系统的密封漏油状况，避免误用异种油品，决定换油周期有很大参考价值。

（2）液压油的保存

液压油应存放在清洁、通风良好的室内，此储存室应满足一切适用的安全标准。若没打开的油桶不得不存放在室外，则应遵守以下的规则。

① 油桶宜以侧面存放且借助木质垫板或滑行架保持底面清洁，以防下部锈蚀，绝不允许直接放在易腐蚀金属的表面上。

② 油桶绝不可在上边切一大孔或完全去掉一端。因为即便孔被盖上，污染的概率也大

为增加。同理，把一个敞开容器沉入油液中吸油也是一种极坏的做法。因为这样一来不仅有可能使空气中的污物侵入，而且汲取容器本身的外侧就可能是脏的。

③ 油桶要以其外侧面放置在适当高度的木质托架上，用开关控制向外释放油液。开关下要备有集液槽。另一个办法是将桶直立，借助于手动或电动泵汲取油液。

④ 如果由于种种原因，油桶不得不以端部存放时，则应高出地面且应倒置（即桶盖作为桶底）。如不这样，则应把桶覆盖上，以使雨水不能聚集在四周、浸泡桶盖。水污染无论对哪类油液都是不良的。而潮湿可能穿过看上去似乎完全正常的桶盖进入桶里这一事实，却尚未被人们所了解。放置在露天的油桶会受到昼热和夜冷的影响，这就导致了膨胀和收缩。这种情形是由于桶内液面上部空间在白天受热而压力稍高于大气压，夜晚变冷又稍有真空作用的结果。这种压力变化可以达到足以产生"呼吸"作用的程度，从而空气白天被压出油桶，夜晚又吸入油桶。因此，如果通过包围着水的桶盖产生"呼吸"作用，则一些水可能被吸入桶内，且经过一段时间后，桶内就可能积存相当大量的水。

⑤ 用来分配液压流体的容器、漏斗及管子等必须保持清洁，并且备做专用。这些容器要定期清洗，并用不起毛的棉纤维拭干。

⑥ 当油液存放在大容器中时，很可能产生冷凝水和精细的灰尘结合到一起而在箱底形成一层淤泥的情形。所以，可行的办法是：储液油箱底应是碟形的或倾斜的，并且底上要设有排污塞。这些排污塞可以定期排除掉沉渣。有条件的单位，最好制定一个对大容器储液油箱日常净化的保养制度。

⑦ 要对储油器进行常规检查和漏损检验。

（3）液压油的换油与补油

取用前要确认液压油的种类和牌号，切勿弄错。从取油到注油的全过程都应保持桶口、罐口、漏斗等器皿的清洁；注油时应进行过滤，存放过久的油最好先进行理化检验，加油时应采用专门的加油小推车，若无加油小推车，则可在油箱的入口处放置150～200目的滤网过滤。

① 油周期的确定。液压油在高温、高压下使用，随着时间的增长会逐渐老化变质，因此，使用一段时间后，必须更换。更换周期一般视情况而定。目前确定换油周期的方法有三种，见表3-5。

表3-5　确定换油周期的方法

| 方法 | 说明 |
|---|---|
| 根据经验换油 | 这种方法凭操作者和现场技术人员的经验，通过"看、嗅、摇、摸"等简易方法，规定当油液变黑变脏到某一程度便换油。具体情况可参阅表3-6和表3-7 |
| 固定周期换油 | 这种方法是根据不同的设备和不同的油品，规定使用半年或一年运转1000～2000h后换油 |
| 综合研究分析换油 | 这种方法是通过定期取油样化验，测定必要项目，以便连续视油液变质情况，根据实际情况确定何时换油。具体情况可参阅如表3-8～表3-12所示 |

以上3种方法中，前两种方法应用广泛，但不太科学，不太经济；第三种方法较为科学，但需一套理化检验仪器，这种方法又叫油质换油法。

表3-6　国产油品的颜色识别参看表

| 油品种类 | 鉴别方法 | | | |
|---|---|---|---|---|
| | 看 | 嗅 | 摇 | 摸 |
| 汽油 | 浅黄色、浅红色、橙黄色 | 强烈汽油味 | 气泡随时产生随时消失 | 发涩，有凉感 |

| 油品种类 | 鉴别方法 | | | |
|---|---|---|---|---|
| | 看 | 嗅 | 摇 | 摸 |
| 溶剂油 | 白色 | 汽油味, 稍带芳香 | 气泡消失快 | 挥发快, 手浸后发凉、发白 |
| 灯用煤油 | 白色、浅黄色、透明 | 煤油味 | 气泡消失快 | 稍光滑, 挥发满 |
| 轻柴油 | 茶黄色表面发紫 | 柴油味 | 气泡少, 消失快 | 光滑, 手浸后有油感 |
| 重柴油 | 棕褐色 | 稍带柴油味, 发臭 | 气泡带黄色, 消失较慢 | — |
| 5号、7号机械油 | 浅黄色到黄色、有蓝色荧光 | — | 气泡多, 消失较快; 油发白, 瓶不挂色 | — |
| 10号、12号机械油 | 黄褐色到棕色、有蓝色荧光 | — | 气泡多, 消失较快; 瓶不挂色, 稍挂瓶 | — |
| 20号、30号、40号机械油 | 黄褐色到棕色、有蓝色荧光 (不明显) | — | 气泡较多, 消失较慢; 油挂瓶, 有黄色 | — |
| 汽油机油、柴油机油 | 深棕色到蓝黑色 | 有酸性气味 | 气泡少而大, 消失慢; 油挂瓶较多, 有黄色 | 浸水捻后稍有乳化, 黏稠 |
| 液压油 | 浅黄色到黄色、发蓝光 | 有酸味 | 气泡产生后, 很快消失, 稍挂瓶 | |
| 导轨油 | 黄色到棕色 | 有硫黄味 | — | 手捻拉丝很长 |
| 汽轮机油 | 淡黄色、荧光发蓝 | — | 气泡大、多、无色消失快 | 浸水捻不乳化 |
| 变压器油 | 浅黄色、荧光 | 稍有柴油味 | 气泡多、白色 | |
| 压缩机油 | 蓝绿色、透红 | | 气泡少、消失慢; 油挂瓶, 有浅棕色 | |
| 22号透平油 | 浅黄、发蓝光、油透明度高 | 无气味 | 气泡产生后, 很快消失; 油稍挂瓶 | |
| 8号液力传动油 | 红色、油透明度高 | 无气味 | 气泡产生后, 消失稍快 | |
| 30号清洁液压油 | 淡黄色、油透明度高 | 有酸性气味 | 气泡产生后, 消失稍快 | |
| 磷酸酯油 | 无色、油透明度高 | 有硫黄味 | 气泡产生后, 消失稍快 | |
| 油包水乳化液 | 蛋乳白色、无透明度 | 无气味 | 气泡立即消失, 不挂瓶 | |
| 水-乙二醇液压油 | 浅黄 | 无气味 | — | 光滑, 有热感 |
| 矿物油制动液 | 淡红 | — | — | — |
| 合成制动液 | 苹果绿 | 醚味 | — | — |
| 水包油乳化液 | — | 无味 | — | — |
| 蓖麻油制动液 | 淡黄透明 | 强烈酒精味 | — | 光滑, 有凉感 |

表3-7 现场鉴定液压油的变质项目

| 试验项目 | 检查项目/方法 | 鉴定内容 |
|---|---|---|
| 外观 | 颜色、雾状、透明度、杂质 | 气泡、水分、其他油脂、尘埃、油变质老化 |
| 气味 | 与新油比较 (恶臭、焦臭) | 油变质、混入异种油否 |
| 酸性值 | pH试纸或硝酸浸蚀试验用指示剂 | 油变质程度 |
| 硝酸浸蚀试验 | 滴一滴油于滤纸上, 放置30min～120min, 观察油浸润的情况 | 油浸润的中心部分, 若出现透明的浓圆点即是灰尘或磨损颗粒, 表明油已变质 |
| 裂化实验 | 在热钢板上滴油是否有爆裂声音 | 水分的有无与多少 (声音大、响声长则水分多) |

表 3-8　SCA ASTM AIA 的污染指标

| 等级 | 各种粒径允许个数 / 个 | | | | |
|---|---|---|---|---|---|
| | 5 ～ 10μm | 10 ～ 25μm | 25 ～ 50μm | 50 ～ 100μm | 100 ～ 200μm |
| 0 | 2700 | 670 | 93 | 16 | 1 |
| 1 | 4600 | 1340 | 210 | 28 | 2 |
| 2 | 9700 | 2680 | 380 | 56 | 5 |
| 3 | 24 000 | 5360 | 780 | 110 | 11 |
| 4 | 32 000 | 10 700 | 1510 | 225 | 21 |
| 5 | 87 000 | 21 400 | 3130 | 430 | 41 |
| 6 | 128 000 | 42 000 | 6500 | 1000 | 92 |

注：0 级—新液压油；1 级—特别干净的系统；2 级—良好的导弹火箭系统；3、4 级—一般用。

表 3-9　液压装置的允许污染度

| 液压装置 | 100mL 中的粒子表 | | |
|---|---|---|---|
| | 5μm 以上 | 15μm 以上 | 25μm 以上 |
| HST（固定安装液压传动装置） | 3×10⁴ 个 | 2×10² 个 | 4×10² 个 |
| | ISO 码 15/11 | | |
| | 5 ～ 15μm（NSA7 级） | 15 ～ 25μm（NSA6 级） | 25 ～ 50μm（NSA5 级） |
| 建筑机械 | 1×10⁵ 个 | 1×10⁴ 个 | 2×10³ 个 |
| | ISO 码 17/14 | | |
| | 5 ～ 15μm（NSA9 级） | 15 ～ 25μm（NSA8 级） | 25 ～ 50μm（NSA7 级） |
| 农业机械 | 5×10⁵ 个 | 4×10⁴ 个 | 8×10⁴ 个 |
| | ISO 码 19/16 | | |
| | 5 ～ 15μm（NSA11 级） | 15 ～ 25μm（NSA10 级） | 25 ～ 50μm（NSA9 级） |

表 3-10　液压装置液压油污染判断标准

| 使用条件 | 计数器（NAS 级）（个 /100mL） | 重量法（mg/100mL） |
|---|---|---|
| 一般液压装置 | — | 10 |
| 使用伺服阀及 10μm 以下过滤器的装置 | NAS9 级（5 ～ 10μm 的粒子 128000） | 0.05 |
| 使用电磁阀及流量阀的装置，由流量控制装置及有直径间隙在 15μm 以下的滑动副的液压元件的装置 | NAS11 级（5 ～ 15μm 的粒子 512000） | NAS12 级（0.01） |
| 将液压设备已部分或全部作为安全装置（或长时间在加压状态下保压的装置）的设备，带有电磁阀或其他精密控制阀的设备 | NAS12 级（5 ～ 15μm 的粒子 1024000） | NAS18 级（0.4） |
| 液压元件与设备的试验台 | 12 | — |

表 3-11　污染管理标准

| 回路分类 | NAS 级 | 过滤清洁方法 |
|---|---|---|
| 一般液压回路 | 10 级左右 | 在泵吸油侧及回路回油侧安装 74 ～ 105μm（进油侧）和 25μm（回油侧）的过滤器 |
| 使用电磁比例阀的回路 | 8 级左右 | 在泵出油侧，阀前及回油侧安装 10μm 左右的过滤器 |
| 使用电液伺服阀的回路 | 6 级左右 | 在于电磁比例阀回路相同的位置上，安装 5μm 左右的过滤器 |

表 3-12　液压的分析及使用界限

| 分析项目 | 警戒值 | 临界值 | 性质变化的原因 |
|---|---|---|---|
| 相对密度 | ±0.03 | ±0.05 | 混入其他油脂类 |
| 燃点 /℃ | -30 | -60 | 混入燃料油，混入其他轻质油 |

| 分析项目 | 警戒值 | 临界值 | 性质变化的原因 |
|---|---|---|---|
| 黏度 /%<br>黏度指数<br>全酸值 /（mgKOH/g） | ± 10<br>± 5（-10）<br>± 0.4 | ± 4<br>± 10（-20）<br>± 0.7 | 同上及恶化进行中，混入润滑脂及其他油类，混入水分灰尘及积存的磨损粉末（剪断黏度指数提高时，强酸值在 0.00 以下） |
| 酸性值（pH 值） | -2.5（4.0） | -3.5（3.2） | 恶化中（警戒实数临界值 pH3.2 以下） |
| 表面张力（Dyn/cm）<br>色调（联合比色） | -10<br>3 | -15<br>4 | 恶化进行中，混入其他油类 |
| 戊烷不溶量 /% | 0.03 | 0.10 | 油的恶化生成物，混入异物磨耗粉末的合计 |
| 苯不溶量 /% | 0.02 | 0.04 | 油的恶化生成物，混入异物磨耗粉末的合计，油劣化生成物大半已经除去 |
| 树脂量 /% | 0.02 | 0.05 | 油劣化生成物的量大半是戊烷不溶量和苯不溶量的差 |
| 水分 /% | 0.05 | 0.2 | 水侵入油箱，冷却破损 |
| 污染度（微量过滤法）5μm<br>以上的粒子数<br>100mL 过滤残渣重量 /<br>（mg/100mL） | 600000<br><br>20 | 1200000<br><br>40 | 固体混入异物和磨损粉末为主，包括硬质的油劣化生成物（炭质） |

注：1Dyn/cm=10$^{-3}$N/m。

② 现场鉴定油质的方法。见表 3-13。

表 3-13  现场鉴定油质的方法

| 方法 | 说明 |
|---|---|
| 点滴法（用于一般设备） | 在已运转 2h 的设备油箱中，用试棒取一滴油滴在定量滤纸上，在室温下静置 2～3h。质量合格的油渍均匀一致，污染的油渍中间有一核影，并且黑黄界限分明，根据核影颜色的深浅程度及黑圈与黄圈直径之比来确定油的污染程度 |
| 简易化验法（用于精、稀设备） | 黏度的检定方法是在一块带有刻度的洁净玻璃上，滴上 3 滴与试油黏度相同牌号的新油和一滴被试油，然后倾斜玻璃板，观察油滴流动的速度，如其速度相近，则其黏度也就相近。如黏度不相近但其他质量指标均合乎要求，则可采用黏度掺配法来增大油黏度 |
| 杂质的测定 | 取少量样油，用两倍洁净汽油稀释、摇匀后，对着阳光观察油里杂质或其他沉淀 |
| 腐蚀性的鉴定 | 将两小块用细砂纸打光和用汽油洁净的紫铜片，分别装入有试油的试管中，再把有塞子紫铜片的试管在水浴中加热 3h。取出铜片，若铜片保持原来光亮，无黄褐色斑点则认为合格 |
| 水分的检定 | 可按表 3-7 所述的简易方法检定。也可按图 3-2 所示方法进行检查，把摇均匀的试油装进试管至一半，在管塞上插 200℃温度计入油，再把试管加热到 120℃内，若油内有响声，根据声响大小和持续时间长短，可判断油中含水量的多少，为了定量地测定油中水分，可由图示方法收集水含量 |

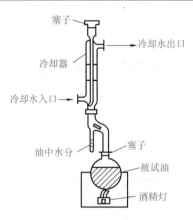

图 3-2  蒸馏法水分测定装置

③ 液压油的更换。污染严重的在用液压油更换时，要尽量放尽液压系统内的旧油，并且要冲洗液压系统，以便去掉附着于泵、阀等元件及管道内壁的劣化生成物、锈斑、铁屑机油泥等杂质。

液压油的更换方法见表 3-14。

表 3-14　液压油的更换方法

| 步骤 | 说明 |
|---|---|
| 排除旧油 | ①可向在用油中加入冲洗促化剂，将油温保持在 40～60℃，油压保持在 1MPa，进行 5～6h 的运转<br>②在热状态下放出在用液压油，并且将液压缸、蓄能器及配管等油管接头拆开排油，尽可能地将旧油排泄干净<br>③油箱排油后，用煤油和海绵彻底擦洗，不得使用脱落纤维的棉纱或织物。如油管内部生锈，则需进行酸洗 |
| 第一次冲洗 | ①用 50℃黏度为 10～20mm²/s 的精制矿物油。汽轮机油、主轴油为清洗油，污染严重时则用清洗油，清洗油用量为油箱液位的 70% 左右。清洗油不得使用汽油、酒精、蒸汽或水等<br>②将液压缸、液压马达的进出油管短路，以清洗主系统的油路管道为主，并在回油管上安装网格 20～30μm 的过滤器<br>③使油温升至 60～70℃ 之间，适时转换控制阀，并使液压泵间歇运转<br>④冲洗时间决定于系统的脏污程度，当回油过滤器完全不再有杂质，冲洗即告结束。在油温未降低前放掉清洗油，对储油箱再次清理 |
| 第二次冲洗 | ①将液压系统恢复为正常运转状态，注入实际作业时使用的液压油，过滤器换成 10μm 网格的过滤器<br>②先以最低运转压力运转，然后逐渐转为正常运转，每隔 3～4h 检查过滤器上的附着物，直到没有尘埃杂质时，第二次冲洗即告结束，液压油可继续使用 |

# 第二节　液压油的污染和防治措施

根据统计，液压系统发生故障的原因有 75% 是由于油液污染造成的，因此，液压油的防污对保证系统正常工作是非常重要的。

## 一、液压油污染的危害

液压油被污染是指油中含有水分、空气、微小固体颗粒及胶状生成物等杂质。液压油污染对液压系统造成危害如下：

① 堵塞过滤器，使液压泵吸油困难，产生振动和噪声；堵塞小孔或缝隙，造成阀类元件动作失灵。

② 固体颗粒会加速零件磨损，擦伤密封件，增大泄漏。

③ 水分和空气使油液润滑性能下降，产生锈蚀；空气使系统出现振动或爬行现象。

## 二、液压油污染产生的原因

液压油被污染的主要原因如下：

① 残留的固体颗粒。在液压元件装配、维修等过程中，因洗涤不干净而残留下的固体颗粒，如砂粒、铁屑、磨料、焊渣、棉纱及灰尘等。

② 空气中的尘埃。液压设备工作的周围环境恶劣，空气中含有尘埃、水滴。它们从可侵入渠道（如从液压缸外伸的活塞杆、油箱的通气孔和注油孔等处）进入系统，造成油液污染。

③ 生成物污染。在工作过程中产生的自生污染物主要有金属微粒、锈斑、液压油变质后的胶状生成物及涂料和密封件的剥离片等。

### 三、液压油污染防治措施

为了延长液压元件使用寿命，保证液压系统可靠工作，防止液压油污染，将液压油污染控制在某一允许限度以内，工程上常采取如下预防措施。

① 力求减少外来污染。在安装液压系统和维修液压元件时要认真严格清洗，且在无尘区进行；油箱与大气相通的孔上要安装滤清器并注意定期清洗；向油箱添加液压油时应通过过滤器。

② 滤除油液中的杂质。在液压系统相关位置应设置过滤器，滤除油中的杂质，注意定期检查、清洗和更换滤芯。

③ 合理控制液压油的温度。避免液压油工作温度过高，防止油液氧化变质，产生各种生成物。一般液压系统的工作温度最好控制在60℃以下，机床液压系统的油温应更低些。

④ 定期检查和更换液压油。每隔一定时间对液压系统中的液压油进行抽样检查，分析其污染程度是否还在系统允许的使用范围之内，如果不符合要求，应及时更换液压油。

---

## 第三节　液压油的使用维护实例

### 实例一：机械设备中液压油油温过高的原因及预防措施

机械设备中液压油油温过高的原因及预防措施见表3-15。

表3-15　机械设备中液压油油温过高的原因及预防措施

| 现象 | 原因 | 预防措施 |
|---|---|---|
| 液压油箱内油位过低 | 若液压油箱内油量太少，将使液压系统没有足够的流量带走其产生的热量，导致油温升高 | 在实际操作和维护过程中，严格遵守操作规程中对液压油油位的规定 |
| 液压系统中混入空气 | 混入液压油中的空气，在低压区时会从油中逸出并形成气泡，当其运动到高压区时，这些气泡将被高压油击碎，受到急剧压缩而放出大量的热量，引起油温升高 | 经常检查进油管接口等密封处的密封性，防止空气进入；同时，每次换油后要排尽系统中的空气 |
| 污染严重 | 施工现场环境恶劣，随着机器工作时间的增加，油中易混入杂质和污物，受污染的液压油进入泵、电动机和阀的配合间隙中，会划伤和破坏配合表面的精度和粗糙度，使泄漏增加、油温升高 | 一般在累计工作1000h后换油。换油时，注意不仅要放尽油箱内的旧油，还要替换整个系统管路、工作回路的旧油；加油时最好用120目以上的滤网，并按规定加足油量，使油液有足够的循环冷却条件。如遇因液压油污染而引起的突发性故障时，一定要过滤或更换液压系统用油 |
| 油品选择不当 | 油的品牌、质量和黏度等级不符合要求，或不同牌号的液压油混用，造成液压油黏度指数过低或过高。若油液黏度过高，则功率损失增加，油温上升；如果黏度过低，则泄漏量增加，油温升高 | 选用油液应按厂家推荐的牌号及机器所处的工作环境、气温因素等来确定。对一些有特殊要求的机器，应选用专用液压油；当液压元件和系统维护不便时，应选用性能好的抗磨液压油 |
| 过滤器堵塞 | 磨粒、杂质和灰尘等通过过滤器时，会被吸附在过滤器的滤芯上，造成吸油阻力和能耗均增加，引起油温升高 | 定期清洗、更换过滤器，对有堵塞指示器的过滤器，应按指示情况清洗或更换滤芯；滤芯的性能、结构和有效期都必须符合其使用要求。如一台TY220型推土机在作业时油温报警器连续报警，同时发现变矩器处有油烟和油液的烧焦味，转向油箱内油位较低。检查结果是，变矩器回油泵吸油网堵塞引起了此故障，因滤网粘满沉积物，使变矩器泄漏的油液不能及时泵回转向油箱，越积越多，变矩器放置阻力加大，由摩擦产生的热量增多，最后导致油液油温升太快。清洗该滤网后，油温恢复正常 |

| 现象 | 原因 | 预防措施 |
|---|---|---|
| 环境温度过高 | 环境温度过高，并且高负荷使用的时间又长，都会使油温太高 | 应避免长时间连续大负荷地工作。若油温太高可使设备空载转动 10min 左右，待其油温降下来后再工作 |
| 零部件磨损严重 | 齿轮泵的齿轮与泵体和侧板，柱塞泵和电动机的缸体与配流盘，缸体孔与柱塞，换向阀的阀杆与阀体等都是靠间隙密封的，这些元件的磨损将会引起其内泄漏的增加和油温的升高 | 及时检修或更换磨损过大的零部件。据统计，在正常情况下，进口的液压泵、电动机工作五六年后，国产产品工作两三年后，其磨损都已相当严重，须及时进行检修。否则，就会出现冷机时工作基本正常，但工作 1～2h 后，系统各机构的运动速度就明显变慢，需停机待油温降低后才能继续工作<br>如一台 WY160 型液压挖掘机在出现上述故障后，经测试，各机构的工作压力均偏低，怀疑是主安全阀或主泵磨损所致。先拆检主安全阀，无异常现象，后拆检主泵发现配流盘球面磨损严重。经对配流盘进行研磨后，重新装配并调整好其间隙，装机运行情况良好。又如，一台 ZL50 型装载机动作缓慢无力，经测试，系统压力偏低，手摸齿轮泵感觉很烫，怀疑是齿轮泵内部磨损产生内漏所致，拆检后发现，齿轮泵侧板与齿轮端面的间隙超差。更换齿轮泵后，问题得以解决 |
| 液压油冷却循环系统工作不良 | 通常，采用水冷式或风冷式油冷却器对液压系统的油温进行强制性降温。水冷式冷却器，会因散热片太脏或水循环不畅而使其散热系数降低；风冷式冷却器，会因油污过多而将冷却器的散热片缝隙堵塞，风扇难以对其散热，结果导致油温升高 | 定期检查和维护液压油冷却循环系统，一旦发现故障，必须立即停机排除 |

## 实例二：液压油的三种异常现象分析与排除

（1）液压油油温异常升高

液压油油温异常升高的根本原因有以下三个方面：

① 是由于安全阀压力设定值太低，使液压油大部分通过安全阀流回油箱，致使液压系统做功效率太低，如负荷过大，大部分能量会转换成液压油的热能，导致温度很高；

② 是由于冷却系的冷却效果差，导致液压油温度过高；

③ 是液压油在油路中循环过于频繁（往往是油量不足造成），导致散热困难，温度升高。

故障诊断应从易到难，先检查液压油箱中的油量，若油箱中油量不足，应及时添加至标准液位。加注时应注意使用牌号相同的液压油，使用前还应进行过滤。

如果油量合适，则需检查油冷却系是否有阻塞现象，若查出油冷却系阻碍空气流通，应及时清洁，以保证空气正常流通，利于散热。有时风扇胶带过松、打滑，也会导致风扇效率降低，冷却效果不好，应及时检查、调整，必要时更换新胶带。

如果油量、油冷却系、风扇胶带都没有问题，可以判定是主安全阀设定压力低于标准值所致。应再次调整主安全阀的压力设定值到标准值。

（2）液压油有杂质呈浑浊状

液压油出现杂质主要有三种类型，即固态杂质（碎屑、固体颗粒、液压油变质形成的固体杂质等）、液态杂质（主要是水，其次是液压油变质形成的黏稠状杂质）和气态杂质（主要是空气）。

若液压油出现白色浑浊现象，可排除固态杂质或液态乳稠杂质的可能，只能是水或空气造成的。可对液压油取样检测。将油样滴落在热铁板上，如果有气泡出现（水在高温下变成水蒸气形成气泡），可以判定是液压油中有水，否则是液压油中含有空气。

若是液压油中混有水分造成浑浊现象，将液压油静置一段时间后，使水沉到液压油箱底部，然后除去水分即可。但是如果水分含量过高导致液压油乳化，则需更换新的液压油。如果判定是液压油中混有空气造成浑油现象，应检查液压系统管路是否漏气，并切断空气的混入源。

（3）液压油过脏

液压油污油、过脏，可能是油液因长期使用产生了化学变化；也可能是杂质太多发生了物理变化。只要找到造成这两种变化的原因，即可采取相应措施。

在缺乏必要的检测设备、器材的情况下，判断液压油是发生化学变化还是物理变化，一种比较简单且实用的方法是使用滤纸检测。

对液压油取样，将油滴到滤纸上，观察其形成的油晕，若油晕出现的分层、分圈现象比较明显（中间较脏，越靠边缘越清），说明液压油变质，必须更换新油；若油晕均匀的摊开，说明液压油杂质含量太多，要及时检查过滤器，更换滤芯，必要时更换新的液压油。

## 实例三：没有专用检测仪器也能鉴别液压油的质量

（1）杂质含量的鉴别

杂质含量的鉴别方法见表3-16。

表3-16　杂质含量的鉴别方法

| 鉴别方法 | 说明 |
| --- | --- |
| 声音鉴别 | 若整个液压系统有较大的、断续的噪声和振动，同时主泵发出"嗡嗡"的响声，甚至出现活塞杆"爬行"现象，此时观察油箱液面、油管出口或透明液位计，如果有大量泡沫存在，说明液压油中浸入了大量空气 |
| 感观鉴别 | 油液中有明显的金属颗粒悬浮物，用手指捻捏可感觉到有细小颗粒存在；在光照下若有反光闪点，说明液压元件已严重磨损；若油箱底部沉淀有大量金属屑，说明主泵及马达已严重磨损 |
| 滤纸鉴别 | 对于黏度较高的液压油，可用纯净汽油稀释后再用干净滤纸过滤，若滤纸上存留大量机械杂质（金属粉末），说明液压元件已严重磨损 |
| 加温鉴别 | 对于黏度较低的液压油可直接放入洁净、干燥的试管中加热升温，若发现油液中出现沉淀或悬浮物，说明油液中含有机械杂质 |

（2）含水量的鉴别

① 燃烧法。用洁净、干燥的棉纱或棉纸蘸少许待检测油液，然后用火点燃。若发出"噼啪"响声或出现闪光现象，说明油液中含有较多水分。

② 目测法。如油液呈乳白色混浊状，说明油液中含有大量水分。

（3）是否变质的鉴别

① 油箱油液的鉴别。从油箱中取出少许被测油，用滤纸过滤。若滤纸上存留有黑色残渣且有一股刺鼻的异味，说明该油液已氧化变质。也可从油箱底部取出部分沉淀油泥，若发现其中含有许多沥青和胶质沉淀物，放在手指上捻捏，若感觉到胶质多、黏附性强，同样说明该油液已氧化变质。

② 液压泵油液的鉴别。从泵中取出少许被测油，若视其呈乳白色混浊状，燃烧时证明其含有大量水分，用手感觉已失去黏性，说明该油液已彻底乳化变质，不宜再用。

（4）黏度的鉴别

① 玻璃瓶倒置法。将被测油与标准油分别装入两个大小和高度相同的透明玻璃瓶中（不要装满），再用塞子将两瓶口堵上。然后将两瓶并排放置并同时迅速将两瓶倒置，若被测油在瓶中的气泡比标准油的气泡上升得快，说明被测油的黏度比标准油的低，反之，比标准油的高；若两种油液气泡上升的速度接近，说明其黏度相似。

② 玻璃板倾斜法。取一块干净的玻璃板，将其水平放置，滴上一滴被测油，同时在其旁边再滴上一滴标准油（同牌号的新品），然后将玻璃板倾斜并注意观察，如果被测油液的

流速和流动距离均比标准油液的大，说明其黏度比标准油液的低，反之，比标准油液的高。

## 实例四：混凝土输送泵使用过程液压油的作用及注意事项

液压油用于混凝土泵液压传动系统中作中间介质，起传递和转换能量的作用，同时还起着液压系统内各部件间的润滑、防腐蚀、冷却、冲洗等作用。若液压油有污染或选用不当，将影响整个液压系统运行可靠性，降低液压元件的使用寿命，甚至影响整套设备运行安全性，引发事故。

使用优质的液压油是保证系统正常运行的关键，选择液压油时应从表 3-17 所示几个方面严格把关。

表 3-17 液压油的选择

| 类别 | 说明 |
| --- | --- |
| 良好的抗磨性及润滑性 | 液压系统有大量的运动部件需要润滑以防止相对运动表面的磨损，良好抗磨润滑性降低机械摩擦，保证主油泵、马达的使用寿命。特别是混凝土泵系统压力高达 32MPa，对液压油的抗磨性要求更高，我们选用抗磨液压油牌号 YB-46 |
| 良好的抗氧化性 | 混凝土泵液压油要求温度控制在 30～60℃，温度再高将大大降低液压油使用寿命。温度过高液压油氧化过程加快，氧化后会使黏度升高；随时间延长，形成的氧化物增多，随后沉淀，堵塞过滤器，特别是主油泵柱塞，引起液压系统工作不正常 |
| 适当的运动黏度 | 运动黏度是油液流动性能指标，适当的运动黏度是选择液压油时首先考虑的因素。相同的工作压力下，黏度过高，液压部件运动阻力增加，升温加快，液压泵的自吸能力下降，管道压力降和功率损失增大；若黏度过低，使得滑动部件油膜变薄，支承能力下降，不能保证机械部分良好的润滑条件，加剧零部件的磨损，且系统泄漏增加，引起泵的容积效率下降。经过我们长期实践经验，混凝土泵液压系统一般选用 YB-46，液压油 40℃时运动黏度为 41.4～50.6mm²/s |
| 良好的黏温特性 | 黏温性是指油液黏度随温度升降而变化的程度，通常用黏温指数表示。黏度指数越大，工作中油液黏度随温度升高下降越小，从而系统的内泄漏不致过大。混凝土泵的作业工况较为恶劣，作业过程中，系统的油温随负载及环境温度而变化，故黏温指数不得低于 95 |
| 与密封材料、环境的相容性要好 | 液压油会使与其接触的密封元件发生溶胀、软化、硬化等，使密封材料失去密封作用。液压系统由于泄漏、密封失效等原因，导致液压油流出，如果液压油与环境不相容，将会对环境造成污染。所以要求液压油与密封材料能相互适应 |
| 良好的抗燃性 | 抗燃性好液压油应有较高的闪点、着火点和自燃点 |
| 良好的抗剪切安定性 | 混凝土泵作业时，换向阀的频繁换向，主油泵连续工作，液压油经过泵、换向阀时，经受剧烈的剪切作用，导致油中的一些大分子聚合物如增黏剂的分子断裂，变成小分子，使黏度降低，当黏度降低到一定的程度液压油就不能使用 |
| 良好的抗乳化性和水解安定性 | 液压油在使用过程中不可避免地要接触水分和空气，液压油氧化产生腐蚀酸液，对各液压元件产生破坏，影响液压系统的正常工作 |

## 实例五：盾构液压油的净化技术

在盾构施工中，由于隧道作业环境条件十分恶劣，液压系统常处于高温连续作业状态，液压油中易混入大量的铜屑、铁屑和油泥等杂质，严重影响液压系统的稳定性，甚至会堵塞滤芯、损伤设备，导致盾构无法工作。因此保持液压油的清洁度等级是液压系统稳定运行的关键。以往盾构施工中，需定期检测液压油质量，当发现油品不能满足盾构施工要求时即停机滤油或直接更换液压油，耗费时间较长且成本较高。这里通过工程实例介绍一种盾构不停机滤油技术，可减少停机时间，提高盾构掘进的效率。

（1）盾构液压系统简介

某工地采用两台德国海瑞克 6250 型土压平衡盾构施工，它的盾构推进系统、刀盘驱动系统、铰接系统、螺旋机系统、拼装机系统等均由液压系统进行驱动。液压设备主要有液压泵、液压油箱、千斤顶、液压马达、各种阀件、油管等。其中盾构推进系统主要由 1 个功率为 75kW 的油泵驱动 30 支推进千斤顶和 14 支铰接千斤顶组成，刀盘驱动系统主要由 3 个

315kW 的油泵和 8 个液压驱动马达组成，所有液压系统的液压油均由盾构拖车上的 1 个 5m³ 油箱供应。

盾构液压系统工作原理：首先由电动机带动油泵从油箱中吸油，然后将具有压力的油液通过管路输送到刀盘驱动马达或推进千斤顶，将压力转化为机械能，驱动刀盘转动或千斤顶伸缩。盾构液压循环如图 3-3 所示。在工作时，隧道穿越地层主要为砾砂层、淤泥质黏土以及砂质黏性土。

图 3-3　盾构液压循环示意图

（2）油品净化独立循环装置

根据实际情况，液压油的净化采用了独立循环装置，在油箱上设置了独立的净化油路，通过油泵将液压油从油箱底部吸出，送进洁油器中，洁油器转桶在压力油的作用下高速旋转，产生强大的离心力将比重不同的油和杂质分离开来，液压油流回油箱，杂质留在转桶的内壁上，该过程不影响盾构正常掘进。

如图 3-4 所示为油品净化独立装置示意图。油品净化独立装置由油泵、进油管、洁油器、回油管、斜压管和阀组构成，其说明见表 3-18。

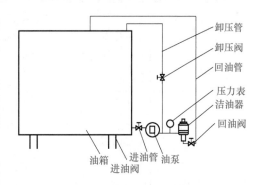

图 3-4　油品净化独立装置示意图

表 3-18　油品净化独立装置构成组件说明

| 项目 | 说明 |
| --- | --- |
| 进、回油口的设置 | 该套系统需配置 1 个进油口、2 个回油口，且进油口位于油箱底部，回油口位于油箱顶部，这样设置有利于液压油的循环。进油口和回油口尽量利用油箱上现有出口进行改造，避免在油箱上增加新的出口，尤其是在充满油时 |
| 净化装置安装位置 | 净化装置安装在油箱的旁路，通过齿轮油泵将液压油从油箱底部吸出，送进净油机中 |
| 洁油器的结构与工作原理 | 洁油器中有一个双喷式的转轴，利用液压油所产生的压力驱动转轴高速旋转，其转速能达到 6000r/min 以上，所产生的离心力约为重力的 2000 倍以上 |

在强大的离心力作用下机械杂质从液压油中分离出来，液压油流回油箱，杂质留在转桶的内壁上，从而大幅度提高液压油的清洁度。通过对液压油中产生杂质成分的具体分析和对不同型号净油机的综合比较，选定菲尔德 FEE-22 型离心式净油机，其适用油箱容积为 1000～5000L，适合各种润滑液压油，可过滤 0.26μm 以上的杂质，可以满足盾构施工需要。

（3）具体实施方式（表 3-19）

表 3-19　具体实施方式

| 步骤 | 说明 |
| --- | --- |
| 确认管路通畅 | 打开进油阀和卸压阀，启动油泵，确认油泵正常工作，观察压力表读数，确认管路通畅 |
| 确认洁油器工作正常 | 打开回油阀，观察压力表读数，此时洁油器开始转动；待洁油器转动平稳后，关上卸压阀，观察压力表读数，确认洁油器工作正常 |
| 关闭净油机系统步骤 | 需要关闭净油机系统时，先打开卸压阀，观察压力表读数 |

| 步骤 | 说明 |
|------|------|
| 关闭油泵步骤 | 待洁油器转动平稳后，关闭油泵 |
| 洁油器停止转动后的工作 | 洁油器停止转动后，关闭进油阀、回油阀和卸压阀 |
| 最后的工作 | 将洁油器转桶拆出，清洗转桶内壁的杂质，再将转桶重新安装回去 |

（4）净化系统的技术特点

①净化装置过滤精度高，可过滤 0.26mg 以上的杂质。

②净化过程不影响液压油的黏度和质量。

③独立进行循环，不影响盾构液压系统的工作。

④运行成本低，没有易损件，不用更换滤芯，耗电很少。

⑤容量大，容纳很多杂质也可工作。

（5）应用效果

在海瑞克 6250 型土压平衡盾构 S-470 上安装净油系统后，经过 2 个月的实际运行，效果显著，液压油的清洁度得到了明显提高，液压系统保持稳定，液压油、滤芯消耗大幅度降低。在安装净油机系统之前，推进 410 环，共更换各种滤芯 16 个，停机 2 次，用滤油机过滤液压油，每次 1 个班，共更换滤油机滤芯 2 个。在 410 环时，进行过一次液压油质量检测，发现液压油中存在少量的金属粉末，如铜屑、铁屑等。

安装净油机系统后，共推进 420 环，共更换滤芯 4 个，无停机滤油。最后进行液压油质量检测时，发现液压油中杂质含量较少，仍满足使用要求，无需进行液压油更换，可以在下个区间中继续应用，本项净化工艺效果良好。

## 实例六：更换铲车液压油的简便方法

铲车液压系统所使用的液压油决定它的使用性能和寿命。保持液压油的清洁是关系到铲车安全、顺利地进行装载作业的必要前提条件。在使用过程中如果液压油被污染，会造成液压控制阀磨损，关闭不严，引起液压系统内部泄漏，甚至卡死，从而影响铲车的正常工作。要保持液压油路清洁，必须定期更换液压油滤芯并适时更换液压油。

不要认为更换液压油是一个非常简单的事情，如果方法不当就会造成放油不彻底，引起再次污染。以往更换液压油，只是将液压油箱中的油放净，再加入清洁的液压油。由于铲车各油缸中的油没有更换，所以换过的油依然不清洁，为保证换油彻底，下面介绍一种简便易行的方法，见表 3-20。

表 3-20  更换铲车液压油的简便方法

| 步骤 | 说明 |
|------|------|
| 放油前，按要求放好铲车 | 将待换油的铲车停在一个宽敞、平整的场地上，方向居中。先压大臂油缸至极限位置，再压小臂油缸至极限位置，使铲车前轮悬空，然后车轮用端木垫实，再使发动机熄火。这样，铲车大臂油缸的下腔（无杆腔）和小臂油缸的后腔（无杆腔）的油就会全部排净 |
| 油箱内的换油 | 将液压油箱的油全部放出，并清洗油箱，更换液压油滤芯，然后向油箱中加入干净的液压油至规定的油位 |
| 油箱外的换油 | 首先把分配阀顶部引出的大回油管根部（与大油箱连）拆开并取下，和一根口径吻合的胶管相连并引入容器中；启动发动机，把车轮下端木拿走，大、小臂油缸开始回位，顺序是先收小臂，再伸大臂至极限位置，再收小臂至极限位置；这样，铲车大臂油缸的上腔（有杆腔）和小臂油缸的前腔（有杆腔）的油就会被全部排净。然后拆下引流胶管，将原车液压管装好，再将大、小臂油缸复位至停车工况 |
| 转向缸的换油 | 最后要更换转向油缸油。使铲斗处于离地 30～40cm 高度；拆下左边回油管并引入回收容器，方向左转到底，将右边转向缸的前腔和左边转向缸的后腔污油排干净，连接好回油管；拆下右边回油管并引入回收容器，方向右转到底，将左边转向缸的前腔和右边转向缸的后腔污油排干净，连接好回油管；然后将方向回中<br>需要强调的是，在液压缸伸缩动作时，务必要随时向液压油箱中补充干净的液压油，使其始终保持在规定油位 |

# 第四章
# 液压泵

## 第一节　常用液压泵结构原理、特点及性能参数

### 一、液压泵概述

（1）液压泵正常工作的必备条件与图形符号

① 必须具有一个由运动件和非运动件所构成的密闭容积。

② 密闭容积的大小随运动件的运动做周期性的变化，容积由小变大为吸油，由大变小为压油。

③ 密闭容积增大到极限时，先要与吸油腔隔开，然后才转为排油；密闭容积减小到极限时，先要与排油腔隔开，然后才转为吸油。

常用的液压泵的图形符号如图 4-1 所示。

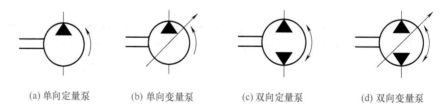

| (a) 单向定量泵 | (b) 单向变量泵 | (c) 双向定量泵 | (d) 双向变量泵 |

图 4-1　液压泵图形符号

（2）液压泵的工作原理

液压泵由原动机驱动，把输入的机械能转换为油液的压力能，再以压力、流量的形式输入到系统中去，为执行元件提供动力，它是液压传动系统的核心元件，其性能好坏将直接影响到系统是否能够正常工作。

液压泵都是依靠密封容积变化的原理来进行工作的，如图 4-2 所示的是一单柱塞液压泵的工作原理图，图中柱塞装在缸体中形成一个密封容积 $a$，柱塞在弹簧的作用下始终压紧在偏心轮上。原动机驱动偏心轮旋转使柱塞做往复运动，使密封容积 $a$ 的大小发生周期性的交替变化。当 $a$ 由小变大时就形成部分真空，使油箱中油液在大气压作用下，经吸油管顶开单向阀 2 进入油腔 $a$ 而实现吸油；反之，当 $a$ 由大变小时，$a$ 腔中吸满的油液将顶开单向阀 1 流入系统而实现压油。这样液压泵就将原动机输入的机械能转换成液体的压力能，原动机驱动偏心轮不断旋转，液压泵就不断地吸油和压油。

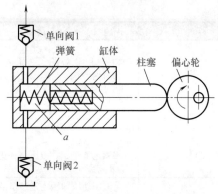

图 4-2　液压泵工作原理示意图

（3）液压泵的特点

单柱塞液压泵具有一切容积式液压泵的基本特点：

① 具有若干个密封且又可以周期性变化的空间。液压泵输出流量与此空间的容积变化量和单位时间内的变化次数成正比，与其他因素无关。这是容积式液压泵的一个重要特性。

② 油箱内液体的绝对压力必须恒等于或大于大气压力。这是容积式液压泵能够吸入油液的外部条件。因此，为保证液压泵正常吸油，油箱必须与大气相通，或采用密闭的充压油箱。

③ 具有相应的配流机构，将吸油腔和排油腔隔开，保证液压泵有规律地、连续地吸、排液体。液压泵的结构原理不同，其配油机构也不相同。

容积式液压泵中的油腔处于吸油时称为吸油腔。吸油腔的压力决定于吸油高度和吸油管路的阻力，吸油高度过高或吸油管路阻力太大，会使吸油腔真空度过高而影响液压泵的自吸能力；油腔处于压油时称为压油腔，压油腔的压力则取决于外负载和排油管路的压力损失，从理论上讲排油压力与液压泵的流量无关。容积式液压泵排油的理论流量取决于液压泵的有关几何尺寸和转速，而与排油压力无关。但排油压力会影响泵的内泄露和油液的压缩量，从而影响泵的实际输出流量，所以液压泵的实际输出流量随排油压力的升高而降低。

（4）液压泵的分类

液压泵按运动部件的形状和运动方式分为齿轮泵、叶片泵、柱塞泵、螺杆泵等。齿轮泵又分外啮合齿轮泵和内啮合齿轮泵。叶片泵又分双作用叶片泵、单作用叶片泵和凸轮转子泵。柱塞泵又分径向柱塞泵和轴向柱塞泵。液压泵按排量能否变量分为定量泵和变量泵，单作用叶片泵、径向柱塞泵和轴向柱塞泵可以作变量泵。按其工作压力不同还可分为低压泵、中压泵、中高压泵和高压泵等。按输出液流的方向，又有单向泵和双向泵之分。液压泵的类型很多，其结构不同，但是它们的工作原理相同，都是依靠密闭容积的变化来工作的，因此都称为容积式液压泵。

液压泵是液压系统的动力元件，其作用是供给系统一定流量和压力的油液，因此也是液压系统的核心元件。合理地选择液压泵对于降低系统的消耗、提高系统的效率、降低噪声、改善工作性能和保证系统的可靠工作都十分重要。

（5）液压泵的主要性能参数（表 4-1）

表 4-1　液压泵的主要性能参数

| 项目 | 说明 |
| --- | --- |
| 液压泵的压力 | ①工作压力 $p$。液压泵工作时输出油液的实际压力称为工作压力 $p$，其数值取决于负载的大小<br>②额定压力 $p_n$。液压泵在正常工作条件下，按试验标准规定连续运转的最高压力称为液压泵的额定压力<br>③最高允许压力 $p_{max}$。在超过额定压力的条件下，根据试验标准规定，允许液压泵短暂运行的最高压力值，称为液压泵的最高允许压力 |

| 项目 | 说明 |
|---|---|
| 液压泵的排量 $V$ 和流量 $q$ | ①排量 $V$。在没有泄漏的情况下，液压泵每转一周，由其密封容积几何尺寸变化计算而得到的排出液体的体积叫做液压泵的排量。排量可调节的液压泵称为变量泵；排量为常数的液压泵则称为定量泵<br>②理论流量 $q_t$。理论流量是指在不考虑液压泵的泄漏流量的情况下，在单位时间内所排出的液体体积的平均值。显然，如果液压泵的排量为 $V$，其主轴转速为 $n$，则该液压泵的理论流量 $q_t$ 为：<br><br>$$q_t=Vn$$<br><br>③实际流量 $q$。液压泵在某一具体工况下，单位时间内所排出的液体体积称为实际流量，它等于理论流量 $q_t$ 减去泄漏流量 $\Delta q$，即：<br><br>$$q=q_t-\Delta q$$<br><br>④额定流量 $q_n$。液压泵在正常工作条件下，按试验标准规定（如在额定压力和额定转速下）必须保证的流量 |
| 液压泵的功率 | ①液压功率与压力及流量的关系。功率是指单位时间内所做的功，在液压缸系统中，忽略其他能量损失，当进油腔的压力为 $p$，流量为 $q$，活塞的面积为 $A$，则液体作用在活塞上的推力 $F=pA$，活塞的移动速度 $v=q/A$，所以液压功率 $P$ 为：<br><br>$$P=F_v=\frac{pAq}{A}=pq$$<br><br>由上式可见，液压功率 $P$ 等于液体压力 $p$ 与液体流量 $q$ 的乘积<br>②泵的输入功率 $P_i$。原动机（如电动机等）对泵的输出功率即为泵的输入功率，它表现为原动机输出转矩 $T$ 与泵输入轴角速度 $\omega$（$\omega=2\pi n$）的乘积：<br><br>$$P_i=2\pi nT$$<br><br>③泵的输出功率 $P_o$。$P_o$ 为泵实际输出液体的压力 $p$ 与实际输出流量 $q$ 的乘积。即：<br><br>$$P_o=pq$$ |
| 液压泵的效率 | ①液压泵的容积效率 $\eta_V$。$\eta_V$ 为泵的实际流量 $q$ 与理论流量 $q_t$ 之比。即：<br><br>$$\eta_V=\frac{q}{q_t}=\frac{q}{V_n}$$<br><br>由上式可得到已知排量为 $V$（mL/r）和转速 $n$（r/min）时，实际流量为 $q$（L/min）的计算公式。即：<br><br>$$q=Vn\eta_V\times10^3$$<br><br>②液压泵的机械效率 $\eta_m$。由于泵在工作中存在机械损耗和油液黏性引起的摩擦损失，所以液压泵的实际输入转矩 $T_i$ 必然大于理论转矩 $T_t$，其机械效率为 $\eta_m$ 为泵的理论转矩 $T_t$ 与实际输入转矩的 $T_i$ 比值。即：<br><br>$$\eta_m=\frac{T_t}{T_i}$$<br><br>③液压泵的总效率 $\eta$。$\eta$ 为泵的输出功率 $P_o$ 与输入功率 $P_i$ 之比。即：<br><br>$$\eta=\frac{P_o}{P_i}$$<br><br>不计能量损失时，泵的理论功率 $P_t=pq_t=2\pi nT_t$，所以<br><br>$$\eta=\frac{P}{P_i}=\frac{pq}{2\pi nT_i}=\frac{pq_t\eta_V}{2\pi nT_i}=\eta_V\eta_m$$ |
| 液压泵所需电动机功率的计算 | 在液压系统设计时，如果已选定了泵的类型，并计算出了所需泵的输出功率 $P_o$，则可用公式 $P_i=P_o/\eta$ 计算泵所需要的输入功率 $P_i$。<br><br>$$P_i=\frac{pq}{1000}$$<br><br>式中　$p$——液体压力，Pa；<br>　　　$q$——液体流量，$m^3/s$；<br>　　　$P_i$——输入功率，kW。<br><br>$$P_i=\frac{pq}{60}$$<br><br>式中　$p$——液体压力，MPa；<br>　　　$q$——液体流量，L/min；<br>　　　$P_i$——输入功率，kW。<br>例如，已知某液压系统所需泵输出油的压力为 4.5MPa，流量为 10L/min，泵的总效率为 0.7，则泵所需要的输入功率 $P_i$ 应为：<br><br>$$P_i=4.5\times\frac{10}{60}\div0.7=1.07\,kW$$<br><br>这样，即可从电动机产品样本中查取功率为 1.1kW 的电动机 |

| 项目 | 说明 |
|---|---|
| 液压泵的特性曲线 | 液压泵的特性曲线是在一定的介质、转速和温度下，通过试验得出的。它表示液压泵的工作压力 $p$ 与容积效率 $\eta_v$（或实际流量）、总效率 $\eta$ 与输入功率 $P_i$ 之间的关系。如图4-3所示为某一液压泵的性能曲线<br>由性能曲线可以看出，实际流量随工作压力的升高而减少。当压力 $p=0$ 时（空载），泄漏量 $\Delta q \approx 0$，实际流量近似等于理论流量。总效率 $\eta$ 随工作压力增高而增大，且有一个最高值 | 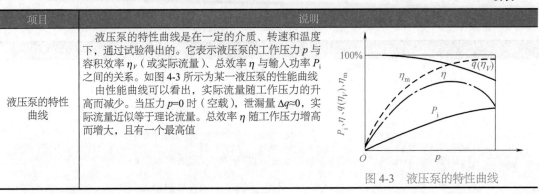<br>图4-3 液压泵的特性曲线 |

（6）液压泵的选用原则

液压泵选用原则：是否要求变量（要求变量选用变量泵）、工作压力（柱塞泵的额定压力最高）、工作环境（齿轮泵的抗污能力最好）、噪声指标（双作用叶片泵和螺杆泵属低噪声泵）、效率（轴向柱塞泵的总效率最高）。其次还应根据主机工况、功率大小和系统对工作性能的要求，首先确定液压泵的结构类型，然后按系统所要求的压力、流量大小确定其规格型号。表4-2给出了各类液压泵的性能特点、比较及应用。

表4-2 各类液压泵的性能特点、比较及应用

| 性能参数 | 齿轮泵 | 叶片泵 | | 柱塞泵 | |
|---|---|---|---|---|---|
| | | 单作用式（变量） | 双作用式 | 轴向柱塞式 | 径向柱塞式 |
| 压力范围/MPa | 2～21 | 2.5～6.3 | 6.3～21 | 21～40 | 10～20 |
| 排量范围/(mL/r) | 0.3～650 | 1～320 | 0.5～480 | 0.2～3600 | 20～720 |
| 转速范围/(r/min) | 300～7000 | 500～2000 | 500～4000 | 600～6000 | 700～1800 |
| 容积效率/% | 70～95 | 85～92 | 80～94 | 88～93 | 80～90 |
| 总效率/% | 63～87 | 71～85 | 65～82 | 81～88 | 81～83 |
| 流量脉动/% | 1～27 | — | — | 1～5 | <2 |
| 功率质量比 | 中 | 小 | 中 | 中 | 小 |
| 噪声 | 稍高 | 中 | 中 | 大 | 中 |
| 耐污能力 | 中等 | 中 | 中 | 中 | 中 |
| 价格 | 最低 | 中 | 中低 | 高 | 高 |
| 应用 | 一般常用于机床液压系统及低压大流量的一些系统或控制系统。中等高压齿轮泵常用于工程机械、航空、造船等方面 | 在中、低压液压系统中用得较多，常用于精密机床及一些功率较大的设备上，如高精度平磨、塑料机械等，组合机床液压系统中用得很多 | 在各类机床设备中得到了广泛应用，在注塑机、运输装卸机械、液压机和工程机械中得到了广泛应用 | 在各类高压系统中应用非常广泛，如冶金、锻压、矿山、起重机械、工程机械、造船等方面 | 多用在10MPa以上的各类液压系统中，由于体积大，重量大，耐冲击性好，故常用于固定设备如拉床、压力机或船舶等方面 |

一般来说，各种类型的液压泵由于其结构原理、运转方式和性能特点各有不同，因此应根据不同的使用场合选择合适的液压泵。一般在负载小、功率小的机械设备中，选择齿轮泵、双作用叶片泵；精度较高的机械设备（如磨床）选择螺杆泵、双作用叶片泵；对于负载较大、并有快速和慢速工作的机械设备（如组合机床）选择限压式变量叶片泵；对于负载大、功率大的设备（如龙门刨、拉床等）选择柱塞泵；一般不太重要的液压系统（机床辅助装置中的送料、夹紧等）选择齿轮泵。

（7）液压泵的安装和使用（表4-3）

表4-3　液压泵的安装和使用

| 项目 | 说明 |
|---|---|
| 液压泵安装原则 | ①液压泵可以用支座或法兰安装，液压泵和原动机应采用共同的基础支座，法兰和基础都应有足够的刚度。特别注意：流量大于（或等于）160L/min的柱塞泵，不宜安装在油箱上<br>②液压泵和原动机输出轴之间连接应采用弹性联轴器连接，严禁在液压泵轴上安装带轮或齿轮驱动液压泵，若一定要用带轮或齿轮与液压泵连接，则应加一对支座来安装带轮或齿轮，该支座与泵轴的同轴度误差应不大于$\phi 0.05$mm<br>③吸油管要尽量短、直、大、厚，吸油管路一般需设置公称流量不小于泵流量2倍的粗过滤器（过滤精度一般为80～180μm）。液压泵的泄油管应直接接油箱，回油背压应不大于0.05MPa。液压泵的吸油管口、回油管口均需在油箱最低油面200mm以下。特别注意在柱塞泵吸油管道上不允许安装过滤器，吸油管道上的截止阀通径应比吸油管道路径大一挡，吸油管道长L大于2500mm，管道弯头不多于两个<br>④液压泵进、出油口应安装牢固，密封装置要可靠，否则会产生吸入空气或漏油的现象，影响液压泵的性能<br>⑤液压泵自吸高度不超过500mm（或进口真空度不超过0.03MPa），若采用补液泵供油，供油压力不得超过0.5MPa。当供油压力超过0.5MPa时，要改用耐压密封圈。对于柱塞泵，应尽量采用倒灌自吸方式<br>⑥液压泵装机前，应检查安装孔的深度是否大于泵的轴伸长度，防止产生顶轴现象，否则将烧毁泵 |
| 液压泵的安装注意事项 | 下面以齿轮泵为例，说明液压泵的安装注意事项：<br>①齿轮泵的轴伸出部分不得承受外来的径向载荷和轴向载荷，应采用刚性连接轴套或弹性联轴器与驱动轴连接<br>②齿轮泵支架的安装面与功率输出轴的垂直度公差不得大于0.1mm<br>③齿轮泵轴伸出部分与功率输出轴的同轴度公差采用刚性连续轴套时，不得大于$\phi 0.05$mm，采用弹性联轴器时，得大于$\phi 0.1$mm<br>④齿轮泵轴伸出部分与联轴器孔应为间隙配合，装配时不得用铁锤敲打，避免因轴向力而损坏侧板或轴套<br>⑤齿轮泵伸出部分与功率输出轴两端面应有2～5mm间隙，以避免安装时两轴顶死而承受附加轴向载荷<br>⑥齿轮泵安装在油箱上面时，其吸油口的位置距工作液面的高度不得大于500mm<br>⑦齿轮泵的进出油口不能接错<br>⑧齿轮泵吸油管路的大小按通油流速1m/s左右选取，不得超过2m/s。吸油管路的真空度不得大于0.03MPa。吸油管路一般为直通形式或设一个弯头，最多弯头不得超过两个。一旦齿轮泵因吸油阻力大而吸空，不仅会产生噪声和压力脉动，而且齿轮和侧板会因气蚀而产生剥落，缩短齿轮泵的寿命<br>⑨为避免杂质吸进齿轮泵进入液压系统，损坏齿轮泵及其他液压元件，应在齿轮泵的吸油管路上安装过滤精度为80～100μm的过滤器。为保证油箱内工作液的清洁，应在系统回油管路上安装过滤精度为20～30μm的过滤器<br>⑩压力油管路应比进油管路小1～2个档次，通油流速为3～7m/s，系统压力低时取小值，反之取大值<br>⑪所有的管道都应插在油箱最低工作液面以下，以免吸入空气或把空气带入油液中，避免引发系统产生噪声、压力脉动和振动等故障 |
| 液压泵的使用 | 液压泵使用时应注意以下几点：<br>①液压泵启动时在正常运行前应先点动数次，当液流方向和声音都正常后，在低压下运转5～10min，然后投入正常运行。柱塞泵启动前，必须通过壳上的泄油口向泵内灌满清洁的工作油<br>②油的黏度受温度影响而变化，油温升高，黏度随之降低，故油温要求保持在60℃以下，为使液压泵在不同的工作温度下能够稳定工作，所选的油液应具有黏度受温度变化影响较小的油温特性，以及较好的化学稳定性、抗泡沫性能等。推荐使用L-HM32或L-HM46抗磨液压油<br>③油液必须洁净，不得混有机械杂质和腐蚀物质，吸油管路上无过滤装置的液压系统，必须经滤油车（过滤精度小于25μm）加油至油箱<br>④液压泵的最高压力和最高转速是指在液压使用中短暂时间内所允许的峰值，应避免长期在峰值下使用液压泵，否则将影响液压泵的寿命<br>⑤液压泵的正常工作油温为15～65℃，泵壳上的最高温度一般比油箱内泵入口处的油温高10～20℃，当油箱内油温达65℃时，泵壳上最高温度为75～85℃ |

# 二、齿轮泵

（1）齿轮泵的特点

齿轮泵的主要特点是结构简单、体积小、重量轻，转速高且范围大，自吸性能好，对油液污染不敏感和工作可靠，维护方便和价格低廉等，在一般液压传动系统中，特别是工程机械上应用较为广泛。其主要缺点是流量脉动和压力脉动较大，泄漏损失大，容积效率较低，噪声较严重，容易发热，排量不可调节，只能作定量泵、定量马达，故适用范围受到一定限制。

齿轮泵及齿轮马达按齿轮啮合形式的不同分为外啮合和内啮合两种；按齿形曲线的不同分为渐开线齿形和非渐开线齿形两种。

（2）齿轮泵的工作原理

如图4-4所示为外啮合渐开线齿轮泵的结构简图。外啮合渐开线齿轮泵主要由一对几何参数完全相同的主、从动齿轮、传动轴、泵体以及前、后泵盖等零件组成。

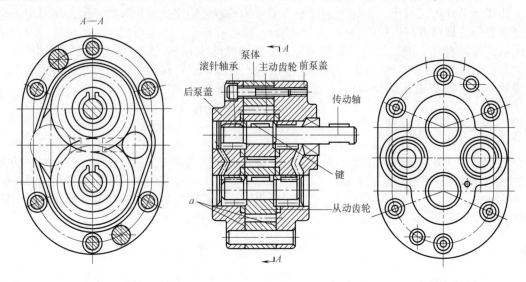

图 4-4　CB-B 型齿轮泵结构图

如图4-5所示为其工作原理图。由于齿轮两端面与泵盖的间隙以及齿轮的齿顶与泵体内表面的间隙都很小，因此，一对啮合的轮齿将泵体、前后泵盖和齿轮包围的密封容积分隔成左、右两个密封的工作腔。当原动机带动齿轮按如图4-5所示的方向旋转时，右侧的轮齿不断退出啮合，而左侧的轮齿不断进入啮合。因啮合点的啮合半径小于齿顶圆半径，右侧退出啮合的轮齿露出齿间，其密封工作腔容积逐渐增大，形成局部真空，油箱中的油液在大气压力的作用下经泵的吸油口进入这个密封油腔——吸油腔。随着齿轮的转动，吸入的油液被齿间转移到左侧的密封工作腔。左侧进入啮合的轮齿使密封油腔——压油腔容积逐渐减小，把齿间油液挤出，从压油口输出，压入液压系统。这就是齿轮泵的吸油和压油过程。齿轮连续旋转，泵连续不断地吸油和压油。

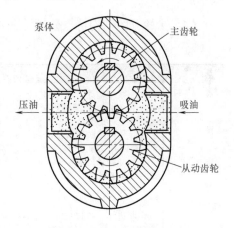

图 4-5　齿轮泵的工作原理

齿轮啮合点处的齿面接触线将吸油腔和压油腔分开，起到了配油（配流）作用，因此不需要单独设置配油装置，这种配油方式称为直接配油。

（3）齿轮泵的排量和流量计算

外啮合齿轮泵的排量是这两个轮齿的齿间槽容积的总合。如果近似地认为齿间槽的容积等于轮齿的体积，那么外啮合齿轮泵的排量计算式为：

$$V = \pi DhB = 2\pi z m^2 B$$

式中　$D$——齿轮节圆直径；

$\quad\quad h$——齿轮扣除顶隙部分的有效齿高，$h=2zm$；

$\quad\quad B$——齿轮齿宽；

$\quad\quad z$——齿轮齿数；

$\quad\quad m$——齿轮模数。

实际上齿间槽的容积要比齿轮的体积稍大，而且齿数越少，其差值越大，考虑到这一因素，在实际计算时，常用经验数据 6.66 来替代 $2\pi$。

由排量公式可以看出，齿轮泵的排量与模数的平方成正比，与齿数成正比，而决定齿轮分度圆直径的是模数与齿数的乘积，它与模数、齿数成正比，可见要增大泵的排量，增大模数比增大齿数有利。换句话说，要使排量不变，而使体积减小，则应增大模数并减少齿数。因此，齿轮泵的齿数 $z$ 一般较小，为防止根切，一般需采用正移距变位齿轮，所移距离为一个模数（$m$），即节圆直径 $D=m(z+1)$。齿轮泵的实际流量 $q$ 为：

$$q=Vn\eta_V=6.66zm^2Bn\eta_V$$

式中　$n$——齿轮泵的转速；

$\quad\quad \eta_V$——齿轮泵的容积效率。

在上式中的 $q$ 是齿轮泵的平均流量。根据齿轮啮合原理可知，齿轮在啮合过程中，啮合点是沿啮合线不断变化的，造成吸、压油腔的容积变化率也是变化的，因此齿轮泵的瞬时流量是脉动的。设 $(q_{max})_{sh}$ 和 $(q_{min})_{sh}$ 分别表示齿轮泵的最大和最小瞬时流量，则其流量的脉动率 $\delta_q$ 为：

$$\delta_q = \frac{(q_{max})_{sh} - (q_{min})_{sh}}{q} \times 100\%$$

研究表明，其脉动周期为 $2\pi/z$，齿数越少，脉动率 $\delta_q$ 越大。例如，当 $z=6$ 时，$\delta_q$ 值高达 34.7%，而当 $z=12$ 时，$\delta_q$ 值为 17.8%。在相同情况下，内啮合齿轮泵的流量脉动率要小得多。根据能量方程，流量脉动会引起压力脉动，使液压系统产生振动和噪声，直接影响系统工作的平稳性。

（4）齿轮泵的结构特点分析（表4-4）

表4-4　齿轮泵的结构特点分析

| 项目 | 说明 |
| --- | --- |
| 泄漏问题 | 液压泵中构成密封工作容积的零件要做相对运动，因此存在着配合间隙。由于泵吸、压油腔之间存在压力差，其配合间隙必然产生泄漏，泄漏影响液压泵的性能。外啮合齿轮泵压油腔的压力油主要通过 3 条途径泄漏到低压腔<br>①泵体的内圆和齿顶径向间隙的泄漏。由于齿轮转动方向与泄漏方向相反，且压油腔到吸油腔通道较长，所以其泄漏量相对较小，约占总泄漏量的 10% ～ 15% 左右<br>②齿面啮合处间隙的泄漏。由于齿形误差会造成沿齿宽方向接触不好而产生间隙，使压油腔与吸油腔之间造成泄漏，这部分泄漏量很少<br>③齿轮端面间隙的泄漏。齿轮端面与前后盖之间的端面间隙较大，此端面间隙封油长度又短，所以泄漏量最大，占总泄漏量的 70% ～ 75% 左右<br>由此可知，齿轮泵由于泄漏量较大，其额定工作压力不高，要想提高齿轮泵的额定压力并保证较高的容积效率，首先要减少沿端面间隙的泄漏问题 |
| 困油现象 | 为了保证齿轮传动的平稳性，保证吸排油腔严格地隔离以及齿轮泵供油的连续性，根据齿轮啮合原理，就要求齿轮的重叠系数 $e$ 大于 1（一般取 $e=1.05 ～ 1.3$），这样在齿轮啮合中，在前一对齿轮退出啮合之前，后一对齿轮已经进入啮合。在两对齿轮同时啮合的时段内，就有一部分油液困在两对齿轮所形成的封闭油腔内，既不与吸油腔相通，也不与压油腔相通。这个封闭油腔的容积开始时随齿轮的旋转逐渐减少，以后又逐渐增大（图4-6）。封闭油腔容积减小时，困在油腔中的油液受到挤压，并从缝隙中挤出而产生很高的压力，使油液发热，轴承负荷增大；而封闭油腔容积增大时，又会造成局部真空，产生气穴现象。这些都将使齿轮泵产生强烈的振动和噪声，这就是困油现象 |

| 项目 | 说明 |
|---|---|

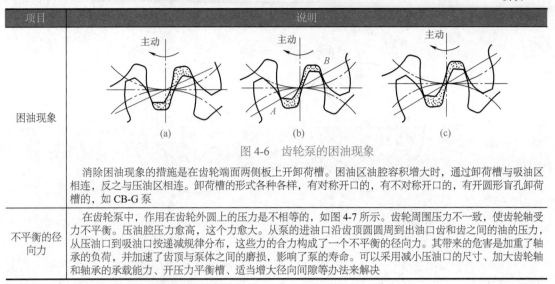

图 4-6　齿轮泵的困油现象

| 困油现象 | 消除困油现象的措施是在齿轮端面两侧板上开卸荷槽。困油区油腔容积增大时，通过卸荷槽与吸油区相连，反之与压油区相连。卸荷槽的形式各种各样，有对称开口的，有不对称开口的，有开圆形盲孔卸荷槽的，如 CB-G 泵 |
|---|---|
| 不平衡的径向力 | 在齿轮泵中，作用在齿轮外圆上的压力是不相等的，如图 4-7 所示。齿轮周围压力不一致，使齿轮轴受力不平衡。压油腔压力愈高，这个力愈大。从泵的进油口沿齿顶圆圆周到出油口齿和齿之间的油的压力，从压油口到吸油口按递减规律分布，这些力的合力构成了一个不平衡的径向力。其带来的危害是加重了轴承的负荷，并加速了齿顶与泵体之间的磨损，影响了泵的寿命。可以采用减小压油口的尺寸、加大齿轮轴和轴承的承载能力、开压力平衡槽、适当增大径向间隙等办法来解决 |

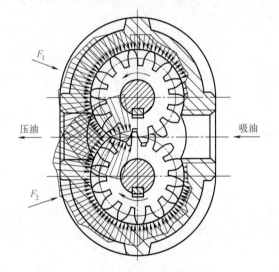

图 4-7　齿轮泵的径向受力图

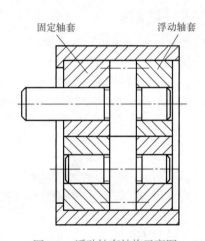

图 4-8　浮动轴套结构示意图

（5）提高齿轮泵压力的措施

要提高齿轮泵的工作压力，必须减小端面泄漏，可以采用浮动轴套或浮动侧板，使轴向间隙能自动补偿。如图 4-8 所示是采用浮动轴套的结构，利用特制的通道把压力油引入右腔，在油压的作用下，浮动轴套以一定的压紧力压向齿轮端面，压力愈大、压得愈紧，轴向间隙就愈小，因而减少了泄漏。当泵在较低压力下工作时，压紧力随之减小，泄漏也不会增加。采用了浮动轴套结构以后，浮动轴套在压力油的作用下可以自动补偿端面间隙的增大，从而限制了泄漏，提高了压力，同时具有较高的容积效率与较长的使用寿命，因此在高压齿轮泵中应用得十分广泛。

（6）内啮合齿轮泵

内啮合齿轮泵有渐开线齿轮泵和摆线齿轮泵两种，如图 4-9 所示。一对相互啮合的小齿轮和内齿轮与侧板所围成的密闭油腔被轮齿啮合线和月牙板分隔成两部分，如图 4-9（a）所示，图 4-9（b）所示为不设月牙板的摆线齿轮泵。当传动轴带动小齿轮按图示方向旋转时，图中左侧轮齿逐渐脱开啮合，密闭油腔容积增大，为吸油腔；右侧轮齿逐渐进入啮合，密闭油腔容积减小，为压油腔。

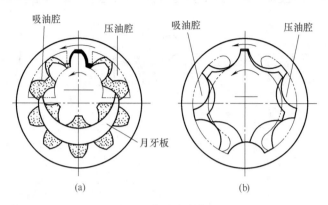

图 4-9　内啮合齿轮泵

内啮合齿轮泵的最大优点是：无困油现象、流量脉动较外啮合齿轮泵小、噪声低。当采用轴向和径向间隙补偿措施后，泵的额定压力可达 **30MPa**，容积效率和总效率均较高。其缺点是齿形复杂，加工精度要求高，价格较贵。

## 三、柱塞泵

柱塞泵是靠柱塞在缸体中做往复运动造成密封容积的变化来实现吸油与压油的液压泵，与齿轮泵和叶片泵相比，这种泵有许多优点。具体如下：

① 构成密封容积的零件为圆柱形的柱塞和缸孔，加工方便，可得到较高的配合精度，密封性能好，在高压工作时仍有较高的容积效率；

② 只需改变柱塞的工作行程就能改变流量，易于实现变量；

③ 柱塞泵中的主要零件均受压应力作用，材料强度性能可得到充分利用。由于柱塞泵压力高，结构紧凑，效率高，流量调节方便，故在需要高压、大流量、大功率的系统中和流量需要调节的场合，如龙门刨床、拉床、液压机、工程机械、矿山冶金机械、船舶上得到广泛的应用。柱塞泵按柱塞的排列和运动方向不同，可分为径向柱塞泵和轴向柱塞泵两大类。

（1）径向柱塞泵

① 径向柱塞泵的工作原理。径向柱塞泵的工作原理如图 4-10 所示，柱塞径向排列装在缸体中，缸体由原动机带动连同柱塞一起旋转，所以缸体一般称为转子，柱塞在离心力的（或在低压油）作用下抵紧定子的内壁，当转子按图示方向回转时，由于定子和转子之间有偏心距 $e$，柱塞绕经上半周时向外伸出，柱塞底部的容积逐渐增大，形成部分真空，因此便经过衬套（衬套是压紧在转子内，并和转子一起回转）上的油孔从配油轴和吸油口 b 吸油；当柱塞转到下半周时，定子内壁将柱塞向里推，柱塞底部的容积逐渐减小，向配油轴的压油口 c 压油，当转子回转一周时，每个柱塞底部的密封容积完成一次吸压油，转子连续运转，即完成压吸油工作。配油轴固定不动，油液从配油轴上半部的两个孔 a 流入，从下半部两个油孔 d 压出，为了进行配油，配油轴在和衬套 3 接触的一段加工出上下两个缺口，形成吸油口 b 和压油口 c，留下的部分形成封油区。封油区的宽度应能封住衬套上的吸压油孔，以防吸油口和压油口相连通，但尺寸也不能大得太多，以免产生困油现象。

② 径向柱塞泵的排量和流量计算。当转子和定子之间的偏心距为 $e$ 时，柱塞在缸体孔中的行程为 $2e$，设柱塞个数为 $z$，直径为 $d$ 时，泵的排量为：

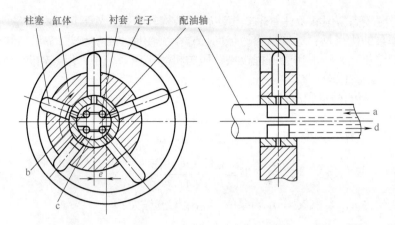

图 4-10　径向柱塞泵的工作原理

$$V = \frac{\pi}{4}d^2 2e$$

设泵的转数为 $n$，容积效率 $\eta_V$，则泵的实际输出流量为：

$$q = \frac{\pi}{4}d^2 2ezn\eta_V = \frac{\pi}{2}d^2 ezn\eta_V$$

（2）轴向柱塞泵

① 轴向柱塞泵的工作原理。轴向柱塞泵是将多个柱塞配置在一个共同缸体的圆周上，并使柱塞中心线和缸体中心线平行的一种泵。轴向柱塞泵有两种形式：直轴式（斜盘式）和斜轴式（摆缸式），如图 4-11 所示为直轴式轴向柱塞泵的工作原理，这种泵主体由缸体、配油盘、柱塞和斜盘组成。柱塞沿圆周均匀分布在缸体内。斜盘轴线与缸体轴线倾斜一角度，柱塞靠机械装置或在低压油作用下压紧在斜盘上（图中为弹簧），配油盘和斜盘固定不转，当原动机通过传动轴使缸体转动时，由于斜盘的作用，迫使柱塞在缸体内做往复运动，并通过配油盘的配油窗口进行吸油和压油。如图 4-11 中所示回转方向，当缸体转角在 π ～ 2π 范围内，柱塞向外伸出，柱塞底部缸孔的密封工作容积增大，通过配油盘的吸油窗口吸油；在 0 ～ π 范围内，柱塞被斜盘推入缸体，使缸孔容积减小，通过配油盘的压油窗口压油。缸体每转一周，每个柱塞各完成吸、压油一次，如改变斜盘倾角，就能改变柱塞行程的长度，即改变液压泵的排量，改变斜盘倾角方向，就能改变吸油和压油的方向，即成为双向变量泵。

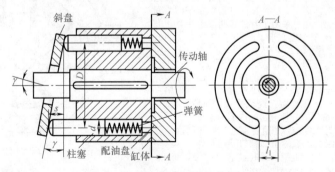

图 4-11　轴向柱塞泵的工作原理

斜轴式轴向柱塞泵的缸体轴线相对传动轴轴线成一倾角，传动轴端部用万向铰链、连杆与缸体中的每个柱塞相连接，当传动轴转动时，通过万向铰链、连杆使柱塞和缸体一起转动，并迫使柱塞在缸体中做往复运动，借助配油盘进行吸油和压油。这类泵的优点是变量范围大，泵的强度较高，但和上述直轴式相比，其结构较复杂，外形尺寸和质量均较大。

轴向柱塞泵的优点是：结构紧凑，径向尺寸小，惯性小，容积效率高，目前最高压力可达 40MPa，甚至更高，一般用于工程机械、压力机等高压系统中，但其轴向尺寸较大，轴向作用力也较大，结构比较复杂。

② 轴向柱塞泵的排量和流量计算

如图 4-11 所示，柱塞的直径为 $d$，柱塞分布圆直径为 $D$，斜盘倾角为 $\gamma$ 时，柱塞的行程为 $s=D\tan\gamma$，所以当柱塞数为 $z$ 时，轴向柱塞泵的排量为：

$$V = \frac{\pi d^2 D(\tan\gamma) z}{4}$$

设泵的转数为 $n$，容积效率 $\eta_V$ 则泵的实际输出流量为：

$$q = \frac{\pi d^2 D(\tan\gamma) z n \eta_V}{4}$$

实际上，由于柱塞在缸体孔中运动的速度不是恒速的，因而输出流量是有脉动的，当柱塞数为奇数时，脉动较小，且柱塞数多脉动也较小，因而一般常用的柱塞泵的柱塞个数为 7、9 或 11。

## 四、叶片泵

叶片泵分为单作用式和双作用式两种。单作用式叶片泵转子每旋转一周进行一次吸油、排油过程，并且流量可调节，故称为变量泵。双作用式叶片泵转子每旋转一周，进行两次吸油、排油过程，并且流量不可调节，故称为定量泵。叶片泵的结构比较复杂，一般需要通过泵的拆装实验来了解其结构特点。

（1）单作用式叶片泵

单作用式叶片泵的工作原理及其流量计算见表 4-5。

表 4-5 单作用式叶片泵的工作原理及其流量计算

| 项目 | 说明 |
|---|---|
| 单作用式叶片泵的工作原理 | 如图 4-12 所示，单作用式叶片泵是由转子、定子和叶片等组成<br><br>定子的工作表面是一个圆柱表面，定子与转子不同心安装，有一偏心距 $e$。叶片装在转子槽内可灵活滑动。转子回转时，在离心力和叶片根部压力油的作用下，叶片顶部贴紧在定子内表面上，在定子、转子每两个叶片和两侧配流盘之间就形成了一个个密封腔。当转子按图 4-12 的方向转动时，图 4-12 中右边的叶片逐渐伸出，密封工作腔和容积逐渐增大，产生局部真空，于是油箱中的油液在大气压力的作用下，由吸油口经配流盘的吸油窗口（图 4-12 中虚线所示的形槽），进入这些密封工作腔，这就是吸油过程。反之，图 4-12 中左面的叶片被定子内表面推入到转子的槽内，密封工作腔容积逐渐减小，腔内的油液受到压缩，经配流盘的压油窗口排到泵外，这就是压油过程。在吸油腔和压油腔之间有一段封油区，将吸油腔和压油腔隔开。泵转一周，叶片在槽中滑动一次，进行一次吸油、排油，故称为单作用式叶片泵 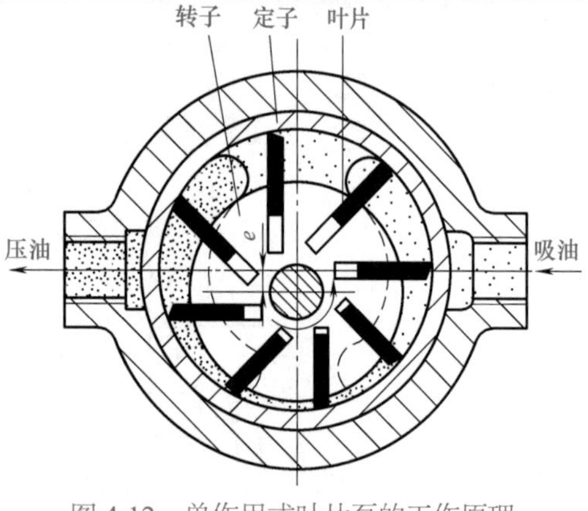 <br>图 4-12 单作用式叶片泵的工作原理 |
| 单作用式叶片泵的流量 | 根据定义，叶片泵的排量 $V$ 应由油泵中密封工作腔的数目 $Z$ 和每个密封工作腔在压油时的容积变化量 $\Delta V$ 的乘积来决定（图 4-13）。单作用式叶片泵每个密封工作腔在转子转一周中的容积变化量为 $\Delta V = V_1 - V_2$。设定子内半径为 $R$，定子宽度为 $B$，两叶片之间的夹角为 $\beta$。两个叶片形成一个工作容积，$\Delta V$ 近似等于扇形体积 $V_1$ 和 $V_2$ 之差，即： |

| 项目 | 说明 |
|------|------|
| 单作用式叶片泵的流量 | $$\Delta V = V_1 - V_2 = \frac{1}{2}\beta B\left[(R+e)^2 - (R-e)^2\right]$$ $$= \frac{4\pi}{Z}ReB$$ 式中 $\beta$——两相邻叶片间的夹角，$\beta = \frac{2\pi}{Z}$；<br>　　　$Z$——叶片的数目<br>因此，单作用式叶片泵的排量为：$$V = Z\Delta V = 4\pi ReB$$ 若泵的转速为 $n$，容积效率为 $\eta_V$，单作用式叶片泵的理论流量和实际流量分别为：$$q_t = Vn = 4\pi ReBn$$ $$q = q_t\eta_V = 4\pi ReBn\eta_V$$ 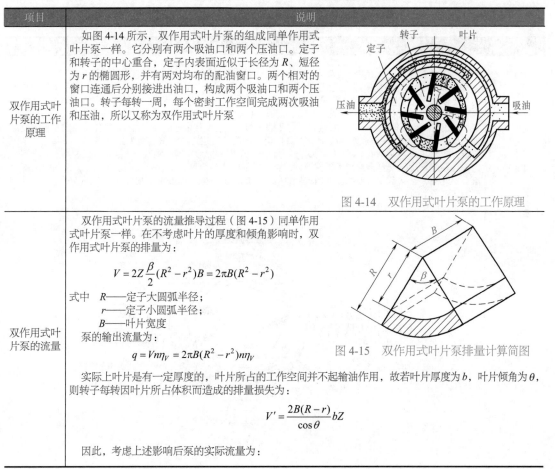<br>图 4-13　单作用式叶片泵排量计算简图<br>单作用式叶片泵的流量是有脉动的，理论分析表明，泵内的叶片数愈多，流量脉动率愈小，此外，奇数叶片泵的脉动率比偶数叶片泵的脉动率小。另外，由于单作用式叶片泵转子和定子之间存在偏心距 $e$，改变偏心距 $e$ 便可改变 $q$，所以可调节泵的流量，故又称为变量泵。但由于吸、压油腔的压力不平衡，使轴承受到较大的径向载荷，因此又称为非卸荷式的叶片泵 |

## （2）双作用式叶片泵

双作用式叶片泵的工作原理及其流量计算见表4-6。

表 4-6　双作用式叶片泵的工作原理及其流量计算

| 项目 | 说明 |
|------|------|
| 双作用式叶片泵的工作原理 | 如图 4-14 所示，双作用式叶片泵的组成同单作用式叶片泵一样。它分别有两个吸油口和两个压油口。定子和转子的中心重合，定子内表面近似于长径为 $R$、短径为 $r$ 的椭圆形，并有两对均布的配油窗口。两个相对的窗口连通后分别接进出油口，构成两个吸油口和两个压油口。转子每转一周，每个密封工作空间完成两次吸油和压油，所以又称为双作用式叶片泵<br><br>图 4-14　双作用式叶片泵的工作原理 |
| 双作用式叶片泵的流量 | 双作用式叶片泵的流量推导过程（图 4-15）同单作用式叶片泵一样。在不考虑叶片的厚度和倾角影响时，双作用式叶片泵的排量为：$$V = 2Z\frac{\beta}{2}(R^2 - r^2)B = 2\pi B(R^2 - r^2)$$ 式中 $R$——定子大圆弧半径；<br>　　　$r$——定子小圆弧半径；<br>　　　$B$——叶片宽度<br>泵的输出流量为：$$q = Vn\eta_V = 2\pi B(R^2 - r^2)n\eta_V$$ <br>图 4-15　双作用式叶片泵排量计算简图<br>实际上叶片是有一定厚度的，叶片所占的工作空间并不起输油作用，故若叶片厚度为 $b$，叶片倾角为 $\theta$，则转子每转因叶片所占体积而造成的排量损失为：$$V' = \frac{2B(R-r)}{\cos\theta}bZ$$ 因此，考虑上述影响后泵的实际流量为： |

| 项目 | 说明 |
|---|---|
| 双作用式叶片泵的流量 | $$q = (V - V')n\eta_V = 2B\left[\pi(R^2 - r^2) - \frac{(R-r)bZ}{\cos\theta}\right]n\eta_V$$ 式中 $B$——叶片宽度；<br>$b$——叶片厚度；<br>$Z$——叶片数目；<br>$\theta$——叶片倾角。<br>从双作用式叶片泵的结构中可以看出，两个吸油口和两个压油口对称分布，径向压力平衡，轴承上不受附加载荷，所以又称卸荷式，同时排量不可变，因此又称为定量叶片泵。有的双作用式叶片泵的叶片根部槽与该叶片所处的工作区相通。叶片处在吸油区时，叶片根部与吸油区相通；叶片处在压油区时，叶片根部槽与压油区相通。这样，叶片在槽中往复运动时，根部槽也相应地吸油和压油，这一部分输出的油液正好补偿了由于叶片厚度所造成的排量损失，这种泵的排量不受叶片厚度的影响 |

### （3）限压式变量叶片泵

如上所述，单作用式叶片泵是由于转子相对定子有一个偏心距 $e$，使泵轴在旋转时密封工作油腔的容积产生变化，密封油腔的容积变化量即为泵的排量，如果改变 $e$ 的大小，就会改变泵的排量，这就是变量叶片泵的工作原理。

限压式变量叶片泵按改变偏心方式分为手动调节变量和自动调节变量两种，自动调节变量中又分为限压式、稳流量式、恒压式等。

限压式变量叶片泵的工作原理、特性曲线及特性曲线的调节说明见表 4-7。

表 4-7　限压式变量叶片泵的工作原理、特性曲线及特性曲线的调节

| 项目 | 说明 |
|---|---|
| 限压式变量叶片泵的工作原理 | 限压式变量叶片泵的流量随负载大小自动调节，它按照控制方式分为内反馈和外反馈两种<br>如图 4-16 所示为外反馈限压式变量叶片泵的工作原理：转子的中心 $O$ 是固定不变的，定子（其中心为 $O_1$）可以水平左右移动，它在调压弹簧的作用下被推向右端，使定子和转子的中心保持一个偏心距 $e_{max}$。当泵的转子按逆时针方向旋转时，转子上部为压油区，压力油的合力把定子向上压在滑块滚针支承上。定子右边有一个反馈柱塞，它的油腔与泵的压油腔相通。设反馈柱塞的面积为 $A$，则作用在定子上的反馈力为 $pA$。当液压力小于弹簧力 $F_S$ 时，弹簧把定子推向最右边，此时偏心距为最大值 $e_{max}$，$q = q_{max}$。当泵的压力增大，$pA > F_S$ 时，反馈力克服弹簧力，把定子向左推移，偏心距减小，流量降低。当压力大到泵内偏心距所产生的流量全部用于补偿泄漏时，泵的输出流量为零，不管外载再怎样加大，泵的输出压力不会再升高，这就是此泵被称为限压式变量叶片泵的原因。外反馈的意义则表示反馈力是通过柱塞从外面加到定子上的<br><br>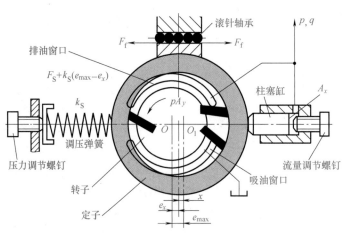<br>图 4-16　外反馈限压式变量叶片泵的工作原理 |

| 项目 | 说明 | |
|---|---|---|
| 限压式变量叶片泵的特性曲线 | 当 $p < p_c$ 时，油压的作用力还不能克服弹簧的预压紧力时，定子的偏心距不变，泵的理论流量不变，但由于供油压力增大时，泄漏量增大，实际流量减小，所以流量曲线如图4-17曲线 $AB$ 段所示。当 $p=p_c$ 时，$B$ 点为特性曲线的转折点。当 $p > p_c$ 时，弹簧受压缩，定子偏心距减小，使流量降低，如图4-17曲线 $BC$ 段所示。随着泵工作压力的增大，偏心距减小，理论流量减小，泄漏量增大，当泵的理论流量全部用于补偿泄漏量时，泵实际向外输出的流量等于零，这时定子和转子间维持一个很小的偏心量，这个偏心量不会再继续减小，泵的压力也不会继续升高。这样，泵输出压力也就被限制到最大值 $p_{max}$。液压系统采用这种变量泵，可以省去溢流阀，并可减少油液发热，从而减小油箱的尺寸，使液压系统比较紧凑 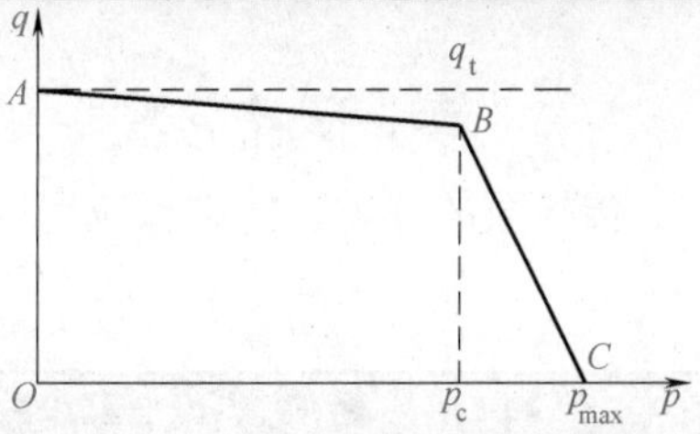 | 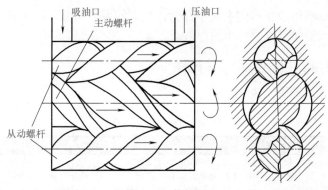 图 4-17　限压式变量叶片泵的特性曲线 |
| 特性曲线的调节 | 由前面的工作原理可知：改变反馈柱塞的初始位置，可以改变初始偏心距 $e_{max}$ 的大小，从而改变了泵的最大输出流量，使曲线 $AB$ 段上下平移；改变压力弹簧的预紧力 $F_s$ 的大小，可以改变 $p_c$ 的大小，使曲线的拐点 $B$ 左右平移；改变压力弹簧的刚度，可以改变曲线 $BC$ 段的斜率，使弹簧刚度增大，$BC$ 段的斜率变小，曲线 $BC$ 段趋于平缓。掌握了限压式变量泵的上述特性，便可以很好地为实际工作服务。例如，在执行元件的空行程、非工作阶段时，可使限压式变量泵工作在曲线的 $AB$ 段，这时泵输出流量最大，系统速度最高，从而提高了系统的效率；在执行元件的工作行程时，可使泵工作在曲线的 $BC$ 段，这时泵输出较高的压力并根据负载大小的变化自动调节输出流量的大小，以适应负载速度的要求。又如：调节反馈柱塞的初始位置，可以满足液压系统对流量大小不同的需要；调节压力弹簧的预紧力，可以适应负载大小不同的需要等。若把调压弹簧拆掉，换上刚性挡块，限压式变量泵就可以作定量泵使用 | |

## 五、螺杆泵

如图4-18所示，螺杆泵中由于主动螺杆和从动螺杆的螺旋面在垂直于螺杆轴线的横截面上是一对共轭摆线齿轮，故又称为摆线螺杆泵。螺杆泵的工作机构是由互相啮合且装于定子内的3根螺杆组成的，中间一根为主动螺杆，由电机带动，旁边两根为从动螺杆，另外还有前、后端盖等主要零件。螺杆的啮合线把主动螺杆和从动螺杆的螺旋槽分割成多个相互隔离的密封腔。随着螺杆的旋转，这些密封工作腔一个接一个地在左端形成，不断地从左到右移动。主动螺杆每转一周，每个密封工作腔便移动一个螺旋导程。因此，在左端吸油腔，密封油腔容积逐渐增大，进行吸油；而在右端压油腔，密封油腔容积逐渐减小，进行压油。由此可知，螺杆直径愈大，螺旋槽愈深，泵的排量就愈大；螺杆愈长，吸油口和压油口之间的密封层次愈多，泵的额定压力就愈高。

图 4-18　螺杆泵

螺杆泵的优点是：结构简单紧凑，体积小，动作平稳，噪声小，流量和压力脉动小，螺杆转动惯量小，快速运动性能好，因此已较多地应用于精密机床的液压系统中。其缺点是：由于螺杆形状复杂，加工比较困难。

## 一、齿轮泵的分类、特点和应用场合

齿轮泵的分类、特点和应用场合见表 4-8。

表 4-8　齿轮泵的分类、特点和应用场合

| 项目 | 说明 |
| --- | --- |
| 齿轮泵的分类 | 齿轮泵一般按啮合副的配置方式分为外啮合型（外齿轮泵）和内啮合型（内齿轮泵）两种，内齿轮泵中包括了特别标明齿形的摆线齿轮泵 |
| 齿轮泵的特点 | 　　外啮合齿轮泵的优点是结构简单、重量轻、尺寸小、加工制造容易、成本低、工作可靠、维护方便、自吸能力强、对油液的污染不敏感，可广泛用于压力要求不高的场合，如磨床、珩磨机等中低压机床中。它的缺点是内泄漏较大、轴承上承受不平衡力、磨损严重、流量脉动和噪声较大、泵的流量脉动对泵的正常使用有较大影响，它会引起液压系统的压力脉动，从而使管道、阀等元件产生振动和噪声，同时，也影响工作部件的运动平稳性，特别是对精密机床的液压传动系统更为不利。因此，在使用时要特别注意<br>　　内啮合齿轮泵的优点是结构紧凑、尺寸小、重量轻。由于内外齿轮转向相同，相对滑移速度小，因而磨损小，寿命长，其流量脉动和噪声与外啮合齿轮泵相比要小得多。内啮合齿轮泵的缺点是齿形复杂，加工复杂、精度要求高，因而制造成本高 |
| 齿轮泵的应用场合 | 　　在现有各类液压泵中，齿轮泵的工作压力仅次于柱塞泵，加之它们体积小、价格低，因而广泛用于移动设备和车辆上作为液压工作系统和转向系统的压力油源。另一方面，由于齿轮泵的转速和排量范围均较大，吸油能力较强，成本又低，也常用作各种液压系统的辅助泵，例如，闭式回路中的补液泵、先导控制系统中的低压控制油源等。但在固定液压设备领域，由于外齿轮泵的流量脉动较大、噪声高且寿命有限，作为主泵已越来越不受欢迎，用途局限于作为运行在低压下的辅助泵及预压泵。与之相反，内齿轮泵却是噪声最低、综合性能最好的液压泵之一。除了价格略高这一点以外，在其他方面几乎都优于外齿轮泵。现代制造技术的发展将大大缩小内、外齿轮泵的成本差距，而在工业领域中，调速电传动技术的日益普及，在很大程度上弥补内齿轮泵本身不能变量的缺点。可以预料，今后内齿轮泵在固定和移动设备中的应用面都将会迅速扩大 |

　　在液压工程中，摆线齿轮泵以体积小、价格低和自吸能力较强的优点，被广泛地集成在闭式油路通轴柱塞泵的后盖中，作为低压补液泵（提供控制压力）使用，有时也用作某些机床液压系统的主泵。此种泵可实现单向供油，且与输入转向无关，这一性能对于某些车辆或行走机械上需要用车轮驱动的应急转向、制动系统具有特殊的使用意义。带固定针齿环的摆线齿轮副（奥尔比特啮合副）具有很大的单位体积排量，但因其许用转速较低，多用作低速液压马达，仅在车辆用液压转向系统中作为计量泵使用。当该系统中的动力油源发生故障时，可以用手动方式使此泵成为应急油源。

## 二、齿轮泵的选用原则和使用

（1）齿轮泵的选用原则（表 4-9）

表 4-9　齿轮泵的选用原则

| 项目 | 说明 |
| --- | --- |
| 齿轮泵工作压力 | 　　液压系统正常工作压力应小于或等于齿轮泵的额定压力，瞬时压力峰值不得超过最大压力。齿轮泵的工作压力是决定齿轮泵寿命至关重要的因素之一。由于齿轮泵的寿命取决于轴承的寿命，负载大轴承寿命就短，尤其是采用滑动轴承结构的齿轮泵，如果超出规定压力很多，瞬间就会使泵的轴承与齿轮轴颈咬死。合理选择齿轮泵的工作压力至关重要，可按照齿轮泵的不同压力等级（低压为 ≤ 2.5MPa、中压为 2.5 ～ 8MPa、中高压为 8 ～ 16MPa、高压为 16 ～ 31.5MPa）选用合适的泵 |
| 齿轮泵的转速 | 　　根据原动机的转速来选用齿轮泵的转速，其正常工作转速必须低于或等于齿轮泵的额定转速，短暂的转速峰值不得超过样本规定的最高转速。对于滑动轴承来说，会因为过高的转速而发热烧死。泵的转速应与原动机的转速范围相匹配 |

| 项目 | 说明 |
|---|---|
| 齿轮泵的排量 | 根据系统需要的流量和原动机的转速来选择齿轮泵的排量。由于齿轮泵是定量泵，流量过大不仅造成不必要的功率损失，还会使系统发热而出故障。因此在确定流量时，除考虑系统的工作流量外，还应充分考虑其他液压元件的泄漏损失，以及齿轮泵磨损后容积效率少量下降时不致影响系统的正常工作，这种矛盾在选择小排量齿轮泵时尤为突出 |
| 齿轮泵的抗污染能力 | 不同结构的齿轮泵抗污染能力不同。若是固定侧向间隙和滚动轴承的齿轮泵，可选用过滤精度较低的过滤器；而带轴向或径向间隙补偿及滑动轴承结构的齿轮泵，对污染的敏感性高，应选用过滤精度较高的过滤器，按样本的要求执行。通常低压齿轮泵的污染敏感度较低，允许系统选取过滤精度较低的过滤器。相反，高压齿轮泵的污染敏感度较高，故系统需选用过滤精度较高的过滤器 |
| 其他因素 | 为了节省功率和合理使用，可采用多联齿轮泵来解决多个液压源的问题，或采用串级齿轮泵来达到所需要的压力。需要提高压力等级时，可选用多级齿轮泵。要考虑对齿轮泵的噪声和流量脉动的要求，外啮合齿轮泵的噪声较大，内啮合齿轮泵的流量脉动较小。带安全阀的复合型齿轮泵可用于小型行走或移动的设备上，系统可不设安全阀，结构更紧凑简单。转向系统可选用组装单路稳定分流阀的复合型齿轮泵，该阀把齿轮泵的排油分成两部分，其中一部分持稳定不变的流量供给转向系统，另一部分供其他系统使用。在要求齿轮泵能够正反两个方向旋转，进出油口又保持不变的场合，可选用与正反向阀组合的复合型齿轮泵，或选用带偏心套的摆线齿轮泵 |

综合考虑齿轮泵的可靠性、经济性、使用维护方便与否、供货及时与否等条件，要优先采用经国家有关部门及行业中经过鉴定的产品。

（2）齿轮泵的使用

使用齿轮泵时，应注意以下几点：

① 泵传动轴与原动机输出轴之间的安排采用弹性联轴器，其同轴度误差不得大于 $\phi 0.1mm$。

② 输出轴不能承受径向力的泵，传动装置应保证泵的主动轴不承受径向力和轴向力，可以允许承受的力应严格遵守许用范围。

③ 泵的吸油高度不得大于 0.5m。

④ 泵的过滤精度应 ≤ 40μm，在吸油口常用网式过滤器，滤网可采用 150 目。设置在系统回油路上的过滤器的精度最好 ≤ 40μm。

⑤ 工作油液应严格按规定选用，一般常用油液的运动黏度为 25 ~ 33mm²/s，工作温度范围为 −20 ~ 80℃。

⑥ 泵的旋转方向即进、出油口位置不得搞错。

⑦ 在必要的情况下，进行泵的拆卸和装配时，必须严格按厂方的使用说明书进行。

⑧ 要拧紧泵进、出口管接头连接螺钉，密封装置要可靠，以免引起吸空、漏油，影响泵的工作性能。

⑨ 应避免带负载启动及在有负载情况下停车。

⑩ 启动前必须检查系统中的溢流阀（安全阀）是否在调定的许可压力上。

⑪ 泵在工作前应进行不少于 10min 的空负载运转和短时间的负载运转。然后检查泵的工作情况，不应有渗漏、冲击声、过度发热和噪声现象。

⑫ 泵如长时间不用，应将它和原动机分离。再次使用时，不得立即使用最大负载，应有不小于 10min 的空负载运转。

⑬ 为了节省功率和合理使用，可采用多联泵来解决多个液压源的问题，或采用串级泵来达到所需要的压力。

⑭ CB-B 系列齿轮泵使用时应注意，此系列齿轮泵属于低压齿轮泵，适用于机床、工程机械等低压液压系统和润滑系统作液压能源，使用 32 号机械油，工作油温为 10 ~ 50℃。

⑮ CB 型齿轮泵使用时应注意，该泵采用铝合金壳体和浮动轴套等结构，重量轻，能长期保持较高容积效率，其工作油液冬季用 8 号柴油机油，夏季用 11 号柴油机油，工作油温为 10 ~ 60℃。

## 三、齿轮泵的常见故障原因及排除方法

齿轮泵的常见故障原因及排除方法见表 4-10。

表 4-10　齿轮泵的常见故障原因及排除方法

| 故障现象 | 故障原因 | | 排除方法 |
|---|---|---|---|
| | 使用中的泵 | 新安装的泵 | |
| 泵吸不进油 | 密封老化变形 | — | 检查吸油部分及其密封，更换失效密封件 |
| | 吸油过滤器被脏物堵塞 | — | 更换过滤器，更换或过滤油液 |
| | 油箱油位过低 | 泵安装位置过高，吸程超过规定 | 使泵的吸程在 500mm 以内 |
| | 油温太低，油黏度过高 | 油温太低，油黏度过高 | 按季节换合适油液或加热油液 |
| | 泵的油封损坏，吸入空气 | — | 更换新的标准油封 |
| | — | 吸油侧漏气 | 检查吸油部位 |
| | — | 吸油管太细或过长，阻力太大 | 换大通径油管，缩短吸油管长度 |
| | — | 泵的转向不对或转速过低 | 改变泵的转向，增加转速到规定值 |
| 泵的排油侧不出油 | 如不是吸油原因，则泵已损坏 | 如不是吸油原因，则泵是次品 | 检查、修理或更换泵 |
| | 溢流阀损坏或被脏物卡死，油液从溢流阀流回油箱 | 溢流阀是次品，或阀芯被卡死 | 检查、修理或更换溢流阀；清除油中脏物或更换油液 |
| 泵排油但压力上不去 | 泵内滑动件严重磨损，容积效率太低 | — | 检修泵或更换新泵 |
| | 溢流阀的锥阀芯严重磨损 | — | 修磨或更换锥阀芯 |
| | 溢流阀被脏物卡住，动作不良 | — | 过滤油液，清除污物 |
| | 泵的轴向或径向间隙过大 | — | 修理或更换泵 |
| | — | 吸油侧少量吸空气 | 密封不良，改善密封 |
| | — | 高压侧有漏油通道 | 找出漏油部位，及时处理 |
| | — | 溢流阀调压过低或关闭不严 | 调节或修理溢流阀 |
| | — | 吸油阻力过大或进入空气 | 检查阻力过大原因，及时消除 |
| | — | 泵转速过高或过低 | 使泵的转速在规定的范围内 |
| | — | 高压侧管道有误，系统内部卸荷 | 找出原因，及时处理 |
| | — | 液压泵质量不好 | 更换新泵 |
| 泵排油压力虽能上升但效率过低 | 泵内密封件损伤 | — | 检修泵，更换密封件 |
| | 泵内滑动件严重磨损 | — | 检修泵或更换新泵 |
| | 溢流阀或换向阀磨损或活动件间隙过大 | — | 检修溢流阀或更换新阀 |
| | 泵内有脏物或间隙过大 | 泵质量不好或吸进杂物 | 清除脏物，过滤油液；更换新泵 |
| | — | 泵转速过低或过高 | 使泵在规定转速范围内运转 |
| | — | 油箱内出现负压 | 增大空气过滤器的容量 |
| 泵发出噪声 | 多数情况是泵吸油不足所致，如过滤器堵塞；油位过低，吸入空气；泵的油封处吸入空气等 | — | 保持油位高度，密封必须可靠，防止油液污染 |
| | 回油管高于油面，油中有大量气泡 | — | 使回油管出口浸于油面以下 |
| | 检修后从动齿轮装倒，啮合面积变小 | — | 拆开泵，将从动齿轮掉头 |
| | 油的黏度过高，油温太低 | 油的黏度过高，油温太低 | 按季节选用适当黏度的油，或加温 |
| | — | 泵轴与原动机轴的同轴度太差 | 调节两轴的同轴度 |

| 故障现象 | 故障原因 | | 排除方法 |
| --- | --- | --- | --- |
| | 使用中的泵 | 新安装的泵 | |
| 泵发出噪声 | — | 吸油过滤器的过滤面积太小 | 改换合适的过滤器 |
| | — | 吸油部分的密封不良,吸入空气 | 加强吸油侧的密封 |
| | — | 泵的转速过高或过低 | 使泵按规定转速转动 |
| 液压泵温升过快 | 压力过高,转速太快,侧板损伤 | 压力调节不当,转速太快,侧板烧损 | 适当调节溢流阀;降低转速到规定值;修理泵 |
| | 油黏度过高或内部泄漏严重 | — | 换合适的油,检查密封状况 |
| | 回油路的背压过高 | — | 消除回油管路中背压过高的原因 |
| | — | 油箱太小,散热不良 | 加大油箱 |
| | — | 油的黏度不当,温度过低 | 换合适黏度的油或给油加热 |
| 漏油 | 管路连接部分的密封老化、损伤或变质等 | — | 检查并更换密封件 |
| | 油温过高,油黏度过低 | — | 换黏度较高的油或消除油温过高的原因 |
| | — | 管道应力未消除,密封处接触不良 | 消除管道应力,更换密封件 |
| | — | 密封件规格不对,密封性不良 | 更换合适密封件 |
| | — | 密封圈损伤 | 更换密封圈 |

## 四、齿轮泵的维修

齿轮泵的维修主要包括齿轮的维修、泵体的维修、轴承和轴径的维修,其维修方法与注意事项见表4-11。

表4-11　齿轮泵的维修方法与注意事项

| 项目 | 说明 |
| --- | --- |
| 齿轮的维修 | 齿轮泵长期运转后,在齿轮两个端面的齿廓表面均有不同程度的磨损和擦伤,这种情况应视具体磨损程度采取修复或更换<br>①齿轮两侧端面仅是轻微的起线样磨损,可用研磨法将起线毛刺痕迹研去并抛光,即可重新使用<br>②端面严重磨损,齿廓表面虽有磨损,但不严重(常用着色法检查,齿高接触高达55%,齿向接触高达60%以上者),可将严重磨损的齿轮放在平面磨床上将磨损处磨除(在保证与孔的垂直度前提下,亦可精车)。但需注意,对另一齿轮也必须修整至等高(要求齿轮厚高差值在0.005mm以下)。修磨后的齿轮用油石将齿轮锐边倒钝,但不宜倒角<br>③齿轮经修磨后,其厚度减小,为保证容积效率和密封,其泵体端面也必须磨削至规定公差范围,以保证修复后装配的轴向间隙,防止内泄漏<br>④若齿轮的齿廓表面磨损或刮伤严重,形成显著的多边形,啮合线已失去密封性能,可用油石研去多边形处毛刺,再将齿轮啮合面调换方位即可继续使用<br>⑤若齿形齿廓接触不好,着色检查达不到要求,刮伤严重,没有修复价值,则应予更换 |
| 泵体的维修 | 泵体的磨损一般发生在吸油腔处,在泵启动时,压力突然升高,压力很不平衡,即使在正常运转时,也不可能达到理想的压力平衡。因此,在泵体的吸油腔区域中常产生磨损或刮伤。CB型泵为提高其机械效率,径向间隙放得较大,通常取为0.10～0.16mm。因此,一般情况下,齿轮的齿顶圆不会碰擦泵体的内孔。但齿轮泵在刚启动时,压力冲击大,压油腔处对齿轮形成单面的径向推动,会致使齿顶圆柱面与泵体内孔吸油腔处碰擦,造成磨损或刮伤。由于CB型齿轮泵的泵体两端面上开有卸荷槽,故不能翻转180°使用。如果吸油腔磨损或擦伤轻微,可用油石或砂皮去除其痕迹后继续使用。因为径向间隙对内泄漏影响较轴向间隙小,所以这对使用性能没有多大影响。前后盖板因与齿轮直接接触,一般均会磨损,应经常检查,加以修理 |
| 轴颈与轴承的维修 | ①齿轮轴颈与轴承或骨架油封的接触处产生磨损,磨损程度轻的经抛光后可继续使用,磨损严重的,应予更换新轴<br>②滚动轴承座圈由于热处理的硬度较齿轮高,一般不会磨损,运转日久后若产生刮伤,可用油石轻轻推去痕迹,即可继续使用。严重者可以未磨损的那面座圈端面与磨床工作台接触作为基准,对磨损端面进行磨削加工,并保证两端面平行度与端面对于内孔的垂直度均在0.01mm公差范围内。若内孔和座圈磨损严重,则应及时换用新的轴承座圈 |

| 项目 | 说明 |
|---|---|
| 轴颈与轴承的维修 | ③滚柱（针）轴承滚柱（针）长时间运转后，也会产生磨损，若滚柱（针）发生剥落或点蚀麻坑，则必须更换滚柱（针），并保证全部滚柱（针）直径的大小差不应超过0.003mm，长短差为0.1mm左右。滚柱（针）应如数充满轴承，以免滚柱（针）在滚动时倾斜，恶化运动精度<br>④轴承保持架坏或变形，应予更换 |
| 维修装配的注意事项 | ①仔细去除毛刺，用油石修钝锐边。注意齿轮不能倒角或修圆<br>②用清洁煤油清洗零件，未退磁的零件在清洗前必须退磁<br>③注意轴向间隙和径向间隙。现在各类齿轮泵的轴向间隙由齿厚和泵体直接控制，中间不用纸垫。组装前，用千分尺分别测出泵体和齿轮厚度，使泵体厚度为0.02～3mm，用塞尺测取径向间隙，使其保持在0.10～0.16mm的范围内<br>④齿轮轴上的键槽应具有较高的平行度和对称度，装配后平键顶面不准与键槽槽底接触，长度不得超出齿轮端面，平键与齿轮键槽的侧向配合间隙不能大，齿轮要轻轻拍打推进为好，两配合件不得产生径向摆动<br>⑤安装前盖上的油封时，外端面应与套圈外端面齐平，以免堵塞泄漏通道<br>⑥将圆锥销插入泵体、泵盖定位孔中后，方可对角交叉均匀地紧固螺钉，同时手转长轴，感觉灵活着力均匀<br>齿轮泵修复装配以后，必须试验或试车。有条件的可在专用齿轮泵试验台上进行性能试验，对压力、排量、流量、容积效率、总效率、输出功率、噪声等技术参数测试。而现场修复往往无液压泵试验台，则可装在系统中进行试验，通常叫做修复试车或随机试车 |
| 随机试车 | 随机试车步骤通常如下：<br>①检查管道和其他连接部分是否正常<br>②在无负载（无压力）情况下运转2min，观察其运转是否正常<br>③逐步提高系统工作压力，测定油量是否符合系统执行部件的工作速度要求<br>④在一切情况正常，系统压力升高至工作压力，并处于保压状况下，若压力波动小于0.15MPa，即可投入正常使用 |

## 五、齿轮泵的安装与调试

（1）齿轮泵的安装

齿轮泵与电动机必须有较高的同心度，即使是挠性联轴器也要尽量同心。齿轮泵的转动轴与电动机输出轴之间的安装采用弹性联轴器。其同轴度不得大于0.1mm，采用轴套式联轴器的同轴度不得大于0.05mm，倾斜角不大于1°。

齿轮泵轴端一般不得承受径向力，不得将带轮、齿轮等传动零件直接安装在齿轮泵的轴上，否则会造成故障。例如某机构的液压泵，是通过齿轮传动来连接，如图4-19所示。

机构经常在使用过一段时间后就出现压力低的故障，究其原因几乎毫无例外是液压泵的内泄漏过大造成的。通过拆检可发现，液压泵扫膛严重，造成内泄漏。造成扫膛的原因是轴承的磨损和轴的弯曲变形，拆检也可发现泵轴承一般都没有磨损超差，说明轴的弯曲变形是造成扫膛的主要原因，而泵安装不正确是导致这一问题的最根本原因，如图4-20所示。

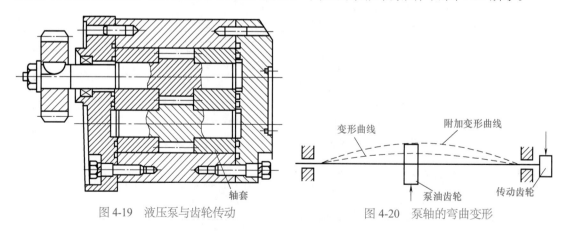

图4-19　液压泵与齿轮传动　　　　　图4-20　泵轴的弯曲变形

由于该齿轮泵是通过齿轮传动来连接的，齿轮传动会产生径向力，正是这一径向力加在齿轮泵的悬臂轴上，引起附加挠曲变形，造成了扫膛——压力低的故障。

此外，还要注意：泵的支座或法兰和电动机应有共同的安装基础。基础、法兰或支座都必须有足够的刚度。在底座下面及法兰和支架之间装上橡胶隔振垫，以降低噪声。对于安装在油箱上的自吸泵，通常泵中心至油箱液面的距离不大于 500mm；对于安装在油箱下面或旁边的泵，为了便于检修，吸入管道上应安装截止阀。进口、出口位置和旋转方向应符合标明的要求，不得搞错接反。要拧紧进出油口管接头连接螺钉，密封装置要可靠，以免引起吸空、漏油，影响泵的工作性能。

（2）齿轮泵的调试

泵安装完成后，必须经过泵的检查与调试，观察泵的工作是否正常，有关步骤如下：①用手转动联轴器，应感觉轻快，受力均匀；②检查泵的旋转方向，应与泵体上标牌所指示的方向相符合；③检查液压系统有没有卸载回路，防止满载启动和停车；④检查系统中的溢流阀是否在调定的许可压力上；⑤在排油口灌满油液以免泵启动时因干摩擦损坏元件；⑥不少于 2min 的空负载运转，检查泵的运转声音是否正常和液流的方向是否正确；⑦将溢流阀的压力调整到 1.0MPa 以下转动 5 ~ 10min，检查系统的动作、外泄漏、噪声、温升等是否正常；⑧将液流阀的压力调整至液压系统的安全保护压力运行。

## 六、齿轮泵修理实例

### （一）齿轮泵快速修复方法

齿轮泵损坏的主要形式是轴套、泵壳和齿轮的均匀磨损和划痕，均匀磨损量一般在 0.02 ~ 0.50mm，划痕深度一般在 0.05 ~ 0.50mm。在一些情况下由于受现场的限制，损坏后急需在短时间内修复，而且还必须考虑维修后齿轮泵的二次使用寿命以及维修成本与维修工作的现场可操作性。在此介绍快速修复方法中的电弧喷涂和粘涂技术。

（1）齿轮泵表面电弧喷涂技术

① 电弧喷涂的原理及特点。电弧喷涂技术近年来在材料、设备和应用方面发展很快，其工作原理是将两根被喷涂的金属丝作熔化电极，由电动机变速驱动，在喷枪口相交产生短路引发电弧而熔化，借助压缩空气雾化成微粒并高速喷向经预处理的工件表面，形成涂层。它是一种喷涂效率高、结合强度高、涂层质量好的喷涂方法，具有能源利用率高、设备投资及使用成本低、设备比较简单、操作方便灵活、便于现场施工以及安全等优点。

② 齿轮泵的电弧喷涂修理工艺。轴套内孔、轴套外圆、齿轮轴和泵壳的均匀磨损及划痕在 0.02 ~ 0.20mm 时，宜采用硬度高、与零件体结合力强、耐磨性好的电弧喷涂修理工艺。电弧喷涂的工艺过程如下：

工件表面预处理→预热→喷涂粘接底层→喷涂工作层→冷却→涂层加工

在喷涂工艺流程中，要求工件无油污、无锈蚀，表面粗糙均匀，预热温度适当，底层结合均匀牢固，工作层光滑平整，材料颗粒熔融粘接可靠，耐磨性能及耐蚀性能良好。喷涂层质量好坏与工件表面处理方式及喷涂工艺有很大关系，因此，选择合适的表面处理方式和喷涂工艺是十分重要的。此外，在喷砂和喷涂过程中要用薄铁皮或铜皮将与被喷涂表面相邻的非喷涂部分捆扎。

a. 工件表面预处理涂层与基体的结合强度、基体清洁度和表面粗糙度有关。在喷涂前，对基体表面进行清洗、脱脂和表面粗化等预处理是喷涂工艺中一个重要工序。首先应对喷涂部分用汽油、丙酮进行除油处理，用锉刀、细砂纸、油石将疲劳层和氧化层除掉，使其露出金属本色。然后进行粗化处理，粗化处理能提供表面压应力，增大涂层与基体的结合面积和净化表面，减少涂层冷却时的应力，缓和涂层内部应力，所以有利于粘接力的增加。喷砂是最常用的粗化工艺，砂粒以锋利、坚硬为好，可选用石英砂、金刚砂等。粗化后的新鲜表面极易被氧化或受环境污染，因此要及时喷涂，若放置超过 4h 则要重新粗化处理。

b. 表面预热处理涂层与基体表面的温度差会使涂层产生收缩应力，引起涂层开裂和剥落。基体表面的预热可降低和防止上述不利影响，但预热温度不宜过高，以免引起基体表面氧化而影响涂层与基体表面的结合强度。预热温度一般为 80～90℃，常用中性火焰完成。

c. 喷粘接底层时应在喷涂工作之前预先喷涂一薄层金属为后续涂层提供一个清洁、粗糙的表面，从而提高涂层与基体间的结合强度和抗剪强度。粘接底层材料一般选用铬铁镍合金。选择喷涂工艺参数的主要原则是提高涂层与基材的结合强度。喷涂过程中，喷枪与工件的相对移动速度大于火焰移动速度，速度大小由涂层厚度、喷涂丝材送给速度、电弧功率等参数共同决定。喷枪与工件表面的距离一般为 150mm 左右。电弧喷涂的其他规范参数由喷涂设备和喷涂材料的特性决定。

③ 喷涂工作层应先用钢丝刷去除粘接底层表面的沉积物，然后立即喷涂工作涂层。材料为碳钢及低合金线材，使涂层有较高的耐磨性，且价格较低。喷涂层厚度应按工件的磨损量、加工余量及其他有关因素（直径收缩率、装夹偏差量、喷涂层直径不均匀量等）确定。

④ 冷却喷涂后工件温升不高，一般可直接空冷。

⑤ 喷涂层加工。机械加工至图纸要求的尺寸及规定的表面粗糙度。

（2）齿轮泵表面粘涂修补技术

① 表面粘涂的原理及特点。近年来，表面粘涂技术在我国设备维修中得到了广泛的应用，适用于各种材质的零件和设备的修补。其工作原理是将加入二硫化钼、金属粉末、陶瓷粉末和纤维等特殊填料的胶黏剂，直接涂敷于材料或零件表面，使之具有耐磨、耐蚀等功能，主要用于表面强化和修复。它的工艺简单、方便灵活、安全可靠，不需要专门设备，只需将配好的胶涂敷于清理好的零件表面，待固化后进行修整即可，常在室温下操作，不会使零件产生热影响和变形等。

② 粘涂层的涂敷工艺。轴套外圆、轴套端面贴合面、齿轮端面或泵壳内孔小面积的均匀性磨损量在 0.15～0.50mm 之间、划痕深度在 0.2mm 以上时，宜采用粘涂修补工艺。粘涂层的涂敷工艺过程如下：

初清洗→预加工最后清洗及活化处理→配制修补剂→涂敷→固化→修整、清理或后加工

粘涂工艺实际施工要求相当严格，既要选择合适的胶黏剂，还要按照正确的工艺方法进行粘涂。

a. 初清洗零件表面绝对不能有油脂、水、锈迹、尘土等。应先用汽油、柴油或煤油粗洗，最后用丙酮清洗。

b. 预加工用细砂纸打磨成一定沟槽网状，露出基体本色。

c. 最后的清洗及活化处理用丙酮或专门清洗剂进行，然后用喷砂、火焰或化学方法处理，提高表面活性。

d. 配制修补剂。修补剂在使用时要严格按规定的比例将本剂（A）和固化剂（B）充分混合，以颜色一致为好，并在规定的时间内用完，随用随配。

e. 涂敷。用修补剂先在粘修表面上薄涂一层，反复刮擦使之与零件充分浸润，然后均匀涂至规定尺寸，并留出精加工余量。涂敷中尽可能朝一个方向移动，往复涂敷会将空气包裹于胶内形成气泡或气孔。

f. 固化时用涂有脱模剂的钢板压在工件上，一般室温固化需 24h，加温固化（约 80℃）需 2～3h。

g. 修整、清理或后加工进行精镗或用什锦锉、细砂纸、油石将粘修面精加工至所需尺寸。

## （二）CBG 系列齿轮泵修理实例

### （1）主要零件的修理方法（表4-12）

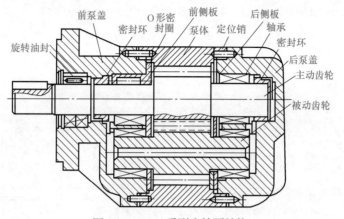

图 4-21 CBG 系列齿轮泵结构

表4-12 主要零件的修理方法

| 零件类型 | 修理方法 |
| --- | --- |
| 齿轮 | 　　如图 4-21 所示是 CBG 系列齿轮泵的结构图。当齿轮泵运转很长时间之后，在齿轮两侧端面的齿廓表面上均会有不同程度的磨损和擦伤，对此，应视磨损程度进行修复或更换<br>　　①若齿轮两侧端面仅仅是轻微磨损，则可用研磨法将磨损痕迹研去并抛光，即可重新使用<br>　　②若齿轮端面已严重磨损，齿廓表面虽有磨损但并不严重（用着色法检查，即指齿高接触面积达 55%、齿向接触面积达 60% 以上者）。对此，可将严重磨损的齿轮放在平面磨床上，将磨损处磨去（若能保证与孔的垂直度，亦可采用精车）。但必须注意，另一只齿轮也必须修磨至同等厚度（即两齿轮厚度的差值应在 0.005mm 以下），并将修磨后的齿轮用油石将齿廓的锐边倒钝，但不宜倒角<br>　　③齿轮经修磨后厚度减小，为保证齿轮泵的容积效率和密封，泵体端面也必须做相应的磨削，以保证修复后的轴向间隙合适，防止内泄漏<br>　　④若齿轮的齿廓表面因磨损或刮伤严重形成明显的多边形，此时的啮合线已失去密封性能，则应先用油石研去多边形处的毛刺，再将齿轮啮合面调换方位，即可继续使用<br>　　⑤若齿轮的齿廓接触不良，或刮伤严重，已没有修复价值时，则应予以更换 |
| 泵体 | 　　泵体的吸油腔区域内常产生磨损或刮伤。为提高其机械效率，该类齿轮泵的齿轮与泵体间的径向间隙较大，通常为 0.10～0.16mm，因此，一般情况下齿轮的齿顶圆不会碰擦泵体的内孔。但泵在刚启动时压力冲击较大，压油腔处会对齿轮形成单向的径向推动，可导致齿顶圆柱面与泵体内孔的吸油腔处碰擦，造成磨损或刮伤。由于该类齿轮泵的泵体两端面上开有卸荷槽，故不能翻转 180° 使用。如果吸油腔有轻微磨损或擦伤，可用油石或砂布去除其痕迹后继续使用。因为径向间隙对内泄漏的影响较轴向间隙小，所以对使用性能没有多大影响<br>　　泵体与前、后泵盖的材料无论是普通灰口铸铁还是铝合金，它们的结合端面均要求有严格的密封性。修理时，可在平面磨床上磨平，或在研磨平板上研平，要求其接触面一般不低于 85%。其精度要求是：平面度允差 0.01mm，端面对孔的垂直度允差为 0.01mm，泵体两端面平行度允差为 0.01mm，两齿轮轴孔轴心线的平行允差为 0.01mm |
| 轴颈与轴承 | 　　①齿轮轴轴颈与轴承、轴颈与骨架油封的接触处出现磨损，磨损轻的经抛光后即可继续使用，严重的应更换新轴<br>　　②滚柱轴承座圈热处理的硬度较齿轮的高，一般不会磨损，若运转日久后产生刮伤，可用油石轻轻擦去痕迹即可继续使用。对刮伤严重的，可将未磨损的另一座圈端面作为基准面将其置于磨床工作台上，然后对磨损端面进行磨削加工。应保证两端面的平行度允差和端面对内孔的垂直度允差均在 0.01mm 范围内，若内孔和座圈均磨损严重，则应及时换用新的轴承座圈<br>　　③滚柱（针）轴承的滚柱（针）长时间运转后，也会产生磨损，若滚柱（针）发生剥落或出现点蚀麻坑时，必须更换滚柱（针），并应保证所有滚柱（针）直径的差值不超过 0.003mm，其长度差值允差为 0.1mm 左右，滚柱（针）应如数地充满于轴承内，以免滚柱（针）在滚动时倾斜，使运动精度恶化<br>　　④轴承保持架若已损坏或变形，应予以更换 |

| 零件类型 | 修理方法 |
|---|---|
| 侧板 | 侧板损坏程度与齿轮泵输入端的外连接形式有着十分密切的关系，通常原动机械通过联轴套（节）与泵连接，联轴套在轴向应使泵轴可自由伸缩，在花键的径向面上应有 0.5mm 左右的间隙，这样，原动机械在驱动泵轴时就不会对泵产生斜推力，泵内齿轮副在运转过程中即自动位于两侧板间转动，轴向间隙在装配时已确定（0.05～0.10mm），即使泵运转后温度高达 70℃时，齿轮副与侧板间仍会留有间隙，不会因直接接触而产生"啃板"现象，以致烧伤端面。但是轴与联轴套的径向间隙不能过大，否则，花键处容易损坏；同时，因 CBG 泵本身在结构上未采取有效的消除径向力的措施，在泵运行时轴套会跳动，进而会导致齿轮与侧板因产生偏磨而"啃板"<br>修理侧板的常用工艺如下：<br>①由于齿轮表面硬度一般高达 62HRC 左右，故宜选用中软性的小油砂石将齿轮端面均匀打磨光滑，当用平尺检查齿轮端面时，须达到不漏光的要求<br>②若侧板属轻微磨损，可在平板上铺以马粪纸进行抛光；对于痕迹较深者，应在研磨平板上用粒度为 W10 的绿色碳化硅加机油进行研磨，研磨完后应将黏附在侧板上的碳化硅彻底洗净<br>③若侧板磨损严重，但青铜烧结层尚有相当的厚度，此时可将侧板在平面磨床上精磨，其平面度允差和平行度允差均在 0.005mm 左右，表面粗糙度应优于 Ra0.4μm<br>④若侧板磨损很严重，其上的青铜烧结层已很薄甚至有脱落、剥壳现象时，应更换新侧板，建议两侧侧板同时更换 |
| 密封环 | CBG 系列齿轮泵中的密封环（如图 4-22 所示密封环）是由铜基粉末合金 6-6-3 烧结压制而成的，具有较为理想的耐磨和润滑性能。该密封环的制造精度高，同轴度也有保证，且表面粗糙度优于 Ra1.6μm。密封环内孔表面与齿轮轴颈需有 0.024～0.035mm 的配合间隙，以此作为节流阻尼的功能来密封泵内轴承处的高压油，以提高泵的容积效率，保证达到使用压力的要求。当泵的输入轴联轴器处产生倾斜力矩或滚柱轴承磨损产生松动时，均会导致密封环的不正常磨损。若液压油污染严重，颗粒磨损使密封环内孔处的配合间隙扩大，此间隙若超过 0.05mm，容积效率将显著下降。修复密封环的常用方法： 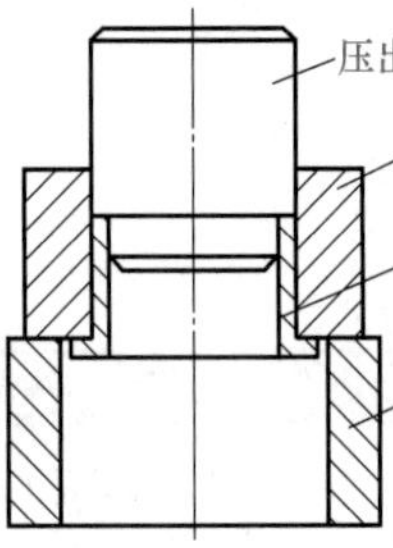<br>①缩孔法。车制一个钢套（如图 4-22 所示）作为缩孔套，其内径比密封环的外径小 0.05mm，在压力机上将密封环压入钢套内并保持 12h 以上，或在 200～230℃ 电热炉内定形保温 2～3h，然后用压出棒压出，密封环的内径即可缩小 0.03mm 左右。在采用此法修复密封环时，要注意密封环凸肩的外圆柱面和内端面均不能遭到损伤或形成凸块状，因为此处若出现高低不平的状态，可造成泵的容积效率和压力下降<br>②镀合金法。在有刷镀或电镀设备的地方，可采用内孔镀铜或镀铅锌合金的方法，以加大内孔厚度尺寸。电镀后因其尺寸精度较差，故须经精磨或精车，以保证其配合尺寸。车、磨加工时最好采用一个略带锥形的外套，将密封环推进套内再上车床或磨床上加工，以避免因直接用三爪卡盘夹持而引起变形 |

密封环的图示区：

压出棒<br>钢套<br>密封环<br>压出支棒环

图 4-22 缩孔法修复密封环

（2）拆卸检查要点和装配顺序

拆卸检查 CBG 系列齿轮泵时应注意下列事项，见表 4-13。

表 4-13 拆卸检查要点和装配顺序

| 项目 | 说明 |
|---|---|
| 拆卸后须重点检查的部位 | 检查侧板是否有严重烧伤和磨痕，其上的合金金属是否脱落或磨耗过甚或产生偏磨；若存在无法用研磨方法消除上述缺陷，应及时更换。检查密封环与轴颈的径向间隙是否小于 0.05mm，若超差应予以修理测量轴与轴承滚柱之间的间隙是否大于 0.075mm，超过此值时，应更换滚柱轴承 |
| 操作顺序与装配要领 | ①齿轮泵的转向应与机器的要求相一致，若需要改变转向，则应重新组装。切记将前侧板（图 4-23）上的通孔 b 放在吸油腔侧，否则高压油会将旋转油封冲坏<br>②清洗全部零件后，装时应先将密封环放入前、后泵盖上的主动齿轮轴孔内。将轴承装入前、后泵盖轴承孔内，但须保证其轴承端面低于泵盖端面 0.05～0.15mm<br>③将前侧板装入泵体一端（靠前泵盖处），使其侧板的铜烧结面向内，使圆形卸荷槽（即盲孔 a，如图 4-23 所示）位于泵的压油腔一端，侧板大孔与泵体大孔要对正，并将 O 形密封圈装在前侧板的外面<br>④将带定位销的泵体装在前泵盖上，并将定位销插入前泵盖的销孔内，轻压泵体使泵体端面和侧板压紧，装配时要注意泵体进、出油口的位置应与泵的转向一致<br>⑤将主动齿轮和被动齿轮轻轻装入轴承孔内，使其端面与前侧板端面接触 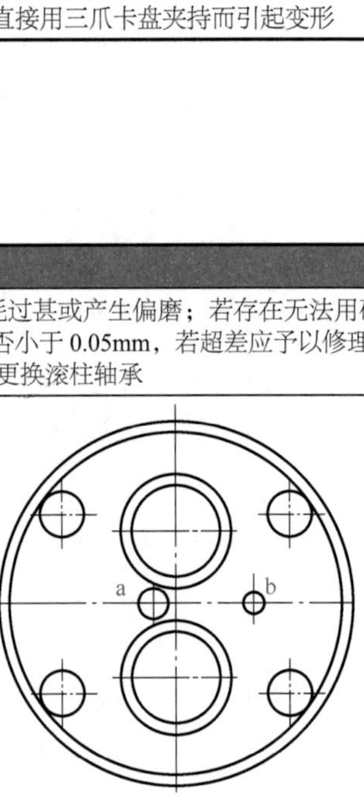 |

图 4-23 区域：

图 4-23 前侧板

| 项目 | 说明 |
|---|---|
| 操作顺序与装配要领 | ⑥将后侧板装入泵体的后端后，再将O形密封圈装在后侧板外侧。将后泵盖装入泵体凹缘内，使其端面与后侧板的端面接触<br>⑦将泵竖立起来，放好铜垫圈后穿入螺钉拧紧，其拧紧力矩 $M=132\mathrm{N}\cdot\mathrm{m}$<br>⑧将内骨架旋转油封背对背地装入前泵盖处的伸出轴颈上<br>⑨将旋转油封前的孔用弹性挡圈装入前泵盖的孔槽内；装配完毕后，向泵内注入清洁的液压油，用手均匀转动时应无卡阻、单边受力或过紧的感觉<br>⑩泵的进、出油口用塞子堵紧，防止污染物质侵入 |
| 修复、装配及试车 | 修复装配时的注意事项：<br>①仔细地去除毛刺，用油石修钝锐边。注意，齿轮不能倒角或修圆<br>②用清洁煤油清洗零件。未退磁的零件在清洗前必须退磁<br>③注意轴向和径向间隙。现在的各类齿轮泵的轴向间隙是由齿厚和泵体直接控制的，中间不用纸垫。组装前，用千分尺分别测出泵体和齿轮的厚度，使泵体厚度较齿轮大 0.02～0.03mm，组装时用厚薄规测取径向间隙，此间隙应保持在 0.10～0.16mm<br>④对于齿轮轴与齿轮间是用平键连接的齿轮泵，齿轮轴上的键槽应具有较高的平行度和对称度，装配后平键顶面不应与键槽槽底接触，长度不得超出齿轮端面，平键与齿轮键槽的侧向配合间隙不能太大，以齿轮能轻轻拍打推进为好。两配合件不得产生径向摆动<br>⑤须在定位销插入泵体、泵盖定位孔后，方可对角交叉均匀地紧固固定螺钉，同时用手转动齿轮泵长轴，感觉转动灵活并无轻重现象时即可 |

齿轮泵修复装配以后，必须经过试验或试车，有条件的可在专用齿轮泵试验台上进行性能试验，对压力、排量、流量、容积效率、总效率、输出功率以及噪声等技术参数一一进行测试。而在现场，一般无液压泵试验台的条件下，可装在整机系统中进行试验，通常叫做修复试车或随机试车，其步骤如下：

检查管道和其他连接部分是否正常→无负载运转 3min，观察其运转是否正常→逐步提高系统工作压力，检查流量是否满足执行件速度要求→系统压力升高至工作压力后，压力波动在 ±0.15MPa 之间，即可投入正常使用。

### （三）汽车起重机液压系统齿轮泵修理实例

（1）泵壳的修理

在一些大吨位汽车起重机上，多采用双联或三联齿轮泵，这些泵精度较高，价格较贵。经长期使用后，泵壳内孔会被磨损或拉伤，过去常采用焊补或更换泵壳的办法，但所用时间长、费用高，现在多采用金属刷镀的方法。由于齿轮泵泵壳采用高级铝合金材料制作，根据其化学成分和硬度，较好的修复方法是选用刷镀铜技术。刷镀铜的硬度（80～90HBS）比电镀铜的硬度（50～80HBS）高一些，与泵壳硬度比较接近，能够满足使用要求。刷镀泵壳可请刷镀厂协办，也可自己购买刷镀电源、镀液等自行刷镀。在具有蓄电池充电的条件下，稍加改造即可进行刷镀。

（2）齿轮的修理

齿轮经过长期使用后，齿厚和齿顶圆部位都会被磨损，使齿轮泵容积效率降低。修理办法如下：

① 更换齿轮泵。

② 对齿轮进行修复。修复齿形的方法是电镀。电镀时，要保护好齿轮轴两端与轴承接触的轴径部位，不要使其镀上。镀后要精确测量齿顶圆尺寸，若过大，应在磨床上进行加工，达到要求为止；若齿厚尺寸过大，可用手工研磨，去掉多余的尺寸。此外，也可在装配时细心观察，找

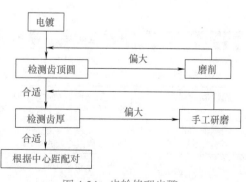

图 4-24　齿轮修理步骤

到适合原泵体中心距的啮合齿形。因电镀层会有些不均匀，所以齿轮的每一个轮齿的厚度都是不一样的，可将镀层厚的齿和镀层薄的齿啮合在一起。又因齿轮泵两个齿轮的齿数相等，故也可以找一对齿数相等，且中心距与原中心距一致的齿轮来代替。齿轮修理步骤如图 4-24 所示。

## 第三节　叶片泵的使用与维修

### 一、叶片泵的分类、特点和应用场合

（1）叶片泵的分类、特点（表 4-14）

表 4-14　叶片泵的分类及特点

| 分类方式 | 结构形式 | 特点 |
|---|---|---|
| 按结构形式（叶片设置部位） | 普通叶片式 | 叶片设置在转子上，可制成定量或变量泵 |
| | 凸轮转子叶片式 | 叶片设置在定子上，一般为双作用且只能制成定量泵 |
| 按泵轴每转中每个叶片小室吸排油次数 | 单作用式 | 一般制成变量泵并可双向变量，定子结构简单，转子承受单方向液压不平衡作用力，轴承寿命短 |
| | 双作用式 | 一般制成定量泵，定子结构复杂，转子不承受单方向液压不平衡作用力，轴承寿命长 |
| 串、并联形式 | 单级 | 通用 |
| | 多级 | 提高压力 |
| | 并联、多联 | 多油源 |

（2）叶片泵的优缺点和应用场合

叶片泵具有噪声低、寿命长的优点，但抗污染能力差，加工工艺复杂，精度要求高，故价格较高。叶片泵广泛用于固定式机械设备的液压源，例如各种金属切削机床、小型铸锻机械、橡胶塑料、成形机械等，这些设备的液压系统通常具有功率不大、工作压力中等、快慢速对流量要求悬殊或需短时保压等工况特点，且要求泵的流量脉动小、噪声低和寿命长，这正符合了叶片泵的特点。

### 二、叶片泵的选用原则和使用

（1）叶片泵的选用

叶片泵的选用原则见表 4-15。

表 4-15　叶片泵的选用原则

| 选用原则 | 说明 |
|---|---|
| 根据液压系统使用压力来选择叶片泵 | 若系统常用工作压力在 10MPa 以下，可选用 YB 系列或 YB-D 型叶片泵；若常用工作压力在 10MPa 以上，应选用高压叶片泵 |
| 根据系统对噪声的要求选泵 | 一般来说，叶片泵的噪声较低，且双作用叶片泵的噪声又比单作用泵（即变量叶片泵）的噪声低。若主机要求泵噪声低，则应选低噪声的叶片泵 |
| 从工作可靠性和寿命来考虑 | 双作用叶片泵的寿命较长，如 YB1 系列叶片泵的寿命在 1 万小时以上，而单作用叶片泵、柱塞泵和齿轮泵的寿命就较短 |
| 考虑污染因素 | 叶片泵抗污染能力较差，不如齿轮泵。若系统过滤条件较好，油箱又是密封的，则可以用叶片泵，否则应选用齿轮泵或其他抗污染能力强的泵 |

| 选用原则 | 说明 |
| --- | --- |
| 从节能角度考虑 | 为了节省能量，减少功率消耗，应选用变量泵，最好选用比例压力、流量控制变量叶片泵。采用双联泵甚至三联泵也是节能的一种方案 |
| 考虑价格因素 | 价格是一个重要的因素。在保证系统可靠工作的条件下，为降低成本，应选用价格较低的泵为宜。在选择变量泵或双联泵时，除了从节能方面进行比较外，还应从成本等多方面进行分析比较 |

（2）叶片泵的使用

叶片泵的合理使用及使用叶片泵的注意事项见表 4-16。

表 4-16　叶片泵的合理使用及使用叶片泵的注意事项

| 项目 | 说明 |
| --- | --- |
| 叶片泵的合理使用 | 　液压系统需要流量变化时，特别是需要大流量的时间比需要小流量的时间要短时，最好采用双联泵或变量泵<br><br>　如机床的进给机构，当快进时，需要流量大；工进时，需要流量小，两者相差几十倍甚至更多。为了满足快进时液压缸需要的大流量，要选用流量较大的泵；但到工进时，液压缸需要的流量很小，使绝大部分高压液压油经溢流阀溢流，这不仅消耗了功率，还会使系统发热。为了解决这个问题，可以选用变量叶片泵，当快进时，压力低，泵排量（流量）最大；当工进时，系统压力升高，泵自动使排量减小，基本上没有油从溢流阀溢流。也可以采用双联叶片泵，低压时大、小两个泵一起向系统供油，工进高压时，小泵高压、小流量供油，大泵低压、大流量经卸荷阀卸载后供油<br><br>　又如机床液压卡盘和卡紧装置，或其他液压卡紧装置，大多数采用集中泵站供油，即用 1 台泵供给多台机床使用。该系统的特点是，当卡紧或松卡时要求速度很快，而且要考虑到所有机床同时卡紧，所以系统需要流量较大；可一经卡紧后，只要继续保持压力（即卡紧），即不需要流量的时间要比装卡过程中需要流量的时间长得多。因此，这种系统中的泵绝大部分时间在做无用功，白白浪费了功率，造成系统发热。且对泵来说，总是在最高工作压力下工作是很不利的，夏天时，可能由于系统温度过高，不得不暂时停机。为了解决这一矛盾，可以把油箱加大，利用油箱散热，但这是个消极的办法，虽能使系统温度保持稳定，但功率仍被浪费，液压泵也在磨损。较好的办法是采用蓄能器，用蓄能器储存一部分液压油，当系统压力达到最高工作压力时，液压泵卸载，系统需要的保压流量由蓄能器供给；当系统压力降到最低工作压力时，液压泵再度工作，这样系统不发热，故障不易发生，油箱也小，液压泵的寿命也可延长，这种工况就比较合理 |
| 使用叶片泵注意事项 | ①使用叶片泵时要注意泵轴的旋转方向。顺时针方向（从轴端看）为标准品，逆时针方向为特殊式样。回转方向的确认可用瞬间启动液压马达来检查<br>②要注意液压油的黏度和油品。工作压力 7MPa 以下时，使用 40℃时黏度为 20～50cSt（1cSt=$10^{-6}$m²/s，下同）（ISO VG32）的液压油；工作压力 7MPa 以上时，使用 40℃时黏度为 30～68cSt（ISO VC46、VG68）的液压油<br>③泄油管压力。泄油管一定要直接插到油箱的油面下，配管所产生的背压应维持在 0.03MPa 以下<br>④注意泵吸油口距液面高度不应大于 500mm，吸油管不得漏气<br>⑤工作油温。连续运转的温度为 15～60℃<br>⑥安装泵时，泵的轴线与电动机或原动机轴线应保持一定的同轴度，一般要求同轴度误差不大于 $\phi$0.1mm，且泵与电动机之间应采用挠性连接。泵轴不得承受径向力<br>⑦吸油压力。吸油口的压力为 -0.03～0.03MPa<br>⑧新机运转。新机开始运转时，应在无压力的状态下反复启动电动机，以排除泵内和吸油管中的空气。为确保系统内的空气排除，可在无负载的状态下，连续运转 10min 左右<br>⑨注意保持油液清洁。油箱应保持清洁，液压系统应装有过滤器，油液清洁度应达到国家标准等级 19/16 级<br>⑩YB₁ 系列单级叶片泵是在 YB 型的基础上改进发展的，是一种新的中低压定量泵，具有结构简单、压力脉动小、工作可靠、使用寿命长等优点。广泛应用于机床设备和其他液压系统中。对于 YB₁ 系列单级叶片泵，推荐使用 L-AN32 全损耗系统用油，工作油温为 10～50℃<br>⑪双联叶片泵是由两个单级叶片泵组合而成，采用同轴传动。泵有一个共同的（或各泵有单独的）进油口，有两个出油口。按两种泵的系列组合，可获得多种流量。双联叶片泵一般用于机床、油压机或其他机械上<br>⑫YBN 型变量叶片泵依靠移动定子偏心位置来改变泵的排量。泵附有压力补偿装置及最大流量调节机构，在系统达到调定压力后，自动减少泵的输出流量，以保持系统压力恒定。这种变量叶片泵适用于组合机床及其他机械设备，可以减少油液发热及电动机的功率消耗 |

### 三、叶片泵的常见故障原因及排除方法

叶片泵在长时期运转过程中，其运动件是要磨损的，但这种泵可以自行补偿，其径向间隙不会增大。

如果对液压油管理失误，造成污染时，叶片泵会很快把配流盘与泵体研伤，泵的工作压力下降。这种现象是渐渐形成的，如若达不到主机作业要求，只能拆卸修研配流盘，或更换新配流盘。泵体内孔研伤不能修理时，更换新泵体。

泵检修后，应将系统彻底清理一次，去除杂质（包括油箱、管路、控制阀和液压附件），否则还会研伤。

叶片泵在开始安装时，若把油箱，吸、排油管路和液压控制阀以及液压附件的内部彻底清理洁净，油箱盖密封良好，系统无渗漏，液压油不被污染，则叶片泵的使用期限是很长的，能超过其他种类液压泵的使用寿命。叶片泵的常见故障、原因及排除方法见表4-17。

表4-17 叶片泵的常见故障、原因及排除方法

| 故障现象 | 故障原因 | | 排除方法 |
|---|---|---|---|
| | 使用中的泵 | 新安装的泵 | |
| 泵高压侧不排油 | 吸油侧吸不进油，油位过低 | — | 增添新油 |
| | 吸油过滤器被脏物堵塞 | — | 过滤油液，清洗油箱 |
| | 叶片在转子槽内卡住 | — | 检修叶片泵 |
| | 轴向间隙过大，内漏严重 | — | 调整侧板间隙，达到规定值 |
| | 吸油侧密封损坏 | — | 更换合格密封件 |
| | 更换的新油黏度过高，油温太低 | 油温过低，油液黏度太高 | 提高油温 |
| | 液压系统有同油情况 | — | 检查液压同路 |
| 泵不吸油 | — | 泵安装位置超过规定 | 调整叶片泵的吸油高度 |
| | — | 吸油管太细或过长 | 改变吸油侧，按规定安装 |
| | — | 吸油侧密封不良，吸入空气 | 管接头和泵连接处透气，改善密封 |
| | — | 泵的旋转方向不对 | 改变运转方向 |
| | — | 不是上述原因，就是泵不合格 | 更换叶片泵 |
| 泵排油而无压力 | 溢流阀卡死，阀质量不良或油太脏 | — | 先拆卸溢流阀检查 |
| | — | 溢流阀从内部回油 | 检查溢流阀 |
| | — | 系统中有回油现象 | 阀有内部回油，检查换向阀 |
| | 溢流阀的弹簧断了（此情况很少发生） | — | 检查调压弹簧 |
| 泵调不到额定压力 | 泵的容积效率过低 | — | 检修叶片泵，更换磨损的零件 |
| | 泵吸油不足，吸油侧阻力大 | — | 检查吸油部位、油位和过滤器 |
| | 溢流阀的锥阀磨损，在圆周上有痕迹 | — | 将溢流阀的先导阀卸下，观察提动阀有无痕迹，更换溢流阀或零件 |
| | — | 油中混有气体，吸油不足 | 查吸油侧有进气部位 |
| 噪声过大 | 轴颈处密封磨损，进入少量空气 | — | 更换自紧油封 |
| | 回油管露出油面，回油产生气体 | — | 往油箱内加注合格液压油至规定液面 |
| | 吸油过滤器被脏物堵塞 | — | 过滤液压油，清洗油箱 |
| | 配流盘、定子、叶片等件磨损 | — | 检查泵，更换新件，或换新泵 |
| | 若为双联泵时，高低压两排油腔相通 | — | 检修双联泵，或更换新泵 |

| 故障现象 | 故障原因 | | 排除方法 |
|---|---|---|---|
| | 使用中的泵 | 新安装的泵 | |
| 噪声过大 | 噪声的产生原因，多数情况是吸油不足造成的 | — | 查出吸油不足的原因，及时解决 |
| | — | 两轴的同轴度超出规定值，噪声很大 | 调整电机、泵的两轴的同轴度 |
| | — | 噪声不太大，很刺耳，油箱内有气泡或起沫 | 吸油中混进空气，造成回油中夹着大量气体，检查吸油管路和接头 |
| | — | 有轻微噪声并有气泡的间断声音 | 泵吸油处透气，查吸油部位的连接件，用黄油涂于连接处噪声即无，重新连接 |
| | — | 过滤器的容量较小 | 更换大容量过滤器 |
| | — | 吸油发声阻力过大、流速过高，吸油管径小 | 加大吸油管直径 |
| | — | 除两轴不同轴外，就是泵吸空所造成的 | 查找原因，再针对问题及时解决 |
| 泵不正常发热 | 泵的工作压力超过额定压力 | | 将溢流阀的压力下调到额定值 |
| | 新换泵时，转子侧面间隙过小 | | 检查泵内轴向间隙 |
| | 油箱的油不足 | 油箱的容量太小，回油未能定，泵又吸走 | 加大油箱或按标准油箱结构制造 |
| | — | 油箱内的吸油管和排油管过近 | 两管距离应远些，油箱中加隔板 |
| | — | 泵内转子、侧板、配流盘轴向间隙过小 | 属于泵质量欠佳，更换泵 |
| | — | 溢流阀造成的发热<br>①泵启动就有负载，油全部从溢流阀回油箱<br>②泵的流量大于执行元件的流量，大部分油从阀溢回油箱<br>③泵的压力过高，超过额定值 | 按下列方法：<br>①设计卸荷系统，执行元件不工作，泵应无负载<br>②泵的流量应与控制元件流量合理匹配<br>③把溢流阀的压力往下调 |
| 外部漏油 | 密封件老化或损坏变形 | — | 更换合格的密封件 |
| | — | 漏油原因多种情况 | 找生产厂退换 |

## 四、叶片泵的维修、安装与调试

（1）叶片泵的维修（表4-18）

表4-18 叶片泵的维修

| 项目 | 说明 |
|---|---|
| 配油盘（配流盘、侧板）的维修 | 配油盘多是端面磨损与拉伤，当端面拉伤深度不太深时，可用平磨磨去沟痕，经抛光后装配再用。磨端面后，泵体孔深度也要磨去相应尺寸，用三角锉或铣加工方式适当修长三角槽尺寸 |
| 定子的维修 | 无论是定量还是变量叶片泵，定子均是吸油腔这一段内曲线表面容易磨损。若磨损不严重，可用细砂布打磨继续再用。若磨损严重，应在专用定子床上刃磨 |
| 转子的维修 | 转子两端面易磨损和拉毛，叶片槽易磨损变宽。若只是转子两端面轻度磨损，抛光后可继续再用。当磨损拉伤严重时，需用花键芯轴和顶尖定位和夹持，在万能外圆磨床上靠磨两端面后再抛光。当转子叶片槽磨损拉伤严重时，可用薄片砂轮和分度夹具在手摇磨床或花键磨床上进行修磨，叶片槽修磨后，叶片厚度也应增大相应尺寸 |
| 叶片的维修 | 叶片主要是叶片顶部与定子表面相接触处，以及端面与配油平面相对滑动处的磨损拉伤。当磨损拉毛不严重时，可稍加抛光再用。当磨损严重时，应重新加工叶片 |

| 项目 | 说明 |
|---|---|
| 变量泵控制活塞的维修 | 弹簧控制活塞和反馈控制活塞的外圆易发生磨损。对于弹簧控制活塞，其左右侧均通泄油通道，密封要求低，只要清除外圆和泵体孔之间的毛刺异物，使之移动灵活即可。反馈控制活塞应进行电镀、刷镀修复或更换新件 |
| 轴承的维修 | 轴承磨损后只能更换新的 |
| 轴的修理 | 轴的问题主要是轴承轴颈处的磨损，可采用磨后镀硬铬再精磨的方法修复，或者将轴上凹痕修磨掉，再按磨后的轴自配滑动轴承 |
| 叶片泵维修后装配时注意事项 | ①清除零件毛刺后清洗干净，再进行装配<br>②配装在转子槽内的叶片应移动灵活，手松开后由于油的张力叶片不应掉下，否则配合过松<br>③定子和转子与配油盘的轴向间隙应保证在 0.045～0.05mm 范围内，以防止泄漏<br>④叶片的长度应比转子厚度小 0.005～0.01mm。同时，叶片与转子在定子中应保持正确的装配方向，不得装错<br>⑤注意拧紧紧固螺钉时，应使对角方向均匀受力，分次拧紧<br>⑥装好的叶片泵应按标准要求进行试验和鉴定 |

（2）叶片泵的安装要求及调试方法（表 4-19）

表 4-19　叶片泵的安装要求及调试方法

| 项目 | 说明 |
|---|---|
| 叶片泵的安装 | 叶片泵的安装应符合以下要求：<br>①液压泵的安装要求是刚性联轴器两轴的同轴度误差小于或等于 0.05mm；弹性联轴器两轴的同轴度误差小于或等于 0.1mm，两轴的角度误差小于 1°；驱动轴与泵端应保持 5～10mm 距离。对于叶片泵，一般要求不同轴度不得大于 0.1mm，且与电动机之间应采用挠性连接<br>②液压泵吸油口的过滤器应根据设备的精度要求而定。为避免设备抽空，严禁使用精密过滤器。对于叶片泵，液流的清洁度应达到国家标准等级 16/19 级，使用的过滤器精度大多为 25～30μm。吸油口过滤器的正确选择和安装，会使液压故障明显减少，各元件的使用寿命可大大延长<br>③进油管的安装高度不得大于 0.5m。进油管必须清洗干净，与泵进油口配合的液压泵紧密结合，必要时可加上密封胶，以免空气进入液压系统中<br>④进油管道的弯头不宜过多，进油管道口应接有过滤器，过滤器不允许露出油箱的油面。当泵正常运转后，其油面离过滤器顶端至少应有 100mm，以免空气进入，过滤器的有效通油面积一般不低于泵进油口油管的横截面积的 50 倍，并且过滤器应经常清洗，以免堵塞<br>⑤吸入管、压出管和回油管的通径不应小于规定值<br>⑥为了防止泵的振动和噪声沿管道传至系统，引起振动、噪声，在泵的吸入口和压出口可各安装一段软管，但压出口软管应垂直安装，长度不应超过 400～600mm；吸入口软管要有一定的强度，避免由于管内有真空度而使其出现变扁现象 |
| 叶片泵的调试 | 叶片泵安装完成后，必须经过检查与调试，观察工作是否正常，有关步骤与要求如下：<br>用手转动联轴器，应感到轻快，受力均匀→检查叶片泵的旋转方向，应与泵体上标牌所指示的方向相符合→检查液压系统有没有卸载回路，防止满载启动和停车→检查系统中的溢流阀是否在调定的许可压力上→在排油口灌满油液，以免泵启动时因干摩擦损坏元件→不少于 10min 的空载转动，检查泵的运转声音是否正常、液流的方向是否正确→将溢流阀的压力调整到 2.0MPa 以下转动 10～15min，检查系统的动作、外泄漏、噪声、温升等是否正常→将溢流阀的压力调整至液压系统的安全保护压力运行 |

## 五、叶片泵的维修实例

### （一）YB 型叶片泵的维修

叶片泵的心脏零件是定子、配流盘、转子及叶片。它们均安装在泵体内，由传动轴通过花键带动，配流盘通过螺钉固定在定子的两侧，并用销子定位。由于定子、配流盘、转子和叶片同在一个密封的工作室内，相互之间的间隙很小，因此经常处在一种满负载的工作状态。叶片泵本身存在密封的困油现象，如冷却不及时使油温升高，各零件热胀将润滑油膜顶破，会造成叶片泵损坏。同时，润滑油的质量有问题也会造成叶片泵损坏。

YB 型叶片泵的维修方法见表 4-20。

表 4-20　YB 型叶片泵的维修方法

| 项目 | 说明 |
|---|---|
| 定子的修复 | 在叶片泵工作时，叶片在高压油及离心力的作用下，紧靠住定子曲线面，叶片与定子曲线表面接触压力大而磨损快。特别在吸油腔部分，叶片根部由较高的载荷压力顶住，因此吸油腔部分最容易磨损。当曲线表面轻微磨损时，用油石抛光即可。既经济又方便的修复方法是将定子翻转 180° 安装，并在对称位置重新加工定位孔，使原吸油腔变为压油腔 |
| 叶片的修复 | 叶片一般与定子内环表面接触，叶片顶端和配流盘相对运动的两侧易磨损，磨损后可利用专用工具装夹、修磨，以恢复其叶片精度，如图 4-25 所示<br><br>图 4-25　叶片　　图 4-26　维修叶片　　图 4-27　修磨棱角<br><br>将要修复的叶片泵中的全部叶片一次装夹在夹具中（图 4-26），磨两侧和两端面。叶片与转子槽相接触的两面如有磨损可放在平面磨床上修磨，但应保证叶片与槽的配合间隙在 0.015 ～ 0.025mm，并且能上下滑动灵活，无阻滞现象。然后装入专用夹具，修磨棱角（图 4-27）。修复叶片棱角应注意：若叶片的倒角为 1×45°，则在修磨时应达到大于 1×45°，基本上达到叶片厚度的 1/2，最好修磨成圆弧形并去毛刺，这样可减少叶片沿定子内环表面曲线的作用力突变现象，以免影响输油量和产生噪声 |
| 转子的修复 | 转子两端面磨损，轻者用油石将毛刺和拉毛处修光、推平，严重的则用心棒放在外圆磨床上将端面磨光。转子的磨去量与叶片的磨去量同样多，以保证叶片略低于转子高度。同时，保证两端平行度在 0.008mm 以内，端面与内孔垂直度在 0.01mm 以内 |
| 配流盘的修复 | 配流盘的端面和孔径最易磨损，端面磨损后可只用粗砂布将磨损面在研磨平板上将被叶片刮伤处粗磨平，然后再用极细砂布磨平；若端面严重磨损，可以在车床上车平，但必须注意应保证端面和内孔垂直度为 0.01mm，平行度为 0.005 ～ 0.01mm，只允许端面内凹。若车削太多，配流盘过薄后容易变形。若配流盘内孔磨损，轻者用砂布修光即可，严重者必须调换新的配流盘或将配流盘放在内圆磨床上修磨内孔，保证圆度和锥度在 0.005mm 以内，孔径与转子单配。YB 型叶片泵转子和配流盘的端面修磨后，为控制其轴向间隙，泵体也必须相应修磨 |
| 装配注意事项 | 装配前各零件必须仔细清洗；叶片在转子槽内能自由灵活地移动，保证其间隙为 0.015 ～ 0.025mm；叶片高度略低于转子的高度，其值为 0.05mm；轴向间隙控制在 0.04 ～ 0.07mm；紧固螺钉时用力必须均匀；装配完后用手旋转主动轴，应保证平稳，无阻滞现象 |

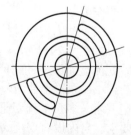

## （二）YB1-6 型定量叶片泵烧盘机理分析及修复实例

（1）烧盘机理分析

某 YB1-6 型双作用式定量叶片泵，其压油配流盘结构如图 4-28 所示。在额定压力为 6.3MPa 时，经计算，内侧向外的推力最大约为 3700N，而外侧向内的推力大约为 6760N，承力比约为 1.8。巨大的力差使配流盘压向定子和转子部位，泄漏时其中的机械杂质微粒随着泄漏油进入转子与配流盘之间，这时杂质微粒不但要做径向运动，同时要随转子的转动做旋转运动，杂质微粒中较硬的颗粒在轴向力的作用下，像车刀一样划向转子和配流盘。转子主动旋转，且转子的材料为 20Cr 渗碳淬火，测量其表面硬度达到 60HRC 左右，而配流盘为灰铸铁，其硬度只有 100 ～ 120HB，结果划伤的是硬度较低的配流盘。从配流盘剥落

图 4-28　压油配流盘结构

的金属微粒黏结在硬杂质的表面形成焊瘤，焊接在转子的表面上。时间越长，焊瘤越大，配流盘表面划伤的环沟就越深。现场实地测量其中一个烧盘的液压泵，工作噪声达到 85dB 以上，压力振摆达到 ±1.1MPa，转子表面的焊瘤高度约 0.2mm，相对应的配流盘表面划伤的环沟深 0.09mm。

（2）预防烧盘的措施

预防 YB1-6 型双作用式定量叶片泵烧盘，延长其寿命，最主要的措施是保持油液的清洁和预防出口压力的超载。预防烧盘的措施见表 4-21。

表 4-21　预防烧盘的措施

| 措施 | 说明 |
| --- | --- |
| 保持油液的清洁 | 每季度清洗、更换一次油液，及时更换泵的进口过滤器，在系统回油口加接过滤精度较高的过滤器，可使泵的寿命延长约一倍。泄漏油经过滤后再进入油箱，液压泵的寿命将会进一步提高 |
| 减小压油配流盘内、外侧的承力比 | 若将压油配流盘外侧的承压面积减小，使内、外侧的承力比减小到 1.2，即使在额定压力的 1.5 倍（9.6MPa）的情况下，该配流盘的内、外推力之差也不过只有 1490N，是原叶片泵的 50%。该型叶片泵向外的推开力和压向定子的力之比为 1：1.25，而这一环节没有引起厂家足够的重视，理论上减小承力比可大大缓解烧盘现象的产生 |
| 适当提高配流盘材料的表面硬度 | 可用表面淬火的方法，对铸铁材料配流盘的表面进行热处理，使其表面硬度适当提高；或改用铸钢调质做配流盘，当其硬度提高到 20～30HRC 时，可在一定程度上减少烧盘现象 |
| 改变转子与配流盘摩擦副 | 在配流盘的表面镶一层青铜，这样可以改变转子与配流盘之间的摩擦因数，以达到减少划伤配流盘、转子产生焊瘤的烧盘现象。这一应用在高压齿轮泵上的措施能否用于叶片泵有待试验研究 |

（3）烧盘叶片泵的修复（表 4-22）

表 4-22　烧盘叶片泵的修复

| 类别 | 说明 |
| --- | --- |
| 转子修复 | ①将转子上的焊瘤刮掉或在平面磨床上将焊瘤磨掉，严格控制磨削量，尽量不要磨得太多，可在焊瘤刮掉或磨掉后，再在研磨机上光整<br>②原转子与定子有 30μm 的厚度差，若磨过的转子厚度与原来尺寸相差不超过 20μm，可不磨削定子而直接安装<br>③若磨削量超过了 20μm，可将定子同时磨薄相同尺寸，以保证转子与配流盘之间的间隙 |
| 配流盘修复 | ①测量配流盘上环状沟槽的深度，以最深的沟槽深度调整砂轮的进给量，以刚好将沟槽磨平为最好<br>②若两侧配流盘磨掉的厚度在 0.3mm 之内，可直接安装使用，这时要更换新的压油配流盘外侧的 O 形密封圈<br>③磨削量超过了 0.3mm，可将该密封圈换成比断面直径大一号的，同时加宽沟槽尺寸 |

## （三）动力转向叶片泵的使用与维护实例

汽车液压动力转向系统结构较紧凑，工作灵敏度较高，还可利用液压油的阻尼作用缓冲由地面经转向轮传至转向器的冲击、衰减而引起的振动，因此得到广泛的使用。转向液压泵作为动力转向系统的核心部分，它的正确使用与维护对动力转向系统的安全运行起着至关重要的作用。

（1）动力转向叶片泵的工作原理

如图 4-29 所示，当发动机带动液压泵泵轴转动时，由定子内曲面、叶片、转子及前、后配流盘而形成的封闭体积产生变化，吸油区体积逐渐扩大，泵吸入油液；压油区体积逐渐缩小，泵输出油液。泵内装有流量控制阀，当泵工作时，滑阀有一定开度，使流量达到规定要求，多余的流量通过滑阀的开口溢流回泵的吸油腔内，从而使泵的输出流量达到规定要求。泵内设有安全阀，当系统压力超过泵的最高工作压力时，高压油通过泵体内的阻尼孔打开先导锥阀，使滑阀两端的压力差增大，从而使主滑阀开启，所有液压油均回到泵的吸油腔，对整个系统起到安全保护作用。

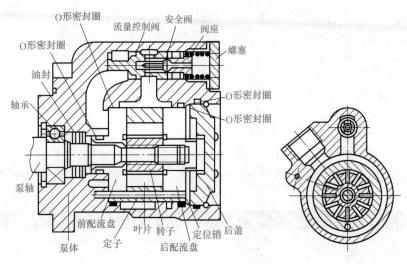

图 4-29 动力转向叶片泵工作原理图

（2）常见故障及排除方法

动力转向叶片泵常出现的故障现象、故障原因及排除方法如表 4-23 所示。

表 4-23 动力转向叶片泵的常见故障、故障原因及排除方法

| 故障现象 | 故障原因 | 排除方法 |
|---|---|---|
| 压力达不到要求 | 流量控制阀卡死在某一开启状态，流量内泄，压力不足 | 打开螺塞，取出流量控制阀，清洗阀芯和阀孔 |
| | 安全阀密封不严，产生泄漏，使压力不足 | 打开滑阀，清洗安全阀阀芯和阀座 |
| 油口连接处渗油 | 接头松动或密封件损坏 | 拧紧螺纹连接件或更换密封件 |
| 无助力（泵不吸油或吸油不足） | 油液黏度太大，吸不上油 | 使用推荐黏度的油液，推荐黏度范围 $20 \times 10^{-6} \sim 40 \times 10^{-6} \mathrm{m^2/s}$ |
| | 过滤器或吸油管道堵塞 | 更换滤芯，清洗管道或更换油液 |
| | 油箱内液面过低 | 加油至规定的液面高度 |
| | 吸油管道漏气，空气侵入泵内 | 检查并紧固有关螺纹连接件或更换密封件，严防空气侵入，打开压油管接头排气 |
| | 转速太低，泵不能启动 | 增加驱动转速至泵规定的转速 |
| | 零件磨损，间隙增大 | 打开泵，检查有关磨损件，进行修复 |
| 异常噪声 | 吸入空气 | 检查有关部位是否有泄漏，加黄油于连接处，噪声减小说明有泄漏，拧紧接头或更换密封件 |
| | 过滤器堵死，吸油不畅 | 检查过滤器是否堵死，如果堵死，予以修复 |
| | 吸油管太细、太长，弯头过多，使泵吸油不畅 | 加粗吸油管，缩短吸油管，减少弯头 |

# 第四节　柱塞泵的使用与维修

## 一、柱塞泵的分类、特点与应用场合

（1）柱塞泵的分类

柱塞泵可按照多方面的特征进行分类，主要有：

① 按动力源可分为机动泵和手动泵两大类。

② 在由旋转泵轴输入动力的机动泵中，按缸体与泵轴的相对装置关系，可分为轴向柱塞泵和径向柱塞泵两类。前者柱塞的运动方向与泵轴线平行或相交角度不大于45°，后者的柱塞基本上垂直于泵轴运动。轴向柱塞泵中一般又按驱动方式分为斜盘泵、斜轴泵和旋转斜盘泵三种，径向柱塞泵则习惯上按配流装置进一步分类。近年来，还出现了弯曲缸筒的柱塞泵。另一类机动泵是由气缸或液压缸驱动的往复式柱塞泵，即所谓增压器。

③ 按配流装置的形式，分为带间隙密封型配流副柱塞泵和带座阀配流装置柱塞泵两种，有的柱塞泵采用两种配流装置的组合（吸、排油不同）。

（2）柱塞泵的种类与特点（表4-24）

表4-24 柱塞泵的种类与特点

| 类别 | 特点 |
| --- | --- |
| 径向柱塞泵 | 流量大，工作压力较高，便于做成多排柱塞形式，轴向尺寸小，抗污染能力较强，工作可靠，寿命较长等；缺点是径向尺寸大，结构较复杂，运动副摩擦表面的速度高，最高转速受到限制，配流轴受到很大的径向力，因此配流轴直径较大 |
| 斜轴式轴向柱塞泵 | ①缸体驱动方式为中心铰链式。优点是缸体运转平稳（与泵轴几乎是完全同步的），所受侧向力较小，允许很大的摆角（现有产品已达45°）；缺点是结构复杂，缸体中间部位要为万向节留出较大的空间，尺寸不够紧凑<br>②无铰式。泵轴由铰接在驱动盘端面球窝中的连杆-柱塞副或特别形状的柱塞交替"拨动"缸体旋转，无需另加专门的传动部件。此法由于简单、紧凑，许用的摆角较大（已达40°），现已成为定量和变量斜轴泵及液压马达的主流结构。缺点是缸体角速度有周期性波动<br>③锥齿轮式。泵轴经设置在驱动盘和缸体外缘处的一对齿数相同的锥齿轮驱动缸体旋转。优点是缸体角速度与泵轴完全同步，且摆角可做得很大；但它只适用于定量型元件，并由于齿轮传动本身产生的轴向和径向力，加大了泵轴和缸体轴承的负荷，同时外壳尺寸也比较大 |
| 斜盘式轴向柱塞泵 | ①由于柱塞与缸体内孔均为圆柱表面，因此柱塞泵具有加工方便、配合精度高、密封性能好、容积效率高的优点<br>②由于柱塞始终处于受压状态，能使材料强度性能充分发挥，所以柱塞泵具有压力高、结构紧凑等优点<br>③只要改变柱塞的工作行程，就能改变泵的排量，所以柱塞泵具有流量调节方便的优点 |

（3）柱塞泵的应用场合

在现代液压工程技术中，各种柱塞泵主要在中高压（轻系列和中系列泵，最高压力20～35MPa）、高压（重系列泵，最高压力40～56MPa）和超高压（特种泵，最高压力56MPa）系统中作为功率传输元件使用。

表4-25给出了柱塞泵系列、技术参数、特点及主要适用场合。

表4-25 柱塞泵系列、技术参数、特点及主要适用场合

| 系列型号 | 公称排量/mL·r⁻¹ | 压力/MPa | | 转速/r·min⁻¹ | | 结构特点及主要适用场合 |
| --- | --- | --- | --- | --- | --- | --- |
| | | 额定 | 最高 | 额定 | 最高 | |
| 直轴式轴向柱塞泵 | | | | | | |
| CY | 1.25～400 | 31.5 | — | 1500 | — | 有定量泵和变量泵；变量泵有手动变量、压力补偿变量、恒压变量、电液比例变量、伺服变量等多种变量控制方式；滑履和斜盘之间、配流盘和缸体之间采用了液压静力平衡结构；结构简单、体积小、重量轻、效率高、自吸能力强、寿命长。更换马达配流盘即可作液压马达使用<br>适用于机床、锻压、冶金、工程、矿山等机械设备的液压传动系统 |

| 系列型号 | 公称排量/mL·r⁻¹ | 压力/MPa | | 转速/r·min⁻¹ | | 结构特点及主要适用场合 |
|---|---|---|---|---|---|---|
| | | 额定 | 最高 | 额定 | 最高 | |
| 63WCY 14-1B | 63 | 31.5 | — | 1500 | — | 微机控制变量泵；机电一体化产品；节能、结构简单、体积小、重量轻、噪声小、效率高、有一定自吸能力、寿命长。响应速度和控制精度等指标能满足煤炭、冶金、矿山机械及一般工业的需求 |
| Q※※CY 14-1Bk | 10.9～67.8 | 31.5 | 40 | 1700~3000 | — | CY14-1B 柱塞泵的更新换代产品，属低噪声泵。高精度有保持架滚针轴承取代短圆柱滚子轴承，增大了吸油道面积 40%，改进了配油盘、中心弹簧和滑履的结构，噪声下降达 5dB，自吸转速提高 30%，质量减轻 15%。有手动变量、机动伺服变量和压力补偿变量等变量控制方式<br>适用于机床、锻压、船舶、起重、冶金、工程、矿山等机械设备的开式液压传动系统 |
| PVB | 10.5～94.5 | — | 14、17.5、21 | — | 2200~3600 | 变量泵，可作马达用；具有压力补偿、负载敏感、限压式负载敏感等变量控制方式，噪声低、效率高、寿命长、耗能少、可维修性好<br>适用固定机械和行走机械的液压系统 |
| SPVB | 10.5～197.5 | 14、21 | — | — | 3600 | 有定量和变量两种形式，使用各种液压油均能达到很高的性能指标和效率；定量型泵容积效率和机械效率很高；变量型泵与压力和流量需要紧密匹配，控制方式具有带或不带远程控制装置的压力补偿器及带可调排量控制的压力补偿器；运行噪声低，能满足要求苛刻的工业条件；寿命长<br>适用固定机械和行走机械的液压系统 |
| A4V90 | 90，补油泵排量 19 | 35 | 38 | — | 2970 | 双向变量泵；内置辅助泵用于补油和控制油源；内置溢流阀以免超载而损坏泵；内置压力切断阀<br>适用于工程、矿山、建筑、冶金等机械设备的液压系统 |
| ZB、ZZB | 高压泵 1～8；低压辅助泵 | 高压泵 31.5～63；低压泵 | — | 1500 | — | ZB 型泵为阀配流通轴泵；缸体固定、柱塞呈球面点接触实现往复运动；压力高、抗污染能力强、噪声低、传动连接形式简单<br>适用于高压小流量试验机、液压机及大型液压系统中的保压及耐压工况<br>ZZB 型是在 ZB 型泵基础上串接一个辅助齿轮泵形成的高、低压组合泵，在液压系统中配以适当的控制阀，可实现空程快速、工作行程慢速的要求<br>适用于锻压、粉末冶金、化工、橡胶、建筑、矿山、试验机等机械的液压系统 |

| 系列型号 | 公称排量/ mL·r$^{-1}$ | 压力/MPa | | 转速/r·min$^{-1}$ | | 结构特点及主要适用场合 |
| --- | --- | --- | --- | --- | --- | --- |
| | | 额定 | 最高 | 额定 | 最高 | |
| PLA | 15.8~145 | 16、25 | 16、21、28 | — | 1800 | 变量泵；经轻型优化设计，具有压力补偿控制、双压控制、带卸荷压力补偿控制、电液比例负载敏感控制等多种变量控制方式。效率高、噪声低、发热量小、具有明显节能效果<br>适用于机床、塑料机械、冶金设备、自动化设备等行业的液压传动系统 |
| A10VO、A10VSO | 28~140 | 28 | 35 | — | 1800~3000 | 斜盘式变量泵；有恒压、恒压/恒流量、恒功率等多种变量方式，可无通轴驱动；可供通轴结构，构成复合泵（可在生产厂安装也可用户自行安装）用于多回路系统。吸油性能良好、噪声低、功率质量比高<br>适用于冶金、矿山、工程、船舶等机械及民航地面设备的液压传动领域 |
| HY | 10~300 | 31.5 | 40 | — | 1800~3000 | CY系列轴向柱塞泵更新换代产品，变量轴向柱塞泵。有恒压、恒功率、电液比例、电磁卸荷恒压等多种控制方式，且控制响应速度快。吸油性能优良、体积小、功率密度高、噪声低、效率高、可靠性高、寿命长<br>用于开式回路 |
| HA04 | 15.8~91 | 16、21 | 16、21 | — | 1800 | 电液比例负载敏感控制变量泵。噪声低、效率高<br>适用于压铸机、塑机、机床、轻化工机械等机械的液压系统 |
| K3V112DT | 112 | 34.3 | 39.2 | — | 2360 | 通轴式变量双泵并带有补油泵。有负反馈、恒功率、全功率、变功率、压力截断等多种变量控制方式。功率密度高、低噪声、自吸能力强，寿命长<br>主要用于挖掘机液压系统 |
| K3VG | 63~560 | 34.3 | 39.2 | 1200~1800 | 2000~3250 | 旋转斜盘式轴向柱塞泵，设有高精度电液伺服调节器［ILIS（智能线性化的伺服）］，备有压力控制、流量控制、功率控制及复合控制等丰富的控制方式；噪声低、效率和可靠性高及使用方便<br>适用于一般工业机械的开式液压系统 |
| PVPC | 29~88 | 28 | 35 | — | 1850~3000 | 电液比例控制变量泵。开环或闭环的压力和流量控制，负载敏感流量控制。通过直接接受PC机或机器的控制命令，可实现很高的动态特性和调节性能，可配备分体式或集成式放大器 |

| 系列型号 | 公称排量/mL·r⁻¹ | 压力/MPa | | 转速/r·min⁻¹ | | 结构特点及主要适用场合 |
|---|---|---|---|---|---|---|
| | | 额定 | 最高 | 额定 | 最高 | |
| PV | 流量(L/min) 16/16～92/92 | 35 | 42 | — | — | 通轴式双联轴向柱塞泵;新式斜盘转轴结构,大型补偿活塞,大幅改善了振动噪声及流量振动;刚性的结构和高转速低摩擦构造,使泵的寿命、效率更加理想化;模块化设计,多种控制机构更加多元化,通轴设计,可变联、多联或与其他泵连接,节能,温升低,寿命长<br><br>适用于车辆、工业、冶金、船舶、锻压、轮胎机、注塑机、机床等机械设备的液压系统 |
| PLV | 15.8～22.2 | 16 | — | — | 1800 | 变量泵。特殊合金泵体,结构紧凑、重量轻、噪声低、寿命长、节能<br><br>适用于工业领域的液压系统 |
| 重载2 | 54～105 | 43 | — | — | 4510 | 闭式回路变量泵。整体式泵体;高强度、一体式斜盘有内置在斜盘中的摆动杆和伺服销,提高了可靠性而不增加额外的质量;大直径单个伺服柱塞;新型整体摆线充液泵;装有电控装置和传感器,能实现从简单的电气比例(EP)排量控制到复杂的多路控制,带有针对排量和压力控制的CAN通信<br><br>适用于压路机,收割机,汽车吊,轮式装载机,农业喷洒器,辅助驱动器和工业用驱动器等 |
| 斜轴式轴向柱塞泵 | | | | | | |
| A2F | 10～500 | 35 | 40 | — | 1120～7500 | 定量泵,可作马达用;球面配流盘,旋转组件自动对中,圆周速度低、效率高,耐用的球轴承和滚子轴承促进长寿命;驱动轴可承受径向载荷,噪声低。最低转速无限制,若要求高度旋转均匀性,则最低转速不得低于50r/min<br><br>用于开式或闭式回路的液压系统 |
| A7V | 20～500 | 35 | 40 | — | 1120～4750 | 变量泵。结构紧凑,芯部零件结构与A2F泵相同;有恒压变量、恒功率变量、电控比例变量及刹车变量和数字变量等多种变量方式。高性能旋转组件及球面配流盘,自动对中,圆周速度低、效率高,驱动轴可承受径向载荷,噪声低。最低转速无限制,若要求高度旋转均匀性,则最低转速不得低于50r/min<br><br>用于开式回路的静液传动 |
| A8V | 28～160 | 35 | 40 | — | 1600～3090 | 主要部件共用一个外壳的变量双泵。控制装置通常为叠加HP控制。可在摆角7°～25°之间无级变量;结构紧凑,易于安装和保养,压力高、耐冲击,工作寿命长用于开式回路系统 |

| 系列型号 | 公称排量/mL·r⁻¹ | 压力/MPa | | 转速/r·min⁻¹ | | 结构特点及主要适用场合 |
|---|---|---|---|---|---|---|
| | | 额定 | 最高 | 额定 | 最高 | |
| A4VSO、A4F0 | 40～500 | 35 | 40 | — | 1320～3200 | 通轴驱动的变量泵。恒压控制变量。功率质量比高、驱动轴可承受轴向与径向载荷，自吸特性好、噪声低、模块化设计，控制时间短<br>用于开式回路静液传动系统 |
| 径向柱塞泵 | | | | | | |
| CJT13 | 50～400 | 20 | — | 1000 | — | 轴配流变量径向柱塞泵。可双向变量，有手动、伺服和电液伺服比例等变量方式；抗污染能力强，工作可靠，寿命长<br>适用于大功率，需调速的中大型机床（拉床、油压机）和船舶，起重运输机械的液压传动系统 |
| JBP | 10～250 | 32 | 42 | 1500 | 1800～2500 | 单联变量径向柱塞泵。设计新颖、性能可靠、压力高、抗冲击和抗污染能力强、噪声低、使用寿命长。有恒压、电液、恒功率、伺服等多种控制方式<br>适用于工程、注塑、矿工、矿山、冶金、船舶、重型机床等机械设备 |
| 2JBP | 65/25～250/58 | — | 28/8～32/10 | 1500 | 1800～2000 | 双联变量径向柱塞泵。特点及适用场合同 JBP |
| JB–G | 57～121 | 25 | 32 | 1000 | 1500 | 连杆型阀配流式径向柱塞泵。曲轴三个曲拐上共有六个柱塞，分成两组。出油口可以合并起来作一个大流量泵使用，也可以把两组分开作两个泵单独使用 |
| JB–H | 17.6～35.5 | 32 | 40 | 1000 | 1500 | |
| BFW | 18～28 | 20～40 | — | 1500 | — | 卧式定量阀配流径向柱塞泵。结构简单、压力高、抗污染性好、使用可靠、维护方便<br>适用于锻压、矿山、轧钢等固定机械设备和行走机械的液压系统 |
| PFR | 1.7～25.4 | — | 35~50 | 1800 | — | 正驱动结构定量径向柱塞泵。无返回弹簧。有单轴或通轴结构，通轴结构能与PFE型叶片泵等组成多联泵。压力高、排量范围宽，高性能、低噪声，可以液压油或合成液为工作介质 |
| R4 微型 | 0.4～2.0 | 17.5～70 | — | 1000～3400 | — | 连杆式微型阀配流定量径向柱塞泵，结构紧凑、易安装，能自吸，噪声低，采用油膜承载的滑动轴承，能与定量及变量叶片泵组成复合泵 |
| R4 | 1.51～19.43 | 50~70 | — | 1000～200 | — | 连杆式阀配流定量径向柱塞泵。柱塞数有 3、5 和 10 等，缸径为 10mm 和 15mm，柱塞行程范围为 6.4～11mm。结构紧凑、易安装，能自吸，噪声低 |

| 系列型号 | 公称排量 / mL·r⁻¹ | 压力 /MPa | | 转速 /r·min⁻¹ | | 结构特点及主要适用场合 |
|---|---|---|---|---|---|---|
| | | 额定 | 最高 | 额定 | 最高 | |
| RKP | 16 ～ 90 | 35 | 38.5 | — | 1800~ 3500 | 偏心环浮动平移式变量轴配流径向柱塞泵。有手动、行程、伺服、压力补偿、恒功率、电液比例等多种变量控制方式。噪声低、寿命长（额定压力下为 2000h） |
| RK | 单排泵：0.37 ～ 14.1 双排泵：3.0Z ～ 28.1 三排泵：5.67 ～ 42.3 | 22.5 ～ 100 | — | 1500 | — | 超高压径向柱塞泵。引进德国 FAG 公司专利技术产品。按柱塞径向排列平面数分为单排、双排和三排三类，每排最多可排列七个柱塞。全封闭的泵壳既可以安装在油箱里面，也可安装于油箱外部，根据用户要求，泵可以制有一个出口，也可以制有几个独立的出口，各出油口的输出流量和允许工作压力由与各输出油口相连的柱塞数量和直径决定。可以组成 64 种不同流量规格。结构简单、安装方便；体积小、重量轻，容积效率高、自吸性能好；振动小、噪声低，质量稳定，寿命长 |
| 手动柱塞泵 | | | | | | |
| SYB | 高压排量：2.3mL/ 次 | — | 63 | — | — | 手动超高压双柱塞并联式泵。由阀式配流高、低压复合定量柱塞泵、单向阀、溢流阀、油箱（容积 0.7 ～ 4L）等组成，是将手动的机械能（手摇力≤ 500N）转换为液压能的一种小型液压泵站，低压时高低压柱塞同时供油，超过调定压力时低压油自动溢流，高压柱塞加压，超高压、通用性强；体积小、重量轻、结构紧凑；操作方便 特别适用于野外无电源场所作业。该泵单独使用，可作为液压元件、高压胶管、高压容器的耐压试验泵，在有配套的油缸及专用工具的情况下，可以进行起重、弯形、调直、剪切、铆合、装配、拆卸作业、建筑与军事施工作业及地震灾害中遇险人员的解救等 |
| | 低压泵排量：2.5mL/ 次 | — | 1 | — | — | |
| PM | 6 ～ 20mL/ 双行程 | — | 12 ～ 50 | — | — | 双柱塞作用手动超高压泵。结构简单而坚固，所需保养少，寿命长，适用于以矿物油和合成液为工作介质的液压系统 |

## 二、柱塞泵的选用原则和使用

（1）斜轴式轴向柱塞泵

斜轴式轴向柱塞泵有各种结构类型，如斜轴泵有定量泵和变量泵，变量泵有单向变量泵和双向变量泵，其中又有带外壳和不带外壳等。

通常，变量泵与定量液压马达组成的容积调速系统为恒转矩系统，调速范围取决于泵的变量系数。定量泵与变量液压马达组成的系统为恒功率系统，调速范围取决于液压马达的变量系数。变量泵与变量液压马达组成的系统其转矩、功率均可变，调速范围很大。因此应根据系统需要确定选用定量泵或变量泵。

对于闭式液压系统，需双向变量的应选用双向变量泵，如 A2V 斜轴式轴向柱塞泵。对于开式液压系统，只需单向变量，可选用单向变量泵，如 A7V 斜轴式轴向柱塞泵。对泵直接安装于油箱内的闭式系统，可选用不带外壳的双向变量泵。

在选择性能参数时，要注意下面几点：

① 斜轴式轴向柱塞泵具有较高的性能参数，如技术规格表中规定其额定压力为 35MPa，峰值压力为 40MPa，并规定了各种排量规格的最高转速。但实际使用中，不应采用压力与转速的最高值，应该有一定的余量。特别是最高压力与最高转速不得同时使用，这样可延长整个液压系统的使用寿命。

② 应正确选择泵的进口压力，在开式系统中，泵的进口压力不得低于 0.08MPa；在闭式系统中，补油压力应保持为 0.2～0.6MPa。

③ 要特别注意壳体内的泄油压力，壳体内的泄油压力取决于轴封所能允许的最高压力。德国 REX-ROTH 公司生产的斜轴式轴向柱塞泵的壳体泄油压力一般为 0.2MPa，也有高达 1MPa 的（如 A2F 定量泵系列 6.1）。国产斜轴式轴向柱塞泵的壳体泄油压力应严格遵照产品使用说明书的规定，过高的壳体泄油压力将导致轴封过早损坏。

④ 斜轴式轴向柱塞泵转速的选择应严格按照产品技术规格表中规定的数据，不得超过最高转速值。至于其最低转速，在正常使用条件下，并没有严格的限制，但对于某些要求转速均匀性和稳定性很高的场合，则最低转速不得低于 50r/min。

⑤ 在选择油温和黏度时要注意以下两点：

a. 根据制造厂规定，斜轴式轴向柱塞泵和液压马达的工作油温范围为 $-25～80℃$。

b. 工作介质的最低黏度为 $10mm^2/s$，最高黏度为 $1000×10^{-6}m^2/s$。后者只适宜于短期的状态起动。最佳工作黏度范围为（$16～36$）$×10^{-6}m^2/s$。

⑥ 在选择安装位置时要注意：液压泵可以安装在油箱内部，也可以安装在油箱外部。可以水平安装，也可以驱动轴向上垂直安装。无论何种安装方式，泵壳必须始终充满油液。

当液压泵安装在油箱外部时，液压泵在启动前必须在吸油口处排气。开式液压系统泵，如 A7V 斜轴泵必须安装在油箱顶部时，传动轴必须装两道油封，以防空气侵入；要注意这种安装方式要求吸油口位于上方，吸油管路应尽可能短，此外，管端应至少低于最大液面 200mm。对于手动变量斜轴式轴向柱塞泵，手轮必须位于水平方向。

在选择过滤精度时，要注意：采用斜轴式轴向柱塞泵时，推荐采用绝对过滤精度为 10μm 的过滤器，以保证元件的使用寿命。在工作压力不太高时也可采用 25μm 过滤器，但应尽可能采用 10μm 过滤器。

（2）斜盘式轴向柱塞泵

① 泵的结构。选用泵的结构首先应考虑泵在主机上是应用于开式系统，还是闭式系统。开式系统可以选择不带辅助泵的斜盘泵，如果为了操纵变量机构或液压阀及其辅助机构，也可以选择带辅助泵的斜盘泵。

② 泵的参数。泵基本参数是压力、排量、转速。根据液压系统的工作压力来选择泵的压力，一般来说，在固定设备中液压系统的正常工作压力可选择为泵额定压力的 50%～60%，以保证泵有足够的使用寿命。在选择泵的参数时，应使主机的常用工作参数处于泵效率曲线的高效区域参数范围。对于室内使用的泵，要注意低噪声要求。对于车辆用泵，噪声的要求可以放宽一些。

③ 使用寿命。通常是指大修期内泵在额定条件下运转时间的总和。通常，车辆用泵和液压马达大修期为 2000h 以上，室内用泵要求大修周期为 5000h 以上。

④ 价格一般来说，斜盘式轴向柱塞泵要比斜轴式轴向柱塞泵价格低，定量泵要比变量泵价格低。与其他泵相比，柱塞泵要比叶片泵、齿轮泵价格高，但性能和寿命则优于它们。因此应在保证性能和寿命均符合主机要求的前提下，尽可能选择价格低的泵。

⑤ 安装与维修的方便性。非通轴式斜盘泵安装和维修比通轴泵方便，单泵比集成式泵维修方便。

（3）径向柱塞泵

在选用径向柱塞泵时，要注意下述几点：

① 注意压力低的选用轴配流结构，压力高的选用阀配流结构。轴配流结构较复杂，制造难度大，体积小，但可以变量，适用于大流量。阀配流结构简单，制造容易，能承受较大的振动和冲击，使用可靠，维护方便，单位功率质量比和体积较大。

② 为了保证泵具有较长的寿命，注意使用油的黏度范围为 $17 \sim 33\text{mm}^2/\text{s}$，推荐使用 30 号液压油或 L-AN22 全损耗系统用油及其他矿物油。

③ 注意电动机轴与液压泵轴应用弹性联轴器连接，并保证两轴同轴度公差小于 $\phi 0.1\text{mm}$，安装后手转动应灵活，使用时泵轴应符合产品要求。

④ 安装时，注意所有管道接头应旋紧，保证结合面密封。

⑤ 注意阀配流结构形式的泵吸油口必须具有一定的压力，要求油箱的最低油面高于泵中心的距离（由泵偏心轴中心算起）300mm，吸入管的直径应不小于产品使用说明书中所推荐的管径。

⑥ 注意在吸油管路中的过滤器，其过滤精度不低于 $100\mu\text{m}$。

⑦ 注意油箱必须严格密封，在油箱盖上设置空气过滤器，以免灰尘进入，泵安装使用后应定期清洗油箱，更换新油，周期长短可根据不同工作环境及工况特点由用户自定。

⑧ 注意阀式配油的泵启动前应先将泵体上的螺塞放松，使泵体内部与大气相通，再使泵启动。继而再将阀体上放气塞旋松排出柱塞缸及阀体内部孔道的残留气体。

⑨ 注意泵启动后应进行20min空运转，观察是否有不正常现象，然后逐渐增大偏心（注意偏心量不要超过允许值），调整压力也不应超过允许值。

⑩ 注意使用油温范围为 $15 \sim 65℃$，正常工作时应在 $20 \sim 60℃$，不在此温度范围时应在油箱中设置冷却或加热装置。

## 三、柱塞泵的常见故障、故障原因及排除方法

柱塞泵的常见故障、故障原因及排除方法（表 4-26）

表 4-26　柱塞泵的常见故障、故障原因及排除方法

| 故障现象 | 故障原因 | 排除方法 |
| --- | --- | --- |
| 无流量输出或输出流量不足 | 泵的转向不对、进油管漏气、油位过低、液压油黏度过大等 | 改正泵的转向，更换进油管，选用黏度适宜的油液进行补充 |
| | 柱塞泵斜盘实际倾角太小，使得泵的排量减小 | 需要重新调整斜盘倾角 |
| | 柱塞泵压盘损坏，造成泵无法吸油 | 应更换压盘和过滤系统 |
| 斜盘零角度时仍有液体排出 | 斜盘耳轴磨损，控制器的位置偏离、松动或损坏等 | 更换斜盘或研磨耳轴，重新调零、紧固或更换元件及调整控制油压力等 |
| 输出流量波动 | 异物混入变量泵的变量机构，造成变量机构的控制作用差 | 拆开液压泵，清洗变量机构 |
| | 控制活塞上划出伤痕 | 更换受损零件 |
| | 弹簧控制系统伴随负载变化产生自激振荡 | 改进弹簧刚度，提高控制压力 |
| | 控制活塞阻尼器效果差，引起控制活塞运动不稳定 | 增加阻尼器阻尼，提高系统稳定性 |

| 故障现象 | 故障原因 | 排除方法 |
|---|---|---|
| 输出压力异常 | 溢流阀有故障或调整压力过低，使系统压力上不去 | 维修或更换溢流阀，或重新检查调整压力 |
| | 单向阀、换向阀及液压执行元件有较大泄漏，系统压力上不去 | 查明泄漏部位，更换元件 |
| | 液压泵进油管道漏气或油中杂质划伤零件造成内漏过大 | 紧固或更换元件 |
| 振动和噪声 | 吸油管道偏小 | 更换大直径吸油管道 |
| | 粗过滤器堵塞或通油能力减弱 | 清洗去污过滤器，选用大流通能力过滤器 |
| | 进油道中混入空气 | 采取措施防止空气进入进油道，排出油中空气 |
| | 油液黏度过高 | 选用适宜黏度油液 |
| | 油面太低吸油不足 | 油箱进行补油 |
| | 高压管道中有压力冲击 | 采取措施，降低高压管道中压力冲击 |
| 变量操纵机构操纵失灵 | 油液不清洁、变质、黏度过大或过小 | 选用黏度适宜的清洁油液 |
| | 组成构件出现故障 | 查明出故障构件，进行维修或更换 |
| 泵卡死不能转动 | 柱塞与缸体由于污物或毛刺卡死 | 对柱塞和缸体进行清洗，去毛刺 |
| | 滑靴脱落，柱塞球头折断或缸体损坏 | 重装滑靴，更换柱塞球头和缸体 |
| 液压泵过度发热 | 高压油流经各液压元件时产生节流压力损失，使泵体过度发热 | 正确选择运动元件间的间隙、油箱容量和冷却器大小 |

## 四、柱塞泵的维修实例

### （一）轴向柱塞泵的维修

（1）柱塞泵的快速修复

柱塞泵柱塞球头的磨损直接影响到泵的使用性能，进而导致液压系统工作压力降低或机器不能正常工作，而快速修复可使其恢复性能。

某 WLY63 型挖掘机在作业过程中，突然出现工作装置无力，挖掘、提升速度缓慢；液压柱塞泵的出油管振动厉害，驾驶员调整溢流阀的压力后，依然振动，并多次将油管振裂。拆开柱塞泵后发现，内有大量的铁屑，压紧柱塞球头的压盘已碎，有 6 个柱塞球头已严重磨损（柱塞与缸体、缸体与配流盘都完好无损）使球头与滑靴之间不能建立起油膜，继而产生剧烈的液压冲击，致使油管振动而破裂。为了满足施工现场需求，现场人员快速修复了球头，配制压盘。具体修复方法如下：

① 经测量，柱塞球头直径为 $\phi 27mm$，如只修复球头，就方便快捷多了。于是找一个与柱塞球头大小完全相等的单向推力球轴承用钢球，由于轴承用的钢球材质是滚动轴承钢，具有高的硬度和耐磨性，能满足柱塞球头的使用要求。

② 将钢球退火后，随炉保温冷却。如果在野外，可采取氧 - 乙炔火焰加热，用沙土保温冷却，其目的是降低其硬度，以便于钻削加工。

③ 将磨损的球头用车床加工出一直径为 $\phi 12mm$、长为 16mm 的圆柱，并将其加工成细牙螺纹（M12×1×14）；同时，在根部加工出一小段圆柱（带圆弧底面，直径为 $\phi 14mm$，长为 1mm），以方便与钢球的圆弧面相配合，如图 4-30 所示。

④ 在退火后的钢球钻出直径为 $\phi 11mm$、深 21mm 的孔，并对孔口进行锪孔（直径方向深 1mm），孔径与磨损球头根部留出的长 1mm 的圆柱的直径相同，然后攻出细牙螺纹（M12×1×18），并钻出 $\phi 3mm$ 的润滑小孔，如图 4-31 所示。

⑤ 将加工好的内、外螺纹相互配合并拧紧，然后测量尺寸，检查是否符合要求。合格后，对钢球淬火，恢复其硬度和耐磨性，并用水磨砂布沾油抛光处理，如图 4-32 所示。

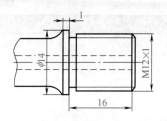

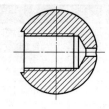

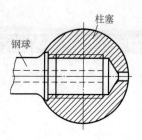

图 4-30　磨损球头加工成细牙螺纹　　图 4-31　加工后的钢球　　图 4-32　装配后的柱塞头

⑥ 配做压盘，安装泵体，开机调试后，油管振动消失，一切恢复正常。

采用该方法修复，费用低、节约资源、修复快，且性能完全能满足需要，特别适用于在野外抢修。

（2）轴向柱塞泵的修复方法（表 4-27）

表 4-27　轴向柱塞泵的修复方法

| 类别 | 说明 |
|---|---|
| 缸体（转子）端面的修复 | 缸体材质一般为钢 - 铜双金属或全铜。若缸体材质为钢 - 铜双金属，则可采用平面磨床精磨端面修复，其目的是消除因偏磨造成的端面相对轴线的跳动，同时消除端面拉伤的痕迹，保证该端面具有较高的平面度及较低的表面粗糙度，为下一步与配油盘对研做好准备；若为全铜材质，则平面磨床无法吸合，须设计专用工装夹住缸体（转子）后进行精磨 |
| 配油盘的修复 | 配油盘的修复要求修复后能基本保证卸荷槽的性能参数，能保证表淬层不被磨掉，表淬层厚度小于或等于 0.15mm。<br>配油盘上、下两个面分别为配油面及静密封面，采用外圆与定位销进行定位，以防止配油盘转动。取出配油盘后，应检查其静密封面有无缺陷。若上、下两个面均有缺陷，则应在初步打磨的基础上以受损最小的面为基准，在平面磨床上磨另一平面，然后再以另一平面为基准受损最小的面，如此反复 1～2 次后即可消除配油盘静密封面的缺陷。采用交替磨的目的是从根本上消除上、下面与定位外圆轴线的不垂直度，确保配油面及静密封面的密封性能。磨削过程中切忌一次磨削量过大（以小于或等于 0.01mm 为宜） |
| 平面配油运动副的修复 | 在修复好转子端面与配油盘端面后，将其分别洗净，采用人工对研的方式在研磨平台上以配油盘静密封面为基准固定好配油盘，双手握住转子，在转子端面与配油面间加入 800 号专用研磨膏及润滑油进行对研，当对研至两个面密封带全部磨平后，清洗上述两个面，更换 1200 号专用研磨膏进行对研，直至密封带与外圈支承带完全接触（可通过对研后的光泽进行判断），此时配油摩擦副已修复好。由于对研时磨损量极小，故不会改变转子或配油盘原有的形位公差，对研的目的在于提高两个面的光洁度及实际有效接触面积，以利于旋转时的动密封及油膜润滑。配油盘静密封面与泵体安装基面的静密封修复工艺也是采用对研的方式，当然，若有条件可设计制造专用对研机来代替人工对研 |
| 球面配油副修复 | 若为球面配油副修复，则在修复转子球面时在配油盘球面上包一张粒度较小的砂布，用手压在转子球面上进行对磨，以尽快消除较深的拉伤沟槽，但特别注意对磨时要平稳，采用转动带滚动的运动轨迹，否则极易将转子球面磨偏，造成转子报废。在基本消除转子球面较深的拉伤沟槽后，分别用 300 号、800 号、1200 号专用研磨膏进行对研，判断方法及对研工艺与平面配油运动副修复相同 |
| 滑靴摩擦副的修复 | 滑靴摩擦副出现故障后，滑靴平面上密封带与支承带间已有许多小沟槽将其连通，斜盘上压油口也有挂铜现象，故要分别对其进行修复。<br>①滑靴的修复。使滑靴平面的不平度小于或等于 0.003mm，表面粗糙度 $Ra$ 小于 0.04μm。先单独用 300 号专用研磨膏在研磨板上研磨滑靴平面，以基本消除拉伤痕迹，后将中心弹簧、柱塞、回程盘装入转子，再翻面将滑靴平面放在研磨板上，利用转子自重压住滑靴并转动转子，分别用 120 号、300 号、1200 号专用研磨膏进行对研，转动转子时应基本保证转子垂直，确保各个滑靴同时贴紧研磨平板。采用这种对研方式的目的在于保证研磨后每个滑靴厚度一致（其误差小于或等于 0.01mm），否则，若厚度超差过大，会使柱塞在吸油、压油侧交替运转时产生冲击，导致液压泵输出压力振动过大，内泄漏增大<br>②斜盘的修复。斜盘压油口侧磨损较大时，将耐磨止推板取出后对上平面用磨床精磨，精磨后再用 1200 号专用研磨膏与滑靴进行对研。若斜盘为整体式（无止推板），因氮化层厚度约为 0.05mm，故修复量应小于 0.10mm，以保证渗氮层的存在，提高耐磨性能 |
| 滑靴球头松动的修复 | 检查时，可用手分别握住滑靴与柱塞，沿柱塞轴向进行拉动，若明显觉有松动，则必须重新进行挤压包球。方法如下：设计专用夹具夹住滑靴并转动，用中心顶针顶住柱塞使圆弧挤压头从三个方向同时对顶滑靴球头位置，略加润滑油。在挤压包球时，间断检查包球质量，直至轴向拉动量小于 0～5mm，径向间隙小于或等于 0.01mm |

| 类别 | 说明 |
|---|---|
| 缸体与支承轴承间隙的检查 | 在设计制造时，缸体与轴承的间隙应小于内花键间隙的1/2。若大于这个值，则花键轴会因缸体受侧向力和重力作用产生弯曲，使转子端面与配油盘产生跳动形成楔形间隙，导致配油副偏磨、传动轴早期疲劳损坏、噪声大、振动大，故一旦发现此间隙超标，则应更换缸体或支撑轴承，以选配合适的间隙 |
| 中心弹簧预紧力的检查 | 由于中心弹簧尺寸小、刚度大，且必须满足以下要求：<br>①缸体与配油盘、滑靴与斜盘间接触应力大于或等于0.1MPa/cm$^2$，以防止泵吸入时密封面漏气<br>②能使柱塞及滑靴可靠回程<br>③在泵空载时，中心弹簧预紧力必须克服柱塞离心力对缸体产生的倾覆力矩，以防止缸体振动<br>④其预紧力必须能防止滑靴离心力引起滑靴的倾斜，确保滑靴底部不出现楔形间隙，不至于形成偏磨。在对配油副、滑靴运动副进行修磨后，其组装的轴向尺寸已发生变化，此时应根据修复量大小，适当加垫片在弹簧座中，以保证中心弹簧的预紧力不变 |
| 其他 | ①回程盘滑靴孔与滑靴颈部间隙检查。此间隙应为0.5～1mm，在更换回程盘时应加以选配，保证这一间隙，因为在滑靴随缸体转动时本身还有个自转，若在运动时滑靴与滑靴、滑靴与回程盘间的间隙不当，则容易发生干涉，导致烧靴或脱靴<br>②若柱塞孔有气蚀、拉伤及扩孔效应则更换缸体<br>③变量头两侧的定位间隙检查。此间隙约为0.05～0.10mm，当大于此值时，变量头会因高压侧的不平衡力产生倾翻，导致泵剧烈振动、噪声增大。当变量头的滚动弧面受损后，则会导致变量不稳定，故应对该导向弧面进行修复或更换<br>④泵装配中的检查。缸体（转子）装入泵体后，将泵倒立垂放于平台上，在泵体后端平面上安装磁性百分表，表头分别测量转子（缸体）端面及外圆，转动泵体以检查转子（缸体）相对于前端轴承的同轴度，此值应控制在0.02mm以内；同时检查缸体（转子）配油面相对于传动轴的垂直度，应控制在0.02mm以内。当这两项指标均检查合格后，取出转子（缸体），观察其配油面与配油盘的磨合情况，确认无误后方可进行泵的组装<br>⑤装配要求。装配现场应清洁，无扬尘、灰粉，同时清洗用油应经过10μm以下的过滤器过滤。装配中应对相应配合面加润滑油（以46号抗磨液压油为宜），装配完后应对进出油口进行密封，有条件的可对泵进行出厂试验 |

（3）A11V25LRD轴向柱塞泵修复

某柱塞泵为德国REXROTH公司的产品，型号为A11V25LRD/10R-NPD+PPE2G3-3X/0292007/M8，是一种恒功率、变量、斜盘式轴向柱塞泵，共有9个柱塞，结构形式为通轴式，轴支承缸体，如图4-33所示。

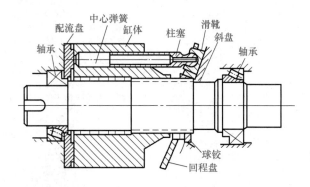

图4-33　轴支承缸体的斜盘式（通轴）轴向柱塞泵

柱塞泵损坏原因：一是滑靴损坏。主要因为柱塞泵回程时，柱塞球头部分与滑靴间相互作用力过大造成滑靴脱靴损坏；二是由于液压介质太脏，造成运动副不同程度的划伤。

针对以上情况，决定在修复过程中采取以下措施：

① 将柱塞泵的柱塞由实芯改为空芯。如图4-34所示，经计算在保持其他参数不变的情况下，将柱塞由实芯改为空芯，减少了柱塞和滑靴的总重量，也就可以减少回程力，从而减少柱塞球头和滑靴间的相互作用力，达到保证滑靴免受损坏的目的。

② 由于滑靴与柱塞球头是铆合的，为了提高拉脱强度，将滑靴收口部位局部加厚，如图 4-35 所示。要求滑靴球面位置度为 0.005mm，与柱塞球头铆合时径向间隙不大于 0.001mm，与柱塞球头接触面积不小于 70%。

③ 在柱塞上加工 5 个压力平衡槽（图 4-34）。柱塞泵柱塞在压出行程中的受力状态如图 4-36 所示，斜盘对柱塞的

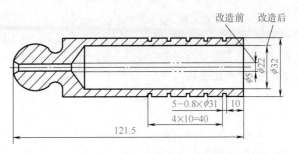

图 4-34　改造后的柱塞结构

反作用力 $F$ 的分力 $F_1$ 引起柱塞倾斜，为避免因油液过脏引起划伤和油膜破坏引起烧伤，在活塞上加工 5 个平衡槽，当活塞往复运动时，平衡环内始终充满液压油，即使柱塞发生倾斜，也能实现静压平衡。

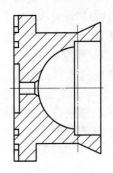

图 4-35　改造后的滑靴结构

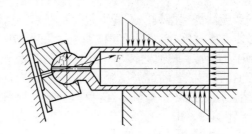

图 4-36　柱塞泵在压出行程中的受力状态

由于柱塞与孔之间存在一定的间隙，柱塞端部的高压油将经过间隙向低压端（泵壳）内泄漏。因为机械零件的几何精度总是存在一定的偏差，使柱塞与孔之间的间隙不均匀，导致在高压油通过间隙泄漏时，产生不均匀的压降，间隙小的一侧压降大，压力低；间隙大的一侧压降小，压力高，使柱塞受力不平衡。将柱塞推向一侧，并将间隙中的油膜挤出，产生干摩擦，造成零件表面拉伤破坏，这种使零件推向一侧的不平衡力称为"液压卡紧力"，这种情况在零件的圆度和锥度超差时尤为严重。在柱塞上加工若干个平衡槽，可使柱塞圆周上的力区域平衡，从而消除液压卡紧力。

④ 更换液压介质，并在液压站回油管路增加回油过滤器。保持油液清洁，并对泵体的各配合面进行研磨修复，保证其配合精度。

通过采取以上措施，修复后的柱塞泵使用寿命为 3 年左右，达到进口柱塞泵的使用寿命。影响端面配流轴向泵寿命的原因主要是运动副的磨损、零部件的疲劳损坏和轴承疲劳损坏，因此要实现柱塞的全面国产化，除采取以上措施外，还应注意以下几个问题：

① 严格保证泵内零部件制造的几何精度，特别是要保证缸体和配流盘、滑靴和斜盘之间的接触均匀，保证斜盘泵轴、轴承缸体等零部件的有关部位在加工安装时的同轴度，泵体、配流盘、缸体配流面对花键、轴承孔的垂直度，配流盘两面的平行度。这些都是为了使泵运转时缸体和配流盘之间不出现楔形间隙，防止缸体和配流盘产生局部接触。滑靴和斜盘相对接触的平面不平度应不大于 0.003mm。为了使回程盘压紧滑靴，工作过程中不产生撞击，要求一台泵所有滑靴的突缘厚度误差不大于 0.001mm。柱塞球头的位置度必须控制在 0.005mm 以内，柱塞外圆和球头的同轴度、滑靴的球窝和颈部的同轴度必须控制在 0.003mm 之内。

② 严格保证泵的组装精度。在零件加工精度符合要求的情况下，通过选择装配，使零件互相匹配，并控制轴承、花键等关键部位的间隙，使泵的缸体和配流盘之间接触良好。必须保证中心弹簧有足够的预压力，如压力不够，可能引起滑靴在离心力作用下产生倾斜，造成滑靴偏磨和烧伤。

③ 合理选择材料和热处理工艺。滑靴的材料选用 ZQA19-4，材料中心不允许有疏松和偏析，否则容易引起疲劳破坏。斜盘采用球墨铸铁等温淬火，硬度为 45～50HRC；柱塞采用 20CrMnTi，渗碳淬火。缸体的材料必须具有高强度、高耐磨性、较好的抗气蚀性和良好的切削加工性能。

### （二）径向柱塞泵的维修

（1）径向变量柱塞泵的修复

径向变量柱塞泵比轴向柱塞泵耐冲击、寿命长、控制精度高，但它的技术含量高、加工制造难度大，国内尚不能生产（主要是不能解决转子与配流轴、滑靴与定子两对摩擦副烧研的问题）。某厂从德国博世公司进口的径向变量柱塞泵在使用过程中出现故障，液压系统无法达到正常工作压力（要求工作压力大于 25MPa，并能调整压力使之逐渐减小，流量能自动调节），导致无法提起磨具，不能满足使用要求。通过优化，将该柱塞泵修复。

① 修复方案及实施。该径向柱塞泵（图 4-37）的工作原理是由星形的液压缸转子产生的驱动转矩通过十字联轴器传出，定子不受其他横向作用力，转子装在配油轴上。位于转子中的径向布置的柱塞通过静压平衡的滑靴紧贴着偏心行程定子。柱塞和滑靴球相连，并通过卡环锁定。两个挡环将滑靴卡在行程定子上，泵转动时，它依靠离心力和液压力压在定子上。当转子转动时，由于行程定子的偏心作用，柱塞做往复运动，它的行程为定子偏心距的 2 倍，改变偏心距即可改变泵的排量。

滑靴与定子为线接触，接触应力高，当配油轴受到径向不平衡液压力的作用时易磨损，磨损后的间隙不能补偿，泄漏大，故泵的工作压力、容积效率和转速都比轴向柱塞泵低。

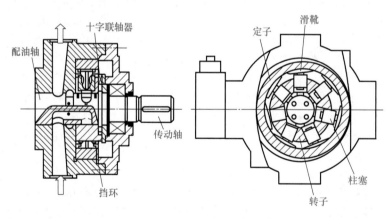

图 4-37　径向柱塞泵结构图

a. 故障原因分析。由于滑靴与定子接触处为线接触，特别容易磨损，很可能就是故障点。通过拆检，果然发现滑靴与定子的贴合圆弧面磨损严重；圆弧面上的合金层已有磨痕，部分合金层已磨掉；定子内曲面的磨损程度稍轻，仅仅只有划痕。由于滑靴圆弧推力面面积大于活塞上的推力面，使其无法贴紧在定子内曲面上，因此运动密封不严而造成内泄漏增大，致使液压系统无法建立起较高的压力。

b. 修复方案、实施及效果。经分析，找到了造成内泄漏量过大、建立不起较高压力的原因后，制订修复定子内曲面和滑靴圆弧面的方案如下：

滑靴的修复。针对滑靴圆弧推力面上合金层已有磨损伤痕，采用研磨的方法，利用定子的内圆弧面，用平面工装靠在研磨轨迹上加 800 号研磨膏进行研磨，研磨后将滑靴圆弧推力面贴紧在定子内曲面上。为了检验研磨后两面贴合情况，将煤油从滑靴上的通径口倒入，煤油不漏，证明其研磨效果较好，起到了密封作用。

定子的修复。定子内曲面的磨损程度比较轻，仅有划痕，采用金相砂纸轻轻打磨去表面划痕，并将 8 个滑靴的圆弧推力面分别与其配研，滑靴的圆弧推力面不漏油即可。

② 修复效果。零件修复完进行装配，并到现场将该泵接入实际使用的液压系统，系统运转良好，能够建立起较高的压力，最大压力 $p_{max}$ 可达到 35MPa，工作压力 $p$ 可达到 28MPa，模具能轻松提起，提起以后压力 $p$ 逐步降低，流量 $Q$ 增大到超过 80L/min，效率提高，完全符合工作要求，修复效果令用户非常满意。

（2）加热炉径向柱塞泵高温原因分析与修理实例（表 4-28）

表 4-28　加热炉径向柱塞泵高温原因分析与修理实例

| 项目 | 说明 |
| --- | --- |
| 系统的基本情况 | 某热轧厂 2 号加热炉步进梁液压系统主泵换为国产的新型轴配流径向柱塞泵，投入负载运行后，即发现主泵异常温升，泵壳体温度一般在 64 ～ 75℃，最高时高达 80.7℃，泵内摩擦副的温度至少在 100℃ 以上 |
| 造成异常高温的原因 | 由于步进梁液压动力系统功能多，控制环节复杂，并有电液伺服、外部控制、双向变量、闭式供油、前置助吸等多种功能及特点，该液压系统主泵为轴配流双向变量径向柱塞泵，前置泵为轴配流单向定量径向柱塞泵<br><br>由于加热工艺的要求，全液压步进梁有正循环步进、反循环步进、原地踏步等多种工作方法，就是说该步进梁并不是长期连续工作，而是根据加热温度，根据不同钢种要求在炉时间做不同的步进循环周期运动，也就是说，步进梁有时运动，有时停止。根据主液压系统的工作原理可知，不管步进梁是上升、下降，还是前进、后退，只要步进梁运动，那么液压系统主泵就必须有液压油吸入和输出，此时泵内各零部件、各摩擦副摩擦产生的热量通过液压油不断地吸入、输出带走。液压油一方面起到润滑的作用，另一方面起到循环冷却的作用，主泵与前置泵均不可能出现异常温升。然而，当步进梁不动作时，径向柱塞泵定子偏心 $e=0$，也就是说泵的输出流量 $Q=0$，而电动机并未停止转动，径向柱塞泵的转子在电动机正常驱动下仍以额定转速不停地转动。此时转子与配流轴，滑靴与定子摩擦产生的热量无介质带走，致使泵内摩擦副产生的热量急剧增加，所产生的热量只有靠泵壳体自然散热降温。特别是轧制取向硅钢时，要求在炉时间长，步进梁前进循环周期慢，一般 5 ～ 8min 才运动一次，此时泵的温升更高 |
| 异常高温造成的危害 | 异常高温对液压系统元件造成的影响是很大的，它直接关系到主机工作的安全性和可靠性<br>①高温使液压油黏度变低，液压元件内部泄漏量增大<br>②液压油黏度变低后，使液压泵的容积效率下降<br>③高温使零部件产生热膨胀，导致配合间隙减小，直至卡死或烧研。轴配流径向柱塞的抱轴问题就是几十年来国内久攻不下径向柱塞泵的重要原因之一<br>④加速零部件的磨损，缩短元件使用寿命<br>⑤高温使橡胶密封件早期老化、失去弹性、丧失密封性能，缩短其使用寿命<br>⑥加速油液的氧化变质，降低油液正常使用寿命<br>⑦油液氧化产生的酸性物质直接腐蚀金属，导致液压元件磨损加剧，减少液压元件使用寿命<br>⑧油液氧化产生大量的沉淀物污染系统，导致设备故障，加速液压元件的磨损 |
| 降低主泵温度的措施 | 新型径向柱塞泵外壳体本身设有两个 M42×2 的螺孔，它除了用作泄漏油口外，必要时还可作循环冷却油管连接口使用，即一个螺孔接循环压油，另一个螺孔接循环回油和泄漏油的共用口，与泵本身的高压工作油没有任何直接关系<br>改造方案一：由于 2 号炉液压系统除了驱动步进梁运转的主系统外，还配有控制和冷却过滤循环系统。它的工作原理是，齿轮泵输出的液压油通过 20μm 的过滤器、冷却器，过滤、冷却后直接回油箱，为此循环系统的液压油可以通过对管道适当的改造后直接引入主泵外壳体作冷却循环<br>改造方案后，优点如下：<br>①利用原有的循环冷却过滤系统，不用另外增加专用泵站及冷却系统<br>②分流部分循环作 1 ～ 4 号主泵的冷却液<br>③4 台主泵分别设置了壳体进油 / 回油截止阀，需要冷却时打开截止阀，检修更换时关闭截止阀即可，使用维修十分方便快捷<br>该方案的缺点是：<br>①需要增加部分循环冷却油管 |

| 项目 | 说明 |
|---|---|
| 降低主泵温度的措施 | ②循环过滤冷却油系统需要增设一个溢流阀，以限定进入主泵壳体的循环冷却油压在 0.1MPa 以下，防止损坏泵轴头的旋转轴用密封<br>③需新设 8 台截止阀，增加改造总投入 12 万元<br>改造方案二：由于步进梁液压系统主泵为双向变量，前置助吸，闭式供油，主泵本身设有前置助吸功能，利用前置泵输出的油液在为主泵助吸补油的同时降低主泵的温度是两全其美、综合利用的最佳方案，它的优点在于：<br>①不用改造原循环过滤冷却系统<br>②节省了新增管路 30m 左右，同时节省了溢流阀、截止阀等元件，节省改造投资 12 万元左右<br>③巧妙利用系统的工作原理，最大限度地发挥前置泵的作用<br>由于步进梁运动时主泵必须向系统输出相应流量的液压油，主泵工作时前置泵必须给主泵补油助吸，此时主泵有来自油箱的低温液压油的吸入和压出，泵摩擦产生的热量由液压油带走，泵不可能产生异常温升，但当步进梁不运动时，主泵也无液压油输出，此时主泵的变量偏心 $e=0$（即 $q=0$），但电动机仍在转动，主泵的转子仍在转动，摩擦产生的热量无介质带走，只有通过泵壳体自然而缓慢地散热，而此时主泵又不需补油，前置泵输出的油液全部通过溢流阀溢回油箱。这时正是主泵迫切需要冷却降温的时候，利用前置泵输出的油液分流部分作主泵的循环冷却液，既不影响主泵的补油助吸，又冷却了主泵，在主泵补油不足时，还可将主泵的内泄漏油回补给主泵，是解决主泵异常温升最合理的方案 |
| 改选后的效果 | 经改造以后，主泵壳体的温度大大下降，已接近进口泵，通过实际生产运行考核，主泵、前置泵均工作正常，温度变化平稳，证明改造是十分成功的 |

# 第五章

# 液压马达

## 第一节　常用液压马达结构特点、原理及性能参数

### 一、液压马达的特点及分类

液压马达是把液体的压力能转换为机械能的装置，从原理上讲，液压泵可以作液压马达用，液压马达也可作液压泵用。但事实上同类型的液压泵和液压马达虽然在结构上相似，但由于两者的功能不同，导致了结构上的某些差异。

① 液压马达一般需要正反转，所以在内部结构上应具有对称性，而液压泵一般是单方向旋转的，其内部结构可以不对称。

② 液压泵的吸油腔为真空，一般液压泵的吸油口比出油口的尺寸大。而液压马达低压腔的压力稍高于大气压力，所以没有上述要求。

③ 液压马达要求能在很宽的转速范围内正常工作，因此，应采用液动轴承或静压轴承。因为当马达速度很低时，若采用动压轴承，就不易形成润滑膜。

④ 液压泵在结构上需保证具有自吸能力，而液压马达就没有这一要求。

⑤ 液压马达必须具有较大的启动转矩。所谓启动转矩，就是马达由静止状态启动时，马达轴上所能输出的转矩，该转矩通常大于在同一工作压差时处于运行状态下的转矩，所以，为了使启动转矩尽可能接近工作状态下的转矩，要求马达转矩的脉动小，内部摩擦小。

由于液压马达与液压泵具有上述不同的特点，使得很多类型的液压马达和液压泵不能互换使用。

液压马达按其额定转速分为高速和低速两大类，额定转速高于 500r/min 的属于高速液压马达，额定转速低于 500r/min 的属于低速液压马达。

高速液压马达的基本形式有齿轮式、螺杆式、叶片式和轴向柱塞式等。它们的主要特点是转速较高、转动惯量小，便于启动和制动，调速和换向的灵敏度高。通常高速液压马达的输出转矩不大，所以又称为高速小转矩液压马达。高速液压马达的基本形式是径向柱塞式，例如单作用曲轴连杆式、液压平衡式和多作用内曲线式等。此外在轴向柱塞式、叶片式和齿轮式中也有低速的结构形式。低速液压马达的主要特点是排量大、体积大、转速低（有时可达几转每分钟甚至零点几转每分钟），因此可直接与工作机构连接，不需要减速装置，使传动机构大为简化，通常低速液压马达输出转矩较大，所以又称为低速大转矩液压马达。

液压马达的图形符号如图 5-1 所示。

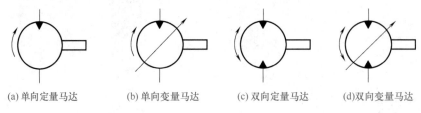

    (a) 单向定量马达    (b) 单向变量马达    (c) 双向定量马达    (d) 双向变量马达

图 5-1　液压马达图形符号

## 二、液压马达的工作原理

（1）低速液压马达工作原理

① 单作用径向柱塞马达。如图 5-2 所示为曲轴连杆式径向柱塞马达的工作原理。由图可见，沿壳体的圆周放射状均匀布置了五个（或七个）缸，缸中的柱塞通过球铰与连杆相连接，连杆端部与传动曲轴的偏心轮（偏心轮的中心为 $O_1$，与曲轴旋转中心 $O$ 的距离为 $e$）相接触，曲轴的一端为输出轴，另一端则通过十字联轴器与配流轴连接。配流轴上"隔墙"两侧分别为进油腔和排油腔。

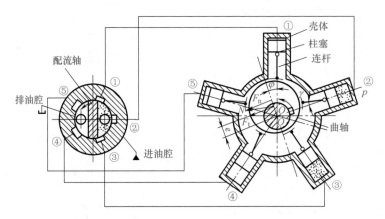

图 5-2　曲轴连杆式径向柱塞马达的工作原理

来自油源的高压油进入马达进油腔后，通过壳体的油道①、②、③引入相应的柱塞缸①、②、③。高压油产生的液压力 $p$ 作用于柱塞顶部，并通过连杆传递到曲轴的偏心轮上。例如柱塞缸②作用于偏心轮上的力为 $N$，这个力的方向沿着连杆的中心线，指向偏心轮的中心 $O_1$。作用力 $N$ 可分解为法向力 $F_n$（作用线与连心线 $OO_1$ 重合）和切向力 $F_t$。切向力 $F_t$ 对曲轴的旋转中心 $O$ 产生转矩，使曲轴绕中心线逆时针方向旋转。柱塞缸①和③也与此相似，只是它们相对于主轴的位置不同，所以产生转矩的大小与缸②不同。曲轴旋转的总转矩，等于与高压腔相通的柱塞缸（图示情况下①、②和③）所产生的转矩之和。曲轴旋转时，缸①、②、③的容积增大，缸④、⑤的容积变小，油液通过壳体油道④、⑤经配流轴的排油腔排出。

当配流轴与曲轴同步旋转过一个角度后，配流轴"隔墙"封闭了油道③，此时缸③与高、低压腔均不相通，缸①和②通高压油，使马达产生转矩，缸④和⑤排油。由于配流轴随曲轴一起旋转，进油腔和排油腔分别依次地与各个柱塞接通，从而保证曲轴连续旋转。一转中每个柱塞往复进油和排油一次。其他单作用式马达的工作原理与此大同小异。

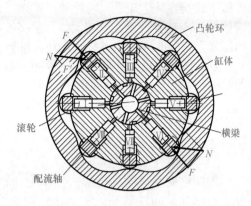

图 5-3　多作用式径向柱塞马达工作原理

②多作用式径向柱塞马达。多作用式径向柱塞马达的工作原理如图 5-3 所示。凸轮环作为导轨由完全相同的 $X$ 段（图中 $X=6$）曲线组成，每段曲线都由对称的进油和回油区段组成。缸体中有 2 个均布的柱塞缸孔，其底部与配流轴的配流窗孔相通。配流轴有 $2X$ 个配流窗孔，$X$ 个窗孔与高压油接通，对应导轨曲线的进油区段，另外 $X$ 个窗孔对应曲线的回油区段并与回油路接通。工作时，在压力油作用下，滚轮压向导轨，力 $N$ 为导轨曲面对滚轮的反作用力，其径向分力 $F$ 与液压力平衡，切向分力 $F'$ 通过横梁传递给缸体，形成驱动外负载的转矩。当马达进、出油路换向时，马达反转。图 5-3 中所示滚轮反作用力 $N$ 的切向分力 $F'$ 通过横梁传递给缸体，故称为横梁传力马达；若切向力通过柱塞传递给缸体，则称为柱塞传力马达；若切向力由同一横梁上的另两个滚轮通过导向侧板传递给缸体，则称为滚轮传力马达；如果通过柱塞球窝中的钢球与导轨互作用传力，则称为球塞式内曲线马达。

（2）高速小转矩液压马达工作原理

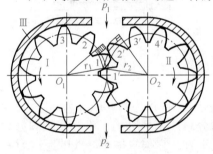

图 5-4　渐开线外啮合齿轮马达工作原理
Ⅰ，Ⅱ—齿轮；Ⅲ—壳体

①外啮合齿轮马达。渐开线外啮合齿轮马达工作原理如图 5-4 所示，两个相互啮合的齿轮Ⅰ、Ⅱ的中心为 $O_1$ 和 $O_2$，啮合点半径为 $r_1$ 和 $r_2$。齿轮Ⅰ为带有负载的输出轴。当高压油液 $p_1$（$p_2$ 为回油压力）进入齿轮马达的进油腔（由齿 1、2、3 和 1′、2′、3′、4′ 的表面及壳体和端盖的有关内表面组成）之后，由于啮合点的半径小于齿顶圆半径，故在齿 1 和 2′ 的齿面上便产生如箭头所示的不平衡液压力。该液压力对于轴线 $O_1$ 和 $O_2$ 产生转矩。在该转矩的作用下，齿轮马达按图示方向连续地旋转。随着齿轮的旋转，油液被带到回油腔排出。只要连续不断向齿轮马达提供压力油，马达就连续旋转，输出转矩和转速。齿轮马达在转动过程中，由于啮合点不断改变位置，故马达的输出转矩是脉动的。

与齿轮泵相比，齿轮马达的结构特点为：马达有正反转的要求，故内部结构及进出油液通道具有对称性；马达低压腔的油液是由齿轮挤出来的，故低压腔的压力稍高于大气压力，故马达不会像齿轮泵那样因吸入流速过高而产生气蚀现象；因马达回油有背压，为防止马达正反转时轴端密封冲坏，齿轮马达壳体上设有单独的外泄漏油口，以便将轴承部分的泄漏油液引至壳体外的油箱中，而不能像齿轮泵那样将泄漏油引至低压腔；齿轮泵提供压力和流量，强调容积效率，而齿轮马达产生输出转矩，强调机械效率，并力图有好的启动性能和较低的最低稳定转速。为此，通常多采用滚针轴承，且齿轮马达的齿数一般比齿轮泵的齿数多。

②摆线内啮合齿轮马达。摆线内啮合齿轮马达是一种多点接触的齿轮马达，又称为摆线转子马达或摆线马达。摆线内啮合齿轮马达分为内外转子式和行星转子式两大类。其中内

外转子式摆线马达几乎与内外转子式摆线泵一样。而行星转子式摆线马达的工作原理是基于摆线针齿内啮合行星齿轮传动，如图 5-5 所示。内齿轮（即定子）Ⅱ 的轮齿齿廓（即针齿）由以 $d$ 为直径的圆弧构成；小齿轮（即转子）Ⅰ 的轮齿齿廓是圆弧的共轭曲线，即圆弧中心轨迹 $\alpha$（整条的短幅外摆线）的等距曲线，转子中心 $O_1$ 和定子中心 $O_2$ 之间有偏心距 $e$。当两轮的齿数差为 1 时，两轮所有的轮齿都能啮合，且形成 $Z$（定子针齿数）个独立的容积变化的密封腔。当作为马达是，这些密封腔容积变大的部分通过配油机构（例如配流轴）通以高压油，使转子旋转。另一些容积变小的密封腔通过配油机构，排出低压油。如此循环，液压马达连续工作，输出转矩和转速。

（3）轴向柱塞式液压马达

轴向柱塞马达的结构形式基本上与轴向柱塞泵一样，故其种类与轴向柱塞泵相同，也分为直轴式轴向柱塞马达和斜轴式轴向柱塞马达两类。轴向柱塞马达的工作原理如图 5-6 所示。

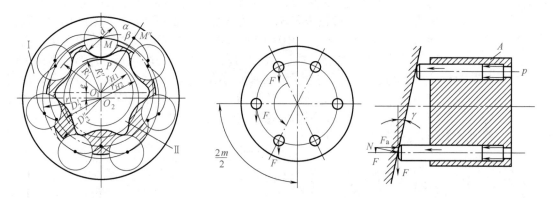

图 5-5　行星转子式摆线马达工作原理　　　图 5-6　斜盘式轴向柱塞液压马达的工作原理图

当压力油进入液压马达的高压腔之后，工作柱塞便受到油作用力为 $pA$（$p$ 为油压力，$A$ 为柱塞面积）通过滑靴压向斜盘，其反作用为 $N$。$N$ 力分解成两个分力，沿柱塞轴向分力 $F_a$，与柱塞所受液压力平衡；另一分力 $F$，与柱塞轴线垂直，它与缸体中心线的距离为 $r$，这个力便产生驱动马达旋转的力矩。$F$ 力的大小为：

$$F = F_a A \tan\gamma$$

式中　$\gamma$——斜盘的倾斜角度，（°）。

这个力 $F$ 使缸体产生转矩的大小，由柱塞在压油区所处的位置而定。设有一柱塞与缸体的垂直中心线成 $\varphi$ 角，则该柱塞使缸体产生的转矩 $T$ 为：

$$T = Fr = FR\sin\varphi = pAR\tan\gamma\sin\varphi$$

式中　$R$——柱塞在缸体中的分布圆半径，m。

随着角度 $\varphi$ 的变化，柱塞产生的转矩也跟着变化。整个液压马达能产生的总转矩，是所有处于压力油区的柱塞产生的转矩之和，因此，总转矩也是脉动的，当柱塞的数目较多且为单数时，脉动较小。

液压马达的实际输出的总转矩可用下式计算：

$$T = \eta_m \frac{\Delta p V}{2\pi}$$

式中　$\Delta p$——液压马达进出口油液压力差，$N/m^2$；

　　　$V$——液压马达理论排量，$m^3/r$；

　　　$\eta_m$——液压马达机械效率。

从式中可看出，当输入液压马达的油液压力一定时，液压马达的输出转矩仅和每转排量有关。因此，提高液压马达的每转排量，可以增加液压马达的输出转矩。改变输入油液方向，可以改变液压马达转动方向。轴向柱塞式液压马达结构简单，体积小，重量轻，工作压力高，转速范围宽，低速稳定性好，启动机械效率高。

一般来说，轴向柱塞马达都是高速马达，输出转矩小，因此，必须通过减速器来带动工作机构。如果能使液压马达的排量显著增大，也就可以使轴向柱塞马达做成低速大转矩马达。

（4）叶片式液压马达

① 工作原理。如图 5-7 所示为叶片液压马达的工作原理图。当压力为 $p$ 的油液从进油口进入叶片 1 和 3 之间时，叶片 2 因两面均受液压油的作用不产生转矩。叶片 1、3 上，一面作用有压力油，另一面为低压油。由于叶片 3 伸出的面积大于叶片 1 伸出的面积，因此作用于叶片 3 上的总液压力大于作用于叶片 1 上的总液压力，于是压力差使转子产生顺时针的转矩。同样道理，压力油进入叶片 5 和 7 之间时，叶片 7 伸出的面积大于叶片 5 伸出的面积，也产生顺时针转矩。这样，就把油液的压力能转变成了机械能，这就是叶片马达的工作原理。当输油方向改变时，液压马达就反转。

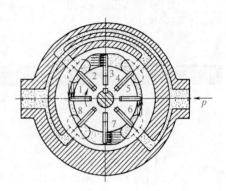

图 5-7　叶片液压马达的工作原理图
1～8—叶片

② 结构特点。叶片液压马达与相应的叶片泵相比有以下几个特点：

a. 叶片底部有弹簧，以保证在初始条件下叶片能紧贴在定子内表面上，以形成密封工作腔，否则进油腔和回油腔将串通，就不能形成油压，也不能输出转矩。

b. 叶片槽是径向的，以便叶片液压马达双向都可以旋转。

c. 在壳体中装有两个单向阀，以使叶片底部能始终都通压力油（使叶片与定子内表面压紧）而不受叶片液压马达回转方向的影响。

叶片马达的体积小，转动惯量小，因此动作灵敏，可适应的换向频率较高。但泄漏较大，不能在很低的转速下工作，因此，叶片马达一般用于转速高、转矩小和动作要求灵敏的场合。

（5）摆动液压马达

摆动液压马达的工作原理如图 5-8 所示。

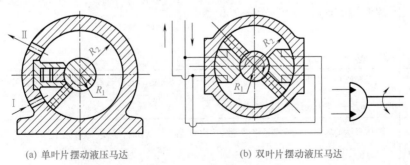

(a) 单叶片摆动液压马达　　　　　　(b) 双叶片摆动液压马达

图 5-8　摆动式液压马达的工作原理图

如图 5-8（a）所示是单叶片摆动液压马达。若从油口 I 通入高压油，叶片做逆时针摆动，低压油从油口 II 排出。因叶片与输出轴连在一起，输出轴摆动同时输出转矩、克服负载。此类摆动马达的工作压力小于 10MPa，摆动角度小于 280°。由于径向力不平衡，叶片和壳体、叶片和挡块之间密封困难，限制了其工作压力的进一步提高，从而也限制了输出转矩的进一步提高。

如图 5-8（b）所示是双叶片式摆动马达。在径向尺寸和工作压力相同的条件下，分别是单叶片式摆动马达输出转矩的 2 倍，但回转角度要相应减少，双叶片式摆动马达的回转角度一般小于 120°。

## 三、液压马达的性能参数

液压马达的性能参数很多，液压马达的主要性能说明和主要技术性能参数与应用范围见表 5-1 和表 5-2。

表 5-1　液压马达的主要性能说明

| 类别 | 说明 |
|---|---|
| 排量、流量和容积效率 | 习惯上将马达的轴每转一周，按几何尺寸计算所进入的液体容积，称为马达的排量 $V$，有时称之为几何排量、理论排量，即不考虑泄漏损失时的排量<br><br>液压马达的排量表示其工作容腔的大小，它是一个重要的参数。因为液压马达在工作中输出的转矩大小是由负载转矩决定的。但是，推动同样大小的负载，工作容腔大的马达的压力要低于工作容腔小的马达的压力，所以说工作容腔的大小是液压马达工作能力的主要标志，也就是说，排量的大小是液压马达工作能力的重要标志<br><br>根据液压动力元件的工作原理可知，马达转速 $n$、理论流量 $q_t$ 与排量 $V$ 之间具有下列关系：$$q_t = nV$$式中　$q_t$——理论流量，$m^3/s$；<br>　　　$n$——转速，$r/min$；<br>　　　$V$——排量，$m^3/r$。<br>为了满足转速要求，马达实际输入流量 $q_i$ 大于理论输入流量，则有：$$q_i = q_t + \Delta q$$式中　$\Delta q$——泄漏流量$$\eta_V = \frac{q_t}{q_i} = \frac{1}{1 + \Delta q / q_t}$$所以得实际流量：$$q_i = \frac{q_t}{\eta_V}$$ |
| 液压马达输出的理论转矩 | 根据排量的大小，可以计算在给定压力下液压马达所能输出的转矩的大小，也可以计算在给定的负载转矩下马达的工作压力的大小。当液压马达进、出油口之间的压力差为 $\Delta p$，液压马达的输入流量为 $q$，液压马达输出的理论转矩为 $T_t$，角速度为 $\omega$，如果不计损失，液压马达输入的液压功率应当全部转化为液压马达输出的机械功率，即：$$\Delta P_q = T_t \omega$$又因为 $\omega = 2\pi n$，所以液压马达的理论转矩为：$$T_t = \frac{\Delta p V}{2\pi}$$式中　$\Delta p$——马达进出口之间的压力差 |
| 液压马达的机械效率 | 由于液压马达内部不可避免地存在各种摩擦，实际输出的转矩 $T_i$ 总要比理论转矩 $T_t$ 小些，即：$$T_i = T_t \eta_m$$式中　$\eta_m$——液压马达的机械效率，% |
| 液压马达的启动机械效率 $\eta_{m0}$ | 液压马达的启动机械效率是指液压马达由静止状态启动时，马达实际输出的转矩 $T_i$ 与它在同一工作压差时的理论转矩 $T_t$ 之比。即：$$\eta_{m0} = \frac{T_i}{T_t}$$ |

| 类别 | 说明 |
|---|---|
| 液压马达的启动机械效率 $\eta_{m0}$ | 　　液压马达的启动机械效率表示出其启动性能的指标。因为在同样的压力下，液压马达由静止到开始转动的启动状态的输出转矩要比运转中的转矩大，这给液压马达带载启动造成了困难，所以启动性能对液压马达是非常重要的，启动机械效率正好能反映其启动性能的高低。启动转矩降低的原因，一方面是在静止状态下的摩擦因数最大，在摩擦表面出现相对滑动后摩擦因数明显减小，另一方面也是最主要的方面是因为液压马达静止状态润滑油膜被挤压，基本上变成了干摩擦。一旦马达开始运动，随着润滑油膜的建立，摩擦阻力立即下降，并随滑动速度增大和油膜变厚而减小<br>　　实际工作中都希望启动性能好一些，即希望启动转矩和启动机械效率大一些。现将不同结构形式的液压马达的启动机械效率 $\eta_{m0}$ 的大致数值列入附表中<br><br>附表　液压马达的启动机械效率 |

附表　液压马达的启动机械效率

| 液压马达的结构形式 | | 启动机械效率 $\eta_{m0}$ |
|---|---|---|
| 齿轮马达 | 老结构 | 0.60～0.80 |
| | 新结构 | 0.85～0.88 |
| 叶片马达 | 高速小转矩型 | 0.75～0.85 |
| 轴向柱塞马达 | 滑履式 | 0.80～0.90 |
| | 非滑履式 | 0.82～0.92 |
| 曲轴连杆马达 | 老结构 | 0.80～0.85 |
| | 新结构 | 0.83～0.90 |
| 静压平衡马达 | 老结构 | 0.80～0.85 |
| | 新结构 | 0.83～0.90 |
| 多作用内曲线马达 | 由横梁的滑动摩擦副传递切向力 | 0.90～0.94 |
| | 传递切向力的部位具有滚动副 | 0.95～0.98 |

| 类别 | 说明 |
|---|---|
| | 　　由上表可知，多作用内曲线马达的启动性能最好，轴向柱塞马达、曲轴连杆马达和静压平衡马达居中，叶片马达较差，而齿轮马达最差 |
| 液压马达的转速 | 　　液压马达的转速取决于供液的流量和液压马达本身的排量 $V$，可用下式计算：<br><br>$$n_t = \frac{q_i}{V}$$<br><br>式中　$n_t$——理论转速，r/min<br>　　由于液压马达内部有泄漏，并不是所有进入马达的液体都推动液压马达做功，一小部分因泄漏损失掉了。所以液压马达的实际转速要比理论转速低一些<br><br>$$n = n_t \eta_V$$<br><br>式中　$n$——液压马达的实际转速，r/min；<br>　　　$\eta_V$——液压马达的容积效率，% |
| 最低稳定转速 | 　　最低稳定转速是指液压马达在额定负载下，不出现爬行现象的最低转速。所谓爬行现象，就是当液压马达工作转速过低时，往往保持不了均匀的速度，进入时动时停的不稳定状态。实际工作中，一般都期望最低稳定转速越小越好 |

表 5-2　液压马达的主要技术性能参数与应用范围

| 类型 | | 排量范围 /mL·r⁻¹ | 压力 /MPa | 转速范围 /r·min⁻¹ | 容积效率 /% | 总效率 /% | 启动转矩效率 /% | 噪声 | 抗污染敏感度 |
|---|---|---|---|---|---|---|---|---|---|
| 齿轮式 | 外啮合 | 5.2～160 | 20～25 | 150～2500 | 85～94 | 77～85 | 75～80 | 较大 | 较好 |
| | 内啮合摆线 | 80～1250 | 14～20 | 10～800 | 94 | 76 | 76 | 较小 | 较好 |
| 叶片式 | 单作用 | 10～200 | 16～20 | 100～2000 | 90 | 75 | 80 | 中 | 差 |
| | 双作用 | 50～220 | 16～25 | 100～2000 | 90 | 75 | 80 | 较小 | 差 |
| | 多作用 | 298～9300 | 21～28 | 10～400 | 90 | 76 | 80～85 | 小 | 差 |

| 类型 | | 排量范围/mL·r⁻¹ | 压力/MPa | 转速范围/r·min⁻¹ | 容积效率/% | 总效率/% | 启动转矩效率/% | 噪声 | 抗污染敏感度 |
|---|---|---|---|---|---|---|---|---|---|
| 轴向柱塞式 | 斜盘式 | 2.5 ～ 3600 | 31.5 ～ 40 | 100 ～ 3000 | 95 | 90 | 85 ～ 90 | 大 | 中 |
| | 斜轴式 | 2.5 ～ 3600 | 31.5 ～ 40 | 100 ～ 4000 | 95 | 90 | 90 | 较大 | 中 |
| | 双斜盘式 | 36 ～ 3150 | 25 ～ 31.5 | 10 ～ 600 | 95 | 90 | 90 | 较小 | 中 |
| | 钢球柱塞式 | 250 ～ 600 | 16 ～ 25 | 10 ～ 300 | 95 | 90 | 85 | 较小 | 较差 |
| 径向柱塞式 | 单作用 柱销连杆 | 126 ～ 5275 | 25 ～ 31.5 | 5 ～ 800 | >95 | 90 | >90 | 较小 | 较好 |
| | 静力平衡 | 360 ～ 5500 | 17.5 ～ 28.5 | 3 ～ 750 | 95 | 90 | 90 | 较小 | 较好 |
| | 滚柱式 | 250 ～ 4000 | 21 ～ 30 | 3 ～ 1150 | 95 | 90 | 90 | 较小 | 较好 |
| | 多作用 滚柱柱塞传力 | 215 ～ 12500 | 30 ～ 40 | 1 ～ 310 | 95 | 90 | 90 | 较小 | 好 |
| | 钢球柱塞传力 | 64 ～ 100000 | 16 ～ 25 | 3 ～ 1000 | 93 | 85 | 95 | 较小 | 中 |

| 类型 | | | 特性 | 应用场合 |
|---|---|---|---|---|
| 齿轮式 | | 外啮合 | 结构简单，制造容易，但转速脉动性较大，齿轮马达负载转矩不大，速度平稳性要求不高 | 钻床，通风设备等 |
| | | 内啮合摆线 | 负载速度中等，体积要求小 | 塑料机械、煤矿机械、挖掘机等 |
| 叶片式 | | 单作用 | 结构紧凑，外形尺寸小，运动平稳，噪声小，负载转矩较小 | 磨床回转工作台，机床操纵机构等 |
| | | 双作用 | | |
| | | 多作用 | | |
| 轴向柱塞式 | | 斜盘式 | 结构紧凑，径向尺寸小，转动惯量小，转速较高，负载大，有变速要求，负载转矩较小，低速平稳性要求高 | 起重机、绞车、铲车、内燃叉车、数控机床、行走机械等 |
| | | 斜轴式 | | |
| | | 双斜盘式 | | |
| | | 钢球柱塞式 | | |
| 径向柱式 | 单作用 | 柱销连杆 | 负载转矩较大，速度中等，径向尺寸大 | 塑料机械、行走机械等 |
| | | 静力平衡 | | |
| | | 滚柱式 | | |
| | 多作用 | 滚柱柱塞传力 | 负载转矩很大，转速低，平稳性高 | 挖掘机、拖拉机、起重机、采煤机等 |
| | | 钢球柱塞传力 | | |

# 第二节 液压马达的使用与维修

## 一、液压马达产品系列与适用场合

液压马达产品系列、主要参数及适用场合见表5-3。

表 5-3　液压马达产品系列、参数及适用场合

| 产品型号 | 公称排量/mL·r⁻¹ | 压力/MPa | | 转速/r·min⁻¹ | | | 输出转矩/N·m | 容积效率/% | 特点及主要适用场合 |
|---|---|---|---|---|---|---|---|---|---|
| | | 额定 | 最高 | 额定 | 最低 | 最高 | | | |
| 渐开线外啮合齿轮马达 | | | | | | | | | |
| CMG | 40 ～ 200 | 12.5、16 | 16、20 | 2000 | 500 | 2500 | 103 ～ 400 | ≥85 | 高强度铸铁壳体，大直径滚子轴承（或承载能力高的DU轴承），固定双金属侧板和二次密封。可作液压泵使用。适用于工程、矿山、农业及冶金等机械的液压系统 |

| 产品型号 | 公称排量 /mL·r⁻¹ | 压力 /MPa | | 转速 /r·min⁻¹ | | | 输出转矩 /N·m | 容积效率 /% | 特点及主要适用场合 |
|---|---|---|---|---|---|---|---|---|---|
| | | 额定 | 最高 | 额定 | 最低 | 最高 | | | |
| CM-FE | 10～50 | 14、16 | 17.5、20 | — | 120 | 2500 | 8.5～90 | — | 三片式结构，前、后盖和壳体用两个定位销和四个螺钉连接成一体；高强度铝合金壳体、特殊径向齿顶密封结构和特殊轴向密封及压力浮动侧板结构，SF型复合材料卷制而成的滑动轴承。适用于自卸汽车、工程、起重运输、矿山及农业机械的液压装置 |
| CMF-E5 | 20～50 | 16 | 20 | 2500 | 60 | 3000 | 41.3～103.1 | ≥89、≥90 | 高强度铝合金壳体。适用于起重、筑路、环保、石油等机械 |
| CMJ26E | 8～22.4 | — | 21 | — | 500 | 3000～4000 | 22.1～63.2 | — | 适用于汽车、工程、农机、冶金、矿山、市政工程等机械设备的液压系统 |
| CMS2 | 32～100 | 17.5、21、25 | 25、27.5、31.5 | 2000 | 150 | 2500 | 114.7～249.9 | ≥90 | 采用轴向跟踪补偿扩大高压区，能提高使用寿命，并获得较高的容积效率，是CMZ2系列齿轮马达的换代产品。适用于工程、起重和矿山机械等液压装置 |
| CM-FC | 10～50 | 16 | 20 | 2000 | — | 2500 | 2.0～8.8 | ≥90 ≥91 | 高强度铸铁壳体，耐磨性好、效率高；可作双转向中高压齿轮泵使用。适用于各种液压机械行业及需双转向的压力加工设备中 |
| M※ | 15～100 | 18、21 | 21、25 | — | 600 | 2200 | 45.4～258 | — | 先进侧板结构和特殊二次密封，特殊表面处理，密封件、轴承、侧板等由美国进口。适用于各种工程机械和特种车辆 |
| GM5 | 5～25 | 16、20、21 | — | 2800～4000 | 500～800 | — | 16.5～63.7 | — | 引进美国威格士技术产品，三片式结构；前后盖装有两个DU复合轴承，后盖内装有压力板，可实现轴向压力补偿和径向力平衡。适用于工程、行走及其他机械的液压系统 |
| 叶片马达 | | | | | | | | | |
| YM-A | 16.3～93.6 | 6.3 | — | — | 100 | 2000 | 9.7～66.9 | — | 高转速小转矩液压马达，通过改变进油方向可获得正转和反转。转速高、惯性小。适用于需要低转矩高转速驱动机械回转运动的工作场合。如注塑机的注射杆，磨床磨头，回转工作台的磨床工作台驱动，外圆和内圆磨床的工作驱动，自动线和自动机床的夹紧和运输机构，还可以用于对惯性要求小的各种伺服系统中 |
| M2U | 21.6～25.4 | 13.8 | — | 2000～2800 | — | — | 2.0～2.8 | — | 结构紧凑，效率高，经济性好，转速可变的旋转液压动力机，具有变功率（恒转矩）特性。当有溢流阀保护时，马达在负载下失速而不损坏。坚固的双轴承结构允许马达用于直接或间接驱动安装 |
| YMF-E | 100～200 | 16 | — | 1200 | — | — | 215～413 | — | |

| 产品型号 | 公称排量 /mL·r^-1 | 压力/MPa | | 转速/r·min^-1 | | | 输出转矩 /N·m | 容积效率 /% | 特点及主要适用场合 |
|---|---|---|---|---|---|---|---|---|---|
| | | 额定 | 最高 | 额定 | 最低 | 最高 | | | |
| 直轴式（斜盘式）轴向柱塞马达 | | | | | | | | | |
| 20～27 | 33.3～333.6 变量马达补油泵排量：8.2～65.5 | 21 | 35 | — | — | 1900～3600 | 压力10MPa 时：54.1～541 | — | 通轴型轴向柱塞泵/马达，有定量马达和变量马达。变量形式有手动伺服、液动变量、恒流量等。适用于农业、工程、矿山等机械及航空、运输等液压工程设备 |
| XM | 40、75 | 21 | 28 | 1500 | — | 2000～2500 | 118、225 | 92 | 可逆元件。更换配流盘后又可作泵使用。结构紧凑、体积小、重量轻、工作压力高、效率高。可用于闭式或开式液压系统，适用于工程、起重运输、建筑机械及机床、船舶、矿山、冶金及锻压等各类机械的液压系统 |
| 斜轴式轴向柱塞马达 | | | | | | | | | |
| MFB | 10.5～94.4 | 7～10 | 14～21 | 1800 | — | 2200～3600 | 30.5～271.2 | 97 | 直轴式双向定量马达。结构紧凑、重量轻、容积效率高，可靠性高，最低转速能够在 50r/min 和 100r/min 之间变化，易于维护保养 |
| MVB | 10.5～21.2 | 10 | 21 | 1800 | — | 3200～3600 | 30.5～61 | — | 直轴式双向（改变油口方向实现）变量马达。可以在低至 50r/min 的转速工作 |
| A6V | 28～500 | 35 | 40 | — | — | 1900～6250 | 45～2782 | — | 变量马达。有液控、液控双速、高压自动、转速液控、电液双速、电液比例、转矩及手动等多种变量控制方式。惯量小，功率密度高，效率高；用静液传动时有较大的调节范围；次级控制和带有各种控制装置的调节；在较小的倾角下提高输出转速；因可用较小的泵而节省费用，省掉多速比齿轮驱动；允许高的外界轴载荷，可任选安装位置；启动特性好。适用于带次级控制的静液驱动系统 |
| 伊顿 55～225 | 54.8～225.1 | 35 | 45 | — | — | 3200～5100 | 392～1613 | — | 斜轴式变量柱塞马达。适用于车辆及工程机械的液压系统 |
| ZM-125 | 125 | 25 | 32 | 2200 | — | — | 637 | ≥93 | 双向变量马达 |
| 摆线齿轮马达 | | | | | | | | | |
| BMR | 80～320 | 压差6.3、8、10 | — | 160～620 | — | — | 95～244 | — | 适用于轻工、塑料、矿山、石油，地质、勘探，工程、建筑等机械的各种液压驱动 |
| BM | 50～630 | 10 | 12.5 | 125～400 | — | 160～500 | 95.5～752 | — | 内啮合摆线齿轮式的小型低速大扭矩液压马达，低速性能好、短期超载能力强，改变油流方向，可得到不同旋转方向。适用于工程、农业、交通、石油采矿等机械及机器制造等部门 |
| BMD | 50～400 | 9.2～14 | 11.5～17.5 | 128～800 | — | 160～900 | 83.5～515 | — | 内啮合摆线齿轮式的小型低速大扭矩液压马达，结构简单、外观新颖，低速稳定性好，使用寿命长，价格性能优良，是取代进口马达的首推产品。适用于工程机械、农业机械、交通运输、油压机、输送机、操作机、注塑机、收割机、油管钳、机械手、超重吊车等机械设备上 |

続表

| 产品型号 | 公称排量/mL·r⁻¹ | 压力/MPa | | 转速/r·min⁻¹ | | | 输出转矩/N·m | 容积效率/% | 特点及主要适用场合 |
|---|---|---|---|---|---|---|---|---|---|
| | | 额定 | 最高 | 额定 | 最低 | 最高 | | | |
| | | | | 其他类型 | | | | | |
| JMDG | 56~16335 | 16、20、25 | 20、25、32 | — | 0.3 | 1200 | 207~39433 | — | 曲轴连杆式低速大转矩液压马达。采用曲轴及较低激振频率的五缸活塞机构，噪声低；启动转矩大（启动机械效率提高到0.9以上），低速稳定性良好；采用了补偿式端面配流结构，泄漏减少，维修方便，活塞与缸体间采用新型活塞环密封，具有较高的容积效率；曲轴和连杆间由滚柱支承，具有很高的机械效率；旋转方向可逆，输出轴允许承受径向和轴向外力；功率质量比高。适用于石油化工，矿山船舶，建筑等机械的液压传动系统中，特别适用于注塑机的螺杆驱动以及提升绞盘、卷筒，各种回转机构的驱动，履带和轮子行走机构的驱动等传动机构中 |
| NHM | 77~16039 | 16、20、25 | 20、25、32 | — | 0.2 | 1500 | 284 | — | 曲轴连杆式五星轮液压马达，按意大利提供的技术和标准生产。较高的功率质量比，体积、质量相对较小；采用偏心轴及较低激振频率的五活塞结构，低噪声；启动转矩大，低速稳定性好，能在很低的速度下平稳运转；平面补偿配油盘，可靠性好，泄漏少，活塞与柱塞套采用密封环密封，容积效率高；曲轴与连杆间由滚柱支承，机械效率高；旋向可逆，输出轴允许承受一定的径向和轴向外力。适用于橡胶塑料机械的液压系统 |
| QJM | 0.1~3.3 | 10、16、20 | 16、25、31.5 | — | 1 | 500 | 597~5895 | — | 球塞式马达。有二级和三级变排量，结构简单，拆修方便；输出轴可以承受径向力和轴向力，中心具有通孔，转动轴可以穿过液压马达。可与各种液压泵、阀及液压组件组成液压传动装置，可适应多种工况。质量小、体积小、调速范围大、可有级变量、机械效率和容积效率高、工作可靠、寿命长。适用于矿山工程、起重运输、冶金重型、船舶、机床、轻工注塑、地质勘探等部门。主要装置在履带行走、轨道轮子驱动、各种固转机构、勘探钻孔、绞车提升、带运输传动、物料搅拌、路面切割、船舶推进、塑料注射等部位 |
| MS | 213~12500 | 25 | 40 | — | 0 | 310 | 796~31098 | — | 滚柱柱塞传力液压马达。有轮式和轴式两种输出方式；采用制动器、配流、液压和机械输出等四部分为基础的模块化结构。工作压力高，低速性能好，径向和轴向负载高，输出转矩大，易实现变量变速输出，噪声低，静压液力制动，输出方式多样化 |

| 产品型号 | 公称排量/mL·r⁻¹ | 压力/MPa | | 转速/r·min⁻¹ | | | 输出转矩/N·m | 容积效率/% | 特点及主要适用场合 |
|---|---|---|---|---|---|---|---|---|---|
| | | 额定 | 最高 | 额定 | 最低 | 最高 | | | |
| TM3 | 486～2007 | 25 | 32 | — | — | 270～550 | 77.4～319.5 | — | 变量径向柱塞马达。可靠性好、效率高、寿命长、噪声低、转速范围宽。适用于重型、矿山、冶金、建设、起重运输、石油、船舶、轻工、塑料、地质钻探等各种机械设备的液压传动系统中 |
| NJM | 0.85～40 | 16、20、25 | 20、25、32 | — | 12 | 100 | 3892～114480 | — | 横梁传力式内曲线径向柱塞液压马达 |
| SJM | 110～3150 | 20 | 25 | 250～650 | 1 | 350～1000 | 320～10017 | — | 曲轴连杆式径向柱塞马达。具有偏心轴及较低激振频率的五活塞结构，噪声低；启动转矩大，低速稳定性好；平面补偿配流器，可靠性好，泄漏少；活塞与缸孔由塑料活塞环密封，容积效率高；曲轴与连杆由滚柱支承，机械效率高；旋向可逆；具有较高功率质量比。适用于矿山建筑工程机械、起重运输机械、重型冶金机械、船舶甲板机械、石油煤矿机械、机床、塑机等机械的液压传动系统 |

## 二、液压马达的选用原则

液压马达的功用是将液压能转换为机械能而驱动负载旋转，故选择液压马达时需要考虑的最重要的因素为输出转矩（包括启动转矩）和转速。此外，选择液压马达的依据或需考虑的问题还包括效率、低速稳定性、寿命、速度调节比、噪声、外形、连接尺寸、重量、价格、货源和使用维护的便利性等。

液压马达的选用原则见表5-4。

表5-4 液压马达的选用原则

| 项目 | 说明 |
|---|---|
| 结构类型的选择 | 液压马达的种类较多，各类液压马达特性也不同，故应针对具体用途及工况，选择合适的液压马达。各类液压马达的适用工况及应用范围见表5-2，低速运转工况可选低速马达，也可以采用高速马达加减速装置。在两种方案的选择上，应根据结构及空间情况、设备成本、驱动转矩是否合理等进行选择 |
| 规格（排量）的选择 | 排量是液压马达的主要规格参数，选择的主要依据是马达的工作负载特性<br>工作负载特性可通过对主机进行工况分析（运动分析和动力分析），并用转速 - 时间循环图（$n$-$t$ 图）及转矩 - 时间循环图（$T$-$t$ 图）加以表示，如图5-9所示。其中马达的负载转矩可以根据所驱动的主机工作机构及其工艺目的，通过计算或试验的方法加以确定。由 $n$-$t$ 图和 $T$-$t$ 图可以清楚地了解液压马达从启动到正常工作，直到停止的整个工作循环中，马达的负载转矩和负载转速的变化情况，即马达实际工作时的尖峰负载转矩和长期连续工作时的负载转矩数值，以及相关的最高负载转速和长期工作时的负载转速，从而为计算和确定液压马达的排量规格打下基础 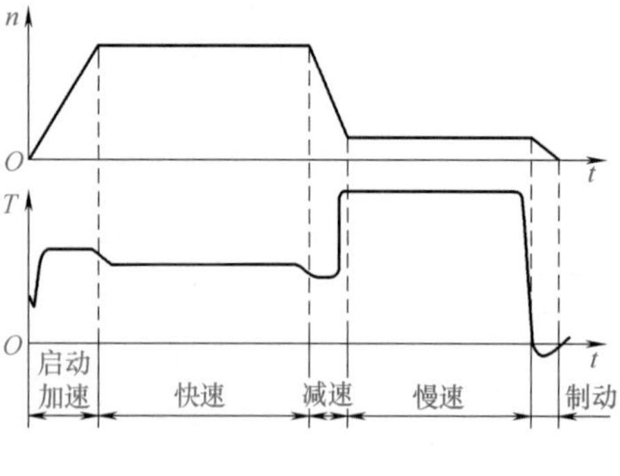 |

图5-9 液压马达的转速 - 时间循环图（$n$-$t$ 图）及转矩 - 时间循环图（$T$-$t$ 图）

| 项目 | 说明 |
|---|---|
| 规格（排量）的选择 | 在选择排量前应首先根据上述工作负载特性计算公称排量的参考值。根据使用目的的不同，液压马达公称排量的参考值有以下两种计算方法：<br>①当马达以驱动负载为主要目的时，可根据马达驱动的最大负载转矩 $T_{max}$、预选的工作压力 $p$（或压差 $\Delta p$）和机械效率 $\eta_m$。（$\eta_m$=0.90～0.95）来计算其参考值 $V_g$，即：<br>$$V_g \geqslant \frac{2\pi T_{max}}{p\eta_m}$$<br>②当马达以输出及变换转速为主要目的时，则可根据最低转速 $n_{min}$、已知输入流量 $q_i$ 及马达的容积效率 $\eta_V$（可根据产品样本选取或在 $\eta_V$=0.85～0.90 之间选取），计算其参考值 $V_g$，即：<br>$$V_g \geqslant \frac{1000q_i\eta_V}{n_{min}}$$<br>根据计算出的排量和产品样本以就近原则确定公称排量 |
| 实际工作压力（或压差）的计算 | 若按尖峰转矩和连续工作转矩计算出尖峰压力和连续工作压力的值在该马达的性能参数范围内，则说明排量选择合理。一般情况下实际选用的连续工作压力应比产品样本中推荐的额定压力低 20%～25%，以提高使用寿命和工作可靠性。尖峰转矩出现在启动瞬间时，最高压力可以选用样本中提供的最高压力的 80%，这样，有 20% 的储备比较理想 |
| 寿命评估或验算 | 在确定所采用马达的型号规格后，参照生产厂提供的样本资料，对实际使用工况下液压马达的使用寿命进行评估或验算，以确定上述选型是否能满足主机要求。如果使用寿命不够长，则必须选用规格更大一些的产品 |
| 其他 | ①液压马达通常允许在短时间内，在超过额定压力 20%～50% 的压力下工作，但瞬时最高压力不能和最高转速同时出现。液压马达的回油路背压有一定限制，在背压较大时，必须设置泄漏油管<br>②通常不应使液压马达的最大转矩和最高转速同时出现。实际转速不应低于马达最低转速，以免出现爬行现象。当系统要求的转速较低，而马达的转速、转矩等性能参数不易满足工作要求时，可在马达及其驱动的主机间增设减速机构。为了在极低转速下平稳运行，马达的泄漏量必须恒定，要有一定的回油背压和至少 35mm²/s 的油液黏度。需要低速运转的马达，要核对其最低稳定转速<br>③为了防止作为泵工作的制动马达发生气蚀或丧失制动能力，应保证此时马达的吸油口有足够的补油压力，它可以通过闭式回路中的补油泵或开式回路中的背压阀来实现；当液压马达驱动大惯量负载时，应在液压系统中设置与马达并联的旁通单向阀补油，以免停机过程中惯性运动的马达缺油<br>④对于不能承受额外轴向和径向力的液压马达，或者液压马达可以承受额外轴向和径向力，但负载的实际轴向和径向力大于液压马达允许的轴向力或径向力时，应考虑采用弹性联轴器连接马达输出轴和工作机构<br>⑤需长时间锁紧马达以防止负载运动时，应设置图 5-10 所示的机械制动锁紧回路 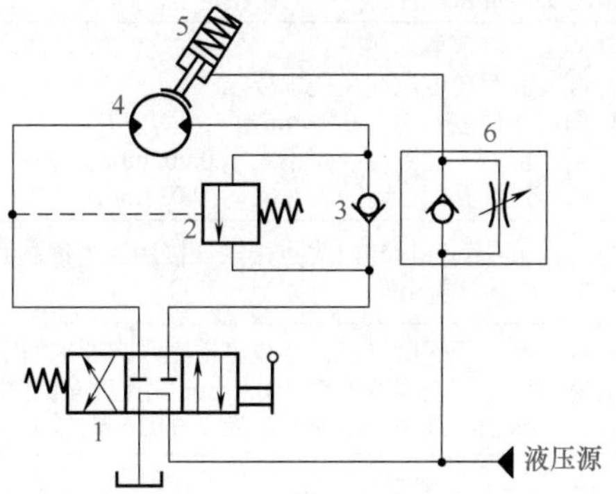<br><br>图 5-10　机械制动锁紧回路<br>1—三位四通手动换向阀；2—液控顺序阀；3—单向阀；<br>4—双向定量液压马达；5—制动器液压缸；6—单向节流阀 |

# 三、液压马达的维修与故障分析及排除

## （一）液压马达的维修

（1）轴向柱塞式液压马达的维修

轴向柱塞式液压马达使用一段时间后，有相对运动的部件会产生磨损，磨损后会产生上述不同形式的故障，必须予以修复。以 ZM 型轴向液压马达为例，其结构如图 5-11 所示，维修方法见表 5-5。

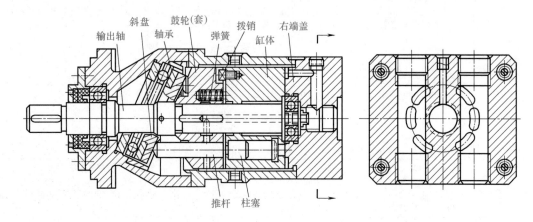

图 5-11　ZM 型轴向液压马达的结构示意图

表 5-5　轴向柱塞式液压马达的修复

| 类别 | 说明 |
| --- | --- |
| 体的修复 | 缸体需要修复的位置一是柱塞孔，二是与配流盘相接触的滑动面。柱塞孔一般采用研磨，或用金刚石绞刀削修其几何精度和孔的尺寸精度，经磨修后孔径会增大，为了保证与柱塞的配合间隙，所以要与柱塞的修复结合起来。当端面与配流盘（右端盖）的接触面磨损拉伤时，可经平磨再研磨抛光。缸体的具体修复要求如下：<br>①缸体柱塞孔（7 个）对轴心线平行度误差不大于 0.02mm，等分误差不大于 10′<br>②与配流盘相接触的滑动面平面度误差不大于 0.005mm，表面粗糙度应满足技术要求<br>③与配流盘相接触的滑动面对轴心线垂直度误差不大于 0.01mm<br>④缸体柱塞孔（7 个）圆柱度、圆度误差不大于 0.005mm，孔粗糙度应满足技术要求 |
| 柱塞的修复 | 柱塞在缸体的孔内频繁往复运动，会产生磨损和因污物拉伤。磨损后可先用无心磨床磨外圆，经电镀（轻度磨损可去油刷镀）后，再与柱塞孔相配研磨保证间隙在 0.01 ～ 0.025mm，柱塞外圆圆柱度和圆度不得超过 0.005mm，表面粗糙度在规定范围内 |
| 推杆的修复 | 修复方法同上。修复要求如下：<br>①推杆外圆表面粗糙度应满足技术要求<br>②推杆球面端跳误差不大于 0.02mm<br>③推杆外圆圆柱度、椭圆度误差不大于 0.005mm<br>④推杆外圆与鼓轮孔配合间隙为 0.01 ～ 0.025mm |
| 斜盘的修复 | 斜盘与推杆在液压马达运转时为点接触，接触压力很高，所以斜盘平面容易磨损，磨损后一般经平磨再研磨抛光，可继续再用 |
| 鼓轮的修复 | 鼓轮上的柱塞孔可经研磨抛光，修复其精度。其要求如下：<br>①推杆孔圆柱度、圆度误差不大于 0.01mm，孔表面粗糙度应满足技术要求<br>②几个推杆孔对轴心线平行度误差不大于 0.02mm，等分误差不大于 10′ |
| 配流盘（右端盖）的修复 | 修复方法同柱塞泵的配流盘。配流盘的配流平面度误差不大于 0.005mm，表面粗糙度应满足技术要求 |

（2）齿轮液压马达的维修

① 齿轮液压马达的主要零件修理方法基本上与齿轮泵的修理方法相同，可参照进行。

② 齿轮液压马达的使用注意事项。

a. 齿轮液压马达有多种结构形式，所选用的液压马达，首先应满足负载及转速要求，其次应综合考虑所选用液压马达的启动性能、低速稳定性、效率、噪声、可靠性、经济性和使用维护方便性、供货及时性等指标和条件。要优先选用经过国家相关部门及行业中鉴定和技术成熟的产品。

b. 齿轮液压马达泄油口的背压不得大于 0.05MPa。

c. 齿轮液压马达工作介质推荐使用 46 号液压油或运动黏度为（25 ～ 33）× $10^{-6}\text{m}^2/\text{s}$（50℃时）的中性矿物油。

d. 齿轮液压马达输出轴与执行元件间的安装采用弹性联轴器，其同轴度误差不得大于 0.1mm，采用轴套式联轴器的轴度误差不得大于 0.05mm。

e. 齿轮液压马达安装前应检查齿轮液压马达的旋转方向是否与产品所标示的方向一致。

（3）叶片式液压马达的维修

叶片式液压马达的维修，基本上同叶片泵，可参阅叶片泵的有关维修内容。

叶片式液压马达的维修方法见表 5-6。

表 5-6　叶片式液压马达的维修方法

| 类别 | 说明 |
|---|---|
| 转子的维修 | 转子两端面产生磨损拉伤，轻者经研磨抛光后可继续再用；磨损拉毛严重者，应先用平面磨床修磨后再研磨抛光。若叶片槽磨损，轻者用砂布金相砂纸抛光，磨损严重者上工具磨床（或专门的转子槽磨床）用薄片砂轮修整，此时因转子槽加宽，需重配叶片<br>转子的主要技术要求如图 5-12 所示。<br>技术条件：<br>①叶片槽侧面平行度必须在 H7 公差范围内；<br>②热处理 S-C59，花键部分允许去碳；<br>③ $\phi 1$ 与 $\phi 2$ 的径向跳动允差为 0.02mm；<br>④材料为 20MnVB 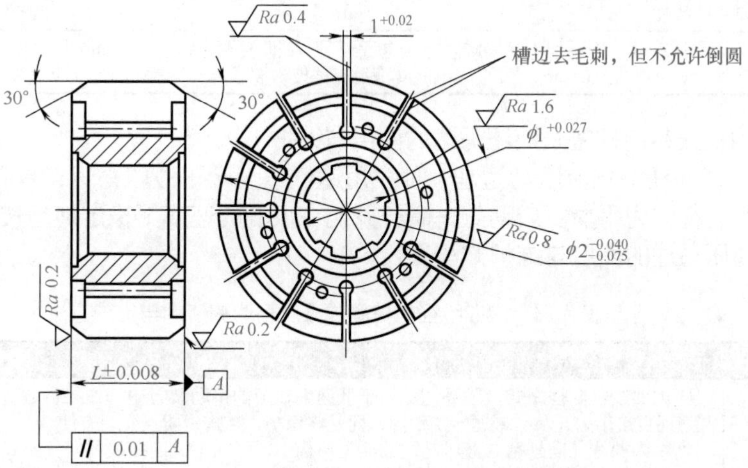<br><br><br>图 5-12　转子的主要技术要求 |
| 定子的维修 | 定子的主要技术要求如图 5-13 所示。定子的故障主要是叶片相贴的定子内曲面的磨损与拉毛。轻者可用圆形细油石或砂布研磨继续再用；磨损严重时，一般用户因无专用曲线磨床与凸轮磨床，难以修复，可购买更换，或者去生产厂加工<br>技术条件：<br>① $\phi 1$ 与 $\phi 2$ 直径相差值为 ±0.05mm；<br>②内表面曲线需平滑，不得有折角棱面；<br>③渗碳淬火后淬硬深度不少于 0.2mm；<br>④内圆曲面抛光后，允许有交叉花纹；<br>⑤外形周边倒角 0.35mm；<br>⑥材料为 18CrMnTi |

| 类别 | 说明 |
|---|---|
| 定子的维修 | 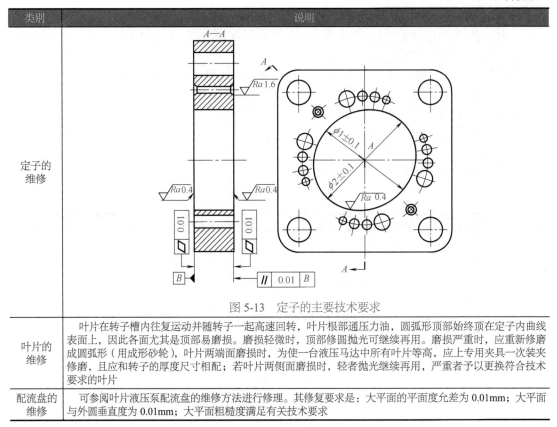图 5-13　定子的主要技术要求 |
| 叶片的维修 | 叶片在转子槽内往复运动并随转子一起高速回转，叶片根部通压力油，圆弧形顶部始终顶在定子内曲线表面上，因此各面尤其是顶部易磨损。磨损轻微时，顶部修圆抛光可继续再用。磨损严重时，应重新修磨成圆弧形（用成形砂轮），叶片两端面磨损时，为使一台液压马达中所有叶片等高，应上专用夹具一次装夹修磨，且应和转子的厚度尺寸相配；若叶片两侧面磨损时，轻者抛光继续再用，严重者予以更换符合技术要求的叶片 |
| 配流盘的维修 | 可参阅叶片液压泵配流盘的维修方法进行修理。其修复要求是：大平面的平面度允差为 0.01mm；大平面与外圆垂直度为 0.01mm；大平面粗糙度满足有关技术要求 |

（4）内曲线径向柱塞式液压马达的使用与维护

内曲线径向柱塞式液压马达是一种多用途低速大转矩液压马达，具有尺寸小、重量轻、转矩脉动小、径向力平衡、启动效率高，并能在很低的速度下稳定地运转等优点。内曲线径向柱塞式液压马达的使用与维护方法见表 5-7。

表 5-7　内曲线径向柱塞式液压马达的使用与维护方法

| 项目 | 说明 |
|---|---|
| 选用的原则 | ①内曲线径向柱塞式液压马达适用于低速大转矩的传动装置中，如果参数适当，则可以不用齿轮箱减速而直接传力，节省减速器的费用，而且体积小，结构紧凑，安装方便<br>②在内曲线径向柱塞式液压马达的典型结构中，以横梁式内曲线径向柱塞式液压马达及球塞式内曲线径向柱塞式液压马达的使用比较普遍。当转矩比较大时，可选用横梁式内曲线径向柱塞式液压马达，对于比较小的转矩，可任选两者之一<br>③对于系统压力较高的场合，例如，大于 16MPa 时，适宜选用横梁式内曲线径向柱塞式液压马达，小于该压力则可根据需要任意选择两者之一<br>④对于输出轴承受径向力的场合，只能选择横梁式内曲线径向柱塞式液压马达，球塞式内曲线径向柱塞式液压马达在一般情况下因不能承受此力，故不能选用 |
| 使用时应注意的事项 | ①内曲线径向柱塞式液压马达使用时必须保证一定的背压，以避免滚轮副脱离导轨而引起撞击，而且应随着转速的提高而提高背压压力，具体背压值应根据使用说明书上的规定<br>②内曲线径向柱塞式液压马达在使用前应向壳体内灌满清洁的工作液，以保证滚轮副等的润滑<br>③内曲线径向柱塞式液压马达的进出油管在配油轴上时，应采用一段高压软管连接，以保证配油轴本身在配油套内处于浮动状态，防止配油轴和配油套卡死<br>④内曲线径向柱塞式液压马达微调机构的作用是使配油处于最佳工况，以避免产生敲轨现象。该微调机构一般在出厂时已经调好，非特殊情况不要随便调动<br>⑤内曲线径向柱塞式液压马达的外泄漏管要求接回油箱，若与回油管路相连，则须保证其压力不超过 1 个大气压 |

| 项目 | 说明 |
|---|---|
| 使用时应注意的事项 | ⑥横梁式内曲线径向柱塞式液压马达的输出轴容许承受径向力，其最大值不超过使用说明书的规定值。球塞式内曲线径向柱塞式液压马达的输出轴无轴支承时，则不能承受径向力<br>⑦液压系统中的工作油液应严格保持清洁，过滤精度不低于 25μm<br>⑧ JDM 型径向柱塞式液压马达使用时应注意以下几点：<br>  a. 液压马达在低于 5 ~ 20r/min 时会产生爬行现象，故对低速均匀性要求高的机械不宜使用；<br>  b. 液压马达推荐采用 68 号全损耗系统用油。工作油温一般为 20 ~ 50℃。工作油中不允许含有直径大于 0.05mm 的固体杂质；<br>  c. 液压马达允许在最大压力 22MPa 下运转，但连续运转时间必须减小到每小时运转 6min；<br>  d. 液压马达与负载轴连接时，两轴务必同轴。液压马达有 3 个溢流孔，使用时接最高位置的溢流孔，余者堵死。溢流压力不超过 0.1MPa<br>⑨内曲线径向柱塞式液压马达出油口应具有 0.5 ~ 1MPa 左右的背压。内曲线径向柱塞式液压马达是一种不可逆的液压元件，其出油口应具有 0.5 ~ 1MPa 左右的背压，避免滚轮副脱离导轨而引起噪声、撞击和零件损坏等现象 |

## （二）液压马达的故障分析与排除

（1）轴向柱塞式液压马达的常见故障原因及排除方法（表 5-8）

表 5-8　轴向柱塞式液压马达的故障产生原因及排除方法

| 故障现象 | 故障原因 | 排除方法 |
|---|---|---|
| 转速低、转矩小 | ①液压泵供油量不足，可能是：<br>a. 电动机的转速过低<br>b. 吸油口的过滤器被污物堵塞，油箱中的油液不足，油管孔径过小等因素，造成吸油不畅<br>c. 系统密封不严，有泄漏，空气侵入<br>d. 油液黏度太大<br>e. 液压泵径向、轴向间隙过大，容积效率降低 | ①相应采取如下措施：<br>a. 核实后调换电动机<br>b. 清洗过滤器，加足油液，适当加大油管孔径，使吸油通畅<br>c. 紧固各连接处，防止泄漏和空气侵入<br>d. 一般使用 N32 润滑油，若气温低而黏度增加，可改用 N15 润滑油<br>e. 修复液压泵 |
| | ②液压泵输入的油压不足，可能是：<br>a. 系统管道长，通道小<br>b. 油温升高，黏度降低，内部泄漏增加 | ②相应采取如下措施：<br>a. 尽量缩短管道，减小弯角和折角，适当增加弯道截面积<br>b. 更换黏度较大的油液 |
| | ③液压马达各接合面严重泄漏 | ③紧固各接合面螺钉 |
| | ④液压马达内部零件磨损，内部泄漏严重 | ④修配或更换磨损件 |
| 噪声厉害 | ①液压泵进油处的过滤器被污物堵塞 | ①清洗过滤器 |
| | ②密封不严而使大量空气进入 | ②紧固各连接处 |
| | ③油液不清洁 | ③更换清洁的油液 |
| | ④联轴器碰擦或不同心 | ④校正同心并避免碰擦 |
| | ⑤油液黏度过大 | ⑤更换黏度较小的油液（N15 润滑油） |
| | ⑥马达活塞的径向尺寸严重磨损 | ⑥研磨转子内孔，单配活塞 |
| | ⑦外界振动的影响 | ⑦隔绝外界振动 |
| 外部泄漏 | ①传动轴端的密封圈损坏 | ①更换密封圈 |
| | ②各接合面及管接头处的螺钉或螺母未拧紧 | ②拧紧各接合面的螺钉及管接头处的螺母 |
| | ③管塞未旋紧 | ③旋紧管塞 |
| 内部泄漏 | ①弹簧疲劳，转子和配流盘端面磨损使轴向间隙过大 | ①更换弹簧，修磨转子和配流盘端面 |
| | ②柱塞外圆与转子孔磨损 | ②研磨转子孔，单配柱塞 |

（2）径向柱塞式液压马达的常见故障现象、原因及排除方法（表 5-9）

表 5-9　径向柱塞式液压马达的常见故障现象、原因及排除方法

| 故障现象 | 故障原因及排除方法 |
|---|---|
| 转速下降，转速不够 | ①配流轴磨损，或者配合间隙过大。以轴配流的液压马达，如 JMD 型、CLJM 型、YM-3.2 型等，当配流轴磨损时，使得配流轴与相配的孔（如阀套或配流体壳孔）间隙增大，造成内泄漏增大，压力油漏往排油腔，使进入柱塞腔的油的流量大为减小，转速下降。此时可刷镀配流轴外圆柱面或镀硬铬修复，情况严重者需重新加工更换 |
|  | ②配流盘端面磨损，拉有沟槽。采用配流盘的液压马达，如 JMDG 型、NHM 型等，当配流盘端面磨损，特别是拉有较深沟槽时，内泄漏增大，使转速不够；另外，压力补偿间隙机构失灵也造成这种现象。此时应平磨或研磨配流盘端面 |
|  | ③柱塞上的密封圈破损。柱塞密封圈破损后，造成柱塞与缸体孔间密封失效，内泄漏增加。此时需更换密封圈 |
|  | ④缸体孔因污物等原因拉有较深沟，槽应予以修复 |
|  | ⑤连杆球铰副磨损 |
|  | ⑥系统方面的原因。例如液压泵供油不足、油温太高、油液黏度过低、液压马达背压过大等，均会造成液压马达转速不够的现象，可查明原因，采取对策 |
| 输出转矩不够 | ①同上①～⑥ |
|  | ②连杆球铰副烧死，别劲 |
|  | ③连杆轴瓦烧坏，造成机械摩擦阻力大 |
|  | ④轴承损坏，造成回转别劲 |
| 液压马达不转圈，不工作 | ①无压力油进入液压马达，或者进入液压马达的压力油压力太低，应检查系统压力上不来的原因 |
|  | ②输出轴与配流盘之间的十字连接轴折断或漏装，应更换或补装 |
|  | ③有柱塞卡死在缸体孔内，压力油推不动，应拆修使之运动灵活 |
|  | ④输出轴上的轴承烧死，可更换轴承 |
| 速度不稳定 | ①运动件之间存在别劲现象 |
|  | ②输入的流量不稳定，如泵的流量变化太大，应检查 |
|  | ③运动摩擦面的润滑油膜被破坏，造成干摩擦，特别是在低速时产生抖动（爬行）现象。此时最要注意检查连杆中心节流小孔的阻塞情况，应予以清洗和换油 |
|  | ④液压马达出口无背压调节装置或无背压，此时受负载变化的影响，速度变化大，应设置可调背压 |
|  | ⑤负载变化大或供油压力变化大 |
| 马达轴封处漏油（外漏） | ①油封卡紧，唇部的弹簧脱落，或者油封唇部拉伤 |
|  | ②液压马达因内部泄漏大，导致壳体内泄漏油的压力升高，大于油封的密封能力 |
|  | ③液压马达泄油口背压太大 |

（3）叶片式液压马达常见故障现象、产生原因与排除方法（表 5-10）

表 5-10　叶片式液压马达常见故障现象、产生原因与排除方法

| 故障现象 | 产生原因 | 排除方法 |
|---|---|---|
| 叶片式液压马达输出转速不够（欠速），输出功率下降 | ①液压泵供油不足 | ①调整供油 |
|  | ②液压泵出口压力（输入液压马达）不足 | ②提高液压泵出口压力。检查液压泵与控制阀（如溢流阀）是否存在问题并排除；检查液压系统是否存在密封不良并排除 |
|  | ③液压马达结合面没有拧紧或密封不好，有泄漏 | ③拧紧结合面，检查密封情况或更换密封圈 |
|  | ④叶片因污染物或毛刺卡死在转子槽内不能伸出 | ④可拆开叶片式液压马达，清除叶片棱边及叶片转子槽上的毛刺。如果是污染物卡住，则进行清洗和换油，并适当配研叶片和叶片槽之间的间隙（0.03～0.04mm） |
|  | ⑤转子与配油盘滑动配合间隙过大，或配合面拉毛或拉有沟槽 | ⑤磨损拉毛轻微者，可研磨抛光转子端面和定子端面。磨损拉伤严重时，可先平磨转子端面和配油盘端面，再抛光。注意此时叶片和定子也应磨去相应尺寸，并保证转子与配油盘之间的滑动配合间隙在 0.02～0.03mm |

| 故障现象 | 产生原因 | 排除方法 |
|---|---|---|
| 叶片式液压马达输出转速不够（欠速），输出功率下降 | ⑥配油盘的支承弹簧疲劳，失去作用 | ⑥检查，更换支承弹簧 |
| | ⑦定子内曲线表面磨损拉伤，造成进油腔与回油腔部分串通 | ⑦可用天然圆形油石或金相砂纸磨定子内表面曲线。当拉伤的沟槽较深时，根据情况更换定子或翻转180°使用 |
| | ⑧叶片式液压马达内单向阀座与钢球磨损，或者因单向阀流道被污染物严重堵塞，使叶片底部无压力油推压叶片（特别是速度较低时），使其不能牢靠在定子的内曲面上 | ⑧应修复单向阀，确认叶片底部的压力油能可靠推压叶片，顶在定子内曲面上 |
| | ⑨油温过高或油液黏度选用不当 | ⑨应尽量降低油温，减少泄漏，减少油液黏度过高或过低对系统的不良影响，减少内外泄漏 |
| | ⑩过滤器堵塞造成输入液压马达的流量不足 | ⑩应及时清洗或更换过滤器的滤芯 |
| 噪声大、振动严重 | ①液压马达内部零件磨损及损坏 | ①对液压马达进行认真检查，会发现滚动轴承保持架断裂，轴承磨损严重，定子内曲面拉毛等，可拆检液压马达内部零件，修复或更换易损零件 |
| | ②联轴器及传输带轮同轴度超差过大，或者外来振动 | ②可校正联轴器，修正带轮内孔与外V带槽的同轴度，保证不超过0.1mm，并设法消除外来振动，如液压马达安装支座应牢固 |
| | ③定子内表面拉毛或刮伤 | ③此时应修复或更换定子 |
| | ④叶片底部的扭力弹簧过软或断裂 | ④此时可更换合格的扭力弹簧，但扭力弹簧弹力不应太强，否则会加剧定子与叶片接触处的磨损 |
| | ⑤叶片两侧面及顶部磨损及拉毛 | ⑤此时应对叶片进行修复或更换 |
| | ⑥空气进入液压马达 | ⑥可根据实际情况采取防止空气进入的措施 |
| | ⑦液压油黏度高或液压油内部有杂质使液压泵吸油阻力增大或污染物进入液压马达内 | ⑦可根据实际情况处理 |
| | ⑧液压马达安装螺钉或支座松动引起噪声和振动 | ⑧可拧紧螺钉，支座采取防振措施 |
| | ⑨液压泵工作压力调整过高，使液压马达超载运转 | ⑨此时可适当减小液压泵工作压力和调低溢流阀的压力 |
| 内、外泄漏大 | ①输出轴轴端油封失效 | ①应检查油封唇部是否拉伤以及卡紧弹簧是否脱落，同时还要检查与输出轴相配面磨损情况，然后根据实际情况进行修复 |
| | ②前盖等处O形密封圈损坏或者压紧螺钉未拧紧 | ②此时可更换O形密封圈或拧紧螺钉 |
| | ③油管接头未拧紧，因松动产生外漏 | ③此时可拧紧接头及改进接头处的密封状况 |
| | ④配油盘平面度超差或者使用过程中磨损拉伤，造成内泄漏大 | ④应修复或更换配油盘 |
| | ⑤轴向装配间隙过大产生内泄漏 | ⑤修复后其轴向间隙应保证在0.04～0.05mm |
| | ⑥油液温升过高、油液黏度过低或铸件有裂纹等 | ⑥此时须酌情处理 |
| 叶片式液压马达不旋转，不启动 | ①溢流阀调节不良或出现故障，系统压力达不到液压马达的启动转矩，不能启动 | ①可排除溢流阀故障，调高溢流阀的压力 |
| | ②液压泵的故障 | ②检查液压泵故障状况，若发现液压泵无流量输出或输出流量极少，可参阅液压泵部分的有关内容予以排除 |
| | ③换向阀动作不良 | ③检查换向阀阀芯是否卡死，有无流量进入液压马达，也可拆开液压马达出口，检查有无流量输出，液压马达后接的流量调节阀（出口节流）及截止阀是否打开等 |
| | ④叶片式液压马达的容量选择过小，带不动大载荷 | ④在设计时应充分全面考虑好负载大小，正确选用能满足负载要求的液压马达，即更换为大挡位的液压马达 |

| 故障现象 | 产生原因 | 排除方法 |
|---|---|---|
| 低速时，转速颤动，产生爬行 | ①液压马达内进了空气 | ①应检查进气原因，针对性采取措施 |
| | ②液压马达回油背压太低 | ②检查并调整，使液压马达回油背压不得小于0.15MPa |
| | ③内泄漏量较大 | ③检查内泄漏产生的原因，针对性采取措施 |
| | ④液压油压力脉动较大 | ④装入适当容量的蓄能器，利用蓄能器的吸振吸收脉动压力的作用，可明显降低液压马达的转数脉动变化量 |
| 速度不能控制和调节 | ①当采用节流调速（进口、出口或旁路节流）回路对液压马达调速时，可检查流量调节阀是否调节失灵，而造成叶片式液压马达不能调速 ②当采用容积调速的液压马达，应检查变量泵及变量液压马达的变量机构是否失灵，是否内泄漏量大，查明原因，予以排除 ③采用联合调速回路的液压马达，可参阅上述①、②进行分析处理 | |

（4）齿轮式液压马达常见故障现象、产生原因与排除方法（表5-11）

表5-11　齿轮式液压马达常见故障现象、产生原因与排除方法

| 故障现象 | 产生原因 | 排除方法 |
|---|---|---|
| 液压马达出现明显的噪声和振动，并伴随着发热 | ①齿轮马达的齿轮啮合不良。由于磨损或异物的进入造成液压马达齿形精度下降或啮合接触不良 | ①更换齿轮或对研修整，也可采用齿形变位的方式来降低噪声 |
| | ②液压马达轴承或轴承座等损坏，当液压马达的轴承或轴承座等损坏时，轴的支承得不到保证，在运转时就会产生晃动或振动，出现噪声 | ②更换损坏的轴承或轴承座等 |
| | ③液压马达轴向间隙不符合要求。当液压马达轴向间隙过小时，就会在运转时出现明显的噪声和振动，并伴随着发热 | ③研磨侧板或齿轮端面，增大轴向间隙，但轴向间隙不得大于技术要求 |
| | ④液压马达齿轮内孔与端面不垂直或液压马达前后端盖上两孔不平行 | ④更换不合格产品 |
| | ⑤液压油黏度不符合要求。当所用液压油黏度过高或过低时，会产生噪声 | ⑤更换合适黏度的液压油 |
| | ⑥过滤器因污物堵塞 | ⑥清洗过滤器，减少液压油的污染 |
| | ⑦液压系统进入空气。当泵进油管接头漏气时，当液压系统中某处漏油时，当液压系统某处连接不良时等都会造成系统进入空气，带有大量空气的液压油进入液压马达就产生振动和噪声 | ⑦应对系统进行全面检查，泵进油管接头应拧紧，密封破损的予以更换 |
| | ⑧油箱液面太低 | ⑧添加液压油至油箱规定液面位置 |
| | ⑨液压油老化，消泡性能差等原因，造成空气泡进入液压马达内 | ⑨液压油污染老化严重的予以更换等 |
| 液压马达的转速达不到规定转速，输出转矩也降低 | ①液压泵供油量不足。液压系统中的液压泵出现问题不能正常工作，液压泵输出流量减少；液压泵的转速不够，这主要是带动液压泵运转的电动机转速与功率不匹配等原因，造成输出流量不足，进入液压马达的流量和压力不够 | ①排除液压泵供油量不足的故障。检查液压泵不能正常工作的原因，若因磨损配合间隙增大则应及时维修或更换相应的零部件，检查电动机是否满足要求，若不满足要求则应更换能满足转数和功率要求的电动机等 |
| | ②液压油的性能不符合要求。一般是由于液压油黏度过小，致使液压系统各部分内泄漏增大 | ②检查液压油的黏度，及时更换合适黏度的液压油 |
| | ③液压系统中的控制阀出现问题。例如当液压系统调压阀（例如溢流阀）调压失灵，压力上不去，各控制阀内泄漏量大等原因，造成进入液压马达的流量和压力不够；当流量控制阀开口得过小，致使进入液压马达的液压油的流量过小 | ③检查并排除各控制阀故障。重点是检查溢流阀和流量阀，应检查其调压失灵的原因和流量阀开口是否合适，针对性地采取措施排除其故障 |

| 故障现象 | 产生原因 | 排除方法 |
|---|---|---|
| 液压马达的转速达不到规定转速,输出转矩也降低 | ④液压马达本身的原因。如 CM 型液压马达的侧板和齿轮两侧面磨损拉伤,造成高低压腔之间内泄漏量大,甚至串腔;YMC 型摆线齿形内啮合液压马达由于没有间隙补偿,转子与定子之间以线接触进行密封,且整台液压马达中的密封线长,因而引起泄漏,效率低。特别是当转子与定子接触线因齿形精度差或者拉伤时,泄漏更为严重,造成转速下降,输出转矩降低 | ④对液压马达的侧板和齿轮两面研磨修复,并保证装配间隙,即液压马达体也要研磨掉相应的尺寸 |
| | ⑤系统超载。当工作负载较大时,液压马达工作起来就力不从心造成转速降低 | ⑤检查负载过大的原因,并排除之 |
| | ⑥液压系统的其他元件故障 | ⑥逐一检查采取相应措施 |
| 液压马达的油封漏油 | ①泄油管安装或选择有问题。由于泄油管安装不当,会造成泄油管的压力高,导致油封漏油 | ①泄油管单独接油箱,而不要共用液压马达回油管路;清洗泄油管,去除堵塞物;若泄油管直径太小或有弯曲现象,应更换直径较大的泄油管,尽量减少或避免弯曲 |
| | ②由于油封质量差或油封破损,轴颈拉伤 | ②更换高质量的油封或更换破损的油封;研磨修复轴,避免再次拉伤 |

## 四、液压马达的维修实例

### 实例一:挖掘机行走马达工作无力的维修

液压挖掘机是由液压马达驱动行走的,在正常工况下,挖掘机的左右行走液压马达应该有相同的驱动力,才能保证挖掘机直线行驶;当挖掘机转弯时行走液压马达应有足够的驱动力,使挖掘机在各种工况下有良好的机动性。

挖掘机工作一段时间后,有时会发生诸如行走速度、爬坡能力、直行程度下降,左右转弯能力相差太大等现象。排除发动机无力、液压泵效率降低、操纵阀磨损、调节阀调节压力降低以及环境的影响和履带张紧程度左右不等诸因素之后,基本判定是由于行走液压马达驱动能力降低(即行走液压马达无力)所造成的。

行走液压马达无力的故障多由于液压马达的缸体与配流盘之间磨损过度所致。缸体与配流盘的接触表面属平面密封形式,其间有一定的接触压力和适当厚度的油膜,这样才能具有良好的密封性,减少磨损,延长使用寿命。

缸体相对于配流盘是转动的,进入缸体和由缸体排出的液压油是通过配流盘的腰形窗孔实现的。当液压油被污染时,就会在缸体与配流盘之间,特别是腰形窗孔与缸体接触的环形范围,极易造成磨损并日趋严重。液压油在接触平面之间的泄漏,特别是进、出油窗口之间过渡区域的泄漏,都将造成进出油口压力差的减小。根据液压马达的平均转矩公式:

$$T = \frac{\Delta p \, q}{2\pi}$$

式中　$\Delta p$——液压马达进出油口的压力差;

　　　$q$——液压马达的理论排量。

由于 $\Delta p$ 的减小,将导致液压马达平均扭矩降低,工作无力。只要恢复缸体与配流盘之间的密封,尽量达到设计所要求的进出油口的压力差,即可排除故障。在实践中只能解决平面接触的磨损,对于曲面接触的磨损,尚无修复的先例。修复平面接触的磨损的方法如下:

① 将待修复的缸体与配流盘清洗干净,然后将配流盘有磨痕的一面用平磨将其磨光,恢复接触平面的密封能力。由于配流盘的修复是靠磁力吸附在平磨的工作台上进行磨削的,加工前必须清理工作台台面与配流盘背面的杂物及毛刺,否则加工后配流盘上下平面的平行

度将难以保证。在加工缸体有磨痕的平面时，由于磨损面多是铜质镀层，虽可用平磨加工，但铜屑极易粘嵌到砂轮的工作面上。每加工一个都要检查砂轮的工作面是否有粘嵌的铜屑，并及时清理，必要时可用金刚石刀具对砂轮的工作面进行修整。

② 在磨削前装夹时，由于缸体与磨床工作台接触面大都有凸缘，单靠磁力无法固定牢固，必须借助夹具加以固定。并应检查被加工面与工作台平面的平行度和柱塞孔与工作台面的垂直度，经调整无误后方可加工。

③ 缸体与配流盘的磨损面经磨光后，还应以配流盘为基准对缸体磨光后的铜质平面进行刮研，以求更好的贴合程度。但绝对禁止用类似凡尔砂的磨料在其间进行研磨，以防磨料嵌入铜质镀层中，加剧平面之间的磨损。

④ 缸体与配流盘平面之间的密封需要有适当厚度的油膜。这种油膜的形成是依靠两平面之间存在一定的接触比压，这个比压是通过压缩弹簧来实现的。然而，当缸体和配流盘因磨损并经磨削之后尺寸减小，靠原先的压缩弹簧所产生的缸体与配流盘之间的接触比压相对减小，因此仍会造成接触平面之间液压油的泄漏，液压马达进出油口压力差减小，平均转矩不能恢复。要解决此问题可给弹簧加一垫圈，或按所加垫圈的厚度将原垫圈加厚。

⑤ 所加垫圈的厚度应由缸体和配流盘经磨削后几何尺寸的减小而定。考虑到弹簧经长期使用后张力下降，这一垫圈以稍厚一些为宜，一般为减小尺寸的 2 ~ 5 倍。

## 实例二：进口柱塞式低速大转矩液压马达的修理

（1）问题及诊断

某进口柱塞式低速大转矩液压马达，工作压力为 0 ~ 25MPa，转速为 0 ~ 30r/min，可方便地实现正反转及无级调速。经多年使用后，液压马达出现了输出轴油封漏油、转速不稳、压力波动等故障，经分析认为高压油在缸体柱塞孔和活塞之间窜漏是最大的故障成因。

拆检液压马达，发现轴承滚子磨损严重，导致转轴偏摆变大，引起油封泄漏；轴承磨屑随油进入液压缸，造成活塞和液压缸配合面磨损严重并有拉伤，导致窜漏。

（2）修复的方法

① 更换轴承和油封。

② 翻新液压缸和活塞。液压缸内径尺寸为 $\phi$123.8mm，如镗缸，需再配制活塞，加工难度大。据经验，决定采用成品国产柴油机标准 $\phi$120mm 缸筒改制成缸套镶嵌在原机座上，即可不加工缸的内孔。具体做法如下：

a. 在原机座液压缸孔的基准上找正后将原 $\phi$123.8mm 孔镗至 $\phi$135mm；

b. 将 $\phi$120mm 柴油机标准缸套加工为衬套（内孔不加工）。为保证内孔不变形，制作芯轴将缸套紧固后再加工，使外径同座孔有 0 ~ 0.02mm 的过盈。

③ 将原活塞表面精磨后再抛光，同缸的配合间隙为 0.04 ~ 0.07mm，再加工宽度为 3.2mm 的标准活塞环槽。

④ 加工后用工装将缸套压入缸座，活塞环采用标准环。

采取上述维修方法后，因缸径比以前小 2.5%，工作压力提高至原来的 1.06 倍左右，原工作压力为 20MPa，现为 21MPa 左右，可以满足使用要求。

## 实例三：自制液压马达柱塞压盘

某公司一台液压碎石机的行走液压马达柱塞压盘损坏，各柱塞脱出，无法工作。原压盘为钢制整体式，其压板与球面压圈为整体冲压成形，加工工艺复杂，进行单一件加工费用极高，故将其改造为分体式。一部分为钢板制成的压板部分，其形状与原件基本相同，只将原来的压圈部分去掉，其上配钻孔，每孔径均按所对应的柱塞直径加大 0.15mm（因原压盘已损坏，只能按柱塞尺寸配制压盘）。考虑到强度因素，又将压板厚度增加 1mm（增加的具体尺寸要由现场实测的结果而定，既要使各柱塞摆动灵活，又要使压盘的强度够用）。另一部分是球面压圈，用尼龙车制成形，其球面尺寸为柱塞尾部球体尺寸，厚度尺寸为原压圈加大 0.15mm。安装时，用压板将尼龙压圈压实拧紧加强螺丝，根据柱塞的灵活度，修配压圈，如过紧就将压圈的厚度锉薄后再装，直至柱塞灵活为止。压盘改进前后的结构如图 5-14 和图 5-15 所示。

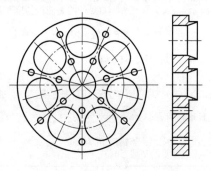 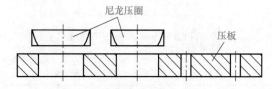

图 5-14 改造前钢制联体压盘　　　　　图 5-15 改造后压盘结构

## 实例四：摆线液压马达端面划伤的修理

　　某厂家生产的摆线液压马达，配流结构为平面配流，排量 $q$=245mL/r，压力 $p$=15.5MPa。该液压马达在工作中出现了输出无力现象，经拆检发现，与液压马达定子、转子端面相接触的前端盖面上和固定配流盘端面上分别有三道七边形波纹状的明显划伤痕迹。摆线液压马达端面划伤的修理见表 5-12。

表 5-12　摆线液压马达端面划伤的修理

| 项目 | 说明 |
|---|---|
| 划伤情况及其对系统的影响 | 前端盖面上的划伤情况较轻，划伤深度较浅，形状呈七边形波纹状，如图 5-16（a）所示；固定配流盘端面划伤较重，划伤深度 0.1～0.2mm、宽度 0.1～0.3mm，形状也呈七边形波纹状，如图 5-16（b）所示。由于与定子、转子端面相接触的前端盖面及配流盘划伤后，将使液压马达七个封闭油腔相互串通，造成内泄严重，从而严重影响液压马达输出力矩，在工作中表现为液压马达工作无力<br><br>（a）前端盖划伤面情况　　　　（b）固定配流盘端盖划伤面情况<br>图 5-16　端盖划伤面情况 |
| 划伤原因 | 该机作业对象是水泥砂石，工作条件十分恶劣，又缺乏必要的防尘措施，使得液压油严重污染，造成液压马达端面运动副磨损划伤，这是故障的主要原因。该摆线液压马达是组合式结构，由前端盖、定子环（转子在定子环中）、固定配流盘和后端盖等组成。前端盖与固定配流盘中间是定子环，它们之间的间隙非常小<br>液压马达工作时，转子在定子环内旋转，与两侧的接触表面形成一层润滑油膜，当杂质进入两接触面之间时：<br>①破坏了润滑油膜，造成运动副直接摩擦并产生许多微小磨屑；<br>②如有较硬的杂质颗粒被挤在转子齿与两侧端面之间并随同转子一起运动时，就会造成如图 5-16 所示的有规则的磨损划伤情况 |

| 项目 | 说明 |
|---|---|
| 修复方法 | 如图 5-16 所示的前端盖端面划伤比较轻微，可采取研磨法修复，即在研磨平台上涂上红丹粉，用600 号研磨砂作磨料，反复研磨，最终磨去该表面上的划痕，并保证表面有最低的表面粗糙度和最高的精度<br>如图 5-16（b）所示的配流盘表面划痕较深，而且该表面上的 A 面比 B 面低，同时还存在密封沟槽、配油通道，因此研磨时必须注意它们之间的尺寸要求。做法如下：<br>①以 B 面为基准，分别测出 A、B 两面的高度差 $h_{AB}$ 和密封沟槽的深度 $h_c$；<br>②再以配流盘另一面为基准，测出配流盘的厚度 $h_p$；<br>③在研磨平台上研磨 B 面，直至磨去划痕；<br>④再次以配流盘另一面为基准测量盘的厚度 $h_{p1}$，$h_p$ 与 $h_{p1}$ 的差值即为已研磨掉的尺寸 $h$，即 $h=h_p-h_{p1}$；<br>⑤以 B 面为基准在电火花加工机床上定位，用工具电极对 6 个 A 面沉去尺寸 $h$，以保证 A、B 两面的高度差为 $h_m$；<br>⑥为保证密封，对密封沟槽也用同样的方法沉去尺寸 $h_{AB}$，以保证沟槽深度为 $h_c$。<br>最后，经过清洗、装配和试机，证明性能良好，达到了修复的预期目的 |
| 控制磨损划伤的措施 | 更换液压系统的油，清除系统内残存的杂质颗粒及污染物；重新设置高精度过滤器；给油箱安装防尘装置，防止杂质进入油箱；加强防护措施，定期检查并换油 |

# 实例五：ZM732 静液压马达油封失效原因分析及修理

ZM732 静液压马达运用在 DF4B、DF4D 型机车上，ZM732 静液压马达在实际的工作过程中主轴骨架油封容易失效，静液压油从油封处漏出，经高速旋转的风扇抽吸、吹散，呈雾状黏附在冷却单节、风扇叶片、顶百叶窗上，染上灰尘后形成的油垢降低了冷却单节的传热效率，增大了空气流经冷却单节、风扇叶片、顶百叶窗叶片的阻力，降低了整个冷却系统的冷却能力。随着油封处漏油量的增加，静液压系统缺油导致静液压马达不能驱动风扇旋转，机车冷却系统油、水温超出正常范围，容易导致柴油机活塞拉缸、机油压力下降、油压继电器动作、机车卸载等，并发生机破、临修，严重干扰了铁路的正常运输秩序，也给机务段造成一定的经济损失。

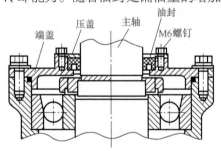

图 5-17 油封装配示意图

（1）油封失效情况

由于时间紧、任务中，DF4B、DF4D 型机车处于全负荷运行，一般 ZM732 静液压马达在全速运转下的时间较长，主轴骨架油封频繁失效。在不到一年的时间里，所使用的 DF4B、DF4D 型机车至少都发生过一次主轴骨架油封失效，油封装配图如图 5-17 所示。失效主要有以下几种形式（表 5-13）。

表 5-13 油封失效形式

| 失效形式 | 说明 |
|---|---|
| 骨架油封外圆周处失圆漏油 | 骨架油封内包钢质骨架，在制造和安装过程中，钢质骨架变形，骨架油封的外圆周面与端盖骨架油封安装孔内圆周面不密封，静液压油经两者间的缝隙从压盖的下底面处漏出 |
| 骨架油封主唇偏磨、异常磨损 | 骨架油封的主唇起主要的密封作用，经过长期的运用，主唇一侧较另一侧磨损严重，产生偏磨。严重的，一侧主唇橡胶完全磨损，主唇弹簧直接与主轴接触，弹簧磨断，静液压马达主轴沿圆周磨出凹槽。主唇与主轴的异常磨损，也导致主唇密封失效 |
| 骨架油封橡胶种类选择错误导致漏油 | 根据 ZM732 静液压马达主轴油封处的直径和最大的线速度或最高转速，应选用丙烯酸酯橡胶（ACM）制作的骨架油封。在采购材料时，忽视了静液压马达主轴处的工作环境，选用了其他种类橡胶制作的骨架油封，导致其异常磨损，耐油性差，橡胶体开裂，液压油沿裂纹处漏出 |

| 失效形式 | 说明 |
|---|---|
| 使用的骨架油封型号错误导致密封失效 | 根据 ZM732 静液压马达图纸的要求，应使用型号为 SG65×90×12 的油封，这种油封为内包骨架式双唇高速油封，副唇起到阻挡灰尘、雨水等沿主轴侵入油封内部的作用。有时检修人员会错误地领用型号为 SD65×90×12 的油封，这种油封为单唇低速油封，没有副唇，灰尘、雨水等易侵入到油封主唇处，从而加速了主唇的磨损。另外，后者的适用转速低，在风扇高速旋转时，主唇密封作用失效 |

（2）原因分析

骨架油封是 ZM732 静液压马达主轴轴伸处的唯一密封件，运用环境恶劣，再加上组装、采购选型和材质等因素，极易失去密封作用。因此，分析骨架油封失效的原因，必须根据骨架油封的工作环境和组装工艺，从骨架油封在机车冷却系统中运用的客观条件、本身的制造要求及选用组装 3 个方面来进行（表 5-14）。

表 5-14　油封失效原因分析

| 项目 | 说明 |
|---|---|
| 骨架油封本身的制造质量不符合要求 | 骨架油封制造本应符合国标的要求，但由于各生产厂家的水平有别，有的成品存在质量问题。例如，成品骨架油封的外圆周面及上表面不光滑，有模型压痕；外圆直径小于 90mm |
| 骨架油封在机车冷却系统中运用的客观恶劣条件 | ①骨架油封运用的外部环境多尘，内部有温度不超过 100℃ 的液压油；在雨雪天气和清洗机车大顶时，水易侵入到骨架油封处<br>②骨架油封的运用参数条件：回油存在压差 $p \leqslant 0.03$MPa；主轴转速高，最高转速 $n$=1500r/min；密封处主轴直径 $d_1$=65mm |
| 骨架油封的选用组装 | ①根据骨架油封运用的内部环境，要求在间隙配合处密封住压力不高于 0.03MPa、温度低于 100℃ 的回油；对外部环境，要求挡住冷却单节内的灰尘、水和有腐蚀性的清洗液等。不能同时起到这两个方面作用的油封，必然引起异常磨损，导致失效<br>②骨架油封和端盖组装时，骨架油封压进端盖座孔内用力不均匀，单边敲打，野蛮装配，会导致油封内的钢质骨架变形；径向过盈量不符合要求，骨架油封在端盖座孔内转动，沿轴向圆柱面不密封，静液压油会从圆柱面处漏出，引起骨架油封失效<br>③根据 ZM732 静液压马达主轴骨架油封运用参数条件和参考文献，应选择丙烯酸酯橡胶（ACM）制作的骨架油封。采用别的种类橡胶制作的骨架油封，不能满足主轴旋转速度下耐磨的要求，会引起快速磨损，使油封失效 |

经分析认为，骨架油封工作条件恶劣、制造质量不良、选用的油封型号（包括橡胶的种类）错误和没有严格按工艺组装，是造成其失效的主要原因。

（3）措施

为了防止骨架油封失效，制定了以下相应的解决措施：

① 制作橡胶骨架油封专用压装工具，增大端盖压入座孔内时橡胶骨架油封端面的受力面积，均匀压进，防止骨架变形。

② 防止用低速油封代替高速油封装车使用，严格按要求使用 SG65×90×12 橡胶骨架油封；油封的外观质量应良好，尺寸符合要求。油封压进到位后，与端盖座孔沿轴向圆柱面应密封，防止静液压油从圆柱面处漏出，保证骨架油封的正常使用。

③ 为了适于 ZM732 静液压马达主轴的工作环境，密封住压力不高于 0.03MPa、温度低于 100℃ 的回油，并挡住冷却单节内的灰尘、水和有腐蚀性的清洗液等，应按图纸规定选用有主、副唇的双唇橡胶内包骨架油封，禁止选用只有主唇的单唇橡胶内包骨架油封。

④ 鉴于橡胶骨架油封的使用环境恶劣，可如图 5-18 所示增加 1 个同规格的橡胶骨架油封 SG65×90×12。增加的橡胶骨架油封防止了外部灰尘等污染物的侵入，对原有的骨架油封的副唇起到保护作用；同时，在原有的骨架油封主唇密封失效的情况下，对漏出的静液压油起到了保险密封作用。增加的橡胶骨架油封安装座可按图 5-19 制作。

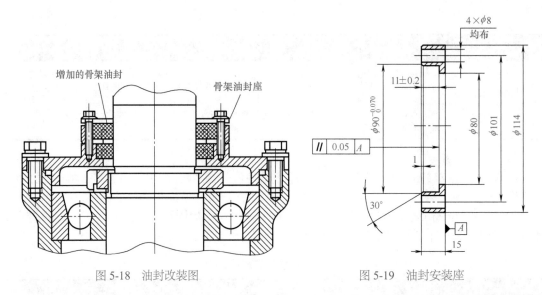

图 5-18 油封改装图      图 5-19 油封安装座

通过采取上述解决措施，ZM732 静液压马达主轴橡胶骨架油封失效得到了有效控制，连续半年未发生由于油封失效造成的机破、临修，杜绝了由于油封失效造成的风扇超范围检修，节省了大量的人力、物力，降低了机车的检修成本，保证了机车的运行安全。

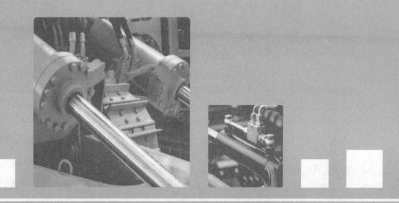

# 第六章

# 液压缸

## 第一节　常用液压缸基本知识

　　液压缸是液压系统的执行元件，它是将液体的压力能转换成工作机构的机械能，用来实现直线往复运动或小于 360° 的摆动。液压缸结构简单，配制灵活，设计、制造比较容易，使用维护方便，所以得到了广泛的应用。

　　液压缸作为执行元件，将液体的压力能转换为机械能，驱动工作部件做直线运动或往复运动，在生产实际中对各种运动的控制一般需要准确地把握力、速度，甚至位移。因而了解液压缸的工作原理，以及输出力、速度的规律，对于更好地研究液压系统有着十分重要的作用。

### 一、液压缸的工作原理

　　如图 6-1 所示，液压缸由缸筒、活塞、活塞杆、端盖、密封件等主要部件组成。图 6-1 所示为单杆双作用液压缸，根据运动形式不同，分为缸筒固定和活塞杆固定两种，其说明见表 6-1。

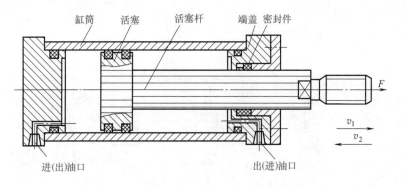

图 6-1　液压缸工作原理

表 6-1　单杆双作用液压缸的分类

| 类别 | 说明 |
|---|---|
| 缸筒固定式 | 　　左腔输入压力油,当油的压力足以克服作用在活塞杆上的负载时,推动活塞以速度 $v_1$ 向右运动,压力不再继续上升。反之,往右腔输入压力油,活塞以速度 $v_2$ 向左运动,这样便完成了一次往复运动 |
| 活塞杆固定式 | 　　当活塞杆固定,左腔输入压力油时,缸筒向左运动;当往右腔输入压力油时,则缸筒右移,如图6-1 所示<br>　　可见,液压缸是将输入液体的压力能(压力 $p$ 和流量 $q$)转变成机械能,用来克服负载做功,输出一定的推力 $F$ 和运动速度 $v$。活塞杆的运动速度 $v$ 取决于流量 $q$。因此,缸输入的压力 $p$、流量 $q$、输出作用力 $F$ 和速度 $v$ 是液压缸的主要性能参数 |

## 二、液压缸的作用和分类

　　液压缸有多种类型,按其结构形式可分为活塞缸、柱塞缸和摆动缸 3 类;按作用方式不同又可分为单作用式和双作用式两种。单作用式液压缸中液压力只能使活塞(或柱塞)单方向运动,反方向运动必须靠外力(如弹簧力或自重等)实现;双作用式液压缸可由液压力实现两个方向的运动。由于液压缸结构简单、工作可靠,除可单独使用外,还可以通过多缸组合或与杠杆、连杆、齿轮齿条、轮爪等机构组合起来完成某种特殊功能,因此液压缸的应用十分广泛。

　　液压缸与其他机构相匹配时,可完成各种运动,如图 6-2 所示。液压缸的种类很多,其详细分类见表6-2。

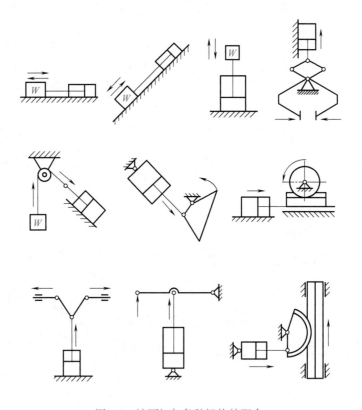

图 6-2　液压缸与各种机构的配合

表 6-2　液压缸的分类及特点

| 名称 | | 示意图 | 符号 | 说明 |
|---|---|---|---|---|
| ①单作用式液压缸 | | | | |
| 活塞式液压缸 | | 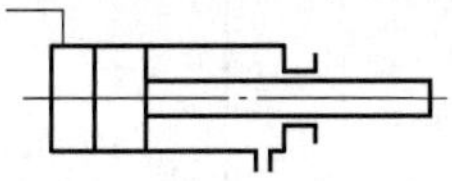 | 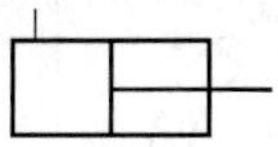 | 活塞仅能单向运动，其反向运动需由外力来完成 |
| 柱塞式液压缸 | | 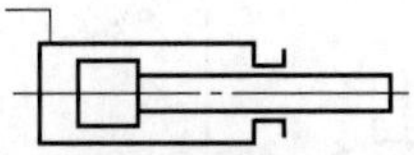 | 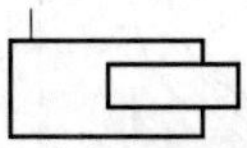 | 同上，但其行程一般较活塞式液压缸大 |
| 伸缩式液压缸 | | 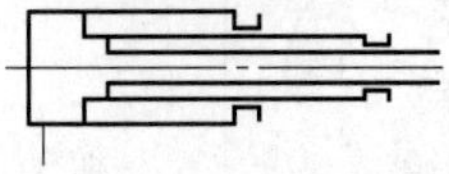 | 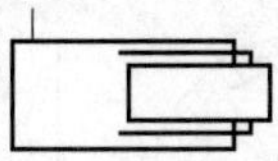 | 有多个依次运动的活塞，各活塞组运动时，其输出速度和输出力均是变化的 |
| ②双作用式液压缸 | | | | |
| 单活塞杆 | 无缓冲式 | 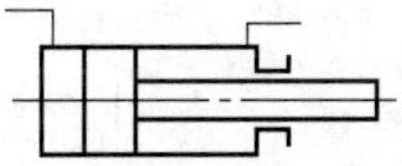 | 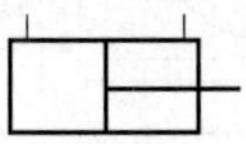 | 活塞双向运动产生推、拉力，活塞在行程终了时不减速 |
| | 不可调缓冲式 | | 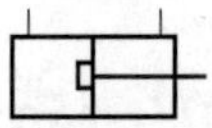 | 活塞双向运动产生推、拉力，活塞在行程终了时减速制动、减速值不变 |
| | 可调缓冲式 | | 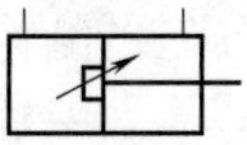 | 活塞双向运动产生推、拉力，活塞在行程终了时减速制动、减速值调节 |
| | 差动式 | 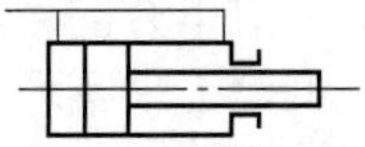 | 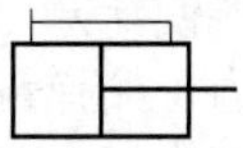 | 液压缸有杆腔的回油与液压泵输出油液一起进入无杆腔，提高运动速度 |
| 双活塞杆 | 等速等行程式 | 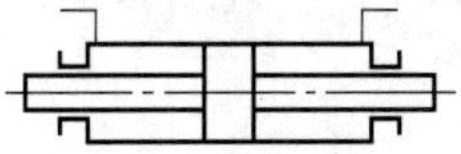 | 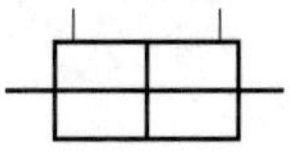 | 活塞两端杆径相同，活塞正、反向运动速度和推力均相同 |
| | 双向式 | 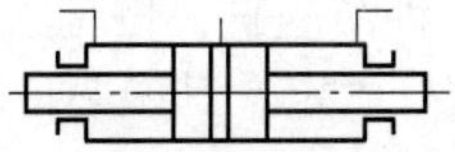 | 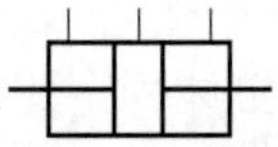 | 两活塞同时向相反方向运动，其输出速度和推力相同 |
| 伸缩式套筒液压缸 | | 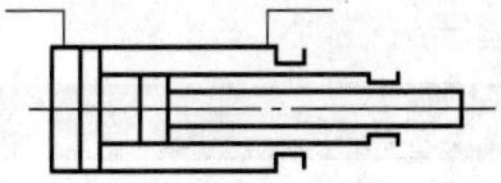 | 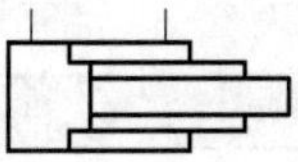 | 有多个依次运动的活塞，可双向运动，其输出速度和输出力均是变化的 |
| ③组合式液压缸 | | | | |
| 串联液压缸 | | 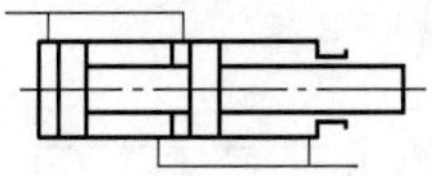 | 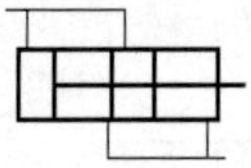 | 液压缸直径受限制而长度不受限制时，可获得较大的推力 |
| 增压液压缸 | | 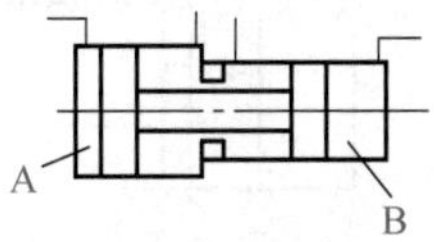 | 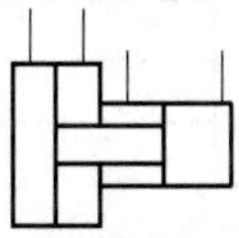 A B | 由低压室 A 缸驱动，使 B 压室获得高压力 |
| 多位缸 | | 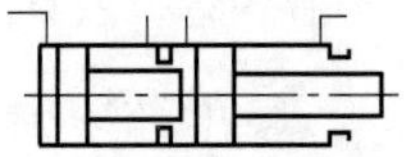 | 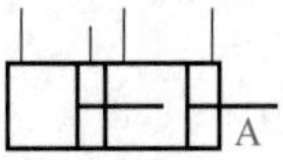 A | 活塞 A 有 3 个位置 |
| 齿条传动活塞液压缸 | | 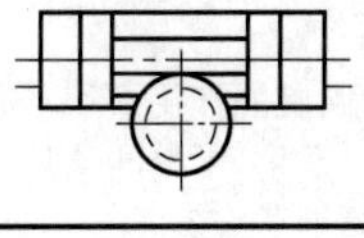 | 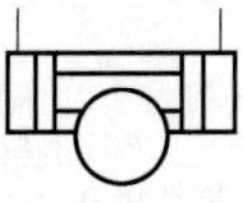 | 将液压缸的直线运动转换成齿轮的回转运动 |

| 名称 | 示意图 | 符号 | 说明 |
|------|--------|------|------|
| ④摆动式液压缸 | | | |
| 单叶片摆动液压缸 | 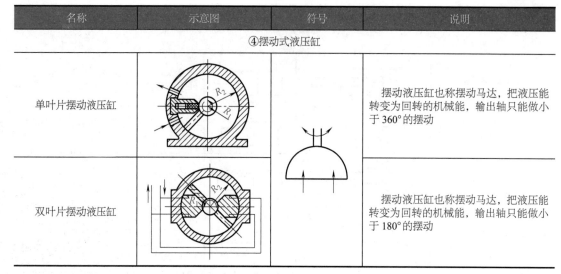 | | 摆动液压缸也称摆动马达，把液压能转变为回转的机械能，输出轴只能做小于360°的摆动 |
| 双叶片摆动液压缸 | | | 摆动液压缸也称摆动马达，把液压能转变为回转的机械能，输出轴只能做小于180°的摆动 |

## 三、常用液压缸的类型和特点

液压缸的类型很多，一般按液压缸的结构特点和作用方式分类。按照液压缸结构特点的不同可分为活塞式、柱塞式和摆动式三大类；按照液压缸的作用方式可分为单作用式、双作用式和组合式三大类。单作用缸只能使活塞（或柱塞）做单方向运动，即液体只能通向缸的一腔，而反方向运动则必须依靠外力（如弹簧力或自重等）来实现；双作用缸是利用液体压力产生的推力推动活塞（或缸体）产生正反两个方向的运动；组合式是通过串联等方式达到增压、步进和增速等目的。

（1）活塞式液压缸

活塞式液压缸是液压系统中应用最为广泛的一种液压缸，按其结构形式的不同可分为单杆式和双杆式两种。其固定方式有缸体固定和活塞杆固定，其说明见表6-3。

表6-3　活塞式液压缸说明

| 类别 | 说明 |
|------|------|
| 单活塞杆液压缸 | 如图6-3所示，单活塞杆液压缸在活塞的一端有活塞杆，通常把有活塞杆的液压腔称为有杆腔，无活塞杆的液压腔称为无杆腔。单活塞杆液压缸有缸体固定和活塞杆固定两种安装形式，活塞或缸体的移动行程等于工作行程<br>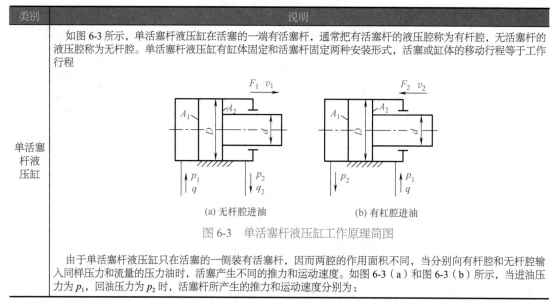<br>(a) 无杆腔进油　　　　　(b) 有杆腔进油<br>图6-3　单活塞杆液压缸工作原理简图<br>由于单活塞杆液压缸只在活塞的一侧装有活塞杆，因而两腔的作用面积不同，当分别向有杆腔和无杆腔输入同样压力和流量的压力油时，活塞产生不同的推力和运动速度。如图6-3（a）和图6-3（b）所示，当进油压力为 $p_1$，回油压力为 $p_2$ 时，活塞杆所产生的推力和运动速度分别为： |

| 类别 | 说明 |
|---|---|
| 单活塞杆液压缸 | $$F_1 = p_1 A_1 - p_2 A_2 = \frac{\pi}{4} D^2 (p_1 - p_2) + \frac{\pi}{4} d^2 p_2 \qquad (6\text{-}1)$$ $$F_2 = p_1 A_2 - p_2 A_1 = \frac{\pi}{4} D^2 (p_1 - p_2) + \frac{\pi}{4} d^2 p_2 \qquad (6\text{-}2)$$ $$v_1 = \frac{q}{A_1} = \frac{4q}{\pi D^2} \qquad (6\text{-}3)$$ $$v_2 = \frac{q}{A_2} = \frac{4q}{\pi(D^2 - d^2)} \qquad (6\text{-}4)$$ 式中　$p_1$——液压缸的进油压力；<br>　　　$p_2$——液压缸的回油压力；<br>　　　$A_1$——液压缸无杆腔的有效作用面积；<br>　　　$A_2$——液压缸有杆腔的有效作用面积；<br>　　　$q$——进入无杆腔或有杆腔的流量；<br>　　　$D$——活塞直径（即缸体直径）；<br>　　　$d$——活塞杆直径<br>　　比较上述各式，由于 $A_1 > A_2$，故 $F_1 > F_2$，$v_1 < v_2$，即活塞杆伸出时，推力较大，速度较小；活塞杆缩回时，推力较小，速度较大。因而它适用于伸出时承受工作载荷，缩回时为空载或轻载的场合<br>　　由式（6-1）和式（6-3）得液压缸往复运动时的速度比为：$$\lambda_v = \frac{v_2}{v_1} = \frac{D^2}{D^2 - d^2} \qquad (6\text{-}5)$$ 上式表明，当活塞杆直径愈小时，速度比 $\lambda_v$ 愈接近于 1，两方向的速度差值愈小<br>　　当单杆缸两腔同时进入压力油时，如图6-4所示。在忽略两腔连通油路压力损失的情况下，两腔的油液压力相等。但由于无杆腔受力面积大于有杆腔，活塞向右的作用力大于向左的作用力，活塞做伸出运动，并将有杆腔的油液挤出，流进无杆腔，加快活塞的伸出速度。单杆液压缸两腔都进入液压油的这种连接方式称为差动连接<br>　　差动连接时，$p_1 \approx p_2$，活塞推力 $F_3$ 为：$$F_3 = p_1 A_1 - p_2 A_2 \approx \frac{\pi}{4} D^2 p_1 - \frac{\pi}{4}(D^2 - d^2) p_1 = \frac{\pi}{4} d^2 p_1 \qquad (6\text{-}6)$$ 活塞杆伸出的速度 $v_3$ 为：$$v_3 = \frac{q}{A_1 - A_2} = \frac{4q}{\pi d^2} \qquad (6\text{-}7)$$ 若要求差动液压缸的往复运动速度相等（$v_2 = v_3$），则有：$$D = \sqrt{2} d$$ 由式（6-6）和式（6-7）可知，差动连接时起有效作用的面积是活塞杆的横截面积。与非差动连接无杆腔进油工况相比，在输入油液压力和流量相同的条件下，活塞杆伸出速度较大而推力较小。因此，差动连接常用于需要快进（差动连接）→进（无杆腔进油）→快退（有杆腔进油）工作循环的组合机床等液压系统中。单活塞杆液压缸往复运动范围约为有效行程的2倍，其结构紧凑，应用广泛<br>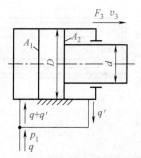<br>图 6-4　差动液压缸工作原理简图 |
| 双活塞杆液压缸 | 　　如图6-5所示为双活塞杆液压缸的原理图，液压缸的两侧均装有活塞杆。当两活塞杆的直径相同，即有效工作面积相等时，向液压缸两腔输入同样压力和流量的压力油时，活塞或缸体两个方向的输出推力和运动速度相等，其值分别为：$$F = (p_1 - p_2)\frac{\pi}{4}(D^2 - d^2) \qquad (6\text{-}8)$$ $$v = \frac{q}{A} = \frac{4q}{\pi(D^2 - d^2)} \qquad (6\text{-}9)$$ 式中　$v$——活塞（或缸体）的运动速度；<br>　　　$q$——输入液压缸的流量；<br>　　　$p_1$——液压缸的进油压力；<br>　　　$p_2$——液压缸的回油压力；<br>　　　$A$——活塞的有效作用面积； |

| 类别 | 说明 |
|---|---|
| 双活塞杆液压缸 | $D$——活塞直径（即缸体直径）；<br>$d$——活塞杆直径<br>　　如图6-5（a）所示为缸体固定、活塞杆移动的安装形式，运动部件的移动范围是活塞有效行程的3倍，这种安装形式占地面积大，一般用于小型设备。如图6-5（b）所示为活塞杆固定、缸体移动的安装形式，运动部件的移动范围是活塞有效行程的2倍，这种安装形式占地面积小，常用于大、中型设备<br>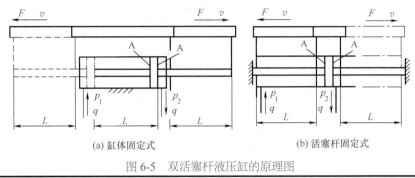<br>(a) 缸体固定式　　　　　　　　　　(b) 活塞杆固定式<br>图6-5　双活塞杆液压缸的原理图 |

## （2）柱塞式液压缸

活塞式液压缸的内壁要求精加工，当液压缸较长时加工就比较困难，因此在行程较长的场合多采用柱塞缸。柱塞缸的内壁不需要精加工，只对柱塞杆进行精加工。它结构简单，制造方便，成本低。如图6-6（a）所示为柱塞缸的结构，它由缸体、柱塞、导套、密封圈、压盖等零件组成。

柱塞缸只能在压力油作用下产生单向运动。回程借助于运动件的自重或外力的作用（垂直旋转或弹簧力等）。为了得到双向运动，柱塞缸成对使用，如图6-6（b）所示。为减轻重量，防止柱塞水平放置时因自重而下垂，常把柱塞做成空心的形式。

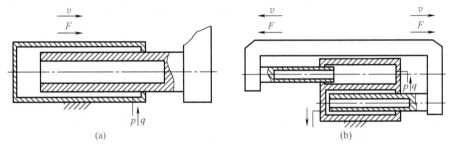

(a)　　　　　　　　　　　　　　　(b)

图6-6　柱塞缸的结构

## （3）摆动式液压缸

摆动式液压缸又称为摆动式液压马达或回转液压缸，它把油液的压力能转变为摆动运动的机械能。常用的摆动式液压缸有单叶片和双叶片两种。

如图6-7（a）所示为单叶片摆动式液压缸。隔板用螺钉和圆柱销固定在缸体上。当压力油进入油腔时，推动转动轴做逆时针旋转，另一腔的油排回油箱。当压力油反向进入油腔时，转轴顺时针转动。它的摆动范围一般在300°以下。设摆动缸进出油口压力分别为 $p_1$ 和 $p_2$，输入的流量为 $q$，若不考虑泄漏和摩擦损失，它的输出转矩 $T$ 和角速度 $\omega$ 分别为：

$$T = b\int_r^R (p_1 - p_2)r\mathrm{d}r = \frac{b}{2}(R^2 - r^2)(p_1 - p_2) \tag{6-10}$$

$$\omega = 2\pi n = \frac{2q}{b(R^2 - r^2)} \tag{6-11}$$

式中　$b$——叶片宽度；

　　　$r$、$R$——叶片底端、顶端回转半径。

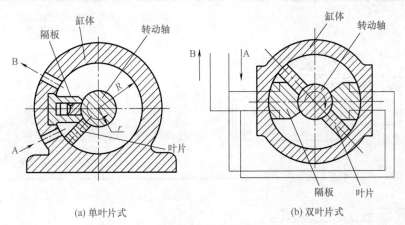

(a) 单叶片式　　　　　　　(b) 双叶片式

图 6-7　摆动液压缸类型

如图 6-7（b）所示为双叶片摆动式液压缸。当按图 6-7（b）所示方向输入压力油时，叶片和输出轴顺时针转动；反之，叶片和输出轴逆时针转动。双叶片摆动式液压缸的摆动范围一般不超过 150°。

（4）增力缸、增压缸、伸缩式液压缸（表 6-4）

表 6-4　增力缸、增压缸、伸缩式液压缸说明

| 类别 | 图示 | 说明 |
|---|---|---|
| 增力缸 | 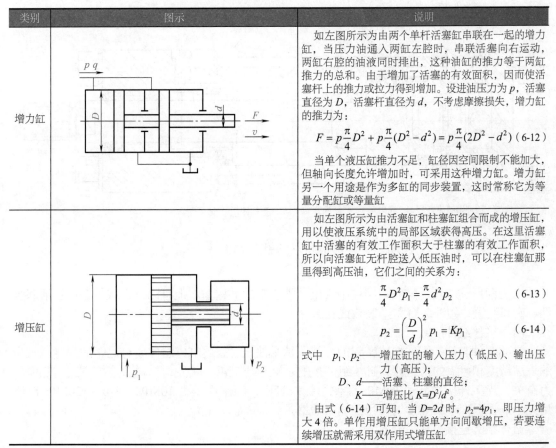 | 如左图所示为由两个单杆活塞缸串联在一起的增力缸，当压力油通入两缸左腔时，串联活塞向右运动，两缸右腔的油液同时排出，这种油缸的推力等于两缸推力的总和。由于增加了活塞的有效面积，因而使活塞杆上的推力或拉力得到增加。设进油压力为 $p$，活塞直径为 $D$，活塞杆直径为 $d$，不考虑摩擦损失，增力缸的推力为：<br><br>$$F = p\frac{\pi}{4}D^2 + p\frac{\pi}{4}(D^2 - d^2) = p\frac{\pi}{4}(2D^2 - d^2) \quad (6\text{-}12)$$<br><br>当单个液压缸推力不足，缸径因空间限制不能加大，但轴向长度允许增加时，可采用这种增力缸。增力缸另一个用途是作为多缸的同步装置，这时常称它为等量分配缸或等量缸 |
| 增压缸 | | 如左图所示为由活塞缸和柱塞缸组合而成的增压缸，用以使液压系统中的局部区域获得高压。在这里活塞缸中活塞的有效工作面积大于柱塞的有效工作面积，所以向活塞缸无杆腔送入低压油时，可以在柱塞缸那里得到高压油，它们之间的关系为：<br><br>$$\frac{\pi}{4}D^2 p_1 = \frac{\pi}{4}d^2 p_2 \quad (6\text{-}13)$$<br><br>$$p_2 = \left(\frac{D}{d}\right)^2 p_1 = Kp_1 \quad (6\text{-}14)$$<br><br>式中　$p_1$、$p_2$——增压缸的输入压力（低压）、输出压力（高压）；<br>　　　$D$、$d$——活塞、柱塞的直径；<br>　　　$K$——增压比 $K=D^2/d^2$。<br>由式（6-14）可知，当 $D=2d$ 时，$p_2=4p_1$，即压力增大 4 倍。单作用增压缸只能单方向间歇增压，若要连续增压就需采用双作用式增压缸 |

| 类别 | 图示 | 说明 |
|---|---|---|
| 伸缩式液压缸 | 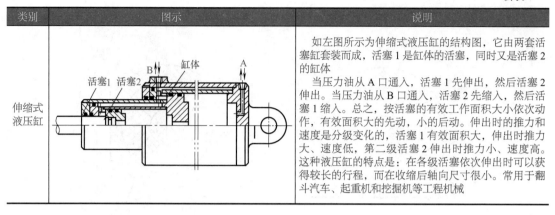 | 如左图所示为伸缩式液压缸的结构图，它由两套活塞缸套装而成，活塞1是缸体的活塞，同时又是活塞2的缸体<br>　当压力油从A口通入，活塞1先伸出，然后活塞2伸出。当压力油从B口通入，活塞2先缩入，然后活塞1缩入。总之，按活塞的有效工作面积大小依次动作，有效面积大的先动，小的后动。伸出时的推力和速度是分级变化的，活塞1有效面积大，伸出时推力大、速度低，第二级活塞2伸出时推力小、速度高。这种液压缸的特点是：在各级活塞依次伸出时可以获得较长的行程，而在收缩后轴向尺寸很小。常用于翻斗汽车、起重机和挖掘机等工程机械 |

## 四、液压缸的典型结构

如图6-8所示为单杆液压缸的结构图，它主要由缸筒、活塞、活塞杆、前端盖、后端盖、密封件等主要部件组成。缸筒与端盖用螺栓连接，活塞与缸筒、活塞杆与端盖之间有两种密封形式，即橡塑组合密封与唇形密封。该液压缸具有双向缓冲功能，工作时压力油经进油口、单向阀进入工作腔，推动活塞运动，当活塞临近终点时，缓冲套切断油路，排油只能经节流阀排出，起节流缓冲作用。

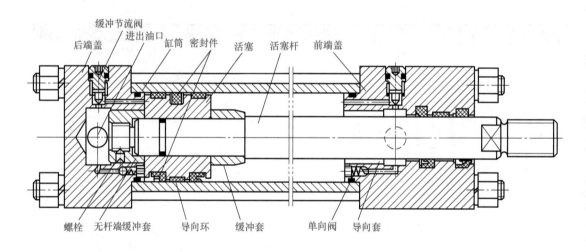

图6-8　单杆液压缸结构

从上面所述的液压缸典型结构中看出，液压缸的结构基本上可以分为缸体组件、活塞组件、密封装置、缓冲装置和排气装置五部分。

（1）缸体组件

缸体组件与活塞组件构成密封的容腔，承受油压。因此缸体组件要有足够的强度、较高的表面精度和可靠的密封性。缸体组件指的是缸筒与缸盖，其使用材料、连接方式与工作压力有关，当工作压力 $p < 10MPa$ 时使用铸铁缸筒，当工作压力 $10MPa \leqslant p < 20MPa$ 时使用无缝钢管，$p \geqslant 20MPa$ 时使用铸钢或锻钢。

缸体组件连接方式见表6-5。

表 6-5　缸体组件连接方式

| 连接方式 | 图示 | 说明 |
|---|---|---|
| 采用法兰连接 | | 采用法兰连接。其结构简单、加工方便、连接可靠，但要求缸筒端部有足够的壁厚，用以安装螺栓或旋入螺钉。缸筒端部一般用铸造、镦粗或焊接方式制成粗大的外径 |
| 半环连接 | | 采用半环连接。工艺性好、连接可靠、结构紧凑，但削弱了缸筒强度。这种连接常用于无缝钢管缸筒与缸盖的连接中 |
| 螺纹连接 | | 采用螺纹连接。其特点是体积小、重量轻、结构紧凑，但缸筒端部结构复杂，常用于无缝钢管或铸钢的缸筒上 |
| 拉杆连接 | — | 拉杆连接结构简单、工艺性好、通用性强，但端盖的体积和重量较大，拉杆受力后会变形，影响密封效果，适用于长度较小的中低压缸 |
| 焊接式连接 | — | 焊接式连接强度高，制造简单，但焊接时易引起缸筒变形，且无法拆卸 |

（2）活塞组件

活塞组件由活塞、活塞杆和连接件等组成。活塞一般用耐磨铸铁制造而成，活塞杆不论空心的还是实心的，大多用钢料制造而成。活塞和活塞杆的连接方式很多，但无论采用哪种连接方式，都必须保证连接可靠。整体式和焊接式活塞结构简单，轴向尺寸紧凑，但损坏后需整体更换。锥销式连接加工容易，装配简单，但承载能力小，且需要有必要的防止脱落措施。螺纹式连接［图6-9（a）］结构简单，装拆方便，但需备有螺母防松装置。半环式连接［图6-9（b）］强度高，但结构复杂，装拆不便。

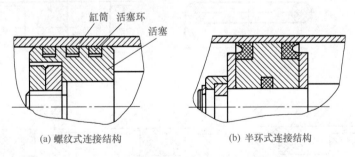

(a) 螺纹式连接结构　　　(b) 半环式连接结构

图 6-9　活塞与活塞杆的连接形式

（3）密封装置

密封装置的作用用来阻止工作介质的泄漏，防止外界空气、灰尘、污垢与异物的侵入。其中起密封作用的元件称为密封件。通常在液压系统或元件中，存在工作介质的内泄漏和外泄漏，内泄漏会降低系统的容积效率，恶化设备的性能指标，甚至使其无法正常工作。外泄漏导致流量减少，不仅污染环境，还有可能引起火灾，严重时可能引起设备故障和人身事故。系统中若侵入空气，就会降低工作介质的弹性模量，产生气穴现象，有可能引起振动和噪声。灰尘和异物既会堵塞小孔和缝隙，又会增加液压缸中相互运动件之间的摩擦磨损，降低使用寿命，并且加速了内、外泄漏。所以为了保证液压设备工作的可靠性，并提高工作寿命，密封装置与密封件不容忽视。液压缸的密封主要指活塞、活塞杆处的动密封和缸盖等处的静密封。常用的密封方法有以下几种。

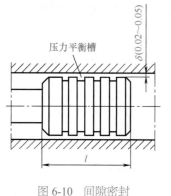

图 6-10　间隙密封

① 间隙密封。这是依靠两运动件配合面之间保持一很小的间隙，使其产生液体摩擦阻力来防止泄漏的一种方法。该密封方法只适用于直径较小、压力较低的液压缸与活塞间的密封。间隙密封属于非接触式密封，它是靠相对运动件配合面之间的微小间隙来防止泄漏以实现密封，如图 6-10 所示，常用于柱塞式液压泵（马达）中柱塞和缸体配合、圆柱滑阀的摩擦副的配合中。通常在阀芯的外表面开几条等距离的均压槽，其作用是对中性好，减小液压卡紧力，增大密封能力，减轻磨损。均压槽宽度为 0.3 ～ 0.5mm，深为 0.5 ～ 1mm，其间隙值可取 0.02 ～ 0.05mm。对于这种密封，摩擦阻力小、结构简单，但磨损后不能自动补偿。

② 密封圈密封。密封圈的类型及说明见表 6-6。

表 6-6　密封圈的类型及说明

| 类别 | 说明 |
| --- | --- |
| O 形密封圈 | O 形密封圈是由耐油橡胶制成的截面为圆形的圆环，它具有良好的密封性能，且结构紧凑，运动件的摩擦阻力小、装卸方便、容易制造、价格便宜，故在液压系统中应用广泛<br><br>如图 6-11（a）所示为其外形图。如图 6-11（b）所示为装放密封沟槽的情况，$\delta_1$、$\delta_2$ 是 O 形圈装配后的预压缩量，通常用压缩率 $\beta$ 表示，即 $\beta=[(d_0-h)/d_0]\times100\%$，对于固定密封、往复运动密封和回转运动的密封，应分别达到（15% ～ 20%）、（10% ～ 20%）和（5% ～ 10%），才能取得满意的密封效果。当油液工作压力大于 10MPa 时，O 形圈在往复运动中容易被油液压力挤入间隙而过早损坏，如图 6-11（c）所示。为此需在 O 形圈低压侧设置聚四氟乙烯或尼龙制成的挡圈，如图 6-11（d）所示，其厚度为 1.25 ～ 2.5mm。双向受压时，两侧都要加挡圈，如图 6-11（e）所示<br><br>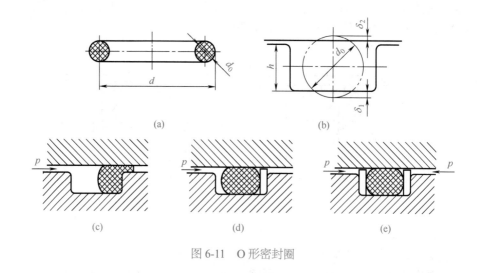<br>（a）　　　　　　　　　（b）<br>（c）　　　　（d）　　　　（e）<br>图 6-11　O 形密封圈 |

| 类别 | 说明 |
|---|---|
| V 形密封圈 | V 形密封圈的形状如图 6-12 所示，它由纯耐油橡胶或多层夹织物橡胶压制而成，通常由支承环［图 6-12（a）］、密封环［图 6-12（b）］和压环［图 6-12（c）］组成。当压环压紧密封环时，支承环使密封环产生变形而起密封作用。当工作压力高于 10MPa 时，可增加密封环的数量，提高密封效果。安装时，密封环的开口应面向压力高的一侧。V 形圈密封性能良好、耐高压、寿命长。通过调节压紧力，可获得最佳的密封效果，但 V 形密封装置的摩擦阻力及结构尺寸较大，主要用于活塞组件的往复运动。它适宜在工作压力小于 50MPa、温度为 $-40 \sim 80℃$ 的条件下工作<br><br>（a）　（b）　（c）<br>图 6-12　V 形密封圈 |
| Y 形密封圈 | Y 形密封圈属唇形密封圈，其截面为 Y 形，主要用于往复运动的密封，是一种密封性、稳定性和耐压性较好，摩擦阻力小，寿命较长的密封圈，故应用也很广泛。Y 形圈的密封作用依赖于它的唇边对偶合面的紧密接触，并在压力油作用下产生较大的接触应力，达到密封的目的，如图 6-13 所示。当液压力升高时，唇边与偶合面贴得更紧，接触压力更高，密封性能更好。Y 形圈根据截面长宽比例不同分为宽断面和窄断面两种形式。一般适用于工作压力 $\leqslant 20MPa$、工作温度 $-30℃ \sim 100℃$、速度 $v \leqslant 0.5m/s$ 的场合<br><br>（a）　（b）<br>图 6-13　Y 形密封圈的工作原理 |

目前液压缸中广泛使用窄断面小 Y 形密封圈，它是宽断面的改型产品，截面的长宽比在 2 倍以上，因而不易翻转，稳定性好，它有等高唇 Y 形圈和不等高唇 Y 形圈两种，后者又有轴用密封圈［图 6-14（a）］和孔用密封圈［图 6-14（b）］两种。其短唇与密封面接触，滑动摩擦阻力小，耐磨性好，寿命长；长唇与非运动表面有较大的预压缩量，摩擦阻力大，工作时不窜动。一般适用于工作压力 $p \leqslant 32MPa$、使用温度为 $-30 \sim 100℃$ 的场合。

液压缸高压腔中的油液向低压腔泄漏称为内泄漏，液压缸中的油液向外部泄漏称为外泄漏。由于存在内泄漏和外泄漏，使液压缸的容积效率降低，从而影响其工作性能，严重时使系统压力上不去，甚至无法工作；且外泄漏还会污染环境，因此为了防止泄漏，液压缸中需要密封的地方必须采取相应的密封装置。

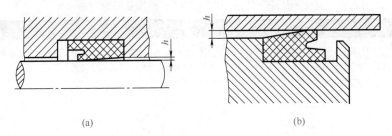

（a）　　　　　　　　　　　　（b）

图 6-14　小 Y 形密封圈

（4）缓冲装置

当运动件的质量较大，运动速度较高（$v > 0.2m/s$）时，由于惯性力较大而具有很大的动量。在这种情况下，当活塞运动到缸筒的终端时，会与端盖发生机械碰撞，产生很大的冲击力和噪声，严重影响运动精度，甚至会引起事故，所以在大型、高速或高精度的液压设备中，常设有缓冲装置。

缓冲装置的工作原理是：利用活塞或缸筒在其走向行程终端时，在活塞和缸盖之间封住一部分油液，强迫它从小孔或缝隙中挤出，以产生很大的阻力，使工作部件受到制动逐渐减慢运动速度，达到避免活塞和缸盖相互撞击的目的。

缓冲装置的类型及说明见表 6-7。

表 6-7　缓冲装置的类型及说明

| 类型 | 图示 | 说明 |
|------|------|------|
| 固定节流缓冲 | 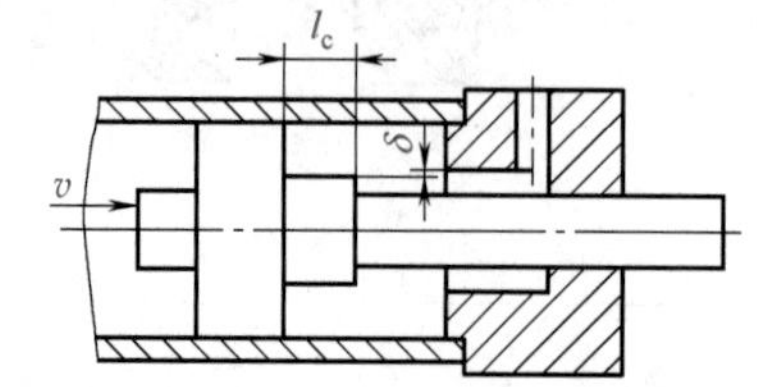 | 如左图所示是缝隙节流，当活塞移动到其端部，活塞上的凸台进入缸盖的凹腔，将封闭在回油腔中的油液从凸台和凹腔之间的环状缝隙中挤压出去，从而造成背压，迫使运动活塞降速制动，以实现缓冲。这种缓冲装置结构简单，缓冲效果好，但冲击压力较大 |
| 可变节流缓冲 | 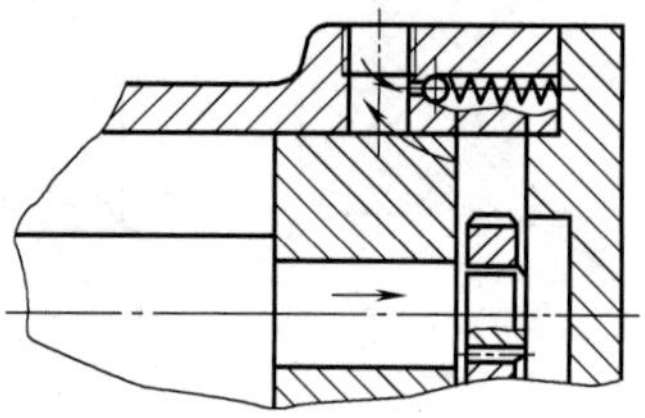 | 可变节流缓冲油缸有多种形式，有在缓冲柱塞上开三角槽，有多油孔，还有其他一些可变节流缓冲油缸，其特点是在缓冲过程中，节流口面积随着缓冲行程的增大而逐渐减小，缓冲腔中的压力几乎保持不变。如左图所示在活塞上开有横截面为三角形的轴向斜槽，当活塞移近液压缸缸盖时，活塞与缸盖间的油液需经三角槽流出，从而在回油腔中形成背压，以达到缓冲的目的 |
| 可调节流缓冲 | 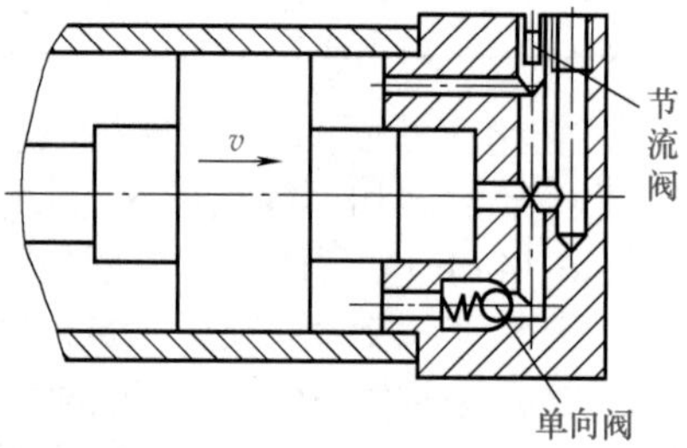 | 如左图所示在缸盖中装有针形节流阀和单向阀。当活塞移近缸盖时，凸台进入凹腔，由于它们之间间隙较小，所以回油腔中的油液只能经节流阀流出，从而在回油腔中形成背压，以达到缓冲的目的。调节节流阀的开口大小就能调节制动速度 |

（5）排气装置

排气装置的气体来源、影响及排除方法见表 6-8。

表 6-8　排气装置的气体来源、影响及排除方法

| 项目 | 说明 |
|------|------|
| 气体的来源 | 液压系统在安装过程中或长时间停止工作之后会渗入空气，另外，密封不好也会有空气渗入，况且油液中也含有气体（无论何种油液，本身总是溶解有 3% ~ 10% 的空气） |
| 液压缸中的气体对液压系统的影响 | 空气积聚使得液压缸运动不平稳，低速时会产生爬行。由于气体有很强的可压缩性，会使执行元件产生爬行。压力增大时还会产生绝热压缩而造成局部高温，有可能烧坏密封件。启动时会引起振动和噪声，换向时会降低精度。因此在设计液压缸时，要保证及时排除积留在缸中的气体 |
| 气体的排除方法 | 一般利用空气密度较油小的特点，可以在液压缸内腔的最高部位设置排气孔或专门的排气装置<br>如图 6-15 所示为采用排气塞和排气阀的排气装置：当松开排气阀螺钉时，带着空气的油液便通过锥面间隙经小孔溢出，待系统内气体排完后，便拧紧螺钉，将锥面密封，也可在缸盖的最高部位处开排气孔，用长管道向远处排气阀排气。所有的排气装置都是按此基本原理工作的 |

| 项目 | 说明 |
|---|---|
| 气体的排除方法 | 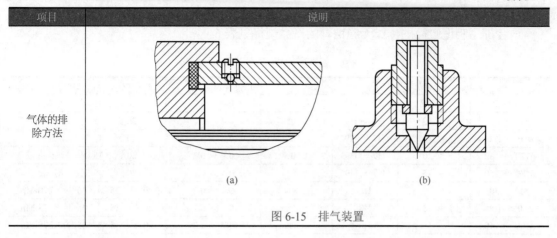 |

(a)          (b)

图 6-15　排气装置

# 第二节　液压缸主要结构材料、技术要求和安装方式

## 一、液压缸的主要结构材料及技术要求

### （一）缸体

（1）缸体材料

① 一般要求有足够的强度和冲击韧性，对焊接的缸筒还要求有良好的焊接性能。根据液压缸的参数、用途和毛坯来源可选用以下各种材料：25 钢，35 钢，45 钢等；25CrMo，35CrMo，38CrMoAl 等；ZG200 ～ ZG400，ZG230 ～ ZG450，1CR18Ni9，ZL105，5A03，5A06 等；ZCuAl-10Fe3，ZCuAl10Fe3Mn2 等。

② 缸筒毛坯普遍采用退火的冷拔或热轧无缝钢管。国内市场上已有内孔珩磨或内孔精加工，只需按要求的长度切割无缝钢管，材料有 20 钢、35 钢、45 钢、27SiMn。

③ 对于工作温度低于 −50℃的液压缸缸筒，必须用 35 钢、45 钢，且要调质处理。

④ 与缸盖焊接的缸筒，使用 35 钢，机械加工后再调质；不与其他零件焊接的缸筒，使用调质的 45 钢。

⑤ 较厚壁的毛坯仍用铸铁或锻件，或用厚钢板卷成筒形，焊接后退火，焊缝需用 X 射线或磁力探伤检查。

（2）对缸筒的要求

① 有足够的强度，能长期承受最高工作压力及短期动态试验压力而不致产生永久变形。

② 有足够的刚度，能承受活塞侧向力和安装的反作用力而不致产生弯曲。

③ 内表面与活塞杆密封件及导向环在摩擦力的作用下，能长期工作而磨损少，尺寸公差等级和形位公差等级足以保证活塞密封件的密封性。

④ 需要焊接的缸筒还要求有良好的可焊性，以便在焊上法兰或管接头后不至于产生裂纹或过大的变形。

总之，缸筒是液压缸的主要零件，它与缸盖、缸底、油口等零件构成密封的容腔，用以容纳压力油液，同时它还是活塞运动"轨道"。设计液压缸缸筒时，应该确定各部分的正确尺寸，保证液压缸有足够的输出力、运动速度和有效行程，同时还必须有一定的刚度，能足

以承受液压力、负载力和外冲击力；缸筒的内表面应具有合适的配合公差等级、表面粗糙度和形位公差等级，以保证液压缸的密封性、运动平稳性和耐用性。

适合加工制造缸筒的冷拔无缝钢管的产品规格见表 6-9。

表 6-9　高精度冷拔无缝钢管产品规格

| 内径 /mm | 壁厚 /mm | 内径精度 | 壁厚差 /mm | 表面粗糙度 /μm | 材料 |
|---|---|---|---|---|---|
| $\phi$30 ～ 50 | ＜ 7.5 | H7 ～ H9 | ±10% | 0.4 ～ 0.2 | 20 钢、45 钢、27SiMn |
| $\phi$50 ～ 80 | ＜ 10 | H7 ～ H9 | ±10% | 0.4 ～ 0.2 | 20 钢、45 钢、27SiMn |
| $\phi$80 ～ 120 | ＜ 15 | H7 ～ H9 | ±10% | 0.4 ～ 0.2 | 20 钢、45 钢、27SiMn |
| $\phi$120 ～ 180 | ＜ 20 | H7 ～ H9 | ±10% | 0.4 ～ 0.2 | 20 钢、45 钢、27SiMn |
| $\phi$180 ～ 250 | ＜ 25 | H7 ～ H9 | ±10% | 0.4 ～ 0.2 | 20 钢、45 钢、27SiMn |
| $\phi$40 ～ 50 | ＜ 7.5 | H8 | ±5% | 0.4 ～ 0.2 | 20 钢、35 钢、45 钢、27SiMn |
| $\phi$50 ～ 100 | ＜ 13 | H8 | ±8% | 0.4 ～ 0.2 | 20 钢、35 钢、45 钢、27SiMn |
| $\phi$100 ～ 140 | ＜ 15 | H8 | ±8% | 0.4 ～ 0.2 | 20 钢、35 钢、45 钢、27SiMn |
| $\phi$140 ～ 200 | ＜ 20 | H8 | ±8% | 0.4 ～ 0.2 | 20 钢、35 钢、45 钢、27SiMn |
| $\phi$200 ～ 250 | ＜ 25 | H8 | ±8% | 0.4 ～ 0.2 | 20 钢、35 钢、45 钢、27SiMn |
| $\phi$250 ～ 360 | ＜ 40 | H8 | ±8% | 0.4 ～ 0.2 | 20 钢、35 钢、45 钢、27SiMn |
| $\phi$360 ～ 500 | ＜ 60 | H8 | ±8% | 0.4 ～ 0.2 | 20 钢、35 钢、45 钢、27SiMn |

### （二）缸盖

缸盖装在缸筒两端，与缸筒形成封闭油腔，同样承受很大的液压力，因此，缸盖及其连接件都应有足够的强度。设计时既要考虑强度，又要选择工艺性较好的结构形式。

工作压力 $p$ ＜ 10MPa 时，也使用 HT20 ～ HT40、HT25 ～ HT47、HT30 ～ HT54 等铸铁。$p$ ＜ 20MPa 时使用无缝钢管，$p$ ＞ 20MPa 时使用铸钢或锻钢。缸盖常用 35 钢、45 钢的锻件或铸造毛坯。

缸盖技术要求如下：

① 缸盖内孔尺寸公差一般取 H8，粗糙度不低于 0.8μm；

② 缸盖内孔与止口外径 $D$ 的圆柱度误差不大于直径公差的一半，轴线的圆跳动，在直径 100mm 上不大于 0.04mm。

### （三）活塞

（1）活塞材料

① 无导向环活塞：用高强度铸铁 HT200 ～ HT300 或球墨铸铁。

② 有导向环活塞：用优质碳素钢 20 钢、35 钢及 45 钢，也有用 40Cr 的，有的是外径套尼龙（PA）或聚四氟乙烯 PTFFE ＋玻璃纤维或聚三氟氯乙烯材料制成的支承环。装配式活塞外环可用锡青铜。还有用铝合金作为活塞材料的。无特殊情况一般不要热处理。

（2）活塞的尺寸和公差

活塞宽度一般为活塞外径的 0.6 ～ 1.0 倍，但也要根据密封件的形式、数量和导向环的沟槽尺寸而定。有时，可以结合中隔圈的布置确定活塞的宽度。

活塞的外径基本偏差一般采用 f、g、h 等；橡胶密封活塞公差等级可选用 7、8、9 级，活塞环密封时采用 6、7 级，间隙密封时可采用 6 级，皮革密封时采用 8、9、10 级；缸筒与活塞一般采用基孔制的间隙配合。活塞采用橡胶密封件时，缸筒内孔可采用 H8、H9 公差等级，与活塞组成 H8/f7、H8/f8、H8/g8、H8/h7、H8/h8、H9/g8、H9/h8、H9/h9 的间隙配合。

活塞内孔的公差等级一般取 H7，与活塞杆轴径组成 H7/g6 的过渡配合。外径对内孔的同轴度公差不大于 0.02mm，端面与轴线的垂直度公差不大于 0.04mm/10mm，外表面的圆度和圆柱度一般不大于外径公差的一半，表面粗糙度视结构形式不同而各异。一般活塞外径、内孔的表面粗糙度可取 $Ra=0.4 \sim 0.8\mu m$。

常用的活塞结构形式见表 6-10。

表 6-10　常用的活塞结构形式

| 结构形式 | 结构简图 | 特点 |
|---|---|---|
| 整体活塞 | 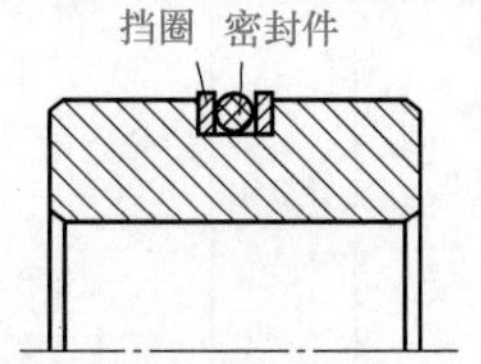 挡圈　密封件 | 无导向环（支承环） |
| | 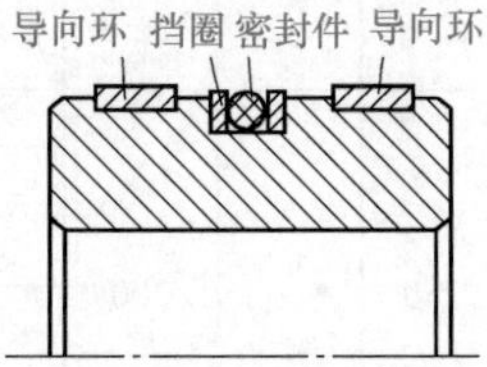 导向环　挡圈　密封件　导向环 | 密封件和导向环（支承环）分槽安装 |
| | 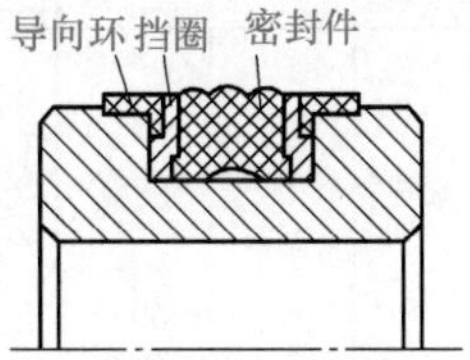 导向环　挡圈　密封件 | 密封件和导向环（支承环）同槽安装 |
| 分体活塞 | 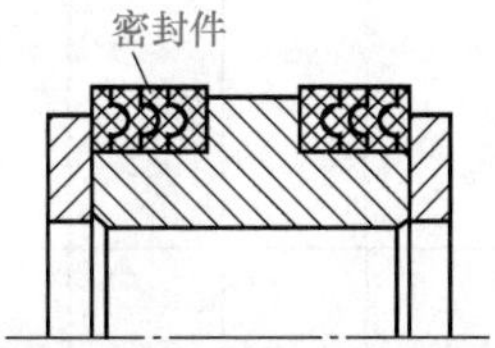 密封件 | 对密封件安装的要求较高 |

（3）活塞的密封

常见活塞和活塞杆的密封件见表 6-11。

表 6-11　活塞和活塞杆的密封件

| 名称 | 密封部位 | | 密封作用 | 结构简图 | 直径范围 /mm | 工作范围 | | | 特点 |
|---|---|---|---|---|---|---|---|---|---|
| | 活塞杆 | 活塞 | | | | 压力 /MPa | 温度 /℃ | 速度 /（m/s） | |
| O 形密封圈加挡圈 | 密封 | 密封 | 单 | 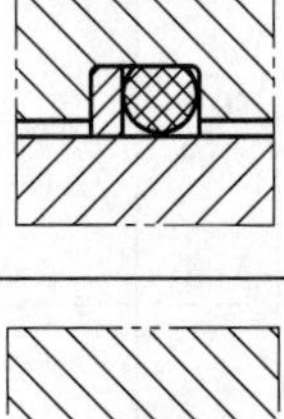 | — | ≤ 40 | -30 ～ 110 | ≤ 0.5 | O 形圈加挡圈，以防 O 形圈被挤入间隙 |
| | | | 双 | 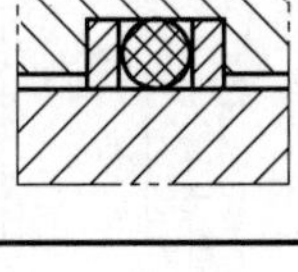 | | | | | |

| 名称 | 密封部位 | | 密封作用 | 结构简图 | 直径范围/mm | 工作范围 | | | 特点 |
|---|---|---|---|---|---|---|---|---|---|
| | 活塞杆 | 活塞 | | | | 压力/MPa | 温度/℃ | 速度/(m/s) | |
| O形密封圈加弧形挡圈 | 密封 | 密封 | 单 | 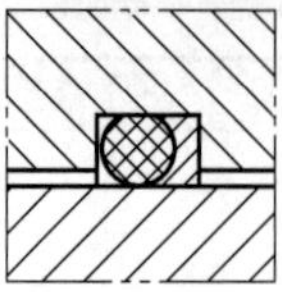 | — | ≤250 | -60～200 | ≤0.5 | 挡圈的一侧加工成弧形，以更好地和O形圈相适应，且在很高的脉动压力作用下保持其形状不变 |
| | | | 双 | 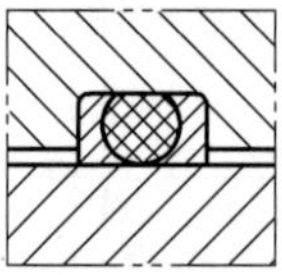 | | | | | |
| 特康双三角密封圈 | 密封 | 密封 | 双 | 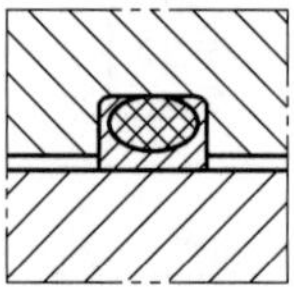 | 4～250 | ≤35 | -54～200 | ≤15 | 安装沟槽与O形圈相同，有良好的摩擦特性，无爬行启动和优异的干运行性能 |
| 星形密封圈加挡圈 | 密封 | 密封 | 单 | 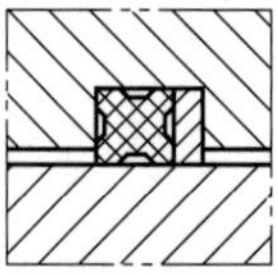 | — | ≤80 | -60～200 | ≤0.5 | 星形密封圈有四个唇口，在往复运动时，不会扭曲，比O形密封圈具有更有效的密封性以及更低的摩擦 |
| | | | 双 | 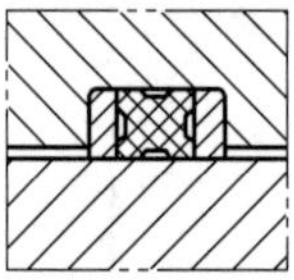 | | | | | |
| T形特康格来圈 | 密封 | 密封 | 双 | 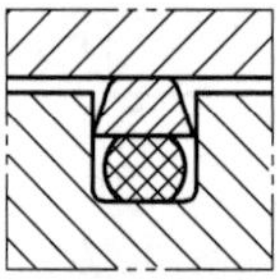 | 8～250 | ≤80 | -54～200 | ≤15 | 格来圈截面形状改善了泄漏控制，且具有更好的抗挤出性。摩擦力小，无爬行，启动力小以及耐磨性好 |
| 特康AQ圈 | 不密封 | 密封 | 双 | 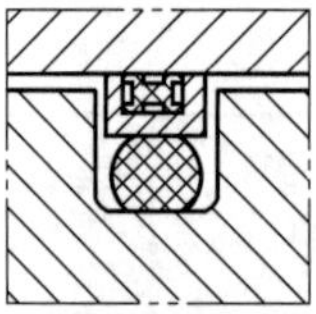 | 16～700 | ≤40 | -54～200 | ≤2 | 由O形圈和星形圈，另加一个特康滑块组成。以O形圈为弹性元件，用以两种介质间，例如液/气分割的双作用密封 |
| 5型特康AQ封 | 不密封 | 密封 | 双 | 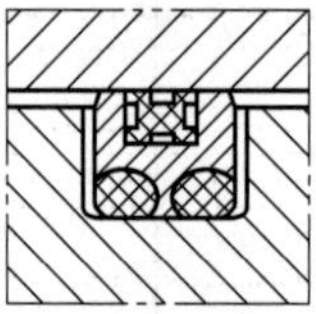 | 40～700 | ≤60 | -54～200 | ≤3 | 与特康AQ圈不同之处是：它用两个O形圈作弹性元件，改善了密封性能 |
| K形特康斯特封 | 密封 | 密封 | 单 | 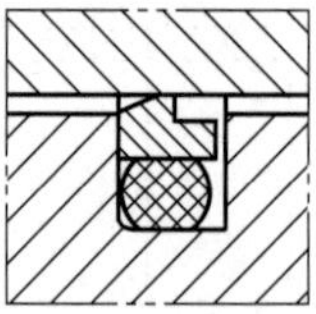 | 8～250 | ≤80 | -54～200 | ≤15 | 以O形密封圈为弹性元件，另加特康斯特封组成单作用密封，摩擦力小，无爬行，启动力小且耐磨性好 |

| 名称 | 密封部位 | | 密封作用 | 结构简图 | 直径范围/mm | 工作范围 | | | 特点 |
|---|---|---|---|---|---|---|---|---|---|
| | 活塞杆 | 活塞 | | | | 压力/MPa | 温度/℃ | 速度/(m/s) | |
| 佐康威士密封圈 | 不密封 | 密封 | 双 | 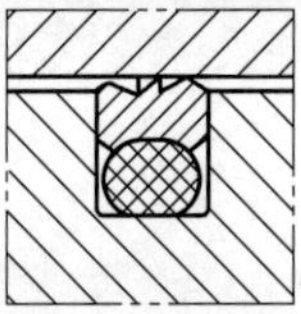 | 16～250 | ≤25 | -35～80 | ≤0.8 | 以O形密封圈为弹性元件，另加佐康威士圈组成双作用密封，密封效果好。抗扯裂及耐磨性好 |
| 佐康雷姆封 | 密封 | 不密封 | 单 | 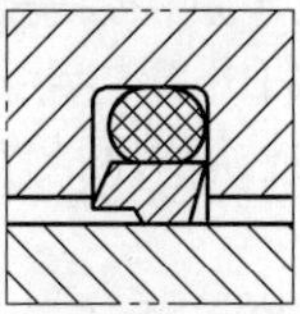 | 8～150 | ≤25 | -30～100 | ≤5 | 它的截面形状使它具有和K形特康斯特封有极为相似的压力特性，因而有良好的密封效果。它主要与K形特康斯特封串联使用 |
| D-A-S组合密封圈 | 不密封 | 密封 | 双 | 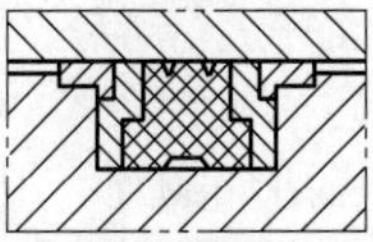 | 20～250 | ≤35 | -30～110 | ≤0.5 | 由一个弹性齿状密封圈、两个挡圈和两个导向环组成。安装在一个沟槽内 |
| CST特康密封圈 | 不密封 | 密封 | 双 | 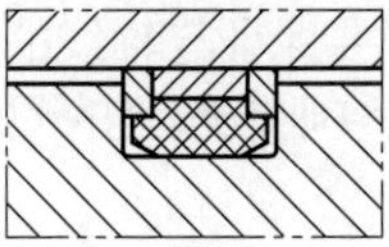 | 50～320 | ≤50 | -54～120 | ≤1.5 | 由T形弹性元件、特康密封圈和两个挡圈组成。安装在一个沟槽内，它的几何形状使其具有全面的稳定性、高密封性能、低摩擦力，且使用寿命长 |
| U形密封圈 | 密封 | 不密封 | 单 | 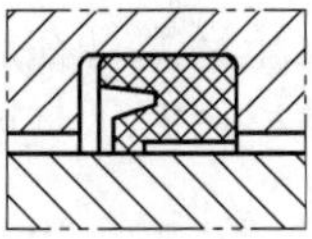 | 6～185 | ≤40 | -30～110 | ≤0.5 | 有单唇和双唇两种截面形状，材料为聚氨酯。双唇间形成的油膜，降低摩擦力及提高耐磨性 |
| | | | 双 | 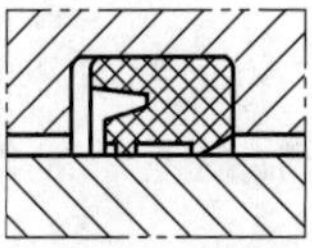 | | | | | |
| M2形特康泛塞密封 | 密封 | 密封 | 单 | 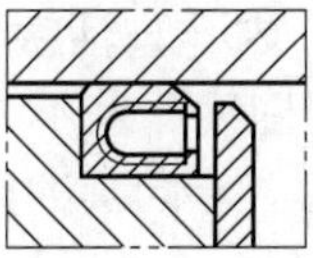 | 6～250 | ≤45 | -70～260 | ≤15 | U形特康密封圈内装不锈钢簧片，为单作用密封元件。在低压和零压时，由金属弹簧提供初始密封力，当系统压力升高时，主要密封力由系统压力形成，从而保证由零压到高压时都是可靠密封 |
| W形特康泛塞密封 | 密封 | 密封 | 单 | 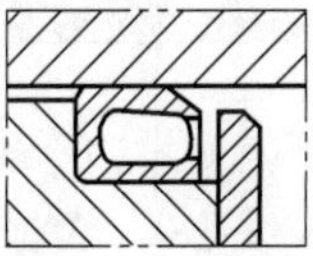 | 6～250 | ≤20 | -70～230 | ≤15 | U形特康密封圈内装螺旋形簧片，为单作用密封元件。用在摩擦力必须保持在很窄的公差范围内，例如压力开关的场合 |
| 洁净型特康泛塞密封 | 不密封 | 密封 | 单 | 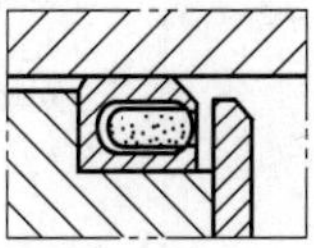 | 6～250 | ≤45 | -70～260 | ≤15 | U形特康密封圈内装不锈钢簧片，在U形簧片的空腔内用硅填充，以消除细菌的生长，且便于清洗。主要用在食品、医药工业 |

#### （四）活塞杆

（1）活塞杆材料

活塞杆材料一般用中碳钢（如 45 钢、40Cr 等），调质处理 241～286HB，但对只承受推力的单作用活塞杆和柱塞，则不必进行调质处理。对活塞杆通常要求淬火 52～58HRC，淬火深度一般为 0.5～1mm，或活塞杆直径每毫米淬火深度 0.03mm，再校直，再磨，再镀镍镀铬，再抛光。

（2）活塞杆的技术要求

活塞杆要在导向套中滑动，一般采用 H8/h7 配合。太紧了，摩擦力大；太松了，容易引起卡滞现象和单边磨损。其圆柱度和圆度公差大于直径公差的一半。安装活塞的轴径与外圆的同轴度公差不大于 0.01mm，是为了保证活塞杆外圆与活塞外圆的同轴度，以避免活塞与缸筒、活塞杆与导向套的卡滞现象。安装活塞的轴肩端面与活塞杆轴线的垂直度公差不大于 0.04mm/100mm，以保证活塞安装不产生歪斜。

活塞杆的外圆粗糙度 $Ra$ 值一般为 0.1～0.3μm。太光滑，表面形成不了油膜，反而不利于润滑。为了提高耐磨性和防锈性，活塞杆表面需进行镀铬处理，镀层厚为 0.03～0.05mm，并进行抛光和磨削加工。对于工作条件恶劣、碰撞机会较多的情况，工作表面需先经高频淬火后再镀铬。如果需要耐腐蚀和环境比较恶劣也可加陶瓷。用于低载荷（如低速度、低工作压力）和良好润滑条件时，可不做表面处理。

活塞杆内端的卡环槽、螺纹和缓冲柱塞也要保证与轴线的同心，特别是缓冲柱塞，最好与活塞杆做成一体。卡环槽取动配合公差，螺纹则取较紧的配合。

#### （五）活塞杆的导向、密封和防尘

活塞杆导向套装在液压缸的有杆侧端盖内，用以对活塞杆进行导向，内装有密封装置以保证缸筒有杆腔的密封。外侧装有防尘圈，以防止活塞杆在后退时把杂质、灰尘和水分带到密封装置处，损坏密封装置。当导向套采用耐磨材料时，其内圈还可装设导向环，用作活塞杆的导向。导向套的典型结构有轴套式和端盖式两种。

（1）导向套的材料

金属导向套一般采用摩擦因数小、耐磨性好的青铜材料制作。非金属导向套可以用塑料（PA）、聚四氟乙烯（PTFE＋玻璃纤维）或聚三氟氯乙烯制作。端盖式直接导向型的导向套材料用灰铸铁、球墨铸铁、氧化铸铁等。

（2）技术要求

导向套外圆与端盖内孔的配合多为 H8/f7，内孔与活塞杆外圆的配合多为 H9/f9，外圆与内孔的同轴度公差不大于 0.03mm，圆度和圆柱度公差不大于直径公差的一半，内孔中的环形油槽和直油槽要浅而宽，以保证良好的润滑。导向套的典型结构形式见表 6-12。

表 6-12　导向套典型结构形式

| 形式 | 结构简图 | 特点 |
|---|---|---|
| 端盖式 | 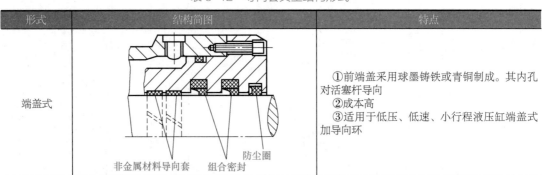<br>非金属材料导向套　组合密封　防尘圈 | ①前端盖采用球墨铸铁或青铜制成。其内孔对活塞杆导向<br>②成本高<br>③适用于低压、低速、小行程液压缸端盖式加导向环 |

| 形式 | 结构简图 | 特点 |
|---|---|---|
| 端盖式加导向环 | 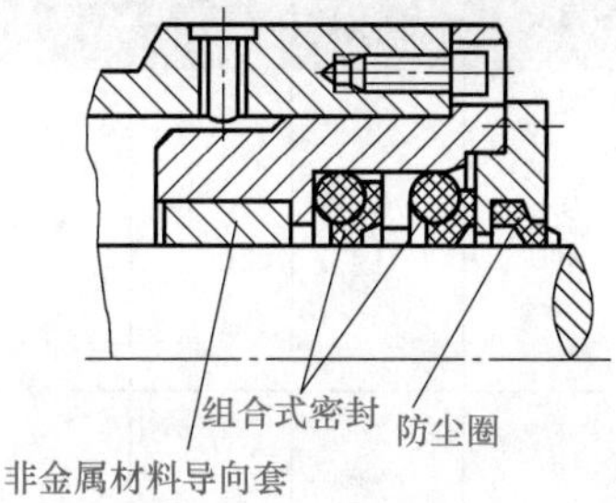 <br><br>组合式密封　防尘圈<br>非金属材料导向套 | ①非金属材料制成的导向环，价格便宜，更换方便，摩擦力小，低速启动不爬行<br>②多应用于工程机械且行程较长的液压缸 |
| 轴套式 | 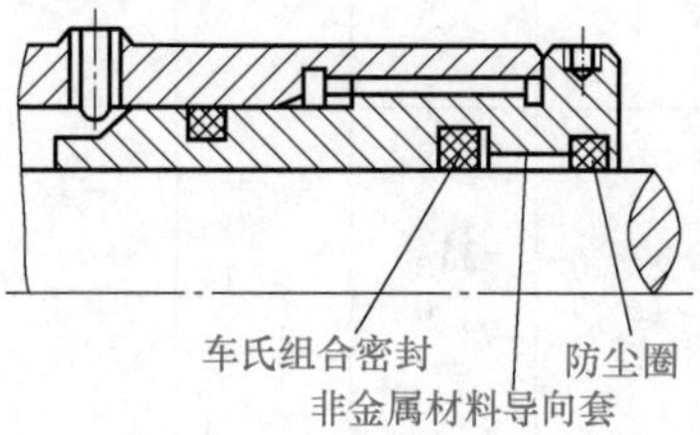 <br><br>车氏组合密封　防尘圈<br>非金属材料导向套 | ①该种导向套摩擦阻力大，一般采用青铜材料制作<br>②应用于重载低速的液压缸 |
| | 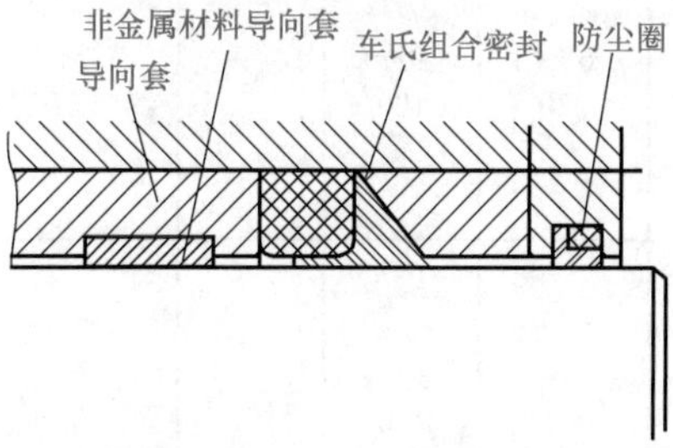 非金属材料导向套<br>导向套　　车氏组合密封　防尘圈 | ①导向环的使用降低了导向套加工的成本<br>②这种结构增加了活塞杆的稳定性，但也增加了长度<br>③应用于有侧向负载且行程较长的液压缸 |

## （3）活塞杆的防尘（表6-13）

表6-13　活塞杆的防尘

| 名称 | 作用 | | 截面形状 | 直径范围/mm | 工作范围 | | 特点 |
|---|---|---|---|---|---|---|---|
| | 密封 | 防尘 | | | 温度/℃ | 速度/(m/s) | |
| 2型特康防尘圈（埃落特） | 好 | 好 | 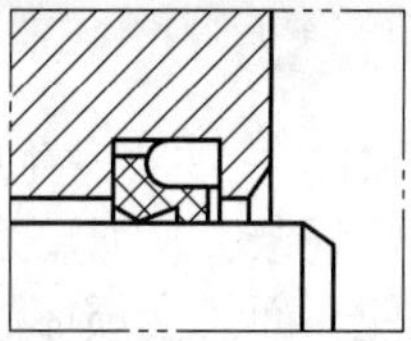 | 6～1000 | -54～200 | ≤15 | 以O形圈为弹性元件和特康的双唇防尘圈组成。O形圈使防尘圈紧贴在滑动表面，起到极好的刮尘作用。如与K形特康斯特封和佐康雷姆封串联使用，双唇防尘圈的密封唇起到了辅助密封效果 |
| 5型特康防尘圈（埃落特） | 好 | 好 | 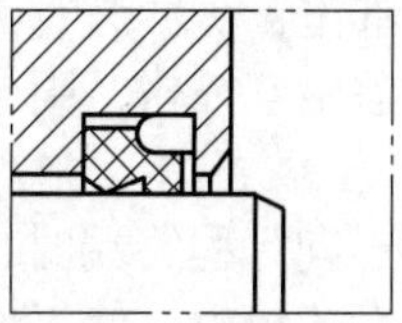 | 20～2500 | -54～200 | ≤15 | 界面形状与2型特康防尘圈稍有所不同。其密封和防尘作用与2型相同。2型用于机床或轻型液压缸，而5型主要用于行走机械中型液压缸 |

| 名称 | 作用 | | 截面形状 | 直径范围/mm | 工作范围 | | 特点 |
|---|---|---|---|---|---|---|---|
| | 密封 | 防尘 | | | 温度/℃ | 速度/(m/s) | |
| DA17 型防尘圈 | 好 | 好 | 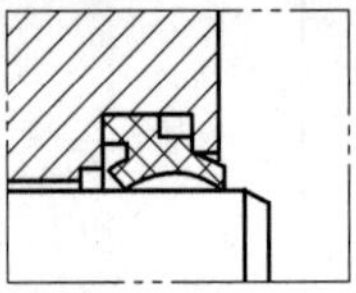 | 10 ~ 440 | -30 ~ 110 | ≤ 1 | 材料为丁腈橡胶。有密封唇和防尘唇的双作用防尘圈,如与 K 形特康斯特封和佐康雷姆封串联使用,除防尘作用,又起到了辅助密封效果 |
| DA22 型防尘圈 | 好 | 好 | 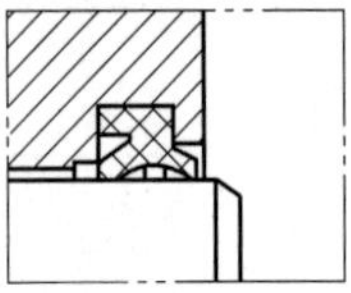 | 5 ~ 180 | -35 ~ 100 | ≤ 1 | 材料为聚氨酯,与 DA17 型防尘圈一样具有密封和防尘的双作用防尘圈 |
| ASW 型防尘圈 | 不好 | 好 | 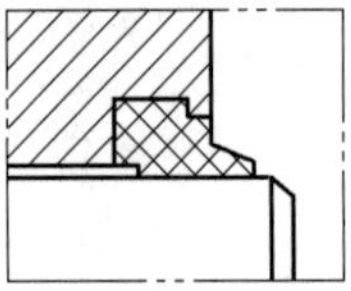 | 8 ~ 125 | -35 ~ 100 | ≤ 1 | 材料为聚氨酯,有一个防尘唇和一个改善在沟槽中定位的支承边。有良好的耐磨性和抗扯裂性 |
| SA 型防尘圈 | 不好 | 好 | 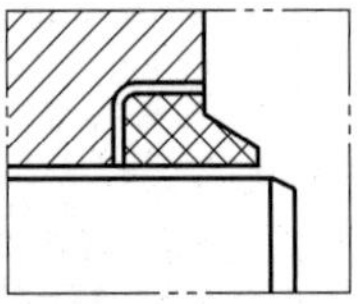 | 6 ~ 270 | -30 ~ 100 | ≤ 1 | 材料为丁腈橡胶,带金属骨架的防尘圈 |
| A 型防尘圈 | 不好 | 好 | 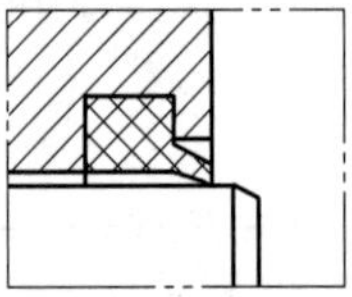 | 6 ~ 390 | -30 ~ 110 | ≤ 1 | 材料为丁腈橡胶,在外表面上具有梳子形截面的密封表面,保证了它在沟槽中可靠的定位 |
| 金属防尘圈 | 不好 | 好 | 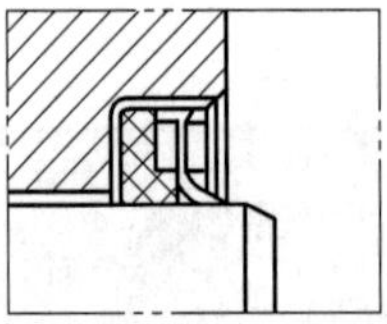 | 12 ~ 220 | -40 ~ 120 | ≤ 1 | 包在钢壳里的单作用防尘圈。由一片极薄的黄铜防尘圈和丁腈橡胶的"擦净唇"组成。可从杆上除去干燥的或结冰的泥浆、沥青、冰和其他污渍 |

### （六）液压缸的缓冲装置

液压缸拖动沉重的部件做高速运动至行程终端时,往往会发生剧烈的机械碰撞。另外,由于活塞突然停止运动也常常会引起压力管路的水击现象,从而产生很大的冲击和噪声。这种机械冲击的产生,不仅会影响机械设备的工作性能,而且会损坏液压缸及液压系统的其他元件,具有很大的危险性。缓冲器就是为防止或减轻这种冲击振动而在液压缸内部设置的装置,在一定程度上能起到缓冲的作用。液压缸一般都设置缓冲装置,特别是对大型、高速或要求高的液压缸,为了防止活塞在行程终点时和缸盖相互撞击,引起噪声、冲击,则必须设置缓冲装置。

缓冲装置的工作原理是利用活塞或缸筒,在其走向行程终端时,封住活塞和缸盖之间的部分油液,强迫它从小孔或细缝中挤出,以产生很大的阻力,使工作部件受到制动,逐渐减慢运动速度，达到避免活塞和缸盖相互撞击的目的。

如图 6-16（a）所示，当缓冲柱塞进入与其相配的缸盖上的内孔时，孔中的液压油只能通过间隙 $\delta$ 排出，使活塞速度降低。由于配合间隙不变，故随着活塞运动速度的降低，起缓冲作用。当缓冲柱塞进入配合孔之后，油腔中的油只能经节流阀排出，如图 6-16（b）所示。由于节流阀是可调的，因此缓冲作用也可调节，但仍不能解决速度减低后缓冲作用减弱的问题。如图 6-16（c）所示，在缓冲柱塞上开有三角槽，随着柱塞逐渐进入配合孔，其节流面积越来越小，解决了在行程最后阶段缓冲作用过弱的问题。常见的缓冲柱塞的几种结构形式如图 6-17 所示。

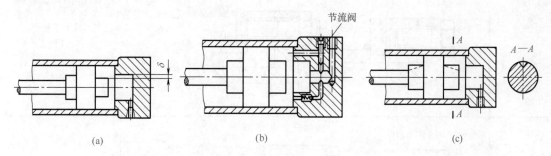

(a)　　　　　(b)　　　　　(c)

图 6-16　液压缸的缓冲装置示意图

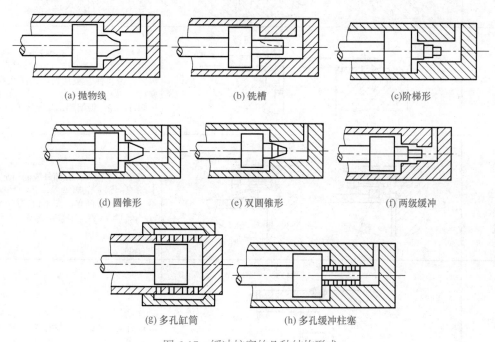

(a) 抛物线　　　(b) 铣槽　　　(c)阶梯形

(d) 圆锥形　　　(e) 双圆锥形　　　(f) 两级缓冲

(g) 多孔缸筒　　　(h) 多孔缓冲柱塞

图 6-17　缓冲柱塞的几种结构形式

## （七）液压缸的排气装置

液压缸的排气装置要技术要求见本章第一节。

## 二、液压缸缸体端部连接形式及主要安装尺寸

（1）液压缸缸体端部连接形式

常见的缸体与缸盖的连接结构见表 6-14。其中，其他连接形式见表 6-15。

表 6-14　各种连接形式的液压缸缸筒端部结构

| 连接形式 | 简图 | 特点 |
|---|---|---|
| 法兰 | 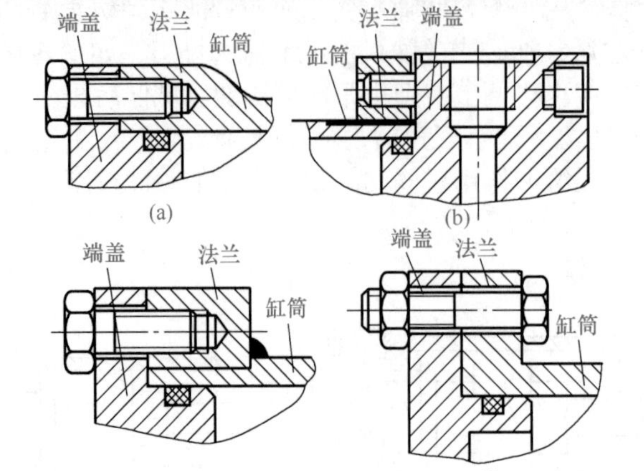 <br>(a)　(b)<br>(c)　(d) | 法兰盘与缸筒有焊接［图（c）］和螺纹［图（b）］连接或整体的铸［图（a）］、锻件［图（d）］。结构较简单，易加工、易装拆。整体的铸、锻件其质量及外形尺寸较大，且加工复杂 |
| 拉杆 | 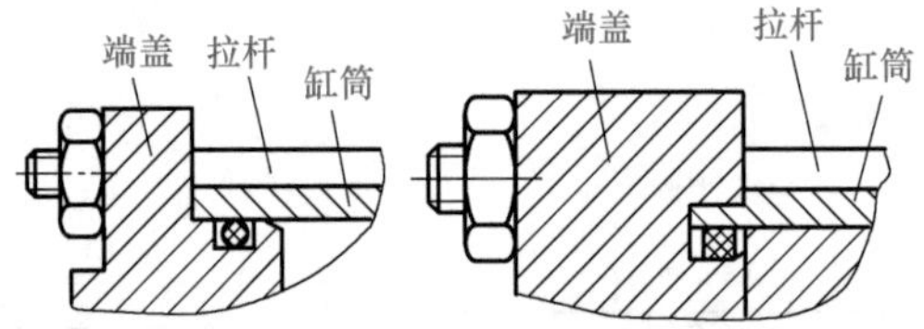 | ①零件通用性大<br>②缸筒加工简便<br>③装拆方便<br>③应用较广<br>④质量以及外形尺寸较大 |
| 内卡环 | 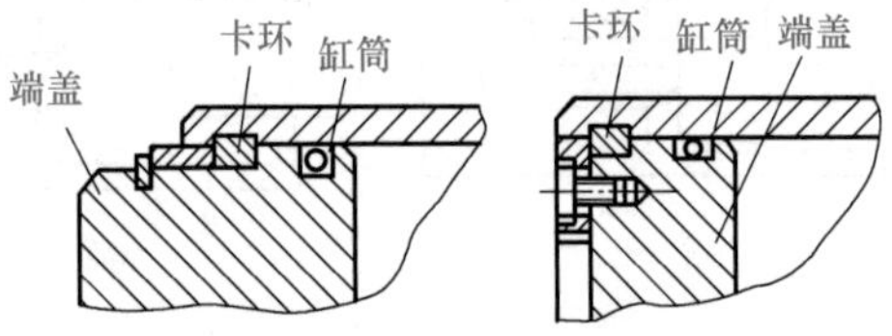 <br>(a)　(b) | 结构紧凑，外形尺寸较小。卡环槽削弱了缸筒壁厚，相应地需加厚。装拆时，密封件易被擦伤。为防止端盖移动，图（a）用隔套、挡圈；图（b）用螺钉连接，但增加了径向尺寸 |
| 外卡环 | 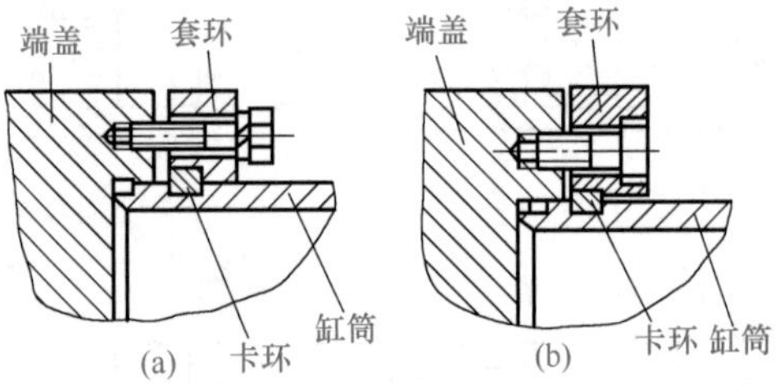 <br>(a)　(b) | 外形尺寸较大；缸筒外表面需加工；卡环槽削弱了缸筒壁厚，相应地需加厚。装拆比较简单。图（a）为普通螺钉，图（b）为内六角螺钉 |
| 焊接 | 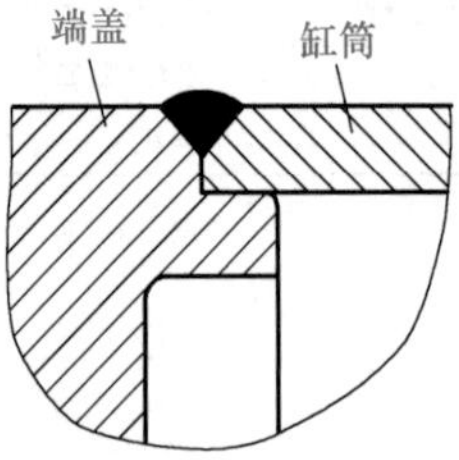 | 结构简单，外形尺寸小。焊后易变形；清洗、装拆有一些困难 |
| 钢丝挡圈 | 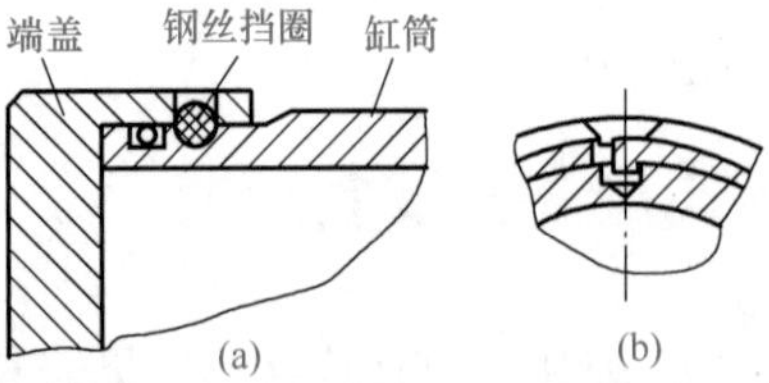 <br>(a)　(b) | 结构简单，外形尺寸小。工作压力和缸径都不能太大<br>一般用 $\phi 3.5 \sim 6mm$ 弹簧钢丝，装卸钢丝挡圈时，需转动前端盖 |

| 连接形式 | 简图 | 特点 |
|---|---|---|
| 外螺纹 | 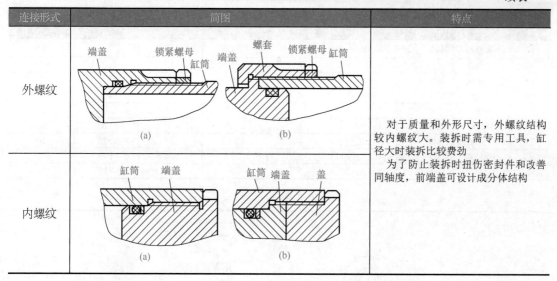 (a) (b) | 对于质量和外形尺寸，外螺纹结构较内螺纹大。装拆时需专用工具，缸径大时装拆比较费劲<br>为了防止装拆时扭伤密封件和改善同轴度，前端盖可设计成分体结构 |
| 内螺纹 | (a) (b) | |

表 6-15　缸体其他连接结构

| 连接形式 | 特点 |
|---|---|
| 法兰式连接 | 结构简单，加工方便，连接可靠，但是要求缸筒端部有足够的壁厚，用以安装螺栓或旋入螺钉。缸筒端部一般用铸造、镦粗或焊接方式制成粗大的外径，它是常用的一种连接形式 |
| 半环式连接 | 分为外半环连接和内半环连接两种连接形式，半环连接工艺性好，连接可靠，结构紧凑，但削弱了缸筒强度。半环连接应用十分普遍，常用于无缝钢管缸筒与端盖的连接中 |
| 螺纹式连接 | 有外螺纹连接和内螺纹连接两种，其特点是体积小，重量轻，结构紧凑，但缸筒端部结构较复杂，这种连接形式一般用于要求外形尺寸小，重量轻的场合 |
| 拉杆式连接 | 结构简单，工艺性好，通用性强，但端盖的体积和重量较大，拉杆受力后会拉伸变长，影响密封效果。只适用于长度不大的中、低压液压缸 |
| 焊接式连接 | 强度高，制造简单，但焊接时易引起缸筒变形 |

导向套对活塞杆或柱塞起导向和支承作用，有些液压缸不设导向套，直接用端盖孔导向，这种液压缸结构简单，但磨损后必须更换端盖。

（2）液压缸缸体端部主要安装尺寸

活塞缸盖端部连接件的主要安装尺寸见表 6-16～表 6-21。

表 6-16　杆端用圆形法兰安装尺寸

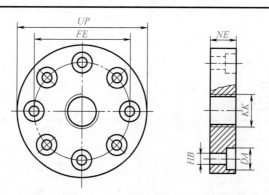

| 型号 | 公称力/N | KK/mm | FE（js13）/mm | 螺孔数 | HB（H13）/mm | NE（h13）/mm | UP 最大值/mm | DA（H13）/mm |
|---|---|---|---|---|---|---|---|---|
| 12 | 8000 | M12×1.25 | 40 | 4 | 6.6 | 17 | 56 | 11 |
| 16 | 12500 | M14×1.5 | 45 | 4 | 9 | 19 | 63 | 14.5 |
| 20 | 20000 | M16×1.5 | 54 | 6 | 9 | 23 | 72 | 14.5 |
| 25 | 32000 | M20×1.5 | 63 | 6 | 9 | 29 | 82 | 14.5 |
| 32 | 50000 | M27×2 | 78 | 8 | 11 | 37 | 100 | 17.5 |
| 40 | 80000 | M33×2 | 95 | 8 | 13.5 | 46 | 120 | 20 |
| 50 | 125000 | M42×2 | 120 | 8 | 17.5 | 57 | 150 | 26 |
| 63 | 200000 | M48×2 | 150 | 8 | 22 | 64 | 190 | 33 |
| 80 | 320000 | M64×3 | 180 | 8 | 26 | 86 | 230 | 39 |

表 6-17　A 型单耳环支座安装尺寸

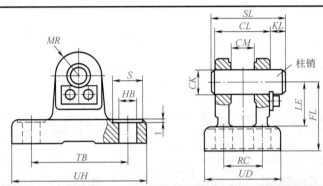

| 型号 | 公称力/N | φCK（H9）/mm | CL（h16）/mm | CM（A12）/mm | FL（js12）/mm | HB（H13）/mm | S/mm | SL/mm | KL/mm | LE 最小值/mm | MR 最大值/mm | RC（js14）/mm | TB（js14）/mm | UD 最大值/mm | UH 最大值/mm |
|---|---|---|---|---|---|---|---|---|---|---|---|---|---|---|---|
| 12 | 8000 | 12 | 28 | 12 | 34 | 9 | 15 | 38 | 8 | 22 | 12 | 20 | 50 | 40 | 70 |
| 16 | 12500 | 16 | 36 | 16 | 40 | 11 | 18 | 46 | 8 | 27 | 16 | 26 | 65 | 50 | 90 |
| 20 | 20000 | 20 | 45 | 20 | 45 | 11 | 18 | 57 | 10 | 30 | 20 | 32 | 75 | 58 | 98 |
| 25 | 32000 | 25 | 56 | 25 | 55 | 13.5 | 20 | 68 | 10 | 37 | 25 | 40 | 85 | 70 | 113 |
| 32 | 50000 | 32 | 70 | 32 | 65 | 17.5 | 26 | 86 | 13 | 43 | 32 | 50 | 110 | 85 | 143 |
| 40 | 80000 | 40 | 90 | 40 | 76 | 22 | 33 | 109 | 16 | 52 | 40 | 65 | 130 | 108 | 170 |
| 50 | 125000 | 50 | 110 | 50 | 95 | 26 | 40 | 132 | 19 | 65 | 50 | 80 | 170 | 130 | 220 |
| 63 | 200000 | 63 | 140 | 63 | 112 | 33 | 48 | 165 | 20 | 75 | 63 | 100 | 210 | 160 | 270 |
| 80 | 320000 | 80 | 170 | 80 | 140 | 39 | 57 | 200 | 26 | 95 | 80 | 125 | 250 | 210 | 320 |

表 6-18　B 型单耳环支座安装尺寸

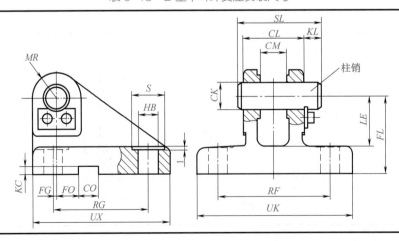

| 型号 | 公称力/N | CK(H9)/mm | CL(h16)/mm | SL/mm | KL/mm | CM(A12)/mm | FL(js12)/mm | HB(H13)/mm | S/mm | CO(N9)/mm | LE最小值/mm |
|---|---|---|---|---|---|---|---|---|---|---|---|
| 12 | 8000 | 12 | 28 | 38 | 8 | 12 | 34 | 9 | 15 | 10 | 22 |
| 16 | 12500 | 16 | 36 | 46 | 8 | 16 | 40 | 11 | 18 | 16 | 27 |
| 20 | 20000 | 20 | 45 | 57 | 10 | 20 | 45 | 11 | 18 | 16 | 30 |
| 25 | 32000 | 25 | 56 | 68 | 10 | 25 | 55 | 13.5 | 20 | 25 | 37 |
| 32 | 50000 | 32 | 70 | 86 | 13 | 32 | 65 | 17.5 | 26 | 25 | 43 |
| 40 | 80000 | 40 | 90 | 109 | 16 | 40 | 76 | 22 | 33 | 36 | 52 |
| 50 | 125000 | 50 | 110 | 132 | 19 | 50 | 95 | 26 | 40 | 36 | 65 |
| 63 | 200000 | 63 | 140 | 165 | 20 | 63 | 112 | 33 | 48 | 50 | 75 |
| 80 | 320000 | 80 | 170 | 200 | 26 | 80 | 140 | 39 | 57 | 50 | 95 |

| 型号 | 公称力/N | MR最大值/mm | RG(js14)/mm | RF(js14)/mm | UX(max)/mm | UK(max)/mm | FG(js14)/mm | KC/mm | KC上偏差/mm | KC下偏差/mm | KC下偏差0FO(js14)/mm |
|---|---|---|---|---|---|---|---|---|---|---|---|
| 12 | 8000 | 12 | 45 | 52 | 65 | 72 | 2 | 3.3 | +0.3 | 0 | 10 |
| 16 | 12500 | 16 | 55 | 65 | 80 | 90 | 3.5 | 4.3 | +0.3 | 0 | 10 |
| 20 | 20000 | 20 | 70 | 75 | 95 | 100 | 7.5 | 4.3 | +0.3 | 0 | 10 |
| 25 | 32000 | 25 | 85 | 90 | 115 | 120 | 10 | 5.4 | +0.3 | 0 | 10 |
| 32 | 50000 | 32 | 110 | 110 | 145 | 145 | 14.5 | 5.4 | +0.3 | 0 | 6 |
| 40 | 80000 | 40 | 125 | 140 | 170 | 185 | 17.5 | 8.4 | +0.3 | 0 | 6 |
| 50 | 125000 | 50 | 150 | 165 | 200 | 215 | 25 | 8.4 | +0.3 | 0 | |
| 63 | 200000 | 63 | 170 | 210 | 230 | 270 | 33 | 11.4 | +0.3 | 0 | |
| 80 | 320000 | 80 | 210 | 250 | 280 | 320 | 45 | 11.4 | +0.3 | 0 | |

表6-19 单耳环（带球铰轴套）支座安装尺寸

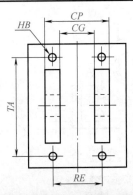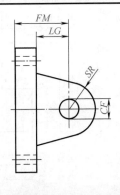

| 型号 | 缸筒内直径 | 公称力/N | CF(H9)/mm | CG(A16)/mm | FM(js14)/mm | SR最大值/mm | HB(H13)/mm | LG最小值/mm | RE(js14)/mm | TA(js14)/mm | CP最大值/mm |
|---|---|---|---|---|---|---|---|---|---|---|---|
| 10 | 25 | 8000 | 10 | 11 | 33 | 11 | 5.5 | 23 | 17 | 59 | 25 |
| 12 | 32 | 12500 | 12 | 12 | 36 | 17 | 6.6 | 26 | 20 | 65 | 30 |
| 16 | 40 | 20000 | 16 | 16 | 42 | 20 | 9 | 32 | 25 | 84 | 38 |
| 20 | 50 | 32000 | 20 | 18 | 51 | 29 | 13.5 | 35 | 33 | 106 | 50 |
| 25 | 63 | 50000 | 25 | 22 | 64 | 33 | 13.5 | 48 | 37 | 130 | 54 |
| 30 | 80 | 80000 | 30 | 24 | 72 | 36 | 17.5 | 52 | 44 | 137 | 67 |
| 40 | 100 | 125000 | 40 | 30 | 104 | 54 | 17.5 | 79 | 55 | 191 | 83 |
| 50 | 125 | 200000 | 50 | 38 | 123 | 58 | 24 | 93 | 68 | 234 | 101 |
| 60 | 160 | 320000 | 60 | 47 | 144 | 59 | 30 | 104 | 82 | 288 | 120 |
| 80 | 200 | 500000 | 80 | 58 | 182 | 78 | 33 | 132 | 98 | 366 | 141 |

表 6-20　双耳环支座安装尺寸（ISO 8133）

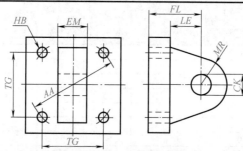

| 型号 | 缸筒内径 | 公称力/N | CK（H9）/mm | EM（h13）/mm | FL（js14）/mm | MR 最大值/mm | LE 最小值/mm | AA（参考值）/mm | HB（H13）/mm | TG（js14）/mm |
|---|---|---|---|---|---|---|---|---|---|---|
| 10 | 25 | 8000 | 10 | 12 | 23 | 12 | 13 | 40 | 5.5 | 28.3 |
| 12 | 32 | 12500 | 12 | 16 | 29 | 17 | 19 | 47 | 6.6 | 33.3 |
| 16 | 40 | 20000 | 14 | 20 | 29 | 17 | 19 | 59 | 9 | 41.7 |
| 20 | 50 | 32000 | 20 | 30 | 48 | 29 | 32 | 74 | 13.5 | 52.3 |
| 25 | 63 | 50000 | 20 | 30 | 48 | 29 | 32 | 91 | 13.5 | 64.3 |
| 30 | 80 | 80000 | 28 | 40 | 59 | 34 | 39 | 117 | 17.5 | 82.7 |
| 40 | 100 | 125000 | 36 | 50 | 79 | 50 | 54 | 137 | 17.5 | 96.9 |
| 50 | 125 | 200000 | 45 | 60 | 87 | 53 | 57 | 178 | 24 | 125.9 |
| 60 | 160 | 320000 | 56 | 70 | 103 | 59 | 63 | 219 | 30 | 154.9 |
| 80 | 200 | 500000 | 70 | 80 | 132 | 78 | 82 | 269 | 33 | 190.2 |

表 6-21　耳轴支座安装尺寸

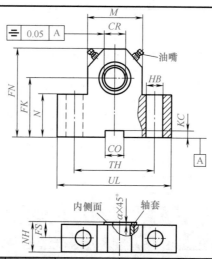

| 型号 | 公称力/N | CR（H7）/mm | FK（js12）/mm | FN 最大值/mm | HB（H13）/mm | NH 最大值/mm | TH（js14）/mm | UL 最大值/mm |
|---|---|---|---|---|---|---|---|---|
| 12 | 8000 | 12 | 34 | 50 | 9 | 17 | 40 | 63 |
| 16 | 12500 | 16 | 40 | 60 | 11 | 21 | 50 | 80 |
| 20 | 20000 | 20 | 45 | 70 | 11 | 21 | 60 | 90 |
| 25 | 32000 | 25 | 55 | 80 | 13.5 | 26 | 80 | 110 |
| 32 | 50000 | 32 | 65 | 100 | 17.5 | 33 | 110 | 150 |
| 40 | 80000 | 40 | 76 | 120 | 22 | 41 | 125 | 170 |
| 50 | 125000 | 50 | 95 | 140 | 26 | 51 | 160 | 210 |
| 63 | 200000 | 63 | 112 | 180 | 33 | 61 | 200 | 265 |
| 80 | 320000 | 80 | 140 | 220 | 39 | 81 | 250 | 325 |

| 型号 | 公称力/N | CO（N9）/mm | KC/mm | KC 上偏差/mm | KC 下偏差/mm | FS（js14）/mm | M/mm | N/mm | α/mm |
|---|---|---|---|---|---|---|---|---|---|
| 12 | 8000 | 10 | 3.3 | +0.3 | 0 | 8 | 25 | 25 | 1 |
| 16 | 12500 | 16 | 4.3 | +0.3 | 0 | 10 | 30 | 30 | 1 |
| 20 | 20000 | 16 | 4.3 | +0.3 | 0 | 10 | 40 | 38 | 1.5 |
| 25 | 32000 | 25 | 5.4 | +0.3 | 0 | 12 | 56 | 45 | 1.5 |
| 32 | 50000 | 25 | 5.4 | +0.3 | 0 | 15 | 70 | 52 | 2 |
| 40 | 80000 | 36 | 8.4 | +0.3 | 0 | 16 | 88 | 60 | 2.5 |
| 50 | 125000 | 36 | 8.4 | +0.3 | 0 | 20 | 100 | 75 | 2.5 |
| 63 | 200000 | 50 | 11.4 | +0.3 | 0 | 25 | 130 | 85 | 3 |
| 80 | 320000 | 50 | 11.4 | +0.3 | 0 | 31 | 160 | 112 | 3.5 |

## 三、液压缸活塞杆螺纹安装尺寸

液压缸活塞杆螺纹尺寸系列、杆用单耳环（带球铰轴套）安装尺寸、杆用单耳环（带关节轴承）安装尺寸、杆用双耳环安装尺寸分别见表 6-22 ～表 6-25。

表 6-22　液压缸活塞杆螺纹尺寸系列　　　　　　　单位：mm

| 螺纹直径与螺距（D×L） | 螺纹长度 L（短型） | 螺纹长度 L（长型） | 螺纹直径与螺距（D×L） | 螺纹长度 L（短型） | 螺纹长度 L（长型） |
|---|---|---|---|---|---|
| M3×0.35 | 6 | 9 | M42×2 | 56 | 84 |
| M4×0.5 | 8 | 12 | M48×2 | 63 | 96 |
| M5×0.5 | 10 | 15 | M56×2 | 75 | 112 |
| M6×0.75 | 12 | 16 | M64×3 | 85 | 128 |
| M8×1 | 12 | 20 | M72×3 | 85 | 128 |
| M10×1.25 | 14 | 22 | M80×3 | 95 | 140 |
| M12×1.25 | 16 | 24 | M90×3 | 106 | 140 |
| M14×1.5 | 18 | 28 | M100×3 | 112 | — |
| M16×1.5 | 22 | 32 | M110×3 | 112 | — |
| M18×1.5 | 25 | 36 | M125×4 | 125 | — |
| M20×1.5 | 28 | 40 | M140×4 | 140 | — |
| M22×1.5 | 30 | 44 | M160×4 | 160 | — |
| M24×2 | 32 | 48 | M180×4 | 180 | — |
| M27×2 | 36 | 54 | M200×4 | 200 | — |
| M30×2 | 40 | 60 | M220×4 | 220 | — |
| M33×2 | 45 | 66 | M250×6 | 250 | — |
| M36×2 | 50 | 72 | M280×6 | 280 | — |

注：1. 螺纹长度（L）对内螺纹是指最小尺寸，对外螺纹是指最大尺寸。

2. 当需要用锁紧螺母时，采用长型螺纹长度。

表 6-23　杆用单耳环（带球铰轴套）安装尺寸

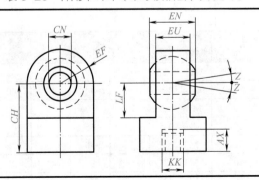

| 型号 | 公称力/N | 动态作用力/N | KK/mm | CN/mm | CN上偏差/μm | CN下偏差/μm | EN/mm | EN上偏差/μm |
|---|---|---|---|---|---|---|---|---|
| 10 | 8000 | 8000 | M10×1.25 | 10 | 0 | −8 | 9 | 0 |
| 12 | 12500 | 10800 | M10×1.2 | 12 | 0 | −8 | 10 | 0 |
| 16 | 20000 | 20000 | M14×1.5 | 16 | 0 | −8 | 14 | 0 |
| 20 | 32000 | 30000 | M16×1.5 | 20 | 0 | −10 | 16 | 0 |
| 25 | 50000 | 48000 | M20×1.5 | 25 | 0 | −10 | 20 | 0 |
| 30 | 80000 | 62000 | M27×2 | 30 | 0 | −10 | 22 | 0 |
| 40 | 125000 | 100000 | M33×2 | 40 | 0 | −12 | 28 | 0 |
| 50 | 200000 | 156000 | M42×2 | 50 | 0 | −12 | 35 | 0 |
| 60 | 320000 | 245000 | M48×2 | 60 | 0 | −15 | 44 | 0 |
| 80 | 500000 | 400000 | M64×3 | 80 | 0 | −15 | 55 | 0 |

| 型号 | EN下偏差/μm | EF最大值/mm | CH（js13）/mm | AX最小值/mm | LF最小值/mm | EU（h13）/mm | 最大摆角Z/（°） |
|---|---|---|---|---|---|---|---|
| 10 | −120 | 20 | 37 | 14 | 13 | 6 | 4 |
| 12 | −120 | 23 | 45 | 16 | 19 | 7 | 4 |
| 16 | −120 | 29 | 50 | 18 | 22 | 10 | 4 |
| 20 | −120 | 32 | 67 | 22 | 31 | 12 | 4 |
| 25 | −120 | 45 | 77 | 28 | 35 | 18 | 4 |
| 30 | −120 | 48 | 92 | 36 | 40 | 16 | 4 |
| 40 | −120 | 74 | 120 | 45 | 57 | 22 | 4 |
| 50 | −120 | 86 | 135 | 56 | 61 | 28 | 4 |
| 60 | −150 | 94 | 145 | 61 | 62 | 36 | 4 |
| 80 | −150 | 120 | 190 | 85 | 82 | 45 | 4 |

表6-24　杆用单耳环（带关节轴承）安装尺寸

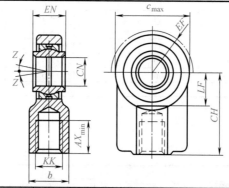

| 型号 | 公称力/N | CN（H7）/mm | EN（h12）/mm | KK/mm | AX_min/mm | CH/mm | LF/mm | c_max/mm | EF/mm | b/mm | 最大摆角Z/（°） |
|---|---|---|---|---|---|---|---|---|---|---|---|
| 12 | 8000 | 12 | 12 | M12×1.25 | 17 | 38 | 14 | 32 | 16 | 16 | 4 |
| 16 | 12500 | 16 | 16 | M14×1.5 | 19 | 44 | 18 | 40 | 20 | 21 | 4 |
| 20 | 20000 | 20 | 20 | M16×1.5 | 23 | 52 | 22 | 50 | 25 | 25 | 4 |
| 25 | 32000 | 25 | 25 | M20×1.5 | 29 | 65 | 27 | 62 | 32 | 30 | 4 |
| 32 | 50000 | 32 | 32 | M27×2 | 37 | 80 | 32 | 76 | 40 | 38 | 4 |
| 40 | 80000 | 40 | 40 | M33×2 | 46 | 97 | 41 | 97 | 50 | 47 | 4 |
| 50 | 125000 | 50 | 50 | M42×2 | 57 | 120 | 50 | 118 | 63 | 58 | 4 |

| 型号 | 公称力 /N | $CN$（H7） /mm | $EN$（h12） /mm | $KK$ /mm | $AX_{min}$ /mm | $CH$ /mm | $LF$ /mm | $c_{max}$ /mm | $EF$ /mm | $b$ /mm | 最大摆角 $Z$/（°） |
|---|---|---|---|---|---|---|---|---|---|---|---|
| 63 | 200000 | 63 | 63 | M48×2 | 64 | 140 | 62 | 142 | 71 | 70 | 4 |
| 80 | 320000 | 80 | 80 | M64×2 | 86 | 180 | 78 | 180 | 90 | 90 | 4 |
| 100 | 500000 | 100 | 100 | M80×3 | 96 | 210 | 98 | 224 | 112 | 110 | 4 |
| 125 | 800000 | 125 | 125 | M100×3 | 113 | 260 | 120 | 290 | 160 | 135 | 4 |
| 160 | 1250000 | 160 | 160 | M125×4 | 126 | 310 | 150 | 346 | 200 | 165 | 4 |
| 200 | 2000000 | 200 | 200 | M160×4 | 191 | 390 | 195 | 460 | 250 | 215 | 4 |
| 250 | 3200000 | 250 | 250 | M200×4 | 205 | 530 | 265 | 640 | 320 | 300 | 4 |
| 320 | 5000000 | 320 | 320 | M250×6 | 260 | 640 | 325 | 750 | 375 | 360 | 4 |

表 6-25　杆用双耳环安装尺寸

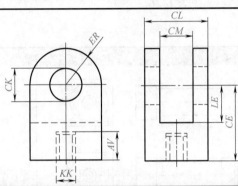

| 型号 | 活塞杆直径 /mm | 缸筒内径 /mm | 公称力 /N | $KK$ /mm | $CK$（H9） /mm | $CM$（A16） /mm | $ER$ 最大值 /mm | $CE$（js13） /mm | $AV$ 最小值 /mm | $LE$ 最小值 /mm | $CL$ 最大值 /mm |
|---|---|---|---|---|---|---|---|---|---|---|---|
| 10 | 12 | 25 | 8000 | M10×1.25 | 10 | 12 | 12 | 32 | 14 | 13 | 26 |
| 12 | 14 | 32 | 12500 | M12×1.25 | 12 | 16 | 17 | 36 | 16 | 19 | 34 |
| 16 | 18 | 40 | 20000 | M14×1.5 | 14 | 20 | 17 | 38 | 18 | 19 | 42 |
| 20 | 22 | 50 | 32000 | M16×1.5 | 20 | 30 | 29 | 54 | 22 | 32 | 62 |
| 25 | 28 | 63 | 50000 | M20×1.5 | 20 | 30 | 29 | 60 | 28 | 32 | 62 |
| 30 | 36 | 80 | 80000 | M27×2 | 28 | 40 | 34 | 75 | 36 | 39 | 83 |
| 40 | 45 | 100 | 125000 | M33×2 | 36 | 50 | 50 | 99 | 45 | 54 | 103 |
| 50 | 56 | 125 | 200000 | M42×2 | 45 | 60 | 53 | 113 | 56 | 57 | 123 |
| 60 | 70 | 160 | 320000 | M48×2 | 56 | 70 | 59 | 126 | 63 | 63 | 143 |
| 70 | 90 | 200 | 500000 | M64×3 | 70 | 80 | 78 | 168 | 85 | 83 | 163 |

## 四、液压缸的安装方式及其安装连接元件的安装尺寸

液压缸的安装方式主要分为端盖类、法兰类、耳环类、底座类、耳轴类、螺栓螺孔类等。需要注意的是：

① 液压缸只能一端固定，另一端自由，使热胀冷缩不受限制；

② 底脚形和法兰形液压缸的安装螺栓不能直接承受推力载荷；

③ 耳环形液压缸活塞杆顶端连接头的轴线方向必须与耳轴的轴线方向一致。

拉杆伸出安装的缸适用于传递直线力的应用场合，并在空间有限时特别有用。对于压缩用途，缸盖端拉杆安装最合适；活塞杆受拉伸的场合，应指定缸头端安装方式。拉杆伸出的缸可以从任何一端固定于机器构件，而缸的自由端可以连接在一个托架上。

法兰安装的缸也适用于传递直线力的应用场合。对于压缩型用途，缸盖安装方式最合适；主要负载使活塞杆受拉伸的场合，应指定缸头安装。

脚架安装的缸在其中心线上有作用力。结果，缸所施加的力会产生一个倾翻力矩，试图使缸绕着它的安装螺栓翻转。因而，应把缸牢固地固定于安装面并应有效地引导负载，以免过大的侧向载荷施加于活塞杆密封装置和活塞导向环。

带铰支安装的缸吸收其中心线上的力的应该用于机器构件沿曲线运动的场合。如果活塞杆进行的曲线路径在单一平面之内，则可使用带固定双耳环的缸。对于其中活塞杆将沿实际运动平面的每侧的路径行进的用途，推荐球面轴承安装。

耳轴安装的缸被设计成吸收其中心线上的力。它们适用于拉伸（拉力）或压缩（推力）用途，并可用于机器构件将沿单一平面内的曲线路径运动的场合。耳轴销仅针对剪切载荷设计并应承受最小的弯曲应力。

各种安装方式和安装说明参见表 6-26。

表 6-26  液压缸的安装方式

| 安装方式 | | 安装简图 | 说明 |
|---|---|---|---|
| 法兰型 | 头部法兰 | 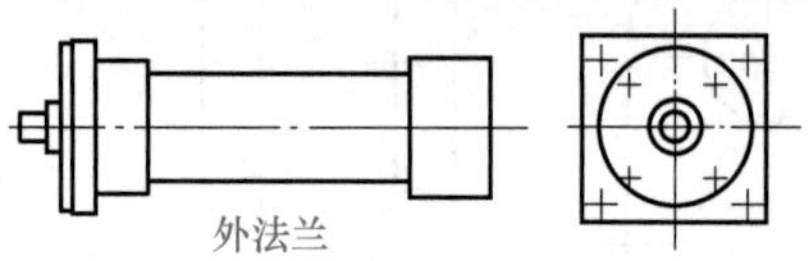 外法兰 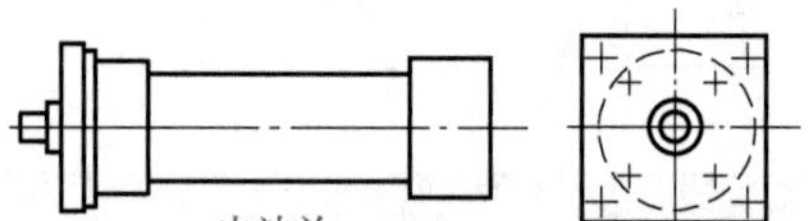<br>内法兰 | 头部法兰型安装时，安装螺钉受拉力较大；尾部法兰型安装时，螺钉受力较小 |
| | 尾部法兰 | 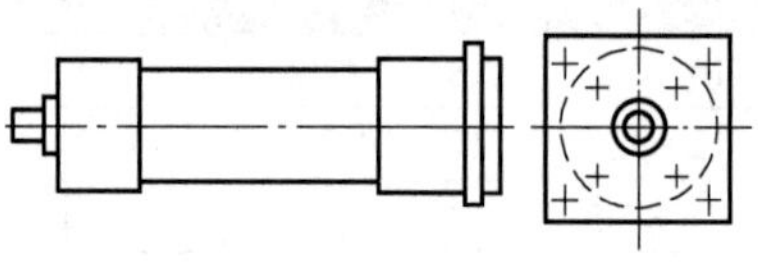 | |
| 销轴型 | 头部销轴 | 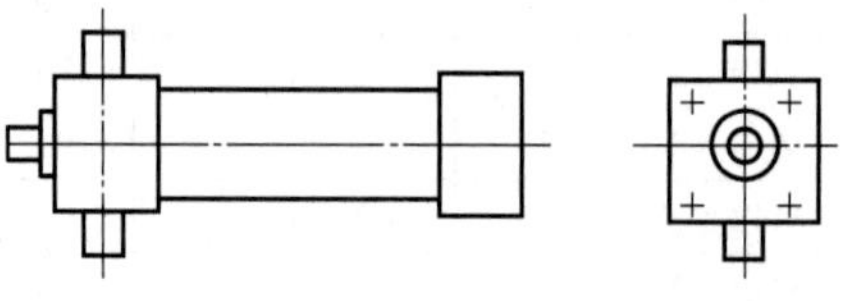 | 液压缸在垂直面内可摆动。头部销轴型安装时，活塞杆受弯曲作用较小；中间销轴型次之；尾部销轴型最大 |
| | 中间销轴 | 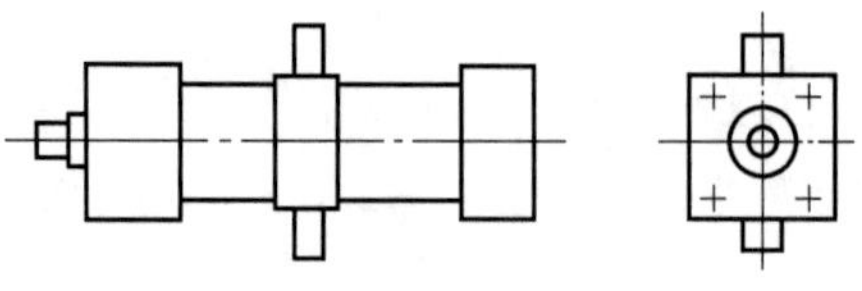 | |
| | 尾部销轴 | 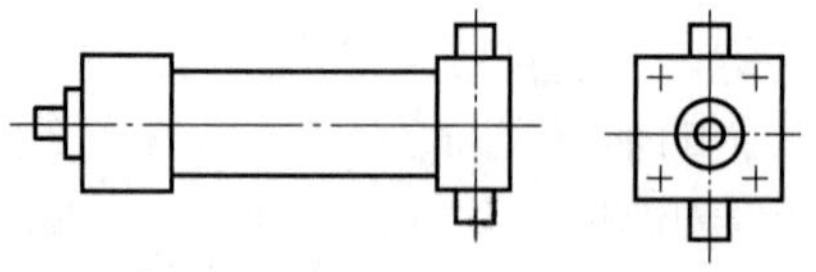 | |

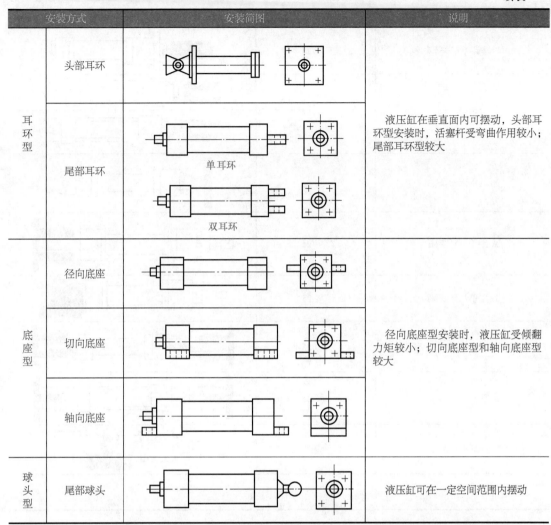

| 安装方式 | | 安装简图 | 说明 |
|---|---|---|---|
| 耳环型 | 头部耳环 | | 液压缸在垂直面内可摆动，头部耳环型安装时，活塞杆受弯曲作用较小；尾部耳环型较大 |
| | 尾部耳环 | 单耳环 / 双耳环 | |
| 底座型 | 径向底座 | | 径向底座型安装时，液压缸受倾翻力矩较小；切向底座型和轴向底座型较大 |
| | 切向底座 | | |
| | 轴向底座 | | |
| 球头型 | 尾部球头 | | 液压缸可在一定空间范围内摆动 |

注：表中所列液压缸皆为缸体固定，活塞杆运动。根据工作需要，也可采用活塞杆固定、缸体活动。

液压缸的安装连接元件、单耳环用柱销尺寸系列、单耳环（带球铰轴套）用柱销尺环安装尺寸和杆用双耳环安装尺寸见表 6-27 ～表 6-33。

表 6-27  液压缸的安装连接元件

| 名称 | 工作压力 / MPa | 简图 |
|---|---|---|
| 杆用单耳环（不带轴套） | ≤ 16 | |
| | ≤ 25 | |
| 杆用单耳环（带球铰轴套） | ≤ 16 | |

| 名称 | 工作压力 / MPa | 简图 |
|---|---|---|
| 杆用单耳环（带关节轴承） | ≤ 25 | |
| 杆用双耳环 | ≤ 16 | |
| | ≤ 25 | |
| 杆端用圆形法兰 | ≤ 25 | |
| A 型单耳环支座 | ≤ 25 | |
| B 型单耳环支座 | ≤ 25 | |
| 单耳环（带球铰轴套）支座 | ≤ 25 | |
| 双耳环支座 | ≤ 25 | |
| 耳轴支座 | ≤ 25 | |

表 6-28　单耳环用柱销尺寸系列

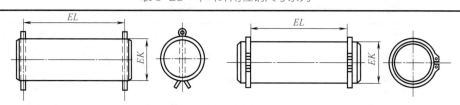

(a) 柱销(用开口销)　　　　　　　　　(b) 柱销(用弹簧圈)

| 型号 | 缸筒内径 /mm | 额定作用力 /N | $EL$ 最小值 /mm | $EK$（f8）/mm |
|---|---|---|---|---|
| 10 | 25 | 8000 | 29 | 10 |
| 12 | 32 | 12500 | 37 | 12 |
| 16 | 40 | 20000 | 45 | 14 |
| 20 | 50 | 32000 | 66 | 20 |
| 25 | 63 | 50000 | 66 | 20 |
| 30 | 80 | 80000 | 87 | 28 |
| 40 | 100 | 125000 | 107 | 36 |
| 50 | 125 | 200000 | 129 | 45 |
| 60 | 160 | 320000 | 149 | 56 |
| 80 | 200 | 500000 | 169 | 70 |

表 6-29　双耳环用柱销尺寸系列

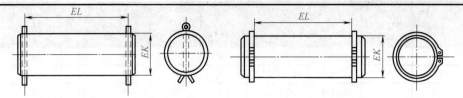

(a) 柱销(用开口销)　　　　　　　　　　　　(b) 柱销(用弹簧圈)

注：用于球铰时，尺寸 *EK* 公差为 m6

| 型号 | 公称力 /N | *EK*（f8）/mm | *EL*（H16）/mm |
|---|---|---|---|
| 12 | 8000 | 12 | 29 |
| 16 | 12500 | 16 | 37 |
| 20 | 20000 | 20 | 46 |
| 25 | 32000 | 25 | 57 |
| 32 | 50000 | 32 | 72 |
| 40 | 80000 | 40 | 92 |
| 50 | 125000 | 50 | 112 |
| 63 | 200000 | 63 | 142 |
| 80 | 320000 | 80 | 172 |

表 6-30　单耳环带球铰轴套用柱销尺寸系列

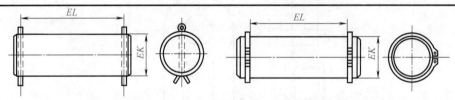

(a) 柱销(用开口销)　　　　　　　　　　　　(b) 柱销(用弹簧圈)

| 型号 | 公称力 /N | 动态作用力 /N | *EL* 最小值 /mm | *EK*（f6）/mm |
|---|---|---|---|---|
| 10 | 8000 | 8000 | 28 | 10 |
| 12 | 12500 | 10800 | 33 | 12 |
| 16 | 20000 | 20000 | 41 | 16 |
| 20 | 32000 | 30000 | 54 | 20 |
| 25 | 50000 | 48000 | 58 | 25 |
| 30 | 80000 | 62000 | 71 | 30 |
| 40 | 125000 | 100000 | 87 | 40 |
| 50 | 200000 | 156000 | 107 | 50 |
| 60 | 320000 | 245000 | 126 | 60 |
| 80 | 500000 | 400000 | 147 | 80 |

表 6-31　杆用单耳环安装尺寸（1）

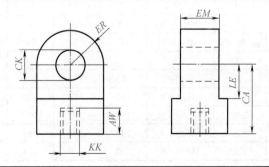

| 型号 | 活塞杆直径/mm | 缸筒内径/mm | 公称力/N | KK/mm | CK(H9)/mm | EM(H13)/mm | ER最大值/mm | CA(js13)/mm | AW最小值/mm | LE最小值/mm |
|---|---|---|---|---|---|---|---|---|---|---|
| 10 | 12 | 25 | 8000 | M10×1.25 | 10 | 12 | 12 | 32 | 14 | 13 |
| 12 | 14 | 32 | 12500 | M12×1.25 | 12 | 16 | 17 | 36 | 16 | 19 |
| 16 | 18 | 40 | 20000 | M14×1.5 | 14 | 20 | 17 | 38 | 18 | 19 |
| 20 | 22 | 50 | 32000 | M16×1.5 | 20 | 30 | 29 | 54 | 22 | 32 |
| 25 | 28 | 63 | 50000 | M20×1.5 | 20 | 30 | 29 | 60 | 28 | 32 |
| 30 | 36 | 80 | 80000 | M27×2 | 28 | 40 | 34 | 75 | 36 | 39 |
| 40 | 45 | 100 | 125000 | M33×2 | 36 | 50 | 50 | 99 | 45 | 54 |
| 50 | 56 | 125 | 200000 | M42×2 | 45 | 60 | 53 | 113 | 56 | 57 |
| 60 | 70 | 160 | 320000 | M48×2 | 56 | 70 | 59 | 126 | 63 | 63 |
| 80 | 90 | 200 | 500000 | M64×2 | 70 | 80 | 78 | 168 | 85 | 83 |

表6-32 杆用单耳环安装尺寸（2）

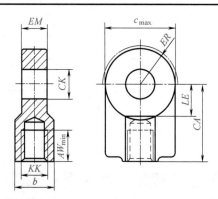

执行标准：ISO 6981—1982、GB/T 14042—2001

| 型号 | 公称力/N | CK(H9)/mm | EM(H12)/mm | KK（螺纹精度6H）/mm | AW_min/mm | CA/mm | LE/mm | c_max/mm | ER/mm | b/mm |
|---|---|---|---|---|---|---|---|---|---|---|
| 12 | 8000 | 12 | 12 | M12×1.25 | 17 | 38 | 14 | 32 | 16 | 16 |
| 16 | 12500 | 16 | 16 | M14×1.5 | 19 | 44 | 18 | 40 | 20 | 21 |
| 20 | 20000 | 20 | 20 | M16×1.5 | 23 | 52 | 22 | 50 | 25 | 25 |
| 25 | 32000 | 25 | 25 | M20×1.5 | 29 | 65 | 27 | 62 | 32 | 30 |
| 32 | 50000 | 32 | 32 | M27×2 | 37 | 80 | 32 | 76 | 40 | 38 |
| 40 | 80000 | 40 | 40 | M33×2 | 46 | 97 | 41 | 97 | 50 | 47 |
| 50 | 125000 | 50 | 50 | M42×2 | 57 | 120 | 50 | 118 | 63 | 58 |
| 63 | 200000 | 63 | 63 | M48×2 | 64 | 140 | 62 | 142 | 71 | 70 |
| 80 | 320000 | 80 | 80 | M64×3 | 86 | 180 | 78 | 180 | 90 | 90 |
| 100 | 500000 | 100 | 100 | M80×3 | 98 | 210 | 98 | 224 | 112 | 110 |
| 125 | 800000 | 125 | 125 | M100×3 | 113 | 260 | 120 | 290 | 160 | 135 |
| 160 | 1250000 | 160 | 160 | M125×4 | 126 | 310 | 150 | 346 | 200 | 165 |
| 200 | 2000000 | 200 | 200 | M160×4 | 161 | 390 | 195 | 460 | 250 | 215 |
| 250 | 3200000 | 250 | 250 | M200×4 | 205 | 530 | 265 | 640 | 320 | 300 |
| 320 | 5000000 | 320 | 320 | M250×6 | 260 | 640 | 325 | 750 | 375 | 360 |

表 6-33　杆用双耳环安装尺寸

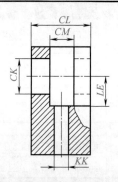
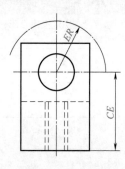

| 型号 | 公称力 /N | CK (H9) /mm | CL (h16) /mm | CM (A12) /mm | CE (js12) /mm | KK /mm | LE 最小值 /mm | ER 最大值 /mm |
|---|---|---|---|---|---|---|---|---|
| 12 | 8000 | 12 | 28 | 12 | 38 | M12 × 1.25 | 18 | 16 |
| 16 | 12500 | 16 | 36 | 16 | 44 | M14 × 1.5 | 22 | 20 |
| 20 | 20000 | 20 | 45 | 20 | 52 | M16 × 1.5 | 27 | 25 |
| 25 | 23000 | 25 | 56 | 25 | 65 | M20 × 1.5 | 34 | 32 |
| 32 | 50000 | 32 | 70 | 32 | 80 | M27 × 2 | 42 | 40 |
| 40 | 80000 | 40 | 90 | 40 | 97 | M33 × 2 | 52 | 50 |
| 50 | 125000 | 50 | 110 | 50 | 120 | M42 × 2 | 64 | 63 |
| 63 | 200000 | 63 | 140 | 63 | 140 | M48 × 2 | 75 | 71 |
| 80 | 320000 | 80 | 170 | 80 | 180 | M64 × 3 | 94 | 90 |

# 第三节　液压缸常见故障与维修

## 一、液压缸的常见故障诊断及排除方法

液压缸的常见故障诊断及排除方法见表 6-34。

表 6-34　液压缸的常见故障诊断及排除方法

| 故障 | 产生原因 | 排除方法 |
|---|---|---|
| 爬行 | ①外界空气进入缸内 | ①设置排气装置或开动系统强迫排气 |
| | ②密封压得太紧 | ②调整密封，但不得泄漏 |
| | ③活塞与液压缸不同轴，活塞杆不直 | ③校正或更换，使同轴度小于 0.04mm |
| | ④缸内壁拉毛，局部磨损严重或腐蚀 | ④适当修理，严重者重新磨缸内孔，按要求重配活塞 |
| | ⑤安装位置有偏差 | ⑤校正 |
| | ⑥双活塞杆两端螺母拧得太紧 | ⑥调整 |
| 冲击 | ①用间隙密封的活塞，与缸筒间隙过大，节流阀失去作用 | ①更换活塞，使间隙达到规定要求，检查节流阀 |
| | ②端头缓冲的单向阀失灵，不起作用 | ②修正、研配单向阀与阀座或更换 |

| 故障 | 产生原因 | 排除方法 |
|---|---|---|
| 推力不足,速度不够或逐渐下降 | ①由于缸与活塞配合间隙过大或O形密封圈损坏,使高低压腔互通 | ①更换活塞或密封圈,调整到合适的间隙 |
| | ②工作段不均匀,造成局部几何形状有误差,使高低压腔密封不严,产生泄漏 | ②镗磨修复缸内孔,重配活塞 |
| | ③缸端活塞杆密封压得太紧或活塞杆弯曲,使摩擦力或阻力增加 | ③放松密封,校直活塞杆 |
| | ④油温太高,黏度降低,泄漏增加,使缸速减慢 | ④检查油温原因,采用散热措施,如间隙过大,可单配活塞杆或增装密封环 |
| | ⑤液压泵流量不足 | ⑤检查泵或调节控制阀 |
| 外泄漏 | ①活塞杆表面损伤或密封圈损坏造成活塞杆处密封不严 | ①检查并修复活塞杆和密封圈 |
| | ②管接头密封不严 | ②检查密封圈及接触面 |
| | ③缸盖处密封不良 | ③检查并修正 |

## 二、液压缸的安装与维护

（1）液压缸的安装

液压缸是液压机械中直接拖动负载的装置,安装时要考虑到它与负载大小、性质、方向等,在安装时必须注意以下几点。

① 连接的基座必须有足够的强度。如果基座不牢固,加压时,缸筒将向上翘起,导致活塞杆弯曲或折损。

② 大直径、行程在2～2.5m以上的大液压缸,在安装时必须安装活塞杆的导向支承环和缸筒本身的中间支座,以防止活塞杆和缸筒的挠曲。因为挠曲会造成缸体与活塞杆、活塞杆与导向套之间的间隙不均匀,造成滑动面不均匀磨损或拉伤,轻则使液压缸出现内漏和外漏,重则使液压缸不能使用。

③ 耳环式液压缸是以耳环为支点,它可以在与耳环垂直的平面内摆动的同时做直线往复运动。所以,活塞杆顶端连接转轴孔的轴线方向,必须与耳轴孔的方向一致。否则,液压缸就会受到以耳轴孔为支点的弯曲载荷,有时还会由于活塞杆的弯曲,使杆端的头部螺纹折断。而且,由于活塞杆处于弯曲状态下进行往复运动,容易拉伤缸筒表面,使导向套的磨损不均匀,发生漏油等现象。

④ 当要求耳环式液压缸能以耳环孔为中心做自由回转时,可以使用万向接头或万向联轴器。采用万向接头时,液压缸能整体自由摆动,可将"别劲"现象减到最小。

⑤ 铰轴式液压缸的安装方法应与耳环式液压缸做相同考虑,因为液压缸是以铰轴为支点的,并在与铰轴相垂直的平面内摆动的同时做往复直线运动。所以,活塞杆顶端的连接销,应与铰轴位于同一方向。若连接销与铰轴相垂直,则液压缸就会变形弯曲,活塞杆顶端的螺纹部分会折断,加之有横向力的作用,活塞杆导向套和活塞面容易发生不均匀磨损或拉伤,这是造成破损和漏油的原因。

（2）液压缸的调整

液压缸安装好后,需要进行试运转。安装后试压时无漏油现象时,首先应当排气。将工作压力降至0.5～1.0MPa进行排气。排气方法是：当活塞运动到终端,压力升高时,将处于高压腔的排气阀螺栓打开点,使带有浊气的白泡沫状油液从排气阀喷出,喷出时带有"嘘、嘘"的排气声,当活塞由终端开始返回的瞬间关闭该阀。如此多次,直至喷出澄清色的油液为止。然后再换另一侧排气，排气方法同上。一般要将空气排净需要进行 25min 左右。排气操作必须注意安全及谨慎。

液压缸设有缓冲阀的，还应对缓冲调节阀进行调整，主要调整缓冲效果和动作的循环时间。当液压缸上作用有工作负载条件时，活塞速度按小于 50mm/s 运行，逐渐提高。开始先把缓冲调节阀放在缓冲节流阻力较小位置，然后逐渐增大节流阻力，使缓冲作用逐渐加强，一直调到符合缓冲要求为止。

（3）液压缸的拆卸、检查（表 6-35）

表 6-35　液压缸的拆卸、检查

| 项目 | | 说明 |
|---|---|---|
| 液压缸的拆卸 | | ①首先将活塞移到适于拆卸的一个位置<br>②松开溢流阀，使溢流阀卸荷，系统压力降为零<br>③切断电源，使液压装置停止工作<br>④一般液压缸的拆卸顺序应是：拆下进、出油口的配管，松开活塞杆端的连接头、端盖及安装螺栓，再拆卸活塞杆、活塞和缸筒等。拆卸时一定要注意不要硬性将活塞杆、活塞从缸筒中拔出，以免损伤缸筒内表面 |
| 液压缸零件的检查与判断 | 缸筒内表面 | 缸筒内表面有很浅的线状摩擦伤或点状痕迹是允许的，对使用无妨。如果是纵状拉伤时，必须对内孔进行研磨，或可用极细的砂纸或油石修正。当无法对纵状拉伤进行修正时，必须更换新缸筒 |
| | 活塞杆 | 在与密封圈做相对运动的活塞杆滑动面上，产生的拉伤或伤痕，其判断处理方法同缸筒内表面。但是，活塞杆滑动面一般是镀硬铬的，如果镀层的一部分因磨损产生脱落，形成纵状深痕时，对外漏油将会有很大影响。此时必须除去旧镀层，重新镀铬，抛光。镀铬厚度为 0.05mm |
| | 密封件 | 检查活塞杆、活塞密封件时，应当首先观察密封件的唇边有无受伤、密封摩擦面的磨损情况。发现唇边有轻微伤痕、摩擦面有磨损时，最好更换新的密封件 |
| | 导向套 | 导向套内表面有些伤痕对使用没多大影响，但是如果当伤痕在 0.2mm 以上时，就应更换新的导向套 |
| | 活塞 | 活塞表面有轻微伤痕时不影响使用，如果当伤痕在 0.2mm 以上时，就应更换活塞。另外，还得检查活塞上是否有与缸盖碰撞引起的裂缝。如有，则必须更换活塞 |
| | 其他 | 其他部分的检查，随液压缸构造及用途而异。但检查应留意端盖、耳环、铰轴是否有裂纹，活塞杆顶端螺纹和油口螺纹有无异常等 |

（4）液压缸组装时的注意事项（表 6-36）

表 6-36　液压缸组装时的注意事项

| 项目 | 说明 |
|---|---|
| 检查加工零件上有无毛刺或锐角 | 在密封技术中，如何保护好密封圈的唇边是十分重要的。若缸筒内壁上开有排气孔或通油孔，应对其进行检查，并除去孔两端开的导向锥面上的毛刺，以免密封件在安装过程中损坏。检查密封圈接触或摩擦的相应表面，如有伤痕必须研磨、修正。否则即使更换新的密封件也不能防止泄漏液压油。当密封圈要经过螺纹部分时，可在螺纹上卷一层密封带，在带上涂上润滑脂，再进行安装 |
| 装入密封圈时，要用耐性好、抗氧化能力好的润滑脂 | 在液压缸的拆卸和组装过程中，采用洗涤油或汽油等将各部分洗净，再用压缩空气吹干，然后在缸筒内表面及密封圈上涂上一些润滑脂。这样，不仅能使密封圈容易装入，而且在组装时能保护不受损坏，效果较显著 |
| 切勿装错密封方向 | 密封有方向性。对于 Y 形、V 形等密封圈，一般高压朝着密封圈的唇口一边。如果是 O 形圈，就没有方向性，但 O 形圈后面要加保护环，O 形圈前面受压，背后的保护环是防止 O 形圈受压后变形及被挤出拧扭 |

（5）装配后液压缸的试验

液压缸装配好后要进行试验。试验项目一般有以下几项，其说明见表 6-37。

表 6-37　装配后液压缸的试验

| 项目 | 说明 |
|---|---|
| 运动平稳性检查 | 在最低压力 $p_1$ 下运行 5～10 次，检查活塞运动是否平稳、灵活、无阻滞现象。最低压力与密封件的种类有关。推荐：O 形、Y 形夹织物密封圈 $p_1$ 取 0.3MPa 左右，V 形夹织物密封圈 $p_1$ 取 0.5MPa 左右，活塞环取 0.15MPa 左右 |
| 负载试验 | 在活塞杆上加最大工作负荷，此时缸中的压力 $p$ 为最大工作压力。在 $p$ 作用下，运行 5 次全行程往复运动，此时缸活塞杆移动平稳、灵活，且缸的各部分部件没有永久变形和其他异常现象 |
| 液压缸的外部泄漏试验 | 在 $p_2$（$=1.5p$）作用下，活塞往复运动约为 5～10min，各密封和焊接处不得漏油 |
| 液压缸的内部泄漏试验 | 在活塞杆上加一定的静载荷 $F$（$F=pA$，$A$ 为活塞有效工作面积），在 10min 内，活塞移动距离不超过额定值 |
| 液压缸强度试验 | 从缸两端施加试验压力 $p_3$ [$p_3=(1.5 \times 1.75)p$] 试验 2min，各零件不得破损或永久变形 |
| 试验后再度紧固 | 在以上各试验之后，可能出现缸的紧固或松弛现象。所以，为慎重起见，在试验后应再度拧紧拉杆，紧固压盖螺栓等。此项工作往往被人疏忽。否则，如在耐压试验后直接使用，由于各螺栓上的载荷不均匀而使螺栓逐个破坏，最终造成严重故障 |

（6）液压缸使用注意事项

① 在工作中应避免损伤活塞杆的外表面及活塞杆端部螺纹，避免用铁锤敲打活塞杆和缸体端部。

② 注意液压缸性能试验后的再度紧固。液压缸试验后，必须再度拧紧缸盖紧固螺栓及有关连接螺栓，以免单边拧紧受力不均而逐个破坏。

③ 使用过程中应经常检查液压缸是否漏油，以及液压缸与工作机构的连接部位有无松动。

④ 有排气装置的液压缸，应注意将缸内的空气排除干净。

（7）定期检查

以上各项工作进行之后，仍应建立定期检查制度，以防止或减少事故发生。

## 三、液压缸的修复

（1）活塞的修复

活塞在缸内做频繁的往复运动，故活塞和缸筒内壁最易磨损。液压缸受力情况不同，其磨损情况也不同。活塞磨损后有的截面呈椭圆形，有的纵向呈腰鼓形。因此，在修复前应认真检查和测量。

对于与缸筒直接接触并依靠 O 形密封圈密封的活塞，如果活塞表面及密封圈槽有裂纹或 0.3mm 以上的深划痕，应采用模具修复机进行修复。对于与缸筒采用间隙密封的活塞，若活塞与缸筒的磨损间隙过大，且缸筒内壁磨损均匀，活塞环槽磨损时，可移位车活塞环槽，或重新配置活塞与缸筒配研，也可采用喷涂金属、着力部分浇注巴氏合金、按分级修理尺寸、车宽活塞环槽的方法达到修配尺寸。对于不直接与缸筒接触的活塞，主要是通过更换 V 形或 Y 形密封圈等来恢复活塞与缸筒的结合密封性。

（2）活塞杆与活塞组件的修复

活塞杆容易产生纵向弯曲变形。活塞杆变形后，会引起缸筒和活塞的偏磨，可在校直机上或手动压力机上校直。校直后的活塞杆弯曲量在 500mm 长度上应不大于 0.03mm。当活塞与活塞杆的同轴度超过 0.04mm 时，也应进行校正。校正的方法是把活塞和活塞杆连成一体，放在 V 形铁上，用百分表检测，在校正器中调整，以达到规定值。

活塞杆的滑动表面有划痕，造成滴油时，可以对活塞杆表面用刷涂胶液或模具修补机点焊的方法进行修复。如果活塞杆滑动表面有较严重的锈蚀或在活塞杆工作长度内表面上镀铬层脱落严重时，可以先进行磨削或去除旧的镀铬层，再重新镀铬、抛光进行修复，镀铬层厚度一般为 0.05mm 左右。

修复后的活塞杆轴线的直线度误差 500μm，长度不大于 0.03mm，活塞杆的圆度和圆柱度误差不大于其直径公差的一半，表面粗糙度 $Ra$ 不大于 0.4μm。

当活塞运动速度很快，一旦缓冲机构失灵或无缓冲，在采用限位行程电气元件控制失灵时，活塞以高速与缸盖发生冲撞，将引起活塞在外圆及内圆倒角处变形而导致损坏。如果采用铸造类脂性材料，易引起颗粒脱落，若材料中有缺陷，则会成小片、小块状脱落，进而拉坏活塞外圆表面、密封件及缸筒内孔。

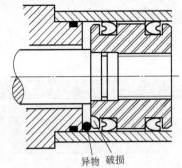
异物 破损

图 6-18　异物损坏活塞

其修理措施通常为：

① 适当加大活塞内外圆处的倒角。

② 检查、排除缓冲机构或电气控制行程元件的故障。

③ 活塞本身材料缺陷严重时，应予以更换。

当缸内混入异物，尤其是特硬物质时，当活塞行至冲程末端，异物夹在缸盖与活塞之间而损坏活塞，如图 6-18 所示。修理措施为：

① 拆检液压缸，检查活塞等零件，损伤轻微者排除异物，对活塞进行修磨、去毛刺后组装。

② 找出异物混入的具体原因，予以排除。

③ 加强日常保养维护工作。

制造和装配时，活塞与活塞杆同轴度低，或缸盖孔与活塞同轴度低，活塞杆在运动过程中对活塞产生的挠曲力造成单边磨损。其修理措施为：检查活塞与活塞杆配合端面是否与活塞内孔保持垂直，若超差，则上车床进行纠正性切削。对于缸盖，大都是由于缸盖内孔车削时未与嵌入缸筒内孔的凸肩外圆及与缸筒接合端面保持一刀落，此时应在车床夹持缸盖外圆，以该外圆及接合端面为基准，对内孔"接一刀"，以纠正轻微的偏心量。

当活塞与缸筒内孔配合间隙太大，在长度很大的活塞杆自重作用下，活塞杆挠曲，或者即使活塞杆不挠曲，但由于自重产生的弯曲力矩大于活塞的倾覆力矩，则活塞将处于倾斜姿势沿缸壁运动而发生偏磨。其修理措施为：

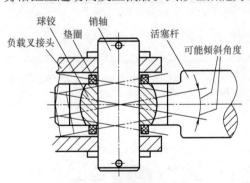
球铰　销轴
负载叉接头　垫圈　活塞杆
可能倾斜角度

图 6-19　球铰耳环连接示意图

① 纠正活塞杆过大的挠曲度。

② 校核活塞的宽度尺寸是否太短。

③ 活塞宽度尺寸在允许范围内时，对活塞外圆可以刷镀方法补偿尺寸，其材料与活塞材料相雷同或亲和性好。

④ 如果结构许可，可加用活塞导向耐磨环。活塞杆与载荷的连接结点应沿着液压缸——活塞杆的轴心线移动，但这种理想状态是很难达到的。因而对活塞杆的挠曲，要使其不产生过分的"别劲"，必须在机构中装有吸收零件。球铰耳环正是常用的吸收零件，如图 6-19 所示。

如果球铰与杆端耳环装配不灵活，或因嵌入毛刺、污物而卡死，则活塞杆易被别弯。若负载叉接头的宽度不够，以及垫圈的外径太大，从而限制活塞杆的摆动时，也会产生类似别弯现象。采用的修理措施为，首先是尽量使液压缸与载荷移动的轴心线一致，其次是球铰装配要达到规定要求。

（3）缸体的维修

缸体组件的损坏绝大部分发生在缸筒上，一般缸壁划伤或有沟槽，截面呈椭圆及轻微锈蚀等，均可通过下述方法修理。若纵向缸壁胀大过度又无法加固，或形状尺寸误差太大而不能修复时，则应更换新件。

缸筒一般修理过程与方法见表6-38。

表6-38　缸筒一般修理过程与方法

| 项目 | | 说明 |
|---|---|---|
| 检测 | | 修理之前，必须先检测缸筒超差或损伤部位。有调试手段的单位可用光学仪器或加长内径千分表检测，测出缸筒内壁不同截面上的圆度及方位并做下记录。无检测条件的单位可用目测，目测时，先将灯光从一头射入缸筒，再将活塞伸入缸筒内，逐段移动活塞，观察缸筒全长漏光缝隙大小、方位及纵向分布并做下记录，作为缸筒修复的依据 |
| 维修方法 | 珩磨 | 缸筒损坏比较严重但均匀，深浅程度相差不大，即使伤痕较多，也可采用珩磨方法来修复。珩磨可在专用珩磨机床上进行，也可在车床上修复。将缸筒装在车床主轴卡盘上，并用中心架支承，珩磨头用铰链装在刀杆上，刀杆再装在拖板上，缸筒快速旋转，磨头往复运动。珩磨头在两端换向不能太快，以免影响缸筒两端加工质量，缸筒转速约为200r/min左右，珩磨时，磨头移动速度约10m/min左右，磨出的花纹最好呈45°交叉状，珩磨余量为0.1～0.15mm |
| | 研磨 | 对于损坏程度较轻的缸筒，可用机动或手动研磨的方法来修复。机动研磨可在钻床上进行，磨具与钻床主轴用万向接头连接，转速约100r/min左右。加工时，手动主轴沿缸筒轴线移动，如果缸筒较长，也可在车床上来研磨。研具的材料比缸筒材料软一些，这样，研磨料比较容易嵌入研具表面，研磨效率高。相反，研具材料过硬，研磨时将研磨料挤出研具与工件之外，最不利的情况下是将研磨料嵌入缸筒内表面，这样恶化了缸筒内壁表面质量、降低了液压缸的工作寿命。研具本身尺寸精度和几何精度对缸筒加工质量有直接影响。研具的材料采用铸铁较好，成本低、工艺性好，能保证较好的研磨质量和较高的生产率，对各种材料的缸筒都适用。用铝、钢等有色金属作研具，由于它们能嵌入大量研磨料，适用于切除较大余量的粗研加工 |
| | 电镀 | 如缸筒内壁磨损较大（在0.15mm以内），但又比较均匀时，可用电镀（多用镀铬）工艺，将内孔尺寸加以补偿后再采用珩磨加工进行修复。镀（铬）层的厚度为0.05～0.3mm，镀层过厚容易脱落。由于电镀工艺较复杂，镀前表面处理不当，会使内孔形状误差增大。还有零件必须解体、电镀加工时间较长，需镀槽等固定设备，价格较贵等诸多因素，导致目前液压缸修复工艺中已较少采用电镀法，而推广快速电刷镀的修复工艺 |

（4）密封装置维修

O形密封圈的失效与修理见表6-39。

表6-39　O形密封圈的失效与修理

| 项目 | 说明 |
|---|---|
| 泄漏 | O形橡胶密封圈一般不会出现什么故障，但若安装沟槽尺寸不当，沟槽面积容量太大，O形圈在其内压不实，密封腔体内形成隙缝，则会产生泄漏<br>其修理措施通常为：在沟槽内加设垫片；如沟槽底径尺寸偏小，可均匀地缠绕塑料密封胶带；沟槽轴向尺寸可用挡圈调整 |
| 切割 | 如图6-20（a）所示的静密封O形圈切断现象，其原因是沟槽过小且密封副间间隙较大；或是沟槽尺寸、形状正确，但O形圈太大，这样安装压紧后，硬把O形圈在槽口处切割损坏<br>其修理措施为：按标准修正沟槽、按标准选用O形密封圈，使O形密封圈安装后保证有适当的压缩量，如图6-20（b）所示 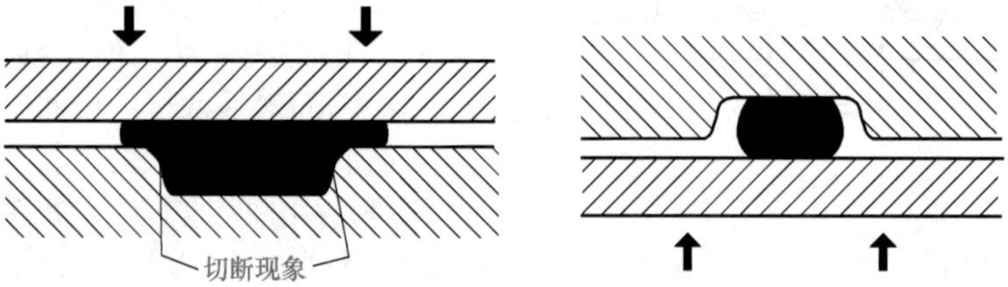<br><br><br>图6-20　O形密封圈切断现象 |

| 项目 | 说明 |
|---|---|
| 间隙咬伤 | O 形密封圈材质较软，密封间隙较大，当工作压力较高时，密封圈很容易挤出沟槽而嵌在密封间隙中，造成咬伤。当液压缸反向运动时，造成另一面的咬伤，如图 6-21 所示<br>其修理措施为：对运动副偶件进行尺寸补偿，特别在高压情况下，应减小其密封间隙。选用硬度较高、质量较好的材料制品。配用 O 形密封圈因保护挡圈<br>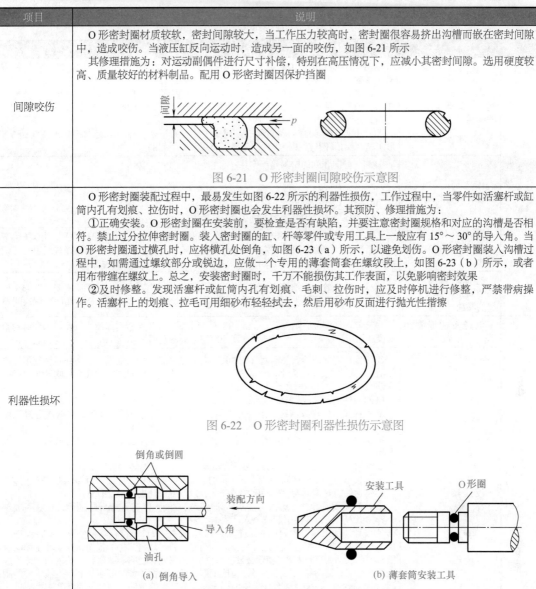<br>图 6-21　O 形密封圈间隙咬伤示意图 |
| 利器性损坏 | O 形密封圈装配过程中，最易发生如图 6-22 所示的利器性损伤，工作过程中，当零件如活塞杆或缸筒内孔有划痕、拉伤时，O 形密封圈也会发生利器性损坏。其预防、修理措施为：<br>①正确安装。O 形密封圈在安装前，要检查是否有缺陷，并要注意密封规格和对应的沟槽是否相符。禁止过分拉伸密封圈。装入密封圈的缸、杆等零件或专用工具上一般应有 15°～30°的导入角。当 O 形密封圈通过横孔时，应将横孔处倒角，如图 6-23（a）所示，以避免划伤。O 形密封圈装入沟槽过程中，如需通过螺纹部分或锐边，应做一个专用的薄套筒套在螺纹段上，如图 6-23（b）所示，或者用布带缠在螺纹上。总之，安装密封圈时，千万不能损伤其工作表面，以免影响密封效果<br>②及时修整。发现活塞杆或缸筒内孔有划痕、毛刺、拉伤时，应及时停机进行修整，严禁带病操作。活塞杆上的划痕、拉毛可用细砂布轻轻拭去，然后用砂布反面进行抛光性揩擦<br>图 6-22　O 形密封圈利器性损伤示意图<br><br>图 6-23　O 形密封圈正确安装示意图 |

## 四、液压缸漏油原因分析及维修

在实际生产中，液压缸往往因密封不良、活塞杆弯曲、缸体或缸盖等有缺陷、拉缸、活塞杆或缸内径过度磨损等原因引起液压缸漏油。当出现漏油时，液压缸的工作性能急剧恶化，将造成液压缸产生爬行、出力不足、保压性能差等问题，严重影响了液压设备的平稳性、可靠性和使用寿命。

（1）液压缸漏油的部位及原因

液压缸的泄漏一般分为内泄漏和外泄漏两种情况。外部泄漏较容易发现，只要仔细观察即可作出正确判断。液压缸的内部泄漏检修较为困难，一方面内泄漏的部位因不能直接观察而难以判断其准确位置，另一方面对修理后的效果也难以作出准确的评判。

液压缸漏油的部位及原因见表6-40。

表6-40　液压缸漏油的部位及原因

| 类别 | | 说明 |
|---|---|---|
| 液压缸外泄漏的部位及原因 | 活塞杆与导向套间相对运动表面之间的漏油 | 这种漏油现象是不可避免的。若液压缸在完全不漏油的条件下往复运动，活塞杆表面与密封件之间将处于干摩擦状态，反而会加剧密封件的磨损，大大缩短其使用寿命。因此，应允许活塞杆表面与密封件之间有一定程度的漏油，以起到润滑和减少摩擦的作用，但要求活塞杆在静止时不能漏油。活塞杆每移动100mm，漏油量不得超过两滴，否则为外泄漏严重<br>沿活塞杆与导向套内密封间的外泄漏主要是由于安装在导向套上的V形（常用YX形）密封圈损坏及活塞杆被拉伤起槽、有坑点等引起的 |
| | 沿缸筒与导向套外密封间的漏油 | 缸筒与导向套间的密封是静密封，可能造成漏油的原因有：<br>①密封圈质量不好；<br>②密封圈压缩量不足；<br>③密封圈被刮伤或损坏；<br>④缸筒质量和导向套密封槽的表面加工粗糙 |
| | 液压缸体上及相配合件上有缺陷引起漏油 | 液压缸体上及相配合件上的这些缺陷，在液压系统的压力脉动或冲击振动的作用下将逐渐扩大而引起漏油。例如：铸造的导向套有铸造气孔、砂眼和缩松等缺陷引起的漏油；或缸体上有缺陷而引起的漏油；或缸端盖上有缺陷而引起的漏油 |
| | 缸体与端盖接合部的固定配合表面之间的漏油 | 当密封件失效、压缩量不够、老化、损伤、几何精度不合格、加工质量低劣、非正规产品，或重复使用O形圈时，就会出现漏油现象。只要选择合适，O形圈即可解决问题 |
| 液压缸内泄漏的部位及原因 | 液压缸内泄漏的部位 | 液压缸内部漏油有两处：一处是活塞杆与活塞之间的静密封部位，只要选择合适的O形圈就可以防止漏油；另一处是活塞与缸壁之间的动密封部位 |
| | 液压缸内泄漏的原因 | ①活塞杆弯曲或活塞与活塞杆同轴度不好。活塞杆弯曲或活塞与活塞杆同轴度不好可使活塞与缸筒的同轴度超差，造成活塞的一侧外缘与缸筒间的间隙减小，使缸的内径产生偏磨而漏油，严重时还会引起拉缸，使内泄漏加重<br>②密封件的损坏或失效。主要原因是：<br>　a. 密封件的材料或结构类型与使用条件不符（例如密封材质太软，那么液压缸工作时，密封件极易挤入密封间隙而损伤，造成液压油的泄漏）；<br>　b. 密封件失效、压缩量不够、老化、损伤、几何精度不合格、加工质量低劣、非正规产品；<br>　c. 密封件的硬度、耐压等级、变形率和强度范围等指标不合要求；<br>　d. 如果密封件工作在高温环境下，将加速密封件的老化，导致密封件的失效而泄漏；<br>　e. 密封件的安装不当、表面磨损或硬化，以及寿命到期但未及时更换<br>③铁屑及硬质异物的进入。活塞外圆与缸筒之间一般有0.5mm的间隙，若铁屑或硬质异物嵌入其中，就会引起拉缸而产生内泄漏<br>④设计、加工和安装有问题。主要原因是密封的设计不符合规范要求，密封沟槽的尺寸不合理，密封配合精度低、配合间隙超差，将导致密封件的损伤，产生液压油的泄漏；密封表面粗糙度和平面度误差过大，加工质量差，也将导致密封件的损伤，产生液压油的泄漏；密封结构选用不当，造成变形，使接合面不能全面接触而产生液压油的泄漏；装配不细心，接合面有沙尘或因损伤而产生较大的塑性变形，产生液压油的泄漏<br>　例如：液压缸的活塞半径、密封槽深度或宽度、装密封圈的孔尺寸超差或因加工问题而造成失圆、本身有毛刺、镀铬脱落等，密封件就会有变形、划伤、压死或压不实等现象发生，使其失去密封功能，将使零件本身具有先天性的渗漏点，在装配后或使用过程中发生渗漏 |

（2）预防液压缸漏油的对策（表6-41）

表6-41　预防液压缸漏油的对策

| 对策 | 说明 |
|---|---|
| 防止污染物直接或间接进入液压缸 | ①注意油箱加油孔及系统元件防雨、防尘装置的密封<br>②维修液压系统时，应在清洁的车间内进行，不能进车间的，应选择空气清洁度高的环境<br>③短时不能修复的，拆开部件要进行必要的密封，避免侵入杂质<br>④当油箱加油时，要用滤网过滤，尽可能避开恶劣天气和环境；维修人员要注意个人的清洁，避免将粉尘、油污等杂质带入液压系统 |

| 对策 | | 说明 |
|---|---|---|
| 防止污染物直接或间接进入液压缸 | | ⑤拆卸液压缸前，首先要将液压缸及周围的油污、尘土等清除干净，同时注意维修工具的清洁；<br>⑥零件拆下修理后要进行清洗，洗后要用干燥的压缩空气吹干再进行装配<br>⑦修理装配时应避免戴手套操作或用棉纱擦拭零件<br>⑧装配用具及加油容器、滤网等要注意保持洁净，防止污物带入系统<br>⑨适时地对油箱进行清洗，清除维修时带进的杂质以及沉积的污物<br>⑩液压油的油质要坚持定期进行油样的检测，适时地更换油液。认真做好以上工作，对控制液压油的污染，降低液压缸的磨损，预防液压缸漏油，提高液压缸的使用寿命，有着非常重要的作用 |
| 要正确装配密封圈 | | ①安装 O 形圈时，不要将其拉到永久变形的位置，也不要边滚动边套装，否则可能因形成扭曲而漏油<br>②安装 Y 形和 V 形密封圈时，要注意安装方向，避免因装反而漏油；对 Y 形密封圈而言，其唇边应对着有压力的油腔；此外，对 Y 形密封圈还要注意区分是轴用还是孔用，不要装错<br>③V 形密封圈由形状不同的支承环、密封环和压环组成，当压环压紧密封环时，支承环可使密封环产生变形而起密封作用，安装时应将密封环开口面向压力油腔<br>④调整压环时，应以不漏油为限，不可压得过紧，以防密封阻力过大<br>⑤密封装置如与滑动表面配合，装配时应涂以适量的液压油<br>⑥拆卸后的 O 形密封圈和防尘圈应全部换新 |
| 减少动密封件的磨损 | | 液压系统中大多数动密封件都经过精确设计，如果动密封件加工合格、安装正确、使用合理，均可保证长时间无泄漏。从设计角度来讲，可以采用以下措施来延长动密封件的寿命：<br>①消除活塞杆和驱动轴密封件上的径向载荷；<br>②用防尘圈、防护罩和橡胶套保护活塞杆，防止粉尘等杂质进入；<br>③使活塞杆运动的速度尽可能低 |
| 合理设计和加工密封沟槽 | | 液压缸密封沟槽的设计或加工的好坏，是减少泄漏、防止油封过早损坏的先决条件。如果活塞与活塞杆的静密封处沟槽尺寸偏小，密封圈在沟槽内没有微小的活动余地，密封圈的底部就会因受反作用力的作用使其损坏而导致漏油。密封沟槽的设计（主要是沟槽部位的结构形状、尺寸、形位公差和密封面的粗糙度等），应严格按照标准要求进行<br>防止油液由液压缸静密封件处向外泄漏，须合理设计静密封件密封槽尺寸及公差，使安装后的静密封件受挤压变形后能填塞配合表面的微观凹坑，并能将密封件内应力提高到高于被密封的压力。当零件刚度或螺栓预紧力不够大时，配合表面将在油液压力作用下分离，造成间隙过大，随着配合表面的运动，静密封就变成了动密封 |
| 采用合理有效的维修方法 | 液压缸筒拆检与维修方法 | 液压缸缸筒内表面与活塞密封是引起液压缸内泄的主要因素。如果缸筒内产生纵向拉痕，即使更换新的活塞密封，也不能有效地排除故障，缸筒内表面主要检查尺寸公差和形位公差是否满足技术要求，有无纵向拉痕，并测量纵向拉痕的深度，以便采取相应的解决方法<br>缸筒存在微量变形和浅状拉痕时，采用强力珩磨工艺修复缸筒。强力珩磨工艺可修复比原公差超差2.5 倍以内的缸筒。它通过强力珩磨机对尺寸或形状误差超差的部位进行研磨，使缸筒整体尺寸、形状公差和粗糙度满足技术要求<br>缸筒内表面磨损严重，存在较深纵向拉痕时，可更换液压缸，也可采用黏结的方法进行修复。修复时，先用丙酮溶液清洗缸筒内壁，晾干后在拉伤处涂上一层胶黏剂（乐泰 602 胶或 TG-205 胶），用特制的工具将胶刮平，待胶与缸筒内壁的金属表面黏在一起后，再涂上一层胶黏剂（厚度以高出缸筒内壁表面 2mm 左右为宜），此时应用力上、下来回将胶修刮平，使其稍微高出缸筒内表面，并尽可能达到均匀、光滑，待固化后再用细砂纸打磨其表面，直到原缸筒内壁表面高度一致 |
| | 活塞杆、导向套的检查与维修 | 活塞杆与导向套间相对运动副是引起外漏的主要因素，如果活塞杆表面镀铬层因磨损而剥落或产生纵向拉痕时，将直接导致密封件的失效。因此，应重点检查活塞杆表面粗糙度和形位公差是否满足技术要求。如果活塞杆弯曲，应校直达到要求或按实物进行测绘，由专业生产厂进行制造。如果活塞杆表面镀层磨损、滑伤、局部剥落可采取磨去镀层，重新镀铬表面加工处理工艺 |
| | 密封件的检查与维修 | 活塞密封是防止液压缸内泄的主要元件。对于唇形密封件应重点检查唇边有无伤痕和磨损情况，对于组合密封应重点检查密封面的磨损量，然后判定密封件是否可使用。另外还需检查活塞与活塞杆间静密封圈有无挤伤情况。活塞杆密封应重点检查密封件和支承环的磨损情况。一旦发现密封件和导向支承环存在缺陷，应根据被修液压缸密封件的结构形式，选用相同结构形式和适宜材质的密封件进行更换，这样能最大限度地降低密封件与密封表面之间的油膜厚度，减少密封件的泄漏量 |

# 五、液压缸维修实例

## 实例一：电刷镀技术在 ZL50C 装载机活塞杆修理中的应用

ZL50C 型装载机液压缸的活塞杆，在使用中会受磨粒冲刷，极易产生磨损。采用电刷镀技术在 ZL50C 型装载机液压缸的活塞杆磨损表面上刷镀一层镍钨合金镀层，可提高活塞杆表面的耐磨性能，达到延长活塞杆寿命的效果，取得较好的经济效益。

（1）电刷镀工艺（表 6-42）

表 6-42　电刷镀工艺说明

| 项目 | | 工艺说明 |
|---|---|---|
| 镀前准备工作 | | 首先用丙酮清洗 ZL50C 装载机活塞杆待修表面及其附近的污物、锈斑等。检查并测量待镀表面的磨损情况及实际尺寸，准备好需要的快速镍镀液、活化液、镍钨合金镀液，及其镀笔和刷镀用电源设备 |
| 镀前处理 | | 对活塞杆表面用丙酮擦洗待镀表面及其附近表面，把油污彻底清除干净。在活化后如发现待镀表面有油污渗出，则应按上述方法再彻底清洗干净。对沟槽或凹坑等部位，可采用交替镀层方法刷镀，使整个活塞杆表面大体较平整再进行研磨，最后进行刷镀 |
| 刷镀工艺 | 电净 | 电净的主要目的是清除金属表面的油污及杂质。电净时活塞杆接负极，镀笔接正极。电净液采用市场供应的一般碱性电净液或自配电净液均可。电净时电压 10～14V，镀笔和活塞杆的相对运动速度为 10～12m/min，温度不限。操作时，镀笔要在活塞杆磨损面上反复擦拭，使活塞杆表面析出氢气泡，以便破除油膜，促使其与溶液发生皂化或乳化反应，达到去除油污的作用，电净时间一般在 20～30s 即可。电净后一定要用清水洗净，除去残留的电净液 |
| | 活化 | 活化处理的目的是去除金属表面的氧化膜，使被镀表面显露出金属的光泽。在被镀表面经过细磨抛光的情况下，可以选用市场上供应的 1 号活化液。活化处理时工件可以接正极，也可以接负极。当工件接正极时，电源电压要适当偏低，一般以 6～10V 为宜，相对运动速度为 10～14m/min。活化时间不宜过长，以表面显现金属光泽为止，一般以 10～20s 为宜。如果温度较低或表面氧化膜较厚，可适当延长活化时间。如果活化后表面出现炭黑，可再用 3 号活化液进行活化处理，此时工件接正极，电压为 14～16V。表面活化质量将直接影响到下一步的刷镀质量。活化后用清水简单地清洗一下即可 |
| | 刷镀底层 | 刷镀底层是镀层结合质量好坏的关键。对于活塞杆来说，底层一般均采用特殊镍溶液。为了保证刷镀层厚度，刷镀底层分为三步进行：<br>①用较低的电压刷镀，一般先用 0～5V 的电压在工件表面刷镀 1～2 次，此时镀笔与工件相对运动的速度要慢些，通常控制在 4～6m/min，时间约为 5～10s<br>②采用高压冲击刷镀 2～3 次，电压控制在 16～18V，相对运动速度要快些，一般控制在 12～15m/min，时间约为 10～15s<br>③正常刷镀，最佳电压控制在 10～14V，相对运动速度为 8～12m/min，底层厚度一般在 2～3m 为宜。底层刷镀完毕后，必须用清水冲洗，但是如果接着用酸性镍镀液刷镀工作层时，也可不用清水冲洗。必须注意，刷镀底层时温度一般以 30～40℃为宜，温度低于或高于这一温度均不宜刷镀 |
| | 刷镀工作层 | 根据活塞杆磨损面的实际工况条件，要求其密封磨损面的工作镀层具有较高的硬度和耐磨性能，并且要求有一定的耐蚀性能。经过实验比较，工作面选择镍钨合金镀层。镀层的质量与电刷镀的工艺有直接关系，试验结果表明，以镀液的温度，刷镀电压以及电流，镀笔与工件的相对运动速度等工艺参数最为显著<br>①刷镀电压对镀层质量的影响见表 6-43。随着刷镀电压的升高，镀积速度加快，但表面容易氧化，当刷镀电压升高到 15℃以上时，表面氧化趋于严重，镀层表面呈暗灰色<br>②镀液温度对刷镀工艺性能的影响试验结果（表 6-44）表明，当温度低于 15℃时，一般情况下很难保证刷镀质量，且此时的镀积速度也慢<br>③镀笔相对于工件的运动速度对刷镀工艺性能的影响。在其他条件不变的情况下，改变阴极和阳极的相对运动速度，观察其对刷镀工艺质量的影响。试验结果发现，镀笔和工件的相对运动速度越大，镀层表面越光洁，镀积速度也越慢。相对运动速度过快，会发生镀不上的现象；相对速度过慢，则镀层表面会出现晶粒粗大、黑斑、过烧、氧化等现象。因此镀笔和工件之间的相对运动速度，对于每种镀液来说都是一个最佳的数值范围。一般情况下，为获得高质量的镀层，相对运动速度应稍快些。相对运动速度对刷镀工艺质量的影响还与刷镀电压及温度有关，试验结果表明：当刷镀电压及温度较高时，相对运动速度宜较快些，这样可以保证获得光洁美观的镀层；当刷镀电压及温度较低时，相对运动速度可以慢些，相对运动速度与刷镀电压大致的配合关系见表 6-45 |

表 6-43　刷镀电压对刷镀工艺性能的影响

| 工艺参数 | 恒定参数 | 工件接负极，相对速度 5～8m/min，镀液温度 23℃，厚度 8～12μm | | | | | |
|---|---|---|---|---|---|---|---|
| | 变化参数：刷镀电压 /V | 8 | 10 | 12 | 14 | 15 | 17 |
| 工艺性能 | 镀积速度 | 极慢 | 较慢 | 一般 | 较快 | 快 | 快 |
| | 表面氧化情况 | 无黑斑 | 无黑斑 | 无黑斑 | 无黑斑 | 有一定氧化 | 氧化严重 |
| | 表面状况 | 光洁 | 光洁 | 光洁 | 光洁 | 光洁 | 灰暗 |

表 6-44　镀液温度对刷镀工艺性能的影响

| 工艺参数 | 恒定参数 | 工件接负极，相对速度 5～8m/min，刷镀电压 12V，厚度 8～12μm | | | | | |
|---|---|---|---|---|---|---|---|
| | 变化参数：镀液温度 /℃ | 5 | 15 | 22 | 30 | 40 | 50 |
| 工艺性能 | 镀积速度 | 极慢 | 很慢 | 较慢 | 一般 | 较快 | 快 |
| | 表面氧化情况 | 大量黑斑 | 较多黑斑 | 无黑斑 | 无黑斑 | 无黑斑 | 少量黑斑 |
| | 表面状况 | 灰暗 | 局部灰暗 | 光洁 | 光洁 | 光洁 | 光洁 |

表 6-45　相对运动速度与刷镀电压的配合关系（$T$=25℃）

| 刷镀电压 /V | 相对运动速度 /（m/min） | 刷镀电压 /V | 相对运动速度 /（m/min） |
|---|---|---|---|
| 10 | 5～6 | 14 | 10～12 |
| 12 | 8～10 | 16 | 14～16 |

　　综上所述，刷镀镍钨合金工作层的最佳工艺参数是：镀液温度 30～40℃，刷镀电压 10～14V，阴极和阳极的相对运动速度为 8～12m/min。

（2）镀层性能试验（表 6-46）

表 6-46　镀层性能试验说明

| 项目 | 说明 |
|---|---|
| 硬度试验 | 用 HRA150 型洛氏硬度计测得活塞杆磨损面刷镀的硬度为 63HRC，电镀铬层的硬度为 59HRC，45 钢硬度为 50HRC |
| 加热急冷试验 | 加热急冷是用来检验镀层结合质量的方法之一，通常取 5 块活塞杆为一组，分别放入烘箱中进行 300℃、350℃、400℃等不同温度加热，其温度偏差控制在 ±10℃，然后将活塞杆快速投入冷水中急冷，最后用肉眼及 5 倍放大镜观察镀层表面情况，试验结果表明：所有活塞杆均未发现剥落、起皮、微裂等现象，这说明镀层与基体的结合是良好的 |
| 镀层的耐磨性能试验 | 根据实际工况条件，对镀层进行了磨料磨损试验，耐磨试样系根据 MS-3 标准试样加工，试样上镀层厚度为 60～80μm。试验前，试样在常温下用 20 号机油浸两天，正式试验前，经 5h 的预磨，试验结果表明：镍钨合金镀层有良好的耐磨性能，对于使用在活塞杆磨损面上是完全可行的 |
| 耐腐蚀试验 | 将 45 钢、镍钨合金刷镀层、电镀铬层试样各一块，依次用无水乙醇、乙醚洗涤干净，然后放在滤纸上晾干，再在万分之一分析天平上称重。然后将这三块试样放入液压油中，并在 100℃以下保温 3h，取出后，用丙酮清洗干净、晾干，再在万分之一分析天平上称量，得出腐蚀量，然后进行比较，以测定各种材料的耐腐蚀性。试验结果（表 6-47）表明，镍钨合金镀层的耐腐蚀性能与电镀铬层一样 |

表 6-47　耐腐蚀试验结果

| | 材料 | 耐磨性 /（mg/20km） | | 试样 | 腐蚀量 /mg |
|---|---|---|---|---|---|
| 镀层耐磨性能试验结果 | 镍钨合金镀层 | 10.432 | 三种试样腐蚀试验结果 | 电镀铬层 | 0.0050 |
| | 45 钢 | 50.196 | | 45 钢 | 0.0252 |
| | 电镀铬层 | 11.009 | | 镍合金刷镀层 | 0.0049 |

（3）结论

　　用电刷镀的方法，可提高活塞杆的耐磨性能，延长寿命，也可作为工程机械新活塞杆表面强化的手段。它克服了活塞杆表面镀铬工艺操作麻烦、严重污染环境的缺点。ZL50C 型装载机的活塞杆每根价值 1000 ～ 2000 元，若采用刷镀镍钨合金镀层的方法，成本只需 30 多元，在工程机械修复中有实用价值，对于进口工程机械活塞杆，此工艺有着更高的经济性。

## 实例二：登高平台消防车伸缩臂液压缸回缩修理

某消防总队 1 台 CDZ53 型登高平台消防车在使用中发现，伸缩臂偶尔出现 "咚、咚" 的噪声，有时会持续两三个小时，揭开伸缩臂末端检修盖，响声更加明显。用 1 根钢管抵住伸缩液压缸缸壁，测量液压缸回缩量，在 15min 内竟回缩了 21mm。该车有 4 节伸缩臂同步伸缩，反映到工作台就是 84mm，远远高于相关标准《高空作业车技术条件》中规定的 "在空中停留 15min，测定平台下沉量不得大于 30mm" 的技术要求。

曾判断是平衡阀闭锁性能不好，内泄严重，更换同类型平衡阀阀芯或总成后，故障依旧。化验油质没有任何问题，排空气后也不起作用。该车配有应急电磁阀，其作用是当发动机或其他动力装置出现故障时，使伸缩液压缸在伸缩臂重力的作用下自动收回。正常工作时应急阀无电，紧急降落时有电，经检查该车电磁阀工作正常。在检查中发现，该响声只是出现在平台高度 PAT 显示臂长 21m 附近。由于该伸缩液压缸长度近 9m，在加工过程中精度要求非常高。因此怀疑液压缸壁存在加工误差，液压缸活塞停在此处时，大小腔内漏，使得小腔内油压升高，打开平衡阀，引起伸缩臂下沉。由此看出，更换油塞密封件只能短时间解决问题，时间长了该故障还会出现，彻底解决只有更换价值 8 万余元的伸缩液压缸。

经拆装，将伸缩臂整体拆下，换上新的伸缩液压缸。装配完成后继续测试，原以为能解决问题，但噪声依旧。不过出现位置由原来的 21m 改到了 18m，下沉量由原来的 21mm/15min 变为 10mm/15min。问题仍未解决。经过多次整车对比测试，发现这一现象在 CDZ 系列登高车中较为普遍。问题的根源在于长达 9m 的伸缩液压缸加工精度很难保证，再次更换不仅投入资金较大，而且还不一定能解决问题。

伸缩臂的下沉是由于伸缩液压缸某处缸壁加工精度差，造成该处密闭不严，大腔的液压油向小腔泄漏使得小腔内油压上升导致平衡阀打开所造成的。只有在小腔回油管道上进行旁通泄压，才能解决此问题。考虑到操作的平顺性，减少运动时的冲击，经过多次实验，采用 2mm 的阻尼孔能够有效避免因流速过大带来的冲击；为了防止在高空停放时间较长造成小腔内油液释放太多，造成重新动作时的延缓，将单向阀（图 6-24）的背压增加 196133Pa，经改进后，反复试验，伸缩臂不再回缩，操作平稳快捷，噪声彻底解决。

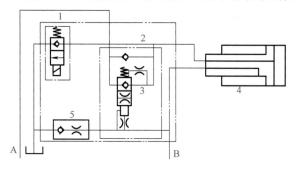

图 6-24　改进的伸缩臂液压回路

## 实例三：浇注滑动水口液压缸的结构改进

冶金行业所用的浇注滑动水口液压缸由于长期处在高温的环境下工作，这就要求液压缸前、后缸盖应具有较好的密封性能以防油液泄漏。但由于环境温度太高，液压缸投入使用后密封圈很快就会老化而丧失密封功能，导致油液出现泄漏，从而不得不频繁拆卸、更换液压缸进行维修，致使生产效率下降，所以针对这一现象进行改造，但采用进口耐高温密封圈并多次变换密封形式的方法进行试验都未能成功。后来经仔细分析认为：如果在液压缸两端用封闭空气把装有密封圈的部位与外界隔离，利用空气隔热原理用封闭空气阻碍密封部位与外界进行热传递从而达到降低密封部位温度的目的，可能会起到防止密封圈老化的作用。根据这个想法在液压缸两端各加一隔热套（图6-25）。隔热套中央做一环形槽，采用螺纹或焊接的方式与缸体连接后，环形槽内形成的封闭空气就把密封圈与外界隔绝，较好地解决了密封圈易老化的问题，有效地防止了油液泄漏。

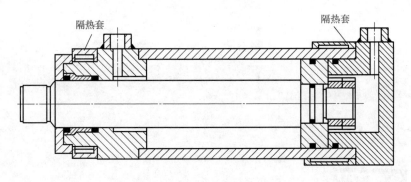

图 6-25　液压缸两端各加一隔热套

## 实例四：用黏结技术修理自卸货车液压缸

（1）故障分析

某公司SKODA-706MTS型自卸货车，有4节升降液压卸，可做3面倾卸，在使用过程中常见的故障为液压缸漏油，除因液压缸O形圈损坏外，另一个主要的原因则是密封挡套损坏（图6-26）。每节液压缸内有上下两个塑料挡套，对密封圈起保护作用，当液压缸筒在液压力作用下做上下往复运动时，若挡套老化，将使O形圈移位并被液压缸筒挤坏，大量液压油将经此损坏的O形圈和破裂的挡套向外喷溢，导致严重漏油。

（2）黏结修理

黏结修理挡套的方法：可按旧挡套原设计要求，采用耐压耐磨的聚苯乙烯材料加工成新挡套，并用天工TG205型黏结胶进行黏结即可。其黏结修理的方法见表6-48。

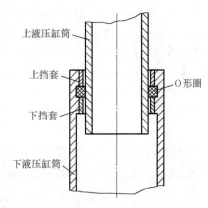

图 6-26　液压缸局部图

表 6-48　黏结修理的方法

| 项目 | 修理方法 |
| --- | --- |
| 清除旧挡套 | 用车床将液压缸内已损坏的旧挡套切削干净（以见到金属光面为止），不允许留有旧的黏结物 |
| 配制新挡套 | 用聚苯乙烯材料，按照旧挡套的形式和宽度，在车床上加工新挡套内、外圆。其外径比下液压缸筒切削后的光面直径小0.06～0.10mm，其内径比上液压缸筒外径小2～4mm（作为黏结后的精加工余量） |
| 配胶 | 将TG205型黏结胶的两组分按照1∶1的比例进行充分混合调匀 |
| 清洗和黏结 | 黏结前，先用丙酮将液压缸内黏结面和新挡套清洗干净，然后在黏结面上涂一薄层黏结剂，将新挡套嵌入并黏好 |
| 加压固化 | 将黏结好的聚苯乙烯挡套立即用扩张卡具（自行设计）紧压在挡套内表面上，保压时间应达24h，挡套即可牢固地黏结于液压缸内壁上 |
| 车削成形 | 用车床将黏好的聚苯乙烯挡套内径加工至比液压缸筒外径大0.06～0.10mm |

经过上述工艺修复的液压缸，不论空卸或重卸，升降均自如，恢复了正常的技术性能，在使用过程中再未发生漏油现象。

# 第七章

# 液压阀

在液压系统中，用来控制液压流方向、压力和流量的元件，总称为液压控制阀，简称液压阀。液压阀种类繁多，应用广泛，即使同一种阀，也会因应用场合不同，用途有所差异。通过液压阀的不同组合，可以组成多种类型、功能各异的液压系统，以实现所需的设备功能。因此液压阀在液压系统中起着非常重要的作用。本章只介绍液压系统中常见液压阀的工作原理、性能特点及维修方法。

## 第一节　概　述

液压控制阀是液压传动系统中的控制调节元件，它控制或调节油液流动的方向、压力或流量，以满足执行元件所需要的运动方向、力（或力矩）和速度的要求，使整个液压系统能按要求协调地进行工作。由于调节的工作介质是液体，所以统称为阀。液压阀性能的优劣，工作是否可靠，对整个液压系统能否正常工作将产生直接影响。

由于液压阀不是对外做功的元件，而是用来实现执行元件所要求的变向、力（或力矩）和速度的要求，因此对液压控制阀的共同要求主要有以下几点：

① 动作灵敏，使用可靠，工作时冲击振动小，使用寿命长。

② 油液通过阀时液压损失要小，密封性能好。

③ 结构简单紧凑，安装、维护、调整方便，成本低，通用性好。

### 一、液压阀的分类

液压阀的分类见表 7-1。

表 7-1　液压阀的分类

| 分类 | 说明 |
| --- | --- |
| 根据结构形式分 | 控制元件可分为滑阀式、锥阀式、球阀式、膜片式、喷嘴挡板式等 |

| 分类 | | 说明 |
|---|---|---|
| 根据用途分 | 方向控制阀 | 用来控制液压系统中油液流动方向以满足执行元件运动方向的要求。如单向阀、换向阀等 |
| | 压力控制阀 | 用来控制液压系统中的工作压力或通过压力信号实现控制。如溢流阀、减压阀、顺序阀、压力继电器、组合式压力控制阀等 |
| | 流量控制阀 | 用来控制液压系统中油液的流量，以满足执行元件调速的要求。如节流阀、调速阀、分流 - 集流阀等 |
| | | 上述三类阀可以互相组合，即将其中某些阀组合起来装在一个阀体内构成复合阀，以减少管路连接，使结构更为紧凑，提高系统效率。例如单向阀与减压阀、顺序阀或节流阀组合在一起可以分别构成单向减压阀、单向顺序阀、单向节流阀；电磁阀和溢流阀组装在一起构成电磁卸荷阀。复合阀种类很多，可根据其主要用途区别出是属于上述三类阀中的哪一类。现在有很多机床液压系统为了缩小体积和操作控制的方便，将几种不同类型的阀合并在一个箱体内构成液压操纵箱 |
| 根据控制方式分 | 定值或开关控制阀 | 借助手轮、手柄、凸轮、弹簧、电磁铁等来开、关流体通道，定值控制流体的压力或流量。包括普通控制阀、插装阀、叠加阀 |
| | 比例控制阀 | 输出量与输入量成比例，多用于开环控制系统。包括普通比例阀和带反馈的比例阀 |
| | 伺服控制阀 | 以系统输入信号和反馈信号的偏差信号作为阀的输入信号，成比例地控制系统的压力、流量，多用于要求高精度、快速响应的闭环控制系统，包括机液伺服阀、电液伺服阀等 |
| 根据安装连接方式分 | 螺纹式（管式）连接 | 该类阀的油口为螺纹孔，可直接通过油管同其他元件连接，并固定在管路上。该连接方式结构简单、制造方便、重量轻，但拆卸不便，布置分散，且刚性差，仅用于简单液压系统 |
| | 法兰式连接 | 该类阀在其油口上制出法兰，通过法兰与管道连接。一般通径大于 $\phi32mm$ 的大流量阀采用法兰式连接。该连接方式连接可靠、强度高，但尺寸大，拆卸困难 |
| | 板式连接 | 该类阀的各油口均布置在同一安装面上，油口不加工螺纹，而是用螺钉将其固定在有对应油口的连接板上，再通过板上的螺纹孔与管道或其他元件连接。把几个阀用螺钉分别固定在一个通道体的不同侧面上，由通道体上加工出的孔道连接各阀，组成液压集成块，再由集成块的上下面互相连接，组合成系统，就可实现无管集成化连接<br>由于拆卸方便，连接可靠，刚性好，故这种连接方式在机床行业中应用最广泛 |
| | 叠加式连接 | 该类阀的各油口通过阀体上下两个结合面与其他阀相互叠装连接，从而组成回路。阀体内除装有完成自身功能的阀芯外，还加工有油路通道。这种连接结构紧凑，压力损失小，在工程机械中应用较多 |
| | 插装式连接 | 该类阀是将仅由阀芯和阀套等组成的插装式阀芯单元组件，插装在专门设计的公共阀体的预制孔中，再用连接螺纹或盖板固定成一体的阀，并通过阀体内通道把各插装式阀连通组成回路。公共阀体起到阀体和管路通道的双重作用。这是一种能灵活组装，具有一定互换性的新型连接方式，在高压大流量系统中得到广泛应用 |

## 二、液压回路的分类

液压系统是由若干个液压回路组成，每一个液压回路由一些相关的液压元件组成，并能完成液压系统的某一特定的功能。按完成的功能不同有：

① 方向控制回路——换向回路、锁紧回路等。

② 压力控制回路——调压、保压、减压、增压、卸荷和平衡回路等。

③ 速度控制回路——调速、快速和速度转换回路等。

④ 多缸工作控制回路——顺序动作、同步、互锁、多缸快慢速互不干扰回路。

## 三、液压控制阀的参数、型号与图形符号

液压控制阀的参数、型号与图形符号见表 7-2。

表 7-2　液压控制阀的参数、型号与图形符号

| 类别 | 说明 |
|---|---|
| 参数 | 　　主要有规格参数和性能参数，在出厂标牌上注明，是选用液压阀的基本依据。规格参数表示阀的大小，规定其适用范围。一般用阀进、出油口的名义通径表示，单位为 mm。旧国标中阀的规格参数主要是额定流量<br>　　性能参数表示阀工作的品质特征，如最大工作压力、开启压力、允许背压、压力调整范围、额定压力损失、最小稳定流量等。参数除在产品说明书、标牌上指明外，也反映在阀的型号中 |
| 型号 | 　　型号是液压阀的名称、种类、规格、性能、辅助特点等内容的综合标志，用一组规定的字母、数字、符号来表示。型号是行业技术语言的重要部分，也是选用、购销、技术交流过程中常用的依据。详细可查阅机械设计手册 |
| 液压阀的图形符号 | 　　液压阀的图形符号是用简略图形表示的，依靠液压元件的图形符号，能直观表示元件工作原理和职能。严格按相关标准规定画出的图形符号，是分析、绘制液压系统的基本单元。国标中每种液压元件都有各自明确的图形符号。一般液压系统均由元件图形符号绘出，个别的可以用结构原理表示 |

# 第二节　方向控制阀

## 一、方向控制阀及其应用

　　方向控制阀是通过控制液体流动的方向来操纵执行元件的运动，如液压缸的前进、后退与停止，液压马达的正反转与停止等。

### （一）单向阀类型、性能要求及应用

（1）普通单向阀

　　利用液压力与弹簧力对阀芯作用力方向的不同来控制阀芯的开闭。允许油液单方向流通，反向则不通。根据阀芯形状有锥阀式和钢球式；根据安装连接方式有管式和板式。

　　如图 7-1 所示，当压力油从阀体油口 $P_1$ 处流入时，压力油克服压在钢球或锥阀芯上的弹

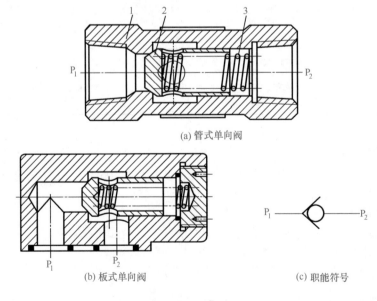

(a) 管式单向阀

(b) 板式单向阀

(c) 职能符号

图 7-1　单向阀
1—阀体；2—阀芯；3—弹簧

簧 3 的作用力以及阀芯与阀体之间的摩擦力，顶开钢球或锥阀芯，从阀体油口 $P_2$ 处流出。而当压力油从油口 $P_2$ 流入时，作用在阀芯上的液压力与弹簧力同向，使阀芯压紧在阀座上，阀口关闭，压力油无法通过，油口 $P_1$ 处无油液流出。

① 单向阀性能要求

a. 正向最小开启压力 $p_k=(F_k+F_f+G)/A$。式中，$F_k$ 为弹簧力，N；$F_f$ 为阀芯与阀座的摩擦力，N；$G$ 为阀芯重力，N；$A$ 为阀座口面积，$m^2$。国产单向阀的开启压力有 0.04MPa 和 0.4MPa，通过更换弹簧，改变刚度来改变开启压力的大小。

b. 反向密封性好。

c. 正向流阻小。

d. 动作灵敏。

② 单向阀典型应用。主要用于不允许液流反向的场合：

a. 单独用于液压泵出口，防止由于系统压力突升油液倒流而损坏液压泵。

b. 隔开油路不必要的联系。

c. 配合蓄能器实现保压。

d. 作为旁路与其他阀组成复合阀。常见的有单向节流阀、单向顺序阀、单向调速阀等。

e. 采用较硬弹簧作背压阀。电液换向阀中位时使系统卸荷，单向阀保持进口侧油路的压力不低于它的开启压力，以保证控制油路有足够压力使换向阀换向。

③ 普通单向阀的应用场合与使用注意事项（表 7-3）。

表 7-3　普通单向阀的应用场合与使用注意事项

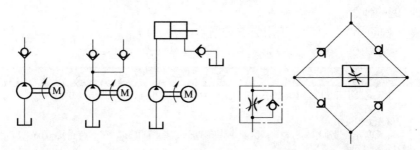

(a) 安置在液压泵的　(b) 防止油路　(c) 作背压阀用　(d) 单向节流阀　(e) 与调速阀组成的桥<br>出口处，防止液压冲击　间相互干扰　　　　　　　　　　　　　　　　式整流回路

| 项目 | 说明 |
|---|---|
| 应用在液压泵出口处 | 安置在液压泵出口处，可以防止液压系统中的液压冲击影响，或防止当液压泵检修及多泵合流系统停泵进油液倒灌，如上图（a）所示 |
| 应用在不同油路之间 | 安装在不同油路之间，可以防止不同油路之间的相互干扰。如上图（b）所示 |
| 应用在回油路上 | 在液压系统的回油路上安装单向阀，当作被压阀来用，可以提高执行元件的运动平稳性，同时还可以承受负值负载。如上图（c）所示 |
| 与其他液压阀组合使用 | 普通单向阀与其他液压阀（如节流阀、调速阀、顺序阀、减压阀等）组成单向节流阀［上图（d）］、单向调速阀、单向顺序阀、单向减压阀等 |
| 应用在其他地方 | 一些需要控制液流方向单向流动的场合可采用多个普通单向阀来实现。如单向阀群组的半桥和全桥与其他阀组成的回路，如上图（e）所示 |
| 使用注意事项 | 选用单向阀时，除了要根据需要合理选择开启压力外，还应特别注意工作时的流量应与阀的额定流量相匹配，因为当通过单向阀的流量远小于额定流量时，单向阀有时会产生振动。流量越小，开启压力越高，油中含气越多，越容易产生振动<br>安装时，需认清单向阀进出口方向，以免影响液压系统的正常工作。特别对于液压泵出口处安装的单向阀，若反向安装可能损坏液压泵或烧坏电动机 |

（2）液控单向阀

① 液控单向阀结构。如图 7-2（a）所示是液控单向阀的结构。当控制口 K 处无压力油通入时，它的工作机制和普通单向阀一样；压力油只能从通口 $P_1$ 流向通口 $P_2$，不能反向倒流。当控制口 K 有控制压力油时，因控制活塞 1 右侧 a 腔通泄油口，活塞 1 右移，推动顶杆 2 顶开阀芯 3，使通口 $P_1$ 和 $P_2$ 接通，油液就可在两个方向自由流通。如图 7-2（b）所示是液控单向阀的职能符号。

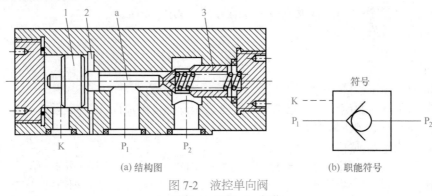

（a）结构图　　　　　　　　　（b）职能符号

图 7-2　液控单向阀

1—活塞；2—顶杆；3—阀芯

用来控制液压阀工作的控制油液，一般从主油路上单独引出，其压力不应低于主油路压力的 30% ～ 50%，为了减小控制活塞移动的背压阻力，将控制活塞制成台阶状并增设一外泄油口。为减少压力损失，单向阀的弹簧刚度很小，但若置于回油路作背压阀使用时，则应换成较大刚度的弹簧。

② 液控单向阀性能要求、选用与注意事项（表 7-4）

表 7-4　液控单向阀性能要求、选用与注意事项

| 项目 | 说明 |
| --- | --- |
| 主要性能要求 | ①正向最小开启压力小，最小正向开启压力与单向阀相同，为 0.03 ～ 0.05MPa<br>②反向密封性好<br>③压力损失小<br>④反向开启最小控制压力一般为：不带卸荷阀 $p_k$=0.4 ～ 0.5$p_2$，带卸荷阀 $p_k$=0.05$p_2$，$p_2$ 为进油腔 2 的油液压力，MPa |
| 选用 | 选用液控单向阀时，应考虑打开液控单向阀所需的控制压力。此外还应考虑系统压力变化对控制油路压力变化的影响，以免出现误开启。在油流反向出口无背压的油路中可选用内泄式；否则需用外泄式，以降低控制油的压力，而外泄式的泄油口必须无压回油，否则会抵消一部分控制压力 |
| 典型应用 | 液控单向阀在液压系统中的应用范围很广，主要利用液控单向阀锥阀良好的密封性。如图 7-3 所示的锁紧回路，锁紧的可靠性及锁定位置的精度，仅仅受液压缸本身内泄漏的影响。如图 7-4 所示的保压回路，可保证将活塞锁定在任何位置，并可防止由于换向阀的内部泄漏引起带有负载的活塞杆下落<br><br>图 7-3　利用液控单向阀的锁紧回路　　　图 7-4　保压回路 |

| 项目 | 说明 |
|---|---|
| 典型应用 | 在液压缸活塞夹紧工件或顶起重物的过程中，由于停电等突然事故而使液压泵供电中断时，可采用液控单向阀，打开蓄能器回路，以保持其压力，如图 7-5 所示。当二位四通电磁阀处于左位时，液压泵输出的压力油正向通过液控单向阀 1 和 2，向液压缸和蓄能器同时供油，以夹紧工件或顶起重物。当突然停电，液压泵停止供油时，液控单向阀 1 关闭，而液控单向阀 2 仍靠液压缸 A 腔的压力油打开，沟通蓄能器，液压缸靠蓄能器内的压力油保持压力。这种场合的液控单向阀，必须带卸荷阀芯，并且是外泄式的结构。否则，由于这里液控单向阀反向出油腔油流的背压就是液压缸 A 腔的压力，因此压力较高而有可能打不开液控单向阀<br><br>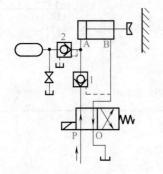 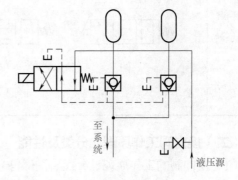<br><br>图 7-5　利用液控单向阀的保压回路　　　图 7-6　蓄能器供油回路<br><br>在蓄能器回路里，可以采用液控单向阀，利用蓄能器本身的压力将液控单向阀打开，使蓄能器向系统供油。这种场合应选择带卸荷阀芯的，并且是外泄式结构的液控单向阀，如图 7-6 所示。当二位四通电磁换向阀处于右位时，液控单向阀处于关闭状态；当电磁铁通电使换向阀处于左位时，蓄能器内的压力油将液控单向阀打开，同时向系统供油<br><br>液控单向阀也可作充液阀，如图 7-7 所示。活塞等以自重空程下行时，液压缸上腔产生部分真空，液控单向阀正向导通从充液箱吸油。活塞回程时，依靠液压缸下腔油路压力打开液控单向阀，使液压缸的上腔通过它向充液油箱排油。因为充液时通过的流量很大，所以充液阀一般需要自行设计<br><br>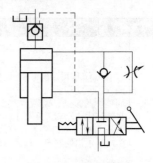<br><br>图 7-7　液控单向阀作冲液阀 |
| 常见故障 | 液控单向阀由于阀座安装时的缺陷，或者阀座孔与安装阀芯的阀体孔加工时同轴度误差超过要求，均会使阀芯锥面和阀座接触处产生缝隙，不能严格密封，尤其是带卸荷阀芯式的结构，更容易发生泄漏。这时需要将阀芯锥面与阀座孔重新研配，或者将阀座卸出重新安装。用钢球作卸荷阀芯的液控单向阀，有时会发生控制活塞端部小杆顶不到钢球而打不开阀的现象，这时需检查阀体上下二孔（阀芯孔与控制活塞孔）的同轴度是否符合要求，或者控制活塞端部是否有弯曲现象，如果阀芯打开后不能回复到初始封油位置，则需检查阀芯在阀体孔内是否卡住，弹簧是否断裂或者过分弯曲，而使阀芯产生卡阻现象。也可能是阀芯与阀体孔的加工几何精度达不到要求，或者二者的配合间隙太小而引起卡阻 |
| 其他应注意的问题 | ①液控单向阀回路设计应确保反向油流有足够的控制压力，以保证阀芯的开启。如果没有节流阀，则当三位四通换向阀换向到右边通路时，液压泵向液压缸上腔供油，同时打开液控单向阀，液压缸活塞受负载重力的作用迅速下降，造成由于液压泵向液压缸上腔供油不足而使压力降低的现象，即液控单向阀的控制压力降低，使液控单向阀有可能关闭，活塞停止下降。随后，在流量继续补充的情形下，压力再升高，控制油再将液控单向阀打开。这样由于液控单向阀连续地开闭，使液压缸活塞的下降断断续续，从而产生低频振荡<br>②内泄式和外泄式液控单向阀，分别使用在反向出口腔油流背压较低或较高的场合，以降低控制压力。如图 7-8（a）所示，液控单向阀装在单向节流阀的后部，反向出油腔油流直接接回油箱，背压很小，可采用内泄式结构。图 7-8（b）所示的液控单向阀安装在单向节流阀的前部，反向出油腔通过单向节流阀回油箱，背压很高，采用外泄式结构为宜<br>③当液控单向阀从控制活塞将阀芯打开，使反向油流通过，到卸掉控制油，控制活塞返回，使阀芯重新关闭的过程中，控制活塞容腔中的油要从控制油口排出，如果控制油路回油背压较高，排油不通畅，则控制活塞不能迅速返回，阀芯的关闭速度也要受到影响，这对需要快速切断反向油流的系统来说是不能满足要求的。为此，可以采用外泄式结构的液控单向阀，如图 7-9 所示，将压力油引入外泄口，强迫控制活塞迅速返回 |

| 项目 | 说明 |
|---|---|
| 其他应注意的问题 | 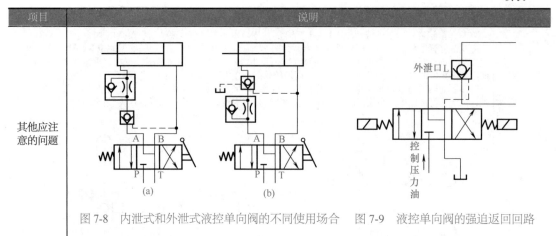<br>图 7-8　内泄式和外泄式液控单向阀的不同使用场合　　图 7-9　液控单向阀的强迫返回回路 |

## （二）换向阀工作原理、分类及性能

（1）换向阀的工作原理、分类、图形符号（表 7-5）

表 7-5　换向阀的工作原理、分类、图形符号

| 项目 | 说明 |
|---|---|
| 工作原理 | 　　换向阀是利用阀芯和阀体间相对位置的不同来变换不同管路间的通断关系，控制阀体上各油口的连通情况，从而使油路接通、切断或改变方向。如图 7-10 所示，阀芯在阀体内滑动就改变了工作位置，当阀芯左移，由泵输来的压力油从 P 口经 A 口通入缸的左腔，缸右腔油液经阀 B 口至 T 口回油箱，活塞右移；反之活塞左移<br><br>图 7-10　换向阀的工作原理示意图 |
| 分类 | 按阀芯配流方式分：<br>①滑阀式。阀芯在阀体内轴向滑动实现油流换向<br>②转阀式。阀芯在阀体内转动实现油流换向<br>③座阀式。多个阀芯相互配合，离开或压在阀座上而实现油流换向<br>按操纵方式分：手动阀、机动阀、电动阀、液动阀以及电液组合阀等<br>按阀芯在阀体内的停留位置分：二位阀、三位阀、四位阀、五位阀等<br>按阀体上的阀口数量分：二通阀、三通阀、四通阀、五通阀等 |
| 图形符号 | 　　"通"和"位"是换向阀的重要概念。不同的"通"和"位"构成了不同类型的换向阀。通常所说的"二位阀""三位阀"是指换向阀的阀芯有两个或三个不同的工作位置。所谓"二通阀""三通阀""四通阀"是指换向阀的阀体上有两个、三个、四个各不相通且可与系统中不同油管相连的油道接口，不同油道之间只能通过阀芯移位时阀口的开关来沟通<br>　　常用换向阀的结构原理和图形符号见表 7-6，表 7-6 中图形符号的含义如下：<br>①用方框表示阀的工作位置，有几个方框就表示有几"位"；<br>②方框内的箭头表示油路处于接通状态，但箭头方向不一定表示液流的实际方向；<br>③方框内符号"⊥"或"⊤"表示该通路不通；<br>④方框外部连接的接口数有几个，就表示几"通"；<br>⑤一般情况下，阀与系统供油路连接的进油口用字母 P 表示；阀与系统回油路连通的回油口用 T（有时用 O）表示；而阀与执行元件连接的油口用 A、B 等表示。有时在图形符号上用 L 表示泄漏油口 |

表 7-6　常用换向阀的结构原理和图形符号

| 名称 | 结构简图 | 图形符号 |
|---|---|---|
| 二位二通阀 | 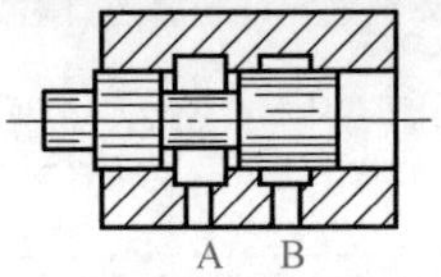 | 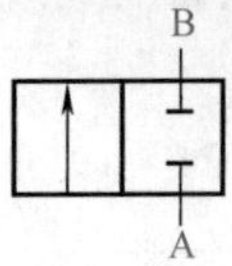 |
| 二位三通阀 | 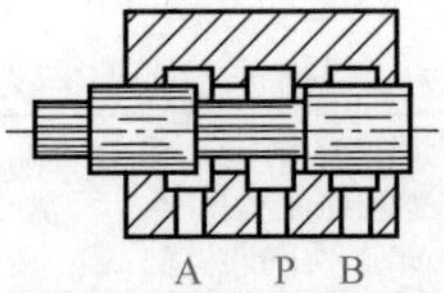 | 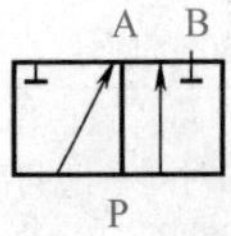 |
| 二位四通阀 | 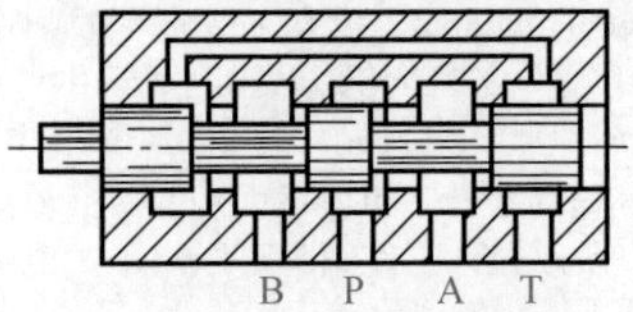 | 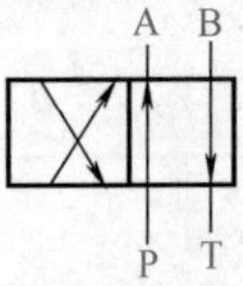 |
| 二位五通阀 | 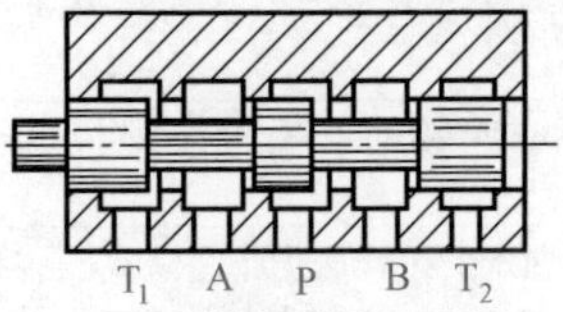 | 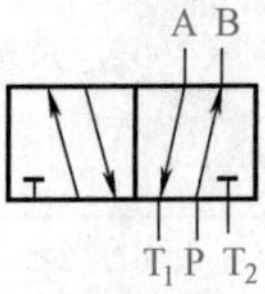 |
| 三位四通阀 | 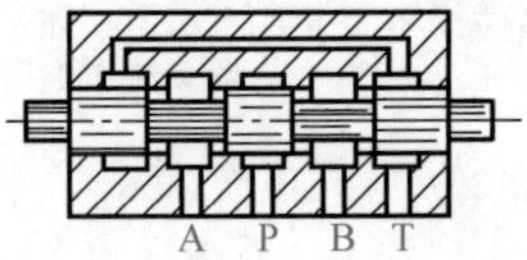 | 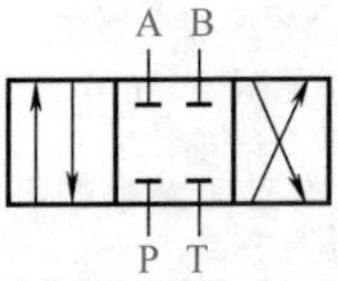 |
| 三位五通阀 | 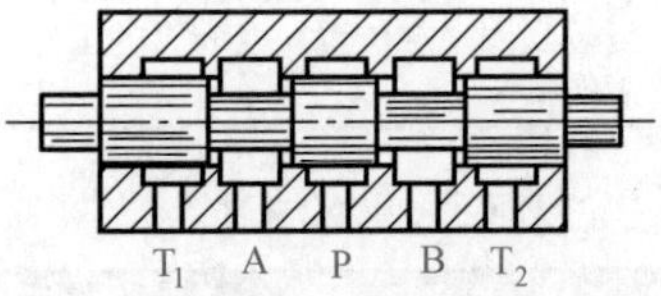 | 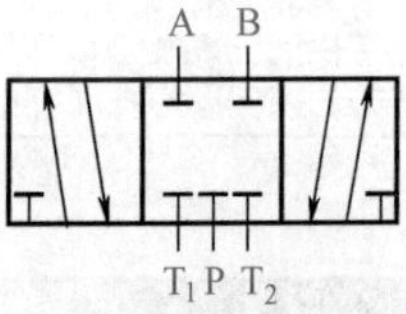 |

（2）换向阀的常态与换向性能（表 7-7）

表 7-7　换向阀的常态与换向性能

| 项目 | 说明 |
|---|---|
| 常态 | 　换向阀都有两个或两个以上的工作位置，其中一个为常态位，即阀芯未受到操纵力时所处的位置。图形符号中的中位是三位阀的常态位。利用弹簧复位的二位阀，则以靠近弹簧的方框内的通路状态为其常态位。绘制系统图时，油路一般应连接在换向阀的常态位上 |
| 中位机能 | 　对于各种操纵方式换向滑阀，阀芯在中间位置时各油口的连通情况称为换向阀的中位机能，不同的中位机能，可以满足液压油系统的不同要求，常见的三位四通中位机能的形式，滑阀状态和符号见表 7-8，三位四通和三位五通换向阀常见的中位机能见表 7-9<br>　换向阀的中位机能不仅在换向阀阀芯处于中位时对液压系统的工作状态有影响，而且在换向阀切换时对液压系统的工作性能也有影响。在分析和选择换向阀的中位机能时，通常考虑以下几点：<br>　①系统保压。当 P 口被堵塞时，系统保压，液压泵能用于多缸系统。当 P 口与 T 口接通不太通畅时（如 X 型），系统能保持一定的压力供控制油路使用<br>　②系统卸荷。P 口与 T 口接通通畅时，系统卸荷<br>　③换向平稳性和精度。当通液压缸的 A、B 两口堵塞时，换向过程易产生冲击，换向不平稳，但换向精度高。反之，A、B 两口都通 T 口时，换向过程中工作部件不易制动，换向精度低，但液压冲击小 |

| 项目 | 说明 |
|---|---|
| 中位机能 | ④启动平稳性。阀在中位时，液压缸某腔如通油箱，则启动时因该腔内无油液起缓冲作用，启动不太平稳<br>⑤液压缸"浮动"和在任意位置上的停止。阀在中位，当 A、B 两口互通时，卧式液压缸呈"浮动"状态，可用其他机构移动工作台，调整其位置。当 A、B 两口堵住或与 P 口连接（在非差动情况下），则可使液压缸在任意位置停止，位不能"浮动" |
| 换向推力与换向阻力 | 换向推力是指使换向阀阀芯换向的推动力，包括手动阀和行程阀的推力、液动阀或电液换向阀的液压力、电磁力等<br>换向阻力是指阻止阀芯换向的力，包括液动力、弹簧力、液压卡紧力、摩擦力等 |
| 换向冲击与换向时间 | 换向时间是指从换向阀开始操纵到阀芯终止换向的时间，复位时间是指换向操纵信号消失到阀芯复位结束的时间，换向冲击是指换向造成的油路压力变化的大小<br>换向动作迅速与换向平稳性是互相矛盾的。如果换向时间短，油路的切换就迅速，但是往往会造成油路的压力冲击。因此在要求具有较好换向平稳性的场合，要采取其他措施。如电液换向阀在主阀两端控制油路上设置有可调节的单向节流阀，使主阀两端的回油路上建立适当的节流背压，以延长换向时间，减小冲击。还可以选择适当机能的换向阀，或对过渡位置时的换向机能做某种特殊的考虑，使通往液压缸的两条油路先互通或逐步先接通一条油路，最后才完成两条油路的切断、接通或交换 |
| 换向频率 | 换向频率是指在单位时间内阀所允许的换向次数，电磁换向阀或电液换向阀的换向频率主要受电磁铁特性的限制。湿式电磁铁的散热条件较好，所以允许工作频率可以比干式电磁铁高一些。交流电磁铁因启动电流较大，易造成线圈过热而烧坏，允许工作频率比直流电磁铁低。一般交流电磁铁的允许工作频率在 60 次 /min 以下（性能好的可达 120 次 /min），直流电磁铁由于不受启动电流的限制，允许工作频率可达 250 ～ 300 次 /min |
| 压力损失 | 压力损失是指换向阀换向时，液流经过阀口产生的压降。合理选择换向阀的规格，使其在允许的压力和流量范围内工作，可以减小换向阀的压力损失 |
| 内泄漏 | 换向阀的阀芯在不同的工作位置时，在规定的工作压力下，从高压腔到低压腔的泄漏量称为内泄漏量。过大的内泄漏量不仅会降低系统的效率，引起发热，还会影响执行元件的正常工作 |
| 使用寿命 | 使用寿命是指换向阀从开始使用到某一零件损坏不能进行正常的换向或复位，或换向阀的主要性能指标不能满足规定指标要求的工作次数。换向滑阀的使用寿命主要取决于电磁铁的工作寿命，其中，绝缘的老化是主要因素<br>交流电磁铁的工作寿命在一二百万次，优良的交流电磁铁可达一千万次。直流电磁铁的工作寿命比交流电磁铁高，一般在一千万次以上 |
| 工作可靠性 | 换向阀的工作可靠性主要是指操纵换向阀的作用力能否正常施加到阀芯上，或施加作用力后阀芯能否正常换向，以及当该作用力消失后阀芯能否复位到原来的位置。换向阀的工作可靠性与其设计、制造和应用有关，换向阀应在允许的压力和流量范围内工作 |

表 7-8　三位四通阀的中位机能

| 型号 | 结构简图 | 图形符号 | 中位机能主要特点及作用 |
|---|---|---|---|
| O 型 | | | 各油口相互不连通；油泵不能卸荷；不影响换向之间的并联；可以将执行元件短时间锁紧（有间隙泄漏） |
| Y 型 | | | A、B、T 油口之间相互连通；油泵不能卸荷；不影响换向阀之间的并联；执行元件处于浮动状态 |
| H 型 | | | 各油口相互连通；油泵处于卸荷状态；影响换向阀之间的并联；执行元件处于浮动状态 |

| 型号 | 结构简图 | 图形符号 | 中位机能主要特点及作用 |
|---|---|---|---|
| M型 | 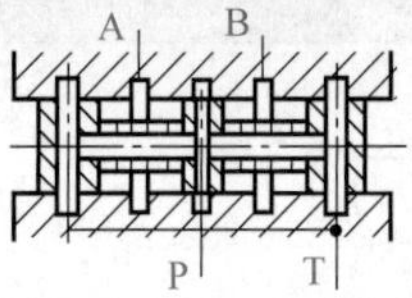 | 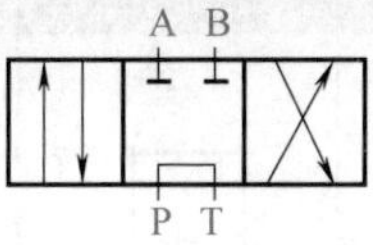 | A 与 B、P 与 T 油口相互连通；油泵可以卸荷；影响换向阀之间的并联；可以将执行元件短时间锁紧 |

表 7-9  三位四通和三位五通换向阀常见的中位机能

| 机能代号 | 中位时间的滑阀状态 | 中间位置的符号 | | 中间位置的性能特点 |
|---|---|---|---|---|
| | | 三位四通 | 三位五通 | |
| O | 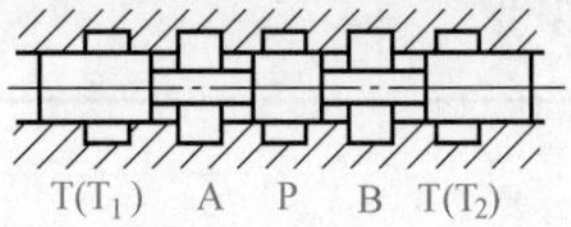 T(T₁)  A  P  B  T(T₂) | 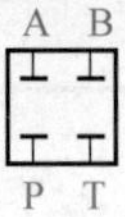 A B / P T | 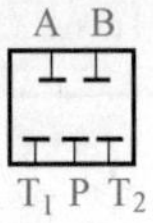 A B / T₁ P T₂ | 各油口全关闭，系统保持压力，缸密封 |
| H | 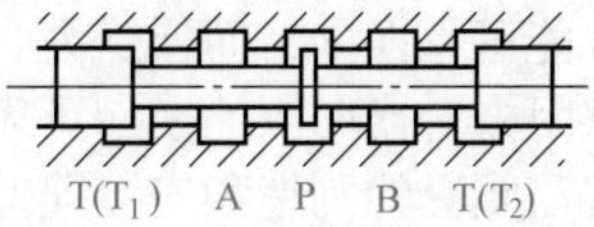 T(T₁)  A  P  B  T(T₂) | 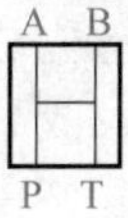 A B / P T |  A B / T₁ P T₂ | 各油口 A、B、P、T 全部连通，泵卸荷，缸两腔连通 |
| Y | 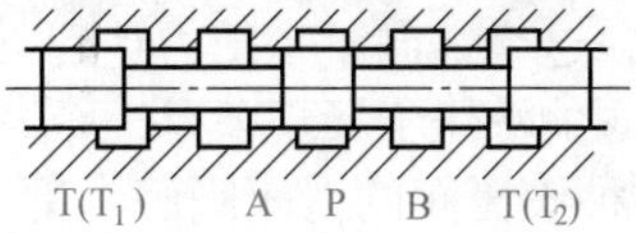 T(T₁)  A  P  B  T(T₂) | 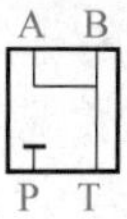 A B / P T |  A B / T₁ P T₂ | A、B、T 连通，P 口保持压力，缸两腔连通 |
| J | 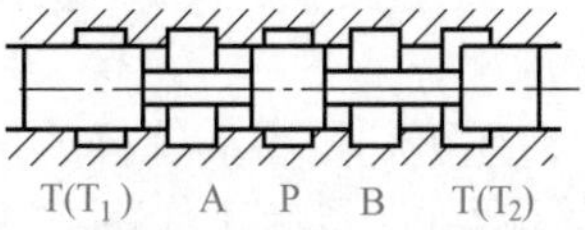 T(T₁)  A  P  B  T(T₂) | 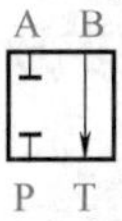 A B / P T | 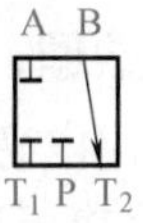 A B / T₁ P T₂ | P 口保持压力，缸 A 口封闭，B 口与回油 T 接通 |
| C | 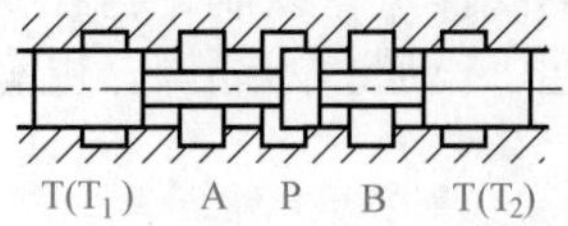 T(T₁)  A  P  B  T(T₂) | 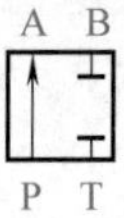 A B / P T |  A B / T₁ P T₂ | 缸 A 口通压力油，B 口与回油 T 不通 |
| P | 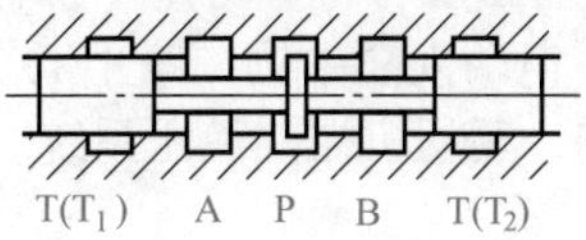 T(T₁)  A  P  B  T(T₂) | 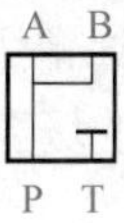 A B / P T |  A B / T₁ P T₂ | P 口与 A、B 口都连通，回油口封闭 |
| K | 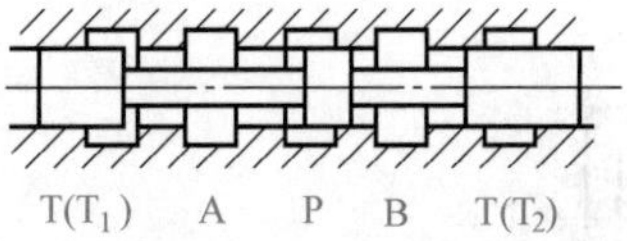 T(T₁)  A  P  B  T(T₂) | 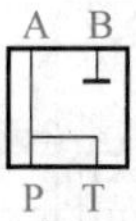 A B / P T |  A B / T₁ P T₂ | P、A、T 口连通，泵卸荷，缸 B 封闭 |
| X | 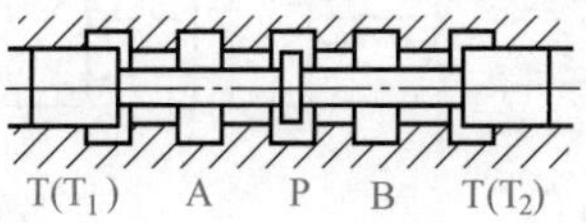 T(T₁)  A  P  B  T(T₂) |  A B / P T |  A B / T₁ P T₂ | A、B、P、T 口半开启接通，P 口保持一定压力 |

| 机能代号 | 中位时间的滑阀状态 | 中间位置的符号 | | 中间位置的性能特点 |
|---|---|---|---|---|
| | | 三位四通 | 三位五通 | |
| M | <br>T(T₁)　A　P　B　T(T₂) | A B<br>P T | A B<br>T₁ P T₂ | P、T口连通，泵卸荷，缸A、B都封闭 |
| U | <br>T(T₁)　A　P　B　T(T₂) | A B<br>P T | A B<br>T₁ P T₂ | A、B口接通，P、T口封闭，缸两腔连通。P口保持压力 |

（3）滑阀的液压卡紧现象

对于所有换向阀来说，都存在着换向可靠性问题，尤其是电磁换向阀。为了使换向可靠，必须保证电磁推力大于弹簧力与阀芯摩擦力之和，方能可靠换向，而弹簧力必须大于阀芯摩擦阻力，才能保证可靠复位，由此可见，阀芯的摩擦阻力对换向阀的换向可靠性影响很大。阀芯的摩擦阻力主要是由液压卡紧力引起。由于阀芯与阀套的制造和安装误差，阀芯出现锥度，阀芯与阀套存在同轴度误差，阀芯周围方向出现不平衡的径向力，阀芯偏向一边，当阀芯与阀套间的油膜被挤破，出现金属间的干摩擦时，这个径向不平衡力达到某饱和值，造成移动阀芯十分费力，这种现象叫液压卡紧现象。滑阀的液压卡紧现象是一个共性问题，不只是换向阀上有，其他液压阀也普遍存在。这就是各种液压阀的滑阀阀芯上都开有环形槽，制造精度和配合精度都要求很严格的缘故。

**（三）手动换向阀的工作原理、性能要求及选用**

操纵滑阀换向的方法除了用电磁铁和液压油来推动外，还可利用手动杠杆的作用来进行控制，这就是手动换向阀。手动换向阀分为手动和脚踏操纵两种，具有工作可靠的特点。

手动换向阀一般都是借用液动换向阀或电磁换向阀的阀体进行改制，再在两端装上手柄操纵机构和定位机构。手动换向阀有二位、三位、二通、三通、四通等。也有各种滑阀机能。

（1）手动换向阀工作原理

如图7-11所示为自动复位式手动换向阀的工作原理与图形符号，可用手操作使其左位或右位工作，但当操纵力取消后，阀芯便在弹簧力作用下自动恢复中位，停止工作，适用于动作频繁，工作持续时间短，必须由人操作的场合，例如，工程机械的液压系统。

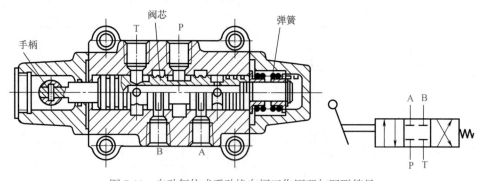

图7-11　自动复位式手动换向阀工作原理与图形符号

（2）手动换向阀的主要性能

手动换向阀的主要性能指标有工作可靠性、压力损失和内泄漏量。

① 工作可靠性。滑阀换向操纵应轻便灵活、无卡死现象。另外，对于弹簧复位式手动换向阀，还应保证在操纵外力撤除后能立即自动复位。

② 压力损失和内泄漏量。阀的压力损失是指液流流经阀后引起的压力降。它主要是由油液在阀内的流动损失和阀口节流损失两部分组成。为了降低压力损失，应限制阀内流道的流速，并尽可能多地使用平滑过渡的铸造流道。内泄漏量是指在额定工作条件下，从高压腔到低压腔的泄漏流量。它主要与阀体孔与阀芯的配合间隙、封油长度及阀前后的工作压差有关。

（3）手动换向阀的选用

① 当液压系统比较复杂，尤其在各种执行元件的动作需要联动、互锁或工作节拍需要严格控制的场合，不宜采用手动换向阀。

② 使用时，即使用螺纹连接手动换向阀，也应用螺钉固定在加工过的安装面上，不允许用管道悬空支承阀门。

③ 手动换向阀的外泄油口应直接接油箱，否则外泄油压力大，导致操作力大，易堵住外泄油口，滑阀不能工作。

## （四）机动换向阀的工作原理及选用

机动换向阀也称为行程换向阀。它是通过安装在执行机构上的挡铁或凸轮，推动钢芯来改变液流方向。它可以采用与普通电磁换向阀相同的滑阀阀芯，所不同的是驱动力。机动换向阀一般只有二位型，即初始工作位置和一个换向工作位置。当挡铁或凸轮脱开阀芯端部的滚轮后，阀芯都是靠弹簧自动复位，所控制的阀可以是二通、三通、四通、五通等。

（1）机动换向阀工作原理

二位四通机动换向阀的结构及符号如图7-12所示。图示为阀芯的初始位置，复位弹簧将阀芯压在左端，使P口与B口相连，A口与T口相通。当挡铁或凸轮接触滚轮，阀芯向右移动，到达工作位置，使P口与A口相通而B口与T口相连。当挡铁或凸轮离开滚轮后，阀芯又在复位弹簧的作用下回到初始位置。

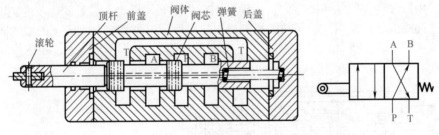

图7-12　二位四通机动换向阀

（2）机动换向阀的选用

① 由于用行程开关与电磁阀或电液换向阀配合可以很方便地实现行程控制（换向），代替机动换向阀即行程换向阀，且机动换向阀配管困难，不易改变控制位置，因此目前国内较少生产机动换向阀。

② 对于机动换向阀，是用螺钉紧固在已加工基面上，安装方向视需要而定。可利用运动部件上的凸轮或挡铁压住或离开机动换向阀的滚轮，而使阀芯移动，实现油路的换向。挡铁或凸轮的行程应控制在相应机动换向阀型号所规定行程之内。采用挡铁时，建议挡铁的倾斜角为30°，不得大于35°。

## （五）电液换向阀的工作原理、性能、控制方式及应用

（1）电液换向阀的工作原理

① 液动换向阀。液动换向阀主阀芯的移动是靠两端密封腔中的油液压差来实现的，推力较大。这种换向阀适用于压力高、流量大、阀芯移动长的场合。

如图 7-13 所示为三位四通液动换向阀的工作原理和图形符号。液动换向阀阀芯结构与电磁换向阀一样，不同中位机能的实现也可以通过改变阀芯结构来实现，图中所示为 O 型机能。液动换向阀与电磁换向阀不同的是阀芯驱动力不来自电磁铁，而来自两个控制口 K′ 和 K″。当两个控制口都没有控制油进入时，阀芯在两端弹簧的作用下保持在中位，四个油口 P、T、A、B 互不相通。当控制油从 K′ 口进入时，阀芯在压力油的驱动下向右移动，使得 P 口与 B 口相通，T 口与 A 口相通。当压力油从 K″ 口进入时，阀芯在压力油的作用下向左移动，使得 P 口与 A 口相通，而 T 口与 B 口相通。

液动阀是依靠外部供给的压力油实现阀芯切换的，所需液压油的流量不大，只要能充满左端或右端的容腔就够了。所以只要在其上部安装小型的换向阀作为先导阀就能进行工作。

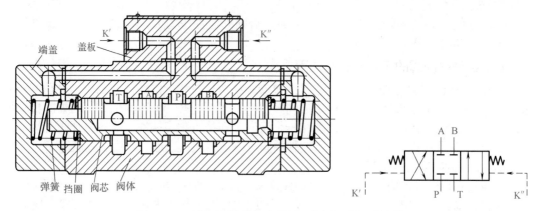

图 7-13　三位四通液动换向阀的工作原理和图形符号

② 电液换向阀。电液换向阀是由电磁换向阀和液动换向阀组成的复合阀。电磁换向阀为先导阀，用以改变控制油路的方向；液动换向阀为主阀，以阀芯位置变化改变主油路上油流方向。这种阀的优点是用反应灵敏的小规格电磁阀可以方便地控制大流量的液动阀换向。

电液换向阀工作原理如图 7-14 所示，当电磁铁线圈 4、6 都不通电时，电磁换向阀的阀

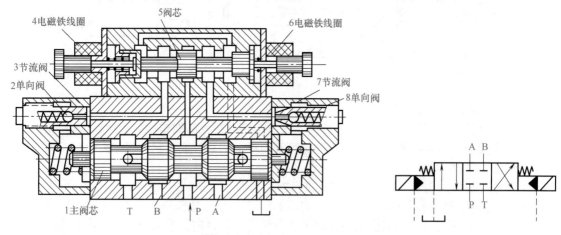

图 7-14　弹簧对中电液换向阀的结构原理和图形符号

芯5处于中位，液动换向阀主阀芯1两端都未接通控制油液，在对中弹簧作用下，处于中位。当电磁铁线圈4通电时，阀芯5移向右位，控制压力油经单向阀2流入主阀芯1左端，推动主阀芯1移向右端，主阀芯1右端油液经节流阀7和电磁换向阀流回油箱。主阀芯1运动速度由节流阀7开口大小决定。这时主油路状态是P和A相通，B和T相通。同理，当电磁铁6通电时，电磁阀阀芯5移向左位，控制压力油通过单向阀8，推动主阀芯1移向左端，其移动速度由节流阀3开口大小决定。这时主油路状态是P和B相通，A和T相通。

（2）电液换向阀的主要性能要求（表7-10）

表7-10　电液换向阀的主要性能要求

| 性能要求 | 说明 |
| --- | --- |
| 换向可靠性 | 液动换向阀的换向可靠性完全取决于控制压力的大小和复位弹簧的刚度。电液换向阀的换向可靠性基本取决于电磁先导阀的换向可靠性。电液换向阀在工作过程中所要克服的径向卡紧力，稳态液动力及其他摩擦阻力较大，在这种情况下，为使阀芯能可靠地换向和复位，可以适当提高控制压力，也可增强复位弹簧的刚度。这两个参数在设计中较容易实现，主要还是电磁先导阀的动作可靠性起着决定性的作用 |
| 压力损失 | 油流通过各油腔的压力损失是通过流量的函数。增大电液换向阀的流量所造成的稳态液动力的增加，可以采用提高控制压力和加强复位弹簧刚度的办法加以克服，但将造成较大的压力损失和油液发热。因此，流量不能增加太大 |
| 内泄漏量 | 液动换向阀和电液换向阀的内泄漏量与电磁换向阀的内泄漏量定义是完全相同的，但它所指的是主阀部分的内泄漏量 |
| 换向和复位时间 | 液动换向阀的换向和复位时间，受控制油流的大小、控制压力的高低以及控制油回油背压的影响。因此，在一般情况下，并不作为主要的考核指标，使用时也可以调整控制条件以改变换向和复位时间 |
| 液压冲击 | 液动换向阀和电液换向阀，由于口径都比较大，控制的流量也较大，在工作压力较高的情况下，当阀芯换向而使高压油腔迅速切换的时候，液压冲击压力可达工作压力的50%甚至一倍以上。所以应设法采取措施减少液压冲击压力值<br>减少冲击压力的方法，可以对液动换向阀和电液换向阀加装阻尼调节阀，以减慢换向速度。对液压系统也可采用适当措施，如加灵敏度高的小型安全阀、减压阀等，或适当加大管路直径、缩短导管长度、采用软管等。目前，尚没有一种最好的方法能完全消除液压冲击现象，只能通过各种措施减少到尽可能小的范围内 |

（3）电液换向阀的先导控制方式和回油方式

电液换向阀的先导油供油方式有内部供油和外部供油方式，简称为内控、外控方式。对应的先导油回油方式也有内泄和外泄两种。

① 外部油先导控制方式。外部油控制方式是指供给先导电磁阀的油源是由另外一个控制油路系统供给的，或在同一个液压系统中，通过一个分支管路作为控制油路供给的。前者可单独设置一台辅助液压泵作为控制油源使用，后者可通过减压阀等，从系统主油路中分出一支减压回路。外部控制形式的特点是，由于电液换向阀阀芯换向的最小控制压力一般都设计得比较小，多数在1MPa以下，因此控制油压力不必太高，可选用低压液压泵。它的缺点是要增加一套辅助控制系统。

② 内部油先导控制方式。主油路系统的压力油进入电液换向阀进油腔后，再分出一部分作为控制油，并通过阀体内部的孔道直接与上部先导阀的进油腔相通。特点是不需要辅助控制系统，省去了控制油管，简化了整个系统的布置。缺点是因为控制压力就是进入该阀的主油路系统的油液压力，当系统工作压力较高时，这部分高压流量的损耗是应该加以考虑的，尤其是在电液换向阀使用较多，整个高压流量的分配受到限制的情况下，更应该考虑这种控制方式所造成的能量损失。内部控制方式一般是在系统中电液动换向阀使用数目较少，而且总的高压流量有剩余的情况下，为简化系统的布置而选择采用。

另外要注意的是，对于阀芯初始位置为使液压泵卸荷的电液换向阀，如H型、M型、K型、X型，由于液压泵处于卸荷状态，系统压力为零，无法控制主阀芯换向。因此，当采用内部油控制方式而主阀中位卸荷时，必须在回油管路上加设背压阀，使系统保持有一定的压力。背压力至少应大于电液动换向阀主阀的最小控制压力。也可在电液换向阀的进油口 P 中装预压阀。它实际上是一个有较大开启压力的插入式单向阀。当电液换向阀处于中间位置时，油流先经过预压阀，然后经电液换向阀内流道由 T 口回油箱，从而在预压阀前建立所需的控制压力。

设计电液换向阀一般都考虑了内部油控制形式和外部油控制形式在结构上的互换性，更换的方法则根据电液换向阀的结构特点而有所不同。如图 7-15 所示采用改变电磁先导阀安装位置的方法来实现两种控制形式的转换示意图。在电磁先导阀的底面上与进油腔 P 并列加工有一盲孔，当是内部油控制形式时，电磁先导阀的进油腔 P 与主阀的 P 腔相连通；利用盲孔将外部控制油的进油孔封住（这时也没有外部控制油进入）。如将电磁先导阀的四个安装螺钉拆下后旋转 180° 重新安装，则盲孔转到与主阀 P 腔孔相对的位置，并将该孔封闭，使主阀 P 腔的油不能进入电磁先导阀。而电磁先导阀的 P 腔孔则与外部控制油相通，外部控制油就进入电磁先导阀，实现了外部油控制形式。这种方式需要注意的是，由于电磁先导阀改变了安装方向，使原来电磁阀上的 A 腔与 B 腔与控制油 K″ 口和 K′ 口相对应的状况，改变为 A 腔与 B 腔是与 K″ 口和 K′ 口相对应。这样，当电磁先导阀上原来的电磁铁通电吸合工作时，主阀两边换向位置的通路情况就与原来相反了。

对于三位四通型电液换向阀，这种情况可采用改变电磁铁通电顺序的方法纠正解决；但对于二位四通单电磁铁型的电液换向阀，就必须将电磁先导阀的电磁铁以及有关零件拆下，调换到另外一端安装才能纠正。

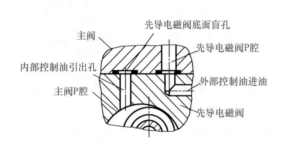

图 7-15　改变电磁先导阀安装方向实现控制方式的转换

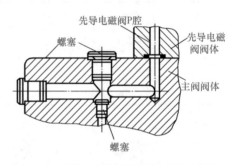

图 7-16　采用工艺螺塞实现控制方式转换

如图 7-16 所示是采用工艺螺塞的方法实现内部油控制和外部油控制形式转换的示意图，它的方法是电磁先导阀的 P 腔始终与主阀的 P 腔相对应连通，同时在与主阀的 P 腔连通的

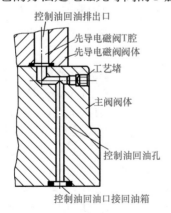

图 7-17　控制油内部回油的结构

通路上加了一个螺塞。当采用内部油控制形式时把该螺塞卸去，主阀 P 腔的部分油液通过该孔直接进入电磁先导阀作为控制油。这时还应用螺塞将外部控制油的进油口堵住，用螺塞堵住内部控制油，同时将原来堵住外部控制油口的螺塞卸去任意一个，外部控制油则通过其中一个孔道进入电磁先导阀。

③ 先导控制油回油方式。控制油回油有内部和外部回油两种方式。控制油内部回油指先导控制油通过内部通道与液动阀的主油路回油腔相通，并与主油路回油一起返回油箱。如图 7-17 所示是控制油内部回油的结构示意图。这种形式的特点是省略了控制油回油管路，使系统简化，但是受主油路回油背压的影响。由于电磁先导阀的回油背压

受到一定的限制，因此，当采用内部回油形式时，主油路回油背压必须小于电磁先导阀的允许背压值，否则电磁先导阀的正常工作将受到影响。

控制油外部回油是指从电液换向阀两端控制腔排出的油，经过先导电磁阀的回油腔单独直接回油箱（螺纹连接或者法兰连接电液换向阀一般均采用这种方式），也可以通过下部液动阀上专门加工的回油孔接回油箱（板式连接型一般都采用这种方式），如图7-18所示是板式连接型电液换向阀控制油外部回油的结构示意图。这种形式的特点是控制油回油背压不受主阀回油背压的影响。它可直接接回油箱，也可与背压不大于电磁先导阀允许背压的主油管路相连，一起接回油箱。使用较为灵活，其缺点是多了一根回油管路，这对电液换向阀使用较多的复杂系统，增加了管道的布置。

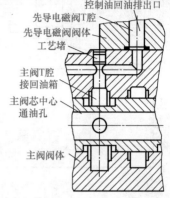

图 7-18　控制油外部回油的结构

（4）电液换向阀的应用

电液换向阀与液动换向阀主要用于流量较大（超过60L/min）的场合，一般用于高压大流量的系统。其功能和应用与电磁换向阀相同。

（5）电液换向阀油压选用

① 对压力为20MPa的所有型号阀，控制油压不得低于0.35MPa。

② 对压力为31.5MPa的所有型号阀，控制油压不得低于1.0MPa。

③ 滑阀机能在中间位置能使液压泵卸荷的电液换向阀（如M型、H型等）应在主阀回油路上安置大于控制油压的背压，以保证主阀换向动作，而控制油回油应采取外部回油形式，对二位阀的滑阀机能指过渡位置时的情况。

④ 电液换向阀先导控制压力应符合产品样本中的使用范围。电液换向阀先导控制压力的使用范围，是以保证电液换向阀能可靠工作为前提的，如小于最低先导控制压力时，电液换向阀就不能工作或不能正常可靠的工作。

⑤ 注意控制油的压力是否能满足该电液换向阀或液控换向阀的换向要求。

使用M、H、K、X等滑阀机能的电液换向阀和液控换向阀，若由主油路提供控制油，应采取措施使阀处于中间位置时，主油路能维持换向所需的压力。

（6）电液换向阀电源使用注意事项

① 注意电磁铁使用电源的种类和额定电压，以保证正确地向电磁铁供电。

② 有两个电磁铁的电液换向阀时，应避免出现两个电磁铁同时通电的情况。

③ 检查电液换向阀和液控换向阀的滑阀机能是否符合要求。

④ 检查其控制油路的进油方式和回油方式是否处于所要求的状态。

## （六）电磁换向阀的工作原理、性能要求及应用

电磁换向阀也叫电磁阀，是液压控制系统和电气控制系统之间的转换元件。它利用通电电磁铁的吸力推动滑阀阀芯移动，改变油流的通断，来实现执行元件的换向、启动、停止。

一般电磁换向阀的最大通流流量为100L/min，对于通流较大的大流量阀应选择液动换向阀或电液换向阀。

（1）工作原理

电磁换向阀工作原理如图7-19所示是一种二位三通弹簧复位式电磁换向阀，有三油口：P口、A口和B口。在图示状态下，电磁铁不通电，阀芯在复位弹簧力作用下处于左边，阀口P与A口相通，而B通道则被封闭。当电磁铁通电以后，阀受到电磁铁推杆的推力作用向右移动，阀芯的台肩将A通道封闭，而使P口与B口连通，使液流换向。通过阀芯台肩与阀孔配合段泄漏到两端弹簧腔的油液，在使用时应独接回油管回油箱。

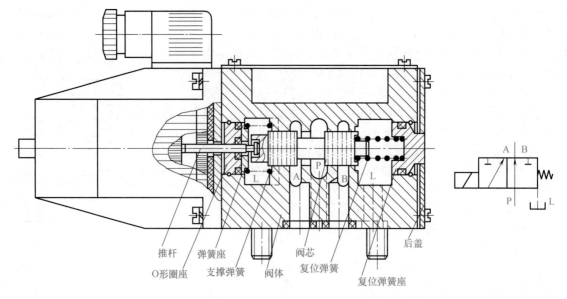

图 7-19　二位三通弹簧复位式电磁换向阀原理示意图

（2）电磁铁

电磁铁是电磁换向阀重要的部件之一，电磁铁品种规格和工作特性的选择，电磁铁与阀互相配合的特性的设计，对电磁换向阀的结构和工作性能有极大的影响，电磁铁分交流、直流电磁铁和干式、湿式电磁铁。

（3）电磁阀的分类

电磁阀的规格和品种较多，按电磁铁的结构形式分，有交流型、直流型、本机整流型；按工作电源规格分，有交流 110V、220V、380V，直流 12V、24V、36V、110V 等；按电磁铁的衔铁是否浸入油液分，有湿式和干式两种；按工作位置数和油口通路数分，有二位二通到三位五通等。

（4）性能要求（表 7-11）

表 7-11　电磁换向阀的性能要求

| 性能要求 | 说明 | |
| --- | --- | --- |
| 工作可靠性 | 电磁换向阀依靠电磁铁通电吸合推动阀芯换向，并依靠弹簧作用力复位进行工作。电磁铁通电能迅速吸合，断电后弹簧能迅速复位，表示电磁阀的动作可靠性高。影响这一指标的因素主要有液压卡紧力和液动力。液动力与工作时通过的压力及流量有关。提高工作压力或增加流量，都会使换向或复位更困难。所以在电磁换向阀的最高工作压力和最大允许通过流量之间，通常称为换向极限，如图 7-20 所示。液动力与阀的滑阀机能、阀芯停留时间、转换方式、电磁铁电压及使用条件有很大关系。卡紧力主要与阀体孔和阀芯的加工精度有关，提高加工精度和配合精度，可有效地提高换向可靠性 | 供油压力<br>最大允许压力<br>换向界限<br>最大允许流量<br>O　供油流量<br><br>图 7-20　电磁阀的换向极限 |
| 压力损失 | 电磁换向阀由于电磁铁额定行程的限制，阀芯换向的行程比较短，阀腔的开口度比较小，一般只有 1.5～2mm。这么小的开口在通过一定流量时，必定会产生较大的压力降。另外，由于电磁阀的结构比较小，内部各处油流连通处的通流截面也比较小，同样会产生较大的压力降。为此，在阀腔的开度受电磁铁行程限制不能加大时，可采用增大回油通道，用铸造方法生产非圆截面的流道，改进进油腔 P 和工作腔 A、B 的形状等措施，以设法降低压力损失 | |
| 泄漏量 | 电磁换向阀因为换向行程较短，阀芯台肩与阀体孔的封油长度也就比较短，所以必定造成高压腔向低压腔的泄漏。过大的泄漏量不但造成能量损失，同时影响到执行机构的正常工作和运动速度，因此泄漏量是衡量电磁阀性能的一个重要指标 | |

| 性能要求 | 说明 |
|---|---|
| 换向时间和复位时间 | 电磁阀的换向时间是指电磁铁从通电到阀芯换向终止的时间。复位时间是指电磁铁从断电到阀芯回复到初始位置的时间。一般交流电磁铁的换向时间较短，约为 0.03～0.1s，但换向冲击较大，直流电磁铁的换向时间较长，约为 0.1～0.3s，换向冲击较小。交直流电磁铁的复位时间基本一样，都比换向时间长，电磁阀的换向时间和复位时间与阀的滑阀机能有关 |
| 换向频率 | 电磁换向阀的换向频率是指在单位时间内的换向次数。换向频率在很大程度上取决于电磁铁本身的特性。对于双电磁铁型的换向阀，阀的换向频率是单只电磁铁允许最高频率的 2 倍。目前，电磁换向阀的最高工作频率可选 15000 次/h |
| 工作寿命 | 电磁换向阀的工作寿命很大程度上取决于电磁铁的工作寿命。干式电磁铁的使用寿命较短，为几十万次到几百万次，长的可达 2000 万次。湿式电磁铁的使用寿命较长，一般为几千万次，有的高达几亿次。直流电磁铁的使用寿命总比交流电磁铁的长得多。对于换向阀本身来说，其工作寿命极限是指某些主要性能超过了一定的标准并且不能正常使用。例如当内泄漏量超过规定的指标后，即可认为该阀的寿命已结束。对于干式电磁换向阀，推杆处动密封的 O 形密封圈，会因长期工作造成磨损引起外泄漏。如有明显外泄漏，应更换 O 形密封圈。复位对中弹簧的寿命也是影响电磁阀工作寿命的主要因素，在设计时应加以注意 |

（5）电磁换向阀的应用

① 直接对一条或多条油路进行通断控制。

② 用电磁换向阀的卸荷回路。电磁换向阀可与溢流阀组合进行电控卸荷，如图 7-21（a）所示，可采用较小通径的二位二通电磁阀，如图 7-21（b）所示是二位二通电磁阀旁接在主油路上进行卸荷，要采用足够大通径的电磁阀，如图 7-21（c）是采用 M 型滑阀机能的电磁换向阀的卸荷回路，当电磁阀处于中位时，进油腔 P 与回油腔 T 相沟通，液压泵通过电磁阀直接卸荷。

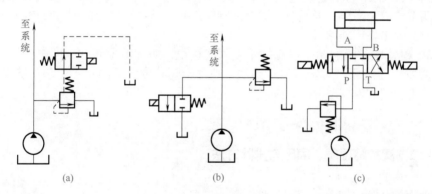

图 7-21　电磁换向阀的卸荷回路

③ 利用滑阀机能实现差动回路。如图 7-22（a）所示是采用 P 型滑阀机能的电磁换向阀实现的差动回路。如图 7-22（b）所示是采用 OP 型滑阀机能的电磁换向阀，当右阀位工作时，也可实现差动连接。

④ 用作先导控制阀，例如构成电液动换向阀。二通插装阀的启闭通常也是靠电磁换向阀来操纵。

⑤ 与其他阀构成复合阀，如电磁溢流阀、电动节流阀等。

（6）电磁换向阀的选用

选用电磁换向阀时，应考虑如下几个问题。

① 电磁阀中的电磁铁，有直流式、交流式、自整流式，而结构上有干式和湿式之分。各种电磁铁的吸力特性、励磁电流、最高切换频

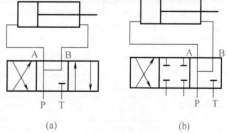

图 7-22　利用滑阀机能实现的差动回路

率、机械强度、冲击电压、吸合冲击、换向时间等特性不同，必须选用合适的电磁铁。特殊的电磁铁有安全防爆式、耐压防爆式。而高湿度环境使用时要进行热处理，高温环境使用时要注意绝缘性。

② 检查电磁阀的滑阀机能是否符合要求。电磁阀有很多滑阀机能，出厂时还有正装和反装的区别，所以在使用时一定要检查滑阀机能是否与要求一致。换向阀的中位滑阀机能关系到执行机构停止状态下的安全性，必须考虑内泄漏和背压情况，从回路上充分论证。另外，最大流量值随滑阀机能的不同会有很大变化，应予注意。

③ 注意电磁阀的切换时间及过渡位置机能。换向阀的阀芯形状影响阀芯开口面积，阀芯位移的变化规律、阀的切换时间及过渡位置时执行机构的动作情况，必须认真选择。换向阀的切换时间，受电磁阀中电磁铁的类型和阀的结构、电液换向阀中控制压力和控制流量的影响。用节流阀控制流量，可以调整电液换向阀的切换时间。有些回路里，如在行走设备的液压系统中，用换向阀切换流动方向并调节流量。选用这类换向阀时要注意其节流特性，即不同的阀芯位移下流量与压降的关系。

④ 换向阀使用时的压力、流量不要超过制造厂样本上的额定压力、额定流量，否则液压卡紧现象和液动力影响往往引起动作不良。尤其在液压缸回路中，活塞杆外伸和内缩时回油流量是不同的。内缩时回油流量比泵的输出流量还大，流量放大倍数等于缸两腔活塞面积之比，要特别注意。另外还要注意的是，四通阀堵住 A 口或 B 口而只用一侧流动时，额定流量显著减小。压力损失对液压系统的回路效率有很大影响，所以确定阀的通径时不仅考虑换向阀本身，而且要综合考虑回路中所有阀的压力损失、油路块的内部阻力、管路阻力等。

⑤ 回油口 T 的压力不能超过允许值。因为 T 口的工作压力受到限制，当四通电磁阀堵住一个或两个油口，当作三通阀或二通电磁阀使用时，若系统压力值超过该电磁换向阀所允许的背压值，则 T 口不能堵住。

⑥ 双电磁铁电磁阀的两个电磁铁不能同时通电，对交流电磁铁，两电磁铁同时通电，可造成线圈发热而烧坏；对于直流电磁铁，则由于阀芯位置不固定，引起系统误动作。因此，在设计电磁阀的电控系统时，应使两个电磁铁通断电有互锁关系。

## 二、方向控制阀故障诊断与修理

### （一）单向阀故障现象、原因与排除方法

（1）普通单向阀

普通单向阀的故障现象、原因与排除方法见表 7-12。

表 7-12 普通单向阀的故障现象、原因与排除方法

| 故障现象 | 故障原因 | 排除方法 |
|---|---|---|
| 单向阀内泄漏严重 | ①阀座孔与阀芯孔同轴度超差，阀芯导向后接触面不均匀，有部分"格空" | ①应重新铰、研加工或者将阀座拆出，重新压装再研配 |
| | ②阀座压入阀体孔中时产生偏歪或拉毛损伤等 | ②应将阀座拆出重新压装再研配或者重新铰、研加工 |
| | ③阀座碎裂 | ③应予以更换阀座，并研配阀座 |
| | ④弹簧变软 | ④应予以更换弹簧 |
| | ⑤滑阀拉毛 | ⑤应重新研配 |
| | ⑥装配时，因清洗不干净，或使用中油液不干净，污物滞留或粘在阀芯与阀座面之间，使阀芯锥面与阀体锥面不密合，造成内泄漏 | ⑥应重新检查、研配、清洗，同时更换干净的液压油 |

| 故障现象 | 故障原因 | 排除方法 |
|---|---|---|
| 单向阀外泄漏 | ①管式单向阀的螺纹连接处，因螺纹配合不好或螺纹接头未拧紧而产生外漏 | ①应检查并拧紧接头，并在螺纹之间缠绕聚四氟乙烯胶带密封或用 O 形密封圈 |
| | ②板式阀的外漏主要由于在安装面及螺纹堵头处的密封出现问题 | ②可检查安装面及螺纹堵头处的 O 形密封圈是否可靠，根据情况予以排除 |
| | ③阀体有气孔砂眼，被压力油击穿造成的外漏 | ③一般要补焊或更换阀体 |
| 不起单向作用 | ①滑阀在阀体内咬住 | ①应认真检查，如当阀体孔变形时、当滑阀配合处有毛刺时、当滑阀变形胀大时等情况，都会使滑阀在阀体内咬住而不能动作。此时应修研阀座孔、修除毛刺、修研滑阀外径 |
| | ②漏装弹簧或者弹簧折断 | ②应补装弹簧或者应更换弹簧 |
| 发出异常的声音 | ①液压油的流量超过允许值 | ①应更换流量大的单向阀 |
| | ②与其他阀共振 | ②可略微改变阀的额定压力，也可试调弹簧的强弱 |
| | ③在卸压单向阀中，用于立式大油缸等的回路，没有卸压装置 | ③应补充卸压装置回路 |

（2）单向阀的维修

单向阀的结构比较简单，由阀芯、阀体、阀座及弹簧组成。

① 阀芯的维修。阀芯磨损部位主要为：

a. 阀芯与阀座接触处的锥面 $B$ 上磨成一凹坑，如果凹坑不是整圆，说明阀芯与阀座不同心；

b. 外圆面 $A$ 的拉伤与磨损。

当发生轻微拉伤与磨损时，可进行对研抛光。当磨损拉伤严重时，可先磨去一部分，然后电镀硬铬后再与阀体孔、阀座研配。磨削时，为了保证 $A$ 面与锥面 $B$ 同心，可用一芯棒打入 $B$ 孔内，芯棒夹在磨床卡盘内，一次装夹磨出 $A$ 面与锥面 $B$。单向阀阀芯修复要求如图 7-23 所示。

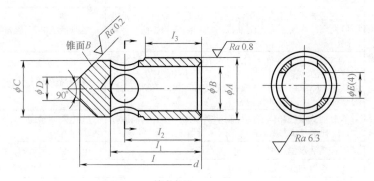

技术条件：
1. $\phi A$ 与90°锥面同轴度不得大于0.01mm。
2. 倒角 $C1$。
3. 热处理：HRC45～50。
4. 材料：40Cr。
5. $\phi A$ 与阀体孔配合间隙0.01～0.02mm。

图 7-23　单向阀阀芯修复要求

② 阀体的维修。阀体的修复位置：

a. 修复与阀芯外面相配的阀体孔，保证其几何精度、尺寸精度及表面粗糙度。

阀体孔的修复。阀体孔拉伤或几何精度超差时，可用研磨棒或用可调金刚石铰刀研磨或铰削修复。磨损严重时，可刷镀内孔或电镀内孔，修好阀孔后，再重配阀芯。

b. 阀座在阀体上，此时修复部位为阀体上的阀座。

阀体孔与阀座孔不同轴的修复。当阀体孔与阀座孔轻微不同轴时，可采用图 7-24 所示的导向套加铰孔的方法修复，导向套外径 $\phi A$ 与被修孔滑配（偏紧）导向，导向套内孔与铰刀相配。修复时将阀座孔 $\phi C$ 加大，修复阀孔与阀座孔偏心量。

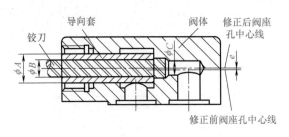

图 7-24　阀体孔与阀座孔轻微不同轴　　　　图 7-25　阀体孔与阀座孔严重不同轴

当阀体孔 $\phi A$ 与阀座孔严重不同轴时，先将阀座孔镗大，再配一加大外径的阀座（镶套）压入，如图 7-25 所示。

（3）液控单向阀故障分析与排除

液控单向阀常见故障现象、原因及排除方法见表 7-13。

表 7-13　液控单向阀的故障现象、原因与排除方法

| 故障现象 | 故障原因 | 排除方法 |
|---|---|---|
| 液控失灵（当有压力油作用于控制活塞上时，不能实现正反两个方向的油液流通） | ①控制活塞因毛刺或污物卡死在阀体孔内，推不开单向阀，造成液控失灵 | ①拆卸并清洗掉污物，去毛刺或重新研配控制活塞 |
| | ②外泄式液控单向阀的泄油孔因污物阻塞；或者安装板上未设计有泄油口；或者虽设计有泄油口但加工时未完全钻穿 | ②拆卸液控单向阀，清洗泄油孔，去除污物；重新在安装板上设计泄油口；加工时完全钻穿泄油口 |
| | ③内泄式液控单向阀的泄油口（即反向流出口）的背压值太高，导致压力控制油推不动控制活塞。顶不开单向阀 | ③降低泄油口背压值 |
| | ④控制油压力太低（对于 IY 型液控单向阀，控制压力应为主油路压力的 30%～40%，最小控制压力一般不得低于 1.8MPa；对于 DFY 型液控单向阀，控制压力应为额定工作压力的 60% 以上） | ④提高控制油压力 |
| | ⑤外泄式液控单向阀的控制活塞磨损严重，内泄漏增大，控制压力油大量泄往泄油口，导致控制压力不够 | ⑤电镀、研配控制活塞，或重配控制活塞 |
| | ⑥控制活塞歪斜别劲，不能灵活移动 | ⑥重配控制活塞，解决运动别劲问题 |
| 振动和冲击大，有噪声 | ①液控单向阀应用回路设计不合理 | ①进行正确的回路设计 |
| | ②对于 DDFY 型双向液控单向阀，阀套和阀芯上的阻尼孔太小或被污物堵塞 | ②适当增大阻尼孔尺寸，拆卸阀体，清洗阻尼孔，清除污物 |
| | ③空气进入系统及液控单向阀中 | ③采取措施，排除进入系统和液控单向阀中的空气 |
| | ④液控单向阀用工作油压作为控制压力，控制油压力过高 | ④在控制油路上增设减压阀，对控制油压力进行调节，使其不至于过大 |
| 不发液控信号（控制活塞未引入压力油时，单向阀可打开反向通油） | ①单向阀"不起单向阀作用"故障的原因 | ①单向阀"不起单向阀作用"故障的排除方法 |
| | ②控制活塞卡死在顶开单向阀阀芯的位置上 | ②配研控制活塞 |
| | ③修理时更换的控制活塞推杆太长 | ③更换合理长度的推杆 |

| 故障现象 | 故障原因 | 排除方法 |
| --- | --- | --- |
| 内泄漏大（单向阀在关闭时，封不死油，反向不保压） | ①普通单向阀"内泄漏大"故障的原因 | ①普通单向阀"内泄漏大"故障的排除方法 |
| | ②控制活塞磨损严重，其外周内泄漏大 | ②电镀研配控制活塞 |
| 外泄漏 | 堵头、进出油口及阀盖等结合处没有密封装置 | 在密封处加密封垫或密封圈 |

## （二）手动换向阀的故障现象、原因与排除方法

手动换向阀的故障现象、原因与排除方法见表 7-14。

表 7-14　手动换向阀的故障现象、原因与排除方法

| 故障现象 | 故障原因 | 排除方法 |
| --- | --- | --- |
| 手柄操作力大 | ①阀芯与阀体孔配合间隙太小 | ①拆开换向阀，适当研配阀孔，使之运动较灵活。且不太松 |
| | ②污物进入滑阀副配合间隙中 | ②拆卸手动换向阀，清洗阀内部 |
| | ③毛刺拉伤阀芯外圆表面和阀孔内表面 | ③去毛刺，拉伤严重者更换 |
| | ④阀芯和阀孔间几何精度差，在压力较高时产生液压卡紧力 | ④研磨修复阀体孔，重配阀芯，使其几何精度保证在 0.003 ～ 0.005mm 范围内 |
| | ⑤阀芯与手柄连接处的销子别劲，动作不灵活 | ⑤在阀芯与手柄连接处装配好，保证阀盖孔和阀芯同心后，拧紧阀盖安装螺钉，避免阀盖孔与阀芯配合处出现别劲现象 |
| | ⑥回油背压过大或泄油口不通或使用流量和压力超出了换向阀规定范围 | ⑥降低回油背压，使泄油通道畅通，最好单独接油箱，且合理选用换向阀 |
| 换向不到位，换向失灵和乱套 | ①自动对中复位式弹簧折断、漏装与错装 | ①更换或补漏复位弹簧 |
| | ②钢球定位式定位钢球漏装，定位槽严重磨损，使定位机构失效，操作手柄很难扳到正确定位位置 | ②补装定位钢球，补修定位槽 |
| | ③定位钢球顶紧弹簧漏装与折断，或阀芯掉头装错 | ③更换或补漏定位钢球顶紧弹簧，拆卸换向阀，重新装配阀芯 |
| | ④转阀式换向阀的定位挡销漏装或折断或磨损 | ④更换定位挡销 |
| | ⑤定位套定位换向阀的弹簧卡圈断裂、漏装或从卡圈槽跑出 | ⑤更换或重新安装弹簧卡圈 |
| 液压冲击和噪声 | 手柄移动速度过快产生液压冲击和噪声，特别是大流量阀，手柄移动速度影响更大 | 缓慢移动手柄，延长"开""关"换向时间 |

## （三）机动换向阀的故障现象、原因与排除方法

机动换向阀的故障现象、原因与排除方法见表 7-15。

表 7-15　机动换向阀的故障现象、原因与排除方法

| 故障现象 | 故障原因 | 排除方法 |
| --- | --- | --- |
| 挡铁压下机动换向阀滚轮时，换向阀的 P 口与 A 口不连通或者半连通 | ①挡铁尺寸不正确，或安装不牢固而松脱，造成欠程大 | ①换用满足尺寸要求的挡铁，并安装牢固 |
| | ②机动换向阀的滚轮或挡铁严重磨损，造成欠程大，使阀芯换向时换不到位 | ②更换滚轮或挡铁 |
| | ③复位弹簧装错，完全压缩后弹簧顶起阀芯，使 P 口与 A 口间的开口宽度不够大或者无开度 | ③更换合乎标准的弹簧 |
| 挡铁未压下机动换向阀时，P 口与 A 口相通 | ①阀芯与阀孔之间有污物而卡住，阀芯复位弹簧力不能克服其卡紧力而使阀芯复位 | ①拆开机动换向阀进行清洗 |
| | ②阀孔沉割槽锐角处有毛刺，使阀芯卡住不能复位 | ②对阀孔沉割槽去毛刺，使阀芯在阀体孔内灵活移动 |

| 故障现象 | 故障原因 | 排除方法 |
|---|---|---|
| 挡铁未压下机动换向阀时，P 口与 A 口相通 | ③阀盖与阀体间安装不当，阀盖孔别住阀芯柄部，导致阀芯不能复位 | ③松开阀盖紧固螺钉，阀盖找正后，再均匀对角拧紧螺钉，使阀芯能灵活移动，不被别住 |
| | ④阀盖上 O 形密封圈对阀芯柄部的密封力过大，使阀芯不能复位 | ④更换 O 形圈，或保证能密封的前提下，适当加宽 O 形圈安装沟槽尺寸 |
| | ⑤复位弹簧漏装或错装，复位弹簧力没有或不够 | ⑤补漏或更换复位弹簧 |

### （四）电磁换向阀的故障现象、原因与排除方法

电磁换向阀的故障现象、原因与排除方法和电磁换向阀的修理见表 7-16 和表 7-17。

表 7-16 电磁换向阀的故障现象、原因与排除方法

| 故障现象 | 故障原因 | 排除方法 |
|---|---|---|
| 交流电磁线圈烧毁 | ①电磁铁线圈漆包线没有使用规定等级的绝缘漆，绝缘不良而使线圈烧坏 | ①使电磁铁线圈的绝缘等级在 E 级以上 |
| | ②绝缘漆剥落，或线圈漆包线碰伤，或电磁铁引出线的塑料包皮老化，造成漏电短路，或因电磁铁加工质量方面的原因而烧坏线圈 | ②需更换电磁铁或重绕电磁铁线圈 |
| | ③供电电压过低，使电磁铁电流过大，发热严重而烧坏 | ③电磁铁最低使用电压不能低于额定电压的 85%，如 220V 额定电压的电磁铁最低使用电压不得低于 187V |
| | ④供电电压过高，电磁铁吸力大，铁芯极易闭合，过高的电压产生过大的吸持电流，使电磁线圈逐渐过热而烧毁 | ④电磁铁线圈电压使用范围为额定电压的 85% ~ 105% |
| | ⑤环境温度过高，线圈通过辐射散失热量的能力降低，过热线圈的电阻增加，电流和电磁力降低，电磁铁不闭合，线圈烧坏 | ⑤使电磁铁周围介质温度不得高于 +50℃，不低于 -30℃ |
| | ⑥环境水蒸气、腐蚀性气体及其他破坏绝缘的气体、导电尘埃等进入电磁铁内，造成线圈受潮生锈 | ⑥对湿度大的恶劣环境，尽量选用湿热带型电磁铁，这种电磁铁对环境空气的相对湿度要求不大于 95%，而普通型不得大于 85% |
| | ⑦工作油液黏度选择过高，黏性阻力过大，超过了电磁铁的负载范围，产生过载而烧坏电磁铁 | ⑦合理选用工作油液的黏度，一般情况下电磁阀的油液黏度范围为 15 ~ 400cst |
| | ⑧电磁铁的换向频率过快，累积的热量比散失的快，导致电磁铁很快就吸力不够，电磁铁不能彻底闭合而存在气隙磁阻，连续高频启动产生的电流将电磁铁烧坏 | ⑧交流电磁铁的换向频率要小于换向频率规定标准值 2000 次/h |
| | ⑨液压回路背压过高，电磁换向阀在超过许用背压的工况下使用，电磁铁出现过载而烧坏 | ⑨合理设置液压回路背压压力，防止电磁换向阀在过载工况下使用 |
| | ⑩电磁换向阀安装板上未钻有电磁阀泄油孔的泄油通道或者泄油孔被堵塞，造成泄油受困，油压压力增高，电磁铁推不动阀芯，出现过载，烧坏电磁铁 | ⑩在电磁换向阀安装板上为电磁阀泄油孔钻出泄油通道，清洗泄油孔，清除污物 |
| | ⑪电磁阀加工精度不高，阀芯或阀体孔上有毛刺，造成阀芯卡紧，电磁铁强行推动阀芯，出现过载，烧坏电磁铁 | ⑪提高电磁阀加工精度，对阀芯和阀体孔进行去毛刺处理 |
| | ⑫电磁阀装配前清洗不干净，污物混入阀芯或阀体内，卡死阀芯，使电磁铁过载工作而烧毁 | ⑫拆卸、清洗电磁阀，采用清洁清洗油，清洗后再装配 |
| | ⑬阀芯与阀体孔配合间隙过小，增大了阀芯滑动副运动摩擦力，导致电磁铁过载而烧坏 | ⑬修配阀芯与阀体孔配合间隙 |
| | ⑭阀安装螺钉压得过紧，增大了阀芯滑动摩擦力，导致电磁铁过载而烧坏 | ⑭阀安装时，紧固螺钉拧紧力适宜 |

| 故障现象 | 故障原因 | 排除方法 |
|---|---|---|
| 交流电磁线圈烧毁 | ⑮电磁阀阀体孔变形，增大了阀芯滑动摩擦力，导致电磁铁过载而烧坏 | ⑮修配电磁阀阀体孔 |
| | ⑯油液中夹有杂物，造成阀芯卡死，导致电磁铁过载而烧坏 | ⑯对工作油液进行过滤，拆卸电磁阀，清洗后装配 |
| | ⑰复位弹簧错装成大刚度弹簧，弹簧力大于电磁铁吸力，电磁铁过载工作而被烧坏 | ⑰更换刚度适宜的复位弹簧 |
| | ⑱安装在阀体上的电磁铁别劲，电磁铁吸力方向与阀芯移动方向不一致，导致电磁铁烧坏 | ⑱更换新电磁铁，正确安装 |
| 电磁铁不动作 | ①焊接不良，或接线端子插座接触不良，导致电磁铁进出线连接松脱，造成电磁铁不动作 | ①牢固焊接，更换接线端子插座，电磁铁进出线重新接线 |
| | ②控制电路故障，造成电磁铁不动作 | ②用电表查明控制电路故障原因，更换故障元件 |
| 电磁铁吸力不够 | ①电磁铁加工误差大，各运动件接触部位摩擦力大，造成电磁铁吸力不够，动作迟滞 | ①提高电磁铁加工精度，降低各运动件接触部位摩擦力 |
| | ②直流电磁铁衔铁与套筒之间有污物或产生锈蚀而卡死，造成电磁铁吸力不够，动作迟滞 | ②拆卸清洗，去除污物，除锈 |
| | ③电磁铁垂直方向安装，而电磁铁处于电磁换向阀下方，电磁铁受动铁芯、衔铁和阀芯的重力作用，导致有效推力减少，吸力不够，动作迟滞 | ③将电磁铁水平方向安装 |
| 交流电磁铁发出"嗡嗡"声与"嗒嗒"声等噪声 | ①交流电磁铁的导向板与可动铁芯加工装配性能差，或可动铁芯与固定铁芯加工精度差，导致固定铁芯与可动铁芯不能很好吸合，发出"嗡嗡"噪声 | ①提高交流电磁铁导向板与可动铁芯的加工装配精度，提高可动铁芯与固定铁芯的加工精度 |
| | ②可动铁芯与固定铁芯接触面凹凸不平未磨光，二者间的气隙内有脱落的红丹防锈漆片或其他污物，将可动铁芯卡住，不能很好地吸合，产生"嗡嗡"气隙噪声 | ②将可动铁芯与固定铁芯接触面磨光，清洗污物 |
| | ③固定在铁芯上的铜短路环断裂，产生电磁噪声和振动噪声 | ③更换铜短路环 |
| | ④推杆过长，不能使可动铁芯与固定铁芯很好地吸合而保持正常气隙，发出"嗒嗒"噪声 | ④适当磨短推杆长度，但是不能磨得太短，否则影响阀芯换向时的遮盖量与开口量，同时要注意，不同电磁铁生产厂家生产的同一型号电磁铁要求的推杆长度往往有差异 |
| | ⑤复位弹簧刚度大和复位力过大，超过了电磁铁的吸力，导致电磁铁通电时发出"嗒嗒"噪声 | ⑤选用刚度适宜的复位弹簧 |
| | ⑥毛刺及配合精度差导致阀芯与阀孔摩擦力过大，超过了电磁铁的吸力，或因污物卡住阀芯，电磁铁推不动，发出"嗡嗡"噪声 | ⑥去毛刺，提高阀芯与阀体孔的配合精度，清洗污物 |
| 电磁阀内泄严重 | ①阀芯与阀孔因磨损配合间隙过大 | ①修复配合间隙，使配合间隙值在 0.007～0.02mm 范围内 |
| | ②阀芯或阀体孔台肩尺寸、沉割槽槽距尺寸不对或超差，或者封油台肩处拉有凹槽，使封油长度段的遮盖量减少，造成内泄漏量增加 | ②正确设计加工阀芯或阀体孔台肩尺寸、沉割槽槽距尺寸，研修封油台肩，保证封油长度段的遮盖量适宜 |
| | ③平衡槽位置尺寸设置不合理，封油长度过短，造成内泄漏 | ③重新设计加工，保证平衡槽位置尺寸合理，保证封油长度适宜 |
| | ④阀芯外表面或阀体孔内表面拉有较深轴向沟纹 | ④研磨修复或更换阀芯和阀体 |
| | ⑤工作油温过高，大于 70℃ | ⑤采取措施，控制系统油温，包括更换黏度大的油液 |
| | ⑥阀芯与阀体孔有毛刺，造成二者偏心，产生泄漏 | ⑥对阀芯、阀体孔去毛刺 |
| | ⑦阀两端的定位尺寸不准确，造成阀芯移动不到位或移动过头，改变封油长度，造成泄漏 | ⑦正确装配电磁阀，保证阀两端定位尺寸适宜 |

| 故障现象 | 故障原因 | 排除方法 |
|---|---|---|
| 电磁阀压力损失大 | ①通过电磁阀的实际流量远大于电磁阀规定的额定流量 | ①合理设计液压回路，液压元件合理选型，使电磁阀的实际流量不超过规定的额定流量 |
| | ②阀芯台肩尺寸或阀体沉割槽槽距尺寸不对，造成阀芯开度小，压力损失超大 | ②正确设计加工电磁阀，使阀芯台肩尺寸或阀体沉割槽距尺寸适宜 |
| | ③阀两端的定位尺寸不准确，造成阀芯移动不到位，阀芯开度小，压力损失超大 | ③正确安装电磁阀，保证阀两端定位尺寸适宜 |
| 电磁阀外泄漏严重 | ①推杆表面有拉伤；O 形圈破损或偏装；定位套的O 形圈沟槽长度和深度尺寸超差；弹簧弹力过小，不能推压垫圈压紧 O 形圈；弹性挡圈松脱 | ①维修或更换推杆；更换 O 形圈；重新加工定位套，保证沟槽长度和深度不超差；更换弹簧，增加弹簧刚度；重新安装弹性垫圈 |
| | ②O 形圈破损或漏装 | ②更换或补装 O 形圈 |
| | ③电磁阀的安装板或集成块泄油通道没有单独接成与油箱相通，导致电磁阀泄油腔的压力太高，产生泄漏 | ③将泄油通道单独畅通地接通油箱 |
| | ④电磁阀板式安装面上各油口的 O 形圈凹窝存在加工误差，尺寸深浅不一致，使得凹窝深的 O 形圈无压缩变形量而漏油 | ④提高板式安装面上各油口 O 形圈凹窝的加工精度，避免凹窝深度过深 |
| | ⑤O 形圈凹窝表面粗糙度值高，表面上有加工留下的波纹，导致漏油 | ⑤提高 O 形圈凹窝加工精度，减小凹窝表面粗糙度值 |
| | ⑥O 形圈破损，或 O 形圈未装入凹窝内 | ⑥更换或补装 O 形圈 |
| | ⑦电磁阀四个安装螺钉的螺纹有效长度不够，或者安装板上所攻螺纹深度不够，导致螺钉未拧紧，造成 O 形圈压缩余量不够，不能形成密封或被挤入间隙，产生泄漏 | ⑦选用螺纹有效长度满足要求的螺钉，增加安装板上攻螺纹的深度 |
| | ⑧阀体或安装板有缩松气孔 | ⑧查明缩松气孔产生的原因，采取措施，避免缩松气孔 |
| | ⑨管式阀的进出油口螺纹配合不好，或管接头密封不好，产生漏油 | ⑨对直管细牙螺纹更换合格的纯铜垫圈，对锥管接头缠绕聚四氟乙烯胶带，注意聚四氟乙烯胶带的缠绕方向 |
| | ⑩螺纹工艺堵头的螺纹配合不好，产生泄漏 | ⑩在螺纹工艺堵头缠绕聚四氟乙烯胶带，提高密封能力 |
| | ⑪圆柱工艺堵头和钢球堵头配合过松，产生泄漏 | ⑪钻出堵头，重新配打 |
| 电磁换向阀不换向，或换向时两个方向换向速度不一致，或电磁铁停留几分钟后再通电发信号，电磁铁不复位 | ①电磁铁质量差，焊接不牢或受振动进出线脱落。或控制电路发生故障，造成电磁铁不能通电，不能进行换向 | ①用电表检查不通电的原因和位置，重新焊接牢固，更换电子元器件 |
| | ②交流电磁铁的可动铁芯被导向板卡住，直流电磁铁衔铁与套筒之间有污物卡住或锈死，湿式电磁铁的衔铁与导磁套之间被污物卡住，导致电磁铁不能很好吸合，阀芯不能移动或移动不到位，造成换向故障 | ②查明可动铁芯被导向板卡住的具体原因，维修或更换可动铁芯或导向板，清洗污物，更换清洁清洗油 |
| | ③电磁铁为假冒伪劣产品，线圈匝数不够造成电磁铁吸力不够 | ③购买正规厂家的合格电磁铁 |
| | ④电磁铁进水或严重受潮 | ④更换电磁铁，采取防水、防潮措施 |
| | ⑤电压差错导致线圈烧坏 | ⑤注意电磁铁的电压值和电源电压的允许变动范围，选用正确电磁铁 |
| | ⑥电磁铁频率和电源频率不一致，或电磁铁接线出问题 | ⑥保证电磁铁频率和电源频率要一致，注意电磁铁的引线根数，按照正确接法接线，对三引线电磁铁，不使用的那根引线要进行绝缘处理，以免出事故 |
| | ⑦阀芯台肩、阀芯平衡槽锐边、阀体沉割槽锐角及阀体孔内的毛刺清除不干净或者根本就未清除 | ⑦用尼龙刷或振动法去毛刺 |
| | ⑧阀芯与阀体孔的圆度、圆柱度几何精度差，在高压工作时会产生液压卡紧力，使阀不能换向 | ⑧检查阀芯、阀体孔精度，保证阀芯与阀体孔的几何精度在 0.003～0.005mm 范围内 |

| 故障现象 | 故障原因 | 排除方法 |
|---|---|---|
| 电磁换向阀不换向，或换向时两个方向换向速度不一致，或电磁铁停留几分钟后再通电发信号，电磁铁不复位 | ⑨阀芯和阀体孔配合间隙很小，为 0.007～0.02mm，安装螺钉拧得过紧，导致阀体孔变形，阀芯卡死不能换向 | ⑨按生产厂家推荐的拧紧力矩，用力矩扳手拧紧螺钉 |
| | ⑩阀体孔与其端面不垂直，或者端面上粘有污物，电磁铁装上后，造成推杆歪斜别劲，阀芯运动阻力增大 | ⑩提高加工精度，保证端面垂直度满足规定要求，清洗端面污物 |
| | ⑪阀芯上的均压平衡槽加工时单边偏心或槽太浅，经磨削加工后磨去一半，不起均压作用，径向液压力不能抵消，工作中产生液压卡紧力，造成换向不良 | ⑪提高阀芯均压平衡槽加工精度，避免单边偏心，保证平衡槽深度满足使用要求 |
| | ⑫阀芯台肩尺寸与阀体孔沉割槽轴向尺寸不对，造成两端换向时阀开度与封油长度尺寸不对，导致两端换向速度不一致，或复位弹簧长度不一致，造成对中不良，导致换向速度不一致或不换向 | ⑫提高阀的加工精度，更换弹簧，保证其刚度和长度一致 |
| | ⑬阀芯外径与阀体孔配合间隙过小或过大，过小造成摩擦阻力增大而卡紧，过大产生液压卡紧 | ⑬提高加工精度，保证阀芯与阀体孔的配合间隙适宜 |
| | ⑭阀体铸件材质不好，温度升高后阀体孔变成椭圆形，卡死阀芯，造成阀芯运动不灵活 | ⑭阀体选用随温度变化变形小的材质 |
| | ⑮阀装配时，特别是修理后装配时清洗油不干净或元件清洗不良，污物进入阀芯与阀体孔配合间隙，卡住阀芯 | ⑮拆卸电磁换向阀，用清洁洗油进行清洗，去污物，然后装配 |
| | ⑯油液中细微粉末被电磁铁通电形成的磁场磁化，吸附在阀芯外圆表面或阀体孔内表面，引起阀芯卡紧 | ⑯加设磁性过滤器 |
| | ⑰系统运转过程中，空气中的尘埃污物进入液压油箱，带到电磁换向阀内 | ⑰油箱进行密封加空气滤清器，在系统使用过程中加强管理，避免尘埃进入油箱 |
| | ⑱水分进入阀内造成锈蚀 | ⑱除水，除锈 |
| | ⑲油液老化、劣化，产生油泥及其他污物 | ⑲清洗污物，更换清洁新油 |
| | ⑳复位弹簧疲劳、折断、漏装，或拆修后错装成刚度过大的弹簧，造成阀芯不能复位，电磁阀不能换向或换向不良 | ⑳更换或补装复位弹簧，如弹簧刚度过大，更换为刚度适宜的弹簧 |
| | ㉑电磁阀的背压过大，超过了电磁阀的额定背压值，电磁铁的推力不够，造成换向故障 | ㉑将电磁阀背压大小控制在额定背压值范围内 |
| | ㉒电磁阀的安装板或集成块未有泄油通道，导致泄油无处可走，阀芯两端困油使阀芯不能换向，或者泄油孔和回油孔相通，导致回油背压过高，电磁铁推不动阀芯换向 | ㉒泄油通道单独畅通地接通油箱 |
| | ㉓推杆使用过程中频繁换向撞击，推杆磨损变短，改变阀芯换向定位位置，导致换向阀换向不良 | ㉓更换推杆，增加推杆材质的硬度 |
| | ㉔湿式电磁铁使用前未先松开放气螺钉放气 | ㉔湿式电磁铁使用前先松开放气螺钉放气 |
| | ㉕固定螺母拧紧程度不一致，或螺钉未拧紧，或阀体上螺纹孔攻螺纹太浅而不能拧紧，造成阀芯换向不到位 | ㉕将固定螺母或螺钉拧紧且拧紧力一致，加深阀体上螺纹孔攻螺纹深度，保证拧紧长度足够 |

表 7-17 电磁换向阀的修理

| 项目 | 说明 |
|---|---|
| 阀芯 | 阀芯表面主要是磨损与拉伤，当磨损和拉伤较轻微时，可进行抛光处理。当磨损拉伤严重时，可将阀芯镀硬铬或刷镀修复。修复后的阀芯表面粗糙度 $Ra0.2\mu m$，圆度和圆柱度公差为 0.003mm |
| 阀体 | 阀体的主要修理部位是阀孔，修理方法可采用研磨或用金刚石铰刀精铰，修复后阀孔表面粗糙度为 $Ra0.4\mu m$，圆度和圆柱度为 0.003mm，阀芯与其配合间隙为 0.008～0.015mm |

| 项目 | 说明 |
|---|---|
| 推杆 | 推杆在使用过程中，表面可能会产生划伤而漏油，或由于推杆长度不当而引起交流电磁铁通电时发出噪声、引起换向不良等故障<br>当表面拉伤引起漏油时，可重新加工新件替换旧件；当推杆长度不当引起交流电磁铁发出噪声，适当磨短推杆；当推杆长度不当引起换向不良，进行推杆尺寸测量，当故障由推杆长度过短所致，适当加长推杆尺寸 |
| 电磁铁 | 电磁铁的修理主要是对可动铁芯与固定铁芯的去锈去污，用油石砂磨二者接触面，将凹凸不平处磨平，并擦干净，防止污物楔入，造成接触面气隙过大而引起电磁铁发出噪声和发热。如果发生电磁铁线圈烧坏，则应按线圈漆包线的线径和匝数重新绕制。电磁铁修理完毕后，用手摇动，应能感觉到可动铁芯移动灵活，无阻滞 |

### （五）液动换向阀的故障现象、原因与排除方法

液动换向阀的故障现象、原因与排除方法见表 7-18。

表 7-18　液动换向阀的故障现象、原因与排除方法

| 故障现象 | 故障原因 | 排除方法 |
|---|---|---|
| 不换向或换向不良 | ①推动阀芯移动的控制压力油的压力不够 | ①适当提高控制油的压力，压力为6.3MPa系列的液动换向阀的控制油压力范围为0.3～6.3MPa，32MPa系列的液动换向阀控制压力油压力范围为1～32MPa，液控压力不能低于最低值 |
| | ②控制油液压力足够大，但阀芯另一端控制油腔的回油由于污物堵塞，或开口量不够大，或回油背压大等，造成液动换向阀的阀芯无法移动或者移动不灵活，不能换向或者换向不良 | ②进行清洗使回油流畅，保证开口量足够大，降低回油背压力 |
| | ③复位弹簧折断 | ③更换复位弹簧 |
| | ④拆修时阀盖方向装错，导致控制油路无进油或回油不通，造成不能换向 | ④改正阀盖装配方向，使阀盖上的控制油口正对阀体端面上的控制油口 |
| 换向振动大，存在换向冲击 | 阀芯换向速度过快 | 在阀两端的控制油路上串联小型可调单向节流阀，或将换向阀阀芯台肩部位设计或加工成圆锥面或开三角节流槽，使压力变化缓慢，阀芯换向速度变慢 |

# 第三节　压力控制阀

在液压传动系统中，控制油液压力高低的液压阀称为压力控制阀，简称压力阀。压力控制功用是控制液压系统中的油液压力，以满足执行元件对输出力、输出转矩及运动状态的不同需求。这类阀的共同点是利用作用在阀芯上的液压力和弹簧力相平衡的原理工作的，调节弹簧的预压缩量（预调力）即可获得不同的控制压力。包括溢流阀及调压回路，顺序阀及顺序动作回路，减压阀与减压回路，压力继电器及其应用几部分内容。

## 一、压力控制阀及其应用

### （一）溢流阀的结构、原理、性能要求及应用

（1）溢流阀的结构及其工作原理

常用的溢流阀按其结构形式和基本动作方式可归结为直动式和先导式两种，其说明见表 7-19。

表 7-19　常用的溢流阀结构形式和基本动作方式

| 类别 | 说明 |
|---|---|
| 直动式溢流阀 | 直动式溢流阀是靠系统中的压力油直接作用在阀芯上与弹簧力相平衡，控制阀芯的启闭动作实现溢流。如图 7-26 所示为一低压直动式溢流阀。进油口 P 的压力油进入阀体，并经阻尼孔 a 进入阀芯 7 的下端油腔，当进油压力较小时，阀芯在弹簧 3 的作用下处于下端位置，将进油口 P 与油箱连通的出口 O 隔开，即不溢流。当进油压力升高，阀芯所受的压力油作用力 $pA$（$A$ 为阀芯 7 下端的有效面积）超过弹簧的作用力 $F_s$ 时，阀芯抬起，将油口 P 和 O 连通，使多余的油液排回油箱，即起溢流、定压作用。阻尼孔 a 的作用是减小油压的脉动，提高阀工作的平稳性。弹簧的压紧力可通过调整螺母 2 调节。<br>　　这种溢流阀因压力油直接作用在阀芯，故称为直动式溢流阀。特点是结构简单，反应灵敏。若用直动式溢流阀控制较高压力或较大流量时，需用刚度较大的硬弹簧，造成调节困难，油液压力和流量波动较大。直动式溢流阀一般只用于低压小流量系统或作为先导阀使用，而中、高压系统常采用先导式溢流阀<br>　　经改进发展，直动式溢流阀采取适当的措施也可用于高压大流量 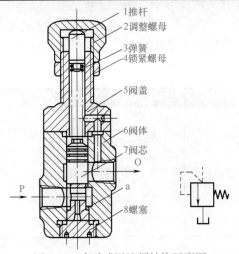<br>图 7-26　直动式溢流阀结构示意图 |
| 先导式溢流阀 | 先导式溢流阀的工作原理是通过压力油先作用在先导阀芯上与弹簧力相平衡，再作用在主阀芯上与弹簧力相平衡，实现控制主阀芯的启闭动作。如图 7-27 所示为先导式溢流阀，它由先导阀和主阀两部分组成。进油口 P 的压力油进入阀体，并经孔 f 进入阀芯下腔，同时经阻尼孔 e 进入阀芯上腔，而主阀芯上腔压力油由先导式溢流阀来调整并控制。当系统压力低于先导阀调定值时，先导阀关闭，阀内无油液流动，主阀芯上、下腔油压相等，因而它在主阀弹簧作用下使阀口关闭，阀不溢流。当进油口 P 的压力升高时，先导阀进油腔油压也升高，直至达到先导阀弹簧的调定压力时，先导阀被打开，主阀芯上腔油液经先导阀口及阀体上的孔道 a 经回油口 T 流回油箱，经孔 e 的油液因流动产生压降，使主阀芯两端产生压力差，当此压差大于主阀弹簧的作用力时，主阀芯抬起，实现溢流稳压。调节先导阀的手轮，便可调整溢流阀的工作压力<br>　　①结构特点分析。由于主阀芯开度是靠上下面压差形成的液压力与弹簧力相互作用来调节，所以主阀弹簧的刚度很小。这样阀的开口度随溢流量发生变化时，调定压力的波动很小。当更换先导阀的弹簧刚度不同时，便可得到不同的调压范围。在先导式溢流阀的主阀芯上腔另外开有一油口 K（称为远控口）与外界相通，不用时可用螺塞堵住，这时主阀芯上腔的油压只能由自身的先导阀来控制。但当用一油管将远控口 K 与其他压力控制阀相连时，主阀芯上腔的油压就可以由安装在别处的另一个压力阀控制，而不受自身的先导阀调控，从而实现溢流阀的远程控制，但此时，远控阀的调整压力要低于自身先导阀的调整压力。<br>　　②与直动式溢流阀的区别。阀的进口控制压力是通过先导阀芯和主阀芯两次比较得来的，故稳压性能好；因流经先导阀的流量很小，所以即使是高压阀，其弹簧刚度也不大，阀的调节性能得到很大改善；大量溢流流量经主阀阀口流回油箱，主阀弹簧只在阀口关闭时起复位作用，弹簧力很小，所以主阀弹簧刚度也很小；主阀芯的开启是利用液流流经阻尼孔而形成的压力差来实现的，由于阻尼孔是细长孔，所以易堵塞<br>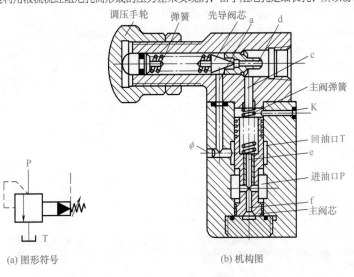<br>(a) 图形符号　　　　　　(b) 机构图<br>图 7-27　先导式溢流阀结构示意图 |

（2）溢流阀的主要性能要求、应用及调压回路

① 主要性能要求。额定压力和公称通径应满足系统的要求，调压范围要大，调压偏差和压力振摆要小，动作灵敏，过流能力大，压力损失小，噪声低，启闭特性好。

② 应用及调压回路。溢流阀在液压系统中能分别起到溢流稳压、安全保护、远程调压与多级调压，使泵卸荷以及使液压缸回油腔形成背压等多种作用（表 7-20）。

表 7-20　溢流阀应用及调压回路

| 类别 | 说明 | 图示 |
|------|------|------|
| 溢流稳压 | 如右图所示为系统采用定量泵供油，且其进油路或回油路上设置节流阀或调速阀，使液压泵输出的压力油一部分进入液压缸工作，而多余的油液须经溢流阀流回油箱，溢流阀处于其调定压力的常开状态。调节弹簧的压紧力，也就调节了系统的工作压力。因此，在这种情况下，溢流阀的作用即为溢流稳压 | 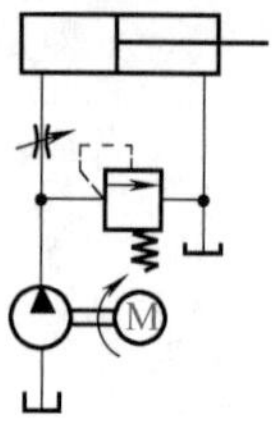 |
| 安全保护 | 如右图所示系统采用变量泵供油，液压泵供油量随负载大小自动调节至需要值，系统内没有多余的油液需要溢流，其工作压力由负载决定。溢流阀只有在过载时才打开，对系统起安全保护作用。故该系统中的溢流阀又称作安全阀，且系统正常工作时它是常闭的 | 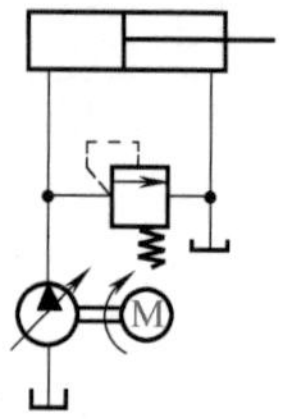 |
| 使泵卸荷 | 如右图所示，当电磁铁通电时，先导式溢流阀的远程控制口与油箱连通，相当于先导阀的调定值为零，此时其主阀芯在进口压力很低时即可迅速抬起，使泵卸荷，以减少能量损耗与泵的磨损 | 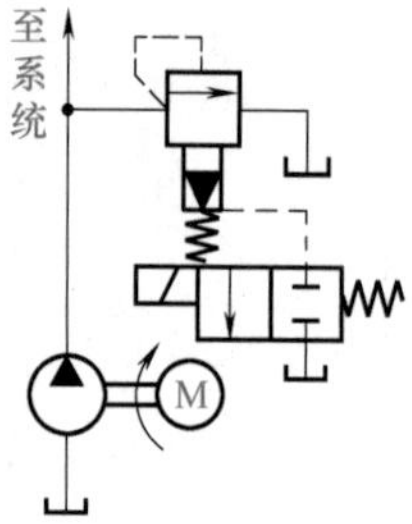 |
| 远程调压 | 如右图所示，当换向阀的电磁铁不通电时，其右位工作，先导式溢流阀的外控口与低压调压阀连通，当溢流阀主阀芯上腔的油压达到低压阀的调整压力时，主阀芯即可抬起溢流（其先导阀不再起调压作用），即实现远程调压 | 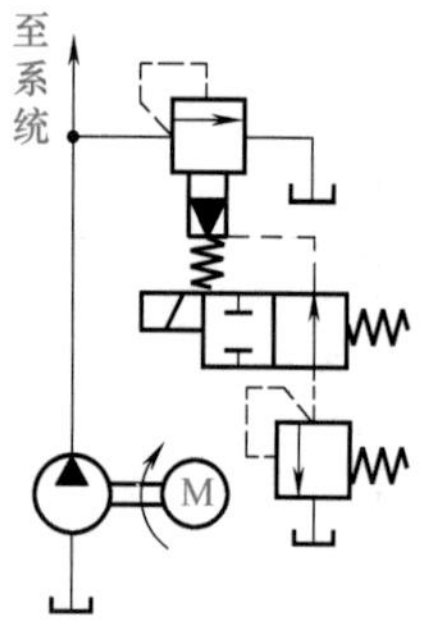 |
| 形成背压 | 将溢流阀设置在液压缸的回油路上，这样缸的回油腔只有达到溢流阀的调定压力时，回油路才与油箱连通，使缸的回油腔形成背压，从而避免了当负载突然减小时活塞的前冲现象，提高运动部件运动的平稳性 | |

| 类别 | 说明 | 图示 |
|---|---|---|
| 多级调压 | 如图7-28所示多级调压回路中，系统可实现四级压力控制。图7-28(a)中，先导式溢流阀1与溢流阀2、3、4的调定压力都不相同，且阀1调压最高。当系统工作时，若仅电磁铁1YA通电，则系统获得由阀1调定的最高工作压力；若仅1YA、2YA通电，则系统可得到由阀2调定的工作压力；若仅1YA、3YA通电，则系统可得到由阀3调定的工作压力；若仅1YA、4YA通电，则得到由阀4调定的工作压力；若1YA不通电，则阀1的外控口与油箱连通，使液压泵卸荷。这种多级调压及卸荷回路，除阀1以外的控制阀，由于通过的流量很小，因此可用小规格的阀，结构尺寸较小。又如图7-28（b）所示，阀1调压最高，且与溢流阀2、3、4的调定压力都不相同，只要控制电磁换向阀电磁铁的通电顺序，就可使系统得到相应的工作压力。这种调压回路的特点是，各阀均应与泵有相同的额定流量，其尺寸较大，因此只适用于流量小的系统 | |

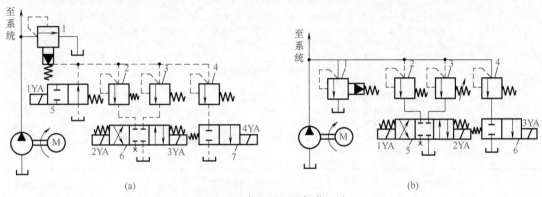

图 7-28　多级调压及卸荷回路

1—先导式溢流阀；2 ～ 4—溢流阀；5 ～ 7—换向阀

## （二）顺序阀的结构、原理、性能要求及应用

顺序阀利用油路中压力的变化控制阀口启闭，实现执行元件顺序动作。

顺序阀与溢流阀相同，也有直动式和先导式两类，从控制方式上可有内控式和外控式，从卸油形式上可有内泄式和外泄式。

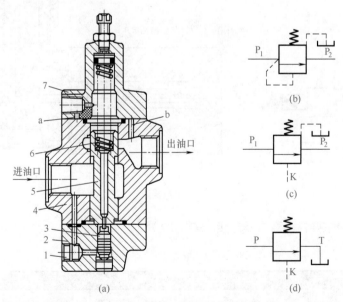

图 7-29　直动式顺序阀

1—螺塞；2—下阀盖；3—控制活塞；4—阀体；5—阀芯；6—弹簧；7—上阀盖

（1）顺序阀工作原理与结构

内控式顺序阀的工作原理与溢流阀很相似，区别在于：一是顺序阀的出油口不接油箱而是接后续的液压元件，因此泄油口要单独接回油箱；二是顺序阀阀口的封油长度大于溢流阀，所以在进口压力低于调定值时阀口全闭，达到调定值时阀口开启，进出油口接通，使后续元件动作。

顺序阀结构形式说明见表7-21。

表7-21 顺序阀结构形式说明

| 类别 | 说明 |
|---|---|
| 直动式顺序阀 | 如图7-29（a）所示为直动式顺序阀的结构图。它由阀体、阀芯、弹簧、控制活塞等零件组成。当其进油口的压力低于弹簧6的调定压力时，控制活塞3下端油液向上的推力小，阀芯5处于最下端位置，阀口关闭，油液不能通过顺序阀流出。当其进油口的压力达到弹簧6的调定压力时，阀芯5抬起，阀口开启，压力油便能通过顺序阀流出，使阀后的油路工作。利用其进油口压力控制的这种顺序阀，称为普通顺序阀（也称为内控式顺序阀），其图形符号如图7-29（b）所示。由于泄油口要单独接回油箱，这种连接方式称为外泄<br>若将下阀盖2相对于阀体转过90°或180°，将螺塞1拆下，在该处接控制油管并通入控制油，则阀的启闭便可由外供控制油控制。这时即成为液控顺序阀，其职能符号如图7-29（c）所示。若再将上阀盖7转过180°，使泄油口处的小孔a与阀体上的小孔b连通，将泄油口用螺塞封住，并使顺序阀的出油口与油箱连通，则顺序阀就成为卸荷阀，其泄油可由阀的出油口流回油箱，这种连接方式称为内泄。卸荷阀的图形符号如图7-29（d）所示 |
| 先导式顺序阀 | 如图7-30所示，先导式顺序阀的工作原理与溢流阀很相似，所不同的是二次油路即出口不接回油箱，泄油口L必须单独接回油箱。但这种顺序阀的缺点是外泄漏量过大。因先导阀是按顺序压力调整的，当执行元件达到顺序动作后，压力可能继续升高，将先导阀口开得很大，导致大量流量从导阀处外泄。故在小流量液压系统中不宜采用这种结构 |

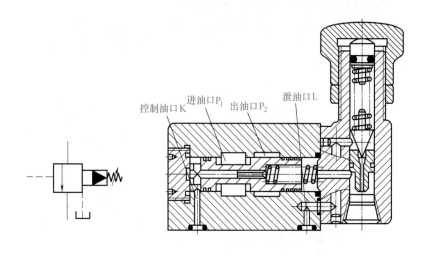

控制油口K　进油口P₁　出油口P₂　泄油口L

图7-30 先导式液控顺序阀

（2）顺序阀的主要性能要求及应用（表7-22）

表7-22 顺序阀的主要性能要求及应用

| 项目 | 说明 |
|---|---|
| 主要性能要求 | 顺序阀的主要性能要求与溢流阀特性基本相同，但还要求其顺序阀的调压精度高、偏差小；关闭时的内泄漏量小；对单向顺序阀要求正反向压力损失要小 |

| 项目 | 说明 |
|---|---|
| 顺序动作回路 | 如图 7-31 所示为顺序阀实现机床加工工件先定位后夹紧的顺序动作回路。当电磁阀由通电状态转到断电状态时，压力油分别进入定位缸和夹紧缸上腔，但夹紧缸此时不动作，定位缸活塞下移实现工件定位。同时，定位缸上腔压力升高，直到压力等于顺序阀调定压力时，顺序阀开启，夹紧缸开始动作。单向阀用以实现夹紧缸退回动作<br>顺序阀的调整压力应高于先动作的缸的正常工作压力，以保证动作顺序可靠。中压系统一般要为 $0.5 \sim 0.8$MPa<br>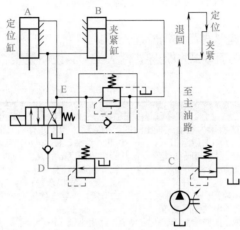<br>图 7-31　顺序动作回路 |
| 顺序阀的应用<br><br>用顺序阀控制的平衡回路 | 为防止立式液压缸的运动部件停止时因自重而下滑，或在液压缸下行时因负载力的方向与运动方向相同（负负载）而超速，运动不平稳，常采用平衡回路。即在其下行的回油路上设置一顺序阀，使其产生适当的阻力，以平衡运动部件的质量<br>如图 7-32（a）所示为采用单向顺序阀作平衡阀的回路。要求顺序阀的调定压力应稍大于工作部件的自重在液压缸下腔形成的压力。这样，当换向阀处于中位，液压缸不工作时，顺序阀关闭，工作部件不会自行下滑。当换向阀左位工作时，液压缸上腔通压力油，下腔的背压大于顺序阀的调定压力，顺序阀开启，活塞与运动部件下行，由于自重得到平衡，故不会产生超速现象。当换向阀右位工作时，压力油经单向阀进入液压缸下腔，缸上腔回油，活塞及工作部件上行。这种回路采用 M 型中位机能换向阀，可使液压缸停止工作，缸上下腔油被封闭，从而有助于锁紧工作部件，另外还可以使泵卸荷，以减少能耗。另外，由于下行时回油腔背压大，必须提高进油腔工作压力，所以功率损失较大。它主要用于工作部件质量不变，且质量较小的系统，如立式组合机床、插床和锻压机床的液压系统中皆有应用<br>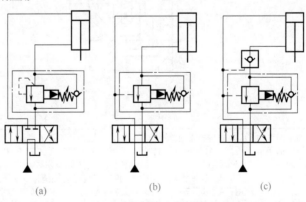<br>(a)　　　　　　　(b)　　　　　　　(c)<br>图 7-32　采用顺序阀的平衡回路<br>如图 7-32（b）所示为采用液控单向顺序阀作平衡阀的回路。它适用于工作部件的质量变化较大的场合，如起重机立式液压缸的油路。当换向阀右位工作时，压力油进入缸下腔，缸上腔回油，使活塞上升吊起重物。当换向阀处于中位时，缸上腔卸压，液控顺序阀关闭，缸下腔油被封闭，因而不论其质量大小，活塞及工作部件均能停止运动并被锁住。当换向阀左位工作时，压力油进入缸上腔，同时进入液控顺序阀的外控口，使顺序阀开启，液压缸下腔可顺利回油，于是活塞下行，放下重物。由于背压较小，因而功率损失较小。下行时，若速度过快，必然使缸上腔油压降低，顺序阀控制油压也降低，因而液控顺序阀在弹簧力的作用下关小阀口，使背压增加，阻止活塞下降，故也能保证工作安全可靠。但由于下行时液控顺序阀处于不稳定状态，其开口量有变化，故运动的平稳性较差 |

上两种平衡回路，由于顺序阀总有泄漏，故在长时间停止时，工作部件仍会有缓慢下移。为此，可在液压缸与顺序阀之间加一个液控单向阀，如图 7-32（c）所示，能减少泄漏影响。

### （三）减压阀的结构、原理、性能要求及应用

减压阀主要用于减小液压系统中某一支路的压力，并使其保持恒定，因其二次压力（出口压力）基本恒定，故称为定值减压阀。将减压阀与单向阀进行组合，还可以构成单向减压阀。

（1）减压阀结构形式及结构原理

减压阀也可分为直动式和先导式两大类，其说明见表 7-23。

表 7-23　减压阀结构形式及结构原理

| 类别 | 说明 |
| --- | --- |
| 直动式减压阀 | 如图 7-33 所示为直动式减压阀的结构原理，阀上开有的三个油口为：一次压力油口（进油口，下同）$P_1$、二次压力油口（出油口，下同）$P_2$ 和外泄油口 K。来自高压油路的一次压力油从 $P_1$ 腔，经阀芯（滑阀）3 的下端圆柱台肩与阀孔间形成常开阀口（开度 $x$），从二次油腔 $P_2$ 流向低压支路，同时通过流道 a 反馈在阀芯（滑阀）3 底部面积上产生一个向上的液压作用力，该力与调压弹簧的预调力相比较，当二次压力未达到阀的设定压力时，阀芯 3 处于最下端，阀口全开；当二次压力达到阀的设定压力时，阀芯 3 上移，开度 $x$ 减小实现减压，以维持二次压力恒定，不随一次压力变化而变化。由于二次油腔不接回油箱，故泄漏油口 L 必须单独接回油箱<br><br>直动式减压阀结构简单，反应灵敏，适用于低压场合，否则压力调整较困难<br><br>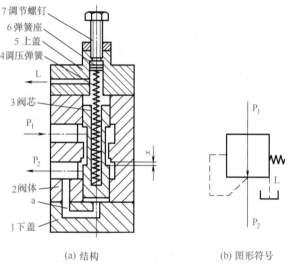<br><br>（a）结构　　　　（b）图形符号<br>图 7-33　直动式减压阀的结构原理 |
| 先导式减压阀（1） | 如图 7-34 所示为先导式减压阀的结构原理。它由先导阀（导阀芯 7 和调压弹簧 8）和主阀（主阀芯 2 和复位弹簧 4）两大部分构成。阀体 1 上开有两个主油口（入口 $P_1$ 和出口 $P_2$）和一个远程控制口 K（也称遥控口）、一个外泄油孔，主阀内设有阻尼孔 3，主阀与先导阀之间设有阻尼孔 5。主阀口常开，开度 $x$ 大小受控于先导阀。压力油从 $P_1$ 口进入，通过主阀口后经流道 a 进入主阀芯下腔，经阻尼孔 3 进入主阀芯上腔，同时作用在导阀芯 7 上。主阀芯上、下压力差与主阀弹簧力平衡，调节调压弹簧 8 便改变了主阀上腔压力，从而调节了二次压力。当二次压力未达到调压弹簧 8 的设定压力时，主阀芯 2 处在最下方，主阀口全开，即开度 $x$ 最大，整个阀不工作，二次压力几乎与一次压力相等；当二次压力升高到作用在导阀上的液压力而大于导阀调压弹簧 8 的预调力时，导阀打开，压力油就可通过阻尼孔 3，经导阀和油孔 L 流回油箱。由于阻尼孔 3 的作用，使主阀芯上端的液体压力小于下端。当这个压力差作用在主阀芯上的力超过主阀弹簧力、摩擦力和主阀芯自重时，主阀芯 2 上移，开度 $x$ 减小，以维持二次压力基本恒定。此时，整个阀处于工作状态，如果出口压力减小，则主阀芯 2 下移，开度 $x$ 增大，主阀口阻力减小，亦即压降减小，使二次压力回升到设定值上；反之，则主阀芯上移，主阀口开度 $x$ 减小，主阀口阻力增大，亦即压降增大，使二次压力下降到设定值上，用调压螺钉调节导阀弹簧的预紧力，就可调节减压阀的输出压力。阻尼孔 5 用以消除主阀芯的振动，提高其动作平稳性 |

| 类别 | 说明 |
|---|---|
| 先导式减压阀（1） | 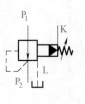<br><br>图 7-34　先导式减压阀的结构原理<br><br>先导式减压阀中的远程控制口 K 有两个作用：<br>①远程调压。即通过油管接到另一个远程调压阀（远程调压阀的结构和减压阀的先导控制部分一样），调节远程调压阀的弹簧力，即可调节减压阀主阀芯上端的液压力，从而对减压阀的二次压力实行远程调压，但是，远程调压阀所能调节的最高压力不得超过减压阀本身导阀的调整压力；<br>②多级减压。即通过电磁换向阀外接多个远程调压阀，便可实现多级减压<br>先导式减压阀的导阀芯前端的孔道结构尺寸一般都较小，调压弹簧不必很强，故压力调整比较轻便。但是先导式减压阀要导阀和主阀都动作后才能起减压控制作用，因此反应不如直动式减压阀灵敏 |
| 先导式减压阀（2） | 如图 7-35 所示为先导式减压阀（管式连接），阀体 6 上开有进油口 $P_1$ 和出油口 $P_2$，阀盖 5 上开有遥控口 K 和泄油口 L。减压阀稳态工作时，二次压力油进入主阀芯底部，并经阻尼孔 9 进入主阀弹簧腔，并进入先导阀芯 3 前腔，导阀上的液压力与调压弹簧 2 的设定力相平衡并使导阀开启，主阀芯上移，实现减压和稳压。调节调压手轮 1 即可改变调压弹簧的设定力，从而改变减压阀的二次压力设定值。导阀泄油通过外泄口 L 接回油箱；通过管路在外控油口 K 外接电磁换向阀和远程调压阀，可以实现多级减压。榆次中高压系列中的 JF 型先导式减压阀（压力达 32MPa）即为此种结构<br><br>图 7-35　主阀为滑阀的先导式减压阀 |

| 类别 | 说明 |
|---|---|
| 先导式减压阀（2） | 如图 7-36 所示为主阀为插装结构的先导式减压阀（板式连接），阀体上的 A、B、Y 分别为二次压力油口、一次压力油口和外泄油口。主阀芯 4 相对于阀套 3 上下移动。稳态工作时，二次压力油经阻尼孔 2、流道 6 进入导阀前腔，并经阻尼孔 9 进入主阀上腔，二次压力克服调压弹簧 12 弹簧力将导阀开启，先导油液经流道 14 和油口 Y 排回油箱，主阀芯 4 上移开启，实现减压与稳压。阻尼孔 9 用以提高平稳性，通过调节调压机构，即可改变二次压力的设定值。遥控口用于外接远程调压阀实现多级减压。力士乐（REXROTH）系列的 DR10 型先导式减压阀［通径 10mm（流量 80L/min、压力达 31.5MPa）］即为此种结构。对于这种先导式减压阀，制造厂通常备有可选的单向阀（通常装在阀体 A、B 孔之间的壁上），以满足液流从 A 到 B 的需要<br><br>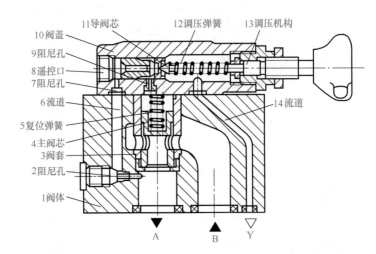<br>图 7-36 主阀为插装结构的先导式减压阀 |
| 单向减压阀 | 单向减压阀在液压系统中，正向流动（$P_1 \rightarrow P_2$）时起减压作用，反向流动（$P_2 \rightarrow P_1$）时起单向阀作用。它是在减压阀基础上通过增设单向阀组合而成的复合阀。例如图 7-35 所示的先导式减压阀加上可选的单向阀即可构成单向减压阀（图 7-37），其减压阀部分的结构与工作原理基本与图 7-35 的先导式减压阀相同。当压力油从出油口 $P_2$ 反向流入进油口 $P_1$ 时，单向阀开启，减压阀不起作用。我国的 JDF 型单向减压阀（压力达 32MPa）即为此种结构<br><br>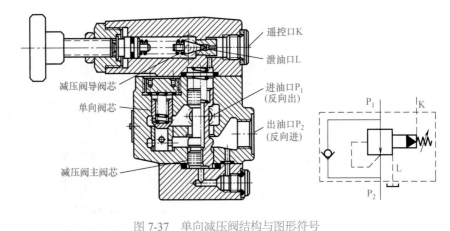<br>图 7-37 单向减压阀结构与图形符号 |

（2）减压回路

减压阀的减压回路的类型及说明见表 7-24。

表 7-24　减压阀的减压回路的类型及说明

| 类别 | 图示 | 说明 |
|------|------|------|
| 采用减压阀单级减压回路 | 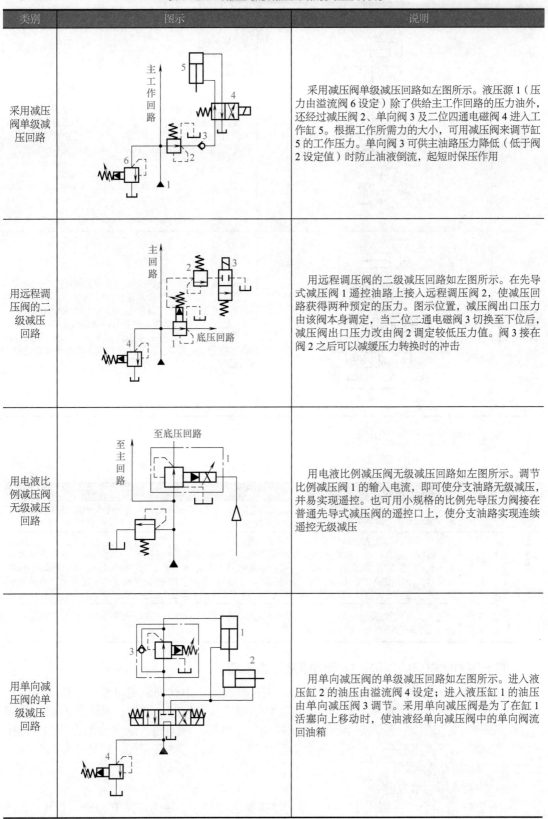 | 采用减压阀单级减压回路如左图所示。液压源 1（压力由溢流阀 6 设定）除了供给主工作回路的压力油外，还经过减压阀 2、单向阀 3 及二位四通电磁阀 4 进入工作缸 5。根据工作所需力的大小，可用减压阀来调节缸 5 的工作压力。单向阀 3 可供主油路压力降低（低于阀 2 设定值）时防止油液倒流，起短时保压作用 |
| 用远程调压阀的二级减压回路 | | 用远程调压阀的二级减压回路如左图所示。在先导式减压阀 1 遥控油路上接入远程调压阀 2，使减压回路获得两种预定的压力。图示位置，减压阀出口压力由该阀本身调定，当二位二通电磁阀 3 切换至下位后，减压阀出口压力改由阀 2 调定较低压力值。阀 3 接在阀 2 之后可以减缓压力转换时的冲击 |
| 用电液比例减压阀无级减压回路 | | 用电液比例减压阀无级减压回路如左图所示。调节比例减压阀 1 的输入电流，即可使分支油路无级减压，并易实现遥控。也可用小规格的比例先导压力阀接在普通先导式减压阀的遥控口上，使分支油路实现连续遥控无级减压 |
| 用单向减压阀的单级减压回路 | | 用单向减压阀的单级减压回路如左图所示。进入液压缸 2 的油压由溢流阀 4 设定；进入液压缸 1 的油压由单向减压阀 3 调节。采用单向减压阀是为了在缸 1 活塞向上移动时，使油液经单向减压阀中的单向阀流回油箱 |

| 类别 | 图示 | 说明 |
|---|---|---|
| 用阀的双向减压回路 | 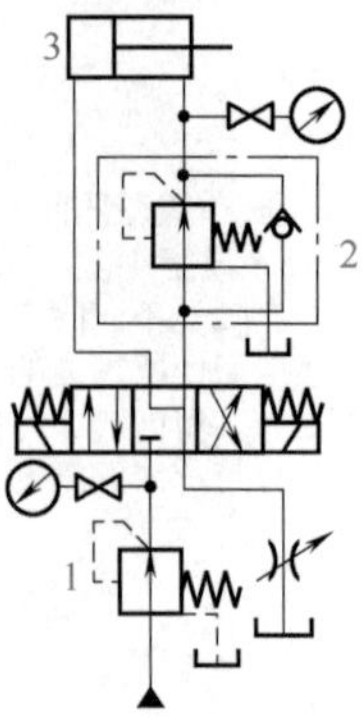 | 　　用阀的双向减压回路如左图所示。回路采用两只减压阀，液压缸 3 右移的压力由减压阀 1 调定；液压缸左移的压力由减压阀 2 调定。该回路适用于液压系统中需要低压的部分回路 |
| 减压阀并联的多级减压回路 | 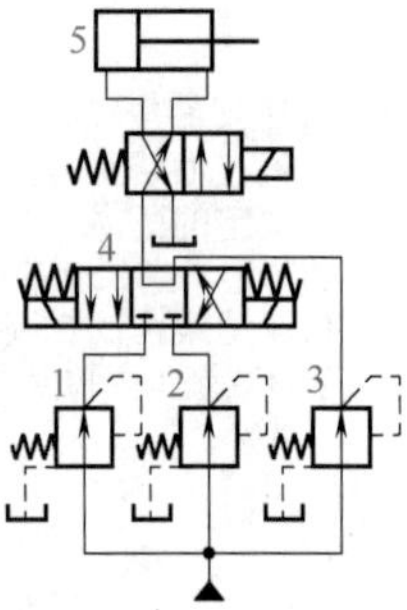 | 　　减压阀并联的多级减压回路如左图所示。三个不同设定压力的减压阀并联，通过三位四通电磁阀 4 进行转换，可使液压缸 5 得到不同压力。阀 4 分别处于中位、左位、右位时，供油分别经阀 3、阀 1、阀 2 减压。此种回路也可以是每个减压阀后接一个执行元件，而每个执行元件所需的工作压力由各路减压阀单独设定，执行元件间动作和压力互不干扰 |

（3）主要性能要求及应用场合（表 7-25）

表 7-25　主要性能要求及应用场合

| 项目 | | 说明 |
|---|---|---|
| 主要性能要求 | | 除了与溢流阀有类似特性外，还要求其减压稳定性要好，即入口压力变化引起的出口压力变化小，还要求通过阀的流量变化引起的出口压力变化小 |
| 应用场合 | 减压稳压 | 减压稳压是减压阀在液压系统中的主要用途。在需要低压的液压执行元件油路上串接定值减压阀组成的减压回路，通过减压阀的减压稳压作用，可保证该低压液压执行元件不受供油压力及其他因素的影响。例如在机床液压系统的夹紧油路或采用了液动或电液动换向阀的液压系统，可以主油路和夹紧油路或控制油路共用一个液压泵供油，主油路工作压力由溢流阀设定，通过在夹紧油路或控制油路设置减压阀给液动或电液动换向阀提供稳定可靠的夹紧压力或控制压力 |
| | 多级减压 | 利用先导式减压阀的遥控口外接远程调压阀，可以实现系统的二级、三级减压。通过在液压源处并接几个减压阀的也可以实现多级减压 |

### （四）压力继电器的结构、应用回路及注意事项

　　压力继电器是一种液 - 电信号转换元件。当控制油的压力达到调定值时，便触动电气开关发出电信号，控制电气元件（如电机、电磁铁、电磁离合器等）动作，实现泵的加载或卸载、执行元件顺序动作、系统安全保护和元件动作联锁等。任何压力继电器都由压力 - 位移转换装置和微动开关两部分组成。按前者的结构分为柱塞式、弹簧管式、膜片式和波纹管式 4 类，其中柱塞式最为常用。

　　（1）柱塞式压力继电器

　　如图 7-38 所示为单柱塞式压力继电器的结构原理和符号。压力油从 P 口进入作用在柱

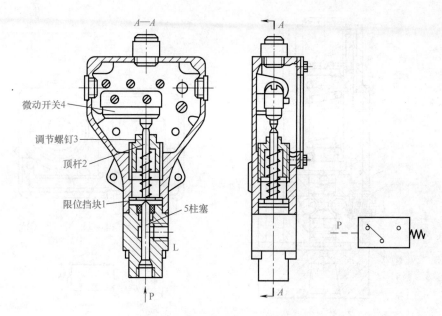

图 7-38　单柱塞压力继电器结构与符号

塞底部，若其压力已达到弹簧的调定值时，便克服弹簧阻力和柱塞摩擦力，推动柱塞上升，通过顶杆触动微动开关发出电信号。限位挡块可在压力超载时保护微动开关。

压力继电器的性能主要有以下两项。

① 调压范围。即发出电信号的最低和最高工作压力间的范围。拧动调节螺母，即可调整工作压力。

② 通断返回区间。压力继电器发出电信号时的压力称为开启压力，切断电信号时的压力称为闭合压力。开启时，柱塞、顶杆移动所受摩擦力方向与压力方向相反，闭合时则相同，故开启压力比闭合压力大。两者之差称为通断返回区间。通断返回区间应有足够的数值，否则压力波动时，压力继电器发出的电信号会时断时续。为此，有的产品在结构上可人为地调整摩擦力的大小，使通断返回区间的数值可调。

（2）薄膜式压力继电器

薄膜式（又称膜片式）压力继电器如图 7-39 所示。当控制油口 P 中的液压力达到调压弹簧 10 的调定值时，液压力通过薄膜 2 使柱塞 3 上移。柱塞 3 压缩调压弹簧 10 至弹簧座 9 达限位为止。同时，柱塞 3 锥面推动钢球 4 和 6 水平移动，钢球 4 使杠杆 1 绕销轴 12 转动，杠杆的另一端压下微动开关 14 的触点，发出电信号。调节螺钉 11 可调节弹簧 10 的预紧力，即可调节液压力。当油口 P 压力降低到一定值时，调压弹簧 10 通过钢球 8 将柱塞压下，钢球 6 靠钢球弹簧 5 的力使柱塞定位，微动开关触点的弹簧力使杠杆 1 和钢球 4 复位，电路切换。

当控制油压使柱塞 3 上移时，除克服调压弹簧 10 的弹簧力外，还需克服摩擦阻力；当控制油压降低时，调压弹簧 10 使柱塞 3 下移，摩擦力反向。所以当控制油压上升使压力继电器动作（此压力称开启压力或动作压力）之后，如控制压力稍有下降，压力继电器并不复位，而要在控制压力降低到闭合压力（或称复位压力）时才复位。调节螺钉 7 可调节柱塞 3 移动时的摩擦阻力，从而使压力继电器的启、闭压力差可在一定范围内改变。

薄膜式压力继电器的位移小，反应快，重复精度高，但不宜高压化，且易受控制压力波动的影响。我国的 DP-63 型压力继电器（最大调定压力为 6.3MPa）即为此种结构。

（3）弹簧管式压力继电器

如图 7-40 所示为弹簧管式压力继电器的结构。弹簧管 1 既是感压元件又是弹性元件。

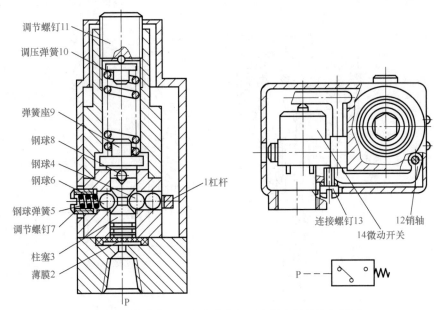

图 7-39　薄膜式（又称膜片式）压力继电器结构与符号

当从 P 口进入弹簧管 1 的油液压力升高、下降时，弹簧伸展或复原，与其相连的压板 4 产生位移，从而启、闭微动开关 2 的触点 3 发信号。

弹簧管式压力继电器的特点是调压范围大，启、闭压差小，重复精度高。博世力士乐公司 HED2 型压力继电器（最大调定压力为 40MPa）即为此种结构。

（4）波纹管式压力继电器

如图 7-41 所示为波纹管式压力继电器的结构。作用在波纹管组件 1 下方的油压通过芯杆推动绕铰轴 2 转动的杠杆 9。弹簧 7 的作用与液压力相平衡，通过杠杆上的微调螺钉 3 控制微动开关 8 的触点，发出电信号。

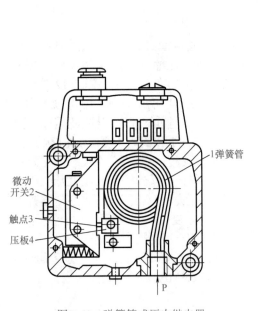

图 7-40　弹簧管式压力继电器

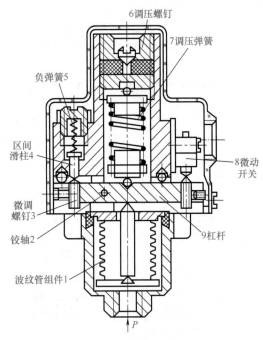

图 7-41　波纹管式压力继电器

由于杠杆有位移放大作用，芯杆的位移较小，因而重复精度较高。但因波纹管侧向耐压性能差，波纹管式压力继电器不宜用于高压系统。DP-（10、25、40）型压力继电器（最大调定压力为 10MPa、25MPa、40MPa）即为此种结构。

鉴于压力继电器的功能，要求压力继电器的灵敏度好，重复精度高。压力继电器产品技术参数见表 7-26。

表 7-26　压力继电器产品技术参数

| 型　号 | 通径 /mm | 调压范围 /MPa | 生产单位 |
|---|---|---|---|
| PF | 6，10，15 | 0.7 ~ 21 | 长江液压件厂 |
| HED1 | 6，10 | 5 ~ 31.5 | 北京液压件厂 |

（5）压力继电器的应用回路及注意事项（表 7-27）

表 7-27　压力继电器的应用回路及注意事项

| 项目 | 说明 |
|---|---|
| 液压泵的卸荷与加载 | 如图 7-42 所示为一用压力继电器的液压泵卸荷与加载的回路。当主换向阀（三位四通电磁换向阀）7 切换至左位时，定量液压泵 1 的压力油经单向阀 2 和阀 7 进入液压缸的无杆腔，液压缸向右运动并压紧工件。当进油压力升高至压力继电器 3 的设定值时，发出电信号使二位二通电磁换向阀 5 通电切换至上位，液压泵 1 即卸荷，单向阀 2 随即关闭，液压缸 8 由蓄能器 6 保压。当液压缸压力下降时，压力继电器复位使泵启动，重新加载。保压时间长短取决于蓄能器的容量和回路泄漏情况。调节压力继电器的工作区间，即可调节液压缸中压力的最大和最小值<br><br><br>图 7-42　用压力继电器的液压泵<br>卸荷与加载的回路　　　图 7-43　用压力继电器控制顺序<br>动作的回路 |
| 顺序动作回路 | 如图 7-43 所示为用压力继电器控制的双油路顺序动作的回路。当支路工作且压力达到设定值时，压力继电器 5 发出信号，操纵主油路电磁换向阀动作，主油路工作。当主油路压力低于支路压力时，单向阀 3 关闭，支路由蓄能器 4 补油并保压 |
| 执行元件换向 | 如图 7-44 所示为用压力继电器控制液压缸换向的回路。节流阀 5 设置在进油路上，用于调节液压缸 7 的工作进给速度，二位二通电磁换向阀 4 提供液压缸退回通路。二位四通电磁换向阀 3 为回路的主换向阀。在图示状态下，压力油经阀 3、阀 5 进入液压缸 7 的无杆腔，当液压缸右行碰上挡铁后，液压缸进油路压力升高，压力继电器 6 发信号，使电磁铁 1YA 断电，阀 3 切换至右位，电磁铁 2YA 通电，阀 4 切换至左位，液压缸快速返回 |

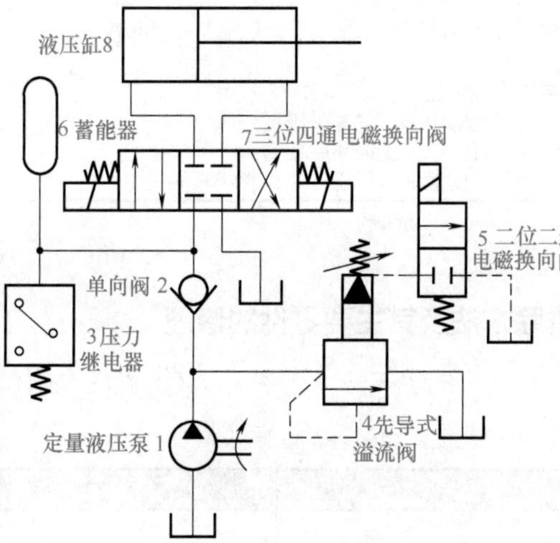

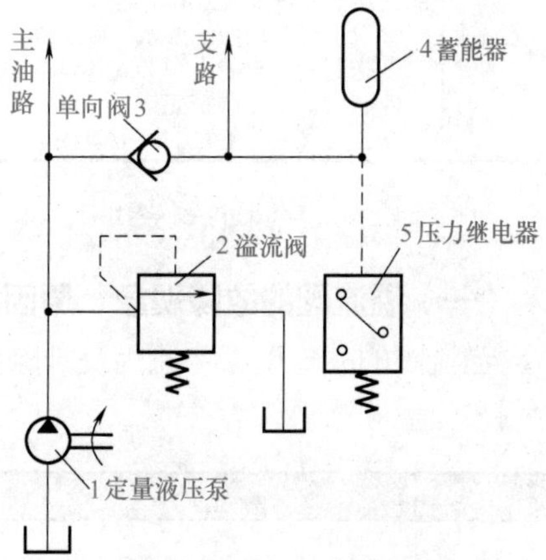

| 项目 | 说明 |
|---|---|
| 执行元件换向 | 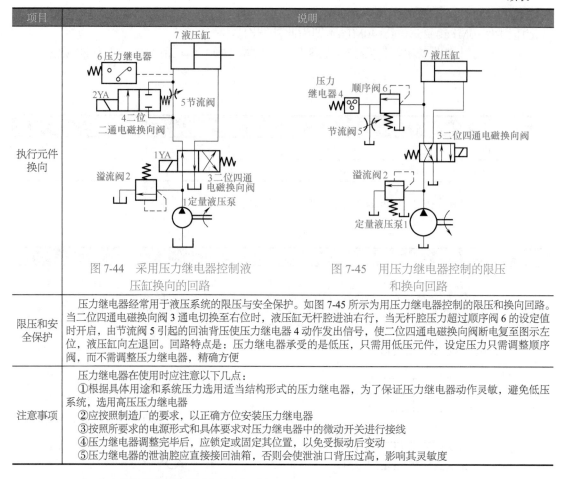 图7-44 采用压力继电器控制液压缸换向的回路　　图7-45 用压力继电器控制的限压和换向回路 |
| 限压和安全保护 | 压力继电器经常用于液压系统的限压和安全保护。如图7-45所示为用压力继电器控制的限压和换向回路。当二位四通电磁换向阀3通电切换至右位时，液压缸无杆腔进油右行，当无杆腔压力超过顺序阀6的设定值时开启，由节流阀5引起的回油背压使压力继电器4动作发出信号，使二位四通电磁换向阀断电复至图示左位，液压缸向左退回。回路特点是：压力继电器承受的是低压，只需用低压元件，设定压力只需调整顺序阀，而不需调整压力继电器，精确方便 |
| 注意事项 | 压力继电器在使用时应注意以下几点：<br>①根据具体用途和系统压力选用适当结构形式的压力继电器，为了保证压力继电器动作灵敏，避免低压系统，选用高压压力继电器<br>②应按照制造厂的要求，以正确方位安装压力继电器<br>③按照所要求的电源形式和具体要求对压力继电器中的微动开关进行接线<br>④压力继电器调整完毕后，应锁定或固定其位置，以免受振动后变动<br>⑤压力继电器的泄油腔应直接接回油箱，否则会使泄油口背压过高，影响其灵敏度 |

## 二、压力控制阀故障诊断与修理

### （一）溢流阀的故障现象、原因、排除方法及其主要零件的修理

溢流阀的故障现象、原因及排除方法及其主要零件的修理见表7-28及表7-29。

表7-28　溢流阀的故障现象、原因与排除方法

| 故障现象 | 故障原因 | 排除方法 |
|---|---|---|
| 压力上不去，达不到调定压力，溢流阀提前开启 | ①主阀芯与滑套配合间隙内有毛刺及污物，或主阀芯卡死在打开位置。如图（a）所示为Y型溢流阀，系统压力上不去。松开螺盖后，若发现阀芯端面未与A面平齐，多属这种情况，其他型号的溢流阀类似<br><br>A面　毛刺卡住　污物阻塞阻尼小孔e<br>(a) 主阀芯卡死位置 | ①拆卸清洗。用尼龙刷等清除主阀芯卸荷槽尖棱边的毛刺，保证阀芯与阀套配合间隙在0.008～0.015mm之间内灵活运动 |

| 故障现象 | 故障原因 | 排除方法 |
|---|---|---|
| 压力上不去，达不到调定压力，溢流阀提前开启 | ②主阀芯阻尼小孔内有污物堵塞，如图（b）所示。当主阀芯阻尼小孔内有污物堵塞时，油压传递不到主阀芯上腔和先导阀的前腔，先导流量几乎为零，压力上升很缓慢；完全堵塞时，就像压力很小的直动式阀，压力一点也上不去 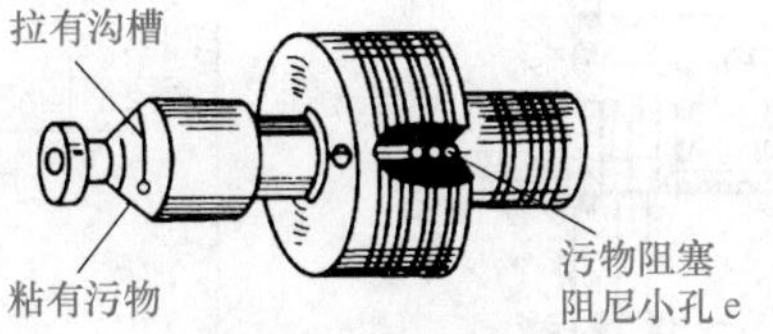<br><br>（b）污物阻塞阻尼小孔 | ②清洗主阀芯，并用φ0.8mm细钢丝通小孔，或用压缩空气吹通 |
| | ③主阀芯弹簧漏装或折断 | ③加装主阀芯弹簧或更换主阀芯平衡弹簧 |
| | ④先导阀（锥阀）与阀座之间有污物黏附，不能密合，如图（a）所示。这种情况下，主阀芯弹簧腔压力油通过先导阀连通油箱，使主阀芯打开，压力上不去 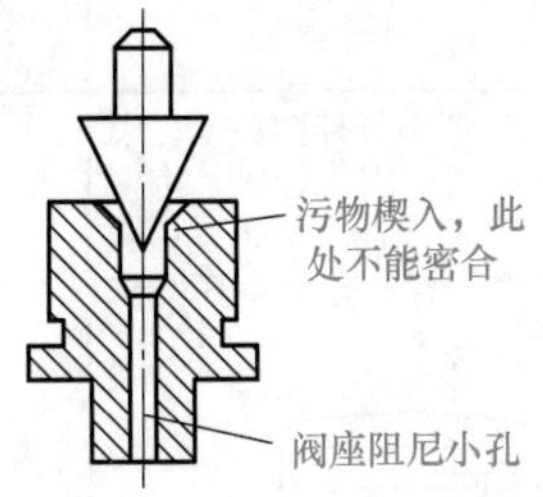<br><br>（a）污物卡在先导阀阀芯与阀座之间 | ④清洗先导阀 |
| | ⑤由于长时间的使用，先导阀（锥阀）与阀座之间密合处产生磨损；先导阀（锥阀）有拉伤、磨损环状凹坑或阀座成锯齿状甚至有缺口。如图（b）所示 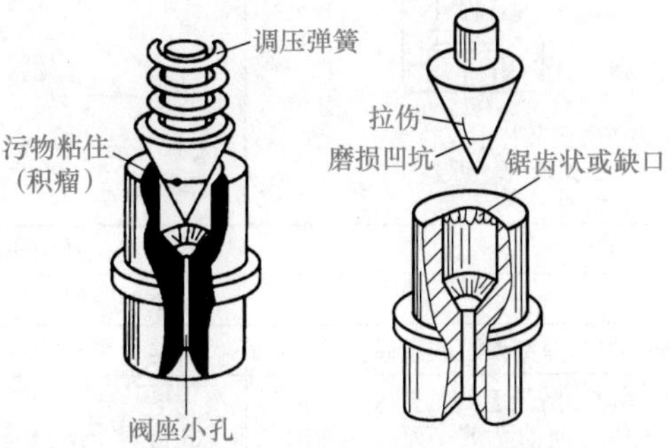<br><br>（b）先导锥阀与阀座小孔密合处产生严重磨损 | ⑤更换针形阀与阀座 |
| | ⑥调压弹簧失效 | ⑥更换失效弹簧 |
| | ⑦调压弹簧压缩量不够 | ⑦重调弹簧，并拧紧紧固螺母 |
| | ⑧远控口未堵住（对安装在多路阀内的溢流阀，若需要溢流阀卸荷，其远控口是由其他方向阀的阀杆移动堵住的） | ⑧查明原因，保证泵不卸荷，远控口与油箱之间堵死 |

| 故障现象 | 故障原因 | 排除方法 |
|---|---|---|
| | ①由于主阀芯与阀套配合间隙内卡有污物或主阀芯有毛刺，使主阀芯卡死在关闭位置上。如图所示为 Y 型溢流阀主阀芯卡死在关闭位置的示意图 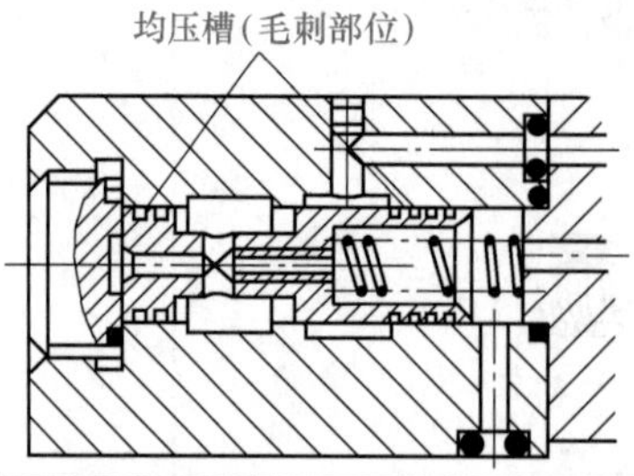<br><br>均压槽(毛刺部位)<br><br> | ①拆卸清洗，用尼龙刷等清除主阀芯卸荷槽尖棱边的毛刺；保证阀芯与阀套配合间隙在 0.008～0.015mm 之间灵活运动 |
| | ②先导阀阀座上的阻尼小孔被堵塞，油压传递不到锥阀上，先导阀就失去了对主阀压力的调节作用。阻尼小孔堵塞后，在任何压力下先导阀针阀都不会打开溢流阀，阀内始终无油液流动，那么主阀芯上下腔的压力便总是相等。由于主阀芯上端承压面积不管何种型号的阀（Y、YF、Y2、DB 型等）都大于下端的承压面积，加上弹簧力，所以主阀始终关闭，不会溢流，主阀压力随负载的增高而升高。当执行元件停止工作时，系统压力不但下不来，而且会无限升高，一直到元件或管路破坏为止 | ②拆开溢流阀，认真清洗先导阀阀座上的阻尼小孔，使其保持畅通 |
| | ③主阀芯液压卡紧 | ③恢复主阀精度，补卸荷槽；更换主阀芯 |
| 当进口压力超过调定压力时，溢流阀也不能开启 | ④调节杆与阀盖配合过紧，阀盖孔拉伤或者调节杆外圆拉毛，以及调节杆上 O 形密封圈因误差积累（如 O 形密封圈线径大，沟槽又加工得太浅太窄等）使得压缩余量很大，调节弹簧力不足以克服上述原因产生的摩擦力而使调节杆恢复正常位置，即仍卡在孔内（如图所示），弹簧仍呈强压缩状态，使压力下不来 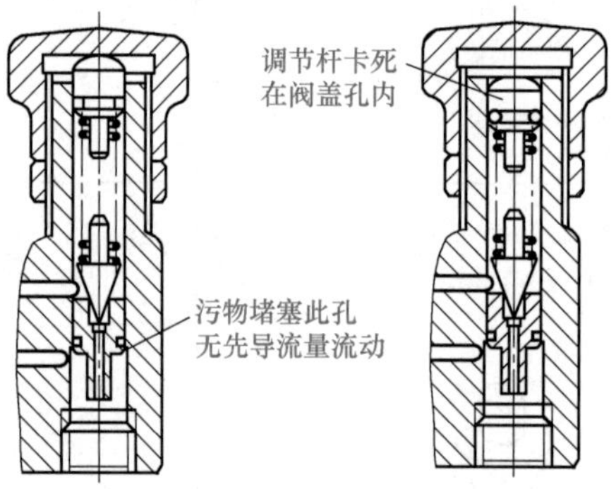<br><br><br>调节杆卡死在阀盖孔内<br>污物堵塞此孔无先导流量流动<br>(a)正常时手柄松开，调节杆弹出　(b)调节杆卡死，手柄虽松开，调节杆弹不出来 | ④查明调节杆不能弹出的原因，采取相对措施；如更换合格的 O 形密封圈，O 形密封圈安装槽沟应符合标准等 |
| | ⑤调压弹簧腔的泄油孔通道有污物堵塞 | ⑤清洗，并用压缩空气吹净 |
| | ⑥调压弹簧失效 | ⑥更换弹簧 |
| | ⑦主阀芯弹簧与调压弹簧装反或主阀芯弹簧误装成较硬弹簧 | ⑦检查更正重装 |
| | ⑧Y、YF 阀采用内泄式。Y 型阀阀体上的工艺阀销打入过深，封住了泄油通道；对 YF 阀，主阀芯上中心泄油孔被堵死。两种情况都是先导流量的回油被切断，无法回油箱，因而先导油液不流动。此时主阀芯上、下控制油腔压力相等，主阀关闭，压力下不来 | ⑧检查找出原因，针对具体情况采取相对措施 |
| | ⑨设计的阀安装板有错，使进出油口接反，Y1 型和 Y 型中溢流阀易发生这种情况。这两种阀安装尺寸、油口尺寸均相同，但进出油口刚好相反，如果搞错，用 Y1 型阀放在原来装 Y 型阀的位置上，进口变出口，主阀芯始终在阀座上，压力上不来。反之原来装的 Y1 型阀不能用 Y 型阀去顶替，否则压力也下不来 | ⑨检查阀的安装板是否有错，使进出油口接反。检查是否把 Y1 型阀放在原来装 Y 型阀的位置上或 Y 型阀放在原来装 Y1 型阀的位置上，如果有则应改正过来 |

| 故障现象 | 故障原因 | 排除方法 |
|---|---|---|
| 压力振摆大，噪声大 | ①主阀芯弹簧腔内积存空气 | ①使溢流阀在高压下开启低压开关反复数次 |
| | ②主阀芯与阀套间有污物，或主阀芯有毛刺、配合间隙过大、过小，使主阀芯移动不规则 | ②拆卸清洗；用尼龙刷等清除主阀芯卸荷槽尖棱边的毛刺；保证阀芯与阀套配合间隙在 0.008～0.015mm 之间内灵活运动 |
| | ③先导阀（针形）与阀座之间密合处产生磨损；针形阀有拉伤、磨损环状凹坑或阀座成锯齿状甚至有缺口 | ③更换针形阀与阀座 |
| | ④主阀芯阻尼孔时堵时通 | ④清洗，并酌情更换变质的液压油 |
| | ⑤主阀芯弹簧或调压弹簧失去弹性，使阀芯运动不规则 | ⑤检查更换 |
| | ⑥主阀芯弹簧与调压弹簧装反或主阀芯弹簧误装成较硬弹簧 | ⑥检查更正重装 |
| | ⑦二级同心的溢流阀同心度不够 | ⑦更换不合格产品 |
| | ⑧主阀阻尼孔尺寸偏大或阻尼长度太短，起不到抑制主阀芯来自会剧烈运动的阻尼减振作用。对 Y 型阀，阻尼是经过加工再敲入的，阻尼孔直径一般为 1.0～1.5mm，如实际尺寸大于此尺寸范围太多，就会产生压力波动 | ⑧对于 Y 型阀，应检查阻尼孔直径大小是否符合要求，如实际尺寸大于此尺寸范围太多，应采取措施修复 |
| | ⑨调压锁紧螺母未防松，锁紧螺母发生松动，因其所调压力振动 | ⑨检查并安装好锁紧螺母防松装置，防止其松动 |
| | ⑩回油管不合理，背压过大，或负载变化过大也会产生振动，带来压力波动大 | ⑩检查回油管的安装是否合理，减小其背压等 |

表 7-29　溢流阀及其主要零件的修理

| 项目 | 说明 |
|---|---|
| 先导阀的修理 | 溢流阀的先导阀多为锥阀，在使用过程中容易出现调压弹簧变形、折断，锥阀与阀座磨损，接触面不圆或有杂物卡滞等，使锥阀与阀座密封不严而开启，其结果是使主阀在低于额定压力时就打开溢流。对于磨损的阀芯可以用研磨方法修复，或者在专用机床上磨掉磨痕，然后再与阀座研磨；阀芯磨损严重时应予以更新。对于变形的弹簧应进行校正或更新。在有些压力控制阀上，有的功能阀的阀芯是以锥面与阀座配合的，这种阀由于在工作过程中油液压力波动而经常频繁启闭，阀芯与阀座的锥面接触处容易产生磨损，破坏阀的密封性，可分别采用研磨阀芯和阀座的圆锥面，消除磨损痕迹和达到要求的表面粗糙度（Ra 不大于 0.2μm），恢复锥面密封性。由于阀座往往就是阀体加工成形的或者是压镶的，研磨阀座时需制作专门的研具 |
| 先导针阀的修理 | 压力阀在使用过程中，针阀与阀座密合面的接触部位常磨损出凹坑和拉伤。用肉眼或借助放大镜观察可发现凹下的圆弧凹槽和拉伤的直槽，如图 7-46 所示。此时对于整体式淬火的针阀，可夹持其柄部在外圆磨床上磨修锥面（尖端也磨去一点）再用。对于氮化处理的针阀，因经磨修后，一般破坏了氮化层，应再次氮化和热处理。针阀修理时应杜绝一般维修人员容易犯的一个错误：将针阀夹在跳动较大的台钻主轴上手工砂磨，如图 7-46（b）所示。这种修理方法会导致针阀锥面失圆。装配后会引起各种故障<br><br>需要更换针阀时，可按图 7-47 所示的尺寸和技术要求进行磨削加工 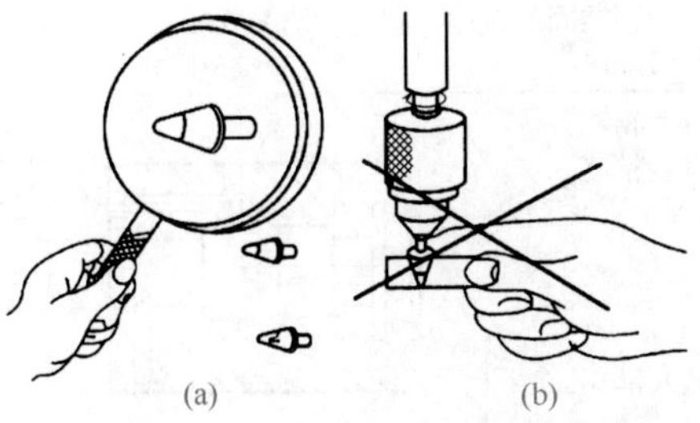<br><br><br>(a)　　　(b)<br>图 7-46　先导针阀 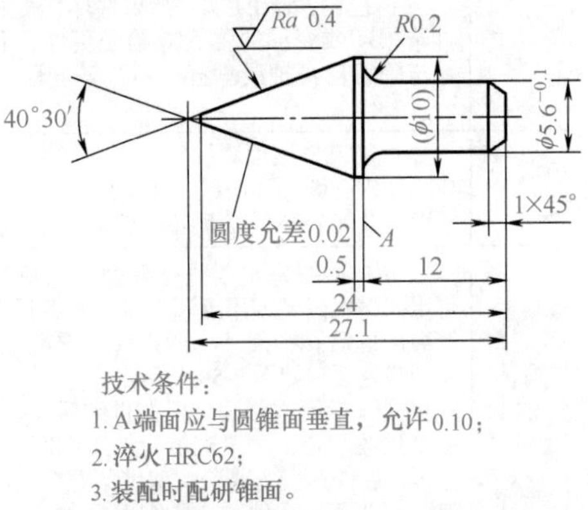<br><br><br>$\sqrt{Ra\ 0.4}$　R0.2<br>40°30′　（φ10）　φ5.6$^{-0.1}$<br>圆度允差0.02　A　1×45°<br>0.5　12<br>24<br>27.1<br>技术条件：<br>1. A端面应与圆锥面垂直，允许 0.10；<br>2. 淬火 HRC62；<br>3. 装配时配研锥面。<br>图 7-47　先导阀阀芯（针阀） |

| 项目 | 说 明 |
|---|---|
| 先导阀阀座与主阀阀座的修理 | 阀座与阀芯相配面在使用过程中会因压力波动及经常启闭产生撞击；另外由于气蚀，阀座与阀芯接触处容易磨损和拉伤，特别是当油液中有污物楔入阀芯与阀座相配面时，更容易拉伤锥面<br><br>如果磨损拉伤不是很严重，可不拆下阀座采用研磨的方法修复，研磨棒的研磨头部锥角与阀座相同（120°），或者用一夹套夹住针阀与阀座对研。如果磨损拉伤严重时，则可用中心钻（120°）钻刮从阀盖上卸下的先导阀阀座和从阀体上卸下的主阀阀座，将阀座上的缺陷和划痕清除干净，然后用120°研具仔细将阀座研磨光洁。对研具的粗糙度和几何精度应有较高要求。注意阀座卸下的方法，如图7-48所示，不正确的拆卸方法会破坏阀孔精度，同时必须注意，一般卸下的阀座破坏了阀座与原配孔的过盈配合，需重新做阀座。可参阅图7-49所示的技术要求，并适当增大相配面的尺寸，重新装配后阀座才不至于被冲出而造成压力上不去 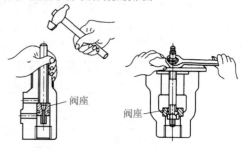<br>(a)拆卸先导阀阀座的方法    (b)拆卸主阀阀座的方法<br>图 7-48 拆卸阀<br><br>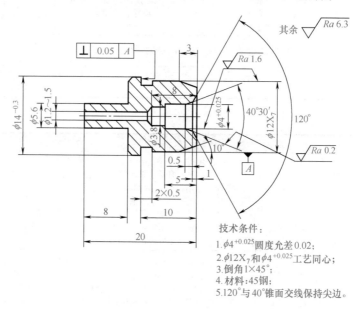<br>技术条件：<br>1. $\phi4^{+0.025}$圆度允差0.02；<br>2. $\phi12X_7$和$\phi4^{+0.025}$工艺同心；<br>3. 倒角$1\times45°$；<br>4. 材料：45钢；<br>5. 120°与40°锥面交线保持尖边。<br>图 7-49 Y型阀座示意图 |
| 弹簧的修理 | 压力控制阀中的弹簧容易损坏和变形，变形后的弹簧对阀的工作性能有很大影响，产生许多故障。对于损坏或变形的弹簧应给予更换，且除了在尺寸和性能上与原弹簧相同之外，还应将两端面磨平，并与弹簧自身轴线垂直。若弹簧变形不大，可以校正修复；弹性减弱后，可以用增加调整垫片的方法予以补偿 |
| 主阀芯的修理 | 主阀芯圆柱表面磨损后，必须采用电镀或刷镀，加工研磨至适当尺寸（依阀体内孔尺寸而定），最后再与阀体内孔圆柱面研配。研磨后的主阀芯各段圆柱面的圆度和圆柱度均为0.005mm，各段圆柱面之间的同轴度为0.003mm，表面粗糙度 $Ra$ 不得大于 $0.2\mu m$ |
| 主阀体、阀盖的修理 | 主阀体的修理主要是修复磨损和拉毛的主阀孔，可用研磨棒研磨或用可调金刚石铰刀铰孔修复精度，但经修理后孔径尺寸一般扩大，需重配阀芯，主阀孔的修复要求如图7-50所示<br><br>阀盖一般无需修理，但在拆卸后，打出阀座时破坏了过盈配合，一般应重新加工阀座，加大阀座外径再将新阀座压入阀盖，保证紧配合。在插入锥阀、弹簧、调节杆组件时，要倒着插入，以免产生锥阀不能正对阀座孔内而造成故障的情况 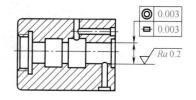<br>图 7-50 主阀孔修复示意图 |

## （二）顺序阀的故障现象、原因及排除方法

顺序阀的故障现象、原因及排除方法见表 7-30。

表 7-30　顺序阀的故障现象、原因与排除方法

| 故障现象 | 故障原因 | 排除方法 |
|---|---|---|
| 设定值不稳定，不能使执行元件顺序动作，或者顺序动作混乱。顺序阀是在液压系统中利用系统的压力来控制其他液压元件（如液压缸）动作的先后顺序的，当系统达到设定值（调压值）时，顺序阀开启，以实现自动控制。在用顺序阀控制的多缸（两个或两个以上液压缸）顺序动作的控制回路中，例如图 7-51 所示的回路，按要求实现对应的顺序动作，但如果顺序阀的设定不稳定，便不能实现正常的顺序动作，如出现诸如定位后不夹紧或先夹紧后再定位的顺序动作失控的现象 | ①主阀芯因污物或毛刺卡死在全开的位置，顺序阀变为通阀，此时如果在图 7-51 所示的回路中，当夹紧缸空行程的负载小于定位缸空行程的负载，则会出现先夹紧后定位的顺序动作颠倒的现象，并且出现进油腔 $P_1$ 的压力与出油腔 $P_2$ 的压力同时上升或同时下降的现象 | ①应拆开清洗去毛刺，使阀芯运动顺滑 |
| | ②顺序阀的主阀芯因污物或毛刺卡住，停留在关闭位置，即 $P_1$ 腔与 $P_2$ 腔不通，无油液从顺序阀的出口 $P_2$ 流出，造成后续液压缸无动作或者无顺序动作 | ②可拆开清洗和去除毛刺 |
| | ③检查 $XD_2F$ 与 $XD_3F$ 型（外部泄油型）的泄油口和 $XD_1F$ 与 $XD_4F$ 型（内部泄油型）的出油门是否直接接油箱，若不是直接接油箱应及时更正 | ③对 $XD_2F$ 与 $XD_3F$ 型（外部泄油型）的泄油口和 $XD_1F$ 与 $XD_4F$ 型（内部泄油型）的出油门，都应直接接油箱，否则若背压较大，则阀的动作就不稳定 |
| | ④对 XF 型顺序阀，如果泄油口错装成内部回油的形式，使调压弹簧腔的油液压力等于出油腔的油液压力，而阀芯上端面积大于控制活塞端面面积，则主阀芯在油液压力作用下使阀口关闭，顺序阀变为一个常闭阀，出油腔无油液流出，不能实现顺序动作 | ④检查 XF 型顺序阀，泄油口若错装成内部回油的形式，应及时更正 |
| | ⑤对于液控顺序阀（如 XY 型）和外控顺序阀（如 $X_3F$ 型），当控制油道被污物堵塞，或者控制活塞被污物、毛刺卡死，或者控制活塞外圆与孔配合过松，导致控制油泄漏，也会出现顺序阀设定值不稳定，从而导致不顺序动作的现象，如图 7-52 所示 | ⑤应检查液控顺序阀（如 XY 型）和外控顺序阀（如 $X_3F$ 型），是否出现控制油道被污物堵塞，或者控制活塞被污物、毛刺卡死，或者控制活塞外圆与孔配合过松等情况，导致控制油泄漏，此时可酌情予以处理 |
| | ⑥对 XF 型顺序阀，当下端盖装错方向，或控制油通道因其他原因（如污物）堵塞时，控制油液就不能进入控制活塞下腔，主阀芯在主阀上腔弹簧力的作用下使主阀芯关闭，出油腔（$P_2$）同样无流量输出，从而不能实现顺序动作 | ⑥应纠正上下端盖的方向，并清洗 |
| | ⑦当系统其他调压元件出现故障时（例如溢流阀故障），系统压力建立不起来，即不能达到顺序阀设定的工作压力，出油腔无油液流出，当然顺序阀就不能实现顺序动作 | ⑦应查明系统压力上不去的原因并排除 |
| | ⑧顺序阀主阀芯上的阻尼孔被堵塞。对 X 型阀，主阀芯打开成直通阀。对 XF 型阀，阻尼孔堵塞后，使从控制活塞泄到主阀芯下腔来的控制油，无法通过此阻尼孔而进入调压弹簧腔，再从泄油口流回油箱，时间一长，进油腔 $P_1$ 压力油通过阀芯环状间隙也漏往主阀芯下腔，作用在主阀芯下端面上。由于下端面面积大，当向上的作用力克服主阀芯上腔向下作用的弹簧力，主阀芯打开，也变成了一个常通阀，会出现 $P_1$ 腔的压力与 $P_2$ 腔的压力同时上升或下降，使动作顺序乱套 | ⑧应拆开清洗，必要时更换控制活塞 |

| 故障现象 | 故障原因 | 排除方法 |
|---|---|---|
| 当系统未达到顺序阀设定的工作压力时，压力油液却从二次口（$P_2$）流出 | ①主阀芯与阀孔配合间隙过大，或者因使用日久磨损造成间隙过大，而使一次侧 $P_1$ 的压力油泄往二次侧，使二次侧的压力升高，加上弹簧力，便有可能使顺序阀开启。此时虽然 $P_1$ 腔的压力未达到顺序阀的调节压力，二次侧也有油液流出 | ①可修复或更换主阀芯，并保证合理的装配间隙 |
| | ②其他原因产生的内泄漏。目前阀类元件多采用圆柱滑阀式阀，因为阀芯要在阀孔内移动，所以必然存在环状间隙，避免不了内泄漏。内泄漏会引起二次侧有油液输出，从而导致液压缸移动 | ②可采用主阀芯关闭时，二次侧与泄油连通，主阀芯开启时，二次侧与泄油段的特殊设计的阀补救；或者一次侧经常维持在远低于设定压力下使用，只是需要阀开启时才使压力升高 |
| 超过设定值时，顺序阀不打开 | ①控制活塞卡死不动 | ①检查控制活塞卡死的原因，采取措施修复 |
| | ②拆修重装时，控制活塞漏装，结果控制压力油由阀芯阻尼孔经泄油孔卸压，主阀芯在弹簧力作用下关闭，阀芯打不开；或者控制活塞虽未漏装，但装倒一头（小头朝上），大头下沉，堵住先导压力来油（图7-52），使先导压力控制油失去作用 | ②应认真检查，可根据实际情况，分别予以处理 |
| | ③主阀弹簧错装成硬弹簧 | ③重新装配合适的主阀弹簧 |
| 压力波动大，压力振摆大 | 一般 X-B 型低压顺序阀压力振摆允差为 ±0.2MPa，X 型中压顺序阀压力振摆允差为 ±0.3MPa，XF 型中高压顺序阀压力振摆允差为 ±0.5MPa，超过此标准为压力振摆大。压力振摆过大，同样会出现误动作或不顺序动作 | 由于顺序阀在结构原理上和溢流阀只有少许差异，故产生顺序阀压力振摆大的原因和排除方法可参考溢流阀相关部分进行 |

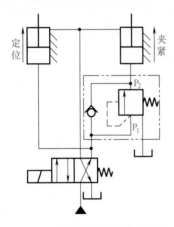

图 7-51　顺序阀的顺序动作回路

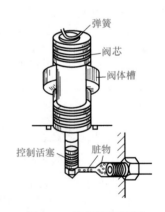

图 7-52　控制活塞装倒

### （三）减压阀的故障现象、原因与排除方法

减压阀的故障现象、原因与排除方法见表 7-31。

表 7-31　减压阀的故障现象、原因与排除方法

| 故障现象 | 故障原因 | 排除方法 |
|---|---|---|
| 出口压力几乎等于进口压力，不减压 | ①对 J 型减压阀，带阻尼孔的阻尼件是压入主阀芯内的，使用中有可能因过盈量不够而冲出。冲出后，使进油腔与出油腔压力相等（无阻尼），而阀芯上下受力面积相等，但出油腔有一弹簧，所以主阀芯总是处于最大开度的位置，使出口压力等于入口压力 | ①应重新加工外径稍大的阻尼件并重新压入主阀芯 |

| 故障现象 | 故障原因 | 排除方法 |
|---|---|---|
| | ②对 J 型管式阀，拆修时很容易将阀盖装错方向（90°或180°），使外泄油口堵死，无法排油，造成困油现象，使主阀顶在最大开度而不减压 | ②修理时将阀盖装配方向装对即可 |
| | ③JF 型减压阀，出厂时泄油孔是用油塞堵住的。当此油塞未拧出而使用时，使主阀芯上腔（弹簧腔）困油，导致主阀芯处于最大开度而不减压。J 型管式阀与此相同。J 型板阀如果设计安装板时未使 L 口连通油池也会出现此现象 | ③认真检查泄油孔是否还用油塞堵住，若堵住时，应及时把油塞去掉 |
| | ④对 JF 型减压阀，顶盖方向装错时，会使输出油孔与泄油孔相通，造成不减压 | ④修理时将阀顶盖装配方向装对即可 |
| 出口压力几乎等于进口压力，不减压 | ⑤因主阀芯上有毛刺或阀体孔沉割槽棱边上有毛刺；或者主阀芯与阀体孔之间的间隙里卡有污物；或者因主阀芯或阀孔形位公差超差，产生液压卡紧，将主阀芯卡死在最大开度（$Y_{max}$）的位置上，如图所示，由于开口大，油液不减压 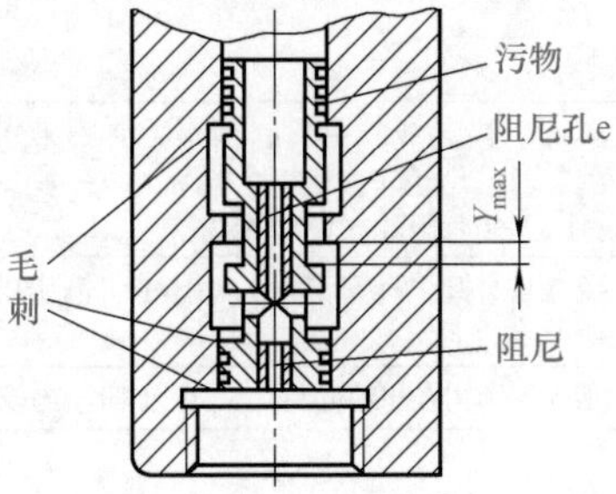<br><br> | ⑤可根据上述情况分别采取去毛刺、清洗和修复阀孔和阀芯精度的方法予以排除 |
| | ⑥主阀芯短阻尼孔或阀座孔堵塞，失去了自动调节机能，主阀弹簧将主阀推往最大开度，变成直通无阻，进口压力等于出口压力 | ⑥修复时可用 $\phi 1.0mm$，钢丝或用压缩空气吹通阻尼孔，并进行清洗再装配 |
| | ⑦因主阀芯与阀孔配合过紧，或装配时拉毛阀孔或阀芯，将阀芯卡死在最大开度位置上，此时可选配合理的间隙 | ⑦在配前可适当研磨阀孔，再配阀芯，对于 J 型减压阀配合间隙一般为 0.007～0.015mm |
| 出口压力很低，即使拧紧调压手轮，压力也升不起来 | ①先导阀（锥阀）与阀座配合面之间因污物滞留而接触不良，不密合；或先导锥阀有严重划伤，阀座配合孔失圆，有缺口，造成先导阀芯与阀座孔不密合，如图所示 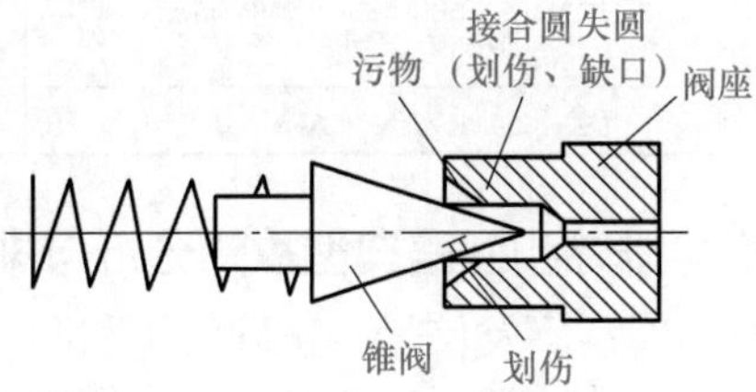<br><br> | ①认真检查先导阀（锥阀）与阀座配合情况，若有损伤酌情修复或更换，装配时要认真清洗 |
| | ②主阀芯上长阻尼孔被污物堵塞，如图所示，$P_2$ 腔的油液不能经长阻尼孔 e 流入主阀弹簧腔，出油腔 $P_2$ 反馈压力传递不到先导锥阀上，使导阀失去了对主阀出口压力的调节作用。阻尼孔堵塞后，主阀芯 $P_3$ 失去了油压 $P_3$ 的作用，使主阀变成一个弹簧力很弱（只有主阀平衡弹簧）的直动式滑阀，故在出油口压力很低时，便可克服平衡弹簧的作用力而使减压阀节流口关小为 $Y_{min}$，这样进油口 $P_1$ 压力经 $Y_{min}$ 节流口大幅度降压至 $P_2$ 压力，使出油口压力上来 | ②应使长阻尼孔通畅 |

| 故障现象 | 故障原因 | 排除方法 |
|---|---|---|
| 出口压力很低，即使拧紧调压手轮，压力也升不起来 | | |
| | ③拆修时，漏装锥阀或锥阀未安装在阀座孔内 | ③应检查锥阀的安装情况或密合情况 |
| | ④减压阀进出油口接反：对板式阀是安装板设计有错，对管式阀是接管错误 | ④用户使用时请注意阀上油口附近所打的钢印标记（$P_1$、$P_2$、L 等字样），或查阅液压元件产品目录，不可设计错和接错。J 型减压阀的进出油口跟 Y 型溢流阀的进出油口刚好相反 |
| | ⑤先导阀弹簧（调压弹簧）错装成软弹簧，或者因弹簧疲劳产生永久变形或者折断等原因，造成 $P_2$ 压力调不高，只要调到某一低的定值，此值远低于减压阀的最大调节压力 | ⑤应更换合适的先导阀弹簧（调压弹簧） |
| | ⑥进油口压力太低，经减压阀芯节流口后，从出油口输出的压力更低 | ⑥应查明进油口压力低的原因（例如溢流阀故障） |
| | ⑦主阀芯因污物、毛刺等卡死在小开度的位置上，使出口压力低 | ⑦可进行清洗与去毛刺 |
| | ⑧减压阀下游回路负载太小，压力建立不起来 | ⑧应考虑在减压阀下游串接节流阀来解决 |
| | ⑨阀盖与阀体之间的密封不良，严重漏油。产生原因可能是 O 形圈漏装或损伤，压紧螺钉未拧紧以及阀盖加工时出现端面平面度误差，一般是四周凸，中间凹 | ⑨应检查阀盖与阀体之间的密封情况，及时更换 O 形圈 |
| | ⑩调压手柄因螺纹拉伤或有效深度不够，不能拧到底，而使得压力不能调到最大 | ⑩检查调压手柄因螺纹是否拉伤或有效深度不够现象，根据实际情况修复或更换 |
| 不稳压，压力振摆大，有时噪声大（根据相关标准的规定，J 型减压阀压力振摆为 ±0.1MPa，JF 型为 ±0.3MPa，超过此标准为压力振摆大，不稳压） | ①减压阀在超过额定流量下使用时，往往会出现主阀振荡现象，使减压阀不稳压，此时出油口压力出现"升压降压 - 再升压 - 再降压"的循环 | ①换用适合型号规格的减压阀 |
| | ②弹簧变形或刚度不好（热处理不好），导致压力波动大 | ②可更换合格的弹簧 |
| | ③J 型与 JF 型减压阀为先导式，先导阀与溢流阀通用，所以产生压力振摆大的原因可参照溢流阀的有关部分 | ③排除方法可参照溢流阀的有关部分进行 |
| | ④泄油口 L 受的背压大，也会产生压力振摆大和不稳压的现象 | ④泄油管宜单独回油 |

## （四）压力继电器的故障分析与排除和回路典型故障分析与排除

压力继电器的故障主要是误发动作及不发信号，正确使用和调整大多可避免这类故障。

压力继电器的故障现象、原因与排除方法见表 7-32。压力继电器回路典型故障分析与排除见表 7-33。

表 7-32　压力继电器的故障现象、原因与排除方法

| 故障现象 | 故障原因 | 排除方法 |
|---|---|---|
| 压力继电器本身产生的误发信号或不发信号故障（以薄膜式压力继电器为例来分析） | ①橡胶隔膜破裂。薄膜式压力继电器是利用油液压力上升，使薄膜向上鼓起推动柱塞而工作的。当薄膜破裂时，压力油直接作用在柱塞上，会有油液从柱塞和中体孔的配合间隙泄漏出去，使其动作值和返回区间均有明显变化和出现不稳定现象，因而造成误发动作 | ①应及时更换新的薄膜 |

| 故障现象 | 故障原因 | 排除方法 |
|---|---|---|
| 压力继电器本身产生的误发信号或不发信号故障（以薄膜式压力继电器为例来分析） | ②微动开关不灵敏，复位性差。微动开关内的簧片弹力不够，触头压下后便弹不起来，或因灰尘粘住触头使微动开关信号不正常而误发动作信号 | ②应修理或更换微动开关 |
| | ③柱塞外圆上涂的二硫化钼润滑脂被洗掉，使柱塞移动不灵活而出现误动作 | ③在柱塞外圆上重涂二硫化钼润滑脂，保证柱塞移动的灵活性 |
| | ④因柱塞与中体（或框架）的配合不好，或因毛刺和不清洁，致使柱塞卡死，压力继电器不动作 | ④检查保证阀芯（柱塞）与中体孔的配合间隙为 0.007～0.015mm，毛刺要清除干净，装配时先清洗干净，再在表面涂二硫化钼（黑色）润滑。用户往往以为二硫化钼为污物而将其洗掉，这是不对的 |
| | ⑤微动开关定位不牢或未压紧。DP-63 型压力继电器的微动开关，原来仅靠一个螺钉压紧定位，不致前移，一个小螺钉顶微动开关背面，不致后移。后来在微动开关前后均加顶丝后，有所改进，但仍然刚性不足。因此，在接线、拆线时，螺丝刀加给微动开关上的力和维修外罩时碰撞扭电的力，均可能造成微动开关错位，致使动作值发生变化，即改变原来已调好的动作压力，而误发动作信号 | ⑤检查微动开关定位不牢情况及是否压紧，根据情况及时修复 |
| | ⑥对差动式压力继电器，因微动开关部分和泄油腔是用橡胶膜隔开的，当进油腔和泄油腔接反时，压力油便会冲破橡胶隔膜进入微动开关，从而损坏微动开关，产生误动作或不动作。另外，由于调压弹簧腔和泄油腔相通，调节螺钉处又无密封装置，因而在调节螺钉处会出现外漏现象，所以泄油口 L 与进油腔 P 不能接反（主要对管式），而且泄油口必须单独接回油箱 | ⑥对差动式压力继电器进行认真检查，若橡胶隔膜已经损坏，应及时更换 |
| | ⑦压力继电器的制造精度不好，例如杠杆在中体槽内别劲，弹簧座与上体之间的配合间隙太小，柱塞尺寸不对，以及压力继电器主副调节螺钉调得很松，杠杆起不到压下微动开关的作用，使压力继电器失灵等 | ⑦检查并更换高精度的压力继电器<br>对于柱塞式压力继电器误发信号或不发信号可参照上述薄膜式，除此之外还有以下几点：<br>a. 柱塞移动不灵活，有污物或毛刺卡住<br>b. 对 PF 型压力继电器，如泄油腔不直接接回油箱，而与系统回油共用一根管路，则泄油口可能存在背压过高而误发动作信号 |
| 其他原因产生的误发动作信号或不发信号 | ①因泵或其他阀（如溢流阀、减压阀等）的故障，系统压力建立不起来，或者存在较大的压力偏移现象，使压力继电器不发动作信号或误发动作信号 | ①应排除泵阀故障 |
| | ②液压缸中途卡住等意外情况导致压力继电器提前做转换（误发信号） | ②用行程阀或行程开关作信号转换元件要比用压力继电器更可靠，但有些回路因控制上的需要非选用压力继电器不可时，为防止在终点外误发信号，可在终点加电行程开关，使压力继电器在终点发出的信号才是有效的 |
| | ③由于压力继电器的泄油管路有堵塞现象，特别不应与大流量阀等元件的回油管共用一条管路，否则压力继电器会误发信号，或者不发信号 | ③检查压力继电器的泄油管路，一定要保证其畅通无阻 |
| | ④油路里的压力往往是波动的，当波动值太大，超过一定范围，即宽于压力继电器的通断调节区间值和返回区间值时，压力继电器可能误发信号 | ④应将压力继电器的返回区间适当调宽些 |
| | ⑤因液压缸严重内泄漏，使压力腔和回油腔串腔，工作腔压力上不去，而回油腔压力却上升，便有可能使进油节流方式的压力继电器（装在进口）不发信号，使回油节流方式的压力继电器误发信号；另外，泄漏会导致压力变化，也造成压力继电器误发动作信号或不发信号 | ⑤检查液压缸产生泄漏的原因，针对性采取措施 |

| 故障现象 | 故障原因 | 排除方法 |
|---|---|---|
| 其他原因产生的误发动作信号或不发信号 | ⑥液压系统在启动或速度换接时，产生压力冲击大，而使压力继电器误动作 | ⑥一般冲击压力是不可避免的，可在紧靠压力继电器进口的管路安设一固定阻尼，或者使压力继电器的发信号电路在冲击压力时处于开路状态 |
| | ⑦压力继电器弹簧折断 | ⑦更换新弹簧 |

表 7-33　压力继电器回路典型故障分析与排除

| 项目 | 说明 |
|---|---|
| 故障分析与排除实例 1 | 如图 7-53 所示回路为进口节流调速回路，如果压力继电器安装位置不对，则由于回路的原因，使压力继电器产生误动作故障。例如将压力继电器 5J 装在图中的 a 处，电磁换向阀 3 突然切换时，会产生液压冲击使压力继电器产生误动作；若装在图中 S 处，则因 S 处通油箱，压力不变且为零，无法产生压力变化使压力继电器发信号。只将压力继电器 5 装在单向节流阀 4 的后面（紧靠液压缸进口位置），换向阀 3 的压力冲击被单向节流阀 4 吸收，不会产生误动作，同时在工作过程中，工作压力 $p_1$ 时刻变化，为压力继电器 5 发信号创造了条件 |
| 故障分析与排除实例 2 | 如图 7-54 所示回路为回油节流调速回路，只能将压力继电器 5 安装在图中 C 处所示位置，压力继电器才能正确工作，而图中所示安装位置是不正确的。这是因为压力 $p_1$ 基本上等于压力 $p_p$，而压力 $p_p$ 为减压阀出口压力，保持定值。只有回路 C 处位置的压力 $p_2$ 是时刻变化的，而变化的压力才能使压力继电器动作，同时 C 处的背压较低，故适宜安装低压力继电器。如将压力继电器安装在其他位置，由于回路的原因，压力继电器会产生误动作故障 |
| 压力继电器的维修 | 压力继电器主要是阀芯外圆与配合孔磨损后需要修理，修理方法和基本要求基本上与其他阀类元件相同。阀芯（柱塞）修复后的要求是圆度和圆柱度误差不应超过 0.003mm，表面粗糙度为 $Ra0.2\mu m$；阀体孔的圆度和圆柱度要求为 0.003mm，表面粗糙度为 $Ra0.4\mu m$。二者配合间隙一般为 0.008～0.012mm |

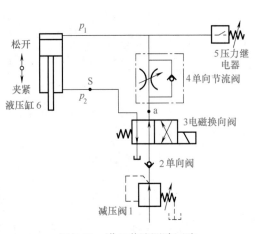

图 7-53　进口节流调速回路

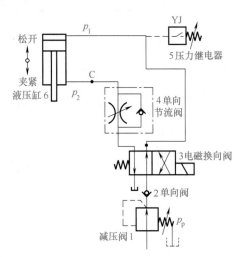

图 7-54　回油节流调速回路

# 第四节　流量控制阀

## 一、流量控制阀及其应用

### （一）流量阀的基本性能

流量控制阀的功能是控制液压系统的流量，以满足执行元件运动速度的调节和控制需要，流量控制阀包括节流阀、调速阀、溢流节流阀、分流集流阀等，其共同特点是通过改变阀口通流面积的大小或通道长短来改变液阻，控制阀的通过流量。

对流量阀的基本性能要求包括以下几种（表7-34）。

表7-34　流量阀的基本性能

| 性能要求 | 说明 |
|---|---|
| 流量调节范围 | 在规定的进、出口压差下，调节阀口开度能达到的最小稳定流量和最大流量之间的范围。最大流量与最小稳定流量之比一般在50以上 |
| 速度刚性 | 即流量阀的输出流量能保持稳定，不受外界负载变动的影响的性质，用速度刚性 $T = \partial P / \partial q$ 来表示。速度刚性 $T$ 越大越好 |
| 压力损失 | 流量控制阀是节流型阻力元件，工作时必须有一定的压力损失。为避免过大的功率损失，规定了通过额定流量时的压力损失一般为 0.4MPa 以下，高压时可至 0.8MPa |
| 调节的线性 | 在采用手轮调节时，要求动作轻便，调节力小。手轮的旋转角度与流量的变化率应尽可能均匀，调节的线性好 |
| 内泄流量 | 流量阀关闭时，从进油腔流到出油腔的泄漏量会影响阀的最小稳定流量，所以内泄漏量要尽可能小 |

此外，工作时油温的变化会影响黏度而使流量变动，因此常用对油温不敏感的薄壁节流口。

## （二）节流阀的结构、工作原理及应用

节流阀的基本功能就是在一定的阀口压差作用下，通过改变阀口的通流面积来调节其通过流量，因而可对液压执行元件进行调速。另外，节流阀实质上还是一个局部的可变液阻，因而还可利用它对系统进行加载。对节流阀的性能要求主要是：要有足够宽的流量调节范围，微量调节性能要好；流量要稳定，受温度变化的影响要小；要有足够的刚度；抗堵塞性好；节流损失要小。

任何一个流量控制阀都有一个起节流作用的阀口，通常称为节流口，其结构形式和几何参数对流量控制阀的工作性能起着决定性作用。节流口的结构形式很多，常用的见表7-35。

表7-35　常用节流口的结构图

| 阀口结构 | 结构简图 | 特点 |
|---|---|---|
| 圆柱滑阀阀口 | 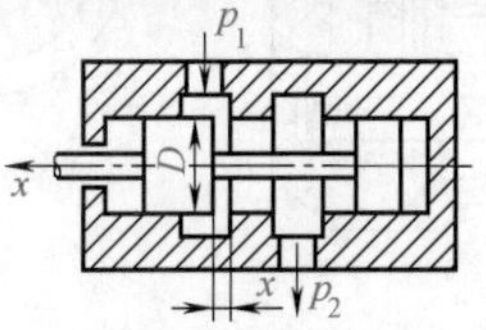 | 阀口的通流截面面积 $A$ 与阀芯轴向位移 $x$ 成正比，是比较理想的薄壁小孔；面积梯度大，灵敏度高。但流量的稳定性较差，不适于微调。一般应用较少 |
| 锥阀阀口 | 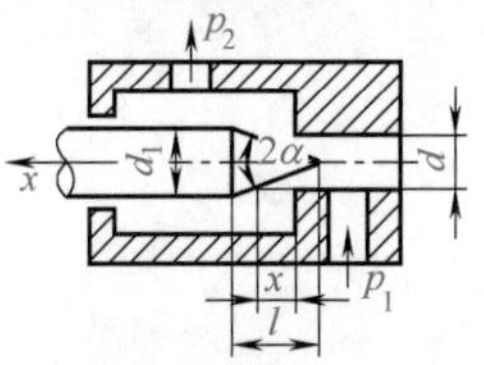 | 阀口的通流截面面积 $A$ 与阀芯的轴向位移 $x$ 近似成正比。阀口的距离较长，水力半径较小，在小流量时阀口易堵塞。但其阀芯所受径向液压力平衡，适用于高压节流阀 |
| 轴向三角形阀口 | 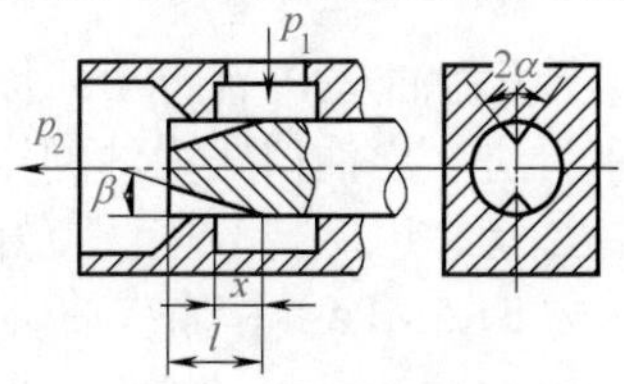 | 阀口的横断面一般为三角形或矩形，通常在阀芯上切两条对称斜槽，使其径向液压力平衡。这种阀口加工方便，水力半径较大，小流量时阀口不易堵塞，故应用较广 |

| 阀口结构 | 结构简图 | 特点 |
|---|---|---|
| 圆周三角槽阀口 | | 阀口的加工工艺性较好,但径向液压力不平衡,故不适用高压节流阀 |
| 圆周缝隙阀口 | | 加工工艺性较差,但可设计成接近薄壁小孔的结构,因而可以获得较小的最小稳定流量值。但其阀芯的径向液压力不能完全平衡,所以只适用于中低压节流阀 |
| 轴向缝隙阀口 | | 阀口开在套筒上,可以设计成很接近薄壁小孔的结构,阀口的流量受温度变化的影响较小,而且不易堵塞。它的缺点是结构比较复杂,缝隙在高压下易发生变形。它主要应用于对流量稳定性要求较高的中低压节流阀中 |

（1）普通节流阀的工作原理与基本结构

如图 7-55 所示是节流阀的结构及图形符号,该阀采用轴向三角槽式的节流口形式,主要由阀体 1、阀芯 2、推杆 3、调节手柄 4 和弹簧 5 等件组成。油液从进油口 $P_1$ 流入,经孔道 a、节流阀阀口、孔道 b,从出油口 $P_2$ 流出。调节手柄 4 借助推杆 3 可使阀芯 2 做轴向移动,改变节流口过流断面积的大小,达到调节流量的目的。阀芯 2 在弹簧 5 的推力作用下,始终紧靠在推杆 3 上。

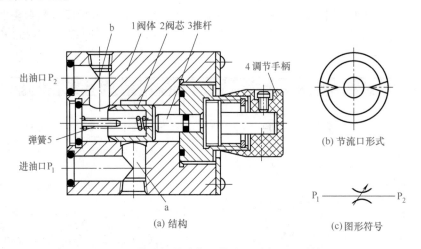

图 7-55 节流阀的结构、节流口形式及图形符号

（2）单向节流阀的工作原理与基本结构

如图 7-56 所示为滑阀压差式单向节流阀。当压力油从 $P_1$ 流向 $P_2$ 时,阀起节流阀作用,反向时起单向阀作用。阀芯 4 的下端和上端分别受进、出油口压力油的作用,在进出油口压差和复位弹簧 6 的作用下,阀芯紧压在调节螺钉 2 上,以保持原来调节好的节流口开度。国产联合设计系列中的 LA 型单向节流阀（公称压力 31.5MPa）和榆次油研系列中的 SCT 型单向节流阀即为此种结构。

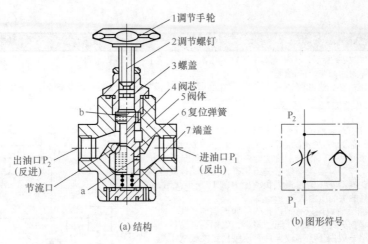

图 7-56 滑阀压差式单向节流阀

(a) 结构      (b) 图形符号

1调节手轮
2调节螺钉
3螺盖
4阀芯
5阀体
6复位弹簧
7端盖

出油口 $P_2$（反进）
节流口
进油口 $P_1$（反出）

如图 7-57 所示为可以直接安装在管路上的单向节流阀。节流口为轴向三角槽式结构，旋转调节套，可改变节流口通流面积的大小，实现流量调节。正向流动时（B→A）起节流阀作用，反向流动时（A→B）起单向阀作用，由于有部分油液可在环形缝隙中流动，可以清除节流口上的沉积物。阀芯左端有刻度槽，调节套上有刻度圈，以标志调节流量大小。该阀流量调节必须在无压力下进行。

（3）节流阀的应用（表 7-36）

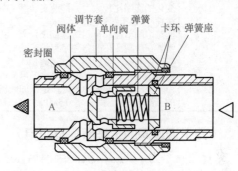

调节套   弹簧
阀体   单向阀   卡环 弹簧座
密封圈

图 7-57   可以直接安装在管路上的单向节流阀

表 7-36   节流阀的应用

| 项目 | 说明 |
|---|---|
| 节流调速回路 | 在定量泵供油系统中，用流量控制阀对执行元件的运动速度进行调节的回路。节流调速回路根据流量控制元件在回路中安放的位置不同，分为进油路节流调速、回油节流调速和旁路节流调速三种基本形式，回路结构简单，成本低，使用维护方便，但有节流损失，且流量损失较大，发热多，效率低，仅适用于小功率液压系统 |
| 进油路节流调速回路 | 如图 7-58 所示，将节流阀串联在液压泵和缸之间，用它来控制进入液压缸的流量，从而达到调速的目的，称为进油路节流调速回路。在这种回路中，定量泵输出的多余流量通过溢流阀流回油箱。由于溢流阀有溢流，泵的出口压力为溢流阀的调定压力并保持定值，这是进油节流调速回路能够正常工作的条件<br><br>图 7-58   进油路节流调速回路      图 7-59   回油路节流调速回路 |

| 项目 | 说明 |
|---|---|
| 回油路节流调速回路 | 如图 7-59 所示，将节流阀串联在液压缸的回油路上，借助节流阀控制液压缸的排油量来调节其运动速度，称为回油路节流调速回路<br><br>综上所述，进油路、回油路节流调速回路结构简单，价格低廉，但效率较低，只宜用在负载变化不大、低速、小功率场合，如某些机床的进给系统中 |
| 旁油路节流调速回路 | 把节流阀装在与液压缸并联的支路上，利用节流阀把液压泵供油的一部分排回油箱实现速度调节的回路，称为旁油路节流调速回路。如图 7-60 所示，在这个回路中，由于溢流功能由节流阀来完成，故正常工作时，溢流阀处于关闭状态，溢流阀作安全阀用，其调定压力是最大负载压力的 1.1～1.2 倍，液压泵的供油压力取决于负载<br><br>旁路节流调速只有节流损失，而无溢流损失，因而功率损失比前两种调速回路小，效率高。这种调速回路一般用于功率较大且对速度稳定性要求不高的场合。使用节流阀的节流调速回路，速度受负载变化的影响比较大，亦即速度负载特性比较软，变载荷下的运动平稳性比较差。为了克服这个缺点，回路中的节流阀可用调速阀来代替。由于调速阀本身能在负载变化的条件下保证节流阀进出油口间的压强差基本不变，因而使用调速阀后，节流调速回路的速度负载特性将得到改善，系统的低速稳定性、回路刚度、调速范围等，要比采用节流阀的节流调速回路都好，所以它在机床液压系统中获得广泛的应用。但所有性能上的改进都是以加大流量控制阀的工作压差，亦即增加泵的供油压力为代价的。调速阀的工作压差一般最小需 0.5MPa，高压调速阀需 1.0MPa 左右 |

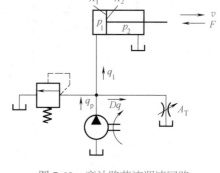

图 7-60　旁油路节流调速回路

### （三）调速阀的工作原理及应用

调速阀是为了克服节流阀因前后压差变化影响流量稳定的缺陷发展的一种流量阀。其主要性能要求是额定压力和公称通径应满足系统的要求；流量稳定性（即调定流量抗负载干扰能力）强，最小稳定流量小，流量调节范围大，反向压力损失小。

调速阀的优点是流量稳定性好，但由于液流通过调速阀时，多经过一个液阻，压力损失较大，常用于负载变化大而对速度控制精度又要求较高的定量泵供油节流调速液压系统中，可与溢流阀配合组成串联节流（进口节流、出口节流、进出口节流）和并联（旁路）节流调速回路或系统。

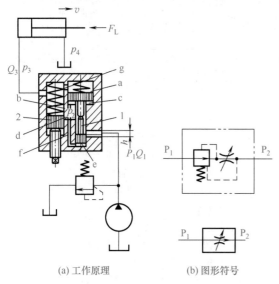

(a) 工作原理　　(b) 图形符号

图 7-61　调速阀的工作原理图及职能符号
1—阀芯；2—节流阀；a, c, d, e—油腔；b, f, g—孔道

（1）调速阀工作原理

如图 7-61（a）所示为调速阀的工作原理图。调速阀是由减压阀和普通节流阀串联成的组合阀。其工作原理是利用前面的减压阀保证后面节流阀的前后压差不随负载而变化，进而来保持速度稳定。当压力为 $p_1$ 的油液流入时，经宽度为 $h$ 的减压阀阀口后压力降为 $p_2$，并又分别经孔道 b 和 f 进入油腔 c 和 e。减压阀出口即 d 腔，同时也是节流阀 2 的入口。油液经节流阀后，压力由 $p_2$ 降为 $p_3$，压力为 $p_3$ 的油液一部分经调速阀的出口进入执行元件（液压缸），另一部分经孔道 g 进入减压阀芯 1 的上腔 a。调速阀稳定工作时，其减压阀芯 1 在 a 腔的弹簧力、压力为 $p_3$ 的油压力和 c、e 腔的压力为 $p_2$ 的油压力（不计液动力、摩擦力和重力）的作用

下，处在某个平衡位置上。当负载 $F_L$ 增加时，$p_3$ 增加，a 腔的液压力亦增加，阀芯下移至一新的平衡位置，阀口宽度 $h$ 增大，其减压能力降低，使压力为 $p_1$ 的入口油压减少一些，故 $p_2$ 值相对增加。所以，当 $p_3$ 增加时，$p_2$ 也增加，因而差值（$p_2-p_3$）基本保持不变；反之亦然。于是通过调速阀的流量不变，液压缸的速度稳定，不受负载变化的影响。

（2）调速阀的应用

容积调速回路可用变量泵供油，根据需要调节泵的输出流量，或应用变量液压马达，调节其每转排量以进行调速，也可以采用变量泵和变量液压马达联合调速。容积调速回路的主要优点是没有节流调速时通过溢流阀和节流阀的溢流功率损失和节流功率损失。所以发热少，效率高，适用于功率较大，并需要有一定调速范围的液压系统。容积调速回路按所用执行元件的不同，分为泵→缸式回路和泵→马达式回路。

容积调速回路见表 7-37。

表 7-37 容积调速回路

| 类别 | 说明 |
| --- | --- |
| 变量泵 - 液压缸容积调速回路 | 如图 7-62 所示的开式回路为由变量泵及液压缸组成的容积调速回路。改变回路中变量泵 1 的排量，即可调节液压缸中活塞的运动速度。单向阀 2 的作用是当泵停止工作时，防止液压缸里的油液向泵倒流和进入空气，系统正常工作时安全阀 3 不打开，该阀主要用于防止系统过载，背压阀 6 可使运动平稳。<br><br>由于变量泵径向力不平衡，当负载增加，压力升高时，其泄漏量增加，使活塞速度明显降低，因此活塞低速运动时，其承载能力受到限制。常用于拉床、插床、压力机及工程机械等大功率的液压系统中 |

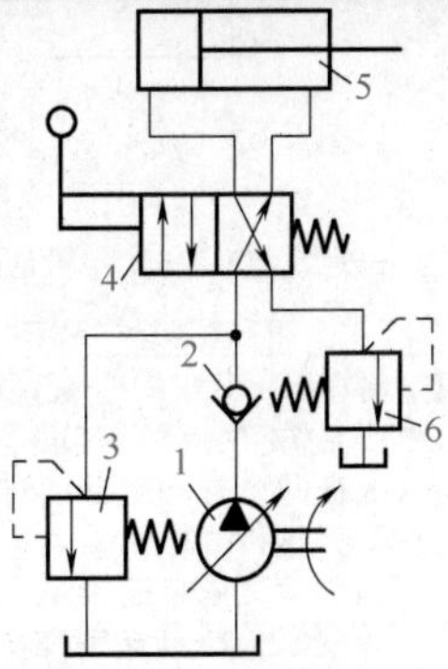

图 7-62　变量泵 - 液压缸容积调速回路
1—变量泵；2—单向阀；3—安全阀；
4—换向阀；5—液压缸；6—背压阀

| 类别 | 说明 |
| --- | --- |
| 变量泵 - 定量液压马达式容积调速回路 | 如图 7-63 所示为变量泵 - 定量液压马达调速回路。回路中压力管路上的安全阀 4，用以防止回路过载，低压管路上连接一个小流量的辅助油泵 1，以补偿泵 3 和液压马达 5 的泄漏，其供油压力由溢流阀 6 调定。辅助泵与溢流阀使低压管路始终保持一定压力，不仅改善了主泵的吸油条件，而且可置换部分发热油液，降低系统温升。在这种回路中，液压泵转速 $n_p$ 和液压马达排量 $V_M$ 都为恒值，改变液压泵排量 $V_p$，可使马达转速 $n_M$ 和输出功率 $P_M$ 随之成比例地变化。马达的输出转矩 $T_M$ 和回路的工作压力 $p$ 都由负载转矩来决定，不因调速而发生改变，所以这种回路常被称为恒转矩调速回路，回路特性曲线如图 7-64 所示。值得注意的是，在这种回路中，因泵和马达的泄漏量随负载的增加而增加，致使马达输出转速下降。该回路的调速范围 $R_c \approx 40$ |

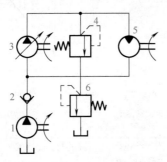

图 7-63　变量泵 - 定量液压马达容积调速回路
1—辅助油泵；2—单向阀；3—补偿泵；
4—安全阀；5—液压马达；6—溢流阀

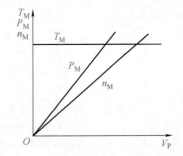

图 7-64　变量泵 - 定量液压马达容积调速回路工作特性曲线

| 类别 | 说明 |
|---|---|
| 定量泵 - 变量液压马达式容积调速回路 | 如图 7-65 所示为定量泵 - 变量液压马达式容积调速回路，定量泵 1 的排量 $V_p$ 不变，变量液压马达 2 的排量 $V_M$ 的大小可以调节，3 为安全阀，4 为补油泵，5 为补油泵的低压溢流阀。在这种回路中，液压泵转速 $n_p$ 和排量 $V_p$ 都是常值，改变液压马达排量 $V_M$ 时，马达输出转矩的变化与 $V_M$ 成正比，输出转速 $n_M$ 则与 $V_M$ 成反比。马达的输出功率 $P_M$ 和回路的工作压力 $p$ 都由负载功率决定，不因调速而发生变化，所以这种回路常被称为恒功率调速回路。回路的工作特性曲线如图 7-66 所示，该回路的优点是能在各种转速下保持很大输出功率不变，其缺点是调速范围小（$R_c \leqslant 3$），因此这种调速方法往往不能单独使用<br><br>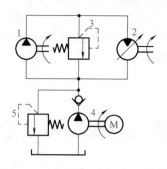 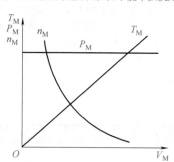<br>图 7-65　定量泵 - 变量液压马达<br>容积调速回路　　　图 7-66　定量泵 - 变量液压马达容积<br>调速回路工作特性曲线<br>1—定量泵；2—变量液压马达；3—安全阀；<br>4—补油泵；5—低压溢流阀 |
| 变量泵 - 变量液压马达式容积调速回路 | 如图 7-67 所示为双向变量泵和双向变量液压马达组成的容积式调速回路。回路中各元件对称布置，改变泵的供油方向，就可实现马达的正反向旋转，单向阀 4 和 5 用于辅助泵 3 双向补油，单向阀 6 和 7 使溢流阀 8 在两个方向上都能对回路起过载保护作用。一般机械要求低速时输出转矩大，高速时能输出较大的功率，这种回路恰好可以满足这一要求。第一阶段将变量液压马达的排量 $V_M$ 调到最大值并使之恒定，然后调节变量泵的排量 $V_p$ 从最小逐渐加大到最大值，则马达的转速 $n_M$ 便从最小逐渐升高到相应的最大值（变量液压马达的输出转矩 $T_M$ 不变，输出功率 $P_M$ 逐渐加大）。这一阶段相当于变量泵 - 定量液压马达的容积调速回路，为恒转矩调速。第二阶段将已调到最大值的变量泵的排量 $V_p$ 固定不变，然后调节变量液压马达的排量 $V_M$，之从最大逐渐调到最小，此时马达的转速 $n_M$ 便进一步逐渐升高到最高值（在此阶段中，马达的输出转矩 $T_M$ 逐渐减小，而输出功率 $P_M$ 不变）。这一阶段相当于定量泵 - 变量液压马达的容积调速回路，为恒功率调速。上述分段调速的特性曲线如图 7-68 所示。这种容积调速回路的调速范围大（可达 100），并且有较高的效率，它适用于大功率的场合，如矿山机械、起重机械以及大型机床的主运动液压系统<br><br>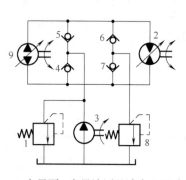 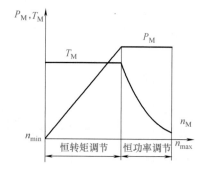<br>图 7-67　变量泵 - 变量液压马达容积调速回路　　　图 7-68　变量泵 - 变量液压马达容积<br>1，8—溢流阀；2—双向变量液压马达；3—辅助泵；　　　　调速回路工作特性曲线<br>4～7—单向阀；9—双向变量泵 |
| 容积节流调速回路 | 容积节流调速回路的基本工作原理是采用压力补偿式变量泵供油、调速阀（或节流阀）调节进入液压缸的流量并使泵的输出流量自动地与液压缸所需流量相适应<br>常用的容积节流调速回路有：限压式变量泵与调速阀等组成的容积节流调速回路；变压式变量泵与节流阀等组成的容积调速回路。如图 7-69 所示为限压式变量泵与调速阀组成的调速回路工作原理和工作特性图。在图示位置，活塞 4 快速向右运动，泵 1 按快速运动要求调节其输出流量 $q_{max}$，同时调节限压式变量泵的压力调节螺钉，使泵的限定压力 $p_c$ 大于快速运动所需压力［图 7-69（b）中 $AB$ 段］。当换向阀 3 通 |

| 类别 | 说明 |
|---|---|
| 容积节流调速回路 | 电，泵输出的压力油经调速阀 2 进入缸 4，其回油经背压阀 5 回油箱。调节调速阀 2 的流量 $q_1$ 就可调节活塞的运动速度 $v$，由于 $q_1 < q_p$，压力油迫使泵的出口与调速阀进口之间的油压升高，即泵的供油压力升高，泵的流量便自动减小到 $q_p \approx q_1$<br><br>这种调速回路的运动稳定性、速度负载特性、承载能力和调速范围均与采用调速阀的节流调速回路相同。如图 7-69（b）所示为其调速特性，由图可知，此回路只有节流损失而无溢流损失，具有效率较高、调速较稳定、结构较简单等优点。目前已广泛应用于负载变化不大的中、小功率组合机床的液压系统<br><br>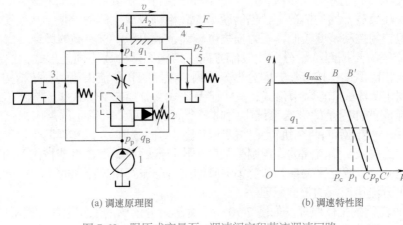<br>(a) 调速原理图　　(b) 调速特性图<br><br>图 7-69　限压式变量泵 - 调速阀容积节流调速回路<br>1—变量泵；2—调速阀；3—换向阀；4—缸；5—背压阀 |

## （3）调速回路的比较和选用

### ① 调速回路的比较（表 7-38）

表 7-38　调速回路的比较

| 主要性能 | | 节流调速回路 | | | | 容积调速回路 | 容积节流调速回路 | |
|---|---|---|---|---|---|---|---|---|
| | | 用节流阀 | | 用调速阀 | | | 限压式 | 稳流式 |
| | | 进回油 | 旁路 | 进回油 | 旁路 | | | |
| 力学特性 | 速度稳定性 | 较差 | 差 | 好 | | 较好 | 好 | |
| | 承载能力 | 较好 | 较差 | 好 | | 较好 | 好 | |
| 调速范围 | | 较大 | 小 | 较大 | | 大 | 较大 | |
| 功率特性 | 效率 | 低 | 较高 | 低 | 较高 | 最高 | 较高 | 高 |
| | 发热 | 大 | 较小 | 大 | 较小 | 最小 | 较小 | 小 |
| 适用范围 | | 小功率，轻载的中、低压系统 | | | | 大功率，重载，高速的中、高压系统 | 中、小功率的中压系统 | |

### ② 调速回路的选用（表 7-39）

表 7-39　调速回路的选用

| 选用要求 | 说明 |
|---|---|
| 执行机构的负载性质、运动速度、速度稳定性等要求 | 负载小，且工作中负载变化也小的系统可采用节流阀节流调速；在工作中负载变化较大且要求低速稳定性好的系统，宜采用调速阀的节流调速或容积节流调速；负载大、运动速度高、油的温升要求小的系统，宜采用容积调速回路<br>一般来说，功率在 3kW 以下的液压系统宜采用节流调速；3～5kW 范围宜采用容积节流调速；功率在 5kW 以上的宜采用容积调速回路 |
| 工作环境要求 | 处于温度较高的环境下工作，且要求整个液压装置体积小、重量轻的情况，宜采用闭式回路的容积调速 |

| 选用要求 | 说明 |
|---|---|
| 经济性要求 | 节流调速回路的成本低，功率损失大，效率也低；容积调速回路因变量泵、变量液压马达的结构较复杂，所以价钱高，但其效率高、功率损失小；而容积节流调速则介于两者之间。所以选用哪种回路需综合分析 |

### （四）分流集流阀的工作原理及应用

分流集流阀也称为同步阀，用于多个液压执行器需要同步运动的场合。它可以使多个液压执行器在负载不均的情况下，仍能获得大致相等或成比例的流量，从而实现执行器的同步运动。但它的控制精度较低，压力损失也较大，适用于要求不高的场合。

分流集流阀按照流量分配、液流方向、结构原理分成不同的形式，按流量分配情况分为等量式和比例式；按液流方向分为分流阀、集流阀和分流集流阀；按结构原理分为定节流式、可调定节流式和自调节流式，其中定节流式又分换向活塞式和挂钩阀芯式。

分流阀的作用是使液压系统中由同一个能源向两个执行元件供应相同的流量（等量分流），或按一定比例向两个执行元件供应流量（比例分流），以实现两个执行元件的速度保持同步或定比关系。集流阀的作用则是从两个执行元件收集等流量或按比例的回油量，以实现其间的速度同步或定比关系。分流集流阀则兼有分流阀和集流阀的功能。

（1）分流集流阀的工作原理

① 分流阀的工作原理。如图 7-70 所示为等量分流阀的工作原理。设进口油液压力为 $p_0$，流量为 $Q_0$，进入阀后分两路，分别通过两个面积相等的固定节流口 1、2，分别进入油室 a、b，然后由可变节流口 3、4 经出油口 Ⅰ 和 Ⅱ 通往两个执行元件。如果两执行元件的负载相等，则分流阀的出口压力 $p_3=p_4$，因为阀中两支流道的尺寸完全对称，所以输出流量亦对称，$Q_1=Q_2=Q_0/2$，且 $p_1=p_2$。当由于负载不对称而出现 $p_3 \neq p_4$，且设 $p_3 > p_4$ 时，阀芯来不及运动而处于中间位置，由于两支流道上的总阻力相同，必定使 $Q_1 < Q_2$，进而 $p_0-p_1 < p_0-p_2$，则使 $p_1 > p_2$。此时阀芯在不对称液压力的作用下左移，使可变节流口 3 增大，可变节流口 4 减小，从而使 $Q_1$ 增大，$Q_2$ 减小，直到 $Q_1 \approx Q_2$、$p_1 \approx p_2$ 为止，阀芯才在一个新的平衡位置上稳定下来，即输往两个执行元件的流量相等，当两执行元件尺寸完全相同时，运动速度将同步。

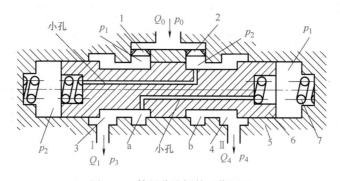

图 7-70 等量分流阀的工作原理

1，2—固定节流口；3，4—可变节流口；5—阀体；6—阀芯；7—弹簧；Ⅰ，Ⅱ—出油口

② 分流集流阀的结构和工作原理。分流集流阀是利用负载压力反馈的原理，来补偿因负载变化而引起流量变化的一种流量阀。但它不控制流量的大小，只控制流量的分配。如图 7-71 所示为 FJL 型活塞式分流集流阀的结构原理图。

当处于分流工况时，压力油 $p$ 使换向活塞分开，如图 7-72（a）所示。图中 P（O）为进油腔，A 和 B 是分流出口。当 A 腔与 B 腔负载压力相等时，通过变节流口反映到 a 室和 b 室的油液压力也相等，阀芯在对中弹簧作用下便处于中间位置，使左右两侧的变节流口开度相等。因 a、b 两室的油液压力相等，所以定节流孔 $F_A$ 和 $F_B$ 的前后压力差也相等，即 $\Delta p_{p_a} = \Delta p_{p_b}$，于是分流口 A 腔的流量等于分流口 B 腔的流量，即 $q_A = q_B$。

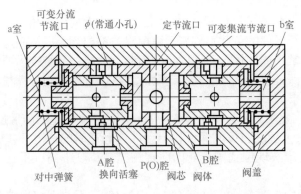

图 7-71　FJL 型活塞式分流集流阀的结构

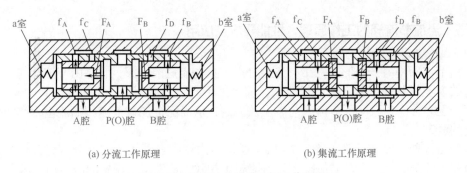

(a) 分流工作原理　　　　　　　　　　　(b) 集流工作原理

图 7-72　活塞式分流集流阀工作原理

　　当 A 腔和 B 腔负载压力发生变化时，若 $p_A > p_B$ 时，通过节流口反映到 a 室和 b 室的油液压力就不相等，则定节流孔 $F_A$ 的前后油液压差就小于定节流口 $F_B$ 的前后油液压差，即 $\Delta p_{p_a} < \Delta p_{p_b}$。因阀芯两端的承压面积相等，又 $p_a > p_b$，所以阀芯离开中间位置向右移动，阀芯移动后使左侧变节流口 $f_A$ 开大，右侧变节流口 $f_B$ 关小，使流经 B 的油液节流压降增加，使 b 室压力增高（B 腔负载压力不变）。直到 a、b 两室的油液压力相等，即 $p_a = p_b$ 时，阀芯才停止运动，阀芯在新的位置得到新的平衡。这时定节流口 $F_A$ 和 $F_B$ 的前后油液压差又相等，即 $\Delta p_{p_b} = \Delta p_{p_a}$，分流口 A 腔的流量又重新等于分流口 B 腔的流量，即 $q_A = q_B$。

　　如图 7-72（b）所示为换向活塞式分流集流阀集流工作状况的工作原理图。由两个执行元件排出的压力油 $p_A$ 与 $p_B$ 分别进入阀的集流口 A 和 B，然后集中于 P（O）腔流出，回到油箱。当 A 腔和 B 腔负载压力相等时，通过变节流口反映到 a 室和 b 室的油液压力也相等。阀芯在对中弹簧作用下处于中间位置，使左右两侧的变节流口开度相等，因 a、b 两室的油液压力相等，即 $p_a = p_b$，所以定节流孔 $F_A$ 和 $F_B$ 的前后油液压差又相等，$\Delta p_{p_a} = \Delta p_{p_b}$，集流口 A 腔的流量等于集流口 B 腔的流量，$q_A = q_B$。

　　当 A 腔和 B 腔负载压力发生变化时，若 $p_A > p_B$，通过节流口反映到 a 室和 b 室的油液压力就不相等，即 $p_a > p_b$。定节流孔 $F_A$ 的前后油液压差，就小于定节流口 $F_B$ 的前后油液压差，即 $\Delta p_{p_a} < \Delta p_{p_b}$，因阀芯两端的承压面积相等，又 $p_a > p_b$，所以阀芯离开中间位置向右移动，阀芯移动后使左侧变节流口 $f_C$ 关小，右侧变节流口 $f_D$ 开大。$f_C$ 关小的结果，使流经 $f_C$ 的油液节流压降增加，使 a 室压力降低，直到 a、b 两室的油液压力相等。即 $p_a=p_b$ 时，阀芯才停止运动，阀芯在新的位置得到新的平衡。这时定节流口 $F_A$ 和 $F_B$ 的前后油液压差又相等，即 $\Delta p_{p_A}=\Delta p_{p_b}$，集流口 A 腔的流量又重新等于集流口 B 腔的流量，即 $q_A=q_B$。

（2）分流集流阀的应用

分流集流阀用于多个液压执行元件驱动同一负载，而要求各执行元件同步的场合。由于两个或两个以上的执行元件的负载不均衡，摩擦阻力不相等，以及制造误差，内外泄漏量和压力损失不一致，经常不能使执行元件同步，因此，在这些系统中需要采取同步措施，来消除或克服这些影响。保证执行元件的同步运动时，可以考虑采用分流集流阀，但选用时应注意同步精度应满足要求。

分流集流阀在动态时（阀芯移动过程中），两侧定节流孔的前后压差不相等，即 A 腔流量不等于 B 腔流量，所以它只能保证执行元件在静态时的速度同步，而在动态时，既不能保证速度同步，更难实现位置同步。因此它的控制精度不高，不宜用在负载变动频繁的系统。

分流集流阀的压力损失较大，通常在 1 ～ 12MPa，因此系统发热量较大。自调节流式或可调节流式同步阀的同步精度及同步精度的稳定性都较固定节流式的高，但压力损失也较后者大。

### （五）溢流节流阀的工作原理、性能要求及应用

（1）工作原理

溢流节流阀是另一种形式的带有压力补偿装置的流量控制阀，它是由节流阀与一个起稳压作用的溢流阀并联组合而成的复合阀，前者用于调节通流面积，从而调节阀的通过流量，后者用于压力补偿，以保证节流阀前后压差恒定，从而保证通过节流阀的流量，亦即执行元件速度的恒定。

溢流节流阀的结构原理如图 7-73（a）所示，由图中点画线所围部分可见，整个溢流节流阀有三个外接油口。定差溢流阀 3 与节流阀 4 并联，从液压泵输出的压力油（压力为 $p_1$），

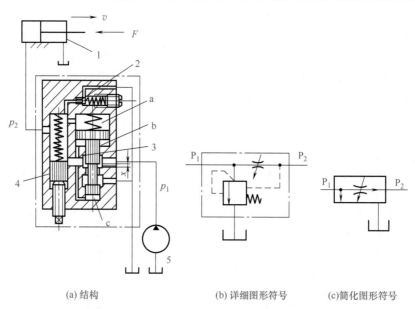

(a) 结构　　　　　　　(b) 详细图形符号　　　(c)简化图形符号

图 7-73　溢流节流阀的原理

1—液压缸；2—先导压力阀；3—定差溢流阀；4—节流阀；5—液压泵

一部分经节流阀 4 后，压力降为 $p_2$，通过出口进入液压缸 1 推动负载以速度 $v$ 运动；另一部分经溢流阀 3 的阀口 x 溢回油箱。节流阀口两端压力 $p_1$ 和 $p_2$ 分别引到溢流阀阀芯的环形腔 b、下腔 c 和上腔 a，与作用在阀芯上的弹簧力相平衡。当负载压力 $p_2$ 变化时，作为压力补偿器的定差溢流阀，自动调节阀口 x，使进口压力 $p_1$ 相应变化，保持节流阀口的工作压差 $\Delta p = p_1 - p_2$ 基本不变，从而使通过节流阀口的流量为恒定值，而与负载压力变化几乎无关。图中的小通径先导压力阀 2 起安全阀作用，防止过载。

（2）典型结构

如图 7-74 所示为国产中低压系列 LY 型溢流节流阀（额定压力为 6.3MPa）的结构，它由节流阀、安全阀和溢流阀构成。工作时，压力油从进油口 h 进入沉割槽 a，再经节流阀、油腔 c、流道孔 b，最后从出油口流出。同时，进油口 h 的压力油还可以经油腔 g、溢流阀的溢流口、沉割槽 f，最后从回油口溢出。节流阀的压力油作用于溢流阀阀芯大台肩的左边，并通过中心孔 e 作用于阀芯左端面上。节流阀后的压力油经流道孔 d 和 i 作用于溢流阀阀芯右端，使阀芯进行自动调节。节流阀后的油液还经流道孔 d 作用在安全阀的锥阀芯上，一旦系统过载，安全阀将打开，从液压泵来的油液全部溢回油箱。

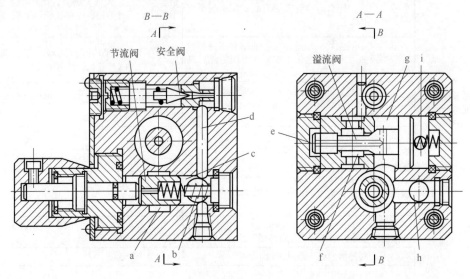

图 7-74　中低压溢流节流阀
a，f—沉割槽；b，d，i—流道孔；c，g—油腔；e—中心孔；h—进油口

（3）主要性能要求及应用场合

溢流节流阀的主要性能要求是其流量稳定性好（调定流量的抗负载干扰能力强）。

溢流节流阀的进口压力 $p_1$ 即为液压泵出口压力，因之能随负载变化，故功率损失小，系统发热减小，具有节能意义。但通常溢流节流阀中压力补偿装置的弹簧较硬，故压力波动较大，流量稳定性较普通调速阀差，通过流量较小时更为明显。故溢流节流阀只适用于速度稳定性要求不太高而功率较大的节流调速系统。另外由于溢流节流阀使泵的出口压力随负载压力变化而变化，且两者仅相差节流阀口压差，因此，溢流节流阀只能布置在液压泵的出口。

## 二、流量控制阀故障诊断与修理

### （一）节流阀的修理和故障现象、原因与排除方法

节流阀的修理和故障现象、原因与排除方法见表 7-40 和表 7-41。

表 7-40　节流阀的修理

| 类别 | 说明 |
|---|---|
| 阀芯的修理 | 磨损严重和拉伤严重的阀芯需修理时，可先在无心磨床上用贯穿磨削法磨去 0.05 ～ 0.10mm，然后电刷镀一层硬铬，再用无芯磨配磨，用氧化铬抛光膏进行抛光、修复即可 |
| 阀体的修理 | 与其他阀一样，阀体主要是阀孔的磨损拉毛及孔精度丧失。阀体的修复部位一般是与阀芯外圆相配的阀孔（几何精度、尺寸精度及表面粗糙度）。阀孔拉毛或几何精度超差，可用研磨棒或用可调金刚石铰刀研磨或铰削修复。磨损严重时，可刷镀或电镀内孔，再经铰研，或者另配新阀芯 |
| 调节杆的修理 | 调节杆需要更换时可按原来的零件图进行加工，并且各项技术指标满足要求 |

表 7-41　节流阀的故障现象、原因与排除方法

| 故障现象 | 故障原因 | 排除方法 |
|---|---|---|
| 流量可调节但不稳定，造成执行元件速度不稳定 | ①油液中极化分子和金属表面吸附层破坏了节流缝隙几何形状和大小，在受压时遭到周期性破坏，使流量出现周期性脉动 | ①采用电位差小的金属作节流阀 |
| | ②系统长时间运行，油温升高，油液氧化变质，在节流口析出胶质、沥青、炭渣等污物，吸附于节流口壁面，使节流口有效通流面积减小甚至堵塞，流量不稳定 | ②在系统结构上进行改进，提高油液抗温升能力，油液选用抗氧化能力强的油液，减少通道湿周长，扩大水力半径，使污物不易停留，节流口选用薄刃口，比狭长缝隙节流口抗堵塞能力强 |
| | ③油液中的尘埃、切屑粉尘、油漆剥落片等机械杂质及油液劣化和老化生成物在节流缝隙处产生堆积，堵塞节流通道，造成流量不稳定 | ③在节流阀前安设过滤器，对油液进行精滤，更换新的抗老化的清洁油液 |
| | ④节流阀调整好锁紧后，由于机械振动，使锁紧螺钉松动，导致调节杆在支承套上旋转松动、节流阀开度发生改变，引起流量不稳定 | ④消除机械振动的振源，采用带锁调节手柄的节流阀 |
| | ⑤系统负载变化大，导致执行元件工作压力变化，造成节流阀两端压差发生变化，引起流量不稳定 | ⑤改节流阀为调速阀 |
| | ⑥节流阀阀芯采用间隙密封，存在内泄漏，磨损使配合间隙和内泄漏增大，内泄漏随油温变化而改变，引起流量不稳定 | ⑥研修或更换阀芯，保证节流阀芯与阀体孔的配合间隙合理，不能过大或过小 |
| | ⑦系统中混进空气，使油液可压缩性大大增加，油液时而压缩时而释放，导致流量不稳定 | ⑦排除系统内空气，减少系统发热，更换黏度指数高的油液 |
| | ⑧节流阀外泄漏大，造成流量不稳定 | ⑧更换密封圈 |
| | ⑨单向节流阀中的单向阀关不严，锥面不密合，引起流量不稳定 | ⑨查明单向阀不严、锥面不能密合的原因，采取对应措施，解决单向阀内泄漏问题 |
| 节流调节作用失灵 | ①阀体沉割槽尖边或阀孔倒角处有毛刺卡住阀芯，调节手柄松开时带动调节杆上移，但复位弹簧力不能克服阀芯卡紧力，使阀芯随调节杆上移，导致调速失效 | ①用尼龙刷去除阀孔内毛刺，用油石等手工精修方法去除阀芯上毛刺，使阀芯移动灵活 |
| | ②油中污物卡死阀芯或堵塞节流口，导致节流失灵 | ②拆卸清洗节流阀，更换洁净新油，加装过滤器对油液进行过滤 |
| | ③阀芯和阀孔的形位公差不好，造成液压卡紧，导致节流调节失灵 | ③研磨修复阀孔，或重配阀芯 |
| | ④阀芯与阀体孔配合间隙过小或过大，造成阀芯卡死或泄漏大，导致节流作用失灵 | ④研磨单向阀配合锥面，使之紧密配合 |
| | ⑤设备长时间停机，油中水分等使阀芯锈死在阀孔内，导致节流阀重新使用时出现节流调节失灵现象 | ⑤设备长期停机时需保持洁净 |
| | ⑥阀芯与阀孔内外圆柱面出现拉伤划痕，导致阀芯运动不灵活甚至卡死，或者内泄漏增大，造成节流失灵 | ⑥对轻微拉伤进行抛光；对严重拉伤，先用无心磨磨去伤痕，再电镀修复 |
| 节流阀外泄漏严重 | O 形密封圈压缩永久变形、破损及漏装 | 更换或补换 O 形密封圈 |

| 故障现象 | 故障原因 | 排除方法 |
|---|---|---|
| 节流阀内泄漏严重 | ①节流阀芯与阀孔配合间隙过大或使用过程发生严重磨损 | ①电刷镀或重新加工阀芯进行研磨装配，保证阀芯与阀体孔公差及二者之间的配合间隙 |
| | ②阀芯与阀孔拉有沟槽，其中圆柱阀芯为轴向沟槽，平板阀为径向沟槽 | ②电刷镀或重新加工阀芯进行研磨配合 |
| | ③油温过高 | ③采取措施，控制系统油温 |
| 阀芯反力过大 | 阀芯径向卡住，泄油口堵住 | 阀泄油口单独接回油箱 |

## （二）调速阀的修理和故障现象、原因与排除方法

调速阀的修理和故障现象、原因与排除方法见表 7-42 和表 7-43。

表 7-42  调速阀的修理

| 类别 | 说明 |
|---|---|
| 阀芯的修理 | 调速阀阀芯有二，即节流阀阀芯和定压差减压阀阀芯<br>阀芯在拉伤和磨损不严重时，经抛光后能保证与阀孔的间隙仍可继续使用。但如磨损拉伤严重时，须先经无心磨磨去 0.05 ～ 0.08mm，再电镀外圆后配，或者刷镀。无刷镀电镀设备者，可重新加工一新阀芯<br>节流阀阀芯与阀孔配合间隙应保证在 0.007 ～ 0.015mm 的范围内，阀芯配合表面粗糙度不得高于技术要求。减压阀阀芯大头与阀孔配合间隙保证在 0.015 ～ 0.025mm，小头与阀套配合间隙保证在 0.007 ～ 0.015mm |
| 阀套的修理 | 阀套经热压或冷压压在阀体孔内，经过一段时间使用后，阀套孔会因磨损变大而出现精度丧失的现象。需要修复，阀套孔一般修理时不从阀体上压出，以免压出后破坏外圆过盈配合。如果更换或修复减压阀芯，一般只研磨阀套孔即可 |
| 阀体的修理 | 阀体的修复主要是阀孔。经过较长时间使用后，阀孔一般出现因磨损而失圆和出现锥度及拉伤。一般可研磨修复阀孔，有条件的用户可用金刚石铰刀修复阀孔，根据修复后的阀孔尺寸，重配阀芯 |
| 阀套的热压与冷压的修理 | 阀套与阀体孔保持 0.002 ～ 0.010mm 的过盈量，所以装配时需热压或冷压而不可敲入，以免破坏孔的精度<br>热压时一般在 150℃左右的热油中放入阀体，浸泡 5 ～ 10min，再将阀套放入阀孔中，取出冷却便可<br>冷却时，可用一瓶消防用的二氧化碳灭火器对准阀套吹，2 ～ 3min 可收缩到可装入阀孔内即可。操作时要注意，用二氧化碳灭火器吹时要小心，不能吹在人身上，操作者要戴好手套，以防冻伤。装配前内孔和顶柱均要去除污物，表面涂上机油 |

表 7-43  调速阀的故障现象、原因与排除方法

| 故障现象 | 故障原因 | 排除方法 |
|---|---|---|
| 压力补偿机构（定差减压阀）不动作，调速阀如同一般节流阀 | ①定差减压阀阀芯被污物卡住 | ①拆卸阀进行清洗 |
| | ②阀孔被污物堵塞 | ②拆开阀进行清洗 |
| | ③进出口压差过小 | ③保证减压阀进出口压差足够。对中低压 Q 型调速阀，工作压差不低于 0.6MPa；对中高压 Q 型调速阀，工作压差不低于 1MPa |
| 节流阀流量调节手柄调节时费力 | ①调节杆被污物卡住，或调节手柄螺纹配合不好 | ①拆开调节杆进行清洗，重新对调节手柄螺纹进行配合 |
| | ②实现进油节流调速的调速阀的出口压力过高 | ②对调速阀出口压力先进行卸压，然后调节手柄 |
| 调速阀节流作用失效 | ①定差减压阀阀芯卡死在全闭或小开度位置，使出油腔无油或极小流量油液通过节流阀 | ①拆开进行清洗和去毛刺，使减压阀芯灵活移动 |
| | ②调速阀进出油口接反，使减压阀芯总趋于关闭，造成节流作用失灵 | ②正确连接调速阀进出油口，特别是 Q 型和 QF 型调速阀安装面的安装孔对称。更应注意，板式调速阀底面上各油口处标有进口与出口字样，仔细辨认，保证正确连接 |

| 故障现象 | 故障原因 | 排除方法 |
|---|---|---|
| 调速阀节流作用失效 | ③调速阀进出口压差太小，产生流量调节失灵 | ③当调速阀进出口压差足够大时，再进行流量调节，Q 型调速阀进出口压差要大于 0.5MPa，QF 型阀进出口压差要大于 1MPa |
| 流量不稳定 | ①参阅节流阀流量不稳定故障原因 | ①参阅节流阀流量不稳定故障排除方法 |
| | ②污物或毛刺导致定差减压阀阀芯移动不灵活，起不到压力反馈稳定节流阀前后压差成定值的作用，或定压差减压阀阀芯大小头不同心，配合不好，导致流量不稳定 | ②拆开阀端部螺塞，从阀套中抽出减压阀芯，进行去毛刺和清洗，同时检查减压阀芯大小头是否同轴，不同轴进行修复或更换 |
| | ③调速阀中减压阀芯与阀盖上的压力反馈小孔堵塞，失去压力补偿作用，造成节流阀进出油口压差发生变化，导致流量调节不稳定 | ③用 φ1mm 的细钢丝通一通阀盖及阀芯上的压力反馈小孔，或用压缩空气吹通小孔 |
| | ④减压阀弹簧漏装、折断或装错 | ④补装或更换减压阀弹簧 |
| | ⑤调速阀内外泄漏量大，导致流量不稳定 | ⑤查明调速阀内外泄漏量大的故障原因，采取措施排除故障 |
| | ⑥进出油口接反，造成调速阀无压力反馈补偿作用 | ⑥正确连接调速阀进出油口 |
| 最小稳定流量不稳定 | 阀套内外圆和定压减压阀阀芯大小头的同轴度误差引起装配间隙过大，造成内泄漏量增加，导致最小稳定流量不稳定 | 将调速阀两级阀芯改为两体阀芯，可减小阀芯加工难度和装配间隙，降低泄漏量变化对最小稳定流量稳定性的不利影响 |

## （三）分流集流阀故障现象、原因与排除方法

分流集流阀的故障现象、原因与排除方法见表 7-44。

表 7-44  分流集流阀的故障现象、原因与排除方法

| 故障现象 | 故障原因 | 排除方法 |
|---|---|---|
| 同步失灵（多个执行元件不能同步运动） | ①由于分流阀阀芯几何加工精度不高，或毛刺卡住阀芯，造成阀芯不能灵活运动，导致多个执行元件同步失灵 | ①修复阀芯，提高加工精度，清洗去毛刺，保证阀芯灵活运动 |
| | ②系统油液污染或油温过高，造成阀芯径向卡住，导致同步失灵 | ②注意保证油液清洁度和控制油液温度，使阀芯灵活运动 |
| | ③执行元件安装位置不好，动作不灵活，产生多个执行元件同步失灵 | ③矫正执行元件安装位置 |
| | ④流入分流阀油液的工作压力过低，造成一次固定节流孔压降低于 0.6 ~ 0.8MPa，分流阀不起作用，导致同步失灵 | ④提高流入分流阀的压力，保证固定节流孔两端压降不低于 0.6 ~ 0.8MPa |
| | ⑤分流阀两腔负载压力不等，造成两腔油液相互流窜，而分流阀内部各节流孔相通，这导致多个执行元件在行程停止时油液相互流窜，造成下一步同步动作失灵 | ⑤分别为同步回路中各个执行元件接入液控单向阀 |
| | ⑥执行元件动作频繁，造成负载压力变化频繁或换向频繁，分流阀来不及起同步作用，导致同步失灵 | ⑥避免将分流阀用于执行元件同步动作频繁的同步回路中 |
| | ⑦同步阀阀芯由于磨损造成配合间隙过大，导致泄漏量大，同步阀不能正常工作 | ⑦阀芯刷镀或重配阀芯，保证配合间隙大小适宜 |
| | ⑧弹簧没有对中，停止工作时无油液通过，导致阀芯停止在任意位置，启动瞬间不起调节作用，执行元件立即动作会出现同步失灵 | ⑧分流阀接通后至少在 5s 后再进行同步工作 |
| 同步误差大 | ①污物或毛刺造成阀芯径向运动阻力增加，流经两腔的流量差增大，导致速度同步精度下降 | ①拆卸阀进行清洗、去毛刺 |
| | ②流经同步阀流量过小，或进出油腔压差过低，造成两侧定节流孔前后压差降低，导致定节流孔速度同步精度降低 | ②定节流孔两端压力降不小于 0.8MPa，流经同步阀的流量不低于公称流量的 25% |

| 故障现象 | 故障原因 | 排除方法 |
|---|---|---|
| 同步误差大 | ③在分流阀与执行元件之间接入液压元件过多且元件泄漏量大，导致回路同步误差大 | ③在分流阀与执行元件间尽可能不接入其他控制元件 |
| | ④同步阀垂直安装，会因阀芯自重而影响同步精度 | ④同步阀要水平安装 |
| | ⑤在同步系统中串联的分流阀个数太多，造成系统速度同步误差过大 | ⑤尽量减少串联同步阀的个数，增加并联同步阀的个数 |
| | ⑥负载压力偏差过大，导致作用在阀芯上的液动力不平衡，减小阀芯反馈平衡速度，降低速度同步精度 | ⑥增加一个修正节流孔，减少或消除液动力对速度同步精度的影响 |
| | ⑦同步阀装错成刚度较大的弹簧，造成同步精度降低 | ⑦在保证阀芯能复位前提下，将复位弹簧更换为刚度尽量小的弹簧 |
| | ⑧负载压力频繁强烈波动，导致分流阀在自动调节过程中产生分流误差及误差累积，造成同步精度降低 | ⑧尽量减少负载压力的波动 |
| 执行元件运动终点动作异常 | 阀套上的常通小孔堵塞 | 进行清洗，使小孔通畅，同时在分流阀阀芯两端设置可调节限位器，避免小孔堵塞 |

# 第五节  电液伺服阀

电液伺服阀是一种自动控制阀，它既是电流转换元件，又是功率放大元件，其功用是将小功率的电信号输入转换为大功率液压能（压力和流量）输出，从而实现对液压执行器位移（或转速）、速度（或角速度）、加速度（或角加速度）和力（或转矩）的控制。

## 一、电液伺服阀的组成和分类

电液伺服阀通常是由电气机械转换器（力马达或力矩马达）、液压放大器（先导级阀和功率级主阀）和检测反馈机构组成，如图 7-75 所示。若是单级阀，则无先导级阀；否则为多级阀。电气 - 机械转换器用于将输入电信号转换为力或力矩，以产生驱动先导级阀运动的位移或转角；先导级阀又称前置级（可以是滑阀、锥阀、喷嘴挡板阀或插装阀），用于接受小功率的电气 - 机械转换器输入的位移或转角信号，将机械量转换为液压力驱动主阀；主阀（滑阀或插装阀）将先导级阀的液压力转换为流量或压力输出；设在阀内部的检测反馈机构（可以是液压或机械或电气反馈等）将先导阀或主阀控制口的压力、流量或阀芯的位移反馈到先导级阀的输入端或比例放大器的输入端，实现输入输出的比较，从而提高阀的控制性能。

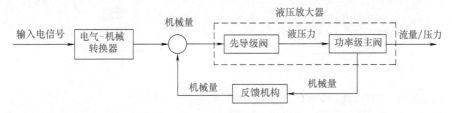

图 7-75  电液伺服阀的组成

电液伺服阀的主要优点是：输入信号功率很小，通常仅有几十毫瓦，功率放大因数高；能够对输出流量和压力进行连续双向控制；直线性好、死区小、灵敏度高、动态响应速度快、控制精度高、体积小、结构紧凑，所以广泛用于快速高精度的各类机械设备的液压闭环控制中。电液伺服阀的类型、结构繁多，其详细分类见表 7-45。

表 7-45　电液伺服阀的分类

| 分类形式 | 类型 |
| --- | --- |
| 按电气 - 机械转换器分 | 动铁式和动圈式 |
| 按液压放大器放大级数分类 | 单级阀、两级阀、三级阀 |
| 按先导级阀结构分类 | 喷嘴挡板式、滑阀式和射流管式 |
| 按功率级主阀分类 | ①按零位开口分类：正开口阀、零开口阀、负开口阀<br>②按主油路通口数分类：三通阀、四通阀 |
| 按反馈形式分类 | 移位反馈、力反馈、压力反馈、电反馈 |
| 按输出量分类 | 流量伺服阀、压力伺服阀、压力流量伺服阀 |

## 二、电液伺服阀的典型结构与工作原理

（1）动圈式电液伺服阀

动圈式电液伺服阀主要有位置直接反馈式和电反馈式两种。图 7-76 所示为动圈位置直接反馈式电液伺服阀结构与外形。它由左部电磁元件和右部液压元件组成。电磁元件为动圈式力马达，由永久磁铁 3、导磁体 4、复位弹簧 7、调零螺钉 1 和带有线圈绕组的动圈 6 组成。动圈与一级阀芯 8 固连，并由其支承在两导磁体形成的气隙 5 之中。当有电流通过线圈绕组时，视电流的方向不同，动圈会带动一级阀芯向左或右移动。液压元件是带有四条节流工作边的滑阀式液压伺服阀（即四通液压伺服阀）。液压伺服阀阀芯（二级阀芯 9）是中空的，中间装有可随动圈左右移动的一级阀芯。

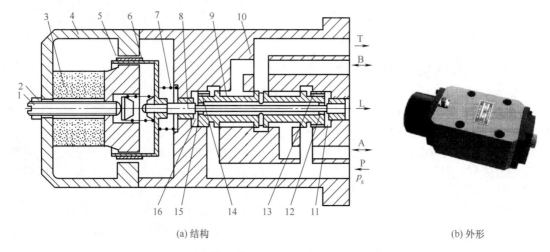

(a) 结构　　　　　　　　　　　　　　　　　　(b) 外形

图 7-76　动圈位置直接反馈式电液伺服阀结构与外形

1—调零螺钉；2—锁紧螺母；3—永久磁铁；4—导磁体；5—气隙；6—动圈；7—复位弹簧；
8—一级阀芯；9—二级阀芯；10—阀体；11—右控制腔；12—右可变节流口；
13—右固定节流口；14—左固定节流口；15—左可变节流口；16—左控制腔

当电液伺服阀无控制信号输入（动圈绕组无电流通过）时，在两复位弹簧作用下，动圈和一级阀芯处于某一特定位置。与此同时，液压源输入的液压油经二级阀芯上的左、右两固定节流口 13、14 进入二级阀芯左右端面处的控制腔 11、16 内，又穿过由一级阀芯的左右凸台和二级阀芯左右端面构成的可变节流口 12、15 进入一、二级阀芯之间形成的环形空间，经二级阀芯的径向孔流回油箱。由于二级阀芯处于浮动状态，在端面处的液压力作用下，一定会处于某一平衡位置，使得两可变节流口的开口相同，两端面控制腔内的液体压力相等。此时，二级阀芯的四条工作节流边应该正好将电液伺服阀的四个工作油口堵

死，输出流量为零。否则，需调节调零螺钉，达到该要求。该调节过程称为电液伺服阀的"调零"。

当电液伺服阀有控制信号输入（动圈绕组有电流通过）时，动圈受磁场力的作用而移动（假设向左），一级阀芯被动圈拖动也左移，使左、右节流口开口分别增大和减小，左、右控制腔内的压力分别下降和上升，二级阀芯在压力差的作用下也跟随一级阀芯向左移动，直到左、右节流口的开口相等为止，又处于新的平衡位置。此时，$P \to B$，$A \to T$，伺服阀有液压油输出。若输入电流增大，阀口开度增大，输出流量增大。若改变输入电流的方向，则会出现与上述相反的过程。

该阀的特点是：结构紧凑，抗污染能力强，流量和压力增益高；但力马达的动圈与一级阀芯固连，惯性大，故动态响应较低。

（2）喷嘴挡板式力反馈电液伺服阀

如图 7-77 所示为喷嘴挡板式力反馈电液伺服阀的结构原理与外形。它由力矩马达、喷嘴挡板式液压前置放大级和四边控制滑阀功率放大级三部分组成。衔铁 3 与挡板 5 连接在一起，由固定在阀体 10 上的弹簧管 11 支承着。挡板 5 下端为一球头，嵌放在滑阀 9 的凹槽内，永久磁铁 1 和导磁体 2、4 形成一个固定磁场，当线圈 12 中没有电流通过时，衔铁 3、挡板 5、滑阀 9 处于中间位置。当有控制电流通入线圈 12 时，一组对角方向的气隙中的磁通增加，另一组对角方向的气隙中的磁通减小，于是衔铁 3 就在磁力作用下克服弹簧管 11 的弹性反作用力而偏转一角度，并偏转到磁力所产生的转矩与弹性反作用力所产生的反转矩平衡时为止。同时，挡板 5 因随衔铁 3 偏转而发生挠曲，改变了它与两个喷嘴 6 间的间隙，一个间隙减小，另一个间隙加大。

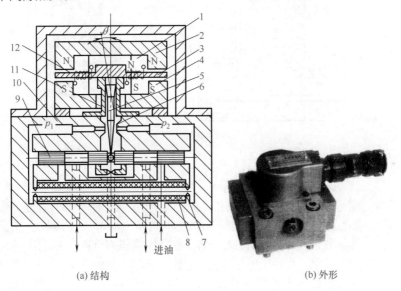

(a) 结构　　　　　　　　　　　　　　　　(b) 外形

图 7-77　喷嘴挡板式力反馈电液伺服阀结构与外形

1—永久磁铁；2，4—导磁体；3—衔铁；5—挡板；6—喷嘴；7—固定节流口；
8—过滤器；9—滑阀；10—阀体；11—弹簧管；12—线圈

通入伺服阀的压力油经过滤器 8、两个对称的固定节流口 7 和喷嘴 6 流出，通向油箱。当挡板 5 挠曲，出现上述喷嘴与挡板的两个间隙不相等的情况时，两喷嘴后侧的压力就不相等，它们作用在滑阀 9 的左、右端面上，使滑阀 9 向相应方向移动一段距离，压力油就通过滑阀 9 上的一个阀口输向液压执行机构，由液压执行机构回来的油则经滑阀 9 上的另一个阀口通向油箱。滑阀 9 移动时，挡板 5 下端球头跟着移动，在衔铁挡板组件上产生了一个转矩，使衔铁 3 向相应方向偏转，并使挡板 5 在喷嘴 6 间的偏移量减少，这就是反馈作用。反馈作用的结果是使滑阀 9 两端的压差减小。当滑阀 9 上的液压作用力和挡板 5 下端球头因移动而产生的弹性反作用力达到平衡时，滑阀 9 便不再移动，并一直使其阀口保持在这一开度上。

通入线圈 12 的控制电流越大，使衔铁 3 偏转的转矩、挡板 5 挠曲变形、滑阀 9 两端的压差以及滑阀 9 的偏移量越大，伺服阀输出的流量也越大。由于滑阀 9 的位移、喷嘴 6 与挡板 5 之间的间隙、衔铁 3 的转角都和输入电流成正比，因此这种阀的输出流量也和电流成正比。输入电流反向时，输出流量也反向。

（3）射流管式电液伺服阀

如图 7-78 所示为射流管式电液伺服阀的结构与外形。它由上部电磁元件和下部液压元件两大部分组成。电磁元件为力矩马达，与双喷嘴挡板式电液伺服阀的力矩马达一样。液压元件为两级液压伺服阀，前置放大级为射流管式液压伺服阀，功率放大级为滑阀式液压伺服阀。射流管与力矩马达的衔铁固连，它不但是供油通道，而且是衔铁的支承弹簧管。接收器的两接收小孔分别与滑阀式液压伺服阀的阀芯的左右两端的容腔相通。

当无信号电流输入时，力矩马达无电磁力矩输出，衔铁在弹簧管作用的射流管支承下，处于上、下导磁体之间的正中位置，射流管的喷口处于两接收小孔的正中间，液压源提供的恒压力液压油进入电液伺服阀的供油口 P，经精过滤器进入射流管，由喷口高速喷出。由于两接收小孔接收的液体动能相等，因而阀芯左右两端容腔的压力相等，阀芯在定位弹簧板的作用下处于中间位置，即处常态，电液伺服阀输出端 A、B 口无流量输出。

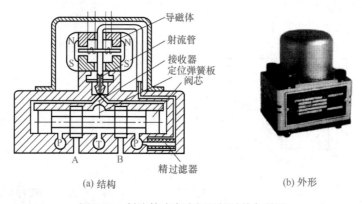

(a) 结构     (b) 外形

图 7-78　射流管式电液伺服阀结构与外形

当力矩马达有信号电流输入时，衔铁在电磁力矩作用下偏转一微小角度（假设其顺时针偏转），射流管也随之偏转，使喷口向左偏移一微小距离。这时，左接收小孔接受的液体动能增多，右接收小孔接收的液体动能减少，阀芯左端容腔压力升高，右端容腔压力降低，在压差作用下，阀芯向右移动，并使定位弹簧板变形。当作用于阀芯的液压推力与定位弹簧板的变形弹力平衡时，阀芯处于新的平衡位置，阀口对应一相应的开启度，P→A，B→T（回油口），输出相应的流量。由于定位弹簧板的变形量（也就是阀芯的位移量）与作用于阀芯两端的压力差成比例，该压差与喷口偏移量成比例，喷口偏移量与力矩马达的电磁力矩成比例，电磁力矩又与输入信号电流成比例，因而阀芯位移量与输入信号电流成比例，也就是该电液伺服阀的输出流量与输入信号电流成比例。改变输入电流信号的大小和极性，就可以改变电液伺服阀的输出流量的大小和方向。

与喷嘴挡板式电液伺服阀相比，射流管式电液伺服阀的最大优点是抗污染能力强。据统计，在电流伺服阀出现的故障中，有 80% 是由液压油的污染引起的，因而射流管式电液伺服阀越来越受到人们的重视。

## 三、电液伺服阀的应用及选择

（1）电液伺服阀的应用

① 应用领域（表 7-46）

表 7-46　电液伺服阀主要应用领域

| 应用领域 | 应用 |
| --- | --- |
| 冶金行业 | 压下控制、纠偏机构、张力控制、电炉电极自动升降恒功率控制等 |
| 轻工机械行业 | 吹塑和注塑机、造纸机、包装机、三合板制造等 |
| 工程机械 | 高挡挖掘机、推土机、振动式压路机、清洁车等 |
| 一般工业 | 铣床、磨床、机器人等 |
| 汽车工业 | 主动悬挂、转向控制 |
| 电力工业 | 水轮及汽轮机调速机构，气体、蒸气和水力透平机 |
| 军事工业 | 火炮控制机构、坦克及直升机试车台、潜艇等 |
| 材料试验机 | 伺服万能材料试验机、伺服控制拉力试验机等 |
| 航空航天工业 | 卫星、导弹、火箭、飞机的模拟加载装置等 |
| 矿山机械 | 液压提升机，液压钻机、采煤机、液压支架、掘进机等 |
| 林业机械 | 林业卷扬机、跑车带锯机等 |
| 铁路 | 捣固车、无缝线路铺轨机组龙门吊、摆式列车倾摆机构等 |
| 船舶 | 船舶舵机电液负载模拟器、船舶减摇鳍随动系统、船舶运动模拟器等 |
| 其他 | 游戏机、遥控、地震模拟车等各种模拟机 |

② 应用系统。电液伺服阀主要用在以下三种伺服系统中（表 7-47）。

表 7-47　电液伺服阀主要应用系统

| 应用系统 | 图示 |
| --- | --- |
| 位置伺服系统 | 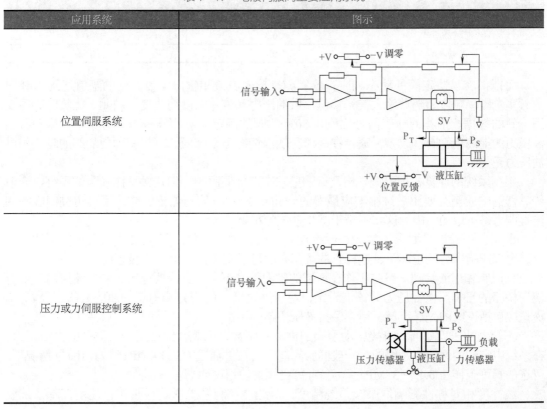 |
| 压力或力伺服控制系统 | |

| 应用系统 | 图示 |
|---|---|
| 速度控制伺服系统 | 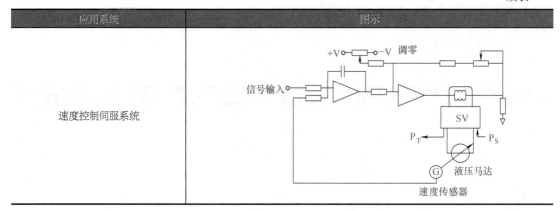 |

这里没有画出 PID 调节的线路，一般而言，90% 的系统只要调节增益即可，不必要进行 PID 调节。

（2）电液伺服阀的选择

① 选择伺服阀时所考虑的因素。在伺服阀选择中常常考虑的因素有：阀的工作性能、规格，工作可靠、性能稳定、一定的抗污染能力，价格合理，工作液、油源、电气性能和放大器，安装结构，外形尺寸等。

② 按控制精度、用途及规格选用伺服阀。选择流量大，又要频宽相对比较高，可以选电反馈伺服阀。电反馈伺服阀或伺服比例阀跟机械反馈伺服阀比的特点见表 7-48。

表 7-48　电反馈阀和机械反馈阀的特点

| 指标 | 反馈形式 | |
|---|---|---|
| | 电反馈阀 | 机械反馈阀 |
| 滞环 /% | < 0.3 | < 3 |
| 分辨率 /% | < 0.1 | < 0.5 |

可以很容易决定阀的动态响应，依靠测量输入电流和输出流量之间的幅值达到 3dB 时的频率。频率响应将随着输入信号幅值、供油压力和流体温度而改变。因此，比较时必须使用一致的数据。推荐的峰值信号幅值是 80% 的阀的额定流量。伺服阀和射流管阀将随着供油压力的提高稍微有些改善，通常在高温和低温情况下会降低。直接驱动型的阀的响应与供油压力无关。

根据系统的计算，由流量规格及频响要求来选择伺服阀，但在频率比较高的系统中一般传感器的响应至少要比系统中响应最慢的元件高 3 ～ 10 倍。无论怎样，不去超过伺服阀的流量能力是可取的，因为这将不至于减少系统的精度。

说明：一般流量要求比较大、频率比较高时，建议选择三级电反馈伺服阀，这种三级阀，电气线路中有校正环节，这样它的频宽有时可以比装在其上的二级阀还高。

伺服阀和射流管阀一般应工作在恒值的供油压力下，并且需要连续的先导流量用来维持液压桥路的平衡。供油压力应该被设定以至于通过阀口的压力降等于供油压力的三分之一。流量应包括连续的先导流量，用来保持液压桥路的平衡。

不管供油压力如何，直接驱动型阀的性能是常数，因此，即使用一个波动的供油压力，在系统中它们的性能也是好的。一般伺服阀能工作在供油压力从 1.4MPa 到 21MPa 的情况下。可选的阀可工作在 0.4 ～ 35MPa。可参考每台阀的使用说明书。

线性度和对称性影响伺服阀系统精度，对速度控制系统影响最直接，速度控制系统要选线性度好的流量阀，此外选流量规格时，要适当大点，避免阀流量的饱和段。线性度、对称性对位置控制的影响也直接，因为系统通常是闭环的，伺服阀工作在零位区域附近，只要系统增益调得合适，非线性度和对称性的影响可减到很小，所以一般伺服阀的线性度指标是＜7.5%，对称度＜10% 是比较宽容的。对位置控制精度影响较大的是伺服阀零位区域的特性，即重叠情况。一般总希望伺服阀功率级滑阀副是零开口的，如果有重叠、有死区，那么在位置控制系统中就会出现磁滞回环现象，这个回环很像齿轮传动中的游隙现象。伺服阀因为力矩马达中磁路剩磁影响，及阀芯阀套间的摩擦力，使其特性曲线有滞环现象。由磁路影响引起的滞环会随着输入信号减小，回环宽度将缩小，因此这种滞环在大多数伺服系统中都不会出现问题；而由摩擦引起的迟滞是一种游隙，它可能会引起伺服系统的不稳定。

　　精度要求比较高的系统选阀最好选分辨率好的，分辨率好意味着摩擦影响比较小，也即阀芯阀套间加工质量比较好和前置级压力、流量增益比较高，推动阀芯力比较大。此外液压系统用油比较干净，摩擦影响会大大减小。再一种弥补的方法是用颤振来改善伺服阀的分辨率，高频颤振幅值要正好能有效地消除伺服阀中的游隙（包括结构上的和摩擦引起的游隙），太小不好，太大了会影响系统性能，会使其他液压件过度磨损或疲劳损坏。而且颤振频率要大大超过系统预计的信号频率和系统固有频率，并避免它正好是系统频率的某个整数倍。颤振信号的波形可以是正弦波、三角波，也可以是方波。

　　对伺服阀压力增益的要求，因系统不同而不同。位置控制系统要求伺服阀的压力增益尽可能高点，那么系统的刚性就比较大，系统负载的变化对控制精度的影响就小。而力控制系统（或压力系统）则希望压力增益不要那么陡，要平坦点，线性好点，便于力控系统的调节。伺服阀的动态特性也是一个很重要的指标。在闭环系统中，为了达到较高控制精度，要求伺服阀的频宽至少是系统频宽的 3 倍以上。

## 四、电液伺服阀的故障诊断与修理

### （一）电液伺服阀高频颤振故障的分析

　　如图 7-79 所示为电液伺服系统液压原理图，偏差电压信号 $U_{sr}$ 经放大器放大后变为电流信号，控制电液伺服阀输出压力，推动液压缸移动。随着液压缸的移动，反馈传感器将反馈电压信号与输入信号进行比较，然后重复以上过程，直至达到输入指令所希望的输出量值。

　　电液伺服系统试验台原理图如图 7-80 所示，计算机自动生成控制

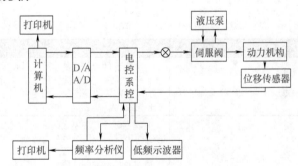

图 7-79　电液伺服系统液压原理图

信号、自动检测系统的状态及分析系统的时域响应和频域响应等，实现控制系统自动运行。

　　如图 7-80 所示的电液伺服系统在试验台上调试时，液压缸运动中出现高频颤振现象，尤其当输入信号频率在 5 ～ 7Hz 时更为严重。经分析检查发现，液压缸的高频颤振现象是由电液伺服阀颤振造成的，电液伺服阀 1 ～ 7Hz 的输入信号被 50Hz 的高频交流信号所调制，致使伺服阀处于低幅值高频抖动。如果伺服阀经常处于这种工作状态，伺服阀的弹簧管将加速疲劳，刚度迅速降低，最终导致伺服阀损坏。此 50Hz 的高频交流信号为干扰信号，其来源可能有两方面，一是电源滤波不良；二是外来引入的干扰信号。首先从电源上考虑，由于

整个电路工作正常，所以排除了电源滤波不良的可能性。在故障诊断中，将探头靠近控制箱内腔的任何部位，都出现干扰信号，即使将电源线拔下，还是有干扰信号。于是检查与控制箱连接的地线，发现没有与地线网相连，而是与暖气管路相连接。由于暖气管路与地接触不良，不但起不到接地作用，反而成了天线，将干扰信号引入。于是，将地线重新与地线网连接好，试验台工作正常。由此可知，液压系统发生故障还应从电气控制方面检查，这一点需要特别注意。

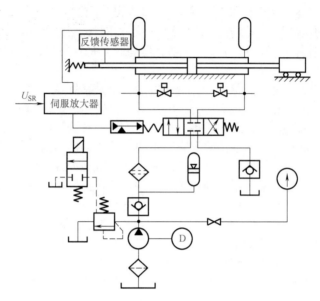

图 7-80　电液伺服系统试验台原理图

### （二）火电机组电液伺服阀失效分析及预防

（1）电液伺服阀常见失效形式（表 7-49）

表 7-49　电液伺服阀常见失效形式

| 失效形式 | 说明 |
| --- | --- |
| 变形失效 | 一个零部件或构件的变形失效可能是塑性的，也可能是弹性的；可能产生裂纹，也可能不产生裂纹。在电液伺服阀中气门不能关闭或卡涩，或者气门不能正常启动，或者阀芯不能正常转动等现象，均是由于这些部件或部件局部的几何形状或尺寸发生变化引起变形失效 |
| 腐蚀失效 | 金属零部件同环境之间因受化学或电化学作用而产生的腐蚀失效可能是在金属零部件的表面出现均匀腐蚀或局部腐蚀。尤其是局部腐蚀中的点腐蚀往往可穿透容器、导管、阀套，并可使设备泄漏，产生破坏<br>　　通过对抗燃油的油质分析和研究，发现抗燃油酸值的升高对电液伺服阀部件可产生腐蚀，尤其点腐蚀作用非常严重。若电液伺服阀阀芯、阀套的点腐蚀特别厉害，就会引起泄漏失效 |
| 磨损失效 | 金属零部件的磨损从轻度的抛光型磨损到严重的材料快速磨损，并使表面粗化。磨损是否构成零部件的失效，要看磨损是否危及零件的工作能力。如一个电液伺服阀的精密配合的阀芯，哪怕是轻度的抛光型磨损，也可以引起严重的泄漏而导致失效；电液伺服阀工作状态下油液中质地较硬的微细颗粒长期冲刷滑阀节流口、喷嘴和挡板，日积月累，也会使阀套锐角边磨损、尺寸改变，导致部件性能下降，甚至引起泄漏失效 |
| 疲劳失效 | 金属零部件经一定次数循环应力作用后，金属零部件会出现裂纹或断裂。疲劳断裂是由循环应力、拉应力以及塑性应变三者共同作用发生的。电液伺服阀中凡受循环应力或应变作用的零件，如弹簧管、反镐杆等零件均可产生疲劳失效。机械零件在断裂过程中，大多是受几种断裂失效机理所控制，经常出现的失效形式为复合型失效，如磨损腐蚀失效、磨损疲劳失效等 |

（2）电液伺服阀失效的主要原因（表 7-50）

表 7-50　电液伺服阀失效的主要原因

| 失效原因 | 说明 |
|---|---|
| 设计缺陷 | 零件设计上的缺陷多是由于复杂零件未做可靠性的应力计算，及对零件在实际工况条件下运行所受的载荷类型、大小、变化缺少足够的考虑所造成的，如仅考虑零件拉伸强度和屈服强度数据的静载荷能力，而忽视了脆性断裂、疲劳损伤、局部腐蚀、微动磨损等机理亦能引起失效，将在设计上造成严重的错误<br>在设计上常常需要避免的缺陷是机械缺口。缺口会引起应力集中，容易形成失效源。例如，受弯曲或扭转载荷的轴类零件，在变截面处的圆角半径过小就属这类设计缺陷 |
| 选材不当 | 选材涉及产品的形状和几何尺寸，它与实际运行工况的环境关系密切。每一种可预见的失效机理都可作为最佳选材的重要判据。就零部件在实际运行而言，潜在的失效机理是疲劳或脆性断裂，甚至还包括磨损或腐蚀的交互作用<br>在选材中，最困难的是与材料受工作时间影响的机械行为有关的问题，例如耐磨损、耐腐蚀等，除了掌握实验室的试验数据外，还应考虑根据实际工况做模拟试验得到的资料；应重视材料质量，防止由于材料中存在缺陷而引起意外的失效事故。材料内部和表面缺陷都可能降低材料的总强度，相当于缺陷的作用，使裂纹由此扩展，成为最先产生点腐蚀的位置或晶间腐蚀的裂源 |
| 环境介质 | 通常将含有一种或多种腐蚀介质的环境称为腐蚀环境。对于电液控制系统而言，其环境包括抗燃油、电液伺服阀、橡胶密封件、液压泵、硅藻土中和装置、贮油罐等组成的循环油路封闭系统。在机组运行过程中，上述产品或部件必须符合使用标准，不允许任何污染颗粒或腐蚀介质混入系统中。电厂机组实际运行的实践证实，汽轮机发生故障或停机事故，多数是由于控制系统抗燃油污染导致电液伺服阀失效。机组控制系统抗燃油污染问题更为复杂，不仅与机组安装、管道清洗、焊接工艺、油品质量等因素有关，还与电液伺服阀的损伤、橡胶密封件质量及其性能老化等系统内部因素有关，所以抗燃油污染问题的治理及其管理有相当难度 |

（3）预防措施

① 加强抗燃油的检验及管理。运行实践证实，由于抗燃油污染造成的电液伺服阀事故约占总事故率的 50% 左右。

电液控制系统中普遍采用磷酸酯抗燃油，这类油是人工合成的，在使用过程中容易劣化，使油质性能下降，并使污染颗粒粒度增加、酸值提升，最终油的质量指标不达规定标准。要对原始油液进行检验，使抗燃油颗粒粒度等级控制在 NAS5 ～ 6 级，未经检验的油液一律不准用于电液控制系统。在运行过程中亦要抽样检验油液的颗粒大小及酸值等指标，严禁污染颗粒进入控制系统，尤其是 5 ～ 10μm 颗粒污染物进入，还要使油样检验规范化。另外，要加强油路管道、液压泵、油罐等部件的管理，在使用之前一定要冲洗干净，不许留下污染物或腐蚀介质，尤其要选用合格的密封材料，如氟硅橡胶。

② 加强电液控制系统的检查和维护。在运行中必须定期检查和维护电液伺服阀电液控制系统中的软、硬部件，应按规定，即按检修质量标准进行检修，对关键零件或部位进行认真检查，及时掌握损伤程度，以便立即采取治理措施，避免事故发生。例如，必须对电液伺服阀进行跟踪检查，并且每半年要清洗一次。对电液伺服阀清洗时，应采用无氯离子的清洗剂，否则极易造成电液伺服阀阀芯或转子产生局部腐蚀失效。电液伺服阀拆装时必须用高倍率光学显微镜，最好用扫描电子显微镜（SEM）对各零件表面，特别是对阀芯及阀套锐边的表面进行认真检查，若发现电液伺服阀的阀芯及阀套锐边的表面存在点腐蚀或严重的腐蚀坑等缺陷，必须立即更换。

**（三）力反馈式两级电液伺服阀某故障的分析与处理**

力反馈式两级电液伺服阀通常出现的是喷嘴因液压油污染堵塞（占 50% 以上）、滑阀卡死、力矩马达线圈烧断、滑阀锐边磨损、力反馈杆疲劳折断、力反馈杆上的小球磨损等故障，对于以上故障能够通过伺服阀静态试验（包括空载流量、负载流量、压力增益和泄漏特性试验）以及伺服阀线圈的测试就能进行判断。某钢铁公司的伺服阀出现的故障是非常少见的，不仅因为在同一个伺服阀上出现了两种故障，而且出现的故障也非常特别，很难作出判断。通过进行反复试验、解体分析才确定了故障部位，再经仔细修复、调整、试验，最终将伺服阀修复好，其具体说明见表 7-51。

表 7-51　故障的分析与处理

| 项目 | | 说明 |
|---|---|---|
| 故障现象与诊断 | 故障现象 | 在轧机机组上，当计算机给出控制指令后，该伺服阀能够控制马达斜盘摆动，但与正常情况相比，摆动速度十分缓慢。若给定 100% 指令信号，正常伺服阀控制斜盘摆动到位时间小于 0.5s，而该伺服阀却需 3s 多<br><br>若给定 30% 指令信号，斜盘基本不动作，可以断定是伺服阀有问题。在试验台上对该伺服阀进行测试，测试前对伺服阀进行冲洗。根据额定参数按照国标，组建伺服阀测试油路（压力传感器量程 0 ～ 10MPa；流量传感器为齿轮式，量程 4 ～ 80L/min）。对该伺服阀进行静态性能测试，试验结果是不论控制信号如何变化（监控伺服阀电流是正常的），伺服阀的压力增益特性和空载流量特性均是一条偏向最大值的水平直线 |
| | 伺服阀拆解与故障确定 | 通过伺服阀静态试验结果很难判断出伺服阀的故障，因此需要进行拆解。卸掉伺服阀力矩马达的外壳，发现衔铁向一侧偏至最大。给线圈一个三角波交变电流，仔细观察衔铁的运动情况（此时未通液压油），发现它没有比例变化现象，用万用表检测线圈电流，变化规律正常。断电后测量伺服阀线圈电阻，检查接线也没有任何问题，由此可以断定是力矩马达部分出现故障<br><br>经仔细观察，发现力矩马达衔铁两端上翘，中间下凹，如图 7-81 所示，变形最大处有 0.5mm 变形造成了衔铁与上下磁钢气隙不均匀。衔铁受到不平衡磁力矩的作用产生转动，而且该不平衡力矩大于控制信号产生的可变力矩，这就是该伺服阀压力增益和空载流量试验时为一个常数的根本原因<br><br>解体时发现该伺服阀还有一个故障，力反馈杆端部与滑阀接触的宝石球面轴承破损。该电液伺服阀的小球具有独特之处，选用了人工红宝石轴承（直径为 1.5mm），通常很难分析小球磨损对伺服阀性能的影响，从控制角度来看，小球磨损后相当于在伺服阀力反馈回路中加入了一个非线性环节。当小球磨损严重时必然引起伺服阀静动态性能的变化，在静态特性上表现为空载流量增益突跳，在动态特性上表现为不稳定 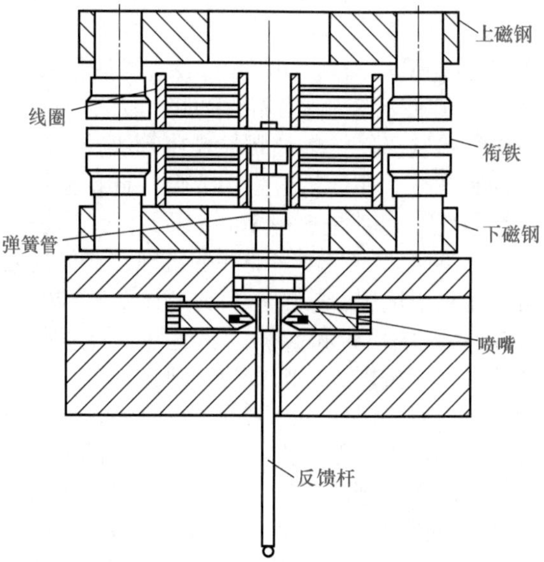<br><br><br><br>图 7-81　伺服阀力矩马达和喷嘴挡板部分结构 |
| 故障排除 | | ① 衔铁变形的修复。用人工方式调直衔铁，在测量平板上选用等高块规垫起衔铁，用百分表量取衔铁上的几个点（不少于 5 个），调整衔铁使误差小于 0.02mm<br>② 更换人工红宝石轴承。由于阀芯定位槽与小球之间有 0.005 ～ 0.01mm 的过盈，所以在选配人工红宝石轴承时，关键在于测量阀芯定位槽 1.5mm 尺寸的精确性上。因为 1.5mm 的尺寸太小，而且还要保证小球与定位槽之间的过盈量精确控制在 0.005 ～ 0.01mm。要有丰富检测经验的人员使用 0 级块规进行定位槽尺寸的精确测量，再根据测量确定的最终尺寸定做人工红宝石轴承，只有这样才能保证维修后的电液伺服阀正常工作 |

| 项目 | 说明 |
|------|------|
| 装配与调试 | ①力矩马达气隙的调试。该伺服阀线圈的额定电流为 ±7.5mA，用低频信号发生器输出三角波，周期选 30s，通过直流伺服放大器输出 ±10mA 电流，调节下磁钢螺钉与衔铁最大偏转位置保持 10μm 的间隙。再调节上磁钢，调节位置与下磁钢相同<br>②力矩马达与滑阀的装配。装配的关键是小球与定位槽之间的准确安装。由于人工红宝石只有 0.7mm 厚，位置略有偏差将会被破坏。在安装力矩马达之前先将滑阀调整挡块和滑阀阀套端部的堵头卸下，使得人工能自由移动阀芯，当阀芯上的定位槽居中时，用 50～100N 的力将小球压入定位槽，人工移动阀芯，观察阀芯与衔铁的运动关系是否正确，确认无误再安装其他部件<br>③调试电液伺服阀喷嘴与挡板间隙。电液伺服阀喷嘴与挡板间隙是直接影响静动态性能的重要尺寸。理想的喷嘴与挡板间隙是喷嘴直径的 1/3 左右，因此必须通过试验台调试才能完成<br>按照电液伺服阀空载流量测试回路，用周期为 30s 的三角波调整左右喷嘴与挡板之间的位置，使伺服阀在额定阀压降下通过的流量不小于 45mL/min（额定流量），并尽量保证伺服阀正反向流量最大值接近。调试合格后，锁紧喷嘴调整螺母，再反复观察伺服阀的正反向流量，若无变化，伺服阀喷嘴挡板间隙调整完毕 |
| 试验 | 对维修调整好的伺服阀进行全性能测试，包括空载流量、负载流量、压力增益和泄漏特性 4 个静态试验和伺服阀频宽测试动态试验，当试验结果完全满足伺服阀出厂指标时，说明伺服阀维修合格，否则重新检查、分析、调整、试验 |

## （四）SC-VP 系列的电液伺服阀故障分析与维修

（1）故障现象及分析处理（表 7-52）

表 7-52　故障现象及分析处理

| 项目 | | 说明 |
|------|------|------|
| 故障现象 | | 冲压液压缸在动作过程中出现颤抖现象，并且颤抖动作时强时弱，但基本能够完成全部动作 |
| 分析处理 | 电气部分 | 假设为电气部分出现故障，则有可能为控制信号串入交流信号、接线端子松动、连线接触不良、信号发生回路硬件故障、伺服放大回路硬件故障。经检查，可以排除控制信号串入交流信号的可能，接线端子牢固无松动现象，连线无接触不良，更换信号发生回路硬件模块和伺服放大回路硬件模块，故障现象依旧，采用示波器测量，信号正常。至此，基本排除电气部分故障 |
| | 液压部分 | 分别依次排除以下故障的可能性：油压管道和液压缸内有空气、液压油污染、液压缸内泄漏严重、控制油路和主油路压力不稳定。最后认为是伺服阀本体故障，更换伺服阀先导部分，开机正常。经检查，发现力矩马达导磁体与衔铁缝隙中有许多金属屑，相当于减小了衔铁在中位时的每个气隙长度 $g$。根据文献的分析结论：当 $|x/g| > 1/3$ 时（$x$ 为衔铁端部偏离中位的位移），衔铁总是不稳定。因此认为液压系统中的金属屑被吸附在永磁体上，减小了气隙长度 $g$，改变了伺服阀的流量 - 压力系数 $K_c$、流量增益 $K_q$、压力增益 $K_p$，即破坏了力矩马达原有的静态特性，是本次故障的根本原因 |

（2）维护措施

针对故障原因，以及其他可能，采取了以下措施，见表 7-53。

表 7-53　维护措施

| 措施 | 说明 |
|------|------|
| 定期更换油路滤芯 | 清理变质油。由于此次故障由液压油中金属污染造成，因此需制定一份过滤器维护计划表并认真执行。定期更换该系统油路中的滤芯，更换时应严格遵守操作程序：先终止系统运行并卸掉所有过滤器回路上的压力；松开端盖螺钉，轻轻地旋下端盖螺钉并拆下端盖，让剩余的油液排掉；再将滤芯从组件中拆下，将新的滤芯安装在过滤器的壳体内，要确保其头部的 O 形圈安装正确（如果已失效就更换）；然后装回端盖并拧紧螺钉，拧紧力矩不要过大。只有这样才能防止污物进入伺服阀，有效地防止故障发生，良好的过滤能够延长伺服阀的寿命并改善阀的性能<br>力矩马达和先导阀完全浸泡在与回油相通的油液里，位置又处于管道的盲端，所以该处的油液几乎不流动，易氧化变质，因此需定期更换变质的液压油 |
| 定期更换液压油，加强液压油的管理 | 液压油在长期工作中会氧化、焦化，并且液压系统中的泵、阀、液压缸等的磨损，会产生一些金属屑，它们会降低液压油的品质，造成故障。实践证明，液压油的污染是系统发生故障的主要原因，它严重影响着液压系统的可靠性及元件的寿命，所以严格控制液压油的污染及定期检查和更换液压油显得尤为重要。根据近几年液压油使用周期和油品化验结果，要每 10 个月更换一次液压油，才能保证设备无计划外停机。在更换新油液前，整个液压系统必须先清洗一次，严格按照要求清洗系统和灌油，保证适当的液面高度，液面过高或过低都是绝对不允许的。更换完毕后，彻底检查液压系统以消除泄漏或污染引入点 |

| 措施 | 说明 |
|---|---|
| 定期更换伺服阀 | 若故障的直接原因为力矩马达被污染导致伺服阀动作不良，因此定期清洗、更换力矩马达和先导阀，防止污染，从而杜绝故障发生。伺服阀的装拆应在尽可能干净的环境中进行，操作时应先去掉接到伺服阀上的电气信号，再卸掉液压系统的压力，然后拆下伺服阀。在干净、相容的相应商用溶剂中清洗所有的零件，零件可以晾干或用软气管以洁净、干燥的空气吹干。清洗后的伺服阀可以作为备件轮流使用，降低费用。定期更换检查电气信号，紧固接线端子，防止松动，检查连线，防止接触不良 |

### （五）舵机电液伺服系统零偏与零漂分析

用户选用伺服阀一般希望的零漂、零偏小，不灵敏区小，线性度好，但要减小伺服阀的零漂，难度相当大，因为伺服阀零漂是伺服阀元件制造精度及使用环境的综合反映。在伺服阀生产调试过程中，经常发生调好的伺服阀在油压、油温都没有变化的情况下，零位又发生了变化。

舵机电液伺服系统零偏与零漂分析见表 7-54。

表 7-54　舵机电液伺服系统零偏与零漂分析

| 项目 | 说明 |
|---|---|
| 电液伺服阀的零漂、零偏 | 零偏是电液伺服阀的一个重要性能指标。电液伺服阀的零偏一般指实际零点相对于坐标原点的偏移，它用使阀处于零点所需输入的电流值相对于额定电流的百分比表示<br>电液伺服阀的零漂是指工作条件或环境变化所导致的零偏的变化，也用其对额定电流的百分比表示<br>生产制造中电液伺服阀元件参数的不对称，容易造成电液伺服阀的零偏和零漂。供油压力或油温变化时，也会引起伺服阀零点的变化，称为压力零漂或温度零漂，也用额定电流的百分比来表示。一般所说的零漂是指当供油压力和油温一定时，电液伺服阀零点（输出流量为零的位置）变化，实际上是电液伺服阀死区的变化，用所需控制的电流值相对于额定电流的百分数表示 |
| 阀芯与阀套方孔的遮盖量对伺服阀零偏、零漂的影响 | 有人通过试验发现，在电液伺服阀为负开口且处于零位，阀芯稍有移动，但伺服阀输出还是为零时，其性能表现为伺服阀的死区大、不灵敏、零位复原性差、不稳定；伺服阀在零开口附近，稍微正开口时，伺服阀处于零位，此时节流口有少量油液通过，在供油压力一定时，阀芯在节流口泄漏油的作用下，相对于阀套会产生一个动态平衡位置，只要油压保持不变，此动态平衡点就不会轻易改变，反映在电液伺服阀上就是零位基本保持稳定；当伺服阀为正开口且较大时，损耗功率大，节流口有较多泄漏油，会引起振动。经反复研究和实践发现，在阀芯与阀套配合间隙为 0.004～0.006mm 情况下，阀芯与阀套方孔的最佳遮盖量为单边 0.006mm 左右 |
| 力矩马达对电液伺服阀零偏、零漂的影响 | 力矩马达稳定性直接影响电液伺服阀的零偏、零漂。一般力矩马达滞环大，与其组成的电液伺服阀的零偏、零漂相对也大。在生产实践中发现，力矩马达装配时对称性差，与其组成的电液伺服阀零位不稳定，零偏、零漂相当大，因此力矩马达在与滑阀配合时，其装配的机械对称性相当重要 |
| 油液对电液伺服阀零漂的影响 | 电液伺服系统对所使用的油液清洁度要求较高，一般要求达到 MOOG2 级。目前在电液伺服系统中普遍采用磷酸酯抗燃油，这是一种人工合成油，在使用过程中极易劣化，主要表现为污染颗粒粒度的增加，污染颗粒粒度增加即油液变脏以后，电液伺服阀工作时，阀芯在阀套内产生的摩擦就增大，需更大的电信号推动阀芯运动，电液伺服阀的零漂范围变大，因此对电液伺服系统所用的油液要定期检查，在系统中设置过滤设备，以保证油液的质量<br>油液的温度和压力变化也会对电液伺服系统的零漂产生影响。当电液伺服系统中所使用的油液温度和压力变化时，相对于电液伺服阀原来零位的动态平衡被破坏，直到达到新的动态平衡，表现为电液伺服阀的零位产生了偏移，此种零位的偏移很难消除 |
| 环境温度对电液伺服阀零偏、零漂的影响 | 在低温环境下，电液伺服系统所使用的油液会变得很黏稠，直接加大了电液伺服阀工作时阀芯在阀套内运动的摩擦力，导致电液伺服系统零偏、零漂变大。另外，在低温环境下，电液伺服阀的阀芯与阀套都会产生冷缩现象，但由于阀套方孔通流槽附近壁较薄，相对于阀芯凸肩更易收缩，此时滑阀负开口电液伺服阀的阀芯对阀套方孔通流槽的遮盖量变得更大，工作时死区更大，直接表现为零位不稳定，零偏、零漂范围更大。因此，在低温环境下使用的电液伺服阀滑阀应采用正开口 |

### （六）电液伺服阀的典型故障现象、原理及影响

电液伺服阀的典型故障现象、原理及影响见表 7-55。

表 7-55　电液伺服阀的典型故障现象、原理及影响

| 部件 | 故障 | 故障原因 | 现象 | 对 EH 系统影响 |
|---|---|---|---|---|
| 力矩马达 | 线圈断线 | 零件加工粗糙，引线位置太紧凑 | 阀无动作，驱动电流 $I=0A$ | 系统不能正常工作 |
| | 衔铁卡住或受到限位 | 工作气隙内有杂物 | 阀无动作、运动受到限制 | 系统不能正常工作或执行机构速度受限制 |
| | 反馈小球磨损或脱落 | 磨损 | 伺服阀滞环增大，零区不稳定 | 系统迟缓增大，系统不稳定 |
| | 磁钢磁性太强或太弱 | 主要是环境影响 | 振动、流量太小 | 系统不稳定，执行机构反应慢 |
| | 反馈杆弯曲 | 疲劳或人为所致 | 阀不能正常工作 | 系统失效 |
| 喷嘴挡板 | 喷嘴或节流孔局部堵塞或全部堵塞 | 油液污染 | 伺服阀零偏改变或伺服阀无流量输出 | 系统零偏变化、系统频响大幅度下降，系统不稳定 |
| | 滤芯堵塞 | 油液污染 | 伺服阀流量减小，逐渐堵塞 | 使系统频响有所下降，系统不稳定 |
| 滑阀 | 刃边磨损 | 磨损 | 泄漏、流体噪声增大、零偏增大 | 系统承、卸载比变化，油温升高，其他液压元件磨损加剧 |

# 第六节　电液比例阀

## 一、电液比例阀的结构与工作原理

### （一）电液比例电磁铁工作原理与技术要求

（1）比例电磁铁的工作原理

比例阀实现连续控制的核心是比例电磁铁，比例电磁铁的工作原理及外形如图 7-82 所示。当线圈通电后，磁轭和衔铁中都产生磁通，产生电磁吸力，将衔铁吸向磁轭。衔铁上受的电磁力和阀上的（或电磁铁上的）弹簧力平衡，电磁铁输出位移。当衔铁运动时，气隙 $\delta$ 保持恒值并无变化，所以，比例电磁铁的吸力 $F$ 和 $\delta$ 无关。一般说来，比例电磁铁的有效工作行程小于开关型电磁铁的有效工作行程，约为 1.5mm 左右。比例电磁铁的吸力在有效行程内和线圈中的电流成正比。

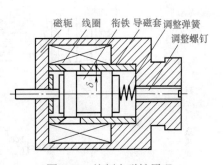

图 7-82　比例电磁铁原理

比例电磁铁种类繁多，但工作原理基本相同，它们都是根据比例阀的控制需要开发出来的。根据参数的调节方式和它们与所驱动阀芯的连接形式不同，比例电磁铁可分为力控制型、行程控制型和位置调节型三种。

（2）比例电磁铁的技术要求

比例电磁铁作为电液比例控制元件的电 - 机械转换器件，其功能是将比例控制放大器输出的电信号转换成力或位移。比例电磁铁推力大，结构简单，对油液清洁度要求不高，维护方便，成本低，衔铁腔可制成耐高压结构，是电液比例控制元件中广泛应用的电 - 机械转换器件。比例电磁铁的特性及工作可靠性，对电液比例控制系统和元件的性能具有十分重要的影响，是电液比例控制系统的关键部件之一。对比例电磁铁的要求主要有：

① 水平的位移力特性，即在比例电磁铁有效工作行程内，当输入电流一定时，其输出力保持恒定，基本与位移无关。

② 稳态电流 - 力特性具有良好的线性度，死区及滞环小。

③ 响应快，频带足够宽。

### （二）电液比例压力阀的结构与工作原理

（1）比例溢流阀

比例溢流阀具有比普通溢流阀更强大的功能。这些功能包括：一是构成液压系统的恒压源。比例溢流阀作为定压元件，当控制信号一定时，可获得稳定的系统压力；改变控制信号，可无级调节系统压力，且压力变化过程平稳，对系统的冲击小。此外，采用比例溢流阀作为定压元件的系统可根据工况要求改变系统压力，这可提高液压系统的节能效果，是电液比例技术的优势之一。二是将控制信号置为零，即可获得卸荷功能。此时，液压系统不需要压力油，油液通过主阀口低压流回油箱。三是比例溢流阀可方便地构成压力负反馈系统，或与其他控制元件构成复合控制系统。四是调节控制信号的幅值可获得液压系统的过载保护功能。普通溢流阀只能通过并联一个安全阀来获得过载保护功能，而适当提高比例压力阀的给定信号，就可使比例压力阀的阀口常闭，比例压力阀处于安全阀工况。

① 直动式比例溢流阀。如图 7-83 所示为带位置调节型比例电磁铁的直动式比例溢流阀的典型结构（位移传感器为干式结构）。与带力控制型比例电磁铁的直动式比例溢流阀不同的是，这种阀采用位置调节型比例电磁铁，衔铁的位移由电感式位移传感器检测并反馈至放大器，与给定信号比较，构成衔铁位移闭环控制系统，实现衔铁位移的精确调节，即与输入信号成正比的是衔铁位移，力的大小在最大吸力之内由负载需要决定。

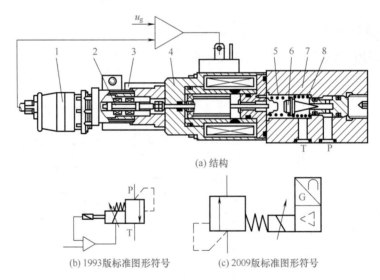

(a) 结构

(b) 1993版标准图形符号          (c) 2009版标准图形符号

图 7-83　带位置调节型比例电磁铁的直动式比例溢流阀的典型结构
1—位移传感器插头；2—位移传感器铁芯；3—夹紧螺母；4—比例电磁铁壳体；
5—弹簧；6—锥阀芯；7—阀体；8—弹簧（防撞击）

图 7-83 中，衔铁推杆通过弹簧座压缩弹簧 5，产生的弹簧力作用在锥阀芯 6 上，弹簧 5 称为指令力弹簧，其作用与手调直动式溢流阀的调压弹簧相同，用于产生指令力，与作用在锥阀上的液压力相平衡。这是直动式比例压力阀最常用的结构。弹簧座的位置（即电磁铁衔铁的实际位置）由电感式位移传感器检测，且与输入信号之间有良好的线性关系，保证了弹簧获得非常精确的压缩量，从而得到精确的调定压力。锥阀芯与阀座间的弹簧用于防止阀芯与阀座的撞击。

由于输入电压信号经放大器产生与设定值成比例的电磁铁衔铁位移，故该阀消除了衔铁的摩擦力和磁滞对阀特性的影响，阀的抗干扰能力强。在对重复精度、滞环等指标有较高要求时（如先导式电液比例溢流阀的先导阀），优先选用这种带电反馈的比例压力阀。

② 先导式比例溢流阀。如图7-84（a）所示为带力控制型比例电磁铁的先导式比例溢流阀。这种形式的比例溢流阀是在两级同心式手调溢流阀结构的基础上，将手调直动式溢流阀更换为带力控制型比例电磁铁的直动式比例溢流阀得到的。显然，除先导级采用比例压力阀之外，其余结构与两级同心式普通溢流阀相同，属于压力间接检测型的先导式比例溢流阀。

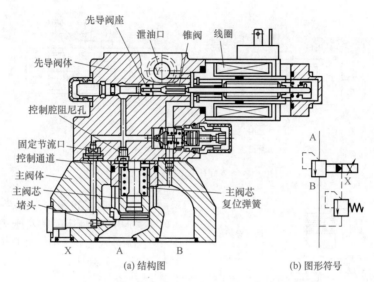

(a) 结构图　　　　　　　(b) 图形符号

图7-84　带力控制型比例电磁铁的先导式比例溢流阀

这种先导式比例溢流阀的主阀采用了两级同心式的锥阀结构，先导阀的回油必须通过泄油口（Y口）单独直接引回油箱，以确保先导阀回油背压为零。否则，如果先导阀的回油压力不为零（例如与主回油口接在一起），该回油压力就会与比例电磁铁产生的指令力叠加在一起，主回油压力的波动就会引起主阀压力的波动。

主阀进口的油压力作用于主阀芯的底部，同时也通过控制通道作用于主阀芯的顶部。当液压力达到比例电磁铁的推力时，先导锥阀打开，先导油通过Y口流回油箱，并在固定节流口处产生压降，主阀芯因此克服主阀芯复位弹簧的力上升，接通A口及B口的油路，系统多余流量通过主阀口流回油箱，压力因此不会继续升高。

这种比例溢流阀配置了手调限压安全阀，当电气或液压系统发生故障（如出现过大的电流，或液压系统出现过高的压力时），安全阀起作用，限制系统压力的上升。手调安全阀的设定压力通常比比例溢流阀调定的最大工作压力高10%以上。

（2）比例减压阀

比例减压阀（定值控制）的功能是降压和稳压，并提供压力随输入电信号变化的恒压源。

当采用单个油源向多个执行元件供油，其中部分执行元件需要高压，其余执行元件需要低压时，可通过减压阀的减压作用得到低于油源压力的恒压源；当系统压力波动较大，其中的某一负载又需要恒定压力时，则可在该负载入口串接一减压阀，以稳定其工作压力，如作为两级阀或多路阀的先导控制级。

溢流阀和减压阀虽然同属压力控制阀，但比例溢流阀与恒流源并联，构成恒压源，减压阀串接在恒压源与负载之间，向负载提供大小可调的恒定工作压力。

① 直动式比例减压阀的工作原理。如图 7-85 所示，与普通减压阀一样，比例减压阀也有直动式和先导式、二通式与三通式之分。其工作原理也是油液从一个较高的输入压力 $p_1$ 从一次油口进入，通过减压口的节流作用减压，产生一定的压差 $\Delta p$，减压后变成二次压力 $p_2$ 从二次油口（出口侧）流出，有 $p_2=p_1-\Delta p$。

无论是先导式还是直动式，无论是二通式还是三通式，比例减压阀的工作原理与普通减压阀均相同。不同之处仅在于比例减压阀用比例电磁铁代替普通减压阀的调节手柄而已。

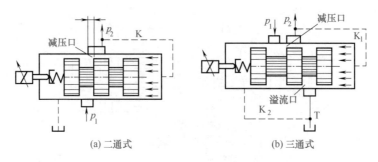

图 7-85　三通比例减压阀结构原理

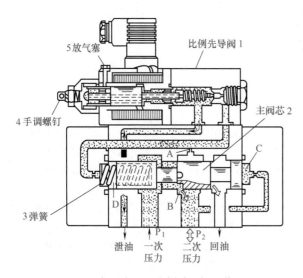

图 7-86　先导式三通比例减压阀工作原理

两通式的缺点为：当出口压力油因某种可能存在的原因压力突然升高时，升高的压力油经 K 油道推动阀芯左行，可能全关减压口，造成 $p_2$ 更高而可能发生危险。

而三通式没有这种危险，同样的情况如果出现在三通式减压阀中，阀芯的左移虽然关小了减压口，但却打开了溢流口，出口压力油可经溢流口流回油箱而降压，不会再产生事故。即三通式减压阀具有减压与溢流双重功能。

② 先导式三通比例减压阀工作原理。如图 7-86 所示，这种阀有三个油口：一次油口（进油口）$P_1$、二次出油口 $P_2$、回油口 T。当负载增大，二次压力 $p_2$ 过载时能产生溢流，防止二次压力异常增高。其工作原理是：一次侧压力 $p_1$ 经减压口 B 减压变成 $p_2$ 后从二次压力出口流出，$p_2$ 的大小由比例调压阀设定。

当二次侧压力 $p_2$ 上升到先导调压阀 1 设定压力时，先导调压阀 1 动作，即针阀打开，节流口 A 产生油液流动，因而在固定节流口 A 前后产生压力差，从而主阀芯 2 左右两腔 C 与 D 也产生压力差，主阀芯 2 向左移动，关小减压口 B，使出口压力 $p_2$ 降下来至先导调压阀调定的压力为止。另外，当出口压力 $p_2$ 因执行元件碰到撞块等急停时，会产生大的冲击压力，此冲击压力也会传递到 C、D 腔，由于固定节流口 A 传往 D 腔的速度比传往 A 腔的速度要慢，因此主阀芯 2 产生短时的左移，使出口 $P_2$ 腔与溢流回油口也有短时的导通，可将二次侧的冲击压力 $p_2$ 消解。同时附加溢流功能对提高减压阀的响应性也大有好处。

③ 比例减压阀的结构见表 7-56。

表 7-56　比例减压阀的结构

| 类别 | 说明 |
|---|---|
| **DBE 和 ZDBE 型单三 通直动 式比例 减压阀** | 如图 7-87 所示，这种阀主要由比例电磁铁 1、阀体 2、阀组件 3、阀芯 4 和先导锥阀芯 8 组成，系统压力的设定根据给定值通过比例电磁铁 1 来完成<br><br>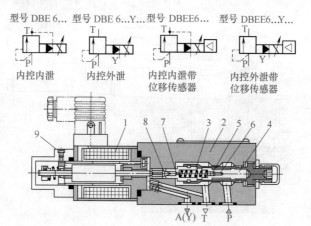<br><br>型号 DBE 6... 　型号 DBE 6...Y... 　型号 DBEE6... 　型号 DBEE6...Y...<br>内控内泄　　内控外泄　　内控内泄带　　内控外泄带<br>　　　　　　　　　　　位移传感器　　位移传感器<br><br>图 7-87　单三通直动式比例减压阀<br>1—比例电磁铁；2—阀体；3—阀组件；4—阀芯；5，7—喷嘴；6—控制油路；8—先导锥阀芯；9—放气螺钉<br><br>　　在系统中的 P 通道中的压力作用在阀芯 4 的右侧，同时系统压力通过带喷嘴 5 的控制油路 6 作用在阀芯 4 的弹簧加载侧。系统压力通过另一个喷嘴 7 相对比例电磁铁 1 的机械力作用在先导锥阀芯 8 上。当系统压力达到给定的数值时，先导锥阀芯 8 从阀座上被抬起，控制油经出口 A（Y）外部返回油箱，或者内部返回油箱，由此而限制了受弹簧力作用的阀芯 4 侧的压力。如果系统压力继续稍微升高，在右侧的较高的压力将阀芯向左推到控制位置 P，溢流到 T。在最小控制电流时，相应于给定值为零，这时设定在最低的设置压力上。在刚投入使用时，须取下放气螺钉 9 先放气，当不再有气泡溢出时再拧紧 |
| **3DREP 型双三 通直动 式比例 减压阀** | 如图 7-88 所示为 3DREP 型双三通直动式比例减压阀的图形符号与结构，当比例电磁铁 5 和 6 均断电，控制阀芯 2 通过对中弹簧 10 保持在其中位；当一个电磁铁通电时，控制阀芯 2 被直接驱动。例如当比例电磁铁 5 通电时，压力测量阀芯 3 和控制阀芯 2 与电气输入信号成比例地向右移动，从油口 P 至 B 和 A 至 T 的连接通过带有渐进流量特性的节流截面而减压；当电磁铁 5 断电时，控制阀芯 2 通过弹簧 10 返回到其中间位置。在中间位置，A 和 B 至 T 的连接打开，因此压力油能够自由流回油箱，可选的手动控制按钮（7 和 8）使得电磁铁不通电就能够移动控制阀芯 2。比例电磁铁 6 通电时的工作原理相同<br><br>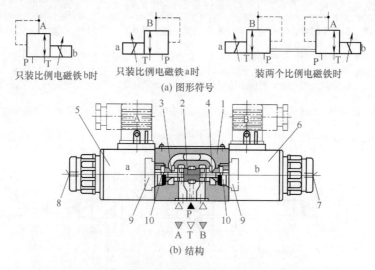<br><br>只装比例电磁铁 b 时　　只装比例电磁铁 a 时　　装两个比例电磁铁时<br>(a) 图形符号<br><br>(b) 结构<br><br>图 7-88　3DREP 型双三通直动式比例减压阀图形符号与结构<br>1—阀体；2—控制阀芯；3，4—压力测量阀芯；5，6—比例电磁铁；<br>7，8—手动控制按钮；9—螺堵（单阀时）；10—弹簧 |

| 类别 | 说明 |
|---|---|

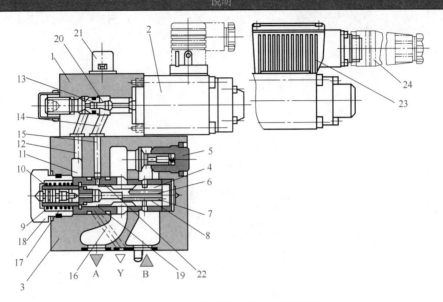

图 7-89　先导式比例减压阀外形及结构

1—比例先导调压阀；2—比例电磁铁；3—主阀体；4—主阀芯；5—单向阀；6, 11, 12—油道；
7—主阀芯端面；8—油口；9—流量稳定控制器；10—弹簧腔；
13—阀座；14 ~ 16—通 Y 口油道；17—弹簧；18—螺堵；19—控制边；20—锥阀；
21—安全阀；22—控制油路；23—电子放大板；24—接电端子

**DRE 和 DREM 型先导控制型比例减压阀**

先导比例减压阀用来降低工作压力。如图 7-89 所示，油口 A 的压力决定于比例电磁铁 2 当前的电压值。静止时，B 口无压力，主阀芯由弹簧 17 保持在起始位置，B 口与 A 口之间的油路被切断，避免在启动时产生突变。A 口压力通过主阀芯 4 上的通油道 6 起作用，先导油从 B 口通过通油口 8 流到流量稳定控制器 9，流量稳定控制器可使先导油流量保持稳定而不受 A、B 口之间的压降影响。先导油从流量稳定控制器 9 进入弹簧腔 10，通过通油道 11、12 和阀座 13 流入 Y 口（14、15、16），然后进入排油管。A 口所需压力由相关放大器来控制，比例电磁铁推动锥阀 20 压向阀座 13，以限制弹簧腔 10 的压力达到调节值

如果 A 口压力低于设定值，弹簧腔 10 的压差推动主阀芯到右边，从而接通 B 口到 A 口的油路。当 A 口达到所需压力时，主阀芯受力平衡，保持在工作位置。A 口压力 × 主阀芯端面 7 面积 = 弹簧腔 10 压力 × 主阀芯端面 7 面积 - 弹簧 17 弹簧力。如果要降低 A 口由受压液柱（例如液压缸活塞制动时）建立的压力，则要在相关放大器中调节设定值电位器到低值，低值就会在弹簧腔 10 中建立。A 口高压作用于主阀芯端面 7 并推动主阀芯移向螺堵 18，关闭 A、B 之间的油路并连通 A 口与 Y 口。弹簧 17 的力用来平衡作用于主阀芯端面 7 上的液压力，在此主阀芯位置时，来自 A 口的油液通过控制边 19 流到 Y 口并进入回油管路。当 A 口压力降为弹簧腔 10 的压力加上弹簧 17 上的压力差 $\Delta p$ 时，主阀芯关闭 A 口到 Y 口的控制油路。相对于 A 口设定的压力大约 1MPa 的保留压差只能通过控制油路 22 卸荷，这样就可达到无压力突变的完善的瞬态响应性能

要使油液无阻挡地从 A 口流到 B 口，可选用单向阀 5，来自 A 口的部分油液将通过主阀芯的控制边 19 同时流入 Y 口进入回油管路

DREM 型为防止由于比例电磁铁的控制电流意外增加而引起 A 口压力增加，影响液压系统安全，加装了安全阀 21，以对系统进行最高压力保护。如图 7-90 所示为先导式比例减压阀的图形符号

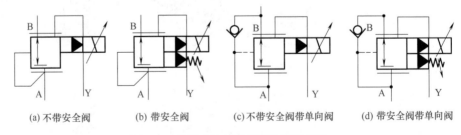

(a) 不带安全阀　　(b) 带安全阀　　(c) 不带安全阀带单向阀　　(d) 带安全阀带单向阀

图 7-90　先导式比例减压阀的图形符号

### （三）电液比例流量阀的结构与工作原理

**（1）电液比例节流阀**

① 直动式比例节流阀。如图 7-91 所示为直动式比例节流阀的典型结构，这是小通径（6mm 或 10mm 通径）的比例节流阀，与输入信号成比例的是阀芯的轴向位移。由于没有阀口进、出口压差或其他形式的检测补偿，控制流量受阀进出口压差变化的影响。这种阀采用方向阀阀体的结构形式，配置 1 个比例电磁铁得到 2 个工位，配置 2 个比例电磁铁得到 3 个工位，有多种中位机能。

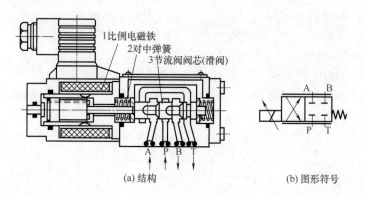

图 7-91　直动式比例节流阀的典型结构

② 先导式电液比例节流阀。如图 7-92 所示为位移电反馈型先导式电液比例节流阀。它由带位移传感器 5 的插装式主阀与三通先导比例减压阀 2 组成。阀 2 插装在主阀的控制盖板 6 上。先导油口 X 与进油口 A 连接；先导泄油口 Y 引回油箱。外部电信号 $U_i$ 输入到比例放大器 4，与位移传感器的反馈信号 $U_f$ 比较得出差值。此差值驱动先导阀芯运动，控制主阀芯 8 上部弹簧腔的压力，从而改变主阀芯的轴向位置即阀口开度。与主阀芯相连的位移传感器 5 的位移检测杆 1 将检测到的阀芯位置反馈到比例放大器 4，以使阀的开度保持在指定的开度上。这种位移电反馈构成的闭环回路，可以抑制负载以外的各种干扰力。

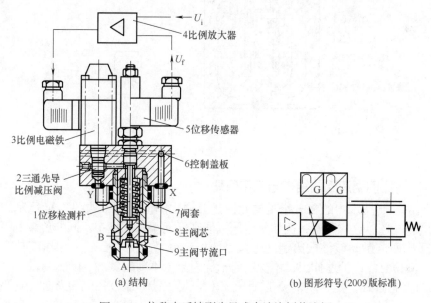

图 7-92　位移电反馈型先导式电液比例节流阀

（2）电液比例调速阀

电液比例调速阀由电液比例节流阀派生而来。将节流型流量控制阀转变为调速型流量控制阀，可采用压差补偿、压力适应、流量反馈三种途径。

如图 7-93 所示为节流阀芯带位置电反馈的比例调速阀，属于带压差补偿器的电液比例二通流量控制阀，输出流量与给定电信号成比例，且与压力和温度基本无关。

压力补偿器 4 保持节流器 3 进、出口（即 A、B 口）之间的压差为常数，在稳态条件下，流量与进口或出口压力无关。

节流器 3 只有很小的温度漂移。比例电磁铁给定信号为 0 时，节流器 3 关闭。在比例放大器上设置斜坡上升和下降信号可消除开启和关闭过程中的流量超调。

当液流从 B→A 流动时，单向阀 5 开启，比例流量阀不起控制作用。在比例流量阀下面安装整流叠加板，可控制两个方向的流量。

由于节流器 3 的位置由位移传感器测得，阀口开度与给定的控制信号成比例，故这种比例调速阀与不带阀芯位置电反馈的比例调速阀相比，其稳态、动态特性都得到明显改善。

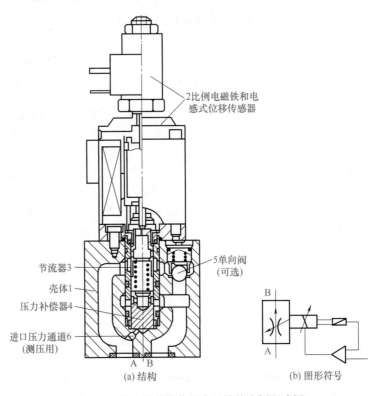

图 7-93　节流阀芯带位置电反馈的比例调速阀

### （四）电液比例调速阀的结构与工作原理

液压比例控制技术中的另一个重要元件是二通比例流量阀，如图 7-94 所示。它主要用来控制速度和转速。这意味着，例如，液压缸能在任何干扰因素（不同的负载）下，以恒速伸出。二通比例流量阀能根据给定的电指令值控制流量，而不受压力和油液黏度变化的影响。因而，液压缸能以恒速伸出，不受任何干扰因素（不同的负载）的影响。

常用的控制方式，是将所需要的指令值（输入信号）通过控制电路加到比例电磁铁 2 上，并使其动铁移动一定的距离，此距离正比于指令值。电感式位移传感器 1 检测动铁 6 的位置，并将其作为实际值。所测得的实际值和指令值的任何偏差，由闭环控制校正。节流口3和动铁位置一起变化，这就得到一定的阀口开度。压力补偿器4维持节流口两端的压力差恒定，使通过的流量和负载变化无关。节流口的形状对油液的黏温特性，进而对流量阀与油液温度的依赖关系有影响。好的设计，有可能使流量对温度和黏度的依赖关系，在很大程度上被减弱。

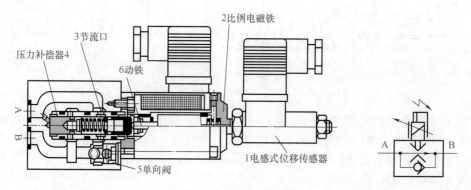

图 7-94　二通比例流量阀

100% 指令值时的流量即最大流量。最大流量及整个特性曲线形状，与节流口的形状和大小有关。单向阀 5 使 B → A 为自由流动。在比例电磁铁无信号时，节流孔口关闭。当电缆断裂或油源故障时，阀 A → B 的通路关闭。

如图 7-95 所示为另一种结构的比例流量阀，图中的节流阀芯由比例电磁铁的推杆操纵，输入的电信号不同，则电磁力不同，推杆受力不同，与阀芯左端弹簧力平衡后，便有不同的节流口开度。由于定差减压阀已保证了节流口前后压差为定值，所以一定的输入电流就对应一定的输出流量，不同的输入信号变化，就对应着不同的输出流量变化。

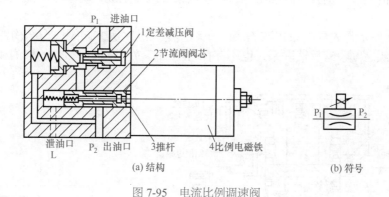

图 7-95　电流比例调速阀

## （五）电液比例方向阀的结构与工作原理

在电液比例方向控制阀中，与输入电信号成比例的输出量是阀芯的位移或输出流量，并且该输出量随着输入电信号的正负变化而改变运动方向。因此，电液比例方向控制阀本质上是一个方向流量控制阀。

（1）直动式比例方向阀

直动式比例方向阀也称为单级比例方向阀。如图 7-96 所示是最普通的单级比例方向阀的典型结构。该阀采用四边滑阀结构，按节流原理控制流量，比例电磁铁线阀可单独拆卸更换，可通过外部放大器或内置放大器控制，工作过程中只有一个比例电磁铁得电。

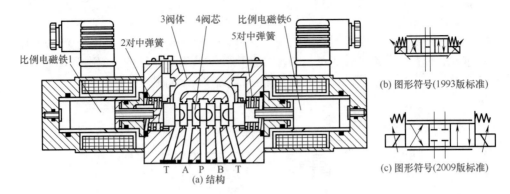

图 7-96　直动式比例方向阀的典型结构

它主要由两个比例电磁铁 1、6，阀体 3，阀芯 4，对中弹簧 2、5 组成。当比例电磁铁 1 通电时，阀芯右移，油口 P 与 B 通，A 与 T 通，而阀口开度与比例电磁铁 1 的输入电流成比例；当比例电磁铁 6 通电时，阀芯向左移，油口 P 与 A 通，B 与 T 通，而阀口开度与比例电磁铁 6 的输入电流成比例。

与伺服阀不同的是，这种阀的四个控制边有较大的遮盖量，弹簧具有一定的安装预压缩量，阀的稳态控制特性有较大的中位死区。另外，由于受摩擦力及阀口液动力等的影响，这种直动式电液比例方向节流阀的阀芯定位精度不高，尤其是在高压大流量工况下，稳态液动力的影响更加突出。

（2）先导式比例方向阀

当用比例方向阀控制高压大流量液流时，阀芯直径加大，作用在阀芯上的运动阻力（主要是稳态液动力）进一步增加，而比例电磁铁提供的电磁驱动力有限。为获得足够的阀芯驱动力和降低过流阻力，可采用二级或多级结构（亦称先导式）的比例方向阀。第一级（先导级）采用普通的单级比例方向阀的结构，用于向第二级（主级或功率级）提供足够的驱动力（液压力）。

如图 7-97 所示是先导阀采用减压阀的开环控制二级比例方向阀典型结构图。这种阀的先导级和功率级之间没有反馈联系，也不存在对主阀芯位移及输出参数的检测和反馈，整个

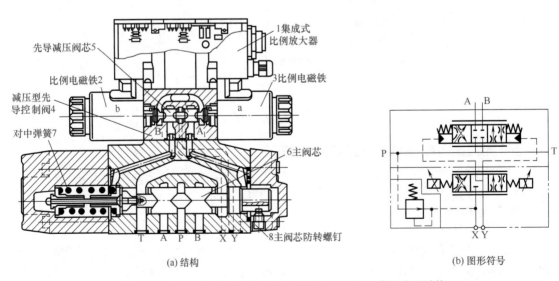

图 7-97　先导阀采用减压阀的开环控制二级比例方向阀典型结构

阀是一个位置开环控制系统。先导级输出压力（或压差）驱动主阀芯，与主阀芯上的弹簧力相比较，主阀芯上的弹簧是一个力 - 位移转换元件，主阀芯位移（对应阀口开度）与先导级输出的压力成比例。为实现先导级输出压力与输入电信号成比例，先导级可采用比例减压阀或比例溢流阀，从而最终实现功率级阀口开度与输入的电信号之间的比例关系。

对这种比例方向阀的工作原理分析如下：

① 当比例电磁铁 2 和 3 的电流为零时，先导减压阀芯 5 处于中位，对中弹簧 7 将主阀芯 6 也推到中位。

② 主阀芯 6 的动作由阀 4 来控制，比例电磁铁 2 和 3 由集成式比例放大器 1 控制分别得电。

当比例电磁铁 2 得电时，输出作用在先导阀芯上的指令力。该指令力将先导减压阀芯 5 推向右侧，并在阀 4 的出口 $A_1$ 处产生与电信号成比例的控制压力 $p_{A_1}$。此控制压力作用在主阀芯 6 的右端面上，克服弹簧力推动主阀芯移动。这时，P 口与 A 口及 B 口与 T 口接通。当 $p_{A_1}$ 与主阀芯上的弹簧力达到平衡时，主阀芯即处于确定的位置。主阀芯位移的大小（对应主阀口轴向开度的大小）取决于作用在主阀芯端面上的先导控制液压力的高低。由于先导阀采用比例压力阀，故实现了主阀阀口轴向开度与输入电信号之间的比例关系。

当给比例电磁铁 3 输入电信号，在主阀芯左端腔体内产生与输入信号相对应的液压力 $p_{B_1}$，这个液压力通过固定在阀芯上的连杆，克服对中弹簧 7 的弹簧力，使主阀芯 6 向右移动，实现主阀芯轴向位移与输入信号的比例关系。

主阀芯装配时，对中弹簧 7 有一定的预压缩量，以保证输入信号相同时，主阀芯在左右两个方向的移动量相等。弹簧座采用悬置方式，有利于减小滞环。采用单弹簧结构，有利于主阀芯另一侧配置位移传感器。由于整个阀内部采用开环方案，故这种阀的控制精度不高，首级抗干扰（液动力、摩擦力）能力较差，但它的结构简单，制造和装配无特殊要求，通用性好，调整方便。

## 二、电液比例阀的应用场合与注意事项

（1）电液比例压力控制

采用电液比例压力控制可以很方便地按照生产工艺及设备负载特性的要求，实现一定的压力控制规律，同时避免了压力控制阶跃变化而引起的压力超调、振荡和液压冲击。与传统手调阀的压力控制相比较，可以大大简化控制回路及系统，又能提高控制性能，而且安装、使用和维护都比较方便。在电液比例压力控制回路中，有用比例阀控制的，也有用比例泵或马达控制的，但是以采用比例压力阀控制为基础的控制回路被广泛应用。

① 比例调压回路。采用电液比例溢流阀可以构成比例调压回路，通过改变比例溢流阀的输入电信号，在额定值内任意设定系统压力。

电液比例溢流阀构成的调压回路基本形式有两种。其一如图 7-98（a）所示，用一个直动式电液比例溢流阀 2 与传统先导式溢流阀 3 的遥控口相连接，比例溢流阀 2 作远程比例调压，而传统先导式溢流阀 3 除作主溢流外，还起系统的安全阀作用。其二如图 7-98（b）所示，直接用先导式电液比例溢流阀 5 对系统压力进行比例调节，比例溢流阀 5 的输入电信号为零时，可以使系统卸荷。安装在阀 5 遥控口的传统直动式溢流阀 6，可以预防过大的故障电流输入，致使压力过高而损坏系统。

② 比例减压回路。采用电液比例减压阀可以实现构成比例减压回路，通过改变比例减压阀的输入电信号，在额定值内任意降低系统压力。与电液比例调压回路一样，电液比例减压阀构成的减压回路基本形式也有两种。

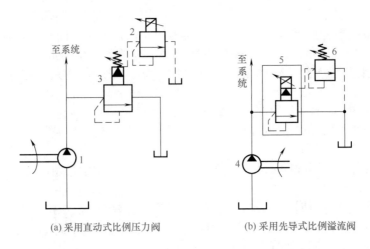

(a) 采用直动式比例压力阀　　　　　　(b) 采用先导式比例溢流阀

图 7-98　电液比例溢流阀的比例调压回路
1, 4—定量液压泵；2—直动式电液比例溢流阀；3—传统先导式溢流阀；
5—先导式电液比例溢流阀；6—传统直动式溢流阀

　　如图 7-99（a）所示，用一个直动式电液比例压力阀 3 与传统先导式减压阀 4 的先导遥控口相连接，用比例压力阀 3 作远程控制减压阀 4 的设定压力，从而实现系统的分级变压控制。液压泵 1 的最大工作压力由溢流阀 2 设定。
　　如图 7-99（b）所示，直接用先导式电液比例减压阀 7 对系统压力进行减压调节，液压泵 5 的最大工作压力由溢流阀 6 设定。

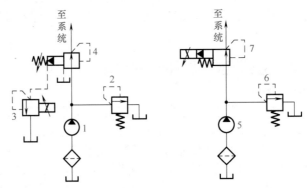

(a) 采用传统先导式减压阀和直动式比例压力阀　　(b) 采用先导式比例减压阀

图 7-99　电液比例减压阀的比例减压回路
1, 5—定量液压泵；2—传统先导式溢流阀；3—直动式电液比例压力阀；
4—传统先导式减压阀；6—传统直动式溢流阀；7—先导式电液比例减压阀

　　（2）电液比例速度控制
　　采用电液比例流量阀（节流阀或调速阀）控制可以很方便地按照生产工艺及设备负载特性的要求，实现一定的速度控制规律。与传统手调阀的速度控制相比较，可以大大简化控制回路及系统，又能提高控制性能，而且安装、使用和维护都比较方便。
　　① 基本回路。如图 7-100 所示为电液比例节流阀的节流调速回路。其中图 7-100（a）所示为进口节流调速回路，图 7-100（b）所示为出口节流调速回路，图 7-100（c）所示为旁油路节流调速回路。它们的结构与功能的特点与传统节流阀的调速回路大体相同。所不同的

是，电液比例调速阀可以实现开环或闭环控制，可以根据负载的速度特性要求，以更高精度实现执行器各种复杂的速度控制。将图中的比例节流阀换为比例调速阀，即构成电液比例调速阀的节流调速回路，由于比例调速阀具有压力补偿功能，所以执行器的速度负载特性即速度平稳性要好。

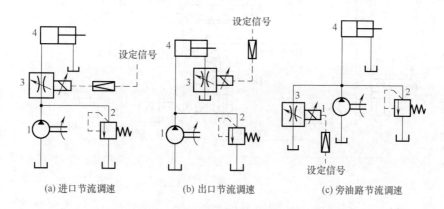

(a) 进口节流调速　　　　(b) 出口节流调速　　　　(c) 旁油路节流调速

图 7-100　电液比例节流阀的节流调速回路
1—定量液压泵；2—溢流阀；3—电液比例节流阀；4—液压缸

② 机床微进给电液比例控制回路。如图 7-101 所示为机床微进给电液比例控制回路原理图，采用了传统调速阀 1 和电液比例调速阀 3，以实现液压缸 2 驱动机床工作台的微进给。液压缸的运动速度由其流量 $q_2$（$q_2=q_1-q_3$）决定。当 $q_1 > q_3$ 时，活塞左移；而当 $q_1 < q_3$ 时，活塞右移。故无换向阀即可实现活塞运动换向。此控制方式的优点是：用流量增益较小的比例调速阀即可获得微小进给量，而不必采用微小流量调速阀；两个调速阀均可在较大开度（流量）下工作，不易堵塞；既可开环控制也

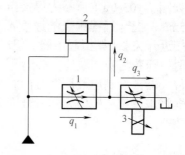

图 7-101　机床微进给电液比例控制回路原理
1—传统调速阀；2—液压缸；3—电液比例调速阀

可以闭环控制，可以保证液压缸输出速度恒定或按设定的规律变化。如将传统调速阀 1 用比例调速阀取代，还可以扩大调速范围。

（3）电液比例方向速度控制

采用兼有方向控制和流量比例控制功能的电液比例方向阀或电液伺服比例阀（高性能电液比例方向阀），可以实现液压系统的换向及速度的比例控制。下面给出几个实例。

实例 1：无缝钢管生产线穿孔机芯棒送入机构的电液比例控制系统

如图 7-102 所示为无缝钢管生产线穿孔机芯棒送入机构的电液比例控制系统原理，芯棒送入液压缸行程为 1.59m，最大行驶速度为 1.987m/s，启动和制动时的最大加（减）速度均为 30m/s²，在两个运动方向运行所需流量分别为 937L/min 和 168L/min。系统采用公称通径 10 的比例方向节流阀为先导控制级，通径 50 的二通插装阀为功率输出级，组合成电液比例方向节流控制插装阀。采用通径 10 的定值控制压力阀作为先导控制级，通径 50 的二通插装阀为功率输出级，组合成先导控制式定值压力阀，以满足大流量和快速动作的控制要求。采用进油节流阀调节速度和加（减）速度，以适应阻力负载；采用液控插装式锥阀锁定液压缸活塞，采用接近开关、比例放大器、电液比例方向节流阀等的配合控制，控制加（减）速度或斜坡时间，控制工作速度。

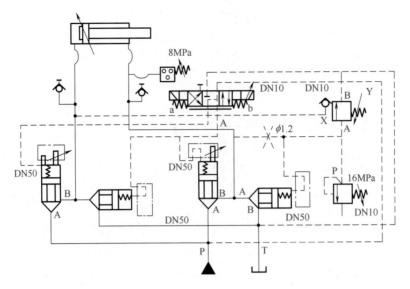

图 7-102　无缝钢管生产线穿孔机芯棒送入机构的电液比例控制系统原理

实例 2：焊接自动线提升装置的电液比例控制回路

如图 7-103（a）所示为焊接自动线提升装置的运行速度循环图，要求升、降最高速度达 0.5m/s，提升行程中点的速度不得超过 0.15m/s，为此采用了电液比例方向节流阀 1 和电子接近开关 2（模拟起始器）组成的提升装置电液比例控制回路，如图 7-103（b）所示。工作时，随着活塞挡铁逐步接近开关 2，接近开关输出的模拟电压相应降低直到 0V，通过比例放大器去控制电液比例方向阀，使液压缸 5 按运行速度循环图的要求，通过四杆机械转换器将水平位移转换为垂直升降运动。此回路对于控制位置重复精度的大惯量负载是相当有效的。

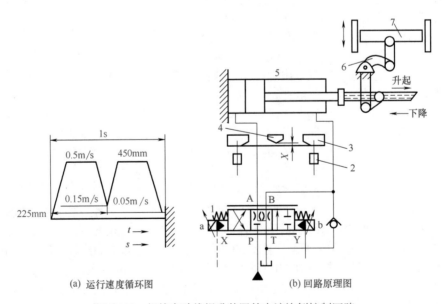

(a) 运行速度循环图　　　　　　　　(b) 回路原理图

图 7-103　焊接自动线提升装置的电液比例控制回路
1—电液比例方向节流阀；2—电子接近开关（模拟起始器）；3—控制挡块；
4—活动挡块；5—液压缸；6—四杆机械转换器；7—工作机构

（4）使用注意事项

① 在选择比例节流阀或比例方向阀时，一定要注意，不能超过电液比例节流阀或比例方向阀的功率域（工作极限）。

② 注意控制油液污染。比例阀对油液污染度通常要求为 NAS1638 的 7～9 级（ISO 的 16/13，17/14，18/15 级），决定这一指标的主要环节是先导级。虽然电液比例阀较伺服阀的抗污染能力强，但也不能因此对油液污染掉以轻心，因为电液比例控制系统的很多故障也是由油液污染引起的。

③ 比例阀与放大器必须配套。通常比例放大器能随比例阀配套供应，放大器一般有深度电流负反馈，并在信号电流中叠加着颤振电流。放大器设计成断电时或差动变压断线时使阀芯处于原始位置，或是系统压力最低，以保证安全。放大器中有时设置斜坡信号发生器，以便控制升压、降压时间或运动加速度或减速度。驱动比例方向阀的放大器往往还有函数发生器以便补偿比较大的死区特性。

比例阀与比例放大器安置距离可达 60m，信号源与放大器的距离可以是任意的。

④ 控制加速度和减速度的传统的方法有：换向阀切换时间延迟、液压缸内端位缓冲、电子控制流量阀和变量泵等。用比例方向阀和斜坡信号发生器可以提供很好的解决方案，这样就可以提高机器的循环速度并防止惯性冲击。

### 三、比例阀用放大器简介

比例阀与放大器配套使用，放大器采用电流负反馈，设置斜坡信号发生器、阶跃函数发生器、PID 调节器、反向器等，控制升压、降压时间或运动加速度及减速度。断电时，能使阀芯处于安全位置。

对比例放大器的基本要求是能及时地产生正确有效的控制信号。及时地产生控制信号意味着除了有产生信号的装置外，还必须有正确无误的逻辑控制与信号处理装置。正确有效的控制信号意味着信号的幅值和波形都应该满足比例阀的要求，与电 - 机械转换装置（比例电磁铁）相匹配。为了减小比例元件零位死区的影响，放大器应具有幅值可调的初始电流功能；为减小滞环的影响，放大器的输出电流中应含有一定频率和幅值的颤振电流；为减小系统启动和制动时的冲击，对阶跃输入信号应能自动生成可调的斜坡输入信号。同时，由于控制系统中用于处理的电信号为弱电信号，而比例电磁铁的控制功率相对较高，所以必须用功率放大器进行放大。根据比例电磁铁的特点，比例放大器大致可分为两类：不带电反馈的和带阀芯位移电反馈的比例放大器。前者配用力控制型比例电磁铁，主要包括比例压力阀和比例方向阀；后者配用位移控制型比例电磁铁，主要有比例流量阀等。

不带电反馈的比例压力阀常用的比例放大器有 VT2000、VT3000、VT2010、VT2013，这几种比例放大器的功能类似，区别在于初始段电流情况不一样，需根据具体的比例压力阀来选用，而且仅适用于比例电磁铁阻抗为 $19.5\Omega$ 的比例压力阀。对于电磁铁阻抗为 $5.4\Omega$ 的比例压力阀，需用 VT-VSPA1-1 比例放大器。

### 四、比例阀的选用原则

比例阀的选用原则应注意以下几点：

① 根据用途和被控对象选择比例阀的类型。

② 正确了解比例阀的动、静态指标，主要有额定输出流量、起始电流、滞环、重复精度、额定压力损失、温漂、响应特性、频率特性等。

③ 根据执行器的工作精度要求选择比例阀的精度，内含反馈闭环阀的稳态性、动态品质等。如果比例阀的固有特性如滞环、非线性等无法使被控系统达到理想的效果，可以使用

软件程序改善系统的性能。

④ 如果选择带先导阀的比例阀，要注意先导阀对油液污染度的要求。一般应符合 ISO 185 标准，并在油路上加装过滤精度为 10μm 以下的进油过滤器。

⑤ 比例阀的通径应按执行器在最高速度时通过的流量来确定，通径选得过大，会使系统的分辨率降低。

⑥ 比例阀必须使用与之配套的放大器，阀与放大器的距离应尽可能地短。

在选择比例阀时，有些设计者往往像选择普通换向阀那样选择，通常不能获得满意的结果。例如某液压设备的工作数据为供油压力 12MPa，工进时负载压力 11MPa，快进时负载压力 7MPa；工进时所需流量范围 5～20L/min，快进时所需流量范围 60～150L/min。若按普通换向阀那样选择，则应选择公称流量为 150L/min 的比例阀，即选择 4WRE16E150 型比例方向阀，其工作曲线如图 7-104 所示。对于本例，快进工况时，阀压降为 5MPa，当流量为 150L/min 时，仅利用了额定电流的 67%，当流量为 60L/min 时，仅利用了额定电流的 48%，调节范围仅达额定电流的 19%；工进工况时，阀压降为 1MPa，当流量为 20L/min 时，利用了额定电流 47%，当流量为 5L/min 时，利用了额定电流 37%，调节范围也只达到总调节范围的 10%。在这种情况下假定阀的滞环为 3% 额定电流，对应于调节范围为 10%，则其滞环相当于 30%，显然很难用如此差的分辨率来进行控制。

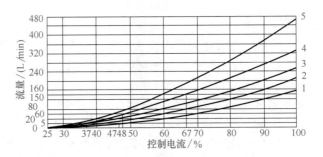

图 7-104　4WRE16E150 型比例阀工作曲线
1～5—阀压降分别为 1、2、3、5、10MPa

为了能够充分利用比例方向阀阀芯的最大位移，对不同公称流量的阀应准确确定其相应的节流断面面积。正确的选择原则是：最大流量尽量接近对应于 100% 的额定电流。

按此原则可选用公称流量 64L/min（阀压降 1MPa）的比例方向阀。其工作曲线如图 7-105 所示。快进工况时，额定电流在 66%～98% 范围内，调节范围达 32%；工进工况时，额定电流在 36%～63% 范围内，调节范围达 27%。可见调节范围增大，分辨率较高。故重复精度造成的误差也相应减少。

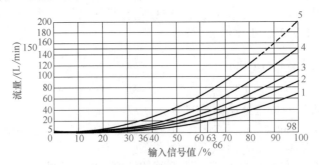

图 7-105　4WRE16E64 型比例阀工作曲线
1～5—阀压降分别为 1、2、3、5、10MPa

## 五、电液比例阀故障诊断与修理

（1）比例电磁铁故障

① 由于插头组件的接线插座（基座）老化、接触不良以及电磁铁引线脱焊等原因，比例电磁铁不能工作（不能通入电流）。此时可用电表检测，如发现电阻无限大，可重新将引线焊牢，修复插座并将插座插牢。

② 线圈组件的故障有线圈老化、线圈烧毁、线圈内部断线以及线圈温升过大等现象。

线圈温升过大会造成比例电磁铁的输出力不够，其余会使比例电磁铁不能工作。对于线圈温升过大，可检查通入电流是否过大，线圈漆包线是否绝缘不良，阀芯是否因污物卡死等，一一查明原因并排除之；对于断线、烧坏等现象，需更换线圈。

③ 衔铁组件的故障主要有衔铁因其与导磁套构成的摩擦副在使用过程中磨损，导致阀的力滞环增加；还有推杆导杆与衔铁不同心，也会引起力滞环增加，必须排除之。

④ 因焊接不牢，或者使用中在比例阀脉冲压力的作用下使导磁套的焊接处断裂，使比例电磁铁丧失功能。

⑤ 导磁套在冲击压力下发生变形，以及导磁套与衔铁构成的摩擦副在使用过程中磨损，导致比例阀出现力滞环增加的现象。

⑥ 比例放大器有故障，导致比例电磁铁不工作。此时应检查放大器电路的各种元件，消除比例放大器电路故障。

⑦ 比例放大器和电磁铁之间的连线断线或放大器接线端子接线脱开，使比例电磁铁不工作。此时应更换断线，重新连接牢靠。

（2）电液比例压力阀故障

电液比例压力阀故障现象、原因及排除方法见表 7-57。

表 7-57　电液比例压力阀的故障现象、原因与排除方法

| 故障现象 | 故障原因 | 排除方法 |
|---|---|---|
| 比例电磁铁无电流通过，导致调压失灵 | ①比例电磁铁发生故障 | ①前述比例电磁铁的故障排除方法 |
| | ②比例电磁铁控制电路发生故障 | ②检修比例电磁铁控制电路 |
| | ③阀体发生故障 | ③维修比例压力阀的阀体 |
| 流经比例电磁铁的电流足够大，但是比例压力阀的压力升不上去，或达不到所要求的压力值 | ①比例电磁铁的线圈电阻远小于规定值，电磁铁线圈内部断路 | ①重绕电磁线圈或更换比例电磁铁 |
| | ②连接比例放大器的连线短路 | ②重新连接比例放大器连线 |
| 压力发生阶跃变化时，压力不稳定，发生小振幅的波动 | ①比例电磁铁的铁芯和导向套之间有污物，阻碍铁芯运动，导致滞环增大，在滞环范围内，压力不稳定，发生波动 | ①拆卸比例压力阀，清洗比例电磁铁，并检查液压油的清洁度，如不符合规定要求，更换清洁油液 |
| | ②主阀芯滑动部分沾有污物，阻碍主阀芯运动，导致滞环增大，在滞环范围内，压力不稳定，发生波动 | ②拆卸比例压力阀，清洗主阀芯，并检查液压油的清洁度，如不符合规定要求，更换清洁油液 |
| | ③铁芯与导向套的配合副发生磨损，造成间隙增大，力滞环增加，导致所调压力不稳定，发生波动 | ③加大铁芯外径尺寸，使铁芯与导向套配合良好 |
| 压力响应迟滞，压力改变缓慢 | ①比例电磁铁内存有空气 | ①比例压力阀在开始使用前要先拧松放气螺钉，放干净空气，直到有油液流出为止 |
| | ②电磁铁铁芯上的固定阻尼节流孔及主阀芯节流孔或旁路节流孔被污物堵住，比例电磁铁铁芯及主阀芯的运动受到阻碍 | ②拆开比例电磁铁和主阀进行清洗，检查油液清洁度，如不符合要求，进行更换 |
| | ③设备刚装好开始运转时或长期停机后，系统中进入空气 | ③在空气集中的系统油路的最高位置设置放气阀进行放气，或拧松管接头进行放气 |

| 故障现象 | 故障原因 | 排除方法 |
|---|---|---|
| CGE 型电液比例溢流阀的电磁线圈输入 500mA 额定电流时，阀进口压力达不到 21MPa 额定工作压力，而是比额定压力低 2～6MPa | 磁隙调整垫片的紧固螺钉松动，使磁隙和磁阻增大，电磁力下降，液压间隙增大，导致喷嘴上游压力和主阀芯上腔压力降低，造成主阀芯开启压力下降，即阀进口压力下降，达不到最高压力 | 适当增减磁隙调整垫片厚度，拧紧磁隙调整垫片紧固螺钉，减小磁隙，使磁隙初始设置值在 0.89～0.94mm 范围内 |
| CGE 型电液比例溢流阀线圈输入零电流时，阀初始压力过高 | 喷嘴挡板的初始间隙过小，导致初始压力过高 | 拆卸并重新安装电液比例溢流阀，使喷嘴挡板的初始间隙在 0.1～0.13mm 范围内 |

（3）电液比例流量阀故障

电液比例流量阀故障现象、原因及排除方法见表 7-58。

表 7-58　电液比例流量阀的故障现象、原因与排除方法

| 故障现象 | 故障原因 | 排除方法 |
|---|---|---|
| 节流调节流量作用失效 | ①流量阀流量调节失效 | ①参考前述流量阀调节失效故障排除方法 |
| | ②比例电磁铁插座老化导致接触不良，电磁铁引线脱焊，线圈内部断线等，造成比例电磁铁未能通电 | ②参照比例电磁铁故障排除方法 |
| | ③比例放大器出现故障 | ③检查比例放大器电路各组成元件，更换故障元件 |
| 流量调定后不稳定 | 径向不平衡力及机械摩擦增大，导致力滞环增加，造成流量调定不稳定 | 尽量减小衔铁和导磁套的磨损；使推杆导杆与衔铁同心；采用过滤器使油液清洁，防止污物进入衔铁与导磁套之间的间隙内而卡死衔铁；导磁套和衔铁磨损后，要进行修复，使二者的间隙满足规定范围要求 |

（4）电液比例方向阀故障

电液比例方向阀故障现象、原因及排除方法见表 7-59。

表 7-59　电液比例方向阀的故障现象、原因与排除方法

| 故障现象 | 故障原因 | 排除方法 |
|---|---|---|
| 参考前述方向阀故障现象 | 参考前述方向阀故障现象 | 参考前述方向阀故障现象 |
| 方向调节作用失效或不稳定 | ①方向阀失去方向调节能力 | ①参考前述故障排除方法 |
| | ②比例电磁铁插座老化导致接触不良，电磁铁引线脱焊，线圈内部断线等，造成比例电磁铁未能通电 | ②参照比例电磁铁故障排除方法 |
| | ③比例放大器出现故障 | ③检查比例放大器电路各组成元件，更换故障元件 |
| | ④存在径向不平衡力，磨损严重，污物进入衔铁和导磁套间隙，导致力滞环增加，造成方向调节不稳定 | ④尽量减小衔铁和导磁套的磨损，磨损后要进行修复；使推杆导杆与衔铁同心；采取过滤器使油液清洁，防止污物进入衔铁与导磁套之间的间隙内而卡死衔铁 |

# 第七节　插　装　阀

插装阀又称逻辑阀，其基本核心元件是插装元件，是一种液控型、单控制口装于油路主级中的液阻单元。将一个或若干个插装元件进行不同组合，并配以相应的先导控制级，可以组成方向控制、压力控制、流量控制或复合控制等控制单元（阀）。

## 一、插装阀的分类方式

插装阀的分类方式是按通口数和按照与油路块的连接方式分类的，具体分类方式见表 7-60。

表 7-60　插装阀的分类方式

| 分类方式 | 说明 |
|---|---|
| 按通口数分类 | 按通口数插装阀有二通、三通和四通之分，其中，二通插装阀为单液阻的两个主油口连接到工作系统或其他插装阀，三通插装阀的三个油口分别为压力油口、负载油口和回油箱油口，四通插装阀的四个油口分别为一个压力油口、一个接油箱油口和两个负载油口 |
| 按照与油路块的连接方式分类 | 插装阀本身没有阀体，故插装阀液压系统必须将插装阀安装连接在油路块（也称集成块）中，按照与油路块的连接方式的不同，插装阀分为盖板式及螺纹式两类，其中盖板式应用较多，它是插装阀的主流产品<br>①二通盖板式插装阀的插装元件、插装孔和适应各种控制功能的盖板组件等基本构件标准化、通用化、模块化程度高，具有通流能力大、控制自动化等显著优势，故成为高压大流量（流量可达 18000L/min）领域的主导控制阀品种<br>②螺纹式插装阀原多用于工程机械液压系统，而且往往作为其主要控制阀（如多路阀）的附件形式出现，近 10 年来在盖板式插装阀技术影响下，逐步在中小流量范畴发展成独立体系 |

## 二、插装阀的结构与工作原理

插装阀由插装组件、控制盖板和先导阀等组成，如图 7-106 所示。插装组件（图 7-107）又称主阀组件，它由阀芯、阀套、弹簧和密封件等组成。插装组件有两个主油路口 A 和 B，一个控制油口 X，插装组件装在油路块中。

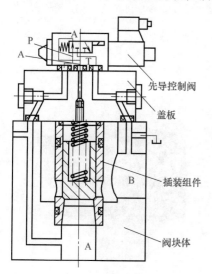

图 7-106　插装阀的组成

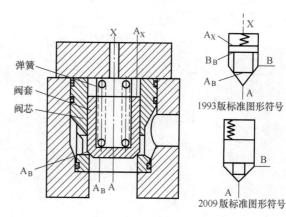

1993版标准图形符号

2009版标准图形符号

图 7-107　插装组件

插装组件的主要功能是控制主油路的流量、压力和液流的通断。控制盖板是用来密封插装组件，安装先导阀和其他元件，沟通先导阀和插装组件控制腔的油路。先导阀是对插装组件的动作进行控制的小通径标准液压阀。

（1）插装方向控制阀

插装方向控制阀是根据控制腔 X 的通油方式来控制主阀芯的启闭。若 X 腔通油箱，则主阀阀口开启；若 X 腔与主阀进油路相通，则主阀阀口关闭。

插装方向控制阀结构与工作原理见表 7-61。

表 7-61　插装方向控制阀结构与工作原理

| 类别 | 说明 |
|---|---|
| 插装单向阀 | 如图 7-108 所示，将插装组件的控制腔 X 与油口 A 或 B 连通，即成为普通单向阀。其导通方向随控制腔的连接方式而异。在控制盖板上接一个二位三通液控换向阀（作先导阀），来控制 X 腔的连接方式，即成为液控单向阀。如图 7-109 所示为插装单向阀外形<br><br>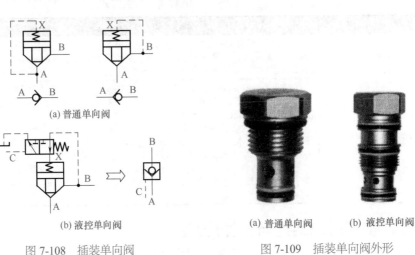<br><br>图 7-108　插装单向阀　　　　　　图 7-109　插装单向阀外形 |
| 二位二通插装换向阀 | 如图 7-110（a）所示，由二位三通先导电磁阀控制主阀芯 X 腔的压力。当电磁阀断电时，X 腔与 B 腔相通，B 腔的油使主阀芯关闭，而 A 腔的油可使主阀芯开启，从 A 到 B 单向流通。当电磁阀通电时，X 腔通油箱，A、B 油路的压力油均可使主阀芯开启，A 与 B 双向相通。图 7-110（b）所示为在控制油路中增加一个梭阀，当电磁阀断电时，梭阀可保证 A 或 B 油路中压力较高者经梭阀和先导阀进入 X 腔，使主阀可靠关闭，实现液流的双向切断。图 7-111 所示为二位二通插装换向阀的外形<br><br>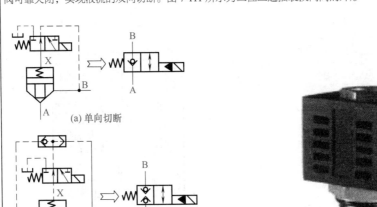<br><br>图 7-110　二位二通插装换向阀　　　　図 7-111　二位二通插装换向阀的外形 |
| 二位三通插装换向阀 | 如图 7-112 所示，由两个插装组件和一个二位四通电磁换向阀组成。当电磁铁断电时，电磁换向阀处于右端位置，插装组件 1 的控制腔通压力油，主阀阀口关闭，即 P 封闭；而插装组件 2 的控制腔通油箱，主阀阀口开启，A 与 T 相通。当电磁铁通电时，电磁换向阀处于左端位置，插装组件 1 的控制腔通油箱，主阀阀口开启，即 P 与 A 相通；而插装组件 2 的控制腔通压力油，主阀阀口关闭，T 封闭。二位三通插装换向阀相当于一个二位三通电液换向阀 |

| 类别 | 说明 |
|---|---|
| 二位三通插装换向阀 | 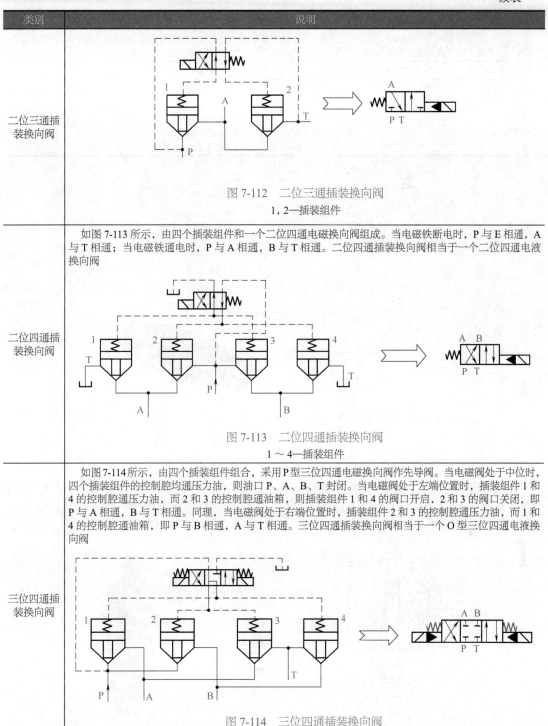<br>图 7-112　二位三通插装换向阀<br>1，2—插装组件 |
| 二位四通插装换向阀 | 如图 7-113 所示，由四个插装组件和一个二位四通电磁换向阀组成。当电磁铁断电时，P 与 E 相通，A 与 T 相通；当电磁铁通电时，P 与 A 相通，B 与 T 相通。二位四通插装换向阀相当于一个二位四通电液换向阀<br>图 7-113　二位四通插装换向阀<br>1～4—插装组件 |
| 三位四通插装换向阀 | 如图 7-114所示，由四个插装组件组合，采用 P 型三位四通电磁换向阀作先导阀。当电磁阀处于中位时，四个插装组件的控制腔均通压力油，则油口 P、A、B、T 封闭。当电磁阀处于左端位置时，插装组件 1 和 4 的控制腔通压力油，而 2 和 3 的控制腔通油箱，则插装组件 1 和 4 的阀口开启，2 和 3 的阀口关闭，即 P 与 A 相通，B 与 T 相通。同理，当电磁阀处于右端位置时，插装组件 2 和 3 的控制腔通压力油，而 1 和 4 的控制腔通油箱，即 P 与 B 相通，A 与 T 相通。三位四通插装换向阀相当于一个 O 型三位四通电液换向阀<br>图 7-114　三位四通插装换向阀<br>1～4—插装组件 |

（2）插装压力控制阀

由直动式调压阀作为先导阀，对插装组件控制腔 X 进行压力控制，即构成插装压力控制阀。插装压力控制阀结构与工作原理见表 7-62。

表 7-62　插装压力控制阀结构与工作原理

| 类别 | 说明 |
| --- | --- |
| 插装溢流阀 | 如图 7-115（a）所示为溢流阀的工作原理图，B 口通油箱，A 口的压力油经节流小孔（此节流小孔也可直接放在锥阀阀芯内部）进入控制腔 X，并与先导压力阀相通 |
| 插装顺序阀 | 当图 7-115（a）中的 B 口不接油箱而接负载时，即为插装顺序阀 |
| 插装卸荷阀 | 如图 7-115（b）所示，在插装溢流阀的控制腔 X 再接一个二位二通电磁换向阀。当电磁铁断电时，具有溢流阀功能；电磁铁通电时，即成为卸荷阀 |
| 插装减压阀 | 如图 7-115（c）所示，减压阀中的插装组件为常开式滑阀结构，B 为一次压力 $p_1$ 进口，A 为出口，A 腔的压力油经节流小孔与控制腔 X 相通，并与先导阀进口相通。由于控制油取自 A 口，因而能得到恒定的二次压力 $p_2$，相当于定压输出减压阀。如图 7-115（d）所示为插装压力控制阀的外形 |

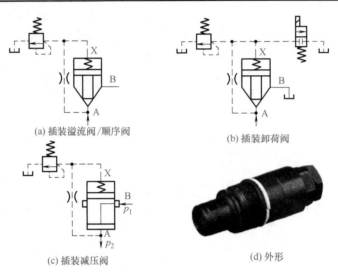

(a) 插装溢流阀/顺序阀　　(b) 插装卸荷阀

(c) 插装减压阀　　(d) 外形

图 7-115　插装压力控制阀

（3）插装流量控制阀

① 节流阀。如图 7-116 所示，锥阀单元尾部带节流窗口（也有不带节流窗口的），锥阀的开启高度由行程调节器（如调节螺杆）来控制，从而达到控制流量的目的。

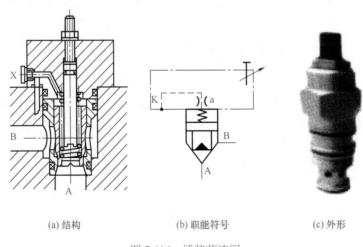

(a) 结构　　　　(b) 职能符号　　　　(c) 外形

图 7-116　插装节流阀

② 调速阀。如图 7-117 所示，定差减压阀阀芯两端分别与节流阀进出口相通，从而保证

节流阀进、出口压差不随负载变化，成为调速阀。

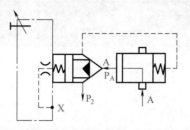

图 7-117　插装调速阀

（4）典型插装元件类型与适用场合（表 7-63）。

表 7-63　典型插装元件类型与适用场合

| 插装件类型 | A、B口面积比 $A_A：A_B$ | 阀芯 | 结构图 | 图形符号 | 流向 | 通径/mm | 适用场合 |
|---|---|---|---|---|---|---|---|
| A型基本插件 | 1：1.2 | 锥阀 | | | A→B | 16～160 | 方向控制 |
| A型常开插件 | 1：1.2 | 锥阀 | | | | 16～63 | X腔升压可使阀芯关闭。可用作充液阀，但需与专用盖板使用 |
| B型基本插件 | 1：1.5 | 锥阀 | | | A→B B→A | 16～160 | 方向控制 |
| B型插件（阀芯带密封圈） | 1：1.5 | 锥阀 | | | A→B B→A | 16～160 | 方向控制。阀芯带密封件，适用于乳化液、水-乙二醇等介质[①] |
| C型带阻尼孔插件 | 1：1.0 | 锥阀 | | | A→B | 16～160 | 用于B口有背压工况，防止B口压力反向打开主阀 |
| D型基本插件 | 1：1.07[②] | 锥阀 | | | A→B | 16～160 | 仅用于方向控制与压力控制 |
| D型带阻尼孔插件 | 1：1.07 | 锥阀 | | | A→B | 16～160 | 压力控制 |

| 插装件类型 | A、B口面积比 $A_A$：$A_B$ | 阀芯 | 结构图 | 图形符号 | 流向 | 通径/mm | 适用场合 |
|---|---|---|---|---|---|---|---|
| D 型带阻尼孔插件（阀芯带密封圈） | 1：1.07 | 锥阀 | 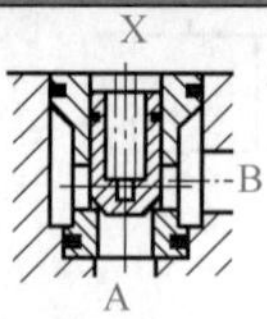 |  | A→B | 16～160 | 压力控制 |
| 带缓冲头插件 | 1：1.5 | 锥阀 | 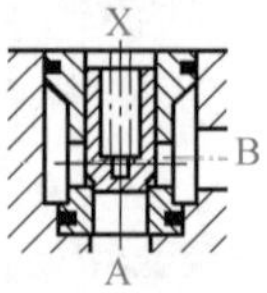 | 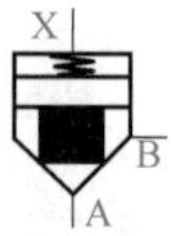 | A→B B→A | 16～160 | 要求换向冲击力小的方向控制，流通阻力较 B 型基本插件稍大 |
| 带缓冲头插件（阀芯带密封圈） | 1：1.5 | 锥阀 | 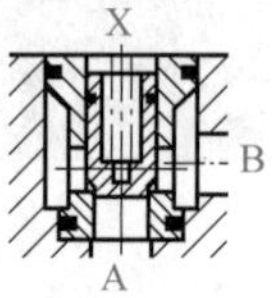 | 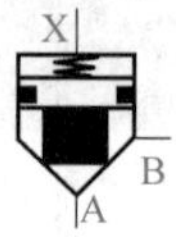 | A→B B→A | 16～160 | 要求换向冲击力小的方向控制，流通阻力较 B 型基本插件稍大 |
| 节流插件 | 1：1.5 | 锥阀 | 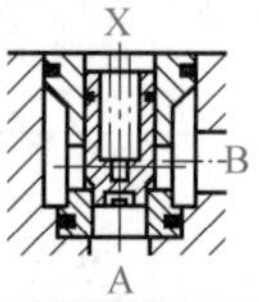 |  | A→B B→A | 16～160 | 与节流控制盖板合用；可构成节流阀；用于有特殊要求的场合 |
| 节流插件（阀芯带密封圈） | 1：1.5 | 锥阀 | 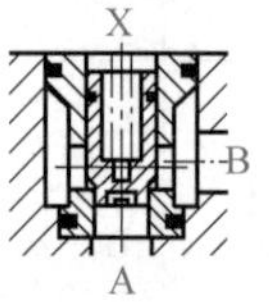 |  | A→B B→A | 16～160 | — |
| 阀芯内钻孔使 BX 腔相通插件 | 1：2.0 | 锥阀 | 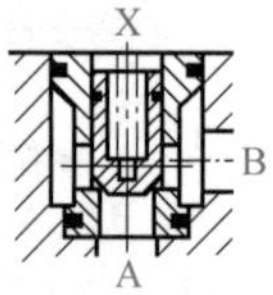 | 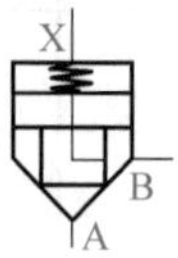 | A→B | 16～160 | 作单向阀 |
| BX 腔相通插件（阀芯带密封圈） | 1：2.0 | 锥阀 | 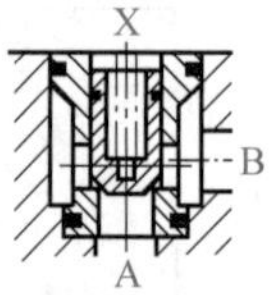 | 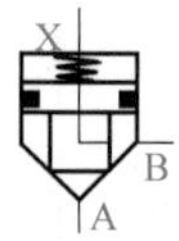 | A→B | 16～160 | 作单向阀 |
| 常开滑阀型插件 | 1：1.0 | 滑阀 | 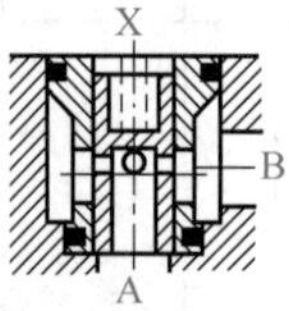 | 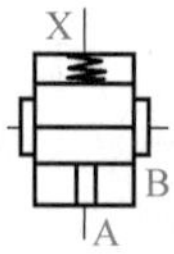 | A→B | 16～63 | A、B 口常开，可用作减压阀，与节流插件串联构成二通调速阀 |
| 常开滑阀型插件（A、X 腔间有单向阀） | 1：1.0 | 滑阀 | 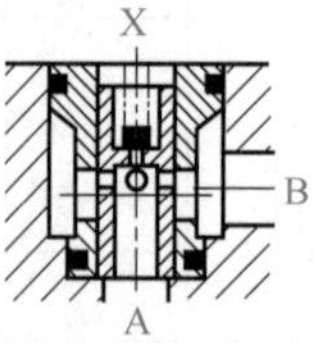 | 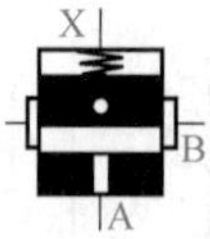 | A→B | 16～40 | 可用作（定压式）减压阀，A、X 腔间的单向阀，用于吸收 A 口的瞬时高压 |

| 插装件类型 | A、B 口面积比 $A_A$：$A_B$ | 阀芯 | 结构图 | 图形符号 | 流向 | 通径 /mm | 适用场合 |
|---|---|---|---|---|---|---|---|
| 常闭滑阀型插件 | 1：1.0 | 滑阀 | | | A → B | 16 ~ 63 | A、B 口常闭，与节流插件并联，可构成三通调速阀；与三通减压先导阀合用，可构成减压阀 |
| 常开滑阀型插件，A、X 腔间有阻尼孔 | 1：1.0 | 滑阀 | | | A → B | 16 ~ 63 | A、B 口常开，可用作减压阀或压力阀 |

① 凡是阀芯带密封件的插件都适用于乳化液、水 - 乙二醇介质。
② 榆次油研系列插装阀产品的面积比为 1：1.042。

## 三、插装阀的应用场合及选用原则

盖板式二通插装阀主要适用于高压大流量液压系统，适用条件有以下几点：
① 工作压力超过 21MPa，流量超过 150L/min。
② 系统要求集成度高，外形尺寸小。
③ 系统回路比较复杂。
④ 系统要求快速响应。
⑤ 系统要求内泄小或基本无泄漏。
⑥ 系统要求稳定性好、噪声低。

螺纹式插装阀则主要用于高压中、小流量（最大可达 230L/min 左右）场合。利用二通插装阀可以组成各类液压回路。由于二通插装阀控制技术是以对单个阻力的独立控制为基础，故选用插装阀时，除了一般液压阀的选用原则之外还有一些特殊之处，其选用原则见表 7-64。

表 7-64　插装阀的选用原则

| 选用原则 | 说明 |
|---|---|
| 确定系统的基本要求及参数 | ①根据系统特点及插装阀适用条件确定是否采用插装阀<br>②确定各执行机构要求的各项参数（如力、力矩、压力、位移和速度等）以及控制方法<br>③确定系统工作介质<br>④确定各执行机构的各个工作过程及它们相对应的压力、方向及流量<br>⑤各执行机构的各工作过程之间的过渡要求<br>⑥对控制安全性的要求 |
| 根据以上要求，确定插装阀的具体型号规格 | ①初步确定主控制级即插装件。依次确定排油腔的个数；根据执行机构工作过程中对各排油腔阻力控制的要求，确定插装件的个数、形式及相互连接方式；根据执行机构工作过程中对各排油腔流量、阻力的要求，确定插装件结构、面积比、开启压力、缓冲功能等；根据系统介质确定插装件材料及密封件材料；初定主级回路图<br>②初步确定先导级。根据系统工作特点，初定先导控制的方案，如外部控制、内部控制、压力比较等；根据工作过程和步骤确定先导方向控制盖板（如盖板机能等），确定先导控制用滑阀或座阀，并根据主控制级的通径确定先导阀的通径规格（例如七零四所系列规定 16 ~ 40 通径采用 NG6 先导阀，NG50 通径以上采用 NG10 先导阀），最后确定电压形式、控制形式；根据工作过程中各排油腔压力要求及流量要求，确定压力和流量控制盖板的机能，如比例、减压、顺序、卸荷等功能；确定细节如阻尼、复合控制、泄漏控制、压力选择形式等<br>③最后确定所有元件。根据以上初步确定的插装件和控制盖板型号再做整体交叉验证，并做相应的修改，确定最终的元件型号规格 |

## 四、选用插装阀时的注意事项

（1）盖板式二通插装阀

① 插装阀在工作中，因复位弹簧力较小，故阀的状态主要决定于作用在 A、B、X 三腔的油液压力，而 $p_A$、$p_S$ 由系统或负载决定。若采用外控（即控制油来自工作系统之外的其他油源），则 $p_X$ 是可控的；若采用内控（即控制油来自工作系统本身），则 $p_X$ 也将受到负载压力的影响。所以负载压力的变化及各种冲击压力的影响，对内控控制压力的干扰是难免的。因此，在进行插装阀系统设计时必须经过仔细分析计算，清楚了解整个工作循环中每个支路压力变化的情况，尤其注意分析动作转换过程冲击压力的干扰，特别是内控方式。须重视梭阀和单向阀的运用，否则将造成局部错误动作或整个系统的瘫痪。

② 如果若干个插装阀共用一个回油或泄油管路，为了避免管路压力冲击引起意外的阀芯移位，应设置单独的回油或泄油管路。

③ 应注意面积比、开启压力、开启速度及密封性对阀的工作影响。

④ 由于插装阀回路均是由一个个独立的控制液阻组合而成，所以它们的动作一致性不可能像传统液压阀那样可靠。为此，应合理设计先导油路，并通过使用梭阀或单向阀等元件技术措施，以避免出现瞬间路通而导致系统出现工作失常甚至瘫痪现象。

⑤ 二通插装阀的组件基本上都是由阀芯、阀套及盖板组成。由于一般用于高压大流量场合，冲击较大，故其材料的选用要注意：阀套最好选用优质低碳合金钢，热处理后锥面有一定的硬度，而组织内部有一定的韧性，并且切削性能好，因此热处理最好采用渗碳淬火，精加工时，要注意保证封油锥面与导向部分的同轴度，导向部分的圆柱度也要保证。阀芯的材料一般选用中碳合金钢，其硬度应比阀套稍高。精加工时应保证外圆的圆柱度以及锥面与外圆的同轴度。

⑥ 阀块又称集成块、通道块或油路块，它是安装插装元件、控制盖板及与外部管道连接的基础阀体。阀块中有插装元件的安装孔（也称插入孔）及主油路孔道和控制油路孔道，有安装控制盖板的加工平面、安装外部管道的加工平面及阀块的安装平面等。二通插装阀的安装连接尺寸及要求应符合国家标准（GB/T 2877—2007）。阀块可选用插装阀制造厂商的标准件，也可根据需要自行设计。

（2）螺纹式插装阀

① 螺纹式插装阀的阀块与盖板式插装阀的阀块作用类似。其插装孔尺寸、连接螺纹及要求等应符合有关标准 JB/T 5693—2004。

② 阀块（油路块）可选用插装阀制造厂商的标准件，也可根据需要自行设计。

③ 插装孔的加工最好采用专用刀具，以提高工效并保证其尺寸公差和形位公差要求，以免阀拧入后出现动作不良或卡阻等故障。

④ 在阀块上拧入螺纹式插装阀时，拧入时的扭矩应按螺纹规格和产品样本说明的要求拧入，不得过大或过小，最好使用扭矩扳手进行拧紧。

## 五、插装阀的安装连接尺寸

### （一）液压二通、三通、四通螺纹式插装阀插装孔（JB/T 5963—2004）

（1）尺寸

① 最大油口直径为 5～20.5mm 的二通插装阀（不包括主系统溢流阀）的插装孔尺寸见表 7-65，其插装孔的插装阀符号见表 7-66。

② 最大油口直径为 5～20.5mm，流向由油口 1 到油口 2 的二通主系统溢流阀的插装孔尺寸见表 7-67。

表 7-65　最大油口直径为 5 ～ 20.5mm 的二通插装阀（不包括主系统溢流阀）的插装孔尺寸

单位：mm

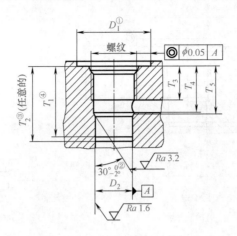

图中尺寸编号说明如下：

①所给尺寸是使用螺纹插装阀轴向安装工具需要的最小空间，如用套筒扳手上紧插装阀；如果需要使用平扳手，则需提供足够空间。该尺寸同样是两个尺寸相近的插装阀的中心距最小推荐值

②电控阀的接头可能会超过此空间尺寸，应留出安装和拆除这类接头的空间

③倒角和插装孔形状的其他数据通常采用相应的多直径成形刀具加工出。锐边应倒圆为 $R0.1 ～ 0.2mm$

④建议的预先加工深度，以便得到 $T_1$ 的合适的直径公差。对于某些类型的阀，增加的引导钻孔尺寸可以依据阀制造商提供的阀伸长间隙或允许的最小油液流通面积来规定

| 编码 | JB/T 5963—2004 | | | | | |
|---|---|---|---|---|---|---|
| | 18-01-0-×× | 20-01-0-×× | 22-01-0-×× | 27-01-0-×× | 33-01-0-×× | 42-01-0-×× |
| 螺纹 | M18×1.5 | M20×1.5 | M22×1.5 | M27×1.5 | M33×1.5 | M42×1.5 |
| $D_{1min}$ | 32 | 38 | 42 | 48 | 58 | 74 |
| $D_2$H8 | 15 | 17 | 19 | 23 | 29 | 38 |
| $T_{1min}$ | 29.5 | 30.5 | 38.5 | 46.5 | 50 | 56 |
| $T_2{}^{+1}_{0}$ | 31 | 32 | 40 | 52 | 52 | 58 |
| $T_{3min}$ | 14.5 | 14.5 | 17 | 22 | 22 | 23 |
| $T_{4max}$ | 19.5 | 20.5 | 27.5 | 35 | 38.5 | 43.5 |
| $T_5{}^{+0.4}_{0}$ | 20 | 21 | 28 | 35.5 | 39 | 44 |

表 7-66　插装孔的插装阀符号

| 插装阀类型 | 符号 | 插装阀类型 | 符号 |
|---|---|---|---|
| 单向阀 | 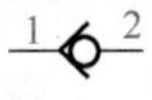 | 节流单向阀 | 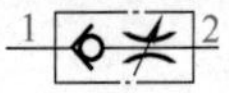 |
| 带单向阀的流量控制阀 | 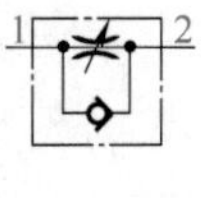 | 压力补偿型流量控制阀 |  |
| 带单向阀的压力补偿型流量控制阀 | 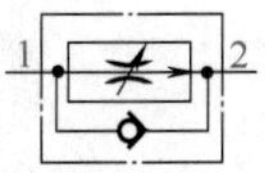 | 二通方向控制阀 | 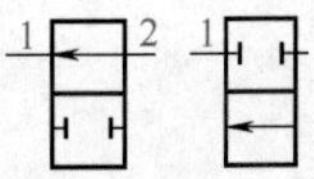 |

表 7-67　最大油口直径为 5 ~ 20.5mm，流向由油口 1 到油口 2 的二通主系统溢流阀的插装孔尺寸

单位：mm

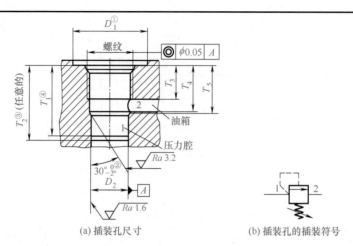

(a) 插装孔尺寸　　　　　　　(b) 插装孔的插装符号

注：图中①~④同表 7-65 图中说明

| 编码 | JB/T 5963—2004 | | | | | |
|---|---|---|---|---|---|---|
| | 16-01-0-×× | 20-01-0-×× | 22-01-0-×× | 27-01-0-×× | 33-01-0-×× | 42-01-0-×× |
| 螺纹 | M16×1.5 | M20×1.5 | M22×1.5 | M27×1.5 | M33×1.5 | M42×1.5 |
| $D_{1min}$ | 32 | 38 | 42 | 48 | 58 | 74 |
| $D_2$H8 | 13.5 | 15.5 | 17.5 | 21.5 | 27 | 36 |
| $T_{1min}$ | 30.5 | 31.5 | 40 | 48 | 52 | 58 |
| $T_2^{+1}_{\ 0}$ | 32 | 33 | 41.5 | 49.5 | 54 | 60 |
| $T_{3min}$ | 14.5 | 14.5 | 17 | 22 | 22 | 23 |
| $T_{4max}$ | 19.5 | 20.5 | 27.5 | 35 | 38.5 | 43.5 |
| $T_5^{+0.4}_{\ 0}$ | 20 | 21 | 28 | 35.5 | 39 | 44 |

③ 最大油口直径为 6 ~ 20.5mm，流向由油口 2 到油口 1 的二通主系统溢流阀的插装孔尺寸见表 7-68。

表 7-68　最大油口直径为 6 ~ 20.5mm，流向由油口 2 到油口 1 的二通主系统溢流阀的插装孔尺寸

单位：mm

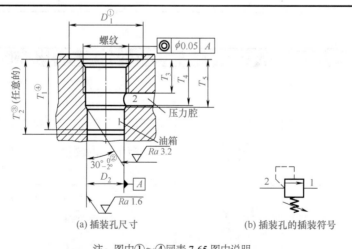

(a) 插装孔尺寸　　　　　　　(b) 插装孔的插装符号

注：图中①~④同表 7-65 图中说明

| 编码 | JB/T 5963—2004 | | | | |
|---|---|---|---|---|---|
| | 20-03-0-×× | 22-03-0-×× | 27-03-0-×× | 33-03-0-×× | 42-02-0-×× |
| 螺纹 | M20×1.5 | M22×1.5 | M27×1.5 | M33×1.5 | M42×1.5 |
| $D_{1min}$ | 38 | 42 | 48 | 58 | 74 |
| $D_2$H8 | 14 | 16 | 20 | 25 | 34 |
| $T_{1min}$ | 33 | 41 | 49 | 53.5 | 59.6 |
| $T_2{}^{+1}_{\,0}$ | 34.5 | 42.5 | 50.5 | 55.5 | 61.5 |
| $T_{3min}$ | 14.5 | 17 | 22 | 22 | 23 |
| $T_{4max}$ | 20.5 | 27.5 | 35 | 38.5 | 43.5 |
| $T_5{}^{+0.4}_{\,0}$ | 21 | 28 | 35.5 | 39 | 44 |

④ 最大油口直径为 6～20.5mm 的三通插装阀的插装孔尺寸见表 7-69，其插装孔的插装阀符号见表 7-70。

表 7-69　最大油口直径为 6～20.5mm 的三通插装阀的插装孔尺寸　　单位：mm

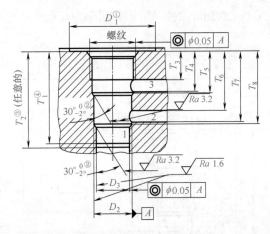

注：图中①～④同表 7-65 图中说明

| 编码 | JB/T 5963—2004 | | | | |
|---|---|---|---|---|---|
| | 20-04-0-×× | 22-04-0-×× | 27-04-0-×× | 33-04-0-×× | 42-04-0-×× |
| 螺纹 | M20×1.5 | M22×1.5 | M27×2 | M33×2 | M42×2 |
| $D_{1min}$ | 38 | 42 | 48 | 58 | 74 |
| $D_2$H8 | 17 | 19 | 23 | 29 | 38 |
| $D_3$H8 | 15.5 | 17 | 21 | 27 | 36 |
| $T_{1min}$ | 46.5 | 60.5 | 71 | 78 | 89 |
| $T_2{}^{+1}_{\,0}$ | 48 | 62 | 72.5 | 80 | 91 |
| $T_{3min}$ | 14.5 | 17 | 22 | 22 | 23 |
| $T_{4max}$ | 20.5 | 27.5 | 35 | 38.5 | 43.5 |
| $T_5{}^{+0.4}_{\,0}$ | 21 | 28 | 35.5 | 39 | 44 |
| $T_{6min}$ | 30.5 | 38.5 | 46.5 | 50 | 56 |
| $T_{7max}$ | 36.5 | 49 | 59.5 | 66.5 | 76.5 |
| $T_8{}^{+0.4}_{\,0}$ | 37 | 49.5 | 60 | 67 | 77 |

表 7-70　插装孔的插装阀符号

| 插装阀类型 | 符号 | 插装阀类型 | 符号 |
|---|---|---|---|
| 三通方向控制阀 1 | 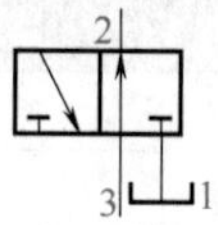 | 三通方向控制阀 2 | 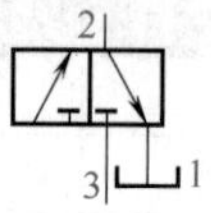 |
| 三通方向控制锥（座）阀 1 | 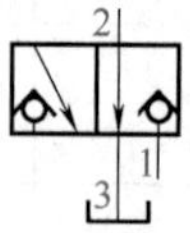 | 三通方向控制锥（座）阀 2 | 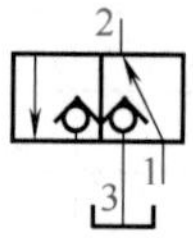 |
| 梭 阀 | 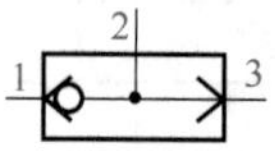 | 溢流减压阀 | 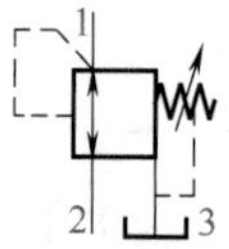 |
| 三通流量控制阀 | 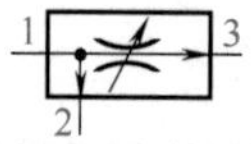 | — | — |

⑤ 最大油口直径为 6 ～ 20.5mm 的四通插装阀的插装孔尺寸见表 7-71，其插装孔的插装阀符号见表 7-72。

表 7-71　最大油口直径为 6 ～ 20.5mm 的四通插装阀的插装孔尺寸　　　单位：mm

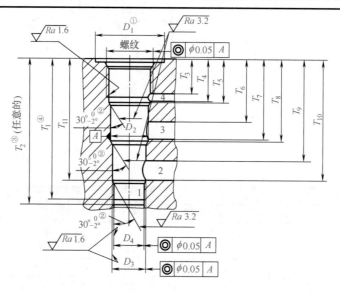

注：图中①～④同表 7-65 图中说明

| 编码 | JB/T 5963—2004 | | | | |
|---|---|---|---|---|---|
| | 20-04-0-×× | 22-04-0-×× | 27-04-0-×× | 33-04-0-×× | 42-04-0-×× |
| 螺纹 | M20×1.5 | M22×1.5 | M27×2 | M33×2 | M42×2 |
| $D_{1min}$ | 38 | 42 | 48 | 58 | 74 |
| $D_2$H8 | 17 | 19 | 23 | 29 | 38 |
| $D_3$H8 | 15.5 | 17 | 21 | 27 | 36 |
| $D_4$H8 | 14 | 15 | 19 | 25 | 34 |

| 编码 | JB/T 5963—2004 | | | | |
|---|---|---|---|---|---|
| | 20-04-0-×× | 22-04-0-×× | 27-04-0-×× | 33-04-0-×× | 42-04-0-×× |
| $T_{1min}$ | 62.5 | 82.5 | 95.5 | 106 | 122 |
| $T_{2\ 0}^{+1}$ | 64 | 84 | 97 | 108 | 124 |
| $T_{3min}$ | 14.5 | 17 | 22 | 22 | 23 |
| $T_{4max}$ | 20.5 | 27.5 | 35 | 38.5 | 43.5 |
| $T_{5\ 0}^{+0.4}$ | 21 | 28 | 35.5 | 39 | 44 |
| $T_{6min}$ | 30.5 | 38.5 | 46.5 | 50 | 56 |
| $T_{7max}$ | 36.5 | 49 | 59.5 | 66.5 | 76.5 |
| $T_{8\ 0}^{+0.4}$ | 37 | 49.5 | 60 | 67 | 77 |
| $T_{9min}$ | 46.5 | 60.5 | 71 | 78 | 89 |
| $T_{10max}$ | 52.5 | 71 | 84 | 94.5 | 109.5 |
| $T_{11\ 0}^{+0.4}$ | 53 | 71.5 | 84.5 | 95 | 110 |

表 7-72　插装孔的插装阀符号

| 插装阀类型 | 符号 | 插装阀类型 | 符号 |
|---|---|---|---|
| 四通方向控制阀 | 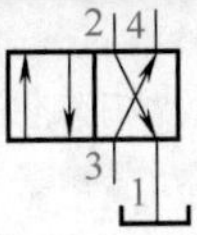 | 偏向型元件 | 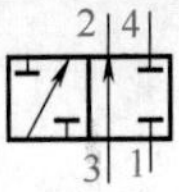 |
| 分流 - 集流阀 | 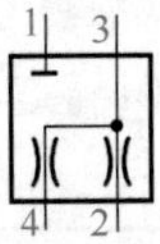 | — | |

⑥ 最大油口直径为 10.5 ~ 20.5mm，带一个遥控口的二通插装阀（不包括主系统溢流阀）的插装孔尺寸见表 7-73，其插装孔的插装阀符号见表 7-74。

表 7-73　最大油口直径为 10.5 ~ 20.5mm，带一个遥控口的二通插装阀
（不包括主系统溢流阀）的插装孔尺寸　　　　　　　　　　单位：mm

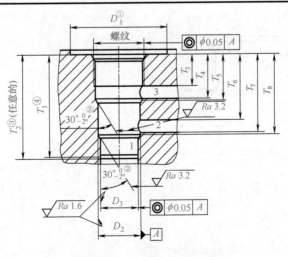

注：图中①～④同表 7-65 图中说明

| 编码 | JB/T 5963—2004 | | | |
|---|---|---|---|---|
| | 22-06-0-×× | 27-06-0-×× | 33-06-0-×× | 42-06-0-×× |
| 螺纹 | M22×1.5 | M27×2 | M33×2 | M42×2 |
| $D_{1min}$ | 42 | 48 | 58 | 74 |
| $D_2$H8 | 19 | 23 | 29 | 38 |
| $D_3$H8 | 17 | 21 | 27 | 36 |
| $T_{1min}$ | 54.5 | 62 | 65 | 71.5 |
| $T_2{}^{+1}_{\ 0}$ | 56 | 63.5 | 67 | 73.5 |
| $T_{3min}$ | 17 | 21.5 | 21 | 21.5 |
| $T_{4max}$ | 21.5 | 26 | 25.5 | 26 |
| $T_5{}^{+0.4}_{\ 0}$ | 22 | 26.5 | 26 | 26.5 |
| $T_{6min}$ | 32.5 | 37.5 | 37 | 38.5 |
| $T_{7max}$ | 43 | 50.5 | 53.5 | 59 |
| $T_8{}^{+0.4}_{\ 0}$ | 43.5 | 51 | 54 | 59.5 |

表 7-74　插装孔的插装阀符号

| 插装阀类型 | 符号 | 插装阀类型 | 符号 |
|---|---|---|---|
| 顺序阀 | 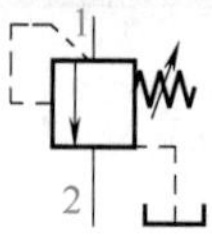 | 减压阀 | 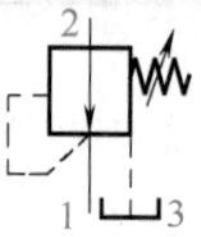 |
| 蓄能器卸荷阀 | 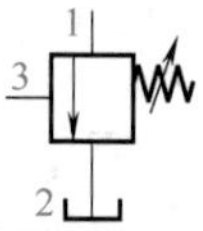 | 先导控制单向阀 | 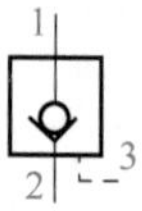 |

⑦ 最大主油口直径为 10.5 ～ 20.5mm、带一个遥控口、流向由油口 1 到油口 2 的二通主系统溢流阀的插装孔尺寸见表 7-75。

表 7-75　最大主油口直径为 10.5 ～ 20.5mm、带一个遥控口、流向由油口 1
到油口 2 的二通主系统溢流阀的插装孔尺寸　　　　　单位：mm

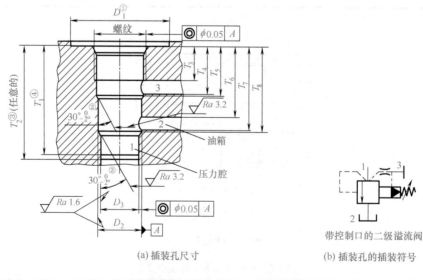

(a) 插装孔尺寸　　　　　　　　　　(b) 插装孔的插装符号

注：图中①～④同表 7-65 图中说明

| 编码 | JB/T 5963—2004 | | | |
|---|---|---|---|---|
| | 22-07-0-×× | 27-07-0-×× | 33-07-0-×× | 42-07-0-×× |
| 螺纹 | M22×1.5 | M27×2 | M33×2 | M42×2 |
| $D_{1min}$ | 42 | 48 | 58 | 74 |
| $D_2$H8 | 19 | 23 | 29 | 38 |
| $D_3$H8 | 15.5 | 19.5 | 25 | 34 |
| $T_{1min}$ | 56 | 63.5 | 67 | 73.5 |
| $T_2{}^{+1}_{0}$ | 57.5 | 65 | 69 | 75.5 |
| $T_{3min}$ | 17 | 21.5 | 21 | 21.5 |
| $T_{4max}$ | 21.5 | 26 | 25.5 | 26 |
| $T_5{}^{+0.4}_{0}$ | 22 | 26.5 | 26 | 26.5 |
| $T_{6min}$ | 32.5 | 37.5 | 37 | 38.5 |
| $T_{7max}$ | 43 | 50.5 | 53.5 | 59 |
| $T_8{}^{+0.4}_{0}$ | 43.5 | 51 | 54 | 59.5 |

⑧ 最大主油口直径为 10.5 ～ 20.5mm、带一个遥控口、流向由油口 2 到油口 1 的二通主系统溢流阀的插装孔尺寸见表 7-76。

表 7-76　最大主油口直径为 10.5 ～ 20.5mm、带一个遥控口、流向由油口 2
到油口 1 的二通主系统溢流阀的插装孔尺寸　　　　　单位：mm

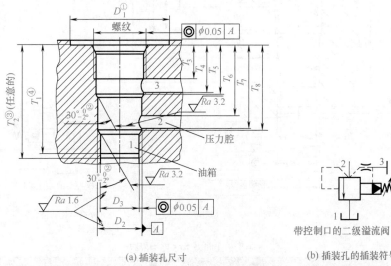

(a) 插装孔尺寸　　　　　　　(b) 插装孔的插装符号

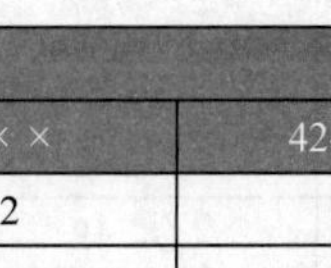

注：图中①～④同表 7-65 图中说明

| 编码 | JB/T 5963—2004 | | | |
|---|---|---|---|---|
| | 22-08-0-×× | 27-08-0-×× | 33-08-0-×× | 42-08-0-×× |
| 螺纹 | M22×1.5 | M27×2 | M33×2 | M42×2 |
| $D_{1min}$ | 42 | 48 | 58 | 74 |
| $D_2$H8 | 19 | 23 | 29 | 38 |
| $D_3$H8 | 14 | 18 | 23 | 32 |
| $T_{1min}$ | 57 | 64.5 | 68.5 | 75 |
| $T_2{}^{+1}_{0}$ | 58.5 | 66 | 70.5 | 77 |

| 编码 | JB/T 5963—2004 | | | |
|---|---|---|---|---|
| | 22-08-0-×× | 27-08-0-×× | 33-08-0-×× | 42-08-0-×× |
| $T_{3min}$ | 17 | 21.5 | 21 | 21.5 |
| $T_{4max}$ | 21.5 | 26 | 25.5 | 26 |
| $T_5^{+0.4}_{\ 0}$ | 22 | 26.5 | 26 | 26.5 |
| $T_{6min}$ | 32.5 | 37.5 | 37 | 38.5 |
| $T_{7max}$ | 43 | 50.5 | 53.5 | 59 |
| $T_8^{+0.4}_{\ 0}$ | 43.5 | 51 | 54 | 59.5 |

⑨ 最大主油口直径为 10.5 ~ 20.5mm 的带一个遥控口的三通插装阀的插装孔尺寸见表 7-77。

表 7-77　最大主油口直径为 10.5 ~ 20.5mm 的带一个遥控口的三通插装阀的插装孔尺寸

单位：mm

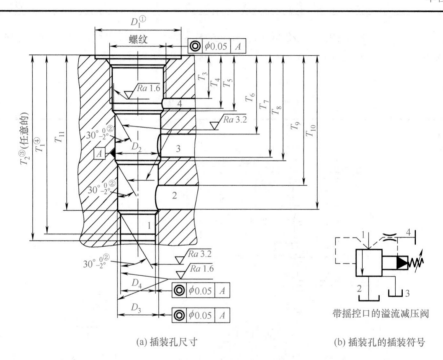

(a) 插装孔尺寸　　　　(b) 插装孔的插装符号

带摇控口的溢流减压阀

注：图中①~④同表 7-65 图中说明

| 编码 | JB/T 5963—2004 | | | |
|---|---|---|---|---|
| | 22-04-0-×× | 27-04-0-×× | 33-04-0-×× | 42-04-0-×× |
| 螺纹 | M22×1.5 | M27×2 | M33×2 | M42×2 |
| $D_{1min}$ | 42 | 48 | 58 | 74 |
| $D_2$H8 | 19 | 23 | 29 | 38 |
| $D_3$H8 | 17 | 21 | 27 | 36 |
| $D_4$H8 | 15 | 19 | 25 | 34 |
| $T_{1min}$ | 76.5 | 86.5 | 93 | 104.5 |
| $T_2^{+1}_{\ 0}$ | 78 | 88 | 95 | 106.5 |
| $T_{3min}$ | 17 | 21.5 | 21 | 21.5 |

| 编码 | JB/T 5963—2004 | | | |
|---|---|---|---|---|
| | 22-04-0-×× | 27-04-0-×× | 33-04-0-×× | 42-04-0-×× |
| $T_{4max}$ | 21.5 | 26 | 25.5 | 26 |
| $T_{5\ 0}^{+0.4}$ | 22 | 26.5 | 26 | 26.5 |
| $T_{6min}$ | 32.5 | 37.5 | 37 | 38.5 |
| $T_{7max}$ | 43 | 50.5 | 53.5 | 59 |
| $T_{8\ 0}^{+0.4}$ | 43.5 | 51 | 54 | 59.5 |
| $T_{9min}$ | 54.5 | 62 | 65 | 71.5 |
| $T_{10max}$ | 65 | 75 | 81.5 | 92 |
| $T_{11\ 0}^{+0.4}$ | 65.5 | 75.5 | 82 | 92.5 |

（2）油口用法与标识

① 插装阀与标准所规定的插装孔的互换性，要求统一的标识和阀口功能。以上各表中给出了适用于各个插装阀孔的阀类型符号，符号中表示了油口用法和标识（1、2、3和4）。

② 表中给出的符号表示了一般类型的阀，每种类型的变化形式应符合该类型所示的油口用法惯例。

③ 某些表中给出的符号通常要与其他图形元素组合来表示一个完整的阀。例如表7-70所示的四通方向控制阀，通常包括电磁或弹簧操作。这类阀要以包括附加元素的组合符号表示，其互换性要求在各种操作条件下的油口连接是相同的。

（3）标注说明

决定遵守标准时，在试验报告、样本和销售文件中采用以下说明："插装孔和油口用法符合JB/T 5963—2004《液压二通、三通、四通螺纹式插装阀 插装孔》的规定"。

插装阀在控制油路块上的安装，也要求在该油路块上具有管接头的标识。通常用于液压系统的字母标识方法应按照GB/T 17490—1998的规定。当同一类型的油口多于1个时，这些油口可以用编号标记，例如A=$A_1$、$A_2$等。

## （二）液压二通盖板式插装阀安装连接尺寸（GB/T 2877—2007）

本标准是对规格16～63的溢流阀与其他阀的安装连接尺寸分开。插装阀安装连接尺寸应从表7-78给出的图中选择。

表7-78 插装阀安装连接尺寸

| 序号 | 连接尺寸、规格及代号 | 图 示 |
|---|---|---|
| 1 | 除主系统溢流阀外，主油口公称通径为16mm的方形盖板插装阀安装连接尺寸（规格06）（代号：GB/T 2877-06-01-X-2007） | 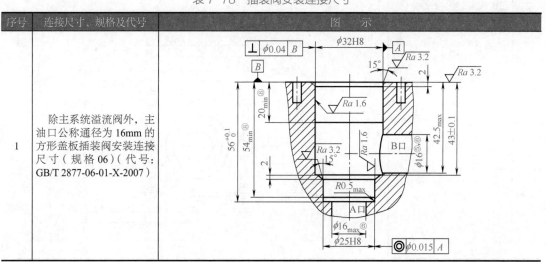 |

| 序号 | 连接尺寸、规格及代号 | 图　示 |
|---|---|---|
| 1 | 除主系统溢流阀外，主油口公称通径为 16mm 的方形盖板插装阀安装连接尺寸（规格 06）（代号：GB/T 2877-06-01-X-2007） | |
| 2 | 主油口为公称通径 16mm，方形盖板的主系统溢流阀安装连接尺寸（规格 06）（代号：GB/T 2877-06-02-X-2007） | |

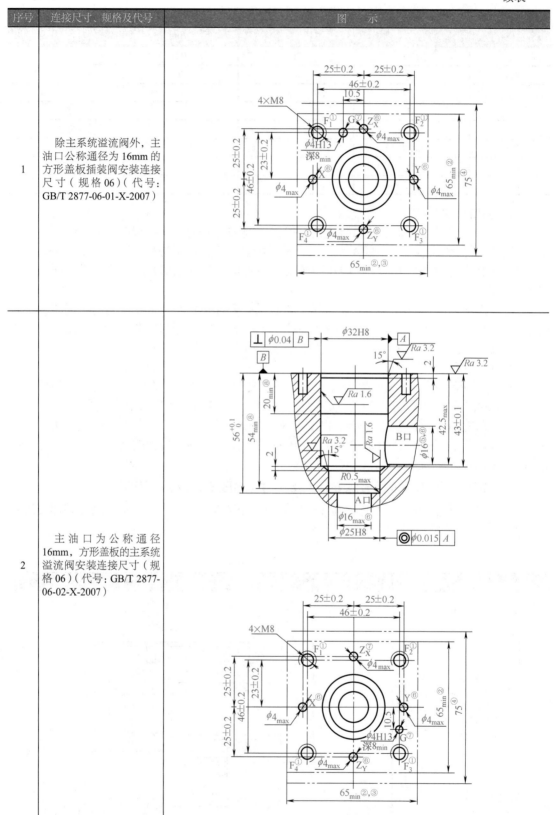

| 序号 | 连接尺寸、规格及代号 | 图　示 |
|---|---|---|
| 3 | 　　除主系统溢流阀外，主油口为公称通径25mm的方形盖板插装阀安装连接尺寸（规格08）（代号：GB/T 2877-08-03-X-2007） | 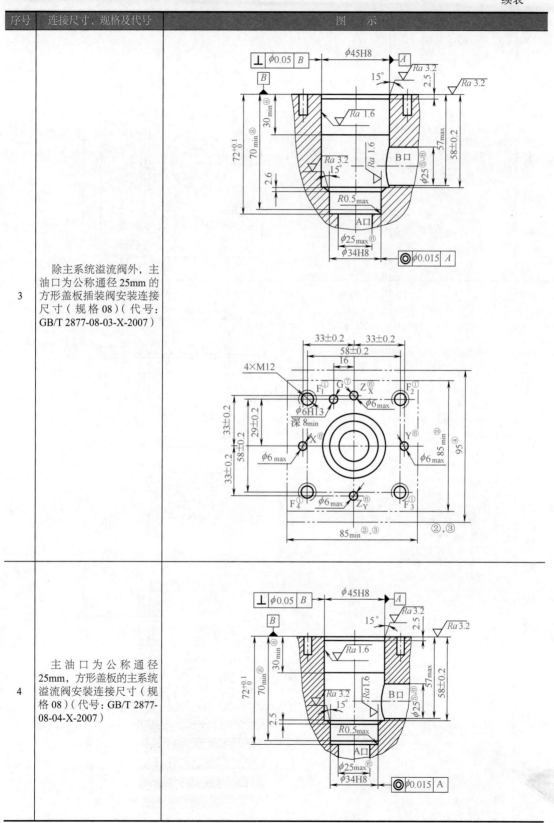 |
| 4 | 　　主油口为公称通径25mm，方形盖板的主系统溢流阀安装连接尺寸（规格08）（代号：GB/T 2877-08-04-X-2007） | |

| 序号 | 连接尺寸、规格及代号 | 图　示 |
|---|---|---|
| 4 | 主油口为公称通径25mm，方形盖板的主系统溢流阀安装连接尺寸（规格08）（代号：GB/T 2877-08-04-X-2007） | 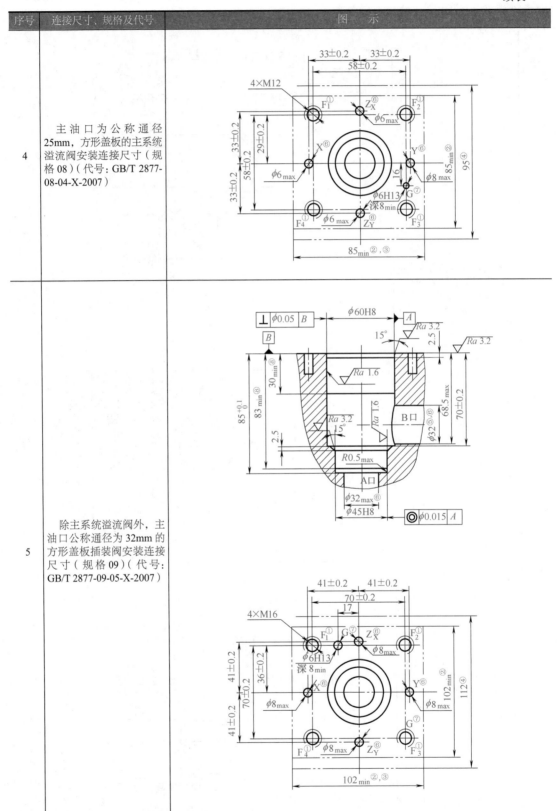 |
| 5 | 除主系统溢流阀外，主油口公称通径为32mm的方形盖板插装阀安装连接尺寸（规格09）（代号：GB/T 2877-09-05-X-2007） |  |

| 序号 | 连接尺寸、规格及代号 | 图 示 |
|---|---|---|
| 6 | 主油口为公称通径为32mm，方形盖板的主系统溢流阀安装连接尺寸（规格09）（代号：GB/T 2877-09-06-X-2007） | 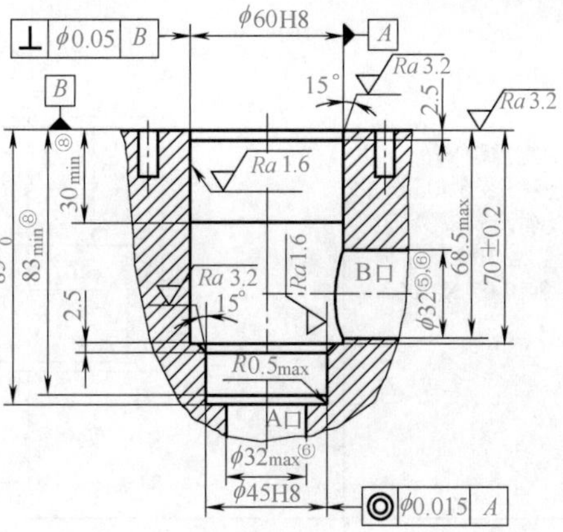 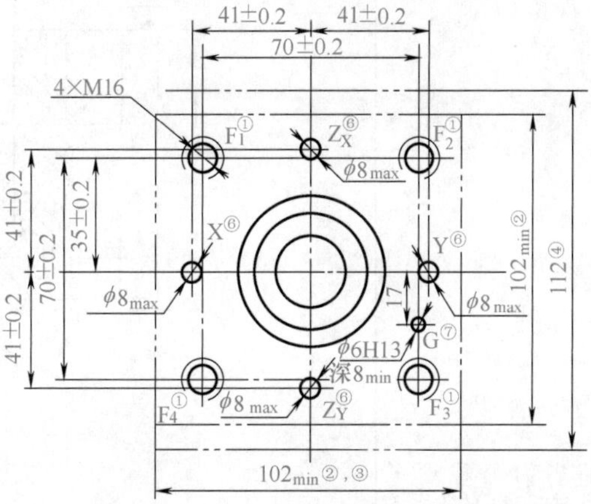 |
| 7 | 除主系统溢流阀外，主油口为公称通径40mm的方形盖板插装阀安装连接尺寸（规格10）（代号：GB/T 2877-10-07-X-2007） | 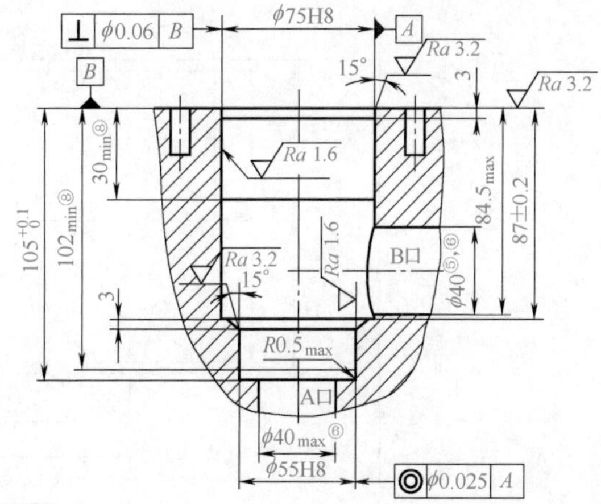 |

| 序号 | 连接尺寸、规格及代号 | 图　示 |
|---|---|---|
| 7 | 除主系统溢流阀外，主油口为公称通径40mm的方形盖板插装阀安装连接尺寸（规格10）（代号：GB/T 2877-10-07-X-2007） | 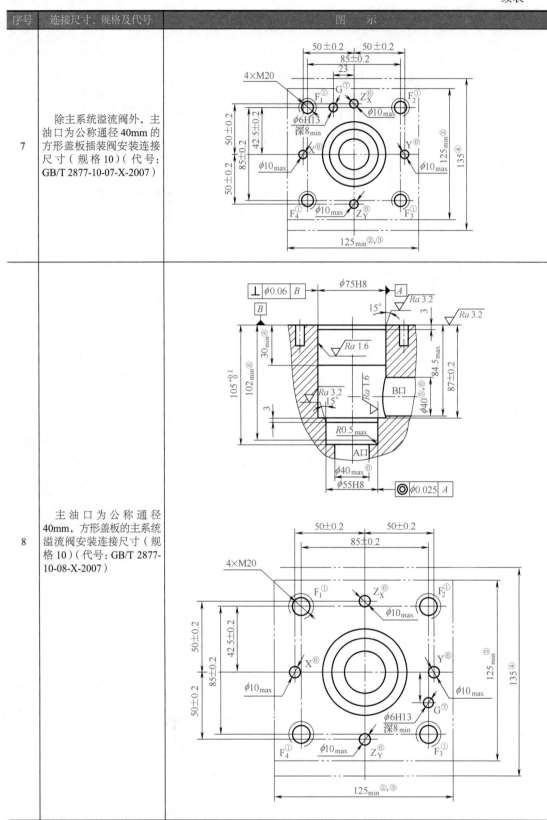 |
| 8 | 主油口为公称通径40mm，方形盖板的主系统溢流阀安装连接尺寸（规格10）（代号：GB/T 2877-10-08-X-2007） | |

| 序号 | 连接尺寸、规格及代号 | 图　　示 |
|---|---|---|
| 9 | 除主系统溢流阀外，主油口为公称通径 50mm 的方形盖板插装阀安装连接尺寸（规格 11）（代号：GB/T 2877-11-09-X-2007） | 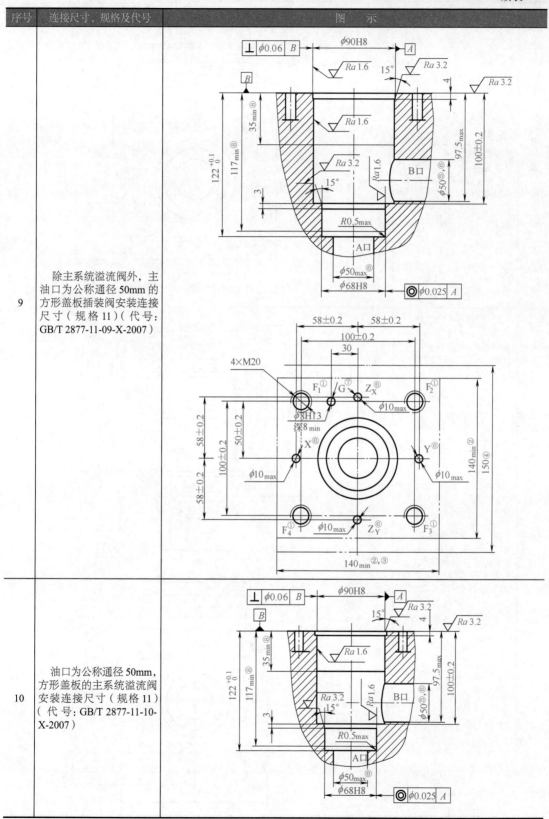 |
| 10 | 油口为公称通径 50mm，方形盖板的主系统溢流阀安装连接尺寸（规格 11）（代号：GB/T 2877-11-10-X-2007） | |

| 序号 | 连接尺寸、规格及代号 | 图　　示 |
|---|---|---|
| 10 | 油口为公称通径 50mm，方形盖板的主系统溢流阀安装连接尺寸（规格 11）（代号：GB/T 2877-11-10-X-2007） | 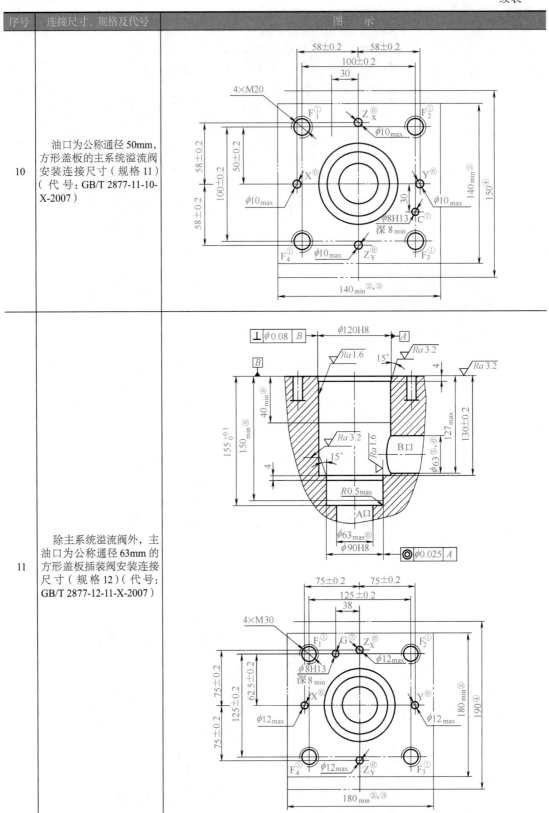 |
| 11 | 除主系统溢流阀外，主油口为公称通径 63mm 的方形盖板插装阀安装连接尺寸（规格 12）（代号：GB/T 2877-12-11-X-2007） | |

| 序号 | 连接尺寸、规格及代号 | 图　　示 |
|---|---|---|
| 12 | 　　主油口为公称通径 63mm，方形盖板的主系统溢流阀安装连接尺寸（规格12）（代号：GB/T 2877-12-12-X-2007） | 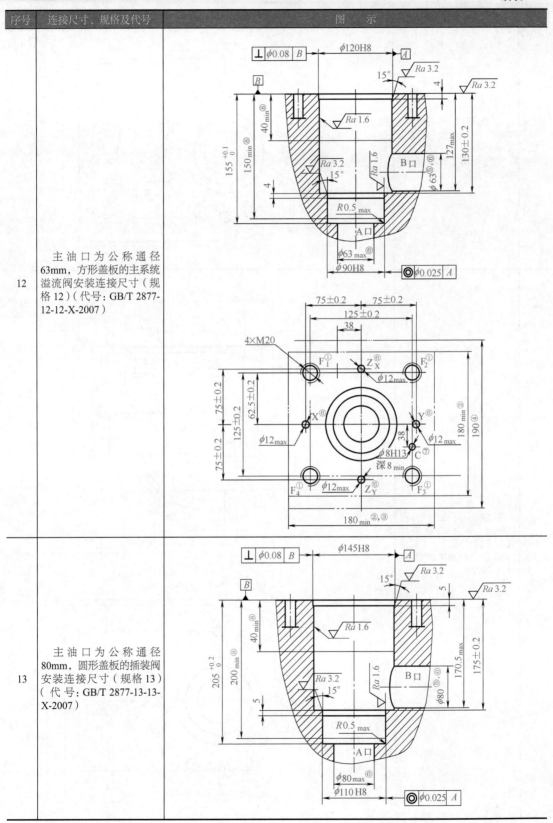 |
| 13 | 　　主油口为公称通径 80mm，圆形盖板的插装阀安装连接尺寸（规格13）（代号：GB/T 2877-13-13-X-2007） | |

| 序号 | 连接尺寸、规格及代号 | 图　示 |
|---|---|---|
| 13 | 　　主油口为公称通径 80mm，圆形盖板的插装阀安装连接尺寸（规格13）（代号：GB/T 2877-13-13-X-2007） | 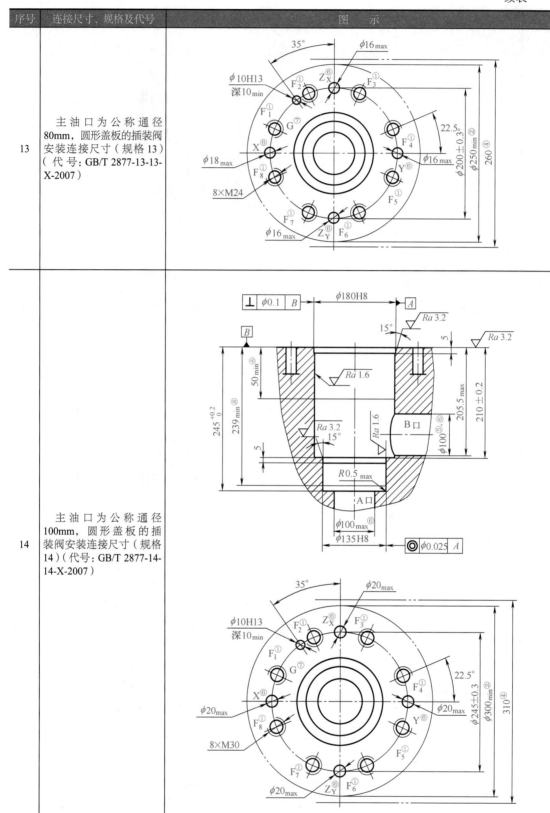 |
| 14 | 　　主油口为公称通径 100mm，圆形盖板的插装阀安装连接尺寸（规格14）（代号：GB/T 2877-14-14-X-2007） | |

| 序号 | 连接尺寸、规格及代号 | 图　　示 |
|---|---|---|
| 15 | 　　主油口为公称通径125mm，圆形盖板的插装阀安装连接尺寸（规格15）（代号：GB/T 2877-15-15-X-2007） | 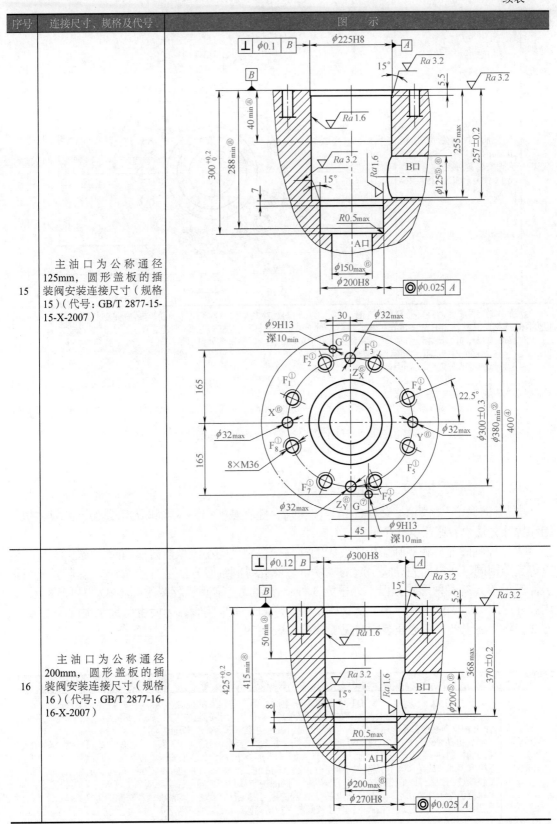 |
| 16 | 　　主油口为公称通径200mm，圆形盖板的插装阀安装连接尺寸（规格16）（代号：GB/T 2877-16-16-X-2007） | |

| 序号 | 连接尺寸、规格及代号 | 图　　示 |
|---|---|---|
| 16 | 主油口为公称通径200mm，圆形盖板的插装阀安装连接尺寸（规格16）（代号：GB/T 2877-16-16-X-2007） | 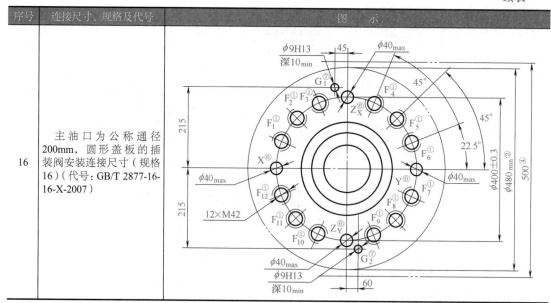 |

①　最小螺纹深度为螺钉直径 $D$ 的 1.5 倍。为了提高阀的互换性及减小固定螺钉长度，推荐螺纹深度为（$2D$+6）mm，但要保证连接螺孔到油口 B 之间留有足够的距离，对于黑色金属材料的阀体，推荐固定螺孔的拧入深度为 $1.25D$。

②　双点画线标明的尺寸范围是安装插装阀盖板的最小尺寸。矩形直角处可以做成圆角，最大圆角半径 $r_{max}$ 为连接螺钉的螺纹直径。每个连接螺孔到阀盖板边缘的距离相等。

③　先导阀和调节装置允许超过这个尺寸。

④　这个尺寸是插装阀及盖板要求的最小安装空间。该尺寸也是同一集成块上的两个相同的安装孔中心线的最小距离。制造商应注意，需要安装在盖板上的所有零部件均不应超出这个尺寸。

⑤　推荐值，也可以是从表面精加工要求（注⑧）的最小限定深度到该阀孔底边之间的任意数值。油口 B 不一定由机加工制成，也可以铸造出来。

⑥　先导油口、主油口的深度和角度由回路设计和阀在油路块上的位置决定。

⑦　盲孔。是与安装在盖板上的定位销钉相对应的定位孔。

⑧　对表面粗糙度有要求的最小深度。

## 六、插装阀的故障诊断与修理

二通插装式逻辑阀由插装件、先导控制阀、控制盖板和块体 4 部分组成。产生故障的原因和排除方法也着眼于这 4 个地方。

先导控制阀部分和控制盖板内设置的阀与一般常规的小流量电磁换向阀、调压阀及节流阀等完全相同，所以因先导阀引起的故障可参照先导阀维修方法进行故障分析与排除。而插装件逻辑单元有多种形式，但不外乎为 3 种：滑阀式、锥阀式及减压阀芯式。从原理上讲，均起开启或关闭阀口两种作用。从结构上讲，形如一个单向阀，因而也可参照单向阀的维修方法。除上述以外，二通插装阀常见的故障见表 7-79。

表 7-79　二通插装阀常见的故障

| 类别 | 说明 |
|---|---|
| 不能可靠关闭，反向开启 | 　　如图 7-118（a）所示，当 1DT 与 2DT 均断电时，两个逻辑阀的控制腔 $X_1$ 与 $X_2$ 均与控制油接通，此时两逻辑阀均应关闭。但当 P 腔卸荷或突然降至较低的压力，而 A 腔还存在比较高的压力时，阀 1 可能开启，A、P 腔反向接通，不能可靠关闭，而阀 2 的出口接油箱，不会有反向开启问题<br>　　解决办法是采用如图 7-118（b）所示的方法：在两个控制油口的连接处装一个梭阀，或反装两个单向阀，使阀的控制油不仅引自 P 腔，而且还引自 A 腔。当 $p_P > p_A$ 时，P 腔来的压力控制油使逻辑阀 1 处于关闭，且梭阀钢球（或单向阀 $I_2$）将控制油腔与 A 腔之间的通路封闭；当 P 腔卸荷或突然降压，$p_A > p_P$ 时，来自 A 腔的控制油推动梭阀钢球（或 $I_1$）将来自 P 腔的控制油封闭，同时经电磁阀与逻辑阀的控制腔接通，使逻辑阀仍处于关闭状态。这样不管 P 腔或 A 腔的压力发生什么变化，均能保证逻辑阀的可靠关闭<br>　　当梭阀因污物卡住或者梭阀的钢球（或阀芯）拉伤等原因造成梭阀密封不严时，也会发生反向开启的故障 |

| 类别 | 说明 |
|---|---|

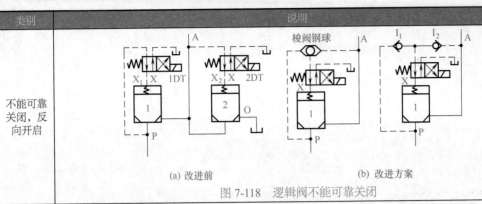

(a) 改进前　　　　　　　　　(b) 改进方案

图 7-118　逻辑阀不能可靠关闭

**不能可靠关闭，反向开启**

插装单元的主阀芯开关速度（时间）与许多因素有关。如控制方式、工作压力及流量、油温、控制压力和控制流量的大小以及弹簧力大小等。对同一种阀，其开启和关闭速度也是不相同的；另外设计、使用、调节不当，均会造成开关速度过快或过慢，以及由此而产生的诸如冲击、振动、动作迟滞、动作不协调等故障。

对于外控供油的方向阀元件，开启速度的主要决定因素是 A 腔和 B 腔的压力 $p_A$、$p_B$ 以及 X（C）腔排油管（往油箱）的流动阻力。当 $p_A$ 和 $p_B$ 很大，而 X 腔排油很畅通时，阀芯上下作用力差将很大，所以开启速度将极快，以致造成很大的冲击和振动。解决办法就是在 X 腔排油管路上加装单向节流阀来提高并可调节其流动阻力，进而减低开启速度。反之，当 $p_A$、$p_B$ 很小，而 X 腔排油又不畅通时，阀芯上下作用压力差很小，所以开启速度很慢，这时却要适当调大装在控制腔 X 排油管上的节流阀，使 X 腔能顺利排油，如图 7-119（a）所示

影响外控式方向阀元件关闭速度的主要因素是控制压力 $p_X$ 与 $p_A$ 或 $p_B$ 的差值、控制流量和弹簧力。当差值很小，主要靠弹簧力关阀时，关闭速度就比较慢，反之则较快。要提高关闭速度就需要提高控制压力，例如采用足够流量、单独的控制泵提供足够压力的控制油等措施；当差值很大，关闭速度太快时，也可在 X 腔的进油管路上加节流阀来减少 $p_X$ 和控制流量，以降低关闭速度，如图 7-119（b）所示

**逻辑阀"开""关"速度过快或者过慢（过快造成冲击，过慢造成动作迟滞），系统各元件不能协调动作**

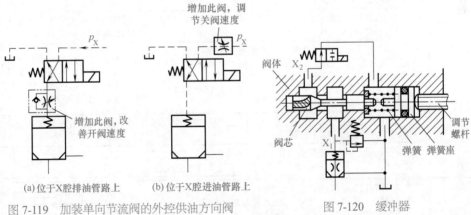

图 7-119　加装单向节流阀的外控供油方向阀　　　　图 7-120　缓冲器

对于内控式的压力阀元件，它的开启速度与时间主要取决于系统的工作压力、阀芯上的阻尼孔尺寸和弹簧力，以及控制腔排油管路的流动阻力。作为二位二通阀使用时，与电磁溢流阀卸荷时一样，在高压下如果它们的开启速度太快，会造成冲击和振动。解决办法也是在排油管上加单向节流阀，调节排油阻力来改变开启速度。关闭速度主要与阻尼孔和弹簧力有关，由于内控式是以压力阀元件为主，为了得到调压及其他工况下的稳定性，关闭速度是有要求的。现有的压力阀的关闭时间一般为十分之几秒，如果需要更迅速，就只有加大阻尼孔和加强弹簧力，但这样反过来又会影响阀的开启时间和压力阀的其他性能，必须兼顾

另外，先导装置的大小对阀的开关速度也有较大影响，所以在设计使用中必须按它所控制的插装阀的尺寸大小（通径）和要求的开关速度来确定先导阀的型号

另外一种方法就是采用图 7-120 所示加装缓冲器的方法，可用来自动控制开阀与关阀的速度，从而可有效消除液压泵卸荷时的冲击。当缓冲器阀芯处于原始位置时，溢流阀处于卸荷状态。当 $X_2$ 腔被电磁阀封闭（电磁铁通电）时，溢流阀关闭，系统升压。阀芯左端在油压作用下克服弹簧的弹力而右移，压在右端弹簧座上。这时阀芯的锥面使 $X_1$ 和 $X_2$ 两腔之间仅有一个很小的通流面积，形成一个液阻，其大小可通过调节螺杆进行调节。当电磁阀断电时，溢流阀上腔压力经缓冲器这个阻尼向油箱缓慢卸压，同时阀芯右端的压力因接通油箱而迅速下降，在弹簧的作用下阀芯左移，$X_1$ 腔与 $X_2$ 腔之间的通流面积也相应逐渐加大，溢流阀上腔压力的下降速度也加快，从而使溢流阀阀芯抬起（开启）的速度开始很慢，以后逐渐变快，即系统压力处于高压时卸压慢，低压时卸压快，从而有效地消除了液压泵卸荷时的冲击，并适当地控制了卸荷时间

| 类别 | 说明 |
|---|---|

产生这一故障时，对于方向插装阀，表现为不换向；对于压力阀，表现为压力控制失灵；对于流量阀，则表现为调节流量大小失效

产生这类故障的主要原因是阀芯卡死，要么卡死在开启（全开或半开）位置，要么卡死在关闭（全关或半关）位置。这样，需要关时不能关，需要开时不能开，从而丧失逻辑性能

二通插装件（逻辑单元）正常工作时如图7-121所示，当X腔有控制压力油输入时设为"+"，无控制压力油输入而通油池时为"-"。正常状况下输出（A-B）分别为"-"或"+"，主油路无油液或有油液输出，即A到B"不通"或"通"。而产生这一故障时，无论输入为"+"或"-"，输出要么总为"+"，要么总为"-"，并不存在逻辑关系。具体原因和排除方法见附表1。

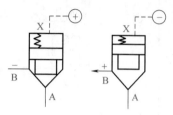

(a) 输入+，输出−  (b) 输入−，输出+

图 7-121　逻辑作用

附表 1　丧失"开"或"关"逻辑性能，阀不动作的原因与排除方法

| 故障原因 | 排除方法 |
|---|---|
| ①油中污物楔入阀芯与阀套之间的配合间隙，将主阀芯卡死在"开"或"关"的位置 | ①应清洗插装件（逻辑单元），必要时更换干净油液 |
| ②因加工误差，阀芯外圆与阀套内孔几何精度超差，产生液压卡紧。这一情况往往被维修人员忽视，因为液压卡紧现象只在工作过程中产生，如果阀芯外圆与阀套内孔存在锥度和失圆现象，便会因压力油进入环状间隙产生径向不平衡力而卡死阀芯。卸压后或者拆开检查，阀芯往往是灵活的，并无卡死现象 | ②需检查有关零件精度，必要时修复或重配阀芯 |
| ③阀芯与阀套配合间隙过大，内泄漏太大，泄漏油进入控制腔而招致输入状态乱套 | ③重新修配或者更换阀芯与阀套，使阀芯与阀套配合间隙合适 |
| ④控制腔X的输入有故障。控制腔X的输入来自先导控制阀与控制盖板，如果先导控制阀，例如方向阀不换向、先导调压阀不调压等故障，势必使主阀上腔的控制腔（X腔）的控制压力油失控，输入的逻辑关系被破坏，那么输出势必乱套 | ④检查并先排除先导阀（如先导电磁阀）或者装在控制盖板内的先导控制元件（如梭阀、单向阀、调压阀等）的故障，使输入信号正常 |
| ⑤阀芯或阀套棱边处有毛刺，或者装配使用过程中阀芯外圆柱面上拉伤，而卡住阀芯 | ⑤检查阀芯或阀套棱边处毛刺所在位置，采取措施去除毛刺 |
| ⑥阀套嵌入阀体（集成块体）内，因外径配合过紧而招致内孔变形；或者因阀芯与阀套配合间隙过小而卡住阀芯 | ⑥认真检查，根据情况酌情处理 |

**丧失"开"或"关"逻辑性能，阀不动作**

在如图7-122所示的回路中，如果4个插装阀型号（通径）选择同一尺寸，会出现噪声振动现象。两个放油阀尺寸要大一挡的阀，特别是阀A的通径要大，否则会因过流能力小而产生振动、噪声以及发热。特别当活塞杆粗时，要仔细计算从阀A回油的流量，选取通流能力足够的阀。而目前许多设备图中4个逻辑阀通径大多一样，这是不对的。附表2给出了目前各种通径逻辑阀额定流量的参考值

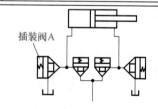

插装阀A

图 7-122　噪声的解决方案

**噪声振动**

附表 2　各种通径逻辑阀的额定流量

| 通径/mm | 16 | 25 | 32 | 40 | 50 | 63 | 80 | 100 | 125 |
|---|---|---|---|---|---|---|---|---|---|
| 额定流量/（L/min） | 200 | 450 | 750 | 1250 | 2000 | 3000 | 4500 | 7000 | 10000 |

**大流量二通插装电磁溢流阀不能完全卸荷**

这一现象是指电磁溢流阀在电磁铁断电（常开）或通电（常闭）的情况下，溢流阀的压力不能降到最低，而保持比较高的压力值，系统的卸荷压力较高。产生原因和排除方法如下：

① 主阀芯因污物或毛刺卡死在小开度位置，卸荷压力较高；卡死在关闭位置，则根本不卸荷。此时可清洗至使主阀芯运动灵活

| 类别 | 说明 |
|---|---|
| 大流量二通插装电磁溢流阀不能完全卸荷 | ② 主阀芯复位弹簧刚度选择太大，虽对关闭有利，但带来了卸荷压力下不去的问题。此时应更换成刚度较低的主阀芯复位弹簧<br>③ 有资料介绍，主阀芯阻尼孔（或旁路阻尼孔）尺寸最好小于阀盖内的阻尼孔尺寸，而目前所生产的插装阀二者均为同一尺寸 |
| 逻辑阀不能封闭保压，保压不好 | 保压回路中一般可采用液控单向阀进行保压。如图 7-123 所示的用滑阀式换向阀作为先导阀的液控单向阀，或以滑阀式液动换向阀作为先导阀的液控单向阀，只能用在没有保压要求和保压要求不高的系统中。如果将其用在保压系统中，就会出现保压不好的故障。因为在图 7-123 所示的液控单向阀中，虽然主阀关闭，但仍有一部分油泄漏到油箱或另一油腔。如图 7-123（a）所示，当 1DT 断电，$p_A > p_B$ 时，虽然 A、B 腔之间能依靠主阀芯锥面可靠密封，通常状况下绝无泄漏，但从 A 腔引出的控制油的一部分压力油会经先导电磁阀的环状间隙（阀芯与阀体之间）泄漏到油箱，还有一部分压力油会经主阀圆柱导向面间的环状间隙泄漏到 B 腔，从而使 A 腔的压力逐渐下降而不能很好保压。如图 7-123（b）所示，当 2DT 断电，$p_B > p_A$ 时，主油路切断，虽 A、B 腔之间没有泄漏，但 B 腔压力油也有一部分经先导电磁阀（或液动换向阀）的环状间隙漏往油箱去，使 B 腔的压力逐渐下降。当然图 7-123（b）所示的情况略好于图 7-123（a）所示，保压效果稍好，因为没有了 B 腔压力油经圆柱导向面间的间隙漏向 A 腔的内泄漏，但两者均不能严格可靠保压<br>为了实现严格的保压要求，可将图 7-123 所示的滑阀式先导电磁阀改为使用带外控的液控单向阀作先导阀，如图 7-124 所示。这两种情况均能确保 A、B 腔之间无内泄漏，也不会出现经先导滑阀式阀的泄漏，因而可用于对保压要求较高的液压系统中。此外下述原因也影响保压性能：<br>① 芯与阀套配合锥面不密实，导致 A 与 B 腔之间的内泄漏<br>② 阀套外圆柱面上的 O 形密封圈密封失效<br>③ 阀体上内部铸造质量（例如气孔裂纹缩松等）不好造成的渗漏以及集成块连接面的泄漏。可针对不同情况，在分析原因的基础上予以处理<br>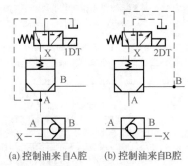 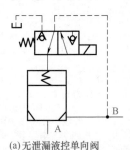<br>图 7-123 液控单向阀　　　图 7-124 带外控的液控单向阀 |
| 主级回路之间的压力及流量干扰 | 在各主级回路之间的压力及流量的干扰多采用插装单向阀及液控单向阀解决，而一个插装阀的几个先导控制阀或几个插装阀的先导控制回路之间的压力干扰，需加单向阀、梭阀、换向阀等予以防止<br>如图 7-125 所示为"换向＋减压"复合控制的插装阀，$K_1$ 是先导减压阀，$K_2$ 是先导电磁换向阀。当 1DT 失电时，P→A，先导减压阀 $K_1$ 起作用，为防止 $K_1$ 的回油直接流回油箱，使减压失效，必须增加单向阀 3，否则减压不起作用；当 1DT 通电时，控制油通过单向阀、先导减压阀进入插装阀的控制腔，使插装阀 1 封闭，实现 A→O<br>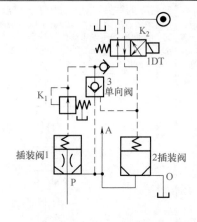<br>图 7-125 "换向＋减压"复合控制插装阀<br>$K_1$—先导减压阀；$K_2$—先导电磁换向阀 |

| 类别 | 说明 |
|---|---|
| 插装阀用作卸压阀时，卸压速度太快发生冲击，或者卸压速度太慢 | 这一故障中实际上包含一对矛盾：卸压太快会发生冲击，不发生冲击又只能减慢卸压速度。此时可采用图 7-126 所示的回路，刚开启卸压时（此时压力较高）速度较慢，然后压力降下来一点后再快速卸压，便可解决这一矛盾<br><br>回路中采用了三级先导控制，可以达到先缓慢卸压（避免冲击）然后快速大量放油卸压，是一种开启速度先慢后快的快速二通插装阀组。其工作原理如下：<br><br>当电磁换向阀 3 断电时，从插装阀 1 的 A 口引出的控制油一路经阻尼孔 4 再经阀 3 右位进入插装阀 2（二级先导控制）的控制腔，使阀 2 关闭，另一路进入液动换向阀 8 的控制腔。当控制压力油低于液动阀弹簧力时，液动阀在弹簧力作用下复位，使插装阀 7 控制腔油液排回油箱，阀 7 开启；另一路经阻尼孔 5 和阀 7 的 $B_1$ 口和 $A_1$ 口，进入阀 1 的控制腔。由于阀 2 此时关闭，阀 1 也在弹簧力和主要经由阀 7 控制的大流量的作用下，快速关闭。同时随着阀 1 的 A 口压力的升高，阀 8 在升高压力的液压作用下切换。原经过阀 7 的 $B_1$ 和 $A_1$ 口进入阀 1 控制腔的控制油，又经液动阀 8 进入阀 7 的控制腔，使阀 7 关闭 <br><br>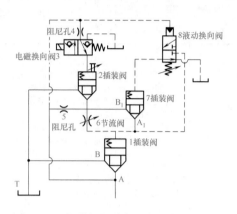<br>图 7-126　插装阀用作卸压阀的卸压回路 |

当电磁换向阀 3 通电时，首先阀 2 快速开启，但开度很小，阀 1 控制腔油经阀 6 节流口和阀 2 的小过流通道而小量排油，使阀 1 在上下压差下缓慢开启，于是阀 1 的 A 口开始只是缓慢从 B 口卸压。当 A 口压力（即阀 8 控制压力）低于液动换向阀 8 弹簧力时，阀 8 复位，下位工作，阀 7 因控制腔通油箱而开启，于是阀 1 控制腔油液经阀 7 的 $B_1$ 口、阻尼孔 5 大量排入阀 1 的 A 口。此时阀 1 如同一差动缸，阀 1 阀芯快速上抬，开启到最大，从而实现快速卸压

从工作原理分析可知：当 A 口压力较高时阀 1 开启时间长，而压力下降后，阀 1 开启时间短（迅速开启），从而实现了高压下慢卸压，避免了冲击压力的产生，而在低压下快卸载，卸压迅速。总的卸压时间还是较短的

| 类别 | 说明 |
|---|---|
| 阀芯的关闭时间过长，比开启时间长许多，特别是大通径（$\phi 63 \sim 100mm$）阀 | 在由先导电磁阀 2（一般为 $\phi 6 \sim 10mm$ 通径）控制二通插装阀 1 开闭的回路（图 7-127）中，当阀 2 通电，阀 1 开启时，由于压力 $p_A$ 和 $p_B$ 远大于 $p_X$（$\approx 0$），因而开启时间就短；而关闭时，由于上下腔压力基本平衡，主要靠上腔（X 腔）的弹簧力进行关闭，关闭时间就较长。加大弹簧刚度有利于缩短关闭时间，但会增大阀口过流阻力，一般不可取；调节节流阀 3 可改变阀芯上下腔压差和进入 X 腔的进出流量，因而能够调节开闭时间。开大阀 3，启闭时间可缩短，反之则延长，设置阀 3 对延长启闭时间减小开闭时的换向冲击有利，与加快关闭速度却有矛盾；液动力主要在阀芯小开度（$0 \sim 1.0mm$）时起关闭作用，与流向无关；主阀芯摩擦力总是阻碍启闭<br><br>此外，X 腔的供油方式（外控、内控）不同，启闭时间也不同。外控油因压力稳定且与负载无关，阀芯关闭时间最短；内控时，A 口供油比 B 口供油关闭阻力大，所以 A 口供油的关闭时间长<br><br>解决办法是采用快速二通插装阀回路，如图 7-128 所示。由于主阀 1 为大通径阀（$\phi 63 \sim 100mm$），如果仍采用小通径（$\phi 6 \sim 10mm$）的电磁阀作先导阀，将因先导流量特别大而使先导电磁阀产生很大的过流阻力，因而不能实现主阀的快速启动。为此本回路采用两级先导控制的形式，在主阀 1 和先导电磁阀 3 之间加入了通径为 16mm 的二通插装阀 2，作为第二级先导控制，以适应大控制流量的过流要求 |

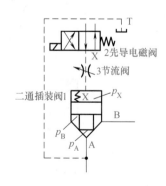

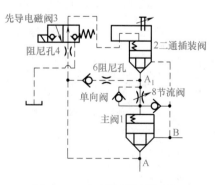

图 7-127　由先导电磁阀控制的插装阀回路　　　图 7-128　主阀快速起闭回路

| 类别 | 说明 |
|---|---|
| 不能自锁，插装阀关得不牢靠 | 这一故障与故障 2 相似，表现为稍有故障，插装阀便打开不能关闭，而不能自锁<br><br>欲使锥阀保持自锁能力，必须保持控制压力的存在，而且须防止控制压力油源的波动过大造成不能自锁的现象。要解决好这个问题，主要应从设计上考虑周到，加以防范。在控制油的选取方式上可参阅图 7-129。其中图 7-129（a）所示为当 $p_A > p_B$ 时选用；图 7-129（b）所示为 $p_B > p_A$ 时选用；图 7-129（c）所示为有时 $p_A > p_B$，有时 $p_B > p_A$，图 7-129（e）所示为 $p_A$ 与 $p_B$ 压力波动都过大时，能确保阀闭锁可靠时选用；图 7-129（e）所示接入梭阀 $S_1$ 和 $S_2$。<br><br>梭阀 $S_1$ 的两个输入油口，一个接外控油源 $P_C$，一个接工作油路 B 或 A。当控制油源 $P_C$ 失压时，A 或 B 油路即能补油工作；当 $P_C$ 和主供油路 $p_A$ 全部失压时，也能利用执行机构（液压缸）的重力或其他外力产生的压力 $p_B$ 使锥阀关闭。梭阀 $S_2$ 本身就是一个压力比较器。图中 7-129（a）、（b）、（c）所示为内控供油，图 7-129（d）所示为外控供油，图 7-129（e）所示为内外控组合供油<br><br>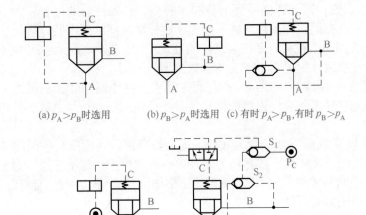<br><br>图 7-129 控制油的选取方式 |
| 节流调速系统的压力干扰 | 如图 7-130（a）所示为进口节流调速系统图。插装阀 2 带有先导节流控制，插装阀 5 为定差溢流阀，作为阀 2 的压力补偿阀用。看起来，这种回路设计是合理的。但是它会出现压力干扰的故障：当先导换向阀左位工作时有 P→A，B→O，阀 2 和阀 5 组成的溢流节流阀能正常工作；但当先导换向阀右位工作时，有 P→B，A→O，那么此时阀 5 的控制压力为零，阀 5 开启，系统卸荷，不能工作。为解决此压力干扰问题，把 A 腔与阀 5 控制腔二者用一梭阀连接，如图 7-130（b）所示，这样便可选择二者中压力高者与阀 5 控制腔相连，以保证 P→B，A→O 时，阀 5 控制腔与阀 2 的控制腔相连；而在 P→A，B→O 时，阀 5 控制腔与 A 腔相连。从而可排除上述故障，保证系统能正常工作<br><br>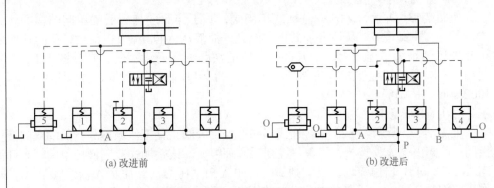<br><br>图 7-130 进口节流调速系统示意图 |

# 第八节 叠 加 阀

以叠加方式连接的液压阀称为叠加阀。叠加阀的分类与一般液压阀相同，可分为压力控制阀、流量控制阀和方向控制阀三类，其中方向控制阀仅有单向阀类，换向阀不属于叠加阀。叠加阀现有通径为 6mm、10mm、16mm 及 22mm 四个规格系列，额定压力为 20MPa，额定流量为 30 ~ 200L/min。

叠加阀及由叠加阀组成的液压系统具有以下特点：

① 每个叠加阀不仅具有某种控制功能，同时还起着油路通道的作用，所以同一组叠加阀之间无管道连接。

② 一般来说，同一规格系列的叠加阀的油口和螺钉孔的位置、大小、数量都与相同规格的标准换向阀相同，即主换向阀、叠加阀底板块之间的通径及连接尺寸一致。

③ 一个叠加阀因在液压系统回路中的位置不同，选择的元件型号也不同。例如同是单向阀，但放置在油路 A 还是油路 B，单向阀的型号不同。

④ 由叠加阀组成液压系统，阀与阀之间由自身作通道体，将压力、流量和方向控制的叠加阀按一定次序叠加后，由螺栓将其串联在换向阀与底板块之间，即可组成各种典型液压回路。

⑤ 叠加阀系统最下面一般为底板，其上具有进、回油口及各回路与执行机构连接的油口。底板上面第一个元件一般是压力表开关，否则将无法测出各点压力；最上层是换向阀兼作顶盖用；中间是各种方向、压力和流量控制阀。一般压力阀都有测压点，可以直接与压力表相连，实现压力的测量。

⑥ 回油路上的节流阀、调速阀等，应尽量布置在靠主换向阀近的地方，以减小回油路压力损失。

⑦ 通常一组叠加阀回路只控制一个执行元件，将几组叠加阀放在同一个多联底板上，就可以组成一个控制多个执行元件的液压系统。

⑧ 由叠加阀组成的液压系统结构紧凑，配置灵活，系统设计、制造周期短，标准化、通用化和集成化程度较高。

## 一、叠加式方向阀的结构及符号

叠加式方向控制阀仅有单向阀类，换向阀不属于叠加阀。换向阀在叠加阀系统中既起到换向阀的作用，又起到上盖板的作用。

（1）叠加式单向阀

如图 7-131 所示为 Z1S 型叠加式单向阀，其工作原理与一般的单向阀相同。此阀由阀体、阀芯、弹簧等组成。该叠加式单向阀允许油液从 A 向 $A_1$ 自由流动，反向则封闭。P、T 和 B 油口则是为了连通上、下元件相对应的油路通道而设置的，在该图上 P、T 油口并未剖到。不同型号的叠加式单向阀可以实现 P、T 和 B 油口的单向流动。该阀流量可达 40 ~ 100L/min，压力可至 31.5MPa。

（2）叠加式双向液控单向阀

如图 7-132 所示为 Z2S 型叠加式双向液控单向阀，其工作原理与一般的双向液控单向阀相同。此阀由阀体、阀芯、弹簧、控制活塞等组成。该叠加式双向液控单向阀允许油液从 A 向 $A_1$ 或 B 向 $B_1$ 自由流动，反向则封闭。如 A 口通压力油，油从 A 流经阀至 $A_1$，同时压力作用在控制活塞上，活塞向右运动，将阀芯推移离开阀座，油液可以从 $B_1$ 向 B 流动，实现 B 口反向流动。反之亦然，P、T 油口则是为了连通上、下元件相对应的油路通道而设置的，在该图上，P、T 油口并未剖到。有些型号的叠加式液控单向阀可以实现 A 或 B 油口的单油路流动控制。该阀流量可达 360L/min，压力可至 31.5MPa，且可以实现 1～2 天的长时间保压而不产生泄漏。

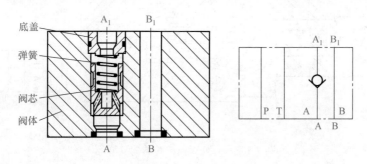

图 7-131    Z1S 型叠加式单向阀结构及符号

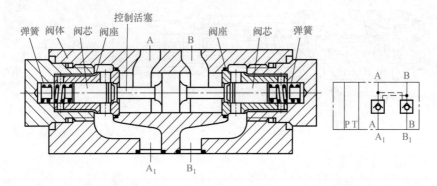

图 7-132    Z2S 型叠加式双向液控单向阀结构及符号

## 二、叠加式压力阀的结构及符号

（1）叠加式溢流阀

如图 7-133 所示的叠加式溢流阀是由主阀和先导阀两部分组成的。主阀阀芯为二级同心式结构，先导阀为锥阀式结构。其工作原理与一般的先导式溢流阀相同。压力油从进口 P 进入主阀阀芯的右端 e 腔，经主阀阀芯上的阻尼孔 d 和小孔 a 作用于先导阀阀芯上。当系统压力低于溢流阀调压弹簧的调定压力时，先导阀关闭，导致主阀也关闭，溢流阀不溢流；当系统压力达到溢流阀的调定压力时，先导阀阀芯打开，e 腔的油液经阻尼孔 d、小孔 a 和先导阀阀口及 c 孔，流回油箱 T，主阀阀芯两端产生压差，使主阀阀芯左移，打开主阀阀口，实现油液从 P 到 T 的溢流过程。

图中油口 P 和 T 除分别与溢流阀的进油口和回油口连通之外，还与上、下元件相对应的油口相通。A、B、$T_1$ 油口则是为了连通上、下元件相对应的油口而设置的。

（2）叠加式减压阀

如图 7-134 所示为 ZDR6D 型叠加式三通减压阀。阀在初始位置时，油液可以自由地从 P 流动到 $P_1$，同时从 $P_1$ 口输入的压力油经油路 a 作用在阀芯的左侧，与阀芯右侧的弹簧力相平衡。当 $P_1$ 口的压力达到弹簧的调定值时，阀芯向右移动，阀芯重新达到平衡位置，实现由 P 到 $P_1$ 的减压功能，同时保持 $P_1$ 口的压力不变。

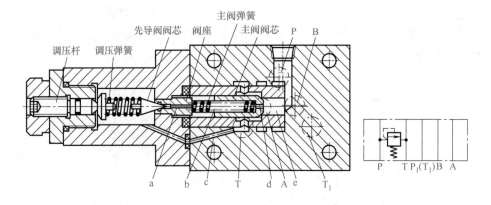

图 7-133　叠加式溢流阀结构及符号

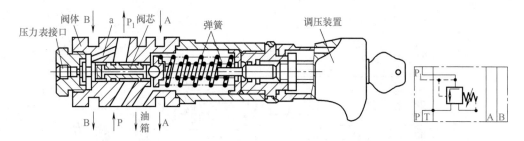

图 7-134　ZDR6D 型叠加式三通减压阀结构及符号

（3）叠加式顺序阀

如图 7-135 所示为叠加式直动顺序阀，它由阀体、阀芯、调节螺杆、弹簧等组成。压力油从 P 口进入阀体后，首先经轴向孔 a 进入到阀芯的左端，作用在阀芯 3 的有效作用面积上，该液压力与右端的弹簧力相平衡。当液压力小于弹簧力时，阀芯不动，阀体内无液体流动；当液压力超过弹簧力时，阀芯右移，油液从 P 口流动到 $P_1$ 口。

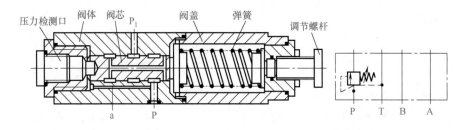

图 7-135　叠加式自动顺序阀结构及符号

## 三、叠加式流量阀的结构及符号

（1）叠加式双单向节流阀

如图 7-136 所示为 Z2FS 型叠加式双单向节流阀。该阀由两个对称布置的单向节流阀组成，图中左侧表示的是节流阀的工作状态，右侧表示的是单向阀的工作状态。当液体从 $A_1$ 流向 $A_2$ 时，油液从油口 $A_1$ 经阀座和节流阀阀芯形成的节流口流至油口 $A_2$，节流口的大小可以借助调节螺钉进行轴向调整，实现节流；当油液从 $B_2$ 流向 $B_1$ 时，油液从油口 $B_2$ 沿阀芯的方向克服弹簧的弹簧力，向右侧推开阀芯，油液从 $B_2$ 顺利流向 $B_1$，实现单向阀作用。根据安装位置及方向不同，可以实现进口节流或出口节流。

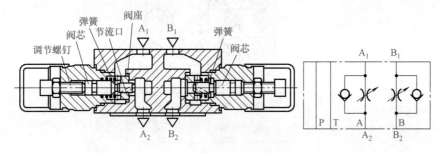

图 7-136　Z2FS 型叠加式双单向节流阀结构及符号

（2）叠加式调速阀

如图 7-137 所示为叠加式单向调速阀。该阀由减压阀、节流阀和单向阀组成。图中左侧为一单向阀插装在叠加阀阀体中，右端安装了一板式连接的调速阀。其工作原理与一般单向调速阀基本相同。当油液从 B 向 $B_1$ 流动时，实现调速阀的功能；当油液从 $B_1$ 向 B 流动时，实现单向阀的功能。

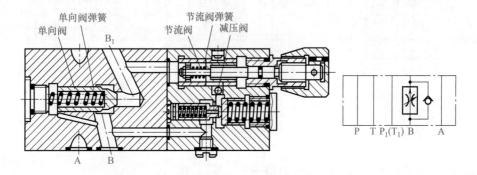

图 7-137　叠加式单向调速阀结构及符号

## 四、叠加阀的应用

（1）组成叠加阀系统

叠加阀组成的液压系统一般最下面是连接底板，底板上有进、回油口及各回路与执行机构连接的油口，底板上的第一个元件一般是压力表开关，然后依次向上可以叠加各种流量阀和压力阀，最上层是换向阀，最后用螺栓将它们紧固成一个叠加阀组，用来控制一个执行元件。叠加阀系统具有结构紧凑、体积小、重量轻、配置灵活及安装、维护方便等特点，已广泛应用于机床、冶金、工程机械等领域。

如图 7-138（a）、（b）所示分别为多联叠加液压阀组的外形图及原理图。

（2）用于盖板式二通插装方向阀的控制

叠加阀用作盖板式二通插装方向阀的先导阀，是叠加阀的一种重要应用方式。如图 7-139 所示为带叠加阀的盖板式二通插装方向阀控制组件。叠加式单向节流阀与控制盖板叠加在一起，作为插装阀的先导控制阀，这样便可以方便地调整插装阀主阀阀芯的开关响应速度。也可用电磁球阀替代电磁换向阀进行叠加控制，以便提高整个组件的开关响应速度。

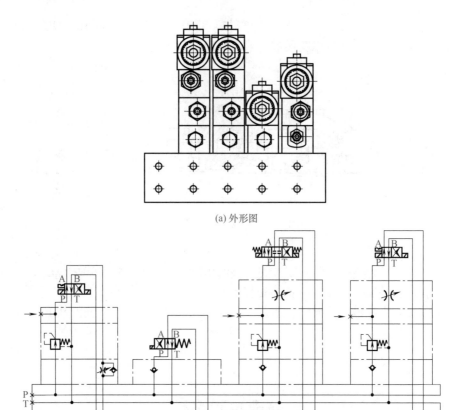

(a) 外形图

(b) 原理图

图 7-138　多联叠加液压阀组外形与原理

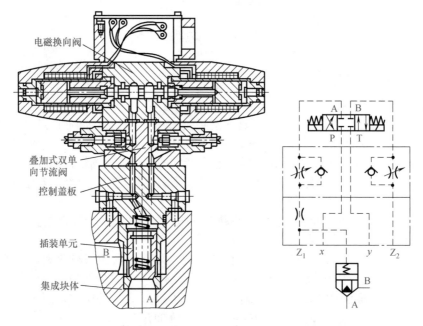

图 7-139　带叠加阀的盖板式二通插装方向阀控制组件与原理图

## 五、叠加阀组成液压系统的特点及应注意的问题

（1）叠加阀组成的液压系统的特点

叠加阀可根据其不同的功能组成不同的叠加阀液压系统。由叠加阀组成的液压系统具有下列优点。

① 标准化、通用化、集成化程度高，设计、加工及装配周期短。

② 结构紧凑、体积小、重量轻、占地面积小。

③ 便于通过增减叠加阀实现液压系统原理的变更，系统重新组装方便迅速。

④ 叠加阀可集中配置在液压站上，也可分散安装在主机设备上，配置形式灵活；叠加阀又是无管连接的结构，消除了因管件间连接引起的漏油、振动和噪声，整个系统使用安全可靠，维修容易，外观整齐美观。

叠加阀组成的液压系统的主要缺点是回路形式较少，通径较小，不能满足复杂和大功率的液压系统的需要。

（2）叠加阀组成液压系统时应注意的问题（表 7-80）

表 7-80　叠加阀组成液压系统时应注意的问题

| 项目 | 说明 |
|---|---|
| 通径及安装连接尺寸 | 叠加阀回路中的换向阀、叠加阀和底板的通径规格及安装连接尺寸应一致 |
| 液控单向阀与单向节流阀组合 | 如图 7-140（a）所示，液控单向阀 3 与单向节流阀 2 组合时，应使单向节流阀靠近执行元件。反之，若按图 7-140（b）所示配置，则当 B 口进油、A 口回油时，因单向节流阀 2 的节流效果，在回油路的 a～b 段会产生压力，当液压缸 1 需要停位时，液控单向阀 3 不能及时关闭，并有时还会反复关、开，使液压缸受到冲击 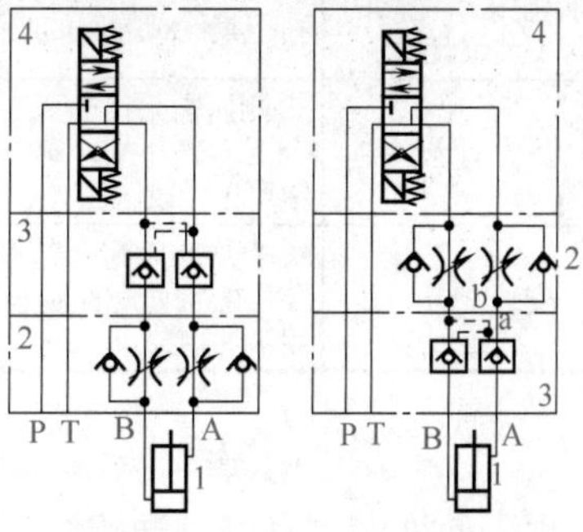<br><br>（a）正确　　　（b）错误<br><br>图 7-140　液控单向阀与单向节流阀组合<br>1—液压缸；2—单向节流阀；3—液控单向阀；4—三位四通电磁换向阀 |
| 减压阀与单向节流阀组合 | 如图 7-141（a）所示，A、B 油路都采取单向节流阀 2，而 B 油路采用减压阀 3 的系统。这种系统节流阀应靠近液压缸 1。若按图 7-141（b）所示配置，则当 A 口进油、B 口回油时，由于节流阀的节流作用，液压缸 B 腔与单向节流阀之间这段油路的压力升高。这个压力又去控制减压阀，使减压阀减压口关小，出口压力变小，造成供给液压缸的压力不足。当液压缸的运动趋于停止时，液压缸 B 腔压力又会降下来，控制压力随之降低，减压阀口开度增大，出口压力也增大。如此反复变化，会使液压缸运动不稳定，还会产生振动 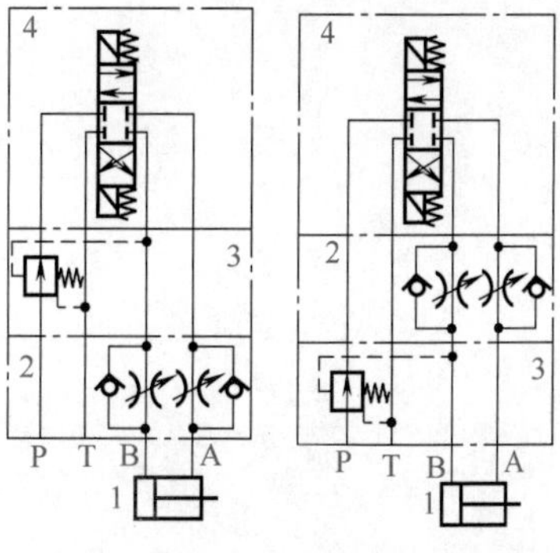<br><br>（a）正确　　　（b）错误<br><br>图 7-141　减压阀与单向节流阀组合<br>1—液压缸；2—单向节流阀；3—减压阀；4—三位四通电磁换向阀 |

| 项目 | 说明 |
|---|---|
| 减压阀与液控单向阀组合 | 如图 7-142（a）所示系统为 A 油路采用液控单向阀 2、B 油路采用减压阀 3 的系统。这种系统中的液控单向阀应靠近执行元件。若按图 7-142（b）所示配置，则因减压阀 3 的控制油路与液压缸 B 腔和液控单向阀之间的油路连通，这时液压缸 B 腔的油可经减压阀泄漏，使液压缸在停止时的位置无法保证，失去了设置液控单向阀的意义<br> 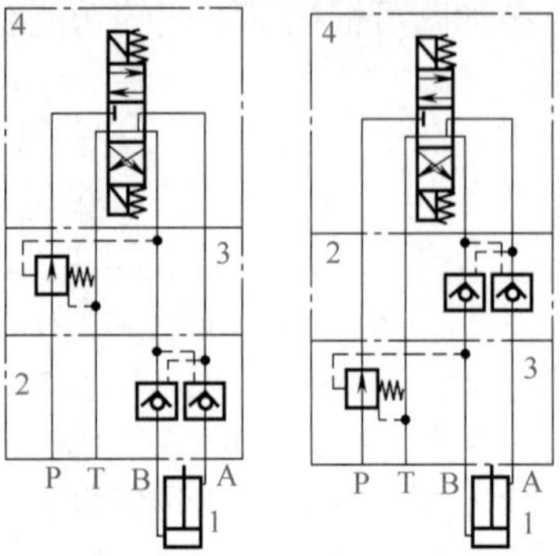<br><br>(a) 正确　　(b) 错误<br>图 7-142　减压阀与液控单向阀组合<br>1—液压缸；2—液控单向阀；3—减压阀；<br>4—三位四通电磁换向阀 |
| 回油路上调速阀、节流阀、电磁节流阀的安装位置 | 这些元件的安装位置应紧靠主换向阀，这样在调速阀等之后的回路上就不会有背压产生，有利于其他阀的回油或泄漏油畅通 |
| 压力测定 | 测压需采用的压力表开关应安放在一组叠加阀的最下面，与底板块相连。单回路系统设置一个压力表开关；集中供液的多回路系统并不需要每个回路均设压力表开关。在有减压阀的回路中可单独设置压力表开关，并置于该减压阀回路中 |
| 安装方向 | 叠加阀原则上应垂直安装，尽量避免水平安装方式。叠加阀叠加的元件越多，质量越大，安装用的贯通螺栓越长。水平安装时，在重力作用下，螺栓发生拉伸和弯曲变形，叠加阀间会产生渗油现象 |

## 六、叠加阀的故障诊断与修理

由于叠加阀本身既是通路，又是液压元件，所以本书所述的液压元件的常见故障与排除方法完全适用于叠加阀。在这里就不再赘述。

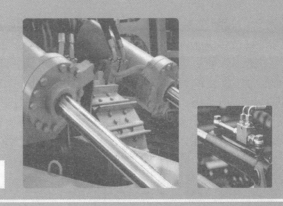

# 第八章
# 液压辅助元件

　　液压系统中的辅助元件是指除液压动力元件、执行元件、控制元件之外的其他组成元件，它们是组成液压传动系统必不可少的一部分，对系统的性能、效率、温升、噪声和寿命的影响极大。因此在设计制造和使用液压设备时，对辅助元件必须给予足够的重视。

　　液压辅助元件主要包括密封装置、油道与管接头、蓄能器、过滤器、油箱、热交换器等。

## 第一节　密封装置

　　密封装置的作用是防止液体泄漏或污染杂质从外部侵入液压传动系统，良好的密封是液压系统能够传递动力、正常工作的保证。如果密封不好，将会造成系统和元件的泄漏加大，使系统压力和容积效率降低，浪费能量，严重时将导致系统不能正常工作。

### 一、密封装置的类型与要求

　　（1）密封装置的类型

　　密封的方法和形式很多，根据密封的原理可分为间隙密封（非接触密封）和接触式密封两大类。根据两个需要密封的耦合面间有无相对运动，可把密封分为静密封和动密封两大类。相对静止的耦合面间的密封称为静密封，静密封常用的密封元件有 O 形、星形、方形等密封圈，各种密封垫片及密封带、密封胶等。相对运动的耦合面间的密封为动密封，它可分为不使用密封件的非接触式间隙密封、迷宫密封和使用密封件的接触式密封。

　　按运动方式不同，动密封可分为旋转动密封和往复动密封。旋转密封常用的密封元件有油封（旋转轴唇形密封圈）、橡塑组合密封圈、机械密封圈等。往复运动密封圈常用的密封件可分为挤压型密封、唇形密封。挤压型密封圈有 O 形圈、同轴密封（橡塑组合密封）圈等，唇形密封有 V、Y、U 形密封圈及山形、鼓形、蕾形密封圈等。除上述密封件外，还有活塞环及防尘密封圈等。

① 间隙密封。间隙密封是利用运动件之间的微小间隙起密封作用，是最简单的一种密封形式，其密封效果取决于间隙的大小和压力差、密封长度和零件表面质量。其中以间隙大小及其均匀性对密封性能影响最大。因此这种密封对零件的几何形状和表面加工精度有较高的要求。由于配合零件之间有间隙存在，所以摩擦力小，发热少，寿命长；由于不用任何密封材料，所以结构简单紧凑，尺寸小。间隙密封一般都用于动密封，如液压泵和液压马达的柱塞与柱塞孔之间的密封；配流盘与缸体端面之间的密封；阀体与阀芯之间的密封等。间隙密封的缺点是由于有间隙，因而不可能完全阻止泄漏，所以不能用于严禁外漏的地方。另外，当尺寸较大时，要达到间隙密封所要求的表面加工精度比较困难，故对大直径，加大的液压缸，一般不采用间隙密封。

② 接触密封。接触密封是靠密封件在装配时的预压缩力和工作时密封件在油压力作用下发生弹性变形所产生的弹性接触力来实现的，其密封能力一般随压力的升高而提高，并在磨损后具有一定的自动补偿能力，这些性能靠密封材料的弹性、密封件的形状等来达到。就密封材料而言，要求在油液中有较好的稳定性，弹性好，永久变形小；有适当的机械强度；耐热、耐磨性好，摩擦因数小；与金属接触不互相黏着和腐蚀；容易制造，成本低。目前应用最广的是耐油橡胶（主要是丁腈橡胶），其次是聚氨酯。聚氨酯是继丁腈橡胶之后出现的密封材料，用它制造的密封件耐磨性及强度均比丁腈橡胶高。

密封的形式五花八门，多种多样，作用和原理各不相同，在实际使用过程中，要根据使用场合和工作条件，合理地选择密封的形式。如非接触式动密封，可以用在转速比较高的场合，但密封的可靠程度有限，接触式动密封密封可靠，但由于有摩擦磨损的存在，不宜用在旋转速度较高的场合。对于有一定压力和转速较高的轴的密封要选用机械密封等。

（2）对密封件的主要要求（表 8-1）

表 8-1　对密封件的主要要求

| 要求 | 说明 |
| --- | --- |
| 密封的可靠性 | 在工作压力和一定的温度范围内，应具有良好的密封性，保证不泄漏或少泄漏，并随着压力的增加能自动提高密封性能 |
| 工作寿命长 | 密封件抗腐蚀能力强，不易老化，耐磨性好，磨损后在一定程度上能自动补偿而保持其几何精度，对工作介质具有良好的相容性 |
| 密封性能的稳定性 | 这意味着密封装置和运动件之间的摩擦力要小，摩擦因数稳定，动、静摩擦因数的差值要小 |
| 其他要求 | 密封件采用标准化的结构和尺寸，制造简单，使用方便，装拆容易，成本低廉 |

## 二、橡胶密封材料的主要品种、特点及主要用途

密封件的常用材料主要为各类橡胶及填充或改性工程塑料，部分密封材料及主要特点见表 8-2。

表 8-2　橡胶密封材料的主要品种、特点及主要用途

| 橡胶品种 | 使用温度 / ℃ | 主要特点 | 主要用途 |
| --- | --- | --- | --- |
| 天然橡胶（NR，WR） | $-50 \sim 120$ | 弹性和耐寒性好，适合在水、醇、汽车刹车液中工作。不适合在矿物油型液压油及燃料油中使用。在空气中易老化。不能用于高温空气中 | 用于制作唇形密封件、填料、垫片、耐水的 O 形圈等 |
| 氯丁橡胶（CR） | $-40 \sim 100$ | 耐磨性、耐臭氧性、耐老化性好，耐冷冻剂（氟利昂）和氨类。但不宜用于低苯胺点的矿物油和汽油 | 用于制作隔膜、唇形密封件、油封、门窗密封条 |
| 乙丙橡胶（EPDM） | $-45 \sim 150$ | 耐热、耐寒、耐老化和耐臭氧性优。适于磷酸酯系液压油、水、高压蒸汽、刹车液、有机及无机酸、碱等。不适于矿物型液压油 | 用于制作耐热、蒸汽、耐酸碱的 O 形圈、垫片等 |

| 橡胶品种 | 使用温度/℃ | 主要特点 | 主要用途 |
|---|---|---|---|
| 丁腈橡胶（NBR） | −30～100 | 耐矿物型油、脂、HFA、HFB、HFC、硅油、动植物油、空气和水。其耐水性能随丙烯腈含量的增加而提高，但低温性和透气性则随之下降。不适于磷酸酯系液压油及含极性添加剂的齿轮油 | 广泛用于制作 O 形圈、油封、唇形密封件等 |
| 聚丙烯酸酯橡胶（ACM） | −20～150 | 耐高温性能比丁腈橡胶好，强度中等，弹性低、耐油、惰性气体、臭氧及耐含有极性添加剂的齿轮油。不能用于水、酸碱及酒精 | 用于制作高温、高速的油封、O 形圈 |
| 硅橡胶（VMQ） | −60～200 | 耐热、耐寒性好，极好的抗压缩永久变形和介电性能。但强度低，耐磨性差。不适于低苯胺点的矿物油及含有极性添加剂的齿轮油。耐空气、惰性气体、动植物油、刹车液及润滑脂 | 适于高温或低温的静密封件 |
| 氟橡胶（FFKM） | −25～240 | 耐热、耐油、耐化学腐蚀性、耐老化性好。适于所有的润滑剂、燃料油、汽油、磷酸酯系液压油。但不适于在酮、脂中使用 | 适于制作在高温、真空、化学介质中使用的密封件 |
| 填充聚四氟乙烯（特氟隆）（PTEE） | −200～260 | 耐磨性良好，耐热性、耐寒性优，几乎耐一切化学药品、溶剂、油和水。弹性差，热胀系数大，回弹性差 | 适用于制作各种挡圈、支承环、压环、橡胶组合密封圈的滑环 |
| 聚酰胺（尼龙） | −40～100 | 耐磨性佳，耐油、耐弱酸弱碱和普通水、醇等溶剂。冲击韧性较好，有一定机械强度。溶于浓硫酸和苯酚，吸水性大 | 适用于制作高压、耐油密封圈、挡圈、支承环、压环、活塞环、防尘密封件等 |
| 聚甲醛（POM） | −40～120 | 摩擦因数小，耐磨性好，动、静摩擦因数基本一样，耐有机溶剂及化学腐蚀。具有良好的拉伸强度、冲击性、刚性、疲劳强度和抗蠕变性 | 适用于制作 O 形、U 形、Y 形密封圈与挡圈、防尘圈等 |

## 三、橡胶密封圈的种类和特点

橡胶密封圈有 O 形、Y 形、$Y_x$ 形、U 形、V 形、唇形、组合密封圈以及其他低压密封圈等数种。

橡胶密封圈的种类和特点见表 8-3。

表 8-3　橡胶密封圈的种类和特点

| 种类 | 特点 |
|---|---|
| O 形密封圈 | O 形密封圈是一种断面形状为圆形的耐油橡胶圈，如图 8-1 所示，是液压设备中使用得最多、最广泛的一种密封件，可用于静密封和动密封。O 形密封圈是一种挤压型密封，其基本工作原理是依靠密封件发生弹性变形，在密封接触面上造成接触压力，接触压力大于被密封介质的压力，则不发生泄漏，反之则发生泄漏。为减小或避免运动时 O 形密封圈发生扭转和变形，用于动密封的 O 形密封圈的断面直径较用于静密封的断面直径大。O 形密封圈既可以用于外径或内径密封，也可以用于端面密封。它的特点是结构简单，单圈即可对两个方向起密封作用，动摩擦阻力较小，对油液、压力和温度的适应性好。其缺点是在用作动密封时，启动摩擦阻力较大，磨损后不能自动补偿，使用寿命短 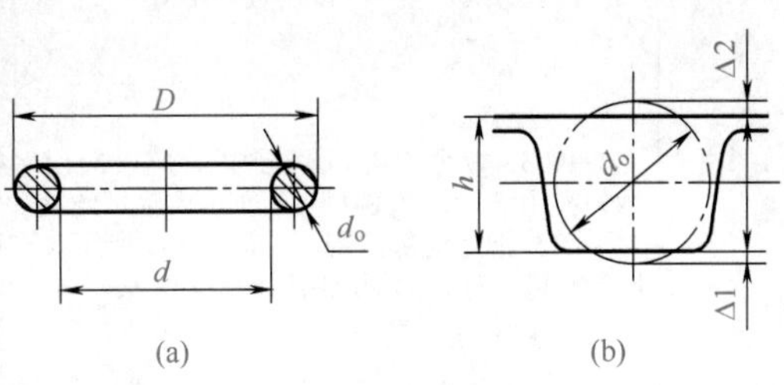<br><br>图 8-1　O 形密封圈结构图 |

图 8-1　O 形密封圈结构图

O 形密封圈装入沟槽时的情况如图 8-1（b）所示，图中 $\Delta_1$ 和 $\Delta_2$ 为 O 形密封圈装配后的预压缩量，它是保证密封性能所必须具备的。通用以压缩率 W 表示，即 $W = [(d_o-h)/d_o] \times 100\%$，对于固定密封、往复运动密封和回转运动密封，应分别达到 15%～20%、10%～20% 和 5%～10%，才能取得满意的密封效果。预压缩量的大小应选择适当，过小时会由于安装部位的偏心、公差波动等而漏油，过大时对用于动密封的 O 形密封圈来说，摩擦阻力会增加，所以静密封用 O 形圈的预压缩量大些，而动密封用 O 形圈的预压缩量小些。

| 种类 | 特点 |
|---|---|
| O 形<br>密封圈 | O 形密封圈尺寸，安装沟槽的形状、尺寸和加工精度等在实际应用中可从手册和相关国家标准中查到。O 形密封圈一般适用于工作压力 10MPa 以下的元件，当油液工作压力超过 10MPa 时，O 形圈很容易被油液压力挤入间隙而损坏，通常在 O 形圈的侧面安放聚四氟乙烯挡圈，厚度为 1.2～1.5mm。单向受力时在受力侧的对面安放一个挡圈；双向受力时则在两侧各放一个挡圈，如图 8-2 所示。当压力过高时，可设置多道密封圈<br><br>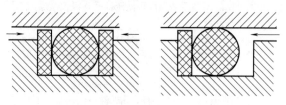<br><br>图 8-2　O 形密封圈挡圈设置 |
| Y 形<br>密封圈 | Y 形密封圈一般用聚氨酯橡胶和丁腈橡胶制成，其截面形状呈 Y 形，如图 8-3（a）所示。这种密封圈有一对与密封面接触的唇边，安装时唇口对着压力高的一边。这种密封作用的特点是能随着工作压力的变化自动调整密封性能。油压低时，靠预压缩密封，可减小摩擦阻力和功率损耗；高压时，受油压作用而两唇张开，贴紧密封面，能主动补偿磨损量，油压越高，唇边贴得越紧。对于双作用活塞，两侧均会道遇高压流体，要求密封结构对径向平面对称。这时要成对使用，如背靠背布置两只 Y 形密封圈，来密封双作用活塞，如图 8-3（b）所示。这种密封圈摩擦力较小，启动阻力与停车时间长短和油压大小关系不大，运动平稳，适用于高速（0.5m/s）高压（可达 32MPa）的动密封<br><br>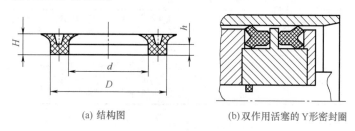<br>(a) 结构图　　　(b) 双作用活塞的 Y 形密封圈<br><br>图 8-3　Y 形密封圈<br><br>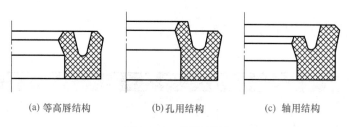<br>(a) 等高唇结构　　(b) 孔用结构　　(c) 轴用结构<br><br>图 8-4　$Y_X$ 形密封圈<br><br>如图 8-4 所示是 $Y_X$ 形密封圈，它一般用聚氨酯橡胶制成。图 8-4（a）所示为等高唇结构，图 8-4（b）所示为孔用结构，图 8-4（c）所示为轴用结构。它们的内、外密封唇根据轴用、孔用的不同而制成不等高，是为了防止被运动部件切伤，如图 8-5 所示。这种密封圈结构紧凑，在密封性、耐油性、耐磨性等方面都比 Y 形密封圈优越，因而应用日趋广泛<br><br>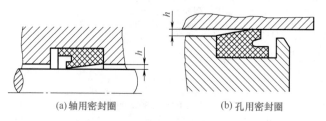<br>(a)轴用密封圈　　　　(b)孔用密封圈<br><br>图 8-5　Y 形密封圈工作原理 |

| 种类 | 特　点 |
|---|---|
| V 形密封圈 | V 形密封圈由多层涂胶织物压制而成，其形状如图 8-6 所示，由三种不同截面形状的压环、密封环、支承环组成。当压力小于 10MPa 时，使用一套三件已足够保证密封。压力更高时，可以增加中间密封环的数量，这种密封在安装时要预压紧，所以摩擦阻力较大<br><br>支承环　　　　密封环　　　　压环<br>图 8-6　V 形密封圈<br>这种密封圈安装时应使密封环唇边开口面对压力油，使两唇张开，分别贴在零件的表面上 |
| 自动式组合 U 形密封圈 | 如图 8-7 所示，自动式组合 U 形密封圈，是由弹性夹织物橡胶 U 形圈和一个硬质夹织物橡胶挡圈组成。U 形圈的两唇和两唇间的支承环制成一体，U 形圈后端凸形与挡圈凹槽配合安装。最高使用压力 32MPa；使用温度范围在 −30 ～ 120℃。U 形圈不适用于快速运动，除可用于往复运动外，还可用于缓慢运动<br>　这种密封圈结构简单、紧凑，轴向尺寸小，耐用性好；由于 U 形圈后端凸部与挡圈前端凹形槽切扣合，在工作中抗扭转性强；硬质挡圈在高压下工作，可以防止间隙"挤出"，保护弹性 U 形圈不受伤；由于挡圈能随工作压力而径向扩张，在高压下能自动起辅助密封作用，因此，密封性好，泄漏少<br>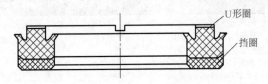<br>U 形圈<br>挡圈<br>图 8-7　自动式组合 U 形密封圈 |
| 组合式密封装置 | 组合式密封装置由两个或两个以上零件组成，通过将不同材料、不同功能的密封件组合为一体，得到结构尺寸紧凑、寿命长、轻型、高效、低功耗的密封组件，有效提高了密封装置的综合性能。组合式密封装置是密封技术的一个发展方向<br>　同轴密封圈，俗称滑环式组合密封圈，就是一种组合式密封装置，它是由加了填充材料的改性聚四氟乙烯滑环（如图 8-8 所示的格来圈和特康斯特封）和充当弹性体的橡胶圈，如 O 形密封圈等组合而成，利用 O 形密封圈的预压缩量所产生的弹性力和流体压力，使滑环紧贴在密封面上，由于间隙的密封是滑环而不是 O 形密封圈，所以摩擦阻力小。这种密封方式具有良好的密封作用，目前被广泛地应用于中、高压液压缸的往复运动密封装置上<br>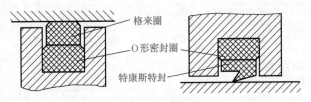<br>格来圈<br>O 形密封圈<br>特康斯特封<br>图 8-8　同轴密封圈 |
| 旋转轴用密封圈 | 旋转轴密封又称油封，是一种旋转用唇形动密封圈，主要用于密封低压工作介质或润滑油外泄和防止外界尘土、杂质侵入。在各类液压泵、液压马达的旋转轴上广泛使用油封，以防止工作腔的泄漏。普通油封的使用压力小于 0.05MPa，耐压油封的工作压力为 1 ～ 1.2MPa |

## 四、O 形密封圈的压缩率分析

O 形密封圈是常用密封元件的一种，其密封作用是通过安装时的预压力使密封圈变形来实现的。在设计及使用中应注意 O 形密封圈安装后的压缩率，压缩率太小易造成液压油泄漏。

某 160t 液压机安装使用不久，液压缸即发生泄漏。该液压缸直径 320mm，压力 20MPa，采用 O 形密封圈密封。经观察，其压缩率只有 7.3%。往复运动的密封件其压缩率应为 10% ～ 20% 方能达到满意的密封效果。该液压缸泄漏主要因 O 形密封圈压缩率太小所致。

提高压缩率可通过缩小缸筒和柱塞之间的间隙来实现，也可通过修补沟槽的尺寸来实现。此处用后一种方法解决。经计算，沟槽尺寸可确定为：深度 $H$=5.9+0.1（mm），宽度 $B$=8.1+0.1（mm）。据此，O 形密封圈最大压缩率为 19.0%，小于有关资料推荐的最大压缩率 20%。为防止 O 形密封圈拉伸过大引起应力松弛，影响使用寿命，伸长率应小于 2%。经计算，此处 O 形密封圈的伸长率为 0.9%。具体实施办法是，先对柱塞进行堆焊，填补沟槽，再按确定的沟槽尺寸加工。安装密封圈后，液压缸泄漏问题得到解决。

正确使用 O 形密封圈应注意：密封圈要有足够的压缩率。一般来说，固定密封、往复运动密封和回转运动密封其压缩率应分别达到 15%～25%、10%～20% 和 5%～10% 才能取得满意的密封效果；孔和轴的配合间隙不应过大，否则会降低压缩率，密封圈也易被油压挤入间隙而损坏；当孔、轴的间隙过大时，应在其两侧安放四氟乙烯挡圈；采用修改沟槽尺寸来提高压缩率，应验算其最大压缩率和内径伸长率，两者应分别小于 25% 和 2%。

## 五、密封件的选用和装配

密封件的选用和装配见表 8-4。

表 8-4　密封件的选用和装配

| 项目 | 说明 |
| --- | --- |
| 密封件设计选用的相关因素 | 密封材料要与所选用的工作液体有很好的"相容性"；此外还要求弹性好，永久变形小；有适当的机械强度，耐热，耐磨性很好，摩擦因数小；与金属接触不互相黏着和腐蚀，容易制造，成本低<br>选用密封件时，应防止以下几种情况的出现：<br>①挤出。当密封件承受过大压力时被挤出到金属间隙内，损坏密封件产生泄漏。这种情况涉及密封件本身的硬度及金属间隙是否过大。如果在设计选型、加工或安装上处理不当，都会出现这种情况<br>②磨损。密封件的磨损涉及配合零件的表面粗糙度、运动速度及工作介质，不同的密封材料适应不同的运动速度<br>③硬化（老化）。密封件的一个泄漏原因是因为本身材料在高温的作用下产生硬化。当硬度过高时，密封件不能填充它与配合零件之间的间隙，产生泄漏<br>④腐蚀。这种情况的表现是密封件软化甚至溶解，原因是工作介质与密封件发生了化学反应 |
| 最大允许间隙 | 为避免密封件在使用过程中发生挤出现象，设计和使用活塞密封及活塞杆密封时运动表面之间必须存在一定的间隙。间隙的大小直接影响到密封件的使用寿命和加工成本。如何正确选取最大允许间隙是设计人员必须考虑的一个重要问题。最大允许间隙的大小与动态边直径、选用的密封件材料及断面厚度、系统压力、环境温度有直接的关系（动态边直径是指有滑动边的直径，对活塞密封是指活塞缸直径，对活塞杆密封是指活塞杆直径） |
| 维修中正确选用密封件的方法 | 维修时正确选用密封件的方法：首先判别密封件所在位置的运动方向，是往复运动、旋转运动还是螺旋或固定；判别活动点是在内径的活塞杆密封还是在外径的活塞密封；从原机械说明书查明或根据实际情况评估工作温度，从而决定所需密封件材料；从原机械说明书查明或通过观察原密封件的软硬度和结构推断机械的工作压力等级；确定密封件的形状尺寸，多数用户都会按使用过的旧样品选购，但密封件在使用过一些时间以后会受温度、压力及磨损等因素的影响而改变原来的尺寸，因此按样品选择尺寸作为一个参考依据，最好的办法是度量密封件所在位置的金属沟槽尺寸，准确性会大大提高 |
| 大型液压缸 $Y_x$ 密封件的装配 | 目前密封件大多采用聚氨酯材料，随着密封件的材质提高，密封件的硬度也明显提高，这就给密封件的有效装配带来了一定难度。液压缸密封件安装方法如下：<br>液压缸端盖与活塞杆间常采用夹织橡胶圈的 $Y_x$ 形密封件。在装配 $Y_x$ 形密封圈时，一定要使唇口对着有压力的油腔才能起密封作用。更换端盖与活塞杆密封圈时，如果液压缸活塞杆直径为 100mm，端盖内径为 120mm，选择 $Y_x$ 轴用密封件内径为 100mm、外径为 120mm，易于装配，但不易密封，应选择外径大于 120mm 夹织橡胶圈 $Y_x$ 轴用密封圈，以保证密封性好。这给装配带来了一定难度，密封圈难以推入密封槽部位，而且液压缸端盖与活塞杆之间有相对运动，其密封装置属于滑动密封，滑动密封件装配不当直接影响液压缸的质量和工作性能<br>如图 8-9 所示是一种夹织橡胶圈 $Y_x$ 轴用密封件 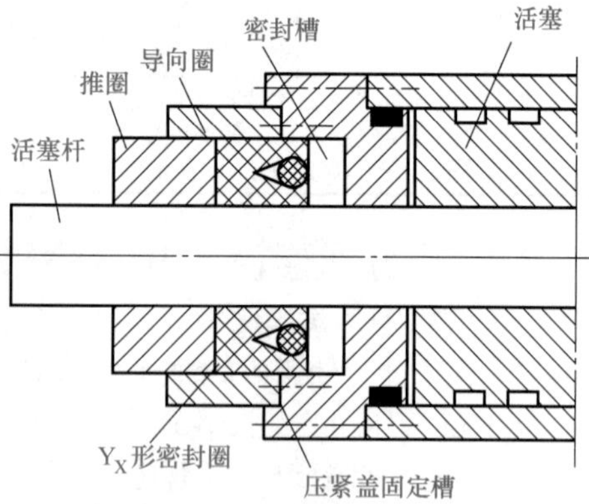 | <br>图 8-9　密封件安装辅助工具 |

| 项目 | 说明 |
|------|------|
| 大型液压缸 $Y_X$ 密封件的装配 | 装配方法，其装置结构主要由导向圈、推圈组成。采用这种导向装置，不仅能满足 V 形密封圈、U 形密封圈、$Y_X$ 形密封圈的装配，而且满足装配难度较大的夹织橡胶圈 $Y_X$ 形轴用密封圈的装配。在实际生产中，可以根据相关标准中规定的液压缸缸筒端盖内径尺寸系列制作出密封件的装配工装，以满足不同规格液压缸的生产和维修的要求<br>如图 8-9 所示，将夹织橡胶圈 $Y_X$ 形密封圈用手自右向左推入导向圈（$Y_X$ 密封圈唇口朝向高压油腔方向），唇口必须推入导向圈内<br>再将带密封圈的导向圈推入压紧盖的固定槽中，然后推推圈将密封圈挤入密封槽内，来实现装配。此种导向结构简单，操作方便，可应用于轴密封的各种动密封和静密封圈装配 |
| 密封件装配注意事项 | 运动密封处要有良好的密封性，摩擦力要小，密封件与液压油间要有良好的相容性；密封件经过的零件尖角应去毛刺、倒角；装配密封件时，密封件经过的螺纹需防护，以防止损伤密封件的唇边；不允许用带有尖角的工具装配密封圈；更换新密封圈时，应清除干净密封槽内的锈迹、脏物、碎片。装配前，缸筒、活塞杆和密封件应抹润滑油或润滑脂，注意选用润滑脂时，润滑脂中不能含有固体添加剂（如 MoS、ZnS 等） |

## 六、密封装置的故障诊断与修理

密封装置的故障诊断与修理见表 8-5。

表 8-5　密封装置的故障诊断与修理

| 类别 | 说明 |
|------|------|
| 密封装置产生故障的原因 | 密封装置故障主要就是密封装置的损坏而产生漏油现象。因密封装置产生的上述故障原因较为复杂，有密封本身产生的，也有其他原因产生的<br>液压系统中许多元件广泛采用间隙密封，而间隙密封的密封性与间隙大小（泄漏量与间隙的立方成正比）、压力差（泄漏量与压力差成正比）、封油长度（泄漏量与长度成反比）、加工质量及油的黏度等有关。由于运动副之间润滑不良，材质选配不当及加工、装配、安装精度较差，就会导致早期磨损，使间隙增大、泄漏增加。其次，液压元件中还广泛采用密封件密封，其密封件的密封效果与密封件材质，密封件的表面质量、结构等有关。如密封件材料低劣、物化性不稳定、机械强度低、弹性和耐磨性低等，则因密封效果不良而泄漏；安装密封件的沟槽尺寸设计不合理，尺寸精度及粗糙度差，预压缩量小而密封不好也会引起泄漏。另外，接合面表面粗糙度差、平面度不好、压后变形以及紧固力不均，元件泄漏、回油管路不畅，油温过高、油液黏度下降或选用的油液黏度过小，系统压力调得过高、密封件预压缩量过小，液压件铸件壳体存在缺陷等都会引起泄漏增加 |
| 减少内泄漏及消除外泄漏的措施 | ①采用间隙密封的运动副应严格控制其加工精度和配合间隙<br>②采用密封件密封是解决泄漏的有效手段，但如果密封过度，虽解决了泄漏，却增加了摩擦阻力和功率损耗，加速密封件磨损<br>③改进不合理的液压系统，尽可能简化液压回路，减少泄漏环节；改进密封装置，如将活塞杆处的 V 形密封改用 YX 形密封圈，不仅摩擦力小且密封可靠<br>④泄漏量与油的黏度成反比，黏度小，泄漏量大，因此液压用油应根据气温的不同及时更换，可减少泄漏<br>⑤控制温升是减少内外泄漏的有效措施。压力和流量是液压系统的两个最基本参数，这两个不同的物理量在液压系统中起着不同的作用，但也存在着一定的内在联系。掌握这一基本道理，对于正确调试和排除系统中所出现的故障是必要的 |

# 第二节　油管与管接头

油管用于输送液压传动系统的工作液体，而管接头则将油管和液压元件连接起来。因此要求二者有足够的强度，良好的密封，压力损失小，拆装方便。

## 一、油管的种类

液压系统中使用的油管种类很多，有钢管、铜管、尼龙管、塑料管、橡胶管等。须按照安装位置、工作环境和工作压力来正确选用液压油管。

油管的特点及其适用范围见表8-6。

表8-6　油管的特点及其适用范围

| 种类 | | 特点和适用场合 |
|---|---|---|
| 硬管 | 钢管 | 能承受高压，价格低廉，耐油，抗腐蚀，刚性好，但装配时不能任意弯曲；常在装拆方便处用作压力管道，中、高压系统用无缝管，低压系统用焊接管 |
| | 紫铜管 | 易弯曲成各种形状，但承压能力一般为6.5～10MPa，抗振能力较弱，又易使油液氧化，通常用在液压装置内配接不便之处 |
| 软管 | 尼龙管 | 乳白色半透明，加热后可以随意弯曲成形，冷却后又能定形不变，承压能力因材质不同而异，自2.5～8MPa不等 |
| | 塑料管 | 质轻耐油，价格便宜，装配方便，但承压能力低，长期使用会变质老化，只宜用作压力低于0.5MPa的回油管、泄油管等 |
| | 橡胶管 | 高压油管由耐油橡胶夹几层钢丝编织网制成，钢丝网层数越多，耐压越高，价昂，用作中、高压系统中两个相对运动件之间的压力管道。低压管由耐油橡胶夹帆布制成，可用作回油管道 |

## 二、油管通径和壁厚的选择

液压系统中许多部分使用的管子，其管径是根据所选定元件的连接口径和工作压力确定的，不必另行计算。如果需要通过计算确定管径尺寸时，先计算管子内径，然后计算壁厚，因而可以得出管子的外径。根据计算所得的数值再按照标准规格选定相应的管子。

（1）管子内径的计算

计算管子内径可按下式计算

$$d = 4.63\sqrt{\frac{Q}{v}} \quad (\text{mm}) \tag{8-1}$$

式中　$Q$——管内通过的流量，L/min；

$v$——液体在管内的最大允许流速，m/s（一般对吸油管取0.5～1.5m/s；回油管取1.5～2.5m/s；压油管取3～5m/s）。

按式（8-1）计算所得的管道内径，一般按大的方向圆整为标准值。

（2）金属管壁厚计算

管道壁厚的确定主要是保证其强度要求，因此与管道的最大工作压力 $p$ 有关。具体计算时，可根据已确定的内径 $d$ 按拉伸薄壁筒的公式计算，即

$$\delta = \frac{pd}{2[\sigma]} \quad (\text{mm}) \tag{8-2}$$

式中　$[\sigma]$——材料许用拉应力，N/m²（Pa）（对于铜管，$[\sigma] \leqslant 25$MPa；对于钢管，$[\sigma] = \frac{\sigma_b}{n}$）；

$\sigma_b$——管材的抗拉强度；

$n$——安全系数（当 $p \leqslant 7$MPa 时，$n=8$；当 $7$MPa $< p < 17.5$MPa 时，$n=6$；当 $p > 17.5$MPa 时，$n=4$）。

计算出壁厚 $\delta$ 后，可算得管道外径，查阅油管标准手册，按 $d$ 和 $\delta$ 选用标准规格。

（3）管道弯曲半径

金属液压油管弯曲部分（弯管处）内外侧均不得有皱纹或凹凸不平的不规则形状。高压管路中的金属管（如高压液压油管）经常在弯曲段左右两侧的中性层处出现裂纹，使其寿命大大缩短，即使用焊补法修复，也只能使用很短一段时间，仍在原处损坏，再焊

寿命更短。出现这种情况的原因往往是金属管在弯曲段的截面上存在大小不同的椭圆度，且在管内高压作用下产生拉应力。在椭圆截面上，由于管路压力的作用，促使椭圆向正圆趋变，短轴处的内径曲率变大，内壁的拉应力比原来减小；而长轴处内壁的曲率变小，内壁拉应力比原来增加，尽管此时长轴稍有缩短，但椭圆终究存在，长轴仍然是大于短轴的。分析可知，增加刚度与减小椭圆度对提高管子的寿命有明显的效果，弯曲处椭圆圆度误差应该不超过 15%。加工弯曲的管道，如图 8-10 所示，其弯曲半径不能太小，否则会增加局部压力损失，降低系统效率。若用填充材料弯曲管道

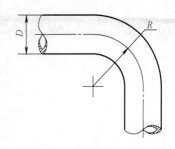

图 8-10　管道的弯曲半径

时，其最小弯曲半径推荐为：钢管热弯曲时，$R \geqslant D$，冷弯曲时，$R \geqslant 6D$；铜管冷弯曲时，$R \geqslant 2D$（$D \leqslant 15\text{mm}$），$R \geqslant 2.5D$（$D=15 \sim 20\text{mm}$）。铜管一般用在直径小于 15mm 的场合，冷弯前先进行处理。

## 三、管接头的类型结构与特点

　　管接头是油管与油管、油管与液压件之间的可拆式连接件，它必须具有装拆方便、连接牢固、密封可靠、外形尺寸小、通流能力大、压降小、工艺性好等各项条件。

　　按油管与管接头的连接方式，管接头主要有焊接式、卡套式、扩口式、扣压式等形式；每种形式的管接头中，按接头的通路数量和方向分有直通、直角、三通等类型；与机体的连接方式有螺纹连接、法兰连接等方式。此外，还有一些满足特殊用途的管接头。

　　管接头的类型结构与特点说明见表 8-7。

表 8-7　管接头的类型结构与特点说明

| 类型 | 说明 |
| --- | --- |
| 焊接式管接头 | 如图 8-11 所示为焊接式直通管接头，主要由接头体 4、螺母 2 和接管 1 组成，在接头体和接管之间用 O 形密封圈 3 密封。当接头体拧入机体时，采用金属垫圈或组合垫圈 5 实现端面密封。接管与管路系统中的钢管用焊接连接。焊接式管接头连接牢固、密封可靠，缺点是装配时需焊接，因而必须采用厚壁钢管，且焊接工作量大<br><br>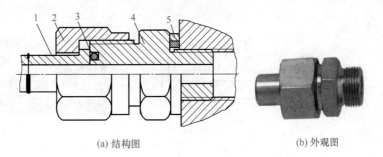<br><br>(a) 结构图　　　　　　　　　　(b) 外观图<br><br>图 8-11　焊接式管接头<br>1—接管；2—螺母；3—O 形密封圈；4—接头体；5—组合垫圈 |
| 卡套式管接头 | 如图 8-12 所示为卡套式管接头。图中（a）为结构图，（b）为外观图。这种管接头主要包括具有 24° 锥形孔的接头体 4，带有尖锐内刃的卡套 2，起压紧作用的压紧螺母 3 三个元件。旋紧螺母 3 时，卡套 2 被推进 24° 锥孔，并随之变形，使卡套与接头体内锥面形成球面接触密封；同时，卡套的内刃口嵌入油管 1 的外壁，在外壁上压出一个环形凹槽，从而起到可靠的密封作用。卡套式管接头具有结构简单、性能良好、重量轻、体积小、使用方便、不用焊接、钢管轴向尺寸要求不严等优点，且抗振性能好，工作压力可达 31.5MPa，是液压系统中较为理想的管路连接件 |

| 类型 | 说明 |
|---|---|
| 卡套式管接头 | 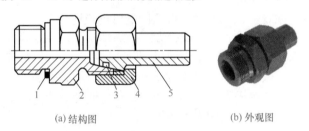<br><br>图 8-12　卡套式管接头<br>1—油管；2—卡套；3—螺母；4—接头体；5—组合垫圈 |
| 锥密封焊接式管接头 | 如图 8-13 所示为锥密封焊接式管接头。这种管接头主要由接头体 2、螺母 4 和接管 5 组成，除具有焊接式管接头的优点外，由于它的 O 形密封圈装在接管 5 的 24° 锥体上，使密封有调节的可能，密封更可靠。工作压力为 34.5MPa，工作温度为 -25 ~ 80℃。这种管接头的使用越来越多<br><br>(a) 结构图　　(b) 外观图<br><br>图 8-13　锥密封焊接式管接头<br>1—组合垫圈；2—接头体；3—O 形密封圈；4—螺母；5—接管 |
| 扩口式管接头 | 如图 8-14 所示是扩口式管接头。这种管接头具有 74° 外锥面的管接头体 1、起压紧作用的螺母 2 和带有 60° 内锥孔的管套 3 组成，将已冲成喇叭口的管子置于接头体的外锥面和管套的内锥孔之间，旋紧螺母使管子的喇叭口受压，挤贴于接头体外锥面和管套内锥孔所产生的间隙中，从而起到密封作用。扩口式管接头结构简单、性能良好、加工和使用方便，适用于以油、气为介质的中、低压管路系统，其工作压力取决于管材的许用压力，一般为 3.5 ~ 16MPa<br><br>(a) 结构图　　　　　　　(b) 外观图<br><br>图 8-14　扩口式管接头<br>1—接头体；2—螺母；3—管套；4—油管 |
| 快速管接头 | 快速接头是一种不需要使用工具就能够实现管路迅速连通或断开的接头。快速接头有两种结构形式：两端开闭式和两端开放式。如图 8-15 所示为两端开闭式快速接头的结构图。接头体 2、10 的内腔各有一个单向阀阀芯 4，当两个接头体分离时，单向阀阀芯由弹簧 3 推动，使阀芯紧压在接头体的锥形孔上，关闭两端通路，使介质不能流出。当两个接头体连接时，两个单向阀阀芯前端的顶杆相碰，迫使阀芯后退并压缩弹簧，使通路打开。两个接头体之间的连接，是利用接头体 2 上的 6 个（或 8 个）钢球落在接头体 10 上的 V 形槽内而实现的。工作时，钢珠由外套 6 压住而无法退出，外套由弹簧 7 顶住，保持在右端位置 |

| 类型 | 说明 |
|---|---|

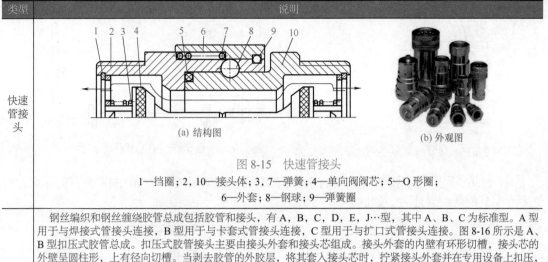

图 8-15　快速管接头

1—挡圈；2，10—接头体；3，7—弹簧；4—单向阀阀芯；5—O形圈；
6—外套；8—钢球；9—弹簧圈

钢丝编织和钢丝缠绕胶管总成包括胶管和接头，有 A，B，C，D，E，J…型，其中 A、B、C 为标准型。A 型用于与焊接式管接头连接，B 型用于与卡套式管接头连接，C 型用于与扩口式管接头连接。图 8-16 所示是 A、B 型扣压式胶管总成。扣压式胶管接头主要由接头外套和接头芯组成。接头外套的内壁有环形切槽，接头芯的外壁呈圆柱形，上有径向切槽。当剥去胶管的外胶层，将其套入接头芯时，拧紧接头外套并在专用设备上扣压，以紧密连接

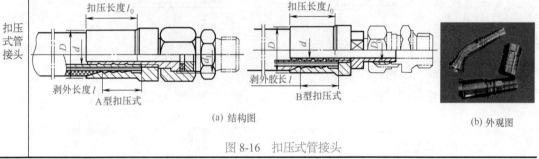

图 8-16　扣压式管接头

## 四、管路的安装与布置

（1）硬管的安装与布置

安装布置硬管管路时，应注意下列几点：

① 钢管长度要短，管径要合适，流速过高会损失能量。

② 两固定点之间的连接，应避免紧拉，须有一个松弯部分。如图 8-17 所示，以便于装卸，也不会因热胀冷缩而造成严重的拉应力。

③ 钢管的弯管半径应尽可能大，其最小弯管半径约为钢管外径的 2.5 倍。管端处应留出直管部分，其距离为管接头螺母高度的 2 倍以上。如图 8-18 所示。

④ 硬管的主要失效形式为机械振动引起的疲劳失效，因此当管路较长时，需加管夹支承，不仅可以缓冲振动，还可减少噪声。在有弯管的管路中，在弯管的两端直管段处要加支承管夹固定，在与软管连接时，应在硬管端加管夹支承。管夹安排推荐如图 8-19。

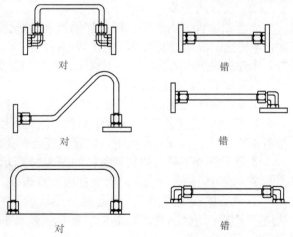

图 8-17　硬管正确连接示意图

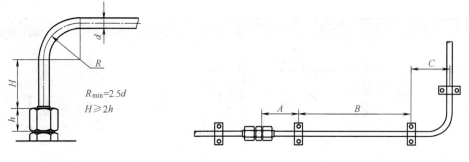

图 8-18　硬管的弯曲半径　　　　　　图 8-19　管路较长时安装管夹支承

⑤ 避开障碍物时不要使用太多的 90° 弯曲钢管，流体经过一个 90° 的弯曲管的压降比经过两个 45° 的弯曲管还大。如图 8-20 所示。

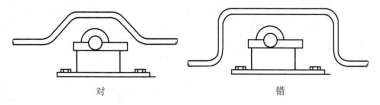

对　　　　　　　　　　　　错

图 8-20　避开障碍物时不要使用太多 90° 弯曲钢管

⑥ 布置管路时，尽量使管路远离需经常维修的部件。如图 8-21 所示。
⑦ 管路排列应有序、整齐，便于查找故障、保养和维修。如图 8-22 所示。

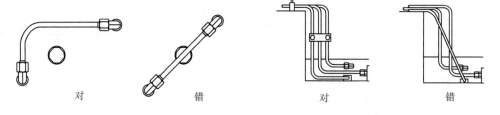

对　　　　　　　　错　　　　　　　对　　　　　　错

图 8-21　管路应远离经常维修部件　　　图 8-22　管路排列应有序整齐

（2）软管的安装

可弯曲软管由内胶层、钢丝加固层和外部保护层所组成。内胶层所使用的材料决定于软管所传送的流体温度以及其他比较明显的因素，钢丝加固层的类型取决于软管所承受的压力；而外部保护的选择则取决于管路装置所需保护的程度。

软管安装时应注意以下几点：

① 软管不能在高温下工作，所以，安装时应远离热源。

② 软管的长度必须有一定的余量，工作时比较松弛，不允许端部接头和软管间受拉伸，如图 8-23 所示。在压力作用下，软管长度会有变化，变化幅度为 -4% ～ 2%。

③ 软管连接不得有扭转现象，如图 8-24 所示。因为在高压作用下，软管有扭直的趋势，会使接头螺母旋松，严重时软管会在应变点破裂。

④ 软管的安装连接，无论是在自然状态下，还是在运动状态中，其制造半径不能小于制造厂家规定的最小值，如图 8-25 所示。软管的弯曲部分应远离软管接头，最短距离应大于其外径的 1.5 倍。

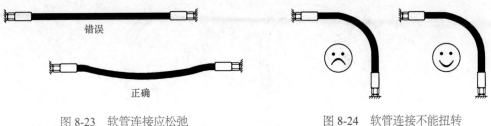

图 8-23　软管连接应松弛　　　　　　　　图 8-24　软管连接不能扭转

⑤ 软管连接时要留合适的长度，使其弯曲部位有较大的弯曲半径，如图 8-26 所示。

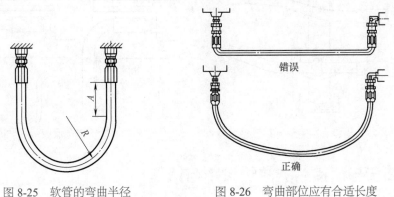

图 8-25　软管的弯曲半径　　　　　　　图 8-26　弯曲部位应有合适长度

⑥ 选择合适的软管接头和正确使用管夹，以减少弯曲和扭转，避免软管的附加应力，如图 8-27 和图 8-28 所示。

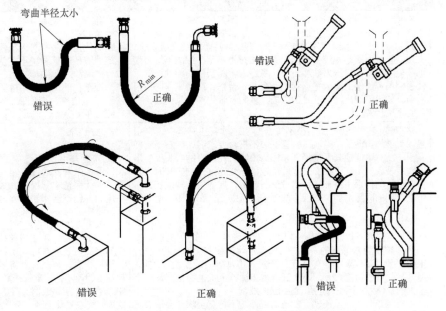

图 8-27　避免过度弯曲的几种做法

⑦ 要尽可能避免软管与相邻物体之间的摩擦，遇有相互摩擦的可能，可用管夹固定或避让。如图 8-29 和图 8-30 所示。

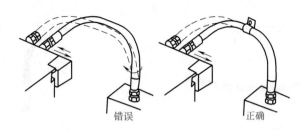

图 8-28　管夹固定软管避免弯曲

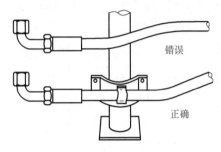

图 8-29　用管夹固定避开接触

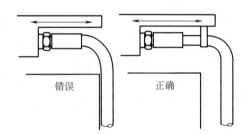

图 8-30　软管避免磨损的安装方法

## 五、油管与管接头的故障诊断与修理

（1）液压软管的故障

液压软管的故障现象、原因及采取的措施说明见表 8-8。

表 8-8　液压软管的故障现象、原因及措施

| 故障现象 | 故障原因 | 措施 |
|---|---|---|
| 使用不合格软管引起的故障 | 在维修或更换液压管路时，如果在液压系统中安装了劣质的液压软管，由于其承压能力低、使用寿命短，使用时间不长就会出现漏油现象，严重时液压系统会产生事故，甚至危及人机安全。劣质软管则主要是橡胶质量差、钢丝层拉力不足、编织不均，使承载能力不足，在压力油冲击下，易造成管路损坏而漏油。软管外表面出现鼓泡的原因是软管生产质量不合格，或者工作时使用不当。如果鼓泡出现在软管的中段，多为软管生产质量问题，应及时更换合格软管 | 在维修时，对新更换的液压软管，应认真检查生产厂家、日期、批号、规定的使用寿命和有无缺陷，不符合规定的液压软管坚决不能使用。使用时，要经常检查液压软管是否有磨损、腐蚀现象；使用过程中橡胶软管一经发现严重龟裂、变硬或鼓泡等现象，就应立即更换新的液压软管 |
| 违规装配引起的故障 | 软管安装时，若弯曲半径不符合要求或软管扭转等，皆会引起软管破损而漏油。当液压软管安装不符合要求时，软管受到轻微扭转就有可能使其强度降低和接头松脱，在软管的接头处易出现鼓泡现象。当软管在安装或使用过程中受到过分的扭转时，软管在高压的作用下易损坏。软管受扭转后，加强层结构改变，编织钢丝间的间隙增加，降低了软管的耐压强度，在高压作用下软管易破裂。<br>在安装软管时，如果软管受到过分的拉伸变形，各层分离，降低了耐压强度。软管在高压作用下会发生长度方向的收缩或伸长，一般伸缩量为常态下的 -4% ~ 2%。若软管在安装时选得太短，工作时就受到很大的拉伸作用，严重时出现破裂或松脱等故障；另外，软管的跨度太大，则软管自重和油液重量也会给软管一个较大的拉伸力，严重时也会发生上述故障<br>在低温条件下，液压软管的弯曲或修配不符合要求，会使液压软管的外表面上出现裂纹。软管外表面出现裂纹的现象一般在严寒的冬季出现较为常见，特别在严寒的冬季或低温状态下液压软管弯曲时。在使用过程中，如果一旦发现软管外表有裂纹，就要及时观察软管内胶是否出现裂纹，如果该处也出现裂纹要立即更换软管 | 在安装液压软管时应注意以下几点：<br>①软管安装时应避免处于拉紧状态，即使软管两端没有相对运动的地方，也要保持软管松弛，张紧的软管在压力作用下会膨胀，强度降低。软管直线安装时要有 30% 左右的长度余量，以适应油温、受拉和振动的需要<br>②安装过程中不要扭转软管。软管受到轻微扭转就有可能使其强度降低和接头松脱，装配时应将接头拧紧在软管上，而不是将软管拧紧在接头上。安装软管拧紧螺纹时，注意不要扭转软管，可在软管上画一条彩线观察<br>③软管弯曲处，弯曲半径要大于 9 倍软管外径，弯曲处到管接头的距离至少等于 6 倍软管外径<br>④橡胶软管最好不要在高温有腐蚀气体的环境中使用 |

| 故障现象 | 故障原因 | 措施 |
|---|---|---|
| 违规装配引起的故障 | 软管安装时，若弯曲半径不符合要求或软管扭转等，皆会引起软管破损而漏油。当液压软管安装不符合要求时，软管受到轻微扭转就有可能使其强度降低和接头松脱，在软管的接头处易出现鼓泡现象。当软管在安装或使用过程中受到过分的扭转时，软管在高压的作用下易损坏。软管受扭转后，加强层结构改变，编织钢丝间的间隙增加，降低了软管的耐压强度，在高压作用下软管易破裂<br>在安装软管时，如果软管受到过分的拉伸变形，各层分离，降低了耐压强度。软管在高压作用下会发生长度方向的收缩或伸长，一般伸缩量为常态下的 -4%～2%。若软管在安装时选得太短，工作时就受到很大的拉伸作用，严重时出现破裂或松脱等故障；另外，软管的跨度太大，则软管自重和油液重量也会给软管一个较大的拉伸力，严重时也会发生上述故障<br>在低温条件下，液压软管的弯曲或修配不符合要求，会使液压软管的外表面上出现裂纹。软管外表面出现裂纹的现象一般在严寒的冬季出现较为常见，特别在严寒的冬季或低温状态下液压软管弯曲时。在使用过程中，如果一旦发现软管外表有裂纹，就要及时观察软管内胶是否出现裂纹，如果该处也出现裂纹要立即更换软管 | ⑤如系统软管较多，应分别安装管夹加以固定或者用橡胶板隔开<br>⑥在使用或保管软管过程中，不要使软管承受扭转力矩，安装软管时尽量使两接头的轴线处于运动平面上，以免软管在运动中受扭<br>⑦软管接头常有可拆式、扣压式两种。可拆式管接头在外套和接头芯上做成六角形，便于经常拆装软管；扣压式管接头由接头外套和接头芯组成，装配时须剥离外胶层，然后在专门设备上扣压，使软管得到一定的压缩量<br>⑧为了避免液压软管出现裂纹，要求在寒冷环境中不要随意搬动软管或拆修液压系统，必要时应在室内进行。如果需长期在较寒冷环境中工作，应换用耐寒软管 |
| 由于液压系统受高温的影响引起的故障 | 当环境温度过高时、当风扇装反或液压马达旋向不对时、当液压油牌号选用不当或油质差时、当散热器散热性能不良时、当泵及液压系统压力阀调节不当时，都会造成油温过高，同时也会引起液压软管过热，会使液压软管中加入的增塑剂溢出，降低液压软管柔韧性。另外过热的油液通过系统中的缸、阀或其他元件时，如果产生较大的压降会使油液发生分解，导致软管内胶层氧化而变硬。对于橡胶管路如果长期受高温的影响，则会导致橡胶管路从高温、高压、弯曲、扭转严重的地方发生老化、变硬和龟裂，最后油管爆破而漏油 | 当橡胶管路由于高温影响导致疲劳破坏或老化时，首先要认真检查液压系统工作温度是否正常，排除一切引起油温过高和使油液分解的因素后更换软管。软管布置要尽量避免热源，要远离发动机排气管。必要时可采用套管或保护屏等装置，以免软管受热变质。为了保证液压软管的安全工作，延长其使用寿命，对处于高温区的橡胶管应做好隔热降温，如包扎隔热层、引入散热空气等都是有效措施 |
| 由污染引起的故障 | 当液压油受到污染时，液压油的相容性变差，使软管内胶材质与液压系统用油不相容，软管受到化学作用而变质，导致软管内胶层严重变质，软管内胶层出现明显发胀。若发生此现象，应检查油箱，因有可能在回油口处发现碎橡胶片。当液压油受到污染时，还会使油管受到磨损和腐蚀，加速管路的破裂而漏油，而且这种损坏不易被发现，危害更加严重<br>此外，管路的外表面经常会沾上水分、油泥和尘土，容易使导管外表面产生腐蚀，加速其外表面老化。由于老化变质，外层不断氧化使其表面覆盖上一层臭氧，随着时间延长而加厚，软管在使用中只要受到轻微弯曲，就会产生微小裂纹，使其使用寿命降低。遇到这种情况，就应立即更换软管 | 在日常维护工作中，不得随意踩踏、拉压液压软管，更不允许用金属器具或尖锐器具敲碰液压软管，以防出现机械损伤；对露天停放的液压机械或液压设备应加盖蒙布，做好防尘、防雨雪工作，雨雪过后应及时进行除水、晾晒和除锈；要经常擦去管路表面的油污和尘土，防止液压软管腐蚀；添加油液和拆装部件时，要严把污染关口，防止杂物、水分带入系统中。此外，一定要防止把有害的溶剂和液体洒在液压软管上 |
| 其他原因引起的故障 | 液压软管外胶层比较容易出现裂纹、鼓泡、渗油、外胶层严重变质等不良现象，平时要注意检查和维护，以延长液压软管的使用寿命，同时保证液压软管在良好的状态下工作。液压软管内胶层还会出现胶层变坚硬、裂纹、严重变质、明显发胀等不良现象，由于这些现象出现在液压软管的内胶层，隐蔽性较好，一般不容易发现，所以平时要注意认真检查和维护。有时液压软管加强层也会出现各种不同的故障现象。有时软管破裂，剥去外胶层检查，发现破口附近编织钢丝生锈，这主要是由于该层受潮湿或腐蚀性物质的作用所致，削弱了软管强度，导致高压时破裂。有时软管破裂后，剥去外胶层未发现加强层生锈，但加强层长度方向出现不规则断丝，其主要原因是软管受到高频冲击力的作用。对于以上情况要根据具体原因采取相应措施 | |

（2）焊接管及焊接管接头引起的漏油

管接头、钢管及铜管等硬性管需要焊接连接时，如果焊接不良，焊接处出现气孔、裂纹和夹渣等焊接缺陷，会引起焊接处漏油；另外，虽然焊接较好，但焊接处的形状处理不当，用一段时间后也会产生焊接处的松脱，造成漏油。

当出现上述情况时，可磨掉焊缝，重新焊接。焊后在焊接处需进行应力消除工作，即用焊枪将焊接区域加热，直到出现暗红色后，再在空气中自然冷却。为避免高应力，刚性大的管子和接头在管接头接上管子时要对准，点焊几处后取下再进行焊接，切忌用管夹、螺栓或螺纹等强行拉直，以免使管子破裂和管接头产生歪斜而导致漏油。如果焊接部位难以将接头和管子对准，则应考虑是否采用能承受相应压力的软管及接头进行过渡。

（3）管路的振动和噪声

液压管路往往有时产生激烈振动，特别是若干条管路排在一起时，振动会产生噪声、漏油和管接头的损坏。产生原因如下：

① 油泵、电机等振源的振动频率与配管的振动频率合拍，产生共振，为防止共振，二者的振动频率之比要在 1/3 ～ 3 的范围之外。

② 管内油柱的振动。可通过改变管路长度来改变油柱的固有振动频率，在管路中串联阻尼（节流器）来防止和减轻振动。

③ 管壁振动。尽量避免有狭窄处和急剧转弯处，尽可能不用弯头，需要用弯头时，弯曲半径应尽量大。

④ 采用管夹和弹性支架等防止振动，如图 8-31 ～图 8-33 所示。

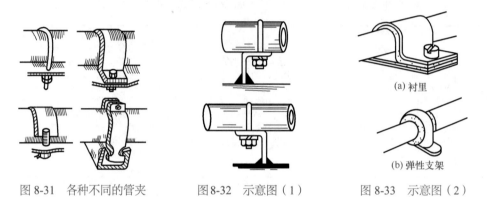

图 8-31　各种不同的管夹　　　图 8-32　示意图（1）　　　图 8-33　示意图（2）

⑤ 油液汇流处的接头要考虑，否则会因涡流气蚀产生振动和噪声，如图 8-34 所示。

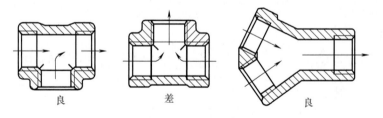

图 8-34　示意图（3）

⑥ 管内进入空气，造成振动和噪声。

⑦ 远程控制油路过长（＞1m），管内可能有气泡存在，这样管内压缩油液会产生振动，并且和溢流阀导阀弹簧产生共振，导致噪声。因此在系统遥控管长度＞1m 时，要在远程控制口附近加设节流元件（阻尼）解决。

⑧ 在配管不当或固定不牢靠的情况下，如两泵出口很近处用一个三通接头连接溢流总排管，这样管路会产生涡流，从而引起管路噪声。油泵排油口附近一般具有旋涡，这种方向急剧改变的旋涡和另外具有旋涡的液流合流后就会产生局部真空，引起空穴现象，产生振动和噪声。解决的办法是在泵出口以及阀出口等压力急剧变动的地方合流配管，不能靠得太近，而应适当拉长距离，以避免上述噪声。

⑨ 双泵双溢流阀的液压系统也易产生两溢流阀的共振和噪声，解决办法是共用一个溢流阀或两阀调成不同压力（约差 1MPa）。

⑩ 回油管的振动冲击。当回油管不畅通、背压大或因安装在回油管路中的过滤器、冷却器堵塞时，会产生振动冲击。所以回油管应尽可能短而粗，当在回油管上装有过滤器或水冷却器时，为避免回油不畅，可另辟一支路，装上背压阀或溢流阀，在过滤器或水冷却器堵塞时，回油可通过背压阀短路至油箱，防止振动冲击。

（4）扩口管接头的漏油

扩口管接头及其管路漏油以扩口处的质量状况最普遍，另外也有安装方面的原因。

① 拧紧力过大或过松造成泄漏。使用扩口管接头要注意扩口处的质量，不要出现扩口太浅、扩口破裂现象，扩口端面至少要与管套端面平齐，以免在紧固螺母时将管壁挤薄，引起破裂甚至在拉力作用下使管子脱落引起漏油和喷油现象。另外在拧紧管接头螺母时，紧固力矩要适度。可采用画线法拧紧，即先用手将螺母拧到底，在螺母和接头体间画一条线，然后用一只扳手扳住接头体，再用另一扳手扳螺母，只需再拧 1/4～1/3 圈即可，如图 8-35 所示。

② 由于管子的弯曲角度不对［图 8-36（a）］，以及接管长度不对［图 8-36（b）］，管接头扩口处很难密合，造成泄漏，其泄漏部位如图所示。为保证不漏，应使弯曲角度正确和控制接管长度适度（不能过长或过短）。

③ 接头位置靠得太近，不能拧紧，有干涉。在若干个接头靠近在一起时，若采用图 8-37（a）所示的排列，接头之间靠得太近，扳手因活动空间不够而不能拧紧，造成漏油。解决办法是拉开管接头之间的距离，也可按图 8-37（b）所示中的方法解决，可方便拧紧，便于维修。

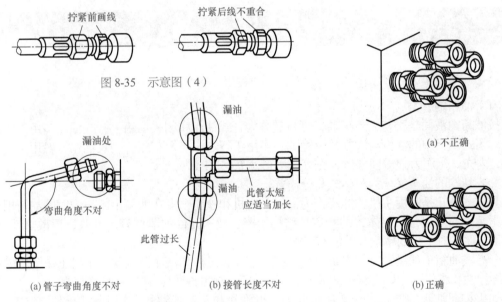

图 8-35　示意图（4）

图 8-36　管的弯曲角度示意图

（a）管子弯曲角度不对　　（b）接管长度不对

图 8-37　接头位置示意图

（a）不正确　　（b）正确

④ 扩口管接头的加工质量不好，引起泄漏。扩口管接头有 A 型和 B 型两种形式。如图 8-38 所示为 A 型，当管套接头体紫铜管互相配合的锥面与图中的角度值不对时，密封性能不良，特别是在锥面尺寸和表面粗糙度太差，锥面上拉有沟槽时，会产生漏油。另外当螺母与接头体的螺纹有效尺寸不够（螺母有效长度要短于接头体），不能将管套和紫铜管锥面压在接头体锥面上时，也会产生漏油。

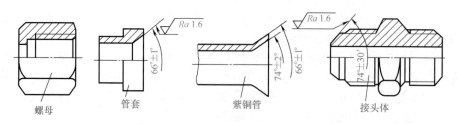

图 8-38　扩口管接头的组成零件

（5）卡套式管接头的漏油

卡套式管接头适用于油、气管路系统，压力范围有两级：中压级（E）16MPa，高压级（G）32MPa。它靠卡套两端尖刃变形嵌入管子实现密封。卡套式管接头漏油的主要原因和排除方法如下：

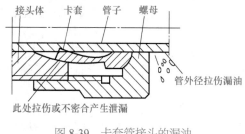

图 8-39　卡套管接头的漏油

① 卡套式管接头要求配用冷拔管，当冷拔管与卡套相配部位不密合，拉伤有轴向沟槽（管外径与卡套内径）时，会产生泄漏，如图8-39所示。此时可将拉伤的冷拔管锯掉一段或更换合格的卡套重新装配。

② 卡套与接头体24°内锥面不密合，相接触面拉有轴向沟槽时，容易产生泄漏。应使之密合，必要时更换卡套。

# 第三节　油　箱

## 一、油箱的分类和油箱的典型结构

（1）油箱的分类

按油箱内液面是否与大气相通，可将其分为开式油箱和闭式油箱。开式油箱多用于固定设备；闭式油箱中的油液与大气是隔绝的，多用于行走设备及车辆。闭式油箱一般用于压力油箱，内充一定压力的惰性气体，充气压力可达 0.05MPa。

开式结构的油箱又分为整体式和分离式。

整体式油箱是利用主机的底座作为油箱，电机和液压泵多在油箱上部，这时的油箱相当于液压元件的安装台。整体式的特点是结构紧凑、液压元件的泄漏容易回收，但散热性差，维修不方便，对主机的精度及性能有影响。

分离式油箱单独设置，与主机分开，减少了油箱发热和液压源振动对主机工作精度的影响，维护性和维修性均好于整体式油箱，因此得到普遍的应用，特别在精密机械上。

如果按照油箱的形状来分，还可分为矩形油箱和圆罐形油箱。矩形油箱制造容易，箱上易于安放液压器件，所以被广泛采用；圆罐形油箱强度高，重量轻，易于清扫，但制造较难，占地空间较大，在大型冶金设备中经常采用。

此外，近年来又出现了充气式的闭式油箱，它不同于开式油箱之处，在于整个油箱是封闭的，顶部有一充气管，可送入 0.05 ～ 0.07MPa 过滤纯净的压缩空气。空气或者直接与油液接触，或者被输入到蓄能器式的皮囊内不与油液接触。这种油箱的优点是改善了液压泵的吸油条件，但它要求系统中的回油管、泄油管承受背压。油箱本身还须配置安全阀、电接点压力表等元件以稳定充气压力，因此它只在特殊场合下使用。

（2）油箱的典型结构

开式油箱的典型结构如图8-40所示。由图可见，油箱内部用隔板将吸油管、过滤器和泄油管、回油管隔开。顶部、侧部和底部分别装有空气滤清器、注油器及液位计和排放污油的堵塞孔。安装液压泵及其驱动电机的安装板则固定在油箱顶面上。

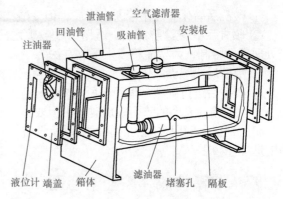

图8-40 开式油箱的结构

## 二、设计油箱的注意事项

① 油箱必须有足够大的容积。一方面尽可能地满足散热的要求，另一方面在液压系统停止工作时应能容纳系统中的所有工作介质，而工作时又能保持适当的液位。油箱的有效容积（油面高度为油箱高度80%时的容积）应根据液压系统发热、散热平衡的原则来计算，这项计算在系统负载较大、长期连续工作时是必不可少的。但对于一般情况，油箱的有效容积可以按液压泵的额定流量 $Q$（L/min）估算出来。例如，对于机床或其他一些固定式机械的估算式为：

$$V=\xi Q$$

式中　$V$——油箱的有效容积，L；

　　　$\xi$——与系统压力有关的经验数字：低压系统 $\xi=2 \sim 4$，中压系统 $\xi=5 \sim 7$，高压系统 $\xi=10 \sim 12$。

② 吸油管及回油管应插入最低液面以下，以防止吸空和回油飞溅产生泡沫。管口与箱底、箱壁距离一般不小于管径的3倍。吸油管可安装 $100\mu m$ 左右的网式或线缝式过滤器，安装位置要便于装拆和清洗，过滤器距箱底也不应小于20mm。回油管口要斜切45°角并面向箱壁，以防止回油冲击油箱底部的沉积物，同时也有利于散热。

③ 吸油管和回油管之间的距离要尽可能地远些，两者之间应设置隔板，以加大液流循环的途径，也能提高散热、分离空气及沉淀杂质的效果。隔板高度为液面高度的2/3 ~ 3/4。

④ 为了保持油液清洁，油箱应有周边密封的盖板，盖板上装有空气过滤器，注油及通气一般由一个空气过滤器来完成，空气过滤器的容量至少应该是液压泵额定流量的2倍。为便于放油和清理，箱底要有一定的斜度，并在最低处设置放油阀。对于不易开盖的油箱，要设置清洗孔，以便于油箱内部的清理。

⑤ 根据《液压传动　系统及元件的通用规则和安全要求》（GB/T 3766—2015）的标准，油箱底部应距地面150mm以上，以便于搬运、放油和散热。在油箱的适当位置要设吊耳，以便调运。还要设置液位计，用于监视液位。

⑥ 油箱中如要安装热交换器，必须考虑好它的安装位置，以及测温、控制等措施。

⑦ 分离式油箱一般用 2.5 ~ 4mm 厚钢板焊成。箱壁愈薄，散热愈快，有资料建议100L容量的油箱箱壁厚取 1.5mm，400L 以下的取 3mm，400L 以上的取 6mm，箱底厚度大于箱壁，箱盖厚度应为箱壁的4倍。大尺寸的油箱要加焊角板、筋条，以增加刚性。当液压泵及其驱动电机和其他液压件都要装在油箱上时，油箱顶盖要相应地加厚。

## 三、油箱内壁的防腐处理

对油箱内表面的防腐处理要给予充分的注意，常用的方法有：

① 酸洗后磷化。适用于所有介质，但受酸洗磷化槽限制，油箱不能太大。

② 喷丸后直接涂防锈油。适用于一般矿物油和合成液压油，不适合含水液压液。因不受处理条件限制，大型油箱多采用此方法。

③ 喷砂后热喷涂氧化铝。适用于除水 - 乙二醇外的所有介质。

④ 喷砂后进行喷塑。适用于所有介质，但受烘干设备限制，油箱不能过大。

考虑油箱内表面的防腐处理时，不但要顾及与介质的相容性，还要考虑处理后的可加工性、制造到投入使用之间的时间间隔以及经济性，条件允许时采用不锈钢制油箱无疑时最理想的选择。

## 四、油箱的故障诊断与修理

油箱的故障现象、原因与排除方法见表 8-9。

表 8-9　油箱的故障现象、原因与排除方法

| 故障现象 | 故障原因 | 排除方法 |
|---|---|---|
| 油箱温升严重 | ①油箱设置在高温辐射源附近，环境温度高 | ①尽量避开热源 |
| | ②液压系统存在溢流损失、节流损失等，这些损失转化为热量，造成油液温升 | ②正确设计液压系统，减少溢流损失、节流损失和管路损失，减少系统发热和油温升高 |
| | ③油液黏度选择过高或过低 | ③正确选择油液黏度 |
| | ④液压元件泄漏损失、容积损失和机械损失过大，这些损失转换成热量，造成系统温升过高 | ④选择高效元件，提高液压元件的加工精度和装配精度，减少泄漏损失、容积损失和机械损失带来的发热 |
| | ⑤管路沿程压力损失和局部压力损失过大，转化成热量后造成油液温度升高 | ⑤正确配管，减少管路过细过长、弯曲过多等带来的沿程压力损失和局部压力损失 |
| | ⑥油箱设计时散热面积过小 | ⑥油箱设计时，保证油箱有足够的散热面积 |
| 油箱内油液被污染 | ①系统装配时残存油漆剥落片、焊渣等，造成油液污染 | ①在装配前清洗油箱内表面，去锈去油污后再油漆油箱内壁；以机身做油箱的液压机械，如机身是铸件则需清理干净芯砂，如是焊接件则清理干净焊渣 |
| | ②外界侵入的污物造成油箱内油液污染 | ②油箱应加强防尘密封，在油箱顶部安设空气过滤器和大气相通，使空气经过滤后进入油箱；油箱内安装隔板，隔开回油区和吸油区；油箱底板倾斜，并在油箱底板最低处设置放油塞，用于清除油箱底部污物；吸油管离底板最高处距离要在150mm 以上，以防污物被吸入 |
| | ③液压系统工作过程中产生污物造成油箱内油液污染 | ③选择足够大容量的空气滤清器，使油箱顶层受热空气快速排出，同时可消除油箱顶层气压与大气压的差异，防止外界粉尘进入油箱；使用防锈性能好的润滑油，减少磨损物和锈的产生 |
| 油箱内油液和空气泡混合难以分离 | ①系统回油在油箱内搅拌，产生悬浮气泡，夹在油内和油混合 | ①设置隔板，隔开回油区与泵吸油区，同时在油箱底部装设金属斜网 |
| | ②箱盖上的空气过滤器被污物堵塞，导致油液与空气难以分离 | ②拆卸清洗空气过滤器 |
| | ③液压油消泡性能差 | ③采用消泡性能好的液压油 |
| 油箱振动和噪声过大 | ①油箱结构设计不合理 | ①液压泵和电动机装置使用减振垫和弹性联轴器，同时保证电动机与泵安装同轴度；保证油箱板有足够的刚度；液压泵电动机装置下部垫吸声材料；液压泵电动机装置与油箱分设，回油管端离箱壁距离不小于 5cm，油箱采用保护罩等吸音，材料隔离振动和噪声；油箱加罩壳，隔离噪声；液压泵装在油箱内，隔离噪声；油箱采用整体防振结构 |
| | ②泵产生气穴现象 | ②保证泵吸油口容许压力控制范围为正压力 0.035MPa；尽量使用高位油箱，但要合理确定油箱油面高度，不要随意加大 |
| | ③油箱油液温升过高，提高油中空气分离压，加剧系统噪声 | ③采取合理措施，使油箱油温处于较低值范围（30 ～ 55℃）内 |

# 第四节 蓄能器

## 一、蓄能器的种类和特点

根据加载方式的不同，蓄能器有重力加载式（亦称重锤式）、弹簧加载式（亦称弹簧式）和气体加载式（亦称充气式）三类，见表8-10。

表8-10 蓄能器的种类和特点

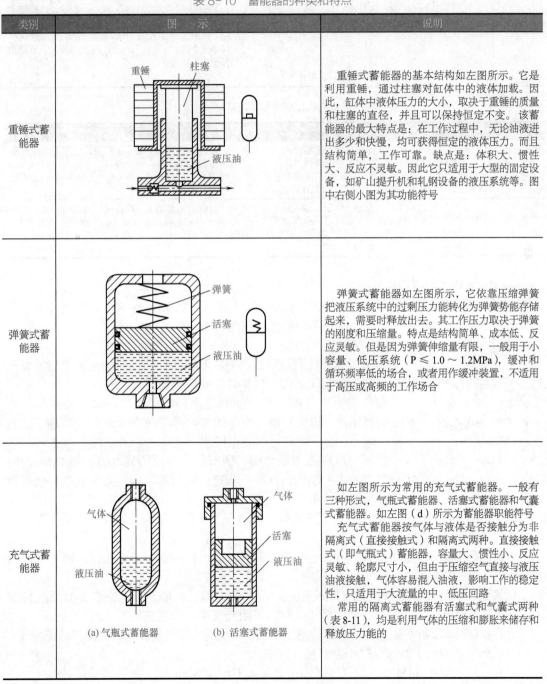

| 类别 | 图 示 | 说 明 |
|---|---|---|
| 重锤式蓄能器 | 重锤　柱塞　液压油 | 重锤式蓄能器的基本结构如左图所示。它是利用重锤，通过柱塞对缸体中的液体加载。因此，缸体中液体压力的大小，取决于重锤的质量和柱塞的直径，并且可以保持恒定不变。该蓄能器的最大特点是：在工作过程中，无论油液进出多少和快慢，均可获得恒定的液体压力。而且结构简单，工作可靠。缺点是：体积大、惯性大、反应不灵敏。因此它只适用于大型的固定设备，如矿山提升机和轧钢设备的液压系统等。图中右侧小图为其功能符号 |
| 弹簧式蓄能器 | 弹簧　活塞　液压油 | 弹簧式蓄能器如左图所示，它依靠压缩弹簧把液压系统中的过剩压力能转化为弹簧势能存储起来，需要时释放出去。其工作压力取决于弹簧的刚度和压缩量。特点是结构简单、成本低、反应灵敏。但是因为弹簧伸缩量有限，一般用于小容量、低压系统（$P \leqslant 1.0 \sim 1.2MPa$），缓冲和循环频率低的场合，或者用作缓冲装置，不适用于高压或高频的工作场合 |
| 充气式蓄能器 | 气体　气体　活塞　液压油　液压油<br>(a) 气瓶式蓄能器　(b) 活塞式蓄能器 | 如左图所示为常用的充气式蓄能器。一般有三种形式，气瓶式蓄能器、活塞式蓄能器和气囊式蓄能器。如左图（d）所示为蓄能器职能符号。<br>充气式蓄能器按气体与液体是否接触分为非隔离式（直接接触式）和隔离式两种。直接接触式（即气瓶式）蓄能器，容量大、惯性小、反应灵敏、轮廓尺寸小，但由于压缩空气直接与液压油液接触，气体容易混入油液，影响工作的稳定性，只适用于大流量的中、低压回路。<br>常用的隔离式蓄能器有活塞式和气囊式两种（表8-11），均是利用气体的压缩和膨胀来储存和释放压力能的 |

| 类别 | 图 示 | 说明 |
|---|---|---|
| 充气式蓄能器 | 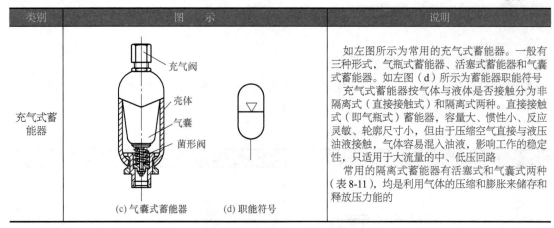（c）气囊式蓄能器　　（d）职能符号 | 　　如左图所示为常用的充气式蓄能器。一般有三种形式，气瓶式蓄能器、活塞式蓄能器和气囊式蓄能器。如左图（d）所示为蓄能器职能符号<br>　　充气式蓄能器按气体与液体是否接触分为非隔离式（直接接触式）和隔离式两种。直接接触式（即气瓶式）蓄能器，容量大、惯性小、反应灵敏、轮廓尺寸小，但由于压缩空气直接与液压油液接触，气体容易混入油液，影响工作的稳定性，只适用于大流量的中、低压回路<br>　　常用的隔离式蓄能器有活塞式和气囊式两种（表8-11），均是利用气体的压缩和膨胀来储存和释放压力能的 |

表8-11　常用的隔离式蓄能器种类及结构特点

| 类别 | 说明 |
|---|---|
| 活塞式蓄能器 | 　　其结构见表8-10，气体和油液在蓄能器中被活塞隔开，蓄能器的活塞上装有密封圈，活塞的凹面面向气体方向，这样可以增加气体室的体积。其优点是结构简单，工作可靠，安装容易，维护方便；缺点是活塞惯性大，活塞和缸壁间有摩擦，反应不够灵敏，密封要求高，一般用来储存能量，或供中、高压系统吸收压力脉动。最高工作压力为17MPa，总容量为1～39L，适用温度-4～80℃ |
| 气囊式蓄能器 | 　　其结构见表8-10，气囊将液体和气体隔开，菌形阀只许液体进出蓄能器，防止气囊从油口挤出。充气阀只在为气囊充气时打开，蓄能器工作时该阀关闭。气囊式蓄能器特点是体积小，重量轻，安装方便，气囊惯性小，反应灵敏，可吸收压力冲击和脉动，但气囊和壳体制造较难。工作压力3.5～35MPa，总容量0.5～200L，适用温度-10～65℃ |

## 二、蓄能器的充气

　　活塞式蓄能器的充气压力一般为液压系统最低工作压力的80%～90%，气囊式蓄能器的充气压力可在系统最低工作压力的70%～90%选取。

　　（1）常用充气方法

　　一般可按蓄能器使用说明书以及设备使用说明书上所介绍的方法进行。常使用充气工具（图8-41）向蓄能器充入氮气。

　　蓄能器充气之前，使蓄能器进油口稍微向上，灌入壳体容积约1/10的液压油，以便润滑，将如图8-41所示充气工具的一端连在蓄能器充气阀上，另一端与氮气瓶相接通。

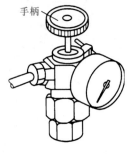

图8-41　充气工具

　　打开氮气瓶上的截止阀，调节其出口压力到0.05～0.1MPa，旋转充气工具上的手柄，徐徐打开充气阀阀芯，缓慢充入氮气，就会慢慢打开装配时被折叠的气囊，使气囊逐渐胀大，直到菌形阀关闭。此时，充气速度方可加快，并达到所需充气压力。切勿一下子把气体充入气囊，以避免充气过程中因气囊膨胀不均匀而破裂。

　　若蓄能器充气压力高时，充气系统应装有增压器，如图8-42所示。此时，将充气工具的另一端与增压器相连。

　　充气过程中温度会下降，充气完成并达到所需压力后，应停20min左右，等温度稳定后，再次测量充气压力，进行必要的修正，然后关闭充气阀，卸下充气工具。

　　蓄能器在充气24h后需检测，在以后的正常工作中也需定期检测，查看蓄能器是否漏气。

　　（2）充气压力高于氮气瓶的压力的充气方法

　　如充气压力要求14MPa，而氮气瓶的压力只能充至10MPa时，满足不了使用要求，并且氮气瓶的氮气利用率很低，造成浪费。在没有蓄能器专用充气车的情况下，可采用蓄能器对充的方法，如图 8-43 所示，具体操作方法如下。

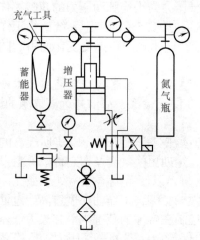
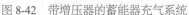

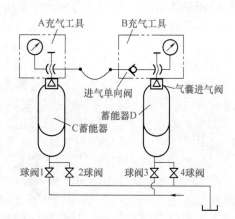

图 8-42　带增压器的蓄能器充气系统　　　　图 8-43　蓄能器对充充气系统

① 首先用充气工具向蓄能器充入氮气，在充气时放掉蓄能器中的油液。

② 将充气工具 A 和 B 分别装在蓄能器 C 和 D 上，将 A 中的进气单向阀拆除，用高压软管连通，顶开气囊进气单向阀的阀芯，打开球阀 1 和 4，关闭 2 和 3。开启高压泵并缓缓升压，可将 C 内的氮气充入 D 内，当 C 的气压不随油压的升高而明显地升高时，即其内的氮气已基本充完，将油压降下来。

③ 再用氮气瓶向 C 内充气，然后重复上述步骤，直至 D 内的气压符合要求为止。

（3）蓄能器充气压力的检查

检查蓄能器充气压力的办法有：

① 检测时，按图 8-44 所示的蓄能器压力检测回路连接，在蓄能器进油口和油箱间设置截止阀，并在截止阀前装上压力表，慢慢打开截止阀，使液压油流回油箱，观察压力表，压力表指针先慢慢下降，达到某一压力值后速降到 0，指针移动速度发生变化时的读数，即压力表值速降到 0 时的某一压力值就是充气压力。

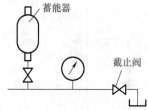

图 8-44　压力检测回路

② 利用充气工具直接检查充气压力，但每检查一次都要放掉一些气体，所以这种方法不宜用于容量较小的蓄能器。有人将压力表接在蓄能器的充气口来检查充气压力，系统工作时频繁的剧烈压力上升下降和压力波动会使压力表指针剧烈摆动，这是不恰当的。

③ 同样利用方法①中的截止阀和压力表。先打开截止阀，让系统压力先降低到零，关闭截止阀，启动泵，系统压力会突然上升到某一值后缓慢上升，这个位置压力表的读数就是蓄能器的充气压力。

④ 有些机组在较重要蓄能器的充气阀上装有压力传感器，以对蓄能器的充气压力进行实时监测。

## 三、蓄能器的使用与维护

蓄能器应根据给定的工况，包括压力条件、动作频率、脉动频率、最高工作压力和最低工作压力、系统一个工作循环内的供油量情况等进行计算选用，所选公称容积应大于计算容积，使用压力应小于额定压力。

充气式蓄能器所充气体应该是无毒、难燃、不易爆炸的惰性气体，通常只允许在有压侧无压力的情况下对气囊充气，充气压力按蓄能器的功用而定：作缓冲冲击使用时，充气压力为安装处的工作压力或略高；作吸收脉动使用时，充气压力为平均脉动压力的60%；作为应急或辅助能源使用时，充气压力为大于系统最高工作压力的25%而小于系统最小工作压力的90%，一般为系统最小工作压力的85%左右；用于补偿闭式回路温度变化而引起的压力变化时，充气压力应等于或稍低于回路的最低压力。

　　蓄能器属于压力容器类设备，在使用时，应完全遵照压力容器的安装使用技术规范执行。蓄能器应垂直（即油口朝下，充气阀朝上）安装在便于检修、清洁并远离热源的地方，并且必须使用抱箍或卡箍等紧固件组固定牢固。

　　对于气囊式蓄能器而言，在充气之前，应从油口灌注少许液压油，以实现气囊的自润滑。在使用过程中，必须定期对气囊进行气密性检查，定期更换气囊及密封件。一旦发现气囊中充气压力低于规定的充气压力，要及时充（补）气，以使蓄能器经常处于最佳使用状态。另外，压力油的工作温度对气囊的寿命也有相当大的影响，工作油温过高或过低，都会缩短气囊的使用寿命，因此，系统的工作温度必须控制在合理的范围内。如果蓄能器长期停止使用，则应关闭蓄能器与管路之间的截止阀，以保持蓄能器的充气压力。检修蓄能器时，应完全卸压——放尽有压氮气、放空压力油后才可拆卸、修配。

## 四、蓄能器的故障诊断与修理

（1）气囊式蓄能器故障分析与排除

　　以NXQ型气囊式蓄能器为例说明蓄能器的故障现象及排除方法（表8-12），其他类型的蓄能器可参考进行。

表8-12　气囊式蓄能器的故障现象及排除方法

| 故障现象 | 排除方法 |
| --- | --- |
| 压力下降严重，经常需要补气 | 气囊式蓄能器气囊的充气阀为单向阀的形式，靠密封锥面密封，如图8-45所示。当蓄能器在工作过程中受到振动时，有可能使阀芯松动，使密封锥面不密合，导致漏气；或者阀芯锥面上拉有沟槽、锥面上粘有污物，均可能导致漏气。此时可在充气阀的密封盖内垫入厚3mm左右的硬橡胶垫，以及采取修磨密封锥面使之密合等措施解决<br>　　另外，如果出现阀芯上端螺母松脱，或者弹簧折断或漏装的情况，有可能使气囊内氮气顷刻泄完 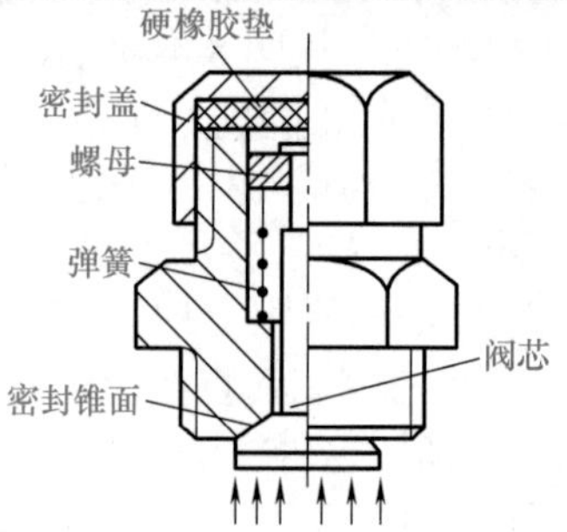<br><br>图8-45　蓄能器气囊气阀简图 |
| 气囊使用寿命短 | 影响因素有气囊质量，使用的工作介质与气囊材质的相容性；有污物混入；选用的蓄能器公称容量不合适（油口流速不能超过7m/s）；油温太高或过低；作储能用时，往复频率是否超过每10s一次，超过则寿命开始下降，若超过每3s一次，则寿命急剧下降；安装是否良好，配管设计是否合理等<br>　　另外，为了保证蓄能器在最小工作压力时能可靠工作，并避免气囊在工作过程中常与蓄能器的菌型阀相碰撞，延长气囊的使用寿命，$p_0$一般应在$(0.75 \sim 0.91)p_1$的范围内选取；为避免在工作过程中气囊的收缩和膨胀的幅度过大而影响使用寿命，要让$p_0 > 25\%p_2$，即要求$p_1 > 33\%p_2$ |
| 蓄能器不起作用 | 产生原因主要是气阀漏气严重，气囊内根本无氮气，以及气囊破损进油。另外当$p_0 > p_2$，即最大工作压力过低时，蓄能器完全丧失蓄能功能 |
| 吸收压力脉动的效果差 | 为了更好地发挥蓄能器对脉动压力的吸收作用，蓄能器与主管路分支点的连接管道要短，通径要适当大些，并要安装在靠近脉动源的位置。否则，它消除压力脉动的效果就差，有时甚至会加剧压力脉动 |
| 蓄能器释放出的流量稳定性差 | 蓄能器充放液的瞬时流量是一个变量，特别是在大容量且$\Delta p = p_2 - p_1$范围又较大的系统中，若得较恒定的和较大的瞬时流量时，可采用下述措施：<br>①在蓄能器与执行元件之间加入流量控制； |

| 故障现象 | 排除方法 |
|---|---|
| 蓄能器释放出的流量稳定性差 | ②用几个容量较小的蓄能器并联，取代一个大容量蓄能器，并且几个容量较小的蓄能器采用不同的充气压力；<br>③尽量减小工作压力范围，也可以用适当增大蓄能器结构容积（公称容积）的方法；<br>④在一个工作循环中安排有足够的充液时间，减少充液期间系统其他部位的内泄漏，使在充液时蓄能器的压力能迅速和确保能升到 $p_2$，再释放能量 |

（2）蓄能器引发液压系统故障的诊断与排除

液压系统使用中会出现不能保压、夹紧、加速、快压射、增压、缓和液压冲击和吸收压力脉动的情况。这些故障大多是由蓄能器吞吐液压油引起的，故称蓄能器引发故障。

蓄能器引发液压系统故障的诊断与排除见表8-13。

表 8-13　蓄能器引发液压系统故障的诊断与排除

| 故障的分析 | | 故障的排除 |
|---|---|---|
| 充气压力 $p_0$ 的影响 | 蓄能器中所容纳气体的状态方程为：<br><br>$$p_0V_0^K=p_1V_1^K=p_2V_2^K= 常数$$<br><br>由上式可推出蓄能器提供液压油的体积公式为：<br><br>$$\Delta V = V_0 p_0^{\frac{1}{R}}\left[\left(\frac{1}{p_1}\right)^{\frac{1}{R}}-\left(\frac{1}{p_2}\right)^{\frac{1}{R}}\right]$$<br><br>式中　$V_0$——充液前的充气体积（即蓄能器容积）；<br>　　　$p_0$——充液前的充气压力；<br>　　　$p_2$——系统允许的最高工作压力（蓄能器最高工作压力）；<br>　　　$p_1$——系统允许的最低工作压力（蓄能器最低工作压力）；<br>　　　$\Delta V$——系统允许的最高和最低工作压力对应的蓄能器内气体体积 $V$ 与 $V_1$ 差（蓄能器提供液压油的体积）；<br>　　　$K$——指数（在蓄能器补油保压时其内气体可视为等温变化 $K=1$；在蓄能器补油加速时其内气体可视为绝热变化，$K=1.4$）<br>当蓄能器作辅助动力源用于补油时，充气压力 $p=0.6\sim0.65p_1$（或 $p_0=0.8\sim0.85p_1$），一般比最低工作压力 $p_1$ 低<br>若 $p_0$ 太低，由上式可知供油体积 $\Delta V$ 太小，保压压力由 $p_0$ 降到 $p_1$ 的过程快，保压时间短会导致液压泵频繁地给系统充油，在夹紧时夹紧压力也下降快。当压力下降到最低工作压力 $p_1$ 时液压泵又开始向蓄能器供油充液，但充液压力实际回升要延迟一段时间，在这段时间内夹紧压力一直会下降到临界工作压力以下导致夹紧失效。相反若 $p_0$ 压力高，保压和夹紧时间长，液压泵就不会频繁地启动，给蓄能器充压夹紧也不易失效<br>当蓄能器用于补油加速、快压射、增压之类用途时，若气压力在蓄能器最低工作压力 $p_1$ 之上且比较高时，由公式<br><br>$$p_0V_0^K=p_1V_1^K=p_2V_2^K= 常数，可知\ \frac{p_2}{p_0}=\left[\frac{V_2}{V_0}\right]^K$$<br><br>的比值比较小，$V_0$ 与 $V_2$ 的差小，蓄能器从 $p_2$ 到 $p_0$ 的供油体积就很小。由于蓄能器提供的液压油少就无法进行补油以实现加速、快压射和增压动作，相反充气压力比较低时，蓄能器从 $p_0$ 充压到 $p_2$，液压油多就能完成加速、快压射和增压动作 | | 当发生保压时间短和夹紧失效故障时，故障原因有充气压力低、蓄能器的接邻元件泄漏、蓄能器最高工作压力低。其中，前两个原因是主要的。当发生不能补油加速、快压射和增压故障时，其原因一般是充气压力高、蓄能器最高工作压力低、蓄能器的接邻元件有泄漏。实际上，因前两个原因同时出现导致故障的不少<br>当发生蓄能器不能缓和液压冲击和吸收压力脉动故障时，其原因主要是充气压力太低。通过分析，确定故障原因是充气压力不合适时，首先应排出蓄能器内液压油，测定蓄能器内气压，给以确诊。其次，要找出具体故障源，以便排除。当测知充气压力低时，可能是设定值过低，也可能是充气不足，还可能是蓄能器充气嘴泄漏、气囊破裂、活塞密封不好等，应通过检测确定。当测知充气压力高时，可能是设定值过高、充气过量，或者环境条件如温度升高所致（若工作中环境条件无法改变，可将蓄能器放气到适当压力）<br>当确定原因是蓄能器最高工作压力不合适时，首先设法测定蓄能器最高工作压力以证实。若蓄能器最高工作压力过低（也有过高的），可能是液压泵故障或液压泵吸空；压力阀及调压装置有故障；有关液压元件泄漏，造成系统压力及蓄能器最高工作压力过低或过高，也可直接造成蓄能器最高工作压力过低或过高<br>当确定故障原因是液压元件泄漏时，首先应确定和蓄能器接邻的液压元件。在这些液压元件中，单向阀、液控单向阀、各类换向阀和液压缸泄漏故障是较常见的。泄漏的原因大概有阀芯和阀座密封不严，阀芯卡死不能闭合，磨损造成相对运动面间隙大，密封元件失效。对所有可疑元件应按检测的难易程度和发生故障的概率大小排序（易检测的、故障概率大的排在前面），再按顺序检测，确定泄漏的故障元件。最后，拆开故障元件检查、维修。充气压力和蓄能器最高工作压力不合适引起的故障，也应按以上原则对可疑故障源排序 |

| 故障的分析 | | 故障的排除 |
|---|---|---|
| 充气压力 $p_0$ 的影响 | 当蓄能器用于缓和液压冲击和吸收压力脉动时,充气压力 $p_0$ 分别为系统工作压力的 90% 和液压泵出口压力的 60% 为合适;若充气压力太低,蓄能器几乎无储能作用,对缓和液压冲击和吸收压力脉动没有作用 | 当发生保压时间短和夹紧失效故障时,故障原因有充气压力低、蓄能器的接邻元件泄漏、蓄能器最高工作压力低。其中,前两个原因是主要的。当发生不能补油加速、快压射和增压故障时,其原因一般是充气压力高、蓄能器最高工作压力低、蓄能器的接邻元件有泄漏。实际上,因前两个原因同时出现导致故障的不少 |
| 蓄能器最高工作压力 $p_2$ 的影响 | 当蓄能器最高工作压力 $p_2$ 较低时,由式 $\Delta V = V_0 p_0^{\frac{1}{R}}\left[\left(\frac{1}{p_1}\right)^{\frac{1}{R}}-\left(\frac{1}{p_2}\right)^{\frac{1}{R}}\right]$ 可知,蓄能器的供油体积 $\Delta V$ 比较小,这种情况下若蓄能器补油保压和夹紧必然出现压力下降快、保压时间短、夹紧失效之类的故障;若用蓄能器加速、快压射和增压时,也因供油体积太小不能补油必然导致不能加速、快压射和增压,特别是 $p_0$ 也同时增大时问题更严重。相反,蓄能器最高工作压力比较高(但满足要求)时不会产生以上故障,但蓄能器最高工作压力过高时,不但不能满足工作要求,而且会损坏液压泵,浪费功率 | 当发生蓄能器不能缓和液压冲击和吸收压力脉动故障时,其原因主要是充气压力太低。通过分析,确定故障原因是充气压力不合适时,首先应排出蓄能器内液压油,测定蓄能器内气压,给以确诊。其次,要找出具体故障源,以便排除。当测知充气压力低时,可能是设定值过低,也可能是充气不足,还可能是蓄能器充气嘴泄漏、气囊破裂、活塞密封不好等,应通过检测确定。当测知充气压力高时,可能是设定值过高、充气过量,或者环境条件如温度升高所致(若工作中环境条件无法改变,可将蓄能器放气到适当压力) |
| 蓄能器接邻液压元件泄漏的影响 | 在液压传动中和蓄能器相连接的液压元件有单向阀、电磁换向阀和液压缸等。这些液压元件常出现密封不严、卡死不能闭合、因磨损间隙过大和密封件失效造成蓄能器在储油和供油时液压油大量泄漏。在这种情况下若蓄能器是用来补油保压和夹紧的会因为补油不足而不能保压、保压时间短或夹紧失效。若蓄能器是用来补油加速、快压射和增压的也会补油不足而使这些动作无法完成 | 当确定原因是蓄能器最高工作压力不合适时,首先设法测定蓄能器最高工作压力以证实。若蓄能器最高工作压力过低(也有过高的),可能是液压泵故障或液压泵吸空;调压不当;压力阀及调压装置有故障,有关液压元件泄漏,造成系统压力及蓄能器最高工作压力过低或过高,也可直接造成蓄能器最高工作压力过低或过高 |
| 控制元件失灵而致蓄能器旁流的影响 | 有些换向阀动作失灵常可导致与蓄能器相接邻的液压元件呈开启状态,这样蓄能器在充油和供油时会形成旁路分流导致以上故障发生 | 当确定故障原因是液压元件泄漏时,首先应确定和蓄能器接邻的液压元件。在这些液压元件中,单向阀、液控单向阀、各类换向阀和液压缸泄漏故障是较常见的。泄漏的原因大概有阀芯和阀座密封不严,阀芯卡死不能闭合,磨损造成相对运动面间隙大,密封元件失效。对所有可疑元件应按检测的难易程度和发生故障的概率大小排序(易检测的、故障概率大的排在前面),再按顺序检测,确定泄漏的故障元件。最后,拆开故障元件检查、维修。充气压力和蓄能器最高工作压力不合适引起的故障,也应按以上原则对可疑故障源排序 |

# 第五节 过 滤 器

## 一、过滤器的分类

过滤器按过滤精度分为粗过滤器和精过滤器两大类,用图 8-46 所示图形符号表示,其中精过滤器包括普通、精、特精三级。过滤器的过滤精度是指滤芯能够滤除的最小杂质颗粒的大小,以直径 $d$ 作为公称尺寸表示。粗过滤器,滤去的杂质颗粒公称尺寸 100μm 以上;普通过滤器,滤去的杂质颗粒公称尺寸 10 ～ 100μm;精过滤器,滤去的杂质颗粒公称尺寸 5 ～ 10μm 以上;特精过滤器,滤去的杂质颗粒公称尺寸 1 ～ 5μm 以上。

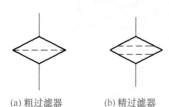

(a) 粗过滤器　　(b) 精过滤器

图 8-46　过滤器职能符号

除按过滤精度分类外,还可以按表 8-14 给出的方法分类。

表 8-14　过滤器的分类

| 分类 | | 说明 |
|---|---|---|
| 按滤芯的结构分类 | 网式过滤器 | 液流流经此过滤器时，由滤网上的小孔起滤清作用 |
| | 线隙式过滤器 | 滤芯由金属丝绕制而成，依靠金属丝间的微小间隙来滤除混入液压介质中的杂质 |
| | 纸质过滤器 | 滤芯为多层酚醛树脂处理过的微孔滤纸，由微孔滤除混入液压介质中的杂质 |
| | 磁性过滤器 | 滤芯为永久磁铁，利用磁化原理吸附混入液压介质中的铁屑和铸铁粉 |
| | 烧结式过滤器 | 滤芯为颗粒状青铜粉等金属粉末压制烧结而成，利用颗粒之间的微小空隙滤除杂质 |
| | 不锈钢纤维过滤器 | 滤芯为不锈钢纤维挤压制成，由纤维之间的间隙滤除杂质。这种过滤器过滤精度高，可以清洗，但价格昂贵，一般液压系统不宜选用，推荐用于高压伺服系统 |
| | 合成树脂过滤器 | 滤芯由一种无机纤维经液压树脂浸渍处理制成，由纤维之间的微孔滤除杂质，过滤精度高 |
| 按过滤方式分类 | 表面型过滤器 | 表面型过滤器的滤芯表面与液压介质接触。从强度和清洗方面考虑，一般从外向内流动，仅过滤材料（如金属丝、金属丝绕线、滤纸）的表面起滤除杂质的作用，滤纸因为本身强度低，因此很少单独使用。金属丝或金属丝绕制而成的过滤器优点是：可以限定被清除杂质的颗粒度，可以清洗后重新使用，压力损失小；缺点是杂质不易滤清，过滤精度低<br>属于表面型的有网式和线隙式两种 |
| | 深度型过滤器 | 深度型过滤器滤芯的材料可以是毛毡、人造纤维、不锈钢纤维、粉末冶金等。当油液通过上述物质中的一种或几种混合物挤压或烧结的具有一定厚度的过滤层时，由过滤层内部细长而曲折的通道将混入液压介质的杂质滤除。它的优点是过滤精度高、使用寿命长；缺点是不能严格限定要滤除的杂质的颗粒度，过滤材料的容积较大，压力损失也较大<br>属于深度型过滤器的有烧结式过滤器、不锈钢纤维过滤器和合成树脂过滤器等 |
| | 中间型过滤器 | 中间型过滤器的过滤方式介于两种之间，如采用经过特制方式处理过的滤纸作滤芯的纸质过滤器。它可以在一定程度上限定要滤除的杂质的颗粒度，也可以加大过滤面积，因此体积小，重量轻。缺点是滤芯不能清洗，只能一次使用 |
| 按过滤器的不同安装部分分类 | | ①油箱加油口或通气口用过滤器<br>②吸油管路用过滤器<br>③回油管路用过滤器<br>④压油管路用过滤器 |

## 二、液压系统对过滤器的要求

过滤器的种类很多，对它们的基本要求是：对于一般液压系统，在选择过滤器时，应考虑使油液中的杂质的颗粒尺寸小于液压元件缝隙尺寸；对于随动液压系统，则应选择过滤精度很高的过滤器。对过滤器的一般要求可以归纳如下：

①有足够的过滤精度，即能阻挡一定大小的杂质颗粒；

②通油性要好。即当油液通过时，在产生一定压降的情况下，单位过滤面积通过的油量要大，安装在液压泵吸入口的滤网，其过滤能力一般应为液压泵容量的2倍以上；

③过滤材料应有一定的机械强度，不致因受油的压力而损坏；

④在一定的温度下，应有良好的抗腐蚀性和足够的寿命；

⑤清洗维修方便，容易更换过滤材料。

## 三、过滤器的主要性能指标

过滤器的主要性能指标见表8-15。

表 8-15　过滤器的主要性能指标

| 性能指标 | 说明 |
|---|---|
| 过滤精度 | 　　过滤器的过滤精度，是指油液流经过滤器时滤芯能够滤除的最小杂质颗粒度的大小，以其直径 $d$ 的公称尺寸（单位为 mm）表示。颗粒度越小，过滤器的过滤精度越高。一般将过滤器按过滤精度分为四级：粗（$d \geqslant 0.1$mm）、普通（$d \geqslant 0.01$mm）、精（$d \geqslant 0.005$）、特精（$d \geqslant 0.001$mm）。不同的液压系统，对过滤器精度的要求见附表 |

附表　不同的液压系统，对过滤器精度的要求

| 系统类别 | 润滑系统 | 传动系统 | | | 伺服系统 | 特殊要求系统 |
|---|---|---|---|---|---|---|
| 工作压力 /MPa | $0 \leqslant 2.5$ | $\leqslant 7$ | $> 7$ | $\leqslant 35$ | $\leqslant 21$ | $\leqslant 35$ |
| 颗粒度 /mm | $\leqslant 0.1$ | $\leqslant 0.025 \sim 0.05$ | $\leqslant 0.025$ | $\leqslant 0.005$ | $\leqslant 0.005$ | $\leqslant 0.001$ |

| 性能指标 | 说明 |
|---|---|
| 过滤精度 | 　　需要补充的是，此最小颗粒的过滤效率应大于 95%。不同结构形式的过滤器的过滤精度不同，选择过滤器时应根据液压系统的实际需要进行<br>　　过滤器对某一尺寸的颗粒（杂质）过滤效率 $\eta$ 定义为：<br><br>$$\eta = \frac{\eta_1 - \eta_2}{\eta_1} \times 100\%$$<br><br>式中　$n_1$——过滤器过滤前单位体积的油液中所含有某一尺寸颗粒的数目；<br>　　　　$n_2$——过滤器过滤后单位体积的油液中所含有某一尺寸颗粒的数目 |
| 过滤比 | 　　过滤器的控制作用也可以用过滤比来表示，若令过滤比为 $\beta$，则：<br><br>$$\beta = \frac{N_u}{N_d}$$<br><br>式中　$N_u$——过滤器上游油液污染浓度；<br>　　　　$N_d$——过滤器下游油液污染浓度<br>　　影响过滤器过滤比的因素很多，如污染物的颗粒度及尺寸分布、流量脉动及流量冲击等。一般用平均值表示。显然，过滤比愈大，过滤器的过滤效果愈好 |
| 允许压力降 | 　　由于过滤器是利用滤芯上的无数小孔和微小间隙来滤除混入液压介质的杂质的，因此液流经过滤芯时必然有压力降产生。此外，壳体内的流道也会使液流产生压力降。压力降的大小与油液的流量和黏度及混入油液的杂质数量有关。当过滤器使用一段时间后，被过滤器阻挡的杂质将逐渐堵塞滤芯，从而使过滤器的进出口压力差（滤芯的压力降）增大。为此，对过滤器都有一个最大允许压力降的限制值，以保护滤芯不受破坏或系统的压力损失不致过高 |
| 纳垢容量和过滤能力 | 　　纳垢容量是指过滤器压力降达到规定的最大允许值时，可以滤除并容纳的污物的总质量（以 g 计）。过滤器纳垢容量愈大，其使用寿命愈长，所以它是反映过滤器寿命的重要指标。一般来说，滤芯尺寸愈大，即过滤面积愈大，纳垢容量愈大，寿命愈长<br>　　过滤能力是指在一定压力差下允许通过的最大流量。过滤器在液压系统中的位置不同，对过滤能力的要求也不同。在泵的吸液口，过滤能力应为泵额定流量的 2 倍以上；在一般压力管路和回液管路中，其过滤能力只要达到管路中最大流量即可。过滤器的过滤能力 $Q$ 可用下式计算：<br><br>$$Q = K \frac{A \Delta p}{\mu}$$<br><br>式中　$Q$——通流能力，$m^3/s$；<br>　　　　$\mu$——油液动力黏度，$Pa \cdot s$；<br>　　　　$A$——滤芯总有效过滤面积，$m^2$；<br>　　　　$\Delta p$——过滤器前后压力差，Pa；<br>　　　　$K$——通流能力系数，m<br>　　对不同过滤材料 $K$ 取不同的值，如细密金属网 $K=0.835 \times 10^{-8}$m；棉布 $K=0.1 \times 10^{-8}$m；软密纯毛毡 $K=0.25 \times 10^{-8}$m；工业滤纸 $K=0.752 \times 10^{-7}$m；烧结滤芯 $K=0.104D \times 2/\delta$（m），其中 $D$ 为烧结颗粒的平均直径，$\delta$ 为滤芯直径，$D$、$\delta$ 可从有关手册中查出<br>　　不同规格的过滤器，其通流能力不同，可以根据样本进行选择。如果自制过滤器，则应根据通过过滤器的最大流量由上式计算过滤器需要的通流面积 $A$ |
| 工作压力 | 　　工作压力是过滤器正常工作时所允许的最大压力，在此压力作用下过滤器可以长期安全地工作而不被破坏。过滤器的结构和材质不同，其工作压力也不同 |

## 四、几种典型过滤器的结构特点、性能及用途

（1）几种典型过滤器的结构特点（表8-16）

表8-16　几种典型过滤器的结构特点

| 类别 | 说明 |
|---|---|
| 网式过滤器 | 网式过滤器的结构如图8-47所示，图中（a）所示为结构图，（b）所示为外观图。图中可见，它由一层或两层铜丝网包围着四周开有很大窗口的金属或塑料骨架做成。网式过滤器一般装在液压系统的吸油管路，用来滤除混入油液中较大颗粒的杂质（0.13～0.4mm），保护液压泵免遭伤害。安装时网的底面不宜与油管口靠得太近，一般吸油口离网底的距离为网高的2/3，否则会使吸油不畅<br>网式过滤器的特点是结构简单，通油性能好，压力降小（一般为0.025MPa），可清洗。缺点是过滤精度低，使用时铜质滤网会加剧油液的氧化。因此需要经常清洗，安装时要考虑便于拆装<br><br>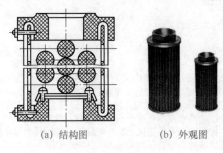<br>（a）结构图　　　　（b）外观图<br>图8-47　网式过滤器 |
| 线隙式过滤器 | 如图8-48所示为线隙式过滤器的结构图和外观图，过滤器的滤芯由铜丝（直径0.4mm）绕成，依靠铜丝间的微小间隙来滤除混入液压介质中的杂质。图中（a）所示为回油管路用线隙式过滤器结构图。过滤器工作时，油液从a孔进入过滤器内，经线间的缝隙进入滤芯内部后，再由孔b流出。图中（b）为回油管路用过滤器，有外壳。若用于吸油管路时无外壳，滤芯直接浸入油中，其外观图如图中（c）所示。回油管路用的线隙式过滤器过滤精度分为0.03mm和0.08mm两种，压力损失小于0.06MPa；吸油管路用的线隙式过滤器过滤精度分为0.05mm和0.1mm两种，压力损失小于0.02MPa<br><br>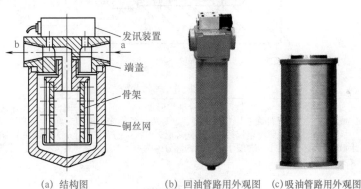<br>发讯装置<br>端盖<br>骨架<br>铜丝网<br>（a）结构图　　　　（b）回油管路用外观图　　（c）吸油管路用外观图<br>图8-48　线隙式过滤器<br><br>线隙式过滤器结构简单，过滤能力大，过滤精度比网式过滤器高，但不易清洗。一般用于低压（<2.5MPa）回路或辅助回路 |
| 纸质过滤器 | 如图8-49所示，纸质过滤器的滤芯由厚度为0.35～0.7mm的平纹或皱纹的酚醛树脂或木浆的微孔滤纸组成。油液经滤芯时，通过微孔滤除混入液体介质中的杂质。为了增大滤芯强度，一般滤芯分为三层：外层采用粗眼钢板网；中层为折叠式W形的滤纸；里层由金属丝网与滤纸折叠在一起。滤芯的中央还装有支承弹簧<br>纸质过滤器的过滤精度高（0.005～0.03mm），可以在高压下（38MPa）工作，但滤芯能承受的压差较小（0.35MPa）。为了保证纸质过滤器能够正常工作，不致因杂质逐渐聚集在滤芯上引起压差增大而压破纸芯，纸质过滤器的上端装有堵塞状态通信装置 |

| 类别 | 说明 |
|---|---|

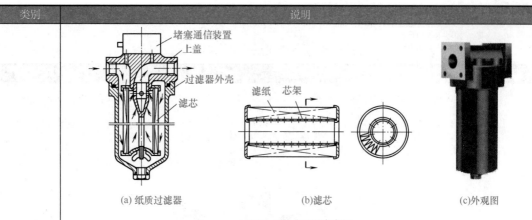

(a) 纸质过滤器      (b)滤芯      (c)外观图

图 8-49   纸质过滤器

纸质过滤器

通信装置与过滤器并联，其工作原理如图8-50所示，它的工作原理如图中右图：$P_1$口与过滤器进油口相通，$P_2$与出油口相通。过滤器进、出油口两端的压力差 $\Delta p = (p_1-p_2)$ 作用到活塞上，并且与弹簧的弹簧力相比较。当油液杂质逐渐阻塞过滤器，使 $p_1$ 压力上升，当压力差 $\Delta p$ 达到一定数值时，压力差作用力大于弹簧力，推动活塞及永久磁铁右移。这时，感簧管受磁性力作用吸合触点，接通电路，使接线柱连接的电路报警，提醒操作人员更换滤芯。电路上若增设延时继电器，还可在通信一定时间后实现自动停机保护。通常，过滤器堵塞报警压力差值为 0.3MPa 左右

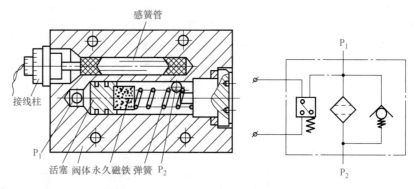

图 8-50   过滤器堵塞状态通信装置

磁性过滤器

如图 8-51 所示为磁性过滤器的一种结构形式。它的中心为一圆筒式永久磁铁，磁铁外部为非磁性材料做成的罩子，罩子外面绕着数只铁环，铁环由铜条连接（图中未画出），每只铁环之间保持一定的间隙。当液压介质中的铁磁性杂质经铁环间隙时，则被吸附在铁环上，从而起到滤除作用。对加工钢铁件的机床液压系统特别适用。为便于清洗，铁环分为两半，当杂质将间隙堵塞时，可将铁环取下清洗，然后装上反复使用

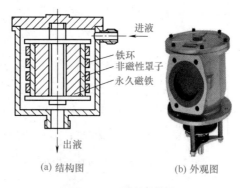

(a) 结构图      (b) 外观图

图 8-51   磁性过滤器

| 类别 | 说明 |
|---|---|
| 烧结式<br>过滤器 | 如图 8-52 所示为烧结式过滤器的一种结构形式。除图示杯状滤芯外，滤芯还可以做成管状、板状和碟状等形状。油液从孔 A 进入，经滤芯过滤后从孔 B 流出。用颗粒度大小不同的粉末烧结而成的滤芯可以得到不同的过滤精度（0.01～0.1mm）<br>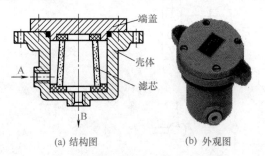<br>(a) 结构图　　　　　(b) 外观图<br>图 8-52　烧结式过滤器<br>烧结式过滤器的压力损失一般为 0.03～0.2MPa，过滤精度较高。它的主要特点是：强度高，承受热应力和冲击性能好，能在较高温度下工作（青铜粉末可达 180℃，低碳钢粉末可达 400℃，镍铬粉末可达 900℃）；有良好的抗腐蚀性；制造简单。缺点是易堵塞，难清洗，使用时烧结颗粒可能脱落 |

## （2）各种过滤器的特性和用途（表 8-17）

表 8-17　各种过滤器的特性和用途

| 形式 | 用途 | 网孔 /μm | 过滤精度 /μm | 压力差 /MPa | 特性 |
|---|---|---|---|---|---|
| 网式<br>过滤器 | 装在液压泵吸油管上，用以保护液压泵 | 74～200 | 80～180 | 0.01～0.02 | ①过滤精度与铜丝网层数及网孔大小有关。在压力管路上常用 100、150、200 目的铜丝网，在液压泵吸油管路上常采用 20～40 目铜丝网<br>②结构简单，通流能力大，过滤效果差 |
| 线隙式<br>过滤器 | 一般用于中、低压液压传动系统 | 线隙<br>100～200 | 30～100 | 0.03～0.06 | ①滤芯由绕在芯架上的一层金属线组成，依靠线间微小间隙来挡住油液中杂质的通过<br>②结构简单，过滤效果好，通流能力大，但不易清洗 |
| 纸质<br>过滤器 | 用于要求过滤质量高的液压传动系统中 | 30～72 | 5～30 | 0.05～0.15 | ①结构与线隙式相同，但滤芯为平纹或波纹的酚醛树脂或木浆微孔滤纸制成的纸芯。为了增大过滤面积，纸芯常制成折叠形<br>②过滤效果好，精度高，但易堵塞，需常换滤芯<br>③通常用于精过滤 |
| 磁性<br>过滤器 | 用于吸附铁屑，与其他过滤器合用 | — | — | — | ①滤芯由永久磁铁制成，能吸住油液中的铁屑、铁粉、带磁性的磨料<br>②常与其他形式滤芯合起来制成复合式过滤器<br>③结构简单，滤清效果好<br>④对加工钢铁件的机床液压系统特别适用 |
| 烧结式<br>过滤器 | 用于要求过滤质量高的液压传动系统中 | — | 7～100 | 0.1～0.2 | ①滤芯由金属粉末烧结而成，利用金属颗粒间的微孔来挡住油中杂质通过。改变金属粉末的颗粒大小，就可以制出不同过滤精度的滤芯<br>②能在温度很高，压力较大的情况下工作，抗腐蚀性强<br>③适用于精过滤 |

## 五、过滤器的选用与安装位置

（1）过滤器的选用

过滤器的选用应满足系统（或回路）的使用要求、空间要求和经济性。选用时应注意以下几点：

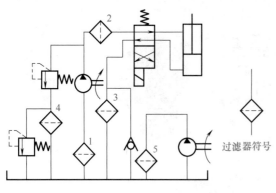

图 8-53　过滤器的安装位置
1～5—过滤器

① 应满足系统的过滤精度要求。

② 应满足系统的流量要求，能在较长的时间内保持足够的通液能力。

③ 工作可靠，满足承压要求。

④ 滤芯抗腐蚀性能好，能在规定的温度下长期工作。

⑤ 滤芯清洗、更换简便。

（2）过滤器的安装位置

过滤器在液压系统中的安装位置一般有五种，具体情况如下（表 8-18），如图 8-53 所示。

表 8-18　过滤器的安装位置

| 类别 | 说明 |
| --- | --- |
| 过滤器安装在液压泵吸油口 | 如图 8-53 所示中的过滤器 1，其位于液压泵吸油口，以避免较大颗粒的杂质进入液压泵，从而起到保护液压泵的作用。要求这种过滤器有很大的通流能力和较小的压力损失（不超过 $0.1 \times 105Pa$，否则将造成液压泵吸油不畅，产生空穴和强烈噪声）。一般采用过滤精度较低的网式过滤器 |
| 过滤器安装在液压泵压油口 | 如图 8-53 所示中的过滤器 2，安装于液压泵的压油口，用以保护除液压泵以外的其他液压元件。由于它在高压下工作，要求过滤器外壳有足够的耐压性能。一般它装在管路中溢流阀的下游或者与一安全阀并联，以防止过滤器堵塞时液压泵过载 |
| 过滤器安装在回油管路 | 如图 8-53 所示中过滤器 3，位于回油管路上的过滤器使油液在流回油箱前先进行过滤，这样油箱的油液得到净化，或者使其污染程度得到控制。此种过滤器壳体的耐压性能可较低 |
| 过滤器安装在旁油路 | 如图 8-53 所示中过滤器 4，将过滤器接在溢流阀的回油路上，并有一安全阀与之并联。其作用也是使液压传动系统中的油液不断净化，使油液的污染程度得到控制。由于过滤器只通过泵的部分流量，过滤器规格可减小 |
| 过滤器用于独立的过滤液压传动系统 | 如图 8-53 所示中过滤器 5，这是将过滤器和泵组成的一个独立于液压传动系统之外的过滤回路。它的作用也是不断净化液压传动系统中的油液，与将过滤器安装在旁油路上的情况相似。不过，在独立的过滤液压传动系统中，通过过滤器的流量是稳定不变的，这更有利于控制液压传动系统中油液的污染程度。但它需要增加设备（泵），适用于大型机械设备的液压传动系统 |

## 六、过滤器的故障诊断与修理

过滤器带来的故障包括过滤效果不好给液压系统带来的故障，例如因不能很好过滤，污物进入系统带来的故障等。

（1）过滤器堵塞

一般过滤器在工作过程中，滤芯表面会逐渐纳垢，造成堵塞是正常现象。此处所说的堵塞是指导致液压系统产生故障的严重堵塞。过滤器堵塞后，至少会造成泵吸油不良、泵产生噪声、系统无法吸进足够的油液而造成压力上不去，油中出现大量气泡以及滤芯因堵塞而可能造成因压力增大而击穿等故障。过滤器堵塞后应及时进行清洗，清洗方法见表 8-19。

（2）过滤器掉粒

多发生在金属粉末烧结式过滤器中。脱落颗粒进入系统后，堵塞节流孔，卡死阀芯。其原因是烧结粉末滤芯质量不佳造成的，所以要选用检验合格的烧结式过滤器。

表 8-19　过滤器堵塞清洗方法

| 清洗方法 | | 说明 |
|---|---|---|
| 用溶剂清洗 | | 常用溶剂有三氯化乙烯、油漆稀释剂、甲苯、汽油、四氯化碳等，这些溶剂都易着火，并有一定毒性，清洗时应充分注意。还可采用苛性钠、苛性钾等碱溶液脱脂清洗，界面活性剂脱脂清洗以及电解脱脂清洗等。后者清洗能力虽强，但对滤芯有腐蚀性，必须慎用。在洗后须用水洗等方法尽快清除溶剂 |
| 用机械及物理方法清洗 | 用毛刷清扫 | 应采用柔软毛刷除去滤芯的污垢，过硬的钢丝刷会将网式、线隙式的滤芯损坏，使烧结式滤芯烧结颗粒刷落。此法不适用纸质过滤器，一般与溶剂清洗相结合，如图 8-54 所示<br><br>图 8-54　过滤器的清洗方法 |
| | 超声波清洗 | 超声波作用在清洗液中可将滤芯上污垢除去，但滤芯是多孔物质，有吸收超声波的性质，可能会影响清洗效果 |
| | 加热挥发法 | 有些过滤器上的积垢可用加热方法除去，但应注意在加热时不能使滤芯内部残存有炭灰及固体附着物 |
| | 用压缩空气吹 | 用压缩空气在滤垢积层反面吹出积垢，采用脉动气流效果更好 |
| | 用水压清洗 | 方法与上同，两法交替使用效果更好 |
| 酸处理法 | | 采用此法时，滤芯应为用同种金属的烧结金属。对于铜类金属（青铜），常温下用光辉浸渍液（$H_2SO_4$ 43.5%，$HNO_3$ 37.2%，HCl 0.2%，其余为水）将表面的污垢除去；或用 $H_2SO_4$ 20%，$HNO_3$ 30% 加水配成的溶液，将污垢除去后放在由 $Cr_3O \cdot H_2SO_4$ 和水配成的溶液中，使其生成耐腐蚀性膜<br>对于不锈钢类金属用 $HNO_3$ 25%，HCl 1% 加水配成的溶液将表面污垢除去，然后在浓 $HNO_3$ 中浸渍，将游离的铁除去，同时在表面生成耐腐蚀性膜 |
| 各种滤芯的清洗步骤和更换 | | ①纸质滤芯。根据压力表或堵塞指示器指示的过滤阻抗更换新滤芯，一般不清洗<br>②网式和线隙式滤芯。清洗步骤为溶剂脱脂→毛刷清扫→水压清洗→气压吹净→干燥→组装<br>③烧结金属滤芯。可先用毛刷清扫，然后溶剂脱脂（或用加热挥发法，400℃以下）→水压及气压吹洗（反向压力 0.4～0.5MPa）→酸处理→水压、气压吹洗→气压吹净脱水→干燥<br>拆开清洗后的过滤器，应在清洁的环境中按拆卸顺序组装起来，若须更换滤芯的应按规格更换，规格包括外观和材质相同、过滤精度及耐压能力相同等。对于过滤器内所用密封件要按材质规格更换，并注意装配质量，否则会产生泄漏、吸油和排油损耗以及吸入空气等故障 |

（3）滤芯破坏变形

这一故障现象表现为滤芯的变形、弯曲、凹陷、吸扁与冲破等。产生原因如下：

① 滤芯在工作中被污染物严重阻塞而未得到及时清洗，流进与流出滤芯的压差增大，使滤芯强度不够而导致滤芯变形破坏。

② 过滤器选用不当，超过了其允许的最高工作压力。例如同为纸质过滤器，型号为 ZU-100X202 的额定压力为 6.3MPa，而型号为 ZU-H100X202 的额定压力可达 32MPa。如果将前者用于压力为 20MPa 的液压系统，滤芯必定被击穿而破坏。

③ 在装有高压蓄能器的液压系统，因某种故障蓄能器油液反灌冲坏过滤器。

排除方法：及时定期检查清洗过滤器；正确选用过滤器，强度、耐压能力要与所用过滤器的种类和型号相符；针对各种特殊原因采取相应对策。

（4）过滤器脱焊

这一故障是对金属网状过滤器而言的。当环境温度高或过滤器处的局部油温过高，超过或接近焊料熔点温度时，再加上原来焊接就不牢和油液的冲击，就会造成脱焊。例如高压柱塞泵进口处的网状过滤器曾多次发现金属网与骨架脱离，柱塞泵进口局部油温高达100℃的现象。此时可将金属网的焊料由锡铅焊料（熔点为183℃）改为银焊料或银镉焊料，它们的熔点大为提高（235～300℃）。

# 第六节　热交换器

热交换器是冷却器和加热器的总称。

液压系统的油液工作温度一般希望保持在30～50℃范围内，最高不超过60℃，最低不低于15℃。油温过高将使油液变质，加速其污染，引起节流孔堵塞，并使油液黏性和润滑性降低，增加缝隙间泄漏，缩短液压元件的工作寿命。油温过低（如在寒冷地区），则液压泵启动及吸油困难。

为了提高液压系统的工作稳定性，应使系统在适宜的温度下工作并保持热平衡。采用热交换器来控制油温不仅能保证系统正常工作，还可以减少设备的热变形，提高设备工作精度。液压系统如依靠自然冷却不能使油液温度限制在允许值以下时，就必须安装冷却器；反之，如环境温度太低无法使液压泵正常启动，就必须安装加热器。

## 一、冷却器的种类及特点

冷却器的种类及特点见表8-20。

表8-20　冷却器的种类及特点

| 种类 | | 特点 | 冷却效果 |
|---|---|---|---|
| 水冷却式 | 列管式：固定折板式，浮头式，双重管式，U形管式，立式、卧式等 | 冷却水从管内流过，油从列管间流过，中间折板使油折流，并采用双程或四程流动方式，强化冷却效果 | 散热效果好，散热系数可达350～580W/(m²·℃) |
| | 波纹板式：人字波纹式，斜波纹式等 | 利用板式人字或斜波纹结构叠加排列形成的接触点，使液流在流速不高的情况下形成素流，提高散热效果 | 散热效果好，散热系数可达230～815W/(m²·℃) |
| 风冷却式 | 风冷式：间接式、固定式及浮动式或支承式和悬挂式等 | 用风冷却油，结构简单、体积小、质量小、热阻小、换热面积大、使用与安装方便 | 散热效率高，油散热系数可达116～175W/(m²·℃) |
| 制冷式 | 机械制冷式：箱式、柜式 | 利用氟里昂制冷原理把液压油中的热量吸收、排出 | 冷却效果好，冷却温度控制较方便 |

## 二、冷却器典型结构

对冷却器的基本要求是在保证散热面积足够大，散热效率高和压力损失小的前提下，要求结构紧凑、坚固、体积小和质量小，最好有自动控温装置以保证油温控制的准确性。

常用的冷却器有水冷式和风冷式两种。最简单的冷却器如图8-55所示的蛇形管式冷却器，它直接装在油管内，冷却水从蛇形管内部通过，把油液中的热量带走。这种冷却器结构简单，但冷却效率低、耗水量大，运转费用较高。

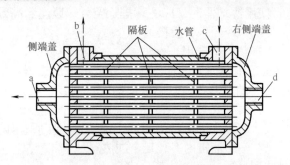

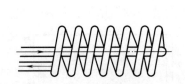

图 8-55  蛇形管式冷却器　　　　　　　图 8-56  多管式冷却器的结构

　　液压系统中采用得较多的是多管式水冷却器，其结构如图 8-56 所示，它是一种强制对流式冷却器。油液从右侧上部的油口 c 进入，从左侧上部的油口 b 流出。冷却水从右侧端盖中部的孔 d 进入，经过许多水管的内部，从左侧端盖的孔 a 流出。油在水管外部流过时，其循环路线因冷却器内设置了三块隔板而加长，增加了热交换效果。水管通常采用黄铜管，便于清洗且不易生锈。管壁厚度一般为 1 ～ 1.5mm。近来出现了一种翅片管式冷却器，即在水管外面增加横向或纵向的散热翅片，使传热面积增加，其传热效率比直管式提高数倍，而冷却器的体积和质量相对地减小。翅片一般用厚 0.2 ～ 0.3mm 的铜片或铝片制成。

　　最简单的风冷式冷却器是汽车上用的散热器。它的结构简单，价格低廉，但冷却效果一般较水冷式差。这种散热器由于采用了较便宜的电来代替水（它用电扇吹风散热），运转费用较低。

　　冷却器一般应安装在回油路或低压管路（如溢流阀的溢油路）上，如图 8-57 所示为正确的冷却器的连接方式。在这里，液压泵输出的压力油直接进入系统，从系统回油路上来的热油和从溢流阀 1 中溢出的热油一起通过冷却器，进行冷却。单向阀 2 用于保护冷却器。当系统不需冷却时，可将截止阀 3 打开。冷却器在系统中造成的压力损失一般为（0.1 ～ 1）× $10^5$Pa。

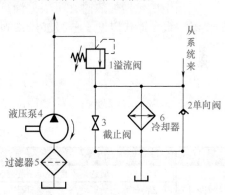

图 8-57  正确的冷却器的连接方式

## 三、冷却器和加热器的选用

　　（1）冷却器的选用

　　① 选用冷却器应根据工作介质的性质、最高温度、温差、系统的布置要求及经济性予以综合考虑。

　　② 确定冷却器的型号时，不仅要考虑散热面积、传热系数，而且要考虑冷却器的设计温度、工作介质的压力、冷却介质的压力和油液的压力降。这些参数可由产品样本或手册查得。

　　③ 冷却器所用材料可以是黄铜、不锈钢、钛合金等，选用冷却器时，应考虑工作介质的相容性，必要时在订货合同中加以说明。

　　④ 冷却器的连接形式有法兰连接和螺纹连接两种，安装形式分为卧式和立式，选用冷却器时根据系统的装置设计要求确定。

　　⑤ 当冷却器安装在回油路上进行冷却时，除对已经发热的主系统回油进行冷却外，当系统为定压溢流时，还需将溢流阀溢出的油液并联在冷却油路上。对于这种安装方式，当油

液较脏时，冷却器之前应装过滤器。

⑥ 使用冷却器时，应注意排除空气，以达到高效率冷却并使回路不出现生锈现象。试车时，先加入冷却水，后接通热介质。

（2）加热器的选用

液压系统中油液的加热一般都采用电加热器，如图 8-58 所示。这种加热器结构简单，可根据所需的最高和最低温度自动进行调节。电加热器常横装在油箱壁上，用法兰盘固定。使用中应注意油是热的不良导体，因此单个加热器的容量不能太大，以免周围油温过高、油质发生变质；如有必要，可在一个油箱内多装几个加热器。

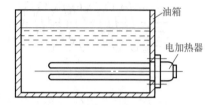

图 8-58　电加热器的安装

加热器所需功率 $P$ 计算公式为

$$P=c\rho V\Delta t/T\eta$$

式中　$\eta$——加热器的效率（$\eta=0.6 \sim 0.8$）；

　　　$V$——油箱油液的体积；

　　　$\rho$——油液的密度；

　　　$c$——油液的比热容；

　　　$\Delta t$——温升；

　　　$T$——加热时间。

采用电加热器加热时，可根据计算所需功率选用电加热器的型号。建议尽可能用多个电加热器的组合形式以便于分级加热，同时要注意电加热器长度的选取，以保证能水平安装在油箱内。

## 四、冷却器故障诊断与修理

冷却器常见故障现象、故障原因及排除方法见表 8-21。

表 8-21　冷却器常见故障现象、百折不回与排除

| 故障现象 | 故障原因 | 故障排除方法 |
|---|---|---|
| 冷却器被腐蚀 | ①冷却器材质选用不合理，导致被腐蚀 | ①选用铝合金、钛合金等耐腐蚀性材料的冷却管 |
| | ②冷却水水质环境差，对冷却器进行腐蚀 | ②提高冷却水质 |
| | ③冷却器内发生电化学反应，腐蚀冷却器 | ③在水冷式油冷却器中安装具有防电蚀作用的锌棒，并及时检查和更换 |
| 散热冷却性能下降 | ①堵塞及沉积物滞留在冷却管壁上，结成硬块与管垢 | ①采用难以堵塞和易于清洗的结构，对于污垢采用机械方法或化学方法进行清洗 |
| | ②冷却水量不足 | ②将冷却器的冷却容量增加 10% ~ 25%，增加冷却器的进水量或用温度较低的冷却水进行冷却 |
| | ③冷却器水油腔积气 | ③拧下螺塞进行排气 |
| 破损 | ①由于两流体的温度差过大，冷却器材料受热膨胀的影响大，产生的热应力大，或流入的油液压力过高，导致有关部件破损 | ①尽量选用难受热膨胀的材料，并采用浮动头之类的变形补偿结构 |
| | ②在寒冷地区或冬季，晚间停机时，管内存水结冰膨胀，将冷却水管炸裂 | ②在寒冷季节，每晚都要放干冷却器中的水 |
| 漏油和漏水 | ①油冷却器的端盖与筒体结合面处没密封或密封损坏 | ①补换或更换密封圈或密封垫（更换密封时，要先洗净结合面，涂敷一层"303"或其他黏结剂，再更换密封） |
| | ②焊接不良，冷却水管破裂 | ②补焊冷却水管 |
| 冷却效率降低 | 冷却水为硬水，水质不好，冷却铜管内结垢 | 清洗并进行水压试验 |

# 第九章
# 液压基本回路与故障维修

## 第一节　液压基本回路

### 一、液压源回路

　　液压源回路也可称为动力源回路，是液压系统中最基本且不可缺少的部分。液压源回路的功能是向液压系统提供满足执行机构需要的压力和流量。液压源回路是由油箱、油箱附件、液压泵、电动机（发动机）、溢流阀、过滤器、单向阀等组成的。在设计液压源时要考虑系统所需流量和压力，使用的工况、作业的环境以及液压介质的污染控制和温度控制等。下面列出了一些常用的液压源回路（见表9-1），可依据液压系统对液压源的要求，参考相应的回路，进行液压源的回路设计。

表9-1　液压源回路

| 类型 | | 回路原理图 | 说明 |
|---|---|---|---|
| 定量泵-溢流阀液压源回路 | 简化回路 | 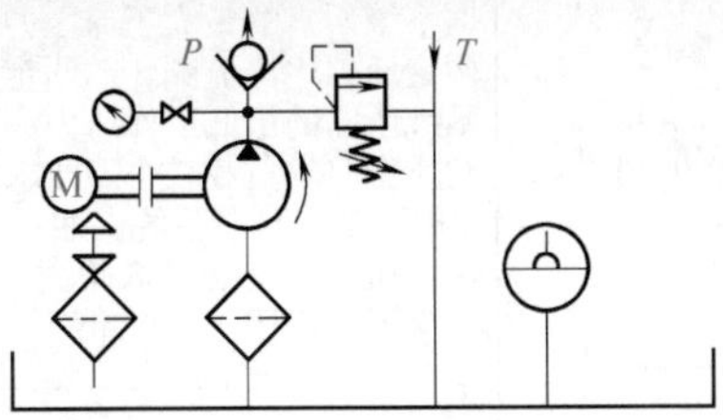 | 　　如左图所示为溢流阀液压源简化回路，其回路结构简单，使用广泛，是开式液压回路中最常用的液压源回路。缺点是有溢流损失。液压泵的出口压力近似为常数。为防止异物进入液压泵，在泵的吸入侧设置过滤器进行保护。单向阀是为了防止负载变化引起的倒流而设置的，液位计及空气过滤器是液压源必备的附件 |
| | 一般回路 | 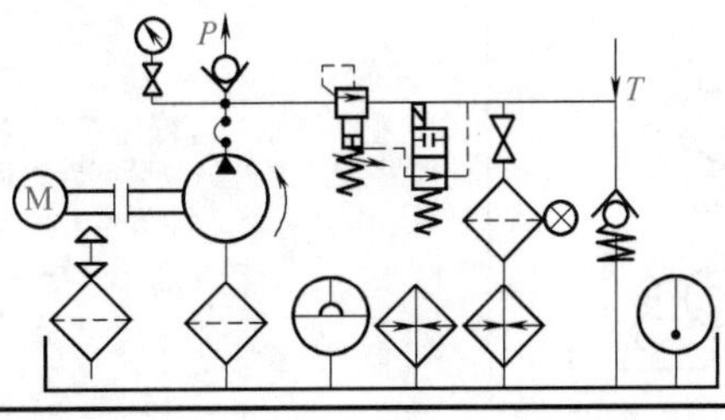 | 　　如左图所示为溢流阀液压源一般回路，在简化回路的基础上，增设了加热器和冷却器进行油温调节。冷却器一般设在回油管路中，为防止因回油压力上升，冲击冷却器回路中设置了旁通阀，为了保持油箱内油液的清洁度，设置了回油过滤器。当过滤器污物指示器发出信号后，可在不停车的情况下关闭截止阀进行更换。为了保持油箱内油液的清洁度，回油将旁通阀设置于回油过滤器旁。当过滤器堵塞可通过旁通阀注入油箱，电磁溢流阀可实现无负荷启动及卸荷等功能。泵出口设置的胶管可降低系统振动 |

| 类型 | 回路原理图 | 说明 |
|---|---|---|
| 变量泵-安全阀液压源回路 | **简化回路** | 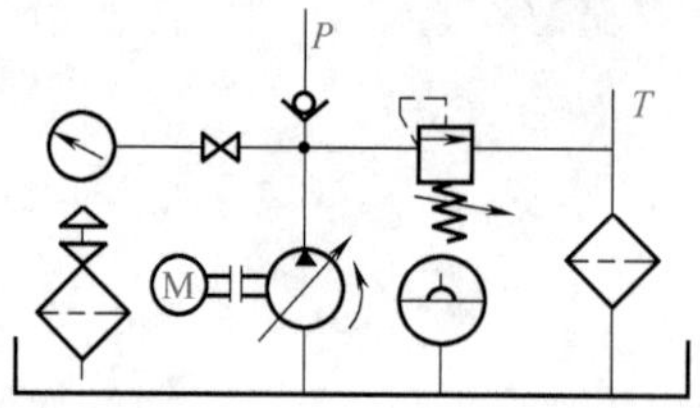 如左图所示为安全阀液压源简化回路，变量泵在运转过程中可以实现排量调节，使用变量泵作为液压源可在没有溢流损失的情况下使系统正常工作。但为安全起见，一般都在泵出口接一个溢流阀作为安全阀，以限定安全压力。这种液压源回路性能好、效率高。缺点是结构复杂、价格较贵。本回路所用变量泵指限压式、恒功率、恒压、恒流量、伺服变量泵等，但不包括手动变量泵 |
| | **一般回路** | 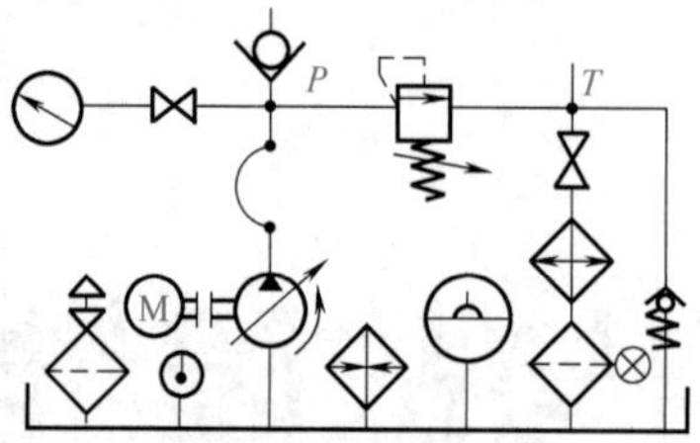 如左图所示为安全阀液压源一般回路，在简化回路的基础上可根据实际需要增设不同附件，满足主机对液压系统的各种要求，如增设加热器、冷却器及温度仪表可对液压源中工作介质温度进行控制。旁通阀、截止阀及高压胶管等是为安全、维护、减振等功能所设置的 |
| 闭式系统液压源回路 | **闭式回路** | 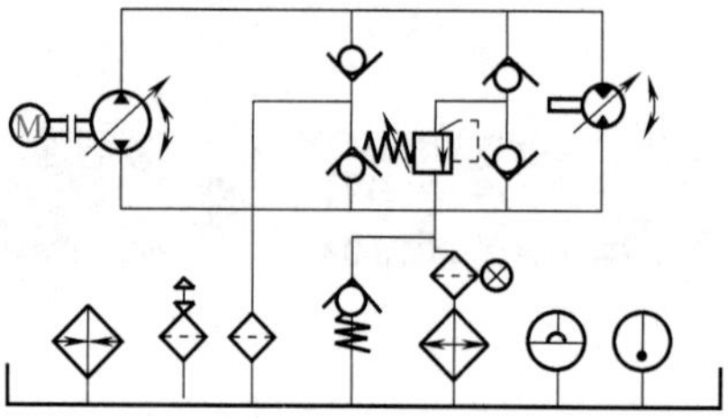 如左图所示为闭式回路，在双流向变量泵闭式油源回路中，泵的输出流量供给执行机构，来自执行机构的回油接到泵的吸油侧。高压侧压力由溢流阀进行控制，经单向阀向吸油侧补充油液 |
| | **补油泵回路** | 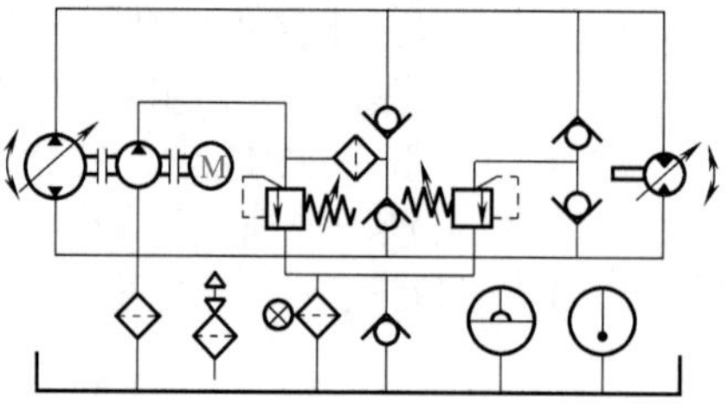 如左图所示为补油泵回路，在闭式回路中，一般设置补油泵向吸油侧进行升压补油。有的补油泵复合在柱塞泵内部。在补油泵的出口设置了管路过滤器，对油液进行净化 |
| 高低压双泵液压源回路 | **双泵回路** | 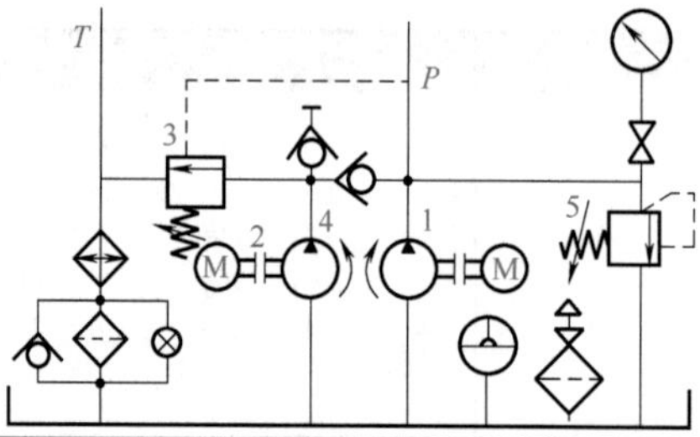 如左图所示中1为高压小流量泵，2为低压大流量泵。溢流阀5控制泵1的供油压力，它是根据系统所需的最大工作压力调定的。卸荷阀3的调定压力比溢流阀5的调定压力低，但要比液压系统所需的最低工作压力高。当系统中的执行机构所克服的负载较小而要求运动速度较快时，泵2和泵1同时向系统供油；当外负载增加而要求执行机构运动速度较慢时，系统工作压力升高，卸荷阀3打开，泵2卸荷，系统由泵1单独供油 |
| | **双联泵回路** | 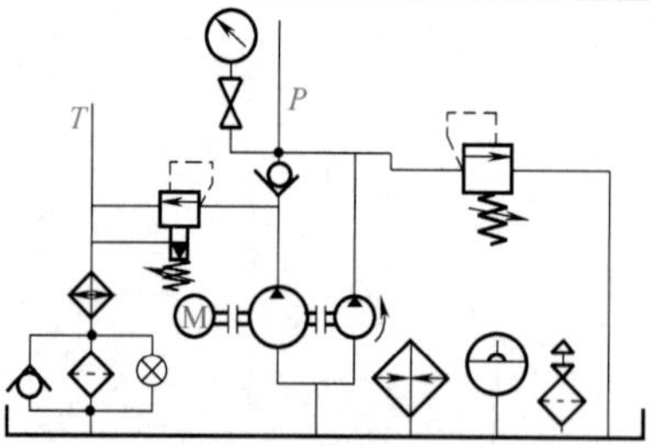 如左图所示为高低压双泵液压源双联泵回路，此回路工作原理与双泵回路相同，回路中采用双联复合泵及先导式卸荷阀。动作过程同上 |

| 类型 | 回路原理图 | 说明 |
|---|---|---|
| 多泵并联供油液压源回路 | 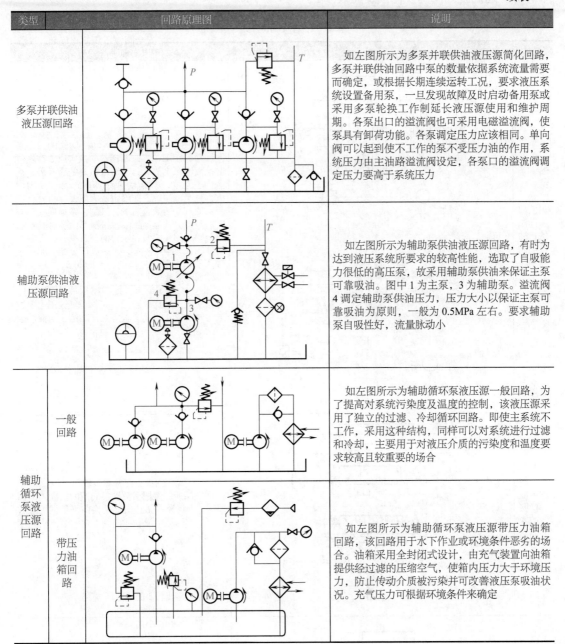 | 如左图所示为多泵并联供油液压源简化回路,多泵并联供油回路中泵的数量依据系统流量需要而确定,或根据长期连续运转工况,要求液压系统设置备用泵,一旦发现故障及时启动备用泵或采用多泵轮换工作制延长液压源使用和维护周期。各泵出口的溢流阀也可采用电磁溢流阀,使泵具有卸荷功能。各泵调定压力应该相同。单向阀可以起到使不工作的泵不受压力油的作用,系统压力由主油路溢流阀设定,各泵口的溢流阀调定压力要高于系统压力 |
| 辅助泵供油液压源回路 | | 如左图所示为辅助泵供油液压源回路,有时为达到液压系统所要求的较高性能,选取了自吸能力很低的高压泵,故采用辅助泵供油来保证主泵可靠吸油。图中 1 为主泵,3 为辅助泵。溢流阀 4 调定辅助泵供油压力,压力大小以保证主泵可靠吸油为原则,一般为 0.5MPa 左右。要求辅助泵自吸性好,流量脉动小 |
| 辅助循环泵液压源回路 一般回路 | | 如左图所示为辅助循环泵液压源一般回路,为了提高对系统污染度及温度的控制,该液压源采用了独立的过滤、冷却循环回路。即使主系统不工作,采用这种结构,同样可以对系统进行过滤和冷却,主要用于对液压介质的污染度和温度要求较高且较重要的场合 |
| 辅助循环泵液压源回路 带压力油箱回路 | | 如左图所示为辅助循环泵液压源带压力油箱回路,该回路用于水下作业或环境条件恶劣的场合。油箱采用全封闭式设计,由充气装置向油箱提供经过滤的压缩空气,使箱内压力大于环境压力,防止传动介质被污染并可改善液压泵吸油状况。充气压力可根据环境条件来确定 |

## 二、方向控制回路

方向控制回路用来控制液压系统各油路中液流的接通、切断或改变流向,从而使执行元件启动、停止或变换运动方向。方向控制回路主要包括换向回路和锁紧回路等。

### (一)换向回路

换向回路用于控制液压系统中液流方向,从而改变执行元件的运动方向。对换向回路的基本要求是:换向可靠、灵敏而又平稳,换向精度合适。换向过程一般可分为三个阶段:执行元件减速制动,短暂停留和反向启动。根据换向过程的制动原理,可有两种换向回路。

（1）通用换向阀的换向回路（表 9-2）

表 9-2　通用换向阀的换向回路

| 类型 | 回路原理图 | 说明 |
|---|---|---|
| 用液动换向阀的自动换向回路 | 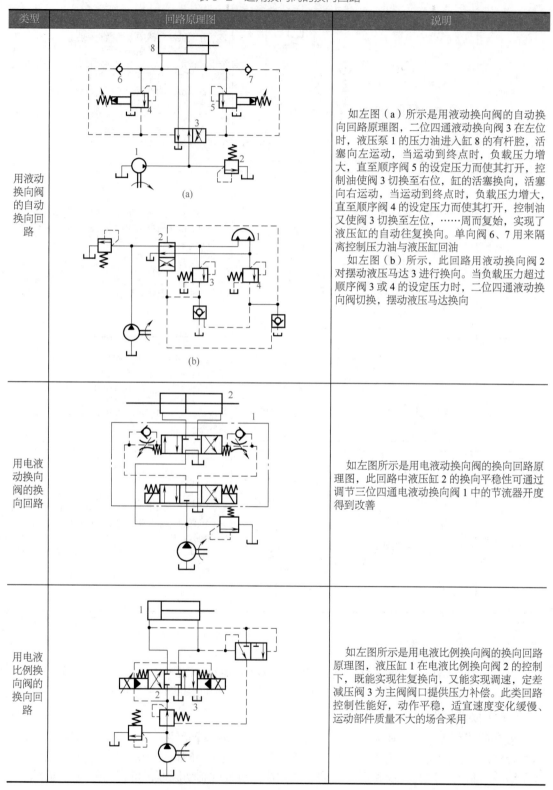 | 如左图（a）所示是用液动换向阀的自动换向回路原理图，二位四通液动换向阀 3 在左位时，液压泵 1 的压力油进入缸 8 的有杆腔，活塞向左运动，当运动到终点时，负载压力增大，直至顺序阀 5 的设定压力而使其打开，控制油使阀 3 切换至右位，缸的活塞换向，活塞向右运动，当运动到终点时，负载压力增大，直至顺序阀 4 的设定压力而使其打开，控制油又使阀 3 切换至左位，……周而复始，实现了液压缸的自动往复换向。单向阀 6、7 用来隔离控制压力油与液压缸回油<br>　　如左图（b）所示，此回路用液动换向阀 2 对摆动液压马达 3 进行换向。当负载压力超过顺序阀 3 或 4 的设定压力时，二位四通液动换向阀切换，摆动液压马达换向 |
| 用电液动换向阀的换向回路 | | 　　如左图所示是用电液动换向阀的换向回路原理图，此回路中液压缸 2 的换向平稳性可通过调节三位四通电液动换向阀 1 中的节流器开度得到改善 |
| 用电液比例换向阀的换向回路 | | 　　如左图所示是用电液比例换向阀的换向回路原理图，液压缸 1 在电液比例换向阀 2 的控制下，既能实现往复换向，又能实现调速，定差减压阀 3 为主阀阀口提供压力补偿。此类回路控制性能好，动作平稳，适宜速度变化缓慢、运动部件质量不大的场合采用 |

（2）专用换向阀的往复直线运动换向回路（表9-3）

表9-3　专用换向阀的往复直线运动换向回路

| 类型 | 说明 | |
| --- | --- | --- |
| 时间制动换向回路 | 所谓时间制动换向就是从发出换向信号到实行减速制动（停止），这一过程的时间基本上是一定的。如图9-1所示为时间控制换向回路的原理图。这种换向回路只受换向阀4控制。在换向过程中，当先导阀3在左端位置时，控制油路中的压力油经单向阀$I_2$、节流阀$J_2$进入换向阀4的右腔，阀4左腔的油液经节流阀$J_1$流入油箱，阀4的阀芯向左移动，其制动锥面逐渐将阀口关小，并在阀芯移动距离$l$后将通道封死，使活塞停止运动。当节流阀$J_1$和$J_2$的开口大小调定后，换向阀阀芯移动距离$l$所需的时间就是一定的。因此这种换向回路称为时间制动换向回路。<br><br>　　这种换向回路可以根据具体情况调节制动时间。如果主机部件运动速度快、质量大，可以把制动时间调得长一些，以利于消除换向冲击；反之，则调得短一些，以使其换向平稳又能提高生产效率。这种回路用于换向精度要求不高，但换向频率高且要求换向平稳的场合，如平面磨床、牛头刨床、插床等的液压系统 | 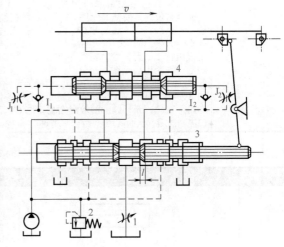<br>图9-1　时间控制制动换向回路<br>1—节流阀；2—溢流阀；3—先导阀；4—换向阀 |
| 行程制动换向回路 | 所谓行程制动换向就是从发出换向信号到工作部件减速制动、停止这一过程中，工作部件所走过的行程基本上是一定的。如图9-2所示，这种回路与时间制动换向回路的主要区别在于：主油路除了受换向阀4控制外，还受先导阀3控制。图示位置，油缸活塞向右移动，拨动先导阀阀芯向左移动，此时先导阀阀芯的右制动锥将油缸右腔的回油通道逐渐关小，使得活塞速度逐渐减慢，对活塞进行预制动。当回油通道被关得很小，活塞速度变得很慢时，换向阀4右端的控制油路被打开，控制油液经单向阀$I_2$和节流阀$J_2$进入换向阀右腔，左腔回油。使换向阀4向左移动，当活塞移动到极限位置使先导阀右制动锥完全封闭油缸右腔的回油通道时，活塞完全制动。从上述换向过程可知，不论运动部件原来的速度快慢如何，先导阀总是要先移动一段固定行程$l$将工作部件制动后，再由换向阀来使它换向，所以称之为行程控制制动换向回路。<br><br>　　这种控制回路的优点是：换向精度高、冲击量小。缺点是：制动时间的长短将受到运动部件速度快慢的影响。因此行程控制制动换向回路适用于运动速度不高，但换向精度要求较高的场合，如外圆磨床等 | 图9-2　行程控制制动换向回路<br>1—节流阀；2—溢流阀；3—先导阀；4—换向阀 |

（3）插装阀的换向回路（表9-4）

## （二）锁紧回路

锁紧回路见表9-5。

表 9-4　插装阀的换向回路

| 类型 | 说明 |
|------|------|
| O 型中位机能三位四通插装换向阀的换向回路 | 如图 9-3 所示为 O 型中位机能三位四通插装换向阀的换向回路。三位四通换向插装阀 I 由四通阀组合元件以及一个 K 型中位机能的三位四通电磁导阀 1 构成。当电磁铁 1YA 通电使导阀 1 切换至左位时，插装元件 $CV_1$ 的 $X_1$ 腔和 $CV_3$ 的 $X_3$ 腔接压力油，故 $CV_1$ 与 $CV_3$ 关闭，而插装元件 $CV_2$ 的 $X_2$ 腔和 $CV_4$ 的 $X_4$ 腔接油箱，故 $CV_2$ 与 $CV_4$ 开启，油源的压力油经 $CV_2$ 从 A 进入单杆缸 2 的无杆腔，有杆腔经 B、CV4 向油箱排油，液压缸向右运动；当电磁铁 2YA 通电使导阀 1 切换至右位时，插装元件 $CV_1$ 的 $X_1$ 腔和 $CV_3$ 的 $X_3$ 腔接油箱，故 $CV_1$ 与 $CV_3$ 开启，而插装元件 $CV_2$ 的 $X_2$ 腔和 $CV_4$ 的 $X_4$ 腔接压力油，故 $CV_2$ 与 $CV_4$ 关闭，油源的压力油经 $CV_3$ 从 B 进入缸 2 的有杆腔，无杆腔经 A、$CV_1$ 向油箱排油，液压缸向左运动。从而实现了液压缸的换向。当电磁铁 1YA 和 2YA 均断电使导阀处于图示左位时，四个插装元件的 X 腔同时接压力油，故 $CV_1$、$CV_2$、$CV_3$、$CV_4$ 均关闭，缸 2 停留在任意位置，而油源保持压力<br><br>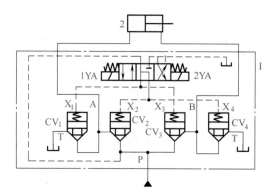<br>图 9-3　O 型中位机能三位四通插装换向阀的换向回路 |
| 二位三通插装换向阀的换向回路 | 如图 9-4 所示为二位三通插装换向阀的换向回路。二位三通插装换向插装阀 I 由三通阀组合元件以及二位四通电磁换向导阀 1 构成。导阀 1 通电切换至右位时，使插装元件 $CV_1$ 的 $X_1$ 腔接油箱，故 $CV_1$ 开启，而插装元件 $CV_2$ 的 $X_2$ 腔接压力油，故 $CV_2$ 关闭，油源的压力油经 A 从单作用液压缸 2 的无杆腔，实现伸出运动；当导阀 1 的电磁铁断电复至图示左位时，使插装元件 $CV_1$ 的 $X_1$ 腔接压力油，故 $CV_1$ 关闭，而插装元件 $CV_2$ 的 $X_2$ 腔接油箱，故 $CV_2$ 开启，缸 2 在有杆腔弹簧作用下复位，无杆腔的油液经插装元件 $CV_2$ 从 T 口流回油箱，从而实现了液压缸的换向<br><br>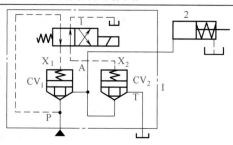<br>图 9-4　二位三通插装换向阀的换向回路 |

表 9-5　锁紧回路

| 类型 | 回路原理图 | 说明 |
|------|-----------|------|
| 用两个液控单向阀（液压锁）的锁紧回路 | | 锁紧回路的功用是使液压缸能在任意位置上停留，并且停留后不会因外力作用而移动位置。如左图所示为使用液控单向阀（又称双向液压锁）的锁紧回路。当换向阀左位接入系统时，压力油经左边液控单向阀进入液压缸左腔，同时通过控制口打开右边液控单向阀，使液压缸右腔的回油可经右边液控单向阀及换向阀流回油箱，使活塞向右运动。反之，活塞向左运动。到了需要停留的位置，只要使换向阀处于中位，因阀的中位为 H 型机能（Y 型也可以），所以两个液控单向阀均关闭，使活塞双向锁紧。回路中由于液控单向阀的密封性能好，泄漏极少，锁紧的精度主要取决于液压缸的泄漏。这种回路被广泛用于工程机械，起重运输机械等有锁紧要求的场合 |

| 类 型 | 回路原理图 | 说 明 |
|---|---|---|
| 采用制动器的液压马达锁紧回路 | 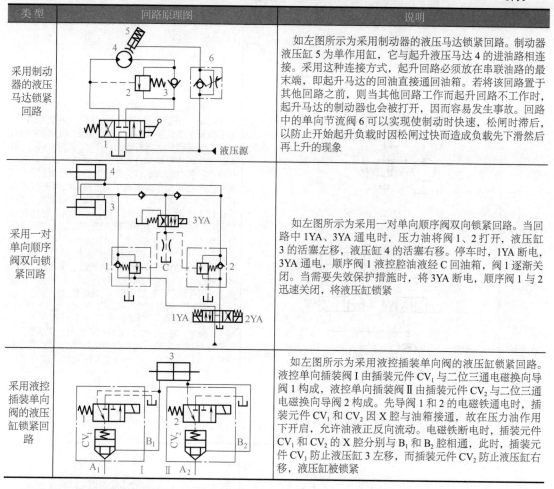 | 如左图所示为采用制动器的液压马达锁紧回路。制动器液压缸5为单作用缸，它与起升液压马达4的进油路相连接。采用这种连接方式，起升回路必须放在串联油路的最末端，即起升马达的回油直接通回油箱。若将该回路置于其他回路之前，则当其他回路工作而起升回路不工作时，起升马达的制动器也会被打开，因而容易发生事故。回路中的单向节流阀6可以实现使制动时快速，松闸时滞后，以防止开始起升负载时因松闸过快而造成负载先下滑然后再上升的现象 |
| 采用一对单向顺序阀双向锁紧回路 | | 如左图所示为采用一对单向顺序阀双向锁紧回路。当回路中1YA、3YA通电时，压力油将阀1、2打开，液压缸3的活塞左移，液压缸4的活塞右移。停车时，1YA断电，3YA通电，顺序阀1液控腔油液经C回油箱，阀1逐渐关闭。当需要失效保护措施时，将3YA断电，顺序阀1与2迅速关闭，将液压缸锁紧 |
| 采用液控插装单向阀的液压缸锁紧回路 | | 如左图所示为采用液控插装单向阀的液压缸锁紧回路。液控单向插装阀Ⅰ由插装元件 $CV_1$ 与二位三通电磁换向导阀1构成，液控单向插装阀Ⅱ由插装元件 $CV_2$ 与二位三通电磁换向导阀2构成。先导阀1和2的电磁铁通电时，插装元件 $CV_1$ 和 $CV_2$ 因X腔与油箱接通，故在压力油作用下开启，允许油液正反向流动。电磁铁断电时，插装元件 $CV_1$ 和 $CV_2$ 的X腔分别与 $B_1$ 和 $B_2$ 腔相通，此时，插装元件 $CV_1$ 防止液压缸3左移，而插装元件 $CV_2$ 防止液压缸右移，液压缸被锁紧 |

## （三）顺序动作回路

顺序动作回路的功用在于使几个执行元件严格按照预定顺序依次动作。按控制方式不同，顺序动作回路分为压力控制和行程控制两种。

顺序动作回路见表9-6。

表9-6 顺序动作回路

| 类 型 | 回路原理图 | 说 明 |
|---|---|---|
| 压力控制顺序动作回路 | 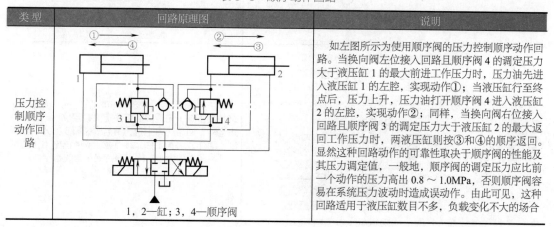<br>1，2—缸；3，4—顺序阀 | 如左图所示为使用顺序阀的压力控制顺序动作回路。当换向阀左位接入回路且顺序阀4的调定压力大于液压缸1的最大前进工作压力时，压力油先进入液压缸1的左腔，实现动作①；当液压缸行至终点后，压力上升，压力油打开顺序阀4进入液压缸2的左腔，实现动作②；同样，当换向阀右位接入回路且顺序阀3的调定压力大于液压缸2的最大返回工作压力时，两液压缸则按③和④的顺序返回。显然这种回路动作的可靠性取决于顺序阀的性能及其压力调定值，一般地，顺序阀的调定压力应比前一个动作的压力高出 0.8～1.0MPa，否则顺序阀容易在系统压力波动时造成误动作。由此可见，这种回路适用于液压缸数目不多，负载变化不大的场合 |

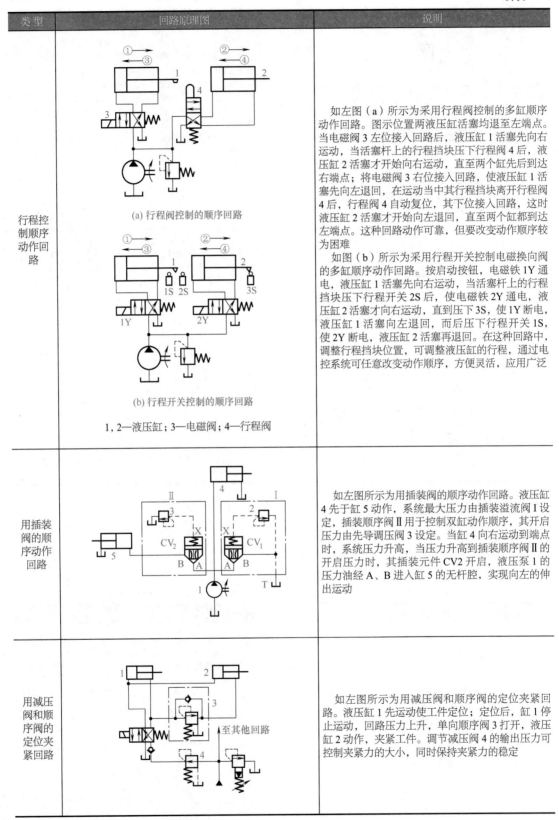

| 类 型 | 回路原理图 | 说 明 |
|---|---|---|
| 行程控制顺序动作回路 | (a) 行程阀控制的顺序回路<br><br>(b) 行程开关控制的顺序回路<br><br>1, 2—液压缸；3—电磁阀；4—行程阀 | 如左图（a）所示为采用行程阀控制的多缸顺序动作回路。图示位置两液压缸活塞均退至左端点。当电磁阀 3 左位接入回路后，液压缸 1 活塞先向右运动，当活塞杆上的行程挡块压下行程阀 4 后，液压缸 2 活塞才开始向右运动，直至两个缸先后到达右端点；将电磁阀 3 右位接入回路，使液压缸 1 活塞先向左退回，在运动当中其行程挡块离开行程阀 4 后，行程阀 4 自动复位，其下位接入回路，这时液压缸 2 活塞才开始向左退回，直至两个缸都到达左端点。这种回路动作可靠，但要改变动作顺序较为困难<br><br>如图（b）所示为采用行程开关控制电磁换向阀的多缸顺序动作回路。按启动按钮，电磁铁 1Y 通电，液压缸 1 活塞先向右运动，当活塞杆上的行程挡块压下行程开关 2S 后，使电磁铁 2Y 通电，液压缸 2 活塞才向右运动，直到压下 3S，使 1Y 断电，液压缸 1 活塞向左退回，而后压下行程开关 1S，使 2Y 断电，液压缸 2 活塞再退回。在这种回路中，调整行程挡块位置，可调整液压缸的行程，通过电控系统可任意改变动作顺序，方便灵活，应用广泛 |
| 用插装阀的顺序动作回路 | | 如左图所示为用插装阀的顺序动作回路。液压缸 4 先于缸 5 动作，系统最大压力由插装溢流阀 I 设定，插装顺序阀 II 用于控制双缸动作顺序，其开启压力由先导调压阀 3 设定。当缸 4 向右运动到端点时，系统压力升高，当压力升高到插装顺序阀 II 的开启压力时，其插装元件 CV2 开启，液压泵 1 的压力油经 A、B 进入缸 5 的无杆腔，实现向左的伸出运动 |
| 用减压阀和顺序阀的定位夹紧回路 | | 如左图所示为用减压阀和顺序阀的定位夹紧回路。液压缸 1 先运动使工件定位；定位后，缸 1 停止运动，回路压力上升，单向顺序阀 3 打开，液压缸 2 动作，夹紧工件。调节减压阀 4 的输出压力可控制夹紧力的大小，同时保持夹紧力的稳定 |

| 类　型 | 回路原理图 | 说　明 |
|---|---|---|
| 用延时阀的时间控制顺序动作回路 | 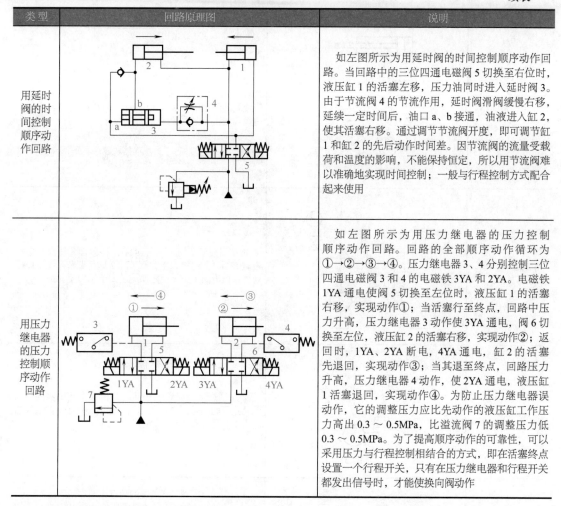 | 如左图所示为用延时阀的时间控制顺序动作回路。当回路中的三位四通电磁阀5切换至右位时，液压缸1的活塞左移，压力油同时进入延时阀3。由于节流阀4的节流作用，延时阀滑阀缓慢右移，延续一定时间后，油口a、b接通，油液进入缸2，使其活塞右移。通过调节节流阀开度，即可调节缸1和缸2的先后动作时间差。因节流阀的流量受载荷和温度的影响，不能保持恒定，所以用节流阀难以准确地实现时间控制；一般与行程控制方式配合起来使用 |
| 用压力继电器的压力控制顺序动作回路 | | 如左图所示为用压力继电器的压力控制顺序动作回路。回路的全部顺序动作循环为①→②→③→④。压力继电器3、4分别控制三位四通电磁阀3和4的电磁铁3YA和2YA。电磁铁1YA通电使阀5切换至左位时，液压缸1的活塞右移，实现动作①；当活塞行至终点，回路中压力升高，压力继电器3动作使3YA通电，阀6切换至左位，液压缸2的活塞右移，实现动作②；返回时，1YA、2YA断电，4YA通电，缸2的活塞先退回，实现动作③；当其退至终点，回路压力升高，压力继电器4动作，使2YA通电，液压缸1活塞退回，实现动作④。为防止压力继电器误动作，它的调整压力应比先动作的液压缸工作压力高出0.3～0.5MPa，比溢流阀7的调整压力低0.3～0.5MPa。为了提高顺序动作的可靠性，可以采用压力与行程控制相结合的方式，即在活塞终点设置一个行程开关，只有在压力继电器和行程开关都发出信号时，才能使换向阀动作 |

## 三、压力控制回路

压力控制回路是以控制系统及各支路压力为主导，使之完成特定功能的回路。压力控制回路种类很多。在设计液压系统、选择液压基本回路时，一定要根据设计、主机工艺要求、方案特点、适用场合等认真考虑。在一个工作循环的某一段时间内各支路均不需要所提供的液压能时则考虑采用卸荷回路；当某支路需要稳定的低于动力油源的压力时，应考虑减压回路；当载荷变化较大时，应考虑多级压力控制回路；当有惯性较大的运动部件，容易产生冲击时，应考虑缓冲或制动回路；在有升降运动部件的液压系统中，应考虑平衡回路等。

### （一）调压回路

调压回路用来控制整个液压系统或系统局部支路油液压力，使之保持恒定或限制其最高值。液压系统中的压力调定只有与载荷相适应，才能既满足主机要求又减少动力损耗。这就要通过调压回路来实现。调压回路见表9-7。

### （二）增压回路

增压回路用来提高系统中某支路中的压力，使支路中的压力远高于油源的工作压力。采用增压回路比选用高压大流量液压油源要经济得多。增压回路见表9-8。

表 9-7　调压回路

| 类 型 | 回路原理图 | 说 明 |
|---|---|---|
| 压力调定回路 | 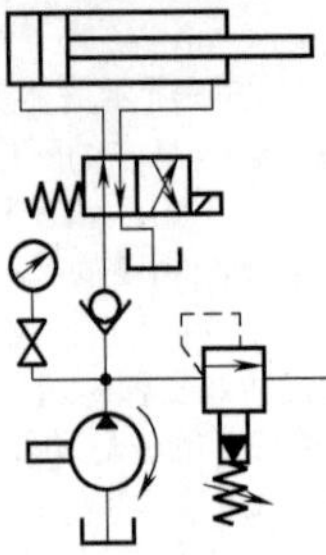 | 　　压力调定回路是最基本的调压回路，如左图所示。溢流阀的调定压力应该大于液压缸的最大工作压力，其中包含液压管路上各种压力损失 |
| 远程调压回路 | 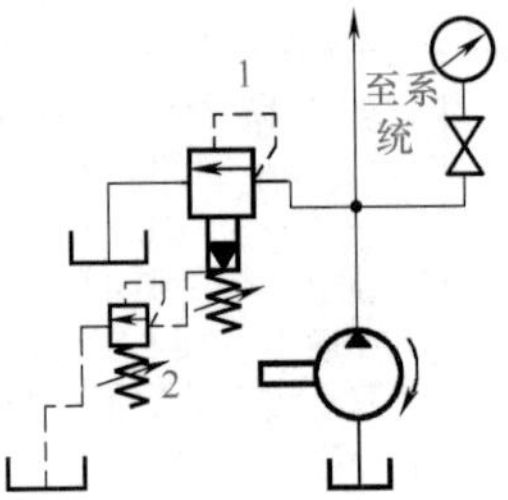 | 　　如左图所示为远程调压回路，将远程调压阀 2 接在主溢流阀 1 的遥控口上，调节阀 2 即可调节系统工作压力。主溢流阀 1 用来调定系统的安全压力值 |
| 无级调压回路 | 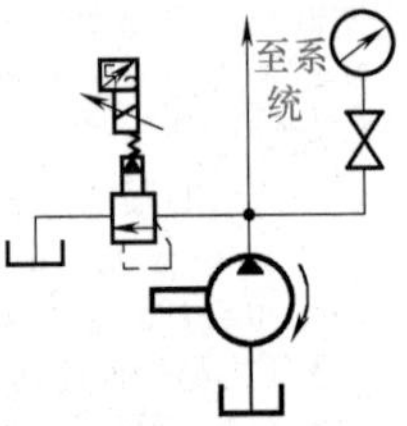 | 　　如左图所示为无级调压回路，根据电液比例溢流阀的调定压力与输入电流成比例，连续改变比例溢流阀的输入电流可实现系统压力的无级调压 |
| 多级调压回路 | 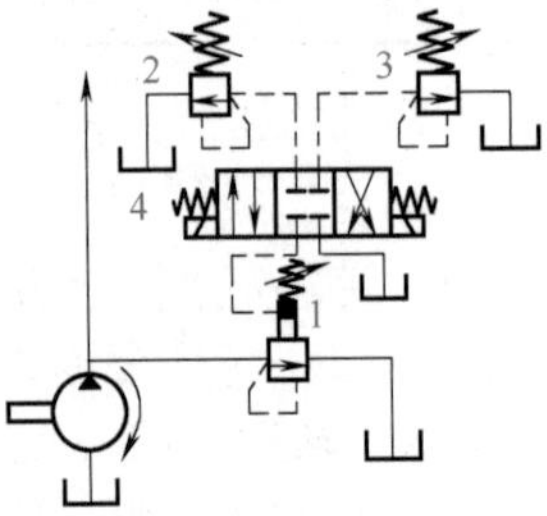 | 　　如左图所示为多级调压回路，当液压系统需要多级压力控制时，可采用此回路。图中主溢流阀 1 的遥控口通过三位四通电磁阀 4 分别与远程调压阀 2 和 3 相接。换向阀中位时，系统压力由溢流阀 1 调定。换向阀左位得电时，系统压力由阀 2 调定，右位得电时由阀 3 调定。因而系统可设置三种压力值。注意，远程调压阀 2、3 的调定压力必须低于主溢流阀 1 的调定压力 |
| 用插装阀组调压回路 | 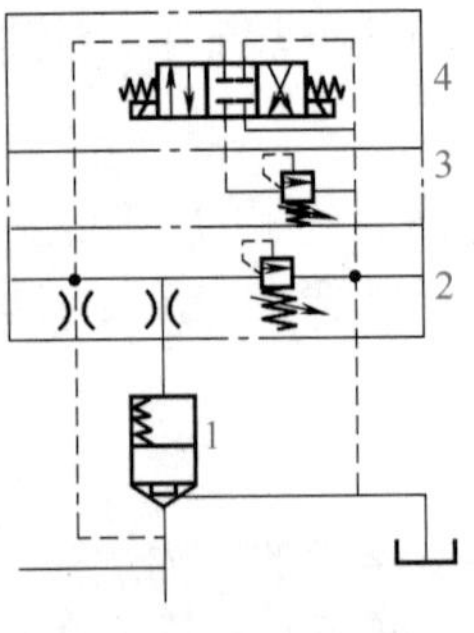 | 　　如左图所示为用插装阀组调压回路，本回路由插装阀 1、带有先导调压阀的控制盖板 2、可叠加的调压阀 3 和三位四通阀 4 组成，具有高低压选择和卸荷控制功能。插装阀组成的调压回路适用于大流量的液压系统 |

| 类 型 | 回路原理图 | 说 明 |
|---|---|---|
| 用变量泵调压回路 | 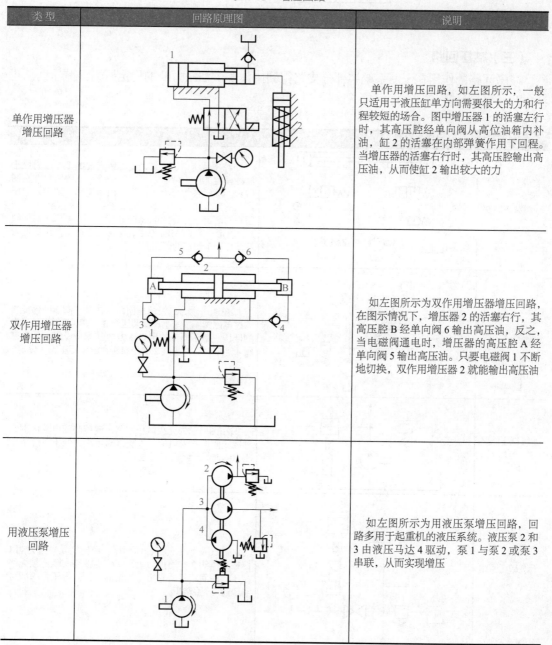 | 如左图所示为用变量泵调压回路，采用非限压式变量泵 1 时，系统的最高压力由溢流阀 2 限定为好；当采用限压式变量泵时，溢流阀一般采用直动型溢流阀，系统的最高压力由泵调节，其值为泵处于无流量输出时的压力值 |

表 9-8　增压回路

| 类 型 | 回路原理图 | 说 明 |
|---|---|---|
| 单作用增压器增压回路 | | 单作用增压回路，如左图所示，一般只适用于液压缸单方向需要很大的力和行程较短的场合。图中增压器 1 的活塞左行时，其高压腔经单向阀从高位油箱内补油，缸 2 的活塞在内部弹簧作用下回程。当增压器的活塞右行时，其高压腔输出高压油，从而使缸 2 输出较大的力 |
| 双作用增压器增压回路 | | 如左图所示为双作用增压器增压回路，在图示情况下，增压器 2 的活塞右行，其高压腔 B 经单向阀 6 输出高压油，反之，当电磁阀通电时，增压器的高压腔 A 经单向阀 5 输出高压油。只要电磁阀 1 不断地切换，双作用增压器 2 就能输出高压油 |
| 用液压泵增压回路 | | 如左图所示为用液压泵增压回路，回路多用于起重机的液压系统。液压泵 2 和 3 由液压马达 4 驱动，泵 1 与泵 2 或泵 3 串联，从而实现增压 |

| 类型 | 回路原理图 | 说明 |
|------|-----------|------|
| 用液压马达增压回路 | 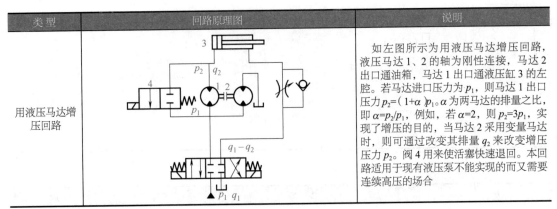 | 如左图所示为用液压马达增压回路，液压马达 1、2 的轴为刚性连接，马达 2 出口通油箱，马达 1 出口通液压缸 3 的左腔。若马达进口压力为 $p_1$，则马达 1 出口压力 $p_2=(1+\alpha)p_1$。$\alpha$ 为两马达的排量之比，即 $\alpha=p_2/p_1$，例如，若 $\alpha=2$，则 $p_2=3p_1$，实现了增压的目的，当马达 2 采用变量马达时，则可通过改变其排量 $q_2$ 来改变增压压力 $p_2$。阀 4 用来使活塞快速退回。本回路适用于现有液压泵不能实现的而又需要连续高压的场合 |

## （三）减压回路

减压回路的作用在于使系统中部分支路得到比油源供油压力低的稳定压力。减压回路见表 9-9。

表 9-9　减压回路

| 类型 | 回路原理图 | 说明 |
|------|-----------|------|
| 一级减压回路 | 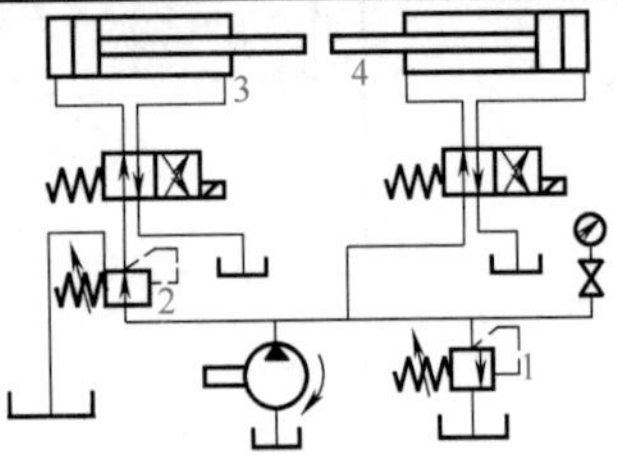 | 在液压系统中，当某个支路所需要的工作压力低于油源设定的压力值时，可采用一级减压回路，如左图所示。液压泵的最大工作压力由溢流阀 1 调定，液压缸 3 的工作压力则由减压阀 2 调定。一般情况下，减压阀的调定压力要在 0.5MPa 以上，但又要低于溢流阀 1 的调定压力 0.5MPa 以上，这样可使减压阀出口压力保持在一个稳定的范围内 |
| 二级减压回路 | 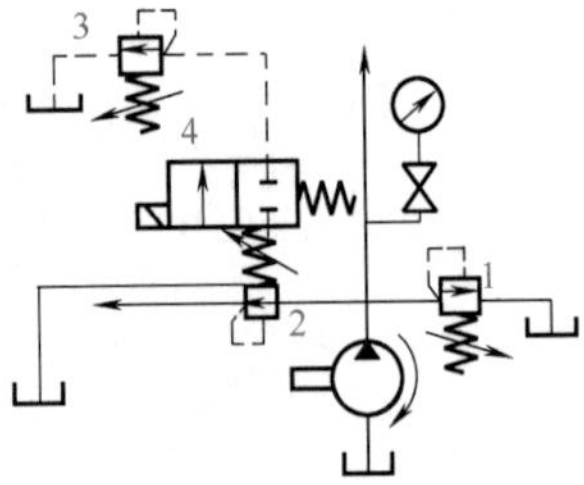 | 如左图所示为二级减压回路，在减压阀 2 的遥控口通过电磁阀 4 接入小规格调压阀 3，便可获得两种稳定的低压。减压阀 2 的出口压力由其本身设定。当电磁阀 4 通电时，减压阀 2 的出口压力就由调压阀 3 设定 |
| 无级减压回路① | 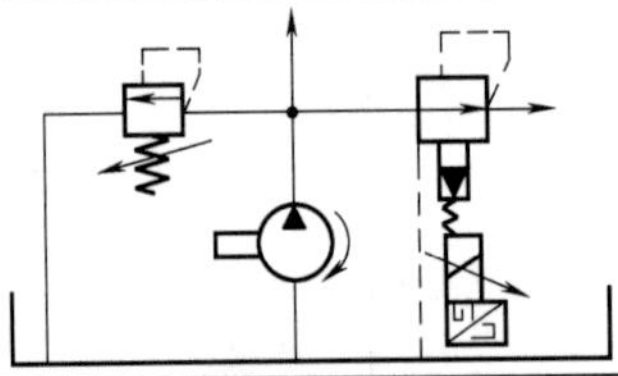 | 如左图所示为无级减压回路，连续改变电液比例先导减压阀的输入电流，该支路即可得到低于系统工作压力的连续无级调节压力 |
| 无级减压回路② | 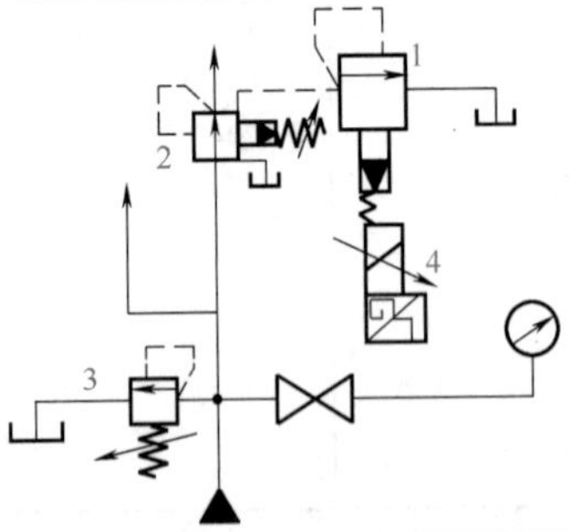 | 如左图所示为无级减压回路，用比例先导压力阀 1 接在减压阀 2 的遥控口上，使分支油路实现连续无级减压。该回路只需采用小规格的比例先导压力阀即可实现遥控无级减压 |

---

| 类型 | 回路原理图 | 说明 |
|---|---|---|
| 多路减压回路 | 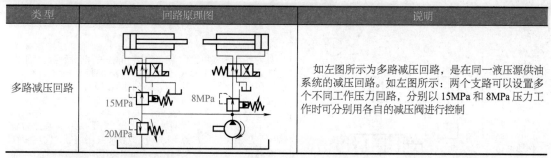 | 如左图所示为多路减压回路，是在同一液压源供油系统的减压回路。如左图所示：两个支路可以设置多个不同工作压力回路，分别以 15MPa 和 8MPa 压力工作时可分别用各自的减压阀进行控制 |

## （四）保压回路

保压回路的功用是在液压系统中的执行元件停止工作或仅有工件变形所产生微小位移的情况下，使系统压力基本保持不变。而泄压回路则用于缓慢释放液压系统在保压期间储存的能量，以免突然释放而产生液压冲击和噪声。只要系统具有保压回路，通常就应设置相应的泄压回路。保压回路和泄压回路常用于大型压力机的液压系统中。

对保压回路的基本要求是：能够满足保压时间的要求；保压期间压力应稳定。对泄压回路的基本要求是：泄压时间尽量短；泄压时振动和噪声小。

常用的保压回路见表 9-10。

表 9-10 保压回路

| 类型 | 回路原理图 | 说明 |
|---|---|---|
| 利用液压泵的保压回路 | — | 在保压过程中，液压泵仍以较高的压力（保压所需压力）工作。此时，若采用定量泵则压力油几乎全经溢流阀流回油箱，系统功率损失大，发热严重，故只在小功率系统且保压时间较短的场合下使用。若采用限压式变量泵，则在保压时泵的压力虽较高，但输出流量几乎等于零。因而，系统的功率损失较小，且能随泄漏量的变化而自动调整输出流量，则其效率也较高 |
| 利用蓄能器的保压回路 | (a) 利用蓄能器阀<br><br>(b) 多个执行元件 | 采用蓄能器可实现系统保压，其原理可如左图（a）所示。当三位四通电磁换向阀 5 左位接入工作时，液压缸 6 向右运动，例如压紧工件后，进油路压力升高至调定值，压力继电器 3 发出信号使二位二通电磁阀 7 通电，泵 1 卸荷，单向阀 2 自动关闭，液压缸则由蓄能器 4 保压。缸压不足时，压力继电器复位使泵重新工作。保压时间的长短取决于蓄能器容量和压力继电器的通断调节区间，而压力继电器的通断调节区间决定了缸中压力的最高和最低值。如左图（b）所示为多执行元件系统中的保压回路。这种回路的支路需要保压。泵 1 通过单向阀 2 向支路输油，当支路压力升高到压力继电器 3 的调定值时，单向阀关闭，支路由蓄能器 4 保压并补偿泄漏，与此同时，压力继电器发出信号，控制换向阀（图中未画出），使泵向主油路输油，另一个执行元件开始动作 |

| 类型 | 回路原理图 | 说明 |
|------|-----------|------|
| 液控单向阀的自动补油保压回路 | 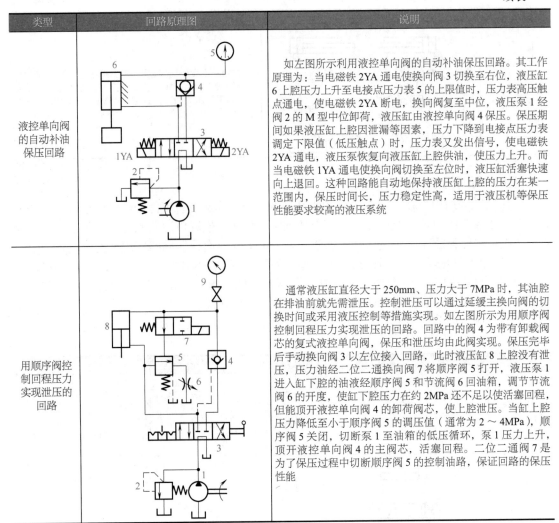 | 如左图所示利用液控单向阀的自动补油保压回路。其工作原理为：当电磁铁 2YA 通电使换向阀 3 切换至右位，液压缸 6 上腔压力上升至电接点压力表 5 的上限值时，压力表高压触点通电，使电磁铁 2YA 断电，换向阀复至中位，液压泵 1 经阀 2 的 M 型中位卸荷，液压缸由液控单向阀 4 保压。保压期间如果液压缸上腔因泄漏等因素，压力下降到电接点压力表调定下限值（低压触点）时，压力表又发出信号，使电磁铁 2YA 通电，液压泵恢复向液压缸上腔供油，使压力上升。而当电磁铁 1YA 通电使换向阀切换至左位时，液压缸活塞快速向上退回。这种回路能自动地保持液压缸上腔的压力在某一范围内，保压时间长，压力稳定性高，适用于液压机等保压性能要求较高的液压系统 |
| 用顺序阀控制回程压力实现泄压的回路 | | 通常液压缸直径大于 250mm、压力大于 7MPa 时，其油腔在排油前就先需泄压。控制泄压可以通过延缓主换向阀的切换时间或采用液压控制等措施实现。如左图所示为用顺序阀控制回程压力实现泄压的回路。回路中的阀 4 为带有卸载阀芯的复式液控单向阀，保压和泄压均由此阀实现。保压完毕后手动换向阀 3 以左位接入回路，此时液压缸 8 上腔没有泄压，压力油经二位二通换向阀 7 将顺序阀 5 打开，液压泵 1 进入缸下腔的油液经顺序阀 5 和节流阀 6 回油箱，调节节流阀 6 的开度，使缸下腔压力在约 2MPa 还不足以使活塞回程，但能顶开液控单向阀 4 的卸荷阀芯，使上腔泄压。当缸上腔压力降低至小于顺序阀 5 的调压值（通常为 2～4MPa），顺序阀 5 关闭，切断泵 1 至油箱的低压循环，泵 1 压力上升，顶开液控单向阀 4 的主阀芯，活塞回程。二位二通阀 7 是为了保压过程中切断顺序阀 5 的控制油路，保证回路的保压性能 |

## （五）卸荷回路

卸荷回路的作用是在液压泵不停止转动时，使其输出的流量在压力很低的情况下流回油箱，以减少功率损耗，降低系统发热，延长泵和电机的寿命。这种卸荷方式称为压力卸荷。

液压泵的卸荷是指在泵以很小的输出功率运转（$P_P = p_P q_P \approx 0$），即或以很低的压力（$P_P \approx 0$）运转，或输出很少流量（$q_P \approx 0$）的压力油。常见的压力卸荷方式见表 9-11。

表 9-11 卸荷回路

| 类型 | 回路原理图 | 说明 |
|------|-----------|------|
| 换向阀卸荷回路 | | M、H 和 K 型中位机能的三位换向阀处于中位时，泵即卸荷。如左图所示为采用 M 型中位机能的电液换向阀的卸荷回路。这种回路切换时压力冲击小，但回路中必须设置单向阀，以使系统能保持 0.3MPa 左右的压力，供控制油路之用 |

| 类型 | 回路原理图 | 说明 |
|---|---|---|
| 二通插装阀卸荷回路 | 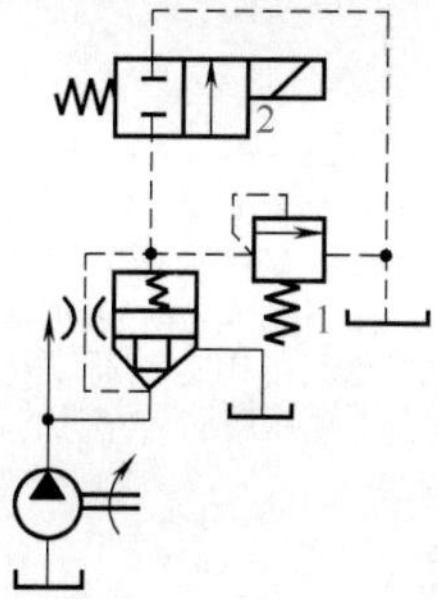 | 如左图所示为二通插装阀的卸荷回路。由于二通插装阀通流能力大，因而这种卸荷回路适用于大流量的液压系统。正常工作时，泵压力由阀1调定。当二位二通电磁阀2通电后，主阀上腔接通油箱，主阀口全部打开，泵即卸荷<br><br>必须注意的是，在限压式变量泵供油的回路中，当执行元件不工作而不需要流量输入时，泵继续在转动，输出压力最高，但输出流量接近于零。因功率是流量和压力的乘积，所以这种情况下，驱动泵所需的功率也接近于零，就是说系统实现了卸荷。所以确切地说，所谓卸荷就是卸功率之荷 |
| 先导式溢流阀卸荷回路 | 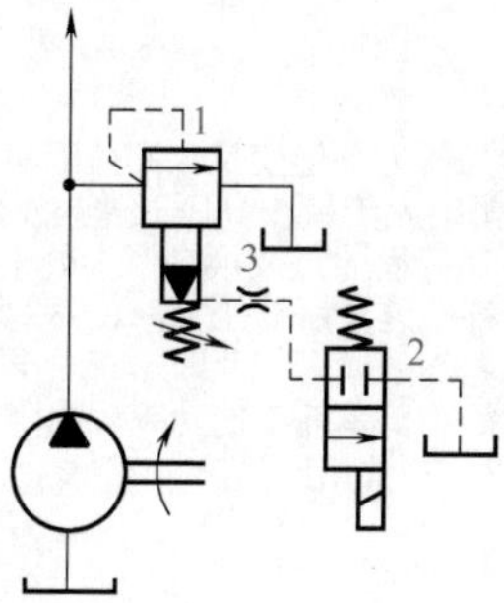 | 如左图所示为采用二位二通电磁阀控制先导式溢流阀的卸荷回路。当先导式溢流阀1的远控口通过二位二通电磁阀2接通油箱时，此时阀1的溢流压力为其卸荷压力，使液压泵输出的油液以很低的压力经阀1和阀2回油箱，实现泵的卸荷。为防止系统卸荷或升压时产生压力冲击，一般在溢流阀远控口与电磁阀之间设置阻尼孔3。这种卸荷回路可以实现远程控制，同时二位二通电磁阀可选用小流量规格，其卸荷时的压力冲击较采用二位二通电磁换向阀卸荷的冲击小一些 |
| 液控顺序阀双泵卸荷回路 | 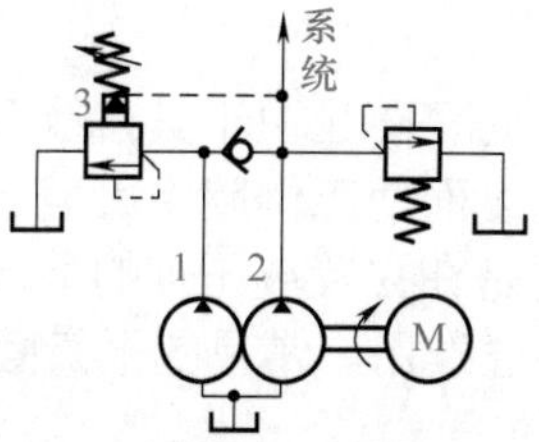 | 液控顺序阀双泵卸荷回路如左图所示。系统在低压大流量工况时，高低压双泵同时向系统供油。但当系统在低速重载运行时，油压升高，液控顺序阀3打开使低压大流量泵1卸荷空载运转，只由高压小流量泵2向系统供油。双泵卸荷回路适用于快慢速交替工作机械设备的系统，有显著的节能效果 |
| 压力继电器双泵卸荷回路 | 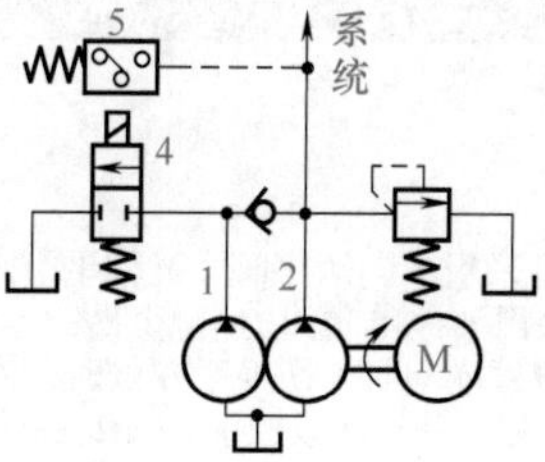 | 如左图所示为压力继电器双泵卸荷回路。当系统在低压大流量工况时，两台泵同时供油；当系统要求高压小流量或保压时，压力继电器5发信号使电磁阀通电切换至上位，从而使低压大流量泵1卸荷 |
| 蓄能器卸荷回路 | 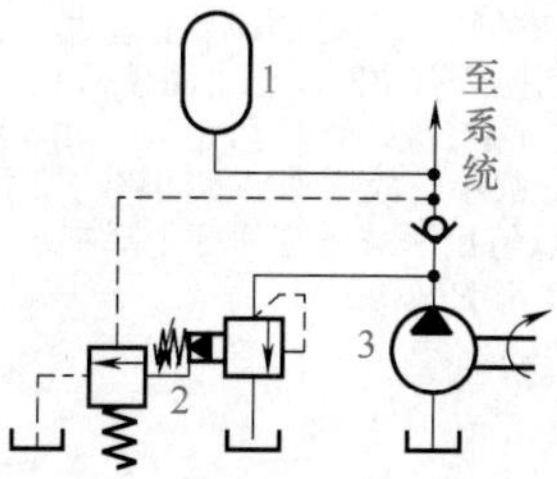 | 如左图所示为蓄能器卸荷回路。卸荷回路用蓄能器1蓄能，达到卸荷压力时，远程调压阀2溢流，使液压泵3卸荷，蓄能器实现保压功能；当回路压力下降到一定程度时，阀2关闭，使泵输出压力升高而向蓄能器补油。此回路适宜卸荷时间较长的场合采用 |

| 类型 | 回路原理图 | 说明 |
|---|---|---|
| 泵停机卸荷回路 | 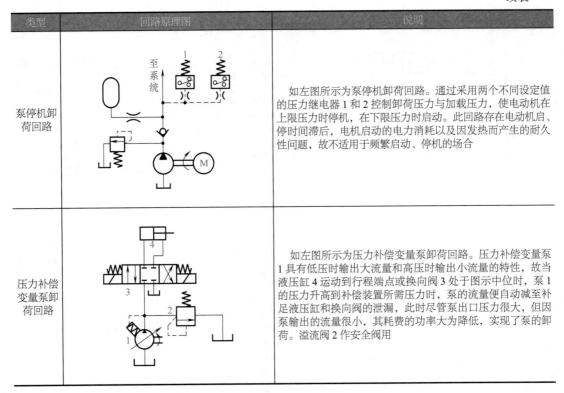 | 如左图所示为泵停机卸荷回路。通过采用两个不同设定值的压力继电器1和2控制卸荷压力与加载压力，使电动机在上限压力时停机，在下限压力时启动。此回路存在电动机启、停时间滞后，电机启动的电力消耗以及因发热而产生的耐久性问题，故不适用于频繁启动、停机的场合 |
| 压力补偿变量泵卸荷回路 | | 如左图所示为压力补偿变量泵卸荷回路。压力补偿变量泵1具有低压时输出大流量和高压时输出小流量的特性，故当液压缸4运动到行程端点或换向阀3处于图示中位时，泵1的压力升高到补偿装置所需压力时，泵的流量便自动减至补足液压缸和换向阀的泄漏，此时尽管泵出口压力很大，但因泵输出的流量很小，其耗费的功率大为降低，实现了泵的卸荷。溢流阀2作安全阀用 |

## （六）平衡回路

　　执行元件为立置液压缸或垂直运动的工作部件时，为了防止由于其自重而超速下降，即在下行运动中，由于速度超过液压泵供油所能达到的速度而使工作腔中出现真空，并使其在任意位置上锁紧，故要设置平衡回路。平衡回路的功用是在立置液压缸的下行回油路上串联一个产生适当背压的元件，以便与自重相平衡，并起限速作用。常见的平衡回路见表9-12。

表 9-12　平衡回路

| 类型 | 回路原理图 | 说明 |
|---|---|---|
| 液控单向阀的平衡回路 | | 平衡回路可采用单向顺序阀（又称平衡阀）构成。如左图所示为一种采用液控单向阀的平衡回路。当电磁铁1YA通电使三位四通电磁换向阀1切换至左位时，液压源的压力油进入液压缸5上腔，并导通液控单向阀2，液压缸下腔的油液经节流阀4、液控单向阀2和换向阀1排回油箱，活塞向下运动。当电磁铁1YA和2YA均断电使换向阀1处于中位时，液控单向阀迅速关闭，活塞立即停止运动。当电磁铁2YA通电使换向阀1切换至右位时，压力油经阀1、阀2和普通单向阀3进入液压缸下腔，使活塞向上运动。由于液控单向阀是锥面密封、泄漏量很小，故这种平衡回路的锁定性好，工作可靠。节流阀4可以防止因液压缸活塞下降中超速或出现液控单向阀时开时关带来的振动 |

| 类型 | 回路原理图 | 说明 |
|---|---|---|
| 单向节流阀的平衡回路 | 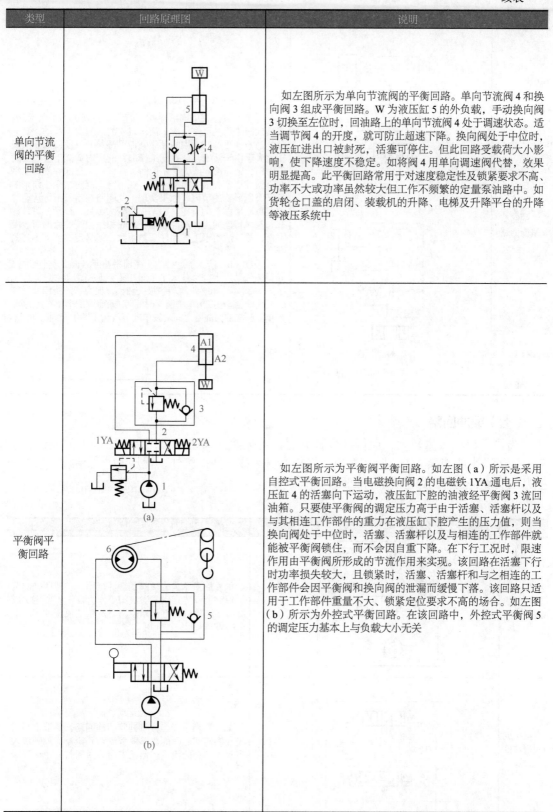 | 如左图所示为单向节流阀的平衡回路。单向节流阀 4 和换向阀 3 组成平衡回路。W 为液压缸 5 的外负载，手动换向阀 3 切换至左位时，回油路上的单向节流阀 4 处于调速状态。适当调节阀 4 的开度，就可防止超速下降。换向阀处于中位时，液压缸进出口被封死，活塞可停住。但此回路受载荷大小影响，使下降速度不稳定。如将阀 4 用单向调速阀代替，效果明显提高。此平衡回路常用于对速度稳定性及锁紧要求不高、功率不大或功率虽然较大但工作不频繁的定量泵油路中。如货轮仓口盖的启闭、装载机的升降、电梯及升降平台的升降等液压系统中 |
| 平衡阀平衡回路 | | 如左图所示为平衡阀平衡回路。如左图（a）所示是采用自控式平衡回路。当电磁换向阀 2 的电磁铁 1YA 通电后，液压缸 4 的活塞向下运动，液压缸下腔的油液经平衡阀 3 流回油箱。只要使平衡阀的调定压力高于由于活塞、活塞杆以及与其相连工作部件的重力在液压缸下腔产生的压力值，则当换向阀处于中位时，活塞、活塞杆以及与相连的工作部件就能被平衡阀锁住，而不会因自重下降。在下行工况时，限速作用由平衡阀所形成的节流作用来实现。该回路在活塞下行时功率损失较大，且锁紧时，活塞、活塞杆和与之相连的工作部件会因平衡阀和换向阀的泄漏而缓慢下落。该回路只适用于工作部件重量不大、锁紧定位要求不高的场合。如左图（b）所示为外控式平衡回路。在该回路中，外控式平衡阀 5 的调定压力基本上与负载大小无关 |

| 类型 | 回路原理图 | 说明 |
|---|---|---|
| 用三位换向阀中机能的卸荷平衡回路 | 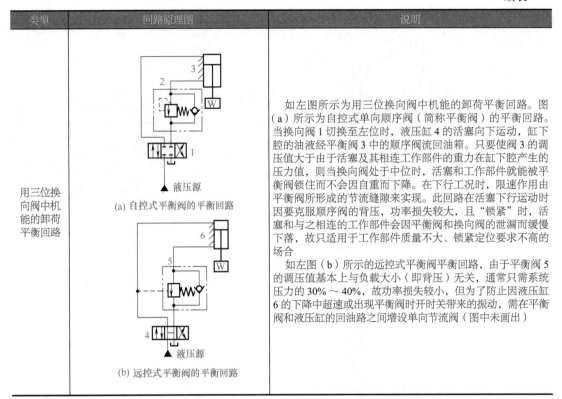<br>(a) 自控式平衡阀的平衡回路<br><br>(b) 远控式平衡阀的平衡回路 |   如左图所示为用三位换向阀中机能的卸荷平衡回路。图（a）所示为自控式单向顺序阀（简称平衡阀）的平衡回路。当换向阀 1 切换至左位时，液压缸 4 的活塞向下运动，缸下腔的油液经平衡阀 3 中的顺序阀流回油箱。只要使阀 3 的调压值大于由于活塞及其相连工作部件的重力在缸下腔产生的压力值，则当换向阀处于中位时，活塞和工作部件就能被平衡阀锁住而不会因自重而下降。在下行工况时，限速作用由平衡阀所形成的节流缝隙来实现。此回路在活塞下行运动时因要克服顺序阀的背压，功率损失较大，且"锁紧"时，活塞和与之相连的工作部件会因平衡阀和换向阀的泄漏而缓慢下落，故只适用于工作部件质量不大、锁紧定位要求不高的场合<br>  如左图（b）所示的远控式平衡阀平衡回路，由于平衡阀 5 的调压值基本上与负载大小（即背压）无关，通常只需系统压力的 30%～40%，故功率损失较小，但为了防止因液压缸 6 的下降中超速或出现平衡阀时开时关带来的振动，需在平衡阀和液压缸的回油路之间增设单向节流阀（图中未画出） |

## （七）缓冲回路

当执行机构重量较大、运行速度较高时，若突然换向或停止，会产生很大的冲击和振动。为了减少或消除冲击，除了对执行机构本身采取一些措施外，就是在液压系统上采取一些办法实现，这种回路称为缓冲回路，见表 9-13。

表 9-13　缓冲回路

| 类型 | 回路原理图 | 说明 |
|---|---|---|
| 溢流阀的缓冲回路 | 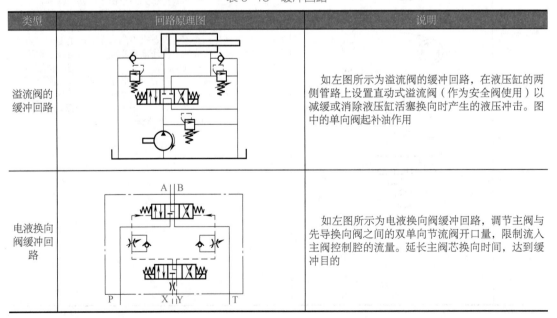 |   如左图所示为溢流阀的缓冲回路，在液压缸的两侧管路上设置直动式溢流阀（作为安全阀使用）以减缓或消除液压缸活塞换向时产生的液压冲击。图中的单向阀起补油作用 |
| 电液换向阀缓冲回路 | |   如左图所示为电液换向阀缓冲回路，调节主阀与先导换向阀之间的双单向节流阀开口量，限制流入主阀控制腔的流量。延长主阀芯换向时间，达到缓冲目的 |

| 类型 | 回路原理图 | 说明 |
|------|-----------|------|
| 用节流阀缓冲回路 | 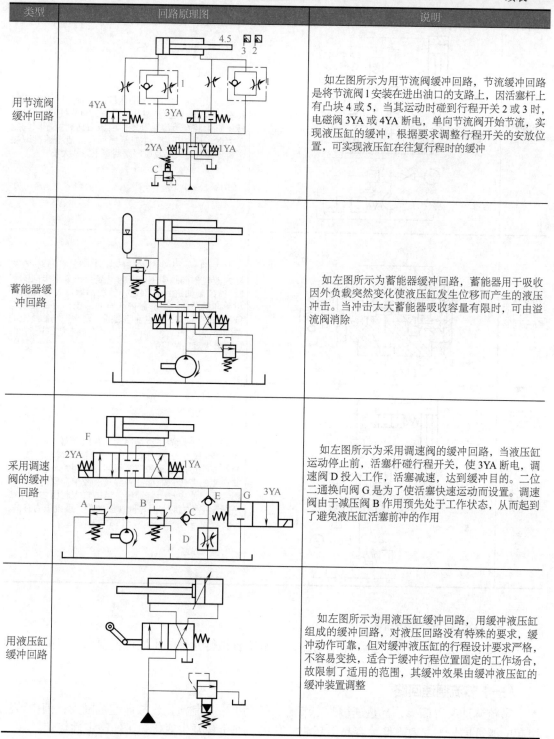 | 如左图所示为用节流阀缓冲回路，节流缓冲回路是将节流阀 1 安装在进出油口的支路上，因活塞杆上有凸块 4 或 5，当其运动时碰到行程开关 2 或 3 时，电磁阀 3YA 或 4YA 断电，单向节流阀开始节流，实现液压缸的缓冲，根据要求调整行程开关的安放位置，可实现液压缸在往复行程时的缓冲 |
| 蓄能器缓冲回路 | | 如左图所示为蓄能器缓冲回路，蓄能器用于吸收因外负载突然变化使液压缸发生位移而产生的液压冲击。当冲击太大蓄能器吸收容量有限时，可由溢流阀消除 |
| 采用调速阀的缓冲回路 | | 如左图所示为采用调速阀的缓冲回路，当液压缸运动停止前，活塞杆碰行程开关，使 3YA 断电，调速阀 D 投入工作，活塞减速，达到缓冲目的。二位二通换向阀 G 是为了使活塞快速运动而设置。调速阀由于减压阀 B 作用预先处于工作状态，从而起到了避免液压缸活塞前冲的作用 |
| 用液压缸缓冲回路 | | 如左图所示为用液压缸缓冲回路，用缓冲液压缸组成的缓冲回路，对液压回路没有特殊的要求，缓冲动作可靠，但对缓冲液压缸的行程设计要求严格，不容易变换，适合于缓冲行程位置固定的工作场合，故限制了适用的范围，其缓冲效果由缓冲液压缸的缓冲装置调整 |

## （八）释压回路

释压回路的作用在于使执行元件高压腔中的压力缓慢地释放，避免突然释放所引起的振动和冲击。释压回路见表 9-14。

表9-14 释压回路

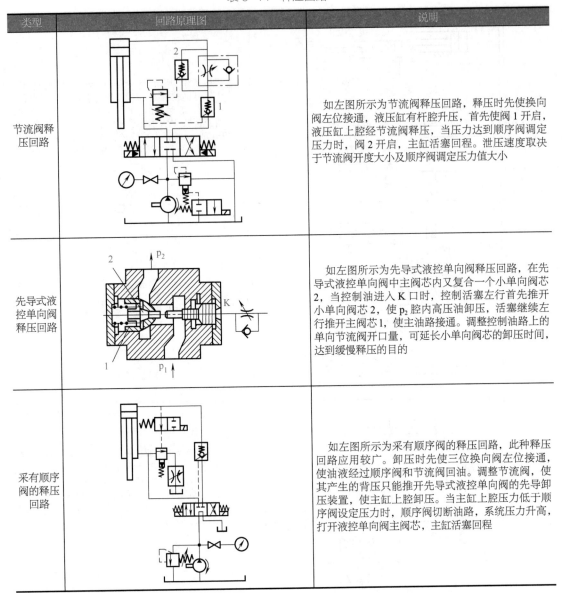

| 类型 | 回路原理图 | 说明 |
|---|---|---|
| 节流阀释压回路 | | 如左图所示为节流阀释压回路，释压时先使换向阀左位接通，液压缸有杆腔升压，首先使阀1开启，液压缸上腔经节流阀释压，当压力达到顺序阀调定压力时，阀2开启，主缸活塞回程。泄压速度取决于节流阀开度大小及顺序阀调定压力值大小 |
| 先导式液控单向阀释压回路 | | 如左图所示为先导式液控单向阀释压回路，在先导式液控单向阀中主阀芯内又复合一个小单向阀芯2，当控制油进入K口时，控制活塞左行首先推开小单向阀芯2，使$p_2$腔内高压油卸压，活塞继续左行推开主阀芯1，使主油路接通。调整控制油路上的单向节流阀开口量，可延长小单向阀芯的卸压时间，达到缓慢释压的目的 |
| 采有顺序阀的释压回路 | | 如左图所示为采有顺序阀的释压回路，此种释压回路应用较广。卸压时先使三位换向阀左位接通，使油液经过顺序阀和节流阀回油。调整节流阀，使其产生的背压只能推开先导式液控单向阀的先导卸压装置，使主缸上腔卸压。当主缸上腔压力低于顺序阀设定压力时，顺序阀切断油路，系统压力升高，打开液控单向阀主阀芯，主缸活塞回程 |

## 四、速度控制回路

在液压系统中，一般液压源是共用的，要解决各执行元件的不同速度要求，只能用速度控制回路来调节。

### （一）节流调速回路

节流调速装置简单，都是通过改变节流口的大小来控制流量，故调速范围大，但由节流引起的能量损失大、效率低，容易引起油液发热，外负载发生变化，工作稳定性较差。

以节流元件安放在油路上的位置不同，分为进油节流调速、出油节流调速、旁路节流调速及双向节流调速。出油节流调速在回油路上产生节流背压，工作平稳，在负的载荷下仍可工作。进油和旁路节流调速背压为零，工作稳定性差。

节流调速回路见表9-15。

表 9-15　节流调速回路

| 类型 | 回路原理图 | 说明 |
|---|---|---|
| 进油节流调速回路 | 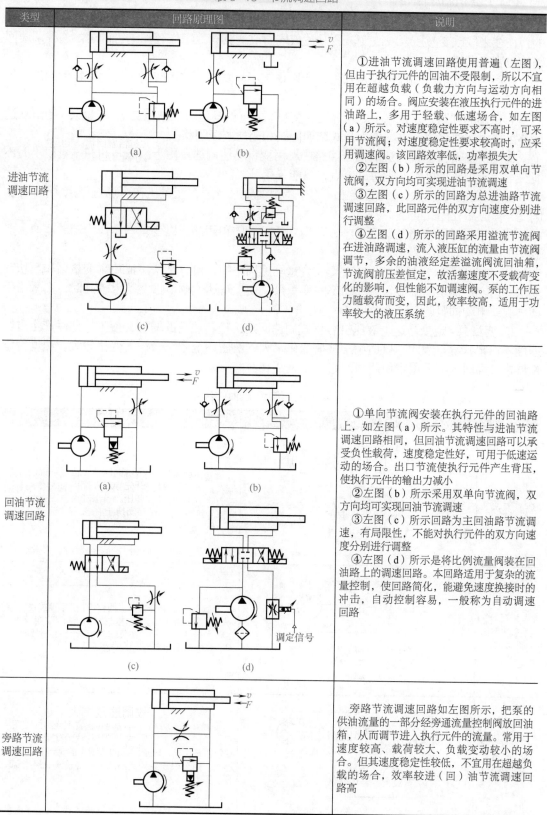 | ①进油节流调速回路使用普遍（左图），但由于执行元件的回油不受限制，所以不宜用在超越负载（负载力方向与运动方向相同）的场合。阀应安装在液压执行元件的进油路上，多用于轻载、低速场合，如左图（a）所示。对速度稳定性要求不高时，可采用节流阀；对速度稳定性要求较高时，应采用调速阀。该回路效率低，功率损失大<br>②左图（b）所示的回路是采用双单向节流阀，双方向均可实现进油节流调速<br>③左图（c）所示的回路为总进油路节流调速回路，此回路元件的双方向速度分别进行调整<br>④左图（d）所示的回路采用溢流节流阀在进油路调速，流入液压缸的流量由节流阀调节，多余的油液经定差溢流阀流回油箱，节流阀前压差恒定，故活塞速度不受载荷变化的影响，但性能不如调速阀。泵的工作压力随载荷而变，因此，效率较高，适用于功率较大的液压系统 |
| 回油节流调速回路 | | ①单向节流阀安装在执行元件的回油路上，如左图（a）所示。其特性与进油节流调速回路相同，但回油节流调速回路可以承受负性载荷，速度稳定性好，可用于低速运动的场合。出口节流使执行元件产生背压，使执行元件的输出力减小<br>②左图（b）所示采用双单向节流阀，双方向均可实现回油节流调速<br>③左图（c）所示回路为主回油路节流调速，有局限性，不能对执行元件的双方向速度分别进行调整<br>④左图（d）所示是将比例流量阀装在回油路上的调速回路。本回路适用于复杂的流量控制，使回路简化，能避免速度换接时的冲击，自动控制容易，一般称为自动调速回路 |
| 旁路节流调速回路 | | 旁路节流调速回路如左图所示，把泵的供油流量的一部分经旁通流量控制阀放回油箱，从而调节进入执行元件的流量。常用于速度较高、载荷较大、负载变动较小的场合。但其速度稳定性较低，不宜用在超越负载的场合，效率较进（回）油节流调速回路高 |

### (二)容积调速回路

在液压传动系统中，为了达到液压泵输出流量与负载所需流量相一致而无溢流损失的目的，往往采取改变液压泵或改变液压马达或同时改变其有效工作容积进行调速。这种调速回路称为容积调速回路。

这类回路无节流和溢流能量损失，所以系统不易发热，效率较高，在功率较大的液压传动系统中得到广泛应用。

容积调速回路分定量泵 - 变量马达、变量泵 - 定量马达（或液压缸）、变量泵 - 变量马达回路。如果按油路的形式可分为开式调速回路和闭式调速回路。

① 在定量泵 - 变量马达的液压回路中，用变量马达调速。由于液压马达在排量很小时不能正常运转，变量机构不能通过零点，只能采用开式回路。

② 在变量泵 - 定量马达的液压回路中，用变量泵调速，变量机构可通过零点实现换向。因此，多应用在闭式回路中。

③ 在变量泵 - 变量马达回路中，可用变量泵换向和调速，以变量马达作为辅助调速，多数采用在闭式回路中。

④ 在变量泵 - 定量马达、定量泵 - 变量马达回路中，可分别采用恒功率变量泵和恒功率变量马达实现恒功率调节。对大功率的变量泵和变量马达或调节性能要求较高时，则采用手动伺服或电动伺服调节。

⑤ 变量泵 - 定量马达、液压缸容积式调速回路，随着载荷的增加，使工作部件产生进给速度不稳定状况。因此，只适用于载荷变化不大的液压系统中。当载荷变化较大，速度稳定性要求又高时，可采用容积调速回路。见表9-16。

表9-16 容积调速回路

| 类型 | 回路原理图 | 说明 |
|---|---|---|
| 变量泵 - 定量马达容积调速回路 | 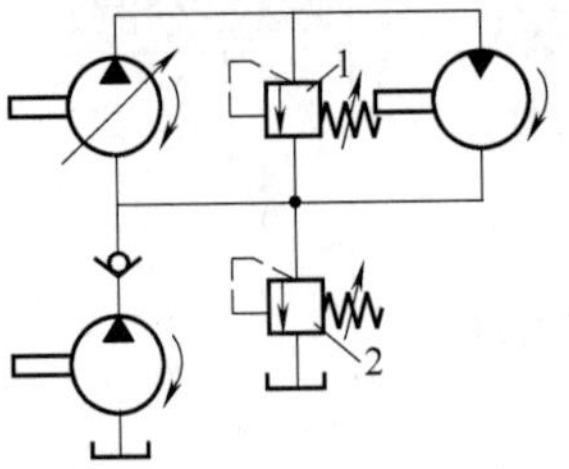 | 有输出转矩恒定的特性。如左图所示中阀1为溢流阀，用于限定系统最高压力；阀2用于调节补油压力。由于没有溢流损失和节流损失，故系统效率高，发热少，多用于大功率系统中 |
| 定量泵 - 变量马达容积调速回路 | 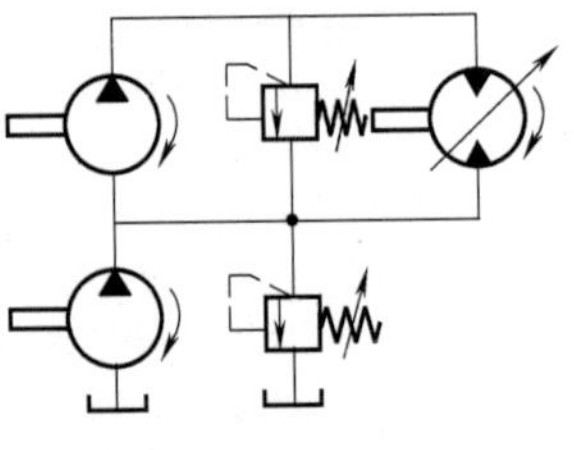 | 定量泵和变量马达构成的容积调速回路如左图所示，是通过调节液压马达的排量，达到改变液压马达输出转速的目的。在负载转矩一定的条件下，该回路具有输出功率恒定的特性 |
| 变量泵 - 变量马达容积调速回路 | 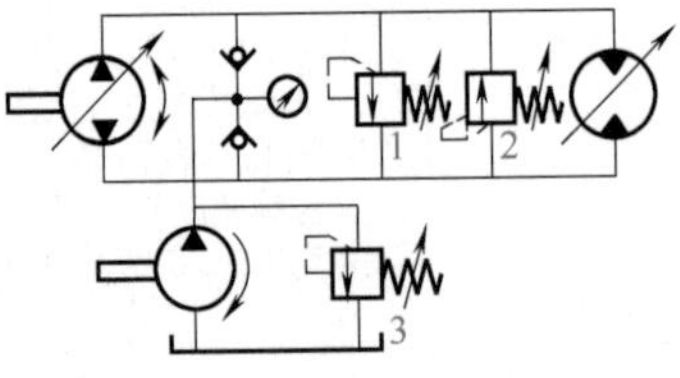 | 变量泵和变量马达组成的容积调速回路如左图所示，是通过调节变量泵、变量马达的排量，达到改变液压马达输出转速的目的。图中溢流阀1、2为溢流阀，用于限定系统最高压力；溢流阀3用于调节补油压力 |

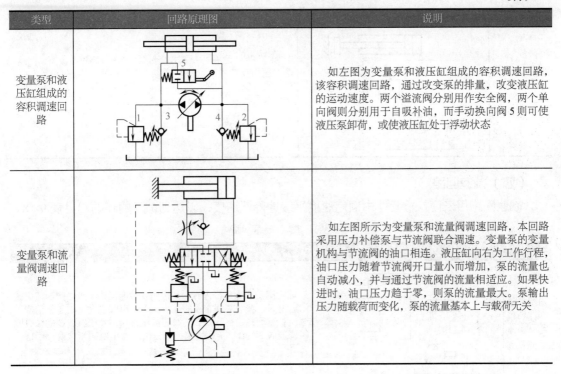

| 类型 | 回路原理图 | 说明 |
|---|---|---|
| 变量泵和液压缸组成的容积调速回路 | | 如左图为变量泵和液压缸组成的容积调速回路,该容积调速回路,通过改变泵的排量,改变液压缸的运动速度。两个溢流阀分别用作安全阀,两个单向阀则分别用于自吸补油,而手动换向阀 5 则可使液压泵卸荷,或使液压缸处于浮动状态 |
| 变量泵和流量阀调速回路 | | 如左图所示为变量泵和流量阀调速回路,本回路采用压力补偿泵与节流阀联合调速。变量泵的变量机构与节流阀的油口相连。液压缸向右为工作行程,油口压力随着节流阀开口量小而增加,泵的流量也自动减小,并与通过节流阀的流量相适应。如果快进时,油口压力趋于零,则泵的流量最大。泵输出压力随载荷而变化,泵的流量基本上与载荷无关 |

### (三)容积节流调速回路

容积节流调速回路是由变量泵与节流阀或调速阀配合进行调速的回路。采用变量泵与节流阀或调速阀相配合就可以提高其速度的稳定性,即实现执行元件(液压缸或液压马达)的速度不随载荷的变化而变化。因此,适用于对速度稳定性要求较高的场合。容积节流调速回路见表 9-17。

表 9-17　容积节流调速回路

| 类型 | 回路原理图 | 说明 |
|---|---|---|
| 限压式变量泵 - 调速阀容积节流调速回路 | 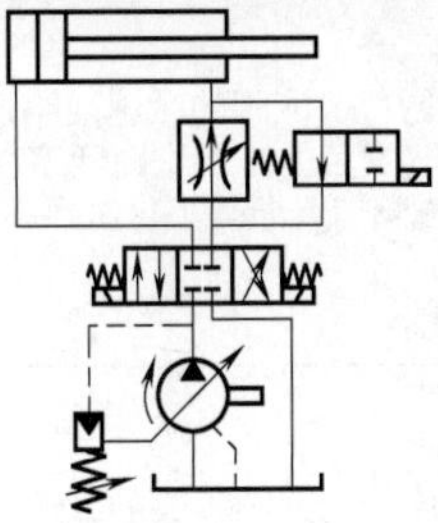 | 如左图所示为限压式变量泵 - 调速阀容积节流调速回路,是由限压式变量泵和调速阀构成的容积节流调速回路。当液压缸快进时,阀构成的容积节流调速变量泵处于最大输出流量;当液压缸工进时,其工进速度由调速阀确定,且泵的供油压力和流量在工作进给和快速行程时能自动变换,以减少功率消耗和系统的发热。要保证该回路正常工作,必须使液压泵的工作压力满足调速阀工作时所需的压力降 |
| 差压变量泵 - 节流阀容积节流调速回路 | 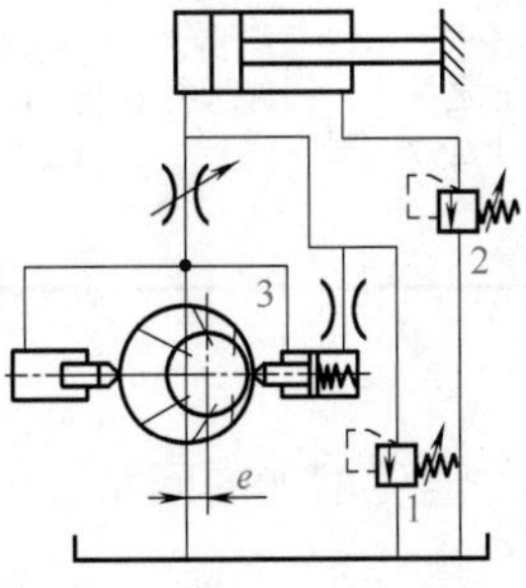 | 如左图所示为差压变量泵 - 节流阀容积节流调速回路,是由变量叶片泵和节流阀组成的容积节流调速回路,当液压缸工进时,工进速度由节流阀调定,差压式变量泵的输出流量与液压缸速度相适应,该系统效率高。如左图所示,系统压力随载荷而变。阀 2 为背压阀,用于提高输出速度的稳定性 |

| 类型 | 回路原理图 | 说明 |
|---|---|---|
| 压力反馈式变量泵-节流阀容积节流调速回路 | 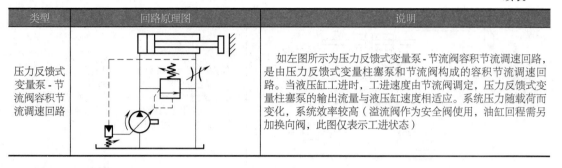 | 如左图所示为压力反馈式变量泵-节流阀容积节流调速回路，是由压力反馈式变量柱塞泵和节流阀构成的容积节流调速回路。当液压缸工进时，工进速度由节流阀调定，压力反馈式变量柱塞泵的输出流量与液压缸速度相适应。系统压力随载荷而变化，系统效率较高（溢流阀作为安全阀使用，油缸回程需另加换向阀，此图仅表示工进状态） |

### （四）减速回路

减速回路用来使执行元件由额定速度平缓地降低速度，以达到减速的目的。见表9-18。

表9-18　减速回路

| 类型 | 回路原理图 | 说明 |
|---|---|---|
| 用行程阀和调速阀的减速回路 | 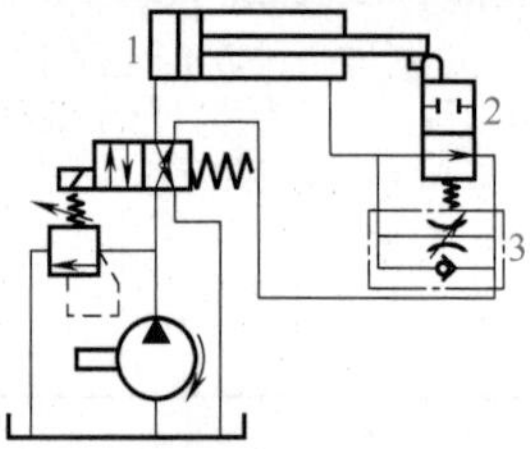 | 如左图所示为用行程阀和调速阀的减速回路，当二位四通电磁阀通电时，在活塞杆右端的撞块压下行程阀之前，液压缸活塞快速向右运动；当行程阀2的阀芯被压下后，液压缸右腔的油只能经调速阀3流出，实现减速；当二位四通电磁阀断电时，活塞快速退回 |
| 电磁阀和调速阀的减速回路 | 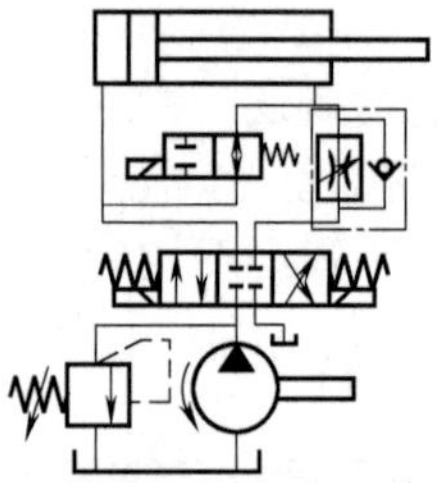 | 如左图所示为电磁阀和调速阀的减速回路，当三位四通电磁阀左位时，若两位两通电磁阀断电，此时液压缸为差动连接，则液压缸活塞快速向右运动。需要说明的是，液压缸右腔的油会有一部分经调速阀流回油箱，影响快进速度。因此，调速阀的节流口需开得小些。当液压缸活塞向右快进到设定位置时，可使二位二通电磁阀通电，则活塞减速，变为工进速度 |
| 用行程节流阀的减速回路 | 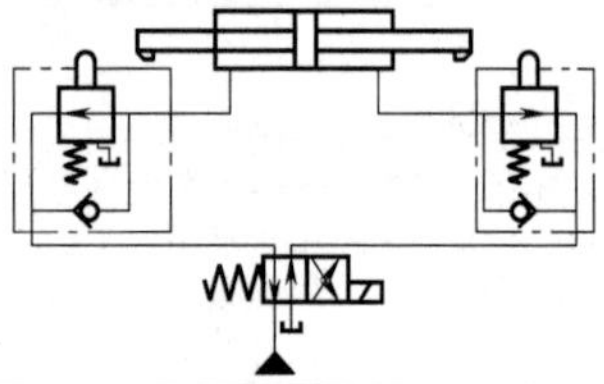 | 如左图所示为用行程节流阀的减速回路，用两个行程节流阀可实现液压缸双向减速的目的。前进时活塞杆上的撞块碰到行程阀时，行程阀内的通流阀口逐渐减小，达到逐渐减速的目的 |
| 用比例调速阀组成的减速回路 | 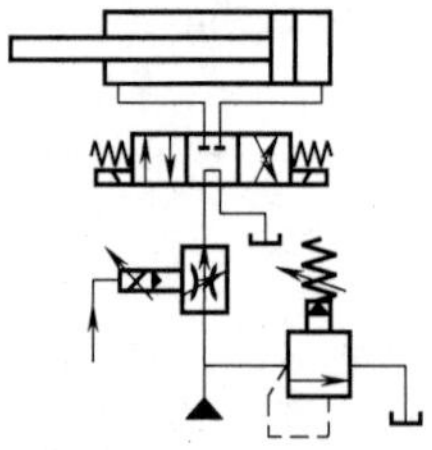 | 如左图所示为用比例调速阀组成的减速回路，本回路为用比例调速阀组成的减速回路，通过比例调速阀控制液压缸活塞减速。根据减速行程的要求，通过通信装置，使输入比例阀的电流减小，比例阀的开口量随之关小，活塞运行的速度降低。这种减速回路，速度变换平稳，并适合远程控制 |

### （五）增速回路

增速回路是指不加大液压泵的流量，而使执行元件速度增加的回路。一般采用增速缸、差动缸、蓄能器、液压缸充液等方法来实现，见表9-19。

表 9-19 增速回路

| 类型 | 回路原理图 | 说明 |
|------|-----------|------|
| 差动连接增速回路 | 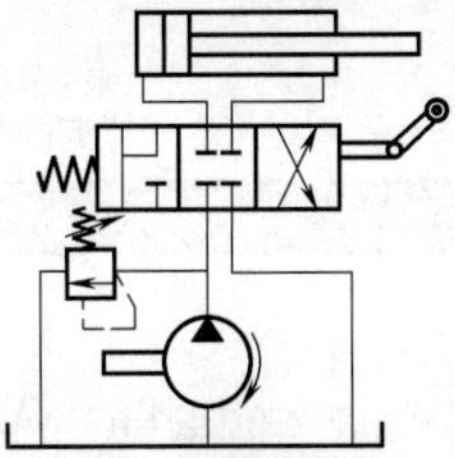 | 如左图所示为差动连接增速回路，当手动换向阀处于左位时，液压缸为差动连接，活塞快速向右运行。设液压泵供给液压缸的流量为 $q_V$，液压缸无杆腔和有杆腔的有效作用面积分别为 $A_1$ 和 $A_2$，则液压缸活塞的运动速度为 $v = q_V/(A_1-A_2)$ |
| 增速缸的增速回路 | 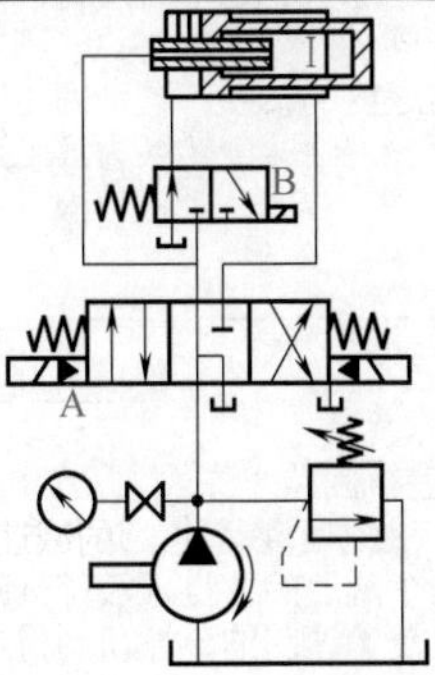 | 如左图所示为增速缸的增速回路，当换向阀 A 处于左位时，液压泵只向增速缸的 I 腔供油，因其有效面积较小，因而活塞快速向右运动。此时，液压缸的 II 腔经二位三通电磁阀 B 从油箱自吸补油。当活塞快速运动到设定位置时，行程开关发信号，使二位三通电磁阀 B 通电，使液压泵输出的液压油同时进入 I、II 腔，此时，II 腔活塞的有效作用面积大，实现慢速进给工况 |
| 辅助缸增速回路 | 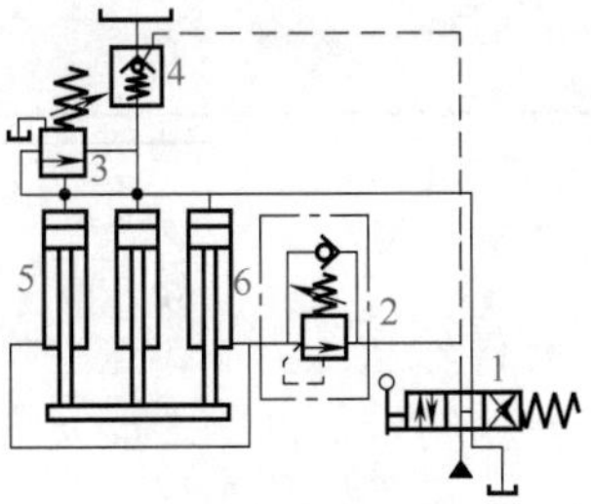 | 如左图所示为辅助缸增速回路，此回路在大中型液压机液压系统中普遍使用。当三位四通手动阀 1 处于右位时，压力油直接进入有效作用面积较小的辅助缸 5 和 6 的上腔（因快速运动时，负载压力较小，因而顺序阀 3 关闭），使主缸和辅助缸的活塞同时快速下降。主缸上腔经液控单向阀 4 自高位油箱自吸补油。当接触工件后，工作压力升高到顺序阀 3 的设定压力时，顺序阀打开，压力油同时进入主缸和辅助缸，实现慢速压制工况 |
| 蓄能器增速回路 | 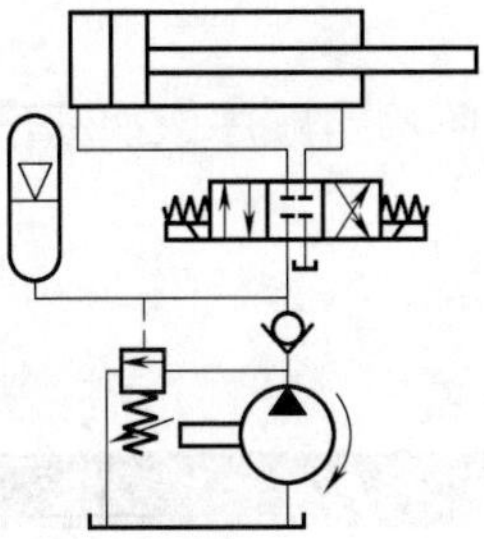 | 如左图所示为蓄能器增速回路，电磁换向阀处于中位时，蓄能器充油；当换向阀处于左位时，液压泵和蓄能器同时向液压缸供油，实现快速进给 |
| 自重补油增速回路 | 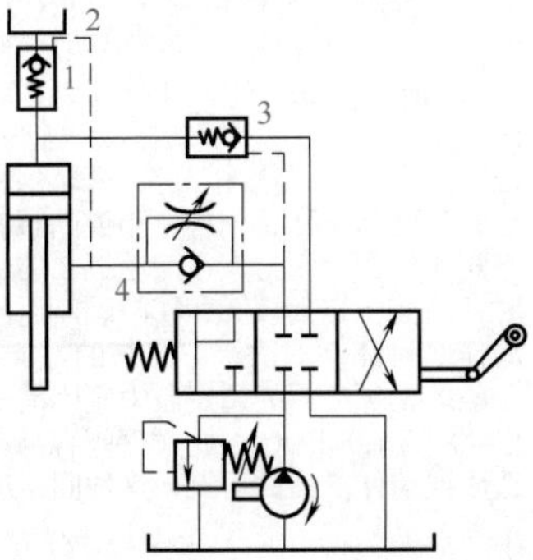 | 如左图所示为自重补油增速回路，垂直安装的液压缸，与活塞相连接的工作部件的重量较大时，可采用自重补油快速回路；当换向阀处于右位时，若活塞下降所需流量大于液压泵的供油量，液压缸上腔呈现负压，液控单向阀 1 打开，辅助油箱 2 里的油液补入液压缸上腔，活塞快速下行。当接触工件后，液压缸上腔压力升高，液控单向阀 1 关闭，开始工作行程。用单向节流阀 4 来调节活塞快速下行时的速度 |

### （六）二次进给回路

二次进给回路是指第一进给速度和第二进给速度分别用各自的调速阀，由电磁阀来进行速度切换，常见的二次进给回路见表9-20。

表9-20　二次进给回路

| 类型 | 回路原理图 | 说明 |
|---|---|---|
| 调速阀并联的二次进给回路 | 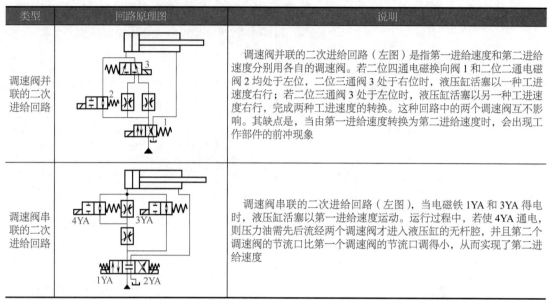 | 调速阀并联的二次进给回路（左图）是指第一进给速度和第二进给速度分别用各自的调速阀。若二位四通电磁换向阀1和二位二通电磁阀2均处于左位，二位三通阀3处于右位时，液压缸活塞以一种工进速度右行；若二位三通阀3处于左位时，液压缸活塞以另一种工进速度右行，完成两种工进速度的转换。这种回路中的两个调速阀互不影响。其缺点是，当由第一进给速度转换为第二进给速度时，会出现工作部件的前冲现象 |
| 调速阀串联的二次进给回路 |  | 调速阀串联的二次进给回路（左图），当电磁铁1YA和3YA得电时，液压缸活塞以第一进给速度运动。运行过程中，若使4YA通电，则压力油需先后流经两个调速阀才进入液压缸的无杆腔，并且第二个调速阀的节流口比第一个调速阀的节流口调得小，从而实现了第二进给速度 |

## 五、多缸动作回路

在液压系统中，如果由一个油源给多个液压执行元件输送压力油，这些执行元件会因压力和流量的彼此影响而在动作上相互牵制，必须使用一些特殊的回路才能实现预定的动作要求。常见的这类回路主要有以下三种。

### （一）顺序动作回路

顺序动作回路的功用在于使几个执行元件严格按照预定顺序依次动作。按控制方式不同，顺序动作回路分为压力控制和行程控制两种。

常见的顺序动作回路见表9-21。

表9-21　顺序动作回路

| 类型 | 回路原理图 | 说明 |
|---|---|---|
| 压力控制顺序动作回路 | 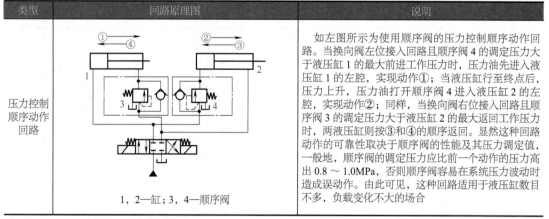<br>1，2—缸；3，4—顺序阀 | 如左图所示为使用顺序阀的压力控制顺序动作回路。当换向阀左位接入回路且顺序阀4的调定压力大于液压缸1的最大前进工作压力时，压力油先进入液压缸1的左腔，实现动作①；当液压缸行至终点后，压力上升，压力油打开顺序阀4进入液压缸2的左腔，实现动作②；同样，当换向阀右位接入回路且顺序阀3的调定压力大于液压缸2的最大返回工作压力时，两液压缸则按③和④的顺序返回。显然这种回路动作的可靠性取决于顺序阀的性能及其压力调定值，一般地，顺序阀的调定压力应比前一个动作的压力高出0.8～1.0MPa，否则顺序阀容易在系统压力波动时造成误动作。由此可见，这种回路适用于液压缸数目不多，负载变化不大的场合 |

| 类型 | 回路原理图 | 说明 |
|------|-----------|------|
| 行程控制顺序动作回路 | 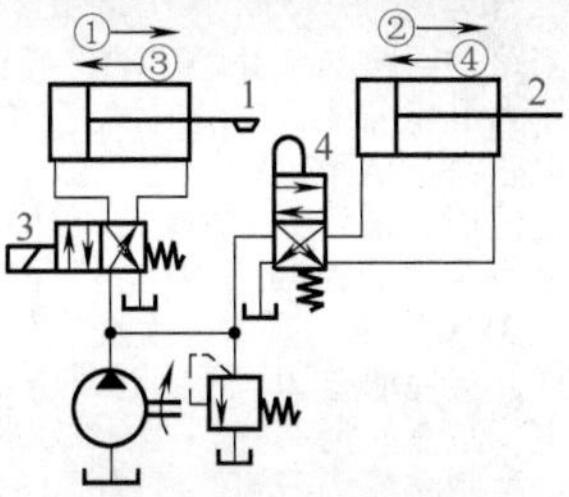 <br>(a) 行程阀控制的顺序回路 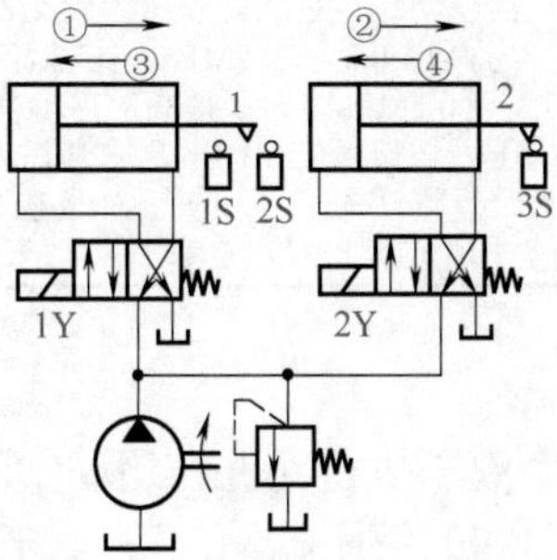<br><br><br>(b) 行程开关控制的顺序回路 | 如左图（a）所示为采用行程阀控制的多缸顺序动作回路。图示位置两液压缸活塞均退至左端点。当电磁阀 3 左位接入回路后，液压缸 1 活塞先向右运动，当活塞杆上的行程挡块压下行程阀 4 后，液压缸 2 活塞才开始向右运动，直至两个缸先后到达右端点；将电磁阀 3 右位接入回路，使液压缸 1 活塞先向左退回，在运动当中其行程挡块离开行程阀 4 后，行程阀 4 自动复位，其下位接入回路，这时液压缸 2 活塞才开始向左退回，直至两个缸都到达左端点。这种回路动作可靠，但要改变动作顺序较为困难<br>如左图（b）所示为采用行程开关控制电磁换向阀的多缸顺序动作回路。按启动按钮，电磁铁 1Y 通电，液压缸 1 活塞先向右运动，当活塞杆上的行程挡块压下行程开关 2S 后，使电磁铁 2Y 通电，液压缸 2 活塞才向右运动，直到压下 3S，使 1Y 断电，液压缸 1 活塞向左退回，而后压下行程开关 1S，使 2Y 断电，液压缸 2 活塞再退回。在这种回路中，调整行程挡块位置，可调整液压缸的行程，通过电控系统可任意改变动作顺序，方便灵活，应用广泛 |
| 用插装阀的顺序动作回路 | 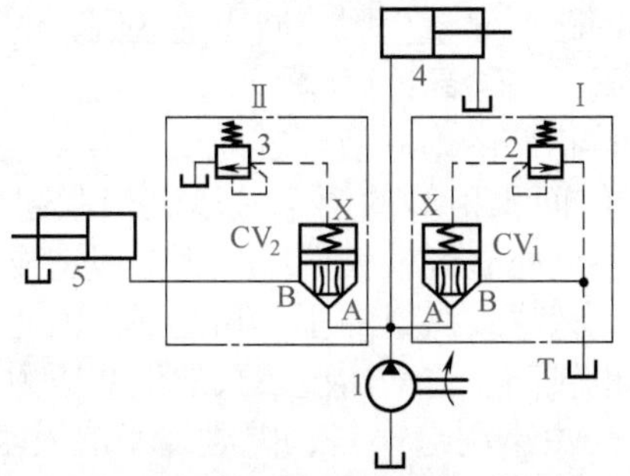 | 如左图所示为用插装阀的顺序动作回路。液压缸 4 先于缸 5 动作，系统最大压力由插装溢流阀 Ⅰ 设定，插装顺序阀 Ⅱ 用于控制双缸动作顺序，其开启压力由先导调压阀 3 设定。当缸 4 向右运动到端点时，系统压力升高，当压力升高到插装顺序阀 Ⅱ 的开启压力时，其插装元件 CV₂ 开启，液压泵 1 的压力油经 A、B 进入缸 5 的无杆腔，实现向左的伸出运动 |
| 用减压阀和顺序阀的定位夹紧回路 | 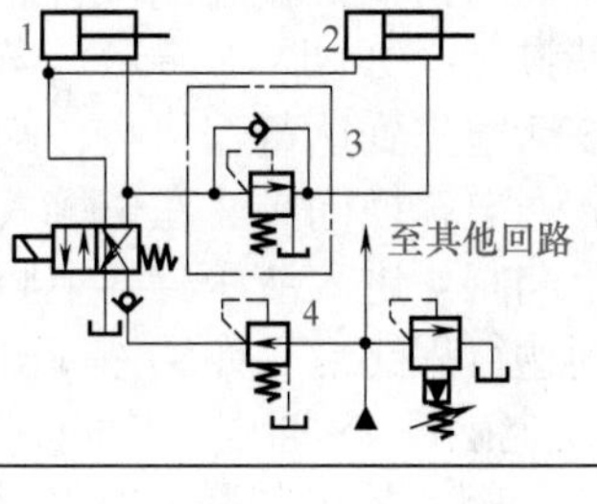 | 如左图所示为用减压阀和顺序阀的定位夹紧回路。液压缸 1 先运动使工件定位；定位后，缸 1 停止运动，回路压力上升，单向顺序阀 3 打开，液压缸 2 动作，夹紧工件。调节减压阀 4 的输出压力可控制夹紧力的大小，同时保持夹紧力的稳定 |
| 用延时阀的时间控制顺序动作回路 | 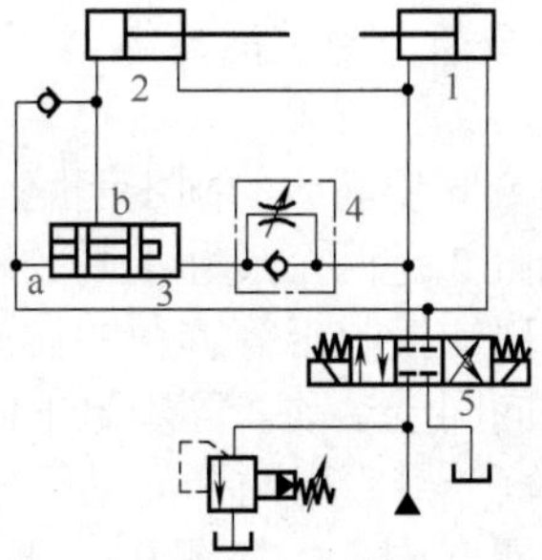 | 如左图所示为用延时阀的时间控制顺序动作回路。当回路中的三位四通电磁阀 5 切换至右位时，液压缸 1 的活塞左移，压力油同时进入延时阀 3。由于节流阀 4 的节流作用，延时阀滑阀缓慢右移，延续一定时间后，油口 a、b 接通，油液进入缸 2，使其活塞右移。通过调节节流阀开度，即可调节缸 1 和缸 2 的先后动作时间差。因节流阀的流量受载荷和温度的影响，不能保持恒定，所以用节流阀难以准确地实现时间控制；一般与行程控制方式配合起来使用 |

| 类型 | 回路原理图 | 说明 |
|---|---|---|
| 用压力继电器的压力控制顺序动作回路 | 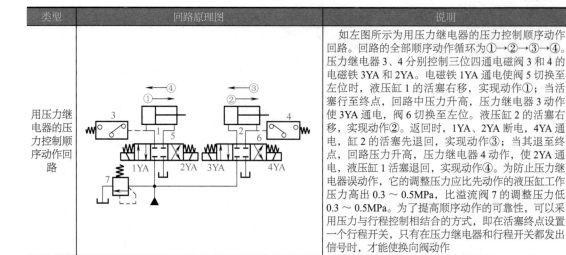 | 如左图所示为用压力继电器的压力控制顺序动作回路。回路的全部顺序动作循环为①→②→③→④。压力继电器 3、4 分别控制三位四通电磁阀 3 和 4 的电磁铁 3YA 和 2YA。电磁铁 1YA 通电使阀 5 切换至左位时，液压缸 1 的活塞右移，实现动作①；当活塞行至终点，回路中压力升高，压力继电器 3 动作使 3YA 通电，阀 6 切换至左位。液压缸 2 的活塞右移，实现动作②。返回时，1YA、2YA 断电，4YA 通电，缸 2 的活塞先退回，实现动作③；当其退至终点，回路压力升高，压力继电器 4 动作，使 2YA 通电，液压缸 1 活塞退回，实现动作④。为防止压力继电器误动作，它的调整压力应比先动作的液压缸工作压力高出 0.3～0.5MPa，比溢流阀 7 的调整压力低 0.3～0.5MPa。为了提高顺序动作的可靠性，可以采用压力与行程控制相结合的方式，即在活塞终点设置一个行程开关，只有在压力继电器和行程开关都发出信号时，才能使换向阀动作 |

## （二）同步动作回路

同步动作回路的功能是保证系统中的两个或多个液压执行元件在运动中的位移量相同或以相同的速度运动。从理论上讲，对两个工作面积相同的液压缸输入等量的油液即可使两液压缸同步。但由于泄漏、摩擦阻力、制造精度、外负载、结构弹性变形以及油液中的含气量等因素都会使同步难以保证。为此，同步动作回路要尽量克服或减少这些因素的影响，有时要采用补偿措施，消除累计误差。

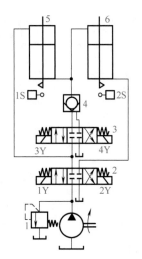

图 9-5　用带补偿装置的串联缸同步回路

1—溢流阀；2，3—换向阀；
4—液控单向阀；5，6—液压缸

（1）带补偿措施的串联液压缸同步回路

将有效工作面积相等的两个液压缸串联起来便可实现两缸同步，这种回路允许较大偏载，因偏载造成的压差不影响流量的改变，只导致微的压缩和泄漏，因此同步精度较高，回路效率也较高。这种情况下泵的供油压力至少是两缸工作压力之和。由于制造误差、内泄漏及混入空气等因素，经多次行程后，将累积为两缸显著的位置差别。为此，回路中应具有位置补偿装置，如图 9-5 所示。当两缸活塞同时下行时，若液压缸 5 活塞先到达行程终点，则挡块压下行程开关 1S，电磁铁 3Y 通电，换向阀 3 左位接入回路，压力油经换向阀 3 和液控单向阀 4 进入液压缸 6 上腔，进行补油，使其活塞继续下行到达行程终点。如果液压缸 6 活塞先到达终点，行程开关 2S 使电磁铁 4Y 通电，换向阀 3 右位接入回路，压力油进入液控单向阀 4 的控制腔，打开液控单向阀 4，液压缸 5 下腔与油箱相通，使其活塞继续下行到达行程终点，从而消除累积误差。

（2）用同步缸或同步马达的同步回路

如图 9-6（a）所示为同步缸的同步回路，同步缸 3 是两个尺寸相同的缸体和两个活塞共用一个活塞杆的液压缸，活塞向左或向右运动时输出或接收相等容积的油液，在回路中起着配流的作用，使有效面积相等的两个液压缸实现双向同步运动。同步缸的两个活塞上装有双作用单向阀 4，可以在行程终点消除误差。和同步缸一样，用两个同轴等排量双向液压马达 5 作配油环节，输出相同流量的油液亦可实现两缸双向同步。如图 9-6（b）所示，节流阀 6

用于行程终点消除两缸位置误差。这种回路的同步精度比采用流量控制阀的同步回路高，但专用的配流元件使系统复杂，制作成本提高。

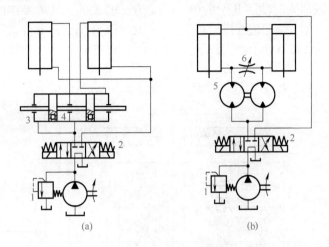

图 9-6　用同步缸、同步马达的同步回路

1—溢流阀；2—换向阀；3—同步缸；4—双作用单向阀；5—液压马达；6—节流阀

### （三）多执行元件互不干扰回路

多执行元件互不干扰回路的功用是防止液压系统中的几个液压执行元件因速度快慢的不同而在动作上的相互干扰。

（1）双泵供油实现多缸快慢速互不干扰回路

如图 9-7 所示为双泵供油实现多缸快慢速互不干扰回路。图中的液压缸 A 和 B 各自要完成"快进-工进-快退"的自动工作循环。在图示状态下各缸原位停止。当阀 5、阀 6 的电磁铁均通电时，各缸均由双泵中的大流量泵 2 供油并做差动快进。这时如某一个液压缸，例如缸 A，先完成快进动作，由挡块和行程开关使阀 7 电磁铁通电，阀 6 电磁铁断电，此时大泵进入缸 A 的油路被切断，而双联泵中的高压小流量泵 1 经调速阀 9、换向阀 7、单向阀 8、换向阀 6 进入缸 A 左腔，而缸右腔油经阀 6、阀 7 回油箱，缸 A 速度由调速阀 9 调节。但此时缸 B 仍做快进运动，互不影响。当各缸都转为工进后，它们全由小泵 1 供油。此后，若缸 A 又率先完成工进，行程开关使阀 7 和阀 6 的电磁铁均通电，缸 A 即由大泵 2 供油快退，当电磁铁均断电时，各缸都停止运动，并被锁在所在的位置上。由此可见，这种回路之所以能够防止多缸的快慢速运动互不干扰，是由于快速和慢速各由一个液压泵分别供油，再由相应的电磁铁进行控制的缘故。

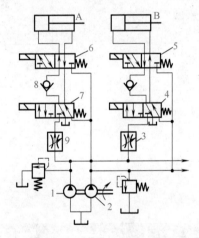

图 9-7　双泵供油互不干扰回路

1—小流量泵；2—大流量泵；3，9—调速阀；

4～7—二位五通电磁换向阀；8—单向阀

（2）采用叠加阀的互不干扰回路

如图 9-8 所示为采用叠加阀的互不干扰回路。该回路采用双联泵供油，其中泵 Ⅱ 为低压大流量泵，供油压力由溢流阀 1 调定，泵 Ⅰ 为高压小流量泵，其工作压力由溢流阀 5 调定，泵 Ⅱ 和泵 Ⅰ 分别接叠加阀的 P 口和 $P_1$ 口。当换向阀 4 和 8 左位接入时，液压缸 A 和 B 快速向左运动，此时远程式顺序节流阀 3 和 7 由于控制压力较低而关闭，因而泵 Ⅰ 的压力油经溢流阀 5 回油箱。当其中一个液压缸，如缸 A 先完成快进动作，则液压缸 A 的无杆腔压力升高，则顺序节流阀 3 的阀口被打开，高压小流量泵 I 的压力油经阀 3 中的节流口而进入液压缸 A 的无杆腔，高压油同时使阀 II 中的单向阀关闭，缸 A 的运动速度由阀 3 中的节流口的开度所决定（节流口大小按工进速度进行调整）。此时缸 B 仍由泵 II 供油进行快进，两缸动作互不干扰。此后，当缸 A 率先完成工进动作，阀 4 的右位接入，由泵 II 的油液使缸 A 退回。若阀 4 和阀 8 电磁铁均断电，则液压缸停止运动。由此可见，该回路中顺序节流阀的开启取决于液压缸工作腔的压力。这种回路被广泛应用于组合机床的液压系统中。

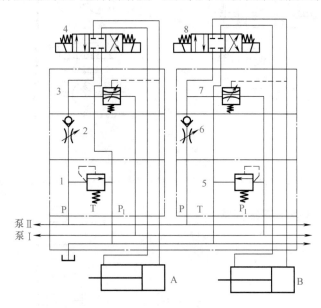

图 9-8　叠加阀的互不干扰回路

1，5—溢流阀；2，6—单向阀和节流阀；3，7—远程式顺序节流阀；
4，8—三位四通电磁换向阀

# 第二节　液压基本回路故障诊断与修理

## 一、方向控制回路的故障诊断与排除

### （一）故障分析的基本原则

在液压系统的控制阀中，方向阀在数量上占有相当大的比重。方向阀的工作原理比较简单，它是利用阀芯和阀体间相对位置的改变实现油路的接通或断开，以使执行元件启动、停止（包括锁紧）或换向。方向控制回路的主要故障及其产生原因有以下两个方面（表 9-22）。

表 9-22　方向控制回路的主要故障及其产生原因

| 主要故障 | 产生原因 |
|---|---|
| 单向阀泄漏严重或不起单向作用 | ①锥阀与阀座密封不严<br>②锥阀或阀座被拉毛或在环形密封面上有污物<br>③阀芯卡死，油流反向流动时锥阀不能关闭<br>④弹簧漏装或歪斜，使阀芯不能复位 |

| 主要故障 | 产生原因 |
|---|---|
| 换向阀不换向 | ①电磁铁吸力不足，不能推动阀芯运动<br>②直流电磁铁剩磁大，使阀芯不复位<br>③对中弹簧轴线歪斜，使阀芯在阀内卡死<br>④阀芯被拉毛，在阀体内卡死<br>⑤油液污染严重，堵塞滑动间隙，导致阀芯卡死<br>⑥由于阀芯、阀体加工精度差，产生径向卡紧力，使阀芯卡死 |

### （二）换向回路的故障分析与排除

（1）液控单向阀对柱塞缸下降失去控制

如图9-9（a）所示回路中，电磁换向阀为O形，液压缸为大型柱塞缸，柱塞缸下降停止由液控单向阀控制。当换向阀中位时，液控单向阀应关闭，液压缸下降应立即停止。但实际上液压缸不能立即停止，还要下降一段距离才能最后停下来。这种停止位置不能准确控制的现象，使设备不仅失去工作性能，甚至会造成各种事故。

检查回路各元件，液控单向阀密封锥面没有损伤，单向密封良好。但在柱塞缸下降过程中，换向阀切换中位时，液控单向阀关闭需一定时间。若如图9-9（b）所示，将换向阀中位改为Y型，当换向阀中位时，控制油路接通，其压力立即降至零，液控单向阀立即关闭，柱塞缸迅速停止下降。

（2）液压缸启/停位置不准确

在图9-10所示的系统中，三位四通电磁换向阀中位机能为O形。当液压缸无杆腔进入压力油时，有杆腔油液由节流阀（回油节流调速）、二位二通电磁阀（快速下降）、液控单向阀和顺序阀（用作平衡阀）控制回油箱，以实现不同工况的要求。三位四通电磁换向阀换向后，液压油经液控单向阀进入液压缸有杆腔，实现液压缸回程运动。液压缸行程由行程开关控制。

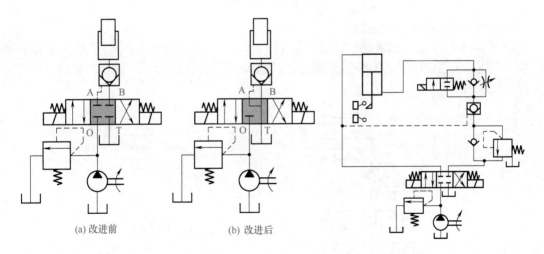

(a) 改进前　　(b) 改进后

图9-9　电磁换向阀与液控单向阀控制的换向回路　　图9-10　含有液控单向阀的电液换向回路

系统的故障现象是：在换向阀中位时，液压缸不能立即停止运动，而是偏离指定位置一小段距离。系统中由于换向阀采用O形，当换向阀处于中位时，液压缸进油管内压力仍然很高，常常打开液控单向阀，使液压缸的活塞下降一小段距离，偏离接触开关，当下次通信时，就不能正确动作。这种故障在液压系统中称为微动作故障，虽然不会直接引起大的事故，但同其他机械配合时，可能会引起二次故障，因此必须加以消除。

故障排除方法是：将三位四通换向阀中位机能由 O 形改为 Y 形，当换向阀中位时，液压缸进油管和油箱接通，液控单向阀保持锁紧状态，从而避免活塞下滑现象。

（3）液压缸运动相互干扰

如图 9-11（a）所示回路中，液压泵为定量泵。缸 1 为柱塞缸，缸 2 为活塞缸。液控单向阀控制柱塞缸下降位置。两缸运动分别由两个电液换向阀控制。

这个回路的故障是：当柱塞缸 1 在上位，液压缸 2 开始动作时，出现柱塞缸自动下降的故障。回路中当电液换向阀控制液压缸 2 动作时，液压泵的出口压力随外载荷而升高。由于液控单向阀的控制油路与主油路相通，所以此时液控单向阀被打开，缸 1 的柱塞下降。由于柱塞自重及其外载作用，使柱塞缸排出的油液压力大于缸 2 的工作压力，于是进入缸 2 的流量为泵的输出流量与缸 1 排出的流量之和，形成缸 2 的运动速度比设定值还高。

如图 9-11（b）所示，将控制柱塞缸的先导电磁换向阀的回油口直接通向油箱，在缸 2 运动时，液控单向阀的控制油路即无压力，柱塞缸 1 的柱塞就不会做下滑运动。

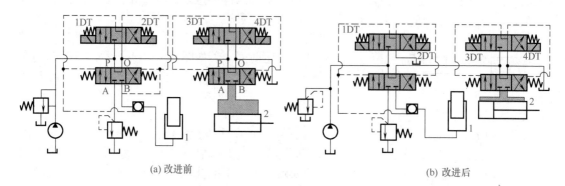

图 9-11　双缸液动换向回路
1—柱塞缸；2—活塞缸

（4）快退动作前发生冲击现象

在图 9-12（a）所示的系统中，液压泵为定量泵，三位四通换向阀中位机能为 Y 型。节流阀在液压缸的进油路上，为进油节流调速。溢流阀起定压溢流作用。液压缸快进、快退时二位二通阀接通。

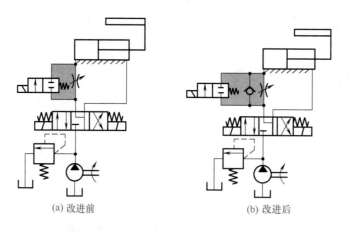

图 9-12　快进换向回路

系统故障是：液压缸在开始完成快退动作时，首先出现向工作方向前冲，然后再完成快退动作。这样将影响加工精度，严重时还可能损坏工件和刀具。

在组合机床和自动液压系统中，一般要求液压缸实现快进→工进→快退的动作循环。动作速度转换时，要求平稳无冲击。该系统之所以会出现上述故障，是因为液压系统在执行快退动作时，三位四通电磁换向阀和二位二通换向阀必须同时换向，而由于三位四通换向阀换向时间的滞后，在二位二通换向阀接通的一瞬间，有部分压力油进入液压缸工作腔，使液压缸出现前冲。当三位四通换向阀换向终了后，压力油才全部进入液压缸的有杆腔，无杆腔的油液才经二位二通阀回油箱。

因此，设计液压系统时应考虑到三位换向阀比二位换向阀换向滞后的现象。

排除上述故障的方法是：在二位二通换向阀和节流阀上并联一个单向阀，如图9-12（b）所示。液压缸快退时，无杆腔油液经单向阀回油箱，二位二通阀仍处于关闭状态，这样就避免了液压缸前冲的故障。

（5）换向失灵

如图9-13（a）所示的回路中，定量泵输出的压力油由3个三位四通换向阀分别向3个液压缸输送液压油，有时出现电磁换向阀换向不灵的现象。

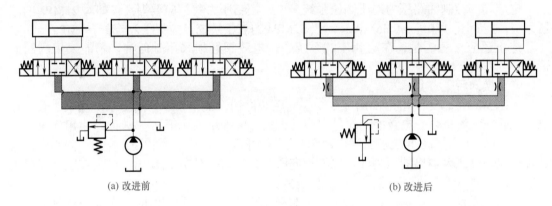

(a) 改进前　　　　　　　　　　　　　　(b) 改进后

图 9-13　三缸换向回路

经检测，电磁换向阀各部分工作正常，溢流阀的调节压力比电磁换向阀允许的工作压力低。液压缸有时2个或3个同时动作，有时只有一个动作。液压泵为定量泵，泵的输出流量能满足3个缸同时动作，所以流量比较大。某一时刻只有一个缸动作时，通过电磁阀的流量就大大超过了允许容量值，这时电磁阀推动滑阀力超过了设计允许的换向力，电磁铁推不动滑阀换向，造成换向失灵。同时，过大的流量进入一个液压缸也易造成缸运动速度失去控制。为此，如图9-13（b）所示，在换向阀前安装节流阀，来控制进入液压缸的流量，此时，相当于进油节流调速回路。若只有一个缸工作时，泵输出流量一部分由节流阀调节控制液压缸的速度，一部分由溢流阀溢回油箱，这样经过电磁阀的流量便得到控制，也就排除了因流量过大而造成换向失灵的故障。

（6）控制油路无压力

在图9-14所示系统中，液压泵1为定量泵，

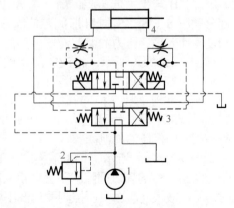

图 9-14　液动换向回路

1—液压泵；2—溢流阀；3—液动换向阀；4—液压缸

溢流阀 2 用于溢流，液动换向阀 3 为 M 型、外控式、外回油，液压缸 4 单方向推动载荷运动。

系统故障现象是：当电液阀中电磁阀换向后，液动换向阀不动作，检测液压系统，在系统不工作时，液压泵输出压力油经电液阀中液动阀中位直接回油箱，回油路无背压。检查液动阀的滑阀芯，运动正常，无卡紧现象。

因为电液阀为外控式、外回油，在中低压电液阀控制油路中，油液一般必须有 0.2 ～ 0.3MPa 的压力，供控制油路操纵液动阀用。

启动系统运行时，由于泵输出油液是通过 M 型液动阀直接回油箱，所以电液换向阀的控制油路无压力，当电液阀中电磁阀换向后控制油液不能推动液动阀换向，所以电液阀中的液动阀不动作。

系统出现这样的故障属于设计不周造成的。排除这个故障的方法是：在泵的出油路上安装一个单向阀，此时电液阀的控制管路接在泵与单向阀之间；或者在整个系统的回油路安装一个背压阀（可用直动式溢流阀作背压阀，使背压可调），保证系统卸荷时油路中还有一定的压力。

电液阀的控制油路压力对于高压系统来说，控制压力就相应要提高，如对 21MPa 的液压系统，控制压力需高于 0.35MPa；对于 32MPa 的液压系统，控制压力需高于 1MPa。

这里还应注意的是，在有背压的系统中，电液阀必须采用外回油，不能采用内回油形式。

（7）换向后压力上不去

在图 9-15（a）所示的回路中，3 个泵向系统供油，其中泵 1 为高压小流量泵，泵 2 和泵 3 为低压大流量泵。电液换向阀是规格较大的 M 型阀。溢流阀 7 在该回路中用作泵 1 的安全阀。先导溢流阀 8 和二位二通电磁阀 9 使泵 2 和泵 3 产生卸荷和溢流作用。回路中，当 1YA 通电，液压泵输出的压力油从电液换向阀 P 口进入，从 A 口输出，进入液压缸载荷工作腔时，压力不能上升到设定的载荷工作压力。

经调试发现，当油温高时不能上升到载荷工作压力，温度较低时能上升到载荷工作压力。检测每个元件，性能参数符合要求。溢流阀 7 调定值合理，电磁阀 13、液压缸 14 无异常泄漏。查看电液换向阀后发现，故障是由于对电液换向阀具体结构不清楚，使回路设计不合理造成的。

在图 9-15（a）所示回路中，换向阀 12 进行压力油换向时（即 P→A 或 P→B），其内部工作原理如图 9-15（d）所示。当 1YA 通电时，压力油 P 与阀口 A 接通，B 与回油口 T 接通，因此，B 与 T 为低压腔，而 P 与 A 以及控制腔 $K_1$ 属高压腔，因此在阀芯与阀体内孔配合部分就有 $S_1$、$S_2$、$S_3$ 处环形间隙使高压油向回油口泄漏。特别是在 $S_3$ 处，有的阀环形覆盖长度设计较短，压力油泄漏便增多。由于泄漏严重，使压力上不去。

如图 9-15（b）所示，将液压缸两腔与电液换向阀的 A 和 B 口交换一下，即 B 口通缸的载荷工作腔，A 口通缸的回程工作腔。这样当 2YA 通电时，压力油 P 由 B 口进入缸的载荷工作腔。此时油液在换向阀内的流动状况如图 9-15（d）所示阀芯左位所示。可以看出，只有 $S_1'$ 处环形间隙泄漏高压油。因此时电液换向阀的控制油液来自主油路，所以 $S_2'$ 形间隙没有高压油向低压油的泄漏。

如图 9-15（c）所示，将电液换向阀的控制油路与低压油路相连，使电液换向阀的控制油路为低压，$S_3$ 的环形间隙就不会产生从高压向低压的泄漏，从而减少了系统的泄漏量。但此时需将电液换向阀由高压控制改为低压控制，并要保证低压油路中的基本压力值。

由以上分析可以看出，在图 9-15（b）所示形式中，电液换向阀内泄漏量最少，可以认为是较佳方案。减少了泄漏量，系统的工作压力就能上升到设计要求值。

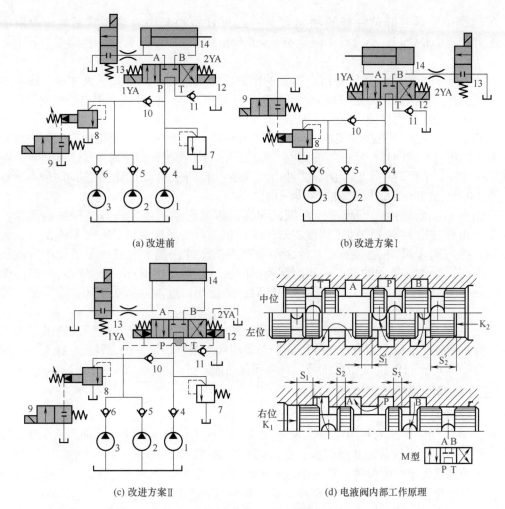

(a) 改进前

(b) 改进方案I

(c) 改进方案II

(d) 电液阀内部工作原理

图 9-15　三泵供油的电液换向回路

1—高压小流量泵；2，3—低压大流量泵；4~6，10，11—单向阀；7—溢流阀；

8—先导溢流阀；9，13—电磁阀；12—电液换向阀；14—液压缸

（8）换向时产生液压冲击

如图 9-16（a）所示为采用三位四通电磁换向卸荷回路，换向阀的中位机能为 M 型。这个回路所属系统为高压大流量系统，当换向阀切换时，系统发生较大的压力冲击。

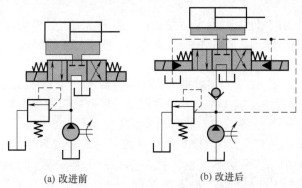

(a) 改进前

(b) 改进后

图 9-16　三位四通换向卸荷回路

三位阀中位具有卸荷性能的除 M 型外，还有 H 型和 K 型。这样的回路一般用于低压（压力小于 2.5MPa）、小流量（流量小于 40L/min）的液压系统，是一种简单有效的卸荷方法。

对于高压、大流量的液压系统，当泵的出口压力由高压切换到几乎为零压，或由零压迅速切换上升到高压时，必然在换向阀切换时产生液压冲击。同时还由于电磁换向阀切换迅速，无缓冲时间，从而迫使液压冲击加剧。

将三位电磁换向阀更换成电液换向阀，如图 9-16（b）所示，由于电液换向阀中的液动阀换向时间可调，换向有一定的缓冲时间，使泵的出口压力上升或下降有个变化过程，提高了换向平稳性，从而避免了明显的压力冲击。回路中单向阀的作用是使泵卸荷时仍有一定的压力值（0.2～0.3MPa），供控制油路操纵用。

以上分析主要适用于机床液压系统，因为机床液压系统不允许有液压冲击现象，任何微小冲击都会影响零件的加工精度。对于工程机械液压系统来说，一般都是高压、大流量系统，换向阀采用 M 型较多，为什么不会产生液压冲击呢？这是由于工程机械液压系统中，换向阀一般都是手动的，换向阀切换时的缓冲作用是由操作者来实现的。换向阀的阀口也是一个节流口，操纵人员在操纵手柄时，应使阀口逐渐打开或关闭，避免形成液压冲击。

液压系统工作机构停止工作或推动载荷运行的间隔时间内，或即使液压泵在几乎零压下空载运行，都应使液压泵卸荷。这样可降低功率消耗，减少系统发热，延长液压泵的使用寿命。一般功率大于 3kW 的液压系统都应具有卸荷功能。

### （三）锁紧回路的故障诊断与排除

（1）故障 I

如图 9-17 所示回路为利用电磁换向阀 30 型中位机能的锁紧回路。这种回路在使用过程中会出现"不能可靠锁紧"故障现象，此故障发生的原因是：滑阀式换向阀的内泄漏量大，其阀芯不能准确处于中位位置，造成液压缸 4 产生微动故障。当液压缸 4 内泄加上阀泄漏很大时，还会出现推不动负载的故障现象。解决此故障的措施：尽力减少电磁换向阀 3 与缸 4 的内泄漏，但由于滑阀式换向阀泄漏不可避免，特别是在油温升高时泄漏量更大，可在回路的 a 处加装一小型囊式蓄能器 5 对系统进行补油。

（2）故障 II

如图 9-18 所示回路为采用双液控单向阀（液压锁）的锁紧回路。由于阀座式液控单向阀 2 和 3 基本上无内泄漏，本回路的锁紧精度只受液压缸 4 内泄漏影响，而液压缸 4 内泄较小，所以此锁紧回路的锁紧精度高，在起吊重物的液压设备上得到广泛应用。

这种液压锁锁紧回路在使用过程中会发生：①当异常突发性外力作用时，管路及液压缸 4 破损的故障；②液控单向阀 2 和 3 不能迅速关闭，液压缸 4 需经过一段时间后才能停住等故障。

锁紧回路发生故障①是由于当突发性外力作用在液压缸 4 上时，缸 4 内油液被封闭及油液的不可压缩性，造成管路及缸 4 内产生异常高压，导致故障发生。针对此故障，可通过在图 9-18 所示回路中的 a、b 处各增加一安全阀来解决。

针对故障②，采取的措施为：①首先检查液控单向阀 2 和 3，如果液控单向阀 2 和 3 本身动作迟滞，例如阀芯移动不灵活、控制活塞别劲等，则排除液控单向阀 2 和 3 故障；②检查换向阀 8 的中位机能，如果是换向阀 8 中位机能选用不对，则要选对中位机能。

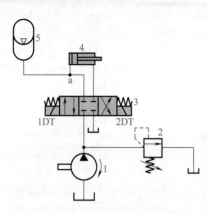

图 9-17　采用三位换向阀的锁紧回路
1—液压泵；2—溢流阀；3—电磁换向阀；
4—液压缸

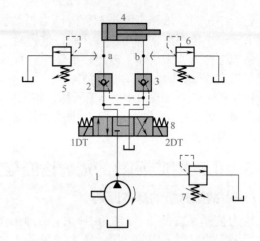

图 9-18　采用液控单向阀的锁紧回路
1—换向阀；2, 3—液控单向阀；4—液压缸；
5～7—溢流阀；8—电磁换向阀

（3）故障Ⅲ

如图 9-19 所示为采用换向阀实现锁紧的锁紧回路系统原理图。在图 9-19（a）所示系统中，三位四通电磁换向阀 3 中位机能为 O 型。当液压缸 9 无杆腔进入压力油时，缸 9 有杆腔油液由节流阀 7（回油节流调速）或二位二通电磁换向阀 6（快速下降）、液控单向阀 5 和顺序阀 4（作平衡阀用）流回油腔。三位四通电磁换向阀换向后，液压油经单向阀 8 和液控单向阀 5 进入液压缸 9 有杆腔，实现液压缸 9 回程运动。液压缸 9 行程由开关控制。

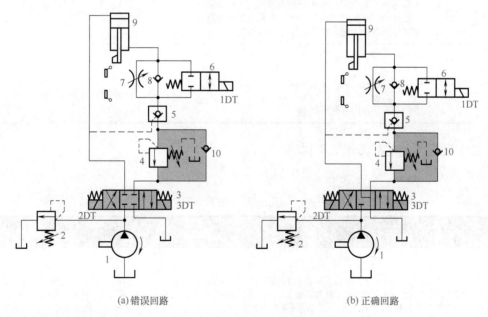

(a)错误回路　　　　　　　　　　　(b)正确回路

图 9-19　换向阀实现锁紧的锁紧回路
1—液压泵；2—溢流阀；3, 6, 10—电磁换向阀；4—顺序阀；5—液控单向阀；
7—节流阀；8—单向阀；9—液压缸

如图 9-19（a）所示系统的故障现象：在换向阀 3 处于中位时，液压缸 9 不能立即停止运动，而是偏离指定位置一小段距离。原因分析：系统中由于换向阀 3 采用 O 型，当换向阀 3 处于中位时，液压缸 9 进油管内压力仍然很高，常常打开液控单向阀 5，使液压缸 9 的活塞下降一小段距离，偏离接触开关，这样当下次发信号时，就不能正确动作。这种故障在液压系统中称为"微动作"故障，虽然不会直接引起大的事故，但同其他机械配合时，可能会引起二次故障，因此必须加以消除。

解决的方法：如图 9-19（b）所示，将三位四通换向阀 3 中位机能由 O 型改为 Y 型这样当换向阀 3 处于中位时，液压缸 9 进油管和油箱接通，液控单向阀 5 保持锁紧状态。从而避免活塞下滑现象。

## 二、压力控制回路的故障诊断与排除

### （一）故障分析的基本原则

压力控制系统基本性能是由压力控制阀决定的，压力控制阀的共性是根据弹簧力与液压力相平衡的原理工作的，因此压力控制系统的常见故障及产生原因可归纳为以下几个方面（表 9-23）。

表 9-23　压力控制系统的常见故障及产生原因

| 常见故障 | 产生原因 |
|---|---|
| 压力调不上去 | ①溢流阀的调压弹簧太软、装错或漏装<br>②先导式溢流阀的主阀阻尼孔堵塞，滑阀在下端油压作用下，克服上腔的液压力和主阀弹簧力，使主阀上移，调压弹簧失去对主阀的控制作用，因此主阀在较低的压力下打开溢流口溢流。系统中正常工作的压力阀，有时突然出现故障往往是这种原因<br>③阀芯和阀座关闭不严，泄漏严重<br>④阀芯被毛刺或其他污物卡死于开口位置 |
| 压力过高，调不下来 | ①阀芯被毛刺或污物卡死于关闭位置，主阀不能开启<br>②安装时，阀的进出油口接错，没有压力油去推动阀芯移动，因此阀芯打不开<br>③先导阀前的阻尼孔堵塞，导致主阀不能开启 |
| 压力振摆大 | ①油液中混有空气<br>②阀芯与阀座接触不良<br>③阻尼孔直径过大，阻尼作用弱<br>④产生共振<br>⑤阀芯在阀体内移动不灵活 |

### （二）调压回路的故障诊断与排除

调压回路的故障诊断与排除见表 9-24。

表 9-24　调压回路的故障诊断与排除

| 故障类别 | 故障诊断与排除 |
|---|---|
| 二级调压回路中的压力冲击 | 如图 9-20（a）所示为采用溢流阀和远程调压阀的二级调压回路。二位二通阀安装在溢流阀的控制油路上，其出口接远程调压阀 3，液压泵 1 为定量泵。当二位二通阀通电右位工作时，系统将产生较大的压力冲击<br>在这个二级调压回路中，当二位二通阀 4 断电关闭时，系统压力决定于溢流阀 2 的调整压力 $p_1$；二位二通阀换向后，系统压力就由阀 3 的调整压力来决定了。由于阀 4 与阀 3 之间的油路内没有压力，阀 4 右位工作时，溢流阀 2 的远程控制口处的压力由 $p_1$ 下降到几乎为零后又回升到 $p_2$，这样系统便产生较大的压力冲击<br>如图 9-20（b）所示，把二位二通阀接到远程调压阀 3 的出油口，并与油箱接通，这样从阀 2 的远程控制口到阀 4 的油路中充满压力油，阀 4 切换时，系统压力从 $p_1$ 降到 $p_2$，不会产生过大的压力冲击<br>这样的二级调压回路一般用在机床上具有自锁性能的液压夹紧机构处，能可靠地保证其松开时的压力高于夹紧时的压力。此外，这种回路还可以用于压力调整范围较大的压力机系统中 |

| 故障类别 | 故障诊断与排除 |
|---|---|
| 二级调压回路中的压力冲击 | 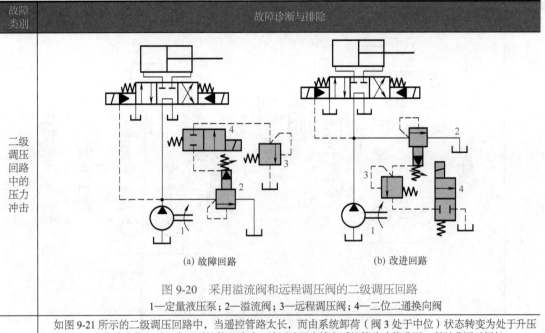<br>(a) 故障回路　　　　　　　　　　　(b) 改进回路<br>图 9-20　采用溢流阀和远程调压阀的二级调压回路<br>1—定量液压泵；2—溢流阀；3—远程调压阀；4—二位二通换向阀 |
| 在二级调压回路中，调压时升压时间长 | 如图 9-21 所示的二级调压回路中，当遥控管路太长，而由系统卸荷（阀 3 处于中位）状态转变为处于升压状态（阀 3 左位或右位）时，由于遥控管通油池，液压油要先填充遥控管路才能升压，所以升压时间长<br>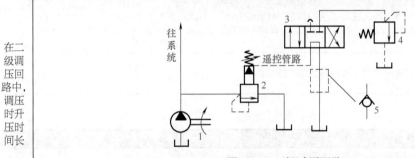<br>图 9-21　二级减压回路<br>1—液压泵；2—先导式溢流阀；3—换向阀；4—溢流阀；5—单向阀<br>解决办法是尽量缩短遥控管路，并且在遥控管路回油处增设一背压阀（或单向阀）5，使之有一定压力，这样升压时间可缩短 |
| 遥控调压回路中 | 在遥控调压回路中，出现溢流阀的最低调压值增高，同时产生动作迟滞的故障。产生这一故障的原因是从主溢流阀到遥控先导溢流阀之间的配管过长（例如超过 10m），遥控管内的压力损失过大。所以遥控管路一般不能超过 5m |
| 压力上不去 | 在如图 9-22 所示回路中，因液压设备要求连续运转，不允许停机修理，所以有两套供油系统。当其中一个供油系统出现故障时，可立即启动另一供油系统，使液压设备正常运行再修复故障供油系统<br>　图中两套供油系统的元件性能、规格完全相同，由溢流阀 3 或 4 调定第一级压力，远程调压阀 9 调定第二级压力。但泵 2 所属供油系统停止供油，只有泵 1 所属系统供油时，系统压力上不去。即使将液压缸的负载增大到足够大，泵 1 输出油路仍不能上升到调定的压力值<br>　调试发现，泵 1 压力最高只能达到 12MPa，设计要求应能调到 14MPa，甚至更高。将溢流阀 3 和远程调压阀 9 的调压旋钮全部拧紧，压力仍上不去，当油温为 40℃时，压力值可达 12MPa；油温升到 55℃时，压力只能到 10MPa。检测液压泵及其他元件，均没有发现质量和调整上的问题，各项指标均符合性能要求<br>　液压元件没有质量问题，组合液压系统压力却上不去，此时应分析系统中元件组合的相互影响<br>　泵 1 工作时，压力油从溢流阀 3 的进油口进入主阀芯下端，同时经过阻尼孔流入主阀芯上端弹簧腔，再经过溢流阀 3 的远程控制口及外接油管进入溢流阀 4 主阀芯上端的弹簧腔，接着经阻尼孔向下流动，进入主阀芯的下腔，再由溢流阀 4 的进油口反向流入停止运转的泵 2 的排油管中，这时油液推开单向阀 6 的可能性不大；当压力油从泵 2 出口进入泵 2 时，将会使泵 2 像液压马达一样反向微微转动，或经泵的缝隙流入油箱中 |

| 故障类别 | 故障诊断与排除 |
|---|---|
| 压力上不去 | 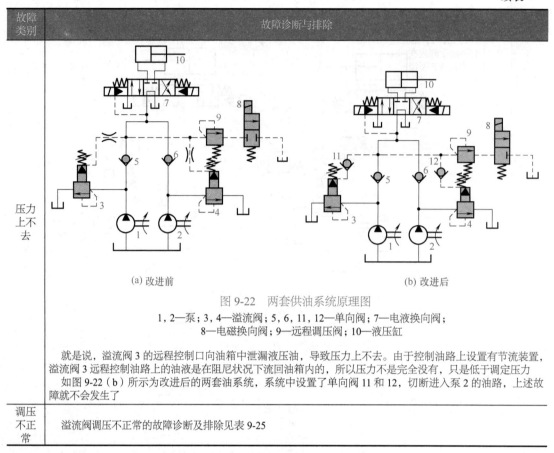<br>(a) 改进前　　　　　　　　　　　　　(b) 改进后<br>图 9-22　两套供油系统原理图<br>1，2—泵；3，4—溢流阀；5，6，11，12—单向阀；7—电液换向阀；<br>8—电磁换向阀；9—远程调压阀；10—液压缸<br><br>　　就是说，溢流阀 3 的远程控制口向油箱中泄漏液压油，导致压力上不去。由于控制油路上设置有节流装置，溢流阀 3 远程控制油路上的油液是在阻尼状况下流回油箱内的，所以压力不是完全没有，只是低于调定压力<br>　　如图 9-22（b）所示为改进后的两套油系统，系统中设置了单向阀 11 和 12，切断进入泵 2 的油路，上述故障就不会发生了 |
| 调压不正常 | 溢流阀调压不正常的故障诊断及排除见表 9-25 |

表 9-25　溢流阀调压不正常的故障诊断及排除

| 故障类别 | 故障诊断与排除 |
|---|---|
| 溢流阀主阀芯卡住 | 　　在图 9-23 所示系统中，液压泵为定量泵，三位四通换向阀中位机能为 Y 型。所以当液压缸停止工作时系统不卸荷，液压泵输出的压力油全部由溢流阀溢回油箱<br>　　系统中溢流阀为 YF 型先导式溢流阀。这种溢流阀的结构为三节同心式，即主阀芯上端的圆柱面、中部大圆柱面和下端锥面，分别与阀盖、阀体和阀座内孔配合，3 处同心度要求较高。这种溢流阀用在高压大流量系统中，调压溢流性能较好。将系统中换向阀置于中位，调整溢流阀的压力时发现，当压力值在 10MPa 之前溢流阀正常工作，当压力调整到高于 10MPa 的任一压力值时，系统发出像吹笛一样的尖叫声，此时，可看到压力表指针剧烈振动。经检测发现，噪声来自溢流阀<br>　　在三节同心高压溢流阀中，主阀芯与阀体、阀盖两处滑动配合。如果阀体和阀盖装配后的内孔同心度超出设计要求，主阀芯就不能圆滑地动作，而是贴在内孔的某一侧做不正常的运动。当压力调整到一定值时，就必然激起主阀芯振动。这种振动不是主阀芯在工作运动中伴随着常规的振动，而是主阀芯卡在某一位置，被液压卡紧力卡紧而激起的高频振动。这种高频振动必将引起弹簧产生振动，特别是先导阀的锥阀调压弹簧的强烈振动，并发出异常噪声。另外，由于高压油不是在正常溢流，而是在不正常的阀口和内泄油道中溢回油箱。这股高压油流将发出高频率流体噪声。这种振动和噪声是在系统的特定条件下激发出来的，这就是为什么在压力低于 10MPa 时不发生尖叫声的原因 |

图 9-23　定量泵压力控制回路示例

| 故障类别 | 故障诊断与排除 |
|---|---|
| 溢流阀主阀芯卡住 | 可见，YF 型溢流阀的精度要求是比较高的，阀盖与阀体连接部分的内外圆同轴度，主阀芯三台肩外圆的同轴度都应在规定的范围内<br>有些 YF 型溢流阀产品，阀盖与阀体配合时有较大的间隙，在装配时，应使阀盖与阀体具有较好的同轴度，使主阀芯能灵活滑动，无卡紧现象。在拧紧阀盖上 4 个紧固螺钉时，应按装配工艺要求，按一定顺序拧紧，其拧紧力矩应基本相同<br>在检测溢流阀时，若测出阀盖孔有偏心，应进行修磨，消除偏心。主阀芯与阀体配合滑动面有污物，应清洗干净，若被划伤应修磨平滑。目的是恢复主阀芯滑动灵活的工作状况，避免产生振动和噪声。另外，主阀芯上的阻尼孔在主阀芯振动时有阻尼作用。当工作油液温度过高、黏度降低时，阻尼作用将相应减小。因此，选用合适黏度的油液和控制系统温升也有利于减振降噪 |
| 溢流阀回油口液流波动 | 在图 9-24 所示液压系统中，液压泵 1 和 2 分别向液压缸 7 和 8 供压力油，换向阀 5 和 6 都为三位四通 Y 型电磁换向阀<br>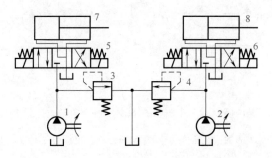<br>图 9-24　双泵液压系统回路<br>1, 2—液压泵；3, 4—溢流阀；5, 6—换向阀；7, 8—液压缸<br>系统故障现象是：启动液压泵，系统开始运行时，溢流阀 3 和 4 压力调整不稳定，并发出振动和噪声<br>试验表明，只有一个溢流阀工作时，调整的压力稳定，也没有明显的振动和噪声。当两个溢流阀同时工作时，就出现上述故障<br>分析液压系统可以看出，两个溢流阀除了有一个共同的回油管路外，并没有其他联系。显然，故障原因就是由于一个共同的回油管路造成的<br>从溢流阀的结构性能可知，溢流阀的控制油道为内泄，即溢流阀的阀前压力油进入阀内，经阻尼孔流进控制容腔（主阀上部弹簧腔）。当压力升高克服先导阀的调压弹簧力时，压力油打开锥阀阀口，油液流过阀口降压后，经阀体内泄孔道流进溢流阀的回油腔，与主阀口溢出的油流汇合，经回油管路一同流回油箱。因此，溢流阀的回油管路中油流的流动状态直接影响溢流阀的调整压力。例如，压力冲击、背压等流体波动将直接作用在先导阀的锥阀上，并与先导阀弹簧力方向一致，于是控制容腔中的油液压力也随之增高，并出现冲击与波动，导致溢流阀调整的压力不稳定，并易激起振动和噪声<br>上述系统中，两个溢流阀共用一个回油管，由于两股油流的相互作用，极易产生压力波动。同时，由于流量较大，回油管阻力也增大，这样的相互作用必然造成系统压力不稳定，并产生振动和噪声。为此，应将两个溢流阀的回油管路分别接回油箱，避免相互干扰。若由于某种原因，必须合流回油箱时，应将合流后的回油管加粗，并将两个溢流阀均改为外部泄漏型，即将经过锥阀阀口的油液与主阀回油腔隔开，单独接回油箱，就成为外泄型溢流阀了，就能避免上述故障的发生 |
| 溢流阀产生共振 | 在图 9-25（a）所示液压系统中，泵 1 和 2 是同规格的定量泵，同时向系统供液压油，三位四通换向阀 7 中位机能为 Y 型，单向阀 5、6 装于泵的出油路上，溢流阀 3、4 也是同规格，分别并联于泵 1、2 的出油路上。溢流阀的调定压力均为 14MPa，启动运行时，系统发出鸣笛般的啸叫声<br>经调试发现，噪声来自溢流阀，并发现当只有一侧液压泵和溢流阀工作时，噪声消失，两侧液压泵和溢流阀同时工作时，就发生啸叫声。可见，噪声原因是两个溢流阀在流体作用下发生共振<br>据溢流阀的工作原理可知，溢流阀是在液压力和弹簧力相互作用下进行工作的，因此极易激起振动而发生噪声。溢流阀的出入口和控制口的压力油一旦发生波动，即产生液压冲击，溢流阀内的主阀芯、先导锥阀及其相互作用的弹簧就要振动起来，振动的程度及其状态随流体的压力冲击和波动的状况而变。因此，与溢流阀相关的油流越稳定，溢流阀就越能稳定地工作<br>上述系统中，双泵输出的压力油经单向阀后合流，发生流体冲击与波动，引起单向阀振荡，从而导致液压泵出口压力不稳定；又由于泵输出的压力油本来就是脉动的，因此泵输出的压力油将强烈波动，从而激起溢流阀振动；又因为两个溢流阀的固有频率相同，引起溢流阀共振，从而发出异常噪声<br>排除这一故障一般有以下三种方法：<br>①将溢流阀 3 和 4 用一个大容量的溢流阀代替，安置于双泵合流处，这样溢流阀虽然也会振动，但不会很强烈，因为排除了产生共振的条件 |

| 故障类别 | 故障诊断与排除 |
|---|---|
| 溢流阀产生共振 | 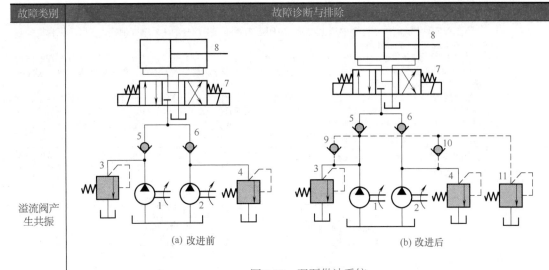<br>图 9-25　双泵供油系统<br>1，2—液压泵；3，4—溢流阀；5，6，9，10—单向阀；7—换向阀；8—液压缸；11—远程调压阀<br>②将两个溢流阀的调整压力值错开 1MPa 左右，也能避免共振发生。此时，若液压缸的工作压力在 13 ～ 14MPa，应分别提高溢流阀的调整值，使最低调整压力满足液压缸的工作要求，并仍应保持 1MPa 的压力差值<br>③将上述回路改为图 9-25（b）所示的形式，即将两个溢流阀的远程控制口接到一个远程调压阀 11 上，系统的调整压力由调压阀确定，与溢流阀的先导阀无直接关系，只是要保证先导阀的调压弹簧的调整压力值必须高于调压阀的最高调整压力。因为远程调压阀的调整压力范围是在低于溢流阀的先导阀的调整压力才能有效工作，否则远程调压阀就不起作用 |

## （三）增压回路的故障诊断与排除

如图 9-26 所示回路为增压缸增压回路，此增压回路的工作过程为：当电磁铁 1DT 通电时，油液进入泵 1→阀 3 左位→阀 4→工作液压缸 9 右腔与增压缸 8 左腔，推动液压缸 9 活塞左移、缸 8 活塞右移，缸 8 中腔与缸 9 左腔回油经阀 3 左位流回油箱；增压缸 8 右腔回油经阀 5→阀 4→工作液压缸 9 右腔，加快缸 9 活塞左移的速度；当缸 9 活塞左移到位，压力升高，顺序阀 6 打开，缸 8 活塞左移，使缸 9 右腔增压，此时阀 5、阀 4 关闭，实现增压动作。调节减压阀 7 可调节增压压力的大小。当电磁铁 2DT 通电时，缸 8、缸 9 做返回动作。

（1）当增压回路在工作过程中出现"不增压，或者达不到所调的增压力"故障现象时采取的措施

① 检查增压缸 8 是否存在"活塞严重卡死，不能移动"故障，是否存在"缸 8 活塞密封严重破坏"故障，是否存在"缸 8 缸孔严重拉伤，内泄漏大"，如存在，则通过拆修与更换密封等措施予以排除。

② 检查液控单向阀 4 是否存在由于阀芯卡死等原因，导致增压时阀 4 不能关闭，造成密闭油腔不能增压。如果确定为上述原因，则拆修液控单向阀 4。

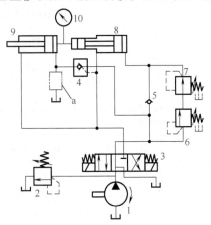

图 9-26　增压缸增压回路<br>1—液压泵；2—溢流阀；3—三位四通电磁换向阀；4—液控单向阀；5—单向阀；6—顺序阀；7—减压阀；8—增压缸；9—液压缸；10—压力表

③ 检查是否因缸 9 活塞密封破损，或缸孔拉伤造成缸 9 左右两腔部分窜腔，导致内泄漏，使缸 9 右腔压力不能上升到最大。如果确定为上述原因，则拆修缸 9，更换密封。

④ 检查是否因溢流阀 2 存在故障，而导致无压力油进入系统。如果确定为上述原因，则对溢流阀进行检修。

当增压回路出现"不能调节增压压力大小"故障时，检查减压阀 7 是否存在阀芯卡死、调压弹簧折断等故障。如果确定为上述原因，则采取相应措施进行故障排除。

（2）当增压回路出现"增压后，压力缓慢下降"故障时采取的措施

① 检查阀 4 的阀芯与阀座密合处是否密合不良，密合面间是否有污物粘住。如果确定为上述原因，则拆开阀 4 进行清洗研合。

② 检查缸 9 与缸 8 活塞密封是否破损，如破损则更换密封。

（3）当增压回路出现"缸 9 无返回动作"故障时采取的措施

① 检查是否因线路断线等原因导致电磁铁 2DT 不能通电，如是则重新焊接线路。

② 检查阀 4 的阀芯是否卡死在关闭位置，如是则拆开阀 4 进行研修。

③ 检查是否由于增压后缸 9 右腔的增压力不能卸掉，阀 4 打不开，导致故障发生，如是可在图 9-26 所示中的 a 处增加一个卸荷回路，对缸 9 进行卸荷，阀 4 便可打开回油。

### （四）减压回路的故障诊断与排除

减压回路的故障诊断与排除见表 9-26。

表 9-26　减压回路的故障诊断与排除

| 故障类别 | 故障诊断与排除 |
| --- | --- |
| 单级减压回路故障分析与排除 | 如图 9-27 所示回路为单级减压回路，减压功能由减压阀 3 来实现。此回路在使用过程中 a 处二次压力有时会出现"压力不断升高"的故障现象。这种故障现象是由于当缸 2 停歇时间较长时，减压阀 3 进口处有少量一次压力油经阀芯间隙进入减压阀阀芯上腔——弹簧腔，内泄漏量越大，进入阀芯上腔的油就越多，导致阀芯上腔压力升高，主阀芯下移，减压口开大，二次压力随之增加<br>解决此故障的措施为：<br>①重配阀芯，减少阀芯内泄漏<br>②在减压回路中加接图 9-27 所示中虚线所示油路，并在 b 处加装一个安全阀，确保减压阀出口压力不超过其调节值<br>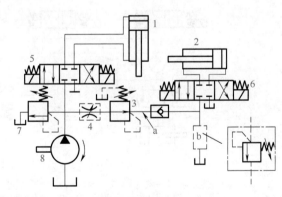<br>图 9-27　减压回路工作原理图<br>1，2—液压缸；3—减压阀；4—节流阀；5，6—电磁换向阀；7—溢流阀；8—液压泵<br>在如图 9-27 所示回路中，如果将节流阀 4 安装在图示位置，当减压阀 3 内泄漏大时会产生"液压缸速度调节失灵"故障。这是因为阀 3 内泄漏大，会使阀 3 进油口处也就是节流阀 4 出口处的压力下降，导致节流阀 4 进、出口的前、后压差发生改变而使节流阀 4 通过的流量发生改变，流量的变化势必影响后续减压主回路内液压缸的速度，使液压缸 2 发生速度调节失灵故障。解决此故障的措施为将节流阀从图 9-27 所示位置改在减压阀之后的 a 处，这样可避免减压阀泄漏对液压缸 2 速度的影响 |

| 故障类别 | 故障诊断与排除 |
|---|---|
| 双级减压回路故障分析与排除 | 如图9-28（a）所示回路为双级减压回路，这种减压回路通过在先导式减压阀3的遥控油路上接入调压阀4来使减压回路实现双级减压功能。此回路在使用过程中易出现"两级压力转换时产生压力冲击"故障现象。解决此故障的措施为：如图9-28（b）所示，将阀5接在调压阀4后面，并在遥控管路中串联一阻尼器，可防止冲击振动故障的发生<br><br>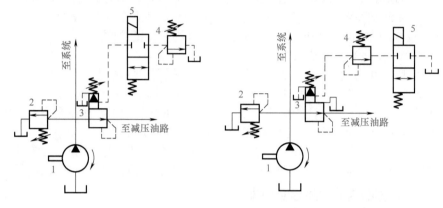<br><br>(a) 改正前的减压回路　　　　　　　　　(b) 改正后的减压回路<br>图 9-28　双级减压回路工作原理图<br>1—液压泵；2—溢流阀；3—先导式减压阀；4—先导调压阀；5—电磁换向阀 |
| 机床采用的减压回路故障分析与排除 | 如图9-29所示为某机床采用的减压回路。其中液压泵1为定量泵，主油路中液压缸7和8分别由二位四通电液换向阀5和6控制运动方向，电液换向阀的控制油液来自主油路，减压回路与主油路并联。经减压阀3减压后，由二位四通电磁换向阀控制液压缸9的运动方向。电液换向阀控制油路的回油与减压阀3的外泄油路合流后返回油箱，系统的工作压力由溢流阀2调节。系统中主油路工作正常，但在减压回路中，减压阀3的下游压力波动较大，使液压缸9的工作压力不能稳定在调定的1MPa压力值上<br><br>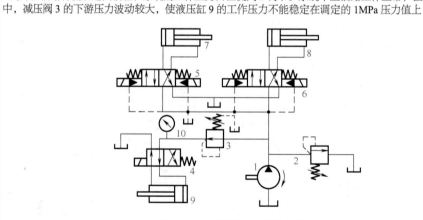<br><br>图 9-29　减压系统回路原理图<br>1—定量泵；2—溢流阀；3—减压阀；4—二位四通电磁换向阀；<br>5，6—二位四通电液换向阀；7 ~ 9—液压缸；10—压力表<br><br>经检查分析，压力波动是由于减压阀3外泄油路有背压变化造成的。电液换向阀5和6在换向过程中，控制油路的回油流量和压力是变化的。而减压阀3外泄油路的油液也是波动的，两股油液合流后产生不稳定的背压。经调试发现，当电液换向阀5和6同时动作时，压力表10的读数达5 1.5MPa，这是因为电液换向阀5和6在高压控制油液的作用下，瞬时流量较大，在泄油管较长的情况下，产生较高的背压，背压增高，使减压阀3的主阀口开度增大，阀口的局部压力减小，所以减压阀3的工作压力升高。为排除这一故障，应将减压阀3的外泄油管与电液换向阀5和6的控制油路油管分别单独接回油箱，这样减压阀3的外泄油液能稳定地流回油箱，不会产生干扰与波动，下游压力也就会稳定在调定的压力值上 |

### （五）卸荷回路的故障诊断与排除

（1）车床卸荷回路故障分析与排除

如图 9-30（a）所示回路为某车床使用的一种卸荷回路，此回路的工作要求是动作间歇时间长，执行元件工作时高速运动。当液压缸 6 停止不动后，液压泵 1 易出现"出口压力时高时低，不能持续卸荷"故障，致使系统功耗大，油温高。经故障分析发现，此故障是由于回路中某个元件或管路存在泄漏，外控式顺序阀 3 反复启闭所引起的。

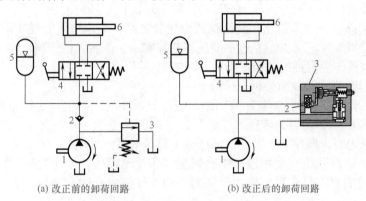

| (a) 改正前的卸荷回路 | (b) 改正后的卸荷回路 |

图 9-30　长时间卸荷回路原理图

1—液压泵；2—单向阀；3—外控式顺序阀；4—手动换向阀；5—蓄能器；6—液压缸；7—先导式溢流阀

针对此故障可采取的措施为：选用如图 9-30（b）所示的回路，此回路选用先导式卸荷溢流阀来代替原回路的阀 2 和阀 3，卸荷时柱塞对先导阀阀芯施加一额外的推力，从而保证泵 1 卸荷通路畅通，即使回路有泄漏使蓄能器 5 压力降低，也能使泵 1 处于持续卸荷状态，满足系统要求。

（2）溢流阀控制卸荷回路故障分析与排除

如图 9-31 所示回路为溢流阀控制卸荷回路。在图示系统中，液压泵 2 为定量泵，三位四通电磁换向阀 3 的中位机能为 Y 型，在三位四通换向阀 3 回到中位时，液压缸 4 不动作。系统卸荷是由先导式溢流阀 1 与二位二通电磁换向阀 5 组成的卸荷回路，这时可将远程控制口通过小型电磁阀与油箱接通，当电磁铁断电时，二位二通电

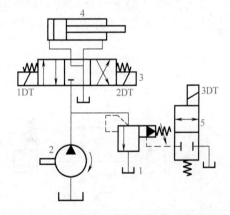

图 9-31　先导式溢流阀控制卸荷回路原理图

1—溢流阀；2—液压泵；3—三位四通电磁换向阀；
4—液压缸；5—二位二通电磁换向阀

磁阀的通路被切断，系统正常工作；当电磁铁 3DT 通电时，二位二通电磁阀被接通，于是先导式溢流阀 1 主阀芯上部的压力接近于零，阀芯向上抬到最高位置，由于阀芯上部弹簧较软，所以这时压力油口的压力很低，溢流阀 1 使整个系统在低压下卸荷。当液压系统安装完毕，进行调试时，系统发生剧烈的振动和噪声。

经检测发现，振动和噪声产生于溢流阀 1。拆检溢流阀 1，阀内零件、运动件配合间隙、阀内清洁度、安装等方面都符合设计要求。将溢流阀 1 装在试验台上测试，性能参数均属正常，而装入上述系统就发生故障。经反复试验与分析，发现卸荷回路中，溢流阀 1 的远程控制口到二位二通电磁换向阀 5 输入口之间的配管长度较短时，溢流阀 1 不产生振动和噪声；当配管长度大于 1m 时，溢流阀 1 便产生振动，并出现异常噪声。问题原因是增大了溢流阀 1 的控制腔（导阀前腔）的容积。控制腔的容积越大越不稳定，并且长管路中易残存一些空

气，这样控制腔中的油液在二位二通电磁换向阀 5 通或断时，压力波动较大，引起导阀（或主阀）的质量 - 弹簧系统自激振荡而产生噪声，此种噪声也称为高频啸叫声。

因此，当对溢流阀 1 进行远程调压或卸荷时，一般应使远程控制管路越短、越细越好，以减小容积或者设置一个固定阻尼孔，减小压力冲击及压力波动。固定阻尼孔就是一个固定节流元件，其安装位置应尽可能靠近溢流阀 1 远控口，将溢流阀 1 的控制腔与控制管路隔开，这样流体的压力冲击与波动将被迅速衰减，能有效地消除溢流阀 1 的振动和啸叫声。由于溢流阀 1 的远程控制口的油液回油箱时被节流，将会增加控制腔内油液的压力，于是系统的卸荷压力也相应提高了。为了防止系统卸荷压力过分提高，固定节流元件的阻尼孔不宜太小，只要能消除振动与噪声即可。况且过小的孔容易堵塞，系统将无法卸荷。实践证明，较大而长的阻尼孔控制流体稳定性的效果优于短而细的阻尼孔。

（3）蓄能器卸荷回路故障分析与排除

如图 9-32 所示回路为蓄能器卸荷回路，当蓄能器 4 的压力上升达到先导式顺序阀 2 的调定压力时，顺序阀 2 开启，液压泵 1 卸荷，单向阀 3 关闭，系统保压；当系统压力低于顺序阀 2 调定压力时，顺序阀 2 关闭，液压泵 1 重新对系统提供压力油。此处，溢流阀 5 起安全阀的作用。这种回路在使用过程中会发生"卸荷不彻底，系统发热"故障，经分析发现，此故障产生的原因是当系统压力升高时，阀 2 仅部分开启，开启不到位，导致卸荷不彻底。

可采取的措施为：

① 检查阀 2 发生卡阀的原因，并采取相应措施进行处理。

② 采用图 9-33 所示的卸荷回路，用一个小型先导式顺序阀 2 作先导阀，实现小先导压力控制先导式溢流阀 5 开启，可保证阀 5 卸荷时全开。

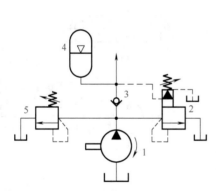

图 9-32　蓄能器卸荷回路原理图（1）

1—液压泵；2—先导式顺序阀（卸荷阀）；

3—单向阀；4—蓄能器；5—溢流阀

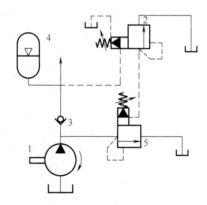

图 9-33　蓄能器卸荷回路原理图（2）

1—液压泵；2—先导式顺序阀（卸荷阀）；

3—单向阀；4—蓄能器；5—先导式溢流阀

③ 采用图 9-34 所示的卸荷回路，蓄能器（系统）的压力先打开二位三通液控换向阀 2，然后使二位二通液控换向阀 6 完全开启，从而保证主溢流阀 5 完全开启，系统充分卸荷。

（4）采用二位二通电磁换向阀的卸荷回路故障分析与排除

如图 9-35 所示液压回路为采用二位二通电磁换向阀的卸荷回路，液压泵 1 为高压、大流量定量泵。此回路的工作原理为：当液压系统工作时，二位二通电磁换向阀 2 通电，液压泵 1 输出的压力油输入给主系统，执行元件进行工作；当执行元件停止工作时，电磁铁 1DT 断电，泵输出的液压油经电磁阀回油箱，实现系统卸荷。在实际使用过程中发现，当电磁阀断电时，系统出现"不能完全卸荷并引起系统发热"故障。

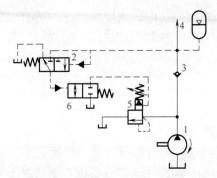

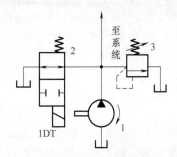

图 9-34 蓄能器卸荷回路原理图
1—液压泵；2—二位三通液控换向阀；3—单向阀；4—蓄能器；
5—主溢流阀（卸荷阀）；6—二位二通液控换向阀

图 9-35 采用二位二通电磁换向阀的卸
荷回路
1—液压泵；2—电磁换向阀；3—溢流阀

经故障分析发现，系统不能完全卸荷的原因是所选电磁换向阀 2 的规格过小，电磁换向阀 2 的通过流量与液压泵 1 的输出流量不匹配，小于液压泵 1 的输出流量，不能将液压泵 1 的输出流量全部流回油箱，造成泵 1 出口压力增高，从而使电磁换向阀 2 两端油液压差增大，电磁换向阀 2 起节流作用，使液压泵 1 不能完全卸荷并引起系统发热。因此，这种卸荷回路只适用小流量液压系统，通常用于液压泵的流量小于 63L/min 的工况。

针对此处的高压大流量液压系统，可采用如图 9-36 所示的小型二位二通换向阀控制先导式溢流阀 2 的卸荷回路。当二位二通电磁换向阀 3 通电时，溢流阀 2 的远程控制口通向油箱，泵 1 输出的压力油以很低的压力打开溢流阀 2 全部流回油箱，实现卸荷。卸荷压力的大小决定于溢流阀 2 主阀弹簧的刚度，一般为 0.2 ～ 0.4MPa。由于阀 3 流过的流量为从溢流阀 2 控制油路中流出的液压油，因此可选用规格较小的电磁阀，而且还可以进行远距离控制。当阀 3 断电时，这种卸荷回路的升压过程也远比图 9-36 所示回路缓和。

但是，对于图 9-36 所示的回路，阀 3 与阀 2 的远程控制口连接后，阀 2 的控制腔容积增大，工作中可能产生不稳定现象。为此，常在连接油路上设置阻尼装置。

（5）采用三位四通电磁换向阀中位卸荷的卸荷回路故障分析与排除

如图 9-37 所示回路为采用三位四通电磁换向阀中位卸荷的卸荷回路。这种卸荷回路在使用过程中，当液压系统为高压大流量系统时，容易产生"液压冲击"故障现象，此时将阀

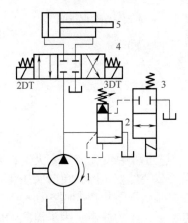

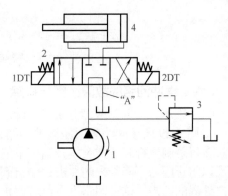

图 9-36 小型换向阀控制先导式溢流阀的卸荷回路
1—液压泵；2—先导式溢流阀；3—电磁换向阀
4—电磁换向阀；5—液压缸

图 9-37 三位四通电磁换向阀中位卸荷的卸荷回路
1—液压泵；2—三位四通电磁换向阀；3—溢流阀；
4—液压缸

2 选为带阻尼的电液换向阀，通过对阻尼的调节来减慢换向阀的换向速度，从而减少液压冲击；对于这种卸荷回路，回路工作时会经常发生"影响执行元件换向"的故障，由于这种卸荷回路是利用换向阀中位进行卸荷的，换向阀中位时系统压力卸掉，再换向时控制压力油的油压不够，而使阀 2 不能换向，从而影响执行元件的换向，此时可在图 9-37 所示中的"A"处加装一背压阀，从而保证阀 2 能有足够的控制油压使执行元件换向可靠，但这样也增大了功率损失。

（6）压力继电器控电磁换向阀卸荷回路故障分析与排除

如图 9-38（a）所示回路为压力继电器 3 控电磁换向阀卸荷回路，当蓄能器 4 压力低于压力继电器 3 调定压力时，液压泵 1 正常工作；当蓄能器 4 压力等于压力继电器 3 调定压力时，压力继电器 3 发电信号给电磁换向阀 5 使其换向，电磁换向阀 5 远程控制卸荷阀 6 使液压泵卸荷。这种回路在工作过程中经常发生系统压力在压力继电器 3 调定压力值附近来回波动的故障现象，即产生液压泵 1 频繁"卸荷与工作"的故障现象，造成液压泵和阀工作不能稳定，导致液压泵使用寿命大大降低。

排除上述故障现象可采取的措施为：采用如图 9-38（b）所示的双压力继电器控制卸荷回路，此处压力继电器 3 与 3′分别调为高压和低压两个调定值，液压泵 1 的卸荷由高压调定值控制，而液压泵 1 重新工作由低压调定值控制。这样当液压泵 1 卸荷后，蓄能器 4 继续放油直至压力逐渐降低到低于压力继电器 3′的低压调定值时，液压泵 1 重新启动工作，保证液压泵卸荷和工作间有一段间隔，可防止发生液压泵工作卸荷频繁切换的故障现象。

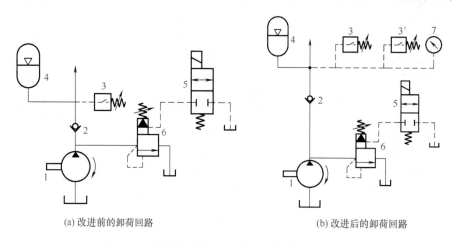

(a) 改进前的卸荷回路　　　　　　　　　　(b) 改进后的卸荷回路

图 9-38　压力继电器控电磁换向阀卸荷回路原理图

1—液压泵；2—单向阀；3, 3′—压力继电器；4—蓄能器；5—电磁换向阀；

6—先导式溢流阀（卸荷阀）；7—压力表

### （六）缓冲回路的故障诊断与排除

（1）限压缓冲回路故障分析与排除

如图 9-39 所示回路为限压缓冲回路，当液压缸在前进过程中负载突然变大时，限压溢流阀 3 可限制无杆腔压力突然升高带来的压力冲击；当负载突然变负时，单向阀 1 可从油箱补油以防止压力下降带来的冲击；溢流阀 4 和单向阀 2 主要用于防止换向阀 5 切换到中位时来自外界的冲击。这种回路也是过载保护回路，只能防止不太大的冲击。因溢流阀响应速度慢，回路的缓冲效果不是很理想，在使用中宜选用响应速度快的溢流阀。

当回路出现"防冲击性能差"故障时，故障原因主要来自溢流阀 3、4 和单向阀 1、2，采用前述溢流阀和单向阀的故障排除方法，对回路进行故障排除。

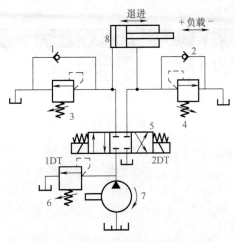
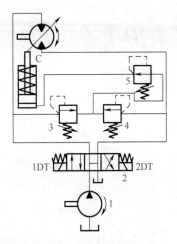

图 9-39　限压缓冲回路　　　　　　　图 9-40　调节变量液压马达驱动转矩缓冲回路

1，2—单向阀；3，4，6—溢流阀；5—电磁换　　　　1—液压泵；2—电磁换向阀；3～5—溢流阀；

向阀；7—液压泵；8—液压缸　　　　　　　　6—双向变量液压马达；C—排量控制液压缸

（2）变量液压马达驱动转矩缓冲回路故障分析与排除

如图 9-40 所示回路为变量液压马达驱动转矩缓冲回路。当驱动压力升高到某一规定压力值时，溢流阀 3（或 4）打开溢流，溢流流量通过溢流阀 5 作用于变量液压马达 6 的排量控制液压缸 C，使变量液压马达在低速大转矩下回转；负载压力下降时溢流阀不再溢流，变量控制液压缸 C 在弹簧力作用下下行，液压马达排量变小，使液压马达高速低转矩运转，从而可减少因惯性体的惯性变化导致的冲击。当回路出现"液压马达转矩不能调节"故障现象时，采用前述液压马达相关故障排除方法，排除此故障。

### （七）保压回路的故障诊断与排除

（1）保压回路常见故障诊断与排除

保压回路主要用在压力机上。在液压机中，经常遇到液压缸在工作行程终端要求在工作压力下停留保压一段时间（从几秒到数十分钟），然后再退回，这就需要保压回路。保压回路常见的故障有以下几种（表 9-27）。

表 9-27　保压回路的故障诊断与排除

| 故障类别 | 故障诊断与排除 |
| --- | --- |
| 不保压，在保压期间内压力严重下降 | 这一故障现象是指：在需要保压的时间内，液压缸的保压压力维持不住而逐渐下降。产生不保压的主要原因是液压缸和控制阀的泄漏。解决不保压故障的最主要措施和办法也是尽量减少泄漏。而由于泄漏或多或少必然存在，压力必然会慢慢下降。当要求保压时间长和压力保持稳定的保压场合，必须采用补油（补充泄漏）的方法。具体产生不保压故障的原因和排除方法如下：<br>①液压缸的内外泄漏，造成不保压。液压缸两腔之间的内泄漏取决于活塞密封装置的可靠性，一般可靠性从大到小为：软质密封圈、硬质的铸铁活塞环密封、间隙密封。提高液压缸缸孔、活塞及活塞杆的制造精度和配合精度，利于减少内外泄漏造成的保压不好的故障<br>②各控制阀的泄漏，特别是与液压缸紧靠的换向阀的泄漏量大小，是造成是否保压的重要因素。液压阀的泄漏取决于阀的结构形式和制造精度。因此，采用锥阀的（如液控单向阀、逻辑阀）保压效果远好于处于封闭状态的滑阀式的保压效果。另外必须提高阀的加工精度和装配精度，即使是锥面密封的阀也要注意其圆柱配合部分的精度和锥面密合的可靠性<br>③采用不断补油的方法，在保压过程中不断地补足系统的泄漏，虽然比较消极，但对保压时间需要较长时，它是一种最为有效的方法。此法可使液压缸的压力始终保持不变<br>关于补油的方法可采用小泵补油或用蓄能器补油等方法。此外在泵源回路中有些方法也可用于保压，例如压力补偿变量泵等泵源回路可用于保压。如图 9-41 与图 9-42 所示分别为用小泵补油和用蓄能器的保压回路 |

| 故障类别 | 故障诊断与排除 |
|---|---|
| 不保压，在保压期间内压力严重下降 | 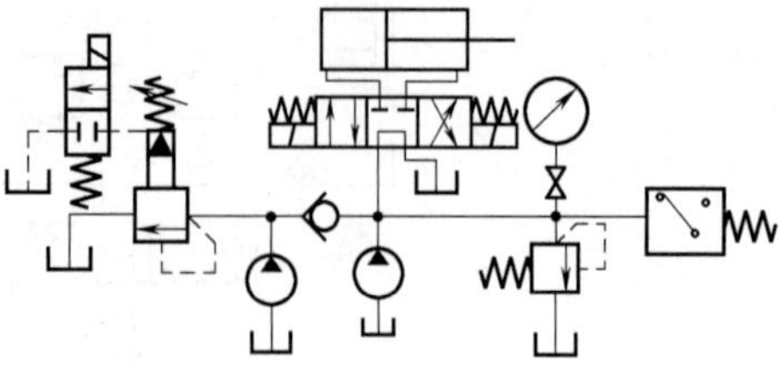 图 9-41　油泵补油回路 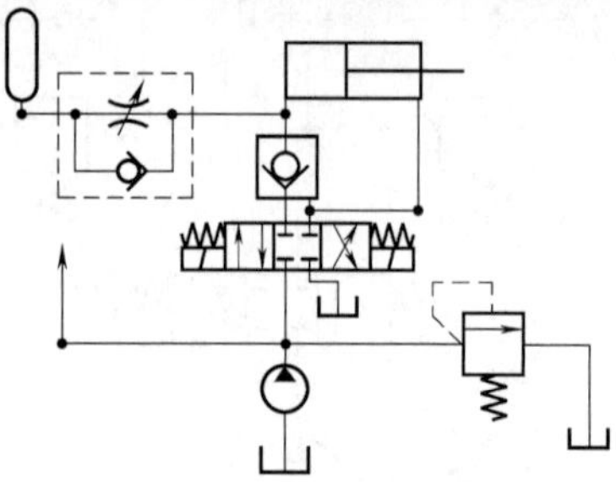　　　　图 9-42　蓄能器补油回路<br><br>如图 9-41 所示中，快进时两台泵一起向系统供油，保压时左边的大流量泵靠电磁溢流阀控制卸荷，仅右边小流量高压泵（保压泵）单独提供压力油以补偿系统泄漏，实现保压。如图 9-42 所示中，蓄能器的高压油与液压缸相通，补偿系统的泄漏。蓄能器出口前单向节流阀的作用是防止换向阀切换时，蓄能器突然卸压而造成冲击。一般用小型皮囊式蓄能器，这种方法节省功率，保压 24h 压力下降 0.1 ～ 0.2MPa |
| 保压过程中出现冲击、振动和噪声 | 如图 9-43 所示为采用液控单向阀的保压回路，该回路在小型液压机和注塑机上优势明显但用于大型液压机和注塑机在液压缸上行或回程时，会产生振动、冲击和噪声<br><br>产生这一故障的原因是：在保压过程中，油的压缩、管道的膨胀、机器的弹性变形储存的能量及在保压终了返回过程中，上腔压力储存的能量在短暂的换向过程中很难释放完，而液压缸下腔的压力已升高，这样液控单向阀的卸荷阀和主阀芯同时被顶开，引起液压缸上腔突然放油，由于流量大，卸压又过快，导致液压系统的冲击振动和噪声<br><br>解决办法是必须控制液控单向阀的卸压速度，即延长卸压时间。此时可在图 9-43 所示中的液控单向阀的液控油路上增加一单向节流阀，通过对节流阀的调节，控制液控流量的大小，以降低控制活塞的运动速度，也就延长了液控单向阀主阀的开启时间，先顶开主阀芯上的小卸荷阀，再顶开主阀，卸压时间便得以延长，可消除振动、冲击和噪声 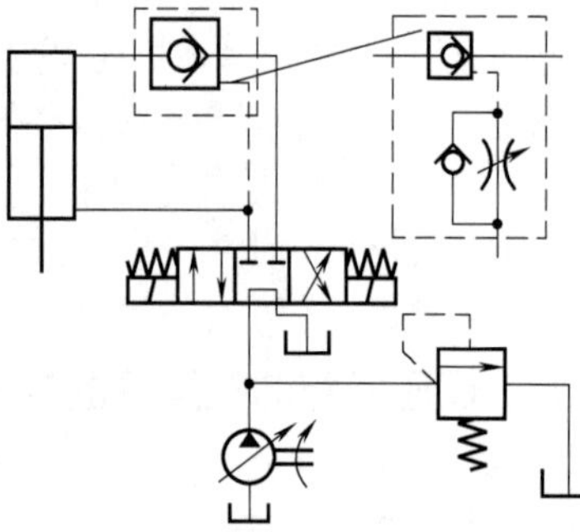<br><br><br>图 9-43　采用液控单向阀的保压回路 |
| 保压时间越长，系统发热越厉害，甚至经常需要换泵 | 如图 9-44 所示的回路，要克服负载 $F$ 并需要保压时，系统需使用大的工作压力，并且1YA连续通电，液压泵要不停机连续向液压缸左腔（无杆腔）供给压力油实现保压<br><br>此时，泵的流量除了补充液压缸泄漏外，绝大部分液压泵来油要通过溢流阀 2 返回油箱，即溢流损失掉。这部分损失掉的油液必然产生发热，时间越长，发热越厉害<br><br>解决办法：可以将定量液压泵 1 改为变量泵（例如恒压变量的压力补偿变量泵），保压时泵自动回到负载零位，仅供给基本上等于系统泄漏量的最小流量，而使系统保压，并能随泄漏量的变化自动调整，没有溢流损失，所以能减少系统发热。另外在保压时间需要特别长时，可用自动补油系统，即采用电接点压力表来控制压力变动范围和进行补压动作。当压力上升到电接点高触点时，系统卸荷；反之当压力下降到低触点时，泵又补油，这样可减少发热。也可在保压期间仅用一台很小的泵向主缸供油，可减少发热 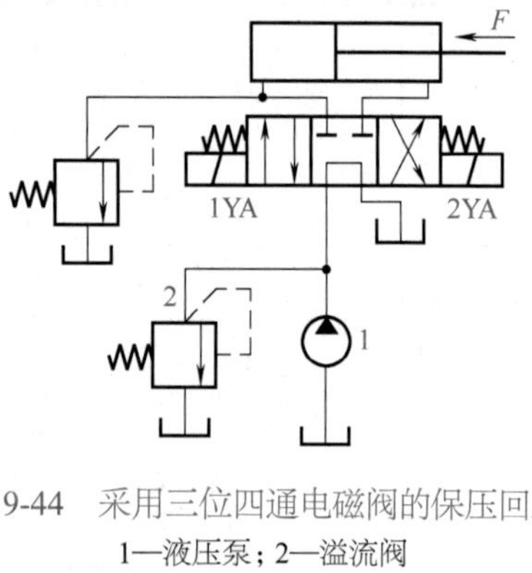<br><br><br>图 9-44　采用三位四通电磁阀的保压回路<br>1—液压泵；2—溢流阀 |

| 故障类别 | 故障诊断与排除 |
|---|---|
| 蓄能器不起保压作用 | 在图 9-45 所示的回路中，采用蓄能器 6 和单向阀 4 起保压作用，使夹紧液压缸 7 维持夹紧工件所需的夹紧压力。夹紧压力值由减压阀 3 调定。阀 2 为主油路的溢流阀，与节流阀 9、二位二通换向阀 10 组成卸荷回路<br><br>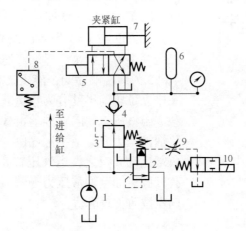<br><br>图 9-45　采用蓄能器的保压回路<br>1—液压泵；2—溢流阀；3—减压阀；4—单向阀；5—电磁换向阀；6—蓄能器；<br>7—夹紧液压缸；8—压力继电器；9—节流阀；10—二位二通换向阀<br><br>回路故障是当主油路进给液压缸快速进给时，发现工件松动现象<br>　　工件松动说明夹紧液压缸不能保压。单向阀 4 密封不严，夹紧缸内泄漏，蓄能器容量小，都易形成夹不紧的故障。检查单向阀、液压缸工作正常，蓄能器的规格也符合要求。调试系统时发现在电磁换向阀 5 换向时，夹紧液压缸 7 在完成夹紧和松开时动作缓慢。检测蓄能器发现进气阀漏气，造成气囊内气压很低<br>　　这个回路是利用蓄能器和单向阀的保压回路，它适用于多缸系统中一个缸动作不影响其他缸压力的场合。例如，组合机床液压系统中，进给液压缸快速运动时，不许夹紧缸压力下降。回路中设置蓄能器 6 和单向阀 4，当进给液压缸快速运动时，单向阀关闭，夹紧油路和进给油路隔开，蓄能器的压力油就能补偿夹紧油路中的泄漏，使其压力保持不变。压力继电器 8 起顺序控制作用，即在夹紧油路压力上升到设定压力值时，发出电气信号使主油路中换向阀工作，液压泵 1 输出的压力油进入进给液压缸。这种回路保压时间长，压力稳定性也好。但在整个工作循环过程中，必须要有一定的时间向蓄能器内充压力油<br>　　当蓄能器不起作用而主油路快速运动时，系统压降很大，由于单向阀和保压有关元件内外泄漏，造成夹紧压力降低。此时减压阀前压力较低，不能保证减压阀的正常调节作用，以致工件松动<br>　　对损坏的蓄能器要进行修复，拆卸修复时一定要按操作规程进行，不能修复则应更换新件。在拆下蓄能器前一定要打开截止阀，将其内的压力油放出来再拆<br>　　蓄能器、单向阀组成的保压回路是一种较好的保压方法。比较简单的保压方法还有用液控单向阀来组成保压回路，但这种办法保压时间短，压力稳定性不好。因为利用油液的压缩性和油管、液压缸的弹性来保持该密封空间的压力，不可避免地会因泄漏而使压力逐渐降下来，所以长时间保压须采用补油的办法来维持回路中的压力稳定 |

（2）保压回路典型故障分析与排除

如图 9-46 所示回路为某设备采用的保压回路。为了实现在克服负载 $F$ 的同时进行系统保压，系统需使用大的工作压力，并且电磁铁 1DT 需连续通电，液压泵要不停机地连续向液压缸左腔（无杆腔）供给压力油以实现保压。此时，泵的流量除了补充液压缸泄漏外，绝大部分油液通过溢流阀 2 返回油箱溢流损失掉了。这部分损失掉的油液必然产生热量，保压时间越长，系统发热越厉害，甚至经常需要换泵。

针对上述发热故障，可采取的解决措施为：将定量泵更换为变量泵（例如恒压变量的压力补偿变量泵），系统保压时变量泵可自动回到负载零位，仅供给系统泄漏所需要的最小流量而使系统保压，变量泵输出流量能随泄漏量的变化自动调整，没有溢流损失，能减少系统

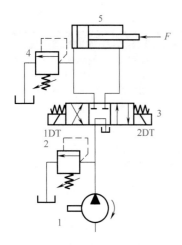

图 9-46 输出压力保压回路

1—液压泵；2，4—溢流阀；

3—电磁换向阀；5—液压缸

发热。当系统保压时间需要特别长时，可采用自动补油装置，当系统压力上升时系统卸荷；当压力下降时，对系统进行补油，可减少发热。

### （八）平衡回路的故障诊断与排除

（1）变负载平衡回路故障分析与排除

如图 9-47（a）所示回路为变负载平衡回路。在回路中，液压泵 1 为定量泵，三位四通电磁换向阀 3 为 Y 型，顺序阀 4 和 5 为遥控顺序阀，液压缸 8 推动负载 W 运动。由于负载在中立位置前半部分为正负载，在中立位置后半部分为负负载。当液压缸 8 向右推动负载运动时，液压缸 8 无杆腔进油路油液压力升到遥控顺序阀 4 开启压力，液压缸 8 向右推动负载运动。反之，当液压缸 8 拉动负载向左运动，液压缸 8 有杆腔进油路油液压力升到遥控顺序阀 5 开启压力，液压缸向左拉动负载运动。

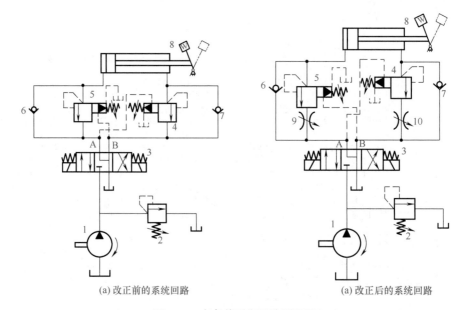

（a）改正前的系统回路   （a）改正后的系统回路

图 9-47　变负载平衡回路原理图

1—定量泵；2—溢流阀；3—电磁换向阀；4，5—遥控顺序阀；6，7—单向阀；8—液压缸；9，10—节流阀

在驱动负载运动过程中液压缸容易产生"强烈振动和冲击"故障。液压缸产生振动和冲击的原因是：由于负载过中立位置向右下摆动时，液压缸 8 无杆腔压力迅速降低，致使进油路压力低于遥控顺序阀 4 开启压力，遥控顺序阀 4 关闭，此时液压缸 8 在负载拉动下迅速向右运动，有杆腔油液迅速向外排出，而遥控顺序阀 4 处于关闭状态，导致液压缸 8 有杆腔油液无法回油箱，使液压缸 8 无杆腔油压又迅速增高，当液压缸 8 无杆腔油液压力升高到使其进油路压力等于遥控顺序阀 4 开启压力时，液压缸有杆腔油液流回油箱，负载又向右下急剧摆动。上述过程重复发生，液压缸 8 就产生了振动和冲击现象。当液压缸 8 拉动负载向左摆动时，在负载超过中立位置向左下摆动时，同样会出现振动和冲击现象。

解决上述振动和冲击故障可采取的措施为：这种故障是由于设计不周所致，可按图 9-47

（b）所示回路进行改进，在遥控顺序阀 4 和 5 的出油管路上分别设置节流阀 9 和 10，以调节液压缸 8 的运动速度。当负载过中立位置，即负载方向与液压缸 8 运动方向一致时，液压缸 8 回油腔内油液受到节流阀 10 的调节作用，不能无限制地回油箱。通过节流阀的流量越大，液压缸 8 回油腔的压力也越大。这样，当负载方向与液压缸 8 运动方向一致时，液压缸 8 回油腔油液有一定压力，并且这个压力随节流阀 10 的调节而变化。因此，液压缸进油腔压力在负载荷工况下，也不会迅速下降，遥控顺序阀 4 也不会关闭。由于节流阀的调节作用，在负载由正到负的变化过程中，液压缸 8 仍然能平稳地运动。这时遥控顺序阀 4 主要起平衡作用，使负载能在任何位置稳定地停留。

（2）单向顺序阀的平衡回路故障分析与排除

如图 9-48 所示回路为采用单向顺序阀的平衡回路，设计此回路的目的是当换向阀 4 处于中位时，液压缸 6 活塞可停留在任意位置上，实际工作时，当限位开关或按钮发出停位信号后，缸 6 活塞要下滑一段距离后才能停住，出现"停位位置点不准确"故障。

① 产生这一故障的原因是：

a. 停位电信号在控制电路中传递的时间 $\Delta t_1$ 太长，阀 4 的换向时间 $\Delta t_2$ 长，使发信后阀 4 要经过 $\Delta t = \Delta t_1 + \Delta t_2$ 时间（0.2 ～ 0.3s）和缸位移 $S = v\Delta t$ 的距离（50 ～ 70mm）后，液压缸 6 才能停位（$v$ 为液压缸的运动速度）。

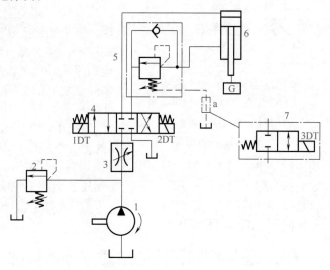

图 9-48　单向顺序阀平衡回路

1—液压泵；2—溢流阀；3—调速阀；4—三位四通电磁换向阀；
5—单向顺序阀；6—液压缸；7—二位二通交流电磁阀

b. 液压缸 6 出现下滑故障，说明液压缸 6 下腔油液在停位信号发出后还在继续回油。这是因为当液压缸 6 瞬时停止和换向阀 4 瞬时关闭时，油液会产生一冲击压力，负载惯性也会产生一个冲击压力，两者之和使液压缸 6 下腔产生的总冲击压力远大于阀 5 调定压力，此冲击压力将阀 5 打开，导致阀 4 处于中位关闭状态时，油液仍可从阀 5 外部泄油管道流回油箱，直到液压缸 6 下腔压力降为阀 5 压力调定值。油液外泄导致液压缸 6 下腔油量减少，必然导致液压缸 6 停位点不准确故障发生。

② 解决此故障的措施为：

a. 针对第一个原因，检查控制电路中各元器件的动作灵敏度，尽力缩短时间 $\Delta t$，同时将阀 4 换成换向较快的交流电磁阀，可使时间 $\Delta t_2$ 由 0.2s 降为 0.07s。

b. 针对第二个原因，在图 9-48 所示回路中的阀 5 外泄油道 a 处增加一个二位二通交流电磁阀 7，液压缸 6 正常工作时使电磁阀 7 的电磁铁 3DT 通电，液压缸 6 停位时使电磁铁 3DT 断电，可使外部泄油道被堵死，保证液压缸 6 下腔回油无处可泄，从而使液压缸 6 活塞不能继续下滑，满足了停位精度要求。

此回路也易出现"缸停止或停机后缓慢下滑"故障现象，此故障主要是液压缸 6 活塞杆密封处的外泄漏、单向顺序阀 5 及换向阀 4 的内泄漏较大所致。减小这些泄漏便可排除此故障，同时将单向顺序阀 5 更换为液控单向阀，对防止液压缸缓慢下滑也有很大作用。

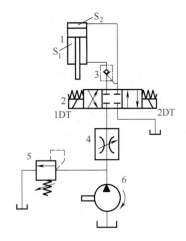

图9-49 液控单向阀平衡回路

1—液压缸；2—二位四通电磁换向阀；

3—液控单向阀；4—调速阀；

5—溢流阀；6—液压泵

（3）液控单向阀的平衡回路故障分析与排除

如图9-49所示回路为采用液控单向阀的平衡回路，液控单向阀3只有在液压缸1上腔压力达到其控制压力时才能开启，而当负载较小时，缸1上腔压力可能达不到阀3的控制压力值，单向阀3便关闭，缸1回油受阻不能下行。但是，液压泵6仍然不断供油，使缸1上腔压力又升高，压力高于阀3的控制压力时，阀3又可打开，缸1向下运动，负载又变小，使缸1上腔压力又降下来，阀3又关闭，缸1又停止运动。如此不断交替出现，缸1始终无法在低负载下平稳运动，而是向下间歇式运动，类似爬行。为了解决液压缸低负载作用下下行运动平稳性差的问题，可在如图9-49所示回路中的阀3和阀2之间的管路上加接单向顺序阀，可提高液压缸运动的平稳性。

在图9-49所示回路中，如果所设计或选用的液压缸1的上、下腔作用面积之比大于液控单向阀3控制活塞作用面积与单向阀3上部作用面积之比，则液控单向阀3将永远无法打开。此时，液压缸1将如同一个增压器一样，其下腔将严重增压，造成下腔增压事故。解决此增压事故的唯一办法就是在设计或选用液压缸时，缸上、下腔工作面积比要小于液控单向阀3控制活塞作用面积与单向阀上部作用面积比。

## 三、速度控制回路的故障诊断与排除

### （一）速度控制系统故障的基本原则

速度调节是液压系统的重要内容，执行机构速度不正常，液压机械就无法工作。速度控制系统主要故障及其产生原因可归结为以下几个。

（1）执行机构（液压缸、液压马达）无小进给的主要原因

① 节流阀的节流口堵塞，导致无小流量或小流量不稳定。

② 调速阀中定差式减压阀的弹簧过软，使节流阀前后压差过低，导致通过调速阀的小流量不稳定。

③ 调速阀中减压阀卡死，造成节流阀前后压差随外载荷而变。经常见到的是由于小进给时载荷较小，导致最小进给量增大。

（2）载荷增加时进给速度显著下降的主要原因

① 液压缸活塞或系统中某个或几个元件的泄漏随载荷、压力增高而显著加大。

② 调速阀中的减压阀卡死于打开位置，则载荷增加时通过节流阀的流量下降。

③ 液压系统中油温升高，油液黏度下降，导致泄漏增加。

（3）执行机构爬行的主要原因

① 系统中进入空气。

② 由于导轨润滑不良，导轨与液压缸轴线不平行，活塞杆密封压得过紧，活塞杆弯曲变形等原因，导致液压缸工作行程时摩擦阻力变化较大而引起爬行。

③ 在进油节流调速系统中，液压缸无背压或背压不足，外载荷变化时，导致液压缸速度变化。

④ 液压泵流量脉动大，溢流阀振动造成系统压力脉动大，使液压缸输入压力油波动而引起爬行。

⑤ 节流阀的阀口堵塞，系统泄漏不稳定，调速阀中减压阀不灵活，造成流量不稳定而引起爬行。

### （二）速度控制回路的故障原因与排除方法

（1）速度不稳定的故障原因与排除

如图 9-50（a）所示的回路，是采用节流阀进油节流调速。回路设计时是按液压缸载荷变化不大考虑的。实际使用时，液压缸的外载荷变化较大，致使液压缸运动速度不稳定。速度不稳定的原因是显而易见的，即节流阀调速速度是随外载荷而变化的。

解决这个问题是用调速阀代替节流阀。但有时因没有合适的调速阀而使设备不能运行，从而影响生产。还可用以下方法来解决。

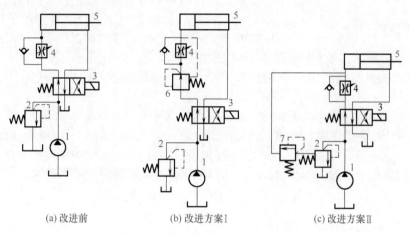

|(a) 改进前|(b) 改进方案Ⅰ|(c) 改进方案Ⅱ|

图 9-50　节流阀进油节流调速回路

1—液压泵；2—溢流阀；3—电磁阀；4—节流阀；5—液压缸；6—减压阀；7—远程调压阀

① 如图 9-50（b）所示，在节流阀前安装一个减压阀 6，并将减压阀的泄油口接到液压缸和节流阀之间的管路上。这样处理可获得如下效果：减压阀 6 能控制其阀后压力为稳定值。由于减压阀的泄油口接到节流阀与液压缸之间的管路上，这样当液压缸外载荷增大时，液压缸的载荷压力也就增大，于是减压阀的泄油口压力增大，减压阀的阀后调整压力也增大，所以节流阀前后压差基本不变；当液压缸载荷减小时，其载荷压力减小，减压阀泄油口压力减小，减压阀阀后调整压力也减小，节流阀前后压差仍基本不变。所以在外载荷变化时，节流阀仍可获得稳定的流量，从而使执行机构速度稳定。

在液压缸退回运动行程中，减压阀 6 的泄油口压力比出油口压力高，减压阀的主阀芯处于完全打开状态，液压缸无杆腔的油液可以自由反向流动，所以单向阀不必和减压阀并联。

② 如图 9-50（c）所示，在溢流阀 2 的远程控制口上安装一个远程调压阀 7，并将其回油口接到节流阀与液压缸之间的管路上，使调压阀 7 的调节压力低于溢流阀的调整压力。节流阀进油节流调速回路中，外载荷增大，节流阀的压差减小，因此通过的流量也减小，液压缸的运动速度就减小。反之，外载荷减小，液压缸的速度就增大。在外载荷变化的系统中，用调速阀代替节流阀就能使执行机构的速度稳定。

当液压缸外载荷增大时，其载荷压力增大，调压阀 7 的出口压力也增大。由于调压阀 7 的出油口与液压缸入口连接，所以调压阀的出油口压力也增大，导致打开调压阀先导阀的压力和调压阀 7 的阀前压力以及溢流阀控制口压力增大，于是溢流阀的阀前压力也增大，使节流阀前后压差基本不变。反之，液压缸载荷减小时，仍然能控制节流阀前后压差基本不变。节流阀前后压差不变，通过流量也不变，从而使执行机构的运动速度基本不变。

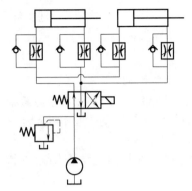

图 9-51 双缸同步节流阀进油
节流调速回路

输入液压缸的流量不仅由节流阀 4 的开口度决定，调节压力阀 7 的调整压力同样可以调节通过节流阀 4 的流量，从而达到调节液压缸速度的目的。但通过提高压力来调高液压缸的速度会带来一些问题，如能量损耗大，系统容易发热等。

在如图 9-51 所示的回路中，液压泵为定量泵，液压缸的进出油路分别安装单向节流阀。因此，这个回路为节流阀进油节流调速回路。为了保证液压缸同步运动，液压缸左右行程都可进行节流调速。

系统运行过程中出现的故障是：液压缸动作不稳定。

对系统进行检测和调试，分别调整各节流阀后，液压缸单独动作时运动正常，同时调整并控制两个缸运动速度同步节流阀时，发现液压缸运动中压力变化较大。检测溢流阀没有发现问题。测量流入两缸中的流量与泵的出口流量基本相等。不难分析出故障原因是液压泵的容量小造成的。

在进口节流调速回路中，系统运行时溢流阀是常开的。由于泵为定量泵，调节节流阀就能控制输入液压缸中的流量，定量泵输出的多余流量必须从溢流阀溢回油箱。因此选用液压泵时，必须考虑溢流阀的溢流量。同时，先导式溢流阀还要有一定的压力油推开先导阀泄回油箱，换向阀也有一定的内部泄漏，所以选择液压泵时其流量应为如下数值：

$$Q_泵 = Q_缸 + Q_溢 + Q_{泄1} + Q_{泄2}$$

式中　$Q_泵$——液压泵的输出流量；

$Q_缸$——输入液压缸的流量；

$Q_溢$——进口节流调速回路溢流阀的正常溢流量；

$Q_{泄1}$——溢流阀先导阀正常工作的泄油量；

$Q_{泄2}$——换向阀内部及其他元辅件的内外泄漏量。

溢流阀泄漏量的大小，随其规格的大小、主回路的流量、调节压力、滑阀中央弹簧特性和滑阀上阻尼小孔直径的不同而不同。所以选择液压泵的流量时，必须满足系统的正常工作要求。液压泵流量小，向系统的执行机构供油不足，便产生压力、流量不稳定，使系统无法正常工作。

排除上述故障的方法：可更换容量较大的泵，以满足系统流量要求，或在系统工作允许的工况下，选用规格较小的溢流阀，以减小溢流和泄漏量。

这个回路采用节流调速来实现两缸同步，在同步要求不高的条件下还是可以应用的。但对于同步要求较高的液压系统，比较可靠的是用电液比例调速阀或用机械同步保证（将两活塞杆机械地固定成整体）。

（2）油温过高引起速度降低的故障原因与排除

在如图 9-52（a）所示回路中，液压泵为定量泵，电磁换向阀中位机能为 O 型。调速阀装在回油路上，所以该回路为回油节流调速回路。

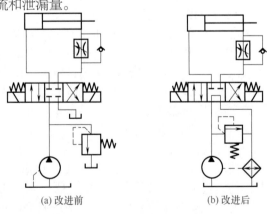

(a) 改进前　　　　(b) 改进后

图 9-52　回油节流调速回路

系统启动工作时，液压泵的出口压力上升不到设定值，执行机构速度上不去。

检测并调试系统，发现油箱内油液温度很高，液压泵外泄油管异常发热。检测液压泵时发现容积效率较低，说明泵内泄漏严重。检测其他元件均未发现异常。

液压泵外泄漏严重，一定压力的油液泄漏回油箱，压力降为零。根据能量转换原理，液体的压力能主要转换成热能，使油液温度升高。又由于油箱散热效果差，且没有专门冷却装置，使油温超过了允许值范围。

油液的温度升高，使其黏度大大降低，系统中各元件内外泄漏加剧，如此恶性循环，导致系统压力和流量上不去。

该回路采用调速阀回油节流调速，调速阀中的减压阀阀口和节流阀的节流口都将造成压力损失。

回路中换向阀中位机能为 O 型，液压油不能卸荷，而以较高的压力由溢流阀回油箱，也造成油箱油液温度升高。

液压系统的温升有些原因是不可克服的，有些原因是可以消除的。本回路的温升消除办法可从以下几方面着手。

① 加大油箱容量，改善散热条件。

② 增设冷却器，如图 9-52（b）所示。也可将换向阀的中位机能改为 M 型。

③ 更换容积效率较高的液压泵。

解决了温升问题，就能减少系统的内外泄漏，特别是液压泵的泄漏。泄漏减少了，液压泵的输出压力就能达到设计要求。

（3）调速阀前后压差过小的故障原因与排除

在如图 9-53 所示的系统中，液压泵为定量泵，换向阀为三位四通 O 型电液换向阀，调速阀装在液压缸的回油路上，所以这个回路是调速阀回油节流调速回路。

系统的故障现象是：在外载荷增加时，液压缸的运动速度出现明显的下降趋势。这个现象与调速阀的调速特性显然是不一致的。

检测与调试发现，系统中液压元件工作正常。液压缸运动在低载时，速度基本稳定，增大载荷时，速度明显下降。调节溢流阀的压力：当将溢流阀的压力调高时，故障现象基本消除；将溢流阀的压力调低时，故障现象表现非常明显。

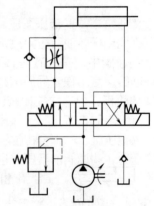

图 9-53　调速阀回油节流调速回路

调速阀用于系统调速，其主要原理是利用一个能自动调整的可变液阻（串联于节流阀前的定差式减压阀）来保证另一个固定液阻（串联于减压阀后的节流阀）前后压差基本不变，从而使经过调速阀的流量在调速阀前后压差变化的情况下保持恒定，于是执行机构运动速度在外载荷变化的工况下仍能保持匀速。

调速阀中，由于两个液阻是串联的，所以要保持调速阀稳定工作，其前后压差要高于节流阀作调速用时的前后压差。一般，调速阀前后压差应保持在 0.5 ～ 0.8MPa 压力值范围，若小于 0.5MPa，定差式减压阀不能正常工作，也就不能起压力补偿作用。显然节流阀前后压差也就不能恒定，于是通过调速阀的流量便随外载荷变化而变化，执行机构的速度也就不稳定。

要保证调速阀前后压差在外载荷增大时仍保持在允许的范围内，必须提高溢流阀的调定压力值。另外，这种系统执行机构的速度刚性，也要受到液压缸和液压阀的泄漏、减压阀中的弹簧力、液动力等因素变化的影响。在全载荷下的速度波动值最高可达 4%。

在如图 9-54（a）所示回路中，液压油经单向阀进入液压缸的无杆腔顶起重物上升，有杆腔的油液直通油箱。液压缸下降行程靠自重下降，无杆腔的油液经调速阀回油箱，即相当于调速阀回油节流调速，因此液压缸下降速度应该稳定。但这个回路的液压缸下降时速度不稳定。

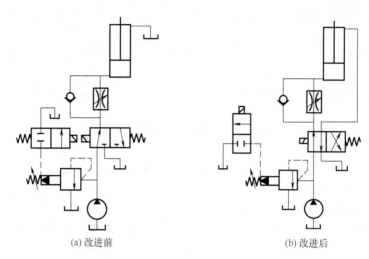

(a) 改进前　　　　　　　　　(b) 改进后

图 9-54　调速阀进油节流调速回路

液压缸下降时液压泵已卸荷，液压缸无杆腔的压力只决定于重物，与液压泵输出压力无关，因此无杆腔油液压力决定于载荷和活塞面积。

调速阀中定差式减压阀要能正常工作，调速阀前后压差必须达到 0.5 ~ 0.8MPa。显然上述回路速度不稳定的原因是调速阀前后压差较低。要提高调速阀前后压差，可减小液压缸活塞的面积，但这往往比较困难。如图 9-54（b）所示，将二位三通阀改为二位四通阀，使液压缸下降时，有杆腔输入压力油，这时系统压力由溢流阀调定，液压泵输出的压力油一部分进入液压缸，一部分由溢流阀溢回油箱。液压缸下降的速度由调速阀调定，调高溢流阀的调整压力，调速阀前后压差也相应增大，保证了调速阀正常工作的压差，液压缸的速度就符合调速阀回油节流调速的规律，不会随载荷变化而变化，液压缸就能稳定地下降。

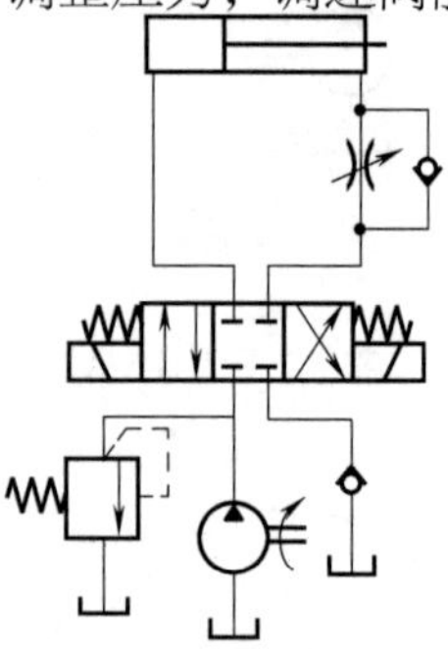

（4）节流阀前后压差过小的故障原因与排除

在如图 9-55 所示的系统中，液压泵为定量泵，节流阀在液压缸的进油路上，所以系统是进油节流调速系统。液压缸为单出杆液压缸，换向阀采用三位四通型电磁换向阀。系统回油路上的单向阀作背压阀用。由于是进油节流调速系统，所以在调速过程中溢流阀是常开的，起定压与溢流作用。

系统的故障现象是：液压缸推动载荷运动时，运动速度达不到设定值。

图 9-55　进油节流调速回路

经检查系统中各元件工作正常，油液温度为 40℃，属正常温度范围。溢流阀的调节压力比液压缸工作压力高 0.3MPa，这个压力差值偏小，即溢流阀的调节压力较低是产生上述故障的主要原因。

节流阀进油节流调速回路中，液压缸的运动速度是由通过节流阀的流量决定的。通过节流阀的流量又决定于节流阀的通流截面和节流阀的前后压差，一般要达到 0.2 ~ 0.3MPa，再调节节流阀的通流截面，就能使通过节流阀的流量稳定。

上述回路中，油液通过换向阀的压力损失为 0.2MPa，溢流阀的调定压力只比液压缸的工作压力高 0.3MPa，这样就造成节流阀前后压差低于允许值（只有 0 ～ 0.1MPa），通过节流阀的流量就达不到设计要求的数值，于是液压缸的运动速度就不可能达到设定值。

故障的排除方法：提高溢流阀的调节压力到 0.5 ～ 1.0MPa，使节流阀的前后压差达到合理的压力值，再调节节流阀的通流截面，液压缸的运动速度就能达到设定值。

从以上分析不难看出，节流阀调速回路一定要保证节流阀前后压差达到一定数值，低于合理的数值，执行机构的运动速度就不稳定，甚至造成液压缸爬行。

（5）调速阀调速的前冲故障原因与排除

如图 9-56 所示为调速阀进油路调速回路，在液压缸停止运动后，再启动时出现跳跃式的前冲现象。

回路中液压缸停止运动时，调速阀中无油液通过，在压差为零的情况下，减压阀阀芯在弹簧力作用下将阀口全部打开，当液压缸再次启动时，减压阀阀口处的压降很小，节流阀受到一个很大的瞬时压差，通过了较大的瞬时流量，呈现出液压缸跳跃式的前冲现象。液压缸必须在减压阀重新建立起平衡后才会按原来调定的速度运动。

经检测，调速阀进口节流调速回路中液压缸的启动过程如图 9-57（a）所示，图中横坐标为时间 $t$，纵坐标为液压缸行程 $L$，液压缸的运动速度为 $v = L/t = \tan\alpha$（$\alpha$ 越大表示速度越快）。

图中曲线表明：液压缸从静止到达其调定速度（用 $\alpha$ 表示）之前，出现一个瞬时高速度（用 $\alpha'$ 表示），它跳跃了 0.7mm，经过 20ms 后才达到调定速度，即减压阀才起调节作用。

如图 9-57（b）所示为处理后获得的无跳跃过程，它是通过给调速阀添加一条控制油路后得来的。

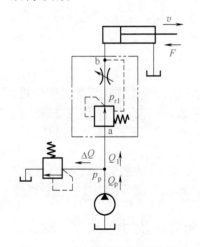

图 9-56　调速阀进油路调速回路

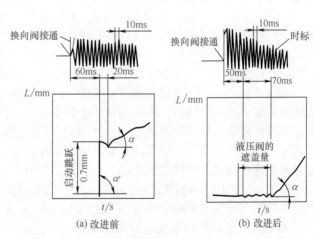

(a) 改进前　　　　　(b) 改进后

图 9-57　液压缸启动过程

如图 9-58 所示为从泵的出口处引出一条控制油路 a，在 x 处与减压阀的无弹簧腔连接，又将该腔通向调速阀进口 P 的控制油路在 y 处断开，并做成一个可切换的、与换向阀关联的结构。当换向阀处于中位，液压缸停止运动时，y 处断开，减压阀在泵的压力油作用下关闭其阀芯开口；当切换换向阀使液压缸启动时，y 处接上，减压阀又恢复原有功能（这时阀芯由关闭状态转换到原来的调节状态，即使液压缸以调定速度移动的状态）。这个过程可以清楚地从图 9-57（b）所示的曲线中看出来，阀芯用了 70ms 的时间转换其状态才使液压缸无跳跃地达到其调定速度。使用这种控制方式时，必须注意使接头 x 和 y 处的压力接近于相等。

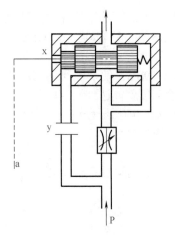

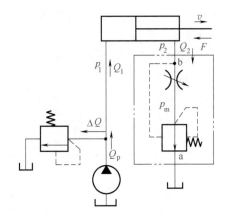

图 9-58　泵的出口处控制油路　　　　　　　图 9-59　调速阀回油节流调速回路

又如图 9-59 所示为调速阀回油节流调速回路。液压缸在停歇后再开动时，出现跳跃式前冲现象，比调速阀进油节流调速更严重。

出现前冲现象的基本原因及消除措施与调速阀进油调速完全相同。这里对前冲现象严重的原因及消除方法做进一步的分析。

经调查、调试和分析，发现液压缸停歇运动的时间越长，开动时前冲现象就越厉害。其原因是液压缸回油腔中油液有泄漏现象。当液压缸停歇越长，回油腔中的油液漏得越多，于是回油腔中的背压就越小，调速阀中减压阀压力调整越困难，所以液压缸前冲现象越严重。因此消除液压缸回油腔中油液的泄漏将会大大减少液压缸启动时的前冲现象。

调速阀装在进油和回油路上的调速回路的工作情况与节流阀进油、回油节流调速回路基本相同。但由于回路中采用了调速阀代替节流阀，回路的速度稳定性大大提高。当然液压阀和液压缸的泄漏、调速阀中减压阀阀芯处的弹簧力以及液压力变化等情况，实际上还是会因载荷的变化对速度产生一些影响，但在全载荷下这种调速回路的速度波动量不会超过 ±4%。

在调速阀进油节流调速回路中，调速阀大都制成减压阀在前，节流阀在后的结构形式。这样做的优点是：液压缸工作压力 $p_1$（无杆腔压力）随载荷所发生的变化直接作用在减压阀上，调节作用快。缺点是：油液通过减压阀阀口时发热，热油进入节流阀，油温又随着减压阀的压降的变化而变化，因而使节流的系数 $C$ 值不能保持恒定。

在调速阀回油节流调速回路中，以采用节流阀在前，减压阀在后的结构形式为好。因为这种形式不仅使压力 $p_2$（有杆腔压力）的变化直接作用在减压阀上，调节作用快，而且通过节流阀的油液温度不受减压阀阀口节流作用的影响。

调速阀进油和回油节流调速回路适用于对运动平稳性要求较高的小功率系统，如镗床、车床和组合机床的进给系统，回油节流还适用于铣床的进给系统。

（6）速度换接时产生冲击的故障原因与排除

如图 9-60（a）所示回路中，泵 1 为定量液压泵，换向阀 3 采用 M 型电液换向阀。液压缸执行工作进给时，由调速阀 4、5 经换向阀 6 对液压缸进行速度换接。

回路故障是在速度换接时液压缸产生较大液压冲击。

检测有关元件并调试系统，各元件工作正常，系统中无过量的气体。

由于冲击发生在液压缸由一种速度向另一种速度换接时，可以分析出故障原因是调速阀使用不当造成的，即在速度换接时调速阀的压力补偿装置的跳跃现象引起的。

调速阀正常工作时，串联于节流阀前的定差减压阀自动调节成适当开度，使节流阀两端压差为定值。在如图 9-60（a）所示的回路中，速度换接前没有工作油通过调速阀，减压阀在阀芯弹簧作用下开度最大，这时由换向阀 6 开始速度换接，压力油急速流入调速阀，使减压阀阀后压力瞬时增大，节流阀两端的压差很大，流过的流量也很大，这样液压缸就急速运动。经过一瞬间后，定差减压阀在阀后压力作用下，使滑芯的开度达到最小，流过减压阀的流量也降到最小，此时液压缸又急速慢下来。这个过程往复多次才能使流量达到稳定的数值。这就是上述回路在换向阀 6 换向过程中，液压缸速度换接时，发生液压冲击的原因。

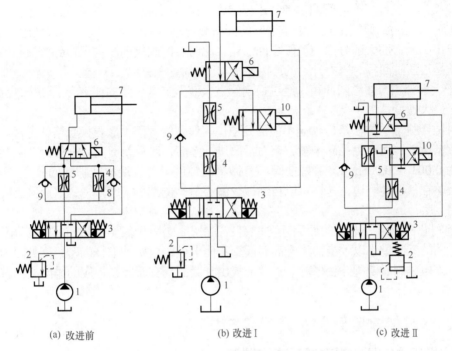

(a) 改进前　　　　　　(b) 改进Ⅰ　　　　　　(c) 改进Ⅱ

图 9-60　速度换接回路

1—液压泵；2—溢流阀；3—电液换向阀；4，5—调速阀；6，10—电磁换向阀；7—液压缸；8，9—单向阀

将上述回路结构改进为图 9-60（b）或图 9-60（c）所示形式，故障便立即消除。

如图 9-60（b）所示回路中，调速阀为串联形式。图示位置时，压力油经调速阀 4、5 和换向阀 6 回油箱。换向阀 6 与 10 通电后右位工作，调速阀 4 开始工作，液压缸的速度由调速阀 4 调节。当换向阀 10 不通电而换向阀 6 通电时，调速阀 4 与 5 均进入工作状态。很明显，在液压缸运行速度换接过程中的每一时刻，两个调速阀都有压力油通过，这样便避免了上述故障的发生。这样的调速回路，调速阀 5 的通流截面要调得小于调速阀 4，否则就不能进行速度换接。

在如图 9-60（c）所示回路中，调速阀 4 和 5 是并联。图示位置，两调速阀都有压力油通过，当换向阀 6 和 10 接通时，调速阀 4 工作；当换向阀 6 接通，换向阀 10 切断时，调速阀 5 工作。不难看出，调速阀在速度换接的每一时刻也同样都有压力油通过，从而也可避免发生上述故障。

（7）液压缸回程时速度缓慢的故障原因与排除

在如图 9-61 所示的系统中，液压泵为定量泵，换向阀为二位四通电磁换向阀，节流阀在液压缸的回油路上，因此系统为回油节流调速系统。液压缸回程时，液压油由单向阀进入液压缸的有杆腔。溢流阀在系统中起定压和溢流作用。

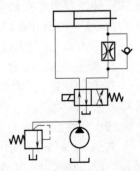

图 9-61　回油节流调速系统

系统故障现象是：液压缸回程时速度缓慢，没有最大回程速度。

对系统进行检查和调试，发现液压缸快进和工作运动都正常，只是快退回程时不正常，检查单向阀，其工作正常。液压缸回程时无工作载荷，此时系统压力比较低，液压泵的出口流量全部输入液压缸有杆腔，应使液压缸产生较高的速度。但发现液压缸回程速度不仅缓慢，而且此时系统压力还很高。

拆检换向阀发现，换向阀回位弹簧不仅弹力不足，而且存在歪斜现象，导致换向阀的阀芯在断电后未能回到原始位置，于是滑阀的开口量过小，对通过换向阀的油液起节流作用。液压泵输出的压力油大部分由溢流阀溢回油箱，此时换向阀阀前压力已达到溢流阀的调定压力，这就是液压缸回程时压力升高的原因。

由于大部分压力油溢回油箱，经过换向阀进入液压缸有杆腔的油液必然较少，因此液压缸回程无最大速度。

这种故障排除的方法是：滑阀不能回到原位，属弹簧原因，应更换合格的弹簧。如果是由于滑阀精度差，而产生径向卡紧，应对滑阀进行修磨，或重新配制。一般阀芯的圆度锥度的允差为 0.003～0.005mm。最好使阀芯有微量的锥度（可为最小间隙的四分之一），并且使它的大端在低压腔一边，这样可以自动减少偏心量，也减小了摩擦力，从而减小或避免径向卡紧力。

引起阀芯回位阻力增大的原因还可能有：脏物进入滑阀缝隙中而使阀芯移动困难；阀芯和阀孔间的间隙过小以致当油温升高时阀膨胀而卡死；电磁铁推杆的密封圈处阻力过大以及安装紧固电磁阀时使阀孔变形等。只要能找出卡紧的真实原因，相应的排除方法就比较容易了。

## 四、多缸控制回路的故障诊断与排除

### （一）顺序动作回路典型故障分析与排除

（1）压力继电器控制实现的顺序动作回路

如图 9-62 所示回路为采用压力继电器控制实现的顺序动作回路，此回路的顺序动作为：①缸 1 夹紧→②缸 2 进给→③缸 2 后退→④缸 1 松开。当回路出现"顺序动作错乱"故障，即不按"①→②→③→④"顺序动作，往往出现前一动作尚未完成，下一动作就开始，或前一动作已经完成，下一动作尚未开始，逐项检查下述原因。

① 检查是否因各压力继电器的压力调节不当，或者使用过程中因某种原因所调动作压力发生变化，造成故障发生。例如，为了防止压力继电器 1YJ 在夹紧缸 1 未到达夹紧行程终点之前就误发信号，1YJ 的调节压力应比夹紧缸的夹紧压力大 0.3～0.5MPa；而为了保证在工件没有可靠夹紧之前不出现缸 2 先进给的故障，减压阀 5 的调整压力比 1YJ 的调整压力高 0.3～0.5MPa；为了保证可靠工作，溢流阀 8 的调整压力既要比阀 5 的调整压力高 0.2～0.3MPa，又要比缸 2 的最大工作压力大 0.3～0.4MPa。

② 检查是否因压力继电器本身存在故障，导致规定顺序动作出现混乱。

对于原因①，正确调节压力继电器的压力即可；对于故障②，按照前述压力继电器故障排除方法予以处理。

（2）同时进行执行元件速度和顺序动作控制的液压系统回路

如图 9-63（a）所示回路为同时进行执行元件速度和顺序动作控制的液压系统回路，此回路的设计要求为：夹紧缸 1 先把工件 5 夹紧，然后进给缸 2 才能动作，并且要求缸 1 速度能够调节。

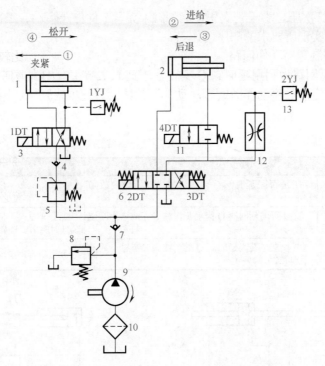

图 9-62　采用压力继电器控制实现的顺序动作回路

1—夹紧缸；2—进给缸；3—二位四通电磁换向阀；4,7—单向阀；5—减压阀；6—三位四通电磁换向阀；

8—溢流阀；9—液压泵；10—吸油过滤器；11—二位二通电磁换向阀；12—调速阀；13—压力继电器（1YJ，2YJ）

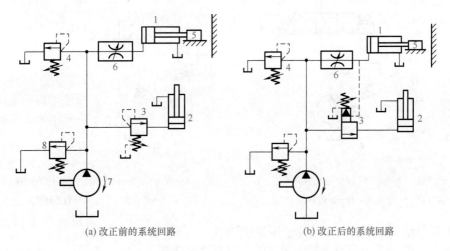

(a) 改正前的系统回路　　　　　　　　(b) 改正后的系统回路

图 9-63　顺序阀控制顺序动作回路

1,2—液压缸；3—顺序阀；4,8—溢流阀；5—工件；6—调速阀；7—液压泵

　　故障现象分析：如图 9-63（a）所示回路是通过调速阀 6，对缸 1 速度进行控制，溢流阀 4 采用常开溢流阀 4。因此，此液压回路是恒压回路，其压力 $p_1$ 由阀 4 调定。这样，顺序阀 3 的开启压力 $p_2$ 要满足 $p_2 \leqslant p_1$，这造成缸 2 只能先动作或和缸 1 一起动作，达不到预期的设计目的。

　　故障解决的方法：如图 9-63（b）所示，将顺序阀 3 内控方式改为外控方式，即二次控制压不是由一次压引出，而是由调速阀 6 出口引出。这样当缸 1 在运动过程中，由于调速阀

6必然存在压差，二次压总小于一次压，直到缸1夹紧工件停止运动，二次压才等于一次压，缸2才开始动作，实现所要求的顺序动作。

（3）延时阀控制顺序动作回路

如图9-64所示回路为利用延时阀Q实现液压缸1、2顺序动作的顺序动作回路。当回路出现"不能按照规定的顺序动作时间顺序动作"故障时，逐项检查下述原因及相应的故障排除（表9-28）。

表9-28　故障原因与排除措施

| 故障现象 | 故障原因 | 故障排除措施 |
| --- | --- | --- |
| 回路出现"不能按照规定的顺序动作时间顺序动作"故障 | ①是否因延时阀Q存在严重内泄漏导致故障发生 | ①可重配延时阀、节流阀阀芯 |
| | ②是否因延时阀Q因毛刺污物卡死或堵塞而造成故障 | ②采取去毛刺、清洗延时阀等措施消除延时阀卡阀现象 |
| | ③检查是否因延时阀Q的节流阀调节过小或关闭而导致故障发生 | ③重新合理地增大节流阀的开度 |

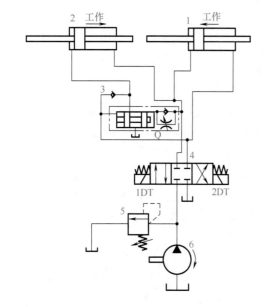

图9-64　延时阀控制顺序动作回路

1，2—液压缸；3—单向阀；4—电磁换向阀；

5—溢流阀；6—液压泵；Q—延时阀

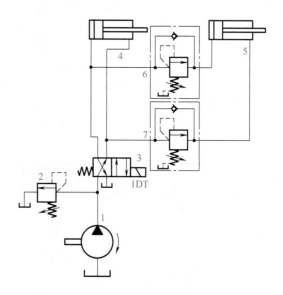

图9-65　专用机床双缸顺序动作液压系统

1—液压泵；2—溢流阀；3—电磁换向阀；

4，5—液压缸；6，7—单向顺序阀

（4）某专用机床双缸顺序动作液压系统回路

如图9-65所示系统回路为某专用机床双缸顺序动作液压系统。由于溢流阀2和顺序阀6、7调节参数调节不当，导致回路出现"液压缸4运动速度能达到设计值，而液压缸5的速度比预定速度的低"的故障现象发生。

故障原因分析：产生上述故障的原因是溢流阀2在不该开启时开启，将泵1的流量分流了，即溢流阀2调定的开启压力值低于顺序阀6、7通过液压泵1全部流量时的最高压力值，或溢流阀2调定的开启压力值等于或略高于顺序阀6、7开启后通过液压泵1全部流量时的最高压力值。导致液压缸4、5出现"不能全速运行或速度时大时小"的故障。

故障解决的方法：将溢流阀2的压力调到比顺序阀6、7开启后的最高压力高0.5～0.8MPa，系统出现上述的问题便可解决。

### （二）同步回路典型故障诊断与排除

（1）机械式同步回路

如图 9-66 所示回路为机械式同步回路，回路易发生的故障主要为"不能完全同步"故障，产生此故障的原因与解决故障措施见表 9-29。

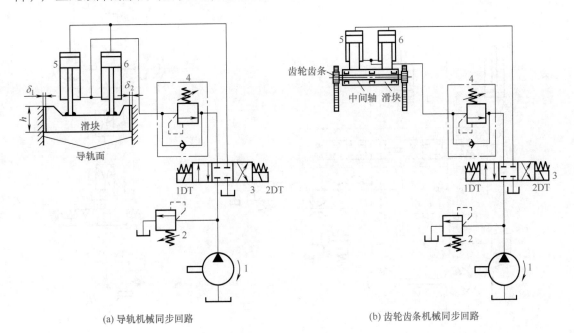

(a) 导轨机械同步回路  (b) 齿轮齿条机械同步回路

图 9-66　机械同步控制回路

1—液压泵；2—溢流阀；3—电磁换向阀；4—单向溢流阀；5，6—液压缸

表 9-29　故障原因与排除措施

| 故障现象 | 故障原因 | 故障排除措施 |
| --- | --- | --- |
| 不能完全同步 | ① 存在偏心负载和不稳定的变化负载<br>② 各液压缸的摩擦阻力和内泄漏量不等<br>③ 各液压缸不可能绝对一样，例如液压缸缸径误差和加工精度存在差异<br>④ 油液的清洁度差和有压缩性，油中进入空气<br>⑤ 系统的刚性和结构变形不一致<br>⑥ 滑块上的偏心负载较大且不均衡<br>⑦ 导轨间隙过大或过小，以及间隙 $\delta_1 \neq \delta_2$<br>⑧ 机身与滑块的刚性差，产生结构变形<br>⑨ 齿轮与齿条传动的制造精度差，或者在长久使用后磨损变形，齿侧隙增大<br>⑩ 中间轴、扭轴的扭转刚性差<br>⑪ 四杆机构的连杆、摆杆孔与其铰轴之间因磨损间隙太大等 | ①尽力减少偏心负载和不均匀负载，注意装配精度，调整好各种间隙，各液压缸尽量靠近且保证平行<br>②增强机身与滑块的刚性<br>③当导轨跨距大和偏心负载大又不能减少时，可适当加长导轨长度 $h$；必要时增设辅助导轨。例如在滑块的中部设刚性导柱，在上横梁的中央辅助导轨内滑动，可大大加长导向距离，增加了导向精度，导轨作用力和比压降低<br>④液压缸与滑块的连接采用球头连接，可减少偏心负载对同步精度的影响<br>⑤合理选择滑动导轨的配合间隙 |

（2）双泵容积控制同步回路

如图 9-67 所示回路为双泵容积控制同步回路，两台彼此独立且排量相同的泵 1 和 2 用同一根输入轴带动，因而两泵输出流量相同，分别输入给同缸径的两个液压缸 12 和 13，可实现两液压缸 12 和 13 的同步运动。回路中，溢流阀 3 与 4 用于限制系统最高压力；单向阀 8、9 和背压阀（溢流阀）10 用于提高同步精度和起安全保护作用；节流阀 5 与 6 用于调节两缸协调同步。回路中的双阀芯液动换向阀 11 的两阀芯刚性连接，用两端的控制油路 $K_1$ 与 $K_2$ 控制两阀换向，双弹簧使两阀芯对正。

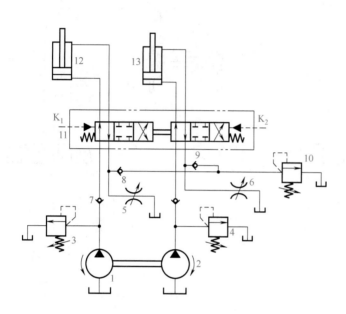

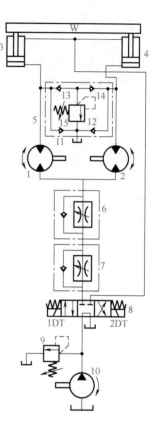

图 9-67 双泵容积控制同步回路

1，2—液压泵；3，4，10—溢流阀；5，6—节流阀；

7～9—单向阀；11—双阀芯液动换向阀；

12，13—液压缸

图 9-68 等排量液压马达同步回路

1，2—液压马达；3，4—液压缸；5—组合阀；

6，7—单向调速阀；8—电磁换向阀；

9，15—溢流阀；10—液压泵；11～14—单向阀

此回路同步精度不理想的故障原因主要包括：

① 两泵本身的特性差异；

② 两缸容积的差异（一般液压缸截面积偏差只能做到 0.2%～0.3%）；

③ 负载不均等造成的影响。因此，此同步回路在负载差异较大时，有先天性的同步精度差的缺点，对要求同步精度较高的应用场合，要采用其他同步方式。

（3）等排量液压马达的同步回路

如图 9-68 所示回路为采用等排量液压马达的同步回路，两个转轴相连、排量相同的液压马达 1 和 2 分别和工作面积相同的两个液压缸 3 和缸 4 接通，控制两个液压缸的进、出流量，使之实现双向同步运动。组合阀（四个单向阀与一个溢流阀）5 为交叉补油油路，可消除两缸在行程端点的位置误差。单向调速阀 6 与 7 用于两液压缸双向调速。

回路产生"不同步"故障的原因与排除措施见表 9-30。

（4）串联液压缸同步回路

如图 9-69（a）所示回路为串联液压缸同步回路，此回路通过将第一个液压缸 1 排出的油液输入给第二个液压缸 2 的进油腔（上腔），在两缸 1 和 2 活塞有效面积相等的前提下，便能实现两个液压缸同步运动。

表 9-30　故障原因与排除措施

| 故障现象 | 故障原因 | 故障排除方法 |
|---|---|---|
| 回路产生"不同步" | ①液压马达 1 和 2 的排量有差异 | ①尽量选用排量一致的两液压马达 |
| | ②液压马达 1 和 2 的容积效率有差异 | ②选用容积效率差异不大的液压马达，并排除两液压缸泄漏故障 |
| | ③液压缸 3 与 4 负载有差异，引起两液压马达 1 和 2 前后压差大小不等，反向相反，内泄漏量差别大，两液压缸 3 和 4 的流量不等，液压缸 3 和 4 运动的同步性也就越差 | ③避免同步回路用于两缸负载相差很大的应用场合 |

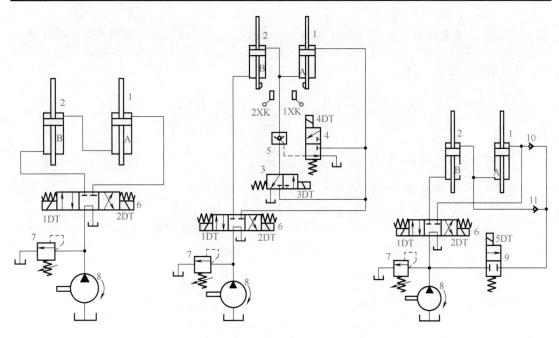

(a) 串联液压缸同步回路　　(b) 带补偿装置的串联液压同步回路　　(c) 同步失调补偿串联液压缸同步回路

注：对单活塞杆缸，缸 1 有杆腔面积应与缸 2 无杆腔面积相等

图 9-69　串联液压缸同步回路

1，2—液压缸；3—二位三通电磁阀；4，6，9—电磁换向阀；5—液控单向阀；

7—溢流阀；8—液压泵；10，11—单向阀

"回路不同步"故障原因分析与故障排除方法见表 9-31。

表 9-31　故障原因与排除措施

| 故障现象 | 故障原因 | 故障排除方法 |
|---|---|---|
| 回路不同步 | ①两液压缸 1 和 2 的制造误差差异<br>②两液压缸 1 和 2 密封松紧程度不一样<br>③空气混入，封闭在液压缸两腔中的油液呈弹性压缩，及受热膨胀引起油液体积不同变化<br>④两液压缸 1 和 2 的负载不相等且变化不同 | ①尽力减少两液压缸 1 和 2 的制造误差，提高液压缸的装配精度，各紧固件精密封件的楔紧程度力求一致<br>②松开管接头，一边向缸内充油，一边排气，待油液清亮后再旋紧管接头，并加强管路和液压缸的密封，防止空气进入缸和系统内<br>③采用带补偿装置的串联液压缸同步回路，如图 9-69（b）所示，在活塞下行的过程，如果缸 1 的活塞先运动到底，触动行程开关 1XK 通信，使电磁铁 3DT 通电，此时压力油便经过二位三通电磁阀 3、液控单向阀 5，向液压缸 2 的 B 腔补油，使缸 2 的活塞继续运动到底。如果缸 2 的活塞先运动到底，则触动 2XK，使 4DT 通电，此时压力油经阀 4 进入液控单向阀 5，阀 5 反向导通，使缸 1 通过阀 5 和阀 3 回油，使缸 1 的活塞继续运动到底。消除了因泄漏积累导致不同步及同步失调的现象 |

| 故障现象 | 故障原因 | 故障排除方法 |
|---|---|---|
| 回路不同步 | ⑤液压缸的内部泄漏不一，特别是当液压缸活塞往复多次后，泄漏在两缸1和2连通腔内造成的容积变化的累积误差，会导致两液压缸1和2动作的严重失调，严重影响到两液压缸1和2不同步 | ④采用图 9-69（c）所示的方法对失调现象进行补偿（如WB67Y-100 型弯板机），即两缸1和2出现不同步（即滑块底面与工作台面不平行）时，可将滑块放到下死点，或使上下模具接触，由按钮使电磁铁 5DT 通电，压力油经二位二通电磁换向阀 9 及两单向阀10 和 11 向液压缸供油，以恢复滑块与工作台平行 |

（5）同步阀多缸双向同步运动回路

如图 9-70 所示回路为同步阀多缸双向同步运动回路，利用等量分流阀 4 和比例分流阀 5 可使多个液压缸得到相同的流量，从而使这几个液压缸获得相同的运动速度，实现运动同步，同步精度为 2% ～ 5%。

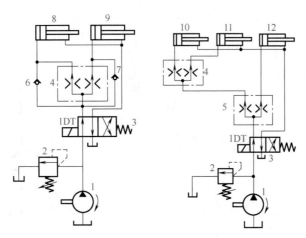

(a) 等量分流阀两缸双向同步回路　(b) 比例分流阀-等量分流阀三缸同步回路

图 9-70　同步阀多缸双向同步运动回路

1—液压泵；2—溢流阀；3—电磁换向阀；4—等量分流阀；5—比例分流阀；6，7—单向阀；8 ～ 12—液压缸

回路出现"运动不同步"故障的原因与故障排除方法见表 9-32。

表 9-32　故障原因与排除措施

| 故障现象 | 故障原因 | 故障排除方法 |
|---|---|---|
| 回路出现"运动不同步" | ①等量分流阀、比例分流阀的同步失灵及同步误差大 | ①参阅前述内容，排除分流阀的"同步失灵"和"同步误差"大等故障 |
| | ②液压缸的尺寸误差、泄漏量不一致 | ②提高液压缸加工精度，排除液压缸泄漏及多缸泄漏不一致故障 |
| | ③油液不干净，造成同步阀节流口不同程度的堵塞 | ③清洗分流阀，更换油液 |
| | ④等量分流阀、比例分流阀可对不同负载进行自动调节实现同步，但如果负载相差太大及负载不稳定且频繁变化时，同步精度将受到很大影响 | ④尽量不在两缸负载相差过大及负载变化频繁的场合应用 |

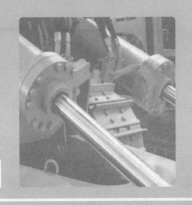

# 第十章

# 液压系统的安装、使用维护与故障排除

## 一、液压系统的安装

### （一）系统安装的准备工作

在液压系统安装前，应仔细分析液压系统原理图、系统管理连接图、液压元件使用说明书等，掌握系统工作原理，液压元件的结构和安装使用方法等。按图准备好所需要的液压元件，并对液压件、仪器仪表等进行认真检查，保证其完好无损并满足图纸的要求。

液压系统安装质量的好坏，是关系到液压系统能否可靠工作的关键。因此必须正确、合理地完成安装过程中的每个环节。

（1）安装前的准备工作

① 明确安装现场施工程序及施工进度方案。

② 熟悉安装图样，掌握设备分布及设备基础情况。

③ 落实好安装所需人员和机械、物资材料的准备工作。

④ 做好液压设备的现场交货验收工作，根据设备清单进行验收。通过验收掌握设备名称、数量、随机备件、外观质量等情况，发现问题及时处理。

⑤ 根据设计图样对设备基础和预埋件进行检查，对液压设备地基尺寸进行复核，对不符合要求的地方进行处理，防止影响施工进度。

（2）设备的就位施工

① 液压设备应根据平面布置图对号吊装就位，大型成套液压设备，应由里向外依次进行吊装。

② 根据平面布置图测量调整设备安装中心线及标高点，可通过调整安装螺栓旁的垫板达到将设备调平找正，达到图样要求。

③ 由于设备基础相关尺寸存在误差，需在设备就位后进行微调，保证泵的吸油管处于水平、对直对接状态。

④ 油箱放油口及各装置集油盘放污口位置应在设备微调时给予考虑，应是设备水平状态时的最低点。

⑤ 应对安装好的设备做适当防护，防止现场脏物污染系统。

⑥ 设备就位调整完成后，一般需对设备底座下面进行混凝土浇灌，即二次灌浆。

### （二）液压元件的安装

（1）液压泵的安装要求与安装方法（表 10-1）

表 10-1　液压泵的安装要求与安装方法

| 项目 | 说明 |
|---|---|
| 安装要求 | ①液压泵与原动机之间联轴器的形式及安装要求必须符合制造厂的规定<br>②外露的旋转轴、联轴器必须安装防护罩<br>③液压泵与原动机的安装底座必须有足够的刚度，以保证运转时始终同轴<br>④液压泵的进油管路应短而直，避免拐弯过多及断面突变。在规定的油液黏度范围内，必须使泵的进油压力和其他条件符合泵制造厂的规定值<br>⑤液压泵的进油管路密封必须可靠，不得吸入空气<br>⑥高压、大流量的液压泵装置推荐采用：泵进口设置橡胶弹性补偿接管；泵出口连接高压软管；驱动电机泵装置底座设置弹性减振垫 |
| 安装方法 | ①确定泵的安装位置时，应注意其使用及维修的方便性<br>②在安装液压泵时，应注意泵的入口、出口和旋转方向，一般在泵上均有标明，不得反接<br>③液压泵不能采用三角传动带传动，当不能直接传动时，应使用导向轴架，以承受径向力<br>④在安装联轴器时，不要大力敲击泵轴，以免损伤泵的转子<br>⑤液压泵及其传动部件间要有较高的同轴度，即使使用挠性联轴器，安装时也要尽量同轴，同轴度在产品说明书中一般有具体要求。通常情况下，必须保证同轴度在 0.1mm 以下，倾斜角不得大于 1°<br>⑥液压泵吸油管的高度一般不大于 500mm，吸油管与泵吸油口连接处应涂密封胶，保证密封良好，否则会混入空气而影响泵正常工作<br>⑦液压泵吸油管路上应设置过滤器，过滤精度为 0.1 ～ 0.2mm，要有足够的通油能力（一般为泵容量的 2 ～ 3 倍）。对工作条件比较恶劣、极易堵塞的场合，安装时更应考虑拆卸方便性 |

（2）液压阀的安装要求

① 阀的安装方式应符合制造厂规定。

② 板式阀或插装阀必须有正确定向措施。

③ 为了保证安全，阀的安装必须考虑重力、冲击、振动对阀内主要零件的影响。

④ 阀用连接螺钉的性能等级必须符合制造厂的要求，不得随意替换。

⑤ 应注意进口与回口的方位，某些阀如将进口与回口装反，会造成事故。有些阀件为了安装方便，往往开有同作用的两个孔，安装后不用的一个要堵死。

⑥ 为了避免空气渗入阀内，连接处应保证密封良好。用法兰安装的阀件，螺钉不能拧得过紧，因为有时螺钉拧得过紧反而会造成密封不良。

⑦ 方向控制阀的安装，一般应安装在水平位置上。

⑧ 一般需调整的阀件，顺时针方向旋转时，增加流量、压力；逆时针方向旋转时，则减少流量、压力。

（3）液压油箱的安装要求

① 油箱的大小和所选板材需满足液压系统的使用要求。

② 油箱应仔细清洗，用压缩空气干燥后，再用煤油检查焊缝质量。

③ 油箱底部应高于安装面 150mm 以上，以便搬移、放油和散热。

④ 必须有足够的支承面积，以便在装配和安装时用垫片和楔块等进行调整。

⑤ 油箱的内表面需进行防锈处理。

⑥ 油箱盖与箱体之间的密封应可靠。

（4）液压执行元件的安装要求（表 10-2）

表 10-2　液压执行元件的安装要求

| 项目 | 说明 |
|---|---|
| 液压缸 | ①液压缸的安装必须符合设计图样和（或）制造厂的规定<br>②安装液压缸时，如果结构允许，进出口的位置应在最上面，应装有放气方便的排气阀<br>③液压缸的安装应牢固可靠，为了防止热膨胀的影响，在行程大和工作时温差大的场合下，缸的一端必须保持浮动<br>④配管连接不得松弛<br>⑤液压缸的安装面和活塞杆的滑动面，应保持足够的平行度和垂直度<br>⑥密封圈不要装得太紧，特别是 U 形密封圈不可装得过紧 |
| 液压马达 | ①液压马达与被驱动装置之间的联轴器形式及安装要求应符合制造厂的规定<br>②外露的旋转轴和联轴器必须有防护罩 |
| 底座 | 液压执行元件的安装底座必须具有足够的刚度，保证执行机构正常工作 |

（5）液压辅件的安装要求（表 10-3）

表 10-3　液压辅件的安装要求

| 项目 | 说明 |
|---|---|
| 热交换器 | ①安装在油箱上的加热器的位置必须低于油箱下极限液面位置，加热器的表面耗散功率不得超过 0.7W/cm²<br>②使用热交换器时，应有液压油（液）和冷却（或加热）介质的测温点<br>③采用风冷却器时，应防止进排气通路被遮蔽或堵塞<br>④加热器的安装位置和冷却器的回油口必须远离测温点 |
| 过滤器 | 为了指示过滤器何时需要清洗和更换滤芯，必须装有污染指示器或设有测试装置。更换的滤芯必须符合设计图样中的要求；并且必须预留出足够的更换滤芯的时间 |
| 蓄能器 | ①蓄能器（包括气体加载式蓄能器）充气的气体种类和安装必须符合制造厂的规定<br>②蓄能器的安装位置必须远离热源<br>③蓄能器在卸压前不得拆卸，禁止在蓄能器上进行焊接、铆接或机加工 |
| 密封件 | ①密封件的材料必须与它所接触的介质相容<br>②密封件的使用压力、温度以及密封件的安装应符合有关标准规定<br>③随机附带的密封件，在制造厂规定的储存条件下，储存一年内可以使用 |
| 其他 | 系统内开闭器的手轮位置和泵、各种阀以及指示仪表等的安装位置，应注意使用及维修上的方便 |

## （三）液压管路的安装与清洗

（1）液压配管

液压管路配管管材的选择、管子加工及管路的敷设方法见表 10-4。

表 10-4　液压配管的选择、加工及敷设方法

| 类别 | 说明 |
|---|---|
| 管材选择 | 应根据系统压力及使用场合来选择管材。必须注意管子的强度是否足够，管径和壁厚是否符合图样要求，所选用的无缝钢管内壁必须光洁、无锈蚀、无氧化皮、无夹皮等缺陷。若发现下列情况不能使用：管子内外壁已严重腐蚀；管体划痕深度为壁厚的 10% 以上；管体表面凹入管径达 20% 以上；管断面壁厚不均、椭圆度比较明显等<br><br>中、高压系统配管一般采用无缝钢管，因其具有强度高、价格低、易于实现无泄漏连接等优点，在液压系统中被广泛使用。普通液压系统常采用冷拔低碳钢 10、15、20 号无缝管，此钢号配管时能可靠地与各种标准管件焊接。液压伺服系统及航空液压系统常采用普通不锈钢管，具有耐腐蚀，内、外表面光洁，尺寸精确的优点，但价格较高。低压系统也可采用纯铜管、铝管、尼龙管等管材，因其易弯曲，给配管带来了方便，也被一部分中压系统所采用 |

| 类别 | 说明 |
|---|---|
| 管子加工 | 管子的加工包括切割、打坡口、弯管等内容。管子的加工好坏对管道系统参数影响较大，并关系到液压系统能否可靠运行。因此，必须采用科学、合理的加工方法，才能保证加工质量<br>①管子的切割。管子的切割原则上采用机械方法切割，如切割机、锯床或专用机床等，严禁用手工电焊、氧气切割方法，无条件时允许用手工锯切割。切割后的管子端面与轴向中心线应尽量保持垂直，误差控制在 90° ±0.5° 之间。切割后需将锐边倒钝，并清除铁屑<br>②管子的弯曲。管子的弯曲加工最好在机械或液压弯管机上进行。用弯管机在冷状态下弯管，可避免产生氧化皮而影响管子质量。如无冷弯设备，也可采用热弯曲方法，热弯时容易产生变形、管壁减薄及产生氧化皮等现象。热弯前需将管内注实干燥河沙，用木塞封闭管口，用气焊或高频感应加热法对需弯曲部位加热，加热长度取决于管径和弯曲角度。外径为 28mm 的管子弯成 30°、45°、60° 和 90° 时，加热长度分别为 60mm、100mm、120mm 和 160mm；弯曲直径为 34mm、42mm 的管子，加热长度需比上述尺寸分别增加 25～35mm。热弯后的管子需进行清砂并采用化学酸洗方法处理，清除氧化皮。弯曲管子应考虑弯曲半径，当弯曲半径过小时，会导致管路应力集中，降低管路强度。钢管最小弯曲半径见附表 1<br><br>附表 1　钢管最小弯曲半径　　　单位：mm<br><br>| 钢管外径 D | | 14 | 18 | 22 | 28 | 34 | 42 | 50 | 63 | 76 | 89 | 102 |<br>|---|---|---|---|---|---|---|---|---|---|---|---|---|<br>| 最小弯曲半径 R | 冷弯 | 70 | 100 | 135 | 150 | 200 | 250 | 300 | 360 | 450 | 540 | 700 |<br>| | 热弯 | 35 | 50 | 65 | 75 | 100 | 130 | 150 | 180 | 230 | 270 | 350 | |
| 管路的敷设 | 管路敷设前，应认真熟悉配管图，明确各管路排列顺序、间距与走向，在现场对照配管图，确定阀门、接头、法兰与管夹的位置并划线、定位。管夹一般固定在预埋件上，管夹之间距离应适当，过小会造成浪费，过大将发生振动。推荐的管夹距离见附表 2<br><br>附表 2　推荐管夹间距　　　单位：mm<br><br>| 管子外径 D | 14 | 18 | 22 | 28 | 34 | 42 | 50 | 63 |<br>|---|---|---|---|---|---|---|---|---|<br>| 管夹间最大距离 L | 450 | 500 | 600 | 700 | 800 | 850 | 900 | 1000 |<br><br>管路敷设一般遵循的原则：<br>①大口径的管子或靠近配管支架里侧的管子，应考虑优先敷设<br>②成水平或垂直两种排列，注意整齐一致，避免管路交叉<br>③管路敷设位置或管件安装位置应便于管子的连接和检修，管路应靠近设备，便于固定管夹<br>④敷设一组管线时，在转弯处一般采用 90° 及 45° 两种方式<br>⑤两条平行或交叉管的管壁之间，必须保持一定距离。当管径 D≤φ42mm 时最小管壁距离 d≥35mm；当管径 D≤φ75mm 时，最小管壁距离 d≥45mm；当管径 D≤φ127mm 时，最小管壁距离 d≥55mm<br>⑥管子规格不允许小于图样要求<br>⑦整个管线要求尽量短，转弯处少，平滑过渡，减少上下弯曲，保证管路的伸缩变形，管路的长度应能保证接头及辅件的自由拆装，又不影响其他管路<br>⑧管路不允许在有弧度部分内连接或安装法兰。法兰及接头焊接时，必须与管子中心线垂直<br>⑨管路应在最高点设置排气装置<br>⑩管路敷设后，不应对支承及固定部位施加除重力之外的力 |
| 管路的焊接 | 管路的焊接一般分三步进行：<br>①在焊接前，必须对管子端部开坡口，当焊缝坡口过小时，会引起管壁未焊透，造成管路焊接强度不够；当坡口过大时，又会引起裂缝、夹渣及焊缝不齐等缺陷。坡口角度应根据国标要求中最利于焊接的种类执行。坡口的加工最好采用坡口机，采用机械切削方法加工坡口既经济，效率又高，操作又简单，还能保证加工质量<br>②焊接方法的选择是关系到管路施工质量最关键的一环，必须引起高度重视。目前广泛使用氧气-乙炔焰焊接、手工电弧焊接、氩气保护电弧焊接三种。其中最适合液压管路焊接的方法是氩弧焊接，它具有焊口质量好，焊缝表面光滑、美观，没有焊渣，焊口不氧化，焊接效率高等优点。另两种焊接方法易造成焊渣进入管内，或在焊口内壁产生大量氧化铁皮，难以清除。实践证明，一旦造成上述后果，无论如何处理，也很难达到系统清洁度指标，所以不要轻易采用。如遇工期短、氩弧焊工少时，可考虑采用氧弧焊焊第一层（打底），第二层开始用电焊的方法，这样既保证了质量，又可提高施工效率<br>③管路焊接后要进行焊缝质量检查。检查项目包括焊缝周围有无裂纹、夹杂物、气孔及过大咬肉、飞溅等现象；焊道是否整齐、有无错位、内外表面是否突起、外表面在加工过程中有无损伤或削弱管壁强度的部位等。对高压或超高压管路，可对焊缝采用射线检查或超声波检查，提高管路焊接检查的可靠性 |

（2）管道的处理

管路安装完成后要对管道进行酸洗处理。酸洗的目的是通过化学作用将金属管内表面的氧化物及油污去除，使金属表面光滑，保证管道内壁的清洁。酸洗管道是保证液压系统可靠性的一个关键环节，必须加以重视。管路酸洗除锈法有两种：槽式酸洗法和循环酸洗法。使用槽式酸洗法时，管路一般应进行二次安装，即将一次安装好的管路拆下来，置入酸洗槽，酸洗操作完毕并合格后，再将其二次安装。而循环酸洗可在一次安装好的管路中进行，需注意的是循环酸洗仅限于管道，其他液压元件必须从管路上断开或拆除。液压站或阀站内的管道，宜采用槽式酸洗法；液压站或阀站至液压缸、液压马达的管道，可采用循环酸洗法。

① 管道酸洗。管道酸洗方法目前在施工中均采用槽式酸洗法和管内循环酸洗法两种。

② 管道酸洗工艺。有无科学、合理的工艺流程，酸洗配方和严格的操作规程，是管道酸洗效果好坏的关键。目前国内外酸洗工艺较多，必须慎重选择。管道酸洗配方及工艺不合理会造成管内壁氧化物不能彻底除净、管壁过腐蚀、管道内壁再次锈蚀及管内残留化学反应沉积物等现象的发生。为便于使用，现将实践中筛选出的一组酸洗效果较好的管道酸洗工艺介绍如下（表 10-5）。

表 10-5　管道的酸洗工艺

| 酸洗工艺 | 工艺说明 |
| --- | --- |
| 槽式酸洗工艺<br>流程及配方 | ①脱脂。脱脂液配方为：$w(NaOH) = 9\% \sim 10\%$；<br>　　　　　　　　　　　$w(Na_3PO_4) = 3\%$；<br>　　　　　　　　　　　$w(NaHCO_3) = 1.3\%$；<br>　　　　　　　　　　　$w(Na_2SO_3) = 2\%$；<br>　　　　　　　　　　　其余为水<br>　操作工艺要求：温度 70 ～ 80℃，浸泡 4h<br>②水冲。压力为 0.8MPa 的洁净水冲干净<br>　槽式酸洗法：就是将安装好的管路拆下来，分解后放入酸洗槽内浸泡，处理合格后再将其进行二次安装。此方法适合管径较大的短管、直管、容易拆卸、管路施工量小的场合，如泵站、阀站等液压装置内的配管及现场配管量小的液压系统，均可采用槽式酸洗法<br>　管内循环酸洗法：在安装好的液压管路中，将液压元器件断开或拆除，用软管、接管、冲洗盖板连接，构成冲洗回路。用酸泵将酸液打入回路中进行循环酸洗。该酸洗方法是近年来较为先进的施工技术，具有酸洗速度快、效果好、工序简单、操作方便，减少了对人体及环境的污染，降低了劳动强度，缩短了管路安装工期，解决了长管路及复杂管路酸洗难的问题，对槽式酸洗易发生装配时的二次污染问题，从根本上得到了解决。此法已在大型液压系统管路施工中得到广泛采用。其循环酸洗回路如图 10-1 所示<br>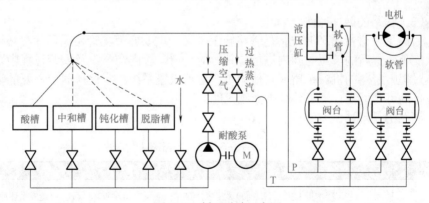<br>图 10-1　循环酸洗示意图<br>③酸洗。酸洗液配方为：$w(HCl) = 13\% \sim 14\%$；<br>　　　　　　　　　　$w[(CH_2)_6N_4] = 1\%$；<br>　　　　　　　　　　其余为水 |

| 酸洗工艺 | 工艺说明 |
|---|---|
| 槽式酸洗工艺流程及配方 | 操作工艺要求：常温浸泡 1.5 ～ 2h<br>④水冲。压力为 0.8MPa 的洁净水冲干净<br>⑤二次酸洗。酸洗液配方同上<br>操作工艺要求：常温浸泡 5min<br>⑥中和。中和液配方为：$NH_4OH$ 稀释至 pH 值在 10 ～ 11 的溶液<br>操作工艺要求：常温浸泡 2min<br>⑦钝化。钝化液配方为：$w(NaN_2) = 8\% ～ 10\%$；<br>　　　　　　　　　　$w(NH_4OH) = 2\%$；<br>　　　　　　　　　　其余为水<br>操作工艺要求：常温浸泡 5min<br>⑧水冲。用压力为 0.8MPa 的净化水冲净为止<br>⑨快速干燥。用蒸汽、过热蒸汽或热风吹干<br>⑩封管口。用塑料管堵或多层塑料布捆扎牢固<br>如按以上方法处理的管子，管内清洁、管壁光亮，可保持 2 个月左右不锈蚀；若保存好还可以延长时间 |
| 循环酸洗工艺流程及配方 | ①试漏。用压力为 1MPa 的压缩空气充入试漏<br>②脱脂。脱脂液配方与槽式酸洗工艺中脱脂液配方相同<br>操作工艺要求：温度 40 ～ 50℃连续循环 3h<br>③气顶。用压力为 0.8MPa 压缩空气将脱脂液顶出<br>④水冲。用压力为 0.8MPa 的洁净水冲出残液<br>⑤酸洗。酸洗液配方为：$w(HCl) = 9\% ～ 11\%$；<br>　　　　　　　　　　$w[(CH_2)_6N_4] = 1\%$；<br>　　　　　　　　　　其余为水<br>操作工艺要求：常温断续循环 50min<br>⑥中和。中和液配方为：NHaOH 稀释至 pH 值在 9 ～ 10 的溶液<br>操作工艺要求：常温连续循环 25min<br>⑦钝化。钝化液配方为：$w(NaNO_2) = 10\% ～ 24\%$；<br>　　　　　　　　　　其余为水<br>操作工艺要求：常温断续循环 30min<br>⑧水冲。用压力为 0.8MPa，温度为 60℃的净化水连续冲洗 10min<br>⑨干燥。用过热蒸汽吹干<br>⑩涂油。用液压泵注入液压油 |
| 循环酸洗注意事项 | ①使用一台酸泵输送几种介质，因此操作时应特别注意，不能将几种介质混淆（其中包括水），严重时会造成介质浓度降低，甚至造成介质报废<br>②循环酸洗应严格遵守工艺流程、统一指挥。当前一种介质完全排出或用另一种介质顶出时，应及时准确停泵，将管路末端软管从前一种介质槽中移出，放入下一工序的介质槽内，然后启动酸泵，开始计时 |

（3）管路的循环冲洗

管路用油进行循环冲洗，是管路施工中又一重要环节。管路循环冲洗必须在管路酸洗和二次安装完毕后的较短时间内进行。其目的是清除管内在酸洗及安装过程中以及液压元件在制造过程中遗落的机械杂质或其他微粒，达到液压系统正常运行时所需的清洁度，保证主机设备的可靠运行，延长系统中液压元件的使用寿命。

管路的循环冲洗方法见表 10-6。

表 10-6　管路的循环冲洗方法

| 项目 | 说明 |
|---|---|
| 循环冲洗的方式 | 冲洗方式较常见的主要有（泵）站内循环冲洗、（泵）站外循环冲洗、管线外循环冲洗等。站内循环冲洗一般指液压泵站在制造厂加工完成后所需进行的循环冲洗；站外循环冲洗一般指液压泵站到主机间的管线所需进行的循环冲洗；管线外循环冲洗一般指将液压系统的某些管路或集成块，拿到另一处组成回路，进行循环冲洗。冲洗合格后，再装回到系统中<br>为便于施工，通常采用站外循环冲洗方式。也可根据实际情况将后两种冲洗方式混合使用，达到提高冲洗效果，缩短冲洗周期的目的 |

| 项目 | 说明 |
|---|---|
| 冲洗回路的选定 | 　　泵外循环冲洗回路可分串联式和并联式两种类型。串联式冲洗回路如图 10-2 所示，其优点是回路连接简便、方便检查、效果可靠；缺点是回路长度较长。并联式冲洗回路如图 10-3 所示，其优点是循环冲洗距离较短、管路口径相近、容易掌握、效果较好；缺点是回路连接烦琐，不易检查确定每一条管路的冲洗效果，冲洗泵源较大。为克服并联式冲洗回路的缺点，也可在原回路的基础上将其变为串联式冲洗回路，方法如图 10-4 所示。但要求串联的管径相近，否则将影响冲洗效果<br><br>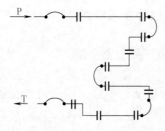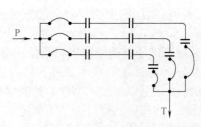<br>图 10-2　串联式冲洗回路　　　　　图 10-3　并联式冲洗回路<br><br>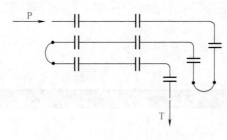<br>图 10-4　改进的串联式冲洗回路 |
| 循环冲洗主要工艺参数流程及参数 | 　　①冲洗流量。冲洗流量视管径大小、回路形式进行计算，保证管路中油流成紊流状态，管内油流的流速应在 3m/s 以上<br>　　②冲洗压力。冲洗时，压力为 0.3 ~ 0.5MPa，每间隔 2h 升压一次，压力为 1.5 ~ 2MPa，运行 15 ~ 30min，再恢复低压冲洗状态，从而加强冲洗效果<br>　　③冲洗温度。用加热器将油箱内油温加热至 40 ~ 60℃，冬季施工油温可提高到 80℃，通过提高冲洗温度能够缩短循环冲洗时间<br>　　④振动。为彻底清除黏附在管壁上的氧化铁皮、焊渣和杂质，在冲洗过程中每间隔 3 ~ 4h 用木槌、铜锤、橡胶锤或使用振动器沿管线从头至尾进行一次敲打振动。重点敲打焊口、法兰、变径、弯头及三通等部位。敲打时要环绕管壁四周均匀敲打，不得伤害管子外表面。振动器的频率为 50 ~ 60Hz，振幅为 1.5 ~ 3mm 为宜<br>　　⑤充气。为了进一步加强冲洗效果，可向管内充入 0.4 ~ 0.5MPa 的压缩空气，造成管内冲洗油的紊流状态涡流，充分搅起杂质，增强冲洗效果。每班可充气两次，每次 8 ~ 10min。空气压缩机出口处要装有精度较高的过滤器 |
| 循环冲洗注意事项 | 　　①冲洗工作应在管路酸洗后 2 ~ 3 周内尽快进行，防止造成管内新的锈蚀，影响施工质量。冲洗合格后应立即注入合格的工作油液，每 3 天需启动设备进行循环，以防止管道锈蚀<br>　　②循环冲洗要连续进行，要三班连续作业，无特殊原因不得停止<br>　　③冲洗回路组成后，冲洗泵源应接在管径较粗一端的回路上，从总回油管向压力油管方向冲洗，使管内杂物能顺利冲出<br>　　④自制的冲洗油箱应清洁并尽量密封，并设有空气过滤装置，油箱容量应大于液压泵流量的 5 倍。向油箱注油时应采用滤油小车对油液进行过滤<br>　　⑤冲洗管路的油液在回油箱之前需进行过滤，大规格管路式回油过滤器的滤芯精度可在不同冲洗阶段根据油液清洁情况进行更换，可在 100μm、50μm、20μm、10μm、5μm 等滤芯规格中选择<br>　　⑥冲洗用油一般选黏度较低的 10 号机械油。如管道处理较好，一般普通液压系统也可使用工作油进行循环冲洗。对于使用磷酸酯、水-乙二醇、乳化液等工作介质的系统，选择冲洗油要慎重，必须证明冲洗油与工作油不发生化学反应后方可使用。实践证明，采用乳化液为介质的系统，可用 10 号机械油进行冲洗，禁止使用煤油之类对管路有害的油品做冲洗液<br>　　⑦冲洗取样应在回油过滤器的上游取样检查。取样时间为冲洗开始阶段，杂质较多，可 6 ~ 8h 一次，当油的清洁度等级接近要求时可 2 ~ 4h 取样一次 |

## 二、液压系统调试

液压设备安装、循环冲洗合格后，都要对液压系统进行必要的调整试车，使其在满足各项技术参数的前提下，按实际生产工艺要求进行必要的调整，以便在重负荷情况下也能运转正常。

（1）调试前的准备工作

① 需调试的液压系统必须在循环冲洗合格后，方可进入调试状态。

② 液压驱动的主机设备全部安装完毕，运动部件状态良好并经检查合格后，进入调试状态。

③ 控制液压系统的电气设备及线路全部安装完毕并检查合格。

④ 熟悉调试所需技术文件，如液压原理图、管路安装图、系统使用说明书、系统调试说明书等。根据以上技术文件，检查管路连接是否正确、可靠，选用的油液是否符合技术文件的要求，油箱内油位是否达到规定高度，根据原理图、装配图认定各液压元器件的位置。

⑤ 清除主机及液压设备周围的杂物，调试现场应有明显的安全设施和标志，并由专人负责管理。

⑥ 参加调试人员应分工明确，统一指挥，对操作者进行必要的培训。必要时配备对讲机，方便联络。

（2）液压系统调试步骤（表10-7）

表 10-7 液压系统调试步骤

| 调试步骤 | 说明 |
| --- | --- |
| 调试前的检查 | ①根据系统原理图、装配图及配管图检查并确认每个液压缸由哪个支路的电磁换向阀操纵<br>②电磁换向阀分别进行空载换向，确认电气动作是否正确、灵活，符合动作顺序要求<br>③将泵吸油管、回油管路上的截止阀开启，泵出口溢流阀及系统中安全阀的调压手轮全部松开，将减压阀置于最低压力位置<br>④流量控制阀置于小开口位置<br>⑤按照使用说明书要求，向蓄能器内充氮 |
| 启动液压泵 | ①用手盘动电动机和液压泵之间的联轴器，确认无干涉并转动灵活<br>②点动电动机，判定电动机转向是否与液压泵转向标志一致，确认后连续点动几次，无异常情况后按下电动机启动按钮，液压泵开始工作 |
| 系统排气 | 启动液压泵后，将系统压力调到 1.0MPa 左右，分别控制电磁阀换向，使油液分别循环到各支路中，拧动管道上设置的排气阀，将管道中的气体排出，当油液连续溢出时，关闭排气阀。液压缸排气时可将液压缸活塞杆伸出侧的排气阀打开，电磁阀动作，活塞杆运动，将空气挤出，升到上止点时，关闭排气阀。打开另一侧排气阀，使液压缸下行，排出无杆腔中的空气，重复上述排气方法，直到将液压缸中的空气排净 |
| 系统耐压试验 | 系统耐压试验主要是指现场管路的耐压试验，液压设备的耐压试验应在制造厂进行。对于液压管路，耐压试验的压力应为最高工作压力的 1.5 倍。工作压力 ≥ 21MPa 的高压系统，耐压试验的压力应为最高工作压力的 1.25 倍。如系统自身液压泵可以达到耐压值时，可不必使用电动试压泵。升压过程中应逐渐分段进行，不可一次达到峰值，每升高一级，应保持几分钟，并观察管路是否正常。试压过程中严禁操纵换向阀 |
| 主机试验 | ①噪声控制。主机在额定工况下运转时，设备的噪声在距离设备 1m 和距离地面 1.5m 处的声压不得超过 84dB。测试结果可根据设备所处环境的噪声进行修正<br>②泄漏控制。主机设备试验过程中，除了不成滴的轻微沾湿外，不得出现可测出的外泄漏<br>③温度控制。主机设备试验过程中，在油箱中最靠近油泵吸油口处测量并记录油液温度，测量并记录油泵壳体的温度，防止温升过大甚至超出油液或设备的允许温升，并及时冷却油液或检查设备参数调节<br>④功率消耗。至少在一个完整的工作循环内测量平均功率消耗和功率因数，必要时还应测量尖峰功率需求和最低功率因数<br>⑤污染度控制。主机试验过程中，应定期提取油液样品进行污染度检测，保证其符合系统的清洁度要求 |

| 调试步骤 | 说明 |
|---|---|
| 空载试车调试 | 空载试车是全面检查液压系统各回路、各个液压元件及各辅助装置的工作是否正常，工作循环或各种动作自动转换是否符合要求。其步骤如下：<br>①启动液压泵电动机。先断续后连续启动液压泵电动机，检查泵运转方向是否正确、运转情况是否正常、有无异常噪声、是否漏气漏油、卸荷状态下的卸荷压力是否在允许范围内等<br>②液压缸的排气。排气时应先将排气阀打开，启动泵站，调节节流阀使流量加大，使液压缸全行程往复运动多次，将液压缸内空气排净，然后将排气阀关闭<br>③压力阀的调整根据液压系统工作原理图，从泵源附近的溢流阀开始依次进行调整。将溢流阀缓慢调至规定的压力值，液压泵在工作状态下运转，检查溢流阀在调整过程中有无异常声响、压力是否稳定、升压或降压是否平稳。压力调至规定值时，检查系统各管道连接处、液压元件结合处是否有泄漏现象。其他压力阀可按其工作需要进行适当调整。若调整过程未发现异常现象，将压力阀锁紧螺母拧紧，并将相应的压力表油路关闭，以防压力变化损坏压力表<br>④其他控制阀的调整操纵控制阀，使执行元件在空载条件下按预定的工作顺序进行动作，检查控制阀的动作是否正确，启动、换向和速度是否平稳，有无爬行、跳动和冲击等现象发生<br>在空载条件下，各部件按预定的工作循环连续运转 2～4h 后，再次检查油温和液压系统，一切正常后，方可进入负载试车 |
| 负载试车调试 | 负载试车是使液压系统在规定负载条件下运转．进一步检查系统的工作情况，包括安全保护装置的工作效果，有无噪声、振动和外泄漏现象，系统的功率损耗和油液温升等<br>负载试车时，一般应先在低于最大负载和最大速度的轻载情况下试车，如果轻载试车一切正常，逐渐将压力阀和流量阀调节至系统规定值，进行最大负载试车。若系统一切工作正常，便可交付用户使用 |
| 调试过程中的注意事项 | ①调试前应先检查压力表有无异常状况，若有异常，必须先更换压力表再进行调试<br>②无压力表的设备不准调压<br>③不准在执行元件动作的状态下调节系统的工作压力<br>④压力的调定值需按照设备使用说明书进行，或在最大允许工作压力内根据现场实际情况进行调节<br>⑤设备压力的调节应遵循从低压到高压逐渐调定；流量的调节应遵循从小流量到大流量逐渐调定。调定之后应将调节螺钉的螺母锁紧 |

（3）液压系统的验收

液压系统试车过程中，应根据设计内容对所有设计值进行检验，根据实际记录结果判定液压系统的运行状况，由设计、用户、制造厂、安装单位进行交工验收，并在有关文件上签字。

# 第二节　液压系统的使用与维护

## 一、液压系统的使用与维护要求

液压系统的使用与维护要求应遵循以下几点：

① 按系统设计和现场实际需求调节液压系统的工作压力和工作速度，调定之后将调节螺钉的螺母锁紧。

② 液压系统运行过程中，要定期检查油液清洁度及油品质量。若上述参数不符合系统要求，则应对油液进行过滤、净化，或更换新油。

③ 定期检查液压油及液压泵等的温度，温度过高时应及时进行冷却处理，保证其在系统设计允许的温度范围内。

④ 经常观察压力表，若出现异常的压力波动，应分析产生压力波动的原因并及时处理。若压力表出现故障，应及时更换新表。

⑤ 保证电气控制系统的工作电压稳定，避免系统受强磁场、强电场的干扰。

⑥ 定期检查液压系统各种辅助元件的工作状况。

⑦ 经常检查液压管路及其连接点的固定及密封情况，保证连接可靠、无泄漏。

⑧ 对于液压系统的主要工作元件，应定期进行性能检测及维修。

⑨ 操作人员必须熟悉系统的工作原理和现场生产要求，未经批准不得擅自对设备进行调节或更换元器件。

⑩ 制订系统的点检和定检制度，配备相关责任人。

## 二、油液清洁度的控制

油液的污染是导致液压系统出现故障的主要原因。油液污染造成的元件故障占系统总故障率的 70% ～ 80%。它给设备造成的危害是严重的。因此，液压系统的污染控制越来越受到人们的关注和重视。实践证明，提高系统油液清洁度是提高系统工作可靠性的重要途径，必须认真做好。

油液清洁度的控制见表 10-8。

表 10-8　油液清洁度的控制

| 项目 | 说明 |
|---|---|
| 污染物的来源与危害 | 液压系统中的污染物，指在油液中对系统可靠性和元件寿命有害的各种物质。主要有以下几类：固体颗粒、水、空气、化学物质、微生物和能量污染物等。不同的污染物会给系统造成不同程度的危害（表 10-9） |
| 控制油液污染的措施 | 针对各类污染物的来源采取相应的措施是很有必要的，对系统残留的污染物主要以预防为主。生成的污染物主要靠滤油过程加以清除，详细污染来源与控制污染来源的措施如下：<br>① 残留污染物<br>a. 液压元件制造过程中要加强各工序之间的清洗、去毛刺，装配液压元件前要认真清洗零件。加强出厂试验和包装环节的污染控制，保证元件出厂时的清洁度并防止在运输和储存中被污染<br>b. 装配液压系统之前要对油箱、管路、接头等彻底清洗，未能及时装配的管子要加护盖密封，在清洁的环境中用清洁的方法装配系统<br>c. 在试车之前要冲洗系统。暂时拆掉的精密元件及伺服阀用冲洗盖板代之。与系统连接之前要保证管路及执行元件内部清洁<br>② 侵入污染物<br>a. 从油桶向油箱注油或从中放油时都要经过过滤装置过滤<br>b. 保证油桶或油箱的有效密封<br>c. 从油桶取油之前先清除桶盖周围的污染物<br>d. 加入油箱的油液要按规定过滤。加油所用器具要先行清洗<br>e. 系统漏油未经过滤不得返回油箱<br>f. 与大气相通的油箱必须装有空气过滤器，通气量要与机器的工作环境与系统流量相适应，要保证过滤器安装正确和固定紧密。污染严重的环境可考虑采用加压式油箱或呼吸袋<br>g. 防止空气进入系统，尤其是经泵吸油管进入系统。在负压区或泵吸油管的接口处应保证气密性。所有管端必须低于油箱最低液面。泵吸油管应该足够低，以防止在低液面时空气经旋涡进入泵<br>h. 防止冷却器或其他水源的水漏进系统<br>i. 维修时应严格执行清洁操作规程<br>③ 生成污染物<br>a. 要在系统的适当部位设置具有一定过滤精度和一定纳污容量的过滤器，并在使用中经常检查与维护，及时清洗或更换滤芯<br>b. 使液压系统远离或隔绝高温热源，设计时应使油温保持在最佳值，需要时设置冷却器<br>c. 发现系统污染度超过规定时，要查明原因，及时消除<br>d. 单靠系统在线过滤器无法净化污染严重的油液时，可使用便携式过滤装置进行系统外循环过滤<br>e. 定期取油样分析，以确定污染物的种类，针对污染物确定需要对哪些因素加强控制<br>f. 定期清洗油箱，要彻底清理掉油箱中所有残留的污染物 |
| 油液的过滤 | 在防止污染物侵入油液的基础上，对系统残留和生成的污染物进行强制性清除非常重要。而对油液进行过滤是清除油液中污染物最有效的方法。过滤器可根据系统和元件的要求，分别安装在系统不同位置上，如泵吸油管、压力油管、回油管、伺服阀的进口及系统循环冷却支路上。控制油液中颗粒污染物的数量，是确保系统性能可靠、工作稳定，延长使用寿命最有效的措施，选择过滤器时，需考虑以下几个方面的问题：<br>①过滤精度应保证系统油液能达到所需的污染度等级<br>②油液通过过滤器所引起的压力损失应尽可能小<br>③过滤器应具有一定纳污容量，防止频繁更换滤芯 |

表 10-9　污染物的种类、来源与危害

| | 种类 | 来源 | 危害 |
|---|---|---|---|
| 固体 | 切屑、焊渣、型砂 | 制造过程残留 | 加速磨损，降低性能，缩短使用寿命，堵塞阀内阻尼孔，卡住运动件引起失效，划伤表面引起漏油甚至使系统压力大幅下降。漆状沉积膜会使运动件动作不灵活 |
| | 尘埃和机械杂质 | 从外界侵入 | |
| | 磨屑、铁锈、油液氧化和分解产生的沉淀 | 工作中生成 | |
| | 水 | 通过凝结从油箱侵入，冷却器漏水 | 腐蚀金属表面，加速油液氧化变质，与添加剂作用产生胶质引起阀芯黏滞和过滤器堵塞 |
| | 空气 | 经油箱或低压区泄漏部位侵入 | 降低油液体积弹性模量，使系统响应缓慢和失去刚度，引起气蚀，促使油液氧化变质，降低润滑性 |
| 化学污染物 | 溶剂、表面活性化合物、油液气化和分解产物 | 制造过程残留，维修时侵入，工作中生成 | 与水反应形成酸类物质腐蚀金属表面，并将附着于金属表面的污染物洗涤到油液中 |
| | 微生物 | 易在含水液压油中生存并繁殖 | 引起油液变质劣化，降低油液润滑性，加速腐蚀 |
| 能量污染 | 热能、静电、磁场、放射性物质 | 由系统或环境引起 | 黏度降低，泄漏增加，加速油液分解变质，引起火灾 |

## 三、液压系统泄漏的控制

液压系统泄漏的原因是错综复杂的，主要与振动、温升、压差、间隙和设计、制造、安装及维护不当有关。泄漏可分为外泄漏和内泄漏两种。外泄漏是指油液从元器件或管件接口内部向外部泄漏；内泄漏是指元器件内部由于间隙、磨损等原因有少量油液从高压腔流到低压腔。外泄漏会造成油液浪费，污染环境，危及人身安全或造成火灾。内泄漏能引起系统性能不稳定，如使压力、流量不正常，严重时会造成停产事故。为控制内泄漏量，国家对制造元件厂家生产的各类元件颁布了元件出厂试验标准，标准中对元件的内泄漏量做出了详细评定等规定。控制外泄漏，常以提高几何精度、降低表面粗糙度和合理的设计，正确的使用密封件来防止和解决漏油问题。

### （一）液压系统外泄漏的主要部位及原因

液压系统外泄漏的主要部位及原因可归纳为以下几种，见表 10-10。

表 10-10　液压系统外泄漏的主要部位及原因

| 主要部位 | 说明 |
|---|---|
| 管接头和油塞的泄漏 | 管接头和油塞在液压系统中使用较多，在漏油事故中所占的比例也很高，可达 30% ～ 40% 以上。管接头漏油大多数发生在与其他零件连接处，如集成块、阀底板、管式元件等与管接头连接部位上。当管接头采用米制螺纹连接，螺孔中心线不垂直密封平面，即螺孔的几何精度和加工尺寸精度不符合要求时，会造成组合垫圈密封不严而泄漏；当管接头采用锥管螺纹连接时，由于锥管螺纹与螺堵之间不能完全吻合密封，如螺纹加工尺寸、加工精度超差，极易产生漏油。以上两种情况一旦发生很难根治，只能借助液态密封胶或聚四氟乙烯生料带进行填充密封。管接头组件螺母处漏油，一般都与加工质量有关，如密封槽加工超差，加工精度不够，密封部位的磕碰、划伤都可造成泄漏，必须经过认真处理，消除存在的问题，才能达到密封效果 |
| 元件接合面的泄漏 | 元件接合面的泄漏也是常见的，如板式阀、叠加阀、阀盖板、方法兰等均属此类密封形式。接合面间的漏油主要是由以下两方面问题所造成：<br>① 与 O 形圈接触的安装平面加工粗糙，有磕碰、划伤现象，O 形圈沟槽直径、深度超差，造成密封圈压缩量不足<br>② 沟槽底平面粗糙度低，同一底平面上各沟槽深浅不一致，安装螺钉长，强度不够或孔位超差，都会造成密封面不严，产生漏油<br>解决办法是：针对以上问题分别进行处理，如对 O 形圈沟槽进行补充加工，严格控制深度尺寸，降低沟槽底平面及安装平面的粗糙度，提高清洁度，消除密封面不严的现象 |

| 主要部位 | 说明 |
|---|---|
| 轴向滑动表面的漏油 | 轴向滑动表面的漏油是较难解决的。造成液压缸漏油的原因较多，如活塞杆表面黏附粉尘泥水、盐雾，密封沟槽尺寸超差，表面的磕碰、划伤，加工粗糙，密封件的低温硬化、偏载等原因都会造成密封损伤、失效，引起漏油。解决的办法可从设计、制造、使用几方面进行，如选耐粉尘、耐磨、耐低温性能好的密封件并保证密封沟槽的尺寸及精度，正确选择滑动表面的粗糙度，设置防尘伸缩套，尽量不要使液压缸承受偏载，经常擦除活塞杆上的粉尘，注意避免磕碰、划伤，搞好液压油的清洁度管理 |
| 泵、马达旋转轴处的漏油 | 泵、马达旋转轴处的漏油主要由油封内径过盈量太小，油封座尺寸超差，转速过高，油温高，背压大，轴表面粗糙度差，轴的偏心量大，密封件与介质的相容性差及不合理的安装等因素造成。解决方法可从设计、制造、使用几方面进行预防，控制泄漏的产生。如设计中考虑合适的油封内径过盈量，保证油封座尺寸精度，装配时油封可注入密封胶。设计时可根据泵的转速、油温及介质，选用适合的密封材料加工的油封，提高与油封接触表面的粗糙度及装配质量等 |
| 温升发热造成液压系统的泄漏 | 温升发热往往会造成液压系统较严重的泄漏现象，它可使油液黏度下降或变质，使内泄漏增大；温度继续升高，会造成密封材料受热后膨胀，增大了摩擦力，使磨损加快，使轴向转动或滑动部位很快产生泄漏。密封部位中的O形圈也由于温度高，加大了膨胀和变形，造成热老化，冷却后已不能恢复原状，使密封圈失去弹性，因压缩量不足而失效，逐渐产生渗漏。因此控制温升，对液压系统非常重要。造成温升的原因较多，如机械摩擦引起的温升，压力及容积损失引起的温升，散热条件差引起的温升等。为了减少温升发热所引起的泄漏，首先应从液压系统优化设计的角度出发，设计出传动效率高的节能回路，提高液压件的加工和装配质量，减少内泄漏造成的能量损失。采取黏温特性好的工作介质，减少内泄漏。隔绝外界热源对系统的影响，加大油箱散热面积，必要时设置冷却器，使系统油温严格控制在25～50℃之间 |

### （二）液压系统防漏与治漏的主要措施

液压系统防漏与治漏的主要措施如下：

① 尽量减少油路管接头及法兰的数量，在设计中广泛选用叠加阀、插装阀、板式阀，采用集成块组合的形式，减少管路泄漏点，是防漏的有效措施之一。

② 将液压系统中的液压阀台安装在与执行元件较近的地方，可以大大缩短液压管路的总长度，从而减少管接头的数量。

③ 液压冲击和机械振动直接或间接地影响系统，造成管路接头松动，产生泄漏。液压冲击往往是由于快速换向所造成的。因此在工况允许的情况下，尽量延长换向时间，即阀芯上设有缓冲槽、缓冲锥体结构或在阀内装有延长换向时间的控制阀。液压系统应远离外界振源，管路应合理设置管夹，泵源可采用减振器，高压胶管、补偿接管或装上脉动吸收器来消除压力脉动，减少振动。

④ 定期检查，定期维护，及时处理是防止泄漏、减少故障的基本保障。

## 四、液压系统噪声的控制

噪声是公害，它不仅使人感到烦躁，也使大脑产生疲劳，降低工作效率，还会因未及时听清报警信号而造成工伤事故。液压系统产生的噪声对系统本身的工作性能影响较大，它往往与振动同时发生，会造成较严重的压力振摆，致使系统无法正常工作，降低元件的使用寿命。液压系统产生噪声的因素较多，如冲击噪声、压力脉动噪声、气穴噪声、元件噪声等。在液压系统噪声中，70%左右是由液压泵引起的。液压泵输出功率越大，转速越高或泵内的空气量吸入越多，噪声就越大；液压换向冲击产生的噪声也往往会引起管路振动及油箱的共鸣。采取如下措施可降低液压系统的噪声：

① 设计中选用低噪声泵及元件，降低泵的转速。

② 采用上置式油箱，改善泵吸油阻力，排除系统空气，设置泄压回路，延长阀的换向时间，使换向阀芯带缓冲锥度或切槽，采用滤波器，加大管径，设置蓄能器等。

③ 采用立式电动机将液压泵侵入油液中，泵进出口采用橡胶软管，泵组下设置减振器，管路中使用管夹，采用隔声、吸声等措施控制噪声的传播。

## 五、液压系统的检查和维护

### （一）液压系统的检查维护要求

液压设备中，很多设备会受到不同程度的外界损害，如风吹、雨淋、烟尘、高热等。为了充分保障和发挥这些设备的工作效能，减少故障，延长使用寿命，必须加强设备的定期检查和维护，使设备始终保持在良好的工作状态下。液压系统检查和维护要点见表 10-11。

表 10-11　液压系统检查和维护要求

| 检查项目 | 检查方法（测量仪器名称） | 周期 | 保养基准 | 维修基准 | 备注 |
|---|---|---|---|---|---|
| 泵的响声 | 耳听或用噪声计测量 | 1次/季 | 通常系统压力为 7MPa 时，噪声≤75dB；14MPa 时，噪声≤90dB | 当噪声较大时，修理或更换 | 与工作油混入空气、水等，过滤器堵塞及溢流阀振动有关 |
| 泵吸油阻力 | 真空表（装在泵吸入管处） | 1次/季 | 正常运转时，吸油真空度要在 127kPa 以下 | 当阻力较大时，检查过滤器和工作油 | 与工作油黏度、过滤器堵塞吸油高度、吸油箱内径等有关 |
| 泵体温度 | 点温计（贴在泵体上） | 1次/年 | 比油温高 5～7℃ | 温度急剧上升时，要检修 | 与工作油黏度、过滤器堵塞及调节压力、环境、温度等有关 |
| 泵出口压力 | 压力表 | 1次/季 | 保持规定的压力 | 当压力剧烈变化或不能保持时要修理 | 注意压力表的共振 |
| 马达动作情况 | 目视、压力表、转速表 | 1次/季 | 动作要平稳 | 动作不良时要修理 | — |
| 马达异常声音 | 耳听 | 1次/季 | 不能有异常声音 | 多因定子环，叶片及弹簧破损或磨损引起，更换零件 | 若压力或流量超过额定值，也会产生异常声音 |
| 液压缸动作状况 | 按设计要求，检查动作的平稳性 | 1次/季 | 按设计要求 | 动作不良由密封老化、卡死等引起，修理 | 与泵和溢流阀调节压力也有关 |
| 液压缸外泄漏 | 目视、手摸 | 1次/季 | 活塞杆处及整个外部均不能有泄漏 | 安装不良（不同心）引起泄漏时，应进行调查，并换密封 | — |
| 液压缸内泄漏 | 打开油管观测内泄漏情况 | 1次/季 | 根据液压缸工作状态确定 | 若密封老化引起内泄漏，换密封 | — |
| 过滤器杂质附着情况 | 取出观察 | 1次/季 | 表面不能有杂质，不能有损坏 | 当附着的杂质较多时，要更换滤芯或工作液 | — |
| 压力表的压力测量 | 用标准表测量 | 1次/年 | 误差应不超过±1.5% | 误差大或损坏时需更换 | — |
| 温度计的温度测量 | 用标准表测量 | 1次/年 | 误差应不超过±1.5% | 误差大或损坏时更换 | — |
| 蓄能器的充气压力 | 用带压力表的充气装置测量 | 1次/年 | 应保持所规定的压力 | 如设定压力不足时需充气 | 当液体压力为 0 时，进行测量 |
| 油箱的液位 | 目视液位计 | 1次/季 | 应保持所规定的液位 | — | — |
| 油液的一般性 | 目视色泽、闻其气味 | 1次/季 | 应符合标准油液特性 | 若油变白浊，可对冷却器进行修理并换油，冲洗系统 | — |
| 油液中的污染状况 | 用专用仪器测定 | 1次/季 | 应符合规定的清洁度指标 | 超标时过滤油液 | — |

| 检查项目 | 检查方法<br>（测量仪器名称） | 周期 | 保养基准 | 维修基准 | 备注 |
|---|---|---|---|---|---|
| 压力阀设定值动作状况 | 检查设定值及动作状况（用压力表） | 1次/季 | 根据型号来检查动作的可靠性 | 根据检查情况更换或修理 | 当流量超过额定值时，会产生动作不良 |
| 方向阀换向状况 | 换向时看执行机构动作情况 | 1次/季 | 方向阀动作可靠外部不允许漏油 | 漏油时更换密封圈 | — |
| 流量阀的流量调整 | 检查设定位置或观察执行机构的速度 | 1次/年 | 按设计说明书设定 | 动作不良时修理 | — |
| 电器元件的绝缘状况 | 用500V绝缘电阻表测量 | 1次/年 | 与地线之间的绝缘电阻，在10MΩ以上 | — | — |
| 电器元件的电压测量 | 用电压表测量工作时的最低和最高电压 | 1次/季 | 在额定电压的允许范围内（±15%） | 电压变化大时，检查电气设备 | 电压过高或过低，会烧坏电气元件 |
| 液压装置漏油 | 目视、手摸 | 1次/季 | 不允许漏油（尤其管接头部分） | 修理（更换密封件） | 管接头接合面接合要可靠 |
| 橡胶软管外部损伤 | 目视、手摸 | 1次/季 | 不能损伤 | 有损伤时，更换 | — |

### （二）液压系统的点检与定检

（1）点检的主要项目

① 设备启动前的检查项目。油箱液位、油温、阀、电气接线、行程开关、手动（自动）循环。

② 设备运行中的检查项目。压力、振动、噪声、泄漏、电压。

（2）定检的主要项目

定检的主要项目及说明见表10-12。

表 10-12 定检的主要项目及说明

| 主要项目 | 说明 |
|---|---|
| 油液污染度 | 定期提取样品进行污染度检测，必要时对油液进行过滤净化或更换新油 |
| 螺钉及管接头 | 定期紧固 |
| 过滤器 | 定期检查堵塞情况，进行必要的清洗或更换滤芯 |
| 管路 | 硬管定期检查，高压软管定期更换 |
| 密封 | 根据使用环境、压力等定期检查，必要时更换密封件 |
| 液压元件 | 根据使用工况对各类元件进行性能测试，尽量对元件采取在线测试的方式 |
| 液压附件 | 根据使用情况定期检查 |
| 电气系统 | 按照电气系统使用说明书执行定期检查 |

## 六、液压系统维修时的注意事项

液压系统维修时的注意事项如下：

① 系统工作时应停机，未泄压时或未切断控制电源时，禁止对系统进行检修，防止发生人身伤亡事故。

② 检修现场一定要保持清洁，拆除元件或松开管件前应清除其外表面污物，检修过程中要及时用清洁的护盖把所有暴露的通道口封好，防止污染物浸入系统，不允许在检修现场进行打磨、施工及焊接作业。

③ 检修或更换元器件时必须保持清洁，不得有砂粒、污垢、焊渣等，可以先清洗一下，再进行安装。

④ 更换密封件时，不允许用锐利的工具，注意不得碰伤密封件或工作表面。

⑤ 拆卸、分解液压元件时，要注意零部件拆卸时的方向和顺序并妥善保存，不得丢失，不要将其精加工表面碰伤。元件装配时，各零部件必须清洗干净。

⑥ 安装元件时，拧紧力要均匀适当，防止造成阀体变形，阀芯卡死或接合部位漏油。

⑦ 更换或补充工作液时，必须将新油通过高精度滤油车过滤后注入油箱。工作液牌号必须符合要求。为确保液压系统正常运转，需定期更换液压油，更换油（液）的期限，根据油（液）品种、工作环境和运行工况不同而不同。一般来说，在连续运转、高温、高湿、灰尘多的地方，需要缩短换油的周期。表 10-13 给出的更换周期仅供换油前储备油品时参考，具体更换时间应按使用过程中监测到的数据决定。

表 10-13　液压介质的更换周期

| 介质分类 | 普通液压油 | 专用液压油 | 汽轮机油 | 全损耗系统用油 | 水包油乳化液 | 油包水乳化液 | 磷酸酯液压液 |
|---|---|---|---|---|---|---|---|
| 更换周期/月 | 12～18 | > 12 | 6 | 12 | 2～3 | 12～18 | > 12 |

⑧ 不允许在蓄能器壳体上进行焊接和加工，维修不当极易造成严重事故。如发现问题应及时送回制造厂修理。

⑨ 检修完成后，需对检修部位进行确认。无误后，按前面章节内容进行调整，并观察检修部位，确认正常后，可投入运行。

# 第三节　液压系统的故障诊断与维护

## 一、液压系统常见故障诊断与排除

液压系统常见故障包括工作压力失常、系统欠速、振动和噪声、爬行、液压油污染、系统温升过高、气穴现象、锈蚀、炮鸣、液压冲击、液压卡紧等。

（1）液压系统工作压力失常故障的危害和排除方法

压力是液压系统的两个最基本的参数之一，在很大程度上决定了液压系统工作性能的优劣。工作压力的大小取决于外负载的大小。工作压力失常表现在：当对液压系统进行调整时，出现调压阀调节失效，系统压力建立不起来（压力不够）或者完全无压力，或者压力调不下去，或者上升后又掉下来及压力不稳定等现象。

① 压力失常故障的危害。当液压系统发生压力失常，压力过低故障时，其危害有：

a. 执行元件处于初始位置不动作，不能克服负载运动，造成液压设备不能工作。

b. 执行元件出力过小，运动速度过小甚至爬行，不能正确实现工作循环。

c. 在压力失常故障过程中，同时伴随振动和噪声。

② 压力失常故障的原因及排除方法。液压系统发生工作压力失常故障现象、原因及排除方法见表 10-14。

（2）调压时可能出现的故障与排除方法

调压过程中，若压力表开关开度大，压力表指针在系统压力调试值附近的摆动幅度较大，若完全关死，则指针不动。此时可适当拧紧手轮使指针稳定并跟随系统压力升高或下降变化。调压时可能出现的故障现象、原因及排除方法见表 10-15。

表 10-14　液压系统压力失常故障现象、原因及排除方法

| 故障现象 | 故障原因 | 排除方法 |
| --- | --- | --- |
| 液压系统工作压力失常 | ①液压泵发生严重故障，造成泵无流量输出或输出流量过小，系统压力失常 | ①查明液压泵发生故障原因和部位，进行更换或维修 |
| | ②液压泵转动方向错误，无压力油输出，导致系统压力失常 | ②更换电动机接线，改正液压泵旋转方向 |
| | ③电动机转速过低，功率不足，导致液压泵输出流量不够，系统压力失常 | ③更换功率匹配的电动机 |
| | ④液压泵使用时间过久，组成元件磨损严重，造成系统内外泄漏大，容积效率低，导致液压泵输出流量不够，系统压力失常 | ④查明发生磨损的元件和产生内外泄漏的原因和具体位置，维修或更换元件，排除内、外泄漏故障 |
| | ⑤液压泵的进出油口接反，泵不能进行吸油，而且还冲坏泵轴油封 | ⑤更换液压泵进出口，更换泵轴油封 |
| | ⑥液压泵吸油管径过小、吸油管密封性不好、油液黏度过高、过滤器被污物堵塞，造成液压泵吸油阻力大而产生吸空现象，使泵输出流量不够，系统压力小 | ⑥适当加粗液压泵吸油管管径，在吸油管路接头处加强密封，选用适宜黏度的油液，清洗过滤器 |
| | ⑦溢流阀芯卡死在大开口位置，液压泵输出压力油通过溢流阀流回油箱，即压力油与回油路短接，造成泵出口油液压力上不去 | ⑦参阅前述压力阀的压力升不上去故障的排除方法 |
| | ⑧压力控制阀的阻尼孔被污物堵塞，或调压弹簧折断或漏装，造成系统无压力 | ⑧清洗压力阀，更换或补装调压弹簧 |
| | ⑨溢流阀阀芯卡死在关闭位置，系统需要卸荷时，压力降不下来 | ⑨参阅前述压力阀的压力降不下去故障的排除方法 |
| | ⑩换向阀发生故障，不能换向或换向不到位，导致系统始终处于卸荷状态，或阀芯与阀体孔间内泄漏严重 | ⑩参阅前述方向阀换向故障的排除方法，研配换向阀阀芯，或更换阀芯和阀体 |
| | ⑪卸荷阀卡死在卸荷位置，系统始终处于卸荷状态，压力升不上去 | ⑪查明卸荷阀发生阀芯卡死的原因，进行清洗，维修或更换相关元件 |
| | ⑫液压系统内外泄漏严重，流量过小，压力过低 | ⑫查明系统发生内外泄漏的原因、部位和主要影响元件，进行维修或更换 |
| | ⑬液压阀在集成块上安装时，安装板内部的压力油通道与回油通道串通 | ⑬重新更换安装板，使压力油通道与回油通道断开 |
| | ⑭锁紧液压缸活塞与活塞杆的锁紧螺母松脱，活塞脱离活塞杆，造成液压缸两腔互通，系统压力失常 | ⑭检查液压缸，拧紧锁紧螺母，固定连接活塞和活塞杆 |

表 10-15　压力不正常的故障现象、原因和排除方法

| 故障现象 | 故障原因 | 排除方法 |
| --- | --- | --- |
| 没有压力 | ①油泵吸不进油液 | ①油箱加油、换过滤器等 |
| | ②油液全部从溢流阀回油箱 | ②调整溢流阀 |
| | ③液压泵装配不当，泵不工作 | ③修理或更换泵 |
| | ④泵的定向控制装置位置错误 | ④检查控制装置线路 |
| | ⑤液压泵损坏 | ⑤更换或修理泵 |
| | ⑥泵的驱动装置扭断 | ⑥更换、调整联轴器 |
| 压力偏低 | ①减压阀或溢流阀设定值过低 | ①重新调整 |
| | ②减压阀或溢流阀损坏 | ②修理或更换 |
| | ③油箱液面低 | ③加油至标定高度 |
| | ④泵转速过低 | ④检查原动机及控制器 |
| | ⑤泵、马达、液压缸损坏、内泄大 | ⑤修理或更换 |
| | ⑥回路或油路块设计有误 | ⑥重新设计、修改 |

| 故障现象 | 故障原因 | 排除方法 |
|---|---|---|
| 压力不稳定 | ①油液中有空气 | ①排气、堵漏、加油 |
| | ②溢流阀内部磨损 | ②修理或更换 |
| | ③蓄能器有缺陷或失掉压力 | ③更换或修理 |
| | ④泵、马达、液压缸磨损 | ④修理或更换 |
| | ⑤油液被污染 | ⑤冲洗、换油 |
| 压力过高 | ①溢流阀、减压阀或卸荷阀失调 | ①重新设定调整 |
| | ②变量泵的变量机构不工作 | ②修理或更换 |
| | ③溢流阀、减压阀或卸荷阀损坏或堵塞 | ③更换、修理或清洗 |

（3）液压系统振动和噪声故障的危害与排除方法

振动和噪声是液压系统常见故障，二者一般同时出现，危害极大。

① 振动和噪声的危害。当液压系统发生振动和噪声故障时，其危害有：

a. 振动故障会加剧液压设备的磨损，降低加工效率和工件的加工质量，降低液压设备的性能。

b. 振动会造成管路接头松脱，产生漏油，甚至振坏设备，造成设备及人身事故。

c. 噪声会掩盖工作信号，造成人身事故，同时噪声会污染环境，伤害人的大脑和身体健康。

② 振动和噪声故障的原因及排除方法。液压系统发生振动和噪声故障现象、原因及对应排除方法见表 10-16。

表 10-16　液压系统振动和噪声故障现象、原因及排除方法

| 故障现象 | 故障原因 | 排除方法 |
|---|---|---|
| 泵噪声、振动大 | ①泵内产生气穴<br>a. 油液温度太低或黏度太高<br>b. 吸入管太长、太细，弯头太多<br>c. 进油过滤器过小或堵塞<br>d. 泵离液面太高<br>e. 辅助泵故障<br>f. 泵转速太快 | a. 加热油液或更换<br>b. 更改管道设计<br>c. 更换或清洗<br>d. 更改泵安装位置<br>e. 修理或更换<br>f. 减小到合理转速 |
| | ②油液中有气泡<br>a. 油液选用不合适<br>b. 油箱中回油管在液面上<br>c. 油箱液面太低<br>d. 进油管接头进入空气<br>e. 泵轴油封损坏<br>f. 系统排气不好 | a. 更换油液<br>b. 管伸到液面下<br>c. 油加至规定范围<br>d. 更换或紧固接头<br>e. 更换油封<br>f. 重新排气 |
| | ③泵磨损或损坏 | 更换或修理 |
| | ④泵与原动机同轴度低 | 系统调整 |
| 液压马达噪声大 | ①管接头密封件不良 | ①换密封件 |
| | ②油马达磨损或损坏 | ②更换或修理 |
| | ③油马达与工作机同轴度低 | ③重新调整 |
| 液压缸振动大 | 空气进入液压缸 | ①很好地排出空气<br>②可对液压缸活塞、密封衬垫涂上二硫化钼润滑脂 |
| 溢流阀尖叫 | ①压力调整过低或与其他阀太近 | ①重新调节、组装或更换 |
| | ②锥阀、阀座磨损 | ②更换或修理 |

| 故障现象 | 故障原因 | 排除方法 |
|---|---|---|
| 液压系统产生振动和噪声 | ①电动机发生振动,轴承由于磨损发生振动 | ①对电动机进行平衡电动机转子、电动机底座下安装防振橡皮垫,消除电动机振动,对轴承磨损更换电动机轴承 |
| | ②泵与电动机联轴器安装不同心 | ②液压泵与电动机联轴器安装时,要保证刚性连接时同轴度不大于0.05mm;挠性连接时同轴度不大于0.5mm |
| | ③液压系统受变化负载等外界振源影响,产生振动 | ③采取开挖防振地沟等措施将液压系统与外界振源隔离,或消除外界振源,或增强液压系统与外负载连接件的刚度 |
| | ④油箱顶盖板安装"电动机-液压泵"装置的底板厚度小,刚度和强度差,运转时产生振动 | ④加厚油箱顶板,补焊加强筋,"电动机-液压泵"装置底座下填补一层硬橡胶板,或者将"电动机-液压泵"装置与油箱相分离 |
| | ⑤液压缸内存在空气,使活塞产生振动 | ⑤通过液压缸排气孔进行排气 |
| | ⑥回油管细而长,导致液压系统产生振动和噪声 | ⑥改变回油管尺寸,适当加粗和减短 |
| | ⑦双泵供油回路,在两泵出油口汇流区,流动多为紊流,产生振动和噪声 | ⑦使两泵出油口汇流处稍微拉开一段距离,汇流时不要将两泵出油汇流流向相对,而成一小于90°的角度汇流 |
| | ⑧换向阀换向引起压力急剧变化和液压冲击,在管路中产生冲击噪声和振动 | ⑧选用带阻尼的电液换向阀,并合理调节换向阀的换向速度 |
| | ⑨在蓄能器保压,压力继电器发讯的卸荷回路中,系统中的压力继电器、溢流阀、单向阀等元件因压力频繁变化而产生振动和噪声 | ⑨在蓄能器和压力继电器卸荷回路中,增设压力继电器间互锁联动电路 |
| | ⑩液控单向阀出口有背压,产生振动和噪声 | ⑩增高液控压力、减小阀出口背压,及采用外泄式液控单向阀 |
| 管道噪声大 | 油流剧烈流动 | ①加粗管道,使流速控制在允许范围内<br>②少用弯头多的管子,采用曲率小的弯管<br>③采用胶管<br>④油流紊乱处不采用直角弯头或三通<br>⑤采用消声器、蓄能器等 |
| 管道振动大 | ①管道长、固定不良 | ①增加管夹,加防振垫并安装压板 |
| | ②溢流阀、卸荷阀、液控单向阀、平衡阀、方向阀等工作不良引起的管道振动和噪声 | ②适当处装上节流阀改为外泄形式对回路进行改造增设管夹 |
| 油箱振动 | ①油箱结构不良 | ①增厚箱板在侧板、底板上增设筋板改变回油管末端的形状或位置 |
| | ②泵安装在油箱上 | ②泵和电动机单独装在油箱外底座上,并用软管与油箱连接 |
| | ③没有防振措施 | ③在油箱脚下、泵的底座下增加防振垫 |
| 液压系统中元件间产生共振 | ①溢流阀与溢流阀、溢流阀与顺序阀等两个或两个以上阀的弹簧产生共振 | ①改变两个共振阀中一个阀的弹簧刚度或者适当改变阀的调节压力 |
| | ②溢流阀弹簧与先导遥控管路、压力表内波登管与其他油管等发生共振 | ②在管路中采用管夹,适当改变管路长度与粗细,或者在管路中加入一段阻尼等方法来排除故障 |
| | ③阀弹簧与阀弹簧腔内滞留空气发生共振 | ③采取措施,排除液压系统回路中空气 |

（4）液压系统流量不正常的故障原因与排除方法

液压系统流量不正常的故障现象、原因与排除方法见表10-17。

表 10-17　液压系统流量不正常的故障现象、原因与排除方法

| 故障现象 | 故障原因 | 排除方法 |
|---|---|---|
| 没有流量 | ①油液被污染，阀芯卡住 | ①更换或修理 |
| | ②M、H型机能滑阀未换向 | ②冲洗、换油 |
| 流量过小 | ①流量控制装置调整太低 | ①调高 |
| | ②溢流阀或卸荷阀压力调得太低 | ②调高 |
| | ③旁路控制阀关闭不严 | ③更换阀、检查控制线路 |
| | ④泵的容积效率下降 | ④换新泵、排气 |
| | ⑤系统内泄漏严重 | ⑤紧连接、换密封 |
| | ⑥变量泵正常调节无效 | ⑥修理或更换 |
| | ⑦管路沿程损失过大 | ⑦增大管径、提高压力 |
| | ⑧泵、阀及其他元件磨损 | ⑧更换或修理 |
| 流量过大 | ①流量控制装置调整过高 | ①调低 |
| | ②变量泵正常调节无效 | ②修理或更换 |
| | ③检查泵的型号和电动机转数是否正确 | ③更换 |

（5）系统液压冲击大的故障原因与排除方法

系统液压冲击大的故障现象、原因与排除方法见表10-18。

表 10-18　系统液压冲击大的故障现象、原因与排除方法

| 故障现象 | 故障原因 | 排除方法 |
|---|---|---|
| 换向时产生冲击 | 换向时瞬时关闭、开启，造成动能或势能相互转换时产生的液压冲击 | ①延长换向时间<br>②设计带缓冲的阀芯<br>③加粗管径、缩短管路<br>④降低电液阀换向的控制压力<br>⑤在控制管路或回油管路上增设节流阀<br>⑥选用带先导卸荷功能的元件<br>⑦采用电气控制方法，使两个以上的阀不能同时换向 |
| 液压缸在运动中突然被制动所产生的液压冲击 | 液压缸运动时，具有很大的动量和惯性，突然被制动，会引起较大的压力增值，故产生液压冲击 | ①液压缸进出口处分别设置反应快、灵敏度高的小型安全阀<br>②在满足驱动力时尽量减少系统工作压力，或适当提高系统背压<br>③液压缸附近安装囊式蓄能器 |
| 液压缸到达终点时产生液压冲击 | 液压缸运动时产生的动量和惯性与缸体发生碰撞，引起的冲击 | ①在液压缸两端设缓冲装置<br>②液压缸进出口处分别设置反应快、灵敏度高的小型溢流阀<br>③设置行程（开关）阀 |

（6）液压系统欠速故障的危害和排除方法

液压设备执行元件欠速故障现象包括如下两种情况：

a. 执行元件在快速运动（快进）时速度不够大，达不到液压系统的设计值和液压设备的要求值。

b. 在负载作用下，执行元件在工进时工作速度随负载的增大而显著降低，特别是大型液压设备及负载大的设备，速度降低尤为严重，甚至出现停止运动情况，速度不受流量的控制。

① 欠速故障的危害。当液压执行元件发生欠速故障时，其危害有：

a. 降低生产效率，增加了液压设备的循环工作时间。

b. 执行元件在大负载下常常出现停止运动的情况，导致液压设备不能正常工作。

例如，平面磨床是一种需要快速运动的设备，当运动速度过小时，会造成磨削表面粗糙度值变大，加工质量下降。

② 欠速故障的原因及排除方法见表10-19。

表 10-19　液压系统欠速故障的原因及排除方法

| 故障现象 | 故障原因 | 排除方法 |
|---|---|---|
| 快速运动速度不够大 | ①液压泵发生故障，输出油液流量小，压力低 | ①参阅前述有关内容，排除液压泵输出流量小，输出压力低故障 |
| | ②溢流阀等压力阀弹簧发生永久变形或错装成软弹簧，主阀芯阻尼孔被堵塞、主阀芯卡死在小开口位置，造成液压泵输出压力油一部分溢回油箱，进入执行元件的有效流量减少，导致执行元件快速运动速度降低 | ②参阅前述有关内容，采取措施，排除溢流阀等压力阀压力上不去故障 |
| | ③系统各元件内、外泄漏严重，进入液压缸执行腔的油液流量减小，使液压缸快速运动速度减小 | ③明确产生内、外泄漏的原因与位置，采取更换磨损严重元件等措施，消除内、外泄漏 |
| | ④导轨润滑断油、导轨镶条压板调得过紧、液压缸安装精度和装配精度差等，造成执行元件快进时摩擦阻力增大 | ④导轨补充润滑油，调松导轨镶条压板，提高液压缸安装精度和装配精度 |
| 执行元件工作进给时，在负载增大时工进速度明显降低，即使调大节流阀等速度控制阀，速度仍然降低 | ①液压泵发生故障，输出油液流量小，压力低 | ①参阅前述有关内容，排除液压泵输出流量小，输出压力低故障 |
| | ②系统油温升高，油液黏度降低，泄漏增加，有效流量减少 | ②采取措施，控制油温 |
| | ③液压系统设计不合理，当负载发生变化时，进入液压执行元件的流量也相应发生变化，导致执行元件速度降低 | ③合理设计液压系统，使系统流量不随压力变化而变化 |
| | ④油中混入杂质，堵塞流量调节阀节流口，造成工进速度降低且不稳定 | ④清洗流量阀等元件，更换受污染油液 |
| | ⑤液压系统内进有空气 | ⑤查明液压系统进气原因，采取措施排除液压系统内的空气 |
| | ⑥溢流阀等压力阀弹簧发生永久变形或错装成软弹簧，主阀芯阻尼孔被堵塞、主阀芯卡死在小开口位置，造成液压泵输出压力油一部分溢回油箱，进入执行元件的有效流量减少，导致执行元件工进运动速度降低 | ⑥参阅前述有关内容，采取措施，排除溢流阀等压力阀压力上不去故障 |
| | ⑦系统各元件内、外泄漏严重，进入液压缸执行腔的油液流量减小，使执行元件工进运动速度减小 | ⑦明确产生内、外泄漏的原因与位置，采取更换磨损严重元件等措施，消除内、外泄漏 |

（7）液压系统液压卡紧故障的危害和排除方法

液压油流过阀芯和阀体间的间隙时，作用在阀芯上的径向力使阀芯卡住，这种现象叫液压卡紧。

① 液压卡紧的危害

a. 轻度的液压卡紧使液压元件内相对运动部件运动时的摩擦阻力增加，造成动作迟缓，甚至发生动作错乱。

b. 严重的液压卡紧使液压元件内相对运动部件完全卡住，不能运动，造成液压元件不能动作，例如换向阀不能换向、柱塞泵柱塞不能运动。

② 液压卡紧故障的原因及排除方法见表10-20。

表 10-20 液压系统液压卡紧故障的原因及排除方法

| 故障现象 | 故障原因 | 排除方法 |
|---|---|---|
| 液压阀发生卡紧现象 | ①阀芯外径和阀体孔形位公差大，有锥度且大端朝着高压区；阀芯和阀体孔失圆，装配时两者不同轴，存在偏心距，产生径向不平衡力，将阀芯顶死在阀体孔上 | ①提高阀芯与阀体孔的加工精度，提高其形状和位置精度；采用锥形台肩，台肩小端朝着高压区，利于阀芯在阀体孔内径向对中 |
| | ②阀芯发生碰伤产生局部凸起或有毛刺，造成阀芯卡死在阀体孔内 | ②清除阀芯凸起及阀体孔沉割槽尖边上的毛刺，防止磕碰而弄伤阀芯外圆和阀体内孔 |
| | ③污染颗粒进入阀芯与阀体孔配合间隙，使阀芯在阀体孔内偏心放置，产生径向不平衡力，导致阀芯液压卡紧 | ③拆卸清洗，同时对油液进行过滤，提高油液清洁度 |
| | ④阀芯与阀体孔台肩尖边、沉割槽的锐边毛刺清除程度不一样，引起阀芯与阀体孔轴线不同轴，产生液压卡紧 | ④毛刺清除干净 |
| | ⑤阀芯与阀体孔配合间隙过小或过大 | ⑤保证阀芯与阀体孔间合理的装配间隙 |
| | ⑥安装紧固螺钉时发生偏斜，使阀体孔和阀芯变形弯曲 | ⑥紧固螺钉均匀对角拧紧，防止装配时产生阀体孔和阀芯变形 |
| | ⑦油温变化引起阀体孔变形 | ⑦控制油温，尽量避免过高温升 |

（8）执行机构运动不正常的故障现象、原因与排除方法（表 10-21）

表 10-21 执行机构运动不正常的故障现象、原因与排除方法

| 故障现象 | 故障原因 | 排除方法 |
|---|---|---|
| 执行元件无动作 | ①电磁阀中电磁铁有故障 | ①排除或更换 |
| | ②限位或顺序装置（机械式、电气式或液动式）不工作或调得不对 | ②调整、修复或更换 |
| | ③机械故障 | ③排除 |
| | ④没有指令信号 | ④查找、修复 |
| | ⑤放大器不工作或调得不好 | ⑤调整、修复或更换 |
| | ⑥阀不工作 | ⑥调整、修复或更换 |
| | ⑦缸或马达损坏 | ⑦修复或更换 |
| | ⑧液控单向阀的外控油路有问题，减压阀、顺序阀的压力过低或过高 | ⑧修理排除、重新调整 |
| | ⑨机械式、电气式或液动式限位或顺序装置不工作或调得不好 | ⑨调整、修复或更换 |
| 执行元件动作太慢 | ①泵输出流量不足或系统泄漏太大 | ①检查、修复或更换 |
| | ②油液黏度太高或太低 | ②检查、调整或更换 |
| | ③阀的控制压力不够或阀内阻尼孔堵塞 | ③清洗、调整 |
| | ④外负载过大 | ④检查、调整 |
| | ⑤放大器失灵或调得不对 | ⑤调整、修复或更换 |
| | ⑥阀芯卡涩 | ⑥清洗、过滤或换油 |
| | ⑦缸或马达磨损严重 | ⑦修理或更换 |
| 动作不规则 | ①压力不正常 | ①调节 |
| | ②油中混有空气 | ②加油、排气 |
| | ③指令信号不稳定 | ③查找、修复 |
| | ④放大器失灵或调得不对 | ④调整、修复或更换 |
| | ⑤传感器反馈失灵 | ⑤修理或更换 |
| | ⑥阀芯卡涩 | ⑥清洗、滤油 |
| | ⑦缸或马达磨损或损坏 | ⑦修理或更换 |

| 故障现象 | 故障原因 | 排除方法 |
|---|---|---|
| 机构宕机 | ①液压缸和管道中有空气 | ①排除系统中空气 |
| | ②系统压力过低或不稳 | ②调整、修理压力阀 |
| | ③滑动部件阻力太大 | ③修理、加润滑油 |
| | ④液压缸与滑动部件安装不良，如机架刚度不够、紧固螺栓松动等 | ④调整、加固 |

（9）液压系统执行元件爬行故障的危害和排除方法

当液压系统执行元件低速运动时，速度出现时动时停、时快时慢的断续运动的现象，称为爬行现象。爬行现象严重影响了液压系统的性能，必须消除。

① 爬行故障的危害。当液压系统执行元件发生爬行故障时，其危害有：

a. 降低工件的表面质量（表面粗糙度值大）和加工精度，甚至会产生次品和废品。

b. 降低液压设备的使用寿命，甚至会产生人身事故。

② 爬行故障的原因及排除方法见表 10-22。

表 10-22　液压系统爬行故障现象、原因及排除方法

| 故障现象 | 故障原因 | 排除方法 |
|---|---|---|
| 执行元件发生爬行 | ①导轨精度差，导轨面严重扭曲 | ①提高导轨加工制造精度，发生严重扭曲时进行维修或更换 |
| | ②导轨面上有锈斑 | ②导轨面进行除锈和修刮 |
| | ③导轨压板镶条调得过紧，导轨副材料动、静摩擦因数差异大 | ③重新调整导轨压板镶条，采用静压导轨和卸荷导轨，导轨采用减摩材料，用滚动摩擦代替滑动摩擦及采用导轨油润滑导轨等措施，减少导轨副材料的动、静摩擦因数差 |
| | ④导轨刮研不好，点数不够，点不均匀 | ④修刮导轨，去锈去毛刺，使两接触导轨面接触面积大于等于 75%，调好镶条，使油槽润滑油畅通 |
| | ⑤导轨上开设的油槽深度太浅，运行时磨损严重，油槽长度太短，开油槽不均匀 | ⑤均匀开油槽，增加油槽的深度和长度 |
| | ⑥液压设备导轨未经跑合 | ⑥将液压设备导轨跑合后再使用 |
| | ⑦液压缸轴心线与导轨不平行 | ⑦以平导轨面为基准，修刮液压缸安装面，保证在全长上平行度小于 0.1mm，以 V 形导轨为基准，调整液压缸活塞杆侧母线，两者平行度在 0.1mm 内 |
| | ⑧液压缸缸体孔局部锈蚀和拉伤，运动时发生局部爬行 | ⑧ 对液压缸缸体孔除锈和研修 |
| | ⑨液压缸缸体孔、活塞杆及活塞加工精度和液压缸安装及装配精度差，活塞、活塞杆、缸体孔及缸盖孔的同轴度差 | ⑨提高液压缸加工和安装装配精度，保证活塞、活塞杆、缸体孔及缸盖孔的同轴度满足规定要求 |
| | ⑩液压缸活塞或缸盖密封过紧、阻滞或过松 | ⑩将所有密封件安装在密封沟槽内，保证四周压缩余量相等，以外圆为基准修磨密封沟槽底径，密封装配时，不得过紧和过松 |
| | ⑪油中含有水分，导致液压系统某些部位发生锈蚀 | ⑪提高油液清洁度，锈蚀部位除锈 |
| | ⑫油箱油面低于油标规定值，吸油过滤器或吸油管裸露在油面上，液压泵吸入空气，系统发生爬行 | ⑫往油箱内注满油液 |
| | ⑬油箱内回油管与吸油管靠得太近，两者之间未用隔板隔开，回油搅拌产生的泡沫来不及上浮便被吸入泵内 | ⑬保证进油管和回油管间距符合规定要求，在二者之间安装隔板，在油液中加入二甲基硅油抗泡剂破泡 |
| | ⑭裸露在油面上的管路与液压泵进油口处间的管接头密封不好，或管接头因振动松动，或油管开裂，液压泵吸进空气 | ⑭更换破损密封，拧紧管接头，更换开裂油管 |

| 故障现象 | 故障原因 | 排除方法 |
|---|---|---|
| 执行元件发生爬行 | ⑮泵轴油封破损、泵体与盖之间的密封破损，空气被吸入液压泵 | ⑮更换密封 |
| | ⑯吸油管太细、太长，吸油过滤器被污物堵塞，或设计时过滤器容量选得过小，造成吸油阻力增加 | ⑯将吸油管增粗、缩短，清洗吸油过滤器，选用容量适宜的过滤器，减小吸油阻力 |
| | ⑰油液劣化变质，进水乳化，破泡性能变差，气泡分散在油层内部或浮在油面上，液压泵工作时吸入空气，使系统发生爬行 | ⑰更换新鲜、清洁的油液，在油液中加入破泡剂 |
| | ⑱液压缸未设排气装置进行排气 | ⑱设计液压缸时增加排气装置 |
| | ⑲油液中混有汽油、乙醇、苯等易挥发的物质，这些物质在低压区从油中挥发出来形成气泡，液压泵工作时吸入气泡，造成液压系统容积模数降低，刚度下降，系统发生爬行 | ⑲保持油液清洁度，提高液压系统的刚度 |
| | ⑳回油管长期裸露在油面以上，回油路没装背压阀，执行元件密封破损，产生负压，造成空气从回油管反灌入系统，系统刚度降低 | ⑳将回油管插入油面以下，在回油路上加背压阀，更换执行元件密封 |
| | ㉑压力阀阻尼孔时堵时通，压力振摆大，不稳定，或者压力阀工作压力调得过低 | ㉑拆卸清洗压力阀阻尼孔，将压力阀工作压力调高 |
| | ㉒节流阀阀芯阻塞，在低于阀最小稳定流量下使用，流量不稳定 | ㉒清洗阀芯，提高系统临界速度 |
| | ㉓泵的输出流量脉动大，供油不均匀 | ㉓采取增设蓄能器等稳流量措施，减小泵流量脉动 |
| | ㉔液压缸活塞杆与工作台采用非球副连接，特别是长液压缸，运动时由于别劲而产生爬行，液压缸两端密封调得太紧，摩擦力过大 | ㉔活塞杆与工作台采用球副连接，重新调整液压缸两端密封，减小摩擦力 |
| | ㉕液压缸内、外泄漏大，造成缸内压力脉动变化 | ㉕查明液压缸内外泄漏产生的原因和位置，采取对应措施，降低泄漏 |
| | ㉖管路发生共振 | ㉖查明共振产生的原因和位置，采取对策，消除共振 |
| | ㉗液压系统采用进口节流方式且又无背压或背压调节机构，或者虽有背压调节机构，但背压调节过低，在低速区内产生爬行 | ㉗系统改用回油节流系统，采用能自调背压的进油节流回路 |
| | ㉘油牌号选择不对，黏度太小或太大；油温变化，使黏度发生较大变化 | ㉘正确选用油牌号，采取措施控制油温的升降 |
| | ㉙液压缸活塞杆、液压缸座刚性差，密封损坏，空气进入油液 | ㉙提高活塞杆及液压缸座的刚度，防止空气进入液压系统 |
| | ㉚机械系统的刚性差 | ㉚采取措施，提高机械系统刚度 |
| | ㉛运动速度过低，负载质量较大 | ㉛提高系统临界速度，减小系统负载质量 |

（10）液压系统炮鸣故障原因、危害与排除方法

① 炮鸣及其危害。在大功率的液压机、矫直机、折弯机等的液压系统中，主液压缸上腔通入高压压力油进行压制、拉伸或折弯时，高压油具有很大的能量，除了使液压缸活塞下行完成规定工作，还会使液压缸机架、液压缸本身、相关液压元件、管道和接头等产生不同程度的弹性变形，积蓄大量能量。当压制或保压任务完成后，主液压缸上腔通回油进行上行时，上腔积蓄的油液压缩能和机架等积蓄的弹性变形能突然释放出来，同时油液内过饱和溶解气体进行溢出和破裂，在瞬时产生强烈的振动和巨大的声响，造成压力表指针强烈抖动和系统发出很大的枪炮声，称为"炮鸣"现象。"炮鸣"现象是在高压大流量系统设计中，对能量释放认识不足，未进行任何卸压处理或卸压处理不当而产生的。"炮鸣"现象多产生在回路的空行程过程中，对设备的正常工作极为不利。

炮鸣产生强烈的振动和巨大的声响，导致固定连接件松动，设备产生严重泄漏；导致液压元件和管件破裂，压力表振坏，液压系统不能正常工作，甚至产生设备事故、威胁人身安全。

②炮鸣故障的排除方法。先使液压缸高压腔进行有控制的卸压，使能量慢慢释放，能量释放到规定值后再使液压缸低压腔升压，液压缸开始进行换向运动，可消除"炮鸣"现象。

在具体应用时，可采取下述措施对液压缸进行卸压，从而消除"炮鸣"现象。炮鸣故障的具体排除方法见表10-23。

表10-23　炮鸣故障的排除方法

| 排除方法 | 方法说明 |
| --- | --- |
| 采用小型电磁换向阀进行卸压 | 如图10-5所示回路为小型电磁阀卸压回路。使电磁铁1DT通电，电磁铁3DT断电，电磁换向阀2右位工作，液压主缸向下运动进行挤压。由于电磁铁2DT断电，小型电磁换向阀1不通。当液压主缸完成挤压动作以后，在电磁换向阀2进行换向之前，利用时间继电器使电磁换向阀1的电磁铁2DT接通2～3s，当液压主缸上腔压力降至接近于预定值或零时，断开电磁铁2DT。然后使电磁铁1DT断电，电磁铁3DT通电，使换向阀2左位工作，液压主缸上行。由于换向过程是在几乎没有压力的情况下进行的，从而消除了"炮鸣"故障现象 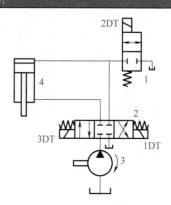<br><br>图10-5　小型电磁阀卸压回路<br>1—小型电磁换向阀；2—三位四通电磁换向阀；3—液压泵；4—液压缸 |
| 采用卸荷阀进行卸压 | 如图10-6所示回路为采用卸荷阀的卸压回路。当电磁铁2DT通电时，电磁液压缸下行压制工件。当电磁铁2DT断电时，电磁换向阀1处于中位，液压缸处于保压状态，主缸上腔的高压油使卸荷阀2处于开启状态。保压结束后，时间继电器发信号，使电磁铁1DT通电，换向阀1切换到右位工作，压力油经卸荷阀2回到油箱。卸荷阀2的阀前压力使充液阀3中的泄压阀阀芯开启，泄压油流经阻尼孔回到充液油箱。当主缸上腔压力降至卸荷阀2调定的活塞回程压力后，卸荷阀2关闭。同时，其阀前压力将充液阀3的主阀打开；压力油进入主缸下腔。上腔油液经阀3回充液油箱，活塞进行上行运动。通过卸荷阀的卸荷，使得液压缸上腔压力降低到一定值后才进行上行运动，可大大减小"炮鸣"现象<br><br>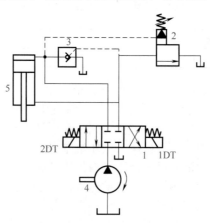<br><br>图10-6　卸荷阀卸压回路<br>1—电磁换向阀；2—卸荷阀；3—充液阀；4—液压泵；5—液压缸 |

| 排除方法 | 方法说明 |
|---|---|
| 采用调速阀进行卸压 | 如图 10-7 所示回路为调速阀卸压回路，主缸下腔为挤压工作腔。当电磁铁 2DT 通电时，压力油经三位四通电磁换向阀 1、液控单向阀 2 进入主缸下腔进行挤压，挤压压力上升到规定的压力值后，电接点压力表 3 发信号，使电磁铁 2DT 断电，电磁换向阀 1 处于中位，液压缸进行保压。当系统泄压时，慢慢拧开调速阀 4，使高压油逐渐流回油箱进行卸压；当压力表 5 所示压力值降至 3～5MPa 时，再使电磁铁 1DT 通电，低压液压油经液控单向阀 2、电磁换向阀 1 流回油箱。由于换向过程在小压力下进行，从而消除了"炮鸣"现象 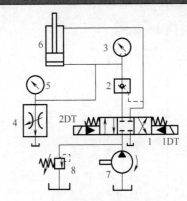<br><br>图 10-7　调速阀卸压回路<br>1—电磁换向阀；2—液控单向阀；3—电接点压力表；<br>4—调速阀；5—压力表；6—液压缸；7—液压泵；<br>8—溢流阀 |
| 采用卸压换向阀卸压 | 如图 10-8 所示回路为采用卸压换向阀卸压的闭式回路。当活塞上腔加压向下运动时，a 为压力侧，b 为吸油侧，下滑阀开启，而上滑阀关闭，卸压阀不起作用。当工作完成后变量泵进行换向后，b 为压力侧，液压力克服滑阀的弹簧力将其移到左端，各通路都接通。液压缸上腔通过 a、1、4 和节流阀 7 进行卸压，卸压速度由节流阀 7 调节。泵的吸油腔通过 b、2、3、5 和 6 排回油箱，进行卸荷，仅保持低压以平衡上滑阀的弹簧力。当上腔压力低于下滑阀弹簧力时，下滑阀逐渐关闭，关闭速度由节流阀 8 来调节，以保证充分卸压。下滑阀的关闭切断了液压泵的卸荷通路，导致液压缸下腔油液压力上升，活塞进行上升运动<br><br>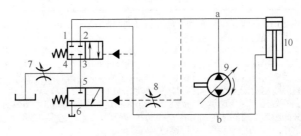<br>(a) 工作原理图<br><br>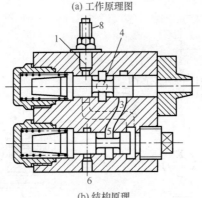<br>(b) 结构原理<br><br>图 10-8　卸压换向阀卸压闭式回路<br>1～6—口；7，8—节流阀；9—双向变量泵；10—液压缸 |

| 排除方法 | 方法说明 |
|---|---|
| 采用电液换向阀K型阀芯机能卸压 | 如图10-9所示回路为电液换向阀K型阀芯机能卸压回路。当电磁铁1DT通电后，压力油经三位四通电液换向阀1进入主缸上腔进行挤压。当压力上升到预定压力时，电接点压力表2发信号，通过时间继电器进行延时保压。当系统保压结束后，电磁铁1DT断电，换向阀1在其所带阻尼器的控制下延时切换到中位，随着K型阀芯的移动，高压油经由小到大的阻尼器开口量逐步释放。当K型阀芯完全移动到中位时，高压油的能量已大部分释放。这样，就可以大大减少"炮鸣"现象。为了保证回路可靠换向，需在图中a处增加一个背压阀<br><br>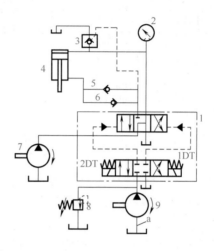<br><br>图10-9　电液换向阀K型阀芯机能卸压回路<br>1—电液换向阀；2—电接点压力表；3—液控单向阀；4—液压缸；<br>5，6—单向阀；7，9—液压泵；8—溢流阀 |
| 采用手动卸压换向阀卸压 | 如图10-10（a）所示回路为手动卸压换向阀卸压回路的工作原理图。手动卸压换向阀由三部分组成：左端是大口径的单向阀，起充液阀的作用；中部是起换向作用的换向阀；右端是使泵卸荷的换向阀，通路1接液压泵。当手柄处于图10-10（b）所示中间位置时，液压缸两腔封闭。通路5和6接通，液压进行卸荷。当手柄向左移动时，滑阀右移，通路5和6断开，液压泵进行工作，压力油经通道7由通路2排出，活塞向下运动。当工作结束后，操纵手柄换向使滑阀向左移动，在液压缸压力作用下单向阀紧闭。当滑阀顶端9碰到单向阀的阀柄时停止移动，这时通路2与滑阀中的通路8接通，使液压缸通过通路2、7、8、4进行卸压，卸压速度由通路8的大小来决定。这时通路5和6接通，液压泵进行卸荷。只有当液压缸充分卸压后，滑阀才能继续向左移动并打开单向阀，使通路2和4接通、通路1和3接通，而通路5和6断开，活塞进行回程，从而避免炮鸣现象出现<br><br>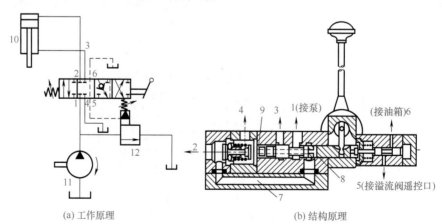<br><br>（a）工作原理　　　　　　　　　　（b）结构原理<br>图10-10　手动卸压换向阀卸压闭式回路<br>1～8—通路；9—滑阀顶端；10—液压缸；11—液压泵；12—先导式溢流阀 |

（11）液压系统油温过高的故障现象、原因与排除方法（表 10-24）

表 10-24　系统油温过高的故障现象、原因与排除方法

| 故障现象 | 故障原因 | 排除方法 |
|---|---|---|
| 油液温度过高 | ①系统压力太高 | ①在满足工作要求条件下，尽量调低至合适的压力 |
| | ②卸荷回路动作不良，当系统不需要压力油时而油仍在溢流阀的设定压力下溢回油箱 | ②改进卸荷回路设计；检查电控回路及相应阀门动作；调低卸荷压力；高压小流量、低压大流量时，采用变量泵 |
| | ③油液冷却不足<br>a. 冷却水供应失灵或风扇失灵<br>b. 冷却水管道中有沉淀或水垢<br>c. 油箱的散热面积不足 | ③油液冷却不足时<br>a. 检查冷却水系统，更换、修理电磁水阀；更换、修理风扇<br>b. 清洗、修理或更换冷却器<br>c. 改装冷却系统或加大油箱容量 |
| | ④泵、马达、阀、缸及其他元件磨损 | ④更换已磨损的元件 |
| | ⑤蓄能器容量不足或有故障 | ⑤换大蓄能器，修理蓄能器 |
| | ⑥油液脏或供油不足 | ⑥清洗或更换过滤器，加油至规定油位 |
| | ⑦油液黏度不对 | ⑦更换合适黏度的油液 |
| | ⑧油液的阻力过大，如管道的内径和需要的流量不相适应或者由于阀规格过小，能量损失太大 | ⑧装置适宜尺寸的管道和阀 |
| | ⑨附近有热源影响，辐射热大 | ⑨采用隔热材料反射板或变更布置场所；设置通风、冷却装置等，选用合适的工作油液 |
| 液压泵过热 | ①油液温度过高 | ①见"油液温度过高"故障 |
| | ②溢流阀或卸荷阀压力调得太高 | ②调整至合适压力 |
| | ③油液黏度过低或过高 | ③选择适合本系统黏度的油 |
| | ④过载 | ④检查支承与密封状况，检查超出设计要求的载荷 |
| | ⑤泵磨损或损坏 | ⑤修理或更换 |
| | ⑥有气穴现象 | ⑥见前述 |
| | ⑦油液中有空气 | ⑦见前述 |
| 液压马达过热 | ①油液温度过高 | ①见"油液温度过高"故障 |
| | ②过载 | ②检查 |
| | ③马达磨损或损坏 | ③检查支承与密封状况，检查超出设计要求的载荷 |
| | ④溢流阀、卸荷阀压力调得太高 | ④调至正确压力 |

（12）液压系统液压油污染故障的危害和排除方法

液压油污染是一种综合形式的故障，80% 液压系统故障来源于液压油的污染，液压油污染会给液压系统带来极大的危害，会严重降低液压设备的寿命。

① 液压油污染的危害

a. 污染颗粒进入泵和液压马达内的运动副之间，造成运动副发生卡死现象，导致泵和液压马达功能失效，或加剧运动副的磨损，降低泵和液压马达的使用寿命，或污物堵塞泵的进油过滤器，使泵产生气蚀现象，引起泵发生多种并发故障。

b. 污染颗粒会使液压缸的活塞、缸体、活塞杆、缸盖及密封件等元件发生拉伤和磨损，使液压缸的泄漏量增大，容积效率和有效输出力减小，或污物卡住活塞或活塞杆，使液压缸不动作。

c. 污物使阀类元件运动副磨损严重，配合阀隙增大，导致元件性能恶化，寿命降低，或污物卡住滑阀、堵塞节流口，造成阀动作失灵、流量调节失效，进而导致整个液压系统动作

失灵，性能降低，甚至造成设备故障，引发人身事故。

d.污物堵塞过滤器，造成液压泵发生吸空现象，导致液压系统产生振动和噪声。

e.污物造成液压执行元件摩擦力增大，导致执行元件发生爬行现象。

f.污物造成液压系统换油和补油难度增大及费用增加。

g.污物损伤密封件，导致泄漏增加，容积效率降低。

② 液压油污染故障的原因及排除方法见表10-25。

表 10-25　液压油污染故障的原因及排除方法

| 故障现象 | 故障原因 | 排除方法 |
|---|---|---|
| 液压油发生污染 | ①在元件加工、制造和系统装配过程中，铸件型砂砂芯、焊渣、切屑、锈片、棉纱纤维断头、涂料油漆剥落片、密封碎片、尘土尘埃、装配清洗用油、水分等污物残留在元件和系统内；液压系统设备在仓储运输过程中进入雨水、尘埃等污物；液压系统设备在安装调试过程中进入清洗油、碰撞脱落物等污物；液压系统在使用过程中，空气、环境腐蚀气体、水分、切屑、磨粒及冷却液、换油时夹带的污物等外部污物侵入系统，系统内部产生元件磨损金属颗粒、密封件磨损颗粒碎片、液压油氧化生成物、冷却器漏水等污物 | ①采取措施，加强管理，防止污物进入系统，对液压系统受污染元件进行清洗，加强液压系统油液的过滤 |
| | ②加入液压系统的新油不干净，运油槽车和油桶多次重复使用、错用，造成新油被污染 | ②加强新油的管理，注入系统前进行过滤 |

（13）液压系统漏油的原因分析与对策

① 液压系统漏油的原因分析，见表10-26。

表 10-26　液压系统漏油的原因分析

| 原因 | 原因分析 |
|---|---|
| 由于油封存在问题而引起的漏油 | 油封广泛应用在运动件与静止件之间的密封（如齿轮泵轴端的密封、液力耦合器轴端的密封等都是靠油封来实现密封的），油封的种类很多，但其密封原理基本相同。它可防止内部油液外泄，还可以阻止外界尘土、杂质侵入到液压系统内部<br><br>如油封本身质量不合格（主要存在的问题有：油封结构设计不合理、油封选材不当、油封制造工艺不合理或尺寸精度差等）时，这样的油封就起不到良好的密封作用，从而导致油液的渗漏；油封使用时间过长，超过了使用期限，就会因老化、失去弹性和磨损而导致油封渗漏；油封装配压入不到位，导致唇口损伤或划伤唇口，而引起油液的渗漏；在安装油封时，未将油封擦拭干净或油封挡尘圈损坏，导致泥沙进入油封工作面，使油封在工作时加速磨损而失去密封作用，而导致油液的渗漏 |
| 由于液压系统的污染而引起的漏油 | 液压系统的污染会导致液压元件磨损加剧，密封性能下降，容积效率降低，产生内泄外漏。液压元件运动副的配合间隙一般在 5～15μm，对于阀类元件来说，当污染颗粒进入运动副之间时，相互作用划伤表面，并切削出新的磨粒，加剧磨损，使配合间隙扩大，导致内漏或阀内串油；对泵类元件来说，污染颗粒会使相对运动部分（柱塞泵的柱塞和缸孔、缸体、配流盘，叶片泵的叶片顶端和定子内表面等）磨损加剧，引起配合间隙增大，泄漏量增加，从而导致泵的容积效率降低；对于液压缸来说，污染颗粒会加速密封装置的磨损，使泄漏量明显加大，导致功率降低，同时还会使缸筒或活塞杆拉伤而报废；对于液压导管来说，污染颗粒会使导管内壁的磨损加剧，甚至划伤内壁，特别是当液体的流速高且不稳定（流速快和压力脉动大）时，会导致导管内壁的材料受冲击而剥落，最终将导致导管破裂而漏油<br><br>当液压油中含有水时，会促使液压油形成乳化液，降低液压油的润滑和防腐作用，加速液压元件及液压导管内壁的磨损和腐蚀。当液压油中含有大量气泡时，在高压区气泡将受到压缩，周围的油液便高速流向原来由气泡所占据的空间，引起强烈的液压冲击，在高压液体混合物的冲击下，液压元件及液压导管内壁受腐蚀而剥落。以上这些情况最终都会使液压元件及液压导管损坏产生内外泄漏 |
| 由于管路质量差而引起的漏油 | 在维修或更换液压管路时，如果在液压系统中安装了劣质的油管，由于其承压能力低、使用寿命短，使用时间不长就会出现漏油。硬质油管质量差的主要表现为管壁薄厚不均，使承载能力降低；劣质软管主要是橡胶质量差、钢丝层拉力不足、编织不均，使承载能力不足，在压力油冲击下，易造成管路损坏而漏油 |

| 原因 | 原因分析 |
|---|---|
| 由于液压管路装配不当而引起的漏油 | ①液压管路弯曲不良。在装配液压硬导管的过程中，应按规定半径使管路弯曲，否则会使管路产生不同的弯曲应力，在油压的作用下逐渐产生渗漏。硬管弯曲半径过小，就会导致管路外侧管壁变薄，内侧管壁产生皱纹，使管路在弯曲处存在很大的内应力，强度大大减弱，在强烈振动或冲击下，管路就易产生横向裂纹而漏油；如果弯曲部位出现较大的椭圆度，当管内油压脉动时，就会产生纵向裂纹而漏油<br>软管安装时，若弯曲半径不符合要求或软管扭曲等，皆会引起软管破损而漏油<br>②管路安装固定不符合要求。常见的安装固定不当如下：<br>a. 在安装油管时，不顾油管的长度、角度、螺纹是否合适强行进行装配，使管路变形，产生安装应力，同时很容易碰伤管路，导致其强度下降<br>b. 安装油管时不注意固定，拧紧螺栓时管路随之一起转动，造成管路扭曲或与别的部件相碰而产生摩擦，缩短了管路的使用寿命<br>c. 管路卡子固定有时过松，使管路与卡子间产生的摩擦、振动加强；有时过紧，使管路表面（特别是铝管或铜管）夹伤变形，这些情况都会使管路破损而漏油<br>d. 管路接头紧固力矩严重超过规定，使接头的喇叭口断裂、螺纹拉伤、脱扣，导致严重漏油的事故 |
| 由于油温过高而引起的漏油 | 液压系统的温度一般维持在 35～60℃最为合适，最高不应超过 80℃。在正常的油温下，液压油各种性能良好。油温过高，会使液压油黏度下降，润滑油膜变薄并易损坏，润滑性能变差，机械磨损加剧，容积效率降低，从而导致液压油内泄漏增加，同时泄漏和磨损又引起系统温度升高，而系统温度升高又会加重泄漏和磨损，甚至造成恶性循环，使液压元件很快失效；油温过高，将加速橡胶密封圈的老化，使密封性能随之降低，最终将导致密封件的失效而漏油；油温过高，将加速橡胶软油管的老化，严重时使油管变硬和出现龟裂，这样的油管在高温、高压的作用下最终将导致油管爆破而漏油。因此，应控制系统油温，使之保持在正常范围 |
| 由于液压密封件存在问题而引起的漏油 | 密封件在装配过程中，如果过度拉伸会使密封件失去弹性，则降低密封性能；如果在装配过程中，由于密封件的翻转而划伤密封件的唇边，将会导致泄漏的发生；如果密封件的安装密封槽或密封接触表面的质量差，那么密封件安装在尺寸精度较低、表面粗糙度和形位公差较低的密封副内，将导致密封件的损伤，从而产生液压油的泄漏；如果密封件选用不当则会造成液压油的泄漏，例如在高压系统中所选用的密封材质太软，那么在工作时，密封件极易挤入密封间隙而损伤，造成液压油泄漏；如果密封件的质量差，则其耐压能力低下、使用寿命短、密封性能差，这样密封件使用不长就会产生泄漏 |

② 预防液压系统漏油的对策，见表 10-27。

表 10-27　预防液压系统漏油的对策

| 漏油对策 | 说明 |
|---|---|
| 正确使用维护，严禁污染液压系统 | — |
| 正确安装管路，严禁违规装配 | ①软管管路的正确装配。安装软管拧紧螺纹时，注意不要扭转软管，可在软管上画一条彩线观察；软管直线安装时要有 30% 左右的长度余量，以适应油温、受拉和振动的需要；软管弯曲处，弯曲半径要大于 9 倍软管外径，弯曲处离管接头的距离至少等于 6 倍软管外径；橡胶软管最好不要在高温有腐蚀气体的环境下使用；如系统软管较多，应分别安装管夹加以固定或者用橡胶隔板<br>②硬管管路的正确安装。硬管管路的安装应横平竖直，尽量减少转弯，并避免交叉；转弯处的半径应大于油管外径的 3～5 倍；长管道应用标准管夹固定牢固，以防止振动和碰撞；管夹相互间距离应符合规定，对振动大的管路，管夹处应装减振垫；在管路与机件连接时，先固定好辅件接头，再固定管路，以防管路受扭，切不可强行安装 |
| 认真检查管路质量，严禁使用不合格管路 | 在维修时，对新更换的管路，应认真检查生产的厂家、日期、批号、规定的使用寿命和有无缺陷，不符合规定的管路坚决不能使用。使用时，要经常检查管路是否有磨损、腐蚀现象；使用过程中橡胶软管一旦发现严重龟裂、变硬或鼓泡现象，就应立即更换 |
| 正确使用和装配密封件，确保密封件在良好的状态下工作 | 为了保证密封质量，对选用的密封件要满足以下基本要求：应有良好的密封性能；动密封处的摩擦阻力要小；耐磨且寿命长；在油液中有良好的化学稳定性；有互换性和装配方便等<br>在实际工作中，按以下要求安装各处的密封装置：<br>①安装 O 形圈时，不要将其拉到永久变形的位置，也不要边滚动边套装，否则可能因形成扭曲而漏油<br>②安装 Y 形和 V 形密封圈时，要注意安装方向，避免因装反而漏油。对 Y 形密封圈而言，其唇边应对着有压力的油腔；此外，对 Yx 形密封圈还要注意区分是轴用还是孔用，不要装错。V 形密封圈由形状不同的支承环和压环组成，当压环压紧密封环时，支承环可使密封环产生变形而起密封作用，安装时应将密封环开口面向压力油腔；调整压环时，应以不漏油为限，不可压得过紧，以防密封阻力过大<br>③密封装置如与滑动表面配合，装配时应涂以适量的液压油<br>④拆卸后的 O 形密封圈和防尘圈应全部换新 |

（14）液压系统气穴现象故障的危害和排除方法

流动的压力油液在局部位置压力下降，低于饱和蒸气压或空气分离压时，使液体发生汽化和导致溶解在液压油中的空气分离，形成大量气泡，这种现象叫气穴现象。气穴现象多发生在液压泵进口处及控制阀的节流口附近。

① 气穴现象的危害

a. 液压油的可压缩性大幅度增大，导致执行元件动作发生误差、产生爬行现象、运动平稳性变差，液压系统产生振动，不能正常工作。

b. 液压泵和管路产生噪声和振动。

c. 压力油中的气泡被压缩时放出大量热量，使液压油局部燃烧氧化，造成液压油劣化变质。

d. 气泡进入润滑油部位，切破油膜，导致滑动面的烧伤与磨损，运动件的摩擦力增大。

e. 在金属表面产生点状腐蚀性磨损。

f. 泵的有效吸入流量减少。

② 液压系统发生气穴现象的原因及排除方法见表10-28。

表 10-28 液压系统气穴现象的原因及排除方法

| 故障现象 | 故障原因 | 排除方法 |
| --- | --- | --- |
| 液压系统发生气穴现象 | ①油箱中油面过低，吸油管未埋在油面以下，造成吸油不畅而吸入空气 | ①加足油液，使油箱油面保持不低于油标指示线，将吸油管埋在油面以下 |
| | ②液压泵吸油管处过滤器被污物堵塞，或过滤器的容量不够、网孔太密，吸油不畅形成局部真空，吸入空气 | ②定期清除附着在过滤器滤网或滤芯上的污物，更换合适过滤器 |
| | ③油箱中吸油管与回油管相距太近，回油飞溅、搅拌油液产生气泡，气泡来不及消除就被吸入泵内 | ③进、回油管要隔开一段距离，采取前述油箱排除故障的相关措施，消除气泡，防止空气进入 |
| | ④回油管在油面以上，停机时，由于回油管没有背压，空气从回油管逆向进入系统 | ④回油管插入油箱油面深度至少为10cm，回油管要有0.3～0.5MPa的背压；提高油液本身的抗泡性能和消泡性能，必要时，添加消泡剂等添加剂，以利于油中气泡的悬浮与破泡 |
| | ⑤系统各油管接头、阀与阀安装板的连接处密封不严或失效，连接处发生松动，空气从缝隙进入 | ⑤拧紧各管接头，对阀和安装板连接处严密密封 |
| | ⑥液压泵吸油口堵塞或容量选得太小；驱动液压泵的电动机转速过高；液压泵安装位置不合适造成进油口距油面过高；吸油管通径过小，弯曲太多，油管长度过长；吸油过滤器或吸油管浸入油内过浅；冬天开始启动时，油液黏度过大，造成液压泵进口处压力过低，低于空气分离压，油中溶解的空气以气泡形式析出，形成气穴 | ⑥清洗液压泵吸油口，按照液压泵使用说明书选择泵驱动电动机；对于有自吸能力的泵，应严格按液压泵使用说明书中推荐的吸油高度安装，使泵吸油口至油面相对高度尽可能低，保证泵进油管内的真空度不超过泵本身所规定的最高自吸真空度；适当缩短进油管路，减少管路弯曲数，管内壁尽可能光滑，以减少吸油管的压力损失；吸油管或过滤器要埋在油面以下，同时注意清洗滤网或滤芯，吸油管及管接头裸露在油面以上的部分要密封可靠，防止空气进入；工作油液的黏度不能太大，特别是在寒冷季节和环境温度低时，需更换黏度稍低的油液和选用流动点低的油液及空气分离压稍低的油液 |
| | ⑦液体在节流缝隙或小孔处由于高速流动而产生低压；管路通径突然扩大或缩小，液流的分流与汇流，液流方向突然改变等，使局部压力损失过大而形成低压区，且低于液体空气分离压或饱和蒸气压 | ⑦节流口形状选为薄壁小孔，减缓变量泵及流量调节阀的流量调节速度，不要太快、太急，要缓慢进行调节；尽量减少节流口上、下游压力差，当上、下游压力差不能减少时，可采用多级节流的方法，使每级压差大大减小；减小管路突然增大或突然缩小的面积比及避免不正确的分流与汇流 |
| | ⑧压力阀等的先导阀及单向阀等的出油口背压过低 | ⑧在阀的出口要保证有一定值的背压 |

（15）水分进入液压系统与系统内部的锈蚀的危害和防止措施（表 10-29）

表 10-29　水分进入液压系统与系统内部的锈蚀的危害和防止措施

| 项目 | 说明 |
| --- | --- |
| 水分等进入液压系统的危害 | ①水分进入油中，会使液压油乳化，成为白浊状态。如果液压油本身的抗乳性较差，即使静置一段时间，水分也不与油相分离，即油总处于白浊状态。这种白浊的乳化油进入液压系统内部，不仅会使液压元件内部生锈，同时还会降低摩擦运动副的润滑性能，使零件磨损加剧，降低系统效率<br>②进入水分使液压系统内的铁系金属生锈，剥落的铁锈在液压系统管道和液压元件内流动，蔓延扩散下去，导致整个系统内部生锈，产生更多的剥落铁锈和氧化生成物，甚至出现很多油泥，这些水分污染物和氧化生成物，既成为进一步氧化作用的催化剂，更导致液压元件的堵死、卡死现象，引起液压系统动作失常、配管阻塞、冷却器效率降低、过滤器堵塞等一系列故障<br>③铁锈是铁、水与空气（氧）同时存在的条件下形成的。除了锈蚀金属外，还使油液酸值增高，产生过氧化物、有机酸等氧化生成物，使液压油的抗乳化性及抗泡性能降低，使油因氧化而劣化变质 |
| 水分进入的原因和途径 | ①油箱盖上因冷热交替而使空气中的水分凝结，变成水珠落入油中<br>②液压回路中的水冷式冷却器因密封破坏或冷却管破裂等原因，使水漏入油中<br>③油桶中的水、雨水、水冷却液喷溅（如磨床、人的汗水），漏往油中 |
| 防止水分进入、防止生锈的措施 | ①液压油的运输、存放要有防雨水进入的措施，装有液压油的油桶不可露天放置，油桶盖密封橡皮要可靠，装油窗口应放在干燥避雨的地方<br>②必须经常检查并排除水冷式油冷却器漏水、渗水的故障，出现这一故障时油液变成乳白色。这时要检查密封破损及冷却水管的破损情况，拆卸修理或更换<br>③室内液压设备要防止屋漏及雨水从窗户飘入，室外液压设备（如行走机械）换油需在晴天进行，并尽力避免雨天工作，油箱要严加密封，防止雨水渗漏进入油内<br>④选用油水分离好的油，国外出现了能过滤油中水分的过滤器，能装设更好 |

## 二、液压系统在调试中出现的常见故障诊断与排除

（1）调试前的准备

液压系统调试前的准备工作包括以下几点：

① 系统的外观检查；

② 泵预先灌油；

③ 松开系统中的各压力阀，打开压力表开关，将流量阀开启到最大开度，换向阀放在中位；

④ 然后接电，点动电动机，使泵在低速转动下维持 20 ～ 30s 后缓慢升速到正常转速；

⑤ 空运转 10 ～ 15min。

（2）调试液压泵时出现的异常现象

调试液压泵时，压力仍维持在溢流阀调节值，在规定转速下运转 30min，注意观察泵的震动、噪声、温升、轴径油封等。调试新泵或经修理后的泵时，可能出现的异常现象及消除方法见表 10-30。

表 10-30　调试液压泵时出现的故障现象、原因与排除方法

| 故障现象 | 故障原因 | 排除方法 |
| --- | --- | --- |
| 噪声严重，压力波动厉害 | ①吸油管及过滤器堵塞或过滤器容量小 | ①清洗过滤器使吸油管通畅，正确选用过滤器 |
| | ②吸油管密封处漏气或油液中有气泡 | ②在连接部位或密封处加点油或更换密封圈，回油管口应在油面以下，与吸油管要有一定距离 |
| | ③泵与联轴器不同轴 | ③调整同轴 |
| | ④油位低 | ④加油液 |
| | ⑤油温低或黏度高 | ⑤把油液加热到适当的温度 |
| | ⑥泵轴承损坏 | ⑥检查泵轴承部分温升 |
| | ⑦供油量波动 | ⑦更换或修理辅助泵 |
| | ⑧油液过脏 | ⑧冲洗，换油 |

| 故障现象 | 故障原因 | 排除方法 |
|---|---|---|
| 不出油、输油量不充足、压力上不去 | ①电动机转向不对 | ①改变电动机转向 |
| | ②吸油管或过滤器堵塞 | ②疏通管道，清洗过滤器，换油 |
| | ③轴向间隙或径向间隙过大 | ③检查更换有关零件 |
| | ④连接处泄漏，混入空气 | ④紧固各连接处螺钉，避免泄漏，严防空气混入 |
| | ⑤油液黏度太高或油液温升太高 | ⑤正确选用油液，控制温升 |
| 泵轴颈油封漏油 | 泄油管道液阻大，使泵体内压力升高到超过油封需用的耐压值 | 检查泵体上的泄油口是否用单独油管直接接通油箱。最好在泵泄油口接一个压力表，以检查泵体内的压力，其值应小于 0.08MPa |

（3）调试执行元件和相关控制阀时的故障及其排除方法

液压系统中的执行元件和相关控制阀必须同时调试，且应以执行元件为主。事实上，在调试执行元件的同时，也就调试了与其动作有关的各个控制阀。调试执行元件和相关控制阀的前提是：各元件是新的、合格的，只是调节其可调部分以达到执行元件按规定要求进行工作的目的，但不能排除油的污染或工作不慎产生的故障。

① 液压马达。液压马达的结构形式很多，应用各异，常见故障是转速、转矩低，噪声过大，其检查和排除方法可参考液压泵。液压马达特殊问题是启动转矩和效率等，这些问题与液压泵的故障也有一定关系。

② 液压缸。调试液压缸的前提是液压泵供油正常，溢流阀的调定压力正常。由于液压缸品种繁多、用途各异，不可能用一种模式进行调试，但是力、速度及运动平稳性却是共同的要求。

不带缓冲装置的液压缸的故障现象、原因与排除方法见表 10-31。

表 10-31　不带缓冲装置的液压缸的故障现象、原因与排除方法

| 故障现象 | 故障原因 | 排除方法 |
|---|---|---|
| 推力不足或工作速度逐渐下降直至停止 | ①液压缸密封圈损坏，造成高低压腔相通 | ①单配活塞和液压缸内壁的间隙或更换密封圈 |
| | ②活塞杆弯曲使摩擦力增加 | ②校直活塞杆 |
| | ③泄漏过多 | ③寻找泄漏部位，紧固各结合面 |
| | ④油温太高，油黏度减小 | ④设法散热降温 |
| 冲击 | ①靠间隙密封的活塞和液压缸间隙过大，节流阀失去作用 | ①按规定配活塞与缸之间的间隙，减少泄漏 |
| | ②端头缓冲的单向阀失灵，缓冲不起作用 | ②修正单向阀与阀座 |
| 爬行 | ①空气侵入 | ①增设排气装置，如无排气装置，可开动液压系统以最大行程使工作部件快速运动，强迫排除空气 |
| | ②液压缸端盖密封圈太紧或太松 | ②调整密封圈，保证活塞杆能来回用手平稳拉动而无泄漏 |
| | ③活塞杆与活塞不同轴 | ③校正二者同轴 |
| | ④活塞杆弯曲 | ④校直活塞杆 |
| | ⑤液压缸内孔直线性不良 | ⑤镗磨修复，重配活塞 |
| | ⑥缸内腐蚀、拉毛 | ⑥轻微者修去锈蚀和毛刺，严重者必须镗磨 |

对于带缓冲装置的液压缸和在高低速控制回路中使用的液压缸，如果不能动作、无力、速度不合要求或"爬行"，可按前述一般液压缸故障检查处理。但对以下两种情况应分别处理：一是液压缸两端带有缓冲装置；二是采用流量阀（节流阀或调速阀）配电气行程开关和电磁阀的控制回路或用行程阀（调速阀）直接控制的回路。对于前者，当液压缸出现不能缓

冲或缓冲不合要求时，如缓冲装置可调，则可调节缸两端的调节螺钉。否则应拆开液压缸检查处理。对于后者，则应根据系统综合考虑电、液元件可能发生的故障。

③ 相关液压阀。液压系统主溢流阀的调试及故障排除方法见表 10-32。其余各分支回路中的压力、流量、方向阀均需依次调节使系统动作能达到设计要求。

表 10-32　溢流阀的故障现象、原因与排除方法

| 故障现象 | 故障原因 | 排除方法 |
|---|---|---|
| 压力波动 | ①弹簧弯曲或太软 | ①更换弹簧 |
| | ②锥阀与阀座接触不良 | ②如锥阀是新的，卸下调整螺母，将导杆推几下，使其接触良好；或更换锥阀 |
| | ③钢球与阀座密合不良 | ③检查钢球圆度，更换钢球，研磨阀座 |
| | ④滑阀变形或拉毛 | ④更换或修研滑阀 |
| | ⑤油不清洁，阻尼孔堵塞 | ⑤疏通阻尼孔，更换清洁油液 |
| 调整无效 | ①弹簧断裂或泄漏 | ①检查、更换或补装弹簧 |
| | ②阻尼孔堵塞 | ②疏通阻尼孔 |
| | ③滑阀卡住 | ③拆出、检查、修整 |
| | ④进出油口装反 | ④检查油源方向 |
| | ⑤锥阀泄漏 | ⑤检查、补装 |
| 泄漏严重 | ①锥阀或钢球与阀座的接触不良 | ①锥阀或钢球磨损时更换新的锥阀或钢球 |
| | ②滑阀与阀体配合间隙过大 | ②检查阀芯与阀体间隙 |
| | ③管接头没拧紧 | ③拧紧连接螺钉 |
| | ④密封破坏 | ④检查更换密封 |
| 噪声及震动 | ①螺母松动 | ①紧固螺母 |
| | ②弹簧变形，不复原 | ②检查并更换弹簧 |
| | ③滑阀配合过紧 | ③修研滑阀，使其灵活 |
| | ④主滑阀动作不良 | ④检查滑阀有壳体的同轴度 |
| | ⑤锥阀磨损 | ⑤换锥阀 |
| | ⑥出油路中有空气 | ⑥排出空气 |
| | ⑦流量超过允许值 | ⑦更换与流量对应的阀 |
| | ⑧和其他阀产生共振 | ⑧略为改变阀的额定压力值（如额定压力值的差在 0.5MPa 以内时，则容易发生共振） |

a. 换向阀：换向阀的故障检查和排除方法见表 10-33；液控单向阀的故障检查和排除方法见表 10-34。

表 10-33　换向阀的故障现象、原因与排除方法

| 故障现象 | 故障原因 | 排除方法 |
|---|---|---|
| 滑阀不换向 | ①滑阀卡死 | ①拆开清洗脏物，去毛刺 |
| | ②阀体变形 | ②调节阀体安装螺钉使压紧力均匀，或修研阀孔 |
| | ③具有中间位置的对中弹簧折断 | ③更换弹簧 |
| | ④操纵压力不够 | ④操纵压力必须大于 0.35MPa |
| | ⑤电磁铁线圈烧坏或电磁铁推力不足 | ⑤检查、修理、更换 |
| | ⑥电气线路出故障 | ⑥消除故障 |
| | ⑦液控换向阀控制油路无油或被堵塞 | ⑦检查原因并消除 |
| 电磁铁控制的方向阀作用时有响声 | ①滑阀卡住或摩擦力过大 | ①修研或调配滑阀 |
| | ②电磁铁不能压到底 | ②校正电磁铁高度 |
| | ③电磁铁铁芯接触面不平或接触不良 | ③清除污物，修正电磁铁铁芯 |

表 10-34　液控单向阀的故障现象、原因与排除方法

| 故障现象 | 故障原因 | 排除方法 |
|---|---|---|
| 油液不逆流 | ①控制压力过低 | ①提高控制压力使之达到要求值 |
| | ②控制油管道接头漏油严重 | ②紧固接头，消除漏油 |
| | ③单向阀卡死 | ③清洗 |
| 逆方向不密封，有泄漏 | ①单向阀在全开位置上卡死 | ①修配，清洗 |
| | ②单向阀锥面与阀座锥面接触不均匀 | ②检修或更换 |

b. 流量阀：调试节流调速阀时出现的故障及排除方法见表 10-35。

表 10-35　节流调速阀的故障现象、原因与排除方法

| 故障现象 | 故障原因 | 排除方法 |
|---|---|---|
| 节流作用失灵及调速范围不大 | ①节流阀和孔的间隙过大，有泄漏以及系统内部泄漏 | ①检查泄漏部位两件损坏情况，予以修复、更新，注意结合处的油封情况 |
| | ②节流孔阻塞或阀芯卡住 | ②拆开清洗，更换新油液，使阀芯运动灵活 |
| 运动速度不稳定，如逐渐减慢、突然增快及跳动等现象 | ①油中杂质黏附在节流口边上，通油截面减小，使速度减慢 | ①清洗有关零件，更新油液，并经常保持油液清洁 |
| | ②节流阀性能较差，低速运动时由于震动使调节位置变化 | ②增加节流连锁装置 |
| | ③节流阀内部、外部有泄漏 | ③检查零件的精度知配合间隙，修配或更换超差的零件，连接处要严加密封 |
| | ④在简式的节流阀中，因系统载荷有变化使速度突变 | ④检查系统压力和减压装置等部件的作用以及溢流阀的控制是否异常 |
| | ⑤油温升高，油液的黏度降低，使速度逐步升高 | ⑤液压系统稳定后调整节流阀或增加油温散热装置 |
| | ⑥阻尼装置堵塞，系统中有空气，出现压力变化及跳动 | ⑥清洗零件，在系统中增设排气阀，油液要保持清洁 |

c. 压力阀：压力阀包括溢流阀、顺序阀、卸荷阀、平衡阀、减压阀和压力继电器等。减压阀的故障检查及排除方法见表 10-36。除减压阀和压力继电器外，其余几种阀的构造和动作原理基本相同。因此，尽管这些阀的功能不同，故障表现不同，但发生故障时的主阀芯状态和产生的原因是相同的。拆洗检修时，应注意原始组装方向，一定要照原样组装。

表 10-36　减压阀的故障分析及排除方法

| 故障现象 | 故障原因 | 排除方法 |
|---|---|---|
| 压力波动不稳定 | ①油液中混入空气 | ①排出油中空气 |
| | ②阻尼孔有时堵塞 | ②清理阻尼孔 |
| | ③滑阀与阀体内孔圆度超过规定，使阀卡住 | ③修研阀孔及滑阀 |
| | ④弹簧变形或在滑阀中卡住，使滑阀移动困难或弹簧太软 | ④更换弹簧 |
| | ⑤钢球不圆，钢球与阀座配合不好或锥阀安装不正确 | ⑤更换方钢球或拆开锥阀调整 |
| 二次压力升不高 | ①外泄漏 | ①更换密封件，紧固螺钉，并保证力矩均匀 |
| | ②锥阀与阀座接触不良 | ②修理或更换 |
| 不起减压作用 | ①泄油口不通，泄油管与回油管道相连，并有回油压力 | ①泄油管必须与回油管道分开，单独回入油箱 |
| | ②主阀芯在全开位置是卡死 | ②修理、更换零件，检查油质 |

（4）辅助元件的调试

① 蓄能器。应用较为普通的是皮囊式蓄能器，此种蓄能器中，只有充气阀是个起密封作用的"运动"件。因而，在新系统调试时不会发生故障。但为了保证调试质量，在调试系统时应按下列步骤进行检查：

a. 把蓄能器中的油放出；

b. 检查充气压力是否合乎要求，如压力不足应补充气；

c. 启动液压泵向蓄能器充油；

d. 检查充气阀是否漏气。

② 过滤器。在运转初期须密切监视其压差变化。若压差超过规定值应立即冲洗或更换滤芯。遇到有压差过低（先高后忽然降低）时，则应拆检滤芯是否破裂。如过滤器附有限压压差阀及发信号器，则应检查其是否失灵。

③ 冷却器和加热器。风冷式冷却器，在系统刚开始运转时先不通风，注意观察是否漏油。水冷式冷却器，在运转初期先不通水，注意观察冷却器前后油液压差是否在冷却器额定压力以下，再拆开冷却水管的排水口，看是否有泄漏的油，待检查无误后再通入冷却水，并按系统温度要求控制水流量。

用蒸气加热的加热器，与水冷却器的要求一样，严防油、水混合。对于电加热器，应注意观察加热器与油箱的接合处是否有漏洞，油的温升速度是否合乎要求，在升温期间，每隔 10 ～ 15min 应使油路循环 5min。将油箱内静止的油液搅拌一次，避免加热器周围的油液过热而碳化。

## 三、液压控制系统的安装、调试和故障排除

（1）液压控制系统的安装、调试

液压控制系统与液压传动系统的区域在于前者要求液压执行机构的运动能够高精度地跟踪随机控制信号的变化。液压控制系统多为闭环控制系统，因而就有系统稳定性、响应和精度的要求。为此，需要有机械 - 液压 - 电气一体化的电液伺服阀、伺服放大器、传感器，高清洁度的油源和相应的管路布置。液压控制系统的安装、调试要点如下：

① 油箱内壁材料或涂料不应成为油液的污染源，液压控制系统的油箱材料最好采用不锈钢。

② 采用高精度的过滤器，根据电液伺服阀对过滤精度的要求，一般为 5 ～ 10μm。

③ 油箱及管路系统经过一般性的酸洗等处理过程后，注入低黏度的液压油或透平油，进行无负荷循环冲洗。循环冲洗须注意以下几点：

a. 冲洗前安装伺服阀的位置应用短路通道板代替。

b. 冲洗过程中过滤器阻塞较快，应及时检查和更换。

c. 冲洗过程中定时提取油样，用污染测定仪器进行污染测定并记录，直至冲洗合格为止。

d. 冲洗合格后放出全部清洗油，通过精密过滤器向油箱注入合格的液压油。

④ 为了保证液压控制系统在运行过程中有更好的净化功能，最好增设低压自循环清洗回路。

⑤ 电液伺服阀的安装位置尽可能靠近液压执行元件，伺服阀与执行元件之间尽可能少用软管。这些都是为了提高系统的频率响应。

⑥ 电液伺服阀是机械、液压和电气一体化的精密产品，安装、调试前必须具备有关的基本知识，特别是要详细阅读、理解产品样本和说明书。

注意以下几点：

a.安装的伺服阀的型号与设计要求是否相符，出厂时的伺服阀动、静态性能测试资料是否完整。

b.伺服放大器的型号和技术数据是否符合设计要求，其可调节的参数要与所使用的伺服阀匹配。

c.检查电液伺服阀的控制线圈连接方式，串联、并联或差动连接方式，哪一种符合设计要求。

d.反馈传感器（如位移，力，速度等传感器）的型号和连接方式是否符合设计需要，特别要注意传感器的精度，它直接影响系统的控制精度。

e.检查油源压力和稳定性是否符合设计要求，如果系统有蓄能器，需检查充气压力。

⑦ 液压控制系统采用的液压缸应是低摩擦力液压缸，安装前应测定其最低启动压力，作为日后检查液压缸的根据。

⑧ 液压控制系统正式运行前应仔细排除气体，否则对系统的稳定性和刚度都有较大的影响。

⑨ 液压控制系统正式使用前应进行系统调试，可按以下几点进行：

a.零位调整，包括伺服阀的调零及伺服放大器的调零，为了调整系统零位，有时加入偏置电压。

b.系统静态测试，测定被控参数与指令信号的静态关系，调整合理的放大倍数，通常放大倍数越大静态误差越小，控制精度越高，但容易造成系统不稳定。

c.系统的动态测试，采用动态测试仪器，通常需测出系统稳定性，频率响应及误差，确定是否能满足设计要求。系统动、静态测试记录可作为日后系统运行状况评估的根据。

⑩ 液压控制系统投入运行后应定期检查以下记录数据：油温，油压，油液污染程度，运行稳定情况，执行机构的零偏情况，执行元件对信号的跟踪情况。

（2）液压控制系统的故障分析

为了迅速准确判断和找出故障器件，液压和电气工程师必须良好配合，为了对系统进行正确的分析，除了要熟悉每个器件的技术特性外，还必须能够分析有关工作循环图、液压原理图和电气接线图的能力。由于液压系统的多样性，因此没有什么能快速准确地查找并排除故障的通用诀窍。表10-37和表10-38提供了排除故障的要点（但不包括设计不良的控制系统），为查找及排除故障提供帮助。

表10-37 开环控制系统故障分析

| 问 题 | 故障 | 原因 |
| --- | --- | --- |
| | 机械/液压部分 | 电气/电子部分 |
| 轴向运动不稳定压力或流量波动 | ①液压泵故障<br>②管道中有空气<br>③液体清洁度不合格<br>④两级阀先导控制油压不足<br>⑤液压缸密封摩擦力过大引起忽停忽动<br>⑥液压马达速度低于最低许用速度 | ①电功率不足<br>②信号接地屏蔽不良，产生电干扰<br>③电磁铁通断电引起电或电磁干扰 |
| 执行机构动作超限 | ①软管弹性过大<br>②遥控单向阀不能及时关闭<br>③执行机构内空气未排尽<br>④执行机构内部漏油 | ①偏流设定值太高<br>②斜坡时间太长<br>③限位开关超限<br>④电气切换时间太长 |
| 停顿或不可控制的轴向运动 | ①液压泵故障<br>②控制阀卡死（由于污脏）<br>③手动阀及调整装置不在正确位置 | ①接线错误<br>②控制回路开路<br>③信号装置整定不当或损坏，断电或无输入信号<br>④传感器机校准不良 |

| 问 题 | 故障 | 原因 |
|---|---|---|
| | 机械 / 液压部分 | 电气 / 电子部分 |
| 执行机构运行太慢 | ①液压泵内部漏油<br>②流量控制阀整定太低 | 输入信号不正确，增益值调整不正确 |
| 输出的力和力矩不够 | ①供油及回油管道阻力过大<br>②控制阀设定压力值太低<br>③控制阀两端压降过大<br>④泵和阀由于磨损而内部漏油 | 输入信号不正确，增益值调整不正确 |
| 工作时系统内有撞击 | ①阀切换时间太短<br>②节流口或阻尼损坏<br>③蓄能系统前未加节流<br>④机构重量或驱动力过大 | 斜坡时间太短 |
| 工作温度太高 | ①管道截面不够<br>②连续的大量溢流消耗<br>③压力设定值太高<br>④冷却系统不工作<br>⑤工作中断期间无压力卸荷 | — |
| 噪声过大 | ①过滤器堵塞<br>②液压油起泡沫<br>③泵或电动机安装松动<br>④吸油管阻力过大<br>⑤控制阀振动<br>⑥阀电磁铁腔内有空气 | 高频脉冲调整不正确 |
| 控制信号输入系统后执行元件不动作 | ①系统油压不正常<br>②元件有卡锁现象 | 放大器的输入、输出电信号不正常，电液阀的电信号有输入和有变化时，液压输出正常，可判定电液阀不正常。阀故障一般应由生产厂家处理 |
| 控制信号输入系统后，执行元件向某一方向运动到底 | — | ①传感器未接入系统<br>②传感器的输出信号与放大器误接 |
| 执行元件零位不准确 | 阀调零不正常 | ①阀的调零偏置信号调节不当<br>②阀的颤振信号调节不当 |
| 执行元件出现振荡 | 系统油压太高 | ①放大器的放大倍数调得过高<br>②传感器的输出信号不正常 |
| 执行元件跟不上输入信号的变化 | ①系统油压太低<br>②执行元件和运动机构的间隙太大 | 放大器的放大倍数调得过低 |
| 执行机构出现爬行现象 | 油路中气体没有排尽，运动部件的摩擦力过大，油源压力不够 | — |

表 10-38　闭环控制系统故障分析

| 问题 | 关系图 | 故障 | 原因 |
|---|---|---|---|
| | | 机械 / 液压部分 | 电气 / 电子部分 |
| （1）闭环控制——静态工况 | | | |
| 低频振荡 | 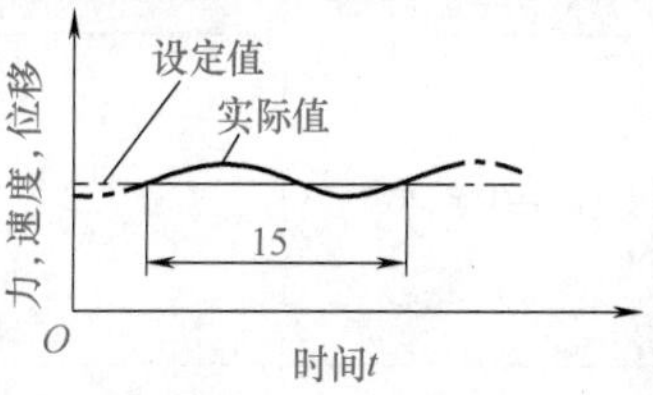 | ①液压功率不足<br>②先导控制压力不足<br>③阀因磨损或污脏有故障 | ①比例增益设定值太低<br>②积分增益设定值太低<br>③采样时间太长 |
| 高频振荡 | 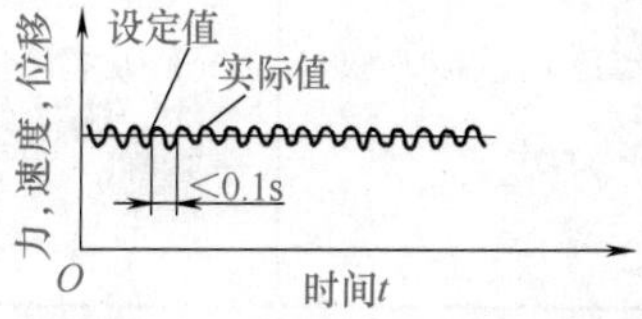 | ①液体起泡沫<br>②阀因磨损或污脏有故障<br>③阀两端 $\Delta P$ 太高<br>④阀电磁铁室内有空气 | ①比例增益设定值太高<br>②电干扰 |

| 问题 | 关系图 | 故障 | 原因 |
| --- | --- | --- | --- |
| | | 机械 / 液压部分 | 电气 / 电子部分 |
| 短时间内出现一个或两个方向的高峰（随机性的） | 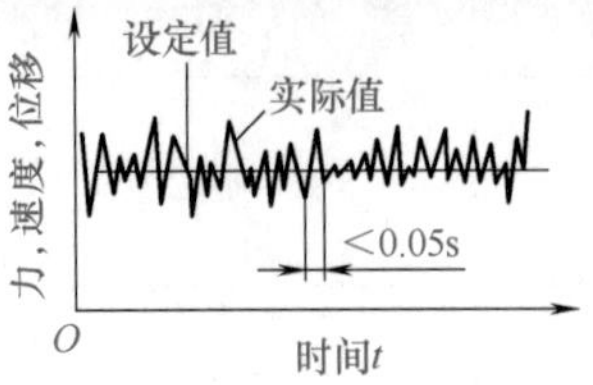 设定值 实际值 力，速度，位移 <0.05s 时间t O | ①机械连接不牢固 ②阀电磁铁室内有空气 ③阀因磨损或污脏有故障 | ①偏流不正确 ②电磁干扰 |
| 自激放大振荡 | 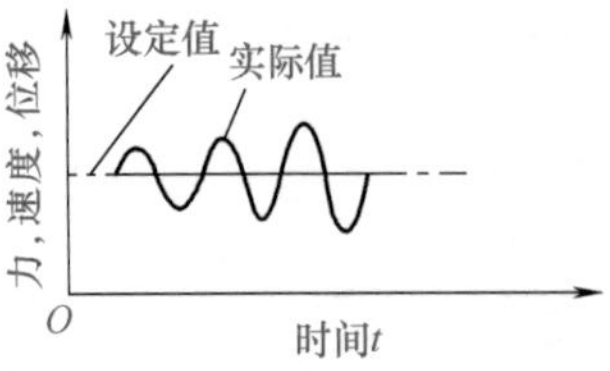 设定值 实际值 力，速度，位移 时间t O | ①液压软管弹性过大 ②机械非刚性连接 ③阀两端 $\Delta P$ 太高 ④液压阀增益过大 | ①比例增益值太高 ②积分增益值太高 |

（2）闭环控制——静态工况：阶跃响应

| 问题 | 关系图 | 故障 | 原因 |
| --- | --- | --- | --- |
| 驱动达不到设定值 | 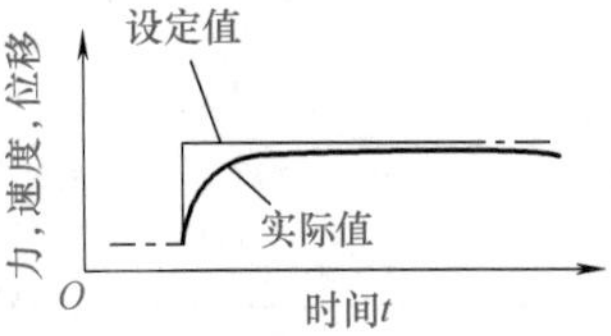 设定值 实际值 力，速度，位移 时间t O | 压力或流量不足 | ①积分增益设定值太高 ②增益及偏流不正确 ③比例及微分增益设定值太低 |
| 不稳定控制 | 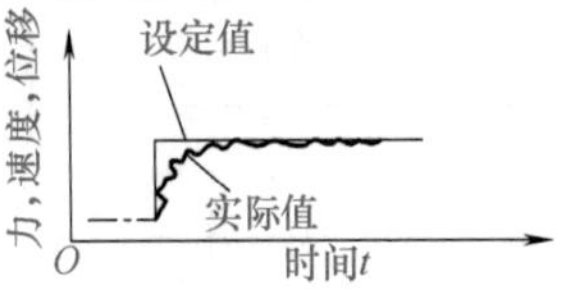 设定值 实际值 力，速度，位移 时间t O | ①反馈传感器接线时断时续 ②软管弹性过大 ③阀电磁铁室内有空气 | ①比例增益设定值太高 ②积分增益设定值太低 ③电噪声 |
| 一个方向的超调 | 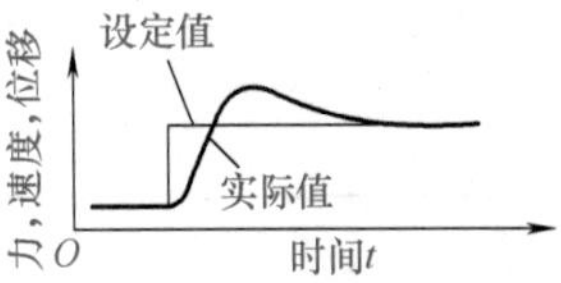 设定值 实际值 力，速度，位移 时间t O | 阀两端 $\Delta P$ 过高 | ①微分增益值太低 ②插入了斜坡时间 |
| 两个方向的超调 | 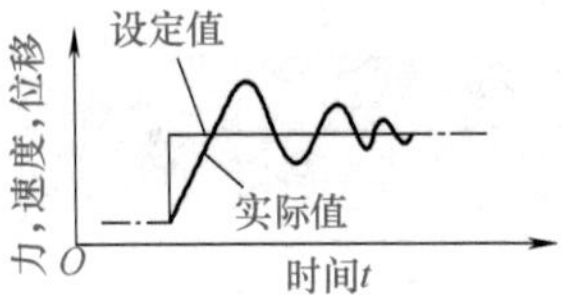 设定值 实际值 力，速度，位移 时间t O | ①机械连接不牢固 ②软管弹性过大 ③控制阀安装的离驱动机构太远 | ①比例增益设定值太高 ②积分增益设定值太低 |
| 逼近设定值的时间长 | 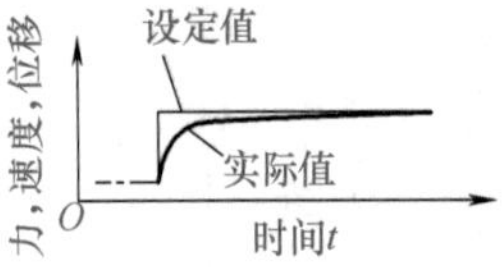 设定值 实际值 力，速度，位移 时间t O | 控制阀压力灵敏度过低 | ①比例增益设定值太低 ②偏流不正确 |
| 抑制控制 | 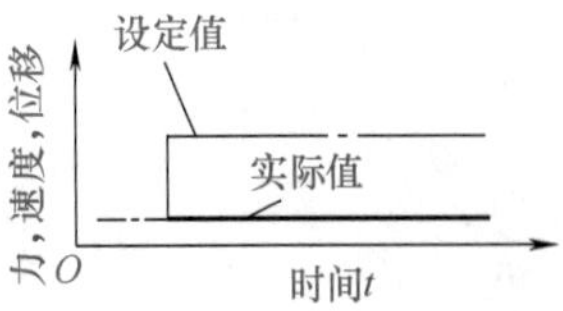 设定值 实际值 力，速度，位移 时间t O | ①反馈传感器机械方面未校准 ②液压功率不足 | ①电功率不足 ②没有输入信号或反馈信号 ③接线错误 |

| 问题 | 关系图 | 故障 | 原因 |
|------|--------|------|------|
|      |        | 机械／液压部分 | 电气／电子部分 |
| 重复精度底及滞后时间长 | 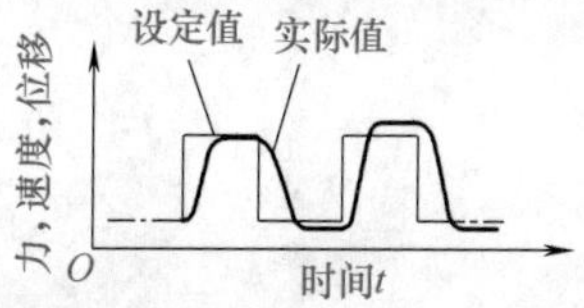 设定值 实际值 力,速度,位移 时间t | 反馈传感器接线时断时续 | ①比例增益设定值太高<br>②积分增益设定值太低 |
| （3）闭环控制——静态工况：频率响应 | | | |
| 时间滞后 | 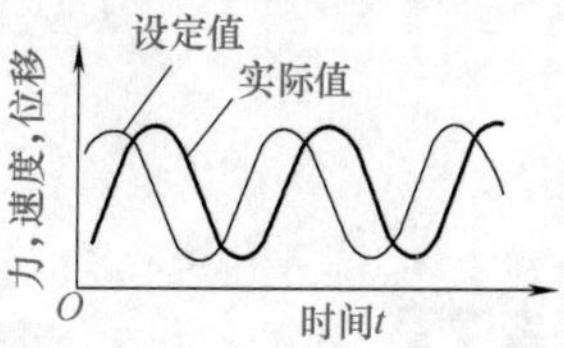 设定值 实际值 力,速度,位移 时间t | 压力和流量不足 | ①插入了斜坡时间<br>②微分增益设定值太低 |
| 幅值降低 | 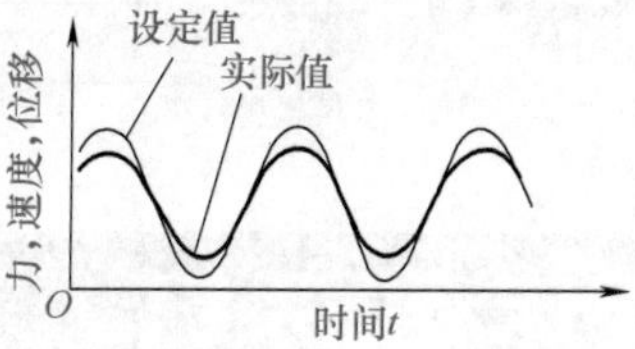 设定值 实际值 力,速度,位移 时间t | 压力及流量不足 | ①比例增益设定值太低<br>②增益值设定太低 |
| 波形放大 | 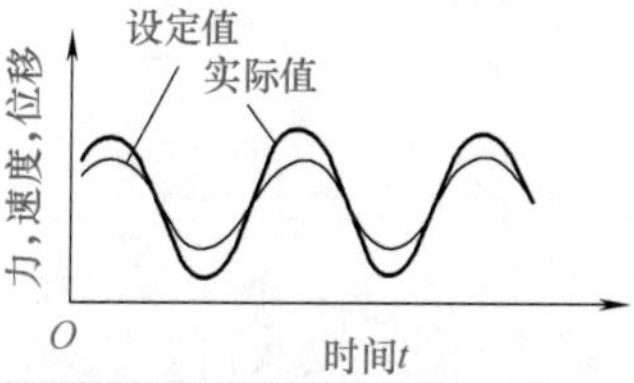 设定值 实际值 力,速度,位移 时间t | ①软管弹性过大<br>②控制阀离驱动机构太远 | 增益值调整不正确 |
| 振动型的控制 | 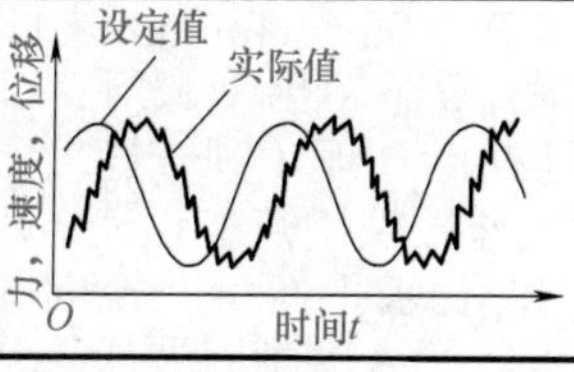 设定值 实际值 力,速度,位移 时间t | 阀电磁铁室内有空气 | ①比例增益设定值太高<br>②电干扰 |

## 四、液压系统的维护

液压系统的维护包括日常维护和定期维护，进行维护的目的是保证液压系统安全运行。维护的方要内容有：

① 检查油箱中的油量和油温，油箱中的液压油应经常保持正常油面且清洁无污染，油温应适当，一般不能超过 $60℃$。

② 检查液压系统各密封部位、管接头等处有无漏油情况汇报，必要时更换密封件。

③ 检查溢流阀压力调节处等重要部位的螺钉有无松动。

④ 检查液压系统各部位的温度。

⑤ 检查过滤器的工作情况，如堵塞需进行清洗。

⑥ 检查压力表、流量计等指示装置是否正常。

⑦ 检查电磁阀动作时的响声是否正常，电磁铁线圈的温度是否过高。

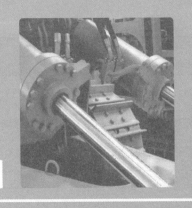

# 第十一章
# 典型设备液压系统

## 第一节 万能外圆磨床液压系统

### 一、概述

M1432A 型万能外圆磨床是上海机床厂生产的一种外圆磨床系列产品，主要用于磨削圆柱形或圆锥形外圆和内孔，也能磨削阶梯轴轴肩和尺寸不大的平面，成平尺寸精度可达 1~2 级，表面粗糙度 $Ra$ 可达 $0.8 \sim 0.2\mu m$。该机床要求液压系统实现的运动及需要达到的性能如下。

① 要求实现磨床工作台在纵向往复运动，并能在 $0.05 \sim 4m/min$ 之间无级调速。为精修砂轮，要求工作台在极低速（$10 \sim 80mm/min$）情况下不出现爬行，高速时无换向冲击。工作台换向平稳，启动和制动要迅速。机床同速换向精度（同一速度下换向点的位置误差）可达 0.05mm，异速换向精度（最小速度到最大速度换向点的误差，又称冲出量）不大于 0.3mm。为避免工件两端尺寸偏大（内孔偏小），要求工作台在换向时，两端有停留时间（$0 \sim 5s$），且停留时间可调。出于工艺上的要求，切入磨削时要求工作台短距离换向（$1 \sim 3mm$，又称抖动），换向频率达到 $100 \sim 150$ 次每分钟。

② 实现砂轮架横向快进和快退。在装卸工件或测量工件时，为缩短辅助时间，砂轮架有快速进退动作，快进至端点的重复定位精度可达 0.005mm。为避免惯性冲击，使工件超差或撞坏砂轮，砂轮架快速进退液压缸设置缓冲装置。

③ 实现尾架套筒的液压伸缩。为装卸工件，尾架顶尖的伸缩采用液压驱动。

④ 在该磨床中，液压系统还与机械、电气配合使用，为此要求实现联锁动作。具体要求包括：工作台的液动与手动联锁；砂轮架快速引进时，保证尾架顶尖不缩回；磨内孔时，砂轮架不许后退，要求与砂轮架快退动作实现联锁等。

⑤ 要求液压消除砂轮架的丝杠、螺母间隙。

⑥ 要求液压系统实现对手摇机构、丝杠螺母副及导轨等处的润滑。

### 二、工作原理

如图 11-1（a）所示是用职能符号表示的 M1432A 型万能外圆磨床液压系统中工作台的换向回路，图 11-1（b）是用半结构符号和职能符号混合表示的 M1432A 液压系统原理图。图 11-1 所示中部下边用立体示意图表示出开停阀 E 的阀芯形状。

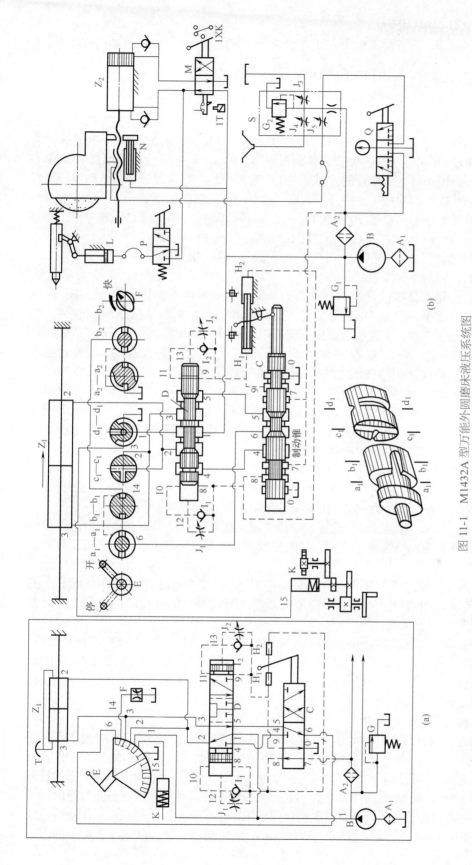

图 11-1　M1432A 型万能外圆磨床液压系统图

$A_1$—滤油器；$A_2$—精滤油器；B—齿轮泵；C—先导阀；D—液控换向阀；E—开停阀；$G_1$、$G_2$—溢流阀；H、$H_2$—抖动阀；$I_1$、$I_2$—单向阀；$J_1$ ～ $J_5$—节流阀；K—手摇机构液压缸；L—尾架液压缸；M—快动阀；N—闸缸；P—脚踏式换向阀；Q—压力表开关；S—润滑油稳定器；1T—联锁电磁铁；1XK—启动头架和冷却泵用行程开关；$Z_1$—工作台液压缸；$Z_2$—砂轮架快进快退液压缸；T—排气阀

（1）工作台的纵向往复运动

如图 11-1 所示状态，开停阀 E 打开，工作台处于向右运动状态。油液流动情况如下：

进油路：齿轮泵 B→1 $\begin{cases}$ 液控换向阀 D→2→液压缸 $Z_1$ 右腔 \\ 开停阀 E 的 $d_1$—$d_1$ 截面→液压缸 K，手摇机构脱开 $\end{cases}$

回油路：液压缸 $Z_1$ 左腔→3→液控换向阀 D→5→先导阀 C→6→开停阀 E 的 $a_1$—$a_1$ 截面→开停阀 E 的轴向槽（图 11-1 中开停阀阀芯立体图）→$b_1$—$b_1$ 截面→14→节流阀 F 的 $b_2$—$b_2$ 截面积轴向槽→阀 F 的 $a_2$—$a_2$ 截面积轴向槽→阀 F 的 $a_2$—$a_2$ 截面上的节流口→油箱。

当工作台右行到预先调定的位置时，固定在工作台侧壁的左挡块通过拨杆推动先导阀芯 C 左移，液控换向阀 D 两端的控制油路开始切换。此时油路的情况如下：

进油路：齿轮泵 B→精过滤器 $A_2$→阀 $C_7$→$C_9$→抖动阀 $H_1$，先导阀 C 迅速左移，彻底打开 $C_7$→$C_9$，关闭 $C_7$→$C_8$，打开 $C_4$→$C_6$ 及 $C_8$→$C_0$。

齿轮泵 B→精过滤器 $A_2$→阀 $C_7$→阀 $C_9$→单向阀 $I_2$→换向阀右端。

回油路：阀 $H_2$→阀 $C_8$→油箱。

因为压力油已经进入液控换向阀 D 的右腔，换向阀将开始换向，其具体过程是：换向阀左端→8→阀 C→油箱。因为回油畅通，所以换向阀阀芯快速移动，完成第一次快跳。快跳结果是阀芯刚好处于中位，8 被阀芯盖住，阀芯中间一节台阶比阀体中间那段沉割槽窄，于是 1 分别与 2 和 3 相通，液压缸 $Z_1$ 两腔都通压力油，工作台迅速停止运动。工作台虽然已经停止运动，但是换向阀阀芯在压力油作用下还在继续缓慢移动，此时换向阀 D 的左腔只能通过节流阀 $J_1$ 回油，阀以 $J_1$ 调定的速度移动。液压缸 $Z_1$ 两腔继续相通，处于停留阶段，当阀芯向左慢慢移到使 10 和 8 相通时，阀芯左端油液便通过 10→8→油箱，因为回油又畅通，所以阀芯又一次快速移动，完成第二次快退。结果换向阀阀芯左移到底，主油路被迅速切换，工作台便反向起步。这时油路情况如下。

进油路：齿轮泵 B→1→液控换向阀 D（右位）→3→液压缸 $Z_1$（左腔）。

回油路：液压缸 $Z_1$（右腔）→2→阀 D（右位）→4→阀 C（右位）→6→阀 E 的 $b_1$—$b_1$ 截面→14→阀 F 的 $b_2$—$b_2$ 截面→阀 F 的 $a_2$—$a_2$ 截面上的节流口→油箱。

液压缸 $Z_1$ 向左移动，运动到预定位置，右挡块碰上拨杆后，先导阀 C 以同样的过程使其控制油路换向，接着主油路切换，工作台又向右运动，如此循环，工作台便实现了自动纵向往复运动。

从以上分析不难看出，不管工作台向左还是向右运动，其回油总是通过节流阀 F 上的 $a_2$—$a_2$ 截面上的节流口回油箱，所以是出口节流调速。节流阀 F 的开口即可实现工作台在 0.05～4m/min 之间的无级调速。

若将开停阀 E 转到停的位置，开停阀 E 的 $b_1$—$b_1$ 截面就关闭了通往节流阀 F 的回油路，而 $c_1$—$c_1$ 截面却使液压缸两腔相通（2 与 3 相通），工作台处于停止状态，液压缸 K 内的油液经 15 到阀 E 的 $d_1$—$d_1$ 截面上的径向孔回油箱，在液压缸 K 中弹簧作用下，使齿轮啮合，工作台就可以通过摇动手柄来操作。

（2）砂轮架横向快进快退运动

砂轮架的快速进退运动是由快动阀 M 操纵，由砂轮架快进快退液压缸 $Z_2$ 来实现。图 11-1 所示砂轮架处于后退状态。当扳动阀 M 手柄使砂轮快进时，行程开关 1XK 同时被压下，使头架和冷却泵均启动。若翻下内圆磨具进行内圆磨削时，磨具压下砂轮架前侧固定的行程开关，电磁铁 1T 吸合，阀 M 被锁住，这样不会因误扳快速进退手柄而引起砂轮后退时与工作台相碰。快进终点位置是靠活塞与缸盖的接触保证的。为了防止砂轮架在快速运动终点处引起冲击和提高快进运动的重复位置精度，快动缸 $Z_2$ 的两端设有缓冲装置（图中未画出），并设有抵住砂轮架的闸缸 N，用以消除丝杠和螺母间的间隙。快动阀 M 右位接入系统时，砂轮架快速前进到最前端位置。

（3）尾架顶尖的伸缩运动

尾架顶尖的伸缩可以手动，也可以利用脚踏阀换向阀 P 来实现。因阀 P 的压力油来自液压缸 $Z_2$ 的前腔，即阀 P 的压力油必须在快动阀 M 左位接入时才能通向尾架处，所以当砂轮架快速前进磨削工件时，即使误踏阀 P，顶尖也不会退回，只有在砂轮后退时，才能使尾架顶尖缩回。

（4）润滑油路

由泵 B 经 $A_2$ 到润滑油稳定器 S 的压力油用于手摇机构、丝杠螺母副、导轨等处的润滑；$J_3$、$J_4$、$J_5$ 用来调节各润滑点所需流量；溢流阀 $G_2$ 用于调节润滑油压力（0.05~0.2MPa）和溢流。润滑油稳定器 S 上的固定阻尼孔在工作台每次换向产生的压力波作用下做一次微量抖动，可以防止阻尼孔堵塞。压力油进入闸缸 N，使闸缸的柱塞始终顶住砂轮架，消除了进给丝杠螺母副的间隙，可以保证横向进给的准确。压力表开关 Q 用于测量泵出口和润滑油路上的压力。

## 三、换向分析

（1）换向方法及换向性能

从磨床的性能及系统的工作原理可以知道，磨床液压系统的核心问题是换向回路的选择和如何实现高性能换向精度的要求。

实现工作台换向的方法很多：采用手动阀换向，换向可靠，但不能实现工作台自动往复运动；采用机动阀换向，可以实现工作台自动往复运动，但低速时的换向"死点"（换向阀阀芯处于中位时不能换向）和高速换向时的换向"冲击"问题，使它不能在磨床液压系统中应用；采用电磁换向，虽然解决了"死点"问题，但由于换向时间短（0.08～0.15s），同样会产生换向冲击。所以最好的途径就是采用机动 - 液动换向阀回路。如图 11-1（a）所示，M1432A 采用的换向回路正是一种机 - 液换向阀的换向回路，阀 C 是个二位七通阀（习惯称先导阀，主换向阀 D 实际是一个二位五通液动阀）。该回路的特点是先导阀阀芯移动的动力源自工作台，只有先导阀换向后，液动阀才换向，消除了换向"死点"；液动阀 D 两端控制油路设置了单向节流阀，其换向快慢便能得到调节，换向冲击问题也基本得到解决。

（2）液压操纵箱制动控制方式

在磨床液压系统中，常常把先导阀、液动阀、节流阀和开停阀组合在一起，装在一个壳体内，称为液压操纵箱。按控制方式的不同，液压操纵箱可分为两大类，即时间控制制动式操纵箱和行程控制制动式操纵箱。两种控制方式各有优缺点，在实际应用中应根据具体情况决定取舍。

① 时间控制制动式液压操纵箱及应用。如图 11-2 所示为一时间控制制动式换向回路。该回路属机 - 液换向回路。由图可见，液压缸右腔的油是经过阀 D 的阀芯右边台肩锥面（也称制动锥）回油箱。在图示状态若先导阀 C 左移，制动锥处缝隙逐渐减小，液压缸活塞运动必然减速制动，直到换向阀阀芯走完距离 $l$，封死液压缸右腔的回油通道，活塞才能停下来（制动结束）。这样无论原来液压缸活塞运动速度多大，先导阀换向多快，工作台要停止，必须等换向阀阀芯走完固定行程 1。所以在节流阀 $J_1$ 和 $J_2$ 开口一定，油液黏度基本不变的情况下，工作台从挡块碰上拨杆到停止的时间是一定的。因此，工作台低速换向时其制动行程（减速行程）短，冲出量小；高速换向时，冲出量大。变速换向精度低。在工作台速度一定时，尽管节流阀 $J_1$、$J_2$ 开口已调定，但由于油温的变化，油内杂质的存在，阀芯摩擦阻力的变化等因素，会使换向阀阀芯移动速度变化，因而制动时间（减速时间）有变化，所以等速

换向精度也不高。

综上所述，时间控制制动式液压操纵箱适用于要求换向频率高、换向平稳、无冲击，但对换向精度要求不高的场合，如平面磨床、专磨通孔的内圆磨床及插床等的液压系统。

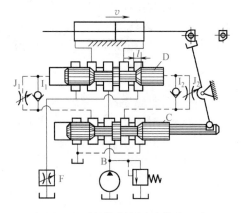

图 11-2　时间控制制动式换向回路

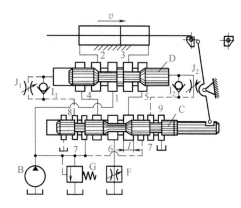

图 11-3　行程控制制动式换向回路

② 行程控制制动式液压操纵箱及其应用。如图 11-3 为行程控制式换向回路，与图 11-2 相比，液压缸右腔的油不但经过阀 D，而且还要经过阀 C 才能回油箱，当左挡块碰拨杆使阀 C 的阀芯向左移动时，阀 C 右侧制动锥首先关小 5 与 6 的通道，使工作台减速（实现预制动）。阀 C 右制动锥口全部封闭 5 至 6 通道时，液压缸右腔回油被切断，此时不论阀 D 是否换向，工作台一定停止。即从挡块碰上拨杆开始到工作台停止，阀 C 从其制动锥开口最大到关闭所移动的距离 1 是一定的（M1432A 是 9mm），杠杆比也是一定的（1∶1.5），故液压缸从开始到停止，其活塞移动的距离也是一定的（13.5mm）。这样不论工作台原来速度多大，只要挡块碰上拨杆，工作台走过该距离就停止，所以这种制动方式叫行程控制制动式。可见该制动方式大大提高了换向精度。对于高速换向的工作台来说，由于换向时间短，换向冲击就大。但对于 M1432A 型磨床来说，工作台纵向往复速度不高（小于 4m/min），换向冲击不是主要问题，所以采用这种控制操纵箱是合适的。

### 四、典型磨床液压系统的特点

① 系统采用了活塞杆固定式双杆液压缸，保证了进退两个方向运动速度相等，并使机床占地面积不大；

② 系统采用了快跳式操纵箱，结构紧凑，操纵方便，换向精度和换向平稳性都较高；

③ 系统设置了抖动缸，使工作台在很短的行程内实现快速往复运动，从而有利于提高切入磨削的加工质量；

④ 系统采用出口节流式调速回路，功率损失小，这对调速范围不需很大、负载较小且基本恒定的磨床来说是很合适的。此外，出口节流的形式在液压缸回油腔中造成背压，工作台运动平稳，使质量较大的磨床工作台加速制动，也有助于防止系统中渗入空气。

## 第二节　数控车床液压系统

CK3225 系列数控机床可以车削内圆柱、外圆柱和圆锥及各种圆弧曲线，适用于形状复杂、精度高的轴类和盘类零件的加工。

如图 11-4 所示为 CK3225 系列数控机床的液压系统。它的作用是控制卡盘的夹紧与松开；主轴变挡、转塔刀架的夹紧与松开；转塔刀架的转位和尾座套筒的移动。

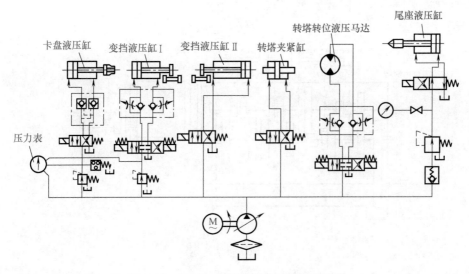

图 11-4　CK3225 系列数据车床液压系统图

## 一、卡盘支路

支路中减压阀的作用是调节卡盘夹紧力，使工件既能夹紧，又尽可能减小变形。压力继电器的作用是当液压缸压力不足时，立即使主轴停转，以免卡盘松动，将旋转工件甩出，危及操作者的安全以及造成其他损失。该支路还采用液控单向阀的锁紧回路。在液压缸的进、回油路中都串联液控单向阀（又称液压锁），活塞可以在行程的任何位置锁紧，其锁紧精度只受液压缸内少量内泄漏的影响，因此锁紧精度较高。

变挡液压缸工作回路中，减压阀的作用是防止拨叉在变挡过程中滑移齿轮和固定齿轮端部接触（没有进入啮合状态），如果液压缸压力过大会损坏齿轮。

## 二、液压变速机构

液压变速机构在数控机床上得到普遍使用。如图 11-5 所示为一个典型液压变速机构的原理图。三个液压缸都是差动液压缸，用 Y 型三位四通电磁阀来控制。滑移齿轮的拨叉与变速液压缸的活塞杆连接。当液压缸左腔进油右腔回油、右腔进油左腔回油或左右两腔同时进油时，可使滑移齿轮获得左、右、中三个位置，达到预定的齿轮啮合状态。在自动变速时，为了使齿轮不发生顶齿而顺利地进入啮合，应使传动链在低速下运行。为此，对于采取无级调速电动机的系统，只需接通电动机的某一低速驱动的传动链运转；对于采用恒速交流电动机的纯分级变速系统，则需设置慢速驱动电动机 $M_2$，在换速时启动 $M_2$，驱动慢速传动链运转。自动变速的过程是：启动传动链慢速运转→根据指令接通相应的电磁换向阀和主电动机 $M_1$ 的调速信号→齿轮块滑移和主电动机的转轴接通→相应的行程开关被压下发出变速完成信号→断开传动链慢速转动→变速完成。

## 三、刀架系统的液压支路

根据加工需要，CK3225 系列数控车床的刀架有八个工位可供选择。因以加工轴类零件为主，转塔刀架采用回转轴线与主轴轴线平行的结构形式，如图 11-6 所示。

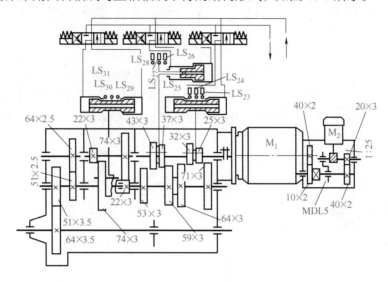

图 11-5 液压变速机构原理图

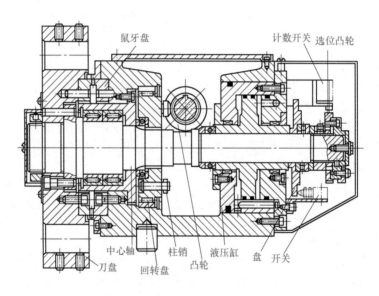

图 11-6 CK3225 数控车床的刀架结构

刀架的夹紧和转动均由液压驱动。当接到转位信号后，液压缸后腔进油，将中心轴和刀盘抬起，使鼠牙盘分离；随后液压马达驱动凸轮旋转，凸轮拨动回转盘上的八个柱销，使回转盘带动中心轴和刀盘旋转。凸轮每转一周，拨过一个柱销，使刀盘转过一个工位；同时，固定在中心轴尾端的选位凸轮相应压合计数开关一次。当刀盘转到新的预选工位时，液压马达停转。液压缸前腔进油，将中心轴和刀盘拉下，两鼠牙盘啮合夹紧，这时盘压下开关，发出转位停止信号。该结构的特点是定位稳定可靠，不会产生越位；刀架可正、反两个方向转动；自动选择最近的回转行程，缩短了辅助时间。

# 第三节　工程机械液压系统

工程机械液压传动系统，和机械传动系统、电传动系统一样，是工程机械整机传动系统的一种重要的传动系统之一。工程机械液压传动系统可以是不一样的，但它不外乎是由一些基本液压回路所组成，每个液压基本回路在系统中一般只用来完成某一项作用。

工程机械对液压系统主要要求是保证主机具有良好的工作性能。为此，一个好的液压系统应满足以下几个要求：

① 当主机在工作载荷变化大，并有急剧冲击和振动的情况下工作时，系统要有足够的可靠性；

② 系统应具有比较完善的安全装置，如执行元件的过载卸荷、缓冲和限速装置等；

③ 减少系统的发热量，保证系统连续工作液压油温不超过 65℃；

④ 由于工程机械在野外作业为多，工作条件恶劣，为了保证系统和元件的正常工作，系统必须设置良好的加油、吸油及压油过滤装置；

⑤ 大型工程机械应考虑有应急能源，为了减轻驾驶员劳动强度，可采用先导操纵；

⑥ 系统要尽可能简单、易于安装和维护修理。

单斗液压挖掘机在建筑、交通运输、水利施工、露天采矿及现代化军事工程中都有着广泛应用，是各种土石方施工中不可缺少的重要机械设备。

单斗液压挖掘机是一种周期作业的机械设备，其结构如图11-7所示。它由工作装置、回转装置和行走装置三部分组成。工作装置包括动臂、斗杆及根据工作需要可更换的各种换装设备，如正铲、反铲、装载斗和抓斗等，其典型工作循环见表11-1。

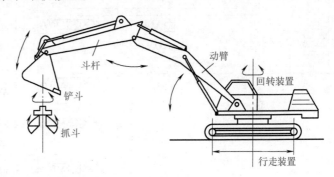

图 11-7　单斗液压挖掘机结构

### 表 11-1　单斗液压挖掘机典型工作循环

| 项目 | 说明 |
| --- | --- |
| 挖掘 | 在坚硬土壤中挖掘时，一般以斗杆动作为主，用铲斗缸调整切削角度，配合挖掘；在松软土壤中挖掘时，则以铲斗缸动作为主；在有特殊要求的挖掘动作中，则使铲斗缸、斗杆缸和动臂缸三者复合动作，以保证铲斗按特定轨迹运动 |
| 满斗提升及回转 | 挖掘结束，铲斗缸推出，动臂缸升起，满斗提升；同时回转马达启动，转台向卸土方向回转 |
| 卸载 | 转台转到卸载地点，转台制动，斗杆缸调整卸料半径，铲斗缸收回，转斗卸载。当对卸载位置及高度有严格要求时，还需动臂缸配合动作 |
| 返回 | 卸载结束后，转台反向回转，同时动臂与斗杆缸配合动作，使空斗下放到新的挖掘位置 |

挖掘机的液压系统类型很多，习惯上以主泵数量和类型、变量和功率调节方式及回路数量分类：定量系统（单路或双路或多路，单泵、双泵、多泵）；变量系统（分功率或全功率调节，双泵双路）；定量-变量混合系统（多泵多路）。但以双泵双回路定量系统和双泵双回路变量系统应用较多。

## 一、双泵双回路定量系统

如图 11-8 所示为 WY-100 型全液压挖掘机的液压系统图。铲斗容量为 1m³。液压系统

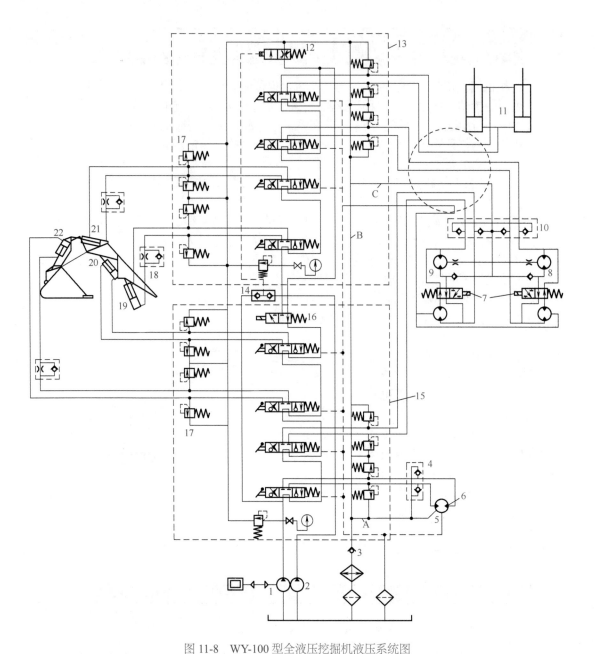

图 11-8　WY-100 型全液压挖掘机液压系统图

1，2—液压泵；3—单向阀；4，10—补油阀；5—阻尼孔；6—回转马达；7—双速阀；8—右行走马达；
9—左行走马达；11—推土板升降用液压缸；12—限速阀；13，15—阀组；14—梭阀；16—合流阀；
17—溢流阀；18—单向节流阀；19—动臂缸；20—调幅用辅助缸；21—斗杆缸；22—铲斗缸

是双泵双回路定量系统，串联油路，手控合流。油路的配置是：液压泵 1 向回转马达 6、左行走马达 9、铲斗缸 22、调幅用辅助缸 20 供油；液压泵 2 向动臂缸 19、斗杆缸 21、右行走马达 8 和推土板升降用液压缸 11 供油。通过合流阀 16 可以实现某一执行元件的快速动作，一般用作动臂缸或斗杆缸的合流。各执行元件均有限压阀，除回转马达调定压力为 25MPa，低于系统安全阀压力 27MPa 外，其余均为 30 ～ 32MPa。双泵双回路定量系统说明见表 11-2。

表 11-2　双泵双回路定量系统说明

| 类别 | 说明 |
|---|---|
| 一般操作回路 | 单动作供油时，操纵某一手柄，使相应的换向阀处于左工位或右工位，切断卸载回路，使液压油进入执行元件，回油通过多路换向阀、限速阀 12（阀组 15 的回油还需通过合流阀 16）到回油总管 B |
| | 串联供油时，须同时操纵几个手柄，使相应的阀杆移动切断卸载回路，油路呈串联连接，液压油进入第一执行元件，其回油就成了后一执行元件的进油，依次类推，最后一个执行元件的回油排到回油总管 B |
| 合流回路 | 合流阀 16 在正常情况下不通电，起分流作用。当使合流阀 16 的电磁铁通电时，液压泵 1 排出的油液经阀组 15 导入阀组 13，使两泵合流，提高工作速度，同时也能充分利用发动机功率 |
| 限速与调速回路 | 两组阀的回油经限速阀 12 至回油总管 B，当挖掘机下坡时可自动控制行走速度，防止超速溜坡。限速阀是一个液控节流阀，其控制压力信号通过装在阀组上的梭阀 14 取自两组多路阀的进油口，当两个分路的进口压力均低于 0.8～1.5MPa 时，限速阀自动开始对回油进行节流，增加回油阻力，从而达到自动限制速度的作用。由于梭阀 14 的选择作用，当两个油路系统中有任意一个的压力为 0.8～1.5MPa 时，限速阀不起节流作用。因此限速阀只是当行走下坡时起限速作用，而对挖掘作业不起作用 |
| | 行走马达采用串联马达回路。一般情况下，行走马达并联供油，为低速挡；如操纵双速阀 7，则串联供油，为高速挡。单向节流阀 18 用来限制动臂的下降速度 |
| 背压回路 | 为使内曲线马达的柱塞滚轮和滚道接触，从单向阀 3 前的回油总管 B 上引出管路 C 和 A，分别经补油阀 10 向行走马达 8、9 和回转马达 6 强制补油。单向阀 3 调节压力为 0.8～1.4MPa，这个压力是保证马达补油和实现液控所必需的 |
| 加热回路 | 从背压油路上引出的低压热油，经阻尼孔 5 节流减压后，通向马达壳体内，使液压马达在不运转的情况下，壳体保持一定的循环油量，其目的是：将马达壳体内的磨损物冲洗掉；对马达进行预热，防止由于外界温度过低，马达温度较低时，由主油路通入温度较高的工作油液后，引起配油轴及柱塞副等精密配合部位局部不均匀的热膨胀，使液压马达卡住或咬死而产生故障，即"热冲击" |
| 回油和泄漏油路的过滤 | 主回油路经过冷却器后，通过邮箱上主过滤器，经磁性、纸质双重过滤回油箱。当过滤器堵塞时，过滤器内部压力升高，可使纸质滤芯与顶盖之间自动断开实现溢流（图中未画出），并通过压力传感器将信号反映到驾驶室仪表盘上，使驾驶员及时发现并进行清洗 |
| | 各液压马达及阀组均单独引出泄漏油管，经磁性过滤器回油箱 |

## 二、双泵双回路全功率变量系统

图 11-9 所示为中小型单斗挖掘机液压系统原理图。它由一对双联轴向柱塞泵和一组双向对流油路的三位六通液控多路阀、液压缸、回转与行走液压马达等元件组成。主泵为一对斜轴式轴向柱塞泵，恒压恒功率组合调节装置 3 包括以液压方式互相联系的两个调节器，保证铲土时两泵摆角相同。油路以顺序单动及并联方式组成，能实现两个执行元件的复合动作及左、右履带行走时斗杆的伸缩，后者可帮助挖掘机自救出坑及跨越障碍。

（1）一般操作回路

斗杆缸 19 单独动作时，通过换向阀 32、35 合流供油，提高动作速度。铲斗缸 18 转斗铲土时，通过换向阀 29 与换向阀 33 实现自动合流。两阀的合流是由电液换向阀 23 控制的。回斗卸土时则只通过换向阀 29 单独供油。同样，动臂缸 20 提升时，通过换向阀 30 与换向阀 33 自动合流供油，提高上升速度。动臂下降则只通过换向阀 30 单独供油，以减少节流发热损失。

在两个主泵的油路系统中，各有一个能通过全流量的溢流阀，同时在每个换向阀和执行元件之间都装有安全阀和单向阀组，以避免换向和运动部件停止时，产生过大的压力冲击，一腔出现高压时安全阀打开，另一腔出现负压时，则通过单向阀补油。主溢流阀 22 调定压力为 25MPa，安全阀 24（10 个）的调定压力为 30MPa。

在回转液压马达 16 的油路上装有液压制动装置 17，可实现回转液压马达回转制动、补油，防止启动、制动开始时液压冲击及溢流损失等。

在行走液压马达 15 上装有常闭的液压制动缸 14，通过梭阀与行走液压马达联锁，即行走液压马达任一侧的油压超过一定压力（$p > 3.5\text{MPa}$）时，液压制动缸 14 即完全松开。因而它可起停车、制动、挖掘工作时行走装置制动及行驶过程中超速制动的作用。

系统回油总管中装有纸质的过滤器 8，在驾驶室内有过滤器污染指示灯。液压马达的泄漏油路中有小型磁性的过滤器 7。

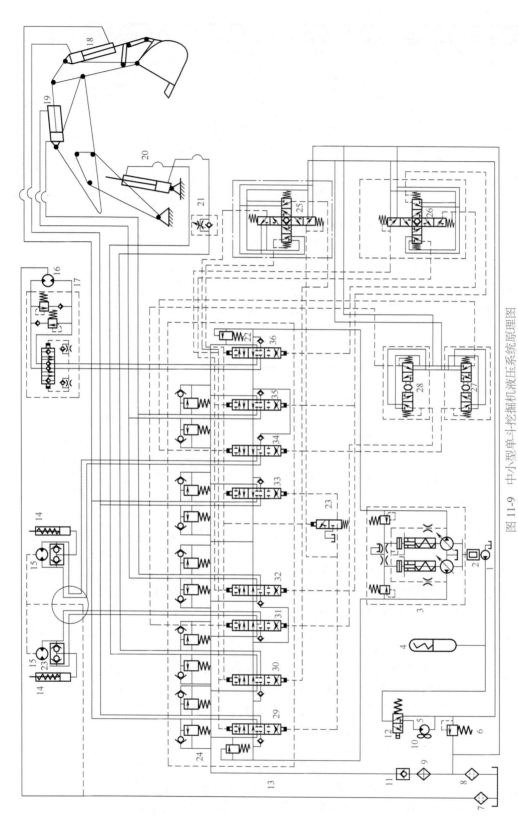

图 11-9　中小型单斗挖掘机液压系统原理图

1—齿轮泵（辅助泵）；2—变速（取力）器；3—恒压恒功率组合调节装置（含一对恒功率主变量泵，图中无序号）；4—蓄能器；5—齿轮马达；6—溢流阀；7，8—过滤器；9—风冷式油冷却器；10—风扇；11—单向阀；12—电磁换向阀；13—主回液管路；14—液压制动缸；15—行走液压马达；16—回转液压马达；17—液压制动装置；18—铲斗液压阀式先导阀；19—斗杆缸；20—动臂缸；21—单向节流阀；22—安全阀；23—电液换向阀；24—安全阀（10个）；25～28—主溢流阀；29～36—换向阀

（2）冷却回路

回油总管中装有风冷式油冷却器 9，风扇 10 由专门的齿轮马达 5 带动，它由装在油箱中的温度传感器及油路中的电磁换向阀 12 控制，由小流量的齿轮泵 1 供油，组成单独冷却回路。当油温超过一定值时，油箱中的温度传感器发出信号使电磁换向阀 12 通电，接通齿轮马达 5，带动风扇 10 旋转，液压油被强制冷却；反之，电磁换向阀 12 断电，风扇停转，使液压油保持在适当的温度范围内，可节省风扇功率，并能缩短冬季预热启动时间。

（3）手动减压阀式先导阀操纵回路

四个手动减压阀式先导阀 25 ～ 28 操纵液控多路阀。阀 25、26 的操纵手柄为万向铰式，每个手柄可操纵四个先导阀芯，每个先导阀芯控制换向阀的一个单向动作，因此四个先导阀芯可操纵两个换向阀。阀 27、28 可操纵行走机构的两个液压马达。减压阀式先导阀的操纵油路和结构如图 11-10 所示，扳动先导阀手柄 1，则控制杆 2 被压下，阀芯 3 向下运动，P（压力油）与 A（出口）连通。由于 A 处节流产生二次压力，当该压力超过弹簧调定值时，阀芯向上移动，A 至 P 被切断，当 A 与 O（油箱）连通，这时 A 处压力随之降低；当该压力降低到小于弹簧力时，阀芯 3 向下移动，则 A 与 P 又连通，这样可得到与手柄行程成

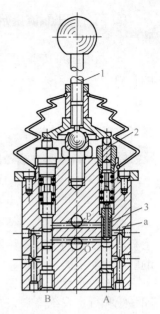

图 11-10　减压阀结构图
1—手柄；2—控制杆；3—阀芯；
a—内部通道；A，B—负载接口；
P—进油口；O—回油口

比例的二次压力，从而使换向滑阀行程和先导阀操纵手柄行程保持比例关系。手动减压阀式先导阀和油冷却系统共用一个小流量的齿轮泵，压力为 1.4 ～ 3MPa，二次压力在 0 ～ 2.5MPa 范围内变动，而手柄的操纵力不大于 30N，操作时既轻便省力，又可以感觉到操纵力的大小，操纵手柄少，操作方便。根据图 11-9，为清晰起见，将各先导阀控制换向阀与执行机构动作列于表 11-3。

表 11-3　先导阀控制换向阀和执行机构动作表

| 手动减压阀式先导阀 | 手柄位置 | 被控对象 | | | | 合流情况 |
|---|---|---|---|---|---|---|
| | | 换向阀（元件符号） | 阀位置 | 执行机构 | 工作腔 | |
| 25 | 向下 | 29、33 | 下位 | 铲斗缸 18 | 大腔 | 合流 |
| | 向上 | 29 | 上位 | | 小腔 | |
| | 向左 | 30、33 | 上位 | 动臂缸 20 | 大腔 | 合流 |
| | 向右 | 30 | 下位 | | 小腔 | |
| 26 | 向下 | 36 | 下位 | 回转液压马达 16 | 下腔 | — |
| | 向上 | 36 | 上位 | | 上腔 | |
| | 向左 | 35、32 | 上位 | 斗杆缸 19 | 小腔 | 合流 |
| | 向右 | 35、32 | 下位 | | 大腔 | |
| 27 | 向左 | 31 | 下位 | 左行走马达 | 左腔 | — |
| | 向右 | 31 | 上位 | | 右腔 | |
| 28 | 向左 | 34 | 下位 | 右行走马达 | 右腔 | — |
| | 向右 | 34 | 上位 | | 左腔 | |

全功率变量系统有以下特点：

① 发动机功率得到充分利用。发动机功率可按实际需要在两泵之间自动分配和调节。在极限情况下，当一台液压泵空载时，另一台液压泵可以输出全部功率。

② 两台液压泵流量始终相等，可保证履带式全液压挖掘机两条履带同步运行，便于驾驶员掌握速度。

③ 两液压泵传递功率不等，因此其中的某个液压泵有时在超载下运行，对寿命有一定的影响。

# 第四节　叉车液压系统

## 一、概述

叉车是一种由自行轮式底盘和工作装置组成的装卸搬运车辆。叉车前面设有门架，门架上有运载货物的货叉，并具有使货叉垂直升降和为了在搬运或堆放作业时保持运载货物稳定的前后倾动功能。

叉车外形示意图如图 11-11 所示。叉车的动作功能主要由起升系统、门架倾斜系统、转向系统和行走系统等来完成。各种型号叉车的货叉起升、门架倾斜和转向几乎均采用液压传动。而行走系统主要有机械传动和液压传动两种方式。行走系统采用液压传动的叉车被称为全液压叉车或"静压传动"叉车，该系统由变量泵、液压马达构成闭式回路。通过改变变量泵的斜盘倾角，控制液压马达的正反转速，驱动叉车前轮实现叉车前进、后退，并可无级调速。

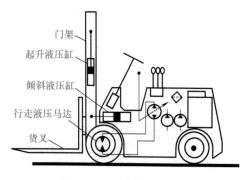

图 11-11　叉车外形示意图

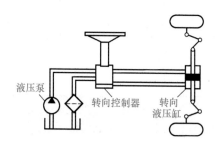

图 11-12　叉车转向工作原理示意图

## 二、工作原理

根据其工作特点，叉车采用前轮驱动，后轮转向。如图 11-12 所示为叉车转向工作原理示意图。转向系统主要由液压泵、转向控制器和转向液压缸等组成。通过转向控制器控制转向液压缸的动作，从而控制叉车后轮的转向。

如图 11-13 所示为叉车工作及转向液压系统原理图。叉车的工作装置完成货叉的起升和门架倾斜操作。货叉起升和门架倾斜操作均是独立操作完成，互不影响。而转向装置则是完成叉车行走的转向操作。液压泵 1、2 分别向工作装置和转向装置供油，两个液压系统的油路互不影响。

叉车工作和转向装置主要有以下几种工作情况。

① 工作装置待机状态。当多路换向阀 3 的起升阀 A 和倾斜阀 B 均处于中位时，液压泵 1 的出油直接回油箱，系统卸荷，工作装置处于待机状态，不能进行货叉起升和门架倾斜操作。

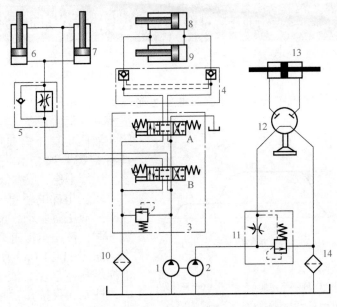

图 11-13　叉车工作和转向液压系统原理图

1，2—液压泵；3—多路换向阀；4—液压锁；5—单向调速阀；6，7—起升液压缸；

8，9—倾斜液压缸；10，14—过滤器；11—转向控制流量阀；12—转向控制器；13—转向液压缸

② 工作装置起升操作。工作装置起升操作是对两个并联的起升液压缸 6 和 7 的伸、缩控制来完成货叉的升降运动。

操作多路换向阀的倾斜阀 A 处于右端位置时，液压泵 1 的出油经倾斜阀 A 后，再通过单向调速阀 5 中的单向阀进入起升液压缸 6、7 的无杆腔，起升液压缸 6、7 同步外伸，从而带动货叉升起。

操作多路换向阀的起升阀 A 处于左端位置时，液压泵 1 的出油经起升阀 A 后，直接进入起升液压缸 6、7 的有杆腔，起升液压缸 6、7 同步缩回，从而带动货叉下降。这时，起升液压缸 6、7 无杆腔的油经单向调速阀 5 中的调速阀回油箱，从而限制了货叉重载时的下降速度。

③ 工作装置倾斜操作。工作装置倾斜操作是对两个倾斜液压缸 8 和 9 的伸、缩控制来完成门架的倾斜运动。

操作多路换向阀的倾斜阀 B 处于左端位置时，液压泵 1 的出油经倾斜阀 B 后，再通过由两个液控单向阀组成的液压锁 4 进入倾斜液压缸 8、9 的无杆腔，倾斜液压缸 8、9 同步外伸，从而带动门架前倾。

操作多路换向阀的倾斜阀 B 处于右端位置时，液压泵 1 的出油经倾斜阀 B 后，再通过液压锁 4 进入倾斜液压缸 8、9 的有杆腔，倾斜液压缸 8、9 同步缩回，从而带动门架后倾。这时，液压锁 4 可使门架倾斜角度较长时间保持不变，以保证安全。

④ 转向装置转向操作。转向装置是由液压泵 2 供油。液压泵 2 的出油经转向控制流量阀 11 后，由转向控制器 12 控制转向液压缸 13 对车轮进行转向操作。转向控制流量阀 11 的作用是当液压泵 2 的转速随发动机变化时仍能保持以固定流量向转向控制器 12 供油，从而保证转向控制器操纵的稳定。转向控制器的操作是通过驾驶员对方向盘的操控进行的。

## 一、概述

液压电梯是多层建筑中安全、舒适的垂直运输设备，也是厂房、仓库、车库中廉价的重型垂直运输设备。与电动牵引电梯相比，液压电梯不需要在顶部安装机房，具有结构紧凑、承载能力大、无级调速、运行平稳、成本低等优点。

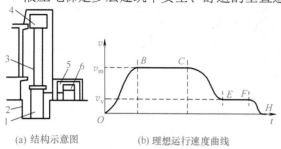

(a) 结构示意图　　(b) 理想运行速度曲线

图 11-14　液压电梯的结构示意图及理想运行速度曲线
1—液压缸；2—地坑；3—柱塞；4—轿厢；5—机房；6—液压站；
$O \rightarrow B$—加速阶段；$B \rightarrow C$—匀速阶段；$C \rightarrow E$—减速阶段；
$E \rightarrow F$—平层阶段；$F \rightarrow H$—结束阶段

液压电梯的轿厢一般由单级或多级柱塞式液压缸驱动，按液压缸的安放位置不同，液压电梯有直顶式和侧置式两类。如图 11-14（a）所示为直顶式液压电梯结构示意图，液压缸 1 置于地坑 2 中，柱塞 3 直接和轿厢 4 相连，置放液压站 6 的机房 5 设在旁侧。在液压电梯速度控制系统中，对其运行性能（包括轿厢启动、加减速运行平稳性、平层准确性以及运行快速性等方面）都有较高的要求，并对液压电梯的速度、加速度以及加速度的最大值都有严格的限制。如图 11-14（b）所示为液压电梯的理想运行速度曲线，目前电梯的液压系统广泛采用节流调速方式，以满足上述要求。

## 二、液压控制系统

如图 11-15 所示为客货两用电梯的液压系统原理图。系统的执行器为驱动电梯轿厢升降的柱塞式液压缸 15。系统的油源为定量液压泵 1，系统压力设定和液压泵卸荷控制由电磁溢流阀 5 实现。由计算机控制的电液比例流量阀 8 用于在柱塞式液压缸 15 上升时的旁路节流调速和下降时的回油节流调速，使电梯按照软件制定的速度变化规律升降。电控单向阀 6 起安全保护作用，是电磁溢流阀 5 的第二道保险。阀 6 及阀 5 与阀 8 之间电气联锁，以避免误动作，保证安全。手动单向阀 14 供事故应急使用，当突然停电或发生其他意外事故时，操作该阀可使轿厢以规定的安全速度下降到某一楼面。为了防止电梯自动沉降，系统设置了两个电控单向阀 11 和 12；蓄能器 10 用于吸收冲击振动。单向阀 3 和 7 用于防止油液倒灌；系统的压力油路和回油路分别设有带污染指示的过滤器 2 和 4，一旦过滤器被堵塞则立即自动报警，以便及时更换过滤器滤芯。

电梯运行采用微机控制，系统以 MCS-8 系列单片微机为核心，配以输入、输出过程通道，完成电梯信号控制、速度控制和平层控制。计算

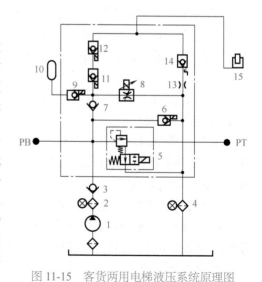

图 11-15　客货两用电梯液压系统原理图
1—定量液压泵；2，4—过滤器；3，7—单向阀；
5—电磁溢流阀；6，9，11，12—电控单向阀；
8—电液比例流量阀；10—蓄能器；13—节流器；
14—手动单向阀；15—柱塞式液压缸

机控制系统框图如图 11-16 所示。

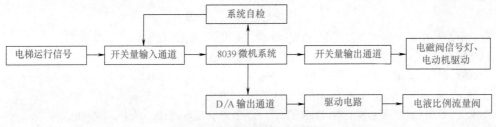

图 11-16　计算机控制系统框图

## 三、系统特点

① 采用定量泵供油,上升工况采用旁路节流调速,不易发热;下降工况采用回油节流调速,有利于节流后热油回油箱进行热交换;流量控制元件采用电液比例二通流量阀;调速控制系统采用单片微机开环控制;电梯信号处理和运行控制均采用单片微机实现。

② 采用电控单向阀防止液压电梯自动下沉。液压系统具有电磁溢流阀和电控单向阀双重压力保护;通过应急阀可以在停电等突发情况出现时,使电梯安全下降,可靠性高,故障率远低于机械式电梯。

# 参 考 文 献

[ 1 ] 徐从清，王尔湘 . 液压与气动技术 . 西安：西北工业大学出版社，2009.

[ 2 ] 卢光贤 . 机床液压传动与控制 . 西安：西北工业大学出版社，2006.

[ 3 ] 宁辰校 . 液压气动图形符号及识别技巧 . 北京：化学工业出版社，2012.

[ 4 ] 张平格 . 液压传动与控制 . 北京：冶金工业出版社，2004.

[ 5 ] 赵家文 . 液压缸活塞密封圈非均匀磨损的机理研究及解决方案 . 机械工程师，2010(9).

[ 6 ] 杨永平 . 液压与气动技术基础 . 北京：化学工业出版社，2006.

[ 7 ] 王益群 . 液压工程师技术手册 . 北京：化学工业出版社，2010.

[ 8 ] 王守城 . 液压与气压传动 . 北京：北京大学出版社，2008.

[ 9 ] 董林福 . 液压元件与系统识图：看图学艺（专业篇）. 北京：化学工业出版社，2009.

[ 10 ] 宋锦春 . 液压技术实用手册 . 北京：中国电力出版社，2010.

[ 11 ] 姚春东 . 液压识图 100 例 . 北京：机械工业出版社，2011.

[ 12 ] 成大先 . 机械设计手册 . 北京：化学工业出版社，2008.

[ 13 ] 宋学义 . 袖珍液压气动手册 . 北京：机械工业出版社，1998.

[ 14 ] 邢鸿雁，张磊 . 实用液压技术 300 题 . 3 版 . 北京：机械工业出版社，1998.

[ 15 ] 邵俊鹏，周德繁，韩桂华，等 . 液压系统设计禁忌 . 北京：机械工业出版社，2008.

[ 16 ] 王慧 . 液压传动 . 沈阳：东北大学出版社，2002.

[ 17 ] 胡玉兴 . 液压传动 . 北京：中国铁道出版社，1980.

[ 18 ] 黄志坚 . 图解液压元件使用与维修 . 北京：中国电力出版社，2008.

[ 19 ] 张应龙 . 液压识图 . 北京：化学工业出版社，2007.

[ 20 ] 雷天觉 . 液压工程手册 . 北京：机械工业出版社，2001.

[ 21 ] 张利平 . 液压气动技术速查手册 . 北京：化学工业出版社，2007.

[ 22 ] 吴根茂 . 新编实用电液比例技术 . 杭州：浙江大学出版社，2006.